聚丙烯——原理、工艺与技术

（第二版）

洪定一　主编

中国石化出版社

内 容 提 要

本书突出介绍了我国聚丙烯领域的重要技术进展，反映了当前聚丙烯工业的最新科研成果和生产技术水平。全书分为九章，分别论述了聚丙烯催化剂、聚合原理、聚丙烯的结构与性能、聚合反应工程、生产工艺及其相关技术、聚丙烯树脂牌号开发、聚丙烯加工与应用以及聚丙烯行业的发展和展望。本书取材广泛，内容全面系统，资料新颖、翔实。

本书可供从事聚丙烯科研开发、工程设计、工业生产、教学管理等领域的中高级技术人员阅读参考。

图书在版编目(CIP)数据

聚丙烯:原理、工艺与技术/洪定一主编.—2版.
—北京:中国石化出版社,2011.4(2025.6重印)
ISBN 978-7-5114-0829-7

Ⅰ.①聚…　Ⅱ.①洪…　Ⅲ.①聚丙烯-基本知识
Ⅳ.①TQ325.1

中国版本图书馆CIP数据核字(2011)第032809号

中国石化出版社出版发行

地址:北京市东城区安定门外大街58号
邮编:100011 电话:(010)57512500
发行部电话:(010)57512575
http://www.sinopec-press.com
E-mail:press@sinopec.com.cn
北京捷迅佳彩印刷有限公司印刷
全国各地新华书店经销

*

787毫米×1092毫米 16开本 50印张 2彩页 1231千字
2025年6月第2版第7次印刷
定价：180.00元

《聚丙烯——原理、工艺与技术》(第二版)
编委会成员

(按姓氏笔画顺序)

王玉庆　中国石油化工股份有限公司科技开发部
　　　　教授级高级工程师
毛炳权　中国石油化工股份有限公司北京化工研究院
　　　　中国工程院院士，教授级高级工程师
吕立新　中国石油化工股份有限公司北京化工研究院
　　　　教授级高级工程师
乔金樑　中国石油化工股份有限公司北京化工研究院
　　　　教授级高级工程师
阳永荣　浙江大学　教授
刘　健　中国石化工程建设公司教授级高级工程师
何天白　中科院长春应用化学研究所　研究员
余学恒　中国石化工程建设公司
　　　　教授级高级工程师
张师军　中国石油化工股份有限公司北京化工研究院
　　　　教授级高级工程师
陈乐怡　中国石油化工集团公司经济技术研究院
　　　　教授级高级工程师
金茂筑　中国石油化工股份有限公司北京化工研究院
　　　　教授级高级工程师
胡友良　中国科学院化学研究所　研究员
洪定一　中国石油化工股份有限公司科技开发部
　　　　教授级高级工程师
赵　怡　中国石化出版社　编审

《聚丙烯——原理、工艺与技术》(第二版)
编写人员名单

(按姓氏笔画顺序)

王玉庆	王志平	王良诗	王　毅	尹　华
吕立新	乔金樑	阳永荣	刘月祥	刘东兵
刘　伟	刘　健	刘　涛	刘轶群	孙怡菁
朱诚身	李少鹏	李　勇	李蕴玲	何天白
何素芹	余学恒	张发军	张师军	张　薇
陈乐怡	陈　齐	陈　伟	苏　洪	邹　浩
杨庆泉	杨云涛	杨德才	郑少华	金茂筑
范宗海	罗河宽	洪定一	胡友良	贺大为
夏先知	高克京	高彦杰	莫志深	徐德民
黄步余	黄耀玲	阎卫东	詹晓力	翟仁立

序 言

1954年意大利Natta教授在实验室首次合成出聚丙烯，1957年聚丙烯即实现了工业化。在半个世纪的时间里，聚丙烯已经成为发展速度最快、产量最大、牌号最多、用途最广的合成树脂品种之一。据统计，2009年世界聚丙烯产量已经达到45310kt，预计2014年达到57610kt。

聚丙烯生产能力的高速增长与聚丙烯领域的技术进步密不可分。50多年来，从催化剂、聚合工艺、产品开发，直到加工应用技术都有长足的进步。催化剂的研究发挥了先导作用，引导着聚丙烯技术的进步。至今，催化剂的发展至少经历了五次重大变化而且还在不断发展中。第一代到第四代催化剂研究开发的主要目标在于提高催化剂的效率和定向能力，而第五代催化剂研究开发的目标主要在于能否制备出新的、性能/价格比更优良的聚丙烯产品。聚丙烯的工艺技术进步着眼于简化流程，实现无脱灰、无脱无规物、无溶剂回收并最终实现无造粒的目标，不同方法相互借鉴和组合，形成了几种典型的工艺技术。在聚丙烯产品和应用开发方面也经历了巨大的变化，目前聚丙烯已经成为包装、汽车、家电和建筑等工业领域不可或缺的基本材料。这些技术进步不仅直接推动了聚丙烯产业的发展，而且也带动了整个聚烯烃工业的增长。

1970年，兰州化学工业公司5kt/a聚丙烯装置投产，我国的聚丙烯工业开始起步。70年代末，燕山石化80kt/a聚丙烯装置以及陆续引进的装置建成投产，80年代在继续引进技术建设聚丙烯装置的同时，采用国内开发的间歇法液相本体聚丙烯技术，先后建成400kt/a的聚丙烯生产能力。90年代后，国内的聚丙烯技术获得空前的发展，自主开发的N型和DQ型聚丙烯催化剂技术不仅在国内建设了制备装置，催化剂产品占领了国内的主要市场，而且专利技术（N型催化剂）出口国外，所生产的催化剂产品得到广泛应用。与此同时，中国石化开发了环管聚丙烯技术，建成了8套70～100kt/a生产装置，随后又开发了第二代环管聚丙烯技术，建设了200kt/a的生产装置，并成功地投入运行。进入21世纪，又开发了更大规模的第二代环管聚丙烯技术，并在茂名石化和镇海炼化建设了300kt/a的聚丙烯生产装置，镇海炼化的聚丙烯装置还拥有气相釜。到2010年底，我国聚丙烯生产能力已经突破10000 kt/a，居国内合成树脂首位。

为了全面系统介绍聚丙烯技术，中国石化股份公司科技开发部组织中国石化北京化工研究院、中国石化工程建设公司、中国石化经济技术研究院、中国科学院化学研究所和长春应用化学研究所、浙江大学等单位的专家撰写了《聚丙烯——原理、工艺与技术》这部专著，第一版于2002年出版后，受到了读者的广泛欢迎。为满足读者的需要，专家学者们对第一版进行修订，补充新内容，现出版第二版。第二版延续了第一版的风格，取材广泛、内容新颖，包括催化剂、聚合工艺、聚合反应工程、结构与性能、产品牌号开发以及加工应用等各个方面，反映了当前聚丙烯领域的技术进步，并突出介绍了国内聚丙烯领域所取得的重要技术进展。

衷心希望《聚丙烯——原理、工艺与技术》第二版的出版能对合成树脂，特别是聚丙烯产业的科技进步起到积极的促进作用，为从事合成树脂生产、科研、设计及规划的科技人员提供一部理论与实践相结合的参考书。

袁晴棠

再版前言

《聚丙烯——原理、工艺与技术》一书由中国石化出版社于2002年首次出版发行，如果从2000年开始撰写算起，距今已有10年之久了。尽管第一版重印两次，均销售一空，获得市场好评，并获得中国石化科技进步奖，成为许多企业聚丙烯装置专业人员考核用参考书，但是，这10年间聚丙烯产业及技术进步神速，产业规模上，中国聚丙烯产业迅速壮大，已成为世界第一大聚丙烯生产国，中国石化也已成为世界第二大聚丙烯生产商。产品影响上，聚丙烯已成为最为接近老百姓生活的合成材料，越来越多的聚丙烯用来做卫生用品的丙纶纤维或用来做房间地采暖的PPR管材，以及用来做已大量进入家庭的汽车用保险杠。工艺技术上，多区反应器技术、双峰聚丙烯技术、大型化工程技术取得重大进展；产品工程领域，聚丙烯催化剂新技术、聚丙烯专用牌号技术、聚丙烯新型加工技术以及聚丙烯新应用也屡获重要成果。

此外，随着聚烯烃产业链延伸、化工园区和材料园区的建设、化工新材料和塑料加工业兴起以及聚丙烯售前及售后技术服务的强化，对聚丙烯知识的需求十分旺盛，一批批新大学毕业生、新技术人员和对技术新进展有浓厚兴趣的老技术人员加入了读者群。

显然，有必要对第一版进行修订，把这十年来的聚丙烯产业进展和技术进展以及第一版中没有提及的重要内容补充上。2007年11月，中国石化出版社正式启动了第二版的编写工作，召开了《聚丙烯——原理、工艺与技术》专著的修订工作会议。出席此次会议的有第一版的大部分作者，他们是中科院化学所研究员胡友良，中国石化科技咨询委洪定一，中国石化北京化工研究院副院长乔金樑、副总工张师军以及原副总工程师吕立新和金茂筑，中国石化工程建设公司设计大师余学恒和副总工程师刘健，浙江大学教授阳永荣等专家学者。

会议明确了保持第一版的框架不变，增加催化剂、配位聚合的立体定向机理、给电子体的作用机理、结构与性能、聚合反应工程、聚丙烯流程计算机模拟自动控制、生产工艺技术、产品牌号开发、加工与应用、节能环保等方面的新进展、新成果，体现先进性和科学性。特别是立体聚合选择性机理、工程放大原理、催化剂给电子体、活性聚丙烯聚合、自由基活性聚合、节能、流变学、牌号开发等部分要重点补充，尽量引用新文献。

令人欣慰的是第一版的写作队伍仍在，他们已成为此领域的知名专家。会议确定的各章作者基本为原第一版的作者，这有利于延续获得好评的第一版的整体风格，也有利于进一步深化对问题的看法和理解。第二版各章的具体负责人为：第一章绪论，洪定一；第二章催化剂，金茂筑；第三章聚合，胡友良；第四章结构与性能，乔金樑；第五章聚合反应工程，阳永荣；第六章生产工艺技术，余学恒、刘健；第七章产品与牌号，吕立新、王玉庆；第八章加工及应用，张师军；第九章发展与展望，陈乐怡。第二版的启动会议之后，编写工作随即铺开，但是由于期间受到国际金融危机对石化产业经济的影响，以及有意识地等待百万吨级大乙烯装置(独山子、天津、镇海等)配套的聚丙烯装置以及首次采用煤基丙烯(MTO)为原料的大型聚丙烯装置的建成投产，以便将这些新建的聚丙烯装置的情况收入第二版中以飨读者，因为这些聚丙烯装置有的具有世界顶级规模(450kt/a)，有的采用国际最新的工艺(如 Spherizone 气相工艺)，有的是采用我国自主开发的最新的大型化的气相-环管组合工艺技术(300kt/a，ST 工艺)。为此，编写进度有所延缓，到 2010 年底才召开了第二版各章初稿的审稿会。

在本书的撰写过程中，各位编委及作者分工协作，共同努力，进行了大量的查阅、编写和总结工作，并多次在不同阶段进行了校稿，相信他们一丝不苟的工作精神会使本书更加严谨。由于本书涉及内容广泛，加上时间紧迫，以及撰写者的水平和能力所限，书中难免有疏漏、不妥和失误之处，敬请读者批评指正。

我们十分感谢所有撰稿人的极有价值的佳作。没有他们的奉献、专门知识以及艰苦工作，要及时出版第二版几乎是不可能的。我们也愿就此机会对中国石化出版社对本书提供的技术支持表示衷心的感谢。

洪定一　于北京

2011 年元月

前　言

聚丙烯是合成树脂中发展最快的一个品种，随着丙烯聚合及催化技术的快速发展，聚丙烯的品种、牌号不断增加，应用范围不断扩展，聚丙烯已成为一种十分重要的合成材料。

近年来，世界聚丙烯生产能力不断增加，聚丙烯催化剂经历几代的发展不仅活性呈几百倍甚至上千倍的提高，其等规度也达98%以上；聚丙烯生产工艺更加简单，无需脱灰和脱无规物等；聚丙烯产品的表征手段进一步提高，牌号开发中微观设计已可达分子水平，聚丙烯产品品种不断增加；随着聚丙烯改性研究的深入，聚丙烯的应用范围更加广泛。我国已是世界贸易组织(WTO)成员之一，随着国际市场一体化进程的加快，我国国内的企业将面临更加激烈的竞争，企业的创新已迫在眉睫，因此，企业和科研单位等的技术人员需要更深入地了解和掌握聚丙烯的相关理论和最新技术，为企业的技术创新提供必要的基础。

我国聚丙烯的研究和发展已经历了40多年的历程，陆续从国外引进了大量的生产装置，国内的科研、设计和生产等部门积累了大量的技术和资料，但目前国内还没有有关聚丙烯的专门论著。为此，中国石油化工股份有限公司科技开发部组织有关专家撰写了《聚丙烯——原理、工艺与技术》专著，系统全面地总结聚丙烯的相关技术，并对聚丙烯行业的发展趋势进行展望。

本书的撰写力求做到以下几个方面：

(1) 学术性。本书对聚丙烯技术的相关经典理论进行了全面系统阐述，并对近年来新的理论系统也进行了介绍。

(2) 实用性。本书作者来自科研、教学、设计、生产及信息等方面，书中的许多内容是作者近年来科研成果、设计实例及教学、生产等的实践总结，具有很强的实用性。

(3) 新颖性。本书作者中有多位是“973”和“863”项目的专家，许多内容也是他们最新科研成果及理论(“973”、“863”和“九五”项目等)的首次公开论述。

(4) 全面性。本书从聚丙烯聚合到催化剂，从聚合反应工程到生产工艺，从聚丙烯的结构形态到产品牌号开发直到聚丙烯的成型加工和应用，进行了全面系统的讨论，最后对聚丙烯的发展进行了展望。

本书从2000年6月开始筹备和编撰，到2002年6月完稿，历经两年时间。

在本书的撰写过程中，各位编委及作者分工协作，共同努力，进行了大量的查阅、编写和总结工作，并多次在不同阶段进行了校稿，相信他们一丝不苟的工作精神会使本书更加严谨。由于本书涉及内容广泛，主编对各章进行了分工，确定了主要的负责人，具体分工是：第一章绪论，洪定一；第二章催化剂，金茂筑；第三章聚合，胡友良；第四章结构与性能，乔金樑、何天白；第五章聚合反应工程，阳永荣；第六章生产工艺技术，余学恒；第七章产品与牌号，王玉庆、吕立新；第八章加工及应用，张师军；第九章发展与展望，雷燕湘。此外，还有多位作者参加了撰写工作，中国石油化工集团所属上海石化、扬子石化和燕山石化的有关同志也参加了部分工作。

希望本书的出版发行能够使广大读者对聚丙烯行业的概况、聚丙烯工艺技术以及近年来聚丙烯技术的最新学术研究和科研成果等有一个较为全面的了解，特别希望能对聚丙烯技术和催化剂的研究开发人员、工艺生产技术人员、工程设计人员及聚丙烯产品销售人员等提供很好的帮助，同时希望本书能够成为高分子领域的研发人员、高校师生、设计人员、生产企业相关人员、销售人员及信息调研人员等的最佳参考资料。

由于时间紧迫，撰写者的水平和能力有限，书中难免有疏漏、不妥和失误之处，敬请读者批评指正。

洪定一

目　录

第一章 绪 论

1.1 历史与回顾

聚丙烯(Polypropylene，缩写为PP)是聚烯烃(PE、PP、PB)的重要成员，也是五大通用合成树脂(PE、PP、PS、PVC、ABS)中的一个重要品种，PP是以丙烯(最简单的α-烯烃)为单体经配位聚合制得的高聚物，具有以下的分子结构式：

$$\left[CH_2 - \underset{\displaystyle CH_3}{\underset{|}{CH}} \right]_n$$

由于丙烯的α-碳是不对称碳分子，在聚丙烯链中α-碳成为叔碳原子并仍具有不对称性，当众多叔碳原子上的甲基和氢原子各自分别在聚丙烯链的两侧有规则地分布(等规和间规)时，则聚丙烯具有结晶性，因而等规聚丙烯(iPP)和间规聚丙烯(sPP)有较好的力学性能；反之，如无规则分布，则聚丙烯不具有结晶性，为无规聚丙烯(aPP)。

自然界中还未发现存在天然的等规聚丙烯物质，作为用途广泛的有机材料，等规聚丙烯完全靠人工化学合成来制造。人类化学合成等规聚丙烯的成功主要得益于德、意科学家在有机金属化学、高分子化学与高分子物理学科方面的两次关键性的突破，原创性地发明了能使丙烯等规聚合制取iPP的Ziegler-Natta(Z-N，齐格勒-纳塔)催化剂体系。

聚烯烃配位催化剂发明方面的第一次关键性的突破要归功于德国化学家Karl Ziegler，他于1953年发明了能使乙烯配位聚合的$R_3Al-TiCl_4$有机金属催化体系，制得了高密度聚乙烯，此类有机金属催化体系被称为Ziegler催化剂，而Z-N催化剂体系是G. Natta在Ziegler催化剂的基础上进一步发展出来的。Ziegler催化剂的发现过程颇为曲折[1]：K. Ziegler一直从事金属有机化合物合成与应用研究，1930年就成功合成了丁基锂，到1950年，又发现锂铝双金属氢化物能够催化乙烯齐聚制得α-烯烃；随后K. Ziegler试图只用便宜的铝，而不用当时很贵的锂来作催化剂，为此他发展了烷基铝化学，并用H_2、乙烯和金属Al直接合成了三乙基铝，在研究三乙基铝作为合成α-烯烃的催化剂(沿用至今)的过程中，又发现三乙基铝还能催化乙烯聚合制得聚乙烯，尽管分子量不够高(不大于3000)，聚合压力也较高(10MPa)，但这一新发现已引起了工业界的兴趣，因为当时聚乙烯的制造需要在超高压(300MPa)条件下进行。在K. Ziegler小组与企业合作组成的团队进一步对烷基铝引发乙烯聚合反应进行改进的过程中，一次没能重复以往实验结果的失败试验引起了K. Ziegler的深思，几经周折，最终K. Ziegler判断出，是清洗聚合釜时残留的Ni化合物造成了三乙基铝分子上Al-C键的断裂，因而干扰了聚合反应，得不到较高分子量的聚乙烯，只能得到乙烯的二聚体1-丁烯。K. Ziegler敏锐地注意到这一新反应，对Ni化合物在烷基铝引发乙烯聚合反应中的影响进行了深入研究，并将研究扩展到其他过渡金属Fe、Co、Cr、Zr和Ti化合物，结果发现$TiCl_4$与三乙基铝组合的催化体系能够在常温和常压下以极高的活性催化乙烯聚合得到高分子量的聚乙烯，K. Ziegler在原有单组分的催化剂(三乙基铝)中引入第二组分$TiCl_4$，构成了催化剂体系，并使催化体系中原先不是主角的新来者 $TiCl_4$ 取代了烷基铝的主角地位，烷基铝变成了辅助催化剂(但也不可缺)，这一开创性的发现奠定了 Ziegler 催化体系。K. Ziegler 的团队也曾用 $R_3Al-TiCl_4$ 为催化剂成功引发了聚合以制取 PP，但是当时只得到了无定形 PP。虽然 Ziegler 催化体系不能直接应用于丙烯的等规聚合，但是已创建了能使丙烯配位聚合的过渡金属-有机金属复合配位催化核心体系，K. Ziegler 这一前瞻性的科学尝试无疑为 G. Natta 后续合成等规 PP 的成功揭示了方向，打下了坚实的基础。

聚烯烃配位催化剂发明方面的第二次关键性的突破要归功于意大利的 G. Natta 教授，他将 Ziegler 催化剂扩展为 Ziegler-Natta 催化剂，成功地合成了等规聚丙烯。Ziegler 催化剂的发现，立即引起了科学界和工业界的关注，G. Natta 参观了 Ziegler 的实验室，拿到了一些 Ziegler 催化剂，他将这一催化剂体系命名为“Ziegler 催化剂”，随后 G. Natta 在 K. Ziegler 的基础上对丙烯等规聚合进行了深入的研究。作为著名高分子物理学家，他科学地揭示了等规立构聚丙烯所特有的大分子链的空间立体结构，同时还对烷基铝-$TiCl_4$ 催化乙烯聚合的机理和配位活性中心进行了深入研究，在此基础上，又将原先对重点 Ti 有机金属化合物的研究扩大到整个家族，尤其对 $TiCl_4$ 的同系物 $TiCl_3$ 的晶体结构进行了深入研究，发现紫色 δ-$TiCl_3$具有层状结构，有利于配位催化。在此基础上，1954 年 3 月 G. Natta 对 Ziegler 催化体系作出了重要改进，他选用紫色 $TiCl_3$ 与烷基铝组成配位催化体系，成功地将丙烯聚合成为具有高度立体规整性的 iPP，开创了等规聚合物的先河。1957 年意大利 Montecatini 公司利用 Natta 的成果在 Ferrara 建成了世界上第一套 6kt/a 的 iPP 生产装置，同年 Hercules 公司在美国 Parlin 也建成了 9kt/a 的 iPP 生产装置，到 1962 年德国、日本、法国等国家也纷纷建厂，相继实现了 iPP 的工业化生产[2,3]。

因发明了卤化钛/烷基铝配位催化体系，拓宽了聚烯烃科学的领域和推进了高密度聚乙烯、等规聚丙烯产业的诞生与发展，德国的 K. Ziegler 和意大利的 G. Natta 共同获得 1963 年诺贝尔化学奖。

1.2 市场与需求

PP 的热性能和机械性能的优异结合使其在很多领域如注塑和薄膜及纤维生产中得到广泛应用，这种通用性加上其经济性使这种材料的应用在 20 世纪 60 年代和 70 年代初期得到快速的发展，使 PP 很快成为最重要的热塑性产品之一。

1.2.1 国际市场与需求

2009 年世界聚丙烯总需求达到 44340kt，与 1999 年全球 PP 的消费量 26000kt 相比，PP 的世界需求平均每年增长 7%左右。2009 年世界聚丙烯总产能达到 56580kt/a，比 1999 年底增加了 22680kt/a，十年内 PP 全球产能平均年增长率为 6.7%左右，一直保持着较快增长的势头。2010 年全球聚丙烯需求将达到 53570kt，而全球聚丙烯生产能力将突破 60000kt/a 大关，达到 60980kt/a。

1.2.2 国内市场与产需

我国 PP 工业始于 20 世纪 70 年代初，经过 30 多年的生产建设，已基本形成了液相本体-气相法组合工艺、气相法工艺、间歇式液相本体法工艺等多种生产工艺并举，大中小型生产规模共存的生产格局。

近十年来，我国 PP 树脂的产量增长较快，目前，PP 已成为我国生产能力和产量最大的合成树脂品种。

在2000年到2007年期间，我国PP产量从3240kt增加到7130kt，增长了约1.2倍，年均增幅达到了19%。2007年底，我国共有PP生产装置105套，合计生产能力7417kt/a。在这105套装置中，液相本体-气相法装置39套，生产能力4790kt/a，气相法装置4套，生产能力810kt/a，溶剂法装置1套，生产能力43.5kt/a，间歇式液相本体法装置61套，生产能力1774kt/a，它们分别占PP总生产能力的64.6%、10.9%、0.1%和23.9%，详见表1-1。

表1-1 2007年底国内PP生产装置情况 kt/a

	中国石化集团		中国石油集团		地方企业		全国合计	
品　种	装置套数	生产能力	装置套数	生产能力	装置套数	生产能力	装置套数	生产能力
液相本体-气相法(釜式)	5	370	4	290	1	60	10	720
液相本体-气相法(环管)	17	2130	9	1400	3	540	29	4070
溶剂法			1	44			1	44
气相法	4	810					4	810
间歇法	13	343	12	230	36	1201	61	1774
合计	39	3653	26	1964	40	1801	105	7417

在这105套装置中，中国石化集团拥有39套装置，生产能力3653kt/a，占PP总生产能力的49.2%；中国石油集团拥有26套，生产能力1964kt/a，占PP总生产能力的26.4%；地方企业有28家40套装置，合计生产能力为1801kt/a，占PP总生产能力的24.2%。据中国石油和化学工业协会统计，2007年中国PP产量中，中国石化产量4130kt，占58%。2007年，全国还进口PP 3070kt。

2005~2010年间，我国聚丙烯产需又有了大幅增加。产能方面，共新建成23套PP聚合生产装置，新增PP产能6540kt/a(详见表1-2)；到2010年底，我国共有PP生产企业80多家，拥有的聚丙烯生产能力已突破10000kt/a大关，达到了创纪录的11940kt/a(不计2010年正在建设中的PP装置)，较2009年增加2520kt/a。产量方面，我国2009年的聚丙烯产量为8400kt，超过了当年聚乙烯产量(7760kt)；2010年前三季度国内聚丙烯产量达到7470kt。需求方面，2009年国内PP表观消费量为12560kt，2010年国内PP需求约在13820kt左右。到2015年，我国聚丙烯需求预计将达到16000kt，产能预计将达到14760kt/a。

表1-2 2005~2010年我国建成的PP装置及新增产能

序　号	企业名称	产能/kt	工艺技术	投产日期
1	上海赛科石化有限公司	250	Innovene气相工艺	2005年
2	中国石油大庆炼化公司	300	Spheripol工艺	2005年
3	中国石油兰州石化公司	300	Spheripol工艺	2005年
4	中国石油大连石化公司	200	Spheripol环管工艺	2006年
5	浙江绍兴三圆石化公司	200	中国石化第二代环管工艺	2006年
6	中国石化茂名石化公司	300	中石化第二代环管工艺(ST)	2006年

续表

序　号	企业名称	产能/kt	工艺技术	投产日期
7	中国石化海南炼化公司	200	中国石化第二代环管工艺(ST)	2006年
8	中国石化青岛大炼油	200	中国石化ST环管工艺	2008年
9	台塑PP宁波有限公司	450	Novolen气相工艺	2008年
10	福建炼化一体化工程	400	Novolen气相工艺，两条线(180kt、220kt)	2009年
11	中国石油锦西石化	150	Novolen气相工艺	2009年
12	中国石油独山子石化公司	550	Innovene气相工艺，两条线(250kt、300kt)	2009年
13	辽宁华锦化工(集团)	250	Spheripol环管工艺	2009年
14	大唐国际内蒙多伦煤制烯烃(MTP)项目	500	Unipol气相工艺，两条线	2009年
15	陕西延安炼油厂	200	中国石化ST环管工艺	2009年
16	中国石化湛江东兴	140	中国石化第二代环管工艺(ST)	2009年
17	中国石化天津石化公司	450	Spherizone气相工艺，单线	2010年
18	中国石化镇海炼化公司	300	中国石化改进型第二代环管工艺(ST)	2010年
19	中国石油大港石化公司	100	Spheripol工艺	2010年
20	中国石油庆阳石化公司	100	Spheripol工艺	2010年
21	神华宁夏煤业集团	500	Novolen工艺	2010年
22	神华内蒙古包头煤制烯烃项目	300	Unipol气相工艺	2010年
23	中国石油广西石化公司	200	Unipol工艺技术	2010年
	合　计	6540		

从表1-2可以看出，2005年建成投产的有上海赛科250kt/aPP装置，中国石油大庆炼化公司300kt/a PP装置和中国石油兰州石化公司300kt/a PP装置。2006年建成投产的有中国石化茂名石化公司的300kt/a PP装置(中石化第二代ST环管工艺)、中国石油大连石化公司200kt/a PP装置(Spheripol环管工艺)。2008年，台塑在宁波建设的450kt/a聚丙烯装置和中国石化青岛大炼油配套建设的200kt/a聚丙烯装置均顺利投产。2009年，中国石油独山子分公司建成550kt/a聚丙烯装置，含两条线，一条250kt/a，另一条300kt/a；中国石化与ExxonMobil以及沙特阿美等合资的福建炼化也于同年采用Novolen工艺建成400kt/a聚丙烯装置。2010年，中国石化天津分公司于年初采用Spherizone工艺建成单条线450kt/a聚丙烯装置；同年4月中国石化镇海炼化公司建成300kt/a聚丙烯装置；中国石油广西石化也建成200kt/a聚丙烯装置；此外，神华集团下属的包头煤制烯烃、宁煤集团以及大唐电力下属的多伦煤制烯烃等现代煤化工企业也建成了3套大型聚丙烯装置，总能力在1300kt/a。

进入“十二五”，我国建设聚丙烯装置的势头依然强劲。仅全国2010年正在设计建设中的PP装置就有19套，建成后我国新增PP产能4550kt/a。其中，2010年启动设计与建设，并将于2012年建成的PP装置有：中国石化武汉分公司400kt/a聚丙烯装置，其中一条200kt/a生产线采用日本JPP的Horizone气相工艺；另一条200kt/a生产线采用国产化的中国石化ST环管工艺。中国石油四川石化公司依托大乙烯，将采用Unipol工艺建成450kt/aPP装置。

此外，中国石化中科湛江乙烯项目将建设700kt/a聚丙烯装置；中国石化中原石化公司MTO项目将采用中国石化第二代环管(ST)工艺建设100kt/a聚丙烯装置。中国石油大庆分公司将建设300kt/a聚丙烯装置，中国石油抚顺石化公司将采用Unipol气相工艺建设300kt/a聚丙烯装置，再加上一些企业的扩能改造，预计到2015年，我国PP生产能力将达到14000~15000kt/a左右，详见表1-3。

表1-3 2010年正在设计建设中的PP项目

序 号	企 业 名 称	产能/(kt/a)	工 艺 技 术
1	中国石化中原石化公司MTO项目	100	中国石化第二代环管(ST)工艺
2	中国石化北海炼油异地改造项目	140	中国石化第二代环管(ST)工艺
3	中国石化洛阳分公司	140	中国石化第二代环管(ST)工艺
4	中国石化武汉乙烯项目1PP	200	中国石化第二代环管(ST)工艺
5	中国石化武汉乙烯项目2PP	200	Horizone工艺(原窒素工艺)
6	中国石油大庆炼化公司	300	Spherizone气相工艺
7	中国石油抚顺石化公司	300	Unipol工艺
8	中国石油四川石化公司	450	Unipol工艺
9	中化泉州石化有限公司	200	Unipol工艺
10	延长集团靖边煤化工项目2PP	300	Innovene气相法工艺
11	延长集团靖边煤化工项目1PP	300	中国石化第二代环管(ST)工艺
12	宁波禾元化学有限公司	350	中国石化第二代环管(ST)工艺
13	浙江绍兴三锦石化有限公司	300	中国石化第二代环管(ST)工艺
14	河北海伟集团	300	中国石化第二代环管(ST)工艺
15	陕西浦城清洁能源有限公司煤化工项目	400	Spheripol工艺
16	中国石油呼和浩特石化公司	150	Spheripol工艺
17	中国石油宁夏炼油厂	100	Spheripol工艺
18	徐州海天石化有限公司	200	Spheripol工艺
19	浙江鸿基石化有限公司	120	中国石化SPG工艺
	合 计	4550	

1.3 化学与工艺

1.3.1 催化剂化学

自1963年K. Ziegler和G. Natta同获Nobel化学奖以来，Z-N催化体系已经历了近半个世纪的发展，虽然催化机理没有变，但是催化剂的制备方法、形态和性能都有了重大的改进。到目前为止，适用于丙烯等规聚合制取iPP的烷基铝-$TiCl_3$工业催化剂已经和当初的大不相同，已由最初的第一、二代的非负载化、无给电子体的常规催化剂$Al(C_2H_5)_2Cl$-$TiCl_3$，发展到现在的高活性、高性能的负载化、有给电子体的第三、四代催化剂，不仅催化剂的活性呈几百乃至上千倍的提高，而且PP的等规度达到98%以上的高水平，产品无需脱灰和脱无规物。第四代催化剂还使PP的生产实现了无造粒，极大地提高了经济效益。第五代的茂金属催化剂也已成功工业应用。总体上看，Z-N催化体系从第一代发展到第五代，历时近50年，经历了以下五个阶段。

1.3.1.1 PP 催化剂的演化

第一代 PP Z-N 催化剂是 20 世纪 50 年代创制的，为 δ 晶型的 $TiCl_3$ 和 $AlCl_3$ 的共晶，由 Al $(C_2H_5)_2Cl$ 活化，催化剂活性为 0.8~1.2kg PP/g cat，低催化活性使 PP 中的 Ti 和 Cl 含量较高，等规度也不够高(90%~94%)，生产工艺需要附加脱无规物和脱灰工序。

第二代 PP Z-N 催化剂是 20 世纪 60 年代开发的，在第一代催化剂的基础上，制备时在催化体系中加入醚类化合物作为给电子体，催化剂活性提高到 10~15kg PP/g cat，聚丙烯等规度增加到 94%~97%，生产工艺中已不需要脱无规物工序，但是仍需要脱灰工序。

第三代 PP Z-N 催化剂是 20 世纪 70 年代发展起来的，主要特点是负载化，这是 Z-N 催化剂制备史上的一个突破。制备时，不再采用纯的 Ti 化合物，而是将 Ti 氯化物负载于 $MgCl_2$ 载体上，$MgCl_2$ 的晶胞参数等晶体结构和 $TiCl_3$ 晶体结构非常相似，氯化钛和 $MgCl_2$ 能够很好形成共晶，从而实现负载，增加了活性中心数量。负载化并不能提高聚丙烯的等规度，需要借鉴第二代催化剂的给电子体技术，加入苯甲酸酯作为内给电子体，催化活性和聚丙烯的等规度均有大幅提高，但是在聚合过程中随着活化剂三烷基铝的加入，还需要再补充一部分苯甲酸酯作外给电子体。第三代催化剂活性高达 15~30kg PP/g cat，同时，负载化使每克催化剂中含有的 Ti 重量降到 2%~4%，Ti 含量大大减少，因此聚丙烯不需要脱灰工序，聚丙烯的等规度为 90%~95%，仍需要脱无规物工序。

第四代 PP Z-N 催化剂是 20 世纪 80 年代发展的，技术发展的核心是载体制备技术以及给电子体的改进。载体从原来的 $MgCl_2$ 和卤化钛的共研磨技术发展为化学结晶法，通过不同的结晶手段可以控制载体的形态、粒径分布、孔容孔径等参数，这些不同的载体形态决定着催化剂的适用工艺和制备的聚丙烯的形态。给电子体技术主要发展了内给电子体邻苯二甲酸二酯和外给电子体硅烷类化合物。第四代催化剂活性为 30~60kg PP/g cat，聚丙烯的等规度为 95%~99%，聚丙烯生产已摆脱了脱灰工序和脱无规物工序，工艺大大简化。第四代催化剂是目前工业界使用最多的 Z-N 催化剂，第四代催化剂能够生产出绝大多数聚丙烯产品，包括均聚聚丙烯、共聚聚丙烯(无规共聚聚丙烯)和嵌段共聚聚丙烯(也称为抗冲聚丙烯，聚丙烯釜内合金)。

第五代 PP 催化剂是 20 世纪 90 年代发展的，包括三类，第一类是第五代 PP Z-N 催化剂，第二类是茂金属催化剂，第三类是后过渡金属催化剂。

属于第五代 PP 催化剂第一类的是第五代 Z-N 催化剂，其技术进步主要侧重在围绕内外给电子体展开，尤其注重通过内给电子体的改进，开发高活性/高立构规整度(HY/HS)系列催化剂，目标是制备出具有特殊性能的聚丙烯新牌号。第五代 PP Z-N 催化剂也是目前主流聚丙烯生产工艺(如 Spheripol、Hypol、Unipol、Innovene、Borstar、Novolen 等工艺)的核心。总体上，共开发出了给电子体 1，3-二醚、琥珀酸酯、二醇酯，这三种新型给电子体均有很好的工业化应用业绩。1，3-二醚作为催化剂的内给电子体，可以不再使用外给电子体，活性提高到 80~120kg PP/g cat，聚丙烯的等规度为 95%~99%，分子量分布较窄，分子量可以做得很低。Basell 公司以二醚作为给电子体的第五代新型 Z-N 催化剂，催化活性超过 100kg PP/g cat，在较高温度和较高压力下，用新催化剂可使聚丙烯抗冲共聚物中的聚丙烯段有较高的等规度，提高了结晶度，即使熔体流动速率很高时，聚丙烯的刚性也很好，非常适合用作生产洗衣机内桶的专用料及纺黏和熔喷纤维。而采用琥珀酸酯为内给电子体，并以硅烷为外给电子体时，聚丙烯的分子量分布可以做得比较宽。2003 年，Basell 公司推出了用琥珀酸酯作为给电子体的第5代新型Z-N负载催化剂，用这种新催化剂生产的低熔体流动速率多相共聚物具有平衡的刚性和韧性。采用二醇酯制备的催化剂的活性高于第四代的邻苯二甲酸二酯，其他性能接近。总之，自20世纪90年代以来，美国、西欧和日本主要的聚丙烯生产商将大部分研究工作集中于该类催化剂体系的改进上。

属于第五代PP催化剂第二类的是茂金属催化剂。茂金属催化剂具有单活性中心的特性，可以更精确地控制分子量、分子量分布、晶体结构以及共聚单体在聚合物分子链上的加入方式。用茂金属催化剂生产PP共聚物是最近一个重要的发展动向，尤其是采用茂金属催化剂可以合成出许多Z-N催化剂难于合成的有极性单体的新型丙烯共聚物，如丙烯-苯乙烯的无规和嵌段共聚物，丙烯与长链烯烃、环烯烃及二烯烃的共聚物等。尤其独特的是用茂金属催化剂生产无规共聚物时，共聚单体的随机插入性很好，可以制备共聚单体含量很高的无规共聚物，生产的BOPP树脂拉伸薄膜更均匀且不易破裂，可以在低于传统PP的加工温度下生产性能良好的PP薄膜，也有潜力开发出高性能的低温热封材料。与传统的PP相比较，采用茂金属催化剂生产的mPP具有分子量分布窄(MWD小于3)、氯含量低(小于2×10^{-6})、无规物含量低(小于1%)、微晶较小、透明性和光泽度优良、耐冲击性能和韧性优异等特点。聚丙烯制品特性与传统的均聚物PP比较，均聚物mPP结晶度高但晶粒小，因而制品的透明性要好；与传统的共聚物PP相比，共聚物mPP结晶度也较低，因而两者透明度不相上下，但是由于共聚物mPP中共聚单体无规分布十分均匀，因而共聚物mPP制品又比传统的有点过于刚挺的共聚物PP纤维或薄膜制品要更柔软，这一特性在制造医用和尿不湿用的PP无纺布等时十分宝贵。这些特点赋予了mPP以高附加值。国际上大型石化公司和专业技术公司对茂金属PP的商业化兴趣始于20世纪90年代，在1995年左右，开始着手茂金属催化剂及mPP聚合工艺的中试开发，到21世纪初已定型了mPP催化剂用的茂金属配体的化学结构、适宜的助催化剂和载体，开发出将茂金属和MAO一起负载于硅胶上的第一代茂金属催化剂，均需烷基铝作助催化剂，但不需要外给电子体；2000年后开始在万吨级工业装置上进行验证并开展mPP的牌号开发，于2005年左右又工业化开发成功第二代mPP催化剂，聚合活性比第一代高2倍，开发的3种茂金属催化剂可分别用于生产均聚mPP、无规共聚mPP和高橡胶含量的高抗冲共聚mPP。目前采用茂金属催化剂生产的PP树脂已经实现了工业化生产，形成了一批专利技术，如ExxonMobil公司的Exxpol/Unipol技术、Basell公司的Metocene和Spheripo1技术、Lummus Novolen技术公司的NovoceneTM技术、JPC/三菱化学公司的JPC技术、Dow化学公司的Insite/Spheripo1技术，能生产等规m-iPP、抗冲共聚mPP、间规m-sPP等品种和众多牌号产品，如用于注射模塑的均聚mPP有5个以上牌号(MFR从18g/10min到100g/10min)，用于制造无纺布等的纤维级均聚mPP有6个以上牌号(MFR从12g/10min到1200g/10min)，用于注射模塑的无规共聚物mPP有2个牌号(MFR40g/10min、60g/10min)，高抗冲共聚mPP有2个牌号(MFR15g/10min)，还有用于浇铸型薄膜的均聚mPP牌号(MFR12g/10min)。

总体上看，由于与之竞争的使用先进的Z-N催化剂生产的产品不断获得进展，因而茂金属聚丙烯的发展相对缓慢，尤其是与发展较快的茂金属聚乙烯相比更显缓慢。2005年，全球茂金属PP的需求量才占到世界PP总需求量的2.8%，对市场的渗透程度比较有限。

属于第五代PP催化剂第三类的是非茂单活性中心催化剂。近年来，非茂单中心催化剂的开发也相当活跃。镍、钯等后过渡金属，镧系金属络合物，硼杂六元环和氮杂五元环等催化剂也表现出和茂金属催化剂类似的特点，在聚合物的分子量、分子量分布、支化度和组成方面可以进行精密控制和预设计。非茂单活性中心催化剂与茂金属催化剂有相似之处，可以根据需要定制聚合物链，目前主要包括镍-钯催化剂体系和铁-钴催化剂体系。以水杨醛-苯胺西佛碱为配体，以镍和钯为中心原子的催化剂体系，在催化丙烯聚合中显示出较高的催化活性，且活性中心存活时间长。这类配合物中取代基对催化活性有着很大的影响。由于非茂单中心催化剂具有合成相对简单，产率较高、有利于降低催化剂成本(催化剂成本低于茂金属催化剂，助催化剂用量较低)、可以生产多种聚烯烃产品的特点，预计在21世纪将成为烯烃聚合催化剂的又一发展热点，与传统Z-N催化剂和茂金属催化剂一起推动PP工业的发展。PP催化剂的演化见表1-4。

表1-4 PP催化剂的进展[2]①

	第一代	第二代	第三代	超活性第三代	第四代	第五代
催化剂	$TiCl_3$-1/3$AlCl_3$	处理的$TiCl_3$	$TiCl_3/MgCl_2$/ED	$TiCl_3/MgCl_2$/ED	$TiCl_3/MgCl_2$/ED	Z-N催化剂 茂金属及非茂金属催化剂
助催化剂	$Al(C_2H_5)_2Cl$	$Al(C_2H_5)_2Cl$	$Al(C_2H_5)_3$	$Al(C_2H_5)_3$	$Al(C_2H_5)_3$	
立构控制改进剂			芳香酸酯	烷氧基硅烷	烷氧基硅烷	二醇酯、二醚等
活性/(kg PP/g cat)	0.8~1.2	2~5	5	20	>30	>30
等规度/%	88~91	95	92	98	98	>98
粒子形态	不规则粉末	规则粉末	不规则粉末	规则粉末	可控球形	
工艺要求	脱灰 脱无规物	脱灰 不脱无规物	不脱灰 脱无规物	不脱灰 不脱无规物	不脱灰 不脱无规物 不造粒	

①ED表示给电子体。

1.3.1.2 我国PP催化剂的发展

我国从20世纪60年代就开始了丙烯等规聚合催化剂的研究开发工作，70年代中期，北京化工研究院和中国科学院化学所开展了络合型催化剂的研究，并逐步应用于釜式本体法PP装置。1984年又开始了新型催化剂的研究，北京化工研究院开发成功N系列催化剂，先后获得国内外专利授权，并成功应用于国内外多种PP装置，该技术还向美国进行专利许可。中国科学院化学所也与地方企业合作，开发成功了CS-1型催化剂并实现了工业应用。90年代北京化工研究院又开发成功了DQ系列高效催化剂，广泛应用于国内环管PP装置。

目前在我国采用自己开发的技术，进行工业生产的丙烯等规聚合催化剂有络合Ⅱ型催化剂、N型催化剂、CS-1型催化剂、DQ型催化剂、CS-2型催化剂和HDC型催化剂等，分别属于第二代、第三代、第四代和第五代的催化剂体系。尤其是N型催化剂，具有高活性、高立体定向性、所制备的聚合物分子量分布窄、分子链规整等一系列特点，已经在国内外得到了广泛的应用。我国对于茂金属丙烯聚合催化剂的开发研究也取得了进展，用于制备间规聚丙烯的茂金属催化剂制备技术，中国石化北京石油化工科学研究院已经取得了中国及意大利等国的专利授权。

1.3.2 配位聚合化学机理

丙烯配位聚合反应的机理相当复杂，尤其是 iPP、sPP 的聚合机理，在立体定向性控制上存在不同的微观机制，对催化体系的组成和三维化学立体结构有着不同的要求，其过程相当复杂，以至于部分机理至今仍无法完全搞清楚，如丙烯的等规聚合机理存在不少争议。Cosse 模型认为，丙烯聚合链采取在相邻两个配位上单边插入后返回原位的模式来实现等规链增长，这不同于已获公认的乙烯配位聚合时乙烯聚合链通过在相邻两个配位上交叉(替)插入来实现链增长的模式。此外，对配位聚合活性中心结构的描述一直众说纷纭，存在不同的模型，主要的两种模型是 Cosse 模型和 Natta 模型：以 Cosse 为代表的单金属活性中心模型认为活性中心是呈八面体配位并存在一个空配位的过渡金属 Ti 原子，PP 高分子链在 Ti 上实现增长；以 Natta 为代表的双金属活性中心模型认为活性中心由 Ti 和 Al 共同构成，丙烯分子在 Ti 上被活化，但在 Al 上实现增长。

按照单金属活性中心模型，可以将丙烯等规聚合反应过程分为四个基本反应步骤：第一步是催化剂活化并形成配位活性中心；第二步是单体丙烯在空配位上活化及配位聚合反应的引发；第三步是等规聚合定向要素的控制与等规链增长；第四步是链转移/终止。

1.3.2.1 催化剂活化并形成配位活性中心

催化剂的活化是形成配位活性中心的必要步骤，通过在含有 $TiCl_3$ 主催化剂的聚合体系中加入助催化剂烷基铝，在催化剂上形成以过渡金属 Ti 原子为中心，三维空间上分布有 1 个 Ti—空配位键(Ti—□)、1 个含烷基的 Ti—R 键和 4 个 Ti—Cl 键的八面体配位阴离子聚合活性中心。

1.3.2.2 单体丙烯在空配位上活化及聚合反应的引发

含有丙烯单体的聚合体系升温后，在配位活性中心的空配位上一个丙烯分子被吸附，形成 Ti 配合物，随之其 π 键被活化；由于单体与过渡金属 Ti 配位，减弱了已有的 Ti—R 键，活化了的单体得以插入过渡金属 Ti 和 R 基的碳原子之间，引发了配位聚合反应。

首先，在空配位上被活化的丙烯 π 键中的 P 电子插入与丙烯分子相邻的 Ti—R 键(此时的 R 链只是一个乙基—C_2H_5)之间，形成过渡状态的四元环结构的中间络合物，接着随着中间络合物的解体，Ti—R 键断裂，增加了一个丙烯分子的初始聚合链 P(组成为—C_3H_6—R)转移到原 Ti 原子的空配位上，形成 Ti—P 键；同时，原 Ti—R 键因 R 基已转移走而出现了一个新空配位。

1.3.2.3 等规聚合定向要素的控制与等规链增长

等规聚合定向要素的控制关键，一是增长了一个 C_3H_6 链节的 R 链很快再返回到它原先 Ti—R 键的位置上(此时的原 Ti—R 键已变成新的 Ti—□空配位键)，并与此键周围的空间化学环境相适应，分布好增长了的初始 P 链(C_3H_6—R 链)，尤其是定位好链上的甲基侧基的取向；二是这个新空配位能保持着没有丙烯分子在上面配位的状态，直到 C_3H_6—R 增长链返回原先 Ti—R 键的位置上，也即返回到这个新空配位上；此外，新的 Ti—□空配位键周边氯离子电场分布、周边晶体本体结构位阻以及增长链本身对新空配位的空间掩护屏蔽效应也可能会对丙烯分子向这一新空配位的扩散产生不利的影响。

P 链(C_3H_6—R 增长链)返回新空配位(原先 Ti—R 键的位置)上后，空出了原有的空配位，使原先的 Ti—□空配位键得以恢复，并等待活化下一个丙烯分子；当下一个单体丙烯分子又在此空位上被活化后，π 键中的 P 电子插入与此丙烯分子相邻的 Ti—P 键(此时的 P 链由—C_3H_6—C_2H_5 组成)之间，形成过渡状态的四元环结构的中间络合物，接着随着中间络合物的解体，Ti—P 键断裂，已增加了一个丙烯分子的 P 链转移到原 Ti 原子的空配位上，形成 Ti—C_3H_6—P 键，同时，原 Ti—P 键因 P 基已转移走又出现了一个新空配位；当 C_3H_6—P 链再一次返回新空配位(原先 Ti—P 键的位置)上时，将遇到与 P 链相同的周边空间化学环境，为此 C_3H_6—P 链上的 C_3H_6 链节中的甲基侧基的空间定位将必定与初始 P 链中的甲基侧基完全相同，当增长着的高分子链通过这种由原 Ti—P 键与其周边空间化学环境构成的化学模板后，其侧链上的甲基侧基必然具有相同的空间定位；由此形成了等规立构聚丙烯的侧链甲基均位于高分子主链同一侧的特色结构。如此反复进行，丙烯分子上的甲基就依次照一定方向在主链上有规则地排列，形成等规链的增长。

1.3.2.4　链转移/终止

P 链增长到一定长度，通过链转移脱离配位活性中心，成为一个自由的高分子链。链转移有多种途径，包括向单体转移、向金属烷基转移、向 H_2 转移等；链转移造成了高分子链增长的停止，也称为链终止。停止了增长的 PP 高分子链将从催化剂微孔中扩散到聚合溶液中，也可能留在催化剂微孔内，众多的 PP 高分子链将与催化剂微粒一起进入聚合溶液，经聚合后处理(汽蒸、干燥、挤压造粒等)，最终得到 PP 聚合物产品粒子；如催化剂活性低，还需要有脱灰工序。

1.3.3　聚合动力学

丙烯聚合的反应速率常用下式表示：

$$R_p = k_p\ [C^*]\ [M]$$

式中，R_p 为反应速率；k_p 为聚合反应速率常数；$[C^*]$ 为活性中心浓度；$[M]$ 为丙烯单体浓度。

从上式可以看出，丙烯的聚合反应速率与反应速率常数、活性中心浓度以及丙烯单体浓度成正比。聚合反应速率随时间而变化，先增加后衰减，最终达到稳态。

动力学受催化剂和聚合条件的影响，如催化剂的化学物理结构和活化剂的性能、催化剂和活化剂的比例及浓度、氢浓度、温度、搅拌速度等。

催化体系的复杂性以及非均相特性使得准确地分析动力学参数非常困难。对于不同类型的催化剂，它们的反应速率常数有很大差别，如 $MgCl_2$ 负载的催化剂与常规的 $TiCl_3$ 催化剂相比，反应速率常数要高很多，因此它们的聚合反应速率也相差很大。茂金属催化体系的反应速率常数则比氯化钛体系更高。

1.3.4　PP 生产工艺

等规聚丙烯的生产工艺按聚合类型分类主要有 3 种，即本体法工艺、气相法工艺和本体法-气相法组合工艺。早期还有溶液法工艺和溶剂浆液法工艺(简称浆液法，也称淤浆法)。

丙烯聚合催化剂性能的提高促进了 PP 生产工艺的不断进步，PP 生产工艺已经从初期的低活性、中等规度的第一代工艺(溶液法、浆液法)，以及高活性、可省脱灰工序的第二代工艺(浆液法及本体法)，发展到超高活性、无需脱灰及无需脱无规物的第三代工艺(气相法、本体-气相组合工艺)。近年来，传统的浆液法工艺在 PP 生产中的比例明显下降，新建的 PP 装置已不再采用传统的浆液法工艺。

当前，世界上先进的 PP 生产工艺主要是属于第三代 PP 生产工艺的本体-气相法组合工艺和气相法工艺。本体-气相法组合工艺典型的专利技术有：Basell 公司的 Spheripol 本体-气相法组合工艺技术、Prime Polymer 公司的 Hypol 本体-气相法组合工艺技术、Borealis 公司的 Borstar 本体-气相法组合工艺技术和中国石化的 ST 本体-气相法组合工艺技术。气相法工艺典型的专利技术有：Dow 化学公司的 Unipol 气相流化床工艺技术、Lummus 公司的 Novolen 气相法工艺技术、Ineos 公司的 Innovene 气相法工艺技术、Basell 公司的 Spherizone 气相法工艺技术、日本聚丙烯公司(JPP)的气相法工艺技术以及住友公司(Sumitomo)的气相法工艺技术。世界上采用气相法工艺和本体-气相法组合工艺的聚丙烯生产装置的比例逐年增加，目前各国在建和新建的聚丙烯装置基本上多采用气相法工艺和本体-气相法组合工艺。

1.3.4.1 溶液法工艺

溶液法是早期采用的方法。丙烯在 160~170℃ 的温度和 2.8~7.0 MPa 的压力下进行聚合，所得到的 PP 溶解到溶剂中，因而称溶液法。这种方法可以迅速测定其聚合物黏度，易于控制分子量和分子量分布，但所生成的树脂分子量低，特别是工艺流程长，无规物多达 20%~30%，生产成本极高。代表性工艺是 Eastman 公司的高温溶液工艺技术，聚合温度保持在 150℃ 以上，以阻止等规聚合物产品在烃类溶剂中的析出。产品需脱催化剂残渣和脱无规物。

1.3.4.2 浆液法(淤浆法)工艺

浆液法工艺又称淤浆法(Slurry Process)或溶剂法工艺，是世界上最早用于生产聚丙烯的工艺技术。从 1957 年第一套工业化装置一直到 20 世纪 80 年代中后期，长达 30 年的时间里浆液法工艺一直是最主要的聚丙烯生产工艺。典型工艺主要包括意大利的 Montedison 工艺、美国 Hercules 工艺、日本三井东压化学工艺、美国 Amoco 工艺、日本三井油化工艺以及索维尔工艺等。这些工艺开发时都基于当时的第一代催化剂，采用立式搅拌釜反应器，需要脱灰和脱无规物，因采用的溶剂不同，工艺流程和操作条件有所不同。到后期，改用了高效催化剂，因而有常规催化剂浆液法和高效催化剂浆液法之分。

(1) 常规催化剂浆液法　早期的浆液法采用常规 Z-N 催化剂，用惰性溶剂作稀释剂，将丙烯和催化剂加入到串联连接的反应器中，在 50~80℃、1~2MPa 下进行聚合反应，生成的聚合物成粉粒状悬浮在稀释剂中。反应结束后的浆液，经闪蒸脱除未反应的单体、回收溶剂、脱除催化剂残渣和脱除无规物等工序，然后经干燥造粒得到成品。

该技术的代表是意大利 Montecatini 浆液法工艺技术，它也是 1957 年 PP 首次工业化采用的技术。另外 Hercules、Solvay、三井油化、三井东压、住友化学等都开发了类似的技术。

(2) 高效催化剂浆液法　采用常规催化剂的浆液法，水平较低，必须考虑脱灰和脱无规物等问题。1975 年 Montedison 和三井开发成功 $MgCl_2$ 负载的高效催化剂以后，使浆液法聚合工艺大大简化，导致了生产成本和建设费用的大幅度下降。典型代表是三井化学的高效淤浆法工艺技术，在采用了高效催化剂以后，省去了原工艺中的脱灰、稀释剂和甲醇的回收等工序，无规物也大为减少，流程较采用常规催化剂时大为简化。此外，聚合物的粒型好、表观密度大、细粉少，并且聚合物的机械性能如冲击强度、屈服强度、刚性等与常规催化剂生产的树脂相比有明显的提高。

1.3.4.3 本体聚合工艺

与采用溶剂的浆液法相比，本体法是液相丙烯进行聚合，不使用惰性溶剂，因而具有反应器内单体浓度高，聚合速率快，催化剂活性高等优点。本体法工艺的研究开发始于20世纪60年代，1964年美国Dart公司采用釜式反应器建成了世界上第一套工业化本体法聚丙烯生产装置。1970年以后，日本住友、Phillips等公司都实现了液相本体聚丙烯工艺的工业化生产。本体聚合工艺是20世纪60年代最初由Rexall药物化学公司和Phillips石油公司开发的。本体聚合工艺不采用烃类稀释剂，而是把丙烯既作为聚合单体又作为稀释溶剂来使用，在50～80℃、2.5～3.5MPa条件下进行聚合反应，当聚合反应结束后，只要将浆液减压闪蒸即可脱除单体(兼作稀释剂)。

早期的本体聚合工艺由于采用低活性的常规催化剂，必须脱除催化剂残渣和无规物，并且产品的等规度和收率较低。后来高产率、高立构定向性催化剂的采用，使得传统的本体工艺省去了脱灰和脱无规物工序。

本体聚合工艺按采用的聚合反应器的不同，分为釜式聚合工艺和管式聚合工艺。釜式反应器是利用液体蒸发的潜热来除去反应热，蒸发的大部分气体经循环冷凝后返回到反应器，未冷凝的气体经压缩机升压后循环回反应器。环管反应器则是利用轴流泵使浆液高速循环，通过夹套冷却撤热，由于传热面积大，撤热效果好，因此其单位反应器体积产率高，能耗低。

本体法生产工艺按聚合工艺流程，可以分为间歇式聚合工艺和连续式聚合工艺两种。一种是间歇本体法工艺。间歇本体法聚丙烯聚合技术是我国自行研制开发成功的生产技术，具有生产工艺技术可靠，对原料丙烯质量要求不是很高，流程简单，投资省、产品牌号转换灵活的特点，但原料消耗定额较偏高，产品的品种牌号少，档次也不高，用途较窄。目前，我国采用该法生产的聚丙烯生产能力约占全国总生产能力的24%。第二种是连续本体法工艺。该工艺主要包括美国Rexall工艺、美国Phillips工艺以及日本Sumitimo工艺。根据反应器形式的不同，又分为釜式连续本体聚合工艺和管式连续本体聚合工艺两种。釜式连续本体聚合工艺的代表是美国Rexall釜式连续聚合工艺和日本Sumitimo公司的Sumitimo工艺。Rexall釜式连续聚合工艺介于溶剂法和本体法工艺之间，采用立式搅拌反应釜，用丙烷含量为10%～30%(质量分数)的液态丙烯进行聚合，生产均聚物和无规共聚物。Sumitimo工艺于1974年开发成功，工艺基本上与Rexall本体法相似，但使用SCC络合催化剂(以一氯二乙基铝还原四氯化钛，并经过正丁醚处理)，液相丙烯在50～80℃、3.0MPa下进行聚合，反应速率高，聚合物等规指数也较高，还采用高效萃取器脱灰，产品等规指数为96%～97%，产品为球状颗粒。管式连续本体聚合工艺的代表是美国Phillips石油公司的环管工艺，采用环管型反应器生产均聚物和无规共聚物，具有全容积装料、单位反应容积所占有的传热面积大、传热系数高、生产强度高，而且环管内物料流速快、凝胶少、切换牌号的时间短，设备结构简单等特点[4]。

1.3.4.4 本体法-气相法组合工艺技术

本体法-气相法组合工艺综合了本体法和气相法各自的优点，因而具有较强的竞争力，是目前最为广泛采用的工艺，主要包括Basell公司的Spheripol工艺、日本三井化学公司的Hypol工艺和北欧化工公司的Borstar工艺等。

（1）Basell 公司的 Spheripol 工艺　该工艺是环管液相本体工艺和气相工艺的组合，1982 年由 Montedison 公司开发成功并工业化，现在归 Shell 和 BASF 合并而成的聚烯烃专业公司 Basell 公司所拥有。

该工艺采用一个或多个环管本体反应器和一个或多个串联的气相流化床反应器，在环管反应器中进行均聚和无规共聚，在气相流化床中进行抗冲共聚物的生产。采用高性能 GF-2A 或 FT-4S 球形催化剂，无需脱灰和脱无规物，产品有可控的粒径分布，等规度为 90%~99%。

Spheripol 工艺是全球应用最广泛的 PP 工艺，可生产宽范围的丙烯聚合物，包括 PP 均聚物、无规共聚物和三元共聚物，多相抗冲和专用抗冲共聚物（乙烯含量高达 25%）以及高刚性聚合物，投资费用和运转费用较低。

（2）三井油化的 Hypol 工艺　Hypol 工艺由日本三井化学公司于 20 世纪 80 年代初期开发成功，该工艺采用 HY-HS-II 催化剂（TK-II），Hypol 工艺将釜式本体聚合工艺和气相工艺相结合，均聚物和无规共聚物在釜式液相本体反应器中进行，抗冲共聚物的生产在均聚后，在气相反应器中进行。

该工艺采用最先进的高效、高立构定向性催化剂 TK-II，是一种无溶剂、无脱灰工艺，省去了无规物及催化剂残渣的脱除。该工艺可生产包括均聚物、无规共聚物和抗冲共聚物在内的全范围 PP 产品，产品的等规度可达 98%~99%，聚合物具有窄的和可控的粒度分布，不仅可稳定装置的运转，且作为粒料更易运输。

（3）Borealis 的 Bostar 工艺技术　Borealis 公司继开发成功 Borstar 双峰聚乙烯工艺之后，又于 1998 年成功地开发了 Borstar 双峰 PP 工艺，2000 年 5 月在奥地利的 Schwechat 建成了世界上第一套双峰 PP 生产装置，生产能力为 200kt/a[11]。

该工艺通过选择反应器组合可生产均聚物、无规共聚物、多元共聚物和橡胶含量非常高的多相共聚物。生产均聚物和无规共聚物时，采用一个环管反应器和一个气相反应器；生产多相共聚物时，需加上一个或两个气相反应器。该工艺的特点是环管反应器中的物料在超临界状态下操作，即在超过丙烯临界点的条件下操作，此时超临界流体黏度低，适于生产高流动指数的低分子量聚丙烯，不会发生粘壁现象，同时聚合温度和压力都较高（95℃、6.0MPa），一是高温有利于进一步提高所使用的高活性 $MgCl_2$ 载体催化剂 BCl 的活性；二是能够防止气泡的形成。由于传统的聚丙烯工艺均在丙烯的临界点以下进行聚合反应，聚合温度太高会导致物料中的乙烯、氢气等轻组分生成气泡，为此只能将温度控制在 70~80℃，不能充分发挥 Z-N 催化剂的活性。

对于均聚物和无规共聚物的生产，液相本体聚合后，丙烯和从环管反应器出来的聚合物在流化床气相反应器中继续反应，该反应器的操作条件为温度 80~90℃、压力 2.5~3.5MPa。从上述气相反应器出来的聚合物经过脱除残留烃，就可送去挤出造粒。对于多相共聚物的生产，从气相反应器出来的聚合物再进入另一个较小的气相反应器中，以生成共聚物的橡胶相。以上每个反应器的聚合条件均可独立控制，这样既可生产标准的单峰产品，又可生产宽分子量分布的多峰产品。该工艺可生产宽范围的 PP 产品，从非常硬到非常软的聚合物，熔体流动速率范围为 0.1~1200g/10min，并且可定制用户需要的产品。

1.3.4.5 气相法聚合工艺[5]

PP气相聚合工艺是1969年由BASF公司首先工业化的。按采用的反应器类型的不同可分为气相搅拌床工艺和气相流化床工艺，前者又分为立式搅拌床和卧式搅拌床两种。

（1）气相搅拌床工艺　该工艺与流化床气相聚合工艺的差别是，反应器内气相单体的流动速度保持在流化速度以下，因此，时空产率要比流化床气相法高；向反应器内通入液相丙烯，令其吸收聚合热后汽化，可以有效地除去聚合热。

① Novolen气相搅拌床工艺(立式搅拌床气相反应器)　Novolen工艺是BASF公司最初开发成功的，是气相搅拌床工艺的典型代表。1997年开始归BASF和Hoechst合并成立的Targor所有，2000年底由于Basell的成立，该工艺转给由ABB Lummus公司和Equistar公司成立的合资公司Novolen Technology Holdings(简称NTH)所有[12]。

该工艺采用立式搅拌床反应器，内装双螺带式搅拌器。早期的Novolen工艺采用常规催化剂，因此聚合物中催化剂残渣较多。1990年BASF公司采用高效催化剂，更新了此工艺。新工艺不需脱灰，不需脱无规物，省去了脱氯过程。可生产丙烯均聚物、无规共聚物、三元共聚物和分散橡胶颗粒高达50%的抗冲共聚物以及高刚性产品。

② Innovene气相搅拌床工艺(卧式搅拌床气相反应器)　气相搅拌床工艺的另一典型代表是BP的Innovene气相工艺，即原Amoco/窒素气相工艺。该工艺采用卧式搅拌床气相反应器，通过液体丙烯汽化控制反应温度。它采用第四代超高活性、非常高立构定向性和可控形态的负载型催化剂，可生产均聚物、无规共聚物和在较宽温度范围内刚性和冲击强度平衡性极好的抗冲共聚物。

该工艺能耗低，乙烯-丙烯抗冲共聚物性能出色，过渡料极少，聚合物产量高，且具有高开工率。由于每一工艺步骤被简化，因而该技术的最初基建投资低且减少了生产成本，并且产品均匀性好，质量控制容易。

③ 窒素的气相搅拌床工艺　该工艺采用水平柱塞流反应器，采用的催化剂具有高活性和高选择性，并具有可控形态。工艺流程简单，能量消耗较低，因此具有较低的投资费用和生产费用。此外，产率较高，产品一致性好，质量控制优异，产品适用性广，并且乙丙抗冲共聚物的性能很好。

（2）气相流化床工艺

① Univation的Unipol气相流化床工艺技术　Unipol工艺技术是气相流化床工艺的典型代表，Unipol PP工艺技术是UCC和Shell于20世纪80年代中期合作开发的，是一种PP生产新工艺。现由Dow化学的子公司Univation发放技术许可。该工艺流程中没有预聚工序，而是采用一个大的气相流化床反应器生产均聚物和无规共聚物，再串联一个气相流化床反应器，可生产抗冲共聚物。再加上它采用Shell公司开发的超高活性催化剂SHAC，流程简单，省掉了催化剂钝化、脱灰和脱无规物工序。可生产熔体流动速率为0.1~3000g/10min、等规度高达99%的均聚物，乙烯含量最高达12%(摩尔)或丁烯含量达21%(摩尔)、具有宽熔体流动速率范围(从低于0.1g/10min到高于100g/10min)的无规共聚物以及具有好的刚性和抗冲击平衡性能的各种抗冲共聚物。该工艺简单、直接，投资和运转费用较低，污染小，起火和爆炸危害极小，易于操作和维修。

② Basell公司的Spherizone气相流化床工艺技术　近年来在Spheripol工艺基础上，Basell公司又开发了Spherizone气相工艺，聚合反应系统由一环管型的多区气相反应器

(MZCR)和气相聚合釜(生产高抗冲产品用)构成，PP 产品的性能进一步提高，品质也更加均匀。中国石化天津石化分公司引进的单线 450kt/a Spherizone 工艺装置已于 2010 年 4 月投入生产运行。

③ 住友的气相流化床工艺技术　20 世纪 70 年代初期，住友公司开发了液相本体工艺，但是由于抗冲共聚物中橡胶段溶于液相丙烯，因此不能生产抗冲共聚物，80 年代又开发成功气相工艺。住友的气相工艺可生产包括均聚物、无规共聚物和抗冲共聚物在内的全范围 PP 产品，可制得用于注塑的超高抗冲 PP 和用于薄膜的非常柔软的 PP。住友公司采用其开发的高活性、高选择性、形态非常好的催化剂，用于 PP 的生产无需脱灰、无需脱无规物。

1.3.4.6　Catalloy 及 Hivalloy 技术

Montell 公司在 20 世纪 90 年代成功开发了两种生产具有高附加值 PP 的新技术，即 Catalloy 及 Hivalloy 技术。Catalloy 技术是采用特殊的催化剂，在三个气相反应器中使丙烯与不同的共聚单体及第三单体(包括以前聚烯烃生产中从未用过的第二单体)共聚，生成一系列反应器内合金和热塑性弹性体，产品主要是极软的特殊膜类产品及特殊抗冲产品。目前 Basell 公司有四套使用 Catalloy 技术的 PP 生产装置在运转，总生产能力为 550 kt/a。其中两套装置分别于 1991 年建在意大利的 Ferrara 及 1992 年建在北美 Texas 的 Bayport，通过数次脱瓶颈，每套装置产量在 100kt/a 以上。1997 年第三套 150 kt/a 的装置在荷兰的 Moerdijk 建成投产；第四套装置于 2005 年建成。2007 年，全球 Catalloy 产品销售量为 430 kt，近几年的年增长率 8% 左右。

Hivalloy 工艺采用两步或三步合金技术，在 PP 主链上接枝苯乙烯、丙烯酸、甲基丙烯酸甲酯等极性共聚单体，以使 PP 与其他树脂共混时有更好的相容性，从而得到新型高性能工程塑料化 PP 树脂。Hivalloy 工艺的开发使 PP 成为最好的工程聚合物之一，其耐候性和光泽保留性可与 ABS 或 PC 相竞争，而成本却较低。Hivalloy 已成为汽车工业的选择用料，用于安装安全气囊的汽车侧柱，已通过低温耐冲击试验。Montell 公司在北美 Bayport 有一套 6800t/a 的 Hivalloy 半工业化装置，通过脱瓶颈将使生产能力达到 13.6kt/a。

1.3.5　PP 工艺技术的国产化进展[6]

我国的 PP 技术在自主创新、引进与国产化相互并存、相互竞争中不断发展。在 PP 工艺技术的自主创新开发方面，我国根据国情和炼厂气资源既丰富而分散的特点，早在 20 世纪 80 年代，就自主开发了丙烯本体法间歇聚合工艺。该工艺依托炼油催化裂化(FCC)装置，以炼厂丙烯为原料，采用络合-II 型、N 型、CS 型及 DQ 型等催化剂，实行多釜间歇聚合操作，PP 产品多为粉料，工艺具有流程短、操作简单、技术成熟、装置设备少、工程投资少、建设周期短等优点，已广泛用于国内众多炼油厂的 PP 生产。它为炼厂气的综合利用提供了较好的途径，已成为独具特色的、成熟的 PP 生产工艺。

20 世纪 90 年代，中国石化在对引进的丙烯本体连续聚合工艺进行消化吸收的基础上，开发了国产化第一代环管法 PP 工艺技术，相继建成 7 套 70kt/a 和 1 套 100kt/a 的 PP 装置。之后，又开发出带有串联双环管反应器，能够生产聚丙烯均聚物和无规共聚物产品的第二代环管 PP 技术，并在上海石化建成了 200kt/a 的 PP 装置，第二代环管 PP 工艺技术采用国产催化剂，使产品质量和牌号均能满足市场需求，达到同时期同类装置的国际先进水平。

以国产化第二代环管聚丙烯技术为基础并加以改进，中国石化还开发成功单线300kt/a PP大型化环管成套技术，于2006年在茂名石化建成300kt/a装置并顺利投产，装置设计先进，聚合压力较高，采用国产化N、DQ、ND催化剂，能生产聚丙烯均聚物27个牌号，无规共聚物12个牌号，其中包括高刚性、高模量以及高熔体流动速率的产品和双峰产品；2010年又在镇海炼化建成了300kt/a改进型第二代环管聚丙烯装置，采用双环管反应器串联气相搅拌釜聚合反应器。这标志着我国已经具备环管法PP工艺技术大型化、工程化的能力，成为国际上为数不多的掌握300kt/a以上规模PP技术的国家。采用自主开发的环管法工艺技术，在国内建成的PP生产能力已超过3000kt/a，是我国国内主要的聚丙烯生产工艺。

在聚丙烯工艺技术国产化取得成功的基础上，中国石化为提高技术的成套性和降低装置建设成本，又大力推进了挤压造粒机组、气流输送等大型机组和系统的国产化进程。聚丙烯造粒均采用双螺杆挤压造粒机组，机组由电动机、减速箱、双螺杆挤压机、旋转切粒刀及水冷系统组成。目前，国际上与单线PP聚合装置匹配的挤压造粒机最大生产能力可达500kt/a。德国的Coperion公司(前WP)、日本的日本制钢所(JSW)和神户制钢所(KSL)是大型挤压造粒机组的主要制造商。2007年，中国石化组织大连橡胶塑料机械股份有限公司、中国石化工程建设公司、中国石化燕山分公司等六家单位组成联合攻关组，开展我国首台200kt/a大型混炼挤压造粒机组(机组设计能力33t/h)国产化攻关，到2010年第一台200kt/a国产化挤压机在中国石化燕山分公司聚丙烯装置投入使用，机组各项性能指标全面达到设计要求，这表明我国已掌握了挤压机组制造的核心技术，打破了国外大公司在挤压造粒机组上的垄断地位。目前，正在开发研制更大的机型。

聚丙烯粉体的气流输送系统也是聚丙烯配套工序的重要环节，气流输送技术是依赖实验和测试的技术，为此，2003年中国石化组建了专业粉体输送公司——上海金申德粉体工程有限公司(KSD)，依托上海石化工程公司的粉体输送工程技术力量和金陵石化公司研究院的粉体输送实验力量，于2005年建成了世界上最先进、规模最大的气流输送试验装置，掌握了稀相和密相气流输送工艺设计及相关核心技术，申请了多项专利。2005年以来，KSD设计并成套供货了包括中国石化福建、天津、镇海百万吨级乙烯工程中的所有聚烯烃装置在内的30多个项目的气流输送系统，并全部开车成功。

1.3.6 PP工艺的全流程模拟

对丙烯聚合生产过程进行计算机全流程模拟已日益得到重视，无疑这有助于装置的生产操作优化、新牌号开发和装置的工程设计。为此需要建立一个既能反映聚合反应机理又能紧密结合装置运行状态的全流程动态数学模型，而生产工艺动态流程模型的建立首先需要建稳态流程模型，有了稳态流程模型，再应用Aspen Dynamics软件，结合增加反应釜实际参数、液位等动态参量，就可以提出工厂实际操作中的控制方案及设定控制参数，从而得到动态流程模型。因此，建稳态流程模型是基础性的。那么，如何建立稳态流程模型呢？由于在稳态下，丙烯聚合过程主要与反应热力学、反应动力学和物料在反应器中的流体力学密切相关，为此，要先建立丙烯聚合反应热力学模型、丙烯聚合反应动力学模型和反应器内物料混合与流动模型这3个基础数学模型。

首先是聚合反应热力学模型，对丙烯本体聚合工艺，聚合反应热力学模型常采用PC-SAFT状态方程，建立起一系列的液相聚合反应釜、釜顶蒸汽循环撤热、气相聚合反应器、气相循环撤热、丙烯单体冷凝回收等单一工序的模型。

其次是聚合反应动力学模型，对丙烯本体聚合工艺，先是根据丙烯聚合反应机理以及微观动力学的基元反应，确定丙烯聚合反应的动力学模型，然后通过聚合试验、现场操作参数以及聚丙烯分子量分布的解析结果等确定反应动力学模型的参数，并借助于 Polymers Plus 软件，最终建立宏观动力学模型。

再次是反应器内物料混合与流动模型，重点是利用流体力学专业知识，分析反应器内物料混合与流动模式并建模。对丙烯本体聚合工艺，聚合反应若在环管反应器中进行，可以认为是全混流反应器，物料在环管内的流动为平推流，结合 CSTR 反应器模型，对反应中各物料进行衡算，建立相关微分方程组。

以上述丙烯聚合稳态模拟模型为基础，采用 Aspen Dynamics 软件可以建立丙烯聚合过程的动态模拟模型，以便研究动态过程中操作条件的变化对聚合过程和产品性能的影响，能够为装置的优化控制、更换催化剂、应用新催化剂和给电子体助剂后产品质量的预测、不同牌号产品切换过程模拟计算提供有效的模型计算基础。

最后，对所建立的流程模拟模型进行必要的验证，通过与实际生产数据进行对比，并进行必要的修正，直到验证结果表明，所建模型与实际生产数据吻合较好为止。

由于在建立稳态模型的过程中往往基于一定的近似或假设，如活性中心在环管内分布均匀、聚合过程中各步速率常数相等(等活性假定)、忽略催化剂颗粒的沉积、只考虑聚合链向氢气、单体和烷基铝转移等，因此，此类模型还无法替代聚合反应工程中的过程放大计算和必要的中间放大试验。但此类模型用于优化已有装置的生产、指导装置扩能技术改造、牌号切换与新牌号开发等还是很有用的，例如考察氢气进料量对反应釜产量、产品数均分子量以及熔体流动速率的影响，考察产品牌号切换过程中各反应釜工艺参数以及如何缩短过渡时间以减少过渡料等。

1.4　结构与性能

1.4.1　立构规整性与结晶行为

由于聚丙烯主链上含有众多不对称碳原子，这些叔碳原子上的甲基在三维空间有不同的排列方式，因而存在三种不同立体结构的 PP，即等规、间规和无规结构，如图 1-1 所示。

图中主链叔碳原子上的甲基全部排列在分子链一侧的为等规 PP(iPP)[图 1-1 (a)]；如甲基在主链两侧交替排列，则为间规 PP(sPP)[图 1-1 (b)]；如甲基不规则地排列于链的两侧，则称为无规 PP(aPP)[图 1-1 (c)]。等规聚丙烯和间规聚丙烯是能够结晶的，而无规聚丙烯为非晶材料。目前工业生产的 PP 大多为等规聚丙烯，以等规结构为主，同时也含有立构嵌段物(有规和无规链段)，及少量的无规物和间规物。具体的组成结构与所使用的催化剂和聚合反应条件有关。

工业上通常采用 PP 在正庚烷中不溶物的百分数来粗略地表示等规 PP 中等规物的含量，称为等规度，而无规物在正庚烷中是可溶的。

PP 的等规度越高，结晶能力越强，在相同的条件下结晶时则可以获得更高的结晶度和较高的熔点。因此等规聚丙烯具有较高的刚性、强度、硬度和耐热变形性。

随着研究的不断深入和人们对聚丙烯认识水平的提高，仅仅使用庚烷不溶物来描述聚丙烯的等规性已经远远不够了。从链结构的观点看，庚烷不溶物中的结构也不尽相同，存在着

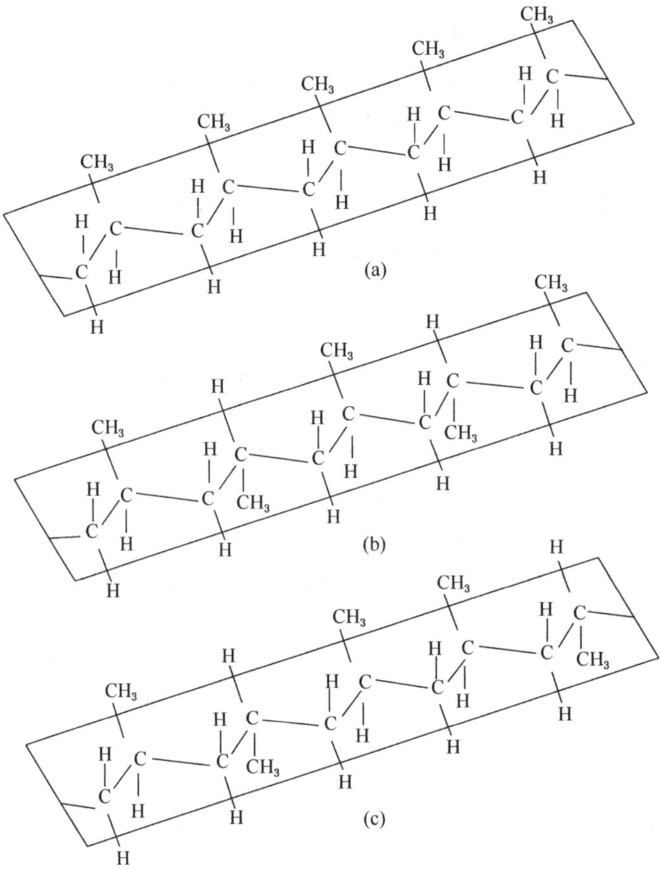

图 1-1　聚丙烯的不同构型

（a）等规物；（b）间规物；（c）无规物

等规序列长度和等规序列长度分布等方面的差异。这种差异对性能同样是有着很大的影响的。采用升温淋洗分级技术（TREF）可以有效地将不同等规性的分子链加以区别，从而可以更清楚地研究和了解聚丙烯等规结构及其对性能的影响。

等规 PP 在结晶时分子链取螺旋形构象排入晶格，而螺旋链在空间的堆砌方式又决定着聚丙烯的晶型，对等规聚丙烯而言，通常有 α、β、γ 三种晶型，其中以单斜晶系的 α 晶最为普遍和稳定。不同晶型的晶体在密度、熔点及某些力学性能如冲击强度等方面有所不同。目前用 Z-N 催化剂生产的 iPP，在通常加工条件下均形成 α 晶型，具有强度高、刚性好但韧性低、耐热稍差等特点。β 晶型聚丙烯（β-PP）的冲击强度高和耐热性能要胜过 α 晶型的 PP（α-PP），但强度和刚性略低些。可加入 β 晶型成核剂使 α-PP 完全形成 β 晶型，从而克服普通聚丙烯韧性差、耐热等级不高等问题，促进其应用领域的扩大。

除晶型外，等规聚丙烯的球晶尺寸大小和分布对性能亦有很大的影响。根据结晶条件的不同，球晶的大小可以在几个微米到上百个微米之间变化。在结晶度相近的情况下，球晶尺寸越小，则雾度越低，透光性越好。同时，细化的晶粒也有助于冲击韧性的提高。添加成核剂是细化晶粒、提高性能的有效途径之一。

类似于等规聚丙烯，间规聚丙烯也存在多个晶型。等规、间规和无规 PP 的性质见表 1-5。

表 1-5 等规、间规和无规 PP 的性质[7]

性 质	等规 PP	间规 PP	无规 PP
密度/(g/cm^3)	0.92~0.94	0.89~0.91	0.85~0.90
熔点/℃	165	135	
在烃中的溶解性(20℃)	不溶	中	高
屈服强度	高	中	非常低

1.4.2 分子量和分子量分布

PP 的分子量常用黏度法测定。聚合物在溶液中的特性黏度 $[\eta]$ 和黏均分子量 M_v 通过 Mark-Houwink 方程式相关联：

$$[\eta]=KM_v^{\alpha}$$

上式中的 K 和 α 因所用溶剂而不同，如在十氢萘中于 135℃ 测定，$K=2.38\times10^{-4}$，$\alpha=0.725$。

工业上 PP 的分子量也常用熔体流动速率来粗略估计，熔体流动速率高则对应于较低的分子量。

聚合物的多分散性决定了其分子量不可能是单一的，而是有一定的分布，因此，就有各种不同的统计平均量。通常采用重均分子量与数均分子量的比值来表示分子量分布宽度。凝胶渗透色谱法(GPC)是较为常用的各种平均分子量及分子量分布宽度的测试方法。此外也可用流变的方法来间接评估分子量和分子量分布宽度。

1.4.3 分子量和结晶性对聚丙烯性能的影响

PP 的分子量和结晶度对其常用物理机械性能的影响规律见表 1- 6。

表 1-6 PP 的分子量和结晶度对物理性能的影响[7]

性 能	分子量增加	结晶度增加	性 能	分子量增加	结晶度增加
弯曲模量	下降	上升	硬度	下降	上升
拉伸屈服强度	下降	上升	流动性	下降	不变
断裂伸长	上升	下降	溶胀	上升	不变
缺口冲击强度	上升	下降	熔体强度	上升	不变
蠕变	上升	上升	热变形温度	下降	上升

1.4.4 耐化学性

等规 PP 具有较好的耐化学性，能耐 80℃以下的酸、碱、盐液及许多有机溶剂，但遇浓硫酸和发烟硝酸等强氧化剂会发生侵蚀。

PP 链上含有结合的氢原子和叔碳原子，和氧反应引起链的断裂，聚合物变脆。这种行为在高温、光或机械应力下会加剧，必须加入稳定剂进行保护。

1.4.5 典型的商品化聚丙烯物理机械性能

PP 产品分为均聚物、抗冲共聚物和无规共聚物，它们的典型性能见表 1-7。

表 1-7　PP 均聚物和共聚物的性能[8]

性　能	测试方法	均聚物	无规共聚物（乙烯摩尔分数 4%）	抗冲共聚物（EPR 质量分数 15%）
密度/(g/cm^3)	ASTMD792	0.91	0.90	0.90
MFR/(g/10min)	ASMD1238	5	5	5
拉伸屈服强度/MPa	ASTMD638	35	28	28
断裂强度/MPa	ASTMD638	38	31	33
断裂伸长率/%	ASTMD638	600	650	600
弯曲模量/MPa	ASTMD790	1500	1000	1200
硬度	ASMD785	95	87	87
悬臂梁缺口冲击强度(J/m)	ASTMD256	31	45	90
熔点/℃		170	1ω	170
热变形温度/℃	ASMD648	113	106	112
体积固有电阻率/Ω·cm	ASTM 0257	$>10^{16}$	10^{17}	
介电常数/10^6Hz	ASTMD150	2.2	2.2	
损耗因子/10^6Hz	ASMD150	4.5×10^{-4}	3.0×10^{-4}	
吸水率(24h)/%	ASTM D570	0.02	0.03	
成型收缩率/%		1.6~2.5	1.6~2.5	1.5~1.8

1.5　牌号与加工

1.5.1　产品牌号

由于生产 PP 时采用的催化剂体系、聚合配方和工艺、助剂体系以及改性方法的不同，使得产品的加工性能和物理机械性能有一系列差异，以分别适用于不同用途的制品。因此生产厂家常按一定的规律给每一种具有特定性能和用途的 PP 一个代号，统称为牌号。牌号的多少可以体现生产企业的技术水平和市场意识。聚丙烯的产品牌号大体可分为四大类：一是注塑牌号，其中高档的专用树脂牌号，用于制造汽车保险杠、冰箱内件、洗衣机桶等，要求 PP 树脂流动性能好，强度和韧性也好，必须采用丙烯与乙烯共聚的方法来专门生产，现在，国外跨国公司又开发出釜内合金新工艺，可以在聚合釜内就直接合成出高抗冲(HIPP)的 PP 高端牌号，而不必像以前那样要经过共混增韧处理才能达到高抗冲要求。目前，中国石化和中国石油均在通过承担国家 973 等研究项目，开发拥有自主知识产权的釜内合金工艺生产 HIPP 的成套技术。二是 BOPP 牌号，即用于制造双向拉伸聚丙烯薄膜的专用 PP 树脂牌号，其中，拉伸速度超过 400m/min 的高速 BOPP 专用料要求树脂有适当质量分数的高分子量分子链段，同时还要有较高的等规度及合适的等规度分布。目前，中国石化通过承担国家 973 研究项目并经过产学研攻关，已经开发成功通过改进共聚工艺或改进均聚工艺大规模生产这种高速 BOPP 专用树脂的技术。此外，拉膜牌号 PP 也可以与碳酸钙共混后经双向拉伸生产 PP 合成纸。三是纤维拉丝料牌号，利用 PP 结晶性好和熔体易于拉制成纤的特性生产聚丙烯纤维，普通的 PP 拉丝料牌号大量用于制造社会上广泛使用的编织袋；高档的纤维级专用料牌号用于生产无纺布，大量用于制造土工布和目前生活中大量使用的尿不湿及卫生巾。此外，纤维级 PP 牌号也大量用于生产香烟的过滤嘴。四是管材料牌号，尤其是采用无规共聚工艺生产的 PPR 管材专用料，大量用于建筑物中的上下水管和地板采暖管，与过去的铁管相比，PPR管材具有易加工、制成品质量轻、韧性好、不锈蚀和强度也够用的优点，因此，国内外PPR作为化学建材已得到广泛应用，国内金德管业就是一家著名的PPR管材制造商。

虽然PP具有许多优良的性能，但是传统的聚丙烯由于自身结构的不足，也有许多不尽人意之处，如存在低温抗冲击性差，刚性不如聚苯乙烯等硬质品种，熔体强度较低，不易进行发泡制品的加工等缺点，此外还有易老化、易燃烧、成型收缩率大等缺点。为了改善其性能，增加品种、扩大应用面、降低成本，在对聚丙烯本身的结构如等规性、分子量和分子量分布等进行调控外，常需要进行PP的改性。改性的方法主要有物理改性和化学改性。物理改性主要包括共混、填充、添加助剂等；化学改性包括共聚、交联等。

提高PP性能，不仅指产品的最终使用性能，也包括提高产品的加工性能，其中流变性能是一个很关键的因素。要研究和了解特定材料在剪切和拉伸流动场中的材料的响应情况和变化趋势，根据不同的加工方式和工艺要求进行针对性的研究也是牌号开发工程中一个不可缺少的环节。总之，应当重视牌号开发工作、提高牌号开发的能力和水平，并侧重持续开发一批国内急需的聚丙烯专用树脂牌号。

1.5.2 加工

PP具有良好的加工性能，和一般热塑性树脂一样，可采用注塑成型、双向拉伸、挤出成型、吹塑成型、热成型等方法进行成型加工，PP制品还可进行涂饰、黏合、印刷、焊接、电镀、剪切、切削、挖刻等二次加工。

1.5.2.1 注塑成型

注塑成型采用柱塞式或螺杆式注射机。PP经熔化、注塑、冷却成型，然后将制品脱模、整修。PP的注塑成型工艺条件见表1-8。PP的注塑制品常用于汽车、家用器具、货箱、日用品等。

表1-8 PP的注塑成型工艺条件[9]

熔体流动速率/(g/10min)	注射温度/℃		注射压力/MPa		模具温度/℃	
	活塞式	螺杆式	活塞式	螺杆式	活塞式	螺杆式
3	220~260	200~250	200~100	40~70	40~60	40~60
1	240~280	220~260	200~100	40~70	40~60	40~60
0.3	260~300	240~280	200~100	40~70	40~60	40~60

1.5.2.2 挤出成型

PP树脂在挤出机中经加热、加压，使其成熔融流动状态，然后从口模将其连续挤出而成型。此法用以生产PP薄膜、管、片、单丝、纤维等。

PP的挤出成型要求$L/D>20$，压缩比3~4，计量段较长、混炼效果较好的螺杆，挤出温度约为180~280℃，采用T-模挤出法和挤出吹胀法制造PP薄膜。尤其值得一提的是，PP的挤出-拉伸成型可得到一大类拉伸制品，如PP的窄带、打包带、单丝、扁丝及其编织袋，单丝及其绳索、纤维及其织物和性能优良的双向拉伸聚丙烯(BOPP)薄膜。

(1) 薄膜 BOPP的生产是将PP厚膜(平膜或管状膜)预热到熔融温度以下的某个温度，沿平膜的两个方向或沿管状膜的纵横向拉伸3~10倍，从性能和成品率两方面综合考虑，通常纵向拉伸5~8倍，横向拉伸6~8倍为好，拉伸后保持拉紧条件下于120~160℃继续进行热处理，使横向收缩 10%～30%，纵向收缩 15%以下，以便消除拉伸产生的形变应力，冷却固化后制得热稳定性好的 BOPP 薄膜。

由于 BOPP 薄膜在制造过程中经受过双向拉伸处理，因此它具有突出的力学性能，尤其是拉伸强度大幅度提高。此外光学性能优良，透光率在 90%以上，雾度仅 2%～3%，同时耐热性好，可在 121℃的高温下蒸煮使用，拓宽了 PP 薄膜的使用范围。经双向拉伸处理，薄膜阻隔氧气、二氧化碳以及水蒸气透过的性能亦有所改善。因此，BOPP 薄膜是发展速度最快的塑料包装材料之一。

(2) 管材与板材　采用单螺杆挤出机挤出生产 PP 管材。单螺杆挤出机长径比为 28～30，单螺纹等距不等深，螺距与螺杆直径相等，压缩比不能低于 2.8。加料温度 180℃左右，逐渐提高到 220～240℃，待模具温度逐渐冷却到 60℃，再对挤出的管进行冷却定径。

挤出生产 PP 板采用长径比大于 28 的单螺杆挤出机，螺杆的进料、压缩、计量部分等距，压缩比 3.5～3.6，进料温度 180℃，挤出机末端温度 250℃，挤出的板材经三辊压光机冷却成制品。

(3) 纤维　采用长径比大于 30，压缩比为 3.5 的螺杆挤出机，挤出温度 240～300℃，熔融的 PP 经过过滤，通过喷丝头后冷却，拉伸取向成纤维。纤维性能取决于所选用的树脂牌号、挤出温度、骤冷时间和温度、拉伸比及退火时间和温度。

1.5.2.3 吹塑成型

PP 的吹塑成型有挤出-吹塑和注塑-吹塑两种技术，用挤出机或注塑机先形成熔融型坯，进入模具后再由压缩空气吹塑使之紧贴于模具表面被冷却成型为制品。

1.5.2.4 热成型

将 PP 片材置于夹层辐射加热器间加热到熔点(150～175℃)以上，再用真空或加压方式加工成所需形状。

1.6 现状与发展[10~18]

目前，聚丙烯仍是全球增长速度最快的聚烯烃品种，2010 年之前全球 PP 消费量年均增长一直保持在 6.4%左右，PP 产能年均增长约 7.3%；2010 年全球 PP 消费量约 53600kt，产能在 60980kt/a 左右。

聚丙烯消费的持续增长带动了 PP 催化剂技术、PP 装置工艺技术、PP 品种牌号技术和 PP 产品加工应用技术的全面进步。

催化剂发展方面，目前仍以传统的 Z-N 催化剂为主体，Z-N 催化剂依然保持着旺盛的生命力，仍是当今聚丙烯产业的主力催化剂，有力地支撑着 PP 朝着高性能化和高功能化方向的发展。茂金属催化剂作为聚丙烯催化剂家族中的后来者，经过近 10 年的发展，已取得了商业化应用的重大突破，与此同时，茂金属催化剂与 Z-N 催化剂的组合，正在制备 PP 釜内合金和制造双峰分布聚丙烯领域取得进展；但迄今为止，在全球等规聚丙烯的生产中茂金属催化剂尚未对传统的 Z-N 催化剂的统治地位构成有力的挑战。其他类型的催化剂，如 Dow 化学的链穿梭剂以及三井化学的后过渡金属 FI 催化剂等，在催化丙烯活性或准活性聚合方面也有新的尝试，取得的初步进展已映入人们的眼帘。

PP 装置工艺技术发展方面，最令人瞩目的进展是生产线的大型化。气相法工艺的装置单线生产能力已达到 450kt/a，2010 年世界上已有两套单线 450kt/a 的 PP 生产装置

(Spherizone 工艺)投入商业运行，其中有一套在中国，即中国石化天津分公司的450kt/a 的 PP 生产装置，还配置有全球最大的单线450kt/a 的 PP 挤压造粒机，该装置已于2010 年初投入生产运行。二是本体-气相法组合工艺与气相法工艺的竞争，两者在当今聚丙烯生产中占据着两分天下的优势地位。

PP 品种牌号技术发展方面，我国大体上经历了三个阶段。20 世纪 60、70 年代，当时我国一穷二白，聚丙烯产业正处于建设阶段，要解决的是有无的问题，牌号问题还不存在；进入 80、90 年代，有无问题已经解决，当时要解决的主要是够不够的问题，主要任务是提高产量，生产通用牌号，提高 PP 自给率，牌号问题还不突出，还未提到日程上来；进入 20 世纪末和 21 世纪初，我国经济社会发展进入小康阶段，东南部沿海地区甚至接近和部分达到发达国家的水平，对材料的量上的需求仍在增加，同时对材料档次的需求上，需要的化工新材料越来越多，对材料的档次要求也越来越高，自然对 PP 高档专用牌号的需求也越来越多，解决档次的问题已经不可避免地提了出来。无疑，我国聚丙烯产业正面临着一系列新的机遇和挑战。

当前，国内 PP 牌号发展主要围绕以下两个主题：首先是重视牌号切换。牌号切换次数不宜太过频繁，否则会产生过多的过渡料和造成装置运行不稳，提高能耗和物耗，尤其是 PP 装置大型化后，这个问题将更加突出，需要结合牌号切换方面的技术进步和统一产品的销售，以有效实现装置间牌号切换的合理分工和单套装置牌号切换次数的科学控制。其次是侧重提高 PP 产品的使用性能，开发高档牌号。国外十分重视开发兼具高 MFR、高强度、高韧性、高刚性的 HIPP 注塑新牌号、三元共聚膜料牌号、高透明 PP 瓶专用料等高附加值 PP 专用牌号，已推出了一系列商品化牌号。我国对聚丙烯的高性能化也十分重视，国家科技部以两期“973”项目的形式，以材料科学研究模式，高分子物理领衔，在开发高性能化 PP 牌号方面已取得了可喜的成绩。

当前，对市场销售好的传统牌号的不断改进和新开发的专用 PP 树脂牌号的不断推出需要并重安排，重点包括 6 类牌号的改进与开发：一是开发高强度拉丝料聚丙烯专用牌号。我国 PP 通用料拉丝制品(塑料袋，蓬布和绳索等)是 PP 树脂最大的消费领域，拉丝制品所消耗的 PP 树脂量占总量的 38%以上。今后拉丝制品一方面向大型、重型化包装袋发展，另一方面将向高强度、抗静电、耐老化等包装袋方向发展。因此，应努力提高此类专用料产量，逐渐降低通用料拉丝牌号产品的比例。二是开发注塑级聚丙烯专用牌号。我国 PP 注塑制品在 PP 消耗量中占第二位，目前一半以上依赖进口，是今后 PP 需求潜力最大的专用料之一，主要用于硬包装(如容器、周转箱等)，运输车辆部件(如汽车保险杠、内饰等)，日常消费用品(如橱具、家具、洗衣机等)，器械及医疗用品等。三是开发汽车专用聚丙烯牌号。世界上平均每辆汽车塑料用量在 2009 年就已经达到 180kg，约占汽车总质量的 15%~20%；我国汽车工业对塑料的需求中约 30%左右用于保险杠，主要是聚丙烯专用树脂，目前国内较大的汽车及配件生产企业大都用进口专用料来生产汽车配件。四是开发高性能薄膜聚丙烯专用牌号。国内薄膜消耗聚烯烃树脂量处于前列，薄膜也是近几年聚烯烃需求增长速度很快的专用料领域。广泛用于印刷(标签等)、涂布、香烟及食品和农副产品包装袋、真空镀铝、电容器等方面。PP 膜按加工工艺分类主要有 BOPP、CPP、IPP 膜。1998 年该领域需求量仅为 430kt，2009 年已经达到 2200kt。BOPP 是 PP 膜制品中消耗量最大的品种，BOPP 生产企业目前正努力开发新产品，生产多功能膜。五是开发聚丙烯片材、板材专用牌号。聚烯烃片材、板材广泛应用于食品包装、建筑装饰、汽车、化工等方面。PP 片材、板材在整个 PP 加工业中所占比例虽然较小，但市场发展前景广阔。六是开发聚丙烯管材专用牌号。聚烯烃管材具有质量轻、耐腐蚀、不结垢、使用寿命长等特点，主要用作化学建材。主要品种为嵌段共聚聚丙烯(PPB)、无规共聚聚丙烯(PPR)，其中 PPB 管主要应用于冷水管系统，PPR 则应用更广泛。

我国聚丙烯的生产，还具有原料单体来源上的比较优势，即与中东国家依靠廉价天然气凝析液(乙烷、丙烷)蒸汽裂解制乙烯工艺相比，我国更多采用的石脑油蒸汽裂解制乙烯工艺的丙烯产率要高得多，加上我国炼油工业依托 FCC 多产丙烯技术以及我国现代煤化工行业依托煤基甲醇制丙烯(MTP/FMTP)等技术，我国聚丙烯在与中东竞争中，与聚乙烯不同，在原料来源方面拥有差异化优势。因此，发展聚丙烯产业，更有利于避开来自中东的竞争，基于这种比较优势，无疑，我国的聚丙烯产业将有着更光明的发展前景。

参考文献

[1] Ziegler Catalysts-Recent Scientific Innovations and Technological Improvements. Springer，1995

[2] Kirk-Othmer. Encyclopedia of Chemical Technology. 4th ed. Vol. 17. New York：John Wiley &Sons Inc，1996，785~819

[3] Mod. Plast，1997，74(12)：50

[4] 《化工百科全书》编辑委员会．化工百科全书．第 9 卷．北京：化学工业出版社，1995

[5] 宁英男等. 化工进展，2010，29（12）

[6] 杨元一. 石油化工，2008，37，增刊

[7] Encyclopedia of Polymer Science and Engineering. John Wiley &Sons，1988

[8] 中条 澄．プラスチックス，1999，50(5)：86

[9] 黄锐．塑料工程手册．北京：机械工业出版社，2000

[10] 洪定一．塑料工业手册：聚烯烃．北京：化学工业出版社，1999

[11] 王玉庆．合成树脂及塑料，2001，18(4)：1

[12] 王基铭，袁晴棠．石油化工技术进展．北京：中国石化出版社，2002

[13] 洪定一．聚丙烯——原理、工艺与技术．北京：中国石化出版社，2002

[14] 胡徐腾．走向炼化技术前沿. 第二版．北京：石油工业出版社，2010

[15] N. Pasquini. Polypropylene Handbook. 2nd. Carl Hanser Verlag，Munich，2005

[16] 刘铁男．中国石化工业：发展回顾与展望．北京：经济科学出版社，2007

[17] C. Vasile. 聚烯烃手册. 第二版. 李杨，乔金樑，陈伟译．中国石化出版社，2005

[18] 洪定一．炼油与石化工业进展(2010)．中国石化出版社，2010

第二章　催　化　剂

2.1　概述

聚丙烯之所以是各种聚烯烃材料中发展得最快的一种，关键在于其催化剂技术的飞速发展。为了纪念发明聚乙烯、聚丙烯的两位科学家 Ziegler 和 Natta，人们将合成聚烯烃的催化剂称为 Ziegler-Natta(Z-N)催化剂[1,2,3]。

Z-N 催化剂由主催化剂和助催化剂两部分所组成。其中主催化剂是一种过渡金属的盐类，多数情况下是一种卤化物。由于ⅣB 族过渡金属具有合适的原子半径，外层都有价电子和空闲的电子轨道，容易和配位体形成稳定的配合物，因此，到目前为止ⅣB 族过渡金属盐类仍然是最主要的聚烯烃催化剂。对于其他如ⅤB 族、ⅥB 族、Ⅷ族和ⅠB 族元素也都在进行聚烯烃催化剂的开发研究，而且有的如茂金属催化剂等已开始进入工业应用，目前新催化剂的开发研究仍在不断的进行之中。

助催化剂是一种主族金属的烷基化物，也称为活化剂。通常情况下必须将催化剂和助催化剂两部分配合使用，其主要作用是产生活性的金属-碳键，而活性金属-碳键的存在是烯烃单体分子反复插入生成烯烃聚合物大分子链的关键。也曾有过不使用助催化剂的催化体系，但很少有人采用。在助催化剂的行列中，有时还要加入外给电子体化合物用来提高催化剂的性能，特别是催化剂体系的定向能力。

使用卤化钛和烷基铝催化剂体系的聚丙烯是 Natta 于 1954 年发现的[4]。他先是试探采用 Ziegler 用来合成聚乙烯的四氯化钛和三烷基铝催化剂体系进行丙烯聚合，结果虽然可以得到丙烯的聚合物，但是等规度很低，仅为 30%~40%，其余为胶黏状的无规物。经过研究发现，聚合物的规整度与催化剂表面的均匀性有关。如果使用由四氯化钛还原得到的结晶三氯化钛来进行丙烯聚合，那么聚丙烯的等规度就可以得到很大的提高(可达 80%~90%)，于是就找到了合成高等规度聚丙烯的方法。

近 50 年来的实践表明，Natta(Ziegler)的这项发明是多么重要，聚丙烯对当今世界经济的发展已作出了极为重要的贡献。但尽管如此，人们仍在为开发更好的聚丙烯催化剂和工艺技术而奋斗，为的是能合成出性能更好、用途更广、可满足各种需要的聚丙烯产品。

我国从 20 世纪 60 年代初开始进行聚丙烯催化剂的研究和开发。最早是由北京化工研究院(BRICI)的唐士培和祖耐等领导的课题组从 1961 年起开始进行探索试验的。1962 年 9 月正式列题开展聚丙烯三氯化钛催化剂的研究，此项目研究工作的进展很快，1963 年末起金茂筑等即开始进行聚丙烯三氯化钛催化剂和聚合中间试验的设计和开发研究，其后还为燕山向阳化工厂建成我国第一套全部采用国产技术的 5000t/a 连续工艺聚丙烯生产装置。当时除北京化工研究院外，国内还有不少单位和研究组也相继开展了这方面的研究工作。40 多年来，我国的聚丙烯催化剂开发研究工作从未间断，相继开发成功了各个聚丙烯发展阶段的代表性催化剂并实现工业应用，有的催化剂还实现了技术出口，为我国国民经济的发展和国际地位的提高作出了重要的贡献。

2.2 催化剂的发展历史及分代

从 1954 年 Natta 发现用四氯化钛，后来改用结晶三氯化钛作主催化剂，用氯代二烷基铝为助催化剂制备立体规整结构的聚丙烯以来，开发研究活性更高、性能更好的聚丙烯催化剂的工作就一直在全世界进行。到目前为止，聚丙烯催化剂的发展已经经历了好几个不同的发展阶段。但是对于聚丙烯催化剂发展阶段(通常称为“代”)的划分并没有一个统一的说法，从不同的立场和技术角度出发，不同的公司和学者有不同的划分方法[5]。考虑到 Montell 公司对聚丙烯催化剂的研究历史最悠久，对催化剂划代的技术依据较为充分，因此本书将按照 Montell 公司的划代方法，将到目前为止聚丙烯催化剂的发展阶段确定为六代。

2.2.1 第一代催化剂

聚丙烯最早是由 Montecatini 和 Hercules 实现工业化的，它们在 1957 年首先建成了工业生产装置，所使用的催化剂体系是三氯化钛和一氯二乙基铝。该催化体系的产率和等规度都比较低，产品的等规指数大约只有 90%。为了使所得到的聚丙烯树脂能作为正式产品提供给下游塑料加工客户使用，还需要从聚合物中脱除催化剂残渣(脱灰)和无规聚合物组分(脱无规)，因此此时的聚丙烯装置工艺流程很长，工序多而复杂。

Natta 的研究组和 Esso 公司等通过研究发现[6]，如果将三氯化钛与三氯化铝的固体溶液来代替三氯化钛作为主催化剂，那么所得到的催化剂的活性要比单纯使用三氯化钛高得多。研究还发现将铝还原的三氯化钛进行长时间的研磨，或者，将三氯化钛与三氯化铝的混合物进行共研磨，可以在三氯化钛中产生共结晶的三氯化铝。这种含有 1/3 三氯化铝的三氯化钛称为 AA-三氯化钛催化剂(AA 表示经铝还原和活化的)。1959 年，Stauffer 化学公司采用这种催化剂进行了工业化。这就是第一代的聚丙烯 Z-N 催化剂。

从 Natta 发现可以用三氯化钛和含氯烷基铝催化剂体系来合成等规聚丙烯之后，人们的研究目标就主要集中在如何进一步提高催化剂的活性和立体定向能力上。为了进一步提高此催化剂体系的活性，对三氯化钛催化剂的结构进行了较为深入的研究，发现在三氯化钛催化剂中仅有占总钛量极少数的位于表面、边缘和缺陷处的钛原子，可以接触到烷基铝并且被活化成为有聚合活性的中心原子，而其他的钛原子因包裹在三氯化钛晶体的内部，因而只是作为载体而不能发挥活性中心原子的作用[7,8]。很显然要想进一步提高催化剂活性，必须使更多的钛原子暴露到催化剂的表面上来，使它们能接触到烷基铝而被活化。要实现这一点，可以采取的办法是：或者设法减小催化剂微晶的尺寸，使催化剂具有更多的表面，或者是将钛化合物载负在高比表面的载体上以增加可被利用钛的比例。

在当时，除了进行提高聚丙烯催化剂活性的研究外，三菱油化公司等通过研究还发现，当在催化剂合成过程中加入某种给电子体化合物(如羧酸酯类)时，所得聚丙烯的等规指数可以提高到 92%~94%[9]。东邦钛公司则采用将三氯化钛和醚等给电子体化合物共研磨的办法来提高等规指数。在此以后，对于给电子体化合物的研究就成为聚丙烯催化剂研究的一个重要领域。

我国 20 世纪 70 年代初由金茂筑等研究开发，并在燕山向阳化工厂建成的第一套三釜连续工艺聚丙烯生产装置，所采用的催化剂就是用研磨法生产的第一代含有1/3三氯化铝的三氯化钛催化剂。

2.2.2 第二代催化剂

关于减小催化剂微晶的尺寸，增加催化剂表面活性钛原子比例方面的研究工作，最成功的例子是20世纪70年代初由Solvay公司开发成功的三氯化钛催化剂[10]。Solvay公司的研究人员为了增加可接触的钛原子中心，引入了路易斯碱，由此开发出了新的三氯化钛催化剂，其比表面积由原来AA-三氯化钛催化剂的30~40m^2/g，提高到了150m^2/g以上，活性增加了5倍，等规指数提高到约为95%，采用一氯二乙基铝(DEAC)为助催化剂于1975年投入工业生产。这种催化剂通常被称作Solvay催化剂，它是第二代聚丙烯催化剂的代表。其他如三菱化成公司等也都进行了类似催化剂的开发研究。工业上生产此类催化剂的外国公司除了Solvay以外，还有CRI、东曹-阿克苏和东邦钛等公司。

虽然Solvay催化剂的活性得到了大幅度提高，但是此类催化剂中大部分的钛盐仍然是非活性的，它们会以残渣的形式残留在聚合物中从而影响产品的质量，因此仍需要将其除去。故采用此类催化剂的聚合工艺仍需有后处理系统。

在我国，与Solvay催化剂类型相同的催化剂称之为络合型催化剂，有好几个研究单位进行过研究，如中国科学院化学所等单位。BRICI的毛柄权、蒋润芳等于1974年起开展络合催化剂的研究[11]，取得了很好的结果。所开发催化剂的性能与Solvay催化剂相当，并成功地将所开发的络合型催化剂应用于工业生产，至今仍在一部分小型聚丙烯生产装置上使用。

络合Ⅱ型催化剂的活性及其他催化剂的活性中心浓度和链增长速度常数见表2-1。

表2-1 不同催化剂的活性中心浓度和链增长速度常数

催化剂体系	$[C^*]\times10^2$/(mol/molTi)	k_p/(L/mol·s)	聚合条件	参考文献
δ-$TiCl_3\cdot1/3AlCl_3$/$Al(C_2H_5)_2Cl$	2.06	2.55	50℃，常压	[12]
络合Ⅱ型催化剂/$Al(C_2H_5)_2Cl$	5.17	8.18	60℃，常压	[12]
络合Ⅱ型催化剂/$Al(C_2H_5)_2Cl$	3.01	6.27	50℃，常压	[12]
络合Ⅱ型催化剂/$Al(C_2H_5)_2Cl$	2.42	5.00	40℃，常压	[12]
$MgCl_2$-EB①-$TiCl_4$/$Al(C_2H_5)_3$	2.30	800	41℃，常压	[13]

① EB为苯甲酸乙酯。

2.2.3 第三代催化剂

采用将钛化合物载负在高比表面的载体上以提高催化剂效率的方法，从20世纪60年代就开始了研究，并且经过长时间的研究后首先在乙烯聚合催化剂上获得成功，但是类似的催化剂用于丙烯聚合时效果不理想。后经研究发现，载体氯化镁的活化是一个关键，必须采用经过活化的活性氯化镁作为载体才有可能获得高活性的催化剂[14]，但是仅此还不能解决聚丙烯的立构规整性问题。其后的研究又发现，加入适当的给电子体化合物可以提高催化剂的丙烯聚合定向能力[15]。通过将氯化镁、四氯化钛及一种给电子体(通常称为内给电子体 ID 或路易斯碱)共研磨就可以得到活性高、立构规整性好的聚丙烯催化剂。聚合时，该催化剂与助催化剂三烷基铝与第二种给电子体(通常称为外给电子体 ED 或路易斯碱)联合使用。这种催化剂体系[16]可以简单地表示为：

$$MgCl_2 \cdot TiCl_4 \cdot PhCOOEt\text{-}AlEt_3 \cdot CH_3PhCOOEt$$

20 世纪 70 年代末，Montedison 和三井油化分别将此体系的催化剂用于工业生产。该催化剂就是第三代催化剂，也是第一种载体催化剂。不过，尽管此催化剂活性很高，可以在聚合工艺中免去脱除催化剂残渣的步骤，但是其聚合定向能力还不够理想，还有 6%～10%的无规聚合物需要脱除。另外催化剂的颗粒性能也有待改进。

我国第三代催化剂的研究是从 70 年代末开始的，开展研究的单位也很多，王淮云等先后进行了聚丙烯钛镁催化剂研磨法和研磨浸渍法等多个催化剂课题的开发研究工作，为后来开发研究更加先进的钛镁高效催化剂积累了经验。

2.2.4 第四代催化剂

在给电子体方面研究工作的进展，促使 80 年代初超高活性第三代催化剂的开发成功。特别是发现了采用邻苯二酸酯作为内给电子体，用烷氧基硅烷(或硅烷)为外给电子体的催化体系后，可以得到很高活性和立构规整度的聚丙烯[17]。Montell 根据此催化体系使用的给电子体由单酯改变为双酯，并且聚合性能有显著提高，因此将其定为第四代聚丙烯催化剂。此代催化剂[18]可表示如下：

$$MgCl_2 \cdot TiCl_4 \cdot Ph(COO\textit{i}Bu)_2\text{-}AlEt_3 \cdot Ph_2Si(OMe)_2$$

现在许多聚丙烯工业生产装置正在使用的就是这种催化剂。对于此类催化剂，开始时所用的外给电子体是二苯基二甲氧基硅烷(简称 DDS)。后来发现 DDS 中的苯基会给聚合物带来残留毒性，因此改用甲基环己基二甲氧基硅烷(简称 CHMMS)。

在第四代聚丙烯催化剂中，还有一种由 Himont 公司开发的球形载体催化剂[19]，这类催化剂除了具有第四代催化剂相类似的聚合活性和立体定向能力外，特别突出的是它能直接生成 1～5mm 的聚丙烯树脂颗粒，可以不经造粒而直接供后加工使用，为开发无造粒工序的聚丙烯工艺创造了条件。

我国从 80 年代初开始的第六个五年计划，将聚丙烯、聚乙烯催化剂的开发研究列入了国家科技攻关任务，组织多家科研生产单位联合攻关，开发出了多个聚丙烯第四代催化剂，如 BRICI 的 N 催化剂[20]、H 催化剂、球形催化剂[21]、高结晶催化剂[22]，中国科学院化学研究所(SARCI)的 CS-1 催化剂、CS-2 催化剂和中山大学的 STP 催化剂等。其中 BRICI 的毛柄权等研究开发的聚丙烯 N 催化剂以其超前的构思、优良的性能，不仅获得了中国和世界主要工业国家的专利，并且实现了向美国技术出口，成为我国和世界上聚丙烯生产装置优选的催化剂之一，使中国的聚丙烯催化剂技术在世界上占有了一席之地。

国产聚丙烯催化剂的性能比较见表 2-2。国内外三种聚丙烯催化剂本体聚合评价结果见表 2-3。

表 2-2 国产聚丙烯催化剂的性能比较[23,24]

催化剂种类		N	DQ-1	CS-1	CS-2	STP
催化剂体系	主催化剂	N	DQ-1	CS-1	CS-2	STP
	助催化剂	$AlEt_3$	$AlEt_3$	$AlEt_3$	$AlEt_3$	Al(iBu)
	第三组分	CHMMS, DDS	CHMMS, DDS	DDS	DDS	MB
工艺条件	聚合温度/℃	70	70	70~80	~80	80~90
	聚合时间/h	2	2	3.5~4	~4	2~4
原料要求	$H_2O/10^{-6}$	2~5	类似其	10	10	20
	$O_2/10^{-6}$	2~5	他高效	10	10	10
	炔烃/10^{-6}	2~5	催化剂	5	5	5
	二烯烃/10^{-6}	2~5		5	5	5
催化剂活性	kg PP/g cat	40~60	>50	25~35	35~47	
	kg PP/g Ti	2000~3000		1000~2000		10~18
聚丙烯质量	等规度/%	96~99	95~98	98	95~97	90~96
	MFR/(g/10min)	0.2~40 可调	0.2~150 可调	可调	可调	
	表观密度/(g/mL)	>0.46	>0.48	>0.45	>0.45	
	Ti/10^{-6}	<1		<2		
	Cl/10^{-6}	15~20	~20	20~30		20~40
	灰分/10^{-6}	90~130	~100	150~250	100~200	200~300
	挥发分/%	<0.3		<0.3	<0.1	<0.3
	M_w/M_n	4~5		4~5		6~8

表 2-3 国内外三种聚丙烯催化剂本体聚合评价结果[25]

催化剂	N	TK-Ⅱ	GF-2A
催化剂活性/(kg PP/g cat)	36~40	32~34	32~36
催化剂活性中心寿命/h	>6	>6	>4
树脂全等规度/%	98~99	97~98	97~98
树脂表观密度/(g/mL)	0.45~0.49	0.45~0.48	0.46~0.50
均聚合物桡曲模量/MPa	1740	1650	1640
MFR 调节范围/(g/10min)	0~40	0~30	0~30

2.2.5 第五代催化剂

20 世纪 80 年代的后半期，Montell 公司发现了一种新的给电子体 1,3-二醚类化合物。在催化剂合成中采用这种给电子体化合物，不仅可以得到具有极高活性和立构规整性的催化剂，而且最特别的是此类催化剂可以在不加入任何外给电子体化合物[26]的情况下达到同样的效果。

另外，还开发了一种琥珀酸酯类催化剂，它也具有类似的性能，它不仅在不加入任何外给电子体化合物的情况下可以达到同样的效果，而且还可以得到分子量分布比较宽的聚丙烯，从而有效地改进了树脂的加工性能。

国内由 BRICI 开发的二醇酯类给电子体催化剂也属于此类，其性能达到二醚类催化剂和琥珀酸酯类催化剂同等水平，是具有我国自主知识产权并正在应用于工业生产的最新一代催化剂。

由于使用此类给电子体化合物的催化剂突破了前两代催化剂必须有内、外给电子体协同作用的限制，仅仅使用内给电子体即可保持催化剂的高活性和高定向能力，因此 Montell 公司将其列为第五代聚丙烯催化剂。Basell 公司第五代催化剂性能见表 2-4。

表 2-4　Basell 公司第五代催化剂的性能

代	催化剂	助催化剂	活性/(kg PP/g cat)	等规度/%		M_w/M_n	H_2 敏感性
				XI	mmmm		
第 5 代	$TiCl_4$/Diether/$MgCl_2$	TEA① TEA/Silane	100～130 70～100	95～97 97～99	95～97 97～98	4.5～5 4～4.5	高敏感性 高敏感性
	$TiCl_4$/Succinate/$MgCl_2$	TEA/Silane	40～70	95～99	94～99	10～15	中敏感性
第 4 代	$TiCl_4$/Diester/$MgCl_2$	TEA/Silane	40～70	95～99	94～99	6～8	中敏感性

① TEA 为三乙基铝。

2.2.6　茂金属催化剂

Kaminsky、Sinn 两位科学家发现，一定种类的茂金属化合物如果用甲基铝氧烷(MAO)作助催化剂，该催化体系不但具有极高的聚合活性，而且可以合成出具有各种立构规整度的等规或间规聚丙烯[27~29]。这一发现不仅具有很高的科学价值，而且还有可能合成出现有的聚丙烯所不具备的特性的新材料。因此，类似茂金属催化剂类型的单活性中心催化体系可以被认为是第六代的聚丙烯催化剂。

表 2-5 展示了各代聚丙烯催化剂的性能[30]。该表为上面所有各代催化剂在己烷浆液聚合或本体聚合条件下的数据。

表 2-5　各代催化剂的性能①

各代催化剂的比较		活性/(kg PP/g cat)	等规度/%	形态控制	工艺要求
1	δ-$TiCl_3$0.33$AlCl_3$+DEAC	0.8～1.2	90～94	不能②	脱灰，脱无规
2	δ-$TiCl_3$/Ether+DEAC (新 Solvay)	3～5 (12～15)④	94～97 (～98)	可以	脱灰
3	$TiCl_4$/Ester/$MgCl_2$+TEA/Ester	15～30	93～96	可以	脱无规，不脱灰
4	$TiCl_4$/Diester/$MgCl_2$+TEA/Silane	40～70	95～99	可以	不脱灰，不脱无规
5	$TiCl_4$/Diether/$MgCl_2$+TEA/Silane	70～130	95～99	可以	不脱灰，不脱无规
	$TiCl_4$/Succinate/$MgCl_2$+TEA/Silane	40～70	95～99		
6	茂金属+MAO	$(5\times10^3\sim9\times10^3)$ (以锆计)③	90～99⑤	可能成功	不脱灰，不脱无规

① 聚合条件：己烷浆液，70℃，0.7MPa，4h，加氢，(括弧内的数值为本体聚合条件：70℃，2h，加氢)。

② 只有用烷基铝还原的三氯化钛，在粒径为 200～300μm 时才行。

③ 聚合时间为 1h。

④ 聚合时间为 1.5h。

⑤ 用核磁共振法测得的等规五单元组含量。

茂金属催化剂和Z-N催化剂在性能上的比较见表2-6[31]。

表2-6 不同聚烯烃催化剂性能的比较

项 目	传统Z-N催化剂	高效Z-N钛镁催化剂	茂金属催化剂
催化剂主要组分 主催化剂	$AA-TiCl_3$催化剂 络合型催化剂	载负在$MgCl_2$上或生成共晶的各种钛化合物，各种内外给电子体	各种茂金属化合物
助催化剂	AlR_3，AlR_2Cl	$AlR_3(AlEt_3，AlBr_3)$	甲基铝氧烷MAO或硼化合物
催化剂溶解特性	不溶于大部分溶剂中	不溶于大部分溶剂中	溶于芳烃，卤代烃中
聚合反应特点	非均相 聚合在$TiCl_3$结晶表面Ti活性中心上进行	非均相 聚合在$MgCl_2$表面Ti化合物的活性中心上进行	未载体化为均相，载体化后为非均相 聚合在茂金属催化剂分子(离子)的金属活性中心上进行
活性中心特性	多活性中心	多活性中心	单活性中心
相适合的聚合工艺	浆液法，某些催化剂也可以用于溶液法	浆液法，气相法	可用于溶液法，如用于浆液法和气相法必须载体化
聚合活性	5000~50000g PP/mol Ti	$3\times10^{7\sim8}$g PP/mol Ti	甲苯中聚合活性可达$10\times10^{7\sim8}$g PP/mol Ti，载体化后降低很多
聚合物特性 丙烯聚合	只能得到等规PP，同时副产无规PP，产品等规度可达~90% 熔点155~162℃ 工业品中含少量无规PP 分子量大，工业生产需要氢调，分子量分布中宽	只能得到等规PP，同时副产无规PP，但无规较少，产品等规度可达99% 熔点155~162℃ 分子量大，工业生产需要氢调，分子量分布中宽	根据不同茂金属化合物种类和工艺可制备等规、间规、立构嵌段、半等规、无规等产品 产品不含无规PP，但大分子链中常含有一些立构和区位缺陷使熔点降低 分子量易于偏小 分子量分布窄 能得到间规聚丙烯
与极性单体共聚	不可能进行	不可能进行	某些茂金属化合物可以使极性单体和烯烃共聚
生产成本	较低	较低	目前较高，将来有望逐步降低

在单活性中心催化剂中，除了茂金属催化剂已经工业应用以外，新的类型的单活性中心催化剂也在不断地被开发出来，如DuPont公司的Ni、Pd系列催化剂，BP公司的Fe、Co系列催化剂，以及非茂前过渡金属系列催化剂等。这些催化剂各有各的特色，目前都还处在研究开发的过程之中，是否会发展成为更新一代的催化剂还有待研究开发工作的进一步发展。

除去上述各类催化剂外，人们还在研究如何能把几类不同的催化剂进行复合，例如把Z-N钛镁催化剂和单活性中心催化剂结合起来，发挥几种催化剂的优势，以求合成出新的、性能更好的复合催化剂。

中国有很多研究单位和大学在进行单活性中心催化剂的研究开发工作，在国家的九五科技攻关计划中，安排了茂金属催化剂的攻关计划，取得了一些积极的成果。

另外，90年代以来文献还报道了一些新的聚丙烯高温催化剂。这种催化剂与一般聚丙烯催化剂的不同之处在于，一般的催化剂生产等规聚丙烯的聚合温度通常在80℃左右，超过这个温度催化剂的聚合活性即大幅度下降。对于发生这种现象的原因，有一种解释是，Z-N催化剂在高温下容易和外给电子体或立构调节剂或助催化剂三乙基铝发生过度反应，造成催化剂失活或失去定向能力。有报道称预聚合可以改进Z-N催化剂在高温下的聚合性能，这就旁证了上述的观点。因为在正常条件下先进行的预聚合反应，可以使催化剂的活性中心与助催化剂三乙基铝在低温下发生配位反应而受到保护，提高了钛活性中心在高温下抵御助催化剂与之再发生过度反应的能力。

不过除了发生过度还原反应可能是造成催化剂失活的原因外，使催化剂不能在高温下使用也可能还有其他的原因。有报道[32]称如果将助催化剂三乙基铝改为甲基铝氧烷MAO，那么Z-N催化剂可以将聚合温度从70℃提高到170℃，其聚合反应活性甚至可以提高2至4个数量级。而如果改用甲基铝氧烷MAO后就可以使催化剂在高温下反应，那么高温失活原因可能就不只是TEA与催化剂发生过度反应的问题了。

Kojoh[33]在研究助催化剂对丙烯聚合的影响时发现，烷基铝的链转移反应有可能是影响因素之一。他发现在100℃时使用具有大烷基取代基的助催化剂，如三异丁基铝(TIBA)，则催化剂的活性要高于使用TEA的活性，而且随TIBA使用浓度的提高催化剂的活性也随之提高，而聚合物的分子量则没有变化。但使用TEA时情况不同，随TEA浓度的提高催化剂的活性没有提高，而聚合物的分子量则显著下降，具体见表2-7。

表2-7 使用TEA或TIBA为助催化剂时对丙烯聚合的影响

助催化剂	聚合温度/℃	Al/mmol	聚合活性/(g/mmol Ti·h)	$M\times10^{-4}$	M_w/M_n
$i Bu_3Al$	50	6	160	17.5	5.2
	70	6	265	14.6	5.5
	100	6	43	4.1	6.8
	100	18	113	3.8	6.9
Et_3Al	50	6	464	7.9	5.8
	70	6	663	2.5	8.0
	100	6	36	1.0	10.0
	100	18	37	0.7	14.1

表中数据说明，可能是因为取代烷基较小的TEA链转移能力比取代烷基较大的TIBA更强，提高聚合温度后大大促进了TEA的链转移反应活性，从而降低了其作为助催化剂的能力，而TIBA的取代烷基体积较大，影响了其在链转移方面的能力，所以在高温时增加浓度，TIBA体系的聚合活性反而增加了。由于多数丙烯聚合催化剂都使用TEA作为助催化剂，因此这可能也是催化剂在高温下使用时活性降低的原因之一。

目前新开发的聚丙烯高温催化剂可以在150℃至300℃条件下进行聚合[34]，并可以得到高等规度和宽分子量分布的聚丙烯树脂。此催化剂由两个固体组分组成，其成分是2.5%的Ti和17.6%的$(CH_3)_3CSi(CH_3)(OCH_3)_2$。发展这种催化剂的目的，主要是为了适应在临界或超临界条件下操作的环管反应器淤浆聚丙烯工艺，它可以大大缩短聚合反应时间，提高反应器的生产能力。在高温条件下得到的聚丙烯树脂具有很高的活性和很高的等规度及结晶度，但是它的分子量相对较低。而且在目前的情况下，除了溶液聚合工艺和超临界聚合工艺外，不容易找到能发挥其特点的合适的聚合工艺技术。因此，从学术理论的角度看，这是一项催化剂技术的新发展。但是从应用的角度看，此项技术还有待进一步观察和研究。

2.3　催化剂化学及结构

本节按照 Z-N 催化体系和单活性中心催化体系两部分，分别描述其主要催化剂的化学和结构、合成方法，以及催化剂的聚合性能。

2.3.1　Z-N 催化剂的化学及结构

2.3.1.1　第一代催化剂的化学及结构

2.3.1.1.1　催化剂的合成和结构

Natta 等人的研究结果表明[35,36]，第一代三氯化钛催化剂由于合成方法的不同，所得到的三氯化钛会显示四种不同的结晶形态，即 α、β、γ 和 δ 型。其立体结构及结晶构型见图 2-1、图 2-2 和图 2-3。

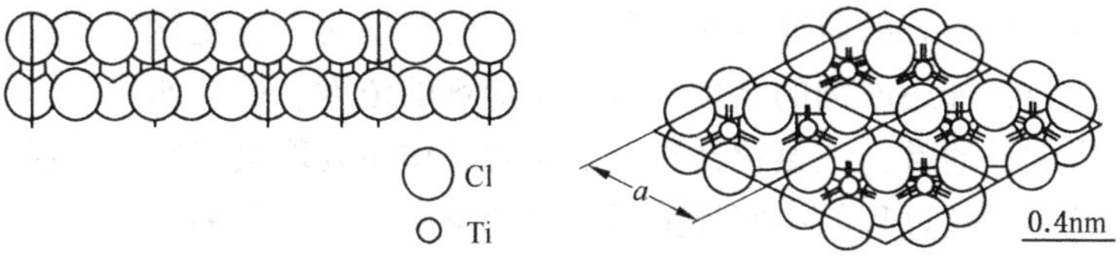

图 2-1　$TiCl_3$的立体构型

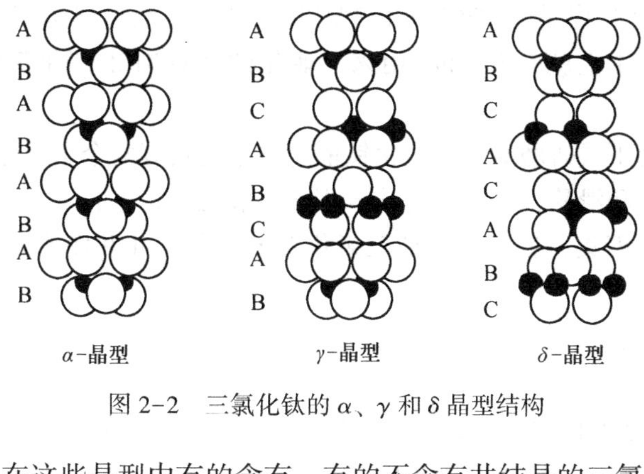

图 2-2　三氯化钛的 α、γ 和 δ 晶型结构

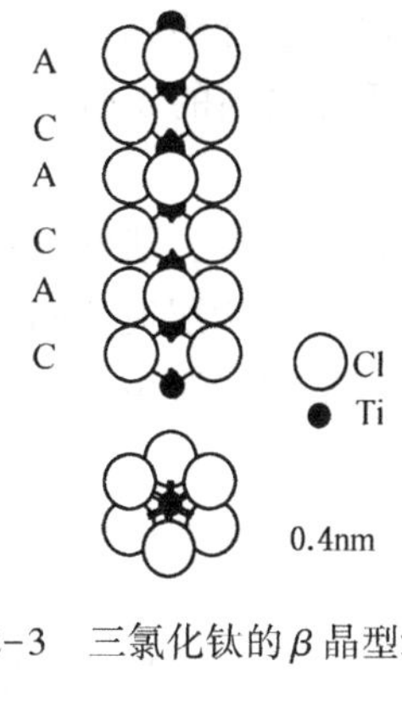

图 2-3　三氯化钛的 β 晶型结构

在这些晶型中有的含有、有的不含有共结晶的三氯化铝或二氯烷基铝。它们的结晶形态根据 Natta 的研究，紫色的有 α、γ 和 δ 三种结晶形态并显示出层状结构。该结构是在两层氯离子之间夹一层钛离子的三层氯-钛-氯规整堆积结构。这三种结晶构型的区别只在氯离子的堆积形态上有差异，在 α 构型中是六边形的，在 γ 构型中是立方形的，而 δ 构型则是 α 和 γ 构型之间的混合型。与 α 构型和 γ 构型不同，棕色的 β 构型显示的是类似纤维的线型结构，线型结构的长度不同，处于两端的钛原子所占比例也不同，长度越短可以形成活性中心的钛原子的比例越大，活性也越高。

研究还表明[37]，β 构型三氯化钛的粒子为闭式结构，其特征是密度较高而孔隙度和比表面积低，而 α 构型三氯化钛的粒子为开式结构，其特征正好和 β 构型三氯化钛相反，是密度较低而孔隙度和比表面积高。林尚安等对三氯化钛的各种晶型的描述见表 2-8[38]。

表 2-8　三氯化钛的各种晶型

类型	晶　型	制 备 方 法	特　征
α	层状结构，六方密堆积，紫色	用氢或金属铝在高温下还原四氯化钛	定向能力好
β	线型结构，六方密堆积，褐色	1. 用烷基铝在<25℃下还原四氯化钛 2. 四氯化钛在氢中放电还原	定向能力差，但聚合活性高
γ	层状结构，六方密堆积，紫色	1. 将 β 三氯化钛在惰性气氛中加热>150℃ 2. 用烷基铝在>150℃条件下还原四氯化钛	定向能力与 α 三氯化钛类似
δ	层状结构，六方密堆积，紫色，属 α 和 γ 之间的混合型	1. 用 α 或 γ 三氯化钛长时间研磨； 2. 将用醚处理过的 β 三氯化钛在 65℃用四氯化钛再处理	定向能力好，聚合活性高

有关三氯化钛颗粒形态的研究表明，还原反应的环境对三氯化钛的颗粒形态有很大的影响。很多的反应参数，如还原剂的结构、各种反应剂的浓度、搅拌速度等，都会对三氯化钛的颗粒形态产生影响。通常，三氯化钛颗粒的宏观结构主要取决于它的合成方式，而它的微观结构则容易受粒子增长过程的中间和最后阶段的反应环境变化的影响。

2.3.1.1.2　金属铝还原

用铝金属还原四氯化钛时，通常是在惰性溶剂中、在 150~180℃的条件下，采用三氯化铝为催化剂进行还原反应。反应产物是 γ-$TiCl_3$ · 1/3$AlCl_3$。之后它经过研磨又被进一步转化为活性更高的 δ 形态。这基本上就是 Stauffer 用来工业化的 AA-$TiCl_3$ 催化剂的合成方法。

正如文献所述[39]，研磨，特别是干式研磨对于三氯化钛催化剂来说具有两个主要作用：

① 通过使各结构层彼此间的旋转和滑移，将 γ 形态或 α 形态转化为 δ 形态；

② 只要研磨时能避免颗粒的重新聚集，就可以降低三氯化钛的结晶尺寸并使比表面积增至 40~50m^2/g。

这些形态及指标对于催化剂的性能是非常关键的。

2.3.1.1.3　烷基铝还原

在低温下用烷基铝或氯代烷基铝还原四氯化钛，可以得到以下的催化剂组成：

$$\beta\text{-}TiCl_3 \cdot xAlCl_3 \cdot yAlRCl_2$$

该组成需要进一步在 160~200℃下加热活化，使 β 构型转变为 γ/δ 构型。这一方法与其他方法相比具有的优点是，只要仔细控制还原条件，生成催化剂的形态和粒径分布可以受到一定的控制和调节。有不少公司都由于这个原因而使用此方法生产催化剂[37]。

中国的许多研究单位也进行了此类型催化剂的开发研究，并且取得了很好的结果[12]。1973 年，BRICI 用开发研究成功的研磨法、烷基铝还原的三氯化钛催化剂建成了国内第一套连续法聚丙烯生产装置并投入工业生产。

表 2-9 不同三氯化钛化合物的制备方法

编号	晶型	组　成	制 备 方 法	参考文献
1	α	$TiCl_3$	$TiCl_4+H_2$(500~800℃)	40, 41
2	α	$TiCl_3$	在钨丝上，$TiCl_4+H_2$(1000~1100℃)	42
3	α	$TiCl_3$	在 300~400℃加热β-$TiCl_3$	43
4	α	$TiCl_3 \cdot 0.5AlCl_3$	$TiCl_4$+Al(+$AlCl_3$)(200℃)	44
5	α	$TiCl_3 \cdot 0.02AlCl_3$	$TiCl_4$+Ti+Al(>200℃)	6
6	β	$TiCl_3$	$TiCl_4$+低温放电或+γ 辐射	45
7	β	$TiCl_3$	在>25℃下，加热 CH_3TiCl_3	46
8	β	$TiCl_3 \cdot 0.33AlCl_3$	在<100℃下，$TiCl_4$+Al	47, 48
9	β	$TiCl_3 \cdot xAlCl_3$	在<25℃下，$TiCl_4$+TEA、DEAC 或 EAD	37
10	γ	$TiCl_3$	在>150℃下，加热β-$TiCl_3$	49
11	γ	$TiCl_3 \cdot 0.33AlCl_3$	惰性溶剂中，$TiCl_4$+Al(+$AlCl_3$)(160℃)	47, 48
12	δ	$TiCl_3$	研磨 α 或 γ-$TiCl_3$	47, 50
13	δ	$TiCl_3 \cdot 0.33AlCl_3$	研磨 α 或 γ-$TiCl_3 0.33AlCl_3$	51
14	δ	$TiCl_3 \cdot xAlCl_3$	用 $AlCl_3$研磨 $TiCl_3$	35, 47, 51

文献指出[52]，催化剂的颗粒大小、形态和粒径分布与催化剂的析出速率密切相关。为了得到有足够平均粒径的催化剂颗粒，还原反应需要在尽量低的反应速度下进行。控制反应速度的方法，或者是采用较低的反应温度，或者是采用比较温和的还原剂。另外，还可以选择不同的溶剂、搅拌速度和反应剂加入方式等。

2.3.1.1.4　聚合性能

研究结果表明[7,36]，影响三氯化钛体系催化剂聚合行为的因素主要有二：即三氯化钛的结晶形态和助催化剂的性质。而对聚合反应有重要影响的其他参数是：共结晶的三氯化铝和研磨的程度。

（1）三氯化钛结晶形态的影响　研究结果表明，有关三氯化钛结晶形态对丙烯聚合的影响是，三氯化钛的 α、γ 和 δ 三种结晶形态具有几乎相同的立体定向能力。而 β 结晶形态则虽然有很好的活性，但是它的定向能力很差，聚合物的等规指数值很低，用 TEA 时等规指数约为 55%，用 DEAC 时等规指数约为 70%[53]。

对于三氯化钛的各个结晶形态在活性方面差异，Natta 提出以下次序：

$$\delta \gg \gamma > \alpha$$

（2）助催化剂的影响　有关助催化剂的影响方面，在所有的助催化剂中，唯一具有实际使用意义的是烷基铝或氯代烷基铝。烷基铝对三氯化钛催化剂活性的影响，以 γ 结晶形态的三氯化钛为例，与其配伍的烷基铝对活性的影响趋势如下[7]：

三乙基铝>一氯二乙基铝>一溴二乙基铝>一碘二乙基铝

而烷基铝对三氯化钛催化剂定向能力的影响，可以从 Natta[35] 得到的 α、γ 和 δ 几种三氯化钛结晶形态的等规指数数据看出：

三乙基铝	80%~85%
一氯二乙基铝	91%~94%
一溴二乙基铝	94%~96%
一碘二乙基铝	96%~98%

考虑到活性和等规指数等聚合指标，以及实际使用的可能性，最佳的搭配是δ-三氯化钛与一氯二乙基铝(DEAC)。因此，在此类催化剂的工业化过程中均采用该体系的催化剂用于工业生产。

(3) 三氯化铝的影响　对于三氯化铝，尽管它不大影响催化剂的立构规整度，但是与纯三氯化钛相比，它可以使活性提高2~7倍[51,54]。而且最佳的铝/钛摩尔比是0.33∶1。对于三氯化铝活化作用的解释，有一种理论认为是电子效应的影响；而另一种解释则认为是聚合中由于TEA或DEAC对三氯化铝有溶解作用，结果使催化剂的比表面积增加，这样相应地使处于表面位置的钛原子数量增加[39]。研究的结果还表明，三氯化铝的存在，减少了聚合物的平均分子量并在一定程度上加宽了它的分子量分布。

(4) 研磨的影响　催化剂随着研磨时间的增加，它的活性可以提高10倍[51]。其原因是随着研磨的进行，三氯化钛的结晶片沿Cl—Cl层发生滑移，层间排列从有序转向无序，结晶形态不断向无序δ结晶形态转变。与此同时，由于随研磨时间增加，催化剂的颗粒被研磨得越来越细，催化剂的比表面积从不到$10m^2/g$提高到了$40m^2/g$以上。有报道说，实际上催化剂活性的提高，主要和平均晶体尺寸变小有关，因为将活性与根据平均晶体尺寸计算得到的比表面积作图，可以观察到一种线性关系(见图2-4)。

聚合反应动力学也取决于三氯化钛的结晶形态和助催化剂的类型。不论使用何种助催化剂，对于α形态和γ形态的三氯化钛，都可以观察到恒定的聚合速率。与此相反，对于活性较高的δ晶型，如果使用TEA，则会出现衰减型的动力学曲线(即：初始速率增加，然后是快速减少)；如果使用一氯二乙基铝(DEAC)，则更常出现的是匀速或加速型(即：初始速率增加，然后是稳定的或是降速的区域，见图2-5)[7]。

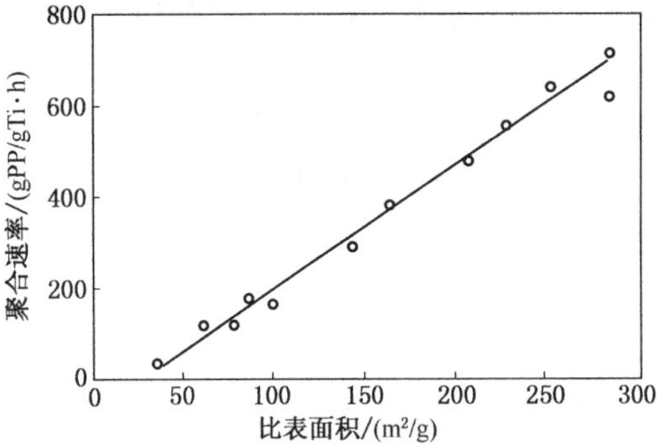

图2-4　催化剂活性和三氯化钛比表面积的关系

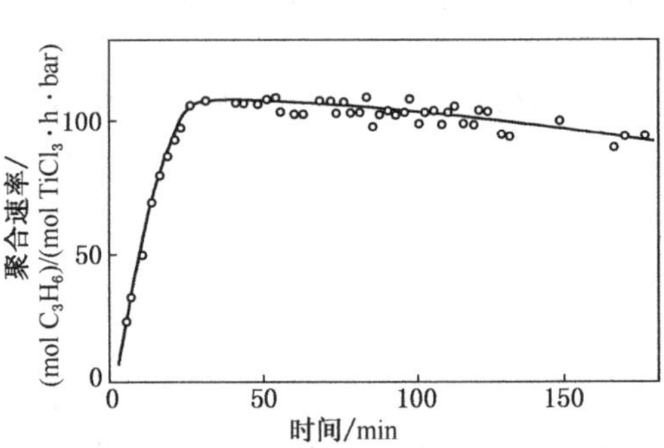

图2-5　AA-TC/DEAC催化剂体系的聚合动力学曲线(60℃，1bar=100kPa)

2.3.1.2　第二代催化剂的化学及结构

2.3.1.2.1　合成和结构

第二代催化剂是由Solvay公司首先开发的。Solvay催化剂[55]的合成主要包括下面三个步骤：

（1）固体催化剂制备 在0℃条件下向四氯化钛溶液中缓慢加入DEAC使固体催化剂析出，然后再加热到65℃进行加热处理，后经洗涤得到棕色的三氯化钛，其组成为：$TiCl_3 \cdot xAlCl_3 \cdot yAlRCl_2$（$x$约为0.15，$y$约为0.20）。此时的催化剂固体是一种$\beta$晶型的三氯化钛，只有极低的比表面积和催化活性。

（2）醚配位处理 将上述得到的β晶型固体催化剂加热到35℃用异戊醚进行处理，此步骤主要是为了除去催化剂中所含有的铝，另外也通过一部分醚被配位而提高催化剂的定向能力。而韩世敏等人认为[56]，醚配位的作用还在于除去有害的副产物（$AlEtCl_2$）和降低$TiCl_3$晶型转换的温度。经过此阶段处理的固体催化剂，它的比表面积和催化活性仍然较低。

（3）晶型转换 在60~70℃条件下，用四氯化钛溶液处理上述固体催化剂，使其发生晶型转换，从β晶型转变为δ晶型。晶型转换后的催化剂经洗涤除去吸附的四氯化钛和其他副产物后，就得到了最终的Solvay催化剂产品。最终Solvay催化剂产品的组成为[57]：

$$\delta-TiCl_3 \cdot x(AlEt_nCl_{3-n}) \cdot y(i-Am_2O);$$

其中，n为0~2，$x<0.2$，$0.01<y<0.11$。

它是一个具有很高比表面积（150~200m^2/g）和孔隙度（>0.2m^3/g），并且具有极高催化活性的配位催化剂。此催化剂的形态接近球型，平均粒径为20~40μm且颗粒度分布较窄。它们是由极小的初始结晶（5~10nm）聚集成多孔亚微粒子，并由亚微粒子的聚集体组成具有海绵状多孔结构的催化剂颗粒。在催化剂制备中，步骤（1）和步骤（2）也可以同时进行。合成所得到的催化剂产品需要在冷冻条件下储存，用以保证催化剂不失活。

在合成过程中，如果从β晶型转变为δ晶型过程的操作条件控制得越缓和，则所得到的δ晶体的微晶就越细，催化剂的活性也就越高。如果将异戊醚改为正丁醚则催化剂的立构规整性更高。在聚合时还可以通过向助催化剂DEAC[58]中加入第三组分（例如烷氧基硅烷），以提高催化剂的立构规整性。

日本的Chisso公司采用两种不同的过程开发了与Solvay催化剂相似的催化剂，合成步骤如下：

① 用DEAC/醚的混合物还原四氯化钛，然后进行加热，得到一种催化剂固体，之后再用四氯化钛/醚的混合物处理该固体，得到催化剂中间体[59]；

② 如上所述，在搅拌下还原四氯化钛，以得到三氯化钛组分，该组分（也可以预聚后）先用醚再用路易斯酸处理以得到最后的催化剂[60]。

利用这种方法，可以得到粒度分布较窄、接近球形的催化剂，当该催化剂与DEAC和某种路易斯碱（苯甲酸酯、烷氧基硅烷）并用时，可以得到较高的活性和等规度。

有许多公司也开发出了类似的催化剂[61]。在采用的工艺中与Solvay过程不同的地方主要是：还原步骤通常是在有醚存在和在较高温度下进行的，醚常被加入四氯化钛和烷基铝中，并且通常是在芳烃溶剂内进行。通过这一过程可以非常简便地得到铝含量很低的$\delta-TiCl_3$。通常还使用略微过量的四氯化钛以保证有足够的四氯化钛使β晶型向δ晶型转化。

从结构上看，Solvay催化剂及其他类似的第二代催化剂的特点是：它们比第一代三氯化钛催化剂有更小的结晶尺寸和更高的比表面积。在化学方面，它们含有极少量的结晶三氯化铝或二氯烷基铝。所以也有人将此类催化剂称为“低铝型”催化剂。

中国的一些研究单位也进行了此类型催化剂的开发研究，并且取得了很好的结果。由

BRICI 开发研究的"络合Ⅱ型"催化剂[62]，在用醚处理还原固体时使用正丁醚取代异戊醚，其立构规整性较异戊醚更高，得到的树脂颗粒为小球型且颗粒分布很窄。醚处理对催化剂性能的影响见表 2-10。

表 2-10 醚处理对催化剂性能的的影响

处理方式	催化剂性能				
	颜色	晶型	比表面积/(m^2/g)	催化剂活性/(g PP/g cat)	全等规度/%
不经醚处理	黑土色	β晶型及少量δ晶型	1~5	~1200	<85
异戊醚处理	紫色或棕紫色	δ晶型	100~200	4000~4500	95~96
正丁醚处理	紫色	δ晶型	100~200	5000~5500	~97

"络合型"催化剂在化学组成上与 Solvay 催化剂也有区别，主要表现在醚含量略低而四价钛含量略高。而四价钛含量略高却仍有很高的全等规度，这可能和四价钛的结合方式有关。"络合型"催化剂与 Solvay 催化剂化学组成的比较见表 2-11。

表 2-11 "络合型"催化剂与 Solvay 催化剂的化学组成比较

催化剂型号	催化剂的化学组成/%				
	总 Ti	Ti^{4+}	Al	醚	以总 Ti 计的 $TiCl_3$
络合Ⅰ型	25~27	2~3	0.1~0.4	3~7	80~87
络合Ⅱ型	25~28	1~2	0.2~0.3	3~7	80~90
Solvay01 型	25~29.5	0.1	0~0.5	7~10	84~95

"络合型"催化剂在中国的许多聚丙烯工业生产装置上已经使用多年，目前仍然还有一些采用间歇式本体聚合工艺的聚丙烯装置在使用。

2.3.1.2.2 聚合性能

早期 Solvay 催化剂的性能见表 2-12。

这些指标与上一代催化剂相比，活性和等规指数都大大提高了，聚合物的形态也大大改善了。而 Solvay 公司新专利中的催化剂 SB12[由 DEAC 和某第三组分(未指出)作为助催化剂]，性能更好[63]，见表 2-13。

表 2-12 早期 Solvay 催化剂性能①

性能	指标
活性/(g PP/g $TiCl_3$·h)	1900
聚合溶剂中可溶聚合物/%	2
聚合物中等规单元组含量(核磁法)/%	96.2
聚合物的粒径分布(250~500μm)/%	92.6
聚合物形态	类球型

① 聚合条件：60℃；1.03MPa；DEAC/Ti：5(mol)；2h。

表 2-13 Solvay 新催化剂性能①

性能	指标
活性/(kg PP/g cat)	12~15
聚合物的等规指数/%	98
聚合物的分子量分布(M_w/M_n)	5~6

① 聚合条件：70℃；1.5h；本体聚合。

但是，由于没有三氯化铝，其分子量分布还是比 AA-三氯化钛催化剂的窄。这些催化剂的聚合动力学属衰减型，活性的降低比较缓慢，但是比传统 AA-三氯化钛降低得快。

2.3.1.3　钛镁体系催化剂的化学及结构

研究开发钛镁催化剂的基本思想是，由于在三氯化钛催化剂中，只有那些在固体催化剂表面、边缘或结晶缺陷部位的钛原子才有可能成为聚合活性中心，所占总钛的比例很低，而大部分的三氯化钛都只是起载体的作用，因此如果能将活性三氯化钛化合物载负在高比表面积的某种载体上，使钛活性中心的数量和比例大大增加，那么催化剂的活性就有可能大幅度地提高。

对于钛镁催化剂来说，从化学方面看，主要是研究钛、镁和给电子体等组分之间的组成和相互作用问题，这些内容将分别在“钛镁催化剂的组成”、“钛镁催化剂化学”等章节中详述。而从结构方面看，此类催化剂的结构主要取决于载体的结构。因此从理论上讲，层状材料应该都有可能用来作为载体，因为层状材料在外力的作用下，都有可能变成很小的片晶。但是研究发现[64]，由于氯化镁在晶形、晶体结构及结晶参数等方面与 δ-三氯化钛十分相似(如 Mg 离子半径为 0.065nm，Ti 离子半径为 0.068nm)[65]，因而三氯化钛容易和氯化镁形成混晶或在其上载负，这样就确定了氯化镁是 Z-N 催化剂最合适的分散介质或载体。自此以后，人们就开始了用各种有机的和无机的镁化合物如氧化镁、氢氧化镁、烷氧基镁和金属镁等作为钛镁催化剂载体的研究，以寻求新的、效果最佳的载体。但是研究结果表明，由于在催化剂的制备过程中都存在和氯化物反应的过程，因此实际上最终在催化剂中得到的仍然是氯化镁。

钛镁体系催化剂有两类，一类是载负或载体型钛镁催化剂，另一类是共沉淀或溶解析出型钛镁催化剂。在发现可以用氯化镁作载体制备钛镁催化剂后，有一段时间人们曾简单地认为氯化镁的作用仅仅是载体，它只是起载负三氯化钛的作用，因而文献中大都称钛镁催化剂为载体催化剂。1985 年，北京化工研究院在申请 N 型钛镁体系催化剂专利的过程中，向专利局详细论证了氯化镁在钛镁体系催化剂中的作用，证实氯化镁作为载体来载负三氯化钛，在钛镁体系催化剂中仅仅是其中的一种存在方式和结构，除此以外，它还可以通过共沉淀的方法，不是以载负而是以生成三氯化钛/氯化镁共结晶的结构和方式而存在。虽然在此之前别的公司也有类似的钛镁体系催化剂合成，但是人们并没有明确地提出这两种类型的催化剂在结构和形式上的区别。所以用氯化镁制备的催化剂的总称应以钛镁体系催化剂或钛镁催化剂较为准确。

在钛镁催化剂中，所包含的载负型催化剂，也有两种不同类型：一种是以氯化镁为基材先制备成载体(如采用喷雾法[66]或高速搅拌法[19]先制备球型氯化镁载体)，然后再在其上载负三氯化钛活性组分，经洗涤后成为钛镁球型催化剂；另一种是以其他原料作为载体，如采用经过处理的硅胶等作为载体，先将氯化镁渗透其中或载负其上，然后再载负三氯化钛活性组分，经洗涤后也可成为钛镁载体催化剂。

对于钛镁体系催化剂的研究来说，主要有三方面：

① 氯化镁，包括各种镁的化合物经过反应转化成氯化镁，以及氯化镁的活化、形态控制等；

② 钛镁催化剂，包括钛镁催化剂的结构、组成和化学等方面的问题，以及与助催化剂和给电子体的选择和相互作用问题等；

③ 给电子体，包括所使用的内、外给电子体的种类、作用及对催化剂性能的影响等。

2.3.1.3.1　氯化镁的结构及活化

氯化镁($MgCl_2$)是一种结晶化合物，其中的镁有六个配位，而氯有三个配位。其结晶形态主要有两种，即α晶型和β晶型。

α晶型：α晶型为层状结构，与γ晶型三氯化钛相似，由两层氯离子夹一层镁离子构成，结构为立方体密堆积的六面配位体构型[67]。

β晶型：此种晶型不太稳定，结构为六方体密堆积构型[68]，其晶型与α晶型三氯化钛相似。由于氯离子的立方密堆积，β晶型氯化镁的层状结构在d=0.256nm处(104)显示了极强的X射线衍射峰。

δ晶型氯化镁与δ-三氯化钛相类似，也是α和β两种晶型的混合体。

对于用氯化镁制备的钛镁催化剂来说，用α晶型氯化镁为原料制备的钛镁催化剂，其催化剂中的氯化镁为δ晶型。而用β晶型氯化镁为原料制备的钛镁催化剂，其催化剂中的氯化镁为β晶型。晶型的不同对丙烯聚合反应有非常明显的影响。

通常氯化镁有两个晶面(100晶面和110晶面)因为有配位缺损而能参与配位反应，但是在这两个晶面上的配位情况是不同的，110晶面的配位度是4而100晶面的配位度是5，110晶面镁原子的酸性比100晶面的大。另外，在晶体的边、角或缺损部分的情况也不相同，因此，在氯化镁的表面上可能出现不同碱性强度和位阻的活性中心。

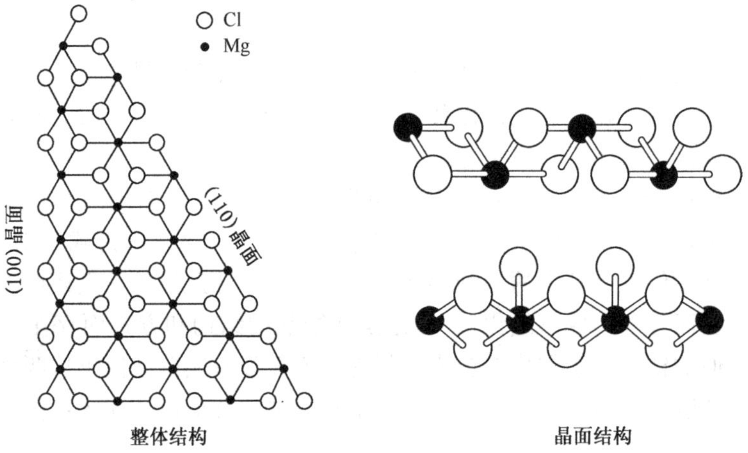

图2-6　$MgCl_2$晶体100晶面和110晶面的结构

用于合成丙烯聚合催化剂的氯化镁需要进行活化[69]。活化的方法有两种，一种是物理的方法，而另一种是化学的方法。物理的方法是在氯化镁中加入给电子体等其他物质进行研磨，由于氯化镁是两层氯离子夹一层镁离子的Cl—Mg—Cl结构，其层间的范德华结合力很弱，很容易在相邻的氯层间断开，所以氯化镁容易在外力的作用下破碎变成细小的晶粒。因此对于研磨活化的氯化镁，其结构由于Cl—Mg—Cl层彼此间发生的位移、旋转和断裂，晶体尺寸减小，结晶顺序被破坏，结果显示出无序结构。

用X射线衍射方法检测，(104)处极强的X射线衍射特征峰明显减弱，而变成了在d=0.265nm处的较低矮宽广的峰型，见图2-7。

随研磨过程的进行，氯化镁的结构层虽然始终能保持氯离子紧密堆积，但是它的体积越来越小，其厚度甚至可以接近一个结构层的尺寸，这是使钛镁体系催化剂具有极高的活性的

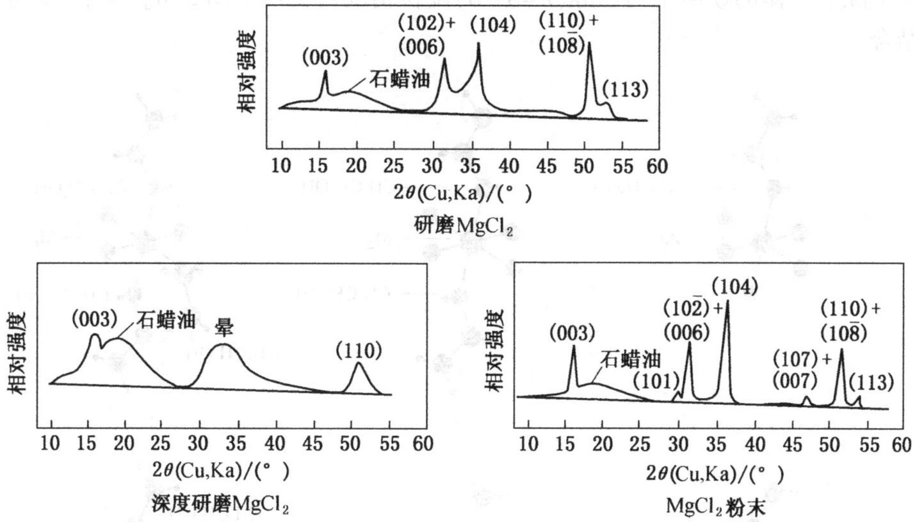

图 2-7　$MgCl_2$粉末和活化 $MgCl_2$的 X 射线衍射图谱

一个基本条件。从结构的角度看，非常重要的一点是，氯化镁的晶体虽然很小但都存在边、角或结晶缺陷，而这些部分可能会与结晶面或其他部分的情况有所不同[70]，在它上面存在有许多具有不同不饱合度、路易斯酸强度和位阻等的镁离子，这些镁离子暴露在外具有容易与其他催化剂组分配位的能力。这一点对于氯化镁可以用来做为催化剂的分散介质或载体，以形成各种不同的活性中心来说是非常重要的。

另外，在研磨过程中可以加入给电子体化合物，它具有间接提高催化剂性能的作用。在研磨时加入给电子体有助于载体活化，协助除去不希望要的副产品，例如三氯烷氧基钛，该产品是在由烷氧基镁或水合氯化镁前体来制备催化剂时产生的[71]。

化学方法是，将氯化镁与各种路易斯碱作用，如醇、酯、醚等，使形成可溶解于烃类溶剂的醇合物，然后再在此溶剂醇合物中加入酸性析出剂如四氯化钛等，通过四氯化钛与氯化镁醇合物进行的反应，生成固体状的钛镁配合物析出。此时的氯化镁已经是具有高比表面积并且是与钛化合物配位了的催化剂中间体。进一步加入各种路易斯碱的步骤对于制备高活性的钛镁催化剂至关重要。

上述两种方法中，氯化镁和钛活性中心之间的连接方式，根据肖士镜[72]等人的研究认为，催化剂中的活性中心 Ti 与载体氯化镁之间是通过 Cl 桥进行连接的。由于 Mg 的电负性小于 Ti，可以通过 Mg →Cl →Ti 的推电子效应使 Ti 活性中心的电子云密度增加，使 Ti—C 键的强度被削弱，有利于 Ti—C 键上的链增长和链转移反应的进行，增加链增长反应的速度常数。

吕立新[73]指出，早先曾认为氯化镁只是给钛化合物提供一种分散的表面，起着承载活性组分的载体作用。但目前普遍认为，在非均相的 Z-N 催化剂中，载体作用的重要性与均相催化剂中配体的重要性相同。实践也证明载体的制备方法和过程明显影响催化剂的性能。

在制备氯化镁醇合物的过程中，虽然先将醇和氯化镁进行反应这种制备氯化镁醇合物的方法经常被使用，但对 $MgCl_2$醇合物的详细结构却知之甚少，对载体结构如何影响催化剂性能也缺乏了解。Sozzani 等人[74]用固体 NMR 方法详细研究了这种醇合物的结构和醇与氯化镁的配位情况。具体的镁离子与乙醇($n=1\sim6$)配位情况可见示意图 2-8。醇中 OH 基的氧原子与镁结合。

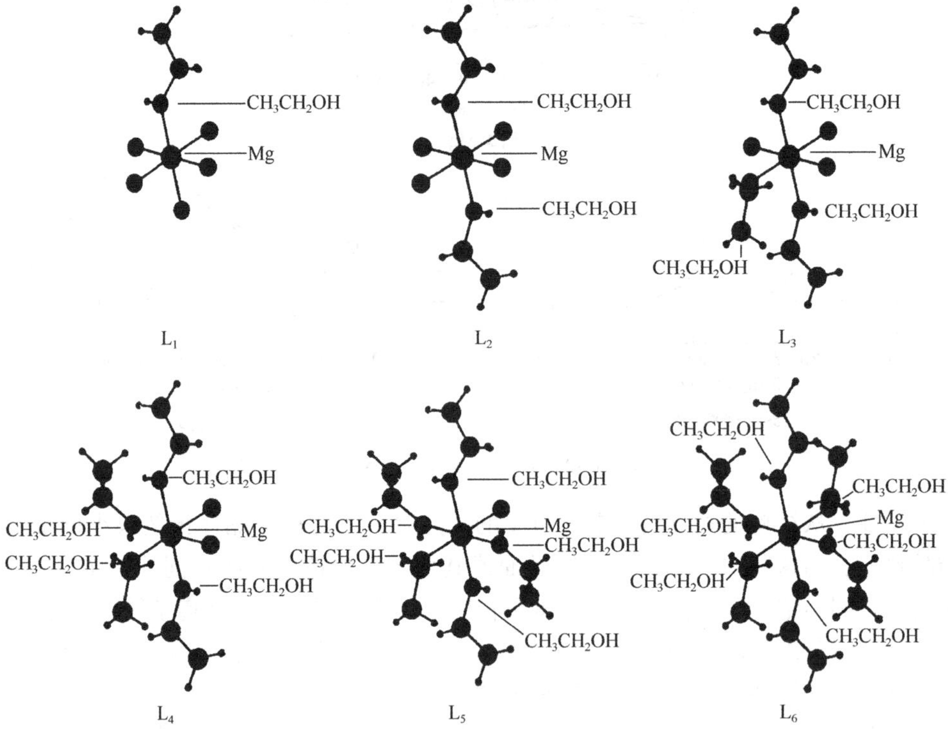

图 2-8　Mg^{2+} 与不同量乙醇($n=1\sim6$)醇合的示意图

Sozzani 等人研究认为氯化镁与不同摩尔比的乙醇在醇合过程中，只有 $MgCl_2/C_2H_5OH$ 比例为 6，2.8，1.5 时才能形成组成明确并且稳定的醇合物。其他的比例实际上都是混合物。

$MgCl_2/6EtOH$ 醇合物的结晶结构如示意图 2-9 所示。当 $n=2.8$ 时结晶中两者的比例是 $5MgCl_2 \cdot 14C_2H_5OH$，而 $n=1.5$ 时则为 $2MgCl_2 \cdot 3C_2H_5OH$。这就可以解释为什么在许多工业应用的催化剂中，常以氯化镁与乙醇摩尔比为 3 左右的醇合物作为起始原料。在此比例下，

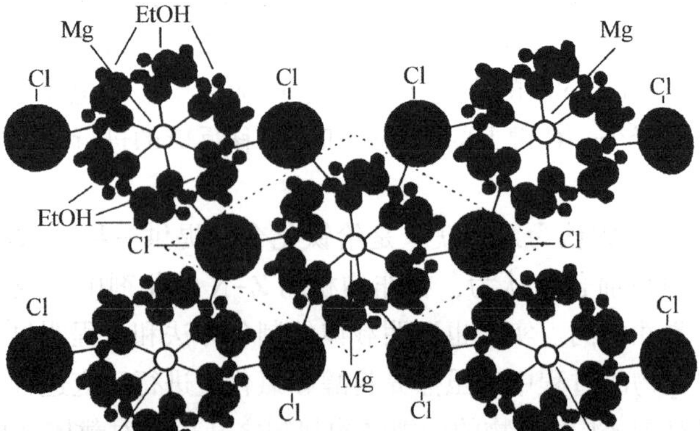

图 2-9　$MgCl_2/6C_2H_5OH$ 加成物的结晶结构示意图

所制得之催化剂在丙烯聚合时有很高的活性和等规度，低于此比例时活性与等规度都有所降低，但却适合于乙烯和丙烯共聚。由乙醇量 $n=6$ 的球形载体，经脱醇至 $n=1.5$ 后，就像是图中的由氯化镁和乙醇构成的 L_1 和 L_2 分子链，包围在一可移动的柔软的乙醇床中。当再与四氯化钛反应时，$TiCl_4$ 极易渗透进去。载钛完毕后，留下了许多空隙，使催化剂形成多孔结构，这种催化剂极适合于制备聚丙烯合金。由此 Sozzani 等人提出，原始载体的结构对催化剂的表面和形态有重要的影响，从而也明显影响载钛的结果。原始载体中配体（此处为乙醇）所占的位置和其分布，在载钛时会有"记忆"效应，从而影响钛在催化剂中的位置和分布。

除了上述讨论的催化剂合成方法外，文献还报道了另外一种不同的催化剂合成方法：北欧化工公司的 Abboud 等人[75]使镁化合物溶液和 $TiCl_4$ 溶液形成两个互相不相溶的相，并加入一种丙烯酸聚合物作为表面活化剂，在搅拌下使其形成稳定的分散液，反应后得到球形固体粒子。他们经过研究认为，这样制得的催化剂与用前述以 $MgCl_2$ 醇合物所制得的催化剂相比，经丙烯聚合后，具有细粉少，结晶度高，熔点范围窄等特点。他们的研究结果也证明，$MgCl_2$ 载体制备阶段使用方法和工艺的不同会明显影响催化剂的性能。

2.3.1.3.2　钛镁催化剂的结构

有关钛镁催化剂结构的讨论，主要包括物理结构（催化剂的颗粒形态、大小尺寸和微观结构等）和化学结构（催化剂活性中心结构等）两部分。

在物理结构方面，对于非氯化镁类型的其他载体催化剂，如 SiO_2 等，其催化剂的结构和所使用的载体的物理结构有直接的关系。而本节所讨论的仅限于氯化镁类型的催化剂。

高度活化的氯化镁具有极小的晶体尺寸，它在催化剂中的尺寸也极为细小（$D_{110}=5\sim10nm$，$D_{003}\leqslant5nm$）。因此在钛镁催化剂中无论是共沉淀型还是载体型都具有很高的比表面积和孔体积。一般钛镁催化剂的比表面积约为 $100\sim350m^2/g$，孔体积约为 $0.15\sim0.4cm^3/g$。而由化学法得到的催化剂，其比表面积约为 $250\sim300m^2/g$，孔体积约为 $0.3\sim0.4cm^3/g$，平均孔径约为 $2\sim8nm$[76,71]。而用共研磨法或研磨浸渍法得到的催化剂则通常要稍低于上述数值。

有关钛镁催化剂卤化钛和氯化镁之间的晶面结构，显示在示意图 2-10 中。

通常认为，图 2-10 中的 A、A′为双核活性中心结构，通过聚合可以得到高等规聚合物。而 B、B′和 C、C′为单核活性中心结构，通常通过聚合得到无规聚合物。

对于钛镁催化剂的结构来说，载体型和共沉淀型催化剂的结构具有明显的差别。一般来说，载体型催化剂的结构更多地依赖于载体氯化镁的结构，如研磨法氯化镁的片晶结构和喷雾法或高速搅拌法的氯化镁球型结构等。而共沉淀型催化剂则更多地取决于催化剂的制备方法。通常在制备过程中首先得到由氯化镁、路易斯碱和四氯化钛反应生成的配合物初级微晶，然后在一定的条件下，这些初级微晶聚集长大成次级微晶，经过这样多次的聚集长大之后才得到最终的催化剂颗粒。以我国自行研制的 N 型催化剂为例，初级微晶的尺寸约为 6.7nm，而最终催化剂颗粒的尺寸约为 570nm，比表面积约为 $290m^2/g$，孔体积约为 $0.24cm^3/g$。图 2-11 和 2-12 为 N 催化剂的扫描电子显微镜照片和它的催化剂颗粒聚集态的示意图片。

进一步的研究还发现，这种共沉淀型的催化剂在聚合过程中，随催化剂的产率的增加，

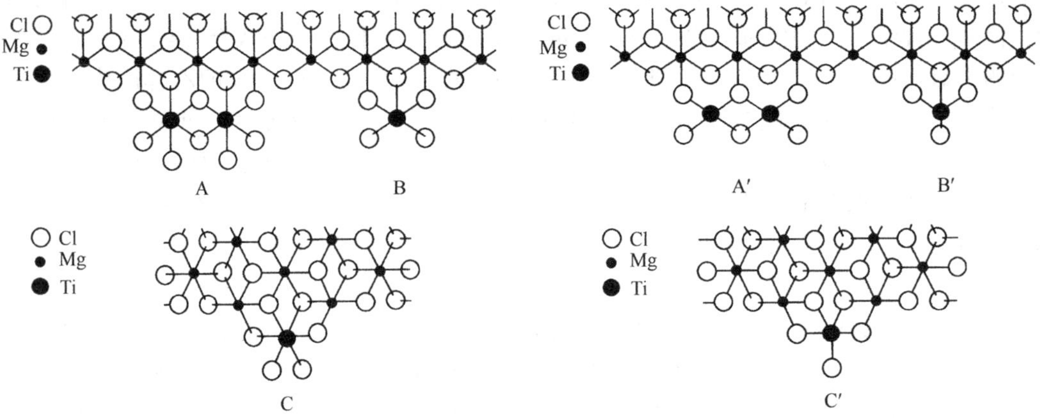

图 2-10　钛镁催化剂晶体 100 晶面和 110 晶面的结构

A，B—100 晶面上 $TiCl_4$的推测模型；C—110 晶面上 $TiCl_4$的推测模型；

A′，B′，C′—为烷基铝处理后的 100 晶面上和 110 晶面上 $TiCl_4$的推测模型

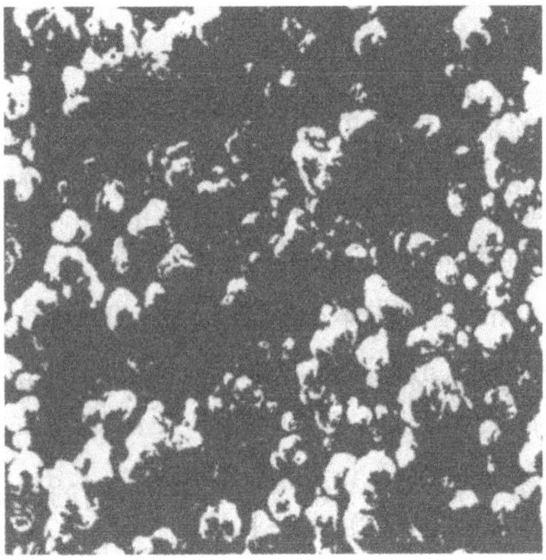

图 2-11　N 催化剂扫描电子显微镜照片

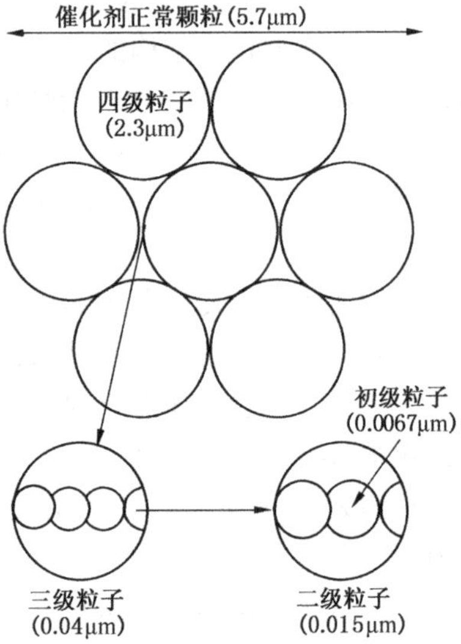

图 2-12　N 催化剂颗粒聚集态示意图

聚合物粉料的表观密度基本上是成线性增加，而聚合物粉料的流动性则是成线性减少。这些结果是不能用在高产率下聚合物粉料会包在一起来解释的，因为聚合物的颗粒形态并没有改变。但是对这样的结果可以用“骨架密度”的概念来加以解释。也就是说，在聚合过程中，催化剂首先通过聚合形成了“颗粒骨架”，然后随聚合过程的进行，骨架内部不断地被聚合物充实，因而聚合物粉料的表观密度随聚合的进行而不断上升，而它的颗粒形态并没有大的改变。

在化学结构方面，主要是研究催化剂活性中心的结构问题。通常钛镁催化剂的活性中心可分为两类：一类是等规活性中心，另一类是无规活性中心。而在等规活性中心方面 Chien[77]认为，钛/镁催化剂中存在两种等规活性中心，一种的立构规整能力较低而另一种的立构规整能力较高。其特征和空间立体结构见表 2-14 和图 2-13。

表 2-14　钛镁催化剂的活性中心分类

分　　类	分子结构	位　　置	L 酸性	立体定向性
等规活性中心	A1，A2	晶格中	较弱	好
无规活性中心	B	晶格、边角及表面缺陷	较强	差

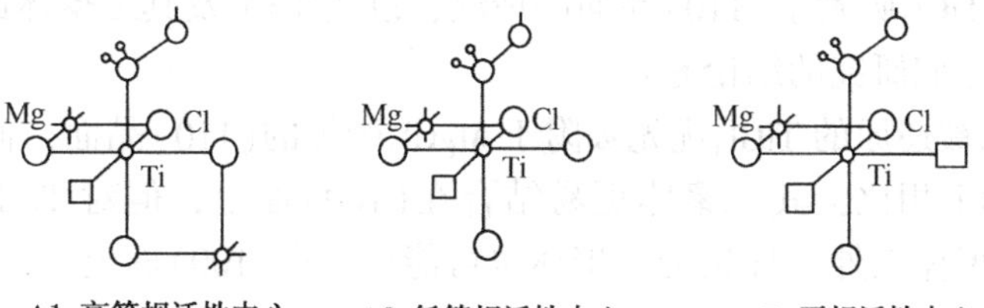

图 2-13　钛镁催化剂活性中心的结构示意图

对于等规活性中心来说，通过高分辨 C-NMR 的进一步研究发现，即使是全同的等规链段中也存在有短的间规或无规链段，这说明在聚合过程中活性中心的立构情况可能是在不断变化的。

Busico 等人[78]从立体化学的角度进一步提出了“三种活性位的模型”，并认为它们之间处于相互转变的动态平衡状态。如图 2-14 所示。

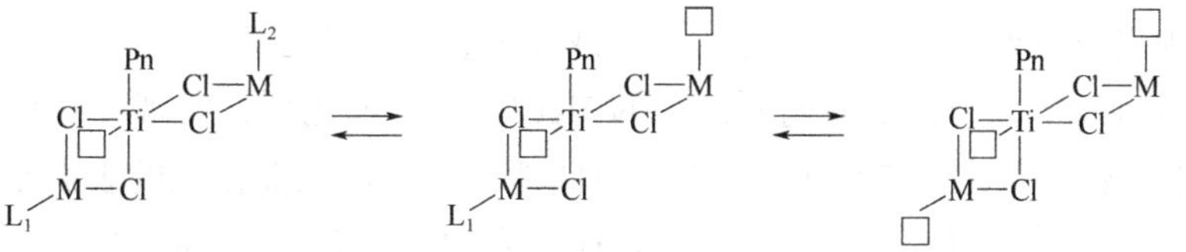

图 2-14　Bucico 等人提出的三种不同等规活性位的模型示意图

在此三种活性位中有两个与活性中心相邻的镁离子上的配体位置很重要，即图中的 L_1 和 L_2，此位置上取代基团的差别就决定了活性中心的立构取向。其中有几种情况，当 L_1 和 L_2 都有取代基团(如氯离子、酯类等)时，活性中心结构为 C_2 对称或假 C_2 对称，此时的活性中心为高等规活性位。当 L_1 和 L_2 两处都是空位时，以链端控制为主，此时构成间规活性位(或无规活性位)。而当 L_1 和 L_2 中有一处为空位时，活性中心结构为 C_1 对称，此时构成低等规活性位(或无规活性位)，但是如果发生配体 L 位移或给电子体配位，它也可转变为高等规活性位。所以只要 L_1 和 L_2 位置上的取代基团在聚合过程中发生变化，活性中心的立构性能就会发生变化，上述情况进一步说明 Z-N 催化剂多种活性中心的存在。

近年来有不少学者对活性中心的结构进行了更为深入的研究，如 20 世纪末德国 Boero[79]等人用分子力学第一原理方法(Firstprinciplesmoleculardynamics)从理论上考查了 $MgCl_2$(100)、(104)和(110)等各晶面，以及其上所结合的催化剂活性组分构型。他们的研究进一步确认了 $MgCl_2$ 载体的(100)和(110)面是催化剂的相应活性表面。计算结果也证明，在(100)面上的镁是 5 配位，但这些面上所形成的活性中心聚合效果差。而且在这些面上，钛化合物只能以二聚体的形式结合，并在反应时不稳定。所以看不出(100)面有更多的优势。另外二聚体的形式也可能会存在(110)面上，但是反应时也一样不稳定。不同的是在此面上的二聚体降解后，所产生的 $TiCl_4$ 不会逸出，而仍能结合于此表面。因此他们认为只有(110)面上所结合的单核形式存在的钛化合物才是稳定的活性中心。

Corradini 和 Cavallo 等人[80]用量子化学密度函数理论方法也系统地研究了 $TiCl_4$ 在 $MgCl_2$(100)和(110)晶面上结合的情况，研究了其二聚体在(100)晶面上结合的可能性。由于在聚合时有烷基铝的存在，催化剂中的 Ti(Ⅳ)必然要被还原成低价的 Ti(Ⅲ)甚至 Ti(Ⅱ)。因此又研究了还原后的 $TiCl_3$ 吸附于(110)晶面的情况，以及 $TiCl_3$ 及其二聚体或四聚体在(100)晶面上结合的可能。他们研究的结论是：

① $TiCl_4$ 分子和被还原的 $TiCl_3$ 优先吸附于 $MgCl_2$ 旁侧的(110)晶面，而不是在(100)晶面上；②与单分子 $TiCl_4$ 相比，其二聚体更易结合在(100)面上，但对 $TiCl_3$ 的二聚体则不利；③除了单体状和二聚体以外，$TiCl_3$ 的多聚体也可能结合在(100)面上。

Brambilla 等人[81]将不同量的 $TiCl_4$ 和 $MgCl_2$ 一起进行研磨，然后将样品进行傅立叶转换拉曼光谱的测定。从所得光谱图发现，在研磨过程中至少生成了三种配合物，其中两种不稳定，很容易被己烷洗去。剩下一种根据谱线分析加以确定，是单体状的 $TiCl_4$ 配位在 $MgCl_2$(110)侧断面上。

以上这些讨论大都集中在研究确定钛的化合物配位在 $MgCl_2$ 的什么位置上，比如是(100)晶面还是(110)晶面上。但是，无论是在(100)晶面还是在(110)晶面，钛的化合物与 $MgCl_2$ 之间它们的真正结合方式究竟是怎样的呢？深入的研究发现，$TiCl_4$ 在 $MgCl_2$ 上的结合能很低，而很低的结合能是不能使 $TiCl_4$ 牢固地配位在 $MgCl_2$ 上的。因此，那些以 $TiCl_4$ 直接和 $MgCl_2$ 配位为出发点而形成活性中心的理论或模型，其准确性需要进一步深入考证。

Magni 和 Somorjai[82]研究了他们所制得的 $MgCl_2/TiCl_4$ 催化剂，发现此催化剂中，面层为 Ti^{4+}，而在其下，数层系由 Ti^{2+} 和 Mg 组成。由此他们认为可能催化剂的表面是由一些 Ti^{2+} 取代了 Mg 原子，然后是 $TiCl_4$、$TiCl_3$、$TiCl_2$ 和 $TiCl_2$ 表面的结合。Ziegler 等人经计算认为，的确它们与 $TiCl_2$ 的结合能高，当 Mg 原子被 Ti 原子取代后，$TiCl_4$ 与 $MgCl_2$ 的结合会变得很强，同时 $TiCl_4$ 与 $TiCl_2$ 的结合也会变得很强。因此认为氯化钛分子实际上是和 $MgCl_2$ 晶面中的 $TiCl_2$ 相结合的。

Ziegler 等人[83]用密度函数方法研究了 $MgCl_2$ 和氯化钛结合的情况。他们归纳了前人所提出的 $TiCl_4$ 结合在 $MgCl_2$ 上三种可能方式的模型，分别命名为 Slop、Corradini 和 Edge。钛化合物根据化合价也设定为三种，即 $TiCl_4$、$TiCl_3$ 和 $TiCl_2$。所以研究工作包括三种结合方式加上三种钛化合物一共 9 种结合的可能性。图 2-15、图 2-16 和图 2-17 即为 $TiCl_4$、$TiCl_3$ 和 $TiCl_2$ 结合在 $MgCl_2$ 上三种可能方式的模型。

对这 9 种情况进行进一步的分析表明，在这 9 种情况中，实际成为活性位的可能性大小可以分为三类，即：

情况 A——可能存在的活性位；

情况 B——可能存在但属比较差的活性位；

情况 C——不大可能存在的活性位。

首先来看结合在 $MgCl_2$ 晶面 $TiCl_4$ 基的情况。上面已经提到，计算的结果发现不管那种方式，$TiCl_4$ 在 $MgCl_2$ 晶面上的结合能都很低，因此 $TiCl_4$ 不大可能牢固地结合在 $MgCl_2$ 上。另外其中 $TiCl_4$ 基的 Corradini 构型因其中的 Ti 原子是 6 配位，已经饱和，没有空位留给聚合时单体插入配位用，因此这种构型是不大可能进行聚合反应的。而 $TiCl_4$ 基的其他两个构型则因

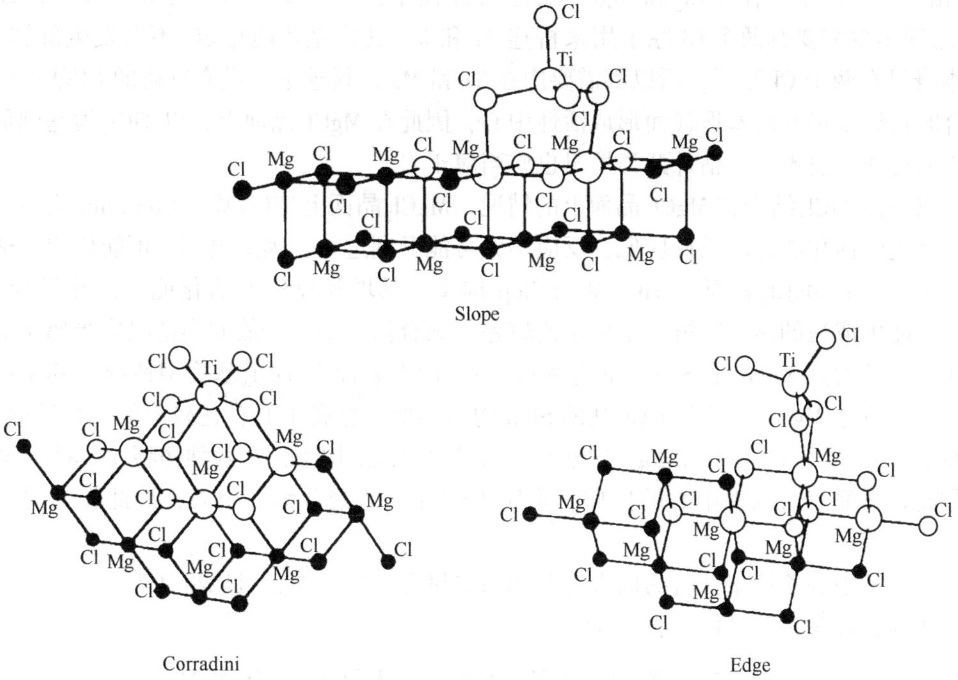

图 2-15 $TiCl_4$结合在 $MgCl_2$上三种可能方式的模型

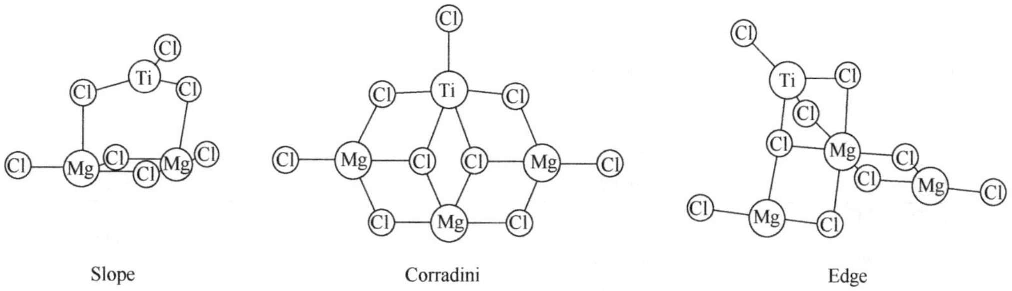

图 2-16 $TiCl_3$结合在 $MgCl_2$上三种可能方式的模型

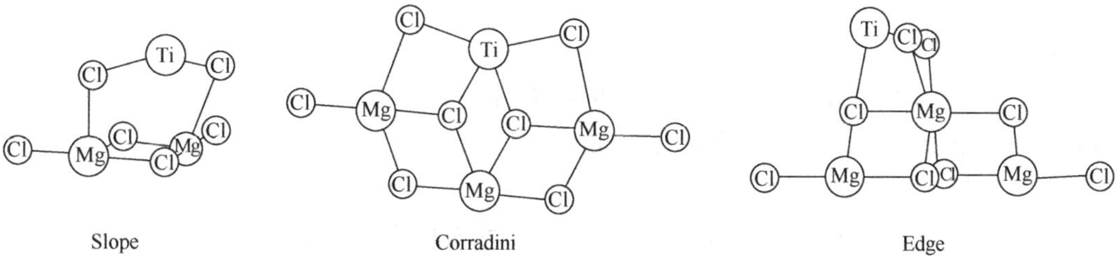

图 2-17 $TiCl_2$结合在 $MgCl_2$上三种可能方式的模型

为上面所说的结合能太低，构型不稳定，无法牢固地结合在 $MgCl_2$的晶面上，也无法形成真正的活性中心，因此估计此类情况应当属于 C。

再来看结合在 $MgCl_2$晶面的 $TiCl_2$情况。计算的结果表明，$TiCl_2$可以用上述三种构型与

$MgCl_2$相配位。但是，在 $TiCl_2$和 $MgCl_2$配位的过程中，从构型上看（见图 2-17），$TiCl_2$和 $MgCl_2$之间至少需要有两个 Cl 原子用来桥连 Ti 和 Mg 其构型才能稳定（不会发生旋转）。而 $TiCl_2$本身只有两个 Cl 原子，所以都需要用在 Ti 和 Mg 的桥连上，没有富裕的 Cl 基可以用来在聚合时被烷基铝的烷基取代而形成活性中心，因此在 $MgCl_2$晶面上，以 $TiCl_2$为基础形成活性中心的可能性也不大，估计此类情况也应当属于 C。

第三种是 $TiCl_3$结合在 $MgCl_2$晶面上的情况。$MgCl_2$晶面上 $TiCl_3$基的 Corradini 构型，由于其终止反应的活化能比增长反应低，反应不大可能顺利进行，因此也不大可能构成合适的聚合活性中心。而 $MgCl_2$表面上 $TiCl_3$基的 Slop 构型，其增长反应的活化能与终止反应相近，此构型只能生成短的聚合物链，是属于比较差的聚合活性中心，故此类情况应当属于 B。

还有一种就是 Magni 和 Somorjai 等人提出的 $TiCl_2$表面上 $TiCl_4$基构型情况。其中的 Slop 构型和上面所述 $MgCl_2$表面上 $TiCl_3$基的 Slop 构型类似，也属于 B 类比较差的聚合活性中心。

而 $TiCl_2$表面上 $TiCl_4$基的 Edge 构型和 $TiCl_3$基的 Edge 构型，这两种构型比较符合 $MgCl_2$/$TiCl_4$催化剂体系聚合活性中心的性质，是属于较理想的聚合活性中心，故此类情况可能属于 A。

此外，考虑到乙烯聚合时的插入情况和丙烯聚合有些类似，可以将计算得到的乙烯插入的几率作为旁证参考。具体见表 2-15。

表 2-15 每种位型乙烯插入的几率（P）及聚合物的 M_n 和 M_w

位 型	P	M_n	M_w
在 $MgCl_2$表面			
$TiCl_4$ Slope	0.821619	157	286
$TiCl_4$ Edge	0.998214	15709	31390
$TiCl_3$ Slope	0.829006	164	300
$TiCl_3$ Corradini	0.267678	38	49
$TiCl_3$ Edge	0.999894	265742	531455
在 $TiCl_2$表面			
$TiCl_4$ Slope	0.950936	572	1115
$TiCl_4$ Edge	0.951223	575	1122
$TiCl_3$ Slope	0.000090	28	28
$TiCl_3$ Corradini	0.103712	31	35
$TiCl_3$ Edge	0.363110	44	60

因此，他们得出的结论是：钛的化合物与 $MgCl_2$之间真正的配位方式应该是，$TiCl_4$配位在取代了 Mg 原子的 $TiCl_2$上而构成聚合活性中心。

2.3.1.3.3 钛镁催化剂的组成

对于大多数的钛镁催化剂来说，其催化剂的组成大致如表 2-16 所示。

表 2-16 钛镁催化剂的组成

四氯化钛/%	内给电子体/%	氯化镁/%	四氯化钛/氯化镁摩尔比	内给电子体/氯化镁摩尔比	内给电子体/四氯化钛摩尔比
4~20	5~20	55~80	0.02~0.16	0.04~0.22	0.30~1.60

从表 2-16 中的数据可以看出，钛镁催化剂的组成特点是，氯化镁的含量总是大大超过四氯化钛和内给电子体。并且往往在钛与内给电子体 Di 含量之间可以观察到相互成倒数的关系(至少对于化学法制备的催化剂是这样的)[84,85]。

徐君庭等人[86]的研究表明，由于加入内给电子体 Di 时，内给电子体会在 110 面上与 $TiCl_4$竞争与 $MgCl_2$的配位，负载在 110 面上的 $TiCl_4$会被 Di 代替，因此随着 Di 加入量的增加，催化剂的载钛量会不断下降，这就显示了 Di 与载钛量互成倒数的关系。但是当 n(DIBP)/n(Mg)>0.1 时，$TiCl_4$与 Di 和 $MgCl_2$的竞争达到平衡，再增加 Di 的加入量催化剂的载钛量就不再减少。

所以，只要将任何未反应的四氯化钛和内给电子体或四氯化钛、内给电子体和氯化镁反应生成的副产配合物都洗干净，催化剂中真正的钛和内给电子体的总量通常即使不是恒定的，变化也不会太大。

另外，如果对钛镁催化剂进行分析检测，可以发现真正存在于催化剂中的各种组分均已失去了它们原来的检测特征，这表明这些组分已经形成了有较强结合力的新配合物。

为了解释这种结合，人们采用包括分光光度计、红外分析、核磁共振和热重分析(TG)等各种仪器，已经进行了大量的工作，主要是通过对真实催化剂或其各组分的组合模型进行研究。

用红外对以苯甲酸乙酯(EB)为内给电子体的催化剂进行的分析结果表明[52,70,87]，在催化剂和共研磨的 EB/氯化镁混合物中，处于游离酯中的羰基的展宽频率由 1725cm^{-1}迁移到了 1680~1700cm^{-1}之间。出现这一结果的原因是，由于 EB 通过其羰基上的氧与镁而不是钛发生了配位，伴随的羰基吸收峰的变宽可以归因于大量不同键强度的配位化合物的出现。^{13}C 核磁共振的研究也得出了 EB 主要是与氯化镁配位的同样结论[88]。不过也有研究报道[89]认为 EB 可能同时与镁和钛配位。

对于双官能团给电子体，例如邻苯二甲酸二酯、二醚等，红外分析[90]显示处于 1730cm^{-1}的游离酯中的羰基变成了处于 1685~1700cm^{-1}的催化剂配合物中的羰基。同样，二醚中 C—O 伸展频率(1113cm^{-1})在催化剂和氯化镁/二醚混合物中也迁移到了 1059cm^{-1}和 1024cm^{-1}的对偶物处。而在催化剂中却没有检测到四氯化钛和二醚配合物的峰[91]。用^{13}C 核磁共振对含有二醚或邻苯二甲酸酯的催化剂的观察也得到了同样的结果。这些结果都表明，无论是单官能团的还是双官能团的内给电子体，它们基本上都与镁发生配位，只不过对于不同种的内给电子体，配合物的结构会发生变化。在采用双官能团给电子体的情况下，用四氯化钛处理后的二元的氯化镁/酯混合物的轮廓缩小了，这可能是因为在载体表面上形成了单独的结晶相的缘故[92]。有关双官能团给电子体的情况，后面的章节还有进一步的说明。

2.3.1.3.4 钛的氧化态

过去，在三氯化钛与 DEAC 系统中，大多数的看法都认为作为活性中心的钛原子是三价的[52]。可是，在钛镁催化剂中，初始的四氯化钛中的钛原子为四价氧化态，在反应过程中要被还原，而且有可能发生过度还原。虽然由于使用不同的催化剂和分析方法，文献报道的结果常有矛盾，但是，对于同样都是四氯化钛/EB/氯化镁催化剂，可以得到以下的数据：

Kashiwa：三价钛为 20%，二价钛为 80%[93]；

条件：催化剂与三乙基铝在 60℃下接触 2h(铝/钛比为 50)后测定。

Chien：三价钛为 85%，二价钛为 15%[94]；

条件：催化剂与三乙基铝在50℃下接触10min(助催化剂为3∶1的TEA/MPT)后测定。

Weber：三价钛为70%，二价钛为30%；

条件：在25℃下与TEA接触后测定。

四价钛为35%，三价钛为25%，二价钛为40%；

条件：与TEA/MPT接触后，不管有无烯烃存在，都可以检测[95]。

以上的数据表明，虽然不同学者得到的数据并不相同，甚至还有不同结论的报道，但是可以肯定的是，在催化剂和烷基铝接触以后，系统中钛的氧化态并不都是三价氧化态。

Chien结合ESR和滴定技术确定了邻苯二甲酸酯/硅烷系统催化剂中钛的氧化态[96]。与TEA/PES反应(50℃，1h)后，发现了下面的分布：四价钛离子约28.1%，三价钛离子约38.5%(24%可以由ESR检测，其余的ESR检测不到)，二价钛离子约33.4%。没有PES时，则有下面的分布：四价钛离子约7%，三价钛离子约73.7%(34%可以由ESR检测)，二价钛离子约19.3%。

Fregonese等人[97]研究了用TEA处理$TiCl_4/MgCl_2$/EB催化剂进行丙烯聚合时，Ti的氧化态随Al/Ti、温度和时间的变化情况。实验结果表明，Ti的还原和反应时间有明显的依赖关系，特别是在Ti^{4+}消耗时Ti^{2+}明显增加，活性也随之发生变化。可是乙烯聚合的情况就有所不同，在20~120min的活化时间内，随反应时间的延长，Ti^{4+}逐渐下降，而Ti^{3+}则快速减少，同时Ti^{2+}迅速增加，但Ti^{2+}和Ti^{3+}的总量基本不变，而且关键是乙烯聚合的活性也基本上不变。

根据上述结果可以清楚地看到，尽管催化剂及反应条件各不相同，但我们可以得出这样的结论：钛镁催化剂在聚合的条件下，会发生多种钛原子的还原反应，钛原子不仅会被还原为三价钛离子，而且也会被还原为二价钛离子，或者还有部分没有被还原的四价钛离子。但是丙烯聚合和乙烯聚合的区别是，乙烯聚合可能主要是Ti^{2+}和Ti^{3+}在起作用，而丙烯聚合可能主要是Ti^{4+}和Ti^{3+}在起作用。

2.3.1.3.5 钛镁催化剂化学

钛镁催化剂化学主要讨论钛活性中心离子的电负性问题和活性衰减问题，有关内、外给电子体及其作用等问题后面单列章节讨论。

(1) 钛活性中心离子的电负性　钛镁催化剂突出的特点是活性大幅度的提高，究其原因主要是由于活性中心数与聚合反应速率常数的增加而造成。其中活性中心数的增加比较容易理解，因为在比表面很大的氯化镁上可以分布大量的钛活性中心，因此因钛活性中心数的明显增加而引起了催化剂聚合活性的增加。但是氯化镁为什么会使聚合反应速率常数增长的原因则似乎不够清楚。不过在研究不同金属氯化物的添加效应时，发现[98]一氯二乙基铝/钛化合物催化剂与这些金属氯化物结合，会使丙烯聚合在经过短期的引发阶段后进入稳定速率阶段。而对稳定速率与氯化物中金属电负性的关系的研究表明，金属离子电负性小于三价钛离子电负性(10.5)时，能增强聚合反应速率，而大于该值时则会降低聚合反应速率。此现象表明，金属氯化物对聚合速率的增强，主要是由金属氯化物对活性过渡金属原子的电子转移引起的。金属氯化物、四氯化钛/金属氯化物的电负性见表2-17和表2-18。

表2-17和表2-18的数据表明，$MgCl_2$和$TiCl_4/MgCl_2$的电负性最小，结合能也相对较低，它们的推电子作用最强，可以按Mg→Cl→Ti的方式加大Ti活性中心上的电子云密度。

表 2-17 金属氯化物的 X 射线光电谱测定结果

金属氯化物	Cl_{2p} 的结合能/eV	电负性
$MgCl_2$	200.1	6.0
$MnCl_2$	200.1	7.5
$CoCl_2$	200.1	9.0
$TiCl_3$	200.6	10.5
$AlCl_3$	200.8	10.5
$HfCl_4$	200.4	11.7
$ZrCl_4$	200.8	12.6
$TaCl_4$	200.5	16.5

表 2-18 四氯化钛/金属氯化物的 X 射线光电谱测定结果

催化剂	钛的结合能/eV		电负性
	$Ti2p^{3/2}$	$Ti2p^{1/2}$	
$TiCl_4/MgCl_2$	459.8	465.5	6.0
$TiCl_4/MnCl_2$	459.5	462.5	7.5
$TiCl_4/AlCl_3$	460.5	466.0	10.5
$TiCl_4/ZrCl_4$	460.5	466.2	12.6

研究的结果还表明[99]，金属氯化物对聚合速率的改善与钛活性中心上电子云密度的增量变化有关。在活性中心中包含的金属氯化物通过诱导效应影响活性过渡金属离子的电子结构，使用电负性小的金属氯化物会引起活性过渡金属上电子云密度的增加，通过返还一个电子而使烯烃和单体的配位稳定，导致在金属离子-聚合物碳键间后续单体插入的加速。相反，有较大电负性的金属氯化物则在增长反应中起到不利作用。

谢光华等人[100]的实验证实了催化剂配体的给电子性能对催化剂活性的影响。他们用带有各种不同配体的催化剂在相同的条件下进行丙烯聚合，这些不同配体的空间效应差别不大，主要差别在于苯环上取代基团的给电子性能的差别，结果见表 2-19。

表 2-19 不同催化剂配体对丙烯聚合结果的影响

催化剂体系	聚合活性/(g PP/g Ti · h · atm)①	等规度/%	相应取代苯酚的 pK_a 值
$O-CH_3PhOTiCl_3/MgCl_2-EB$	2050	92.6	10.20
$Ph-OTiCl_3/MgCl_2-EB$	1078	89.3	9.86
$O-ClPhOTiCl_3/MgCl_2-EB$	678	90.4	9.71
$O-NO_2PhOTiCl_3/MgCl_2-EB$	176	—	7.21

① 1atm=101.3kPa。

表中的 pK_a 值的大小可以近似地表示催化剂配体苯环上取代基团的推拉电子的性能，pK_a 值大，取代基的给电子性强，催化剂的活性就高。相反，催化剂的活性就低。这说明催化剂配体的取代基团的推拉电子的性能可以对催化剂的活性产生明显影响。

胡友良等人[101]通过计算原子和原子之间的电子集居数发现，取代基的数目多少对催化剂的活性也有影响。原因是由于 Ti—C(甲基)之间的电子集居数较小，就造成 Ti—C 间的 σ 键比较弱，容易断裂，而 σ 键断裂被认为是聚合链增长反应的开始。因此 σ 键断裂的难易就直接影响了催化剂活性的大小。计算结果表明，随着取代基数目的增加，电子集居数也增加，Ti—C 间的 σ 键得到加强，不容易断裂，因此催化剂活性下降。

邓云祥等人[102]的实验证实了催化剂配体给电子性能对催化剂等规度的影响。他们把推电子基引进到芳香酯的苯环上，以改变芳香酯基的推拉电子的能力，其结果见表 2-20。

表 2-20 不同对位取代基的苯甲酸乙酯定向性能比较

对位取代基	聚合物等规度/%	对位取代基	聚合物等规度/%
无	78.6	—Cl	83.0
$—CH_3$	83.3	$—CO_2C_2H_5$	52.6
$—OCH_3$	82.6	$—NO_3$	36.4

实验结果表明，将具有推电子效应的基团$—CH_3$、$—OCH_3$和—Cl引入苯环，等规度提高了约5%。而将拉电子基团$—CO_2C_2H_5$和$—NO_3$引入苯环，等规度大幅度下降。此实验结果说明催化剂配体取代基团的推拉电子的性能可以对催化剂等规度产生显著的影响。

(2) 钛活性中心离子的活性衰减　在丙烯聚合时，钛镁催化剂的活性会由于钛活性中心与三烷基铝的反应失活而迅速衰减，原因是因为三烷基铝可以将钛三价离子进一步还原成低氧化态，而低氧化态的钛离子对丙烯聚合是没有活性的。另外，尽管有许多文献讲到了催化剂的失活问题，但是很少有人注意到催化剂凝聚体在聚合中的破碎行为，Kakugo 等人[103]用透射电镜观察了Z-N催化剂在烯烃聚合中的形态变化。结果显示，初始的催化剂凝聚体破裂成小的颗粒分散在聚合物中。从这一事实出发可以认为，催化剂凝聚体的破碎会导致新活性基团的产生。但是新活性基团的性质与初始催化剂的是否相同呢？对此进行的研究表明，是否相同的关键取决于活性基团在催化剂上的位置。因为在活性基团的形成上有滞后性：在聚合开始时，通过与助催化剂的反应，在催化剂表面形成了活性中心，而在催化剂颗粒内部的活性基团前体因为难以与助催化剂接触，所以还不能马上成为活性中心。随着聚合的进行，催化剂聚集体发生破裂或破碎，产生了一些新的表面或小的催化剂颗粒，原来内部的活性前体由于环境的变化，变得可以与助催化剂接触，因而形成新的活性中心。在破碎的最后阶段，催化剂颗粒成为微粒级的小颗粒，更多的活性前体变成了活性中心。通过一系列的实验证明：如果出现新的活性中心所处的位置和周围的环境与原来的相同，那么新活性中心的性质与初始催化剂的是相同的，而且聚合的引发速度及催化剂的立构规整性都基本相同。因此，对于钛镁催化剂来说，虽然钛活性中心本身的活性会因为过度还原，以及随聚合过程的进行而衰减，但是随聚合过程的进行也会不断地生成一些新的活性中心。因此钛镁催化剂的活性衰减情况会因为催化剂的制备方法不同而出现很大的差别。

2.3.1.3.6 内给电子体

给电子体化合物按作用通常分为两类，即内给电子体(Di)和外给电子体(De)。内给电子体一般是指在催化剂合成时使用的给电子体化合物，而外给电子体则是指在聚合时使用的给电子体化合物。本节主要讨论内给电子体，而外给电子体将在助催化剂化学一节中讨论。

(1) 内给电子体的作用　有关内给电子体的作用是一个比较复杂的问题，文献中提出的看法包括：内给电子体可以阻止无规活性中心的形成，能将无规活性中心转变为等规活性中心。能够调节钛活性中心周围的空位，参与等规活性中心的形成，并将低等规活性中心转变为高等规活性中心，提高催化剂的定向能力等等。

另外，在氯化镁的活化过程中加入给电子体时，它还有一个作用是使氯化镁的晶体更容易破碎，并阻止分散的氯化镁颗粒重新聚集，以提高氯化镁的比表面积和载负能力。

前面已经提到，一般的研究认为氯化镁有两个晶面可供负载四氯化钛，即(100)晶面和(110)晶面。与四氯化钛反应时，由于(100)晶面比(110)晶面的碱性强，因此一般认为四氯化钛更容易在(100)晶面上配位。而如果四氯化钛在(110)晶面上配位，所形成的活性中心具有两个空位，通常认为它是无规活性中心。加入内给电子体路易斯碱后，由于(110)晶面上的镁原子的酸性比(100)晶面上的镁原子的酸性大，双官能团的路易斯碱可以与在(110)晶面上的四配位镁离子形成1∶1螯合的配合物，或是与临近的(100)晶面上的五配位的镁离子形成1∶2的配合物[104]。故内给电子体路易斯碱会在(110)晶面上和四氯化钛竞争与氯化镁配位，结果已负载在(110)晶面上的四氯化钛部分被内给电子体化合物所代替，使一个空位被占据，从而起到了阻止无规活性中心存在的作用。这样催化剂的结构形态就可以大致被认为是，(100)晶面主要与三氯化钛的二聚体六氯化二钛配位，而(110)晶面则主要与路易斯碱配位，见图2-18。

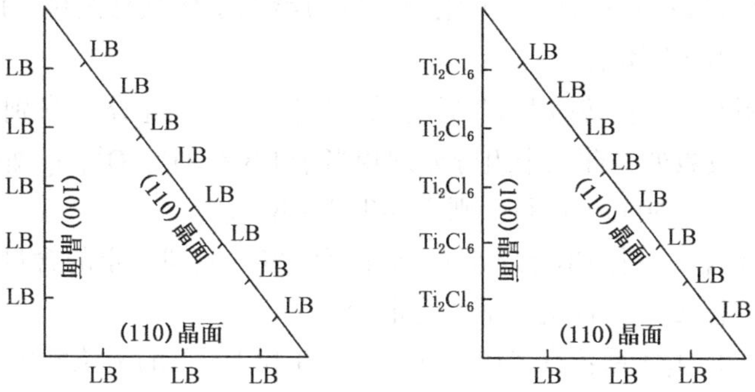

图2-18　路易斯碱和卤化钛在$MgCl_2$(100)晶面和(110)晶面上配位的示意

Chien[105]对内给电子体化合物作用的解释是，当内给电子体与活性中心钛原子配位以后，会使手征性转换的难度增加，从而减少了嵌段物的生成，结果使等规度提高了。

Busico等人[106]提出了一个有争议的模型，解释氯化镁晶体表面的催化剂活性基团，即落在氯化镁(100)晶面的三价钛原子形成等规聚合物，而隔离在氯化镁(100)晶面外和(110)晶面上的三价钛原子则形成无规聚合物。他们还提出，作为外给电子体的苯甲酸乙酯(EB)主要是更多的吸收在酸基上和(110)晶面上，避免了四氯化钛形成非立构规整基团。而且外给电子体的苯甲酸乙酯还可避免作为内给电子体的苯甲酸乙酯被萃取，并有选择地使非等规基团失活。

(2) 内给电子体化合物　由于内给电子体在钛镁催化剂中的重要性，因此，目前正在进行开发研究的内给电子体化合物的种类很多，主要包括酯类、醚类、酮类和胺类等化合物，其中已实现工业应用的有芳香单酯(如苯甲酸乙酯)、芳香二酯(如邻苯二甲酸酯)、二醚(如取代的1,3-二醚)、琥珀酸酯(如2,3-二异丙基琥珀酸二乙酯)和BRICI新近开发的二醇酸酯等。以下对上述各种主要的内给电子体化合物分别加以叙述。

1) 芳香族酯类内给电子体化合物　芳香族酯内给电子体化合物主要是指苯甲酸单酯和苯甲酸二酯。可以简单地表示为

$$R_1(-\overset{\overset{\large O}{\|}}{C}-OR_2)_n$$

式中，n为1是单酯，n为2是二酯。式中R_1基团的大小和类型会影响所合成催化剂的定向能力，而R_2基团则主要是影响该给电子体与氯化镁配位的能力。R_1基团的体积大，给电子能力强，则对提高所合成催化剂的性能有利。而R_2基团则相反，如果R_2基团体积也大，则

它将影响给电子体通过氧原子与氯化镁的配位，结果使所合成催化剂的性能反而下降。

① 芳香族单酯内给电子体化合物　在芳香族单酯内给电子体化合物中，使用最多的是苯甲酸乙酯(EB)。俄罗斯的 Potapov 等人[108]用漫反射红外光谱(DRIFT)详细研究了聚丙烯催化剂中内给电子体苯甲酸乙酯(EB)的状况。由于内给电子体在催化剂表面上存在各种不同的配位状态，所以谱带呈现既宽又不对称形状。将谱带进行“解褶合”，即分解为若干个基本组分，这些基本组分就反映了内给电子体在催化剂表面各种不同的配位状态，从而可以了解给电子体的配位机理，以及内给电子体和 $TiCl_4$的竞争吸附现象。前面已经指出，在高度分散的 $MgCl_2$上，(100)以及(110)晶面上的镁原子其配位发生缺损，将(100)晶面上的镁原子的五配位以 Q^5表示，(110)晶面上的镁原子的四配位以 Q^4表示，另外在晶体角落或边缘处甚至还有三配位的以 Q^3表示，这些空缺可以与给电子体强烈配位。Potapov 等人的研究结果表明，对于 EB/$MgCl_2$体系：

a. 对 DRIFT 图谱进行“解褶合”后存在三种主要的组分，分别出现在 $1645cm^{-1}$、$1675cm^{-1}$、$1695cm^{-1}$波数处，此三个组分分别相当于 EB 在 Q^3、Q^4、Q^5处配位。

b. 如制备是在低温-50℃下进行，则主要生成 EB · Q^4。

c. 催化剂中 EB 含量随着 EB 加入量的增加而增多，但到一定的含量就达饱和，此后就不再增多。不同反应温度，三种组分量变化很少。

对于 EB/$MgCl_2$/$TiCl_4$体系：在 $TiCl_4$存在下，EB 和 $MgCl_2$的配位发生变化。EB · Q^5几乎消失，而且 EB · Q^4和 EB · Q^3也有所减少。这说明 $TiCl_4$对 EB 与 $MgCl_2$的三种配位都发生取代或阻止其配位的作用。这就是说 $TiCl_4$几乎夺占了所有的 $MgCl_2$的(100)晶面上的 Q^5位置。而在(110)晶面上，占优势的是 EB · Q^4。EB 配位附近仍会有 $TiCl_4$，大约 15% $TiCl_4$配位于 Q^3。

多数的研究结果认为 EB 只是和 $MgCl_2$配位而不和 $TiCl_4$配位，但是也有研究者认为 EB 可能也和 $TiCl_4$配位，或者是 EB 与 $MgCl_2$和 $TiCl_4$作用生成三元复合物。

利用升温分级技术，Kakugo 等人[109]采用四氯化钛/氯化镁/三乙基铝催化剂系统，对在有甲基对苯甲酸酯存在时所生成的等规聚丙烯进行了分级，并用 DSC 与 ^{13}CNMR 进行分析，其分析结果表明，加入甲基对苯甲酸酯的产品有更多的高等规度聚丙烯。不过，在没有给电子体时，二氯化镁单独载负四氯化钛的催化剂也能生成 20%左右的等规聚丙烯。

根据 Busico 等人[106]研究的结果，单核三价钛是非等规立构的活性中心。Soga 等人[110]在二氯化镁上载负了非常少的三氯化钛，制备完全非等规立构的催化剂，此催化剂有选择的以很高活性生产可在沸腾庚烷中溶解的聚丙烯。而在此系统中加入外给电子体苯甲酸乙酯时所生产的沸腾庚烷中不溶聚丙烯高达 94%，沸腾庚烷中不溶聚丙烯的等规五单元组高达 95%。这些结果清楚地表明，苯甲酸乙酯分子直接参与了高等规活性基团的形成。根据这些实验以及其他的观察，他们提出了另一反应机理：内给电子体苯甲酸乙酯也配位在二氯化镁的(100)晶面形成高等规活性基团(只有一个空位)，然后，阻止了通过桥氯键的迁移而使双核或多核钛基容易转为非等规立构基团。但是留在聚合系统中的三烷基铝(路易斯酸)会萃出内苯甲酸乙酯引起非等规立构基团的再形成，需要有大量的外苯甲酸乙酯来阻止萃取过程。但是也有的研究者认为，苯甲酸乙酯将无规活性中心转变为较低等规活性中心的比例较大。另外，有研究者[111]报告了内苯甲酸乙酯极易被外甲基对苯甲酸取代的情况，这表明由于酸性烷基铝作为助催化剂，路易斯碱有力地参与了活性基团的形成。

芳香酯与苯基三乙氧基硅烷对钛镁催化剂丙烯聚合的影响见表 2-21。

表 2-21 芳香酯与苯基三乙氧基硅烷对钛镁催化剂丙烯聚合的影响

给电子体（ED）	ED/Al（摩尔比）	活性/（kg PP/g Ti·h）	等规度Ⅱ/%	核磁测的等规度/%
	—	20.1	0	34.7
苯甲酸乙酯（EB）	0.02	23.0	2	—
	0.05	15.1	24	—
	0.1	9.5	78	—
	0.2	7.6	86	95.5
	0.3	6.1	94	93.2
二烷基邻苯二酸酯（DBP）	0.02	8.8	32	—
	0.05	4.5	65	—
	0.1	2.9	62	—
	0.2	1.1	58	—
苯基三乙氧基硅烷（PES）	0.02	8.1	29	—
	0.05	3.7	46	—
	0.1	1.7	61	—
	0.2	0.9	产量低未测试	—

聚合条件：Ti0.005mmol，己烷 100ml，三乙基铝 1.0mmol，丙烯压力 101.3kPa，温度 40℃，时间 1h。

② 芳香族二酯内给电子体　在芳香族二酯内给电子体中，使用最多的是苯二甲酸二烷基酯。对于用二烷基邻苯二甲酸酯作为内给电子体，用芳烷基硅氧烷作为外给电子体的催化剂系统的研究工作表明[112]，在没有外给电子体的情况下，邻苯二甲酸二烷基酯与苯甲酸乙酯的差别是，使用苯甲酸乙酯的催化剂比使用邻苯二甲酸二烷基酯的等规度低。其原因是上面已经提到用含苯甲酸乙酯的催化剂生产聚丙烯，在聚合时如果增加烷基铝浓度，则会因为催化剂中的苯甲酸乙酯与烷基铝发生反应而被烷基铝萃取出去，结果使等规度大大降低。但是对于邻苯二甲酸二烷基酯来说，实验证实它也会被烷基铝萃取出去，那么为什么邻苯二甲酸二烷基酯的等规度会比苯甲酸乙酯高呢？早先的研究认为，邻苯二甲酸二烷基酯一定对钛活性中心有另外的作用，很有可能是将活性钛基团从单核型转变成了更多的格状化合物，因此提高了聚丙烯的等规度。

但是近年来，Terano 等人[113]通过 Stopped-Flow 实验证明，EB 在聚合反应进行到 10s 时就开始从催化剂上被萃取下来，而 DNBP 在聚合反应进行到 60s 时才开始从催化剂上被萃取下来，这说明 DNBP 催化剂形成的等规活性中心要比 EB 催化剂形成的稳定。

而 Mastsuka[114] 的研究发现，单酯和二酯在被烷基铝萃取的初始阶段都会被大量的萃取出来，但是所得聚合物立构规整度随 TEA 萃取时间而变化的关系，与内给电子体含量随 TEA 萃取时间而变化的关系并不一致；随 TEA 萃取的进行，立构规整度的降低速度比内给电子体含量的降低速度慢。这说明在被烷基铝萃取后，内给电子体残存量和催化剂立构规整能力之间并没有直接的对应关系。

Hu[115]的研究还发现，二酯催化剂中氯化镁的无序化程度要比单酯中的更高，并且二酯可以稳定其无序结构。另外，二酯催化剂的比表面积和孔体积也要远远大于单酯催化剂。

Yang 等人[116]用红外光谱研究了单酯和二酯作为内给电子体的催化剂，发现单酯仅和 $MgCl_2$配位而不和 $TiCl_4$配位，但是二酯不仅和 $MgCl_2$配位而且也和 $TiCl_4$发生配位，这样就增加了催化剂的稳定性。丁伟等人[117]的实验也证实，芳香族二酯作为内给电子体不但可以和 $MgCl_2$配位而且也可以和 $TiCl_4$配位，从而使催化剂更加稳定。由于上述的这些区别，因此，二酯类内给电子体化合物对催化剂定向能力的影响要大于单酯类内给电子体化合物。

Sacchi 等人[118]研究了用氯化镁/四氯化钛、氯化镁/苯甲酸乙酯/四氯化钛及氯化镁/邻苯二酸二烷基酯/四氯化钛等催化剂，在有或无某种外给电子体(如苯甲酸乙酯、四甲基哌啶、苯基三乙氧基硅烷)进行丙烯聚合时，其第一个插入单体与聚合物主链间的立构化学关系。他们发现，在没有任何外给电子体时，等规活性基团等规度增加的顺序是：

氯化镁/苯甲酸乙酯/四氯化钛>氯化镁/邻苯二酸二烷基酯/四氯化钛>氯化镁/四氯化钛

此结果表明，根据催化剂系统的不同，存在有不同种类的等规活性基团。另外还发现，氯化镁/苯甲酸乙酯/四氯化钛系统等规活性基团的等规度随外给电子体种类的不同有不同程度的变化，而等规聚丙烯的产率则依赖于外给电子体。氯化镁/邻苯二酸二烷基酯/四氯化钛催化剂则只有使用苯基三乙氧基硅烷作外给电子体时，等规活性基团的等规度才有大幅增加。他们还报道，当系统中有烷基铝时，内给电子体邻苯二甲酸二烷基酯促进了硅烷化合物在固体催化剂上的吸收，相伴随的是邻苯二甲酸二烷基酯的解吸。

上述研究结果说明，二酯类内给电子体化合物对催化剂的影响，是需要和一定种类的外给电子体化合物相结合才能达到比较好效果的(更多内容后面的章节会讨论)。那么二酯类内给电子体有没有可能不用外给电子体也可以达到较好的聚合结果呢？黄素梅等人[119]通过比较不同的芳香族二酯类内给电子体对催化剂性能的影响，发现了一种新的复合二酯类化合物，用它作为内给电子体制备的聚丙烯催化剂，在不使用外给电子体的情况下，进行丙烯聚合也可以得到较好的结果，这又为给电子体化合物的研究提供了一个新的思路。

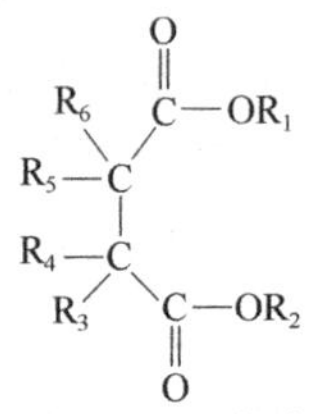

图 2-19　琥珀酸酯的化学结构示意图

2) 脂肪族酯类内给电子体　近年来，内给电子体的研究开发已经从芳香族化合物发展到了脂肪族化合物，并且已经开发了多种脂肪族化合物。Basell 公司的专利[120,121]介绍了一种新的催化剂，它采用的是一种很特殊的内给电子体家族即琥珀酸酯(丁二酸酯)催化剂体系。对它特别感到兴趣的原因是，它不但能够提供很高的聚合物规整度，而且还能够提供相当宽的聚合物分子量分布，它是目前最具有使用价值的脂肪族化合物。琥珀酸酯的化学结构如图 2-19所示。

其中 R_1、R_2 可为相同或不同的 $C_1 \sim C_8$ 的烃基，$R_3 \sim R_6$ 中至少有两个基团不为氢，并且连在同一个碳原子上的基团其两个或四个之间可以互相键合连接成环。该类给电子体改进了催化剂控制分子量分布、等规度和低聚物含量的能力。通过改进分子量分布可大大改进聚丙烯均聚物和多相共聚物的性能。特别要指出的是，采用琥珀酸酯为内给电子体的催化剂，即使聚合时不加入外给电子体也能使聚合物的等规度达到96%。其实验结果见表 2-22。

表 2-22 琥珀酸酯为内给电子体的催化剂丙烯聚合实验结果

琥 珀 酸 酯	催化剂活性/(kg PP/g cat)	等规度/%
2,3-二异丙基琥珀酸二异丁基酯	69	98.8
2,3-二异丙基琥珀酸二乙基酯	61	98.4
2-乙基-2-甲基琥珀酸二乙基酯	44	98.6
2,2-二甲基琥珀酸二异丁基酯	44	97.0
2-乙基-2-甲基琥珀酸二异丁基酯	42	97.3
2-环己基甲基-3-乙基-3-甲基琥珀酸二乙基酯	42	96.8
2,3-二苄基琥珀酸二乙基酯	42	96.1
2,2-二甲基琥珀酸二乙基酯	37	97.2

Morini 等人[121]研究了一系列β-取代琥珀酸酯化合物，用二环戊基二甲氧基硅烷为外给电子体，与α-取代和未取代的琥珀酸酯进行对比，前者催化剂的聚合活性和聚合物等规度明显优于后者，而且β-取代琥珀酸酯作为内给电子体，催化剂的聚合活性和等规度明显高于丙二酸酯和戊二酸酯类化合物。

3）二醇酯类内给电子体 2003 年 BRICI 的高明智等人[122]发现并合成了可以作为新型内给电子体的二醇酯类化合物，该类化合物显示了极好的立体定向性和活性，具有良好的工业应用前景。它的化学结构如图 2-20 所示。

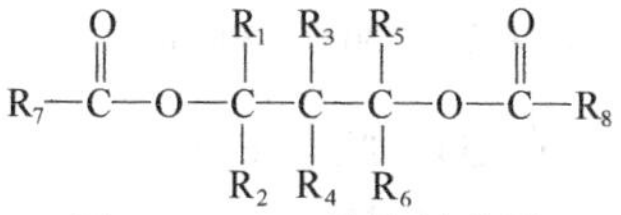

图 2-20 二醇酯的化学结构示意图

其中 $R_1 \sim R_6$ 可相同或不同，可为 H 或 $C_1 \sim C_{10}$的直链或支链烷基、$C_3 \sim C_{10}$环烷基、$C_6 \sim C_{10}$芳基、$C_7 \sim C_{10}$烷芳基或芳烷基。对于 R_1，R_2，R_5，R_6 基团，一般至少有一个是 H 但不同时为 H，当 R_3 和 R_4 同为甲基时，R_1，R_2，R_5，R_6 基团有三个是 H 时，另一个基团应不是异丙基。$R_1 \sim R_6$ 中两个或两个以上的基团可以互相键合生成一个或几个稠环结构。R_7 和 R_8 可相同或不同，为 $C_1 \sim C_{10}$的直链或支链烷基、$C_3 \sim C_{20}$环烷基、$C_6 \sim C_{20}$芳基、$C_7 \sim C_{20}$烷芳基或芳烃基，所述芳基、烷芳基或芳烃基中苯环上的 H 可任选地被卤原子取代。

对以二元醇酯为内给电子体的丙烯聚合催化剂的研究表明，二元醇酯β位取代基对催化剂性能的影响较小，而α位和γ位取代基的影响较大，但是如果取代基太多、太大时则会使催化剂的活性降低，使氢调敏感性增加。

二元醇酯作为丙烯聚合催化剂的内给电子体使用时，可以得到令人满意的聚合产率，而且聚合物的立体定向性也很高，即使在不使用外给电子体时仍可得到较高等规度的聚合物。ND-01 催化剂是目前已在工业应用的第一例以二元醇酯为内给电子体的催化剂。

从表 2-23 数据可以看出，二元醇酯催化剂的聚合活性和二醚催化剂相当，比芳香二酯 DIBP 和琥珀酸酯催化剂高。聚合物的分子量分布窄于琥珀酸酯而宽于芳香二酯和二醚催化剂，而等规度则比三种催化剂都高，出现这种情况的原因可能与二元醇酯化合物与催化剂配位得比较牢固有关。表 2-24 为用 TEA 或 TEA/CHMMS 处理二元醇酯作为内给电子体的 ND 催化剂的聚合实验结果。

从表中的数据可以看出，ND-01 催化剂中二元醇酯的损失率要比 DNBP 小得多，说明其配位的牢固程度比 DNBP 要强得多，所以 ND-01 催化剂的活性要比 $TiCl_4/MgCl_2$/DNBP 催化剂好。

表 2-23 二元醇酯作为内给电子体的催化剂丙烯聚合试验结果

内给电子体	催化剂活性/(kg PP/g cat)	等规度/%	分子量分布
2,4-戊二醇二苯甲酸酯	51.0	99.5	5.9
3-甲基-2,4-戊二醇二苯甲酸酯	55.0	99.1	6.7
ND-01	49.7(1h)	98.1	6.9
邻苯二甲酸正丁酯(DNBP)	32.5	98.7	4.4
9,9-二(甲基甲氧基)芴	58.4	98.5	4.0
2,3-二异丙基琥珀酸二乙基酯	39.8	98.0	8.7

聚合条件：本体聚合，70℃，2h。

表 2-24 采用 TEA 和 TEA/CHMMS 处理 ND 催化剂的实验结果

催化剂	未处理前 Di 含量/%	用 TEA 处理后		用 TEA/CHMMS 处理后	
		Di 含量/%	损失率/%	Di/%	损失率/%
$TiCl_4/MgCl_2$/DNBP	10.4	4.5	57	3.0	71
ND-01	8.0	6.9	14	5.2	35

处理条件：30℃，30min。

在氢调敏感性方面，二元醇酯催化剂的氢调敏感性要比目前工业上使用的 DIBP 催化剂要好。气相聚丙烯工艺在生产高 MI 产品时，采用 DIBP 催化剂的氢气用量很大，而且在工艺后期有时还需要加过氧化合物对聚合物进行降解。而采用二元醇酯催化剂可以在聚合工艺中使用较少的氢气即可达到要求。另外，二元醇酯催化剂所得到的聚合物的分子量分布较宽，有利于聚合物不同牌号的开发。

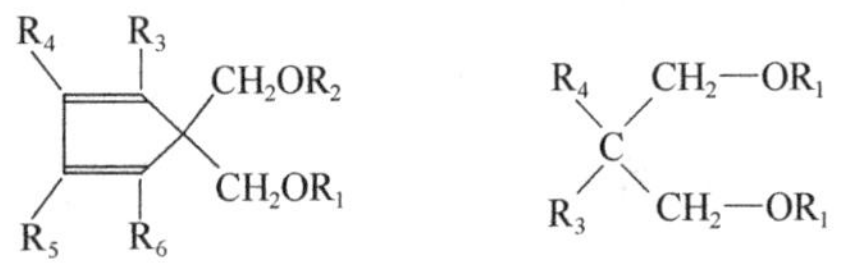

芳基取代二醚　　烷基取代二醚

其中：R_1，R_2 为甲基，乙基等烷基；R_3，R_4 为烷基、芳基；R_5，R_6 为任意取代基；

图 2-21 二醚类化合物的结构示意

4）二醚类内给电子体 Himont 公司发现的1,3-二醚类化合物[123]当作内给电子体使用时，不仅催化剂的聚合活性和定向能力很高，而且在不加外给电子体时也可以达到同样的效果。这种二醚类化合物因 β 位取代基的不同可分为烷基取代二醚和芳基取代二醚两类，它们的化学结构如图 2-21 所示。

对于烷基取代二醚来说，β 位取代基和氧原子上取代基的大小，对于二醚分子内两个氧原子的间距有很大影响，而这两个氧原子间的距离又决定了此二醚化合物与载体之间形成活性中心的反应程度。从空间效应上看，β 位取代基的体积较大时，可以起到空间位阻的作用，对二醚分子内两个氧原子间的距离起固定作用，有利于形成立体定向的活性中心。反过来，β 位取代基的体积较小时，催化剂性能较差。氧原子上的取代基一般为甲基，这样的二醚合成的催化剂性能较好，因为甲基的给电子作用可以通过氧原子传递给活性中心，另外对氧原子与载体之间形成活性中心的位阻较小。

研究表明，二醚的结构越稳定其作为给电子体的效果越好。而二醚结构的稳定性是由中心碳原子上取代物之间的尺寸决定的。当两个氧原子间的距离处于 0.25～0.33nm[90,124]时，可以得到最稳定的二醚结构。Scordamaglia 等人[125]采用 CSD(Conformation's Statistical Distribution)方法对二醚的结构进行了计算，他们发现二醚的两个氧原子间的距离为 0.3nm 时结构最稳定，催化剂的性能也最好。

研究还表明，钛镁催化剂的复杂性起源于路易斯酸（氯化镁、氯化钛、烷基铝）与碱（内、外给电子体）间的化学作用，主要是烷基铝对于用作内、外给电子体的路易斯碱的高反应性引发的。但是近来的研究发现，β 位取代的 1,3-二醚类化合物作为内给电子体基本上不会和烷基铝发生作用，从而可以避免在聚合过程中被烷基铝抽提出来。而且将某些受阻二醚如2,2-二异丁基-1,3-二甲氧基丙烷（DBDMP）和2,2-二甲氧基丙烷（DMP）用作内给电子体时，能大大提高催化剂的等规立构性和活性而不必使用任何外给电子体。2,2-二甲氧基丙烷（DMP）对丙烯等规聚合的影响见表 2-25。

表 2-25 2,2-二甲氧基丙烷（DMP）对丙烯等规聚合的影响

DMP/Al 摩尔比	活性/(kg PP/g Ti)			等规度Ⅱ/%
	总 和	等规物	无规物	
—	5.90	4.54	1.36	76.9
0.05	5.71	5.13	0.58	89.8
0.10	5.20	5.04	0.16	96.9
0.15	4.39	4.26	0.13	97.0
0.20	3.61	3.50	0.11	97.0

聚合条件：催化剂 30mg，己烷=200mL，三乙基铝=3.0mmol，丙烯压力=101.3kPa，温度=25℃，时间=2h。

Iiskola 等人[126]报道了此催化剂系统的实验，在氯化镁为载体的催化剂中，2,2-二异丁基-1,3-二甲氧基丙烷几乎不被烷基铝处理过程除去，使用2,2-二甲氧基丙烷作内给电子体时，给电子体与铝的摩尔比由 0 增加到 0.1 时，等规指数有较大改善，而进一步增加该比值，则只会降低产率。

徐德民等人[127]合成了芳基二醚 9,9-双（甲氧基甲基）芴（BMF），芳杂环二醚 9,3-甲氧基甲基二苯并呋喃（MBF）等二醚类化合物，发现含有 9,9-双（甲氧基甲基）芴（BMF）结构的催化剂与氯化镁的配位作用更强，更不易被三乙基铝取代而有利于形成立构活性中心。其丙烯聚合活性可以达到以邻苯二甲酸二正丁酯作内给电子体催化剂的 2~3 倍。

崔楠楠等人[128]的实验证明，给电子体 9,9-双（甲氧基甲基）芴只是和镁原子配位而没有和 Ti 活性中心配位。

对此类催化剂活性中心结构的研究表明，二醚类给电子体制备的催化剂的活性中心最有可能的结构是：

① 二醚给电子体中的醚氧原子在氯化镁 110 晶面上与临近钛活性中心的镁原子配位，通过 O→Mg→Cl→Ti 电子效应通道影响 Ti 活性中心，二醚取代基的空间效应影响 Ti 活性中心的空间结构[见图 2-22(a)]。

② 二醚给电子体中的醚氧原子在氯化镁晶体的缺陷处与临近钛活性中心的镁原子配位，通过电子效应和空间效应影响 Ti 活性中心[见图 2-22(b)]。

Sacchi 等人[129]对二醚类化合物的研究还发现，二醚具有内、外给电子体的双重作用，二醚无论作为内给电子体合成催化剂或者在聚合时作为外给电子体使用，都能得到等规度相近的聚合物。特别是用二醚作外给电子体、二酯作内给电子体合成

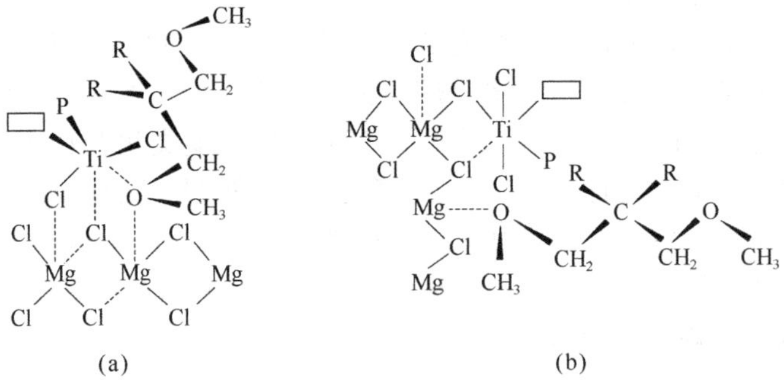

图 2-22　二醚类给电子体的钛镁催化剂的活性中心结构

的催化剂进行丙烯聚合时，二酯几乎全部被二醚取代，得到的聚合物和只用二醚作内给电子体合成的催化剂得到的聚合物基本相同，这说明它们所生成的催化剂活性中心的种类是一样的。

虽然 2,2-双基取代-1,3 二甲氧基丙烷可以在不使用或者也可以在使用烷氧基硅烷的情况下进行聚合，但是使用二醚类化合物除了活性和规整度性能有明显的提高外，其他的催化剂特性，特别是如氢调性能和聚合物的分子量分布等，并没有大的改进。

但是，最近发现有一种二醚类化合物[130]对氢调性能有明显影响，就是取代的二烷氧基环已烷类化合物。这类化合物的立体定向能力和 DCPDMS、DMDES 等给电子体类似，但其氢调敏感性要大大优于后者，只可惜催化剂的聚合活性较低。具体见表 2-26。

表 2-26　二醚类催化剂的氢调性能

催化剂的外给电子体 ED	TEA/ED	活性/(kg/g cat · h)	等规度/%	熔体流动速率/(g/10min)
二环戊基二甲氧基硅烷 DCPDMS	46	51.8	99.0	1.3
二环戊基二甲氧基硅烷 DCPDMS	20	52.9	98.7	2.2
1,1-二甲氧基-2,6-二乙基环已硅烷	20	52.0	98.8	1.6
1,3-二乙基-2,2-甲氧基甲基环已烷	46	26.4	98.4	8.5

从表中数据看，如果想要得到较高熔体流动速率的产品，采用取代的二烷氧基环已烷类化合物作为内给电子体也是一种可以考虑的选择。

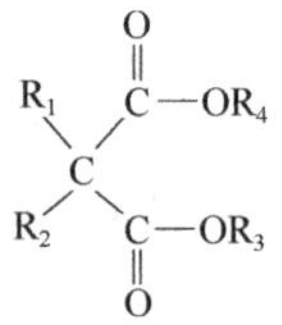

图 2-23　丙二酸酯化合物的化学结构示意图

5）其他内给电子体化合物　除去以上几种已经在工业应用的内给电子体化合物外，还有一些新的给电子体化合物也正在开发研究之中，具体如下：

① 丙二酸酯化合物　丙二酸酯化合物的化学结构如图 2-23 所示。其中，R_1，R_2 为 H 或 C1～C20 的烃基，而且可以键合连接成环；R_3，R_4 也可以连接成环。R_1～R_4 的基团中可以包含卤素、N、O、Si、Ge、P 和 S 等杂原子。

Morini 等人[131]采用二环戊基二甲氧基硅烷为外给电子体，取代的丙二酸酯化合物为内给电子体对丙烯聚合进行了研究，具体的试验结果如表 2-27 所示。

表 2-27 丙二酸酯化合物为内给电子体的催化剂丙烯聚合实验结果

丙 二 酸 酯	催化剂活性/(kg PP/g cat)	等规度/%
2-(1-三氟甲基乙基)-2-甲基丙二酸二乙基酯	50	97.6
2-(1-三氟甲基乙基)丙二酸二乙基酯	49	97.3
2-(1-三氟甲基乙基)-2-苯甲基丙二酸二乙基酯	45	96.2
2-(1-三氟甲基亚乙基)丙二酸二乙基酯	40	94.4
2-异丙基丙二酸双 2-(氯乙基)酯	38	97.1
2-异丙基-丙二酸二乙基酯	30	96.9

实验结果表明，β 位上的取代基很关键，特别是β 位取代基中含杂原子的丙二酸酯类化合物，以此类化合物为内给电子体的催化剂，其活性和聚合物等规度明显高于不含杂原子的丙二酸酯类化合物为内给电子体的催化剂。而且所含杂原子基团的体积越大，聚合物的等规度越高。但是当取代基为烯丙基时，由于烯丙基的支化度较低，不能产生较好的空间效应，催化剂的活性和聚合物的等规度均较低。

采用 2,2-二异丁基丙二酸乙酯或 2,2-二乙基丙二酸二正丁酯作为丙烯聚合催化剂的内给电子体，在本体聚合条件下所得催化剂的活性和聚合物等规度都不太令人满意。

② 戊二酸酯化合物 戊二酸酯化合物的化学结构如图 2-24 所示。

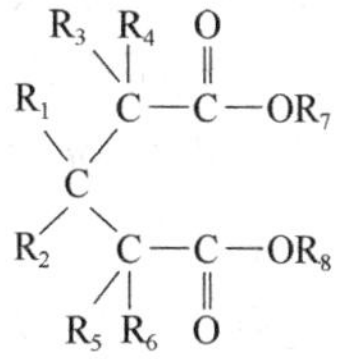

图 2-24 戊二酸酯化合物的化学结构示意图

其中，$R_1 \sim R_8$ 基团为相同或不同的 H 或 $C_1 \sim C_{20}$的烃基，基团中可含有杂原子，两个或多个基团之间可以键合连接成环，但是 R_1 和 R_2 不能同时为氢，R_7、R_8 不能为氢，且不包括β-甲基戊二酸二异丙酯。Kashiwa 等人[132]对戊二酸酯类给电子体进行了研究，发现采用α-甲基戊二酸二异丁酯、β-甲基戊二酸二异丙酯作为内给电子体时，催化剂的活性和聚合物等规度都比较差。Morini 等人[133]对β-取代戊二酸酯化合物进行了深入研究，选用 R_1 和 R_2 都不为氢且选用直链或支化 $C_1 \sim C_{10}$烃基时效果较好，R_7 和 R_8 基团选用甲基、乙基、异丙基、正丁基、异丁基、新戊基、2-乙基已基效果较好。丙烯本体聚合的结果如表 2-28 所示。

表 2-28 戊二酸酯化合物为内给电子体的催化剂丙烯聚合实验结果

戊 二 酸 酯	催化剂活性/(kg PP/g cat)	等规度/%
3-甲基戊二酸二异丁基酯	24	97.4
3,3-二甲基戊二酸二异丁基酯	43	98.5
3,3-二异丁基戊二酸二乙基酯	61	98.0
3-异丙基-3-甲基戊二酸二乙基酯	40	98.6
戊二酸二异丁基酯	13	95.9
2-甲基戊二酸二乙基酯	14	96.3

从聚合结果可见，β-位取代基团为异丁基、异丙基和甲基制备的催化剂的活性和等规度明显高于未被取代的或α-取代的戊二酸酯类内给电子体的催化剂。而且β-位为双取代基团时，催化剂的活性和等规度高于单取代的戊二酸酯化合物。

③ 马来酸二酯(丁二烯酸二酯)化合物 马来酸二酯化合物的化学结构如图 2-25 所示。

其中 $R_1 \sim R_4$ 基团为相同或不同的 $C_1 \sim C_{20}$ 的烃基，基团中可含有杂原子，两个或多个基团之间可以键合连接成环。Morini 等人[134]合成了一系列 β 位取代的马来酸二酯类化合物，并报道了马来酸二酯为内给电子体的 Z-N 催化剂在丙烯聚合中的应用。实验结果表明，当 β 位上的取代基团体积较大时，不仅能产生较强的空间效应，而且还可以提高给电子的效率，因而可以提高催化剂的活性和等规度。

④ 氰基酯化合物　氰基酯化合物的化学结构示意图如图 2-26。

其中，R_1-R_5 各独立选自 $C_1 \sim C_{20}$ 的烷基、链烯基、环烷基或芳基、烷芳基、芳烷基等，而 $R_2 \sim R_5$ 与 R_1 不同的是还可以选自氢。R_2 和 R_3 以及 R_4 和 R_5 可以键合成环，n 为 0，1，2，3。

Morini 等人[135]还研究了氰基酯化合物作为内给电子体的可能性。他们的研究发现，用氰基酯化合物作为内给电子体，所合成的催化剂进行丙烯聚合时，催化剂的氢调敏感性较好，聚合物的分子量分布也较宽。采用单取代氰基酯，当采用支化度较高的叔丁基时，对催化剂提高立构选择性有利，而采用双取代氰基酯时，催化剂的活性和等规度较高。由此可以得出的结论是，取代基多、给电子能力强则所合成催化剂的定向能力就高。

⑤ 二酮类化合物　蒙特尔公司[136]还对二酮类化合物用于催化剂的内给电子体进行了研究，发现与金属原子配位的氧原子，由于碳氧双键的作用使其电荷密度降低，减弱了给电子能力，因此所合成的催化剂活性较低，专利披露的催化剂活性大约为 35. 6kg PP/g cat，二甲苯不溶物为 96. 6%，MFR 为 4. 3g/10min。

二酮类给电子体化合物的结构如图 2-27 所示。

还有研究报道，增大二酮化合物 α 位的取代基可以增加所合成催化剂的活性和等规度。

⑥ 二胺类化合物　二胺类化合物的化学结构如图 2-28 所示。

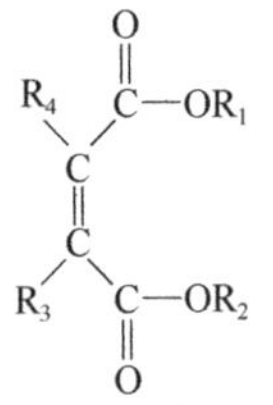

图 2-25　马来酸二酯化合物的化学结构示意图

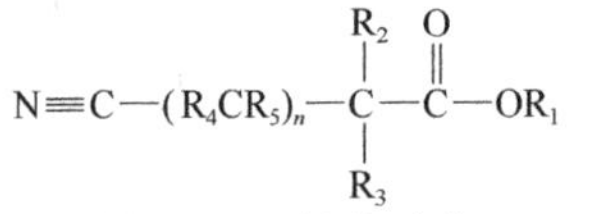

图 2-26　氰基酯化合物的化学结构示意图

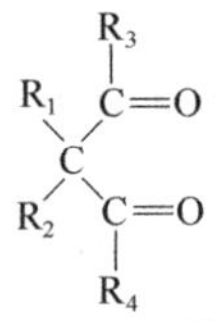

图 2-27　二酮类化合物给电子体的化学结构示意图

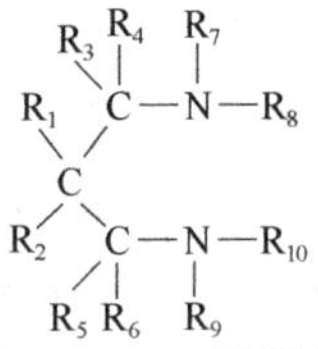

图 2-28　二胺类化合物的化学结构示意图

其中，$R_1 \sim R_{10}$ 各独立选自氢或 $C_1 \sim C_{20}$ 的烷基、芳基或烷芳基等，而 $R_7 \sim R_{10}$ 是不同为氢的基团。二胺类化合物用于催化剂的内给电子体，由于与金属原子配位的氮原子的电负性较弱，也即给电子能力不强，因此通过碳氮键使金属原子电荷密度增加的能力较低，故所合成的催化剂活性较低，通过改变取代基可以部分提高催化剂的活性。

除上述所列举的给电子体化合物外，近年来国内外的研究人员还在研究开发很多新的给电子体化合物，如 BRICI 除开发了已工业应用的二元醇酯内给电子体外，还开发了环戊酯类给电子体化合物（CN1765871A）、缩醛或缩酮类给电子体化合物（CN1850868A，CN1789260A）、不对称 1,3-二醚类给电子体化合物（CN1769255A）和硅醚类外给电子体化合物(CN1814602A，CN1583805A)等许多新的给电子体化合物，为进一步提高催化剂的活性，改善催化剂的氢调和立构性能，加宽聚丙烯分子量分布等方面提供了新的可能性。

国外各公司也对新的给电子体化合物进行了大量的研究，表2-29列举了各公司申请的部分给电子体化合物的专利。

表2-29 世界主要公司近年来申请的部分给电子体化合物专利

公司	专利号	给电子体	催化剂性能
Basell	WO2003002617	一元羧酸酯+二元羧酸酯	高活性+高定向性+高氢调敏感性
Motell	WO9911677	氰基羧酸酯	高氢调敏感+宽分子质分布
Motell	JP2001139621	邻苯二甲酸酯+异丙基异戊基二甲基丙烷	高定向性+宽分子量分布
UnionCarbide	EP922712	氯苯+二乙氧基苯	高活性
Borealis	WO9812234	邻苯二甲酸酯(酯转移)	综合性能提高
Hyosung	KR2000026517	磷酸丁酯+二异丙基二甲基丙烷	高活性+高定向性
东邦钛	JP2002249507	邻苯二甲酸酯+苯并呋喃	高活性+高定向性+高氢调敏感性
三菱化学	JP2000128921	多氨基硅氧烷+聚硅氧烷	高定向性+宽分子量分布
出光石化	JP11060625	丙二酸酯	高定向性
昭和电工	JP08269122	异丙基异戊基丙二醇	高氢调敏感
宇部兴产	JP2001247617	多氨基硅氧烷(外给电子体)	高活性+高定向性+宽分子量分布
三井石化	EP844160	二环丙基二甲氧基硅烷(外给电子体)	高氢调敏感+高定向性
Mallinckrodt	WO9845338	烷氧基硅烷组合(外给电子体)	宽分子量分布

(3) 内给电子体的结构特征 作为一种性能优良的内给电子体化合物，除了要有良好的给电子性能和适当的空间位阻外，它还必须具有一个前提条件：能和氯化镁或钛镁催化剂进行稳定的配位。如果不能稳定地配位，即使有再好的给电子性能和空间位阻也无法在聚合中发挥作用。

下面先来观察几种主要内给电子体化合物的结构示意图(图2-29)：

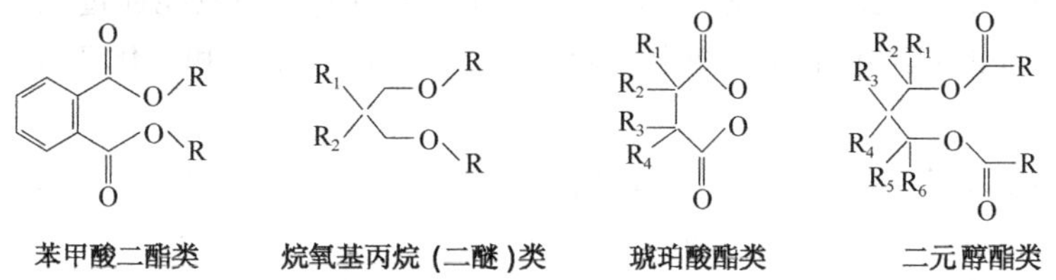

图2-29 几种主要给电子体的结构示意图

观察上述这些内给电子体化合物的结构，发现它们有一个共同的特征就是都具有类似的双含氧官能团结构，看来这可能是内给电子体的一个非常重要的结构标志。根据到目前为止的研究结果，具有双含氧官能团结构的给电子体至少有以下几个特点：

① 已经知道给电子体是通过其官能团中的氧原子和氯化镁或钛镁催化剂进行配位的。因此不管是那种类型的化合物，如果能作为给电子体使用就须要有含氧原子的官能团(含氮原子的官能团也有可能)。而对于有双含氧官能团结构的给电子体来说，因为它有两个氧原

子可以参与这种配位过程，因此由它得到的催化剂的稳定性要优于有单含氧官能团结构给电子体的催化剂。至于像二酯或二酸类型的给电子体，其每个含氧官能团内既有 C ═O 基又有 C—O—C 基，它们是否都会和氯化镁或钛镁催化剂配位，并且更加有利于催化剂性能的提高还需要进一步深入研究。不过张巧凤等人[137]的实验已证明，在使用给电子体聚丙二醇二苯甲酸酯(PPGDB)时，官能团中的 C ═O 基和 C—O—C 基都和氯化镁发生了配位反应。

② 研究又表明，单含氧官能团结构的给电子体通常只是和镁配位而不和钛配位。但是双含氧官能团结构的给电子体则不但可以和镁配位，有的还可以和钛配位(当然也有不同看法的文献报道)。Yang[138]等人在用 IR 对钛/镁催化剂的研究中发现，单酯催化剂的红外吸收峰很简单，C ═O 基在 $1667cm^{-1}$处有一尖峰。而二酯催化剂的红外吸收峰就很复杂，C ═O 基在 $1900\sim1600cm^{-1}$范围内有不同强度的峰存在，说明二酯催化剂有不同的二酯配合物存在，其中可能包括酯钛配合物。从电子传递的角度看，如果给电子体除了和镁配位外还可以和钛配位，那就又增加了一条可以向活性中心原子传递电子的通道，这也许会有利于催化剂性能的提高。

③ 研究还表明，双含氧官能团结构给电子体与镁原子和/或钛原子的配位效果，和它两个氧原子之间的距离有很大的关系。氯化镁的 110 晶面四配位相邻镁原子的间距大约为 0.27~0.28nm。可以想象如果要和这样的镁原子配位，给电子体两个官能团的氧原子之间的距离应该也在此范围是比较合理的。以苯甲酸二酯给电子体为例，邻位二酯两个氧原子的间距大约为 0.27nm，而间位和对位二酯两个氧原子的间距都大于 0.5nm，实际应用的结果证明，只有邻位的邻苯二甲酸二酯做内给电子体用于催化剂时才有效，使用间位或对位的苯二甲酸二酯做内给电子体都不行，这从一个方面证明了上述的推测。

而对于氯化钛来说，因为钛原子的半径与镁相近，而且钛是取代镁而进入氯化镁的晶体或与氯化镁生成共晶体的，因此在共晶中相邻钛原子的间距应该也与镁相近。Heiki 等人[139]对 $TiCl_4$和二酯配合物晶体结构的研究结果表明，$TiCl_4$和二酯的配合物其晶体结构都是由 1 个钛和 4 个氯、2 个氧形成的变形八面体，但是可分别形成 6 元环或 7 元环结构。Kakkonen 等人[140]的研究证实，能与钛离子形成 7 元环结构的比形成 6 元环结构好。Sobota 等人[141]对苯甲酸二酯的研究也证明，酯通过羰基氧和钛配位，邻位苯二甲酸二酯和 $TiCl_4$之间可发生配位反应形成 7 元环，而对位苯二甲酸二酯和 $TiCl_4$之间只能通过羰基氧连接形成线形配合物，这些都说明给电子体上两个官能团氧原子的间距是它和氯化镁或氯化钛能否配位的关键。

再以二醚给电子体为例，前文已经说过，二醚类化合物的结构越稳定其作为给电子体的效果也越好。而 1,3-二醚的两个氧原子间的距离处于 0.3(0.25~0.33)nm[90,124]范围，此间距正好和对应的两个镁原子 0.27~0.28nm 的间距相当，因此它便于和镁原子形成二齿配合物，可以牢固地配位在氯化镁表面得到稳定的二醚-氯化镁配合物，并由此得到高等规度的聚丙烯。

所以对于双含氧官能团结构的给电子体来说，为了能使它和氯化镁或钛镁催化剂进行最有效的配位，两个氧原子间的距离可能是判断该给电子体选择得是否合适的一项十分重要的指标。

钟赤锋等人[142]认为，内给电子体催化剂在聚合中要发挥作用，主要不在于它是酯还是醚，而关键在于它和氯化镁的配位强度，配位能力越强，得到的聚丙烯分子链就越规整。这从另一个角度说明，可能双含氧官能团与氯化镁的配位能力是选择合适给电子体的关键。

当然，除了含氧官能团的配位能力外，还必须考虑给电子能力和空间位阻问题。前面已经介绍了不同内给电子体化合物的结构会造成不同的空间位阻，从而影响聚合物的等规度。而 Liu B. 等人[143]通过密度函数理论分析认为，内给电子体化合物的偶极距和配位键长度会影响催化剂的活性和聚合物的等规度。所以内给电子体化合物自身的性能也是需要认真考虑的问题。

(4) 内给电子体催化剂的性能　比较几种主要内给电子体催化剂的性能特点可以看到：

苯甲酸酯类型的催化剂其特点是：具有高规整度，中等的氢调敏感度和可以得到中等分子量分布的聚丙烯，还可以用单酯和二酯复合来调节性能；

二醚类型的催化剂其特点是：具有非常高的活性，中等高的规整度，高的氢调敏感度和可以得到窄分子量分布的聚合物；

琥珀酸酯类型的催化剂其特点是：不但能够提供高的聚合物规整度，中等的氢调敏感度，而且可以得到宽聚合物分子量分布的聚丙烯；

二醇酯类型的催化剂其特点是：性能介乎于二醚类型和琥珀酸酯类型之间，有很高的活性和聚合物规整度以及中宽分布的分子量分布，而且有良好的氢调敏感性。

这几种给电子体家族之间是互相补充的，可以利用这些给电子体结构的功能来调节催化剂的特性和聚合物的结构。

表 2-30 列出了上述不同种类给电子体制备的催化剂的一般性能[120]。

表 2-30　不同种类给电子体的一般性能①

催化剂	内给电子体 ID	外给电子体 ED	活性/(kg PP/g cat)	二甲苯不溶物/%	mmmm②/%	M_w/M_n	H_2敏感性
A	苯甲酸酯	硅烷	40~70	96~99	94~99	6.5~8	中等/低
B	二醚	—	100~130	96~98	95~97	5~5.5	非常好
		硅 烷	70~100	98~99	97~99	4.5~5	非常好/高
C	琥珀酸酯	硅 烷	40~70	96~99	95~99	10~15	中等/低
D	二醇酯	硅烷	40~60	96~99	—	6~10	较好

① 本体聚合：70℃，2h，[$AlEt_3$]=2.5mM，Al/ED=20。

② 等规五单元组含量，NMR 测试结果。

因此，对于使用内给电子体的各代催化剂来说，其内给电子体的结构和效果大致是：

第三代(钛/镁)催化剂：尽管有人宣称 MPT 可以提供较好的综合性能[93]，但是 EB 应是第三代催化剂使用最多的给电子体。

第四代(钛/镁)催化剂：采用二酯类内给电子体，如邻苯二甲酸酯，专利文献中一般的观点是，使用从乙基到异癸基烷氧基团的邻苯二甲酸酯都具有类似的性能。但是 Soga 的看法不同，他提供了下面的性能顺序[144]：

丁基 > 乙基 > 甲基

第五代(钛/镁)催化剂：如果是使用 1,3-二醚，已证明其聚合行为与二醚的结构密切相关，而且具有最稳定结构的二醚性能最佳，可以得到高活性和高立构规整度的聚丙烯。而最新的研究结果是，可以使用结构与二醚类似的琥珀酸酯类给电子体或二醇酯类给电子体，得到各种高立构规整度和宽分子量分布的聚丙烯。

上面对有关内给电子体催化剂的活性和定向能力方面的问题已经讨论得比较多了，可是是什么原因使得它们的氢调敏感性有如此大的差别呢？Chadwick 等人[145]对 Z-N 催化剂进行了研究，发现丙烯聚合时不管丙烯是 1，2 插入或 2，1 插入，其后都可以与氢发生链转移，但是与单体发生链转移则只能发生在 1，2 插入之后。他们研究了以 1,3-二醚为内给电子体的 $MgCl_2/TiCl_4$/二醚-$AlEt_3$催化剂体系氢调敏感性好的原因。发现在丙烯聚合过程中，丙烯不断以 1，2 方式插入，偶尔也发生 2，1 插入，如接着又发生与氢的链转移，那么所生成的大分子链的末端就会出现正丁基基团，而在正常以 1，2 方式插入时生成的是异丁基基团。其反应式如下：

1，2 插入

$$Ti—CH_2—CH(CH_3)—[CH_2—CH(CH_3)]_nPr+H_2 \longrightarrow Ti—H+iBu—CH(CH_3)[CH_2CH(CH_3)]_{n-1}Pr$$

2，1 插入

$$Ti—CH(CH_3)—CH_2—[CH_2\text{-}CH(CH_3)]_nPr+H_2 \longrightarrow Ti—H+nBu—CH(CH_3)[CH_2CH(CH_3)]_{n-1}Pr$$

因为聚合物末端所生成的正丁基基团的量与催化剂的本质和氢的加入量有关，只要通过观察聚合物末端 n-Bu 和 i-Bu 的比例，就可以了解催化剂这方面的特性。表 2-31 为三种催化剂体系在这方面的情况。

表 2-31　三种催化剂体系的聚合物链末端基团情况

内给电子体	外给电子体	氢压/10^5Pa	聚合物特性黏数/(dL/g)	二甲苯不溶物级分[mmmm]/%	二甲苯不溶物级分链末端 n-Bu/i-Bu
苯二甲酸二异丁酯	环已基甲基二甲氧基硅烷	2.5	1.41	97.5	46：54
苯二甲酸二异丁酯	环已基甲基二甲氧基硅烷	8	1.05	98.0	24：76
苯二甲酸二异丁酯	二环戊基二甲氧基硅烷	2.5	2.32	98.5	未测
苯二甲酸二异丁酯	二环戊基二甲氧基硅烷	8	1.35	99.0	34：66
1,3-二醚	无	1	1.41	97.4	65：35
1,3-二醚	无	4	0.99	97.5	45：55

由表 2-31 数据可见，在相同的氢分压下，以 1,3-二醚为内给电子体的催化剂比以苯二甲酸酯类为内给电子体的催化剂，其 n-Bu 末端基明显增多，也就是说在这类催化剂中，2，1 插入的机率要高。而一旦发生 2，1 插入后，链的增长就要减慢。但如有氢的存在，氢能使其再度活化，这就说明为什么氢能对丙烯聚合有活化作用。再度活化后生成的 Ti-H，如再呈现 2，1 插入，接着并发生氢的链转移，则会产生 2,3 二甲基丁基的末端基团。而如仍以 1，2 插入，则生成正丙基团。他们发现，在 $MgCl_2$载体型的催化剂中，带有 2,3-二甲基丁基末端基者达 5%~20%。

用通常的^{13}CNMR 来测定 2，1 插入是困难的，除了上述可用末端 n-Bu 和 i-Bu 比值来加以观察外，Chadwick 和 Busico 等人合作[146]用丙烯和含^{13}C 示踪原子的乙烯[1,^{13}C]进行共聚，然后再测定共聚物^{13}CNMR。正如上面所述，在丙烯聚合时，一旦发生 2，1 插入，阻止了其后正常的 1，2 插入，但如果是与氢发生链转移就变得容易进行，那么乙烯和氢一样，其插入反应也快于丙烯，所以应该使共聚反应也得以顺利进行。如能求得在 2，1 插入后乙烯[1,^{13}C]的量，那么就可以比较准确地了解催化剂中区域插错情况。表 2-32 是他们求取的两种催化剂结果的数据，催化剂1是$MgCl_2$/苯二甲酸二异丁酯/$TiCl_4$体系，环已基甲基二甲基硅烷作外给电子体。催化剂2是$MgCl_2$/1,3二甲氧基丙烷/$TiCl_4$体系，助催化剂均用三异丁基铝。采用增大反应介质中乙烯/丙烯进料比的方法，改变共聚物中乙烯含量。

表2-32 不同催化剂体系之2，1插入后，乙烯[1,^{13}C]量变化情况

催化剂种类	Q_E总乙烯[1,^{13}C]量/%(摩尔)	Q_{SE}2，1插入后乙烯[1,^{13}C]的量/%(摩尔)	催化剂种类	Q_E总乙烯[1,^{13}C]量/%(摩尔)	Q_{SE}2，1插入后乙烯[1,^{13}C]的量/%(摩尔)
体系1	0.40	0.014	体系2	0.67	0.052
	1.13	0.035		1.74	0.12
	1.72	0.042		3.20	0.15
	2.73	0.057		6.00	0.18
	5.80	0.092			

将Q_E对Q_{SE}作图，可求得最大的Q_E值，此值也就是2，1和1，2插入反应的速率常数k_{ps}和k_{pp}之比值。此值对催化剂1来说为0.18%，对催化剂2来说是0.26%。此表数据说明：

① 与催化剂体系1相比，催化剂体系2的2，1插入能力较强，而且所生成的区域插错的分布比较均匀，也就是说，其活性位的性质比较均一。

② 两种催化剂体系有不同的氢敏感性，催化剂体系1的部分活性位几乎只能作1，2插入，氢进行链转移困难，与催化剂体系2相比，为达到相同的分子量必须加大氢分压。也就是说催化剂体系1的氢调敏感性差。

Busico等人还用相同的方法，观察了$MgCl_2$/$TiCl_4$-AlR_3体系，这是载体型Z-N催化剂最原始的代表。研究发现2，1插入的平均含量很高，约0.7%(摩尔)，其分布也十分均匀，说明这是多活性中心的本质。

Chadwick等人[147]的研究结果表明，在通常的Z-N催化剂中2，1插入的几率是较少的，一般每插入300次，以2，1插入的不到1次，对于等规活性中心来说，每1000次插入，更不到1次。但对于高等规活性中心来说，只要在每2000次插入中发生1次以2，1方式插入，就足以使催化剂的氢调敏感性增大。有利于分子量的调控。相反像催化剂体系1那样，其2，1插入差一点，就会引起氢调敏感性降低，而且还影响分子量分布。因此，如果是无论高等规或低等规活性中心，都会发生2，1插入，这样催化剂的氢调敏感性就好，但聚合物的分子量分布比较窄。相反像用丁二酸酯作内给电子体的催化剂，各活性中心的2，1插入几率分布十分不均一，其高等规活性中心发生2，1插入的几率极低，所以催化剂的氢调敏感性差，而且生成的聚合物中常有分子量很高的级分。这些长链的大分子会对聚合物的流变性能和结晶行为产生明显的影响，例如零剪切黏度增大，松弛时间会随着M_z/M_w加大而明显加长。

显然，2，1插入较多的催化剂体系2其活性(或收率)也明显高于2，1插入较低的催化剂体系1。那么这种活性提高是由于催化剂中活性中心数目的增加还是由于链增长速度的加快呢？Chadwick等人[148]测定了这两种催化剂的活性中心数目，他们在聚合反应进行中，在不同的时间加入用氚标记的乙醇($CH_3CH_2O^3H$)使反应中止。

$$\text{Pol-Ti+RO}^3\text{H} \longrightarrow \text{Pol-}^3\text{H+RO-Ti}$$

然后用放射化学方法分析聚合物就可以求取 Pol-Ti 数目，再经过向烷基铝转移的校正，可求得活性中心数。为了使试验重现性好，加入了足够量的 $AlEt_3$ 并把聚合温度设定为 50℃，以降低向烷基铝的链转移。报告中研究了五种催化剂，其性能见表 2-33 至表2-35。

表 2-33 不同催化剂所得聚合物收率和二甲苯不溶物情况

	催化剂 1	催化剂 2	催化剂 3	催化剂 4	催化剂 5
Ti/%	3.70	1.90	2.25	3.40	1.60
Mg/%	12.4	18.6	17.1	11.5	19.9
DIBP/%		11.5	7.2		5.2
1,3-二醚/%	11.4			11.6	
OEt/%	0.3	0.1	0.7	0.3	0.3
己烷/%	14.2	4.9	10.7	16.4	4.3
PP 收率/(kg/g cat)	130	70	40	100	17
二甲苯不溶物/%	96.3	99.0	97.9	98.0	97.2

表 2-34 不同催化剂之活性中心浓度和反应链增长速度情况

	活性中心浓度/(mol/mol Ti)	链增长速度 R_p		链增长速率常数 k_p
		g PP/mmol Ti · h	mol 丙烯/mol Ti · s	L/mol · s
催化剂 1	7.5	4552	30.1	201
催化剂 2	3.9	2889	19.1	245
催化剂 3	2.9	2030	13.4	231
催化剂 4	5.3	3921	25.9	244
催化剂 5	2.2	1900	12.6	284

表 2-35 从不同催化剂所得聚合物经分级后测定其活性中心情况

	二甲苯不溶物级分		二甲苯可溶物级分	
	活性中心浓度/(mol/mol Ti)	链增长速率常数/ k_p/(L/mol · s)	活性中心浓度/(mol/mol Ti)	链增长速度常数/ k_p/(L/mol · s)
催化剂 1	6.0	234	1.5	66
催化剂 2	2.8	319	0.7	90
催化剂 3	2.2	274	0.8	83
催化剂 4	3.9	321	1.2	35
催化剂 5	1.7	338	0.5	110

由以上各表可见，用 1,3-二醚作内给电子体的催化剂 1 和 4 的活性高，主要是由于活性中心数量的增加，而不是链增长速率常数的增大。对二甲苯可溶物和不溶物分别测定其相对应的活性中心数和链增长速率常数也可看出类似规律。

需要指出的是，虽然不同方法测得的值相差很大，但是从这些研究结果可见，尽管这些催化剂活性已经很高了，每克催化剂得率达 10×10^4g 以上，但活性中心数仍然只占总钛含量的百分之几。

2.3.1.3.7 助催化剂化学

在钛镁催化剂体系中，钛镁催化剂必须与助催化剂配合使用。而配合钛镁催化剂使用的助催化剂主要有活化剂(烷基铝)和外给电子体(或称路易斯碱)两类，以下分别对活化剂(烷基铝)和外给电子体加以叙述。

(1) 活化剂(烷基铝) 钛镁催化剂体系使用的活化剂主要是烷基铝，它在烯烃聚合中所起的作用是，将 $TiCl_4$ 中的 Ti^{4+} 还原变成 Ti^{3+} 甚至 Ti^{2+}，并且使 Ti 烷基化生成 Ti—C 键，而所形成的 Ti—C 键即是聚合活性中心。

研究发现，催化剂的立构能力和活化剂的金属原子直径，连接在烷基铝中的配位基的性质和数量等有关。而催化剂的活性与烷基铝的配位能力以及催化剂的离子性质有关。

另外，烷基铝是一种路易斯酸，在聚合过程中它会和内、外给电子体(路易斯碱)发生反应，生成各种配合物，影响聚合物的立体结构、动力学特征和分子量及分子量分布等指标，因此烷基铝的作用对钛镁催化剂体系来说是十分重要的。

Mori 等人[149]的研究发现，在三烷基铝中，随烷基的体积增大，其催化剂的活性中心浓度明显下降，但是不同三烷基铝的链增长速率常数 k_p 变化不大。

Terano 等人[150]研究了在无给电子体存在的情况下，烷基铝对催化剂($MgCl_2/TiCl_4$)活性中心等规度的影响。他们先将催化剂和 TEA 混合，然后再与丙烯混合，这样可以研究催化剂和 TEA 之间不同反应时间的影响。并且把所得聚合物分为 4 个级分：20℃以下(As，无规)、20~100℃(Is_1，半等规)、100~110℃(Is_2，次高等规)和 110~140℃(Is_3，高等规)，观察不同的烷基铝处理时间对收率、M_n、M_w/M_n 和以上 4 个级分质量分数，以及 k_p 与 $[C^*]$ 的影响。研究结果表明：

① 在没有给电子体存在下，无规级分量都很大(33%~61%)。随着烷基铝处理时间增加，无规级分量先降后升。20~100℃级分量先升后降，100~110℃级分量一直增多，只在 60s 时稍降，110~140℃级分量一直在增多。

② 活性位的浓度随着烷基铝处理时间的增加，一直在下降。k_p 在烷基铝处理的前 10s 是上升的，其后下降。

③ 聚合物的收率一直下降，而且在 2s 以后下降很快。

④ M_n 在前 10s 一直在增加，而后有所下降。M_w/M_n 一直有所增大。

由此可见：

① 无规活性位在遇到烷基铝后在处理初期，很快减活(收率降低)，而 Is_1 和 Is_2 活性位在 10s 前活性是增加的，Is_3 则一直在增加。这说明，等规度越高的活性位越稳定，越经得住烷基铝的“还原作用”。Is_2 和 Is_1 的减活现象只在 10s 以后发生，这可能是有一部分等规度低的活性位转变为等规度高的活性位。

② 从对 $[C^*]$ 和 k_p 的影响来看，高等规活性位的活性持续增加，无规活性位活性急剧下降导致在烷基铝处理初期 k_p 和 M_n 是增加的。随着高等规活性位活性有所降低，无规活性位活性降低有所减慢(10~60s)，k_p 和 $[C^*]$ 也有所降低。

Terano 等人[151]的研究表明，高等规活性位的形成仍和烷基铝的作用情况有关。随着与烷基铝作用时间的延长，可明显看出内给电子体被萃取。EB 比 DBP(苯二甲酸二丁酯)更容易萃取。他们提出一内给电子体作用的模型如图 2-30 所示。

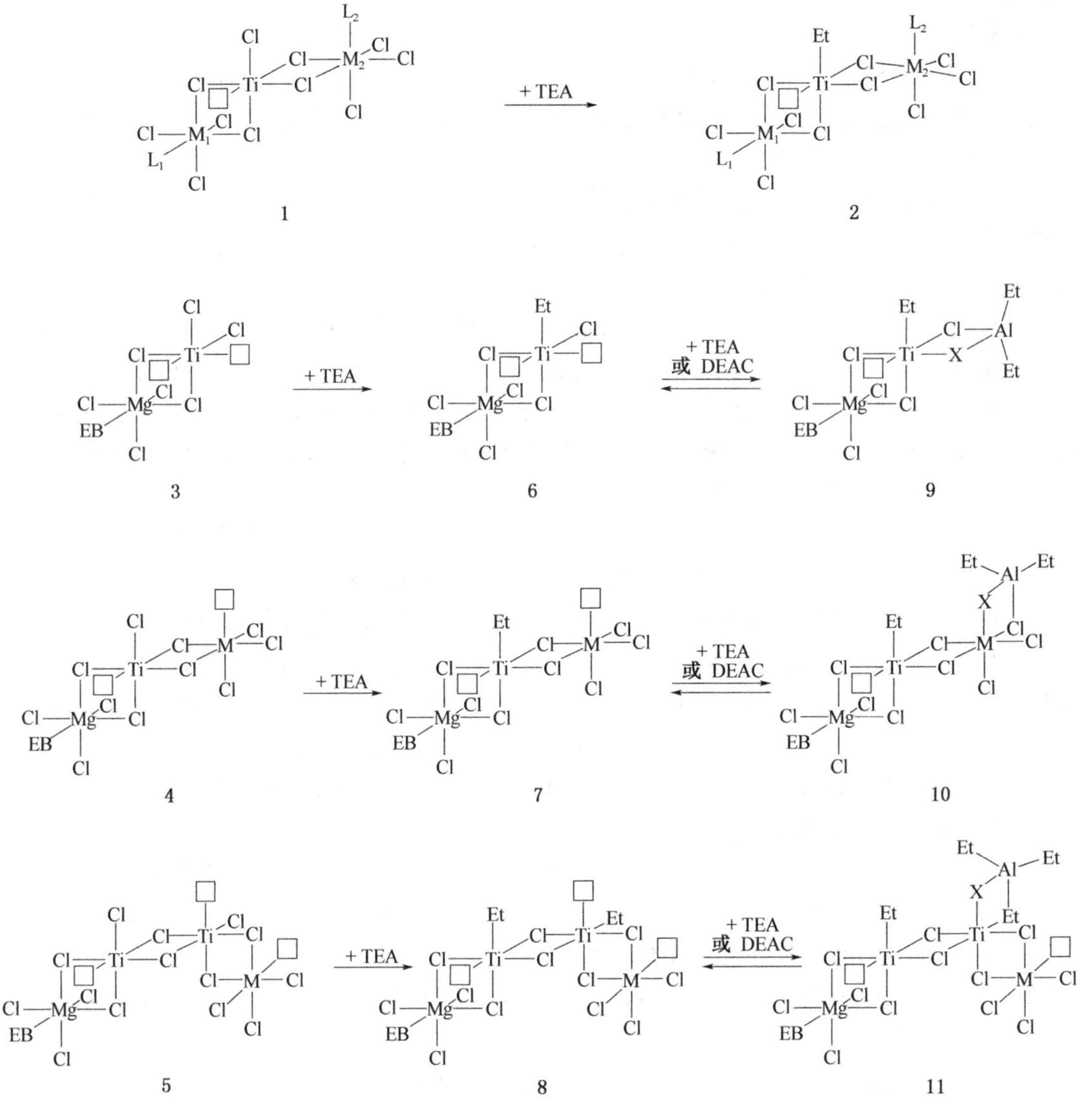

式中，L_1和L_2可以是 EB 或 Cl；M 可以是 Ti 或 Mg，如是 Ti 则是双核(Ti—Ti)

图 2-30　Terano 等人提出的内给电子体作用模型图

Busico 认为，内给电子体是配位在氯化镁的 110 面上，阻止钛形成单核活性位，而促进形成双核的活性位。单核的活性位由于低的空间位阻，往往产生低的立构定向性(As 或 Is_1)。而双核钛活性位能形成高等规度的活性位。但即使是双核钛活性位，如L_1和L_2处配位的是氯原子，仍只能形成 Is_2。不能形成 Is_3。

和上面所述的无内给电子体的情况一样，第一步与 TEA 反应所生成的低等规活性位(图中 6、7、8)，接着可和 TEA 或 DEAC 进一步反应形成高等规活性位 Is_3，如图中 9、10、11。而L_1和L_2外存在有空间位阻较大的 EB 配体，是产生高等规活性位的重要条件。此外如L_1和L_2处两个氯原子被乙基所取代，也有助于形成 Is_3。在预处理 10s 后，EB 被 TEA 从催化剂中萃取出来，使部分 IS_3的活性位转变为低等规度的活性位如 Is_1或 As。

钟赤蜂等人[143]也进行了烷基铝对催化剂影响的研究，他们对不加给电子体的$TiCl_4/MgCl_2$、$TiCl_4/MgCl_2$/DIBP 和$TiCl_4/MgCl_2$/DMMF 等三种催化剂，在室温条件下用 TEA 预处理 30min，然后进行 1h 的常压丙烯聚合，观察其实验结果，具体见表 2-36。

表 2-36 不同催化剂用 TEA 进行预处理 30s 后的试验结果

催 化 剂	TEA 预处理情况	活性/(kg PP/g Ti · h)	等规度/%
A $TiCl_4/MgCl_2$	未预处理	4.38	46
	预处理 30s	3.57	36
B $TiCl_4/MgCl_2$/DIBP	未预处理	9.11	72
	预处理 30s	9.24	70
C $TiCl_4/MgCl_2$/DMMF	未预处理	19.9	95
	预处理 30s	21.6	96

聚合条件：70℃，0.03MPa，1h，庚烷溶剂。

实验数据表明，A 催化剂的活性和等规度明显下降，B 催化剂变化不明显，而 C 催化剂反而有所上升。此现象说明 A 催化剂经 TEA 预处理 30s 后可能有部分 Ti 被过度还原，因此活性和等规度下降。而 B 催化剂由于有二酯给电子体存在，TEA 在室温下对它的萃取反应比较缓和，因此活性和等规度变化不显著。C 催化剂由于是二醚给电子体，TEA 在室温下不能对它萃取，反而是帮助改进了 TEA 与$TiCl_4$的配位和还原环境，因此活性和等规度反而有所上升。

另外，他们还对于不同烷基铝对催化剂(C)的影响也进行了研究，具体见表 2-37。

表 2-37 TEA 和 TIBA 对催化剂(C)的影响

烷基铝	Al/Ti 摩尔比	活性/ (kg PP/g Ti · h)	等规度/ %	T_m/ ℃
TEA	50	21.6	95	158.7
	150	17.6	91.3	—
	300	16.1	87.5	157.9
TIBA	50	21.9	96	158.2
	150	26.6	95	157.7
	300	27.3	94.7	158.4

聚合条件：70℃，0.03MPa，1h，庚烷溶剂。

从表中的数据可以看出，对于 TEA 和 TIBA 这两种烷基铝来说，随 Al/Ti 的增加它们对聚合的影响不同，TEA 随 Al/Ti 的增加聚合活性和等规度都明显下降，而 TIBA 则随 Al/Ti 的增加聚合活性随之增加而等规度略有下降。分析其原因可能是因为 TEA 和二醚催化剂的配位能力比 TIBA 强，因此在聚合过程中还是有部分二醚被萃取出来，导致无规活性中心增加，从动力学曲线看聚合反应衰减加快，因此聚合活性和等规度下降。而 TIBA 对二醚的萃取能力很弱，增加 Al/Ti 只是促进了活性中心浓度的增加，所以活性上升。虽然 TIBA 不能萃取二醚，但是浓度的增加使它与芴的配位增加，削弱了芴醚与氯化镁的配位，所以等规度有所下降。

范志强等人[152]采用多个 Flory 分布峰叠加拟合分子量分布曲线的方法，对 TEA 和 TIBA 这两种烷基铝对 Z—N 催化剂活性中心的影响进行了研究。研究发现，使用 TEA 的 Z—N 催化剂体系其活性中心的种数较多，共有 4~5 种，且各中心生成的聚合物量差别不大，因此分子量分布比较宽。而使用 TIBA 的催化剂体系其活性中心的种数较少，仅有 2~3 种，Al/Ti比例为 77 时只有 2 种，且高分子量部分占 80%，因此分子量分布比较窄。产生这种区别的原因，可能是由于不同活性中心对助催化剂还原作用的敏感程度不同而造成的。

Chu[153]研究了不同助催化剂对聚合体系的影响，其中 TEA 和 MAO 对 $TiCl_3 \cdot 1/3AlCl_3$和 $TiCl_4/EB/MgCl_2$两个钛镁催化剂丙烯聚合动力学的影响，研究结果见表 2-38。

表 2-38　不同助催化剂和催化剂的丙烯聚合动力学参数

催化剂	助催化剂	R_p/(mol/mol Ti · s)	[C*]/%(摩尔)
$TiCl_3 \cdot 1/3AlCl_3$	$Al(C_2H_5)_3$	1.39	1.3
	MAO	2.14	1.4
$TiCl_4/EB/MgCl_2$	$Al(C_2H_5)_3$	2.59	2.0
	MAO	4.90	2.2

从表中的数据可以看出，MAO 体系的催化剂性能比 TEA 体系好，究其原因，从聚合动力学数据来看，是由于其反应速率常数高于 TEA 的缘故。这说明 TEA 和 MAO 对催化剂钛活性中心的作用和影响是不同的。

在对丙烯聚合活性的影响方面，不同的烷基铝有如下的顺序[154]：

$$AlHEt_2 > AlEt_3 > AlEt_2Cl > AlEt_2Br > AlEt_2I > Al(OEt)Et_2$$

$$AlH(iBu)_2 > AliBu_3 > AliBu_2Cl > Al(iOBu)_3$$

而在对丙烯聚合等规度的影响方面，不同的烷基铝的影响见表 2-39。

表 2-39　不同烷基铝对丙烯聚合等规度的影响[155,156]

烷基铝	$AlEt_3$	$AlEt_2Cl$	$AlEt_2Br$	$AlEt_2I$	$AlEt_2Cl+nBu_4I$	$Al(Ph_3N)_3$
等规度/%	80~85	91~94	94~96	96~98	98	52

聚合条件：δ-$TiCl_3$，70℃。

另外，烷基铝还有一个相当重要的作用是清除反应系统中的有害杂质，如水、氧等。丙烯聚合所用的活化剂一般是三烷基铝。由于三烷基铝比早期催化剂使用的 DEAC 有更高的还原能力，因而可以容易地和路易斯碱发生反应或配位。到目前为止效果最好的三烷基铝是三乙基铝和三异丁基铝，而其他的氯化烷基铝因为性能较差，因此通常都是与三烷基铝配合使用[154]。

(2) 外给电子体　外给电子体是指在聚合反应时加入的给电子体化合物。它的主要作用是在聚合过程中起到毒化无规活性中心，与内给电子体协调作用，影响催化剂活性中心的结构和性能。它对高等规活性中心没有影响，但可将无规活性中心转变为中等规活性中心，并将中等规活性中心转变为高等规活性中心和增加等规活性位的反应活性[157]。

常用的外给电子体化合物包括羧酸酯类、烷氧基硅烷类和胺类等化合物，其中羧酸酯类是比较常使用的外给电子体化合物，如甲基苯甲酸乙酯、乙基苯甲酸乙酯、乙氧基苯甲酸乙酯等化合物。使用这些外给电子体化合物得到的聚合物等规度可以达到 95%~99%，它们已在第三代催化剂中实现工业应用。胺类化合物也有使非等规活性位失活提高聚合物等规度的作用，如2,2,6，6，-四甲基哌啶[158]作为外给电子体使用时，聚合物的等规度可以达到89%，而用胺基二甲基硅氧烷[159]做外给电子体，聚合物不但等规度可以达到91%以上，而且可以得到宽分子量分布，但是聚合活性比烷氧基硅烷低。其他还有环状胺基硅烷(如三甲代甲硅烷基哌啶、三甲代甲硅烷基吡咯烷)以及二乙基胺基三乙氧基硅烷等化合物，都有很好的定向能力和氢调性能[160]。

目前在第四代催化剂中使用最多的是烷氧基硅烷类外给电子体化合物。烷氧基硅烷类化合物的通式为 $R_1n\mathrm{Si}(OR_2)4-n$，式中，R_1 为连在 Si 原子上的伯、仲、叔碳原子的烷基或环烷基；R_2 为相同或不同的烷基或芳基；n 为 0、1、2 或 3。而二烷氧基硅烷的结构式如图2-31 所示。

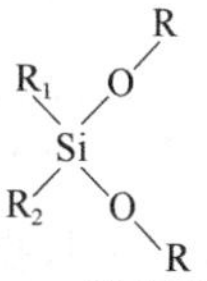

图 2-31 烷氧基硅烷类化合物的结构示意图

烷氧基硅烷类外给电子体的主要作用是提高催化剂活性中心的定向能力，而且随着其中烷基基团的加大，所得聚丙烯的分子量和等规度都随之增加。三井化学公司和蒙埃公司推出的第四代聚丙烯催化剂中使用的就是这种外给电子体，也是目前世界上使用最广泛的外给电子体化合物。

Kashiwa 和 Yoshitake[107]利用四氯化钛/氯化镁/三乙基铝催化剂系统研究了外给电子体苯甲酸乙酯对于聚合活性及聚丙烯分子量的影响。根据实验结果，他们提出，加入适量的外给电子体苯甲酸乙酯，不仅能杀死非等规基团，而且能使等规聚合增长速率常数有所增加。

毫无疑问，作为外给电子体的硅烷既是非等规活性基团的失活剂，又是产生高等规基团的促进剂。Soga 等人[110]研究了苯基三乙氧基硅烷与邻苯二酸二丁基酯作外给电子体对完全非等规催化剂的影响，结果证明，由这些给电子体的添加引起的等规聚丙烯的变化根本无法与苯甲酸乙酯相比，这类双配位基的配位体只以失活剂的方式使非等规活性基团失活。

而在用氯化镁/氯化钛、三乙基铝、甲基环己基二甲氧基硅烷组成的催化体系进行丙烯聚合时，发现当硅/钛摩尔比从标准值 10 降至 5.9 时，聚丙烯的等规指数从 98.7%降至 97.4%。在将预聚合叠加进实验中后发现，它们二者分别从改变内给电子体和外给电子体的不同途径改变等规指数，预聚合量少则等规指数低。由此他们认为，第三代高效催化剂体系的给电子体可以有效地抑制无规立构活性中心，同时参加全同立构活性中心，可提高聚合产率和生成聚合物的分子量及等规指数。

钟赤峰等人[161]研究了几种主要外给电子体化合物对丙烯聚合的影响，结果见表 2-40 所示。

表 2-40 不同催化剂和几种主要外给电子体丙烯聚合的结果

催化剂	外给电子体	等规度/%	活性/(g PP/g cat · h)	室温下庚烷可溶物/%	沸腾庚烷可溶物/%	沸腾庚烷不溶物/%
$TiCl_4/MgCl_2$	无	46	130	25	29	46
	CHMMS	90	101	3	7	90
	BMMF	91	130	3	6	91
$TiCl_4/MgCl_2$/DIBP	无	72	143	10	18	72
	CHMMS	97.8	270	0.2	2	97.8
	BMMF	97.6	260	0.4	2	97.6

续表

催化剂	外给电子体	等规度/%	活性/(g PP/g cat·h)	室温下庚烷可溶物/%	沸腾庚烷可溶物/%	沸腾庚烷不溶物/%
$TiCl_4/MgCl_2/$BMMF	无	95	455	0.7	4.3	95.0
	BMMF	95.4	290	0.8	3.8	95.4
	DCPMS	96.8	330	0.7	2.5	96.8
	CHMMS	97.5	309	0.3	2.2	97.5
	DIBP	96.8	344	0.7	2.5	96.8

聚合条件：70℃，120~140kPa，1h，Al/Ti 50。

从表中数据可以看出，对于无内给电子体的催化剂，加入外给电子体等规度明显增加。而加入外给电子体CHMMS(环已基甲基二甲氧基硅烷)总的活性下降。但是加入外给电子体BMMF(二醚)总的活性不变。对于二酯催化剂，加入外给电子体CHMMS和BMMF时等规度超过97%，活性增长近一倍，二醚和硅烷差别很小。对于二醚催化剂，加入不同的外给电子体活性均明显下降，而加入CHMMS、DCPMS和DIBP等规度略有增加，但加入BMMF等规度基本不变。进一步对聚丙烯的微观结构的研究还发现，二酯催化剂加入CHMM和SBMMF，其[mmmm]含量明显增加，其他组分含量相应减少。内/外给电子体分别为DIBP和CHMMS时[mmmm]含量最高，而内/外给电子体同为BMMF时，催化剂的活性中心基本相同，但二酯催化剂加二醚或二醚催化剂加二酯，得到聚丙烯的规整性要好于只用二醚的催化剂，显示了内、外给电子体有协调效果。

另外，杜宏斌等人[162]对二环戊基二甲氧基硅烷(DCPMS)、环己基甲基二甲氧基硅烷(CHMMS)、二异丙基二甲氧基硅烷(DIPMS)和二异丁基二甲氧基硅烷(DIBMS)等四种外给电子制备的催化剂体进行了对比试验，研究它们对聚丙烯性能的影响。研究发现，DCPMS的聚合活性最高，等规度也最高可达99.8%，但是氢调效果有些下降；而DIBMS的氢调效果最好，少量加氢聚合物的分子量就迅速下降；CHMMS的等规度较低但是可调性最好，氢调效果则一般；DIPMS的氢调效果和CHMMS相近，但是等规度可调性较差。这些结果说明虽然都是硅烷，但是取代基的大小和结构不同时，在催化剂中所起的作用是不同的，这说明电子效应和空间结构在确定外给电子体的性能时的确非常重要。

芬兰赫尔新基大学的Virkkunen等人[163]与北欧化工公司合作对给电子体在聚丙烯催化剂中的作用进行了深入的研究，并提出了给电子体平衡反应的模型。他们赞同Barino和Scordamagina的观点，认为钛是以$TiCl_4$二聚体(Ti_2Cl_8)的形式配位在$MgCl_2$的(110)面上的，催化剂在未与烷基铝接触前，它只有一种活性位，而在与烷基铝反应后，内给电子体自催化剂中被萃取出。当烷基铝浓度不是很高的情况下，这种萃取只是部分的，这样就存在两类活性中心，一种是还存在内给电子体的活性位，一种是内给电子体已被脱除的活性位。无内给电子体的活性位只能生成无规聚合物，在聚合时反应介质中应该既有外给电子体，也会有一些内给电子体，但外给电子体的浓度要大得多，因此主要是外给电子体配位的钛原子上，此反应应该是可逆的。

$$AlR_3\text{-}D_2+\text{催化剂}\text{-}\square \rightleftharpoons AlR_3+\text{催化剂}\text{-}D_2$$

式中，D_2为外给电子体；□为催化剂空位。此可逆反应一直存在在整个聚合过程中，当催化剂处于空位状态时，所生成的是无规链段，当催化剂处于与外给电子体配位的状态，则所生成的是等规链段，这就是在聚合物中存在等规和无规嵌段结构的原因。而更具体的情况是：

① 当 D_2/Ti 比例增大时，催化剂得率(活性)也提高，可解释为更多的外给电子体与催化剂配位，从而减少了无外给电子体配位的活性位，而在无给电子体配位的活性位，常发生立构不规整和区域插入不正常的情况。

② 当 D_2/Ti 比继续增大到一定值后，催化剂活性反而出现下降，这可能是因为给电子体过多，催化剂表面已经饱和，多余的给电子体再次配位到活性位上，使该活性位失去活性。

表 2-41 不同外给电子体与 Ti 比值时，催化剂聚合活性的变化

D_2/Ti	反应物	反应产物	活 性
0	—Cl_2TiR—	—Cl_2TiR—	低
2.5~5.0	D_2+—Cl_2TiR—	D_2—Cl_2TiR—	有活性
5.0~83	D_2—Cl_2TiR—+D_2	D_2—Cl_2TiR—D_2	无活性

③ 当 D_2/Ti 比增加到 5 之前，聚合物的等规度是不断上升的，再增加则等规度变化很小，这一点与活性是一致的。对此可解释为 D_2增加使上述的反应式偏向右，即向着等规聚合方向。这也导致等规链段长度的增加，此可由 TREF 测得。

④ 分子量变化和等规度变化的情况相似，在 D_2/Ti 比低于 5 时，M_n 是随着 D_2/Ti 比增加而增大的，其后变化就小了，这可解释为无给电子体的活性位所产生的聚合物分子量低。这也解释了为什么无规物中常含有等规/无规嵌段物。

⑤ 对分子量分布来说，D_2/Ti 比增加使分子量增大的同时，分子量分布变窄。此可解释为 D_2/Ti 比增加，无规活性中心减少，活性中心向单一化方向变化，因此 MWD 变窄。

Terano 等[164]还研究了在没有内给电子体的情况下外给电子体的作用。与不加外给电子体相比，平均来说，加了外给电子体 k_p 值增大，[C^*]降低，等规度提高，而对 Is_2的级分来说，k_p 和[C^*]都是增大的，[mmmm]也有提高。由此可见加入外给电子体，某些无规活性位转变为等规活性位。但从 Is_3的级分来看，不加外给电子体的催化剂原本也存在高等规活性位，加入外给电子体后其 M_n、[mmmm]、k_p、[C^*]等基本上没有变化。因此，加入外给电子体后对高等规级分是没有影响的。外给电子体主要是作用于无规活性位周围的配位空位，使其转变为中等等规度的活性位。

Terano 等在以上研究结果的基础上，提出了一种所谓“岛屿”模型，见图 2-32。

此模型中，在氯化镁表面有一呈“岛屿”状态分布的 $TiCl_4$(图中白色部分)，其氯原子与氯化镁中氯原子配位处于底部。而钛原子则呈“岛屿”状分布在其上(小方黑点)。钛活性位附近各种原子的立体结构就决定了所形成的是何种等规度的活性位(As，Is_1，Is_2，Is_3)。只要其条件合适，即使没有内给电子体，也能构成高等规度的活性位 Is_3。内给电子体与钛原子相配位，其产生的立体位阻效应，影响着钛活性位的立构选择性，所以正如上面所说的，内给电子体与外给电子体功能上的差别是内给电子体能对高等规活性位作出贡献，而外给电子体则不能。并且内给电子体还能影响“岛屿”内活性位的特性。

关于外给电子体的选择，主要的考虑是它自身的碱性以及活化剂的酸性，因为在这两组

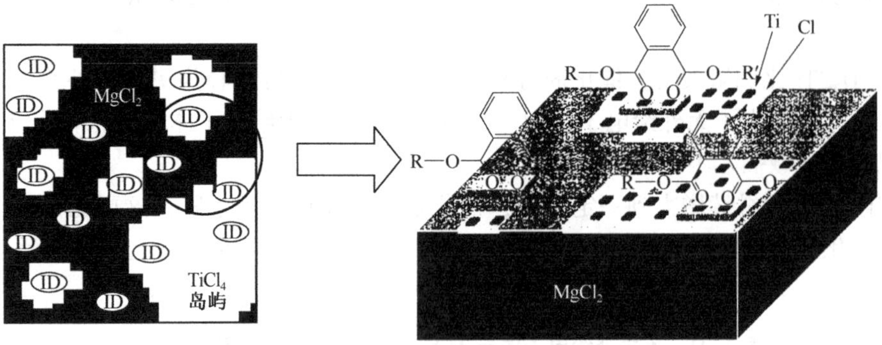

图 2-32　Terano 等人所提出的催化剂“岛屿”模型

分之间会发生一定程度的配位反应。这种配位反应通常分两步进行[52,70,154]，第一步通过羰基氧与烷基铝反应生成酸碱配合物，第二步过量的烷基铝进一步和酸碱配合物反应，使酯还原而生成更深一步的配合物烷氧基烷基铝，见图 2-33。但是，对于酯和硅烷这两种不同的外给电子体来说，这两步的反应情况有些不同。对于单酯来说，第一步反应，例如芳香单酯和三烷基铝反应，通过羰基氧与烷基铝反应生成一般认为是按 1∶1 的摩尔比配位的酸碱配合物。这可以由它的处于 $1725cm^{-1}$ 的自由酯中的羰基变为了处于 $1655 \sim 1670cm^{-1}$ 的三烷基铝/内给电子体混合物中的羰基来证实。该配合物的生成反应即使是在极低的温度下和极稀的浓度下进行得都非常迅速。

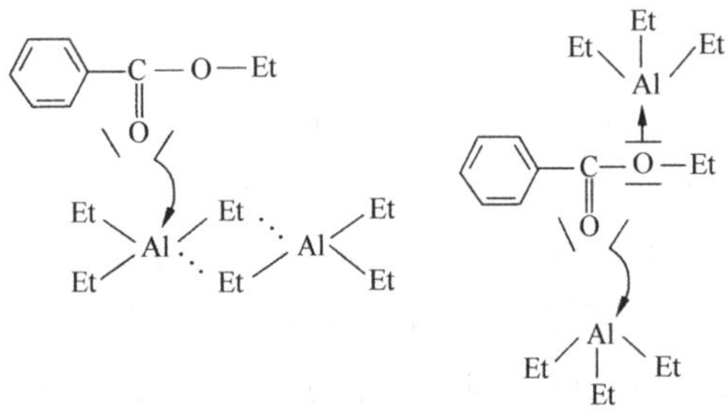

图 2-33　EB 与 TEA 反应生成配合物的示意图(EB/TEA = 1/2)

而第二步反应是该配合物和尚未反应的三烷基铝进一步反应，使羰基还原，以 1mol 酯生成 2mol 的烷氧基烷基铝。而对于硅烷来说，例如苯基三乙氧基硅烷，第一步和三烷基铝配位反应生成 1∶1 摩尔比的配合物，而此配合物仅和苯基三乙氧基硅烷中的一个氧原子发生反应，其他烷氧基均不参加反应。第二步该配合物再和三烷基铝进行交换反应，分别生成甲基硅烷基醚和烷氧基二烷基铝(特别是对于多烷氧基的硅烷)。两者的区别是硅烷的配合物稳定，而芳香酯的配合物会和未反应的三烷基铝进一步反应，结果酯被破坏，催化剂体系的立体定向能力下降。

所以，聚合体系中实际存在的助催化剂是包含三烷基铝、未转化的三烷基铝与酯(或硅烷)的配合物和过度反应的副产物、烷氧基铝以及部分游离的外给电子体等许多化合物的混合体。

对于外给电子体化合物本身的研究，近年来研究人员也一直在研发一些新的外给电子体化合物，如 Kemp[165]等人开发的杯芳烃(Claixrene)化合物(见图 2-34)。该化合物是将苯酚和甲醛在碱的存在下进行缩合反应得到的一种大环低聚物。将它与 DIBP 配合作为外给电子体使用，在活性不降低的情况下可提高产品的立构规整性。如果变换取代基则可改变其立构规整性能。如使用取代烷基，可进一步提高立构规整性但活性下降。而如使用取代硅氧烷基，则可在活性变化不大的情况下进一步提高立构规整性。该化合物的主要特点是合成方法简单、成本低。

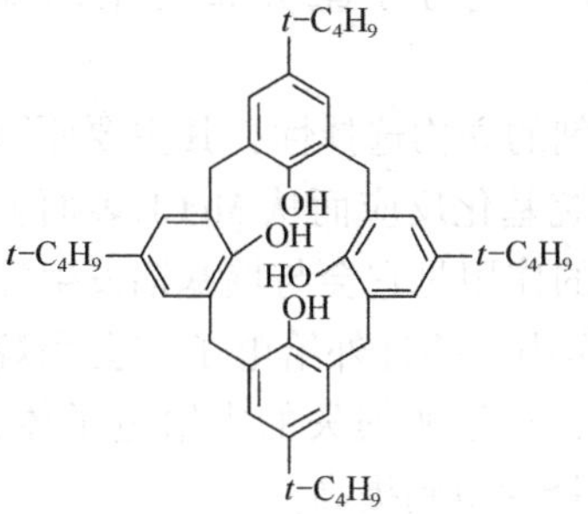

*t*BCalix

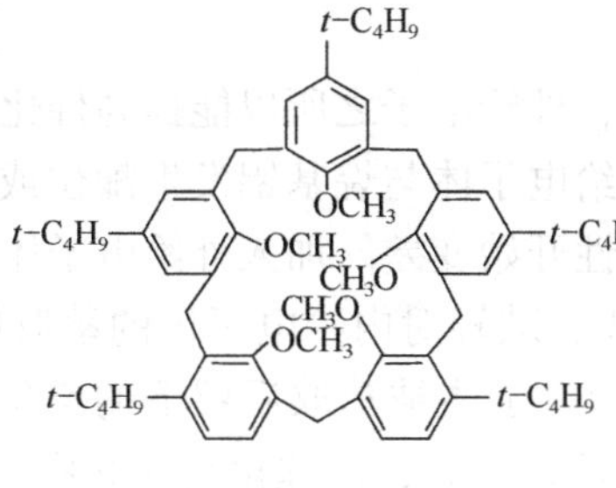

*t*BCalixPOM

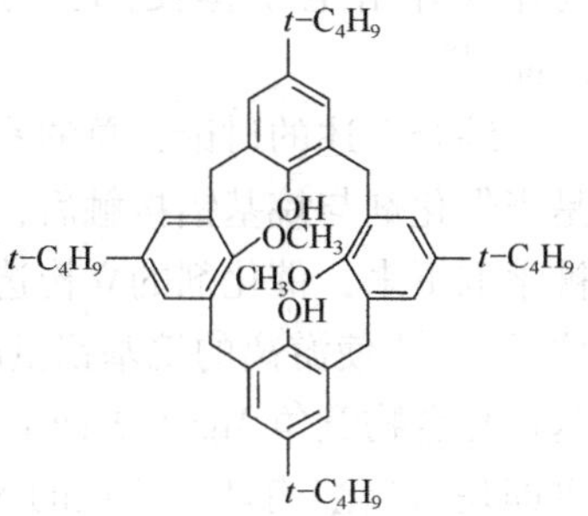

*t*BCalixDOM

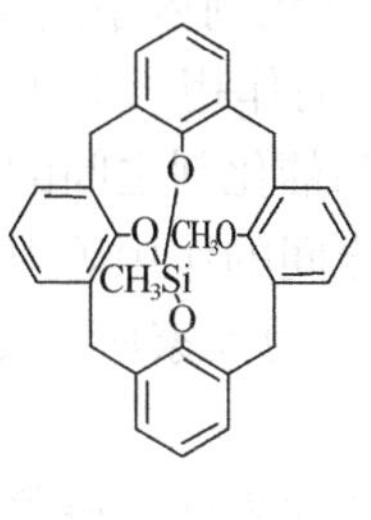

CalixSi

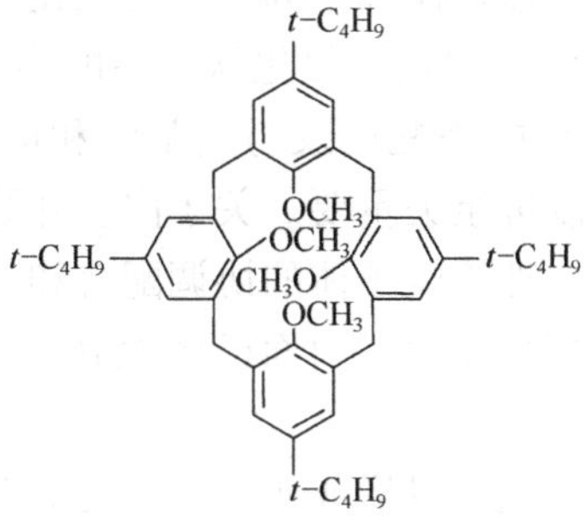

*t*BCalixTOM

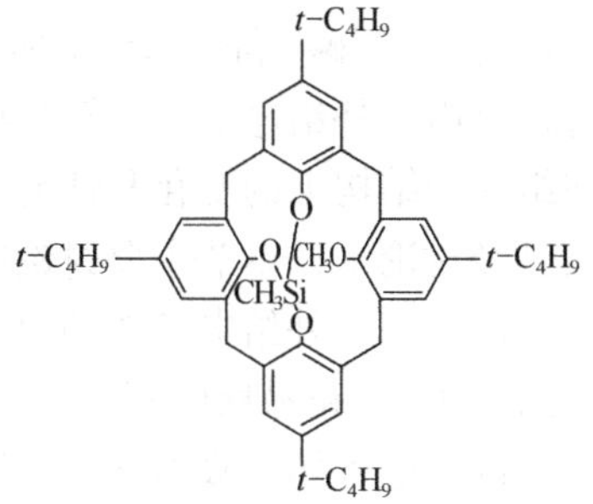

*t*BCalixSi

图 2-34　杯芳烃类化合物的结构示意图

在外给电子体化合物研发方面一个新的进展是，通过深入的研究发现了一些外给电子体的关键结构，如硅氧键和醚键等，人们根据这些关键结构建立模型，由此去设计新的、性能更好的外给电子体。如 Grison 等人[166]根据硅氧烷类外给电子体化合物中影响定向能力最关键的结构，建立了相关的模型，然后根据模型进行新型外给电子体的设计，得到了 1,3-二乙基-2,2-二甲氧基甲基环己烷、1,1-二甲氧基-2,6-二乙基硅环己烷等新型外给电子体化合物，其中前者的定向能力与二环戊基二甲氧基硅烷(DCPDMS)相近，聚丙烯的等规度都在 98%以上，但是熔融指数达到 DCPDMS 的 6.5 倍以上，氢调性能有明显的改进。

BRICI 的孙竹芳[167]等人设计了 3 个烃基与一个硅相连接的硅醚类化合物，其结构式如图 2-35 所示。

其中两个氧原子之间相距 3 个碳原子，是含有两个氧原子的双齿配体。研究发现此外给电子体化合物的立体定向性能和活性与 CHMMS 相近，但是氢调性能得到明显改善。

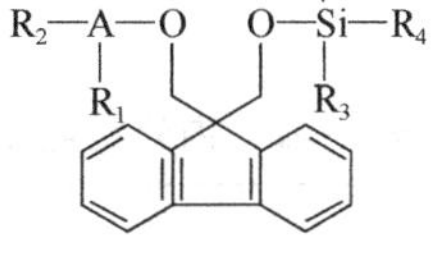

Ⅰ.A=C; Ⅱ.A=Si

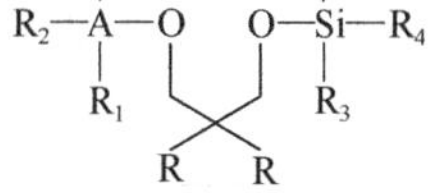

Ⅲ.A=C; Ⅳ.A=Si

图 2-35　硅醚类化合物结构示意图

另一个在外给电子体研究方面新的进展是，将不同的外给电子体化合物组成一个外给电子体混合体系，使所制备的 Z-N 催化剂具有一些新的、更好、更均衡的性能。如 Exxon 公司的米罗等人将丙基三乙氧基硅烷(PYES)和二环戊基二甲氧基硅烷(DCPDMS)的混合物作为外给电子体使用，可以得到具有良好加工性能和高抗冲性能的高弯曲模量聚丙烯材料[168]。而将二乙氧基硅烷(TEOS)和 DCPDMS 的混合物作为外给电子体使用，可以得到具有高熔体流动速率和中宽分子量分布的聚丙烯产品[169]。

综合上述的讨论，总的看来，外给电子之所以能提高催化剂的立构选择性，其主要原因是当催化剂与烷基铝接触后，内给电子体与烷基铝发生配位或烷基化反应而从 $MgCl_2$ 表面上被萃取下来，催化剂的立构选择性开始变差。加入外给电子体的作用是它会与烷基铝发生配位反应[170]使游离的烷基铝量减少，减轻对内给电子体的萃取作用。并且外给电子体会和烷基铝化合物竞争 $MgCl_2$ 表面上内给电子体被萃取后留下的空位，补偿所损失的内给电子体，也即是“毒化”有两个空位的无规活性中心，使催化剂的立构选择性得到提高。

2.3.1.3.8 钛镁催化剂体系中各组分的相互作用

由于钛镁催化剂体系中除了有氯化镁和不同种类的钛化合物外，还需要使用内、外给电子体(路易斯碱)和烷基铝，所以它要比以三氯化钛为主的第一、二代催化剂体系复杂得多。特别是内、外给电子体(路易斯碱)的搭配以及与烷基铝和催化剂之间的作用，对于催化剂在组成和结构上的变化和性能的改进至关重要。关于内、外给电子体和催化剂之间的作用前面已经讨论了，本节主要讨论内、外给电子体的协调配合和与烷基铝之间的作用等内容。

(1) 内、外给电子体的协调配合作用　前面已经谈到，现在基本上为大家所接受的内、外给电子体(路易斯碱)的作用大致是：

内给电子体：吸附在承载四氯化钛以形成非等规立构活性位的氯化镁表面，避免非等规立构活性位的形成；参与形成高等规活性位；避免在研磨过程中，氯化镁颗粒的凝结，导致有效表面积的增加等。

外给电子体：阻止内给电子体被抽提，或取代内给电子体，形成等规度更高的基团；有选择的毒化非等规活性位；将非等规活性位转化为等规活性位；将较低等规活性位转化为更高等规度的活性位；增加等规活性位的反应活性等。

内、外给电子体要充分发挥作用通常需要相互协调配合使用，一般来说如果不使用内给电子体，钛镁催化剂的等规度就很难高于90%[155,171](但也有例外情况，在 Lock[172]等开发的烷基钛配合物的催化剂体系中情况有所改变)。而如果使用了适宜的内给电子体如1,3-二醚，那么即使不用外给电子体，等规度也可以高达98%[26,91]。这就表明内、外给电子体的作用几乎是同等的重要。

研究表明，在内、外给电子体相互协调配合方面，内给电子体的结构看来主要是决定是否使用、以及使用何种外给电子体的重要因素。而且两者的配合至关重要，如果配合得不好，就无法实现催化剂体系的高活性和高立构规整性。在内、外给电子体的搭配方面，通常选择的原则见表2-42。

表2-42　内外给电子体(路易斯碱)的搭配选择

内给电子体类型	最佳的外给电子体类型
单功能型(芳香单酯)	单功能型(芳香单酯)
双功能型(芳香二酯)	多功能型(甲硅烷酯)或单功能型(TMP)
双功能型(1,3-二醚)	不用或用双功能型(硅烷、二醚)

这就是说，如果所用的内给电子体是芳香单酯(如苯甲酸乙酯)，则需要有类似结构的单酯作为外给电子体与之配合使用。例如甲基对苯甲酸乙酯、对甲氧基苯甲酸乙酯、对乙氧

基苯甲酸乙酯等。对于双功能型内给电子体，如邻苯二酸酯(或二醚类)等，尽管单功能型如TMP也可以使用，但以烷氧基硅烷更为合适。而受阻哌啶类给电子体如2,2,6,6-四甲基哌啶则对于二酯类内给电子体比较合适，但是对于单酯则配合不好。在大多数情况下，单独使用内给电子体或外给电子体都不能得到满意的等规度。

当需要使用两种给电子体时，就必须考虑它们化学特性的匹配[111,174,185]。这一点在表2-43和表2-44中表现得很明显。表2-43给出了张明辉等人[173]对不同内、外给电子体相互搭配使用所得到的的实验结果。

表2-43 不同内、外给电子体相互搭配的效果

DI	De	催化剂活性/(g PP/g Ti·h)	等规度/%	DI	De	催化剂活性/(g PP/g Ti·h)	等规度/%
EB	EB	1017	94.2	DIBP	TMP	1913	95.6
DIBP	DIBP	1194	85.6	DIBP	$Ph_2Si(MeO)_2$	2236	96.7
TMP	TMP	627	80.8	DIBP	Ph_2SiCl_2	2951	72.7
EB	TMP	454	—	TMP	DIBP	202	87.8
EB	$Ph_2Si(MeO)_2$	3741	90.3	TMP	EB	508	89.9
EB	Ph_2SiCl_2	7334	69.4	TMP	$Ph_2Si(MeO)_2$	495	86.5
DIBP	EB	496	88.1	TMP	Ph_2SiCl_2	659	74.5

表2-44 加入不同内给电子体的钛镁催化剂性能①

催化剂	助催化剂	最大等规指数/%	注
氯化镁/四氯化钛	三乙基铝	50	—
	三乙基铝/MPT	90	ED/Al≥0.3
氯化镁/四氯化钛/EB	三乙基铝	60	普通的Al/Ti比
	三乙基铝	90	极低的Al/Ti比
	三乙基铝/MPT	95	ED/Al≥0.3
氯化镁/四氯化钛/DIBP	三乙基铝	70~80	所有的Al/Ti比范围
	三乙基铝/DPMS	95~99	ED/Al≥0.02
氯化镁/四氯化钛/ED	三乙基铝	95~99	取决于ED/Ti

① EB：苯甲酸乙酯，MPT：对甲基苯甲酸酯，DIBP：邻苯二甲酸二异丁酯，DPMS：二苯基二甲氧基硅烷，ED：1,3-二醚

表2-43和表2-44的数据清楚地表明，依靠邻苯二甲酸酯和硅烷配合使用的第四代催化剂，与含有芳香单酯作为内给电子体和外给电子体的第三代催化剂相比，活性和立构规整性都要高得多。另一方面，在只含有一种、但是化学结构完全不同的给电子体的第五代催化剂中，其催化剂的活性更高。如果再考虑到聚合物的分子特点，还会发现其他不同之处，例如在相同的氢气浓度下，从第三代催化剂、第四代催化剂再到第五代催化剂，聚合物的分子量(MW)趋于减少，分子量分布持续变窄(琥珀酸酯除外)。

表2-43中DIBP和$Ph_2Si(MeO)_2$的搭配是目前工业生产中使用最多的组合。EB和$Ph_2Si(MeO)_2$的搭配也有很高的活性，但是等规度偏低。而其他的搭配或者活性较低，或者

等规度较低。对于出现上述这些情况的分析和解释是：

① 如果内给电子体的立构规整度并不特别高，例如邻苯二甲酸酯，那么就需要使用一种更加有效的并且能在催化剂中取代它的外给电子体，这就是使用硅烷的情况。在用邻苯二甲酸酯与烷氧基硅烷分别作为内、外给电子体的情况下，使用由同样方法制备的催化剂，在同样的反应条件下都发生了同样变化。但是它们有一些显著的差异：

a. 当催化剂中的外给电子体的含量增加，外给电子体/TEA 的比值随之增加。对于硅烷来说，此比值的初始速率是非常高的，而在此高比值下得到的立构规整度水平比 MPT 更高。

b. 使用硅烷时，它的主要作用是取代内给电子体(邻苯二甲酸酯)，而发生在 EB/MPT 系统内的情况则在一定程度上正好与此相反[90,111]。

对这一现象的解释是，对于硅烷来说可能它与氯化镁的配位要强于与烷基铝的配位，而对苯甲酸酯来说则情况正好相反[69,91]。

研究发现，在上述给电子体交叉结合时(即，EB/硅烷、邻苯二甲酸酯/MPT)，内给电子体与外给电子体的交换是非常难进行的[90,111]，这一事实看来支持“锁匙”概念[174]，即只有一定的内、外给电子体组合才可以提供高聚合物的等规度。

② 上面的叙述说明内、外给电子体的配合是很重要的，但是如果内给电子体的性能卓越，例如使用 1,3-二醚，就可以只使用内给电子体而不需要外给电子体。那么可不可以反过来，只使用外给电子体而不使用内给电子体呢？Lock[172]等开发的采用烷基钛配合物为助催化剂的新型高立体定向催化剂回答了这个问题。这种新型催化剂的通式为：

$$[TiCl_3/(RCP)_2TiMe_2]$$

其中，R=H、Me、t-Bu；CP 为环戊二烯。

此催化体系比较简单，而且常温下就有等规聚合活性。Soga[175]等采用钛镁催化剂为主催化剂，用$(RCP)_2TiCH_2(Me)AlMe_2$为助催化剂，对其丙烯聚合规律进行了研究，结果列于表 2-45。

表 2-45　以烷基钛配合物为助催化剂的新型催化剂丙烯聚合结果[176]

烷基钛配合物	主催化剂	催化剂活性/(kg PP/g Ti · h)	等规度/%
CP_2TiMe_2	$TiCl_3$(Solvay 型)	0.06	99
CP_2TiMe_2	$TiCl_3$	0.02	95
$(MeCP_2)TiMe_2$	$TiCl_4/MgCl_2$(共研磨法)	0.12	90
CP_2TiMe_2	$TiCl_4/MgCl_2$(浸渍法)	1.97	96
$(RCP)_2TiCH_2(Me)AlMe_2$	$TiCl_3$	0.04	93
$(RCP)_2TiCH_2(Me)AlMe_2$	$TiCl_4/MgCl_2$(共研磨法)	0.94	87
$(RCP)_2TiCH_2(Me)AlMe_2$	$TiCl_4/PhCOOEt/MgCl_2$	1.90	93
$CP_2TiCH_2(Me)AlMe_2$	$TiCl_4/DNBP/MgCl_2$	3.70	95
$CP_2TiCH_2(Me)AlMe_2$	$TiCl_4/DNBP/Mg(OEt)_2$	2.40	97

聚合条件：压力 0.1MPa，助催化剂浓度 5~7mol/L，40℃，2h。

他们开发出用浸渍法制备的 $TiCl_4/MgCl_2$和 CP_2TiMe_2催化体系，完全不含有内给电子体，也能成为具有高立体定向性的催化剂，只是活性比较低。

综上所述，我们可以得出一个结论：迄今为止对于$TiCl_4/MgCl_2$催化体系，主要的技术还是要加入给电子体(路易斯碱)才能达到高立体定向性和高活性。但是，虽然采用内、外给电子体互相搭配的办法是目前使用最多的方法，不过这并不是唯一的选择，现在已经有可能只要使用一种给电子体，就可以得到高立体定向性和高活性的钛镁催化剂。最新的研究也许还有可能不使用给电子体，未来可能会有更新的发展。

(2) 烷基铝和路易斯碱的相互作用　虽然文献中有不同的观点，但是在现阶段看起来要得到较高的立构规整性，就需要在催化剂和助催化剂中加入路易斯碱作为内、外给电子体(第五代催化剂的1,3-二醚、琥珀酸酯和用烷基钛配合物为助催化剂的新型催化剂除外[90,124])。而无论是内给电子体还是外给电子体都是一种路易斯碱，烷基铝则是一种路易斯酸，在聚合过程中这两种物质相遇时，必然会发生反应。因此在整个Z-N催化剂体系的丙烯聚合过程中，烷基铝和给电子体的相互作用是非常重要的一个环节。

在上面内、外给电子体协调搭配的叙述中，为什么EB和$Ph_2Si(MeO)_2$的搭配聚合活性很高，但是等规度偏低呢？已经知道其原因是烷基铝的配位萃取作用，而更具体的情况说明如下：

1) 烷基铝和内电子体的作用　如果内给电子体对三烷基铝有较高的反应性，它通常会从催化剂内被置换出来。文献报道了用芳香单酯既作内给电子体又做外给电子体的催化剂[154]，发现在没有任何外给电子体时，通过与助催化剂的交换平衡而在催化剂内部发生以下的变化：

a. 由于与三烷基铝的反应，内给电子体被深度脱除；

b. 催化剂中包容大量的烷基铝；

c. 四氯化钛有少量损失。

如果内给电子体还是高度立构规整性能的主要因素，像芳香酯那样，那么聚合物的立构规整度会随着给电子体被抽提过程的进行而降低。

为了解决内给电子体因与三烷基铝发生反应而被抽提置换的问题，可以采取以下的措施来保护聚合物的立构规整性：

① 通过降低三烷基铝的使用浓度[177]，或是使用受阻烷基铝[178]等来使内给电子体少被抽提或不被抽提。

② 用一个同样有效的外给电子体来取代催化剂内的内给电子体，使得在内给电子体有可能被抽提的情况下，仍然能保持它的立构规整性。

在使用MPT作为外给电子体时，它置换到了催化剂内部，明显地与烷基铝竞争，在这种情况下EB的脱除在一定程度上就被避免了，而钛则几乎没有损失。所以，虽然烷基铝可以通过形成可溶配合物而取代内给电子体，但是由于烷基铝和外给电子体可以配位在自由表面的氯化镁中心上，这样通过与外给电子体配合，三烷基铝抽提除去内给电子体的能力就降低了。

③ 如果内给电子体具有较高的立构规整能力，而对三烷基铝的反应性很低或没有反应，它就不会从催化剂中被抽提除去，这样也就不需要外给电子体了，1，3-二醚就是这种情况。1,3-二醚如果用作内给电子体，它表现出完全独特的性能，根本不会被烷基铝脱除[91]。因为根据Albizzati等人的研究[124]表明，二醚和$MgCl_2$配位以后，它不会再和$TiCl_4$、Ti—C、Al—C、Ti—H键反应，因此不会被烷基铝萃取出来，所以不需要再加外给电子体。不过在

它用做为外给电子体时，其行为非常类似烷氧基硅烷。

很明显，那些既与三烷基铝没有反应性又没有足够立构规整能力的内给电子体是不能够为催化剂提供较高的立构规整性能的。

根据 FTIR 和固态 NMR 得到的结果证明，外给电子体是通过上述的交换而包容到催化剂内部的，这些外给电子体与镁的结合方式与内给电子体基本相同。

2）烷基铝和外电子体的相互作用　毫无疑问，在每一对给电子体的搭配中，外给电子体/三烷基铝(或外给电子体/钛)比值是决定催化剂性能的最重要的参数之一，特别是对于催化剂产率和立构规整性的影响。不过，这一参数的特殊效果会随着不同的内给电子体/外给电子体组合而发生变化。这里将主要讨论 EB/MPT(或其他相似的芳香单酯)和邻苯二甲酸酯/烷氧基硅烷等两个应用最广系统的这种变化。

① 外给电子体/铝摩尔比变化对等规指数的影响。在此两类系统中，增加外给电子体/铝的摩尔比将带来等规指数的持续增长。不过，其增长的多少在很大程度上取决于给电子体系统，比较一下此两类系统的情况：

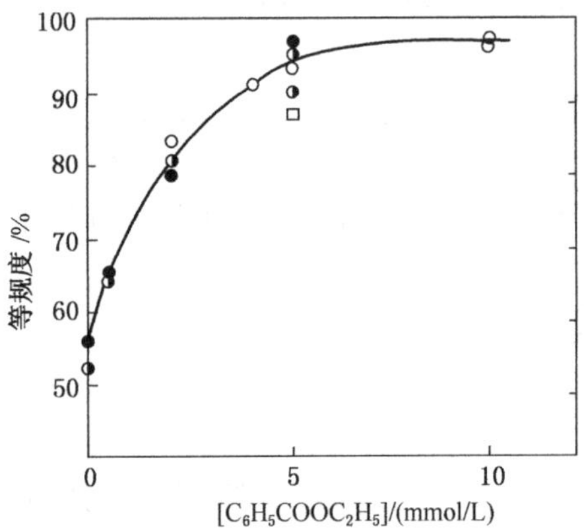

图 2-36　EB 浓度对等规度的影响[112]

催化剂：$MgCl_2/EB/TiCl_4$；Al 浓度恒定；Ti 浓度：○=0.84%；□=0.67%；◐=0.67%；●=4.65%

对于 EB/MPT 系统，随着 ED/Al 摩尔比的增加，等规度增加很慢，并且等规度值高于或在 90%附近只能在 ED/Al 摩尔比高于 0.2 时才能得到[126,96]，见图 2-36。

对于邻苯二甲酸酯/烷氧基硅烷系统，等规度的增加是非常急剧的。并且在 Al/ED 摩尔比高达 20 或更高时，等规度值可以很容易地达到 95%或更高（也就是 ED/Al 等于或小于 0.05 时）[175,112,179]。

② 外给电子体/铝摩尔比变化对催化剂产率的影响。在等规度增加的同时，催化剂的产率也随着 Al/ED 的摩尔比发生急剧变化，并且对于两个给电子体系统表现出不同的情况。对于 EB/MPT 系统，很多报道认为其总产率会表现出持续的减少[154,180]，而在低的比值下也有单调最大值出现的报道[89]。对此系统人们通常认为产率与等规度呈现倒数关系[52,76]。

对于邻苯二甲酸酯/烷氧基硅烷系统，产率通常先急剧增长达到最大值(特别是在有氢气存在情况下)，然后出现缓慢的降低[175,181]。

两种给电子系统的这种不同行为，清楚地体现在图 2-37 和图 2-38 中。在其中还可以看出，在此两种系统内，尽管总产率趋势不同，但是等规聚合物的产率先是增加到最大值，然后有所减少，而无规聚合物的产率则随着 ED/Al 摩尔比的增加单调减少。

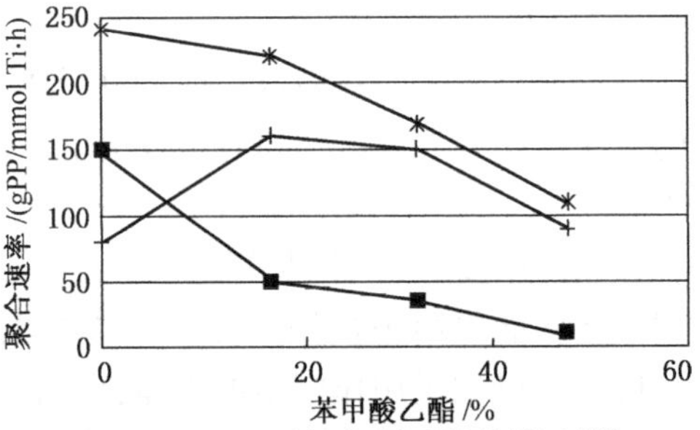

图 2-37　EB 对催化剂活性的影响[76]

■—无规物；+—等规物；×—总量

邻苯二甲酸酯/烷氧基硅烷系统优越于 EB/

MPT 系统的方面在于，作为 ED/Al 的摩尔比函数，它能高效地提高等规聚合物的产率并降低无规聚合物的产率，有更好的等规度/产率平衡指标，需要的外给电子体也更少，如图 2-39所示。

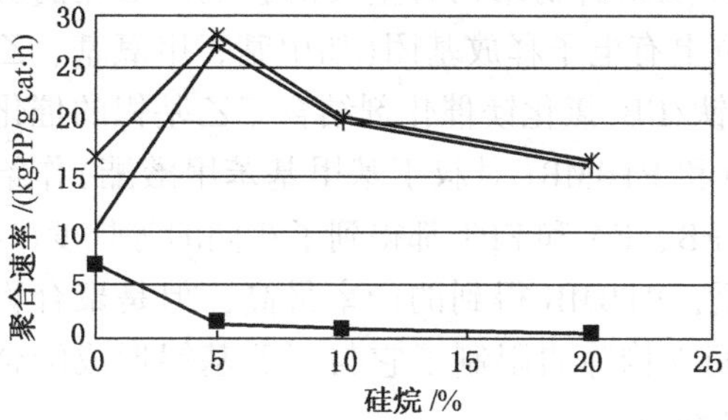

图 2-38 硅烷对催化剂活性的影响[76]

■—无规物；+—等规物；×—总量

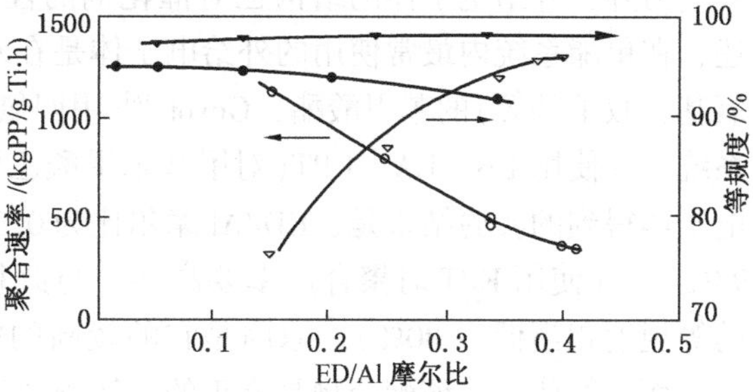

图 2-39 ED/Al 摩尔比对催化剂活性和等规度的影响

聚合条件：70℃，2h；▼，●—第四代催化剂；▽○—第三代催化剂

③ 外给电子体/铝摩尔比变化对聚合动力学的影响。钛镁催化剂的聚合动力学特征是随反应时间延长显示出聚合速率的显著衰减。但是衰减速率随使用的给电子体的不同而不同。一般认为 EB/MPT 或其他类似系统的衰减速率符合二级定律[94,182]。而对于邻苯二甲酸酯/烷氧基硅烷系统，更符合单点或多点一级衰减[144,183]，见图 2-40。

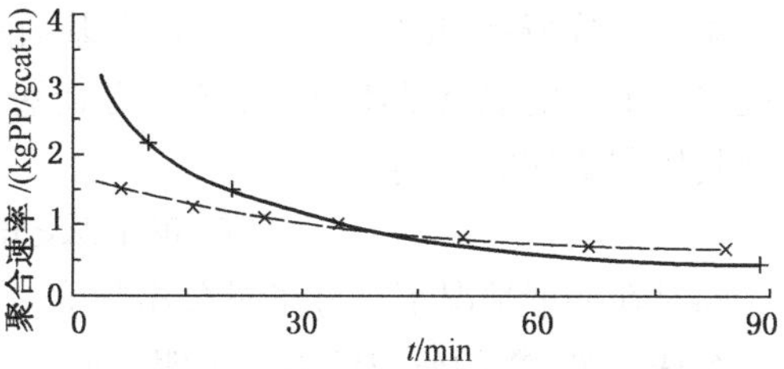

图 2-40 第三代(+)和第四代(×)催化剂的典型动力学曲线

如果在以邻苯二甲酸酯为内给电子体的催化剂系统内加入硅烷，其动力学曲线的外型基本上不会变化，而对于含有 EB 为内给电子体的催化剂，加入过量的 MPT 将显示出先是初始速率降低，然后再是衰减速率增加。

在所有的体系中，聚合物的分子特性也在一定程度上依赖于外给电子体的数量。例如，聚合物的平均分子量，特别是等规聚合物部分，在 EB/MPT 系统[52,92,112]和邻苯二甲酸酯/烷氧基硅烷系统[112,179]中，都随 ED/Al 摩尔比的增加而增加。在没有氢气时这种增加更为明显。该作用对于分子量分布的影响则不很明显。

ED/Al 摩尔比还可能影响聚合物的立构化学组成。可以用对聚合物不同组分的分级和用碳13核磁共振等方法予以证实(由等规三单元组和等规五单元组表示)。根据吴[184]的研究，EB/Al 比值的增加不仅会带来等规聚合物的分数的变化，而且也会带来等规立构部位选择等规立构构象的概率(即微观规整性)的变化。而 Barbe[112]发现，从没有路易斯碱至 ED/Al 摩尔比为 0.2，无论是 EB/MPT 系统还是 DIBP/PES 系统，辛烷中不溶物的等规单元组含量都有极大的增加；对于邻苯二甲酸酯/烷氧基硅烷系统，Sacchi[118]和 Harkonen[185]也报道了少量的微观规整性的增强。

但是，文献的报道并不都是一致的，Kashiwa[180]发现，将 EB/Al 比从 0 提高到 0.6，等规部分的等规单元组分数没有变化(~93%)；Busico 也指出在没有任何外给电子体以及在不同ID/ED组合的情况下，在庚烷不溶聚合物中发现等规单元组分数保持不变(90%±2%)[187]。因此，总的来说，至少可以这样认为，在一定程度上无论是占绝对优势的等规聚合物还是微观规整性，都会由于增加外给电子体的含量或是它与烷基铝的比值而有所增加。

另外，外给电子体的结构也对催化剂的性能以及聚合物结构有重要的影响。如先前所述，在单酯系统内最常使用的外给电子体是在对位上有电子释放基团(如甲基、甲氧基、乙氧基、叔丁基等)的苯甲酸酯，Guyot[181]用四氯化钛/EB/氯化镁催化剂结合三乙基铝的催化系统，并使用EB、EA、EPT(对甲基苯甲酸乙酯)和PTBMB(对叔丁基甲基苯甲酸酯)作给电子体得到的实验结果是，ED/Al摩尔比为0.2，EB、EA和EPT都得到了相同的等规度(~93%)，而使用EPT时聚合产率要高些。与此相反，PTBMB得到的产率最高，但是聚合物的等规度相当低(~80%)。原因是它的较高的空间立构障碍限制了它与三乙基铝形成配合物，而一般认为，该配合物是真正的立构规整调节组分。

Kashiwa[93]则认为，与EB相比，MPT作为外给电子体能提供更高的性能。特别是产率，它能高出三倍。当MPT既做内给电子体又做外给电子体时，可以得到最佳的综合结果。

有关邻苯二甲酸酯/烷氧基硅烷系统中硅烷结构的影响，根据Proto[186]、Sacchi[118]、Seppala[179]和Harkonen[185]等人的研究，硅烷的性能会受到烷氧基团的数量和尺寸以及与硅原子相连组分(最常使用的是烃基自由基)的体积的影响。要得到较高的性能，需要有两个或最多三个小的烷氧基团(甲氧基或乙氧基)。至于非烷氧基组分，等规度可能是按下面顺序随其体积增加的[187]：

甲基<正丁基<异丁基≈苯基<异戊基

同时在一般情况下，分子量分布却会变得较窄。

李珠兰等[188]的研究结果也表明了硅烷的非烷氧基组分立体结构对催化剂活性和等规度的影响，具体见表2-46。

表2-46　硅烷的结构对催化剂活性和等规度的影响

序号	硅烷结构	催化剂活性/(kg PP/g Ti)	全等规度/%	熔体流动速率/(g/10min)
1	$Me_2Si(OMe)_2$	1560	86.2	3.6
2	n-$Bu_2Si(OMe)_2$	2350	98.0	2.6
3	i-$Bu_2Si(OMe)_2$	2450	98.4	2.4
4	$Ph_2Si(OMe)_2$	2480	99.1	2.3
5	$MePhSi(OMe)_2$	2170	96.8	2.7
6	$MeChSi(OMe)_2$	2460	99.0	2.2
7	$MeSi(OMe)_3$	1340	93.6	3.0
8	$MeSi(OEt)_3$	1160	90.4	3.4
9	$Me_2Si(OEt)_2$	14902	91.8	3.5
10	$PhSi(OEt)_3$	2280	98.1	2.5
11	$Si(OEt)_4$	1520	93.4	3.2

当然实验也有例外，Seppala[179]就没有发现分子量分布与硅烷结构有任何关系。不过一般都认为分子量会随硅烷立构阻碍能力而增加[179,185]。

同样地，庚烷不溶物的微观规整性，在硅烷由甲基三甲氧基硅烷变为体积较大的异丁基三甲氧基硅烷时会有所增加[189]。所以，Harkonen[190]得出结论：最佳的硅烷是带有两个小的烷氧基团而且支链烃基取代物是在硅原子上的。另一方面，根据专利文献[191,192]报道，环烷基和胺取代基也能提供高性能。在二甲氧基硅烷中，Okano[193]利用双原子重叠修改忽略(MNDO)计算得出结论：等规产率随着总体分子体积的增加而增加，而无规产率则随着氧原子上电子密度的减少而减少。他推测，电子效应和立构效应在确定外给电子体的性能时非常重要。

2.3.1.3.9　聚合性能

由于钛镁催化剂在化学和结构方面的原因，与三氯化钛基催化剂相比，其聚合行为要复杂得多，而且影响催化剂行为的参数也多。正是因为它的复杂性，有时可能是因为催化剂制备工艺的不同，也可能使用的聚合条件不同，不同文献的报道出现矛盾的结果也是可以理解的。但这并不是说钛镁催化剂的特征和性能就无法确定。许多专利和文献都清楚地表明：决定催化剂性能的主要参数是有无内给电子体与外给电子体，以及它的化学结构和浓度。其他参数如催化剂的组成及其物理结构，虽然重要性稍小，但也会对催化剂性能有所影响。还有一些参数，例如氯化镁的无序化和微晶尺寸、催化剂的孔隙率、孔径分布、比表面积，则无法对这些参数与催化剂给出一致的关系。不过这些因素的影响也是存在的。

与催化剂组成有关的参数主要包括钛和内给电子体的含量，如前所述，这些量通常处于倒数关系，并且内给电子体的含量还会影响氯化镁的活化程度以及它的孔隙率和比表面积，这些又会转而影响聚合性能。因此，要想单独评价组成参数的影响是非常困难的。

在催化剂制备工艺的影响方面，对于由氯化镁与四氯化钛/EB配合物共研磨制备的催化剂来说，在钛含量变化范围为0.5%~3%时，以钛计的催化活性没有变化，而钛含量如果更高，则产率会下降。如果用热的四氯化钛处理共研磨的氯化镁/EB载体，催化剂活性在钛含量高于2%后也开始降低。这可能是因为有些钛原子与EB配合，因而失去活性[194]。相反，在钛含量由1.9%增至3.6%并同时降低EB含量时，以钛计的催化剂活性随钛含量有所增加，而产品的等规度则有所降低[71]。

研究还发现，在不同温度下制备的、钛含量从1.9%增加到2.33%、邻苯二甲酸酯含量从0.3%降到0.13%的催化剂，它的以钛计的活性和等规度有微小下降[84]。另外还发现，对于使用同样方法制备的催化剂，在适当温度下并含有适当量的钛与邻苯二甲酸二异丁酯催化剂，其活性最高。而当钛与邻苯二甲酸二异丁酯含量都处于最高值时，则二甲苯可溶聚合物的含量最多。不过，辛烷不溶聚合物(也即高等规度聚合物)的含量和等规五单元组的含量都会随邻苯二甲酸二异丁酯的减少而增加[195]。对于使用由乙氧基镁、DBP和过量的四氯化钛在不同的DBP/镁比值下制备的催化剂，以钛计的活性以及等规度，会随着钛与DBP的含量分别从4%降到3%和从14%提高到23%[196]。

上面的结果清楚地表明，在催化剂组成与其性能间很难得到一致的关联关系。催化剂的性能有可能受到合成条件的影响，而这些合成条件不一定会对催化剂组成有任何影响。

在催化剂合成中产生的杂质在决定催化剂性能方面也是非常重要的。像氯化烷氧基钛、邻苯二甲酰氯以及四氯化钛内给电子体配合物等惰性或有毒的副产物都必须小心除去以使催化剂得到最好的性能。另一方面，酰基氯的作用看来有些矛盾，有人发现邻苯二甲酰氯有副作用，但也有人认为它无副作用。而对于邻苯二甲酰氯，Jeong则认为对等规度有增强作用。

总之，即使催化剂是在最佳条件下制备的，钛含量以及内给电子体(作用可能更大)含量对催化剂活性以及立构规整性的作用也是存在的。不过其他因素，例如在制备催化剂时，由包含有四氯化钛、内给电子体以及氯化镁前体的反应而生成的杂质可能有同样的或更大的影响。

另外除去合成中产生的杂质外，环境中的杂质对于催化剂性能的影响也是非常重要的。通常 Z-N 催化剂需要有高纯度惰性气体的保护，以保证在没有氧和水的条件下存储和聚合。因为起活性中心作用的主要是三价钛离子，如果有氧存在，三价的钛离子会进一步被还原成二价钛离子，而二价钛离子是没有活性的，而水的存在则会使卤化钛和烷基铝分解，三价的钛离子也会被氧化，催化剂因此就失去了活性。生产中往往希望能降低催化剂对氧和水的敏感性，可以考虑的方法是尽量增加催化剂中的钛含量，当一部分三价钛离子因为氧和水的作用失去活性时，还能保留一部分没有被还原的三价钛离子进行聚合反应，但是这仅仅能允许有少量氧和水的存在。

催化剂在聚合时的另一个重要现象是颗粒发生破裂。前面已经讨论了催化剂颗粒的破裂会导致聚合中新的活性中心生成。因为原来在催化剂内部的一些三价钛离子，会随着催化剂颗粒的破裂而出现在新的表面上，形成新的催化剂活性中心，这就增加了钛的利用率，提高了催化剂的活性。

应当强调说明的一点是，我们希望的是催化剂在聚合时应当发生的是颗粒“破裂”而不是颗粒“破碎”。大量的研究表明，烯烃聚合得到的聚合物颗粒形态是催化剂颗粒形态的复现。“破裂”可以使催化剂形成新的活性中心，并保持聚合物的颗粒形态。而“破碎”则会造成催化剂颗粒的解体，使聚合物的颗粒形态性能完全丧失，得到的聚合物成为粉末。金茂筑等人[197]的研究证明，在正常情况下，一粒催化剂可以长成一粒聚合物不发生“破碎”。而催化剂是否发生颗粒“破碎”主要和催化剂的聚合活性有关(特别是初活性)。当催化剂的聚合活性低于某一水平时，催化剂颗粒在聚合中只会“破裂”而不会发生“破碎”。但是当催化剂的聚合活性超过某一水平时(初活性很高反应很激烈)，则催化剂颗粒在聚合中就会发生“破碎”，而且活性越高“破碎”越严重。提出的一种解决办法是先将催化剂进行预聚合处理，使催化剂在进入高速反应阶段之前，在催化剂颗粒的表面先形成一层聚合物，这样可以防止在聚合过程中因催化剂颗粒的迅速膨胀而导致颗粒“破碎”解体。

2.3.1.4 Z-N 催化剂的未来发展前景

20 世纪末，聚丙烯的开发研究重点已转向高性能价格比、高性能化的方向发展。而进一步提高聚丙烯的性能价格比和实现高性能化，就必须对聚丙烯的微观结构进行更深入的研究，根据微观结构变化对聚丙烯性能的影响来决定开发研究的方向[198]。在这种情况下，催化剂的种类和结构与聚丙烯微观结构之间的关系是最令研究人员关心的问题。

但是，在 Z-N 催化剂开发研究过程中所碰到的一个最大难题，就是无法准确地搞清和描述 Z-N 催化剂的结构。无法搞清结构就很难去设计新的催化剂，当然也就难以在聚丙烯的结构和性能上有新的突破。单活性中心催化剂的出现，从理论和实践两个方面都给了 Z-N 催化剂的开发研究以重大启示，促进了 Z-N 催化剂基础理论研究的发展。过去，在没有发现单活性中心催化剂时，Z-N 催化剂的开发研究通常是，可以合成出某种性能的聚丙烯，但是却无法确定催化剂的结构。现在，有了单活性中心催化剂的提示，单活性中心催化剂所显示的配体和过渡金属的关系，应该也必然可以对 Z-N 催化剂的研究提供有益的启示，而这两种催化剂研究经验的融合，必将加深对 Z-N 催化剂的理解，创造出新的、更好的催化剂。

在这种全新的创造性的研究中，对于传统 Z-N 催化剂中的给电子体的作用和新型给电子体的研究将会是研究的重点之一。既然我们已经知道钛镁催化剂需要内、外给电子体互相配合的原因是因为烷基铝的萃取作用，那么只要找到不会被烷基铝萃取的给电子体，当然就不再需要内、外两种给电子体的配合。而且，单一的、效能更高的给电子体并非只能是内给电子体。未来还可能会有更加令人吃惊的进展，也许可以找到替代给电子体作用的新方法。

未来可能的另一项重要发展是，多种催化剂的复合技术的出现。可以预见到的多种催化剂的复合技术有两种情况，一种情况是属于催化剂本身的，即是将不同的催化剂复合在一起，使聚合所得的树脂具有多种催化剂的性能。另一种情况是将催化剂和聚合工艺相结合，即是所谓“多催化剂颗粒反应器技术”(MRGT)[199]，由 Himont 公司开发的 Hivalloy 技术就是其中的一种。其核心是用 Z-N 催化剂制备的聚合物颗粒，让它保持有活性或没有活性，然后将含有其他催化剂或均相催化剂成分的溶液对它进行合适的灌注，并脱除掉剩余的溶剂，使它转变成 MRGT。经过这样处理的聚合物颗粒就具备了聚合反应床的能力。这些颗粒的小孔组成了微型反应器区，它们具有和所灌注催化剂同样的反应能力。

从理论上讲，任何类型的催化剂或均相催化剂和引发剂都能引入到聚合物球体的孔中，所以 MGRT 并不只局限于聚烯烃。用上面的方法，可以把完全不是一个类型的催化剂结合在一起，创造出结合有多种聚合物性能的新型聚合物。多种催化剂的复合技术可以为创造新的聚合物品种和拓宽聚合物的应用领域提供广阔的空间。

未来对于催化剂的研究来说，还有一项重要的发展是引入计算机技术，金茂筑等人和北京化工大学联合开展了聚丙烯高效催化剂合成计算机辅助系统及仿真系统的研究。利用计算机技术对聚丙烯高效催化剂合成的复杂过程进行了仿真研究，取得了“计算机辅助化工试验系统统计分析”和“根据实验经验建立统计模型”等两项结果，并可以根据此两项结果进行一些聚丙烯高效催化剂离线计算机合成试验的研究。虽然此项技术还有待进一步完善，但这是一项有益的尝试，一旦催化剂研究工作能够得到计算机技术的帮助，其进展必将大大加速。

近年来出现的“高效筛选(High Throughput Screening，HTS)”技术[200]，成功地应用于药品、香料等产品的研发。而在催化剂的研究方面，FI 催化剂的研究人员已经在利用 HTS 技术进行预测条件的筛选工作。他们利用 HTS 技术一次进行 220 个实验，筛选出最佳条件，大大地节省了实验工作量，缩短了研究开发周期，加快了催化剂的研发进度。

另外，市场上出现的“组合催化剂装置”(Combinatorial Catalysis Device，CCD)，它包括色谱、红外、核磁分析等装置，据说此装置可以使巨大的实验工作量在短期内完成。这些新技术和装置对于聚烯烃催化剂开发研究工作者来说无疑都是很好的消息，因为将计算机技术、化学合成装置及检测技术结合在一起，可以让我们对根据理论和经验而提出的新催化剂结构和化合物等进行计算机在线或离线研究，使化学合成研究的大量筛选工作首先在计算机上进行，在取得初步结果后再进行快速而高效的实验验证，这样就可以大大加快新催化剂的研究开发进度。

2.3.2 单活性中心催化剂

近来有一些全新的聚烯烃催化剂体系正在引起人们的关注，它们主要是一些单活性中心(Sigel Site Catalyst，SSC)体系的催化剂。在这些新的催化剂家族中，最先引起全世界注意的一个催化剂体系是茂金属催化剂，包括非桥联或桥联的茂金属，以及所谓“限制几何构型”的半茂金属催化剂和含有给电子配体的单茂金属催化剂。其后又发现了第四副族的不含茂类配体的非茂金属催化剂，如三井公司著名的 FI 催化剂。另外，还有其他副族过渡金属的化合物，如第三副族和稀土化合物催化剂，钒系、铬系的均相催化体系，以及以镍-钯体系和铁-钴体系等为代表的“Brookhart-Gibson”后过渡金属催化剂体系。

对于茂金属催化剂体系来说，其共同的特征是：

① 它们通常都是均相和具有单一的活性中心结构（SSC），它们的每一个过渡金属原子都可以成为聚合活性中心，在铝氧烷的帮助下可以达到极高的聚合活性，比 Z-N 催化剂体系的活性可以提高 1~2 个数量级；

② 它们的聚合物具有高度的均匀性，分子量分布很窄，可萃取物含量很低；

③ 在催化剂结构和聚合物性能之间有明确的关系，而且其结构能被准确地确定和调节，因而可以对大分子的构型，分子量分布和支化度等各种立构规整度、局域规整度、共聚单体分布等结构参数进行控制和裁制；

④ 它们还可以方便地与长链 α-烯烃、双烯烃、环烯烃，甚至与极性聚合单体发生聚合反应，因此在得到改良的和新型的聚烯烃材料方面，单活性中心催化剂比通常的非均相Z-N催化剂有更大的潜力，可以得到许多用常规体系催化剂无法得到的聚合物，如间规聚丙烯等。

另外，在此领域内的最重要的成就是，茂金属催化剂的出现加深了人们对催化剂结构与聚烯烃结构性能之间关系的理解。在全世界学术界和工业界的共同努力下，人们通过在分子水平上对于烯烃插入、链增长以及链转移过程的详细机理的研究，取得了飞跃性的认识和控制能力。1984 年，Ewen 将催化剂的对称性与聚合物结构和反应机理之间进行了关联[201,202]，促进了聚烯烃催化剂的开发研究，现在，新催化剂体系出现的速度之快前所未有。

目前已经有一批公司开始采用茂金属催化剂技术进行聚丙烯工业生产（具体见表 2-47），这些茂金属催化剂聚合技术可用来生产高等规聚丙烯、无规聚丙烯、间规聚丙烯、抗冲共聚聚丙烯和弹性均聚聚丙烯等产品，而这些树脂产品可应用于注塑、无纺织物、纤维、薄膜、汽车内饰、黏合剂和挤出片材等市场与传统产品竞争，可以预期，它们将会对聚烯烃工业产生具有革命性的冲击力。

总之由于单活性中心催化剂是唯一的可以在很宽的范围内控制聚烯烃的分子量和微观结构的催化剂，而且可以和范围广泛的聚合单体进行共聚合，因此它使我们可以进行全新目标的聚合物合成。

表 2-47　2004 年 SSC 催化剂体系丙烯聚合物的工业化生产商

生产商	生产技术	产品
ExxonMobil	Exxpol	iPP，iPP（软质/弹性体）
Atofina		iPP，sPP
Basell	Metocene	iPP
Dow	Insite	iPP
三井		iPP，sPP
出光		软质/弹性 PP
日本 Polychem/窒素		iPP
Borealis-Novolene	Bostar	iPP

不过这些新的催化剂家族也并非完美无缺，它们有一些共同的缺点，例如：

① 它们的催化剂形态因为都是均相，无法进行颗粒形态控制，因而不能直接在现有的诸如淤浆聚合工艺或/和气相聚合工艺中使用；

② 它们需要大量使用价格相对烷基铝来说要昂贵得多的铝氧烷，因此聚合物的成本较高；

③ 它们的聚合物分子量分布过窄，影响树脂的加工性能等。

这些问题的存在延缓了单活性中心催化剂实现工业应用的进程。

2.3.2.1 单活性中心催化剂的发展和历史

用均相催化剂进行α-烯烃立构规整聚合的首例是丙烯聚合，所使用的催化剂是由钒系化合物(四氯化钒、三氯氧钒、一氯二乙氧基氧钒)与一氯二烷基铝在低温下(-78℃)烃类溶剂中反应生成的。使用该催化剂得到的是间规聚合物，产量不高，立构规整性较差，并有某些局域不规整结构(约4%~5%)。

20世纪50年代初，Hercules和Natta等研究了Cp_2TiCl_2/AlR_2Cl(Cp为环戊二烯基)均相催化剂体系，虽然该体系用于乙烯聚合具有很好的活性，但是对于丙烯聚合活性很低，而且只能得到二聚体和少量的无规齐聚物。

70年代中期，Sinn和Kaminsky的课题组，在一个偶然的机会发现了少量水对Cp_2TiCl_2/AlR_2Cl系统有活化作用，其后又分离并合成出了MAO这个对于茂金属催化剂最有效的助催化剂，终于使茂金属催化体系成为了比Z-N催化体系活性更高、更具特色的新的催化体系。但是当时的Cp_2TiCl_2/AlR_2Cl体系还只能用于乙烯聚合，若用于丙烯聚合则只能得到无规序列分布的聚丙烯。

1984年，受聘于Exxon的Ewen对Cp_2MR_2/MAO催化剂体系进行了研究，尤其是从空间位阻和电子效应及茂金属化合物的手征性角度，研究了Cp环上的取代基对催化剂活性中心聚合性能(活性、聚合物分子量、立体定向性)的影响规律，经过三年的系统研究后，终于发明了用于合成等规聚丙烯的外消旋(race)茂金属化合物催化剂体系和用于合成无规聚丙烯的内消旋(meso)茂金属化合物催化剂体系[202]。

1985年，Kaminsky等用rac-Et$[IndH_4]_2ZrCl_2$/MAO催化剂体系进行丙烯聚合，其活性高达7700kg PP/mol Zr·h(60℃)，而无规成分仅为0.2%，远低于Z-N催化剂水平[28]。

1988年，已加盟Fina的Ewen，着手茂金属催化剂生产聚丙烯的工业化研究，发明了用于合成高间规度聚丙烯的具有Cs对称的i-Pr[Cp-1-Flu]$ZrCl_2$茂金属催化剂体系[203]，其后Herzog等人[204]采用硅桥联的茂金属催化剂$(Me_2Si)_2(4R-Cp)[3,5-(iPr)_2Cp]ZrCl_2$将间规聚丙烯的间规度进一步提高到98%。

1990年，Ittel等人[205]采用茂金属催化剂又开发出了聚丙烯热塑性弹性体。

等规聚丙烯、间规聚丙烯和热塑性弹性体等茂金属催化剂出现之后，随着对茂金属催化剂的不断改进，新结构和高性能的茂金属催化剂不断涌现，其后又出现了半等规聚丙烯催化剂、等规-无规立构嵌段聚丙烯催化剂，高分子量的无规聚丙烯催化剂等[206,207]。一些Z-N催化剂很难合成的丙烯聚合物，比如间规聚丙烯，传统的Z-N催化剂只有在低温下才能获得，而现在可以用茂金属催化剂在正常温度下合成。另外，特别是一些共聚物，如丙烯与长链烯烃、环烯烃和二烯烃的共聚物，丙烯与苯乙烯的无规和嵌段共聚物等，也有可能采用茂金属催化剂来进行合成，因此各种茂金属催化剂的相继发明，为合成聚丙烯及其新产品提供了全新的手段，大大地扩展了丙烯聚合物的品种。

2.3.2.2　茂金属催化剂

茂金属催化剂也有人称为 Kaminsky 催化剂，它是由锆 Zr(或钛 Ti 和铪 Hf)的化合物和甲基铝氧烷(MAO)组成。每个活性中心含有一个 Zr 和 6~20 个 Al 原子和茂环基(Cp，即环戊二烯基)。但是并不是所有的双环戊二烯和过渡金属的配合物(茂金属)都可以是或都可变为烯烃聚合催化剂，通常被称作“茂金属催化剂”的可溶性有机金属配合物的准确定义是：第Ⅳ族(钛 Ti、锆 Zr 或铪 Hf)弯形的茂化合物(bent Metallocenes)。它需要和铝氧烷 MAO 一起构成催化剂体系。

一般认为茂金属催化剂的聚合机理是，MAO(或硼烷化合物)与 L_2MCl_2 发生反应，使 L_2MCl_2 甲基化得到 L_2MR^+ 正离子。因此，茂金属催化体系中真正的活性中心是带有亲电子性质的茂金属正离子[208]。

2.3.2.2.1　茂金属催化剂的结构

茂金属催化剂(主催化剂)分两类，一类属茂基类，包括茂(Cp)、茚(Ind)、芴(Flu)及其衍生物；另一类属单茂类或半茂类，即有一个配体由杂原子-OR、$-NR_2$ 等不是环状物的基团所构成。

单茂类的典型代表是 DOW 化学公司开发的限定几何构型催化剂(CGC)[209]，它是由一个环戊二烯基和一个杂原子基(N)与过渡金属所构成。Cp-M-N 之间的夹角为 115°，是一种“半夹心”形的化合物。这样的空间构型迫使活性中心只能向一个方向开放，由此可以达到限定几何构型的目的。这种催化剂几乎没有立体选择性。

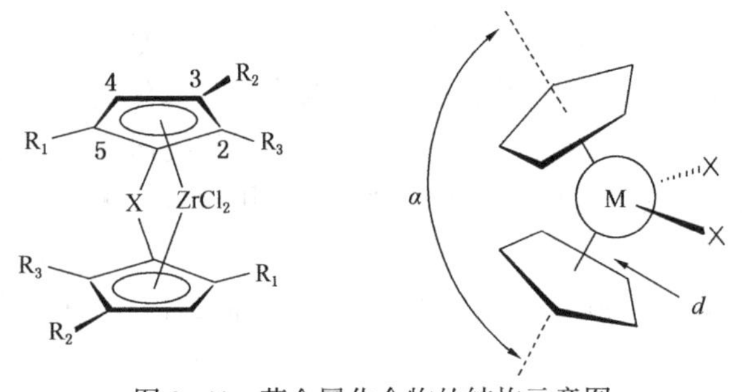

图 2-41　茂金属化合物的结构示意图

α 为两个环配体的夹角；α=120°~140°；

M=Ti，Zr，Hf；X=$2e^-$ σ-配体

用于丙烯聚合的茂金属催化剂基本上是茂基类，是一种类四面体的有机金属化合物，其结构为第Ⅳ族过渡金属原子与两个 η^5 环戊二烯(Cp)衍生物用共价 π 键结合，另外还与两个其他基团(如卤素、烷基、烷氧基等)用 δ 共价键结合，由此形成具有一定倾斜角度的、类似夹心饼干结构的有机金属化合物。其结构见图 2-41。

作为活性中心的金属原子，研究得最多的是锆 Zr、钛 Ti、铪 Hf 的茂金属化合物。不同的活性中心金属原子对催化剂的立构规整性和活性影响很大。不同的活性中心金属原子在聚合反应时，聚合单体插入反应的活化能各不相同，活化能势垒高的活性较低，相反活化能势垒低的则活性较高。在活性中心金属原子中较多使用的是 Zr 原子，因为它的催化活性和立体结构选择性都很好。例如，Marks 等[210]合成的 $Me_2Si(Me_4C_5)-(C_5H_3R)MCl_2$ 类型的茂化合物(其中 R 为　基)，金属原子分别采用 Zr 和 Hf。试验的结果显示，Zr 化合物和 MAO 的体系在 0℃进行丙烯聚合时，分子量高，[mmmm]的含量达到 95%。而 Hf 化合物和 MAO 的体系在-45℃进行丙烯聚合时，[mmmm]的含量也可达到 95%，但在 25℃进行丙烯聚合时，[mmmm]的含量只有 78%，与 Zr 化合物有明显的差异。这说明活性中心金属的变化会对催化剂的性能产生很大的影响(但制备间规聚丙烯时用 Hf 的效果较好)。

在聚合时，环状配位基 Cp 上的 π 键与金属原子相连接，它起的作用是确定催化剂的立构规整性和活性。而其他用 δ 键连接的两个基团在聚合过程中，当催化剂活性中心形成时被除去。由于该催化剂的芳香结构特性，环戊二烯阴离子是六电子给电子体，是非常坚固的配位基。

通常茂化合物的金属原子和两个茂环中心有一个约 140°的夹角，两个茂环平面之间则有一个约 40°的两平面角。Cp 环上的不同取代基不仅能改变 Cp 配位键的尺寸和形状，而且还能改变 Cp-M 间的距离(d)和 Cp-M-Cp 间的角度(θ)。其 1 号位是桥键 X 的连接位，X 一般是—CH_2CH_2—、Me_2C 或 Me_2Si，3 号、4 号位是前面的位置，承担着 β 取代物，而 2 号、5 号位是后面的位置，承担着 α 取代物，其中的 α 和 β 指出了到桥键的距离。前面的取代物(3、4 位)向分子提供所需的对称性。后面的取代物(2、5 位)主要是对于链转移速率起作用，而对于立构规整性只起到次要作用。

茂金属化合物的 η^5-环本身是可以旋转的，因此当 η^5-环上出现取代基时并不足以给催化配合物带来结构刚性，而只是给两个 σ 配位键占据配位的位置以恒定立构环境。大体积的取代基只能起降低配位键旋转速率的作用[211]。解决催化剂配合物结构刚性问题的办法是，通过用一个或多个碳原子或硅原子等形成桥键来连接两个 η^5-环，以固定两个 η^5-环状配位基[212]。最大的刚性是由单原子桥键提供的，形成该桥键的原子的数目也影响 Cp-M-Cp 角度。

我们可以形象地把该结构的化合物看成是一个张开壳的蚌，其中两个 Cp 衍生物被桥联起来。而 Cp 环上具有"大"取代基时，即使没有桥联该茂金属催化剂也具有一定的立体定向性[211]。

在烯烃聚合中使用的茂金属催化剂可以按照它们的对称性进行分类[213]。一般来说，对称性好的催化剂的活性要比对称性差的高，而且分子量和等规度也较高。各类催化剂的结构示意图见图 2-42。

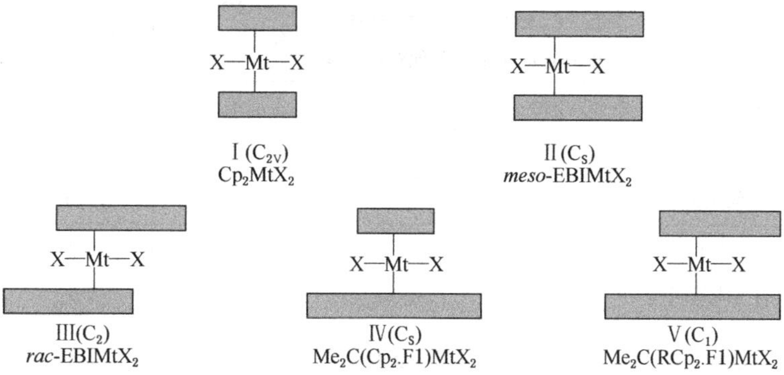

图 2-42 各种催化剂的结构示意图

图 2-42 中显示了各类茂金属催化剂的结构，对这些结构进行研究的结果表明[214]：

Ⅰ类为 C_{2V} 对称茂金属催化剂。具有 C_{2V} 对称的茂金属，它的两个茂环、两个氯原子各自都以过渡金属原子 Zr 为中心对称分布。此催化剂对丙烯可配位的场所有 4 个，丙烯分子的排列自由度为 4，因此聚合得到的是无规聚丙烯。催化剂的两个 η^5-配位基(图中用阴影表示)可以桥联或不桥联，在其他类型中，它们都被桥联。

另外，C_{2V}对称茂金属化合物，如茂钛、茂铪因 M—Cα 键较短，使其手性的 β-C 更接近活性中心，容易受链端控制。

Ⅱ类为 C_S 对称茂金属催化剂。具有 C_S 对称的茂金属，丙烯可配位的场所有 2 个，丙烯分子的排列自由度为 2，因此聚合也得到无规聚丙烯。

Ⅲ类为 C_2 对称茂金属催化剂，对于具有 C_2 对称的茂金属，丙烯只有一个最佳的配位场所，又没有垂直的对称面，丙烯单体插入时还要受到聚合物增长链的影响，丙烯中甲基所处的位置必须使配位和插入时的反应活化能最低，故丙烯分子的排列自由度为 1，因此聚合得到的是等规聚丙烯。

Ⅳ类是主配位体不同的 C_S 对称茂金属催化剂，丙烯也只有一个最佳的配位场所，但是有垂直的对称面，丙烯中甲基的排列位置有 2 个相同的机会，茂金属化合物在 2 种对映体构型之间交替出现，因此聚合可以得到间规聚丙烯。

Ⅴ类为 C_1 型即无任何对称构型，生成的聚合物也没有规律，有时可生成半等规聚合物。

在Ⅰ类和Ⅲ类催化剂中，两个由 η^5-配位基占据的部位被一个水平镜面分开，因此在Ⅰ类中是非手性和手性同一的，而在Ⅱ类中是不同的。在其他类的催化剂中，上面的两个部位是手性的，它们在Ⅲ类催化剂中，是由双折叠旋转轴联系的并且是相同的。在Ⅳ类中，该两部位是由一个垂直镜面连接的并且是对映性的(彼此形成镜象)，在Ⅴ类中没有对称元素，该两部位不同，属非对映异构。

茂金属催化剂聚合丙烯(具有前手性)时，手性活性中心的对映体面选择性决定了茂金属催化剂立构定向性，其间的关系见表 2-48。

表 2-48　各类茂金属催化剂的结构对称性和聚合物规整性的关系[215]

茂金属催化剂对称性	催化剂类别				
	Ⅰ	Ⅱ	Ⅲ	Ⅳ	Ⅴ
L_2MX_2 的对称性	C_{2V} 有一 C_2 轴和含此轴的对称面	C_S 只有一镜面无其他对称元素	C_2 有一个 C_2 轴	C_S 只有一镜面	C_1 无任何对称
L_2MX_2 中金属原子的手征性	无	无	有	无	有
L_2MX_2 中 X 配体的手征性	无	无	有	有	有
L_2MX_2 中 X 原子间关系	相等	不同	同位	对映异位	非对映异位
$M_{单体}P$+金属原子的手征性	无	无	有	有	有
$M_{单体}P$+金属原子的立体基因性	无	有	无	有	有
聚合物的立构规整性	无规	无规	等规	间规	无规律有时生成半等规
茂金属化合物(L_2MX_2)	Cp_2MtX_2	$En(Ind)_2MtX_2$ 内消旋体	$En(Ind)_2MtX_2$ 外消旋体	$Me_2C(Cp, Fl)MtX_2$	$Me_2C(RCp, Fl)MtX_2$

其结构示意图见图 2-43。

茂金属催化剂活性中心的立构定向性取决于配位体和 M—C 键两处环境之间的关系[216]：

(1) 环境相同　即迁移后的两个配位点的环境相同。

当插入过程具有对映选择性时，该活性中心具有等规定向性。具有 C_2 对称轴、刚性配

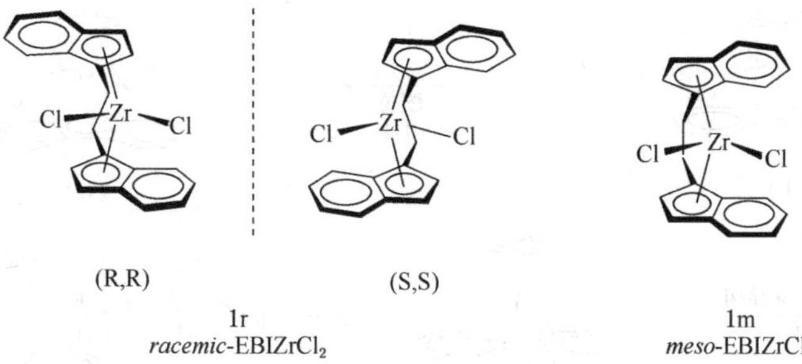

图 2-43　外消旋(*racemic*)和内消旋(*meso*)Et(Ind)$_2$ZrCl$_2$ 的结构示意图

体的茂金属属此类。

(2) 对映构型　即两个配位点环境互为对映构型。

当插入过程具有对映选择性时，该活性中心具有间规定向性。具有 C_S 对称面、刚性配体的茂金属属此类(内消旋 C_S 除外)。

(3) 非对映构型　即两个配位点环境为非对映构型，但具有相同的能量。

当两个环境具有相同的对映选择性时，为等规定向；当两个环境具有相反的对映选择性时，为间规定向；当只有一个环境具有对映选择时，为半等规定向。

以 *i*-Pr(Cp)(Flu)ZrCl$_2$ 合成间规聚丙烯为例，其立构定向性机理[217]如见图 2-44。

图中，M 为活性中间体 *i*-Pr(Cp)(Flu)Zr$^+$P 的活性中心；R、S 为活性中心及聚丙烯链中的叔碳的手性特征；re、si 为丙烯单体的配位取向。该聚合机理模式很好地解释了间规聚丙烯中存在的等规缺陷，是由于偶尔的活性中心(构型)的异构化(Ⅴ到Ⅵ)。

Hoechst 公司合成了只有一个碳原子桥联的各种催化剂，如 Me$_2$C[Ind]$_2$ZrCl$_2$ 催化剂和 Me$_2$C[Cp，Ind]$_2$ZrCl$_2$ 催化剂等，发现催化剂的手征性是立体选择性的必要条件，但不是充分条件。

2.3.2.2.2　茂金属催化剂立体构型控制

茂金属的突出特点是可以用其化合物的结构来控制聚合活性、聚合物的立体构型、分子量和分子量分布、共聚物组成及分布和密度等性能。在这些方面除了过渡金属原子的作用外，最主要的是配位基(或称为配位体、配体)的结构、配位基上的取代基结构和位置，以及桥联的结构和数量等参数的作用。

最常遇到的 Cp-型配位基是环戊二烯配位基自身、烷基或芳基取代的环戊二烯配位基，例如五甲基环戊二烯配位基($C_5Me_5^-$)，茚基 Ind($C_9H_7^-$)和芴基 Flu($C_{13}H_9^-$)。

在配位基上还可以有不同的取代基。它们的作用在“催化剂的结构”一节中已经谈到，处于前面位置的取代基(如 Cp 配位基团的 3、4 位)主要用于影响聚合物分子的立体构型。而后面位置的取代基(如 Cp 配位基团的 2、5 位)则主要是对于链转移速率起作用，而对于立构规整性只起到次要作用。

(1) 环状配位基及取代基的作用　对于配位基和取代基来说，其作用主要表现为电子效应和立体构型效应。一般来说给电子取代基可以通过电子转移，使活性中心上的电子密度增加，活化能降低，使链增长和链传递反应加快，因此催化剂的聚合活性增加，而对聚合物分子量的影响不大。而拉电子取代基则相反，它降低链增长和链传递反应的速度，使催化剂的聚合活性下降。电子效应对丙烯聚合的分子量影响不明显，但是对丙烯单体插入的立体选择

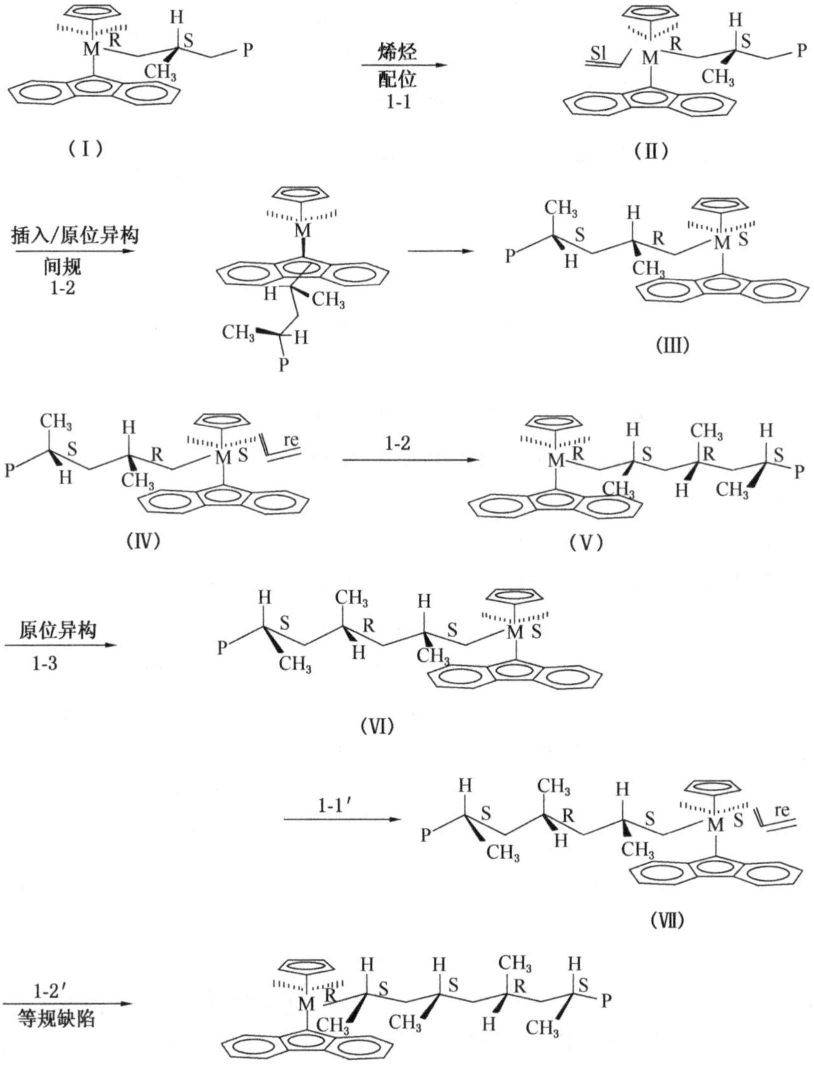

图 2-44　间规聚丙烯立构定向性机理示意图

性有明显影响，给电子取代基造成的电子密度增加会使丙烯插入的立体选择性下降。所以可以通过不同配位体的不同位置的不同取代基与单体丙烯甲基之间的非键合作用，改变丙烯插入时两种不同取向的能差以控制其等规度。

① Cp 配位基。Cp 配位基的碳原子可以连接氢原子或其他取代基，例如烷基、芳基、或硅烷等多种不同的取代基，这些 Cp 环上的不同取代基会使活性中心的电子效应和空间效应发生变化，产生多种不同的茂金属催化剂，尤其是会造成活性中心的手征性和立体刚性变化，从而影响茂金属催化剂的聚合性能和立体定向性。通常给电子和大位阻的取代基对提高活性有利，但是如果烷基太大则会使活性下降。如果 Cp 环上的取代基由 CH_3 改变为 H 基或茚基，茂金属活性中心上的电子云密度将下降，带来的影响是催化剂活性下降，而聚合物密度增加。

Cp 配位基上的不同取代基会给茂金属活性中心的电子效应和空间效应带来影响，其程

度可以用以下活性 A 的函数式表示[218]：

$$A = a(\theta) + b(H) + c$$

式中，θ——与烷基相关的空间参数；

H——与电子效应相关的 Hammett 常数。

Cp 配位基上的取代基位置不同，它会改变茂金属的对称性，结果导致聚合物的熔点、分子量和等规度的下降[219]。而在有桥联的茂金属 Cp 配位基上，如 $Et(3\text{-}RCp)_2ZrCl_2$，3-R 取代基的空间位阻越大，则得到的聚合物的等规立构性也越好[220]。乙基桥联二茂化合物 2-位上的取代基如果是起拉电子效应的，那么它会降低过渡态的 L 酸性，稳定活性中心并提高催化剂的活性和聚合物的分子量。

表 2-49 iPr(3-R-Cp)(Flu)$ZrCl_2$ 的不同 R 基团取代时的立体定向性[217,206]

R 取代团	氢	甲基	叔丁基
活性中心的定向性	间规聚丙烯	半等规聚丙烯	等规聚丙烯
聚丙烯的链结构	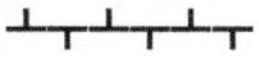		

在用 Fisher 表示的链结构中，半等规聚丙烯链结构中“╪”表示，每隔一个的甲基处于聚合物主链伸展面的同一侧(都在下或都在上)，而其余的甲基无规地分布在两侧(无规地在上或在下)。可以把半等规聚丙烯看成是“等规”和“无规”的交替共聚物，也可以简单地把它看成是每隔一个甲基的有规分布(应在链的同一侧)失灵的间规聚丙烯或等规聚丙烯。该结构的聚丙烯是传统的 Z-N 催化剂不能得到的。

对于这种现象的解释是，Cp 环上的单个取代基(3-位)，从氢原子到甲基到叔丁基，其空间阻依次增大，但并未改变如图 2-41 所示的活性中心的立体构型，只是依次增加了一个配位点的空间位阻，削弱了其对映选择性的能力，丙烯单体的配位定向由活性中心的对映选择性控制逐渐过渡到由空间位阻控制。而另一个配位点的对映选择性未变，因而该催化剂的立构定向性由间规经半等规过渡到等规。

② Ind 配位基。Ind 配位基上的碳原子也可以连接氢原子或其他基团。通常如果 Ind 配位基的 β 位上有大的取代基时，丙烯聚合物的等规度会提高。Kaminsky 研究的结果表明[221]，对于亚乙基桥联二茚基二氯化锆来说，如果茚基 2，4，7 位被甲基取代，其丙烯聚合物的等规度最高。而对于二甲基硅桥联的二茚基二氯化锆来说，2，4，7 位被甲基取代，其丙烯聚合物的等规度反而会下降。但是，如果仅是在 3 位上用甲基取代，则除活性下降 2/3，分子量下降 1/3，数均等规链长由 50.1 下降到 2.1。而仅是在 2 位上用甲基取代，则只是活性下降 1/3，分子量增加 5 倍，等规度提高 10%。

对此的解释是，Collins 等人认为，茚基锆化合物上取代基的电子效应要比空间效应更为突出。认为取代基的推、拉电子性能对茚基茂化合物的性能有明显的影响。Hoechst 公司对茚基茂化合物进行了深入的研究[222]，得出的结论是，茚基的取代基如果是拉电子的卤素或烷氧基则会降低催化剂的活性和聚合物的分子量。而如果是给电子取代基，则要看取代基的位置和大小。如果在 3，3′位上取代会导致等规度降低。而在 2 位上有甲基取代再加上 4 位上有苯基或萘基取代，则能大幅度提高活性等规度和分子量。原因是适当位置上烷基的给电子效应使得活性中心原子的路易斯酸性减弱，由此导致其争夺 β-H 的能力减弱，使链终止的机会减小，结果聚合物的分子量就增加了。而多烷基取代可以加强这种效应。

对于含苯并茚的茂化合物其取代基的影响见表 2-50。

表 2-50　不同取代基苯并茚茂化合物的性能比较[223]

催化剂体系	催化剂活性	聚合物分子量	聚合物等规度 mmmm/%
rac-$Me_2Si(BenzInd)_2ZrCl_2$/MAO	高	低	91~94
rac-$Me_2Si(2\text{-}CH_3BenzInd)_2ZrCl_2$/MAO	低	高	94~96.6

表中数据说明，在苯并茚配位基上增加了 2 位甲基取代后，催化剂的性能发生了明显的变化。

③ Flu 配位基。可能是因为 Flu 配位基本身已经很大，它的取代基产生的空间位阻作用较小，但是它所产生的电子效应对茂金属催化剂的聚合性能有一定影响，见表 2-51。

表 2-51　芴环上不同取代基对丙烯聚合的影响[224]

茂金属催化剂	MAO/催化剂/%	$CE\times10^{-3}$/(kg/mol · h)	T_m/℃
$Ph_2C(Cp)(Flu)ZrCl_2$	210	3.37	138
$Ph_2C(Cp)(2,7\text{-di-}t\text{-BuFlu})ZrCl_2$	170	7.19	147
$Ph_2C(Cp)(2,7\text{-di-}t\text{-TMSFlu})ZrCl_2$	160	1.73	147
$Ph_2C(Cp)(H_8Flu)ZrCl_2$	205	9.19	

表 2-50 中，第二个催化剂和第一个相比，在芴基上引入了取代基，结果虽然 MAO 的用量减少了，可是活性反而提高了一倍。另外，对于二芴基型的茂化合物，1-甲基取代能够得到高等规的产物。

Cp 环、Flu 环不对称茂化合物其 Cp 环、Flu 环上取代基对丙烯聚合的影响见表 2-52。

表 2-52　不对称 Cp 环、Flu 茂化合物取代基对丙烯聚合的影响[225]

茂金属催化剂	活性/(kg/g cat)	$M_w\times10^{-3}$	熔点/℃	[mmmm]/%	[rrrr]/%	立构规整性
$Me_2C(Cp)(Flu)ZrCl_2$	180	90	136	0.00	84.00	间规
$Me_2C(3\text{-}CH_3Cp)(Flu)ZrCl_2$	25	36	-14.7	23.60	17.82	s-i 嵌段
$Me_2C(3\text{-}t\text{-BuCp})(Flu)ZrCl_2$	48	62	127	77.57	0.57	等规为主
$CH_2CH_2(Cp)(Flu)ZrCl_2$	50	171	111	0.40	74.31	间规为主
$CH_2CH_2(Flu)_2ZrCl_2$	95	35	32	44	24	i-s 嵌段
$CH_2CH_2(2\text{-EtFlu})_2ZrCl_2$	80	27	28	45	27	i-s 嵌段

对于 $i\text{-}Pr(Cp)(Flu)ZrCl_2$ 催化剂来说，Cp 环上的取代基会影响催化剂的性能和立构选择性，如果在 Cp 环上有甲基取代时，催化剂的间规选择性将受到影响。

(2) 桥链的结构及作用

桥链的作用是防止环状配位基的旋转，赋予茂金属催化剂以刚性并导致产生手征性。改变桥链的长度就可以调节两个环状配位基与金属之间的夹角，从而改变活性中心反应场所的大小，并调节活性中心周围的立体环境。桥链过长会使活性、分子量和立构规整性下降。也可以改变与桥链相连的基团和基团上的取代基，造成电子效应和空间效应的差别，最终可调控催化剂的活性和聚合物的立体选择性。

桥链上还可以有取代基，如异丙基桥链上有两个甲基，一般桥链上的取代基以相同为好，如果不相同，则差别越大对活性和空间立构性的影响也越大。

表 2-53 不同的桥链结构对催化剂活性的影响[224]

催化剂体系	活性/(kg/mol · h)	熔点 T_m/℃	分子量 $M_v \times 10^{-4}$
$Et(Ind)_2ZrCl_2$	4.9		
$Me_2Si(Ind)_2ZrCl_2$	2.6	140	
$Me_2C(Cp)(Flu)ZrCl_2$	32.0	145	10.0
$Et_2Si(Cp)(Flu)ZrCl_2$	8.3	138	
$Me_2C(Cp)(Phen)ZrCl_2$	23.0	107	15.5
$Me_2Si(Cp)(Phen)ZrCl_2$	2.25	119	6.5

茂金属化合物中有了桥链以后，由于与桥链相连的取代基和配位基的不同就出现了手征性结构，在一个对映体中存在顺、反结构形成几何异构体。如亚乙基桥联二茚基化合物，它的 C_2 对称构型是外消旋体，而 C_S 对称构型是内消旋体。

桥链根据其组成的不同，可以分为碳桥、硅桥和杂桥等等。也可以根据其数量的不同，分为单桥和双桥等。

常用的催化剂称为柄型茂金属催化剂，由于在茂环上的取代基和桥结构上的差异，柄型茂金属催化剂可以有 C_S、C_2 或 C_1 对称结构。

① 碳桥。亚乙基桥联二茚基二氯化锆是用于丙烯等规聚合的茂金属催化剂，它的桥链为两个碳原子的亚乙基。Brintzinger 等人[226]研究了 $(CH_2)_3(H_4Ind)_2ZrCl_2$ 化合物，认为 $(CH_2)_3$ 桥链破坏了 CH_2-CH_2 桥链的轴对称性，两个配体桥头的距离加长，使得配体和 Zr 原子之间的夹角加大，对聚合物的等规度，甚至 2-1 插入有影响。如果把桥链长度再增加到 4 个碳，即 $-(CH_2)_4-$，则用于丙烯聚合就完全无活性[227]。因为桥链太长，两个茚基平面趋于平行，使活性中心周围的空间受到限制，丙烯单体的插入发生困难，因而没有了聚合活性；而相反，如果把桥链长度缩短，Ewen 等[228]合成了桥链长度仅为一个碳的异丙基桥联的茂基芴基化合物，发现此催化剂不仅能进行丙烯间规聚合，而且能用于有较大空间位阻的降冰片烯与乙烯的共聚，且有很好的竞聚率和共聚单体的均匀分布。由此可以看出，桥链的长度直接影响环状配体的夹角，短桥链的环状配体夹角大，给活性中心原子周围留出了较大的活动空间，有利于烯烃单体甚至是较大单体的插入，因此催化剂活性得到提高。但是，活动空间加大也会使无序插入和链转移的可能性增加，结果是立构规整性和分子量可能下降。

对于亚乙基桥联二茚基二氯化锆来说，C_2 对称是 *rac* 异构体(即外消旋体)，具有手征性，得到等规聚合物，但是分子量不高。而 C_S 对称是 *meso* 异构体(即内消旋体)，得到无规聚合物。亚乙基桥链上取代基的吸电子效应会降低过渡金属的路易斯酸性，稳定活性中心而提高催化剂的活性和聚合物的分子量。但是如果用亚乙基桥或二乙基桥代替异丙基桥，则聚合物的活性、分子量、熔点和结晶度等都会有不同程度的下降。

② 硅桥。研究发现二甲基硅桥联双茚基二氯化锆用于丙烯聚合得到的聚合物，其立构规整性、熔点要比亚乙基桥联的好，而分子量要比亚乙基桥联的高得多[229]。但是用

$-Si(CH_3)_2-(CH_3)_2Si-$桥联的双茚基化合物进行丙烯聚合时，发现没有二甲基硅桥好，聚合活性大幅度下降，且共聚合单体的插入率也减小，这是因为硅桥链长度增加，活性中心原子与两个茚环之间的夹角减小，空间位阻增加的缘故。表 2-54 中列出的是带有亚乙基桥和硅桥的芴锆化合物对丙烯聚合的影响。

表 2-54 不同桥链的芴锆化合物对丙烯聚合的影响[230]

茂化合物名称	聚合温度/℃	立构规整性	活性/(kg/g cat · h)	熔点/℃	分子质量/$M_v\times10^3$
$Me_2C(Cp)(Flu)ZrCl_2$	70	间规	198	(137)	108
$Me_2Si(3t-BuCp)(Flu)ZrCl_2$	30 浆液法	等规	3	161	122
	60 本体法	等规	58	148	
$Me_2C(3t-BuCp)(Flu)ZrCl_2$	30 浆液法	等规	4	130	
	60 本体法	等规	40	125	

BRICI 在研究硅桥链的影响时发现，用 Me_2Si-桥链替代$-CH_2-CH_2-$桥链，丙烯聚合物的等规度和熔点都有所升高，特别是在改变配体 2，4 位的取代基后，此结果更为明显。Mengele 等[231]合成的 Si 桥联四氢茚基茂化合物，其[mmmm]可达 80%。Tsai[232]等人将变换了硅桥上的取代基并和烷基铝反应得到的催化剂，在$[Ph_3C]^+[B(C_6F_5)_4]^-$助催化剂的存在下，在-55～70℃进行丙烯聚合，其活性可达 $10^7\sim10^8$g/mol · h，等规度为 99.4%，熔点为 164.3℃，分子量为 3.5×10^5。

③ 杂桥。桥原子由一种以上的原子构成的称为杂桥。人们合成了包含硅、碳和氧原子构成的杂桥。对于具有长桥的$[CH_2SiMe_2Ind]_2ZrCl_2$ 茚锆化合物来说[233]，桥链为$-Si(CH_3)_2-CH_2-CH_2-(CH_3)_2Si-$，过长的-Si-C-C-Si-桥向外弯曲，使两个茚环从“张开壳的蚌”变成了“闭合壳的蚌”，活性中心被茚环覆盖，将此双茚基化合物用于丙烯聚合时，发现没有聚合活性(只对乙烯聚合有活性)，这再次证明桥链的长度和结构对催化剂性能有重要影响。

④ 锗桥。还可以用锗来做为桥链中的金属原子。锗桥链双茚基化合物对丙烯聚合有很好的活性。Hoechst 公司合成的$(CH_3)_2Ge[Ind]_2ZrCl_2$ 催化剂，丙烯聚合所得到产物的分子量要比亚乙基桥链的高很多[229]。BRICI 也研究了锗桥链双茚基化合物，它的活性、mmm 含量以及聚合物的熔点都大大地超过了亚乙基桥链双茚基化合物。如果用适当的大空间位阻基团合成锗桥双茚基催化剂，在丙烯聚合时可以得到更高的活性、等规度和分子量。Chien 等人[234]合成了 *rac*-锗桥链[1，2，3，4-四苯基-1，3-丁二烯-1，4]二茚基茂基化合物，在-20℃进行丙烯聚合时，庚烷不溶物为 94.3%，在 25℃进行丙烯聚合时，庚烷不溶物为 81.1%。他还发现，如果在桥链上接一些有较大空间位阻的基团，其外消旋体和内消旋体的转化率比达 7 : 1。用外消旋体正离子化后进行丙烯聚合，在相当宽的温度范围内有很高的活性和等规度，聚合物的分子量可达 10×10^5。

⑤ 双桥。Dorer 等人合成了一些带有双桥的茂化合物[235]，主要是为了研究不同数量的桥链对茂金属催化剂可能带来的影响。研究发现由单桥链变为双桥链时，两个环状配位基平面的夹角加大。由单亚乙基桥改变为双亚乙基桥时，两个环状配体平面的夹角由 55°增加到 63°。而单硅桥改变为双硅桥时，两个环状配位基平面的夹角由 61°增加到 73°，而环状配体

平面的夹角加大的结果是反应空间加大，使体积较大的α-烯烃单体的插入较为容易，催化剂的活性有可能增加，但是对其立体结构的控制能力则有所减弱，另外后位的α-C与活性中心原子的距离缩短，链转移反应的可能性增加，聚合物的分子量有所下降。总的看来，第二个桥链的引入所起的主要作用就是加大环状配体平面的夹角，而过于增加环状配体平面的夹角则可能影响催化剂的稳定性。

⑥ 桥的取代基。在桥链上也可以有取代基。Spaleck 等人的研究表明[222]，在亚乙基桥链上如果有不对称的烷基取代可以提高分子量。如果在桥链上有苯基取代通常都有利于分子量的提高，但是提高的幅度会因不同的化合物而不同。另外，桥链上的取代基还可以形成环状结构。

2.3.2.2.3 助催化剂及茂金属催化剂的活化

(1) 助催化剂铝氧烷

① MAO 的作用。聚丙烯茂金属催化剂的助催化剂主要是甲基铝氧烷(MAO)。它的主要作用是使茂金属阳离子烷基化，并成为稳定的活性中心。其反应的第一步是茂金属和 MAO 或其中游离的 $AlMe_3$ 发生烷基化，生成 $Cp_2ZrMeCl$，然后再进一步和 MAO 作用形成活性中心 $Cp_2ZrR^+(Cl^-MAO)$。此活性中心被假定为是 MAO 和茂金属阳离子的夹心结构[236]，见图 2-45。

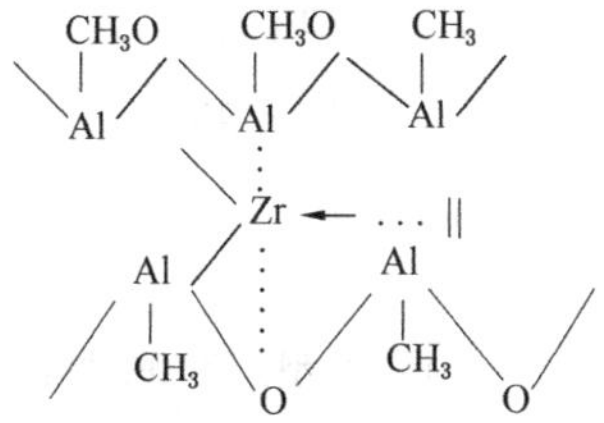

图 2-45 MAO 和茂金属阳离子的夹心结构示意图

MAO 的另一个作用是，由于 MAO 是一种很强的路易斯酸，能快速地发生α氢转移，因此，它能使因为氢转移反应所生成的不活泼茂金属配合物($Zr-CH_2-Al$)与 MAO 反应，再生成活性基团 $Zr-CH_3$ 而被重新活化[237]。

另外，MAO 还有一个辅助作用是清除聚合系统中的有害杂质。

MAO 的浓度(即 Al/Zr)也对聚丙烯的等规度有明显的影响，Chien 等人就 MAO 浓度对 $CH_2CH_2(Ind)_2ZrCl_2$ 和 $CH_2CH_2(H_4Ind)_2ZrCl_2$ 催化剂的影响进行了研究[238]，发现如果降低 MAO 浓度，则[mmmm]随之降低，只是对后者的影响较对前者小。

② MAO 的合成。MAO 由三甲基铝(TMA)部分水解制得，提纯后的 MAO 为无定形的白色固体，与原料三甲基铝相比要稳定得多，能溶于甲苯而不溶于己烷。目前 MAO 商品大都为 10%、20%和 30%的甲苯溶液，其中含有约 1%的未反应物三甲基铝。

基于水解反应合成 MAO 的方法如下式所示：

$$AlMe_3+H_2O \longrightarrow MAO+CH_4\uparrow$$

黄葆同等人[239]详细地介绍了 MAO 的各种合成路线和工艺。这个水解反应是强放热反应，控制不当极易发生爆炸，因此在进行水解反应时应特别注意安全，一般不直接用水进行反应。

合成 MAO 最常用的方法是采用带有结晶水的无机盐(如 $Al_2(SO_4)_3\cdot 5H_2O$，$CuSO_4\cdot 5H_2O$，$MgSO_4\cdot 7H_2O$，$MgCl_2\cdot 6H_2O$ 等)，在溶剂中低温下缓慢地加入 TMA 进行反应。要严格控制反应条件以确保 TMA 的部分水解，得到含有组成适宜的齐聚物$(MeAlO)_n$。

吕立新等人[240]采用环糊精作为水源载体，在 0℃以下的低温环境中和 TMA 反应，使 TMA 缓慢水解，同样可以得到甲基铝氧烷 MAO。

MAO 还可以在聚合反应过程中就地合成[241]，即将单体通过含水的载体后进入含茂金属化合物和三甲基铝的聚合体系中，就地合成 MAO，活化聚合反应，还可以减少三甲基铝的用量。

用冰点测定法、凝胶渗透色谱法和核磁共振法等方法对 MAO 的分析研究表明，它是由几种不同络合物组成的混合体，包括处于动态平衡的残余的(络合的)三烷基铝和可能的三氧化铝。

③ MAO 的结构。MAO 中的活化组分还没有真正搞清。一般认为 MAO 主要是以齐聚物 (Al(Me)O_n 的形态存在，其结构为线型结构和环状结构。根据 Barron 等人[242]对三异丁基铝水解产物进行的研究，水解产物中有各种环状物，如$[R_2Al(\mu\text{-}OAlR_2)]_2$(其中的 Al 为 3 配位)、$[RAl(\mu\text{-}O_3]_n$(其中的 Al 为 4 配位)等($\mu$-O 指氧桥)。研究认为，在 MAO 齐聚物分子结构中，可能动态的 Al 为 4 配位笼架结构比线型结构和环形结构更容易出现，而这 4 配位笼架结构正是起活性作用的主要组分。MAO 的各种结构见图 2-46。MAO 的立体结构示意图见图 2-47。

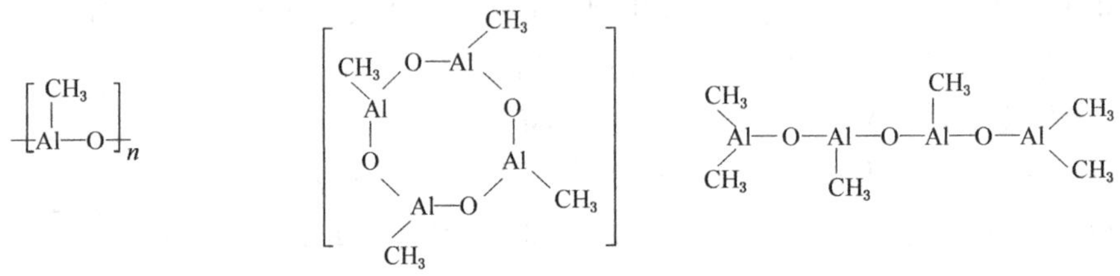

MAO 线型齐聚物的结构　　MAO 环型齐聚物的结构　　齐聚物 $Al_4O_3(CH_3)_6$ 的结构

图 2-46　MAO 的各种结构

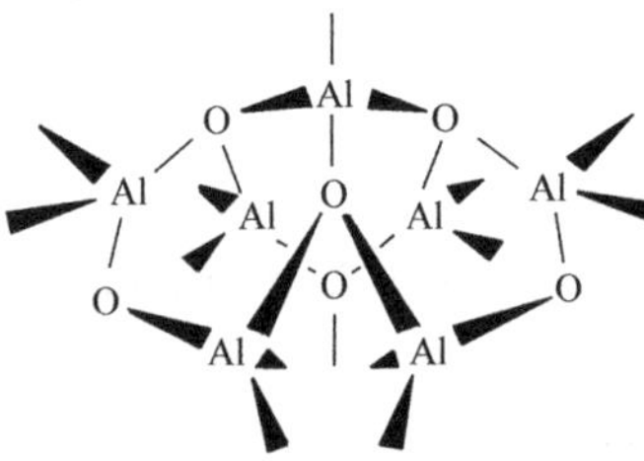

图 2-47　MAO 的立体结构示意图

在各种齐聚分子中，四价配位的 $Al_4O_3(CH_3)_6$ 看来处于主导地位[243]，四个 $Al_4O_3(CH_3)_6$ 结构可以形成一种半开放的十二面体笼架结构，这种笼架结构可与 TMA 配位，因此 MAO 中的 TMA 很难分离干净。除了四价配合物外，[27]铝核磁共振波谱也证实了有三价配位铝存在[244]。并且这些组分的路易斯酸性由于邻近的氧原子的作用而增强。一种看法认为真正的助催化剂是 TMA[245]。因为当在 MAO 中加入适量的 TMA 时，丙烯聚合的速率会迅速增加，BRICI 在用水合硫酸盐合成 MAO 时，发现 MAO 的甲苯溶液中含有一定量的三甲基铝确实有利于 MAO 保持稳定及聚合活性。但是过多的加入 TMA 则活性反而下降，Ewen 等人认为其原因是 TMA 的体积比 MAO 小，当大量的 TMA 和茂金属催化剂配位时，由于结合过于紧密而阻碍了烯烃分子与茂金属活性中心的结合。

④ 其他铝氧烷。有文献报道可以采用异丁基铝氧烷(IBAO)代替 MAO[246,247]用于烯烃聚合。用 IBAO 进行烯烃聚合可以降低助催化剂成本，但茂金属催化剂活性会有所降低。具体结果见表 2-55。

表 2-55　采用 IBAO 的烯烃聚合结果

单　体	催化剂体系	反应条件	聚合结果	文　献
$CH_2=CH_2$	Cp_2ZrCl_2	60℃，800kPa	1.75kg/g Zr · h · kPa	[246]
$CH_3-CH=CH_2$	$Me_2Si(Ind)_2ZrCl_2$	70℃，1h	400kg/g Zr · h	[247]

(2) 茂金属催化剂的活化　茂金属化合物与 MAO 反应，进行配体交换，形成烷基化茂金属阳离子，经^{13}C-NMR 和 X 射线分析证实此即聚合活性中心[248]。而且体系中存在以下的平衡反应：

$$Cp_2ZrRX+MAO+Olefin \longrightarrow Cp_2ZrR(Olefin)^+MAOX^-$$

从反应方程式看，为了使反应向右进行，需要使 MAO 大大地过量，所以 MAO 的用量很大。以 Cp_2MtCl_2 为例图示如图 2-48。

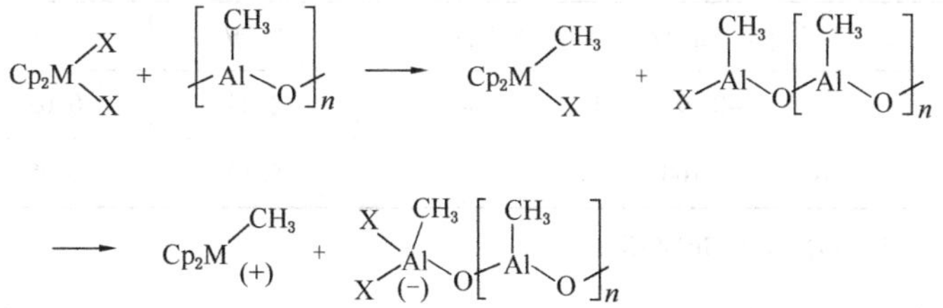

图 2-48　茂金属催化剂活化示意图

MAO 中少量的 TMA 的存在有利于活性中心的形成[249]。MAO 的主要缺点是它的用量大(一般地，铝/过渡金属原子比为 10^3~10^4，茂金属载体化后可降至 10^2)，这不但使茂金属催化剂的成本升高，而且使最终产品内的铝含量大大增加。为了减少 MAO 的用量，降低催化剂的成本，可以用其他烷基铝(如三乙基铝、三异丁基铝代替三甲基铝制备相应的铝氧烷[250]，也可以将 MAO 与烷基铝或其他铝氧烷混合使用[251]，还有用金属氧化物(如Me_3Sn-O-$SnMe_3$)代替 H_2O 与三甲基铝反应制备 MAO[252]。

(3) 有机硼化合物　可以取代 MAO 作为茂金属助催化剂的物质主要是有机硼的化合物，如 $B(C_6F_5)_3$、$NR_3H^+B(C_6F_5)_4^-$、$Ph_3C^+B(C_6F_5)_4^-$以及 $C_2B_9H_{13}$等。它们通常都是酸性化合物，例如 $B(C_6F_5)_3$ 的酸性大约在 BCl_3 和 BF_3 之间[253]。它们有很强的亲电子性和化学稳定性，易溶于非极性和不发生配位作用的溶剂中，反应生成的配合物易于分离和表征。

1986 年，Jordan[254] 首先用有机硼的化合物和茂金属催化剂，$[Cp_2ZrCH_3(THF)]^+$ $[BPh_4]^-$，在极性溶剂中进行乙烯、丙烯和其他高级 α-烯烃的聚合获得成功。

1991 年 Chien[255] 的研究结果表明，$[Et(Ind)_2ZrCH_3]^+[B(C_6F_5)_3CH_3]^-$催化体系的丙烯聚合效果要比 $Et(Ind)_2ZrCl_2$/MAO 更好，具有更高的活性和相同的等规度。

这些硼化合物具有很强的亲电子性和化学稳定性，能和许多路易斯碱形成各种配和物，而且易溶于非极性溶剂中，反应生成的配合物容易分离和表征。与 MAO 的差别是，MAO 促使离子对分开，而有机硼化合物由于极性大，分子体积小，离子对的结合较为紧密。但是，并不是任何有机硼化合物都是很好的助催化剂。有的有机硼化合物和茂金属配位以后所产生的副产物，会影响聚合反应的正常进行。如 $B(C_6F_5)_3$ 作为助催化剂所得到的聚合物的分子量很低，而$(Ph_3C)B(C_6F_5)_4$ 所得到的聚合物不但分子量高，而且活性和立体选择性也好。因此作为助催化剂的有机硼化合物，它和茂金属催化剂之间的反应结合力、立体效应和生成离子的性质等是确定其优劣的关键。以 $Cp_2Mt(Me)_2$ 为例，用硼化合物活化茂金属催化剂[256]的过程如下：

$$Cp_2Mt(Me)_2+B(C_6F_5)_3 \longrightarrow [Cp_2Mt(Me)]^+[B(C_6F_5)_3(Me)]^-$$

$Cp_2Mt(Me)_2+[Ph_3C]^+[B(C_6F_5)_4]^- \longrightarrow [Cp_2Mt(Me)]^+[B(C_6F_5)_4]^-+Ph_3C(Me)$

不同的茂金属催化剂对应使用不同的氟苯硼化合物，可以表现出不同的聚合行为。$B(C_6F_5)_3$,是最基本的构型，可以在此基础上衍生得到各种硼化合物。但阴离子的配位能力必须足够微弱，以便不会与单体和路易斯酸性的金属中心的配位进行竞争。

MAO 和有机硼两种助催化剂对相同茂催化剂的丙烯聚合产品的影响见表 2-56。

表 2-56　助催化剂 MAO 和有机硼对茂催化剂①丙烯聚合产品的影响[257]

助催化剂	熔点/℃	结晶温度/℃	M_w/M_n	[mm]	[rr]
MAO	148.9/155.1	104.3	2.24	0.038	0.875
$[PhC_3]^+[B(C_6H_5)_4]^-/Al\mathit{i}Bu_3$	160.5	123.6	5.12	0.951	0.025

① 茂催化剂：$(CH_3)_2Si(Flu)(N\text{-}t\text{-}Bu)ZrCl_2$。

有机硼助催化剂对不同茂催化剂丙烯聚合的影响见表 2-57。有机硼化合物对丙烯等规聚合的影响见表 2-58。

表 2-57　有机硼化合物①和 MAO 对不同茂催化剂丙烯聚合的影响[258]

催化剂体系	催化剂量/μmol			活性×10⁻⁶/(g/mol·h)	$M_w\times10^{-3}$	M_w/M_n
	Zr	MAO	B			
$Cp_2Zr(CH_2Ph)_2$	9.7		5.2	1.1	81	4.7
rac-$Et(Ind)_2Zr(CH_2Ph)_2$	34.0		5.1	5.6	57	2.1
i-$Pr(Cp)(Flu)Zr(CH_2Ph)_2$	11.0		2.0	17.0	144	4.0
rac-$Et(Ind)_2ZrCl_2$	4.0	862		12.5	12	1.9
i-$Pr(Cp)FluZrCl_2$	4.0	862		0.16	44	2.6

① 有机硼化合物：$(Ph_3C)B(C_6F_5)_4$。

表 2-58　有机硼化合物对丙烯等规聚合的影响[259]

催化剂体系	聚合温度/℃	M_w	M_w/M_n	活性$\times10^{-6}$/(g/mol·h)
$[Cp_2ZrMe_2]^+[MeB(C_6F_5)_3]^-$	25	2.4×10^3	1.6	4.5×10^4
$[Cp_2ZrMe_2]^+[MePh_3CB(C_6F_5)_4]^-$	0	9.1×10^4	2.4	1.9×10^5
$[Cp_2ZrMe_2]^+[MeHNR_3B(C_6F_5)_4]^-$	0	6.3×10^4	3.6	1.3×10^5

表中数据说明，以 $B(C_6F_5)_3$ 为助催化剂所得到的聚丙烯分子量低，而以 $B(C_6F_5)_4$ 作为助催化剂则表现出了较高的活性和立体选择性，所得到的聚合物分子量也高。

Tsai[232] 等变换硅桥上的取代基所合成的茂金属催化剂，在与烷基铝反应后，在 $[Ph_3C]^+[B(C_6F_5)_4]^-$存在下于-55~70℃进行丙烯聚合时，活性为 $10^7\sim10^8$g/mol·h，等规度达 99.4%，熔点为 164.3℃，分子量为 3.5×10^5。

不同有机硼化合物和茂金属催化剂的丙烯聚合结果见表 2-59。

表 2-59 不同有机硼化合物和茂金属催化剂的丙烯聚合

催化剂体系	反应条件	聚合结果	文 献
$[Cp_2ZrH]^+/[HB(C_6F_5)_3]^-$	0℃，10^2kPa	3.51kg PP/(g Zr·h)	[260]
$[Et(Ind)_2ZrMe]^+/[B(C_6F_5)_4]^-$	24℃，10^3kPa	IPP，2.63kg PP/(g Zr·h)	[261]
$CpZrB_{z3}/B(C_6F_5)_3$①	50℃，5×10^2kPa，40min	1.43×10^{-3}kg PP/(g Zr·h)	[262]
$(i\text{-}Pr)(Cp)(Flu)ZrMe_2/Ph_3C^+B^-(C_6F_5)_3$	70℃，400mLC_3H_6	0.22kg PP(sPP)	[263]
$[Cp_2ZrMe]^+/[B(C_6F_5)_4]^-$	25℃，10^3kPa	aPP，$M_w=15600$	[264]

① Bz 为苯基。

表中数据说明，没有桥联的非刚性茂金属和有机硼化合物组成的催化剂，聚合得到的是无规聚丙烯，而刚性茂金属和有机硼化合物组成的催化剂，聚合得到的是等规聚丙烯，而且聚合活性比同样情况下的 MAO 高。

有机硼化合物与 MAO 相比，有一个明显的好处是在聚合时有机硼化合物的用量要比 MAO 少，通常和茂化合物等摩尔比就够了，这样可以大大降低催化剂的成本。特别是硼化合物的稳定性好，合成硼化合物的危险性要大大低于 MAO，这有利于储存和运输。不过由于硼化合物不能清除聚合系统中的有毒杂质，因此还需要向反应系统中加入少量的烷基铝。这样做还有一个优点是三烷基铝可以消灭杂质也可以烷基化茂金属，由此可以使用较简单的二氯代茂金属[265](但是助催化剂 MAO 的减少或者被取代通常将影响茂金属催化剂的活性)。

2.3.2.2.4 茂金属催化剂的载体化

茂金属催化剂具有聚合活性高，可以合成各种立构规整度的聚合物等特点。但茂金属催化剂的最大缺点是均相聚合时，聚合物的颗粒形态差(易造成粘壁和堵塞)，而且特别是助催化剂甲基铝氧烷的用量很大，大大增加了茂金属催化剂的使用成本。将茂金属化合物载体化的好处在于可以帮助克服均相状态下茂金属催化剂的上述缺点，并为茂金属催化剂带来许多新的特征。但是茂金属化合物载体化也有问题，最主要的是活性下降。与均相时相比，活性下降约 10 倍。原因是均相茂金属化合物的活性中心浓度大约是茂金属化合物直接在载体上载负后的 10 倍。所以，茂金属化合物载体化要解决的关键问题是提高活性。但是为了使茂金属催化剂能够在现有的聚丙烯工艺装置中顺利使用，使茂金属催化剂实现载体化是一项迫切需要解决的任务。

(1) 载体 可用作茂金属催化剂载体的物质种类较多，主要有无机载体、有机载体和有机/无机复合载体等类型。

为了选择一个好的催化剂载体，可以参考以下一些指标：

最大粒径：0.1μm　　载体比表面积：170~570m^2/g

载体孔容：0.36~2.6mL/g　　载体孔径：6~54nm

另外，还有一类载体催化剂与上述的载体催化剂不同，那就是将茂金属催化剂和 Z-N 催化剂结合在一起而形成的双金属复合催化剂。例如，以 Z-N 催化剂为载体，将茂金属化合物载负其上。开发这一类催化剂的目的是为了利用这两种催化剂的不同特性，可以制备物理机械性能和加工性能更为平衡的双峰聚合物树脂[266]。

① 无机载体。较为常用的无机载体有：SiO_2、Al_2O_3、AlF_3、$Al(OH_x)O_y$、$MgCl_2$、

MgO、MgF_2、分子筛、黏土、沸石等，但是最常用的无机载体是 SiO_2。

茂金属化合物和硅胶的连接主要是靠其上的羟基，而羟基存在的形式有很多种，主要以图 2-49 所示的几种方式存在。

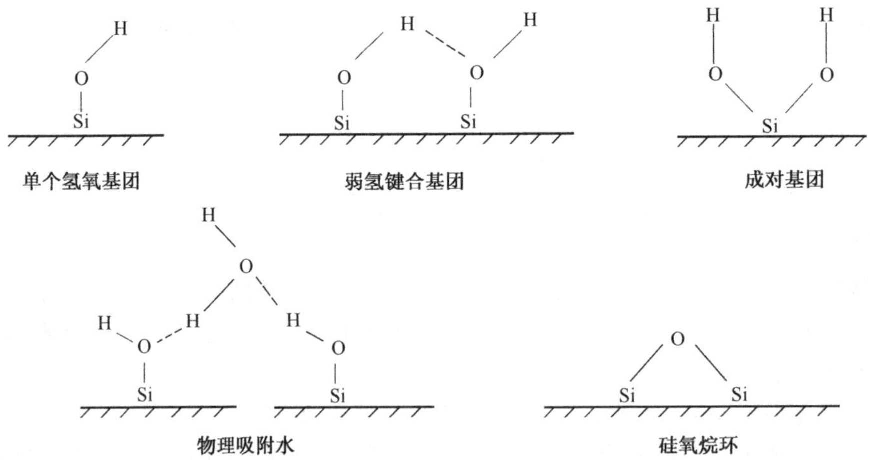

图 2-49　SiO_2 上羟基结合的各种方式

这些不同形式的羟基既是茂金属化合物和 SiO_2 的连接点，同时反过来它又对茂金属催化剂起毒害作用，因此在合成载体催化剂之前，必须对载体进行预处理，并且既需要进行焙烧热处理，也需要进行化学活化处理。

焙烧的目的是为了减少 SiO_2 上吸附的水分和减少 SiO_2 表面存在羟基的数量和种类。SiO_2 焙烧的热处理过程及条件要适当，一般可以在200~800℃真空或氮气流中进行数小时热处理，其中 SiO_2 的类型、气体环境、焙烧的温度和时间等都是影响 SiO_2 表面羟基浓度和分布等的重要参数，焙烧的目的是为了使 SiO_2 上的羟基达到合适的水平，但是对于羟基在 SiO_2 表面的均匀分布所起作用不大。

而化学活化是用化学处理剂对载体进行活化处理，然后再进行茂金属化合物的载负。化学活化的好处是，不但可以消除一些对茂金属化合物有害的杂质，而且可以调节载体上的羟基含量，使羟基经反应而被掩盖从而改善 SiO_2 表面结构。不过化学活化主要的作用还是使茂金属化合物烷基化，另外还可使因氢链转移反应而生成的不活泼茂金属配合物重新被活化，因此化学活化处理对茂金属催化剂的载体化非常重要。

用于化学活化处理的化学处理剂有氯硅烷、硅氧烷、烷基铝、卤化钛、卤化铝、碳酸酯和偶联剂等，另外，在化学活化处理时还可以加入少量的多官能团有机交联剂，如多元醇、多元胺、多元酸和双酚 A 等，化学活化处理可以显著提高载体的比表面积从而提高催化剂的载锆量。交联剂的加入使得 MAO 在载体上呈十分稳定的网状结构，避免了配体和载体直接发生反应而失活，有利于载体催化剂的稳定和催化活性的提高。

王立等人[267]用 BF_3 对 SiO_2 表面进行处理后再负载茂金属化合物，研究结果表明所得催化剂在聚合过程中可大大减少 MAO 的用量，而且催化剂具有良好的催化性能。另外 BF_3 对载体表面进行处理的方法也可应用于 Al_2O_3 载体。

由 SiO_2 和其他物质做载体的较为重要的茂金属载体催化剂体系列举如表 2-60。

表 2-60 茂金属载体催化剂体系种类

催化剂体系	助催化剂	聚合物
SiO_2/EBTHIndZrCl_2	MAO	iPP[268]
SiO_2/MAO/Me_2Si(Me_2Cp)$_2$ZrCl_2	TIBA	iPP[269]
SiO_2/Me_2Si(Ind)$_2$HfMe_2/PhNMe_2HB(PhF_5)$_4$		iPP[270]
SiO_2/MAO/Me_2C(Cp, Fl)ZrCl_2	TIBA	spp[271]
SiO_2/MAO/Me_2C(Cp, Fl)ZrMe_2	SiO_2/Ph_3CB(C_6F_5)$_4$	sPP[272]
SiO_2/CpTiCl_3	MAO	aPP[273]
Al_2O_3/AlMe_3/Metallocene	TEA	iPP/sPP[274]
Al_2O_3/CpTiCl_3	MAO	aPP[275]
MgCl_2/TEA/Metallocene/P_3CB(PhF_5)$_4$		iPP/sPP[276]
MgCl_2/ROH/CpTiC_3/Et_2AlCl	MAO	aPP[277]
PP/Me_2Si(Ind)$_2$ZrCl_2/MAO	MAO	iPP[278]
PP/AlMe_3/TIBA/H_2O/Metallocene		iPP[279]

另一种重要的无机载体是无机盐类如氯化镁，这种载体的特点是表面不含羟基。如果茂金属活性中心原子是钛，那么其配位情况就有点像钛-镁催化剂，钛和镁通过氯原子配位。其负载步骤一般是载体先和茂金属化合物作用，然后再加入 MAO 处理。Soga 等人[280]将 $Cl_2Si(Ind)_2ZrCl_2$ 负载到 $MgCl_2$ 上，得到了可用于催化聚合全同立构聚丙烯的负载型茂金属催化剂。

另外，当载体具有 L 酸(如 $MgCl_2$、Al_2O_3 等)时，可以在茂环上引入具有碱性原子的取代基(如 O、N 等)，通过两者形成配位键而使茂金属固定[281]。

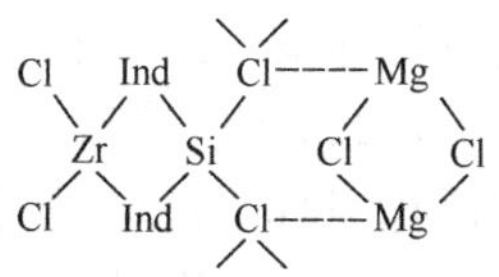

图 2-50 $Cl_2Si(Ind)_2ZrCl_2/MgCl_2$ 负载型茂金属催化剂结构

② 有机载体。有机载体与无机载体相比具有以下特点：

a. 有机载体表面一般少有对茂金属催化剂有害的基团，通常不会使载负后催化剂的活性降低；

b. 可以通过不同的制备方法控制有机载体表面活性基团的数量和分布，从而达到增加茂金属化合物载负量以提高催化剂的活性的目的；

c. 与无机载体相比可以减少 MAO 的用量，有利于降低生产成本；

d. 有机载体基本上不会产生灰分，因此所得聚合物的灰分更低，更适合生产高品质产品。

常用的有机载体大致可分为天然高分子和聚合物两类。常用的天然高分子载体主要是一些表面含有某种官能团的天然高分子。目前研究最多的是含有羟基官能团的环糊精[282]，它是一种低聚糖，最常用的环糊精是分别含有 6、7、8 个葡萄糖基的 α-环糊精、β-环糊精和 γ-环糊精。Lee 等人[283]采用以环糊精为载体的茂金属催化剂(Cp_2ZrCl_2/环糊精)进行乙烯聚合，得到的 PE 的分子量要比均相 Cp_2ZrCl_2 催化剂得到 PE 的分子量高 15~20 倍。

常用的聚合物载体有聚乙烯、聚苯乙烯、聚甲基丙烯酸甲酯等，交联聚合物也可用作载体，如二乙烯基苯-苯乙烯共聚物，还有聚硅氧烷等。其中使用较多的是聚苯乙烯载体，由于其结构中存在有苯环，强度较好而且易于和其他官能团接枝，可以在多种情况下使用。黄葆同等人[284]将苯乙烯与丙烯酰胺共聚物作为载体，此载体先用 MAO 处理，再将 Cp_2ZrCl_2 载负其上，载锆量最高可达 0.35%。与无机载体相比，有机载体催化剂的聚合产物灰分较低，催化剂的活性中心结构单一，分布也比较均匀，孔径易于控制，而且从宏观上看是非均相的，但是从活性中心等微观上看是均相的，因而聚合活性很高，对于乙烯聚合其聚合活性可达 3.62×10^7g/mol·h，对于辛烯也有较强的共聚合作用。

诸海滨等人[285]采用烯丙基取代的硅桥联茂金属化合物与苯乙烯共聚合，得到了 PS 载负的茂金属催化剂，在进行聚合时发现有机载体茂金属催化剂的聚合活性明显高于均相茂金属催化剂。Arai 等人[286]用 $Al(i\text{-}C_4H_9)_3$ 代替 MAO 作助催化剂，用预先载负了 $B(C_6H_5)_3$ 的聚苯乙烯 PS-B 为载体，载负了 Cp_2ZrCl_2 的催化剂进行乙烯聚合，所得聚乙烯产品的颗粒很好地重复了球型载体 PS-B 的形态。

聚硅氧烷是主链由 Si-O 键组成的有机高分子化合物。Soga 等人[287]用茂锆催化剂载负在聚硅氧烷上，发现此催化剂的聚合活性要比载负在 SiO_2 上的催化剂高。另外，通过合成茚基或芴基取代的聚硅氧烷将茂金属化合物载负其上，该有机载体催化剂具有很好的活性和颗粒形态。

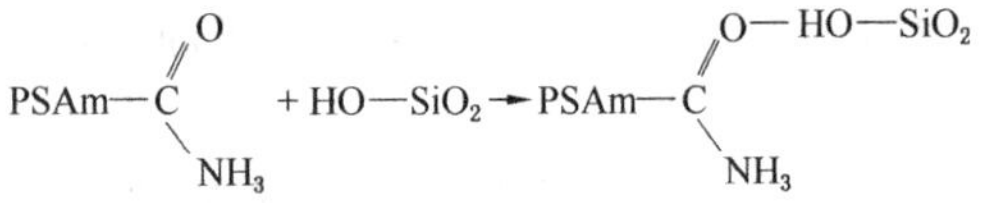

图 2-51　$PSAm/SiO_2$ 复合载体茂金属催化剂

③ 有机/无机复合载体。也可以将有机载体和无机载体复合在一起作为茂金属化合物的载体。谢保军等人[288]将苯乙烯与丙烯酰胺共聚物(PSAm)载负到 SiO_2 上，得到 $PSAm/SiO_2$ 复合载体(图 2-51)，该载体负载的茂金属催化剂进行乙烯聚合，催化活性较高而且可以有效地控制聚合物形态。

(2) 负载方法　茂金属催化剂的载负方法一般为浸渍法(或反应法)，即将预处理(脱水或官能团化)过的载体与茂金属、烷基铝或铝氧烷等先进行反应，然后经洗涤、干燥得到流动态的固体粉末催化剂。

具体的负载方法可以分为以下几种：

① 茂金属化合物直接在载体物质上载负；

② 先将茂金属化合物载负在载体物质上，然后再用 MAO 处理；

③ 载体物质先用 MAO 或其他物质处理，然后再将茂金属化合物载负其上；

④ 先将茂金属化合物的配位体物质与载体物质反应，然后再和锆化合物反应生成载体化的茂金属催化剂。

这几种制备方法中茂金属化合物与载体物质的结合方式是不同的。

方法①和方法②是靠茂金属化合物中的金属原子和载体物质表面的羟基发生反应，生成金属-氧共价键。而加入 MAO 后，在 MAO 的作用下金属-氧共价键断裂而形成活性中心。具体如图 2-52 所示。

这种载负方法的结合强度要高于方法③。但是因为是载体和茂金属化合物直接相连，茂金属的配体和卤素有可能和载体上的羟基反应，或和其他部位发生反应，结果可能使配体脱落、卤素消耗或 Si—O 键断裂而使部分催化剂失活，导致催化剂活性大幅度下降，并可能使茂金属化合物的结构发生变化，造成对茂金属催化剂性能较大的影响。另外，由于载体表面羟基分布的不均匀性，还有可能导致局部活性中心浓度过高对聚合产生的不利影响。有的茂

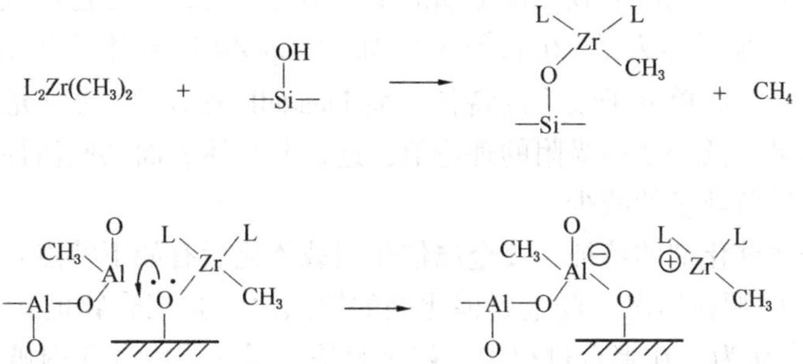
图 2-52 茂金属生成金属-氧共价键和生成活性中心的反应

金属催化剂甚至在载体化后，它的性能都会发生变化。Kaminsky[289]发现间规聚丙烯催化剂 $Me_2C[(Cp)(Flu)]ZrCl_2$ 载体化后得到的是等规聚丙烯。

方法③的具体做法是用 MAO 先和载体物质结合，让载体表面被 MAO 覆盖，然后加入茂金属化合物而得到载体催化剂。Soga 等人[290]认为，此方法首先是 MAO 的 Al 原子通过与硅胶的羟基生成 Al—O—Si 键而化学键合到硅胶表面，然后茂金属化合物再和键合在硅胶表面上的 MAO 以配位键配合生成载体催化剂。Chien 等人[291]认为，此方法使茂锆阳离子基团在载体表面上被 MAO 的多配位“冠状体”所包围并稳定，就好象在均相溶液中一样，从而隔离了载体的影响，大幅度地提高茂金属催化剂的活性。此情况和均相催化剂类似，载体对聚合物的结构一般没有什么影响，聚合时一般也不需要补加 MAO。

也可以采取原位负载的方法，即将未经 MAO 处理过的硅胶直接加入三甲基铝进行反应，得到 MAO 后再载负茂金属化合物，但是加料顺序必须是将湿载体在惰性气氛中缓慢地加入到烷基铝中，只有这样才会得到合适的铝氧烷齐聚物。

最新的研究进展之一是，使用某些硼化合物来对载体表面进行化学处理，使硼化合物和羟基反应形成锚接点，一方面减少载体表面因极性基团存在而产生的不利影响；另一方面在茂金属化合物因此而负载化后，硼化合物可以和载体一起作为茂锆阳离子的平衡离子，给此载体催化剂带来一些新的特性，如增加催化剂的活性等。

方法④则是或者将载体上的羟基氯化后和配体先反应，然后再和氯化锆化合物反应得到载体茂金属催化剂，或者在配体茂环上先引入能够和羟基发生反应的取代基，然后和载体上的羟基发生反应而被固定。因此这种方法与载体物质的结合是最牢固的。

载体茂金属催化剂的制备方法对催化剂的性能影响很大，Soga 等[292]发现以 SiO_2 为载体的茂金属催化剂按以上四种方法进行载负，得到的催化剂对所制备聚丙烯的熔点和等规度的大小影响如下：

$Et(IndH_4)_2ZrCl_2$(均相)<$Et(IndH_4)_2ZrCl_2/(SiO_2/MAO)$(方法③)

<$Et(IndH_4)_2ZrCl_2/SiO_2$，$Me_2Si(Ind)_2ZrCl_2/SiO_2$(方法①) ≈ $Et(IndH_4)_2ZrCl_2/SiO_2/MAO$，$Me_2Si(Ind)_2ZrCl_2/SiO_2/MAO$(方法②)<$SiO_2-Si(IndH_4)_2ZrCl_2$(方法④)

用方法④制备的载体茂金属催化剂用烷基铝做助催化剂，可以制备高等规度、高分子量的聚丙烯树脂。

虽然大多数的研究都采用 SiO_2 作为载体，但是由于 SiO_2 主要是靠其表面上的羟基起作用，而羟基的存在会影响茂金属化合物的活性，因此直接在 SiO_2 上载负茂金属化合物，一般聚合活性都会大幅度下降，只有方法③可以保持较高的活性。

(3) 载负量　通常在载体上载负茂金属的量都不是很高，这是造成载体茂金属催化剂活性偏低的原因之一。张雷等人[293]在制备 SO_2/MAO/Cp_2ZrCl_2 载体催化剂时发现，Cp_2ZrCl_2 在硅胶上的负载明显具有单分子吸附的特征。而 Iaeadelli 等人[294]的研究发现，载体表面负载的茂金属化合物量远低于物理吸附的理论值，这说明载体表面某些活性中心上有副反应发生，结果导致茂金属负载量的减少。

(4) 载体茂金属催化剂的特征　茂金属催化剂载体化后有如下特点：

① 改善聚合物的颗粒形态。茂金属催化剂的缺点之一是聚合物的颗粒形态差，表观密度低。Fink 等人[295]认为，在聚合过程中，催化剂是一层一层由外向内破裂，逐步暴露出新的活性中心。树脂的颗粒形态是和催化剂的破裂过程和树脂在碎片上的生长过程密切相关的。

载体化给茂金属催化剂带来最重要的变化是，可以解决其聚合物颗粒形态差的问题。Soga 等[269]将 *rac*-Me_2Si(2,4-Me_2Cp)(3′,5′-Me_2Cp)$ZrCl_2$ 载负在经过 MAO 处理过的 SiO_2 上，与同样组分的均相催化剂进行丙烯聚合对比试验，结果聚合物颗粒由细粉变成了球型颗粒，而且表观密度由 0.08g/cm^3 提高到 0.34g/cm^3。聚合物颗粒形态得到了很大的改善，和传统的 Z-N 催化剂一样，茂金属催化剂的聚合物也具有催化剂颗粒形态的复现性。具体见图 2-53。

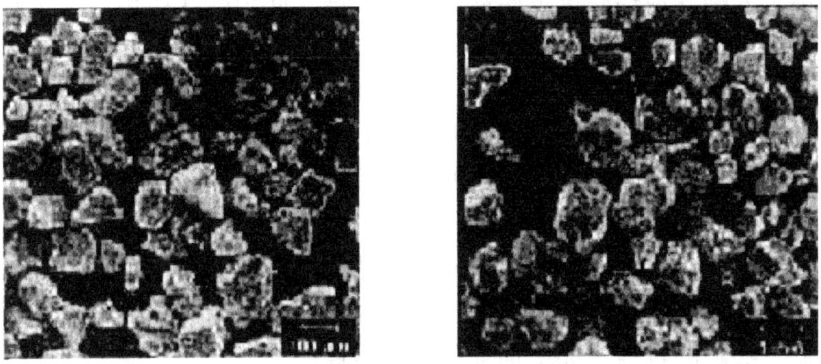

催化剂颗粒形态　　聚合物颗粒形态

图 2-53　Me_2Si(2-Me-BenzInd)$_2ZrCl_2$/MAO/SiO_2 体系的催化剂及聚合物的颗粒形态[296]

载体化的茂金属催化剂，可以通过载体颗粒形态的选择和控制，来达到控制茂金属聚合物的颗料形态的目的，以适应现有的聚合生产工艺的需要。

② 减少(或取代)助催化剂 MAO 的用量，降低催化剂的成本。载体化还可以帮助茂金属催化剂降低 MAO 用量。用 Al_2O_3、$MgCl_2$、CaF_2 等或用 MAO 处理过的 SiO_2 作茂化合物的载体，所合成的茂金属催化剂可以用 $AlMe_3$ 或 $AlEt_3$ 直接进行丙烯聚合[297]。用 MAO 处理过的 SiO_2 作载体载负 Et($IndH_4$)$_2ZrCl_2$ 作为催化剂，并用 $AlEt_3$ 作活化剂进行丙烯聚合活性很高，且其活性顺序根据所使用的活化剂的不同有以下的顺序[298]：

$$AlEt_3 < AlMe_3 < Al\,i\mathrm{But}_3$$

Soga 等人已经证明，当茂金属化合物固定在化学改性的氧化硅上时，活化可以简单地由三烷基铝完成并得到等规聚丙烯而不需要任何 MAO[299]。特别是，由═$SiCl_2$ 基团功能化的氧化硅可以与 Cp-型配位键的锂盐进一步反应，并在与卤化金属反应后，可以生成氧化硅锚固的立构刚性茂金属，通过它的桥链连接。

这种方法对降低茂金属催化剂的成本具有重要意义，它为茂金属催化剂成功的工业应用带来了希望。

茂金属催化剂载体化后还可以使聚合物的分子量提高。用 SiO_2 载负的 $Et(Ind)_2ZrCl_2$ 催化剂进行丙烯聚合所得到的聚合物，与均相的 $Et(Ind)_2ZrCl_2$ 催化剂相比，分子量可以提高达 30 倍[300]。表 2-61 和表 2-62 列出了 $Me_2Si(2\text{-}MeInd)_2ZrCl_2$ 和 $Me_2C(Cp, Fl)ZrCl_2$ 两个催化剂在均相和载体化两种情况下的丙烯聚合结果。

表 2-61 $Me_2Si(2\text{-}MeInd)_2ZrCl_2$ 催化剂的均相聚合和载体化聚合的性能比较

载 体	均相[213,301]	PP[279,296]	SiO_2[279,296]
聚合活性/(10^3kg/mol Zr)	99	24	40
聚合物 M_w	195000	204000	117000
T_m/℃	145	148	143
mmmm/%	88.5	92	90
细粉率(<0.1mm)/%	—	0.6	1.5

表 2-62 $Me_2C(Cp, Fl)ZrCl_2$ 催化剂的均相聚合和载体化聚合的性能比较

催 化 剂	均 相[237,302]	SiO_2 载体[279,296]
聚合物 M_w	133000	300000
T_m/℃	140	122-126
rrrr/%	82	90

在大多数情况下，载体化的茂金属催化剂是由过渡金属化合物、MAO 和载体以不同的组合进行反应，而三烷基铝则用作杂质清除剂。

③ 延长茂金属催化剂活性中心的寿命。茂金属化合物载体化后还可以使茂金属催化剂活性中心的寿命，比相同催化剂在均相状态下要显著延长，甚至可以长时间聚合活性不衰减[269]。对于 Cs 对称的茂金属催化剂，载体化后还会改变其聚合物的立体结构特征。原来在均相情况下进行聚合得到的是无规或间规聚丙烯的催化剂，用 SiO_2 作载体载负后得到的聚合物都变成了等规聚丙烯[303]。

但是，需要特别说明的是，尽管已经可以将氧化硅、氧化铝、氯化镁、沸石和聚合物用作茂金属催化剂的载体[303~306]，但是它们的催化活性几乎无一例外地都降低了，这可能是因为茂化合物在载负过程中和载体发生了反应，使其结构发生了变化，有些活性中心失活所至。Marks 等人[307]认为 Cp_2ZrCl_2 和 Al_2O_3 反应时会生成两种物质，一种是 Zr—O—Al 键，另一种是阳离子，前者没有活性，后者有活性，这可能也是这种方法制备的载体催化剂活性低的原因。

因此，要使茂金属催化剂载体化，必须解决载体化后活性下降的问题。

茂金属催化剂载体化的一个新进展是，让载体不但起载负茂金属的作用而且也起活化催化剂的作用，这无疑会大大降低茂金属催化剂的生产成本，Grace 公司[308]开发的 IOLA 载体就属于这一类。IOLA 载体是用 SiO_2 和黏土经喷雾干燥而制成，外观为表面粗糙的微球，内里布满空隙并具有电离状态，在催化剂制备时可起分散载负作用，在预聚合时又可起激活催化剂的作用（如离子化），具有载体和活化剂的双重功能，降低了催化剂的成本。

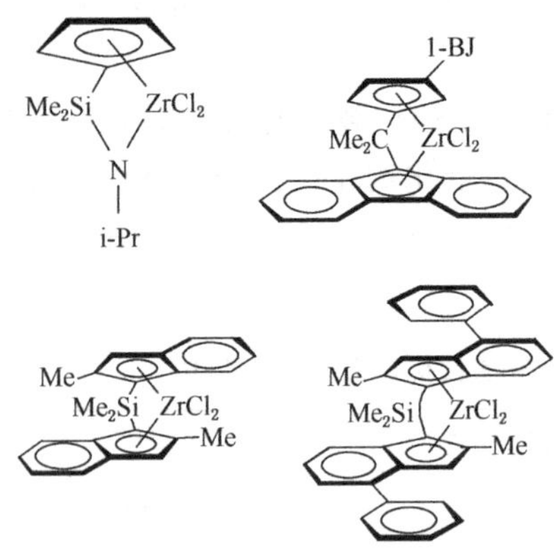

图 2-54　等规茂金属催化剂的对称性结构示意图

2.3.2.2.5　等规茂金属催化剂

等规茂金属催化剂可以精确控制聚丙烯的分子量、分子量分布和晶体结构，通常可以生产高等规度和分子量分布窄的聚丙烯产品。但是如果采用多个反应器，或者选择适当的茂金属化合物，也可以生产出结晶度较低和分子量分布较宽，有良好的透明度和抗冲击性能的聚丙烯产品。本节将对等规茂金属催化剂的结构种类、结构和性能、聚合条件的影响以及产品的性能等内容分别加以详述。

（1）等规茂金属催化剂的结构和种类　典型等规聚丙烯茂金属催化剂的结构见图 2-54。

等规聚丙烯茂金属催化剂按其结构的对称性可分为以下几类：

① 具有 C_2 对称性的茂金属化合物。如外消旋-乙基桥联二茚基二氯化锆[Et(Ind)$_2$]ZrCl$_2$(*rac*-EBIZrCl$_2$)及其四氢取代衍生物(*rac*-EBTHIZrCl$_2$)，这是最早的丙烯聚合手性催化剂[250]。经研究改进，目前 Exxon/Hoechst 等公司的[Me$_2$Si(2·Me-4Naph-Ind)$_2$]ZrCl$_2$ 被认为是性能最好的等规聚丙烯催化剂[309]，其等规指数已达 99%以上，分子量可达 90 万以上，且聚合活性远高于Z-N催化剂。其结构示意图如图 2-55 所示。

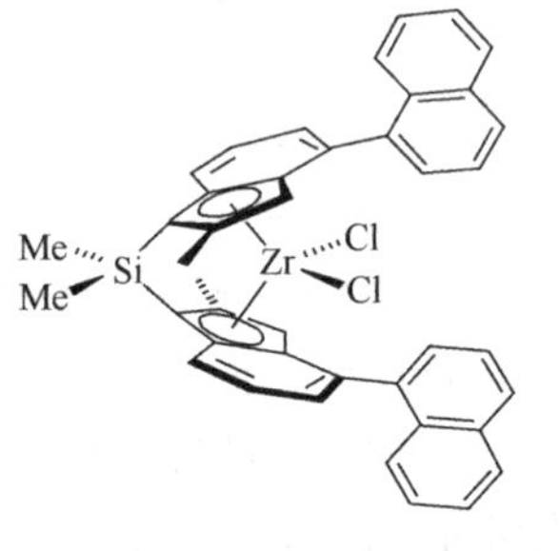

图 2-55　Exxon/Hoechst&BASF 茂金属催化剂的结构示意图

② 具有 C_1 对称性的茂金属化合物。如异丙基桥联-(3-叔丁基环戊二烯基)芴基二氯化锆[Me$_2$C(Flu)(3tBuCp)]ZrCl$_2$[310]，它是在茂环 3 位引入取代基，原来的 C_S 对称性就变成了 C_1 对称性，使得原来是丙烯间规聚合的催化剂变成了丙烯等规聚合的催化剂[230]。

③ 少数具有 C_{2v}对称性的茂金属化合物，如外消旋-乙基桥联-二(3-甲基-4-叔丁基环戊二烯基)二氯锆[311]，也可将其归为①类。

还有少数单环茂金属化合物[312]和特殊结构的茂金属化合物[313]也能获得等规聚丙烯。

等规茂金属催化剂的过渡金属原子可为钛、锆和铪。

对于桥链等规茂金属催化剂，其桥链可为碳桥、硅桥以及锗桥。

用作合成等规聚丙烯催化剂的茂金属化合物的刚性配体列举如下：

R(bis(3-methyl-4-*t*-butyl-1-cyclopentadienyl))

R(bis(3-*t*-butyl-1-indenyl))

R(bis(4-*t*-butyl-9-fluorenyl))

R=methylene, ethylene, isopropylidene, dimethylsilenyl[311]

R(bis(3-methyl-1-cyclopentadienyl))

R(3-trimethyl-silanylcyclopentadienyl)

(1,1,4,4-tetramethyl-1, 4-disilanylbutylene)bis(4,5,6,7-tetrahydroindenyl)

R = dimethylsilenyl, 1,1,2,2-tetramethyldisilanylene[314]

ethylenebisR

R = indenyl, 4-methyl-1-indenyl, 5-methyl-1-indenyl, 2,3-dimethyl-1-indenyl, 4,7-dimethyl-1-indenyl[315]

dimethylsilenylbisR

R = indenyl, 2-methyl-1-indenyl, 3-methyl-1-indenyl[316]

dimethylsilanebisR

ethanebisR

R = 3-*t*-butylcyclopentadienyl, tetramethylcyclopentadienyl, hexamethylindenyl, 2-methyl-4-phenylindenyl, 3-(*N*-pyrrolidino)indenyl[317]

isopropylidene(3-*t*-butyl)(fluorenyl)

(2) 等规茂金属催化剂的结构与性能　茂金属催化剂等规聚丙烯的性能，取决于无规分布在聚合物链上的无规则链节的数量，不同结构的茂金属催化剂可以得到熔点从125℃到160℃的等规聚丙烯，这和熔点为160~165℃的、可以用抽提无规聚丙烯的量来确定其等规度的传统等规聚丙烯不同。

等规聚丙烯茂金属催化剂的结构特征，表现在桥联特征和环配位体取代基的特征上。

在桥连特征的影响方面，只要涉及到等规立构规整性，在β位的取代物的本性就显示出关键作用(见表2-63)。茂金属的立构刚性也提供了极强的作用，当使用了单原子桥并且特别是在桥链的环戊二烯配位基α位(或是在茚基配位基的2位)使用了甲基基团时，茂金属的立构影响会增加[318]。

表2-63　用立构外消旋茂金属-MAO催化剂进行丙烯聚合

茂金属	Al/Zr	温度/℃	活性/kgPP/mmol Zr · atm	等规五单元组/%	熔点/℃	分子量/10^4	参考文献
$Me_2Si(3\text{-}MeCp)_2ZrCl_2$	625	30	5.43①	92.5	147.8	1.37	[319]
$Me_2Si(2,4\text{-}Me_2Cp)_2ZrCl_2$	625	30	3.7①	97.1	160.4	8.65	[319]
$Me_2Si(3\text{-}t\text{-}BuCp)_2ZrCl_2$	625	30	0.12①	93.4	149.4	0.95	[319]
$Me_2Si(3\text{-}t\text{-}BuCp)_2ZrCl_2$	300	50	0.335②	77	128	0.198	[320]
$Me_2Si(2\text{-}Me,4\text{-}t\text{-}BuCp)_2ZrCl_2$	300	50	0.505②	94	149	0.919	[320]
$Me_2Si(2\text{-}Me,4\text{-}i\text{-}PrCp)_2ZrCl_2$	300	50	3②	73	107	0.496	[320]
$Me_2Si(Ind)_2ZrCl_2$	15000	70	6.3②	81.7	137	3.6	[301]
$Me_2Si(2\text{-}MeInd)_2ZrCl_2$	15000	70	3.33③	88.5	145	19.5	[301]
$Me_2Si(Benz[e]Ind)_2ZrCl_2$	15000	70	9.2③	80.5	138	2.7	[301]
$Me_2Si(2\text{-}MeBenz[e]Ind)_2ZrCl_2$	15000	70	13.56③	88.7	146	33.0	[301]
$Me_2Si(4\text{-}PhInd)_2ZrCl_2$	15000	70	1.6③	86.5	148	4.2	[301]
$Me_2Si(2\text{-}Me,4\text{-}PhInd)_2ZrCl_2$	15000	70	25.4③	95.2	157	72.9	[301]
$Me_2Si(2\text{-}Me,4\text{-}NaphInd)_2ZrCl_2$	15000	70	29.5③	99.1	161	92.0	[301]

①压力为300kPa

②压力为300kPa

③本体聚合。

当使用了 Me_2Si-桥连接的 Cp 配位键时，等规度随 β 位取代物的体积而增加：

甲基<异丙基<叔丁基

同样的趋势也在相应的乙烯桥连接化合物中观察到了[322]。

表 2-64 使用外消旋茂金属和 MAO 时，桥链结构对丙烯聚合的影响

茂金属	温度/℃	活性/(kg PP/mmol Mt · h · bar)	等规五单元组/%	熔点/℃	参考文献
$Me_4C_2(3\text{-}t\text{-}BuCp)_2ZrCl_2$	50	0.085①	62	103	[320]
$Me_2Si(3\text{-}t\text{-}BuCp)_2ZrCl_2$	50	0.355①	77	128	[320]
$EBIZrCl_2$	70	6.3②	78.5	132	[301]
$Me_2Si(Ind)_2ZrCl_2$	70	6.3②	81.7	137	[301]
$(Me_2Si)_2(Ind)_2ZrCl_2$	70	0.2②		无定型	[321]

① 300kPa 丙烯。

② 本体聚合。

外消旋-环茚基茂金属的立构规整性，在 4 位出现一个突出的大体积基团时可以得到改善。此时，立构规整性在聚合温度达到 70~80℃ 时仍然较高，而且局域立构规整性也得以改善。一些研究分析了非桥联二茚锆催化剂催化丙烯聚合的结果，发现双茚型茂金属催化剂取代基位置对聚丙烯等规度有重要影响。在聚合时，产生等规二元组[m]和间规二元组[r]的概率 P_m 与 P_r 不同，原因在于催化剂 *rac* 构象和 *meso* 构象的平衡浓度与相应的增长常数不同。因此，根据[m]/[r]的比值可以求得产生 m 和 r 二元组的立构规整能量差。

$$[m]/[r] = P_m/P_r$$

$$\ln([m]/[r]) = \ln(P_m/P_r)$$

根据 Arrhenius 定律可得到：

$$\ln\left(\frac{[m]}{[r]}\right) = \ln\left(\frac{\alpha_m}{\alpha_r}\right) + (E_r - E_m)RT$$

Naga 等人[322]用这种方法计算了 Ind_2ZrCl_2 和 $(2\text{-}Me\text{-}Ind)_2ZrCl_2$ 催化丙烯聚合的立构规整能量差，得到前者的能量差为 1.38kJ/mol，后者的能量差为 1.59kJ/mol。说明 2 位取代基对立构定向虽有作用，但并不显著。而 Fan 等人[323]也计算了 $(2,4\text{-}Me_2\text{-}Ind)_2ZrCl_2$ 和 $(2,4,6\text{-}Me_3\text{-}Ind)_2ZrCl_2$ 催化丙烯聚合的立构规整能量差，得到的结果分别为 2.63kJ/mol 和 2.72kJ/mol。结合 Naga 的结果，就可以发现，对丙烯聚合规整度最重要的是 2 位上的取代基，其他位置的影响相对不重要。从表 2-63 来看，2 位取代基可以使聚丙烯分子量大大增加，这是因为，2 位取代基的存在压制了链转移。所以从催化剂设计的角度来说，由于 4 位取代基增加聚丙烯等规度，2 位取代基增加聚丙烯分子量，所以对用于丙烯聚合的双茚茂金属催化剂来说，这两个位置是最重要的。

前面已经谈到，在 C_2 对称环间的短桥链会降低 Cp—M—Cp 的平面夹角并带来高活性，当该桥是由三个或四个原子组成时，则该催化剂对于丙烯聚合已没有活性，但是仍能聚合乙烯。

一般来说，具有手征性的茂金属催化剂的立构规整性在 η^5-环间使用了短桥时会有所增加。桥链的种类和长短对催化剂性能的影响见表 2-65。

表 2-65 二氯二茚锆的不同桥链对催化剂性能的影响[324]

桥 链	催化剂活性/(kg PP/mmol Zr)	聚丙烯分子量/10^3	聚丙烯熔点/℃	聚丙烯等规度[mmmm]/%
$SiMe_2$	190	36	137	81.7
$SiPh_2$	40	42	136	80.5
$SiMe_2SiMe_2$	3	9	73	40.2
CMe_2	27	15	124	69.7
CH_2CH_2	188	24	132	78.5
$CH(Et)CH_2$	72	54	135	79.5

聚合条件：本体聚合，70℃，1h，助催化剂 MAO。

表 2-65 的数据表明：

① 一个原子的硅桥链，两个原子的碳桥链适合于中等等规度的聚丙烯的合成，较短和较长的桥链降低等规度和分子量；

② 桥链上的苯基取代可提高分子量；

③ 乙基桥链上的不对称取代可提高分子量。

对于手征性外消旋茚基和环戊二烯基催化剂来说，可以清楚地看到环取代基对催化剂活性的不同影响。对于外消旋茚基催化剂来说，随着 4 位取代物体积的增加，活性大大增加，而对于环戊二烯基催化剂，则当 β 取代基变化时就会出现相反的变化。

环配位体上不同取代基对催化剂性能的影响见表 2-66。

表 2-66 二甲基硅桥二茚二氯锆茚基上的不同取代基对催化剂性能的影响[324]

茚环上取代基	催化剂活性/(kg PP/mmol Zr)	聚丙烯分子量/10^3	聚丙烯熔点/℃	聚丙烯等规度[mmmm]/%
5,6-$(MeO)_2$	1	22	110/123/138	78.3
5-Cl	22	10	140	87.2
4，7-Me_2	72	13	128	76.6
3-Me	33	28	无规物	11.3

聚合条件：本体聚合，70℃，1h，助催化剂 MAO。

表 2-66 的数据表明，卤素或烷氧基取代降低催化剂的活性和聚合物的分子量；3 位的烷基取代有损于催化剂的立体定向性。

环配体上取代基的大小也影响催化剂的性能。研究表明，双茚基二氯化锆催化剂其链终止反应主要是 β-H 向单体转移所致，如果在茚基的 2 位上引入给电子取代基(Me，Et)，就可以有效地抑制这种链转移的发生。另外在 4 位上引入取代基也可以减少容易产生 β-H 消除造成链终止反应的二级插入，并且可以产生附加的电子效果，从而提高丙烯聚合的活性和分子量。

表 2-67　二甲基硅桥二(2-甲基茚)二氯锆茚基上取代基大小对催化剂性能的影响[324]

茚环上的取代基	催化剂活性/(kg PP/mmol Zr)	聚丙烯分子质量/10^3	聚丙烯熔点/℃	聚丙烯等规度[mmmm]/%
无	99	195	145	88.5
4-异丙基	250	210	150	88.6
4-苯基	550	730	157	95.1
4-萘基	880	920	161	99.1

聚合条件：本体聚合，70℃，1h，助催化剂 MAO。

表 2-67 数据说明环配位体上的取代基越大，催化剂的聚合活性越高，聚合物的分子量越大，聚合物的等规度也越高。BRICI 采用上述环配体上取代基为 4-苯基的茂金属催化剂进行丙烯聚合试验，不加氢时均相聚合物的分子量可达 150 万以上，载体化后的分子量可达 160 万以上。进行氢调后的聚合物的熔点可以达到 160℃。证明了环配体上大取代基的作用是非常明显的。

另外，聚合物的分子量高度依赖于配位基结构，因为配位基取代形式在活化状态中产生了不同的非键接反应，导致了链的转移，并且这种非键接反应还决定了转移反应的类型和速率。分子量最大的增加是在朝向桥的 α 位 C_5 环上出现了一个甲基的时候。尽管使用茂铪时催化活性会降低，但是它能比使用茂锆时得到更高的聚合物分子量[325]。一般都认为聚合温度升高对聚丙烯分子量是不利的。

由茂金属得到的等规聚丙烯的一个重要特征就是分子量分布很窄($M_w/M_n\approx2$)，这也是单中心催化剂的一个标志。

已经发现，用上面提到的催化剂制备的聚合物的特性强烈地依赖于聚合条件。在工业过程通常使用的温度(50~70℃)下，聚合物的立构规整性、局域规整性和分子量都降到了很低的数值。因此，今后研制不同结构的配位基以及研究配位基取代基对聚合物结构和催化剂活性的影响将是重要的任务[319,320,301]。

立构规整性一般不受茂金属原子和 MAO 浓度的影响，但是，至少在使用某些茂金属催化剂时($EBIZrCl_2$、$EBTHIZrCl_2$)，它会随着丙烯浓度的降低而降低[326]，因而，人们在比较不同单体浓度下催化剂的立构规整性时一定要小心区分单体浓度带来的影响。另外增加聚合温度，则立构规整性和局域选择性也会降低。

(3) 等规茂金属催化剂的丙烯聚合

①(MAO)Al/Zr 比值的影响。对于丙烯聚合影响最大的因素之一是 Al(MAO)/Zr 比。MAO 的浓度强烈影响茂金属催化剂的活性，要想达到最大活性或在某些时候抑制活性，则用于活化的 Al/Zr 摩尔比对于不同的茂金属有不同数值，具体见表 2-68。

表 2-68　Al/Zr 比对丙烯聚合的影响[327]

Al/Zr 摩尔比	[Zr]/(μmol/L)		催化剂活性/[kg/(mol Zr · mol MAO · h)]	
	$Et(H_4Ind)_2ZrCl_2$	$Et(Ind)_2ZrCl_2$	$[Et(H_4Ind)_2ZrCl_2]$/MAO	$[Et(Ind)_2ZrCl_2]$/MAO
100000	—	4.2	—	14200
75000	10.8	—	1120	—

续表

Al/Zr 摩尔比	[Zr]/(μmol/L)		催化剂活性/[kg/(mol Zr · mol MAO · h)]	
	$Et(H_4Ind)_2ZrCl_2$	$Et(Ind)_2ZrCl_2$	$[Et(H_4Ind)_2ZrCl_2]/MAO$	$[Et(Ind)_2ZrCl_2]/MAO$
35000	10.8	12	1710	13900
6500	10.8	—	4390	—
5000	—	12	—	9200
4000	—	12	—	8300
3500	10.8	—	5800	—
700	10.8	12	4490	1200
350	10.8	12	2280	3
145	50	—	1360	—
80	50	—	1000	—

聚合条件：温度 30℃；压力 0.17MPa；$[C_3^=]=0.47mol/L$。

为了使茂金属催化剂具有高活性，存在一个 MAO 最小 Al(MAO)/Zr 比值的极限[328]。根据 Sivaram 的研究结果认为此极限约为 800，所含 TMA 的摩尔分数小于 30%[329]。

但是，MAO 用作助催化剂，对于不同的茂金属化合物，它们所需要的 MAO 的最低用量是有区别的。如$[Et(Ind)_2ZrCl_2]$/MAO 体系，在丙烯聚合时的最低 Al(MAO)/Zr 比值为 350[327]。而$[(NmCp)_2ZrCl_2]$/MAO 体系，其丙烯聚合时的最低 Al/Zr 比值为 3000[330]。通常 Al/Zr 比值增加聚合活性增加，但也不是 Al/Zr 比值越高越好。有的茂金属化合物有最佳的 Al/Zr 比值，如$[Et(H_4Ind)_2ZrCl_2]$/MAO 体系的最佳 Al/Zr 比为 1000[325]，而 $Me_2Si(Ind)_2ZrCl_2$/MAO 催化体系的最佳 Al/Zr 为 10000。如果在聚合体系中有极性单体存在，则所需要的 Al/Zr 值还要大，因为 MAO 首先要和极性单体配位，然后才能和茂金属化合物[331]配位。如果茂金属催化剂的配位体具有大的空间位阻，通常它需要更多的 MAO 用量[332]。但是，过多的使用 MAO 反而活性下降。

Al/Zr 比值变化不仅影响丙烯聚合的活性，而且也会影响聚合物的立体规整性，不过影响的程度会因茂金属化合物的不同而不同。对于具有 C_2 对称性的茂金属催化剂，如$[Me_2Si(Ind)_2ZrCl_2]$，当 Al/Zr 比变化时，它所得到的聚合物的立体规整性不受 Al/Zr 比变化的影响[333]。而对于$[Me_2(Ind)_2ZrCl_2]$，当 Al/Zr 比降低时，[mmmm]随着降低。而相比之下 Al/Zr 比降低对$[Me_2(H_4Ind)_2ZrCl_2]$的影响就较小。但是，对于具有 Cs 对称性的茂金属催化剂，如[*i*Pr(CpFlu)ZrCl$_2$]，当 MAO 或烯烃浓度下降时，它所得到的聚合物会出现更多的 rmrr 错误序列。原因是由于 MAO 或烯烃浓度的降低，会使烯烃插入变慢而导致错误序列增加。

② 聚合温度的影响。聚合温度对茂金属催化剂的影响很大，特别是对催化剂的聚合活性和立体规整性的影响。对于聚合活性来说，随温度升高催化剂的聚合活性增加，但是所得的聚合物分子量下降，分子量分布变宽。因此对于茂金属催化剂来说需要注意确定聚合温度。

聚合温度对茂金属催化剂的另一个重要影响是立体规整性。Ewen[27]用$[Cp_2TiPh_2]$/MAO 在低温下(-40℃)进行聚合，得到了全同聚丙烯(等规度 50%)。显然对于这一类非刚性可旋转的茂金属催化剂来说，温度是影响其构型自由度的一个重要因素，温度越低聚合物的立体规整性越好。

③ 聚合压力的影响。研究表明，茂金属催化剂丙烯聚合的速率随聚合压力的上升、烯烃浓度的增加而增加。

Soga 等人[334]考察了聚合压力对丙烯聚合等规度的影响，发现使用 C_1 对称的茂金属催化剂，所得到的[mmmm]五单元组的比率随聚合压力的下降而逐渐降低。

④ 氢气的影响。氢气由于其突出的链转移作用，是聚合过程最常用的聚合物分子量调节剂。通常对于乙烯聚合来说，加入氢气会使聚合物分子量降低，同时聚合活性也随着下降。但是对于丙烯聚合情况就有所不同，Kashiwa 等人发现[335]将 $Et(Ind)_2ZrCl_2$/MAO 催化剂用于丙烯和丁烯聚合，当有氢气存在时，聚合活性分别提高了 10 倍和 60 倍，而且立体规整性很好，没有误插单元。Sacchi 等人[336]用六种茂金属催化剂进行了加氢试验，结果发现所有的试验活性都增加了，只是不同的催化剂体系增加的幅度不同，而聚合物的立体规整性和分子量分布都没有什么变化。

⑤ 催化剂浓度的影响。茂金属催化剂的浓度能够影响聚合活性和生成聚合物的分子量。目前对此的解释是双分子失活过程[337]。例如，Cp_2ZrCl_2/MAO 催化剂，在反应过程中会出现两种情况：如果系统中茂金属催化剂的浓度高，两个双分子活性物质 C^* 有可能相碰，生成一种不能恢复活性的物质而失活。而如果系统中茂金属催化剂的浓度低，C^* 与 MAO 反应生成高活性物质$[Cp_2Zr(CH_3)]^+$，使催化剂的活性得以保证。另外，低浓度的茂金属催化剂体系也有利于生成高分子量的聚合物。

(4) 茂金属等规聚丙烯性能　不同结构的茂金属催化剂由于其立体定向性的差异及其聚合物的分子量的差异，所得的等规聚丙烯的性能差异较大，具体见表 2-69。

表 2-69　不同茂金属催化剂的等规聚丙烯的基本性能[324]

性　能	乙基桥二氯二茚锆	硅桥二氯二茚锆	异丙基桥二氯二茚锆	传统等规聚丙烯
熔点/℃	139	151	160	162
分子量分布(M_w/M_n)	2.2	2.3	2.5	5.8
弹性拉伸模量/MPa	1060	1440	1620	1190
硬度/MPa	59	78	86	76
悬臂梁冲击强度/(kJ/m^2)	128	86	100	103
透光率(1mm)/%	56	44	35	3

由于茂金属催化剂具有单活性中心的特性，所以可以通过采用 2 个或多个茂金属催化剂的混合来改进聚丙烯的性能，如聚合物的分子量分布(呈宽峰或双峰)可提高到 8 以上[338,339,340]，以及开发聚丙烯新的品种牌号，见图 2-56[341]。

茂金属催化剂合成等规聚丙烯与 Z-N 催化剂合成的比较见表 2-70。

表 2-70　茂金属催化剂和传统 Z-N 催化剂的相同熔点等规聚丙烯的性能比较[324]

性　能	茂金属共聚物	茂金属均聚物	Z-N 共聚物
熔点/℃	140	142	141
硬度/MPa	59	65	41
缺口冲击强度/MPa	11.3	7.3	23.1
透光率(1mm)/%	65	48	57
己烷抽提物(69℃)/%	1.1	0.7	7.9

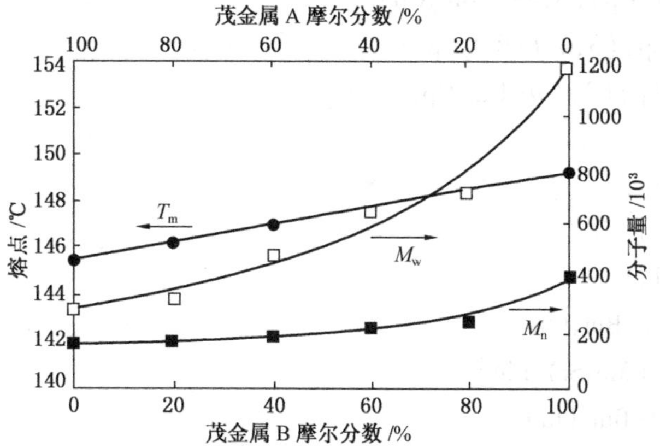

图 2-56　不同比例的双组分茂金属的 iPP 性能

表中数据说明，茂金属催化剂合成等规聚丙烯时，选用乙烯作共聚单体，与 Z-N 催化剂相比，在聚合物的硬度、透光率及己烷抽提物等方面，茂金属催化剂具有显著的优越性。而且与 Z-N 催化剂不同，茂金属催化剂聚丙烯的均聚物熔点明显要低于 Z-N 催化剂。发生这种情况的原因是，用茂金属催化剂进行丙烯聚合时常常会发生“插入错误”。一种情况是丙烯单体在连续进行 si 插入时，偶尔出现了 re 插入，随后又恢复 si 插入。这种情况的发生会给聚合物带来立体结构缺陷。另一种情况是丙烯单体通常是 1，2 方式插入，但偶尔也会出现 2，1 方式插入。这种情况的发生给聚合物带来的是区位缺陷。对于 Z-N 催化剂，发生区位缺陷的几率大约不到 0.1%。而对于茂金属催化剂，发生区位缺陷的几率大约是 0.5%~1%。这些缺陷的存在使茂金属催化剂聚丙烯的结晶度降低，因此表现为熔点明显降低。

2.3.2.2.6　间规茂金属催化剂

用于制备间规聚丙烯的催化剂是 Ewen 等人[228]于 1988 年首先提出的。他使用带异丙基桥链的茂金属化合物 $Me_2C(Cp, Flu)ZrCl_2$ 配合 MAO 制备高度立构的间规聚丙烯。该催化剂是一种 C_S 对称的桥链立构刚性茂金属化合物，见图 2-57。

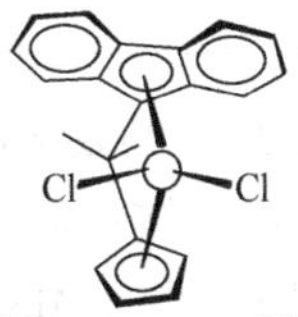

图 2-57　C_S 对称 $Me_2C(Cp, Flu)ZrCl_2$ 间规聚丙烯催化剂的结构

（1）间规茂金属催化剂的结构和种类　合成间规聚丙烯（sPP）的茂金属催化剂一般为具有 C_S 对称面的桥链刚性茂金属化合物，以 Ewen 合成的 $Me_2C(Cp)(Flu)ZrCl_2$ 为代表。用四甲基环戊二烯基或 4,5-亚甲基菲基基团取代芴基组分时[342]，活性和立构规整性都大幅下降。而 Ewen 催化剂的重要进步是使用 Ph_2C 而不是 Me_2C 桥链，由于改变了桥链而得到了较高的分子量[343]。

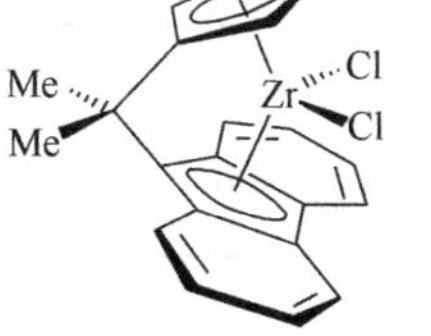

图 2-58　Fina 公司的间规聚丙烯催化剂结构示意图

随后又出现了新型的双桥链间规聚丙烯茂金属催化剂 $(Me_2Si)_2(Cp)[(3, 5\text{-}iPr)_2Cp]ZrCl_2$[344]以及少数单环茂金属催化剂。

目前 Fina 公司的间规聚丙烯茂金属催化剂[203,345]的具体结构式如图 2-58 所示。

用作间规聚丙烯催化剂的茂金属化合物刚性配位体（金属原子主要为锆和铪）列举如下：

$H_2C(3,4\text{-}Me_2Cp)(3,4\text{-}t\text{-}But_2Cp)$

CH_2CH_2(3,4-Me_2Cp)(3,4-*t*-But_2Cp)
Me_2C(3,4-Me_2Cp)(3,4-*t*-But_2Cp)
Me_2Si(3,4-Me_2Cp)(3,4-*t*-But_2Cp)
Me_2C(Cp)(Flu)
Ph2C(Cp)(Flu)
MePhC(Cp)(Flu)
CH_2CH_2(Cp)(Flu)
Me_2C(Cp)(2,7-*t*-But_2Flu)
Me_2C(Cp)[2,7-(Me_3Si)$_2$Flu]
H_2C(Flu)(4,5-*t*-But_2Flu)
CH_2CH_2(Flu)(4,5-*t*-But_2Flu)
Me_2C(Flu)(4,5-*t*-But_2Flu)
Me_2Si(Flu)(4,5-*t*-But_2Flu)

(2) 间规茂金属催化剂的结构与性能　相同配位体的锆与铪茂金属催化剂的性能差异较大，具体见表2-71。

表2-71　Me_2C(Cp)(Flu)MCl_2 聚合间规聚丙烯的性能

M	聚合时间/min	聚合活性/(kg PP/g·h)	间规度[rrrr]/%	聚合物熔点/℃	聚合物分子量(M_w)/10^3
Zr[227]	25	116	82	140	133
Hf[228]	30	1.4	74	—	777

表2-71的数据表明，铪的立体定向性和聚合活性比锆差，但其聚合物的分子量比锆大得多。

不同桥链的间规茂金属催化剂具有不同的立构定向性，一般地讲，对于R(Cp)(Flu)$ZrCl_2$[302,228,346]，Me_2C桥链的立构定向性较好，聚合物具有较高的熔点；Ph_2C桥链的立构定向性较差，聚合物的熔点较低，但聚合物的分子量较大；而用乙基桥链或二乙基桥链代替异丙基桥链，聚合物的熔点、结晶度、分子量和催化剂活性都有不同程度的下降。一般认为用R_2Si桥链则很难获得间规聚丙烯，但是Herzog等人[204]报告，采用硅桥链的茂金属催化剂(Me_2Si)$_2$(4R-Cp)[3,5-(*i*-Pr)$_2$Cp]$ZrCl_2$可以将间规度提高到98%。

对于*i*-Pr(RCp)(Flu)$ZrCl_2$催化剂，如前所述，Cp环上的R取代基会影响催化剂的性能和立体选择性，如Cp环的3位(β位)用甲基取代，得到的是半等规结构的聚合物。如果用更大的叔丁基取代，得到的是等规结构的聚合物。因此，随着R取代基团的变大(从H到Me到*t*-But)，催化剂可以逐渐改变其立体定向选择性(从间规到半等规到等规)。

对于*i*-Pr(Cp)(R-Flu)$ZrCl_2$，Flu环上的取代基也影响催化剂的性能，具体见表2-72。

表2-72　*i*-Pr(Cp)(R-Flu)$ZrCl_2$ 的不同取代基R对催化剂性能的影响[230,347]

R	催化剂活性/(kg PP/g·h)	聚合物分子量(M_w)/10^3	聚合物熔点/℃	聚合物间规度[rrrr]/%
H	188	92	137	82
1-MeO	21	77	—	45

续表

R	催化剂活性/(kg PP/g·h)	聚合物分子量(M_w)/10^3	聚合物熔点/℃	聚合物间规度[rrrr]/%
4-Me_2N	9	150	—	14
4-Me	30	42	112	—
2,7-t-But_2	79	33	147	94
2,7-Me_3Si_2	39	33	142	92
2,7-Ph_2	33	65	132	[r]93

聚合条件：丙烯本体聚合，60℃。

Ewen 的研究结果[230]表明，间规茂金属催化剂的对称性越差，所得到的间规聚丙烯中的 mm 和 mmm 立构序列也越多。

(3) 间规茂金属催化剂的丙烯聚合　用各种间规茂金属/MAO 催化体系进行丙烯聚合的结果见表 2-73。

表 2-73　用间规立构茂金属/MAO 催化剂进行丙烯聚合

茂金属	温度/℃	时间/min	活性/(kg PP/mmol Mt)	间规五单元/%	熔点/℃	分子量/10^4	参考文献
$Me_2C(Cp, Flu)ZrCl_2$	50	25	116	82	140	13.3	[302]
$Me_2C(Cp, Flu)ZrCl_2$	60	60	160	82	137	12.9	[348]
$Me_2C(Cp, Flu)ZrCl_2$	70	60	85.6	76	134	—	[342]
$Ph_2C(Cp, Flu)ZrCl_2$	50	60	29.4	97①	139	56	[343]
$Me_2C(Cp, Flu)HfCl_2$	50	30	1.4	74	—	77.7	[342]

① 两单元组。

使用茂金属 $Me_2C(Cp, Flu)ZrCl_2$，活性在聚合温度为 30℃时达到最大值。而在使用茂金属 t-BuCH(Cp, Flu)$ZrCl_2$ 时，活性会至少随温度升高到 60℃时，一直持续升高。用后面一个化合物得到的聚合物的分子量分布比较宽($M_w/M_n \approx 4$)，如在等规催化剂中所观察到的，立构规整性受到聚合温度的影响，将聚合温度从 0℃变到 70℃，聚合物的间规五单元组会从超过 95%降至 76%。

文献中有许多对间规聚丙烯热力学行为、结晶结构和形态的研究文章。已经有人推导出完全间规聚丙烯的熔点在 220℃附近，热焓约为 7kJ/mol[349]。如果得到确认，则间规聚丙烯的熔点将大大高于等规聚丙烯的。但实际上，在立构规整性和分子量相当的情况下，间规聚丙烯的熔点总是低于等规聚丙烯的。

(4) 茂金属间规聚丙烯的性能　间规聚丙烯最初是由 Natta 等人用分步操作法合成的。之后，报道了用钒化合物与烷基铝催化剂体系在低温下合成间规聚丙烯的方法[350]。但催化活性和聚合物规整度较低，从那之后，在间规聚丙烯的合成方面几乎没有什么进展。直到间规聚丙烯茂金属催化剂的问世，间规聚丙烯的研究和开发才具有了现实意义。

间规聚丙烯由于其独特的间规结构，与等规聚丙烯相比，具有其独特的性能。

表 2-74 间规聚丙烯与等规聚丙烯性能的比较(片材)[351]

规整度	特性黏度/(dL/g)	M_w/M_n	屈服强度/MPa	断裂伸长率/%	冲击强度(ASTMD256, 23℃)/MPa	浊度/%
[rrrr]=0.915	1.40	2.3	26.1	520	12.7	59.4
=0.947	1.30	2.2	28.2	267	13.9	68.8
[mmmm]=0.985①	1.46	2.4	39.5	257	3.9	83.9
=0.918②	1.60	6.9	31.0	670	3.1	77.5

①茂金属催化剂。

②Z-N 催化剂。

用茂金属催化剂合成的分子量分布几乎相同的等规聚丙烯与间规聚丙烯相比较，等规聚丙烯的拉伸强度较好，而间规聚丙烯的冲击强度、透明性较优良，见表 2-74。和等规聚丙烯一样，间规聚丙烯的规整度越高，其强度越高。但是间规聚丙烯的结晶速度太慢，影响它的加工应用，目前间规聚丙烯的实用性还在探索之中。

在我国，中国石化石油化工科学研究院等单位对间规聚丙烯催化剂进行了研究。他们合成了用于制备间规聚丙烯的催化剂二苯基亚甲基桥-环戊二烯基-芴基-二氯化锆茂金属加合物，其丙烯聚合物的三单元间规立构规整度可达 80~93%，而且制备方法简单，催化剂的稳定性好[352]。

2.3.2.2.7 无规茂金属催化剂

用均相催化剂可以制备高度无规的聚丙烯，但是起先合成出的无规聚丙烯，分子量较低，分子量分布较宽，含有一定量的残存结晶体。因此重要的是要用均相催化剂合成出高分子量真正无规的聚丙烯。

(1) 无规聚丙烯茂金属催化剂的结构和种类 用于合成无规聚丙烯的茂金属催化剂的结构和种类包括：

① 手性、C_{2v}对称、非桥联及其含没有立体刚性取代基的茂金属化合物；

② 立体刚性、C_{2v}对称、桥联茂金属化合物；

③ 非手性、内消旋、桥联茂金属齐聚化合物。

无规茂金属催化剂列举如下：

非桥联茂金属化合物[353,354]：Cp_2ZrCl_2、$(MeCp)_2ZrCl_2$、$(Ind)_2ZrCl_2$

桥联茂金属化合物[355,356,357]：$(Me)_2Si(Cp)_2ZrCl_2$ 或 $Me_2Si(Me_4Cp)_2ZrCl_2$，内消旋-Et$(Ind)_2ZrCl_2$、内消旋-Et(tetra-H-Ind)$_2$ZrCl$_2$

以上茂金属催化剂获得的无规聚丙烯的分子量较低，和等规、间规催化剂一样，随着茂金属的立体刚性的增加，无规催化剂获得的聚合物的分子量增加。

新近开发的一些改进了的桥联 C_{2V}对称茂金属催化剂，它们可以生产高分子量的无规聚丙烯。适用于制备高分子量无规聚丙烯的茂金属催化剂列举如下[358,359,207,360,361]：

$Me(Flu)_2ZrCl_2$、$Et(Flu)_2ZrCl_2$、i-Pr$(Flu)_2ZrCl_2$

$(Me)_2Si(Flu)_2ZrCl_2$、$(Bu)_2Si(Flu)_2ZrCl_2$

$(Me)(Hex)Si(Flu)_2ZrCl_2$

$(Me)(Oct)Si(Flu)_2ZrCl_2$

(Me)[3, 3, 3-$(Flu)_3$Pro]Si$(Flu)_2ZrCl_2$

不同结构的茂金属催化剂得到的无规聚丙烯的分子量不同。通过改变聚合条件(例如温度、Al/Zr 摩尔比和单体浓度)可以得到粘均分子量为 $10^5 \sim 10^6$ 的无规聚丙烯。

表 2-75 不同无规聚丙烯茂金属催化剂的性能[361]

茂金属	MAO/Zr 摩尔比	聚合活性 kg PP/g M · h	聚合物特性黏度 dL/g
$(Me)_2Si(Flu)_2ZrCl_2$	2340	31.3	2.30
$(Bu)_2Si(Flu)_2ZrCl_2$	2000	54.8	2.44
$(Me)(Hex)Si(Flu)_2ZrCl_2$	1000	49.8	2.47
$(Me)(Oct)Si(Flu)_2ZrCl_2$	1000	62.7	2.58

我国吉林大学和大庆石化研究院[362]合作开发的非手性 C_2v 对称单茂钛催化剂，也是一种高分子量无规聚丙烯茂金属催化剂，它可以制备出分子量为 200000 的窄分子量分布的、完全无规形态的聚丙烯。

无规聚丙烯也能由 Z-N 催化剂获得，一般是等规聚丙烯的副产品，但分子量较低，分子量分布较宽，且有少量的结晶部分。

(2) 茂金属无规聚丙烯的性能　由于具有单活性中心的特性，茂金属无规聚丙烯具有如下特点[360]：

① 特性黏度>1dL/g；

② [r]%-[m]%>0；

③ $(CH_2)_n(n \geq 2)<2\%$；

④ 贝努利(Bernoullianity)指数：$(4[mm][rr])/[mr]^2 = 1 \pm 0.2$；

⑤ $M_w/M_n<5$。

茂金属无规聚丙烯[$(Me)_2Si(Flu)_2ZrCl_2$]的物性如下[360]：

拉伸模量/MPa	7.8
屈服强度/MPa	0.89
屈服伸长率/%	160
断裂拉伸强度/MPa	>0.6
断裂伸长率/%	>1000
邵氏 A 硬度	50
浊度/%	69.6

2.3.2.2.8　等规-无规立构嵌段茂金属催化剂

等规-无规立构嵌段催化剂是指一种能使丙烯聚合，得到立构等规和无规嵌段高分子链聚合物的催化剂。它是一种丙烯嵌段均聚物。这种聚合物不是均相的，它可以用溶剂萃取的方法将其分离成性质不同的部分。杜邦公司称此聚合物为弹性聚丙烯[363]，并认为此材料非常有商业前途。这种材料是茂金属催化剂所独有的品种。

(1) 等规-无规立构嵌段聚丙烯茂金属催化剂的结构和种类　能够用作等规-无规立构嵌段聚丙烯的茂金属化合物种类较少，而且催化剂结构和聚合机理特殊。具有适当结构的非桥联茂金属催化剂在一定的聚合条件下，可以催化烯烃聚合成为具有立体嵌段微结构的聚合物。由于聚烯烃的微结构强烈影响其物理性能，所以控制烯烃聚合的立体化学结构很重要。

这种由无规和全同序列组成的立体嵌段聚丙烯是一种热塑性弹性体。Natta[364]在 20 世纪 50 年代末期发现了这类聚合物，将它的弹性归因于立体嵌段。后来，DuPont 公司的 Collette 和他的合作者报道了用来合成弹性体的非均相催化剂[365,366]，产品无需分离即可使用。

第一个用于催化合成立体嵌段聚丙烯的均相催化剂是 Chien 等人[367]报道的立体刚性的手性茂钛，所得聚合物熔点为 67~71℃，分子量分布较窄(1.7~1.9)，可完全溶解在乙醚中。Chien 提出了双态机理解释立体嵌段的形成，类似于 Coleman 和 Fox 提出的丙烯酸乙醚阴离子聚合的机理[368]。Chien 假设单体插入顺序地不断发生在催化剂的无规和全同定向活性中心上。即单体插入顺序发生在 Cs 对称的茂金属的无规定向及全同定向的活性中心上。模型预测其平均全同嵌段长度为 10 个丙烯单元，与其熔点相符。

Waymouth 等人提出了一种合成立体嵌段聚丙烯的新思路[369]，并在后续的研究中，探讨了非桥联茂金属催化剂的结构组成及聚合反应条件与聚合行为及聚合物结构、性能的相关性，并且制备出从无定形到弹性体的韧性塑料[370]。

Waymouth 等人[371]用$(2\text{-PhInd})_2ZrCl_2$制备了三种分子量和等规度不同的聚丙烯，用沸腾的乙醚和庚烷进行分级(分为溶于乙醚：ES，溶于庚烷：HS，不溶于庚烷：HI 等级分，见表 2-76)，分级受等规度和分子量控制，等规度和分子量越高，聚合物越趋向不溶。

表 2-76　聚丙烯不同级分分子量与规整度的比较

样　品	质量分数/%	级分	IR 指数①	[mmmm]	$M_w \times 10^{-3}$	M_w/M_n
PP1	100	全部	0.33	0.32	455	2.7
PP1-ES	36	乙醚可溶	0.19	0.18	339	2.5
PP1-HS	43	庚烷可溶	0.33	0.33	367	2.4
PP1-HI	21	庚烷不溶	0.68	0.51	598	3.1
PP2	100	全部	0.34	0.34	257	3.2
PP2-ES	72	乙醚可溶	0.19	0.23	192	2.5
PP2-HS	13	庚烷可溶	0.52	0.53	263	2.9
PP2-HI	15	庚烷不溶	1.00	0.81	512	3.0
PP3	100	全部	0.25	0.17	198	3.0
PP3-ES	80	乙醚可溶	0.17	0.14	174	2.6
PP3-HS	20	庚烷可溶	0.42	0.30	244	2.6

① 由红外吸收强度比值A_{998}/A_{975}计算而得。

热行为和机械性能表征的结果表明，PP1 和 PP2 具有相近的密度(PP1，0.8690g/cm^3；PP2，0.8694g/cm^3)和拉伸模量(PP1，13.45MPa；PP2，15.98MPa)，说明 PP1 和 PP2 具有相近的结晶度。从 DSC 数据来看，PP2(T_m=140.1℃，ΔH_f=36.7J/g)的结晶度要比 PP1(T_m=138.1℃，ΔH_f=24J/g)略高，这一结果与等规度、密度及拉伸模量的数据基本吻合。用X-Ray进行晶体分析，各聚合物的 ES 级分均为胶状物，没有结晶，在其余各级分中，都存在 α-晶型和 γ-晶型[372]，并计算了 α-晶型和 γ-晶型的比例[373]。

PP 的微结构对其物理性质是一个决定性因素，同时还可以揭示许多关于聚合机理的信息[374]。因此，PP 微结构的研究通常与催化剂结构、聚合机理和聚合物物理性能紧密地联系起来。聚丙烯的立体序列分布对不同的聚合机理可以和不同的统计模型相关联[375]，它不仅能揭示结构的重要信息，而且能给出机理的重要信息。通过检测全同聚丙烯中的立体错误的峰，就可以推测立体定向的原因是因为催化剂的构造还是增长链的构造[376]。

弹性聚丙烯被认为是无规和全同的立体嵌段物[364]。这种立体嵌段微结构是由于在聚合过程中，催化剂在手性全同定向和非手性无规定向的旋转过程中的相互转换而形成。也即是在丙烯聚合时，这种茂金属化合物中两个茚环上的取代苯基，在一定的温度条件下发生震荡，交替出现两种对映体结构，手性 *rac* 桥联茂金属结构催化聚合得到高度结晶的全同聚合物，而非手性茂金属结构则催化聚合得到无规聚合物，结果最终得到了含有等规和无规两种链段微结构的立体嵌段聚合物。通过变化催化剂和聚合条件，可以产生许多不同微结构和不同物理性质的聚丙烯。对微结构的深入研究可以解释聚合物的性质，比如，全同和无规嵌段的长度与分布是产生聚合物弹性的决定性因素。另外，认识聚合物微结构是如何随催化剂和聚合条件的变化而变化，也有助于理解聚合机理。

在起初的研究工作中，通常采用现有的统计模型来解释立体嵌段聚丙烯的微结构，所使用的是单中心立体控制机理(中心控制和链末端控制)的线性组合。其缺点是忽略了嵌段的交界区域，所以仅对长嵌段有效[374,375,377]，而后来研究的模型则考虑了交界区域[378]。

Waymouth 等人[379]报道了一种模拟分析立体嵌段聚丙烯微结构的方法。研究指出了各种结构参数(嵌段长度及嵌段的立体定向性)对 NMR 谱图的影响以及如何与聚合机理关联。

他们对无规-全同立体嵌段物的微结构用计算机进行模拟。为与那些使用概率参数预测立体序列分布的模型相比较[374,375,377,378]，模拟的对象为在一系列固定无规与全同嵌段长度的基础上生成的立体序列。模拟的结果表明，[mmmm]或[m]的值对无规或全同嵌段长度 BL_a 或 BL_i 很敏感。当 BL_i 增长时，[m]和五元组浓度都会增长，在 $25<BL_i<50$ 时，九个五元组(mmmm，mmmr，rmmr，mmrr，mmrm+rrmr，mrmr，rrrr，mrrr，mrrm)均可达到极限值。另外，全同五元组、二元组的浓度对 $K(K=BL_i/BL_a)$ 十分敏感。对于 PP，还有另一个重要的结构参数是连续全同立体序列长度[I]。全同立体序列超过 16 个单元会形成结晶[380]。预测[I]的趋势对于预测立体嵌段共聚物的结晶度进而预测聚合物的物理性能十分重要。任何立体错误都会终止全同序列[I]。模拟表明，[I]对 BL 和 α 敏感。对$(2PhInd)_2ZrCl_2$ 催化生成的弹性 PP 的参数进行估算，得到 $K\approx0.5$，$P_m\approx0.55$，$\alpha\approx0.94$，$BL_a\approx17\sim40$。

Waymouth 等人[381]还以 *rac*-和 *meso*-$Me_2Si(2\text{-}PhInd)_2ZrCl_2$(1#)作为$(2\text{-}PhInd)_2ZrCl_2$(2#)的两个旋转构象的模型，比较了其聚合行为，见图 2-59。$Me_2Si(Ind)_2ZrCl_2$ 为 3#。通过处理桥联催化剂的聚合行为，可以推测非桥联催化剂的平衡及速率参数。

X-Ray 分析的结果表明，1#的键长、键角与 2#相仿，最大不同在于双面角，1#-*meso* 的双面角为 60°左右，而 2#的两种旋转构象的双面角都不到 10°。

用 MAO 作助催化剂，Al∶Zr=1000，100mL 液态丙烯，结果见表 2-77。

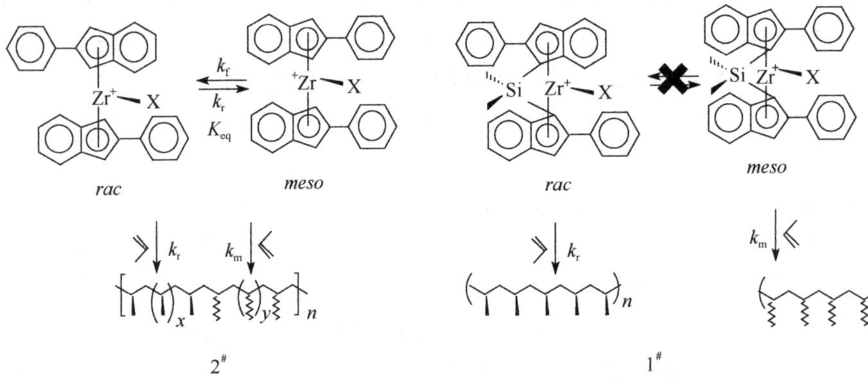

图 2-59　桥联和非桥联茂金属催化剂聚合行为的比较

表 2-77　催化剂 1# 和催化剂 3# 的聚合结果

催化剂	*rac*/%	产量/g	活性/(kg PP/mol Zr · h)	[mmmm]/%	[m]/%	M_w $\times10^{-3}$	*MWD*	IR指数	T_m/℃	ΔH_f (J/g)
1#	100	4.01	2408	86	96	425	2.6	0.9	139	68.4
1#	100	3.88	2327	87	96	410	3.1	0.9	139	73.8
1#	100	4.29	2573	88	96	495	4.1	0.9	138	67.9
1#	0	6.82	4092	7.0	50	150	2.1	0.2		
1#	0	6.59	3951	6.2	48	125	2.0	0.2		
1#	0	6.76	4058	6.2	49	194	2.2	0.2		
1#	100	2.20	3270			1850	2.9		nd	nd
1#	0	1.74	2610			1470	3.1		nd	nd
3#	100	10.39	6234	92	98	121	2.2	nd	nd	nd
3#	45	1.75	1050	91	98	nd	nd	nd	nd	nd

① 乙烯聚合，单体压力为 206.8kPa。

用 1#-*rac* 和 1#-*meso* 混合物催化丙烯聚合得到全同与无规的反应共混物(见表 78)。1#-*rac*增加时，共混物的全同度、结晶度、M_w、*MWD* 会增加。共混物为均相，没有全同与无规的相分离。

表 2-78　催化剂 1#-*rac* 和 1#-*meso* 混合物催化丙烯聚合的结果

项目	*rac*/%	产量/g	产率/(kg PP/mol Zr · h)	[mmmm]/%	[m]/%	M_w $\times10^{-3}$	*MWD*	IR指数	T_m/℃	ΔH_f (J/g)	等规聚合物①/%
1	42	4.00	2400	34	64	293	3.1	0.41	139	21.3	34
2	57	5.29	3127	39	69	312	3.3	0.48	138	26.1	46
3	61	5.09	3052	45	73	345	3.4	0.56	138	28.7	50
4	75	4.47	2680	57	79	374	3.9	0.64	139	49.9	63
5	Cat2	4.59	2756	39	73	502	3.6	0.50	138	16.9	36~42②

① 己烷不溶物的质量分数。

② 采用 Chujo[374] 的 ^{13}C-核磁谱图统计分析方法测定的结果。

1[#]-*rac* 含量为 57%时，共混物[mmmm]含量为 39%，与 2[#]的产物一致。后者的 M_w、*MWD* 均高于前者。立体嵌段的PP 的 ΔH_f 要低一些，熔点和结晶温度是一样的，但立体嵌段的 DSC 转变(熔融范围：60~153℃)要比共混物(熔融范围：118~146℃)宽。为进一步证实立体嵌段聚合物和共混物的组成相似性，计算了每一样品的全同聚合物质量分数，得到全同聚丙烯在共混物中的质量分数为46%，立体嵌段共聚物全同质量分数为36%~42%。

1[#]-*rac* 和 1-*meso* 的最大区别在于其双面角(60°及 10°)。这种变形应是苯环和硅桥相互作用的结果。

1[#]-*meso* 的催化聚合产率约是 1[#]-*rac* 的两倍。许多研究中，*rac* 的产率要高于 *meso*[382]。1[#]-*meso* 的高产率缘于 2-位苯基的引入，因为没有苯基的 3[#]，*rac* 的产率就高于 *meso*(70℃，液态丙烯)。Soga[383]曾报道 *rac* 和 *meso* 混合催化剂催化丙烯聚合，聚合物的[mmmm]为 83.3%，也表明产率中以 3[#]-*rac* 为主。有研究把 2[#]的高活性归因于苯环取代致使金属配键失稳，从而增加中心原子的反应性。对于 1[#]-*meso* 而言，苯取代基阻塞了一个活性中心，而在 1[#]-*rac* 中，两个活性中心都被苯环妨碍。

1[#]-*rac* 和 1[#]-*meso* 产率的区别可能缘于链增长速率不同或活性中心数目不同。如果是由于电子效应，那么对于乙烯和丙烯的影响应当是一样的。事实是，对于乙烯其产率相近，所以丙烯聚合产率的差别应当是由于立体效应。

(2) 聚合行为及聚合物结构、性能与非桥联催化剂结构组成的关系 利用 r 型桥联茂金属可以得到全同立构的聚丙烯，利用 m 型异构体催化丙烯聚合则得到无规的聚合物(见图 2-60)。在非桥联茂金属中，由于金属-配体键轴旋转时，茂金属成为 r 型构象和 m 型构象以及其中间构象的“混合物”(见图 2-61)。各个构象的分数应取决于该构象的能量。根据^{1}H-NMR 分析[384]，在 25~100℃之间，茂金属化合物$(2\text{-PhInd})_2ZrCl_2$ 为 C_{2v} 对称，达到构象平衡；用 X 射线测定其晶体结构，表明 m 型和 r 型构象异构化合物能量相近。

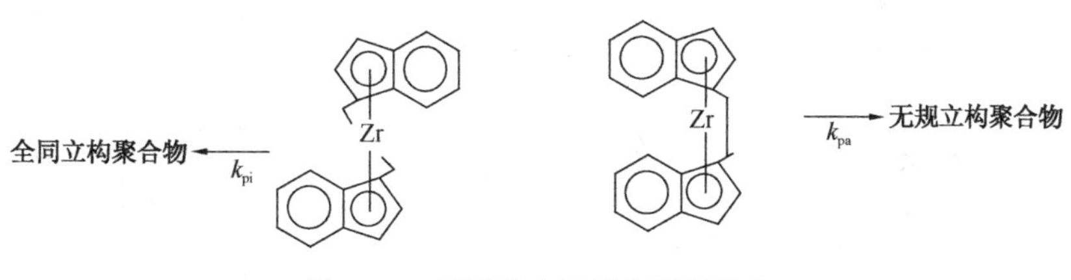

图 2-60 桥联茂金属催化丙烯聚合

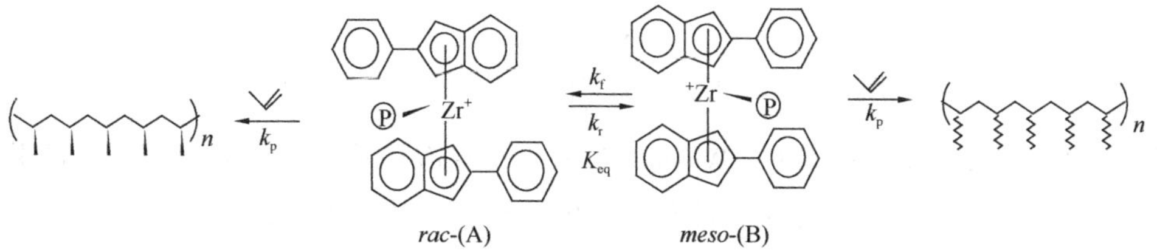

图 2-61 C_{2v} 非联联茂金属催化丙烯聚合

Waymouth 等人[385]研究了配体对非桥联茚基催化剂聚合行为的影响。采用了三种催化剂，$(2\text{-PhInd})_2ZrCl_2$(1[#])，$(2\text{-}(3',5'\text{-Me}_2)\text{PhInd})_2ZrCl_2$(2[#])，$(2\text{-}(3',5'\text{-}(CF_3))$

PhInd)$_2$ZrCl$_2$(3$^\#$)，进行丙烯的催化聚合。茂金属的取代基发生变化对聚合物的微结构产生强烈影响，3$^\#$的催化产物的全同五元组含量(45%≤[mmmm]≤73%)远比1$^\#$和2$^\#$的要高(15%≤[mmmm]≤33%)。丙烯压力升高时，[mmmm]增加，其中以3$^\#$最为明显。以IR检测三种催化剂同样条件下的催化产物的A_{998}/A_{974}，用DSC测定了熔点和熔融热，表明聚合物具有很高的熔点和很低的[mmmm]，说明聚合物中存在嵌段结构，因为通常在这种等规度下无规共聚物的熔点要低得多[386]。Waymouth假设这种结果是由于配体的旋转存在立体障碍，因而手性与非手性之间的转换不能顺利进行所致。

为研究配体对聚合行为的影响，Waymouth等人采用了新配体1-Me-2-PhInd[387]，茂金属以两种非对映体形式存在：*rac*-和*meso*-(1-Me-2-PhInd)$_2$ZrCl$_2$(3$^\#$)。以3$^\#$/MAO为催化剂，进行了乙烯、丙烯的甲苯溶液聚合，液态丙烯的本体聚合，对聚合物进行了GPC和^{13}C-NMR分析。

从电子效应看，3$^\#$-*rac*和3$^\#$-*meso*都适合催化烯烃聚合，它们对乙烯聚合都很活泼。但对于丙烯聚合，3$^\#$的产率明显低于1$^\#$。这是由于甲基对催化中心的立体位阻。在丙烯压力为517.1kPa时，3$^\#$-*rac*全同指数高于3$^\#$-*meso*，这是因为前者具有更多的全同配位点(见图2-62，烯烃配位点I代表全同，A代表无规)。3$^\#$的催化产物*MWD*很宽，甚至出现双峰，表明，3$^\#$的构象转换速率低于1$^\#$，所以在构象转换完成之前，单个聚丙烯链已经形成，不能形成分子量具有叠加效果的嵌段聚合物。配体旋转变慢是由于甲基使得双面角增大，从而增大了苯环之间的立体相互作用。

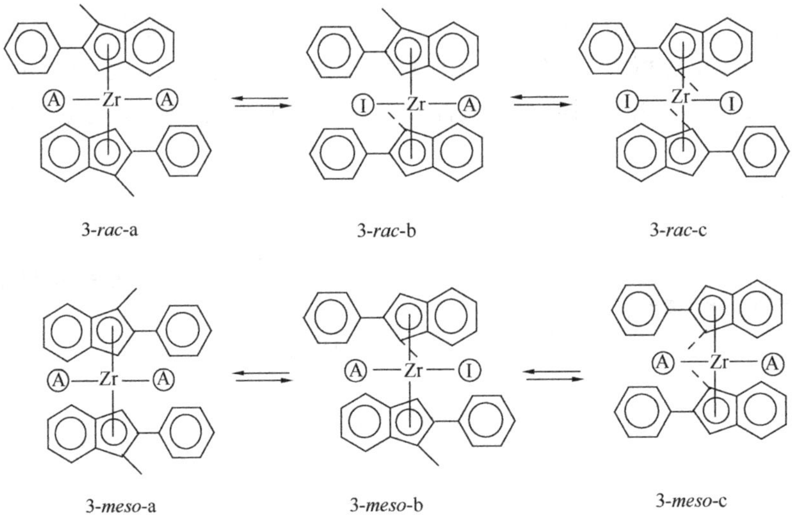

图2-62　催化剂3-*rac*和3-*meso*可能的旋转构象

在(2-PhInd)$_2$ZrCl$_2$的基础上，Waymouth采用一些饱和基团部分取代配体上的芳香基，用作丙烯聚合的催化剂[388]。对这类催化剂，丙烯聚合立体选择性的配体效应是很明显的。除(2-PhInd)$_2$ZrCl$_2$产生半结晶弹性聚丙烯，其余均产生无规聚丙烯，说明：催化剂的两种状态能量必须接近，以使两种活性中心数目接近，其转换速率要低于烯烃插入速率并高于单个聚合物链的形成速率。在所用催化剂中，只有(2-PhInd)$_2$ZrCl$_2$能平衡这些因素，所以它可以催化产生热塑性弹性体。2-芳基茚茂金属可以催化产生弹性的立体嵌段聚丙烯。其配体的对称性使得它可以在手性和非手性扭曲构象之间转换，但这只是产生弹性聚丙烯的必要不充分条件。研究表明，结构上轻微的变动都足以瓦解经精心平衡而产生的立体嵌段聚合物所必要速率的相互影响。

Waymouth 等人[389]合成了新型茂金属作为乙烯、丙烯聚合催化剂(见图 2-63)。

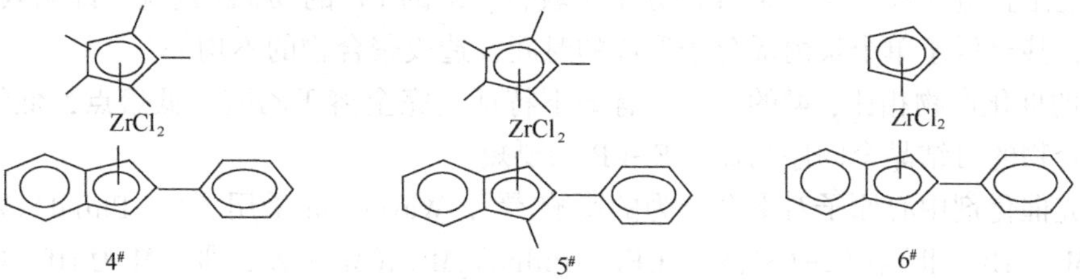

图 2-63 不同环戊二烯基配体的茂金属

4#和 5#的晶体结构用 X-Ray 测定，4#和 5#的双面角分别为 12.5°和 42°，7#催化剂是($(2-PhInd)_2ZrCl_2$)

用 4#催化聚合的 PP 的[mmmm]达 30%，是一种弹性聚丙烯，在所采用的两种聚合温度下，4#的产率都随时间而下降，说明催化剂在逐步失活，但全同含量、分子量及分子量分布都不随时间而改变。低温时产率较高，说明低温时活性中心稳定性较好，与 7#($(2-PhInd)_2ZrCl_2$)类似。4#的产率和催化产物的全同五元组含量随单体浓度的升高而升高。4#催化产物的 DSC 熔融峰比 7#的要窄，最高熔融峰则低于 7#的产物。当[mmmm]相近时，4#的红外指数要低于 7#。而且，7#产生的弹性聚丙烯可分级为乙醚溶、庚烷溶、庚烷不溶级分，4#产生的弹性聚丙烯则完全溶于沸腾的乙醚。

4#的弹性聚丙烯的拉伸应力-应变和回复性能与其他弹性聚丙烯的相似。低分子量产物的断裂伸长率很高，拉伸强度很好，具有高回复性。高分子量的产物有很高的拉伸强度，断裂伸长和回复/形变与低分子量样品相仿。

4#和 5#的键长与 7#接近，在 5#中，1-甲基和 2-苯基的立体排斥大大地增加了苯环和茚环的双面角。^{1}H-NMR 和^{13}C-NMR 表明 4#和 6#为 C_s 对称，5#为 C_1 对称。假定丙烯配位的选择对映面是由甲基与靠近催化剂活性中心的配体的立体相互作用所决定[390]，每个旋转构象的两个配位点都归属为无规(A)或全同(I)(见图 2-64)。

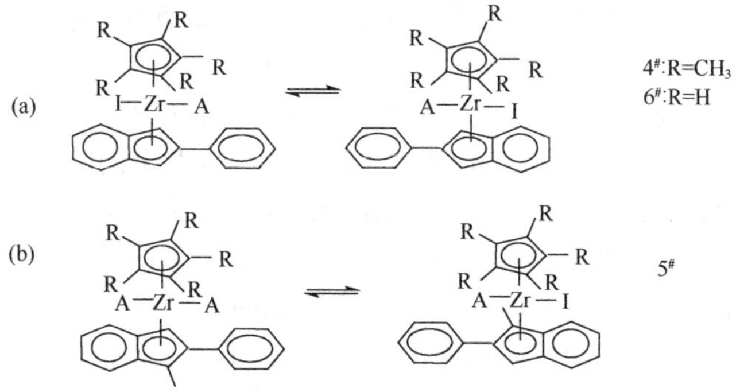

图 2-64 催化剂 4#～6#可能的旋转构象

4#和 5#对乙烯的催化聚合产物的产率及分子量与 7#相似，但 6#则使产率大大增加，这可能是由于茂环的电本性，因为缺少了给电子基，所以有利于乙烯聚合。对丙烯聚合，立体因素更为重要，因为产率是遵从立体的趋势的：5#<<4#<7#<6#。6#产生的聚合物的分子量与7#相比要低，表明6#的终止速率更快些。有文献说桥联茂锆的2位有取代基，会使PP的分子量增加，原因是由于立体障碍削弱了配位单体的链终止[391]。而6#可能只有一个配体上有取代基不能阻止链转移，所以聚合物分子量较低。5#的PP的*MWD*较宽，说明其旋转构象转换较慢，甚至低于单个聚丙烯分子形成的时间，造成聚合物的不均一。

与7#的催化产物相比，4#的样品具有如下特征：完全溶于乙醚，低熔点，低红外指数，说明其聚合物的可结晶全同序列比7#E-PP的要短。

为研究催化剂中心原子对聚合行为的影响[392]，Waymouth采用了(2-PhInd)$_2$MCl$_2$(M为Zr，Ⅰ；M为Hf，Ⅱ)和(2-(3′,5′-(CF$_3$))PhInd)$_2$MCl$_2$(M为Zr，Ⅲ；M为Hf，Ⅳ)。对这些茂金属的溶液进行了NMR的研究，结果表明，由于茚环配体的高速旋转，催化剂Ⅰ和Ⅱ均表现为时均(timeaveraged)C_2对称性，即使在-100℃下，这种旋转也依然存在。在Ⅰ和Ⅱ的衍生物Ⅴ、Ⅵ、Ⅶ(见图2-65)的分析检测中也可以观察到这种现象。室温时，Ⅵ、Ⅶ的苄基质子H_a和H_b等价，温度变化时，苄基质子为偶合双中心转换($H_a \leftrightarrow H_b$)；茂环质子为非偶合双中心转换($H_c \leftrightarrow H_d$)。

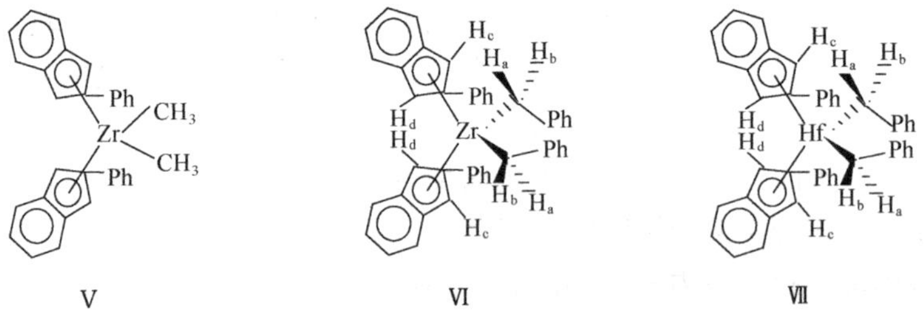

图2-65 验证配体旋转的三个配合物

通过比较各个温度下的实验波谱数据与计算波谱数据，进行了动力学的研究。研究的结果表明，茂环质子的转换速率与苄基质子的相等，而且在任意温度下，苄基质子的转换速率都与茂环质子转换速率相等，说明这种转换的根本原因是茚基旋转。

经溶液NMR研究，铪和锆的溶液结构与动力学行为十分相似。而聚合实验表明，锆催化剂Ⅰ和Ⅲ的催化产物的等规度都高于铪催化剂。Ⅲ和Ⅳ的产率大约是Ⅰ和Ⅱ的一半，而且锆和铪的产率接近，说明金属原子的本质对立体规整性有很重要的影响。

由铪配合物催化制备的聚合物全同度([mmmm]和[m])较低，也就是说铪配合物产生的聚合物的平均全同序列长度要低于锆催化剂的催化产物，这种差别有三种可能的解释：全同与无规稳态浓度(K_{eq})的差别，双态转换速率的差别，以及全同中心增长速率的差别。由于结构与旋转速率的相似，前两个可能不是铪的低立体选择性的理由。最可能的解释是，在全同中心，铪的链增长速率低于锆($k_p[Hf]<k_p[Zr]$)。如果铪的链增长速率低，而双态转换速率相等，那么产生的聚合物的全同嵌段长度和[mmmm]都会较低。

锆和铪催化剂产率相近，可能是铪催化剂的活性中心多于锆催化剂，而链增长速率低于锆催化剂(铪催化剂活性中心数目多可能由于在聚合过程中失活比例较小)。两种效应平衡的结果是，铪通过较多活性中心以较低链增长速率产生无规聚合物，锆通过较少活性中心以较高链增长速率产生立体嵌段聚合物。

总的来说，用非桥联茂金属可以催化合成立体嵌段聚丙烯，原因是配体旋转造成茂金属的不同构象，从而形成不同立体选择性的活化中心，其中配体与金属原子的本质都对聚合行为有重要影响。生成立体嵌段的重要因素是配体旋转速率和链增长速率要匹配，当转换速率低于链增长速率时，产物将为全同序列和无规序列的立体嵌段；若旋转速率高于链增长速率，嵌段将很短，聚合物的立体化学处于无规态。构象能量匹配将保证两种活化中心数目基本相等，使聚合物中两种立体嵌段交替出现。茚环配体 2-位的取代基可以削弱链转移反应，使聚合物分子量增加，说明终止机理主要为 β-H 转移。

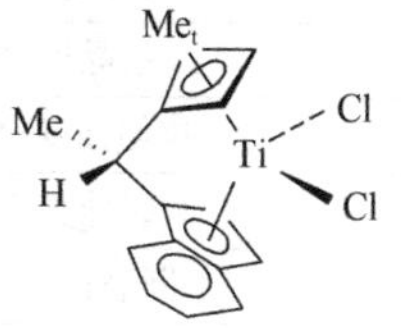

图 2-66 等规-无规嵌段催化剂的茂金属化合物结构示意图

另一类等规-无规嵌段催化剂为桥联非对称性茂金属化合物[254,394]（图 2-66）。

该类催化剂分子结构除了非对称性配体特征外，还有桥链上非对称取代基特征。

Daniel 等[394]认为，在聚合过程中，活性中心存在两种异构体（图 2-67）：a 态和 b 态，a 和 b 之间相互转换，形成等规-无规嵌段聚丙烯。

按照该机理，a 和 b 的转换速率实际上是聚合物链的迁移（到空位）速率。而链迁移速率就是链增长速率，当 a 和 b 的转换速率与链增长速率相同时，是得不到等规-无规嵌段聚合链段的，似乎应得到半等规高分子链。

该催化剂的嵌段定向性是否是由桥链的不对称取代（图 2-68）所造成，有待深入研究。

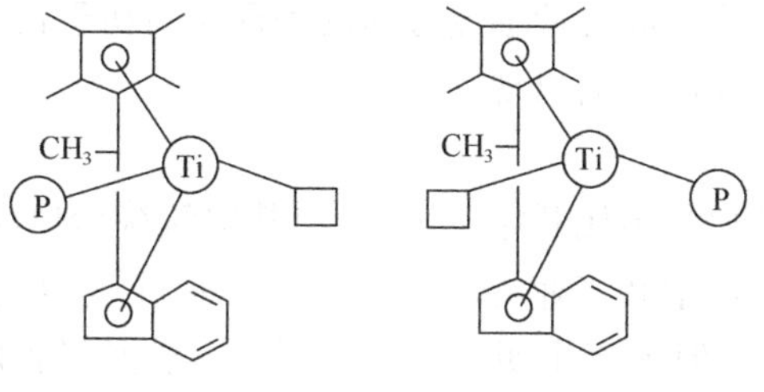

(a)无规链段 (b)等规链段

图 2-67 1,1-Et(tetramethylCp)(Ind)$TiCl_2$ 聚合机理示意图

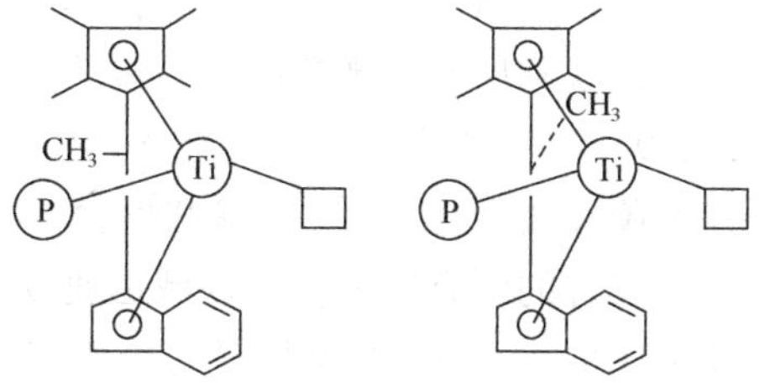

(a) (b)

图 2-68 1,1-Et(tetramethylCp)(Ind)$TiCl_2$ 异构体的结构示意图

（3）茂金属（等规-无规）立构嵌段聚丙烯的性能 前面已经介绍了 Chien 等人提出的一种具有“位置交换”功能的催化剂[395]，它可以用来制备 TPE-PP。此催化剂的特点是在聚合时可以按两种方式进行，一种方式是在聚合物链段中使丙烯聚合成可结晶的等规区段，而另一种方式是使丙烯聚合成无规则的不可结晶的无定型区段，催化剂在聚合时可以在此两种方式中互变互换从而生成一种特殊的聚合物链。所得到的此特殊聚合物链，是一种包含有丙烯交互聚合物的 α-烯烃热塑性弹性体，其中有立构结晶的等规聚合物区段，还有非立构非结晶的无规聚合物区段。那么它们的物理性能是怎样的呢？表 2-79 列出了由 1,1-Et(tetramethylCp)(Ind)$TiCl_2$ 催化剂获得的等规-无规嵌段聚丙烯的物理性能。

表 2-79 1,1-Et(tetramethylCp)(Ind)$TiCl_2$ 催化剂的聚丙烯物性[394]

聚合温度/℃	50	25
分子量	127000	164000
分子量分布	1.9	1.7
结晶度/%	28.6	26.5
拉伸强度/MPa	3.9	12.1
断裂伸长率/%	525	1260
断裂回复/%	86	94
熔点/℃	51.2，66.0	53.1，63.8
熔融热/(J/g)	13.63	12.25
应变/%	100 200 300	100 200 300
应力/MPa	3.13 3.39 3.53	3.07 3.30 3.59
回复/%	93 91 83	97 96 92

1,1-Et(tetramethylCp)(Ind)$TiMe_2$ 获得的聚丙烯的物性[255]如下：

拉伸强度：6.8MPa；

断裂伸长率：850%；

应变(100%回复)：95%。

根据杜邦公司的报告[396]，此类弹性聚丙烯商业生产将很快开始。其潜在的应用包括汽车保险杠、药用接触件、接枝原料和作为乙丙胶与等规聚丙烯共混物的相容剂，以及作为无规聚丙烯的替代品。杜邦公司认为，弹性聚丙烯在弹力和拉伸强度方面的表现应归功于在高分子量、无规和局域不规整链中的短链、可结晶等规部分的出现。

2.3.2.2.9 茂金属催化丙烯共聚合

(1) 茂金属催化丙烯-乙烯共聚合　自 20 世纪 80 年代开始茂金属/甲基铝氧烷(MAO)催化烯烃聚合的研究以来，该领域迅速成为高分子科学和工业界的热点之一。90 年代以前，有关茂金属催化乙烯-丙烯共聚的报道较少[397~399]，但近年来明显增多[400~406]。根据现有研究结果，可归纳出茂金属催化乙丙共聚的基本特点：与传统的 Z-N 催化剂相比，茂金属催化剂催化效率高，共聚物结构分布均匀，尤其是通过改变茂金属的结构，可在很大范围内调控聚合物的微结构，可合成新型链结构的共聚物等等。这些特点使茂金属催化聚合的路线比传统路线有明显的优点，而且茂金属催化的乙丙共聚物(met-EPR)与三元乙丙共聚物(met-EPDM)，对氧和臭氧不敏感，耐候性和耐酸碱性极好，高低温性能和电性能优异，因此正在迅速实现工业化[405]。Herwig 等[397]早在 1983 年就报道了 $EtInd_2ZrCl_2$/MAO 体系(其中 Ind 为茚配体)催化乙丙共聚的初步结果，发现共聚速率介于两种均聚之间。竞聚率测定表明，此共聚有一定的交替倾向($r_E \cdot r_P = 0.40$)。由于 Cp_2ZrCl_2 等简单的茂金属对丙烯的活性较低，用其催化乙丙共聚仅得到了分子量低于 5000 的共聚物[400]。对丙烯聚合具有全同定向性的茂金属(如 *rac*-$EtInd_2ZrCl_2$)、间同定向性的茂金属(如 $Me_2C(Cp)(Flu)ZrCl_2$)及非桥联茂金属均可催化乙丙共聚，活性一般为 $10^6 \sim 10^8$g 共聚物/mol Zr · h · bar。催化乙烯-丙烯-乙叉降冰片烯(ENB)三元共聚的活性也可达 $10^5 \sim 10^6$g EPDM/mol Zr · h · bar[398]。表 2-80 为三种茂金属催化剂催化乙丙共聚的结果[403]，可以看出，共聚速率远高于丙烯均聚，共聚物分子量也高于均聚丙烯。这些规律与传统的钒或钛系催化剂相似。茂金属体系的催化效率远高于钒体系，也高于高效钛催化剂，这有利于简化聚合后处理工艺。

表 2-80 乙烯含量对聚合物的分子量和聚合活性的影响①

催化剂②	温度/℃	聚合物的 E 值/%(摩尔)③	产率/(kg/mol Zr · h)	$M_w \times 10^{-3}$④	MWD④
Ⅰ/MAO	0	0	11920	838	5.40
	0	30	25560	2230	3.00
	19	0	13200	549	3.49
	19	25	69280	1789	2.62
Ⅱ/MAO	0	0	6000	756	5.70
	1	18	64540	2386	3.41
	19	0	8300	621	4.58
	19	14	58260	1776	5.60
Ⅲ/MAO	0	0	19100	98.3	2.13
	1	40	106230	75.5	1.96
	20	0	86400	70.6	1.98
	20	39	243240	67.2	2.03

① [Zr]=1×10^{-6}mol/L，[Zr]/[Al]=1∶10000，t=25~30min。

② Ⅰ：$(2PhInd)_2ZrCl_2$，Ⅱ：$((CF_3)_2PhInd)_2ZrCl_2$，Ⅲ：r-$Et(Ind)_2ZrCl_2$。

③ 用^{13}C-NMR 测定。

④ 用 GPC 测定。

茂金属催化剂具有极好的结构可调控性，其配体种类(Cp，Ind，Flu 等)和取代模式、桥的存在与否及其结构、金属种类等因素均会显著影响催化共聚的行为特征，制得各种特殊序列分布的共聚物。表 2-81 列出了一些茂金属催化乙丙共聚的竞聚率值。各体系的 $r_E \cdot r_P$ 值在 0.1~2.8 间变化，即共聚物序列分布可在接近交替结构至短嵌段之间调整。相比之下，锆体系仅得到有交替倾向的无规共聚物，而钛体系一般制得有嵌段倾向的共聚物[400]。此外，一些茂金属体系的丙烯共聚活性较高，r_E 可降至 5 以下[403]，对工业生产较有利。

表 2-81 不同茂金属催化剂体系进行乙/丙共聚合的反应特性①

No.	温度/℃	茂金属催化剂	r_E	r_P	$r_E \cdot r_P$	ref
1	50	r-$Me_2C[3\text{-}tBuCp]_2ZrCl_2$	25.6	0.110	2.8	6
2	1	$(2\text{-}PhInd)_2ZrCl_2$	3.8	0.35	0.92	7
3	20	$(2\text{-}PhInd)_2ZrCl_2$	5.4	0.24	1.3	7
4	1	$[(3,3\text{-}(CF_3)_2Ph)Ind]_2ZrCl_2$	4.2	0.31	1.3	7
5	20	$[(3,3\text{-}(CF_3)_2Ph)Ind]_2ZrCl_2$	6.0	0.33	1.9	7
6	1	r-$Et(Ind)_2ZrCl_2$	5.4	0.09	0.49	7
7	20	r-$Et(Ind)_2ZrCl_2$	7.1	0.07	0.50	7
8	50	$Et(IndH_4)_2ZrCl_2$	2.90	0.28	0.81	10

续表

No.	温度/℃	茂金属催化剂	r_E	r_P	$r_E \cdot r_P$	ref
9	50	(r-，m-)$Me_2Si(FluH_4)_2ZrCl_2$	—	—	<0.1	11
10	50	Cp_2TiCl_2	15.7	0.009	0.14	10
11	50	Cp_2ZrCl_2	16.1	0.025	0.40	10
12	50	Cp_2HfCl_2	20.6	0.074	1.52	10

① 试验中使用 MAO 作助催化剂。

共聚物中丙烯链节的区域选择性和立构规整性也是影响产物性质的重要因素。茂金属体系对这类共聚物链结构的调控能力也远大于传统体系。表 2-82 为茂金属催化体系与钒和钛催化体系的催化聚合产物微结构的对比[407]，茂金属体系可合成各种高区域选择性(低丙烯反接)、高立体定向性且组成分布较窄的乙丙共聚物，而传统体系的产物不是规整度低，就是组成分布太宽，且序列分布类型也无可调性。其中高间规立构丙烯链节的乙丙共聚物是首次用茂金属催化制得。由于 met-EPR 的结构明确、分布均匀，其^{13}C-NMR 谱中可观察到许多在传统产物中难以看到的超精细谱线，使链结构的分析达到更加精细的程度[408]。虽然对这些新型共聚物的物理、机械性能尚无详细的报道，但其促进聚烯烃结构-性能关系研究的意义是明显的。

表 2-82　催化剂对乙/丙共聚物微观结构的影响

催化剂种类	典型催化剂	序列分布	丙烯反插	丙烯规整性	分子间组成分布
V	$VOCl_3/Al_2Et_3Cl_3$	无规-交替	高	无规	中等～窄
Ti	$TiCl_4/MgCl_2$/TEA	嵌段	低	等规	宽
茂金属	*rac*-$Me_2Si(IndH_4)_2ZrCl_2$/MAO	无规 ($r_E \cdot r_P=1$)	低	等规	窄
	$Me_2C(Cp)(Flu)ZrCl_2$/MAO	无规	低	间规	窄
	$Me_2Si(Flu)_2ZrCl_2$/MAO	交替 ($r_E \cdot r_P=0$)	低	无规	窄
	rac-Et(4，7-Me_2Ind)$_2ZrCl_2$/MAO	嵌段	中等	等规	窄
	Ind_2ZrCl_2/MAO	无规	低	无规	窄

目前尚未总结出茂金属结构与共聚物链结构间的系统规律，但由表 2-82 可见，茂金属的对称性、配体空间障碍等因素与共聚物结构间有规律性的联系。Kravchenko 等[403]采用带大取代基的非桥联二茚锆催化乙丙共聚，发现当 2-位的取代基较大、配体转动受阻时(如[2-(3,5-(CF_3)Ph)Ind]$_2ZrCl_2$)，共聚的嵌段倾向增大。这种短嵌段结构可能与活性中心交替地处于手性和非手性两种相对稳定的构象有关。大取代基使配体转动减缓，即减缓了两构象间的相互转换，使共聚物的嵌段倾向增大。与此相对，配体可自由转动的 Cp_2ZrCl_2 产生有交替倾向的共聚物。金属原子变化的影响更大。由表 2-81 可见，在 Ti，Zr，Hf 三种金属中，茂 Ti 体系的交替倾向最大，而茂 Hf 体系有嵌段倾向。对此尚无更深入的解释。

多数茂金属催化剂为单活性中心体系，因而可合成分子量分布(MWD)、组成分布(CCD)均较窄的乙丙共聚物。例如，*rac*-$EtInd_2ZrCl_2$/MAO 合成的 EPR 的 MWD 指数在不同条件下均为2左右[397,398]，接近单中心体系的理论分布。Koivumaki等[400]对比了Cp_2ZrCl_2/MAO、$MgCl_2/TiCl_4$-TEA与$VOCl_3/Et_2AlCl$三体系所得EPR的MWD，发现茂金属所得共聚物的交替倾向最大，MWD也最窄。徐君庭等[409]采用沉淀分级结合裂解方法研究了met-EPR的分子间及分子内组成均匀性，发现其分子间和分子内CCD均十分均匀，分布范围远小于非均相Z-N体系的产物。Galimberti[402]报道了类似的结果。

如前所述，配体空间障碍较大的无桥联茂金属会产生几种相互转换的活性中心，使链增长在几种共聚特性不同的中心间交替进行，从而使MWD和CCD增宽。Al/Zr值、溶剂等则基本不影响MWD[411]。但茂金属负载于SiO_2等无机载体后，会造成催化剂/聚合物粒子内传质、传热阻力增大，使MWD、CCD增宽[412]，或使共聚物组成沿粒子的径向产生一定的分布[413]。

茂金属催化剂多数具有两个可供单体配位的活性部位，链增长可在两位置交替进行(交替机理)，或只固定在一个位置上进行(保持机理)[414]。这使得共聚的微观机理更趋复杂化。共聚物结构随聚合机理的敏感变化则为机理研究提供了有效的方法。Arndt等[414]对Me_2C(3-RCp)(Flu)$ZrCl_2$(R为H、Me、i-Pr、t-Bu)催化乙丙共聚的研究表明，配体上取代基过大(R为t-Bu)可使其中一个活性部位不起作用，聚合按保持机理进行。配体空间位阻小时，则按交替机理进行。许多情况下共聚物序列分布符合二次Markov统计，表明存在次末端效应[410,414]。对共聚的研究也为阐明链转移的机理提供了实验证据[406]。

Waymouth[415]使用Me_2E(3-RCp)(Flu)X_2/MAO(E=C，X=Me；E=Si，X=Cl；R=H或烷基)研究了乙丙共聚。这类催化剂在催化丙烯均聚时可得到半等规聚丙烯，催化乙丙共聚时可以得到等规的乙丙交替共聚物(见表2-80)。取代基和桥联原子对聚合活性、共聚物序列分布、分子量以及立体化学都有影响。Piemontesi[416]等人使用r-EBTHIZrCl_2为催化剂，以四异辛基铝氧烷(TIOAO)[417]为助催化剂，催化乙丙共聚，讨论了共单体浓度对聚合行为以及聚合物结构的影响，同时与MAO作为助催化剂的共聚作了比较。Löfgren[418]等人用r-Me_2Si(2-Me-4-Ph-Ind)$_2ZrCl_2$(1)和r-Me_2Si(2-i-Pr-4-(3,5-Me_2-Ph)-Ind)$_2ZrCl_2$(2)研究了乙丙共聚的聚合链终止和链转移的方式。对这两种催化剂来说，主要的链终止是向铝的链转移。对催化剂1来说，在高丙烯浓度的聚合环境下，链增长通常以向Zr的链转移而终止，在高乙烯浓度下，则是向乙烯单体转移。对催化剂2，由于大位阻抑制了向乙烯单体的转移，即便是在高乙烯浓度的聚合环境下，也会发现向Zr的链转移。Iwama[419]合成了一种新型的茂金属，这种茂金属的配体是一个七元环并环戊二烯。使用这种催化剂进行丙烯均聚，由于聚合有高度的3,1-插入[两种催化剂的3,1-插入分别为12.5%(摩尔)和8.9%(摩尔)]，得到的聚合物是一种“乙丙共聚物”。

Ferraro等[420]报道，美国Montell公司气相工艺制得的met-EPDM与钒系EPDM相比，各项性能指标很接近。茂金属制得的组成分布窄于传统EPDM的三元胶则显示出较高的硫化程度，因而弯曲强度提高，压缩形变指标也优于传统产品[407](见表2-83)。

表2-83 乙/丙-乙叉降冰片烯三元共聚物的硫化性质

样　品①	V-1	MetA-1	MetB-1	V-2	MetA-2	MetB-2
拉伸强度/MPa	15.2	14.8	14.5	15.9	15.5	15.6
断裂伸长率/%	500	480	490	400	390	385

续表

样　　品①	V-1	MetA-1	MetB-1	V-2	MetA-2	MetB-2
模量(300%)/MPa	7.4	6.9	6.8	9.5	9.6	9.6
邵氏硬度 A(23℃)	63	64	63	65	66	66
压缩永久变形(70h，125℃)/%	81	77	72	65	63	60

① MetA 和 MetB 为茂金属催化的三元共聚物，V 是钒催化剂催化的三元共聚物。

茂金属催化乙丙共聚的工业试验多数采用溶液法工艺，与传统钒体系差别不大。但由于茂金属活性极高，将产生反应器传热、传质强化等问题。荷兰 DSM 公司[421]发展了一种高温溶液法工艺，用其研制的桥联单茂钛催化剂，可在高温下进行乙丙溶液共聚。高温有利于提高反应器生产能力，工业上十分有利。美国 Montell 公司[422,423]在其 Catalloy 工艺的基础上，将茂金属负载于用 Z-N 催化剂制得的球形、多孔聚丙烯(PP)颗粒中，用以催化乙丙气相共聚，可制得 iPP/met-EPR(iPP 为全同聚丙烯)两组分产物，其中 EPR 质量分数可达 90%以上。通过聚合工艺的优化，可制得内核为 EPR、外壳为 iPP 的聚合物粒子。这种粒子不易产生结团和粘釜问题，为用气相法生产 met-EPR 开辟了新途径。美国 UCC 公司也已开发了基于茂金属的气相法乙丙共聚工艺[405]。由于革除了溶剂精制、循环装置，气相法工艺在生产成本方面有明显的优势。

由于茂金属体系与传统体系相比，在催化效率、适用的工艺、产品性能等方面具有优势，已较快地进入了工业化阶段。美国 DuPont-Dow 弹性体公司于 1997 年投产了基于 Insite 技术的 90kt/a 溶液法装置，日本三井化学也于同年投产 30kt/a 溶液法装置[405]。虽然这在目前全世界每年 100 余万吨的 EPR、EPDM 总产量中仅占一小部分，但其发展速度还是相当快的。

(2) 茂金属催化丙烯-长链 α-烯烃共聚合　相对于与乙烯的共聚，丙烯与高级 α-烯烃(丁烯以上)共聚的研究较少。从丙烯-乙烯共聚的结果可以看出，茂金属催化聚合的单体竞聚率乘积 $r_E \cdot r_P$ 接近 1，而采用 Z-N 催化剂得到的结果则有较大的偏差，说明茂金属可以使共单体分布更为均匀，得到的共聚物结构更无规，所以使用茂金属催化丙烯与高级α-烯烃得到的聚合物与 Z-N 催化剂得到的共聚物相比，必将具有新的特点。实际上，使用等规茂金属催化剂得到的丙烯-乙烯共聚物和丙烯-1-丁烯共聚物的二甲苯可溶物含量十分低[424]，而且间规茂金属催化剂催化聚合得到的丙烯-1-丁烯共聚物具有类似的特点[425]。

Soga 等人的研究发现，茂金属催化丙烯与 α-烯烃共聚的共单体反应性十分依赖催化剂的立体定向性，在丙烯与已烯-1 的共聚中，已烯-1 的插入率与催化剂有下列的关联：无规催化剂<等规催化剂<间规催化剂[426]。

采用立体定向性的茂金属催化剂催化丙烯与 α-烯烃共聚，催化剂的立体定向性还会保持，但是规整度会随着共单体在聚合物中含量的增加而降低。同时，由于共单体在聚合物链中的支链长度大于丙烯，它的存在会破坏聚丙烯结晶，使熔点降低[427,428]。对聚合物结晶的破坏作用与共单体链长度和结构有关，一般来说，共单体含量相同时，共单体链越长，破坏作用越显著，直链共单体的破坏作用大于支链共单体[429-431]。间规催化剂[428]催化丙烯共聚的结果见表 2-84。

表 2-84 间规茂金属催化剂催化丙烯共聚合实验结果①

共聚单体	共聚单体加料比/%(摩尔)	共聚单体插入/%(摩尔)		活性/(kg/mol Zr · h)		T_m/℃		[rrrr]/%	
		Cat1	Cat2	Cat1	Cat2	Cat1	Cat2	Cat1	Cat2
无		—	—	2400	1830	151.4	157.3	91.4	95.6
4-甲基-1-戊烯	2.5	1.1	1.0	3650	520	138.4	150.1	87.1	95.7
4-甲基-1-戊烯	7.6	3.0	2.7	2860	340	118.8	129.2	81.2	85.6
4-甲基-1-戊烯	13.2	8.5	4.4	4690	310		114.6	72.2	83.1
4-甲基-1-戊烯	28.8	17.8	10.4	5060	40			48.2	76.5
1-己烯	2.5	0.8	2.0	2340	830	134.0	139.0	87.5	92.2
1-己烯	7.8	5.0	4.1	2990	1590	103.5	113.4	74.0	82.8
1-己烯	13.5	8.9	5.8	4100	1000		102.1	64.6	70.5
1-己烯	29.3	19.8	14.1	5400	490			37.3	49.9
1-辛烯	2.0	1.7	1.4	3380	380	135.2	139.8	91.2	81.7
1-辛烯	6.3	4.6	3.1	6360	880	101.2	117.0	79.7	85.8
1-辛烯	11.0	10.0	7.4	4060	580		101.9	69.9	74.6
1-辛烯	24.7	12.1	15.1	650	620			37.2	53.4
1-癸烯	1.7	1.2	0.9	650	350	141.0	142.7	84.9	93.5
1-癸烯	5.3	4.3	3.7	1830	330	108.8	113.5	82.4	86.5
1-癸烯	9.3	9.3	6.7	3970	520		97.8	67.1	74.0

①Al/Zr=1000。

可以看出，共单体进料浓度对聚合活性、共单体插入和聚合物的规整度都有影响。而熔点的下降，一方面是因为聚合物链中的共单体破坏了结晶，另一方面因为共单体的插入降低了规整度。

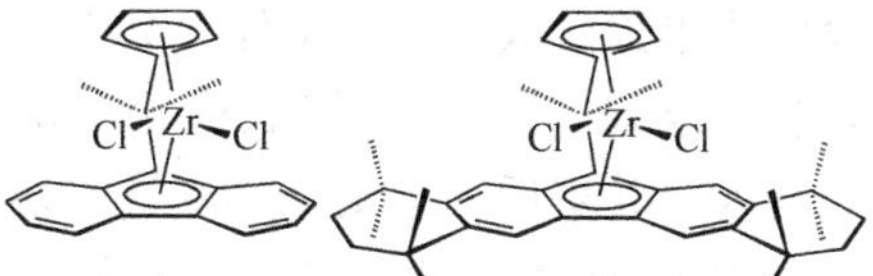

1　　2

图 2-69 间规茂金属催化剂

间规茂金属催化剂结构见图 2-69。

浙江大学采用均相和硅胶负载的茂金属催化剂 rac-$Me_2Si(Ind)_2ZrCl_2$ 分别催化丙烯和各种不同浓度的 α-烯烃包括 1-己烯、1-辛烯、1-癸烯和 1-十二碳烯的共聚。比较了均相和负载催化剂的共聚合行为和所得共聚物的微结构，研究结果表明，均相及其负载催化剂在用于催化丙烯共聚时，存在共聚行为的差异，所得共聚物的微结构也有差别。相对于均相催化体系，在负载催化体系中，增加共单体浓度导致共聚活性更大幅度的下降。另一方面，共聚单体链长增加，对均相催化体系的共聚活性的影响大于相应的负载催化体系。随单体类型的不同，负载催化剂的活性仅是均相催化剂的 1/8 至 1/3。共聚单体浓度相同时，负载催化剂相比于均相催化剂可使得更多的共聚单体进入聚合物链中参与共聚。竞聚率的数据表明，这是由于丙烯活性下降，而不是 α-烯烃共聚单体的活性提高所致。另外，研究还发现，α-烯烃参与共聚或茂金属经负载化后，均会改善共聚物的立构选择性和区域选择性。所有共聚物的熔融温度随共聚单体的含量线性下降，而与所用共聚单体的种类和催化剂的类型无关。根据链增长机理模型推测，由于负载型催化剂聚合过程中增长链的活动性较差，导致了负载型催化剂与均相催化剂聚合行为的差别[432,433]。

最近 Exxon 报道了一种用长链 α-烯烃和丙烯共聚得到的聚丙烯共聚物 HAO-PP，据说该共聚物的各项性能指标都比乙烯和丙烯共聚得到的共聚物性能优良，可以用作汽车保险杠材料和取代 PVC 作为包装薄膜材料。拉伸 BOPP 薄膜时不容易破裂，而且可以拉得更均匀。

(3) 茂金属催化丙烯-二烯烃共聚合　虽然在合成 EPDM 中，都会使用二烯烃作为第三单体，丙烯单独与二烯烃共聚的研究并不多。聚丙烯材料有时要求与其他材料，特别是有功能基团的材料相容，这就需要在聚合物链中引入功能基团，与二烯烃共聚得到带有双键的丙烯聚合物，正是为了满足这种需求。通常有三种方法可以使聚合物功能化。一种是利用活性聚合[434]，一种是使用链转移反应[435]，还有一种就是与功能单体的共聚[436]。前两种方法可以在聚合物链末端引入功能基团，与功能单体共聚却可以在聚合物侧链引入功能基团。

Shiono 等人[437]使用 *rac*-$Me_2Si(Ind)_2ZrCl_2$/MAO 催化丙烯与 1,4-丁二烯共聚，聚合活性和聚合物分子量随着丁二烯进料浓度增加而降低，随着丙烯进料浓度增加而增加，这是因为丁二烯插入后会阻止下一单体的插入。核磁检测结果表明丁二烯主要选择 1,4-插入，丙烯进料浓度增加时，1,2-插入方式会上升。聚合温度降低时，聚合物分子量和丁二烯 1,2-插入都会增加。Longo 等人[438]用 rac-$[CH_2(3\text{-}t\text{-}Bu\text{-}Ind)_2]ZrCl_2$ 催化丙烯与丁二烯共聚时，发现少部分丁二烯单体在插入时可以异构化成为三元环或五元环，其余丁二烯单体以 1,2-插入和 1,4-插入方式进入聚合物链，丙烯浓度增加时，1,2-插入方式显著增加。

丙烯与非共轭长链末端二烯烃的共聚，是一种合成长支链聚丙烯的方法。聚合物中的长支链强烈影响聚烯烃的粘弹性，研究表明很低含量的长支链就可以大大提高聚合物的熔体强度，增加零剪切黏度，改善剪切变稀，从而改善窄分子量分布的茂金属聚烯烃的加工性能。长链支化聚丙烯可以通过辐射、过氧化或接枝等方法得到，这些方法不仅繁复，而且得到的材料结构不清晰[439]；也可以通过丙烯与端双键大分子单体的共聚得到，这种方法的缺点是共聚前要单独合成大分子单体，共聚后还要分离大分子单体，过程也很复杂[440]。丙烯与非共轭长链末端二烯烃(例如 1,9-癸二烯)的共聚是原位合成长链支化聚丙烯的重要方法。二烯烃与丙烯共聚后，在聚合物支链末端有一个双键，这个双键进一步参与共聚形成长支链。相对于其他方法，这种方法适用于大多数催化剂，可以方便有效地合成长链支化聚丙烯[441]。

(4) 茂金属催化剂丙烯-极性单体共聚合　在茂金属催化剂应用于高分子聚合物合成之前，烯烃和极性单体是不能进行共聚合的，原因是活性中心原子和极性基团能够以 δ 键牢固结合，使聚合单体的插入变得很困难，需要克服的能垒很高。另外 Z-N 催化体系的 L 酸性太强，不利于极性单体进行共聚合。

在茂金属催化剂与 MAO 相配合成功地应用于高分子聚合物合成之后，利用茂金属催化剂可以使各种烯烃和极性单体进行共聚合，为开发功能性聚烯烃提供了一条新的途径。Lofgren[442]等人在进行烯烃和极性单体共聚合研究时发现，含羟基的极性单体比含酸、酯的极性单体更容易与烯烃发生共聚合反应。极性单体杂原子周围的取代基越大，且与双键之间的距离越远就越容易进行共聚合，这说明空间位阻可以有效地阻止氧原子和催化剂活性中心的结合。

Imuta[443]等人用桥联的茚基、芴基锆催化剂进行乙烯和1-羟基-10-十一碳烯极性单体进行共聚合，由于催化剂的空间位阻很大，所得共聚物中的极性单体所占的比例可达约37%，并且能在较高的温度下获得很高的聚合活性。他们采用的聚合方法是，先用烷基铝或MAO对极性单体进行处理，让活泼氢先发生反应，然后再加入MAO和催化剂进行共聚合。通过对聚合物的端基进行分析发现，烷基铝对极性基团有保护作用，在聚合过程中又可起到链转移剂的作用。

Yasuda[444]等人用$SmH(Me_5C_5)2$催化剂，通过顺序加入乙烯、甲基丙烯酸甲酯合成了聚乙烯-聚甲基丙烯酸甲酯嵌段共聚物。Waymouth[445]等人用$[(Me_5C_5)_2ZrMe]^+B(C_6F_5)_4$催化体系制备了主链上含环己醇单元的功能化聚烯烃。Wilen[446]等人用$Me_2Si(Ind)_2ZrCl_2$/MAO催化体系进行丙烯和极性单体共聚合得到了含抗氧剂6-叔丁基-2-(1,1-二甲基-6-庚烯)-4-甲基苯酚的丙烯共聚物。

2.3.2.2.10 含杂原子的茂金属催化剂

在茂金属配体上引入杂原子通常会引起聚合行为和聚合物性能的变化。Fan等人[447]使用$(2,4\text{-}Me_2\text{-}7\text{-}MeO\text{-}Ind)_2ZrCl_2$催化丙烯聚合，与$(2,4,7\text{-}Me_3\text{-}Ind)_2ZrCl_2$相比，前者的聚合活性和聚合物分子量低了很多。作者认为，MAO中的Al原子会与催化剂中的甲氧基配位，削弱了配体的给电子性，增加了中心金属原子的酸性，从而增加了β-H消除的几率。同时由于MAO与甲氧基的配位，增大了催化剂的位阻，造成了活性的降低，所产生的聚合物为无规聚丙烯。

Do等人[448,449]合成了含有N原子的非桥联茂金属化合物。使用MAO为助催化剂，聚合活性远低于桥联催化剂*rac*-$Et(Ind)_2ZrCl_2$。聚合温度强烈影响聚合活性和聚合物分子量。最高活性出现在50℃，而聚合物分子量则随着聚合温度的升高而下降。聚合物分子量分布比较宽，达4~11。得到的聚丙烯经乙醚和庚烷分级，可得到三个级分。分别为乙醚可溶、乙醚不溶-庚烷可溶和庚烷不溶级分。三个级分的分子量、熔点和等规五元组[mmmm]递次升高。庚烷不溶级分的熔点可达150℃，[mmmm]可达86%。当助催化剂换为B-Al时，得到低分子量、窄分子量分布的无规聚丙烯。作者认为，MAO可以与配体上的N原子配位，当同一催化剂分子上的两个N原子与一个MAO分子上的铝原子配位时，催化剂的构型实际上被固定，从而具有桥联催化剂的性质，因而得到了较高等规度的聚丙烯。

含杂原子的非桥联茂金属催化剂结构见图2-70。

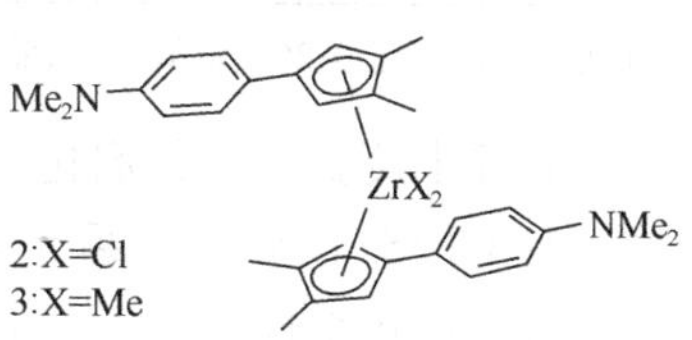

图2-70 含杂原子的非桥连茂金属催化剂

2.3.2.2.11 稀土茂金属催化剂

稀土茂金属催化剂具有与通常的茂金属催化剂非常不同的特性，比如：稀土茂金属催化剂是一种单组分催化剂，它没有离子，因此它是一种不需要助催化剂的催化剂体系。

另外，稀土茂金属催化剂也没有β-H，不容易发生聚合链的转移，因此，在一定条件下可以进行活性聚合。所以稀土茂金属催化剂是非常特独的一种催化剂。

(1) 稀土元素烯烃聚合催化剂开发历史 稀土元素作为聚合催化剂最早用于二烯烃聚合，并且实现了工业化生产，如高顺式1,4-聚丁二烯、聚异戊二烯。商品牌号有：Bayer公司的Buna-22，23，24；俄罗斯的CKN-5；EniChem公司的Neocis-40，60；中国长春应化所与台湾 Chimei 合作的 Nd-BR。

稀土催化剂用于烯烃均相聚合，最早是 Ballard 等人在 1978 年报道的[450]。Ballard 采用含甲基桥的双稀土金属化合物$[(\eta^5-C_5H_4R)_2Y(\mu-CH_3)]_2$(R=H，$CH_3$，$SiMe_3$)用于乙烯聚合。其聚合活性为$(5.1\sim8.1)\times10^3$g/mol · h · 10^5Pa。

1985 年，Marks 等人发现了三价稀土氢化合物对乙烯聚合显示极高的催化活性，其活性可达1.8×10^8g/mol · h · atm[451]。而$[(C_5Me_5)_2MH]_2$即使在-78°C 也有聚合活性。含桥联配体(tiedback)的稀土氢化物$[Me_2Si(C_5Me_4)_2MH]_2$，显示更高的聚合催化活性。

在丙烯聚合催化剂方面，Marks 等人在发现了三价稀土氢化合物之后，许多化学家设计合成了更复杂的稀土金属有机氢化物，用于烯烃聚合，得到了很多令人兴奋的结果。

其中 Bercaw 采用 $Me_2Si(2-SiMe_3-4-CMe_3C_5H_2)$配体，得到了产物为[*rac*-$Me_2SiMe_3-4-CMe_3C_5H_2$]Y-R]的催化剂[452]，催化烯烃聚合，不仅有较高的聚合活性，还有很高的立构选择性。对丙烯聚合，其等规度很好，[mmmm]>99%，而且 1-丁烯、1-戊烯、1-己烯都得到高等规度的聚合物。

Yasuda 等合成了多种稀土烷基化合物和稀土氢化物，用于烯烃聚合，结果如表 2-85 所示[453]。

表 2-85 稀土(Ⅲ)化合物催化乙烯聚合①

引　发　剂	分子量 $M_n/10^4$	M_w/M_n	活性/(g/mol · h)
$(C_5Me_5)_2SmCH(SiMe_3)_2$		不聚合	
$SiMe_2[2,4-(SiMe_3)_2C_5H_2]_2SmCH(SiMe_3)_2$(racemic)		不聚合	
$SiMe_2(Me_2SiOSiMe_2)(3-SiMe_3-C_5H_2)YCH(SiMe_3)_2$(meso)		不聚合	
$SiMe_2[2(3),4-(SiMe_3)_2C_5H_2]_2SmCH(SiMe_3)_2(C_1)$	41.3	2.19	3.3×10^4
$SiMe_2[2(3),4(SiMe_3)_2C_5H_2]_2YCH(SiMe_3)_2(C_1)$	33.1	1.65	18.8×10^4

① 引发剂浓度：0.2%(摩尔)；乙烯是在大气压下由气球通入。

(2) 稀土茂金属催化剂化学　稀土元素包括第三副族的钪(Sc)、钇(Y)，以及原子序数为 57~71 的 15 个镧(La)系元素。它们具有基本相同的外层电子结构和能级相近的内层 4*f* 电子，所以在化学性质方面具有很多相似之处：离子半径较大，对配位体的作用场较小，同时稀土离子具有较大的配位数(4~12)，有多种立体构型，这种特殊的电子结构使它们在光、电、磁等方面有许多独特性质，并具有多种多样的配位催化特性。

表 2-86 稀土元素的电子结构和主要物理化学性质

原子序数	元素符号	元素名称	电子结构	离　子	离子半径/Å①	颜　色	价　态	
							M^{2+}	M^{4+}
21	Sc	钪	$3d^14s^2$	(Ar)	0.68			
39	Y	钇	$4d^15s^2$	(Kr)	0.88	白色		
57	La	镧	$5d^16s^2$	(Xe)	1.061	白色		
58	Ce	铈	$4f^15d^16s^2$	$4f^1$	1.034	白色	$4f^2$	$4f^0$

续表

原子序数	元素符号	元素名称	电子结构	离　子	离子半径/Å①	颜　色	价　态	
							M^{2+}	M^{4+}
59	Pr	镨	$4f^3 6s^2$	$4f^2$	1.013	绿色		$4f^1$
60	Nd	钕	$4f^4 6s^2$	$4f^3$	0.995	淡紫	$4f^4$	$4f^2$
61	Pm	钷	$4f^5 6s^2$	$4f^4$	0.979	桃红黄		
62	Sm	钐	$4f^6 6s^2$	$4f^5$	0.964	黄	$4f^6$	
63	Eu	铕	$4f^7 6s^2$	$4f^6$	0.950	淡红	$4f^7$	
64	Gd	钆	$4f^7 5d^1 6s^2$	$4f^7$	0.938	白色		
65	Tb	铽	$4f^9 6s^2$	$4f^8$	0.923	淡红		$4f^7$
66	Dy	镝	$4f^{10} 6s^2$	$4f^9$	0.908	黄		$4f^8$
67	Ho	钬	$4f^{11} 6s^2$	$4f^{10}$	0.894	桃红黄		
68	Er	铒	$4f^{12} 6s^2$	$4f^{11}$	0.881	淡紫		
69	Tm	铥	$4f^{13} 6s^2$	$4f^{12}$	0.869	绿	$4f^{13}$	
70	Yb	镱	$4f^{14} 6s^2$	$4f^{13}$	0.858	白色	$4f^{14}$	
71	Lu	镥	$4f^{15} 5d^1 6s^2$	$4f^{14}$	0.848	白色		

①1Å=0.1nm。

由于稀土化合物对湿气、氧等极为敏感，合成困难，稀土化学的研究相对滞后，但在近几十年中，稀土化学有了较大的发展。

环戊二烯配体是金属有机化学中，最重要、最常见的配体之一。这类配体同样能稳定稀土元素，形成二价或三价的稀土茂金属化合物。

稀土元素的二价化合物，可以利用强还原剂如金属钠、萘钠或金属 Yb 来还原 $(C_5H_5)_2YbCl(THF)$ 得到[454-459]，如：

$$(C_5H_5)_2YbCl(THF)_2+Na(THF)\longrightarrow(C_5H_5)_2Yb(THF)_n+NaCl$$

$$(C_5H_5)_2YbCl(THF)_2+Yb(THF)\longrightarrow(C_5H_5)_2Yb(THF)_n+YbCl$$

而 Kagan 等人[460,461]报道的合成 Sm 二价化合物的方法是：

$$SmI_2+(C_5H_5)K\longrightarrow(C_5H_5)_2Sm(THF)_2$$

其中 SmI_2 可以用金属 Sm 与 ICH_2CH_2I 反应当时制备，这个方法普遍用于合成各种二价的 Sm 化合物。

稀土茂金属化合物也同样有桥联的化合物。将稀土金属直接与富烯在 $HgCl_2$ 存在下进行反应，就可以生成具有桥联配体的稀土化合物[462]。

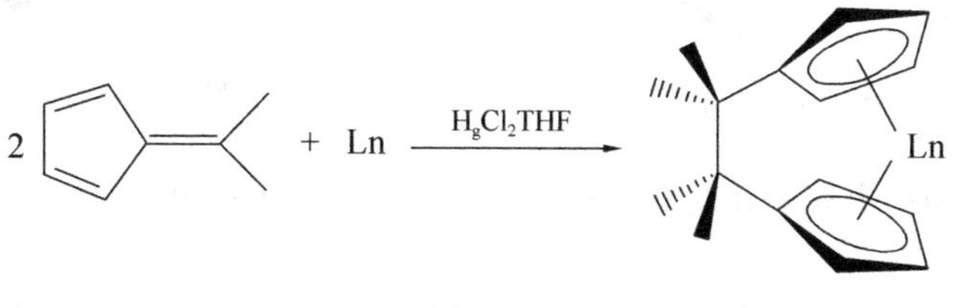

桥联环戊二烯配体具有较大的刚性，常用来稳定稀土化合物[463]。

在环戊二烯环上引入取代基可以改变稀土化合物的性能。如引入甲基、叔丁基、三甲基硅等基团，能显著改善化合物的溶解性。办法是使用 LnI_2 与相应的环戊二烯的钠盐或钾盐反应，可合成各种二价环戊二烯稀土化合物[464,465]。

稀土元素的三价化合物，大多数可以用稀土氯化物作为原料来合成，如：

$LnCl_3+2MC_5H_5 \longrightarrow (C_5H_5)_2LnCl+2MCl$

$ScCl_3+Mg(C_5H_5)_2 \longrightarrow (C_5H_5)_2ScCl+MgCl_2$

由于 $(C_5H_5)LnCl$ 配位不饱和，这一类的轻稀土化合物 Ln-Nd 是不存在的，在溶液或固体中，形成以氯桥相连的二聚体结构(图 2-71)。

另外，和茂金属催化剂一样，稀土茂金属化合物也有手性化合物。用 $LnCl_2$ 与 $C_5H_4(CH_2)_3C_5H_4$ 配体的钠盐反应制备，可合成稀土手性化合物如 $[C_5H_4(CH_2)_3C_5H_4]Ln(THF)_2$ (Ln=Sm，Yb)[466]。

Bercaw 合成了单一手性的稀土化合物[467]，见图 2-72。

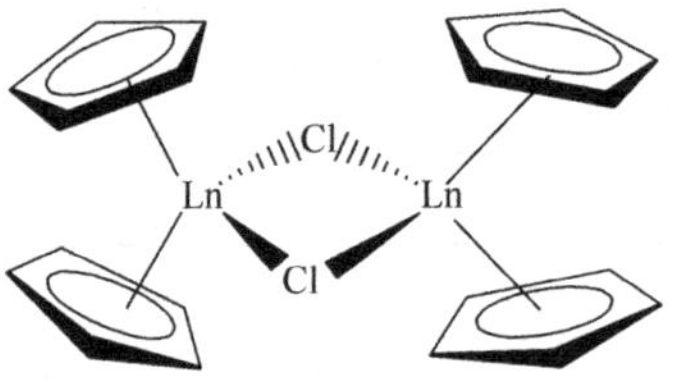

图 2-71　稀土(Ⅲ)氯化物

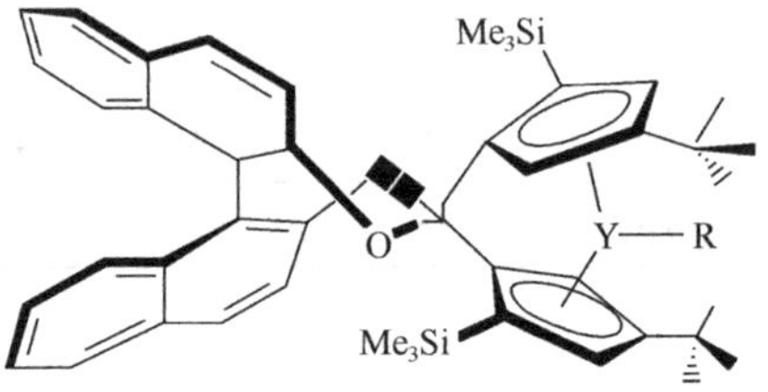

图 2-72　手性稀土烷基化合物

(3) 用于烯烃聚合的稀土茂金属催化剂　用于烯烃聚合而且活性比较高的稀土茂金属催化剂主要有以下几类：

① 由稀土烷基化合物构成的稀土茂金属催化剂。稀土烷基化合物茂金属催化剂的结构如图 2-73 所示，它是一种含甲基桥的稀土茂金属催化剂。

其结构中每一个茂环上都有一个烷基，而甲基桥联接着两个稀土金属，所以它也是一种双稀土茂金属催化剂。

② 由稀土氢化合物构成的稀土茂金属催化剂。稀土氢化合物茂金属催化剂的结构如图 2-74所示。

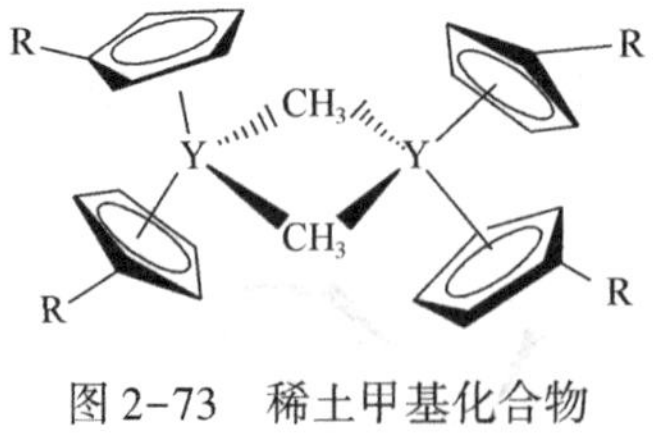

图 2-73　稀土甲基化合物

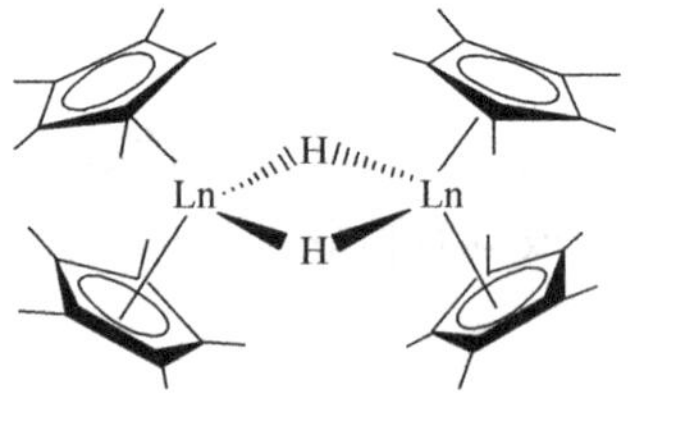

图 2-74　稀土金属有机氢化合物

稀土氢化合物和稀土烷基化合物的茂金属催化剂在结构上的主要区别在于，其甲基桥被氢桥所取代。

同茂金属化合物类似，桥联环戊二烯配体[468]，也大量用于稀土化合物的合成，特别是稀土烷基化合物和氢化物，具有极高的聚合催化活性，被用做聚合的单组分催化剂：

$$LnCl_3 + Li_2[Me_2Si(C_5Me_4)_2] \xrightarrow{+Et_2O,\ -LiCl} Me_2Si(C_5H_4)_2Ln(\mu-Cl)_2Li(Et_2O)_2$$

$$\xrightarrow{+LiCH(SiMe_3)_2,\ -2LiCl} Me_2Si(C_5H_4)_2LnCH(SiMe_3)_2$$

以上两类结构的稀土化合物所组成的催化剂，是目前用于烯烃聚合活性最高的稀土茂金属催化剂。

Yasuda 等合成了多种稀土烷基化合物和氢化物，用于烯烃聚合或共聚[453]。图 2-75 为手性稀土烷基化合物的合成实例。

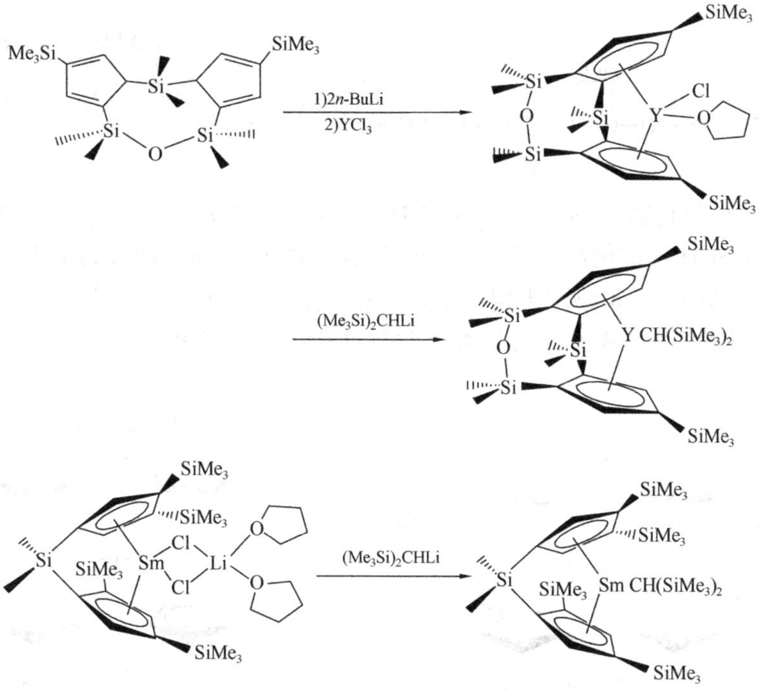

图 2-75 手性稀土烷基化合物的合成

(4) 稀土催化烯烃与极性单体共聚 安田源教授采用稀土化合物 Cp_2^*LnR(Ln：Sm，Yb，Lu；R：H，Me)最早实现了烯烃与极性单体的嵌段共聚[469]，先将乙烯均聚，再接着加入丙烯酸甲酯单体继续聚合，得到聚乙烯-聚丙烯酸甲酯嵌段共聚物。若先加丙烯酸甲酯单体，再通入乙烯，却得不到共聚物，只有丙烯酸甲酯均聚物。聚乙烯-聚丙烯酸甲酯嵌段共聚物中，聚乙烯段与聚丙烯酸甲酯段是可以调控的，两者的摩尔比在 100∶1 到 100∶103 之间可控，而当聚乙烯段分子量增大，如分子量大于 12000 时，聚乙烯会沉淀出来，丙烯酸甲酯单体向活性中心的扩散受到阻碍，因而聚丙烯酸甲酯链段的分子量减小。同样的方法，可合成其他极性单体与乙烯的共聚物。

安田源教授采用不同的稀土化合物作为催化剂，制备了 ABA 与 AB 型乙烯与极性单体的嵌段共聚物[470]。

合成 ABA 嵌段共聚物的稀土化合物为稀土二价化合物，如图 2-76 所示。

ABA 嵌段共聚物的形成原理：

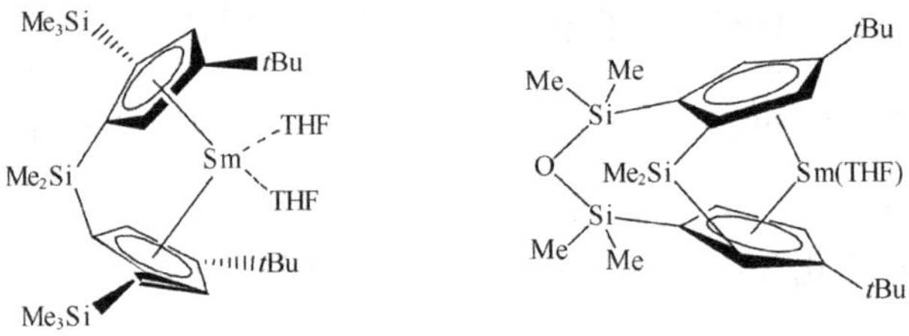

图 2-76　合成 ABA 嵌段共聚物的稀土二价化合物

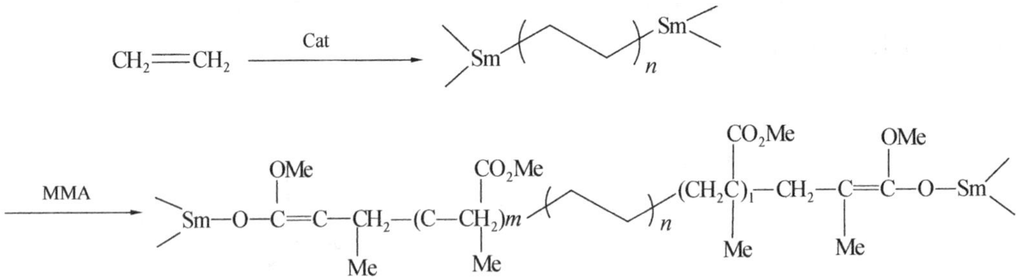

采用稀土三价氢化物 racemic-$Me_2Si(C_5H_2$-2-Me_3Si-4-tBu$Me_2Si)_2$YH 与 $Me_2Si(C_5H_2$-2-Me_3Si-4-tBu$)_2$SmH 作催化剂，可制备 AB 型乙烯与极性单体的嵌段共聚物。ABA 与 AB 型乙烯与极性单体的嵌段共聚物都表现出更高的断裂强度和拉伸模量[470]。

2000 年安田源教授首次实现长链烯烃与极性单体的嵌段共聚合成[471~473]。所用催化剂如图 2-77 所示。

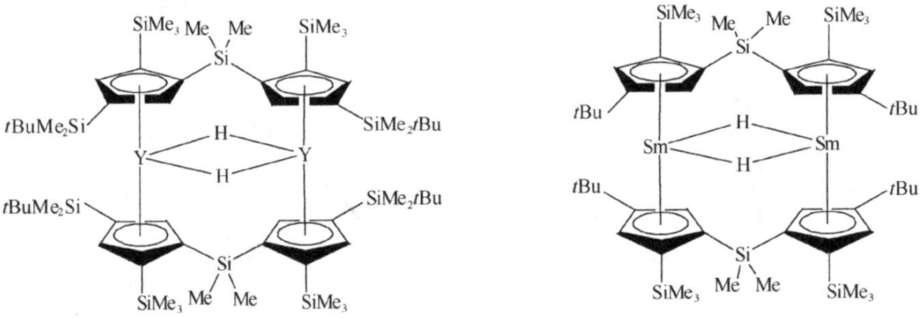

I　　　　　　　　Ⅱ

图 2-77　用于长链烯烃与极性单体嵌段共聚合的催化剂

1-戊烯、1-己烯在催化剂 I 的作用下，24～32h 内聚合。所得聚戊烯 $M_n = 2.8\times10^4$，$M_w/M_n = 1.51$；聚-己烯 $M_n = 5.3\times10^4$，$M_w/M_n = 2.46$。催化剂Ⅱ的活性与 I 相比较低。依次加入烯烃单体，极性单体、在上述催化剂的作用下得到烯烃与极性单体的嵌段共聚物。

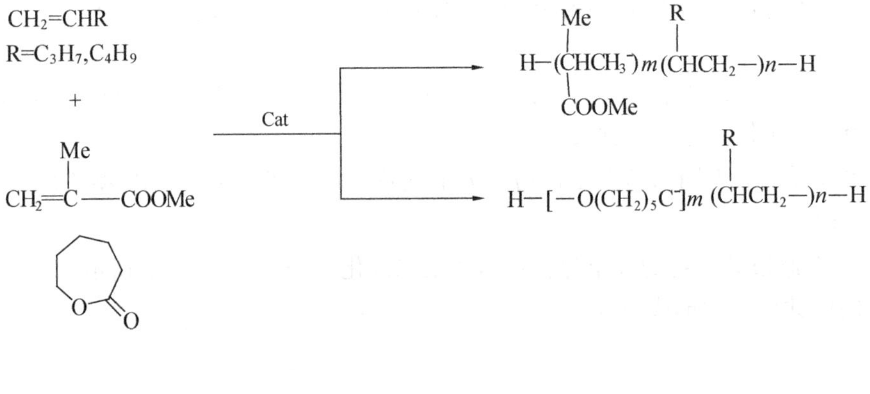

表 2-87 1-戊烯，1-己烯与甲基丙烯酸甲酯(MMA)，环己内酯(CL)的嵌段共聚物性能①

催化剂	单 体	极性单体	聚烯烃段		极性单体高分子段		单体/极性单体摩尔比
			$M_n\times10^{-3}$②	M_w/M_n②	$M_n\times10^{-3}$③	M_w/M_n②	
1	1-戊烯	MMA	13.5	1.41	34.2	1.77	36/64
2	1-戊烯	MMA	6.6	1.58	11.5	1.68	45/55
1	1-己烯	MMA	21.0	1.86	35.9	1.99	41/59
2	1-己烯	MMA	5.5	2.00	6.0	2.15	52/48
1	1-戊烯	CL	13.5	1.41	124.6	2.15	15/85
2	1-戊烯	CL	6.6	1.58	78.7	2.03	12/88
1	1-己烯	CL	21.0	1.86	174.8	2.52	14/86
2	1-己烯	CL	5.5	2.00	60.4	2.09	11/89

① 聚合条件：a. 烯烃聚合，0.1mmol 催化剂，5mmol 烯烃单体，7mL 甲苯 20℃聚合 4h；b. 极性单体聚合：10mmol 极性单体，20℃聚合 1h。

② 采用聚苯乙烯标样，GPC 测定。

③ 由^{1}HNMR 估算。

2.3.2.2.12 其他茂金属催化剂

除了第 4 族过渡金属外，已见报道的还有几种其他的茂金属聚合催化剂：Watson 的 Cp$*_2$LuMe$_2$ 可以生产丙烯齐聚物[474]；Bercaw 的手性茂金属[手性-Me$_2$Si-(2-SiMe$_3$-4-Cme$_3$-Cp)$_2$Y(μ-H)]$_2$ 可以聚合丙烯、丁烯和高碳 α-烯烃以得到高等规聚合物，尽管该催化剂的活性和分子量都相当低[475]。这两种催化剂都不需要助催化剂。茂钒、茂铌和茂钨都只展示了有限的活性。

除了茂金属外，第Ⅳ族过渡金属的某些其他化合物在用 MAO 活化后也能使丙烯聚合，四苯甲基钛和四苯甲基锆以及四烷氧基钛都可以使丙烯聚合成为高分子量的部分等规聚合物(产量适度)[476]。通过使用二异丙氧化或二氯化 2,2′-亚甲基-双(6-叔丁基-4-甲基苯甲氧基)钛可以生产高分子量、无定形和局部不规整聚丙烯[477]。

2.3.2.3 其他单活性中心催化剂

2.3.2.3.1 Ni、Pd 体系单活性中心催化剂

1995 年，杜邦公司与北卡罗莱纳大学的 Dr. M. Brookhart 合作，开发出了以 Ni、Pd 二亚胺配合物为催化剂的一类新型聚烯烃催化剂体系。与 Z-N 催化剂、茂金属催化剂使用 Ti、Zr、V、Cr 等前过渡金属不同，该催化剂体系主要使用第Ⅷ族的后过渡金属元素为催化剂中心原子，而且具有一些以往催化剂所不具备的特性，因此被称为后过渡金属催化剂。

在 20 世纪 70、80 年代，后过渡金属就已经被用于各种烯烃聚合的催化剂体系，如已工业化的 SHOP(Shell Higher Olefin Process)法使用 Ni 膦氧螯合物的催化剂体系；用于环烯烃聚合的“赤裸镍”(nakednickel)催化剂体系；用于乙烯和一氧化碳交替共聚的 Ni、Pd 双膦催化剂体系；用于环烯烃置换聚合反应的阳离子配位不饱和配合物催化剂体系；用于降冰片烯的后过渡金属催化剂体系等等。但在当时，这些催化剂体系用于烯烃聚合时，由于它们很容易发生 β-H 链转移反应，因而只能引发低聚合度聚合，得到一些二聚体或小分子量的齐聚体，得不到高分子量的聚合物。因此催化剂体系的特点未能完全表现出来，故而未能引起人

们的重视。

Brookhart 和他的研究小组经过研究发现[478]，利用适当的具有大位阻的配位体，例如他们所研制的二亚胺配位体，与 Ni、Pd 后过渡金属结合而成的催化剂，就能在进行各种烯烃聚合时，不但有很高的活性，而且可以得到高分子量的和不同以往聚合物结构的、有独特聚合性能的聚烯烃树脂。这一成果引起了学术界和商业界的广泛关注。杜邦公司为取得该领域的领先地位，为他们的成果申请了多篇专利[479]。并将此催化剂的商品命名为“Versipol”。

(1) Ni、Pd 催化剂化学　Ni、Pd 二亚胺后过渡金属催化剂在化学方面有以下的特点：

① 属单活性中心催化剂类型。它和其他的单活性中心催化剂一样，具有明确的化学结构和组成，而且可以通过改变配位体的结构来调整树脂的特性。能容易地控制树脂的结构、分子量、等规度和支化度等多种参数。而做到这一点的关键是使后过渡金属催化剂的配位体位阻增大，利用适当的大位阻配位体来阻挡 β-H 的链转移反应，就可以使聚合物的分子量加大，而且聚合反应速率有可能增加。而产生这种结果的原因是适当的大位阻配位体能够降低烯烃插入反应的自由能[480]。

但是能达到上述要求的“适当的大位阻配体”，需要满足两个条件：

a. 此配位体必须能在活性中心的轴向相同距离内为活性中心造成位阻，阻止烯烃从轴向接近活性中心；

b. 配位体必须有一个构型能空出轴向位置的一端，对于芳香烃配位体最好是芳环能与 Ni 的二胺环平行而不是垂直。

② 存在“链行走”(Chainwalking)现象。Ni、Pd 催化剂的链结构与传统的链结构不同，它有所谓“链行走”的现象。也就是说，在聚合反应时，金属烷基键能够在聚合物的链上通过 β-H 消除和再次加成而达到移动。因此，在无需外加共聚单体的条件下，就可得到支化度为 80~150C/1000C 的线型低密聚乙烯。而对聚丙烯来说，由于有“链行走”的现象，其支化度小于 333CH_3/1000C 的理论值，仅为 100CH_3/1000C，好像是链被拉直了，表现为一种类似乙烯、丙烯共聚物的弹性体。

③ Ni、Pd 催化剂能够容忍含有氧、氮等原子的极性基团，因此能使 α-烯烃与极性单体共聚生成含有极性基团的聚烯烃树脂。所生成的这种共聚物其极性基团的位置处在支链的末端，而自由基聚合所得到的产品，其极性基团的位置则处在主链上，两者完全不同。

④ 可以进行活性聚合，制备嵌段共聚物。Ni、Pd 二亚胺后过渡金属催化剂体系可以用于各种 α-烯烃、环烯烃的聚合以及与极性单体的共聚，使用的单体可以是乙烯、丙烯、1-己烯、环戊烯、丙烯酸酯、降冰片烯等等，因而可以制备各种不同的嵌段共聚物。而且可以进行活性聚合，以无规聚丙烯的聚合为例，随聚合反应的进行，M_w/M_n 不发生变化，基本上是常数。但是，M_n 却直线增长，具有典型的活性聚合特征。

需要强调的是此处所讨论的催化剂是指催化剂前体，实际的催化剂为有活性的金属稳定态。

(2) Ni、Pd 催化剂的结构和性能　虽然经过不断的研究发展，Ni、Pd 催化剂体系的结构有了一定的变化，比如配体可以是阴离子物种，随着反应条件的改变可以使用较小位阻的配体等等，但催化剂体系仍然满足最初的 Ni、Pd 二亚胺催化剂体系的三个基本要素：

① 以高亲电性的阳离子镍、钯金属为活性中心金属；

② 需要使用空间位阻大的 α-二亚胺为配位体；

③ 需要使用非配位阴离子或者使用试剂产生的非配位阴离子来稳定金属配合物[481]。

用于聚丙烯的二亚胺催化剂体系有以下几种，见图 2-78。

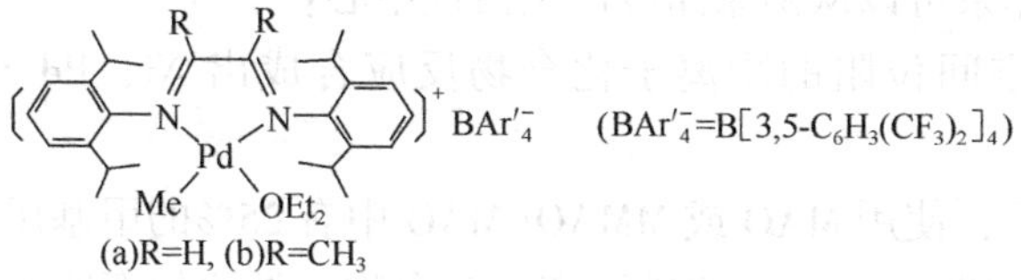

1[478]

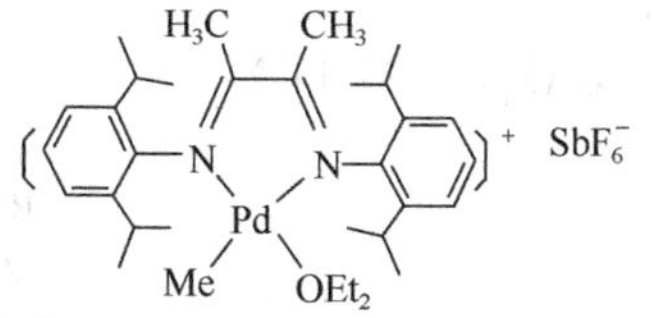

2[482]（WO9623010中实施例91）

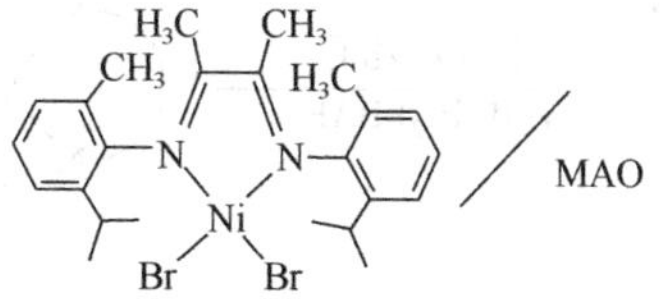

3[482]（WO9623010中实施例477）

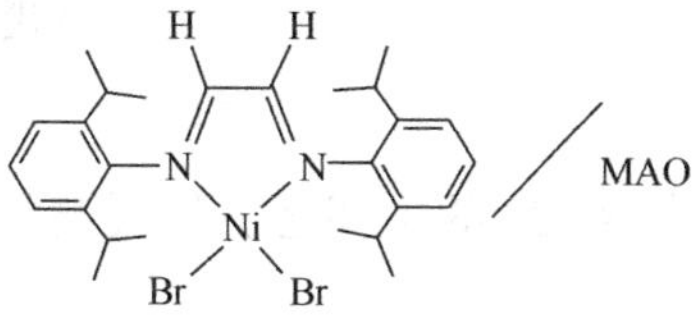

4[482]（WO9623010中实施例80,453）

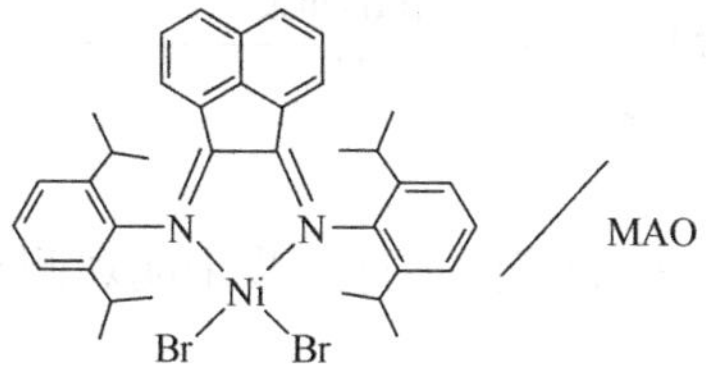

5[482]（WO9623010中实施例365）

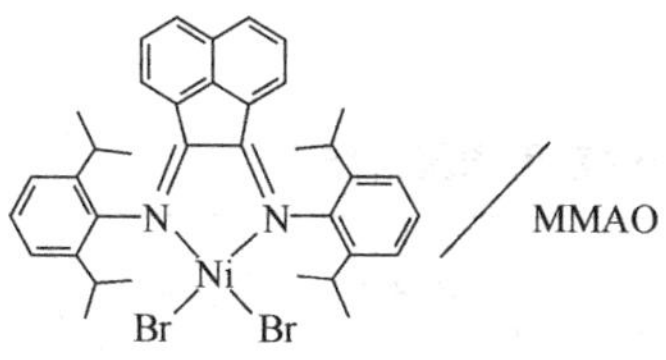

6[482]（WO9623010中实施例369）

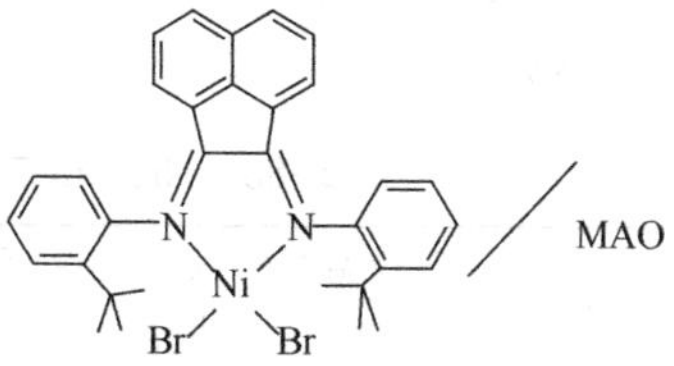

7[482]（WO9623010中实施例458）

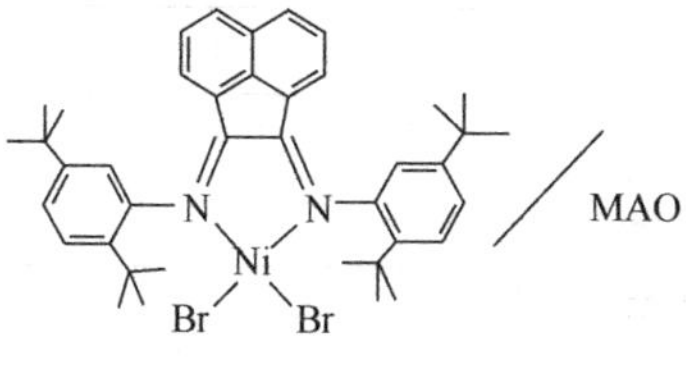

8[482]（WO9623010中实施例459）

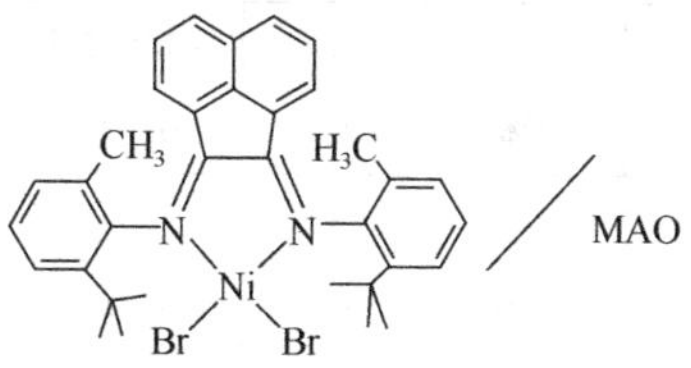

9[482]（WO9623010中实施例476）

图 2-78　用于聚丙烯的二亚胺催化剂实例

从上面的各种催化剂体系实例中可以看出，α-二亚胺配体在整个催化剂中起着非常重要的作用，它不仅稳定了 Ni、Pd 金属配合物和活性中心，而且它可以通过改变其取代基团很容易调节金属配合物的立体效应和电子效应。正是由于采用邻位大基团取代的芳香基 α-二亚胺为配位体，Ni、Pd 催化剂体系才会有催化烯烃聚合的活性，得到高分子量的聚合物。由于二亚胺的很大的空间位阻大大地限制了协同置换和链转移反应，而且二亚胺的芳基环又近似垂直于活性中心所在的平面四边形，这样邻位取代基就阻止了烯烃从轴向方位接近的可能性，从而使链增长的速率远远大于链转移的速率，结果就生成了高分子量的聚合物[478]。

实验结果显示，当 α-二亚胺的"邻位"取代的芳香基更换成"对位"取代的芳香基时，催化剂体系就变为只能进行丙烯二聚的催化剂[483]，这就更加证实了邻位大空间位阻的α-二亚胺对丙烯高分子量聚合的作用。

Ni、Pd 二亚胺催化剂体系可以从两条路线产生活性中心：

① 和含有弱配位、大空间位阻的阴离子化合物反应合成出 Ni、Pd 二亚胺阳离子配合物；

② 在烯烃存在的情况下，使用 MAO 或 MMAO(MAO 中有 25%的甲基用异丙基替代)Ni、Pd 二亚胺二卤配合物反应形成 Ni、Pd 二亚胺阳离子配合物，具体如下所示[483]：

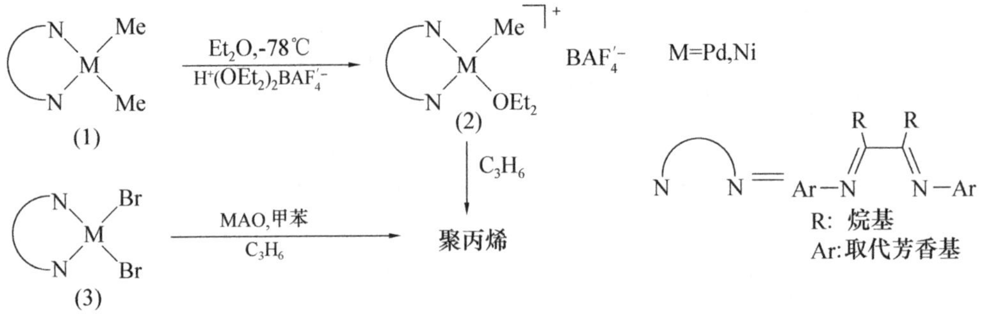

配合物(3)到聚丙烯这一步未能观测到类似配合物(2)的中间态，但观测到了烯烃插入后的配合物。

(3) Ni、Pd 催化剂聚合　Ni、Pd 催化剂体系可以通过改变聚合条件来改变树脂的性能，结果见表 2-88。

表 2-88　Ni、Pd 二亚胺催化剂体系丙烯聚合结果

序　号	催化剂体系①	溶　剂	反应温度/℃	反应压力/kPa	反应时间/h	活性/(10^3g/g Mt · h)	$M_n \times 10^{-3}$	M_w/M_n	Me/1000CH_2	热分析/℃
1	1(b)	CH_2Cl_2	25	101.3	16	0.23	15	4.3	213	-43(T_g)
2	2	甲苯	22	~405.2	2.5	0.29	8	1.8		-44(T_g)
3	3	甲苯	25	101.3	2	0.63	95	1.48		-36(T_g)
4	4	甲苯	-45		3	0.09				
5	4	甲苯	0	101.3	0.67	0.31				
6	4(80)	甲苯	24	~405.2	1.1	0.55	8	1.18		-19(T_g)
7	4(453)	甲苯	0	101.3	0.75	1.62	32	1.86		-19(T_g)
8	5	甲苯	0		2	2.18	150	1.6	300	-78(T_g)
9	5	甲苯	23	101.3	1	6.24	190	1.44	272	-24(T_g)
10	5	甲苯	-10	101.3	1	5.18	160	1.13	297	-16(T_g)
11	5	甲苯	0	101.3	0.5	0.16	25	1.47		
12	6	甲苯	0	101.3	0.5	1.62	84	1.14		
13	7	甲苯	23	101.3	1	2.69	60	1.59	159	-55(T_g)
14	7	甲苯	-10	101.3	1	1.37	36	1.27	214	-50(T_g)
15	7	甲苯	25	101.3	2	0.68			226	-53.6(T_g) -20(T_m)

续表

序 号	催化剂体系①	溶 剂	反应温度/℃	反应压力/MPa	反应时间/h	活性/(10^3g/g Mt·h)	$M_n \times 10^{-3}$	M_w/M_n	Me/1000CH_2	热分析/℃
16	8	甲苯	25	101.3	2	0.32			307	
17	9	甲苯	25	101.3	2	1.78	142	1.83		-31.2(T_g)
18	2	甲苯/乙烯	25	101.3	0.5	74.8	190	2.2	71	39(T_m) -46(T_g)

① 数字1~9对应于图2-78中催化剂体系，括号中数字表示实施例号。

由表2-88可以看出，催化剂体系的活性要比乙烯聚合活性小一个数量级。M_w/M_n 值基本在2.0以下，表明该体系为单活性中心催化剂。

聚合温度对催化剂的活性影响不是很大，但对树脂结构的影响很大，从表中序号9、10以及序号13、14的结果可以看出：聚合温度的提高可以提高分子量、M_w/M_n 和树脂的玻璃化温度，但同时降低了支化度。而聚合时间的增加会降低催化剂的活性(序号14、15)[484]。

另外，在前面列举的二亚胺催化剂体系中，用6号结构的催化剂体系在-10℃下聚合，尽管数均分子量随着时间的增加成线性增长，而分子量分布一直保持在1.1左右，显示出了活性聚合的特征。

Ni、Pd二亚胺催化剂体系用于丙烯聚合可以合成四类聚丙烯产品：

① 无定形聚丙烯；

② 嵌段聚丙烯；

③ 间规聚丙烯；

④ 含有极性单体的聚丙烯。

用Ni、Pd二亚胺催化剂体系制备的丙烯均聚产物为无定形聚丙烯，表现为类似乙烯丙烯共聚物的弹性体特性。其聚合物的分子结构明显不同于以前的聚丙烯产品，支化度小于常规聚丙烯的333Me/1000CH_2 的值，而且支链中除了甲基外还含有异丙基、丁基、4-甲基己基等长支链[485]，它的 T_g 很低，表现为热塑性的弹性体。这是由于此催化剂存在“链行走”现象，也就是说，金属烷基键在反应过程中能够在聚合物的链上移动，从而产生1,3-加成的链连接方式和长支链。1,3-链连接部分的含量与配合物的结构和聚合条件有很大的关系，如催化剂体系4在聚合时1,3-链连接的方式就很少，而催化剂体系7、8的1,3-链连接的方式含量就比较高(43%、53%)。

Ni基二亚胺催化剂体系6、7在低温(-10℃)和低单体浓度(<1mol/L)条件下，可以进行活性聚合，因此可以制备聚丙烯的嵌段共聚物[484]。表2-89中列出了聚合结果，这些嵌段聚合物具有良好的弹性和良好的弹性恢复性。由于存在“链行走”现象，制备的嵌段聚合物结构不同于以前早期过渡金属制备的嵌段聚合物，它具有独特的物性。

表2-89 聚丙烯嵌段共聚物的合成结果

序号	催化剂体系①	嵌段共聚物②	反应时间(嵌段-时间)	M_n③/10^3	M_w/M_n	DSC分析/℃
1	6	P-*b*-H	A-30/B-30	159	1.11	-18(T_g)
2	6	P-*b*-H	A-30/B-60	163	1.13	-42(T_g), -25(T_g)

续表

序号	催化剂体系①	嵌段共聚物②	反应时间（嵌段-时间）	M_n③$/10^3$	M_w/M_n	DSC 分析/℃
3	6	O-*b*-P-*r*-O-*b*-O	A-30/B-20/A-40	60	1.09	9(T_m)，37(T_m)
4	6	O-*b*-P-*r*-O-*b*-O	A-95/B-60/A-150	253	1.17	-11(T_m)，40(T_m)，-38(T_g)
5	7	O-*b*-P-*r*-O-*b*-O	A-130/B-20/A-140	56	1.24	8(T_m)，53(T_m)
6	7	O-*b*-P-*r*-O-*b*-O	A-250/B-60/A-260	112	1.43	0(T_m)，69(T_m)，-52(T_g)

① 配合物 0.017mmol，用 100 倍的 MMAO 活化；溶剂，甲苯；序号 1，2 的温度为-15℃，3~6 的温度为-10℃。

② P，丙烯；H，1-己烯；O，1-辛烯。

③ GPC 测试(以聚苯乙烯为标准)。

Pellecchia 等人[486]首次用 Ni 基催化剂体系 4 在-78℃合成出间规聚丙烯(rr 的含量为 80%)，而且为结晶形态。提高聚合温度，即会降低聚丙烯间规度。

以前，烯烃与含极性基团的烯烃单体共聚是通过自由基聚合实现的，聚合需要高压下完成。Brookhart 等人[487]用 Pd 二亚胺催化剂体系首次合成出非极性烯烃(乙烯、丙烯)和丙烯酸酯的共聚物，而且其共聚物具有较高的分子量。催化剂按如下的路线合成：

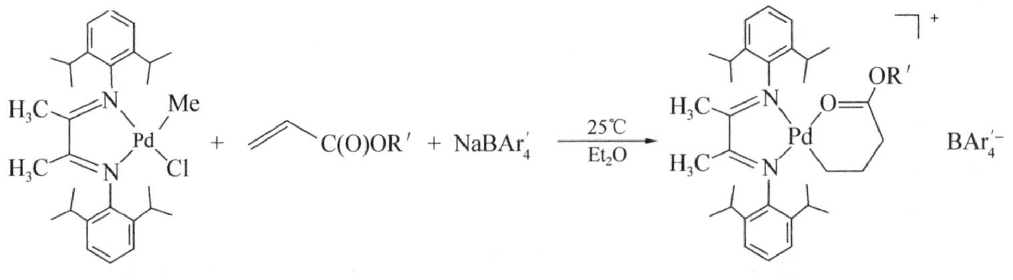

10

催化剂体系 10 的聚合结果列于表 2-90，得到的聚合物为无定形聚丙烯共聚物。Pd 二亚胺催化剂体系中，配合物结构对极性单体插入量没有影响，但对催化活性有一定的影响。

表 2-90　在催化剂体系 10 中丙烯和极性单体的共聚结果①

序号	单体②	反应条件		结果				聚合物特性	
		极性单体浓度/(mol/L)	压力/MPa	聚合物质量/g	极性单体摩尔分数/%	转化数③		M_n④$\times10^{-3}$	M_w/M_n
						丙　烯	极性单体		
1	P/MA	0.6	0.6	5.0	1.1	1179	13	37	1.8
2	P/FOA	1.8	0.2	1.0	5.6	145	9	18	1.8

① 条件：0.1mmol 催化剂；溶剂 C_2H_2(C_2H_2 和极性单体总量：100ml)；温度 35℃；反应时间 8.5h；

② P，丙烯；MA，甲基丙烯酸酯；FOA，$H_2C=CHC(O)OCH_2(CF_2)_6CF_3$。

③ 转化数=转化的单体摩尔数/催化剂摩尔数。

④ GPC 测试(以聚苯乙烯为标准)。

(4) 中国的研究情况　在中国，目前已有中山大学、北京化工研究院等一些单位在进行 Ni、Pd 催化剂体系的研究。其中中山大学高分子研究所采用过渡金属化合物 $NiCl_2$ 与传统的 $TiCl_4$ 相结合，制成了复合型催化剂，此催化剂用于乙烯聚合可以不使用 MAO 助催化剂[488]。

北京化工研究院则进行了新型 Ni、Pd 催化剂配位体和 Ni、Pd 催化剂与其他活性体复合效果的研究。

2.3.2.3.2 Fe、Co 体系单活性中心催化剂

在对单活性中心阳离子型催化剂分子结构和聚合机理研究的基础上，1998 年 BP 公司资助的英国帝国大学的 Gibson[489] 和杜邦公司资助的美国北卡罗莱纳大学的 Brookhart[490] 各自独立发现了 Fe、Co 体系单活性中心催化剂。

Fe、Co 体系单活性中心催化剂是聚烯烃催化剂研究上的最新进展之一，美国 Rice 大学的 A. R. Barron 教授称之为是[491] 自德国 W. Kaminsky 发现茂金属/MAO 高活性催化剂后，在聚烯烃领域取得的一次真正的进步。Fe、Co 体系催化剂的发现无论是在聚烯烃催化剂的工业应用还是在催化剂的理论研究上都具有很大的意义。

（1）Fe、Co 催化剂化学　Fe、Co 催化剂的特征主要表现在以下几方面：

① Fe、Co 系催化剂具有单活性中心催化剂共有的特征，如通过调整催化剂的分子结构可以控制所合成烯烃聚合物的性能，具有对聚烯烃催化剂性能进行分子设计的特点。

② Fe、Co 系催化剂的配体为三齿氮配体，突破了传统四或六配位体催化剂结构，并且它打破了单活性中心只局限于Ⅳ族金属配合物的界限[491]，对催化剂的理论研究也是一项突破。

③ Fe、Co 系催化剂对含有杂原子的聚合单体具有很强的耐受力，可催化烯烃与极性单体的共聚合[492]，如可以和苯乙烯、丙烯酸酯、甲基丙烯酸酯、丁基丙烯酸酯、丙烯腈和乙烯基乙酸酯等单体进行共聚合，制备一些新品种的聚合物材料。其聚合物的特点是支链多，因此结晶度低。

④ Fe、Co 系催化剂的聚合反应条件与 Z-N 催化剂和茂金属催化剂相接近，与茂金属催化剂相比，尤其是 Fe 系催化剂在相似的聚合条件下具有相当或更高的聚合活性。在烯烃聚合中以乙烯聚合的活性最高。

⑤ 铁元素对人体和生态环境是友好的，如血红蛋白的主要成分是三价铁的配合物；无水三氯化铁可用作饮用水的净水剂和废水的处理净化沉淀剂等。并且 Fe、Co 系催化剂与传统 Z-N 催化剂相比，避免了氯化钛与水激烈反应、腐蚀性强、不易操作等缺点，因而从环保角度考虑，Fe、Co 系催化剂更具优势。

⑥ 与茂金属催化剂相比，Fe、Co 系催化剂所需的配位体比茂金属催化剂的配位体更容易合成[491]，因此催化剂制备的综合成本比茂金属催化剂低，故而更有利于工业化应用。

Fe、Co 系催化剂由于其新颖的结构和更广阔的应用领域，世界各大公司如杜邦公司、壳牌公司、联碳公司、旭化成公司等竞相进行研究开发，争夺 Fe、Co 系催化剂技术开发方面的知识产权，力争率先实现工业化。

（2）Fe、Co 催化剂的结构　1998 年，Gibson 和 Brookhart 各自独立发现的用于烯烃聚合的 Fe、Co 催化体系，是一种以 2,6-二亚胺吡啶为配位体，以 Fe 或 Co 的氯化物为主催化剂，并以烷基铝或硼的化合物为助催化剂的新型催化剂体系。

Fe、Co 系催化剂的配合物通式如图 2-79 所示[493]。其中，

英国帝国大学的 Gibson 等人[489] 利用二氯甲烷和戊烷的混合溶剂培养了铁、钴配合物的单晶，并测试了其分子结构，如图 2-80 和图 2-81 所示。

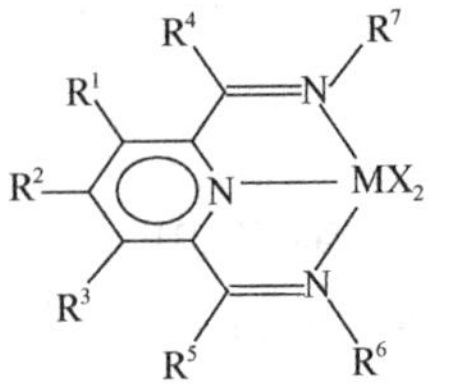

图 2-79　Fe、Co 系催化剂的配合物结构示意图

式中，R^1、R^2、R^3、R^4、R^5 可以是氢元素、烷基、取代烷基或其他惰性官能团；R^6、R^7 为芳香基或取代芳香基；M 为 Fe 或 Co 阳离子

铁、钴配合物的键长和键角列于表 2-91 中，从图 2-80，2-81 和表 2-91 得知，铁、钴系配合物分子结构大致呈 C_S 对称，对称面为金属原子和两个卤素原子形成的平面，在分子结构中 M—N(1)键长明显比 M—N(7)或 M—N(9)键长短，这可能是由于配合物的亚氨基中的 C ═N 键依然保留了双键特征造成的(C ═N 双键键长值为0. 1269~0. 1285nm)。

从图 2-80、图 2-81 中还可以发现，铁、钴系配合物配位体中芳香环上的取代基无论是以 2,6-二异丙基亚胺为配位体的化合物，还是以 2,4,6-三甲基亚胺为配位体的化合物，芳香环所在的平面和吡啶环所在的平面都基本上是垂直的(77°~90°)。不同之处在于 2,6-二[1-(2,4,6-三甲基苯亚胺)乙基]吡啶的 $FeCl_2$ 配合物分子的立体结构是三角双锥结构，而 2,6-二[1-(2,6-二异丙基苯亚胺)乙基]吡啶的 $CoCl_2$ 配合物分子则呈四方锥结构。在三角双锥结构中，金属原子只偏离三个 N 原子形成的平面 0. 009~0. 010nm，在四方锥结构中，金属原子偏离三个 N 原子形成的平面 0. 056nm，如分子结构的侧视图所示[从 N(7)N(9)方向观察，见图 2-82]。

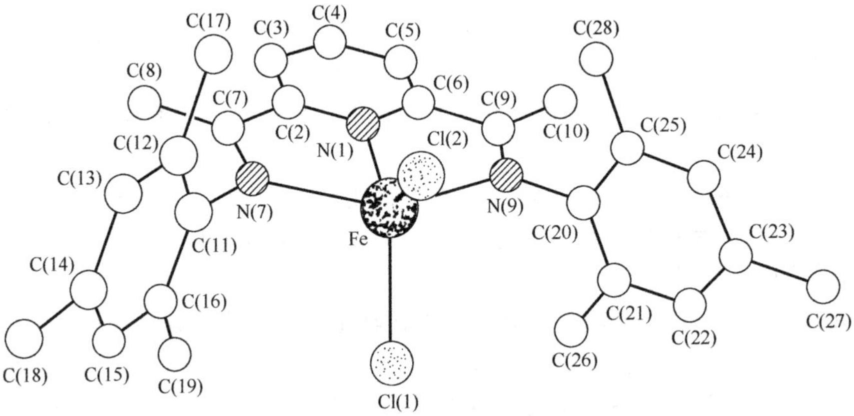

图 2-80　2,6-二[1-(2,4,6-三甲基苯亚胺)乙基]吡啶 $FeCl_2$ 配合物的分子结构

表 2-91　铁、钴系配合物的部分键长和键角

项　　目	9[M=Fe，X=Cl]	11[M=Fe，X=Cl]	12[M=Fe，X=Br]	14[M=Co，X=Cl]
键长/nm				
M—N(1)	20. 88(4)	21. 10(6)	21. 03(6)	20. 51(3)
M—N(7)	22. 38(4)	22. 71(6)	22. 71(6)	22. 11(3)
M—N(9)	22. 50(4)	22. 66(5)	22. 60(6)	22. 11(3)
M—X(1)	23. 11(2)	23. 12(2)	24. 52(2)	22. 93(1)
M—X(2)	22. 66(2)	22. 78(2)	24. 18(2)	22. 51(1)
C(7)—N(7)	12. 85(6)	12. 76(9)	12. 69(11)	12. 77(5)
C(9)—N(9)	1. 280(6)	1. 280(8)	1. 283(10)	1. 280(5)

续表

项　　目	9[M=Fe, X=Cl]	11[M=Fe, X=Cl]	12[M=Fe, X=Br]	14[M=Co, X=Cl]
键角/(°)				
N(1)—M—N(7)	73.2(1)	72.7(2)	72.8(2)	74.0(1)
N(1)—M—N(9)	72.9(1)	73.0(2)	72.9(2)	74.0(1)
N(7)—M—N(9)	140.1(1)	145.5(2)	145.4(3)	141.3(1)
N(1)—M—X(1)	94.6(1)	118.9(2)	118.7(2)	92.9(1)
N(7)—M—X(1)	100.6(1)	102.4(2)	102.5(2)	100.6(1)
N(9)—M—X(1)	102.5(1)	96.7(1)	97.0(2)	102.3(1)
N(1)—M—X(2)	147.9(1)	131.3(2)	132.3(2)	150.6(1)
N(7)—M—X(2)	98.6(1)	97.8(2)	98.3(2)	98.29(8)
N(9)—M—X(2)	98.9(1)	102.3(2)	102.0(2)	98.84(8)
X(1)—M—X(2)	117.5(1)	109.9(1)	109.1(1)	116.5(1)

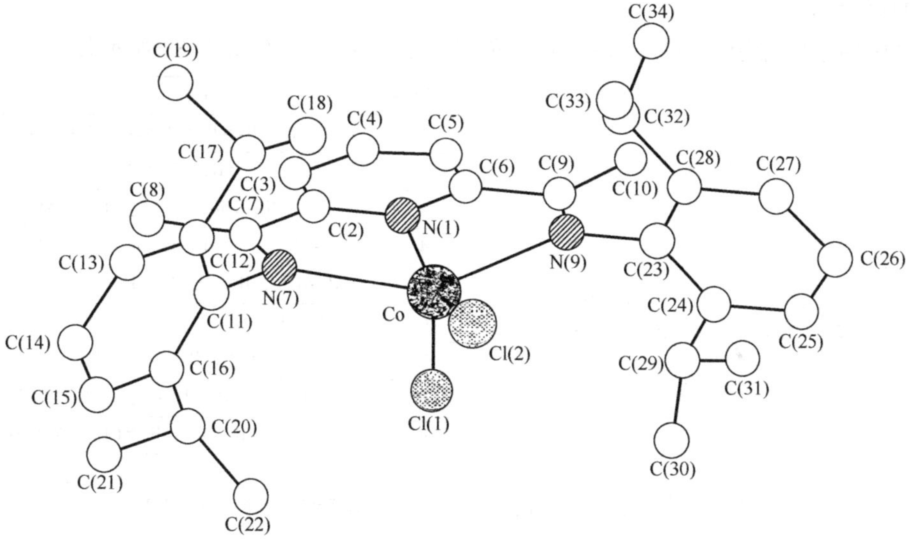

图 2-81　2,6-二[1-(2,6-二异丙基苯亚胺)乙基]吡啶 $CoCl_2$ 配合物的分子结构

这表明铁、钴 2,6-二(亚胺)吡啶配合物分子的几何构型具有一定的可变性，这可能对催化烯烃聚合反应很重要。

铁、钴 2,6-二(亚胺)吡啶配合物的电磁性能测试发现，2,6-二(亚胺)铁吡啶配合物的磁力矩为~5.3BM，有 4 个未配对电子，而 2,6-二(亚胺)吡啶钴配合物磁力矩为~4.6BM，只有 3 个未配对电子。2,6-二(亚胺)吡啶铁、钴配合物具有很深的颜色，此类配合物在~700nm 处有强的 UV 吸收带，这可能是由于电子从金属原子到配位体的跃迁造成的，配合物的分子轨道排布有待进一步研究。

(3) Fe、Co 催化剂特征

① 催化剂分子结构与聚丙烯分子量的关系。对于铁、钴 2,6-二(亚胺)吡啶配合物催化

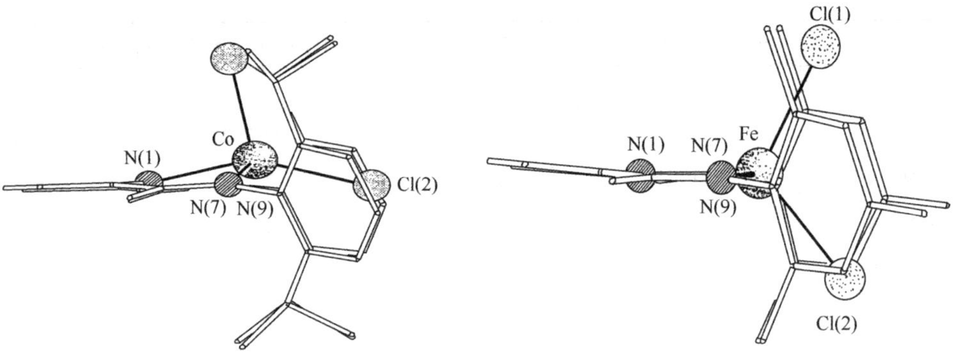

图 2-82　铁、钴络合物的几何构型的对比

剂分子组成和结构调整、改进，主要从苯环取代基、亚胺取代基、卤素原子和金属离子等方面着手。研究发现，不同分子组成和结构的配合物具有不同的催化聚合性能，其中取代基对催化剂性能的影响很大。特别是亚胺的取代基一个为叔丁基一个为氢时，分子量特别高。但最重要的是在苯环的邻位上要有取代基，而且不能是氢，否则就很容易发生链转移而生成低分子量的聚合物。

文献中用于丙烯聚合的铁 2,6-二(亚胺)吡啶配合物主要有图 2-83 所示几种[489]。

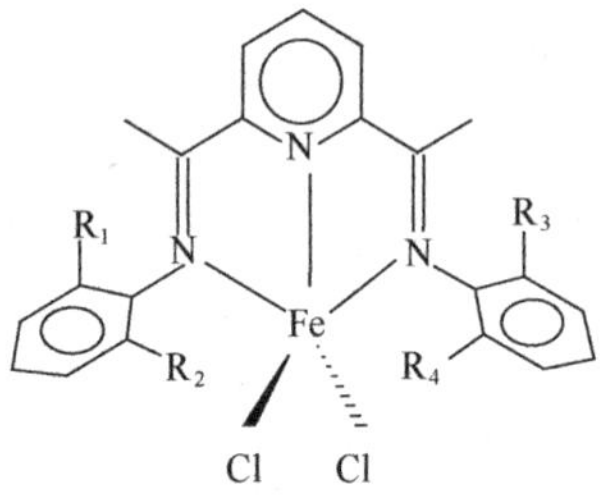

络合物编号	取代基种类
1	$R_1=R_2=R_3=R_4=i$Pr，$Y=CH_3$
2	$R_1=R_2=R_3=R_4=CH_3$，$Y=CH_3$
3	$R_1=R_2=t$Bu，$R_3=R_4=H$，$Y=CH_3$
4	$R_1=t$Bu，$R_2=H$，$R_3=R_4=CH_3$，$Y=CH_3$
5	$R_1=t$Bu，$R_2=H$，$R_3=R_4=i$Pr，$Y=CH_3$
6	$R_1=R_3=i$Pr，$R_2=R_4=CH_3$，$Y=CH_3$
7	$R_1=R_2=i$Pr，$R_3=R_4=CH_3$，$Y=CH_3$
8	$R_1=R_3=i$Pr，$R_2=R_4=CH_3$，$Y=H$
9	$R_1=R_2=R_3=i$Pr，$R_4=CH_3$，$Y=CH_3$

图 2-83　用于丙烯聚合的铁配合物分子结构通式及配合物种类

通过凝胶色谱分析(GPC)对聚丙烯分子量进行测定，发现所有配合物制备的聚丙烯相对分子量都较低，M_n 为 600~7000，分子量分布为单峰窄分布，多分散系数约为 2.0，符合单活性中心催化剂制备的聚烯烃的分子量分布规律。9 种配合物的丙烯聚合结果见表 2-92。由表 2-92 可见，聚合物分子量的决定因素是配位体的立体构型。苯环上有邻位异丙基取代的配位体(如配合物 1)，制备的聚丙烯的数均分子量 $M_n=6500$；具有较小空间位阻的配合物 9，得到的聚丙烯数均分子量为 5700，空间位阻的进一步降低，如配合物 6 和 7，聚丙烯的数均分子量分别为 4100 和 5600；如果配位体中苯环邻位全部由甲基取代后，在相同条件下，聚合得到的聚丙烯的数均分子量为 1800。铁系配合物催化的丙烯聚合结果见表 2-92。

在金属离子方面，铁和钴相比，在同样条件下用钴催化剂聚合得到的聚合物的分子量，要比铁催化剂聚合得到的聚合物的分子量更低。

表 2-92　铁系配合物催化的丙烯聚合结果[494]

实验编号	配合物	聚合温度/℃	$M_n \times 10^{-3}$	M_w/M_n	丙烯转化频率/(10^{-3}/h)	产率/%
1	1	0	3.7	2.3	4.1	1.18
2		-20	6.5	2.1	12.9	4.10
3	2	0	1.7	2.1	6.9	2.45
4		-20	1.8	2.3	3.0	1.16
5	3	0	1.2	2.2	1.6	0.50
6		-20	1.7	2.1	6.5	2.28
7	4	0	2.0	2.4	6.9	2.31
8		-20	2.7	1.8	7.3	2.46
9	5	0	1.1	2.2	1.1	0.33
10		-20	2.0	2.2	3.1	1.09
11	6	0	2.9	2.0	10.4	3.33
12		-20	4.1	2.2	17.3	5.78
13	7	0	3.5	2.5	7.0	2.25
14		-20	5.6	2.2	38.8	7.24
15	8	0	0.6	2.1	0.5	0.19
16		-20	1.2	1.9	0.7	0.25
17	9	0	2.8	2.1	4.7	1.36
18		-20	5.7	1.8	11.8	3.42

聚合条件：101.3kPa 丙烯，50mL 甲苯，助催化剂：改性甲基铝氧烷(MMAO)。

聚合时间：除聚合反应-14 为 70min 外，其他均为 2h。

MMAO：甲基铝氧烷中 25%的甲基被异丙基取代后成为 MMAO。

② 催化剂分子结构对聚丙烯构型的影响。对于金属配合物催化剂的 α-烯烃聚合，Ewen[29]、Bercaw[475]、Brintzinger[495]、Kaminsky[496]等人发现，催化剂分子的几何构型与聚合物的微观结构密切相关。对茂金属催化剂的研究，发现非手性配合物比如 Cp_2TiPh_2 催化丙烯以无规方式聚合，但 Ewen 在低温时得到了一定量的等规聚丙烯。^{13}CNMR 的检测还表明，聚丙烯的立构规整性来源于聚合过程中控制聚合物增长链的空间立构的链末端机理，即新近插入的单体控制着增长链的立体构型。

Brookhart 等[494]研究了铁、钴系催化剂配位体结构对聚丙烯微观结构的影响，利用^{13}CNMR 对制备的聚丙烯进行分析，发现配合物 1/MMAO 制备的聚丙烯[mmmm]五元组含量约为 55%，相当于丙烯等规插入率 0.86，在谱图(图 2-84)中，除[mmmm]五元组峰以外，还有由于链增长插入差错产生的共振峰，这些差错由丙烯单体插入形成的[r]二元组造成。

单活性中心催化剂催化丙烯聚合过程中，对于聚丙烯的规整性问题曾提出了两种控制机理，一是链末端控制机理，一是活性中心控制机理。在活性中心控制机理中，如果丙烯插入发生规整性差错，由于活性中心的纠正效应，将对链增长过程中出现的规整性差错进行纠正，从而形成[rr]三单元组；而在链末端控制机理中，增长链的立构规整性主要由最后插入的丙烯单体控制，在链增长过程中的立构差错得以保持，形成[rm]三单元组(如图2-85所示)。

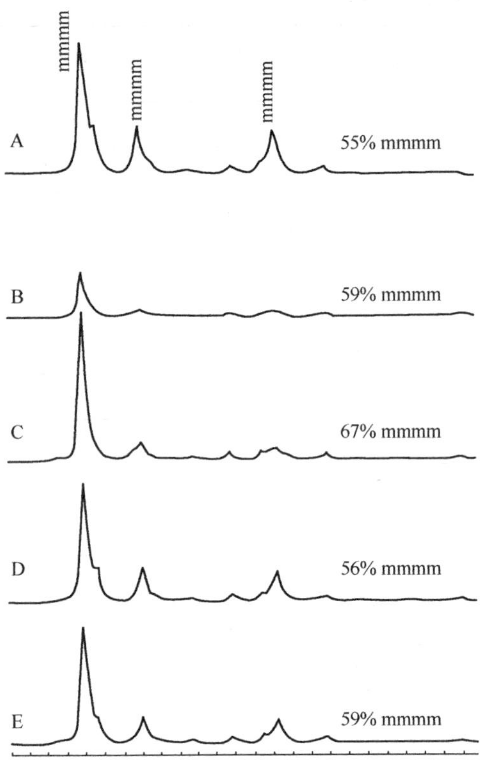

图2-84　聚丙烯[13]C NMR谱图的甲基峰
(a)配合物1；(b)配合物5；(c)配合物6；(d)配合物7；(e)配合物9

活性中心控制机理规整性差错形成的[mmmr]、[mmrr]、[mrrm]比率为2∶2∶1，而链末端控制机理形成的[mmmr]、[mmmrm]比率为1∶1，在图2-84中五单元组[mmmr]、[mmmrm]的峰强度比值为1∶1，所以可以断定铁、钴2,6-二(亚胺)吡啶配合物催化剂的丙烯聚合链增长过程由链末端机理控制。

从表2-93可发现虽然催化剂的分子结构及对称性发生变化，聚丙烯链中[mmmm]五单元组分含量及链增长规整性插入几率基本保持不变，这说明在丙烯聚合过程中，链末端控制机理是对聚丙烯链的立构规整性起主要作用的因素。这与茂金属催化剂不同，茂金属催化剂的分子结构对聚合物链的微观结构有很大影响。

表2-93　-20℃制备的聚丙烯的立构规整性

催化剂	聚合物总等规度/%	[mmmm]/%	催化剂	聚合物总等规度/%	[mmmm]/%
1	86	55	7	87	56
5	88	59	9	88	59
6	91	67			

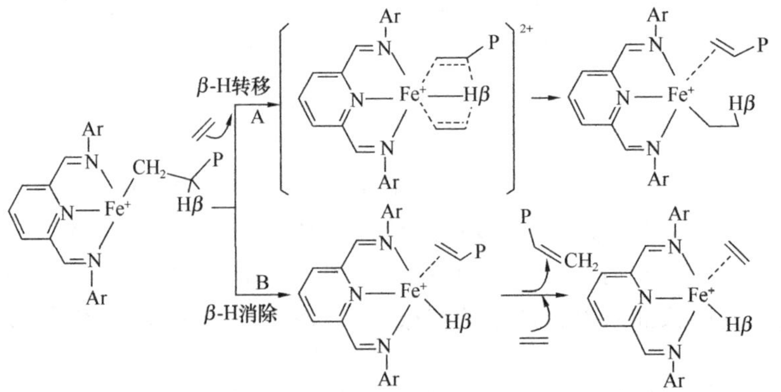

图2-85　两种立构控制机理对比
A—β-H转移，活性中心控制机理；B—β-H消除，链末端控制机理

③ 聚合条件对催化性能的影响。

a. 聚合温度的影响。铁、钴系催化剂在-100～200℃的温度范围内有聚合催化作用。一般情况下，丙烯在2h聚合时间内的总转化率在-20℃时高于0℃时的总转化率。这很可能是由于在低温时丙烯在反应介质(甲苯)中有更高溶解度所造成。当然，催化剂寿命无疑也是重要因素，众所周知，反应温度和配合物空间立构对催化剂寿命都有影响。在改性甲基铝氧烷(MMAO)活化下，配合物2在0℃，24h内催化丙烯的聚合活性基本不降低；空间位阻大的配合物1(表2-92所示)在2h后几乎完全失活。但当聚合温度为-20℃时，配合物1在聚合反应2h后仍然有较高的活性，并且丙烯转化率提高了3倍；配合物2出现了相反现象，在低温时活性却降低50%，这可能是由于在低温时该配合物在甲苯反应介质中的溶解度小。很显然，空间位阻大的催化剂寿命随温度升高而有较大降低，配合物1和配合物2在0℃催化丙烯聚合时虽然有相近的初活性，但配合物2有较长的活性寿命，使丙烯在2h内的总转化率大于配合物1的丙烯总转化率。

提高聚合反应温度导致聚丙烯分子量降低，根据聚合动力学方程，聚合物的数均分子量与链增长速率常数 k_p 和链转移速率常数 k_t 呈线性关系，温度的提高必然导致 k_p/k_t 比值降低，从而使聚丙烯数均分子量降低[497]。

但是，提高聚合反应温度并不会改变所得到的聚合物的构型。在一般情况下，铁、钴系催化剂所得到的聚合物的构型均为高度的线型结构。

b. 聚合压力的影响。聚合压力对铁、钴系催化剂也有影响。随聚合压力增加聚合体系中丙烯浓度的提高，聚合物的产率和聚合物的分子量都明显提高。但是比较起来，钴系催化剂受丙烯浓度的影响较小。另外和温度的影响一样，不同聚合压力下所得到聚合物的构型均为高度的线型结构。

c. 助催化剂的影响。铁、钴系催化剂需要弱配位阴离子作为助催化剂，一般是烷基铝和硼化合物，常用MAO或改性的MAO。在聚合时，增加烷基铝的用量可以使聚合物的分子量分布变宽和出现双峰。按照不同的Al/Fe比可以得到如下的结果：

	摩尔比	
Al/Fe	300	单峰高分子量聚合物
	1500	双峰低分子量聚合物
	4500	单峰低分子量聚合物

这种情况说明烷基铝的增加，促进了链转移反应，并随烷基铝的消耗而使所得聚合物的分子量分布变宽。但是，当烷基铝增加过多时，分子量很低且又变成了单峰。

2.3.2.3.3　非茂前过渡金属单活性中心催化剂体系

非茂前过渡金属单活性中心催化剂，是指由N、P、B等杂原子形成的类似与环戊二烯的阴离子配位体，并由此配位体与Ⅳ族过渡金属原子配位而构成的催化剂。它不但可以用于乙烯聚合，而且也可以用于丙烯聚合和其他单体的共聚合。此类催化剂用于乙烯聚合时，聚合活性和聚合物的分子量都非常高，但是用于丙烯聚合时聚合活性较低，它是正在开发研究中的一种新型聚烯烃催化剂。

(1) 氯化氮杂环Ti催化剂体系　这个催化剂是日本合成橡胶公司用于烯烃和烯烃或极性单体共聚合的催化剂体系[498]。催化剂是由9或12氮杂环Ti配合物和助催化剂组成。这个催化剂有着很高的共聚性能，共聚单体(极性单体)的摩尔含量最高可以达到90%以上，在与极性单体共聚方面要比后过渡金属 Pd 二亚胺阳离子催化剂的性能好。其氮杂环 Ti 配合物的合成路线如下：

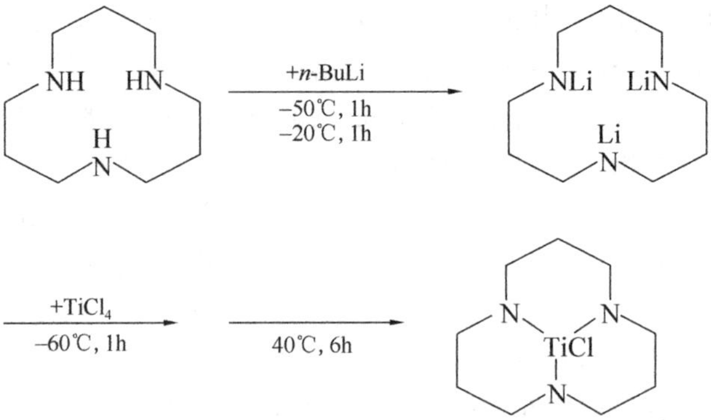

其聚合结果列于表 2-94，由表中可以看出催化剂有着良好催化活性，并且聚合物的分子量也比较高，分子量分布窄。

表 2-94　氯化氮杂环 Ti 催化剂体系的聚合性能

配合物	聚合单体①	助催化剂②	聚合温度/℃	聚合压力/(kg/cm^2)	聚合时间/min	活性/(g/g Ti · h)	产品共聚单体含量/%	M_n (M_w/M_n)
1	P/O	a	30	3	10	255，000	57	134200(3.02)
1	P/O	b	30	3	10	249，000	63	127000(2.95)

① P：丙烯；O：1-辛烯。

② a：MAO(Al/Ti=5000)；b：$(iBu)_3Al$(Al/Ti=500)+$[(Me)_2PhNH][B(C_6F_5)_4]$(B/Ti=1.25)。

(2) 氯化 N,N'-双(三甲基)胺基苄基胺 Ti 系催化剂体系　Jeon 等人合成出硅烷取代的双胺配体，并用于 Ti、Zr 配合物的合成，作为催化剂前体，在 MMAO 助催化剂作用下可以催化丙烯聚合[499]。Ti、Zr 配合物的合成如下所示：

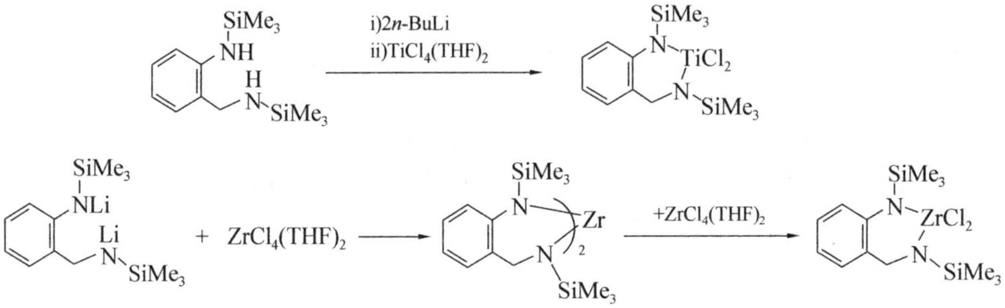

其聚合结果列于表 2-95。

表 2-95　氯化 N,N'-双(三甲基)胺基苄基胺 Ti 系催化剂丙烯聚合结果

序　号	催化剂前体/mmol	温度/℃	M_n	M_w/M_n	活性/(10^4g/mol · h)
1	2	28	2740	8.80	3.22
2	3	28	1730	24.2	0.84

聚合条件：MMAO/Ti、Zr=1000(摩尔比)；时间，5min。

(3) 氯化双(酚-亚胺)过渡金属催化剂体系 1995年，文献报道了可以使用含双水杨醛亚胺配体的前过渡金属配和物作为乙烯聚合催化剂，但是聚合活性很低。20世纪90年代末，三井化学公司的藤田照典(T. Fujita)等人[500]进一步开发了这类配位体化合物，在合成非茂单活性中心催化剂时，发现西佛碱化合物在酚的邻位引入大位阻的烷基，与Zr、Ti等过渡金属形成配合物后，在MAO作用下具有极高的乙烯聚合活性。由于这类配合物都有苯氧基亚胺配位体(phenoxyimine，日语发音为Fenekishi-Imin，其缩写即为'FI')，因此他们将此催化剂命名为FI催化剂。

这种新型的前过渡金属配和物催化剂，不但聚合活性要比茂金属催化剂高出一个数量级，而且通过改变配位体和助催化剂，可以合成出从低分子量到数百万的超高分子量等各种分子量的聚合物。另外，它还可以使烯烃和α-烯烃、甲基丙烯酸甲酯(MMA)和丙烯腈(AN)等单体共聚而得到新型聚烯烃材料。由于这些出众的性能，因此FI催化剂一出现就引起了全世界本专业研究人员的兴趣，迄今为止已发表了大量有关FI催化剂的专利和文献。

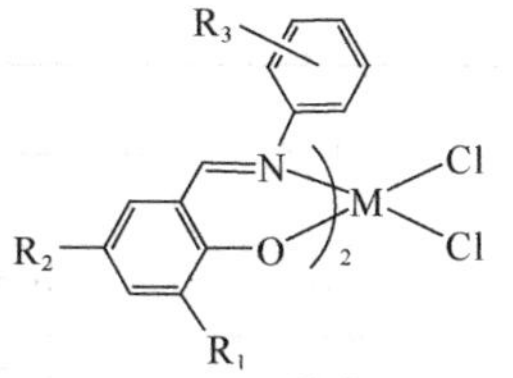

图2-86 FI催化剂的基本结构图

① FI催化剂的结构。FI催化剂是一个以苯氧基亚胺为配位体的过渡金属配合物。其基本结构如图2-86所示。

图中的配位基R_1、R_2和R_3为烷基、芳基、硅烷基和含杂原子的基团，M为Zr、Ti、Hf等过渡金属原子，是由两个苯氧基亚胺配位体以双齿与过渡金属原子螯合而成的配合物。

FI催化剂的典型配位体以及和Zr、Ti等过渡金属原子形成催化剂配合物的结构[500]如图2-87所示。

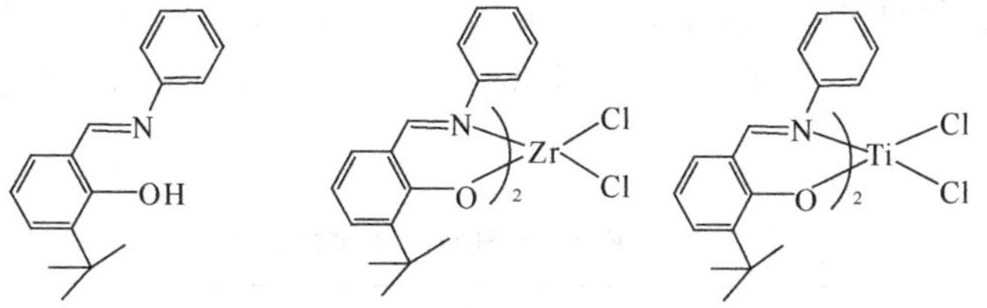

图2-87 FI催化剂的典型配位体和Zr、Ti催化剂配合物结构图

对于其基本结构来说，FI催化剂是一个由过渡金属原子处于中心位置而构成的八面体配合物，该八面体配合物具有两个非对称的配位体，过渡金属原子和顺式苯氧基-亚胺两个配位体相结合。活性中心周围的两个氧原子呈反式配置，氧原子上的孤对电子可以和Ti键合，形成提供电子的通道，增强配合物的稳定性。而过渡金属原子旁的两个氮原子呈顺式配置，并在进行聚合反应时变成聚合活性中心。另外两个氯原子也呈顺式配置，聚合时被置换成仍保持该位置关系的聚合物链与乙烯单体的配位位置，这就是进行聚合反应时活性中心的状态。

根据^{1}HNMR研究的结果，此配合物共具有五种可能的异构体，具体见表2-96。

经ADF(Amsterdam Density Functional)程序计算得到的结果证实，两个氧原子呈反式配置，两个氮原子和两个氯原子都呈顺式配置的异构体A结构最稳定。具体对照数据见表2-97。

表 2-96　FI 催化剂配合物可能存在的五种异构体和基于异构体 A 的生成能

异构体	A	B	C	D	E
异构体结构					
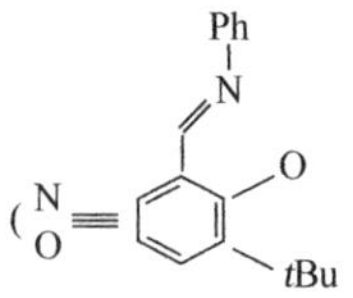	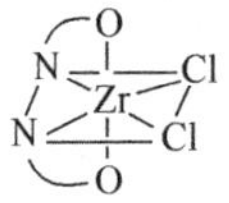 (A)	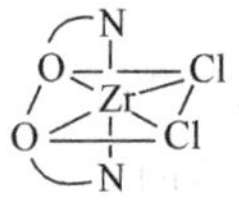 (B)	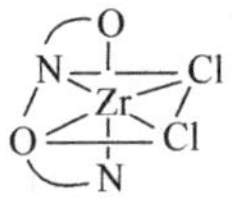 (C)	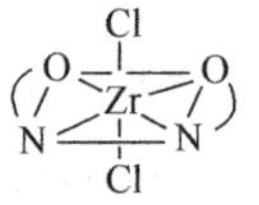 (D)	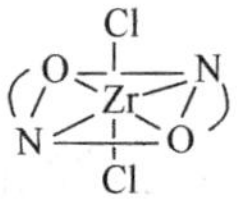 (E)
生成能/(kJ/mol)	0. 0	+25. 3	+19. 5	+33. 3	+37. 3

表 2-97　FI 催化剂键距和键角的计算和实测结果

键距类型	键　距/nm		键角类型	键　角/(°)	
	计算结果	X 射线实测		计算结果	X 射线实测
Zr—O	0. 2201	0. 1985	O—Zr—O	168. 6	165. 5
Zr—N	0. 2340	0. 2355	N—Zr—N	77. 0	74. 0
Zr—Cl	0. 2497	0. 2423	Cl—Zr—Cl	103. 2	100. 4

从表 2-97 提供的 FI 催化剂键距和键角的计算和实测结果看，计算值和 X 射线测试得到的键距和键角数据非常吻合，说明结构数据准确。另外根据密度函数理论 DFT(Density Functional Theory)法所解析的结果，与用 X 射线结晶结构分析所得到的聚合活性中心结构也相一致。这都证实了上述结构的真实存在。

② FI 催化剂的聚合特性。不同过渡金属原子构成的 FI 催化剂，其聚合的效果不同，表 2-98 是当 R_1 为叔丁基，R_3 为苯基时，不同活性中心金属原子的 FI 催化剂进行乙烯聚合的结果[501]。

表 2-98　FI 催化剂的乙烯聚合结果①

催化剂	活性/(kg/mmol cat·h)	M_v×10^{-4}②
M-Ti	3. 3	50. 5
M-Hf	6. 5	3. 0
M-Zr	519	0. 8
Cp_2ZrCl_2	27	104. 0

① 聚合条件：MAO：1. 25mmol，25℃，5min，101. 3kPa，甲苯 150mL。

② $[\eta]=6.2\times10^{-4}M_v^{0.7}$。

从表 2-98 中的数据可以看出，在同样的聚合条件下，活性中心原子为 Zr 金属的 FI 催化剂活性最高，而 Ti 金属的活性最低，但是产品聚合物的分子量正好相反，Ti 金属 FI 催化剂的分子量最高，而 Zr 金属的分子量最低，仅仅是分子量大约为 8000 的直链状低聚物。

研究表明，对于 FI 催化剂来说，其配合物中的配位基对催化剂的聚合活性有很大的影响，特别是苯氧基邻位的 R_1 配位基影响更大。对于活性中心原子为 Zr 金属的 FI 催化剂来说，随着 R_1 和 R_3 配位基的体积增大，聚合的催化剂活性和聚合物的分子量也随之提高，而且支链减少，聚合物的结构趋向线型和高密度，见表 2-99。

表 2-99　FI-Zr 催化剂不同取代基的乙烯聚合结果①

	催化剂				活性/(kg/mmol cat·h)	M_v ×10⁻⁴
	结构式	R_1	R_2	R_3		
1	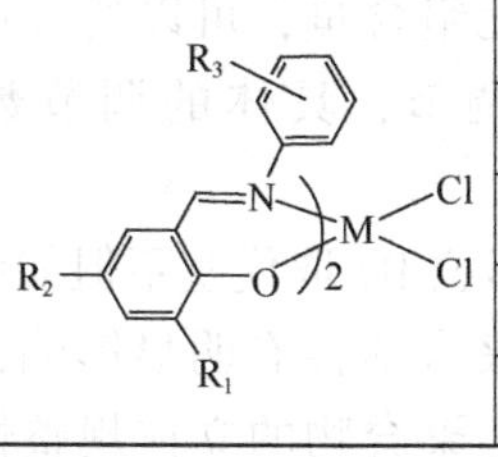	叔丁基	氢	苯基	519	0.8
2		金刚基	甲基	苯基	714	1.2
3		异丙苯基	甲基	苯基	2096	1.8
4		异丙苯基	甲基	环己基	4315	1.5
5		甲基	氢	苯基	0.4	0.3

① 聚合条件：MAO：1.25mmol，25℃，5min，101.3kPa，甲苯 150mL。

表 2-99 中的数据表明，更换 R_1 的配位基大小对 FI-Zr 催化剂的活性有极大的影响。如将配位基 R_1 由叔丁基更换为体积大一些的金刚基，则活性可提高到 714kg/mmol cat·h，而将 R_1 更换为体积更大的异丙苯基，则活性可达到 2096kg/mmol cat·h。而且若在此基础上再将 R_3 配位基更换为环己基，则活性更将提高到 4315kg/mmol cat·h 的惊人高度。也即是说，在常温常压条件下，1s 时间 FI 催化剂可以使乙烯反应 42000 次以上，这是目前所见到最高的反应速率。反过来，如果将 R_1 由叔丁基更换为体积较小的配位基，如甲基或异丙基，则情况则正好相反，活性就大幅度地降低到 1kg/mmol cat·h 以下。因此增加 R_1 和 R_3 配位基的体积对提高 FI-Zr 催化剂的活性有极大的影响，体积越大活性越高。其顺序是：

特丁基<金刚烷基<异丙苯基<1,1-二苯乙基

R_1 配位基之所以会有这样的作用，主要是因为 R_1 配位基可以用其大空间位阻保护阳离子活性中心，阻止 MAO 等路易斯酸的进入而发生过度反应，另外大空间位阻的存在还有利于单体分子向金属-碳键中插入。而 Furuyama 等人的[502]研究结果也表明，配位基 R_1 的大小对 FI-Ti 催化剂的活性有很大的影响，具体见表 2-100。

表 2-100　FI 催化剂的配位基 R_1 对乙烯聚合结果的影响①

	催化剂				活性/(kg/mol cat·h)	M_w ×10⁻⁴	M_w/M_n
	结构式	R_1	R_2	R_{3-1}②			
1	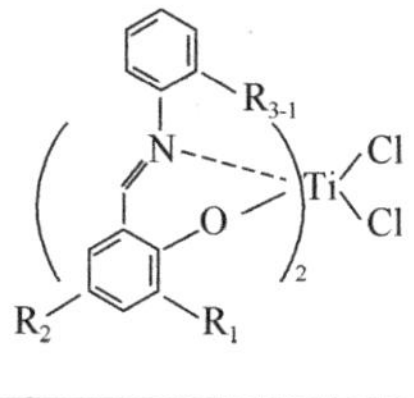	H	H	H	38	6.6	3.13
2		Me	H	H	246	40.2	1.54
3		$SiMe_3$	H	H	2666	110.5	2.51

① 聚合条件：DMAO：1.25mmol，25℃，30min；乙烯：1atm，100L/h；甲苯 250mL。

② R_3 配位基的邻位取代基。

表 2-100 的数据显示，配位基的 R_1 取代基从 H 增大到 $SiMe_3$，FI 催化剂的活性从 38 增大到 2666kg/mol cat·h，而且分子量从 66000 增加到 1105000 超高分子量的水平，清楚地表明了 R_1 取代基对 FI 催化剂活性的影响。

对于丙烯聚合来说，FI 催化剂通过改变活性中心原子的种类、配位基或改变助催化剂的方法还可以得到等规、间规和无规等各种丙烯聚合物。不过此催化剂体系用于丙烯聚合时

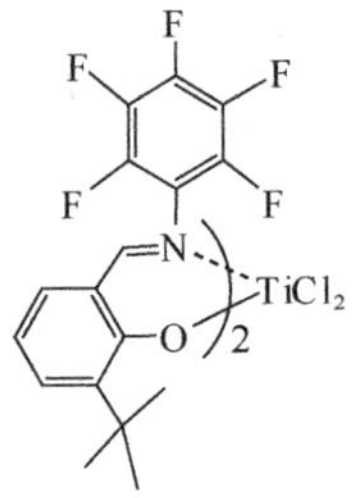

图 2-88　FI 催化剂苯环用氟取代后的 Ti 配合物结构图

聚合活性不高。但是如果将亚胺基团上的苯环用氟取代后的 Ti 配合物(结构如图 2-88 所示)用于丙烯聚合，则能明显提高聚合活性，并且得到的产物为间规聚丙烯[503]。

该催化剂所得间规聚丙烯的[rr]三单元组含量，可以通过选择苯氧配位体邻位不同的 R_1 取代基来进行调节，具体的调节数据见表2-101。

表 2-101 的结果显示，苯氧配位体的邻位 R_1 取代基不但如前面所叙述的，在乙烯聚合过程中其空间位阻对聚合活性有明显影响，而且在间规聚丙烯的聚合过程中，它还显示出对聚合物的立体规整性有重要的影响。此结果清楚地表明，催化剂配位体的结构决定了聚合物的立体规整性，此现象被称作为“配位体指向链端控制聚合”(Ligand-directed chain-end controlpolymerization)。

表 2-101　不同 R_1 取代基对三单元组[rr]含量的影响

催　化　剂	R_1 取代基	[rr]含量/%
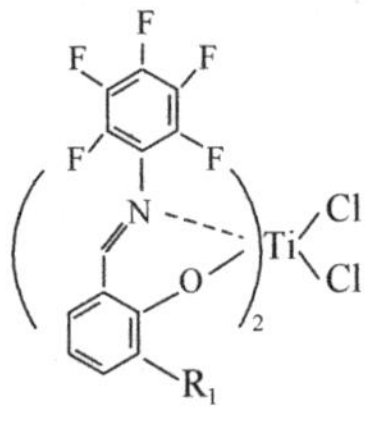	H	43
	Me	50
	*i*Pr	75
	*i*But	87
	Me_3Si	93

图 2-88 的催化剂当以 MAO 为助催化剂时，还可以进行活性聚合反应，形成嵌段聚丙烯共聚物[504]。具体聚合结果见表 2-102，表中的数据是该催化剂体系在 25℃，0.1MPa 及 0.4MPa 压力条件下进行乙烯聚合的结果。

表 2-102　苯环氟取代 Ti 配合物/MAO 的丙烯聚合结果①

序　号	时　间/h	产　量/mg	活性/(kg/mol · h)	M_n②$\times10^{-4}$	M_w/M_n
1③	5	153	3.7	2.85	1.11
2④	1	158	15.8	3.09	1.07
3④	2	312	15.6	5.28	1.10
4④	3	460	15.3	7.38	1.10
5④	5	713	14.3	10.8	1.14

① 聚合条件：25℃，图 2-88 催化剂配合物，10μmol；MAO，2.5mmol。

② M_n 值用聚丙烯校正。

③ 0.1MPa 压力，甲苯 250mL。

④ 0.6MPa 压力，甲苯 380mL。

从表 2-102 的聚合结果还可以看出，该催化剂的聚合呈现出活性聚合反应的基本特征：其聚合活性维持恒定，聚合物的产量和分子量 M_n 随聚合时间成比例增长，而分子量分布 MWD 始终在 1.14 以内，更精确的结果见表 2-103。

表 2-103　聚合时间与 M_w 和 MWD 的关系

时间/min	聚合物量/g	$M_n \times 10^{-3}$	M_w/M_n
5	0.049	54	1.06
10	0.100	95	1.14
15	0.150	137	1.19

从表 2-102 和表 2-103 可以清楚的看到，聚合物的分子量 M_n 随聚合时间的增加直线增加，但是聚合物的分子量分布 M_w/M_n 却不随聚合时间而改变，完全显示出了活性聚合反应的基本特征，说明此催化剂的丙烯聚合属于活性聚合反应。

③ FI 催化剂聚合物的分子量。在聚合物的分子量方面，此催化剂体系在用于乙烯聚合制备高密度聚乙烯时，可以通过改变配位体的取代基结构改变聚乙烯的分子量大小，特别是在亚胺取代基部分(R_3)引入邻位带有烷基的苯基，可以大幅度地提高分子量。其原因是引入带有烷基的苯基增大了活性中心附近的空间，抑制了 β-H 脱除的链转移反应。

不同取代基配位体结构与聚乙烯分子量 M_v 的关系[505]见表 2-104。

表 2-104　FI-Zr 催化剂 R_1 及 R_3 配位基对聚乙烯分子量的影响

分子结构	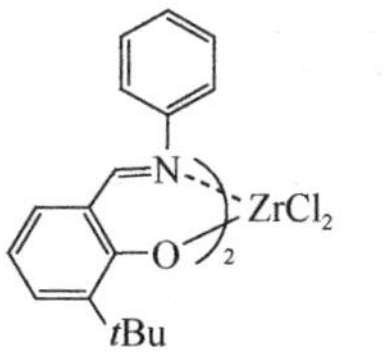	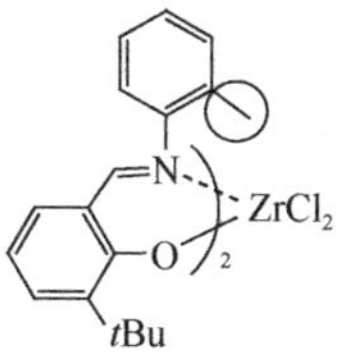	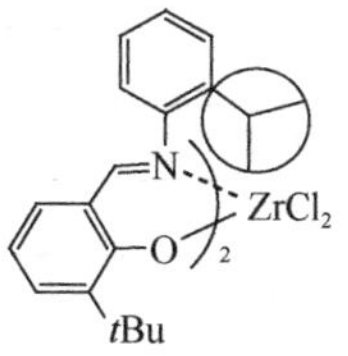	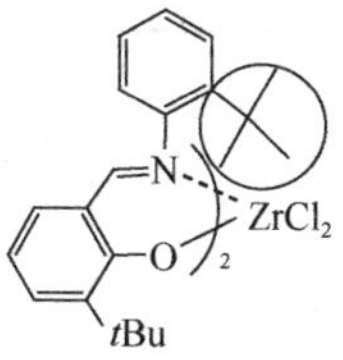
M_v	0.9×10^4	32×10^4	113×10^4	$>274 \times 10^4$

分子结构	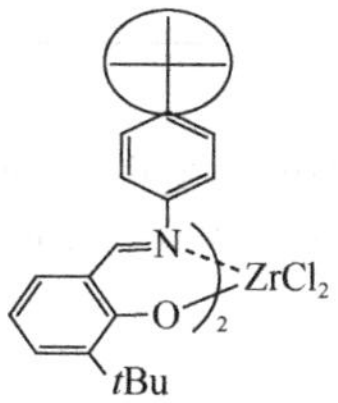	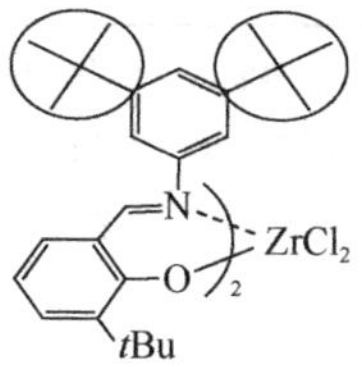	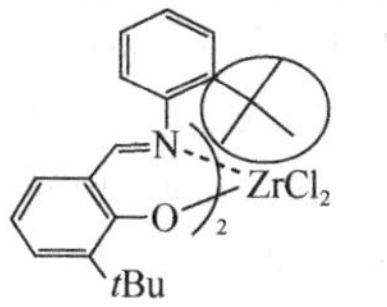
M_v	0.7×10^4	2.6×10^4	$>274 \times 10^4$
分子结构	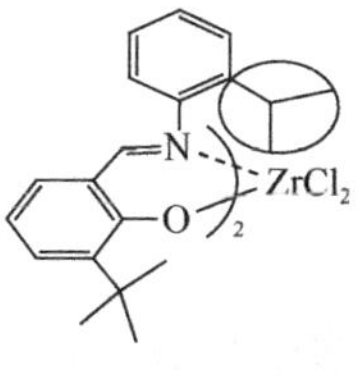	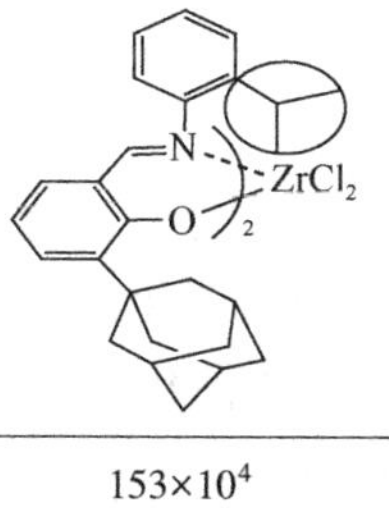	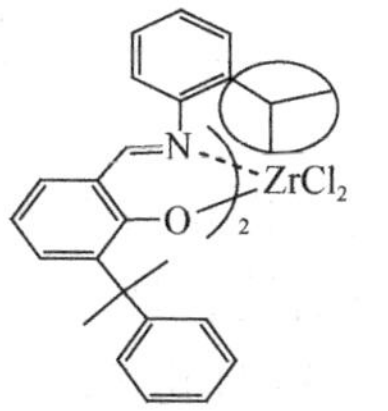
M_v	113×10^4	153×10^4	$>220 \times 10^4$

从表 2-104 可以看到，对于在亚胺部分引入的配位基-苯基(R_3)来说，只有邻位上有大体积取代基(R_{3-1})，才对聚合物的分子量有明显影响，M_v 可以达到 1×10^6 以上，文献中[506]最高的分子量甚至可达 5×10^6(PE)或 10×10^6(EPR)。而如果取代基的位置是在间位或对位

上，那就起不了什么作用，分子量很低(见第二行的图形)。

相反，如果配位基(R_3)的体积很小，则只能得到低分子量的聚合物。按照表2-104第一行催化剂的结构，如亚胺部分的取代基(R_3)为甲基时聚合物的M_v只有2600，为乙基时M_v只有5300，为环戊基时M_v也只有2600，而为环丁基时M_v更是只有1400。

但是，FI-Ti催化剂配位基上的取代基对催化剂的活性却有不同的影响。例如当亚胺部分引入的苯基(R_3)的邻位取代基R_{3-1}为甲基时，聚合活性为0.3kg/mmol cat·h，所得聚合物的分子量M_w为355000，而R_{3-1}为异丙基时，则聚合活性仅为0.186kg/mmol cat·h，而聚合物的分子量M_w为296000，聚合活性和分子量都随取代基体积的增大而下降了。其原因可能是由于钛配合物受到的屏蔽作用比较大，R_{3-1}位引入甲基和异丙基后，链增长反应相对减慢，结果导致聚合物分子量下降。

另外，苯氧配位基邻位的取代基(R_1)的体积大小，对聚合物的分子量也有较大的影响。

④ 助催化剂对FI催化剂的影响。对于茂金属催化剂来说，所使用的助催化剂主要是MAO或硼的化合物。而对于FI催化剂来说，除了MAO或硼的化合物以外还可以使用$MgCl_2/i\text{But}_m\text{Al(OR)}_n$作助催化剂。此助催化剂不但合成简便，而且聚合效果很好，其乙烯聚合结果见表2-105。

表2-105　助催化剂$MgCl_2/i\text{But}_m\text{Al(OR)}_n$/FI-Ti催化剂的乙烯聚合结果①[507]

催化剂②	助催化剂③	活性/(kg/mmol·h)	M_w④×10^3	M_w/M_n
1	$MgCl_2/i\text{But}_m\text{Al(OR)}_n$	36	509	2.66
2	$MgCl_2/i\text{But}_m\text{Al(OR)}_n$	21	596	2.67
3	$MgCl_2/i\text{But}_m\text{Al(OR)}_n$	36	231	2.40
1	MAO	45	464	2.38
2	MAO	21	625	2.74
3	MAO	99	229	2.07

① 聚合条件：50℃，(乙烯)压力0.9MPa，30min，催化剂配合物0.5μmol。

② 催化剂1：R_1为*t*Bu，R_3为Ph；催化剂2：R_1为*t*Bu，R_3为Cyclohexyl；催化剂3：R_1为Ph，R_3为Ph。

③ $MgCl_2/i\text{But}_m\text{Al(OR)}_n$：$MgCl_2$(0.4mmol)；EHA(2.4mmol)；$i\text{But}_3\text{Al}$(2.4mmol)；MAO(1.25mmol)。

④ 用GPC测定。

表2-105的数据显示，除催化剂2以外，此助催化剂体系仅是在聚合活性方面不如MAO的效果，而在分子量M_w和分子量分布M_w/M_n方面和MAO相当，使用MAO的M_w/M_n值为2.07~2.74，而使用此助催化剂的M_w/M_n值为2.40~2.67，尽管使用了$MgCl_2$作载体，但仍为窄分子量分布。

此助催化剂的最大特点是原料方便易得，合成配制非常简单，制造成本远低于MAO或硼的化合物，是一种很有发展前途的助催化剂体系。

⑤ FI催化剂的应用。目前使用FI催化剂已经能合成出许多烯烃聚合物，如超高分子量聚丙烯、超高分子量聚乙烯、等规聚丙烯、间规聚丙烯、无规聚丙烯和超高分子量乙烯-丙烯共聚物以及无规α-烯烃聚合物等多种烯烃聚合物。

在FI催化剂的工业应用方面，三井化学公司一直在进行FI催化剂的应用试验，不过到目前为止，所见到的应用还只限于低分子量聚乙烯。此类低分子量聚乙烯其分子量在2000~5000范围，具有高结晶度、高熔点(超过120℃)以及高不饱和度(超过90%的分子一端带有双键)，并且可以带有支链，是一种具有特殊性能的低分子量聚乙烯树脂。可以用作长链支化聚合物(极性聚合物与聚烯烃的嵌段共聚物)的组分。

在高分子量的聚合物产品方面，目前还未见到实现工业应用的报道。

2.3.2.4 单活性中心催化剂的未来发展前景

单活性中心催化剂由于其在基础理论和机理研究方面，以及在聚合物性能方面所具有的显著优势，正在迅速地发展成为聚烯烃催化剂的一个全新领域。Hoechst、Fina、Exxon 和日本三井化学等公司对聚丙烯茂金属催化剂的发展作出了重要的贡献。DuPont、BP、Nova 等公司则在后过渡金属催化剂和非茂单活性中心催化剂的研究方面获得了重大进展。

单活性中心催化剂的发现，使聚烯烃催化剂的研究出现了一些重要的进展：

首先，人们第一次可以对催化剂的结构根据预期的产品性能进行设计，然后再进行催化剂的合成，得到的产品可以通过聚合反应加以控制和验证。

其次，在催化剂、聚合和聚合产品方面都大大地拓宽了原有聚烯烃的范围。如：用做催化剂的活性中心金属已从原来的少数几种扩展到 Ti、Zr、Hf、Sc、Ta、Nb、V、Cr、Fe、Co、Ni、Pd、Pt、Al、Yb、Nd、Sm、Er、Y、Sc 等众多的金属原子；用做配位原子的也已有 N、O、P、S 等多种原子，并由此构成了各种不同结构的配位体，如：N-O、P-O、N-N、N-N-N、N-O-N、O-O 配位体等；聚合单体也由单烯烃扩展到双烯烃、炔烃甚至极性单体等。

众多的活性中心金属与相应的配位体相结合所形成的各种各样的活性中心，再与助催化剂 MAO、$B(C_6F_5)_3$ 或 $MgCl_2/iBut_mAl(OR)_n$ 结合就构成了多种多样的催化剂体系，它们可以用来进行包括烯烃、双烯烃、炔烃甚至极性单体在内的聚合和共聚合，得到包括等规物、间规物、无规物、等规-无规嵌段物等各种各样的产品，其产品的范围将大大地突破原有Z-N催化剂产品的范畴，这无疑将是聚烯烃技术的一次重大飞跃。

尽管单活性中心催化剂具有如此出色的特征，要想将单活性中心催化剂应用于现有聚烯烃工业，还有许多困难要克服，还有许多工作要做。例如：如何能自如地通过催化剂中过渡金属原子和配位体的设计来控制立体几何构型进而控制聚合物的性能？如何将过渡金属催化剂应用于现有烯烃聚合工艺？如何解决其产品在后加工中所遇到的问题等等。

对于未来，单活性中心催化剂的出现提出了值得令人深思的问题：人们对聚烯烃催化剂结构和聚合物性能之间关系的研究已经非常透彻了吗？既然活性中心金属原子、配位体原子和不同结构的配位体已经发现有如此之多，由它们排列组合而形成的催化剂实体则更是数不胜数，那么除了已经发现的茂金属催化剂，Ni、Pd 催化剂，Fe、Co 催化剂和非茂前过渡金属催化剂之外，还有没有更新更好的催化剂体系？人们是不是已经把所有最好的催化剂组合都找出来了？

前面讨论了关于日本三井化学公司开发出了具有极高活性的 FI 催化剂的情况[508]，在常温、常压条件下，其乙烯聚合活性可以达到 4315kg PE/mmol cat·h。也就是说该催化剂每秒钟可以使乙烯反应 42000 次以上。而且如果适当地调节其配位体亚胺的取代基，还可以得到分子量从 1 万到 1000 万的聚合物。虽然此项发明目前还没有在聚丙烯上实现应用，但是它至少给了我们两点发人深思的启示：

其一是，烯烃聚合催化剂的核心是配位体给电子性能。只要有适当给电子性能的配位体，就有希望得到高活性的催化剂。

其二是，配位体的结构。只要配位体在聚合活性中心附近能够创造足够大的空间，并使聚合活性中心与β-H之间的作用受到抑制，就有可能得到很高分子量的聚合物。

这两点启示可以说是半个多世纪以来聚烯烃催化剂开发研究心得的高浓度提炼。

因此，可以预期的是，在未来的开发研究中，为了寻找更新更好的催化剂，人们是不是应当根据单活性中心催化剂可以预先进行催化剂结构设计的特点，再利用量子化学和计算机最新技术协助，如采用ADF(Amsterdam Density Functional)等程序和前面已经提到的HTS技术，对新设计的催化剂结构事先进行结构稳定性和可能性的计算和预测，然后再采用CCD组合催化剂装置，根据计算和预测结果快速地进行实验研究和验证，这样就有可能以更高的效率、更加有的放矢地寻找出性能更好、成本更低和更适合现有聚丙烯聚合工艺使用的催化剂体系。

对于未来单活性中心催化剂体系的发展前景，倾向性的看法是将和Z-N催化剂体系互相借鉴、互相竞争、共同发展[509]。

2.4　催化剂的制备

2.4.1　Z-N催化剂的制备方法

2.4.1.1　第一代$TiCl_3$催化剂的制备方法

第一代催化剂即是$TiCl_3$催化剂。$TiCl_3$是粉末状晶体，由于制法不同，得到的晶型结构也不相同。工业上使用的第一代催化剂是用铝或烷基铝还原$TiCl_4$，然后再经过研磨活化而得到的催化剂。其组分为δ-$TiCl_3$/0.33$AlCl_3$。

具体制备方法是：

(1) 将$TiCl_4$和金属铝加入到芳香溶剂中，于150～200℃下采用$AlCl_3$为催化剂，使$TiCl_4$还原并生成γ-$TiCl_3$/0.33$AlCl_3$的固体溶液。

(2) 然后将此固体溶液在氮气保护下在研磨机中进行研磨，在研磨剪切应力的作用下，三氯化钛晶片沿氯-氯层发生滑移，使层间排列变成无序，增加晶体的缺陷，并使晶粒不断减小，晶型结构也由α和γ晶型转变成δ晶型。研磨时间取决于对催化剂的要求。

最终得到的催化剂因比表面积增大，活性中心数目增加，所以催化剂的活性得以提高。

2.4.1.2　第二代催化剂的制备

第二代催化剂也是一种$TiCl_3$催化剂。与第一代催化剂的区别主要是制备方法的不同。其制备方法是：

(1) 制备固体催化剂　在烃类溶剂中，在0℃条件下向四氯化钛溶液中缓慢加入$Al(C_2H_5)_2Cl$，与四氯化钛反应后生成固体催化剂析出，然后再加热到65℃进行处理，经洗涤得到的是棕色的三氯化钛，其晶形为β型，其表面积很小，仅$1m^2/g$；

(2) 醚络合　将上述得到的β晶型固体催化剂加热到35℃，然后用异戊醚或正丁醚进行处理，此步骤主要是为了除去催化剂中所含有的$AlCl_3$，另外也通过一部分醚被配位而提高催化剂的定向能力。

(3) 晶型转换　在60℃至70℃条件下，用四氯化钛溶液处理上述固体催化剂，使其发生晶型转换从β晶型转变为δ晶型。在晶型转换过程中，转换条件越温和，所得δ-$TiCl_3$微晶粒就越细，催化剂的活性也就越高。晶型转换后的催化剂经洗涤除去所吸附的四氯化钛和其他副产物后，就得到了最终的产品。最终的络合催化剂产品具有 150~200m^2/g 的比表面积，和>0.2cm^3/g 的孔隙度，因而具有极高的催化活性。此催化剂的形态接近球型，平均粒径为 20~40μm 且颗粒度分布较窄。在催化剂制备中，步骤(1)和步骤(2)也可以同时进行。

合成所得到的催化剂产品需要在 0~5℃的冷冻条件下储存，以保证催化剂不失活。

2.4.1.3 钛镁催化剂的制备

尽管从理论上讲具有层状结构的材料(例如溴化镁、氯化锰和其他材料)都可以用来制作聚丙烯等规立构催化剂，但是氯化镁一直是最具有实际应用价值的分散介质和载体，它可以让钛镁催化剂具有最好的活性和立构规整性。

可以用许多方法来制备钛镁催化剂，其区别主要在于氯化镁的制备，氯化镁的活化，钛化合物的应用(但大多数情况下是四氯化钛)，给电子体(路易斯碱)的应用等方面。

钛镁催化剂(第三代催化剂)的制备方法一般可分为以下几种。

2.4.1.3.1 机械研磨法

将催化剂的各组成部分(包括氯化镁、四氯化钛和某个或某些路易斯碱)按适当的比例加入到球磨机或振动磨中共研磨数小时[15]。有时也可将氯化镁前体与氯化剂共同加入，让它们发生化学反应，并在研磨时先生成氯化镁。

(1) 共研磨法　此方法制备的催化剂是将无水氯化镁、给电子体和含钛化合物以适当比例加入到球磨机中经研磨数小时而成。

具体的方法是首先选择一种合适的给电子体，然后将其与无水氯化镁、钛化合物等一起或分段放在研磨机中共研磨，经过一定时间的研磨后即得到催化剂产品。此方法制备的催化剂活性较低，颗粒形态较差，但具有工艺简单，无“三废”等特点。

(2) 研磨浸渍法　此方法是先将 $MgCl_2$ 和给电子体一起研磨，$MgCl_2$ 和给电子体羧酸酯的摩尔配比为 2~15，在装有钢球的振动磨中研磨 20~100h，$MgCl_2$ 的结晶由有序式转变为无序式同时晶粒变小，$MgCl_2$ 被活化。然后将此 $MgCl_2$ 在 80~100℃用过量的 $TiCl_4$ 处理，在 $TiCl_4$ 处理过程中，部分路易斯碱(给电子体)被萃取出来，而 $TiCl_4$ 则进入催化剂。大部分反应副产物也在这一步骤中被溶解和除去。经 $TiCl_4$ 处理后，再用烃类化合物洗涤得到的催化剂以除去未反应的 $TiCl_4$，经多次洗涤后干燥，最后形成的固体催化剂中含 Ti 约 0.5%~3.0%(质)、羧酸酯 5%~15%(质)，其余为 $MgCl_2$。成品催化剂的比表面积>100m^2/g。

也可以将机械和化学两种方法交替使用：

① 将氯化镁或氯化镁前体与给电子体(路易斯碱)共研磨，然后在 80℃以上用过量的四氯化钛处理一次或多次(可选择在芳烃或卤化烃溶剂内稀释)，然后用烷烃洗涤除去未反应的四氯化钛[510]。

② 如第一步骤共研磨催化剂组分，然后用卤代烃或芳烃溶剂处理一次或多次，其目的是给催化剂增加活性和立构规整性[511]。

2.4.1.3.2 化学反应法

化学反应法是首先将无水氯化镁与某种路易斯碱如醇、酯和醚类等化合物进行反应，于烷烃溶剂中形成配合物溶液，然后使其与四氯化钛或烷氧基氯化钛反应，部分钛化合物和氯化镁形成共结晶，或者载负在氯化镁表面，从溶液中重新析出。

此法又可分为浸渍法和溶液析出法：

(1) 浸渍法　由于聚丙烯有复现催化剂物理形态的特性，因此制备出球形催化剂就能从聚合釜中直接制得球形聚丙烯颗粒料。用这种方法制备催化剂时，先制成 $MgCl_2$ 球形载体，然后再经给电子体和 $TiCl_4$ 处理，得到球形固体催化剂。制备无水 $MgCl_2$ 球形载体可以有几种方法：

① 过去曾用氯化镁的水合物($MgCl_2 \cdot nH_2O$)或氯化镁和脂肪醇的加成物($MgCl_2 \cdot nH_2O$)，经熔化后进行喷雾造粒成粒形成品，但这样制备出的载体较易破碎。中国科学院化学研究所采用挤压喷射法合成球形催化剂[512]，其具体制法如下：

在凡士林溶剂中加入无水氯化镁和无水乙醇，搅拌升温至 120℃，生成的 $MgCl_2 \cdot 3EtOH$ 加合物熔融分散在凡士林溶剂中。用 N_2 气将系统升压至 1.0MPa，然后将凡士林熔融物经内径 1mm 长 3m 的不锈钢管，喷射到装有-40℃庚烷的接受瓶中。瓶中庚烷的最高温度不得高于 0℃。喷射结束后将料液进行过滤和真空干燥，得到球形固体物 $MgCl_2 \cdot 2.77EtOH$。

进一步将球形固体物悬浮于无水庚烷中，在 0～5℃搅拌的情况下，1h 内缓慢滴加 0.85mol/L 的 $AlEt_3$ 庚烷溶液，然后加热到 80℃维持 2h，到时后进行过滤，用庚烷在 80℃下进行洗涤多次，而后在 45℃下进行真空干燥，得到脱醇后的 $MgCl_2$ 球形固体物。得到的球形固体物再悬浮于无水庚烷中，室温下加入苯甲酸乙酯(EB)庚烷溶液，1h 内升温至 80℃并维持 2h，到时后进行过滤，用庚烷在 80℃下进行洗涤多次，而后在 45℃下进行真空干燥。

最后，将 $TICl_4$ 加入到上述处理过的 $MgCl_2$ 球型固体物中，搅拌下升温到 110℃并维持 2h，过滤后再用 $TICl_4$ 在 110℃处理 2h。再过滤后，用庚烷在 80℃下进行洗涤多次，而后在 45℃下进行真空干燥，得到球型 $MgCl_2$ 载体催化剂。

② 日本三井石油化学则是将 $MgCl_2$、乙醇和表面活性剂加到精制煤油中于 120～125℃反应后，在高速搅拌及压力下，通过细管喷到-10℃以下的低温介质中急冷成固体球形载体。调节管径、管长及流速可以控制载体的粒度和粒径分布，此方法简便，粒径分布窄。

③ Himont 公司的制备方法是将均一乳化液在高速搅拌下骤冷，也可得到合格的球形载体。然后将制得的球形载体先经脱醇(也可不脱醇)，再用给电子体和 $TiCl_4$ 处理，得到多孔、高比表面积、高活性和高选择性的球形催化剂。具体制法如下[19]：

在凡士林油和硅油中加入无水氯化镁和无水乙醇，搅拌升温至 120℃，生成 $MgCl_2 \cdot 3EtOH$ 加合物。将此加合物转移到装有 120℃的凡士林油和硅油容器中，在 1000～3000r/min 的高转速下搅拌 3min。随后将物料放入搅拌着的温度不超过 0℃的冷庚烷中，得到的固体物在室温下进行真空干燥。随后的脱醇活化和载钛的步骤，与前面挤压喷射法合成球形催化剂的步骤相同，最终得到球型 $MgCl_2$ 载体催化剂。

(2) 溶液析出法或共沉淀法　此法是将镁化合物溶于溶剂中，制成均匀溶液，然后在助析出剂的存在下加入四氯化钛使之再从溶液中析出，这是目前效果最佳的方法。

此方法根据在反应中加入的原料和反应的类型，可以分为四种主要类型：

① 与路易斯碱的反应(例如，某种醇)生成一种加合物，然后用内给电子体和过量四氯化钛分别或同时进行处理，有时可在 80℃以上溶解在芳烃或卤代烃溶剂中，然后用烃类溶剂进行充分洗涤[513]。初始的配合物也可能热分解或化学分解产生活化氯化镁，然后再像上面那样载负四氯化钛和内给电子体。

② 如上所述，用溶在芳烃或卤代烃溶剂中的内给电子体和过量四氯化钛，处理固体烷氧基镁或氯代烷氧基镁[514]，于是镁化合物与四氯化钛反应就得到了氯化镁。其副产物(烷氧基钛)在处理过程和后来的洗涤中被除去；

③ 烷基镁或氯代烷基镁(可以分散在氧化硅、氧化铝或其他载体上)与氯化剂反应生成活化氯化镁，然后如上所述，用内给电子体和过量四氯化钛进行热处理[515]。中间体氯化镁有时可在最后处理前与路易斯碱(例如某种醇)反应。

④ 这一方法包括首先形成氯化镁或其他镁化合物，如烷氧基镁、烷羧基镁、烷基镁、或甲硅烷氨基镁等，在适宜的溶剂如醇类、三烷基磷酸酯、烷氧基钛、环氧氯丙烷和其他物质内形成均匀溶液。然后该溶液或是用某种氯化剂处理以析出氯化镁(之后用上面描述的方法之一载上钛和内给电子体)，或是直接用内给电子体和过量四氯化钛进行处理[516]。

各个公司采用不同的方法制备镁化合物溶液和催化剂。北京化工研究院的N-催化剂，采用有机环氧化合物与有机膦化合物的混合物溶解氯化镁制成均匀溶液体系；日本三菱油化株式会社使用钛酸酯使镁化合物溶解；窒素公司将醇和钛酸酯一起使用来溶解镁化合物；日本三井石油化学工业株式会社的TK催化剂是将氯化镁和2-乙基己醇加入到癸烷中，经反应生成均匀溶液。

具体合成步骤以北京化工研究院的N-催化剂和日本三井石油化学的TK催化剂为例，示意描述如下：

BRICIN 催化剂[20]

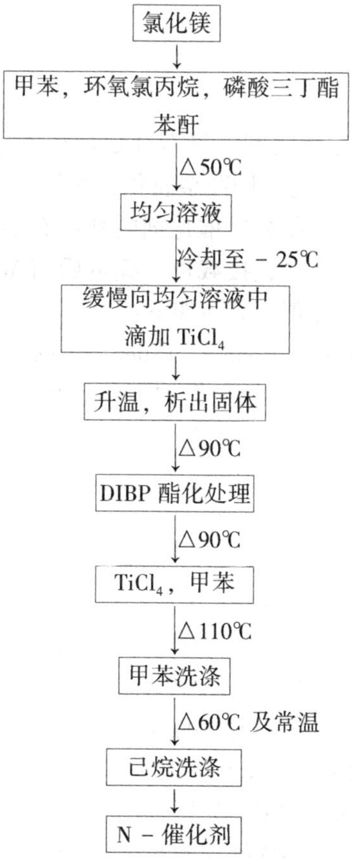

三井石油化学 TK 催化剂[18]

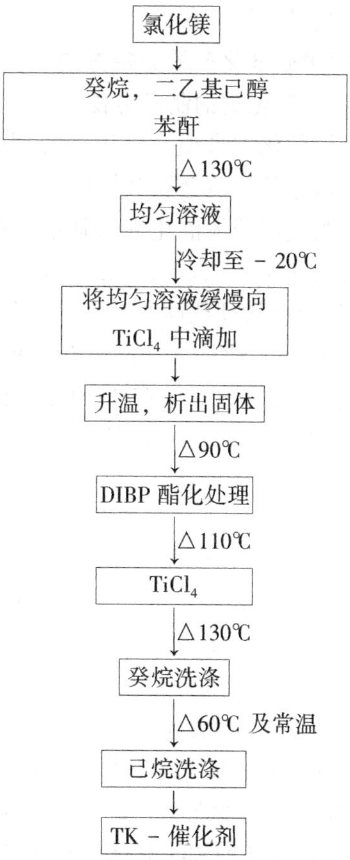

在上面描述的各种催化剂合成技术中，那些纯机械的方法和机械加化学的方法主要用于早期的氯化镁载体催化剂的制备。之后，由于化学方法被证明更适宜于合成钛镁催化剂，并且借助于著名的“复制”现象[198,517]更适于合成可控形态、粒度和粒径分布的聚合物，因此合成钛镁催化剂就主要采用化学方法。

为了得到可控形态的催化剂，可以采取以下的技术：

① 精确地控制载体的沉积速率；

② 使用镁化合物溶液或熔融镁化合物的喷雾干燥或喷雾冷却技术；

③ 将氯化镁或氯化镁前体渗入并载负在有规整形状和尺寸的载体内；

④ 将熔融四氯化钛与醇的加合物加入到冷却的石蜡油中形成乳液，由此得到几乎圆满的球型载体，然后将其制备成催化剂。

对于用化学方法制备的催化剂，要得到高性能产品的基本条件是：原料的纯度、各原料的配比、加料的顺序，时间和温度的控制以及搅拌速度等[518]。特别是用四氯化钛处理载体的温度和时间必须仔细控制，以避免在催化剂中生成四氯化钛与内给电子体以及氯化镁之间的惰性物质，或是生成由各组分(苯甲酰氯或邻苯二甲酰氯、邻苯二甲酸酐、烷氧基氯化钛等)之间反应而生成的副反应产物。

另外，在足够的低温下析出固体催化剂微晶，以及缓慢地使混合物升温，均有利于生长大颗粒及类球形催化剂。

对于完全用研磨法或研磨浸渍法制备的催化剂来说，研磨时间、效率以及各种原料组分间的比例看来是最重要的参数[15,93]。

2.4.2 单活性中心催化剂的制备方法

2.4.2.1 茂金属催化剂的制备方法

对于茂金属催化剂来说，由于茂金属化合物本身就是催化剂，只不过是均相催化剂而已。因此这里讨论的是茂金属载体催化剂的制备方法，而不是不同茂金属化合物的合成。

通常对于茂金属载体催化剂的制备，首先是选定载体。茂金属催化剂的载体有很多种，但使用最多的是 SiO_2。制备的方法也有很多种，归纳起来有：直接载负、载负后用 MAO 处理、以及先用 MAO 处理载体，然后再载负或再进行 MAO 处理。具体如下：

(1) 直接载负的 $SiO_2/Et(Ind)_2ZrCl_2$ 催化剂(如 Kaminsky，Renner，Chien 和 Soga 等的催化剂)　首先将选择好的 SiO_2 在 460℃进行脱水处理。然后在高纯氮保护下，将经过脱水处理的 SiO_2 和 $Et(Ind)_2ZrCl_2$ 加入到反应瓶中，加入溶剂甲苯在 70℃下充分搅拌反应，反应结束后，用甲苯在 70℃下洗涤多次，直至用 $AgNO_3$ 检验滤液中没有均相茂金属化合物存在为止。然后固体物在 60℃下进行真空干燥即得到 $SiO_2/Et(Ind)_2ZrCl_2$ 载体催化剂。

(2) 载负后用 MAO 处理的 $SiO_2/Et(Ind)_2ZrCl_2/MAO$ 催化剂(如 Kaminsky，Renner 等的催化剂)　制备方法和(1)相同，但增加 MAO 处理步骤。即在经甲苯多次洗涤，用 $AgNO_3$ 检验滤液中没有均相茂金属化合物后，再用 MAO 的甲苯溶液在 50℃下对固体物进行处理，然后再用甲苯进行洗涤，最后经真空干燥得到 $SiO_2/Et(Ind)_2ZrCl_2/MAO$ 载体催化剂。

(3) 先用 MAO 处理载体 SiO_2 再载负茂化合物的 $SiO_2/MAO/Et(Ind)_2ZrCl_2$ 催化剂(如 Kaminsky，Renner，Soga 等的催化剂)　此催化剂是先用 MAO 在 50℃下对 SiO_2 进行处理，得到的产物再按照(1)的制备方法即可得到 $SiO_2/MAO/Et(Ind)_2ZrCl_2$ 载体催化剂。

(4) 先用 MAO 处理 SiO_2 载体，在茂化合物载负后再用 MAO 处理的 $SiO_2/MAO/Et(Ind)_2$

$ZrCl_2$/MAO 催化剂(如 Janiak，Renner 等的催化剂)，或是直接用内给电子体和过量四氯化钛进行处理。此催化剂制备方法同(3)，只是产物再用 MAO 处理。

以下按(3)、(4)两种催化剂的合成方法列出合成步骤：

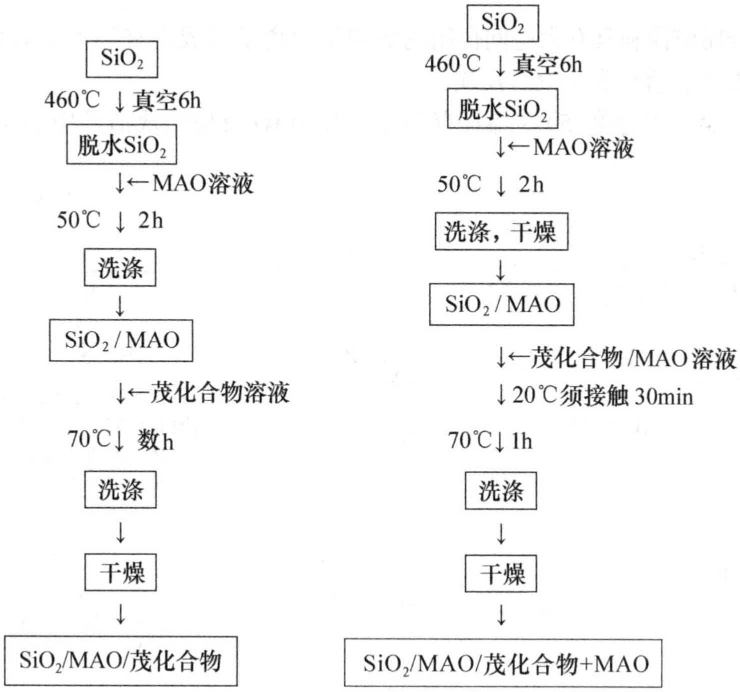

按上述四种方法得到的催化剂的聚合结果见表 2-106。

表 2-106 用四种方法载负的茂金属载体催化剂的聚合结果[519]

催化剂	$[Al]_{外}$/(mol/L)	Al/Zr 摩尔比	Zr 质量分数/%	Al 质量分数/%	$Rp_{av}\times10^{-3}$/(kgPP/mol·h)	$Rp_{ma}\times10^{-3}$/(kgPP/mol·h)
SiO_2/Et(Ind)$_2$$ZrCl_2$	0.030	110	1.53	—	0.017	0.21
SiO_2/Et(Ind)$_2$$ZrCl_2$/MAO	0.030	120	0.96	7.7	0.016	0.20
SiO_2/MAO/Et(Ind)$_2$$ZrCl_2$	0.009 0.030	230 4000	0.44	7.4	0.39 5.7	1.2 8.0
SiO_2/MAO/Et(Ind)$_2$$ZrCl_2$/MAO	0.030	4000	0.40	9.0	0.39	3.9

由表 2-106 的结果可以看出，在上述四种方法中，载体 SiO_2先用 MAO 处理的办法可以明显提高催化剂的活性。但是先用 MAO 处理的方法实际上有些类似均相催化剂，因为茂金属化合物是和 MAO 连接，而不是和载体直接连接。而将茂金属化合物直接载负在载体 SiO_2 上其催化剂的活性就大幅度下降。

2.4.2.2 其他单活性中心催化剂的制备方法

2.4.2.2.1　镍 Ni、钯 Pd 催化剂的制备方法

在催化剂制备反应中，Ni，Pd 二亚胺催化剂以两种催化剂前体方式存在，如下所示[478]：

A 路线：金属前体和具有大空间位阻的弱配位阴离子形成含有阳离子的金属配合物(1，2)，在烯烃存在下，直接发生聚合反应；

B 路线：Ni 金属配合物(5)在烯烃存在下，和 MAO 反应生成活性中心，然后发生聚合反应。

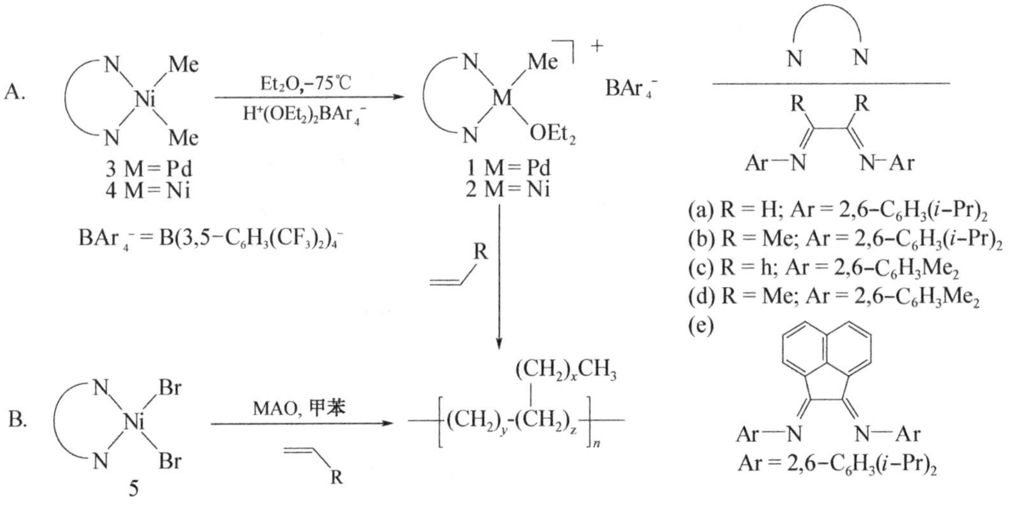

(1) 在阳离子金属配合物为催化剂前体的合成中，选 1(b)为例进行说明。

(ArN=C(Me)-C(Me)=NAr)PdMeCl(Ar=2，6-$C_6H_3(iPr)_2$)的合成：在氮气氛下，在圆底瓶中加入 CODPdMeCl(3.53g，13.3mmol)[520]和稍过量的 ArN=C(Me)-C(Me)=NAr(5.43g，13.4mmol)，以及 75mL 的乙醚，搅拌中立刻出现橙色沉淀物，继续搅拌过夜，然后过滤除去乙醚及 COD(1，5-环辛二烯)，用 25mL 乙醚洗涤，并真空干燥过夜，得到灰橙色粉末 7.18g，收率 95.8%。

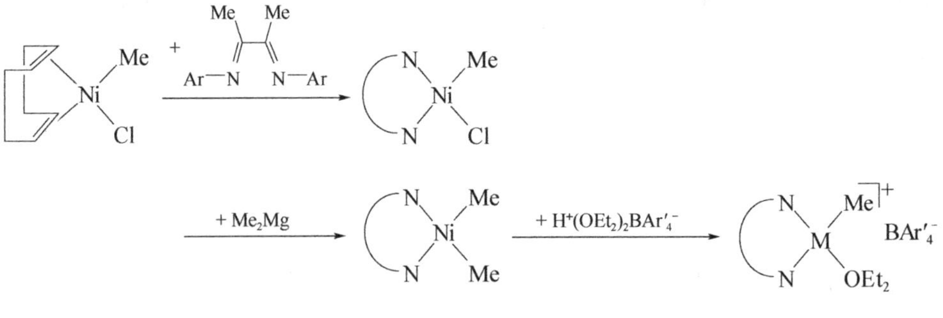

(ArN=C(Me)-C(Me)=NAr)$PdMe_2$(Ar=2，6-$C_6H_3(iPr)_2$)的合成：在氮气氛下，圆底烧瓶中在-78℃时加入(ArN=C(Me)-C(Me)=NAr)PdMeCl(2.00g，3.57mmol)、Me_2Mg(98.2mg，1.79mmol)和乙醚(165mL)，搅拌缓慢升至室温，反应 2h，然后将得到的棕色溶液过滤，并降温至-30℃，得到棕色单晶产物(474.9，24.6%)。

1(b)的合成：在氮气氛下，圆底烧瓶中在-78℃时加入(ArN = C(Me)-C(Me)= NAr)$PdMe_2$(501mg，0.926mmol)和$H^+(OEt_2)_2BAr'_4{}^-$(938mg，0.926mmol)，然后加入50ml乙醚，升至室温，过滤，抽干溶剂，得到灰橙色粉末(1.28g，94.5%)。

(2)Ni金属配合物为前体时的合成，以配合物5(b)的合成为例，进行说明。

5(b)的合成：在氮气氛下，圆底烧瓶中加入(DME)$NiBr_2$(500mg，1.62mmol)和20mL二氯甲烷，搅拌成悬浮液，然后将ArN = C(Me)-C(Me)= NAr(687mg，1.70mmol)的20mL二氯甲烷的溶液缓慢滴加到圆底烧瓶，减压除去溶剂，残留固体用己烷洗涤三次，真空干燥得到橙/棕色粉末产品(670mg，67%)。

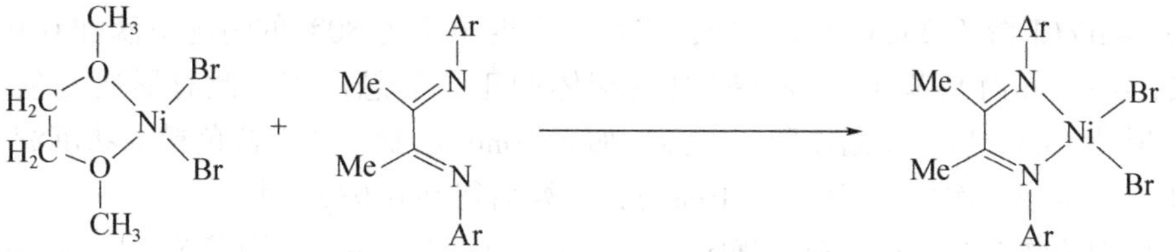

2.4.2.2.2 铁Fe、钴Co催化剂的制备方法

(1) 催化剂的制备方法

典型的铁、钴催化剂配体及其配合物的合成方法如下[521]：

将2，6-二乙酰基吡啶1.50g溶解于25mL无水乙醇中，然后加入3.46mL2，6-二异丙基苯胺和几滴冰醋酸，该系统在回流温度下反应过夜，而后将系统中的温度降至室温，此时，会有黄色结晶物从乙醇中沉淀析出，将黄色固体物过滤并用冷乙醇洗涤数次，然后在50℃下真空干燥过夜得到3.54g产物。

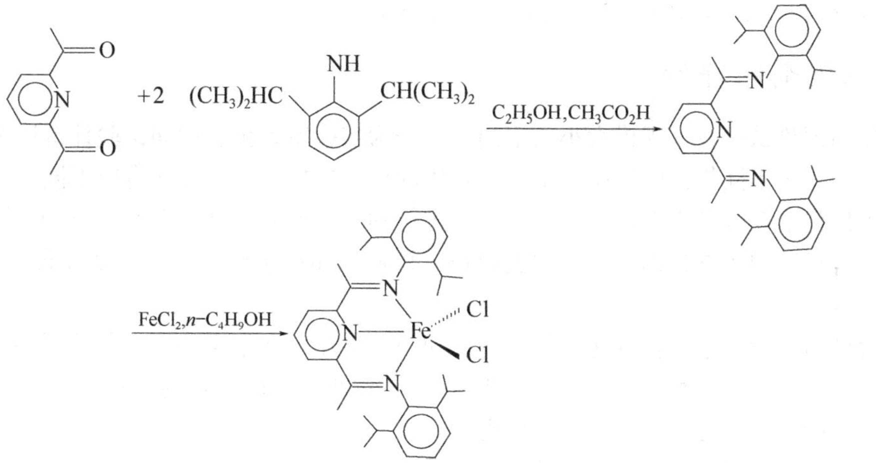

(2)催化剂的表征分析

对合成得到的黄色结晶物进行表征分析[521]，有关数据如下所示：

^{1}HNMR($CDCl_3$)δ8.52(d，2H，3J(HH)7.8，Py-Hm)，7.94(t，1H，Py-Hp)，7.1(m，6H，Ar-H)，

2.78(sept，4H，3J(HH)5.6，$CHMe_2$)，2.28(s，6H，N = C-Me)，1.18(d，24H，$CHMe_2$)

^{13}CNMR($CDCl_3$)δ167.04(N=C)，155.25(Py-C_0)，146.25(Ar-*C*ip)，135.69(Ar-C_0)，

123.75(Ar-Cp),

122.57(Py-Cm), 122.30(Ar-Cm), 28.32(N=C-Me), 23.21($CHMe_2$), 17.15($CHMe_2$)

配体质谱分析的 $m/z=481(M^+)$

元素含量分析结果为：C%，82.11；H%，8.91；N%，8.69 按($C_{33}H_{43}N_3$)化学式计算的理论含量为 C%，82.32；H%，8.94，N%，8.73；

综合以上分析结果，可以判定合成的黄色结晶物是 2，6-二[1-(2，6-二异丙基苯亚胺)乙基]吡啶。

将 0.24g$FeCl_2$溶于 20mL 正丁醇中，在系统温度恒定为 80℃的情况下滴加 0.92g 2，6-二[1-(2，6-二异丙基苯亚胺)乙基]吡啶配体的正丁醇悬浮液，此时形成蓝色溶液，在 80℃恒温搅拌 15min 后，将温度降至室温，加入 30mL 乙醚，产生蓝色粉末状沉淀，过滤沉淀物，用乙醚洗涤三次(每次用量为 10mL)，干燥后得到 0.93g 产物。

将蓝色固体物进行表征分析，确定为 2，6-二[1-(2，6-二异丙基苯亚胺)乙基]吡啶的 $FeCl_2$配合物。

有关分析表征数据如下：

^{1}HNMR(CD_2Cl_2)δ 81.7(2H，Py-Hm)，81.1(1H，Py-Hp)，14.9(4H，Ar-Hm)，
-5.3(12H，*i*-Pr-Me)，-6.3(12H，*i*-Pr-Me)，-10.9(2H，Ar-Hp)，
-22.4(4H，*i*-Pr-CH)，-37.1(6H，N=C(Me))

质谱分析：m/z 607[M^+]，572[M^+-Cl]，482[M^+-$FeCl_2$]

元素含量分析结果为：C%，64.19；H%，6.90；N%，6.70。按($C_{33}H_{43}N_3$)化学式计算的理论含量为 C%，64.19；H%，7.18，N%，6.80。

2.5 催化剂的评价

催化剂评价试验按其规模大小的不同可以分为实验室评价、中间试验评价以及工业应用评价三类，对于不同规模的试验评价，其具体的评价指标也会相应地有所不同。

各种催化剂在制备出来以后，除了需要进行的一些常规的质量指标分析外(如催化剂中活性金属含量、固体催化剂粒子的比表面积、孔隙率和粒子形态以及粒度分布等)，一般还需进行评价试验。

评价试验一般应包括：催化剂的活性，即一克催化剂在给定的聚合条件下能得到多少克聚合物产品；所得聚合物产品的等规指数与表观密度；所得聚合物的粒径大小与颗粒度分布；聚合物的各种物理机械性能等多项内容。

不同的催化剂可能具有不同的性能，而催化剂的性能又将直接影响其使用效果。并且由于生产聚丙烯的工艺较多(目前聚丙烯的生产工艺除溶液法已很少使用外，气相法、液相本体法、淤浆法和液相本体+气相混合工艺等方法都在使用中，其中发展最快的是气相法)，而不同的工艺对催化剂的要求也会有所不同。

2.5.1 实验室评价

有关丙烯聚合催化剂的实验室评价方法，文献报道很多，通常催化剂在实验室研究阶段，大都采用釜式反应器间歇式浆液法进行评价。但也有采用流化床反应器间歇式气相法或釜式反应器间歇式气相法进行评价。对于实验室研究，釜式反应器间歇式浆液法评价比较

简便。

实验室评价的内容通常包括两方面，即条件方面和实验方面。

① 条件方面　包括试验装置、原材料规格(其中包括催化剂、助催化剂和给电子体的规格及组成，单体和溶剂等其他原料的规格等)。

② 实验方面　包括以下内容：

a. 试验工艺条件的确定。包括试验的投料配比、聚合反应温度、压力、聚合时间以及操作要求和实验步骤等。

b. 聚合评价试验。包括标准聚合条件的催化剂考评试验，聚合反应动力学试验，催化剂的共聚合试验，以及聚合系统中的杂质影响试验等。

c. 物理性能测试。聚合活性和所得聚合物的物理数据测定，如聚合物的等规度、表观密度、熔融指数、聚合物的分子量以及分子量分布和聚合物粉料的平均粒径大小与颗粒度分布等。

下面是几个具体的催化剂聚合评价过程实例。

(1)淤浆法

例 1　在高纯氮气保护下，在 250mL 三颈瓶中进行常压聚合，以庚烷作溶剂，聚合温度控制在(60±0.2)℃，搅拌速度为 600~800r/min。加庚烷后，将定量的 CP 型催化剂、$Al(i\text{-}Bu)_3$和 EB 加进三颈瓶中，连续通入丙烯维持在恒压下进行反应，聚合过程中丙烯在溶剂中的溶解度大于其聚合速率，聚合速率依丙烯消耗速率计算。反应一定时间后，停止反应，冷却至室温，过滤、洗涤、干燥、称重、计算产率和测定产品等规度。[催化剂浓度为 0.31mmolTi/L 庚烷，EB/Ti=8/1(摩尔比)，$Al(i\text{-}Bu)_3$/Ti=30/1][522]。

例 2　在 2L 不锈钢搅拌釜中，用氮气置换合格后，再用丙烯置换氮气，并正压保护待用。使用时在氮气保护下，加入 500mL 精制己烷，6.9mmol 三乙基铝和 0.07mmol 硅烷(DPMS)，再用 300mL 精制己烷将 19.2mg 的催化剂冲入釜中。由管道加入 0.4L(标准)氢气，另由管道压入丙烯。然后向搅拌釜夹套中通入热水升温反应。保持反应温度 70℃、反应压力 0.63MPa，反应 2h 后停止反应。降温减压，放出釜内聚合物，烘干后得聚合物粉料[523]，称重、计算产率和测定产品的物性数据。

(2)液相本体法

例 1　在 5L 不锈钢搅拌釜中，用氮气置换合格后，再用丙烯置换氮气，并以丙烯正压保护反应釜。使用时在氮气保护下，加入 3mmol 三乙基铝和 0.15mmol 硅烷(DPMS)，再用 10mL 的精制己烷将 13.5mL 所制得的催化剂冲入釜中。加入 0.05L(标准)氢气，另由管道压入 2.3L 液态丙烯，然后向搅拌釜夹套中通入热水升温反应。保持反应温度 70℃、反应压力约为 3.4MPa，反应 2h 后停止反应。降温减压，放出釜内聚合物，烘干后得聚合物粉料[523]，称重、计算产率和测定产品的物性数据。

例 2　3L 不锈钢聚合釜先进行加热抽排净化处理，待釜温降至 30℃时，充入液相丙烯 1.5L，依次加入 $AlEt_3$、硅烷(DDS)和催化剂，再用 0.5L 丙烯冲洗管道，并通 H_2达到所需的量，然后升温到达预定温度后计算聚合时间，恒温 2h 后停止搅拌，放出剩余丙烯，冷至室温后出料。按常规方法测量聚丙烯等规度、堆密度、MFR、平均粒度及其颗粒度分布[524]。

(3) 气相法

例 实验是在一容积为6L的耐压釜中间歇进行。由于气相聚合的催化剂用量很少，同时又不用溶剂，为了使催化剂得以分散，所以事先必须加入一定数量的聚丙烯粉料(一般每次实验加170g)作为催化剂的分散体才能进行操作。

先将分散体在80~90℃下真空干燥，然后用高纯氮抽排置换合格。之后先加三乙基铝汽油溶液，最后加$TiCl_3 \cdot 1/3AlCl_3$或$TiCl_3 \cdot 1/3AlCl_3$-HPT催化剂，用力摇匀后，加到事先已经用氮气和丙烯置换过的聚合釜内。投料后，先在低压下(0.1~0.2MPa)升温至60℃，然后缓慢增压，同时继续升温。升温和增压的总时间一般在20~30min。在到达实验的指定温度和压力后开始计算聚合时间。并按前述方法，调节控制聚合反应的工艺参数，进入稳定操作[525]。

2.5.2 中间试验评价

中间试验是在实验室研究的基础上，用小规模的、类似工业生产的流程和设备进行的扩大试验。通过中间试验可以验证实验室的研究结果，考察设备和工艺规模放大效应以及工业规格原材料的影响，进而考察制备不同牌号树脂的条件及产品性能等，为最终的工业应用试验提供技术依据。

中间试验一般可以分为两类，一类为聚合工艺中间试验，主要研究设备和工艺规模放大效应、工业原材料的影响等。另一类为聚合产品开发中间试验，主要研究新催化剂的聚合产品牌号开发及应用问题。按照现今的放大技术水平，聚合工艺中间试验可以采用较小规模的试验以节约研究开发费用。对于一些有经验的公司，他们已可以做到将反应器容积为立升级规模的中间试验结果，在计算机模拟技术的帮助下，准确地一步放大到工业生产规模，既节省开发研究的时间又节省开发研究的费用。

通常在聚合工艺中间试验中，需要研究和解决的主要是聚合工艺流程和设备工程两方面的问题。在聚合工艺流程方面，包括原料净化、加料系统、聚合工艺、闪蒸及回收系统、掺合及完成系统等；在设备工程方面，聚合反应器是关键，包括聚合散热问题、聚合反应器的结构和搅拌分散等问题。对于气相流化床聚合工艺来说，考虑的内容还要包括气体分布器、内部构件、床层的高径比、分离高度等，特别要考虑规模放大后放大效应带来的影响。所有这些问题的解决都需要综合催化剂、聚合工艺和化学工程等各方面的知识，对化学因素、工程因素和聚合反应工程因素等进行系统全面的研究，并利用计算机模拟技术的帮助，解决规模放大和工业生产后可能会遇到的问题，以确保技术放大的可靠性。

但是在催化剂评价中间试验中，由于在多数情况下新催化剂的开发都希望能应用于现有工业生产的丙烯聚合装置，以缩短其工业化的进程。而由于现有的聚合工艺和设备都是针对已有催化剂的特点设计和确定的，因此除了需要开发全新的聚合工艺的情况外(这种情况较少)，一般都是按照现有工业生产的聚合工艺流程，设计和建设一套类似的但是尽量简化的中间试验装置，用来进行必要的工艺试验研究，以便在工业生产装置上使用新催化剂或开发新牌号时，可以有针对性地对工艺流程和参数进行一些必要的调整，以避免直接在工业生产装置上进行工艺条件的摸索和调整给生产带来不良甚至危险的影响。

但是，对于一个新开发的催化剂的工业应用来说，仅仅进行参照工业生产装置流程的聚合工艺中间试验是不够的。因为除了聚合工艺的放大问题外，还有一个更为重要的内容是聚合产品及牌号的试制和应用，特别是产品需要获得用户的认可。为此目的必须进行比聚合工艺中间试验规模大得多的聚合产品牌号开发应用中间试验。通常此类中间试验的规模要达到千吨级以上，以便有足够数量的各种牌号的产品提供给下游用户进行产品应用评价。

对于聚合产品牌号开发应用的中间试验，由于其目的主要是研究制备各种不同产品牌号树脂的工艺生产控制条件和产品配方等方面的问题，因此通常采用与工业生产相同的聚合工艺进行试验，一般不重点研究有关聚合工艺及放大等方面的问题。

毫无疑问，催化剂评价中间试验对于一个新开发的催化剂技术由实验室走向工业应用具有十分重要的意义。

一般来说，中间试验评价应包括以下内容：

(1) 工艺流程及操作

① 工艺流程。其内容应包括聚合工艺流程的各个步骤、物料流程、带控制点的装置操作流程等。

② 试验操作。详细的操作说明，以及按照试验方案中规定的条件和参数进行评价试验的研究方案等。

(2) 原料说明　各种原材料的生产厂家、规格和指标以及需要的数量等。

(3) 试验情况及讨论

① 中间试验的主要工艺技术问题。其内容涉及工艺方面的各种物料的连续、稳定输送和计量，氢的计量和浓度控制，聚合温度控制，聚合釜内物料浓度的控制，聚合物出料控制和单体回收等等。另外还有设备和自动控制仪表方面的问题。如果有包装完成系统则还有包装完成系统的问题。

进行中间试验首先要解决工艺流程的稳定运转问题。

② 操作条件对催化剂聚合反应的影响。丙烯聚合过程中需要控制的参数很多，如温度、压力和各种物料的进料配比等，搞清这些参数对聚合过程的影响对于评价催化剂的丙烯聚合效果是十分重要的。

在可能的情况下聚合工艺条件的研究应包括以下几组试验：

第一组　验证实验室条件、考察实验室研究结果；

第二组　模拟工业装置现有聚合条件的试验；

第三组　按照实验室的最佳结果，参照工业装置上有可能实现的条件，在此基础上找出此催化剂在工业装置上的最佳操作条件及参数。

另外，还需要了解催化剂的聚合反应动力学行为，判断催化剂的聚合行为是否有利于聚合反应的平稳控制。也需要了解催化剂的其他特性，如催化剂是否具有良好的共聚性能，是否有利于新牌号树脂的合成等等。

③ 杂质对聚合反应的影响。聚合体系中的 O_2、H_2O、炔烃、二烯烃等杂质都会对聚合结果产生影响，在该部分实验中既应考查新鲜原料中的杂质影响，也应考虑当原料回收循环利用时，其中的杂质含量因积累变化而可能带来的影响。通过该部分的试验应对原料中允许杂质的含量提出控制指标。

④ 聚合反应的基本规律及适宜反应条件。通过试验应找出主要聚合指标的基本控制规律，内容涉及聚合参数变化对催化剂活性、聚合物产品的熔体流动速率、全等规度、平均粒度等的影响。并由此确定最佳反应控制条件及在该条件下所得到的聚合物指标。

⑤ 有关聚合反应的其他问题。其他内容可能包括：催化剂的预处理问题、预聚物的进料问题、聚合反应的极限浓度问题、反应启动工艺条件问题等等。

⑥ 后处理工艺及操作条件对产品质量的影响。

⑦ 不同牌号树脂的性能及应用。内容涉及分子量、熔体流动速率、密度、粉料堆密度、等规度、灰分、钛含量、表面酸度、腐蚀性、软化温度、熔融温度、流动温度、拉伸强度、伸长率、弯曲强度、压缩强度、冲击强度、低温脆点、体积表电阻、表面电阻系数、击穿电阻、剩余抗拉强度、剩余伸长率等。

⑧ 对于放大效果的估计。内容涉及当聚合规模扩大以后，对熔融指数的调节、催化剂活性可能带来的变化，对聚合树脂的颗粒形态、颗粒度分布和表观密度可能带来的影响等。

(4) 结论及建议　通过前述的试验及讨论，应对催化剂试验的放大效果进行综合评价，并为催化剂的工业应用试验提供依据。

2.5.3　工业应用评价

在催化剂通过中间试验评价之后，将进行工业应用试验。在不考虑各种丙烯聚合工艺的特殊要求的情况下，对于以工业应用为目的的催化剂评价来说，在催化剂的性能要求和催化剂的使用效果以及影响因素之间存在以下关系，见表 2-107[526]。

表 2-107　催化剂的性能要求、使用效果和影响因素之间的关系

对催化剂的要求	相应的使用效果	决定因素
活性变化小	生产能力稳定，反应温度易控制	催化剂种类
活性要大	生产力大	催化剂种类与制备方法
效率要高	催化剂单耗小，易除去	催化剂活性与聚合条件
等规度要求可调	丙烯单耗小，后处理容易	催化剂活性与聚合条件和第三、第四组分有关
分子量容易调节	易变更产品品种	催化剂类型
催化剂成本低、易制备	生产成本低	催化剂单价
聚合釜粘壁少	散热效果好	催化剂种类
质量变化小	产品质量变化小	催化剂的制法
催化剂要易于除去	后处理容易	催化剂类型与效率
杂质影响小	聚合操作容易，原料要求低	催化剂类型

催化剂的工业应用评价内容一般涉及以下内容：

(1) 试验部分

① 工业试验装置。

② 原材料及规格。内容包括所用聚合单体、主催化剂、活化剂、第三组分、分子量调节剂以及公用工程等。

③ 试验工艺条件。包括生产操作方法、聚合参数控制等。

④ 产品加工应用及测试(可作为产品应用报告单独列出)。

(2) 试验结果及讨论

① 催化剂活性及生产效率。内容可涉及催化剂的寿命、氢调敏感性、反应周期、单程转化率等。

② 产品质量及应用。内容包括催化剂的定向能力，产品等规度、熔体流动速率，灰分含量，表观密度，挥发分和聚丙烯粉料的颗粒度分布等。

可生产的聚合产品牌号，聚合产品的物理机械性能和加工性能，以及制品的质量和产品的应用范围。

③ 催化剂对现有装置及原材料的适应性。是否需要对原有装置进行改动(如是否需要强化原有原料的净化系统，是否会因催化剂性能的改进而精简原有工序)。

④ 聚合反应的撤热问题。催化剂是否对聚丙烯装置撤热系统的适应性较强等。

⑤ 操作性能分析。主要与催化剂的反应动力学行为有关，要求催化剂的聚合反应具有平稳的可操作性。

⑥ 经济性分析。对于工业应用评价来说，催化剂的经济性分析也十分重要。好的催化剂应能大幅度提高产品质量，改善加工性能和制品的质量，并能避免加工设备的腐蚀。同时，由于产品质量的提高和扩大产品应用的范围，可开发新产品和新品种。或是在生产相同产品时降低原材料消耗和生产成本。

另外，采用高效催化剂，在缩短生产周期的条件下也可相应降低动力消耗和管理费，提高装置生产能力，同样具有一定的经济效益。

(3) 结论　对催化剂在该工业试验中的表现进行综合评价。

参 考 文 献

[1] ZieglerK. Belgian Patent 533 362. 1953
[2] Natta G. Chem. Ind. (Milan), 1988, 37: 38
[3] Natta G. J. Polym. Sci., 1955, 16: 143
[4] Montecatini. U. S. Patent 3 112 200. 1963, US Patent 3 112 301. 1963
[5] 金茂筑. 合成树脂及塑料，1994，11(4)：48~50
[6] Esso Res & Eng Co. U. S. Patent 3 128 252. 1964
[7] Natta G, Pasquon I. Advantage Catalyst, 1959, 11: 1
[8] Chumaevskii N B. Makromol. Chem., 1976, 177: 747
[9] Mitsubishi Petrochemical Co. German Patent 1 092 390. 1966
[10] Solvay & CIE. German Patent 2 213 086. 1972; Solvay & CIE. U. S. Patent 3 769 233. 1973
[11] 毛炳权等. 中国化工学会1978年年会论文集，1978：364
[12] 唐士培等. 高分子通讯，1982，4：291
[13] Keii T, et al. Macromol. Chem., 1979, 180(9): 2235
[14] Montedision. British Patent 1 286 867. 1968
[15] Montedision. Belgian Patent 785 332. 1972
[16] 三井石油化学. JP 56 136 805. 1981；三井石油化学. JP 57 074 307. 1982
[17] Galli P, Barbe P C, Noristi L. Angew. Makromol. Chem., 1984, 120: 73
[18] 三井石油化学. JP 58 083 006. 1983；三井石油化学. JP 59 047 210. 1984；Montedison. European Patent 45 977. 1982
[19] Himont Incorporated. CN 1 047 302. 1990；三井石油化学. JP 58 138 711. 1983
[20] 毛炳权等. CN 85 100 997. 1987；U. S. Patent 4 784 983. 1988；U. S. Patent 4 861 847. 1989；EP 0 258 458. 1988；JP 平 07-08945B
[21] 毛炳权等. CN 1 091 748A. 1993
[22] 金茂筑等. CN 1 215 061A. 1999
[23] 李凤琴. 合成树脂及塑料，1992，9(2)：38
[24] 中国科学院化学研究所. 中国石化总公司连续法聚丙烯生产技术交流会，1997. 5
[25] 毛炳权. 第八届全国催化会议论文集，1996：41~43

[26] Himont Incorporated. U. S. Patent 4 971 937. 1990
[27] Ewen J A. J. Am. Chem. Soc. , 1984, 106: 6355
[28] Kaminsky W, Kulper K, Brintzinger H H, et al. Angew. Chem. Int. Ed. Eng. , 1985, 24: 507
[29] Ewen J A, Jones R L, Razavi A, et al. J. Am. Chem. Soc. , 1988, 110: 6255
[30] Edward P, Moore Jr, Polypropylene Handbook. Montel Co. , 1999
[31] 吕立新. 石油化工动态, 1996, 4(12): 19
[32] Sinclair K B. Society of Plastic Engineer Polyolefins IX International Conference, Feb. 1995: 31~37
[33] Kojoh S, Koika M, Kashiwa N, Eur. Poly. J. , 1999, 35: 751~755
[34] Mitsubishi. U. S. Patent 5 385 993. 1995
[35] Natta G, Corradini P, Allegra G, J. Polym. Sci. , 1961, 51: 387~399
[36] Natta G. Chim. Ind. (Milano), 1960, 42(11): 1207
[37] Hoechst. British Patent 960 232. 1964; Hercules. U. S. Patent 3 108 973. 1963
[38] 林尚安, 陆耘, 梁兆熙. 高分子化学. 北京: 科学出版社, 1982
[39] Kissin Y V. Isospecific Polymerization of Olefins. Berlin: Springer Verlag Publishers, 1985
[40] Klemm W, Krose E, Z. Anorg. Chem. , 1974, 253: 209
[41] Scumb W C, Sundstrom J, J. Am. Chem. Soc. , 1933, 55: 596
[42] Sherfey J M, J. Res. Natl. Bur. Stand. , 1951, 46: 299;
[43] Korotkov A A, TszunChan, L, Polym. Sci. USSR (Engl. Transl.), 1962, 3: 621;
[44] Ruff O, Neumann F, Z. Anorg. Chem. , 1923, 128: 81
[45] Bock F, Moser L, Monatsh. Chem. , 1913, 71: 1825
[46] Beerman C, Besian H, Angew. Chem. , 1959, 71: 618
[47] Esso Res & Eng Co, U. S. Patent 3 032 510, 1962
[48] Esso Res & Eng Co, U. S. Patent 3 424 774, 1969
[49] Natta G, Corradini P, Allegra g. Atti Accad. Naz. Lincei, Rend. Cl. Sci. Fis. Mat. , 1959, [8]26: 155
[50] Natta G, Pasquon I, Giachetti E. Angew. Chem. , 1957, 69: 213
[51] Wilchinsky Z W, Looney R W, Tornqvist E G M. J. Catal. , 1973, 28: 351
[52] Goodall B L. Polypropylene and other Polyolefins. Van der Ven S, Ed. . Tokyo: Elservier, 1990
[53] Natta G, Zambelli A, Pasquon I, et al. Chim. Ind. (Milano), 1966, 48: 307
[54] Tornqvist E G M. Ann. N. Y. Acad. Sci. , 1969, 155: 447
[55] Solvay & CIE. German Patent 2 335 047. 1974
[56] 韩世敏, 张书清, 肖士镜等. 催化学报, 1982, 3(3): 239
[57] Solvay & CIE. DE 2 213 086. 1972
[58] Solvay & CIE. European Patent 0 288 109. 1988; Solvay & CIE. European Patent 0 569 078. 1993
[59] Chisso. British Patent 2 124 240. 1982
[60] Chisso. U. S. Patent 4 591 577. 1986
[61] Shell. U. S. Patent 4 195 069. 1980
[62] 北京化工研究院聚丙烯一组. 塑料工业, 1982, (1): 24
[63] Bernard A, Fiasse B. Catalytic Olefin Polymerization. Keii T. , Soga K Eds. . Tokyo: Kodansha Elsevier, 1990: 405
[64] Kashiwa N. Polymer Journal, 1980, (12): 603
[65] Barbe P C, Cecchin G, Noristi L. Adv. Polym. Sci. , 1987, 81: 1
[66] BASF. U. S. Patent 4 829 043. 1989
[67] Bruni G, Ferrari A. Rend. Accad. Naz. Lincei, 1925, 2: 457

[68] Bassi I W, Polato F, Calcaterra M, Bart J C J. Z. Crystallogr, 1982, 159: 297
[69] Montedison. German Patent 1 286 867. 1969
[70] Albizzati E, Galimberri M, Giannini U, et al. Macromol. Symp., 1991, 48/49: 223
[71] Hu Y, Chien J C W. J. Polym. Sci., Part A: Polym. Chem., 1988, 26: 2003
[72] 肖士镜，谢光华．全国聚烯烃树脂行业第四届年会文集，1990: 100
[73] 吕立新．国外石油化工快报，2007. 4.
[74] Sozzani P, Bracoo S, Comotti A, Simonutti R, Camurati I, J. Am. Chem. Soc. 2003, 125, 12881~12893
[75] Abboud M., Denifil P., Reichert K., Macromol. Mater. Eng. 2005, 201, 1220~1226
[76] Galli P, Luciani L, Cecchin G. Angew. Makromol. Chem., 1981, 94: 63
[77] Chien J C W, Hu Y J, Polym Sci Part A, 1988, 26: 2973~2989
[78] Busico V, Cipullo R, Monaco G, Talarico G, Vacatello, Chadwick, Segre A L, Sudmeijer O. Macromolecules, 1999, 32: 4173~4182
[79] Boero M, Parrinello M, Weiss H, Hurrer S, J. Phys Chem. A., 2001, 105, 5096~5105
[80] Monaco G, Toto M, Guerra G, Corradini P, Cavallo L, Macromolecules, 2000, 33, 8953~8962
[81] Brambilla L, Zerbi G, Piemontesi F, Nasecetti S, Morini G. J. of Mol. Catal. A: Chemical, Vol. 263, Issues 1-2, 14 February 2007, 103~111
[82] Magni E, Somorjai G A, J. Phys. Chem. B 1998, 102, 8788
[83] Seth M, Margi P M, Ziegler T, Macromolecules, 2002, (35): 7815~7829
[84] Yano T, Inoue T, Ikai S, et al. J. Polym. Sci., Part A: Polym. Chem., 1988, 26: 477
[85] Yang C B, Hsu C C. Macromol. Chem. Rapid Commun., 1993, 14: 387
[86] 徐君庭，封麟先，扬士林．石油化工，1998, 27(3): 172
[87] Chien J C W, Wu J C, Kuo C I. J. Polym. Sci., Part A: Polym. Chem., 1983, 21: 725
[88] Abis L, Albizzati E, Giannini U, et. al. Macromol. Chem., 1988, 189: 1595
[89] Guyot A, Spitz R, Duranel L, et. al. Catalytic Polymerization of Polyolefins. Keii T, Soga K, Eds. Tokyo: Kodansha-Elsevier, 1986: 147
[90] Terano M, Kataoka T, Hosaka M, et al. Transition Metals and Organometallics as Catalysts for Olefin Polymerization. Kaminsky W, Sinn H, Eds., Berlin: Springer Verlag, 1988: 55
[91] Albizzati E, Giannini U, Morini G, et al. Zeigler Catalysts. Fink G, Mulhaupt R, Brintzinger H H, Eds.. Berlin: Springer Verlag, 1995: 413
[92] Soemunen P, Hjertberg T, Iiskola E. Makromol. Chem., 1990, 191: 2663
[93] Kashiwa N, Kojoh S. Macromol. Symp., 1995, 89: 27
[94] Chien J C W, Wu J C. J. Polym. Sci., Part A: Polym. Chem., 1982, 20: 2461
[95] Weber S, Chien J C W, Hu Y. J. Polym. Sci., Part A: Polym. Chem., 1989, 27: 1499
[96] Chien J C W, Hu Y. J. Polym. Sci., Part A: Polym. Chem., 1989, 27: 897
[97] Fregonese D, Mortara S, Bresadola S, J. Mol. Catal., A 172, 89, 2001
[98] Doi Y, Soga K. Murata M, et al. Polymer Communication, 1983, 24: 244
[99] 王志平，陈颖，陈齐．合成树脂及塑料，1999, 16(4): 53~56
[100] 谢光华，曹宪鹏，贺大为．高分子学报，1989, 5: 633
[101] 胡友良，贺大为，谢光华．化学通报，1981, 1: 12
[102] 邓云祥，许瑾，林尚安．石油化工，1989, 18 (1): 24
[103] Kakugo M, Sadatoshi H, Sakai J, et al. Catalytic Olefin Polymerization. Keii T, Soga K Eds.. Tokyo: Kodansha Elsevier, 1990: 345
[104] Iiskola E. Intern. Symp. 40 Years Zeigler Catalysts, Freiburg, Sept. 13, 1993

[105] Chien J C W, Hsieh J T T. J. Polym. Sci. , Polym. Chem. Ed. , 1976, 14: 1915
[106] Busico V, Corradini P, De Martino L, et al. Marcromolecule Chemistry, 1986, 187: 1115
[107] Kashiwa N, Yoshitake J. Polymer Bulletin, 1988, 12: 19
[108] Potapov A G, Bukatov G D, Zakharov V A. J. of Molecular catalysis, A: Chemical, 2006, 246, 248~254
[109] Kakugo M, Miyatake T, Natio Y, et al. Marcromolecules, 1988, 21: 314
[110] Soga K, Park J R, Shiono T, et al. Marcromol. Chem. Rapid Commun. , 1990, (11): 117
[111] Sacchi M C, Tritto I, Shan C, et al. Marcromolecules, 1991, 24: 6823
[112] Barbe P C, Norisuti L, Baruzzi G, et al. Marcromolecule Chemistry, 1992, 193: 229
[113] Terano M, Kataoka T, et al. J. Mol. Catal. , 1989, 56: 203
[114] Mastsuka H, Liu B, Nakatani H. Polym Int, 2002, 51: 781~784
[115] Hu Y, Chien J C W. J Polymer Sci A, 1988, 26: 2003~2018
[116] Yang C D, et al, Eur. Polym. J. 1994, 30 (2): 505
[117] 丁伟，张微，曲广淼．化学工程师，2004，10：42~44
[118] Sacchi M C, Forlini F, Tritto I, et al. Marcromolecules, 1992, 25: 5914
[119] 黄素梅，马紫峰，吴旦．化工时刊，2006，20 (3)
[120] Cecchin G, Morini G, Pelliconi A. Macromol. Symp. , 2001, 173: 195~209
[121] 莫里尼 G，古列维奇 Y V，巴尔邦廷 G 等．CN1313869A，2001
[122] 高明智，刘海涛等．CN1542024，2004；CN1552740，2004；CN1552741，2004；CN1213080C，2005；CN1580035，2005；
[123] Giovanni A, Borsotti G, et al. U. S. Patent 4971937, 1990
[124] Albizzati E, Galimberti M, Giannini U, et al. Macromol. Symp. , 1995, 89: 73
[125] Scordamaglia R, Mcromol. Theory Simul. 1998, 7: 399~405
[126] Iiskoka E, Pelkonen A, Hakkonen H J. Macromol. Chem. Rapid Commun. , 1993, 14: 133
[127] 徐德民，马志，胡友良等．高等学校化学学报，2002，23(5)
[128] 崔楠楠等．高分子学报，2005，(6)
[129] Sacchi M C, Folini F, Tritto I et al. Macromol, 1996, 29(5): 3314~3345
[130] Grison G, Batt-Coutrot D, Malinge J, et al. C. R. Acad. Sci. Paris, Chimie/Chemistry 4, 893, 2001
[131] 莫里尼 G，巴尔邦廷 G，古列维奇 Y V. CN 1292800A. 2001
[132] Kashiwa N. Eur Pat Appl, EP 0125911. 1984
[133] 莫里尼 G，巴尔邦廷 G. CN 1306544A. 2001
[134] Morini G, et al. Eur Pat Appl, EP1395617. 2003
[135] 莫里尼 G，巴尔邦廷 G，古列维奇 Y V. CN 1242780A. 2000
[136] 莫里尼 G，阿尔比扎蒂 E，詹尼尼 U 等．CN 1257061A. 2000
[137] 张巧凤等．催化学报，2007，28(1)：1
[138] Yang C B, Hsu C C, Park Y S. Eur Polym J. 1994, 30: 205~214
[139] Heiki Jouni P, Tapani A. J. Organoment Chem, 1993, 453: 175~184
[140] Kakkonen H J, et al. J. Organometallic Chem, 1993, 175: 453
[141] Sobota P, Utko J, Lis T. J. Organoment Chem, 1990, 393: 349~358
[142] 钟赤锋，高明智，毛柄权．高分子学报，2003，(2)
[143] Liu Boping, Cheng Ruihua, Liuzhen, et al. Macromol symp, 2007, 260(1): 42~48
[144] Soga K, Shiono T, Doi Y. Macromol. Chem. , 1988, 189: 1531
[145] Chadwick J C. Macromol Symp. , 2001, 173, 21~35
[146] Busico V, Chadwick J C, Cipullo R, Ronca S, Talarico G. Macromolecules, 2004, 37: 7437~7443

[147] Chadwick J C, Van der Burgt F P T J, Rastogi S, Busico V, Cipullo R, Talarico G, Heere J J R. Macromolecules, 2004, 37: 9722~9727
[148] Yaluma A, Tait P T, Chadwick J C. J. of Polym. Sci. Part A, Polymer Chemistry, 2006, 44: 1635~1647
[149] Mori H, Iguchi H, Terano M. Macromol. Chem. 1997, 198: 1249~1255
[150] Liu B, Nitta T, Nakatani H, Terano M. Macromol. Chem. Phys. 2002, 203, 2412~2421
[151] Nishiyama I, Liu B, Matsuoka H, Nakatani H, Terano M. Macromol. Symp. 2003, 193: 71~80
[152] 范志强, 邓海鹰, 王伟等. 石油化工, 30卷增刊, 2001, 501~503
[153] Chu K J. Eur. Polym. J. 1998, 34: 577
[154] Barbe P C, Cecchin G, Noristi L. Adv. Polym. Sci., 1986, 81: 1
[155] Natta G. J. Polym. Sci., 1959, 34(127): 21
[156] Coover H W. J. Polym. Sci., Part C: Polym. Symp., 1963, 4: 1511
[157] Liu B P, Matsuok H, et al. Macromol. Rapid Commun., 2001, 22: 1~24
[158] Maria L F, Daniel E D. Journal of Molecular Catalysis A: Chemical, 1999, 150: 53~69
[159] Hiroyuki J, Takefumi Y, Shigeru I, et al. Journal of Molecular Catalysis A: Chemical, 2003, 193: 207~215
[160] Montell North America Inc. Eur Pat Appl, EP 0926164. 1999
[161] 钟赤峰, 高明智, 毛柄权. 高分子材料与科学, 2003, 19(3): 75~82
[162] 杜宏斌, 夏先知, 王兴生等. 石油化工, 2003, 32(3): 212
[163] Virkkunen V, Garoff T, Jaaskelainen P, Vestberg T. Europ. Polym. J. 2003, 39: 1679~1685
[164] Terano M, Matsuoka H, Liu B, Nakatani H. Macromol. Rapid Commun. 2001, 22: 326~328
[165] Kemp R A, Brown D S, Lattman M, et al. Journal Malecular Catalisis A: Chemical, 1999, 149 (1~2): 125~133
[166] Grison C, Delphine B, Malingeb J, et al. C R Acad Sci Paris, Chemie/Chemistry, 2001, 4: 893~898
[167] 孙竹芳, 高明智等. 石油化工, 2005, 34卷增刊: 542~544
[168] 米罗 N D, 大仓正寿. CN 1300299A. 2001
[169] 米罗 N D, 吉洛古里斯 G B. CN 1156999A. 1997
[170] Barber P C. Advances in polymer science, 1987, 81: 1~81
[171] Spitz R, Lacombe J L, Guyot A. J. Polym. Sci., Part A: Polym. Chem., 1984, 22: 2625
[172] Hercules Inc. US 4 408 019. 1983
[173] 张明辉, 肖士镜. 高分子学报, 1991, 5: 537
[174] Spitz R, Bobichon C, Guyot A. Macromol. Chem., 1989, 190: 707
[175] Soga K, et al. Marcromol. Chem. Rapid Commun., 1988, (9): 23
[176] Soga K, et al. Marcromol. Chem. Rapid Commun., 1987, (8): 273
[177] Montedison. US Patent 4 315 836. 1980
[178] Langer AW, Burkhardt T J, Stager J J. Polym. Sci. Technol., 1983, 19: 225
[179] Sepala J V, Harkonen M, Luciani L. Macromol. Chem., 1989, 190: 2535
[180] Kashiwa N, Yoshitake J, Toyota A. Polymer Bulletin, 1988, 19: 333
[181] Guyot A, Bobichon C, Spitz R, et al. Transition Metals and Organometallics as Catalysts for Olefin Polymerization. Kaminsky W, Sinn H, Eds. Berlin: Springer Verlag, 1988
[182] Busico V, Corradini P, De Martino L, et al. Marcromolecule Chemistry, 1985, 186: 1279
[183] Chien J C W, Hu Y. J. Polym. Sci., Part A: Polym. Chem., 1988, 26: 2973
[184] Wu Q, Yang N L. Macromol. Chem., 1990, 191: 89
[185] Harkonen M, Sepala J V, Vananen T. Macromol. Chem., 1991, 192: 721
[186] Proto A, Oliva L, Pellecchia C, et al. Marcromolecules, 1990, 23: 2904

[187] Busico V, Corradini P, De Martino L, et al. Marcromolecule Chemistry, 1991, 192: 49

[188] 李珠兰，毛炳权．全国高分子学术论文报告会论文集，1995，260~261

[189] Kakugo M, Miyatake T, Naito Y, et al. Transition Metal Catalyzed Polymerizations, Ziegler Natta and Metathesis Polymerizations. Quirk R P, Ed.. Cambridge: Cambridge University Press, 1988: 624

[190] Harkonen M, SepPala J V. Makromol. Chem., 1991, 192: 2857

[191] Mitsui P C. European Patent 0 350 170. 1990

[192] Himont Incorporation. U. S. Patent 5 166 340. 1992

[193] Okano T, Chida K, Furuhashi H, et al. Catalytic Olefin Polymerization. Keii T., Soga K. Eds. Tokyo: Kodansha-Elsevier, 1990: . 177

[194] Kezler B, Simon A. Polymer, 1982, 23: 916

[195] Chadwick J C, Miedea A, Ruisch B J, et al. Macromol. Chem., 1992, 193: 1463

[196] Gupta V K, Satish S, Bhardwaj I S. J. Macromol. Sci.: Pure Appl. Chem., 1994, A31(4): 451

[197] 金茂筑，陈齐．石油化工，1985，14，2：65

[198] 金茂筑．合成树脂及塑料，1995，12(4)：1

[199] Secchin G. Polypropylene Past, Present and Future The Challenge Continue. 1998

[200] Jones D J, Gibson V C, Greenb S M, et al. Chem Commun, 2002, 1038

[201] Exxon. U. S. Patent 4 522 982. 1985

[202] Ewen J A. J. Am. Chem. Soc., 1984, 106: 6355

[203] Ewen J A. J. Am. Chem. Soc., 1988, 110: 6255

[204] HerzogT A, Zubris D I, Bercaw J E. J. Am. Chem. Soc., 1996, 118: 988~989

[205] Ittel Steven D. J. Macromol. Sci.: Chem., 1990, A27: 1 133~1146

[206] Ewen J A. CN 1 100 733A. 1995

[207] Resconi L, Jones R L. EP 0 604 908. 1994

[208] Pellecchia C, Propo A, Longo P. et al. Makromol. Chem. Rapid Commun, 1992, 13: 277

[209] Juan C F, Chien J C W. et al. Organometallics, 1994, 13: 4140

[210] Giardollo M A, Eisen M S, Marks T J. et al. J. Am. Chem. Soc., 1995, 117: 12114

[211] Coates G W, Waymouth R M. Science 1995, 267: 217

[212] Schnutnehaus H, Brintzinger H H. Angew. Chem. Int. Ed. Engl., 1979, 18: 777

[213] Farina M, Di Silvestro G D, Terragni, A. Makromol. Chem. Phys., 1995, 19: 353

[214] Erker G, Nolte R, Qaul R. et al. J. Am. Chem. Soc., 1991, 113: 7594

[215] Christ C S, Eyler J R, Richardson D E. J. Am. Chem. Soc., 1988, 110: 4038

[216] Fink G, Mulhaupt R, Brintzinger H H, Eds. Ziegler Catalysts. Berlin Heidelberg: Springer-Verlag, 1995: 238

[217] Fink G, Mulhaupt R, Brintzinger H H, Eds. Ziegler Catalysts. Berlin Heidelberg: Springer-Verlag, 1995: 199

[218] 崔春明，陈伟．石油炼制及化工，1996，27(2)：28

[219] Miya S J. Catalitic Olefins Polymerization, 1991, 56: 531

[220] Collins S J. Organometallics, 1991, 10: 2349

[221] Kaminsky W, Rabe O, Schauwienold A M, et al. J. Organomet. Chem., 1995, 497: 181

[222] Spaleck W, Aulbach M, Bachmann B, et al. Makromol. Chem. Macromol. Symp. 1995, 497: 181

[223] Jungling S, Mulhaupt R, Brintzinger H H, et al. J. Polym. Sci., Part A: Polym. Chem., 1995, 33: 1305

[224] Edwar S, Shanshounm S. Syndiotactic Polypropylene Catalysis and Properties [C], Houston, Processing

of Metcon'93, 1993
[225] Razavi A, Verecke D, Peters L, et al. Eds. Ziegler Catalysts. Berlin: Springer-Verlag, 1995: 111
[226] Roll W, Zsolnai L, Brintzinger H H, et al. J. Organomet. Chem., 1988, 342: 31
[227] Brintzinger H H. J. Polym. Sci., Part A, Polym. Chem., 1995, 33: 1305
[228] Ewen J A. J. Am. Chem. Soc., 1988, 110: 6255
[229] Schut J H. Plastic World, 1995, 53(5): 47
[230] Ewen J A. Makromol. Chem., Macromol. Symp., 1995, 89: 181
[231] Mengele W, Diebold J, Brintzinger H H. Organometallics, 1992, 12: 1931
[232] Tsai G H, Chien J C W. J. Polym. Chem. Sci. Part A, Polym. Chem., 1994, 32: 149
[233] Herrman W A, Rohrmann J, Herdtweck E, et al. Angrew. Chem. Int. Ed. Engl., 1998, 28: 1511
[234] Chien J C W, Chen Y X. Organometallics, 1993, 13: 748
[235] Dorer B, Brintzinger H H. Organomet., 1994, 13: 3868
[236] Mohring P C, Coville N J. J. Organomet. Chem., 1994, 54: 1
[237] Kaminsky W. Mocromol. Symp., 1995, 97: 79
[238] Chien J C W, Sugimoto R, Keii T Eds. Catalytic Olefin Polymerization. Tokyo: Elsevier, 1990: 535
[239] 黄葆同, 陈伟. 茂金属催化剂及其烯烃聚合物. 北京: 化学工业出版社, 2000
[240] 吕立新等. CN 1 112 562A. 1995
[241] Exxon. EP 0 308 177. 1989; 张中岳等. CN 1 172 118A. 1996
[242] Harlan C J, Mason M R, Barron A R. Organometallics, 1994, 13: 2957
[243] Nekhaeva L A, Boudarenko G N, Rekov N N, et al. J. Am. Chem. Soc. 1993, 115: 4971
[244] Siedle A R, Lamanna W M, Newmark R A. Makromol. Chem. Macromol. Symp., 1993, 66: 215
[245] Resconi L, Bossi S, Abis L. Marcromolecules, 1990, 23: 4489
[246] Kaminsky W, Miri M, Sinn H, et al. Makromol. Chem. Rapid Commun, 1983, 4: 417
[247] Dolle V, Hermann H F, Winter A, et al. EP 480 390. 1992
[248] Eisch J J, Pombrick S I, Zheng G X. Organometallics, 1993, 216: 7112
[249] Tritto I, et al. Macromol. Symp., 1995, 97: 101~108
[250] Resconi L, Albizzati E, Giannini U. EP 0 384 171. 1990
[251] Asanuma T, Sugimoto R, Iwatani T, et al. EP 0 459 264. 1991
[252] Porri L, Giarrusso A, Salsi B, et al. EP 0 422 703. 1991
[253] Messey A G, Park A J. J. Organometal. Chem., 1964, 2: 128
[254] Jondan R F, Baiger C S, Willet R, et al. J. Am. Chem. Soc., 1994, 116: 6435
[255] Chien J C W, Tsai W M, Rausch M D. J. Am. Chem. Soc., 1991, 113: 8570
[256] Zambelli A, Longo P, Proto A. Makromol. Rapid Commun., 1992, 13: 267
[257] Shiomura T, Asanuma T, Inoue N. Makromol. Rapid Commun., 1996, 17: 9
[258] Yang X, Stern C L, Marks T J. Organometallics, 10 (1991): 840
[259] Chien J C W, Rausch M D. Marcromolecules, 1993, 26: 3239
[260] Yang X, Stern G L, Marks T J. J. Amer. Chem. Soc., 1992, 31: 1375
[261] Bochmann M, Lancaster S J. Organometallics, 1993, 12: 633
[262] Pellecchia C, Proto A, Longo P, et al. Macromol. Rapid Commun., 1991, 12: 663
[263] Razavi A, Ewen J A, Elder M J. CA 2 027 144. 1991
[264] Yang X, Stern G L, Marks T J. J. Amer. Chem. Soc., 1991, 113: 3623
[265] Tsai W, Rausch M D, Chien J C W. Appl. Organomet. Chem., 1993, 7: 71
[266] 金茂筑等. CN1 266 066A. 1999

[267] 葛从新，王立，封麟先．石油化工，1998，28，157
[268] Hoechst. EP 523 416. 1994
[269] Soga K. Macromol. Rapid Commun.，1994，15：593
[270] Exxon. WO 91/09882. 1991
[271] Mitsui Toatsu. JP 05 170 823. 1993
[272] Mitsui Toatsu. JP 05 155 926. 1993
[273] Soga K，Uozumi T，Shiono T，et al. Macromol. Chem. Phys.，1994，195：1503
[274] Kaminaka M，Soga K. Macromol. Chem.，1993，194：1745
[275] Mitsubishi P. C. JP 05 239 139
[276] Mitsui Toatsu. EP 500 944. 1992
[277] Showa Denko. JP 315 820. 1986
[278] BASF. EP 518 092. 1994
[279] Mitsubishi P C. EP 598 543. 1994
[280] Soga K，Arai T，Uozumi T. J. Polymer，1997，38（19）：4993~4995
[281] Murata Masahide，Nakajima Massahi，Kanazawa Seizabura，[P]. JP. 07 268 029，1995. 10.
[282] 唐士培等．CN 88 103 138. 0. 1988
[283] Lee D H，Yoon K B. J. Macromolecular Rapid Communications. 1994，15（11）：841~843
[284] 于广谦，黄葆同等．中国化工快报 2001. 12（3）：257~260
[285] 诸海滨，金国新．化学学报，2002，60（3）：509~513
[286] Arai T，Ban H T，Uozumi T，et al. J. Journal of polymer Science，Part A：Polymer Chemistry，1998，36(3)：421~428
[287] Soga K，Ban H. T，Arai T，et al. J. Macromol. Chem. Phys.，1997，198（9）：229
[288] 谢保军，唐涛，陈辉，黄葆同．应用化学，1999，16(5)，1
[289] Kaminsky W. Macromol. Symp.，1995，80：203
[290] Soga K，Kaminaka M. J. Macromol. Rapid. Commun.，1992，13(4)：221~224
[291] Chien J C W，He D. J. Polym. Sci.（Part A）：Polym. Chem.，1991，29(11)：1603~1607
[292] Soga K，Kim H J，Shiono T. Macromol. Chem. Phys.，1994，195：3347
[293] 张雷，胡友良．高分子通报，1999，4：77~82
[294] Iaeadelli F.，Altomare A.，Michelotti M. J. Catalyst Today，1998，41(1~3)：149~157
[295] Bonin G F，Fraajie V，Fink G J. Polym. Sci. Part A，1995，33：2393
[296] Fink G，Mulhaupt R，Brintzinger H H，Eds. Ziegler Catalysts. Berlin Heidelberg：Springer－Verlag，1995：364
[297] Kaminaka M，Soga K. Marcromol. Chem. Rapid Commun.，1991，12：367
[298] Soga K，Kaminaka M. Marcromol. Chem. Rapid Commun.，1992，13：221
[299] Hoechst. EP 0 567 952. 1994
[300] Kaminsky W，Renner F. Marcromol. Chem. Rapid Commun.，1993，14：239
[301] Spaleck W，Kuber F，Winter A，et al. Organometallics，1994，13：954
[302] Ewen J A，Elder M J，Atwood J L，et al. Makromol Chem，Macromol Symp，48/49，1991：253
[303] Sacchi M C，Zucchi D，Tritto I，et al. Marcromol. Rapid Commun.，1995，16：581
[304] Hoechst. EP 0 563 917. 1994
[305] Spherilene s. r. l. EP 0 633 272. 1994
[306] Spherilene s. r. l. Italian Patent Appl. MI 94/A 002 028
[307] Marks T J，et al. Acc. Chem. Res.，1992，25：57

[308] Grace W R & CO. Coordination Catalyst Systems Empolying Agglomerated Metal Oxide/Clay Support-Activator and Method of their. SG 88794, 2002
[309] Boldt M, Gubitosa G, Brintzinger H H, et al. U. S. Patent 4 361 497. 1982; Sinn H W, Kaminsky W O, Vollmer HJ C, et al. U. S. Patent 4 404 344. 1983; Stanl G A, Mcalpin J J. WO 9428219. 1994
[310] Ewen J A, Elder M J. EP 0 537 130. 1993
[311] Ewen J A. U. S. Patent 5 459 117. 1995
[312] Exxon. U. S. Patent 5 026 798. 1991
[313] 田军，胡宁海. 中国科学，1995，25：237
[314] Exxon. U. S. Patent 5 017 714. 1991
[315] Saito Noriak, Kumahara Katsumi. EP 0 366 290. 1990
[316] Ewen J A. EP 0 581 754. 1994
[317] Chen E Y. WO 00/09 524. 2000
[318] Burger P, Diebold J, Brintzinger H H. Organometallics, 1992, 11: 1319
[319] Mise T, Miya S, Yamazaki H. Chem. Lett., 1989, 1853
[320] Roll W, Brintzinger H H, Rieger B, et al. Angew. Chem. Int. Ed. Engl., 1990, 29: 279
[321] Spaleck W, Aulbach M, Bachmann B, et al. Macromol. Symp., 1995, 89: 237
[322] Naga N, Mizunuma K. Polymer, 1998, 39: 2703
[323] Wang W, Fan ZQ, Feng LX, Li CH. Eur. Polym. J. 2005, 41: 83.
[324] Fink G, Mulhaupt R, Brintzinger H H, Eds. Ziegler Catalysts. Berlin Heidelberg: Springer- Verlag, 1995: 83
[325] Ewen J A, Haspeslagh L, Atwood J, et al. J. Am. Chem. Soc. 1987, 109: 6544
[326] Busico V, Cipullo R J. Am. Chem. Soc. 1994, 116: 9329
[327] Chien J C W, Sugimoto R. J. Polym. Sci., Polym. Chem. Ed., 1991, 29: 459
[328] Gianneti E, Nicoletti G. M, Mazzocchi R. J. Polym. Sci., Part A: Polym. Chem. Ed, 1985, 23: 2177
[329] Reddy S S, Radhakrishman K, Sivaram S. Polym. Bulletin, 1996, 36: 165
[330] Chien J C W, Razavi A. J. Polym. Sci., Part A: Polym. Chem. Ed. 1988, 26: 2369
[331] Altonen P, Lofgren B. Macromolecules, 1995, 28: 5353
[332] Reko L, Hendrik J G L, Petri L, et al. Macromolecules, 1997, 30: 3447
[333] Resconi L, Fait A. J. Am. Chem. Soc., 1995, 117: 1359
[334] Martin J S, Eiichi K, Soga K, et al. Macromol. Chem. Phys. 1997, 198: 2899
[335] Tsutsui T, Mizuro A, Kashiwa N. Markromol. Chem. Rapid Commun, 1990, 11: 565
[336] Sacchi M C, Carvill A. Metcon'97, Houston, 1997
[337] Kaminsky W, Kulper K, Niedoba S. Macromol. Chem., Macromol. Symp., 1986, 3: 377
[338] 金茂筑等. CN 1 138 589A. 1995
[339] McAlpin J J In. SPO'95, Houston, 1995
[340] Spaleck W, Winter A, Dolle V, EP 0 516 018. 1992
[341] Fink G, Mulhaupt R, Brintzinger H H, Eds.. Ziegler Catalysts. Berlin Heidelberg: Springer- Verlag, 1995: 152
[342] Ewen J A, Elder M J. Macromol. Chem., Macromol. Symp., 1993, 66: 179
[343] Razawi A, Atwood J L. J. Organomet. Chem., 1993, 459: 117
[344] Bercaw J E, J. Am. Chem. Soc., 1996, 118: 11988
[345] Nagai H. U. S. Patent 4 794 046. 1998; Fina. U. S. Patent 5 225 500. 1993
[346] Zenk R. Organomet. Chem., 1996, 526: 295

[347] Alt H G. J. Organomet. Chem. , 1996, 522: 39

[348] Ewen J A, Elder M J, Atwood J L, et al. CS Polymer Preprints, 1991, 32: 469

[349] Balbontin G, Dainelli D, Galimberti M, et al. Macromol Chem, 1992, 193: 693

[350] Natta G. J. Am. Chem. Soc. , 1962, 84: 1488

[351] 浅佁正，潮村哲之助．间规聚丙烯的结构与性能(日)

[352] 崔春明，陈伟，景振华等．IT1 290 802. 1998；孙春燕，陈伟，景振华等．CN 1 206 718. 1999

[353] Kaminsky W, et al. U. S. Patent 4 542 199. 1985

[354] Harada Masato, et al. EP 0 283 739. 1988

[355] Yoshimura Takashi, Mise Takaya, Miya Shinya, et al. U. S. Patent 4 931 417. 1990

[356] Resconi L, Piemontesi F, Fiorani T. J. Am. Chem. Soc. , 1992, 114: 1025

[357] Resconi L, Abis L, Franciscono G. Macromolecules, 1992, 25: 6814

[358] Phillips Petroleum Company. EP 0 512 554. 1992

[359] Phillips Petroleum Company. EP 0 524 624. 1993

[360] Resconi L, Albizzati E. EP 604 917. 1994

[361] Montell Technology Company. EP 0 729 968. 1996

[362] 张帆，母瀛，陈从喜．J. 高等学校化学学报，2002，23(1)：143~146

[363] Du Pont. U. S. Patent 4 335 225. 1982

[364] Natta G, Mazzanti G, Grespi G et al. J. Polym. Sci. , 1959, 34: 531

[365] Collete JW, Tullock CW, MacDonald RN et al. Macromolecules, 1989, 19: 3851; Tullock CW, Tebbe FN, Mulhhaupt R, et al. J. Polym. Sci. , Polym. Chem. , 1989, 27: 3063

[366] Collete JW, Ovenall DW, Buck WH et al. Macromolecules, 1989, 34: 3858

[367] Mallin DT, Rausch MD, Lin YG, et al. J. Am. Chem. Soc. , 1990, 112: 2030; Chien JCW, Llinas GH, Rausch MD, et al. J. Am. Chem. Soc. , 1991, 113: 8569

[368] Coleman BD, Fox TG. J. Chem. Phys. , 1963, 38: 1065

[369] Coates GW, Waymouth RM. Science, 1995, 267: 217

[370] US Patent 5, 594, 080, 1997

[371] Hu Y, Krejchi T, Shah C D, Myers C L, Waymouth R M. Macromolecules, 1998, 31: 6908

[372] Gomez M A, Tanaka H, Tonelli A E. Polymer, 1987, 28: 3227; Turner J A, Aizlewood J M, Beckett D R. Makromol. Chem. , 1964: 75; Thomann R, Wang C, Kressler J, et al. Macromolecules, 1996, 29: 8425

[373] Bruckner S, Meille S V. Nature, 1989, 340: 455

[374] Ewen J A. J. Am. Chem. Soc. , 1984, 106: 6355; Inoue Y, Itabashi Y, Chujo R, et al. Polymer, 1984, 25: 1640

[375] Cheng H N, Babu G N, Newmark R A, et al. Macromolecules, 1992, 25: 6980; Busico V, Cipullo R, Talarico G, et al. Macromolecules, 1997, 30: 4786

[376] Frisch H K, Mallows C L, Heatley F, et al. Macromolecules, 1968, 1: 533

[377] Babu G N, Newmark R A, Cheng H N, et al. Macromolecules, 1992, 25: 7400

[378] Gauthier W J, Collins S. Macromolecules, 1995, 28: 3779; Buscio V, Cipullo R, Corradini P, et al. Macromolecules, 1995, 28: 1887

[379] Bruce M D, Waymouth R M. Macromolecules, 1998, 31: 2707

[380] Zambelli A, Locatelli P, Provasoli A, et al Macromolecules, 1980, 13: 267; Sheldon R, Fueno T, Furukawa J. J. Polym. Sci. , A, 1969, 7: 763

[381] Petoff J L M, Agoston T, Lal T K, Waymouth R M. J. Am. Chem. Soc. , 1998, 120: 11316

[382] Kaminsky W, Schauwienold A-M, Freidanck F. J. Mol. Catal., A: Chem, 1996, 112: 37; Steinhorst A, Erker G, Grehl M, et al. J. Organomet. Chem., 1997, 542: 191; Naga N, Mizunuma K. Macromol. Rapid Commun., 1997, 18: 581; Spaleck W, Aulbach M, Bachmann B, et al. Macromol. Symp., 1995, 89: 237
[383] Soga K, Kim H J, Shiono T. Macromol. Chem. Phys., 1994, 195: 3347
[384] Okuda J. J. Organomet. Chem., 1988, 356: C43
[385] Hauptman E, Waymouth R M, Ziller J W. J. Am. Chem. Soc., 1995, 117: 11586
[386] Cheng S Z, Janimak J J, Zhang A, et al. Polymer, 1991, 32: 648
[387] Kravchenko R, Masood A, Waymouth R M. Organometallic, 1997, 16: 3635
[388] Petoff J L M, Bruce M D, Waymouth R M, et al. Orrganometallics, 1997, 16: 5909
[389] Kravchenko R, Masood A, Waymouth R M, et al. J. Am. Chem. Soc., 1998, 120: 2039
[390] Corradini P, Guerra G. Prog. Polym. Sci., 1991, 16: 239
[391] Stehling U, Diebold J, Kirsten R, et al. Organometallics, 1994, 13: 964
[392] Bruce M D, Coates G W, Hauptman E, Waymouth R M, et al. J. Am. Chem. Soc., 1997, 119: 11174
[393] Carlson E D, Krejchi MT, Shah C D, Terakawa T, Waymouth R M, Fuller G G. Macromolecules, 1998, 31: 5343
[394] Daniel T M, Ransch M D. J. Am. Chem. Soc., 1990, 112: 2030
[395] Chien J C W. GB 2 241 244. 1991;
[396] Ittel S. ACS Polymer Preprints, 1994, 35: 665
[397] Herwig J, Kaminsky W. Polym. Bull., 1983, 9: 464
[398] Dutschke J, Kaminsky W, Lucker H. Polym. React. Eng.: Influence React. Eng. Polym. Prop., 1983: 208
[399] Kaminsky W, Miri M. J. Polym. Sci., Chem. Ed., 1985, 23: 2151
[400] Koivumaki J, Seppala J V. Eur. Polym. J., 1994, 30: 111
[401] Chien J C W, Xu B. Macromol. Chem., Rapid Commun., 1993, 14: 109
[402] Galimberti M, Piemontesi F, Fusco D, et al. Macromolecules, 1998, 31: 3409
[403] Kravchenko R, Waymouth R M. Macromolecules, 1998, 31: 1
[404] Ziegler R C, Rychlicki H, Resconi L, et al. Polym. Prepr., 1997, 38: 847
[405] 长谷川研二. 化学工业(日), 1998, 2: 29
[406] Chien J C W, He D. J. Polym. Sci., Chem. Ed., 1991, 29: 29
[407] Galimberti M, Dall'Occo T, Piemontesi F, et al. MetCon'96, Houston, Texas, USA, 1996
[408] Tritto I, Fan Z Q, Sacchi M C. et al. Macromolecules, 1995, 28: 3342
[409] 徐君庭, 范志强, 王齐, 封麟先. 高分子学报, 1997, 5: 624
[410] Galimberti M, Martimi E, Piemontesi F, et al. Macromol. Symp., 1995, 89: 259
[411] Pietikainen P, Seppala J V. Macromolecules, 1994, 27: 1325
[412] Jaber I A, Fink G. Macromol. Chem. Phys., 1994, 195: 2491
[413] Hamielec A E, Soares J B P. Prog. Polym. Sci., 1996, 21: 651
[414] Arndt M, Kaminsky W. Macromol. Chem. Phys., 1998, 199: 1135
[415] Fan W, Leclerc M K, Waymouth R M. J. Am. Chem. Soc. 2001, 123: 9555; Fan W, Waymouth R M. Macromolecules 2001, 34: 8619
[416] Galimberti M, Piemontesi F, Baruzzi G, Mascellani N, Camurati I, Fusco O. Macromol. Chem. Phys. 2001, 202: 2029
[417] WO 9602580 (1996), Montell Technology; WO 9700897 (1997), Montell Technology
[418] Tynys A, Saarinen T, Hakala K, Helaja T, Vanne T, Lehmus P, Lfgren B. Macromol. Chem. Phys. 2005,

206: 1043
[419] Iwama N, Osano Y T. Organometallics 2005, 24: 132
[420] Ferraro A, Galimberti M, Barruzzi G, et al. MetCon'97, Houston, Texas, USA, 1997
[421] Gruter G J M. MetCon'97, Houston, Texas, USA, 1997
[422] Galimberti M, Ferraro A, Barruzzi G, et al. MetCon'97, Houston, Texas, USA, 1997
[423] Galli P, Collina G, Sgarzi P, et al. J. Appl. Polym. Sci., 1997, 66: 1831
[424] EP 318049 (1988) Ausimont S. r. l.
[425] EP 464684 (1991) HIMONT Inc.
[426] Uozumi T, Soga K. Makromol. Chem. 1992, 193: 823
[427] Quijada R, Guevara J L, Galland G B, Rabagliati F M, Lopez-Majada J M. Polymer, 2006, 46: 1567
[428] Schwerdtfeger E D, Miller S A. Macromolecules, 2007, 40: 5662
[429] Arnold M, Henschke O, Knorr J. Macromol. Chem. Phys. 1996, 197: 563.
[430] Reenen A J. Macromol. Symp. 2003, 193: 57
[431] Brüll R, Luruli N, Pasch H, Raubenheimer H G, Sadiku E R, Sanderson R, Reenen A J, Wahner U M. e-Polymers, 2003, no. 061
[432] 朱银邦. 浙江大学博士论文, 2002
[433] Xu J T, Zhu Y B, Fan Z Q, Feng L X. J. Polym. Sci., Chem. Ed., 2001, 39: 3294
[434] Doi Y, Watanabe S, Ueki S, Soga K. Makromol. Chem. RapidCommun. 1983, 4: 533; Yasuda H, Yamamoto H, Yokota K, Miyake S, Nakamura A. J. Am. Chem. Soc. 1992, 114: 4908
[435] Shiono T, Yoshida K, Soga K. Makromol. Chem., RapidCommun. 1990, 11: 169; Fu PF, Marks TJ. J. Am. Chem. Soc. 1995, 117: 10747; Xu G, Chung TC. J. Am. Chem. Soc. 1999, 121: 6763; Chung TC, Dong JY. J. Am. Chem. Soc. 2001, 123: 4871
[436] Nam Y G, Shiono T, Ikeda T. Macromolecules 2002, 35: 6760; Chung T C, Rhubright D. Macromolecules 1991, 24: 970
[437] Ishihara T, Shiono T. Macromolecules 2003, 36: 9675; Ishihara T, Shiono T. J. Am. Chem. Soc. 1005, 127: 5774; Ishihara T, Ban HT, Hagihara H, Shiono T. 2005, 45: 5731
[438] Pragliola S, Costabile C, Di Bartolomeo F, Longo P. Macromol. Rapid Commun. 2004, 25: 995
[439] U. S. Patent 5731362, 1998; Graebling D. Macromolecules 2002, 35: 4602; Lu B, Chung TC. Macromolecules 1999, 32: 8678
[440] Shiono T, Azad S M, Ikeda T. Macromolecules 1999, 32, 5723; Kolokda E, Wang WJ, Zhu S, Hamielec AE. Macromolecules 2002, 35, 10062
[441] Hackmann M, Repo T, Jany G, Rieger B. Macromol. Chem. Phys. 1998, 199: 1511; Naga N, Shiono T, Ikeda T. Macromolecules 1999, 32: 1348; Kim I, Shin YS, Lee JK. J. Polym. Sci., Chem. Ed., 2000, 38: 1590; Agarwal P K, Somani R H, Weng W, Mehta A, Yang L, Ran S, Liu L, Hsiao B S. Macromolecules 2003, 36, 5226
[442] Altonen P, Fink G, Lofgren B, et al., Macromolecules [J], 1996, 29(16): 5255
[443] Imuta J, Toda Y, Kashiwa N, Chem Lett[J], 2001, 7: 710~711
[444] Yasuda H, Furo M, Yamamoto H, et al., Macromolecules, 1992, 25(19): 5115
[445] Kesi M R, Coates G W, Waymouth R M, J Am Chem Soc, 1992, 114(24): 9676
[446] Wilen C E, Nasman J H, Macromolecules, 1994, 27(15): 4051
[447] Yasin T, Fan ZQ, Feng LX. Eur. Ploym. J. 2003, 39: 903
[448] Kim S K, Kim H K, Lee M H, Yoon S W, Do Y. Angew. Chem. Int. Ed. 2006, 45: 6163
[449] Kim S K, Kim H K, Lee M H, Yoon S W, Do Y. Chem. Eur. J. 2007, 13: 9107

[450] Ballad D G H, Courtis A, Holton J, et al. J. Chem. Soc., Chem. Commun., 1978, 994
[451] Marks T J. U. S. Patent 4 668 773. 1987
[452] Coughlin E B, Bercaw J E. J. Am. Chem. Soc., 1992, 114: 7607
[453] Yasuda H, Ihara E. Advances in Polymer Science, 133: 53
[454] Schumann W. Angew. Chem., 1984, 96: 475; Angew. Chem. Int. Ed. Engl., 1984, 23: 474
[455] Evans W J. Polyhedron, 1987, 6: 803
[456] Edelmann F T. in Comprehensive Organometallic Chemistry II (Eds. Abel, E. W., et. al.). Pergamon Press, 1995
[457] Togni A, Halterman R L. Metallocenes v. I. Wiley-VCH Press, New York, 1998
[458] Jusong X, Wei G, Jin Z, et al. 中国稀土学报, 1992, 3: 203
[459] Suleimanov G Z, Kurbanov T K, Nuriev Y A, et al. Proc. Acad. Sci. USSR, 1982, 265: 896; Proc. Acad. Sci. USSR, 1982, 265: 254
[460] Deacon G B, Pain G N, Tuong T D. Polyhedron, 1985, 4: 1149
[461] Namy J L, Girard P, Kagan H B, et al. Nouv. J. Chem., 1981, 5: 479
[462] Recknagel A, Edelmann F T. Angew. Chem., 1991, 103: 720; Angew. Chem. Int. Ed. Engl., 1991, 30: 693
[463] Qian C, Ye C, Li Y. J. Organomet. Chem., 1986, 302: 171
[464] Makhaev V D, Zvedov Y B, Chernorukov N G, et al. Vysokchist. Veshchestva, 1990, 210
[465] Shen Q, Zheng D, Lin L, et al. Organomet. Chem., 1990, 391: 307
[466] Swamy S J, Loebel J, Schumann H. J. Organomet. Chem., 1989, 379: 51
[467] Coughlin E B, Bercaw J E. J. Am. Chem. Soc. 1992, 114: 7607
[468] Fandrick C M, Schertz L D, Day V W, et al. Organometallics, 1988, 7: 1828
[469] H. Yasuda, M. Furo, H. Yamamoto, A. Nakamura, S. Miyake, N. Kibino, Macromolecules 1992, 25: 5115
[470] Desurmont G, Li Y, Yasuda H, Maruo T, Kanehisa N, Kai Y, Organometallics 2000, 19: 1811
[471] Desurmont G, Tokimitsu T, Yasuda H, Macromolecules 2000, 22: 7679
[472] Desurmont G, Tanaka M, Li Y, Yasuda H, Tokimitsu T, Tone S, Yanagase A, J. Polym. Sci. Part A: Polym. Chem. 2000, 38: 4095
[473] Yasuda H, Organomet J. Chem. 2002, 647: 128
[474] Watson P L. J. Am. Chem. Soc.: 1982, 104: 337
[475] Coughlin E B, Bercaw J E. J. Am. Chem. Soc.: 1992, 114: 7606
[476] Oliva L, Longo P, Pellecchia C. Macromol. Rapid Commun. 1988, 9: 51
[477] Miyatake T, Mizunuma K, Kaguko M. Macromol. Symp., 1993, 66: 203
[478] Johnson L K, Killian C M, Brookhart M. J. Am. Chem. Soc., 1995, 117: 6414
[479] Brookhart M, et al. PCT Int. Appl. WO 98 30 610, 1998; Johnson L K, et al. WO 98 23 010. 1996; Johnson L K, et al. WO 97 02 298. 1997; Mclain S J, et al WO 98 03 559. 1998
[480] Deng L Q, Woo T K, Cavallo L, et al. J. Am. Chem. Soc., 1997, 119: 6277
[481] Ittel S D, Johnson L K, Brookhart M. Chem. Rev., 2000, 100: 1169
[482] Univ North Carolina, Du Pont. WO 9623010. 1996
[483] Svejda S A, Brookhart M. Organometallics, 1999, 18: 65
[484] Killian C M, Tempel D J, Johnson L K, et al. J. Am. Chem. Soc. 1996, 118: 11664
[485] Nelson L T J, McCord E F, Johnson L K, et al. Polymer Preprints, 1998, 39: 133
[486] Pellecchia C, Zamebelli A. Macromol. Rapid Commun., 1996, 17: 333
[487] Johnson L K, Merking S, Brookhart M. J. Am. Chem. Soc., 1996, 118: 267

[488] 胡锦民，王海华，吴丽江等．中山大学学报，2000，18(2)：37
[489] Britovsek G J P，GibsonV C，Kimberley B S，et al. Chem. Commun.，1998，849~850
[490] Small B L，Brookhart M，Bennett A M A. J. Am. Chem. Soc.，1998，120：4049~4050
[491] Chemical and Engineering Information，April. 13，1998
[492] Pellecchia C，Mazzeo M，PapPalardo D. Macromol. Rapid Commun.，1998，19：651~655
[493] Du Pont. WO 9827124. 1998
[494] Small B L，Brookhart M. Macromolecules，1999，32：2120~2130
[495] Wild F R W P，Zsolani L，Brintziner H H，et al. J. Organomet. Chem.，1982，232：233
[496] Sinn H，Kaminsky W. Adv. Organomet. Chem.，1980，18：99
[497] 潘祖仁主编．高分子化学．北京：化学工业出版社，1985
[498] 日本合成橡胶公司．EP 0 816 387. 1998
[499] Jeon Y，Heo J，Lee V M，et al. Organometallics，1999，18：4107
[500] 藤田照典等(Fujita T，Tohi Y，Mitani M)，CN1199052A，1998；EP 0874005，1998；USP 6309997，2001；
[501] 李蕴玲译．触媒 2000，42(5)：310~315
[502] FuruyamaT，SaitoJ，FujitaT，et al. Journal of Molecular Catalysis A：Chemical，2003，200：31~42
[503] Junji Saito，Makoto Mitani，Jun-ichi Ishii，et al，Chemistry Letters，2001，576
[504] Makoto Mitani，Takashi Nakano，Terunori Fujita，Chem. Eur. J. 2003，9，2396~2403
[505] Shigekazu Matsui，Makoto Mitani，Junji Saito et al，J. Am. Chem. Soc.，2001，123，6847~6856
[506] Matsui S，Mitani M，Saito J，et al. J Am Chem Soc，2001，123：6847；Matsukawa N，Mitani M，Fujita T. Jap J Polym Sci and Tec，2002，23：693
[507] akayama Y，Bando H，Sonobe Y，et al. J Cat，2003，215：171；Nakayama Y，Bando H，Sonobe Y，et al. J Mol Cat，A：Chemical，2004，213：141
[508] 李蕴玲．国外石油化工快报，2001，(2)：12
[509] 金茂筑．快报，68，1995，中国化工信息中心，化工部经济技术委员会
[510] Montedison and Mitsui P. C. German Patent 2 643 143. 1977
[511] Mitsubishi P C. U. S. Patent 4 242 229. 1980；Shell. European Patent 029 623. 1980
[512] 肖士镜，谢光华等．CA 1 034 736C. 1996
[513] Montedison. U. S. Patent 4 469 648. 1984；Mitsui P C. German Patent 2 605 922. 1976
[514] Montedison. Britis Patent 1 603 724. 1981；Toho Titanium. European Patent 0 322 798. 1989
[515] Hercules. U. S. Patent 4 186 107. 1980；BASF. European Patent 0 306 867. 1991
[516] Mitsui P C. Belgian Patent 883 858. 1980；Shell Oil. U. S. Patent 4 728 705. 1988
[517] Hock C W. J. Poly. Sci.，Part A：Polym. Chem.，1966，4：3055
[518] Arzoumanidis G G，Karayannis N. M. Chem. Tech.，1993，(7)：43
[519] Peter J T Tait. Some aspects of supported metallocene systems，UMIST，Aprl. 2000
[520] Rulke R E，Ernsting J M，Spek A L，et al. Vrieze K. Inorg. Chem.，1993，32：5769~5778
[521] Britovsek G J P，Bruce M，Gibson V C，et al. J. Am. Chem. Soc.，1999，121：8728~8740
[522] 王海华，张启兴，邓云祥等．合成树脂及塑料，1985，(2)：7~10
[523] 金茂筑等．CN 1 266 066A. 1999
[524] 肖士镜，谢光华，王惠芳等．合成树脂及塑料，1993，10(3)：4~7
[525] 北京化工研究院气相聚合组．石油化工，1974，3(6)：511~519
[526] 陶宏．石化塑料，1982，(3)：24~39

第三章 聚 合

3.1 烯烃配位聚合概述

自20世纪50年代初Z-N催化剂发现并成功地将丙烯聚合成具有高度立构规整性的聚合物以来，经过几代科学家的不断努力探索，催化剂技术和聚合工艺都取得了很大的进步，这对高分子科学和聚烯烃工业的发展都有十分重要的意义。伴随着不同时期催化剂的创新，科学家对催化剂活性中心本质的认识也在不断深入。最近，随着对均相茂金属催化剂活性中心认识的不断加深，人们也将同样的对称选择机理应用到异相催化剂的认识中来，使烯烃聚合机理的解释更趋合理。本章在回顾一些传统理论和相关模型的同时，对最新的一些研究成果也作了相应的介绍。

3.1.1 丙烯分子与过渡金属间的配位作用

随着聚烯烃催化剂的发展，复相催化剂不仅表现出高活性，而且具有高的立体选择性，然而复相催化剂的活性中心结构及一些聚合机理仍还不十分清楚。随着对均相茂金属催化剂认识的不断提高，对其活性中心结构和性质了解的逐步深入，可以把均相茂金属对映体选择机理应用于复相催化剂，这不仅可以解释许多复相催化剂的聚合机理和所得到的实验结果，而且与早期复相催化剂所设想的聚合机理也相吻合。同时可以研究Mt—C键、区域选择性、活性中心的结构和性质、对映体选择机理及给电子体在$MgCl_2$负载型催化剂中的作用等。

从文献报道来看，虽然对活性中心性质有不同的观点，但是有一点是确定的，即Z-N催化剂催化丙烯聚合时，丙烯单体逐步插入到活性中心金属-碳键之间，反应式如下：

$$\text{Mt—R} + n\text{C=C} \longrightarrow \text{Mt—(C—C)}_n\text{—R}$$

普遍认为烯烃单体在Mt—C键间进行插入反应之前，首先烯烃单体要与活性中心金属原子进行配位。其主要实验证据有：

① 用$TiCl_4$-$Al(C_6H_5)_3$催化剂进行聚合反应制备的聚丙烯分子链含有C_6H_5端基[1]。

② 对采用δ-$TiCl_3$催化剂或其$MgCl_2$负载型催化剂[2,3]和含^{13}C的$Al(CH_3)_3$为助催化剂制备的iPP进行^{13}C NMR分析，iPP分子链含有异丁基链端[2~4]，形成的机理如下：

$$\text{Mt—}^{13}\text{CH}_3 + \text{C}_3\text{H}_6 \longrightarrow \text{Mt—CH}_2\text{—CH(CH}_3\text{)—}^{13}\text{CH}_3$$

③ 聚合反应用^{14}CO猝灭后，进行放射性检测实验，发现聚合物中有放射性存在。由于CO不与Al—C反应，这表明Mt—C是活化的[5,6]。

④ 即使在没有烷基金属化合物的条件下，很多催化剂对烯烃聚合仍有活性[7,8]。

3.1.2 α-烯烃在金属-碳键上的插入反应

在α-烯烃的聚合反应中，无论是复相催化剂还是均相的茂金属催化剂，α-烯烃单体在活性中心的Mt—C键间的插入方式有两种：1,2插入和2,1插入，如下所示。

$$Mt—P + CH_2{=}CH—CH_3 \begin{cases} \rightarrow Mt—CH_2—CH(CH_3)—P \quad (1,2\ 插入或伯位插入) \\ \rightarrow Mt—CH(CH_3)—CH_2—P \quad (2,1\ 插入或仲位插入) \end{cases}$$

1,2 插入发生在烯烃的等规聚合中。用均相催化剂 $Me_2C(Cp, Flu)ZrCl_2/MAO$ 催化丙烯聚合，也是 1,2 插入[1~3]。与此相反，用 VCl_4/Et_2AlCl 催化剂在低温催化丙烯聚合时，主要是 2,1 插入[9]。在聚合物链中出现 α-烯烃单体单元的首-首相连或尾-尾相连的几率是很小的[10]，甚至在 IR 和 NMR 谱图上也很难观察到。然而，以 δ-$TiCl_3$-Et_2AlCl 催化剂催化丙烯聚合，在氢气浓度很高的情况下，通过分析聚合物的结构，发现聚合物链端含有正丁基[11]。同样用含有内外给电子体的第四代氯化镁负载型催化剂催化丙烯聚合，在链转移剂氢气存在的条件下，在聚丙烯分子链中也可以观察到正丁基的链端[12]。生成含有正丁基链端聚丙烯的主要原因是由 H_2 链转移产生的终止反应发生在 2,1 插入之后。其反应如下所示。

$$Ti—CH(CH_3)—CH_2—CH_2—CH(CH_3)—P + H_2 \longrightarrow Ti—H + CH_3(CH_2)_3—CH(CH_3)—P$$

$$Ti—CH_2—CH(CH_3)—CH_2—CH(CH_3)—P + H_2 \longrightarrow Ti—H + CH_3—CH(CH_3)—CH_2—CH(CH_3)—P$$

具有正丁基链端的等规聚丙烯的含量随使用的外给电子体(烷氧基硅烷)的不同而不同，可在 12%~28%之间变化。在二甲苯抽提可溶物中，聚丙烯链中的首-首相连的不规则单元约占 1%，与用 δ-$TiCl_3$-Et_2AlCl 催化剂合成的聚丙烯链中的含量相近[10]。最近发现，当使用二醚作内给电子体的催化剂进行丙烯聚合时，其产物中正丁基末端结构的比例很大[13,14]。2,1 插入使链增长速度变慢，并加快了向氢气的链转移反应，但是“休眠中心”——2,1 插入中心仍可以进行链增长反应。

用茂金属催化剂合成的等规聚丙烯也含有少量的不规则结构单元(约 1%)[15~17]，形成这种不规则结构的原因是丙烯单体在 Mt—C 键中的 2,1 插入和 1,3 插入，其形成机理如下所示。

$$—CH_2—CH(CH_3)—CH(CH_3)—CH_2—CH_2—CH(CH_3)— \quad (2,1\ 插入)$$

$$—CH_2—CH(CH_3)—CH_2—CH_2—CH_2—CH_2—CH(CH_3)— \quad (1,3\ 插入)$$

两种不规则结构单元$(CH_2)_2$ 和$(CH_2)_4$ 的含量和相对比例主要是由 π-配体、聚合温度和单体浓度所决定[18]。一般来说，当催化剂的活性很高时，2,1 插入是主要的[17,19]。Zambelli 等[16]认为，形成 1,3 插入不规则单元的原因是由于 2,1 插入方式生成的仲位 Zr 烷基化单元在下一个烯烃单体插入前异构化为伯位 Zr 烷基化单元。用 Me_2Si(benz-[e]-indenyl)$_2ZrCl_2$-MAO 催化丙烯聚合，只形成 2,1 不规则结构单元，表明活性中心仲位 Zr 烷基化单元进行丙烯单体的插入速率大于异构化的速率[17]。与上述复相催化剂合成的聚丙烯相比，在聚丙烯中等规五单元组 mmmm 含量相同的条件下，用均相茂金属催化剂合成的聚丙烯熔点较低，其主要原因是聚合物链中含有上述的不规则结构单元[20]。

加氢条件下进行丙烯聚合时，在丙烯链增长的初期特别容易产生区域不规则的 2,1 插入，这是因为 2,1 插入 Ti—H 键要比 2,1 插入 Ti—C 键容易得多。在加氢条件下，由茂金属催化剂得到的聚合物中发现了大量的 2,3-二甲基丁基（2,3-DMB）结构，该结构是 2,1 插入后紧接着发生 1,2 插入而产生的[21,22]。通过检测不同 $MgCl_2$ 载体催化剂得到聚合物的二甲苯可溶物的分数，可以发现，2,3-DMB 起始链高达 15%[23]。

3.1.3 插入反应的立体选择性

在聚合物链增长过程中，通过对活性金属原子与链的末端碳原子同步加成到新的单体双键上的研究，可以进一步揭示立体定向聚合机理。通过对各种复相和均相催化剂催化 α-烯烃等规聚合以及 VCl_4 催化剂催化间规聚合的研究[24,25]，发现单体都以顺式插入。实际上，顺式氘代丙烯单体的等规聚合生成的是赤型双全同立构聚合物，而反式氘代丙烯单体的等规聚合生成的是苏型双全同立构聚合物。其形成结构示意见图 3-1。

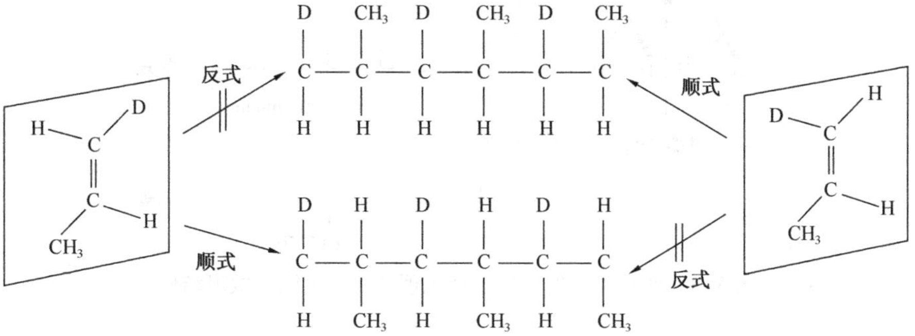

图 3-1 α-烯烃单体双键在 Mt—P 间的立体加成方式

3.1.4 单体插入的立体控制

由于 α-烯烃单体的两侧是不同的(*R*，*S* 对映的两个面)，如图 3-2 所示，即 α-烯烃单体是具有前手性的化合物。在聚合反应后，生成聚合物的链中叔碳原子的构型(*R* 或 *S* 构型)取决于单体 *R*、*S* 两个对映面的作用方式、单体的插入方式和单体的立体加成方式(顺式或反式)[26]。如果催化剂具有很高的立体选择性，单体的插入是顺式立体加成，且单体用同一对映面进行多次插入，则聚合物链增长手性活性中心具有相同构型，生成等规聚合物；当单体用交叉的对映面进行多次插入，则聚合物链增长手性活性中心的两种构型互相转换，生成间规聚合物；当单体以随机的对映面进行多次插入，则聚合物链增长手性活性中心的构型没有规律性，则生成无规聚合物。

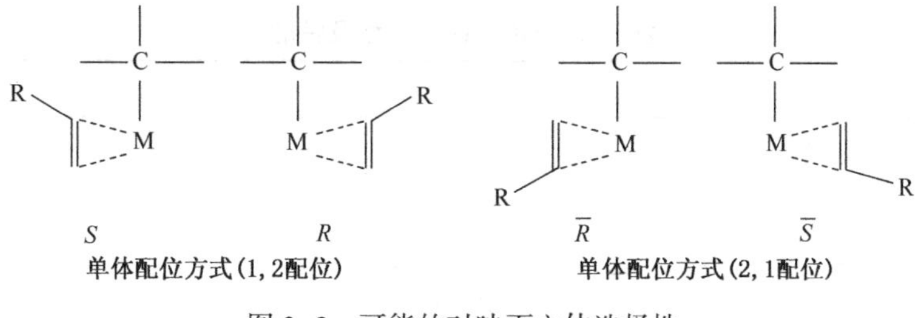

图 3-2 可能的对映面立体选择性

对于至少具有一种手性活性中心的催化体系，它对具有前手性的 α-烯烃单体的两个对映面是有选择性的。对于活性聚合链，如果 α-烯烃单体是 1,2 插入，手性碳在活性聚合链的 β 位；如果 α-烯烃单体是 2,1 插入，手性碳在活性聚合链的 α 位。当立体选择性机理受末端手性诱导效应所控制时，称为链端控制。另一种可能的情况是手性活性中心是非对称的，其立体选择性机理称为对映体活性中心控制[10,27]。在链增长过程中，由于位错造成聚合物不同的微观结构，由此可以判断单体插入是何种立体选择机理(图 3-3)。

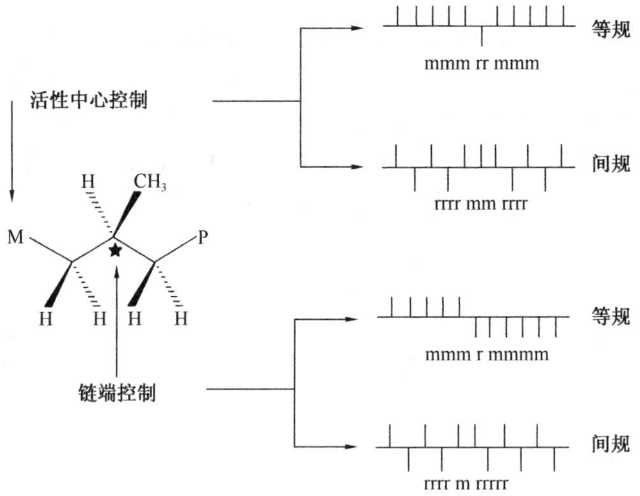

图 3-3　两种可能的立体选择机理和四种可能的微观结构

3.2　催化活性中心

3.2.1　$TiCl_3$ 催化剂的活性中心

由于 $TiCl_3$ 有四种结晶变体，分别为 α、β、γ 和 δ，其晶型、性能及制备方法见表3-1。这几种变体不仅可影响催化活性，而且对立体定向控制也有较大的影响。针对以 $TiCl_3$ 组成的催化体系进行 α-烯烃单体的等规聚合，提出了多种活性中心模型[26,28,29]。首先是 Natta[29] 提出的立体定向模型，通过电镜观察聚合物链增长，发现活性中心不是在 α-$TiCl_3$ 晶体的(001)面上，而是存在于 $TiCl_3$ 晶体层面的边缘。Natta 认为烯烃首先是在金属-碳键上配位，随后发生重排、插入和链增长，即在过渡金属 Ti 原子上配位，在 Al—C 键上增长，反应历程如图 3-4 所示。Natta 提出的配位聚合机理在催化剂的发展上起到了里程碑的作用，但无法解释不含烷基金属化合物的催化剂仍能使烯烃聚合。

表 3-1　$TiCl_3$ 四种晶型及性能

类　型	晶　型	制　法	定向性
α	三方晶系，层状结构，六方密堆积	$TiCl_4$ 高温下 H_2 或金属 Al 还原	定向能力好
β	六方晶系，线形结构，六方密堆积	1. 在 25℃以下，用烷基铝还原 $TiCl_4$ 2. $TiCl_4$ 在 H_2 中放电还原	定向能力差，聚合速率最大
γ	三方晶系，层状结构，立方密堆积	1. β-$TiCl_3$ 在惰性气氛中加热 150℃以上 2. $TiCl_4$ 于 150℃以上用烷基铝还原	定向能力与 α-$TiCl_3$ 相近
δ	层状结构，介于 α 和 γ 晶型之间	1. α 或 $\gamma TiCl_3$ 长时间研磨 2. β-$TiCl_3$ 用醚处理后，在 65℃用 $TiCl_4$ 处理	定向能力好，聚合速率大

Cossee 和 Arlman 认为活性中心是在 α-$TiCl_3$ 晶体的侧面即(110)面上形成[30,31]。Ti 原子是八面体结构，与五个氯原子配位成键，同时，存在一个空位，如图 3-5。其中一个氯原子

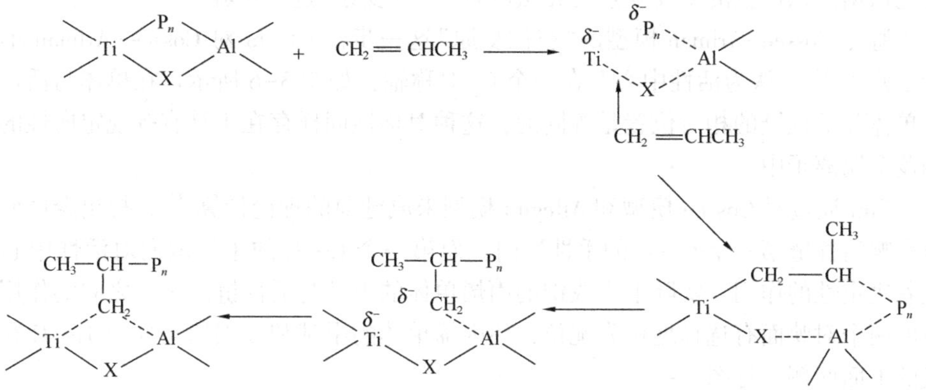

图 3-4 Natta 双金属活性中心模型

从晶面伸出，仅与一个 Ti 原子成键，而其他四个氯原子参与其 Ti 原子的配位成键，而 Ti 原子与其邻近的 Ti 原子的手性相反。当与助催化剂作用时，与一个 Ti 原子成键的氯原子，易被烷基所取代，形成具有活性的 Ti—C 键。Cossee 机理即单金属模型是由两个反应步骤组成：烯烃单体在八面体五配位的 Ti 活性中心的空位上配位，单体的双键与 Ti—C 平行，烯烃的双键打开并插入 Ti—C 之间，单体插入 Ti—R 键后，空位取向发生变化，以保持聚合物的立体定向不变。每插入一个单体后，生长链与空位进行调换，使活性中心的构型复原。

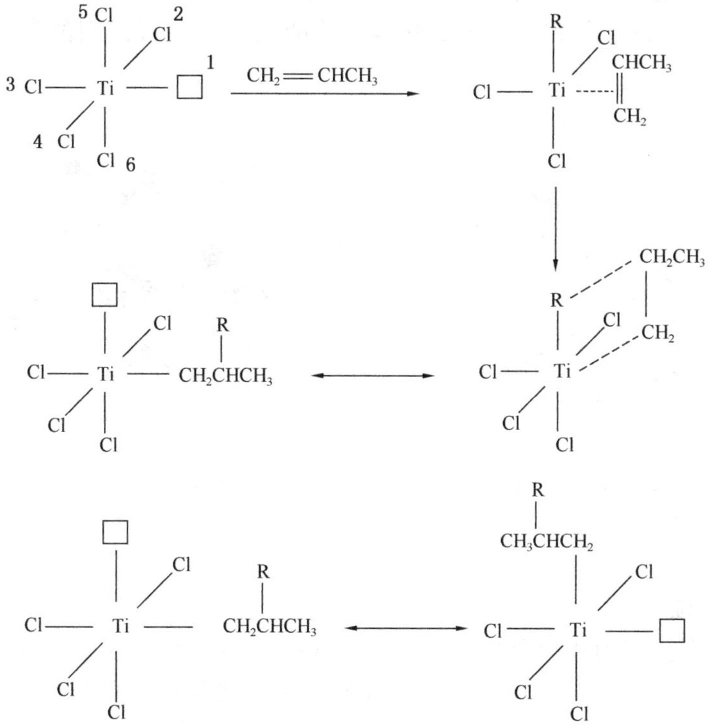

图 3-5 Cossee 模型

Cossee-Arlman 单金属模型为许多不含烷基金属化合物的过渡金属催化剂的烯烃配位聚合所证实。同时通过分子轨道的计算，用分子轨道理论描述了 π-络合物结构，为该模型提供了理论依据。该模型的主要缺点是无法解释“空位复原”这一步骤。

为了避免 Cossee-Arlman 模型的“空位复原”这一步，Allegra 对 Cossee-Arlman 单金属模型进行了修正[32]，认为活性中心存在一个 C_2 对称轴，如图 3-6 所示。在单体与活性中心配位时，单体和活性链的相对位置是等同的，这种对称性同样存在于具有等规定向性的外消旋体均相茂金属离子中。

Corradini 通过对 Cossee 模型和 Allegira 模型未成键前的理论计算[33]，提出金属原子的手性环境影响活性链第一个 C—C 的手性取向，而第一个 C—C 的手性取向对活性中心立体定向性起着决定性的作用。实际上未成键的丙烯单体的甲基与活性链的 β 位之间的作用，使丙烯单体的两个对映面有选择地优先配位，使丙烯单体的甲基和 β 碳原子处于 Ti—C 和丙烯双键组成的平面两侧，见图 3-7。

Corradini 模型能很好地与以 δ-$TiCl_3$-AlR_3 制备的聚丙烯结构分析结果相吻合[34,35]。当丙烯单体在 Mt—$^{13}CH_3$之间插入时，结果是没有立体选择性的；当丙烯单体在 Mt—$^{13}CH_2CH_3$ 插入时，只有部分具有立体选择性；当丙烯单体在 Mt—$^{13}CH_2CH(CH_3)_2$插入时，全部具有立体选择性。该模型被活性中心的构型不变所证实，当活性链插入乙烯单体时，仲碳原子仍处于 β 位，活性中心的构型不变。根据 Brookhart 和 Green 提出的机理[36]，Ti 与活性链C—H 键间存在强的相互作用有利于烯烃单体的插入。

我国科学家郭洪猷等[37]采用 ASED(Atom Superposition and Electron Delocalization)-MO(分子轨道)理论对丙烯聚合的 Z-N 催化过程的机理进行了理论研究。他们按照 Cossee 模型进行计算，得到了和实验事实基本一致的结果。现将他们的主要研究成果介绍如下。

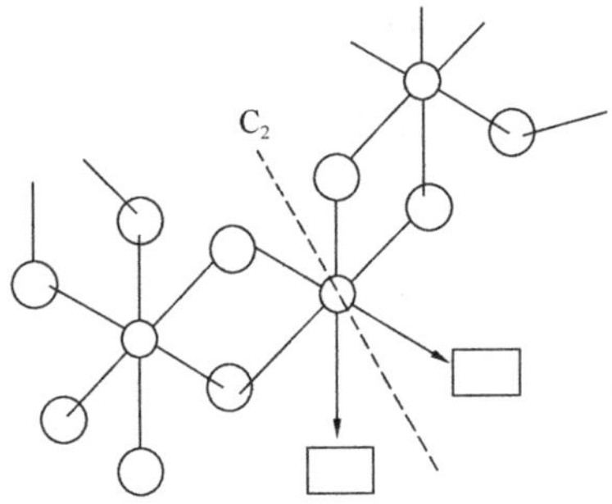

图 3-6　Allegra 模型

□—等同的空位；------—为 C_2 轴

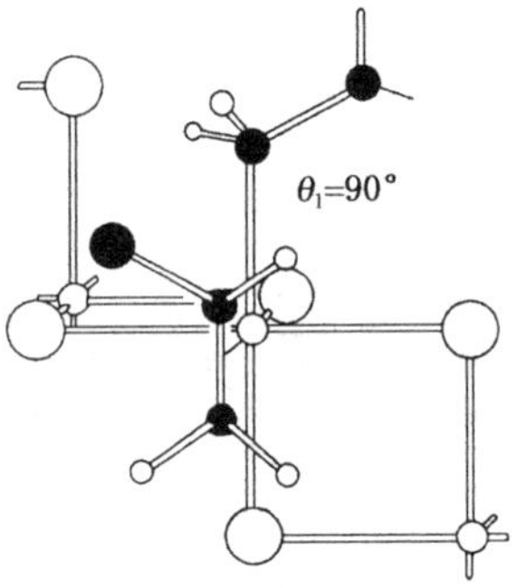

图 3-7　丙烯单体在活性中心的配位方式

3.2.1.1　丙烯配位

ASED-MO 理论是 EHMO 理论的一种改进。ASED-MO 理论认为，分子能量 E 等于分子形成过程中电子成键产生电子离域能 E_d 与刚性原子之间产生的排斥能 E_r 之和；E_d 为 EHMO 法计算得到的电子能量 E_r，与分子中所有原子对排斥能 E_{ab}之和。按照 Cossee 的模型，烯烃配位需要预先提供空位(图 3-8)，并设想烷基在构型Ⅰ或Ⅱ的空位上先配位。由构型Ⅰ得到的构型Ⅲ和Ⅳ，能量分别单调升高 0.396eV 和 0.375eV。由构型Ⅱ得到构型Ⅴ和Ⅵ，能量分别单调升高 0.285eV 和 0.277eV。构型Ⅲ和Ⅳ是等价的，因此，由稳定构型Ⅰ和

Ⅱ可以转化为3个含有一个空位的正八面体构型Ⅲ、Ⅴ和Ⅵ，它们之间能量相近，配位环境基本相同。丙烯的配位过程如图3-8所示。

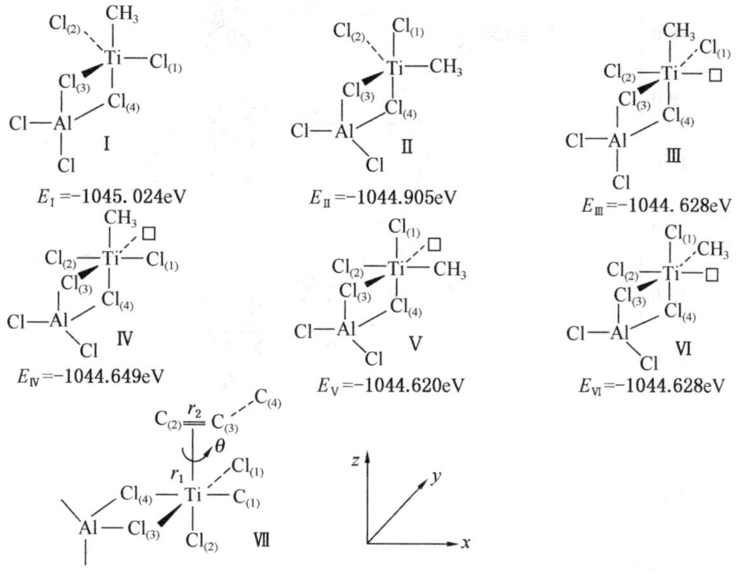

图3-8　丙烯配位

在整个配位过程中，认为Ⅲ的正八面体骨架不变，丙烯双键 $C_{(2)}=C_{(3)}$ 平行于 Ti—$C_{(1)}$键，中心沿空位所在方向(Z轴)接近Ti原子，得到稳定配位络合物Ⅶ，丙烯双键中心到Ti的距离为0.305nm，$C_{(2)}=C_{(3)}$ 为0.136nm，Ti—$C_{(1)}$为0.215nm，二面角$C_{(4)}C_{(3)}C_{(2)}$Ti为-90°，能量$E_Ⅶ$=-1362.262eV，比Ⅲ与丙烯分子能量之和低0.130eV。

3.2.1.2　配位络合物的电子结构

丙烯分子在Ⅲ上配位生成Ⅶ，体系的能量仅下降0.130eV，说明丙烯和Ⅲ之间只存在很弱的配位作用。丙烯和Ⅲ的轨道之间相互作用示于图3-9，配位络合物Ⅶ的前线分子轨道列于表3-2。

表3-2　配位络合物Ⅶ的前线分子轨道

$\psi(i)$	E_i/eV	电子数	d_{x-y}	Ti d_z	d_{xz}	$C_{(1)}$ 2s	2px	$C_{(2)}$ 2pz	$C_{(3)}$ 2pz
$\psi(24)$	-7.6448	0			-0.9961			-0.0233	0.0238
$\psi(25)$	-9.4951	0			-0.0255			0.7686	-0.0746
$\psi(26)$	-12.0723	2	0.1714			0.1966	-0.8915		
$\psi(27)$	-12.7017	2		0.0169				0.6310	0.6761

由图3-9可见，$\psi(26)$为最高占有轨道(HOMO)，主要由Ti的$d_{x^2-y^2}$和CH_3碳原子$C_{(1)}$的2s，2p_x轨道组成，因此，它基本上被定域在Ti—CH_3键上，应是Ti—$C_{(1)}$键的主要承担者。$\psi(27)$为次高占有轨道，主要由丙烯成键π轨道($C_{(2)}$和$C_{(3)}$的2pz)组成，但Ti的d_z^2在其中占有一定的成分，说明丙烯π键和Ti的d_z^2发生了一定程度的成键作用。最低空轨道(LUMO)$\psi(25)$是Ti的d_{xz}和丙烯π轨道之间的成键轨道，次低空轨道$\psi(24)$则是其相应的反键轨道。在配位络合物中，电子的d轨道分布主要集中在$d_{x^2-y^2}$和d_z^2上，这说明Ti和C1

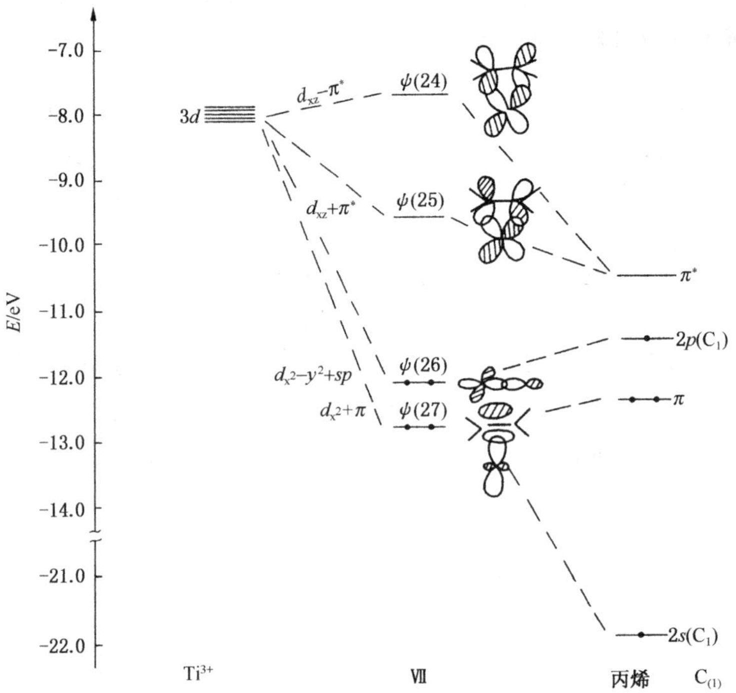

图 3-9 配位络合物Ⅶ的前线轨道相关图

之间通过 $\psi(26)$ 成键的同时，Ti 和丙烯之间确实存在着成键作用。这种成键作用只有成键轨道 $\psi d_z^2+\pi(27)$ 的贡献，成键的 $\psi d_z^2+\pi^*(25)$ 因不能提供反馈的电子而没有贡献。因此，丙烯和活性中心Ⅲ之间的配位作用是很微弱的，这种配位作用所造成的能量降低几乎被配位时双键活化产生的能量升高所抵消，使配位过程只有很少的能量下降。

丙烯配位也使体系的电荷分布发生了显著的变化(表 3-3)。从表 3-3 可以看出，丙烯配位使 CH_3 碳原子 $C_{(1)}$ 带更多的负电荷，丙烯分子从整体上显正性，而且正电子主要集中在 $C_{(3)}$ 上。这种电荷分布非常有利于 $C_{(1)}$ 向 $C_{(3)}$ 迁移，使 Ti 和 $C_{(1)}$ 对配位丙烯进行马氏加成，实现链增长过程。

表 3-3 丙烯配位前后体系的电荷分布

原 子	Ti	$C_{(1)}$	$C_{(2)}$	$C_{(3)}$	$C_{(4)}$
配位前	3. 0697	-0. 8965	-0. 0982	0. 0030	0. 0197
配位后	3. 0705	-0. 8976	-0. 0972	0. 0515	0. 0206

3. 2. 1. 3 链增长

(1) 链增长过程 链增长过程实际上就是 CH_3 迁移过程。随着 CH_3 的迁移，体系构型的变化示于图 3-10。

图 3-11 为 $\alpha=90°$，$r_3=0.142$nm，$r_2=0.230$nm 时，体系能量随 θ，r_1 变化的势能面。从一个势能面可以得到一个反应途径，对应于 r_3 一个取值。计算表明，$\alpha=90°$时的最佳反应途径就是链增长过程的最佳反应途径。沿此最佳反应途径，确定了链增长过程的反应坐标 1,2,…11(图3-12)。

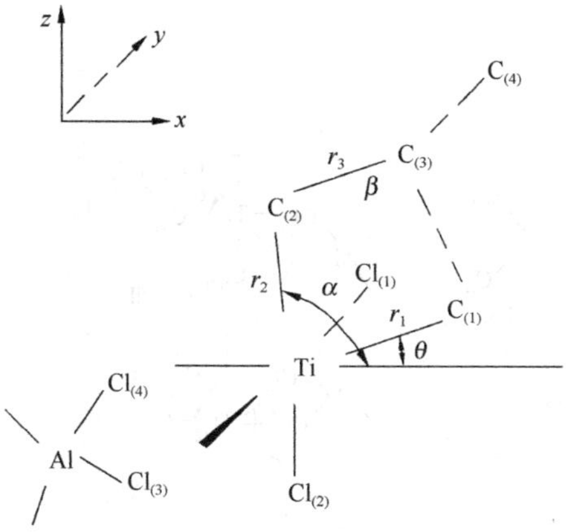

图 3-10　链增长过程中体系的构型

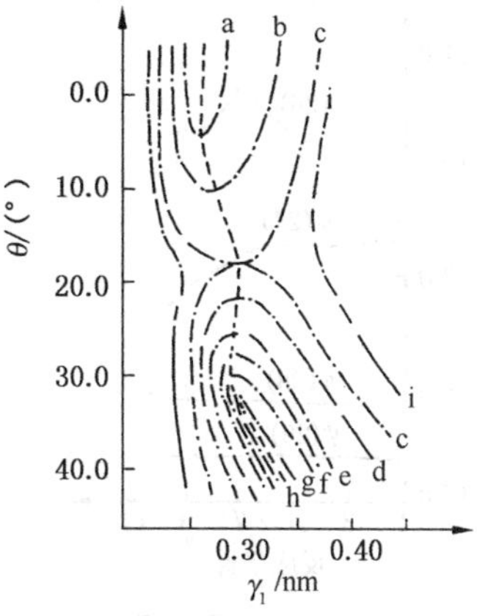

图 3-11　CH_3 迁移过程的势能面

a=-1361.420eV；b=-1361.250eV；c=-1361.100eV；

d=-1361.400eV；e=-1361.500eV；f=-1361.100eV；

g=-1361.400eV；h=-1362.600eV；i=-1360.950eV

(2) 过渡态和链增长产物的构型　沿反应坐标，体系能量的最高点 7 对应的构型，$\alpha=90°$，$\theta=22°$，$r_1=0.305$nm 和 $r_3=0.142$nm，即过渡态，能量 $E_7=-1361.518$eV。如果以构型Ⅲ加丙烯单体作为起点，则链增长活化能 $E_a=0.614$eV$=59.25$kJ · mol^{-1}，和实验值及 Abnitio 计算的结果非常一致。

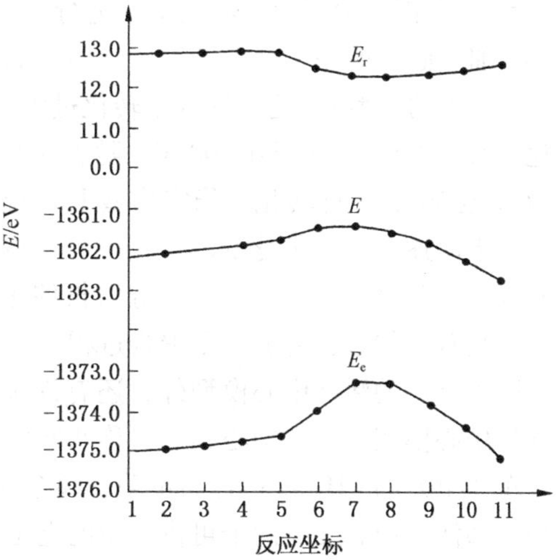

图 3-12　链增长过程中体系能量的变化

链增长产物(反应坐标 11)具有含一个空位的正八面体构型，和构型 V 完全相同，能量为 - 1362.857eV，故称为构型 V′，$r_2=0.215$nm，已为正常 Ti—C 键长；$r_3=0.154$nm 也已成为正常 C—C 单键键长；$\theta=31.2°$，$r_1=0.285$nm，$C_{(1)}$ 和 $C_{(2)}$ 相距 0.1539nm，并处于 $C_{(3)}$ 正四面体一个顶点上。这说明体系处于反应坐标 11 时，CH_3 迁移过程已经完成，完全实现了配位丙烯的马氏加成，即链增长。

(3) 链增长过程中的电子行为　CH_3 迁移过程中，体系能量 E 的变化主要取于电子能量 E_e 的变化(见图 3-13)。而在这个过程中，只有最高占有轨道 $\psi(26)$ 和次高占有轨道 $\psi(27)$ 能量显著变化，而其他占有轨道的能量基本不变(见图 3-14)。

考虑到 CH_3 迁移主要涉及 Ti，$C_{(1)}$，$C_{(2)}$ 和 $C_{(3)}$ 之间的成键性质，成键的 HOMO 和次高占有轨道能量的变化应是这些原子之间成键性质变化的反映。对于配位络合物Ⅶ，Ti—$C_{(1)}$ 键的主要承担者 HOMO[$\psi(26)$]是由 Ti 的 $d_{x^2-y^2}$ 和 CH_3 碳原子 $C_{(1)}$ 的 $2s$，$2p_x$ 轨道组成的，随着 $C_{(1)}$ 的迁移，这些原子轨道之间的有效重叠逐渐消失，HOMO 慢慢被一组新的原子轨道组成的分子轨道所取代。

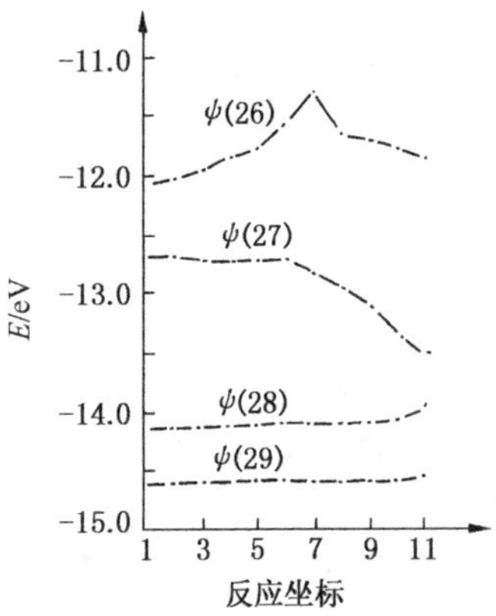

图 3-13　CH_3 迁移过程中几个占有轨道的能量的变化

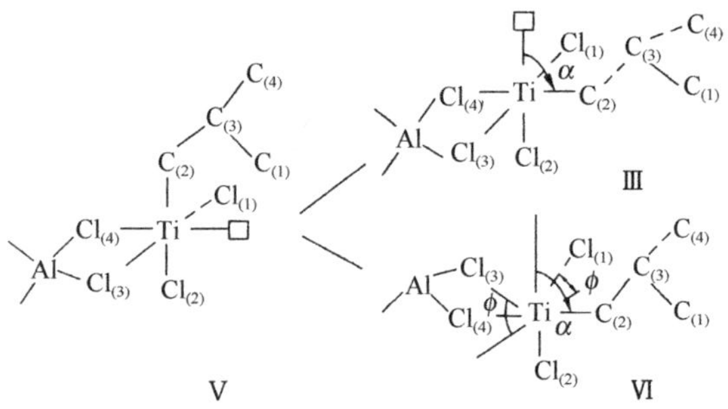

图 3-14　催化中心构型复原

（4）催化中心构型复原　链增长产物 V′是含一个空位的正八面体络合物，在链增长过程中，V′直接转化为活性体Ⅲ′(具有和Ⅲ相同的构型,仅烷基 R 大小不同)，完成一次链增长过程。Ⅲ′再开始新的丙烯配位，进行一次新的链增长过程，这就是丙烯聚合过程的催化循环，Ⅲ-Ⅲ′。但是，对于最后一次链增长，即链终止，V′则转化为稳定的三角双锥构型Ⅰ′(具有Ⅰ的构型)。这两种构型转化过程示于图 3-14。构型变量 α 从 90°减小到 0°，V′即转化为Ⅲ′，能量仅下降 0.008eV。随着 α 从 90°减小到 0°，$Ti—Cl_{(1)}$ 和 $Ti—Cl_{(3)}$ 键同步增加仰角 ϕ' 至 30°，V′即转化为稳定构型Ⅰ′，能量单调下降 0.381eV。

综上所述，Z-N 催化剂的催化中心的稳定构型Ⅰ活化成构型Ⅲ，丙烯分子在Ⅲ上配位，烷基迁移实现链增长，经过多次链增长催化循环之后，链终止使催化活性中心 V′转化为稳定的三角双锥构型，完成整个聚合过程。

除了上述的活性中心模型外，还有许多单金属活性中心模型。如 Kissin 等[38]提出单金属活性中心模型，活性中心具有对称八面体结构，且具有两个空位。一个空位被活性中的第二个单体单元的 CH_2 和 CH_3 所屏蔽，离金属原子最近的是 γ 碳；另一个空位有利于单体的配位。即活性中心要有两个可供配位的空位，一个空位被聚合链所堵塞，另一个空位用于烯烃的配位络合，立体定向聚合是配位丙烯与螺旋状的聚合链空间作用的结果。Schrock 和 Mc Kinney 根据理论计算也提出了双空位活性中心模型，认为是在活性链中两个单体同时与金属原子作用形成五元环中间体[39,40]。

Ystenes 提出的引发机理模型是两个烯烃单体相互作用与 Ti 原子形成假七配位化合物过渡态[41]，当另一个新单体分子作用于过渡态化合物，引发过渡态化合物中的单体发生插入反应。一个单体分子一直处于与活性中心金属的配位状态，如果没有第二个单体的引发，插入反应是不连续的。

除了 Natta 提出的双金属活性中心模型外，Patat、Sinn 和 Rodriguez 都各自提出了双金属活性中心模型[42~44]，其共同点是配体如 Cl、烷基等和增长链的终端碳原子通过双桥连接 Ti 和 Al 原子，形成活性中心。Rodriguez 模型与 Cossee 模型相似，当单体插入后，双桥连结构可使桥连烷基复位，如图 3-15 所示。这种模型对于无需烷基化的茂金属催化剂是不适用的，但是对于很多以烷基铝和其卤代衍生物为助催化剂的复相催化剂，助催化剂能够吸附在复相催化剂的表面，且存在于活性中心附近，因此该模型主要适用于以烷基铝和其卤代衍生物为助催化剂的复相催化体系。

3.2.2　$MgCl_2$ 载体催化剂的活性中心

对负载型催化剂活性中心提出了许多模型，虽然二价和四价 Ti 存在于负载型催化剂中，但这些模型的共同点是认为对丙烯单体有聚合活性的是三价 Ti[45]。负载型催化剂在活化过程中，$MgCl_2$ 进一步破碎，形成的晶体中主要具有(110)和(100)晶面。采用 $MgCl_2$ 与 $TiCl_4$ 作用后进行乙烯聚合的实验结果发现，聚合反应不是发生在 $MgCl_2$ 晶体的基面上[46]，认为具有 Cl 空位的 Mg 离子呈现路易斯酸性[47]，$TiCl_4$ 与配位不饱和的 Mg 离子发生作用。Zakharov 用吡啶取代被 Mg 离子活性吸附的 CO[48]，测定具有路易斯酸性的 Mg 离子活性点数目，结果发现在 25℃条件下，取代的数目与 $TiCl_4$ 吸附的量相当。有人认为 $TiCl_4$ 或 Ti_2Cl_8 二聚体存在于 $MgCl_2$ 晶体的棱角处、边缘处和侧面上[49]。根据单金属活性中心模型，

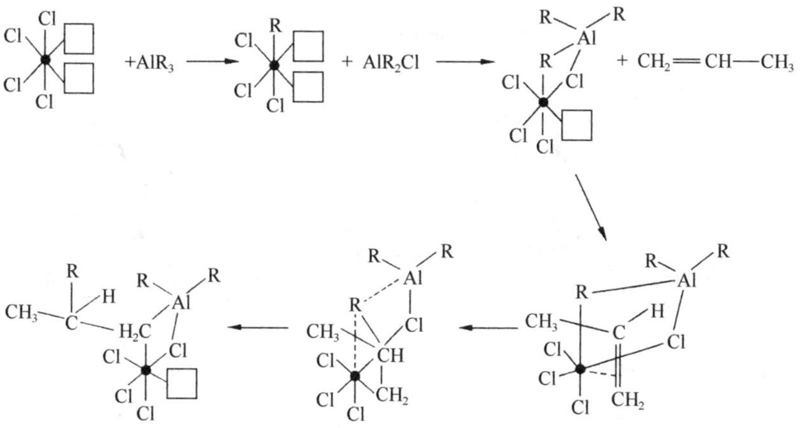

图 3-15　Rodriguez 和 Van Looy 双金属模型

黑点(●)代表 Ti

Corradini 等[50]认为等规活性中心是在 $MgCl_2$ 晶体的(100)面上,由 Ti_2Cl_6 二聚体所形成;非立体定向活性中心在 $MgCl_2$ 晶体的(100)和(110)面上是由 $TiCl_3$ 所形成。上述的等规活性中心与(110)面上 $TiCl_3$ 所形成的 Ti_2Cl_6 十分相似[51],Ti_2Cl_6 二聚体中两个 Ti 原子是两个对映体结合在一起,其手性在烯烃聚合时起到立体控制作用。上述模型主要实验依据如下:

（1）$MgCl_2$ 与 $TiCl_4$ 作用主要形成有(100)面的晶体，进行丙烯聚合表现出高的立体定向性，而采用研磨法制备的 $MgCl_2$ 晶体主要具有(100)和(110)面，催化剂立体定向性较差[49]。

（2）当 $MgCl_2$ 负载型催化剂含有很少量的 $TiCl_4$ 时($<0.5\%$)，催化剂没有立体定向性，表明活性中心是由 Ti 的二聚体所形成[52]。

Doi 认为载体化钛系催化剂主要形成两类活性中心[53]，如图 3-16 所示。一类与活性中心钛作用的载体表面金属原子是饱和配位，形成等规活性中心(A)，聚合结果是合成等规聚丙烯。等规活性中心具有八面体几何构型，与 Ti 原子配位的基团是增长链，与 Mg 离子相连的两个氯原子和 R_2AlCl 提供的两个氯原子。另一类是载体表面的金属原子有一个共卤素原子结合的空位，其配位是不饱和的，形成另一类非定向活性中心(B)，与非定向活性中心与

Ti 原子配位的基团是与五配位 Mg 离子结合的两个氯原子，R_2AlCl 提供的一个氯原子桥连 Ti 和 Mg，活性中心 Ti 具有两个空位。由于烷基铝对活性中心（B）的作用方式可以发生变化，导致第二类活性中心存在等规活性中心和间规活性中心的相互转换，聚合的结果生成无规聚丙烯或者生成等规-间规嵌段聚丙烯。

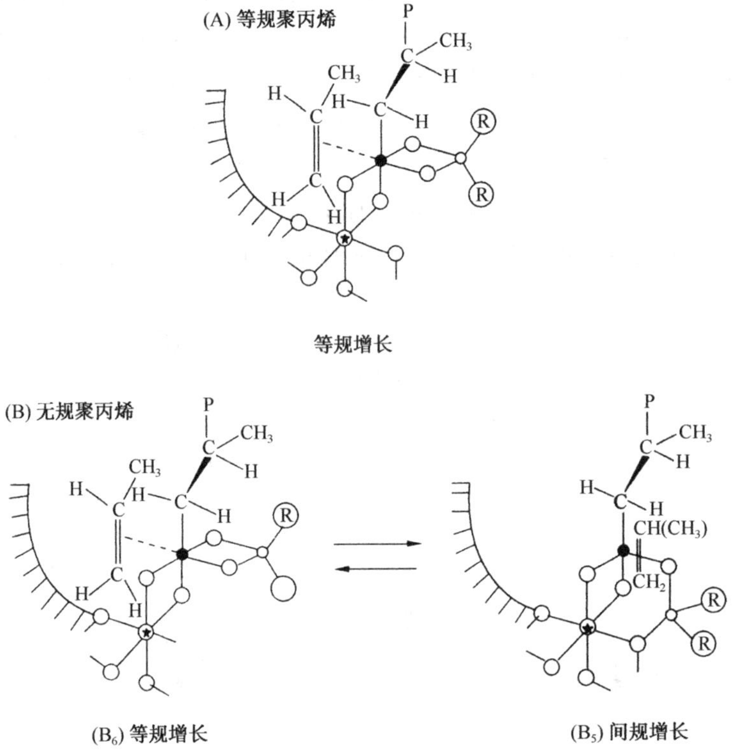

图 3-16　Doi 负载型催化剂活性中心模型

●—Ti；○—Cl；○—Al；⊛—Mg、Mn 或 Ti；—表面

Doi 的双金属活性中心模型主要依据是不同 Z-N 催化剂合成的聚丙烯洗脱分级组分的链结构，它仅考虑了载体的作用，而没有考虑给电子体在控制活性中心立体定向性方面的影响。

3.2.3　给电子体对活性中心立体定向性的影响

在 $MgCl_2$ 载体催化剂的制备中添加给电子体是必不可少的。为了解释给电子体（内给电子体和外给电子体，一般是芳香族酸酯和烷氧基硅烷）如何在聚合时影响催化剂的立体选择性，人们做了许多假设[44]。这些假设不仅包括给电子体与催化剂体系中的各种路易斯酸（$MgCl_2$、卤化钛、烷基铝等）之间的配位情况，而且还包括酯基和 Si—OR 与体系中的 Ti—C 和 Al—C 键的反应关系。

3.2.3.1　内给电子体的作用；

内给电子体对 Z-N 催化剂性能的影响一直是人们感兴趣的问题，其主要原因是它能显著改善催化剂的性能，有利于实际应用和工业化生产。其主要作用表现在：影响聚丙烯的等规度和结晶度[54~57]；改变催化剂的活性[58~59]；控制聚合物的分子量、分子量分布以及聚合物其他一些性能[60,61]。

内给电子体的主要作用机理可归纳为如下几方面：

① 用给电子体除去毒物[62~64]。在活性中心形成过程中生成了有害物质，给电子体可以和这些有害物质络合而除去毒物。

② 与烷基化合物作用[65~67]。给电子体与烷基化合物络合，会降低烷基化合物的有效浓度或降低其反应能力，也有可能生成新的烷基化合物和新的催化剂，使活性中心和链传递反应的过程受到影响。

③ 使活性中心发生变化[68,69]。不同的给电子体可使不同的催化剂失活或者使催化剂的某些活性中心活化。

④ 改变过渡金属化合物的物理形态[70~72]。

我们以路易斯碱的配位能力为基础作以下进一步的讨论：

a. 选择性中毒或改性。这个机理假设路易斯碱、烷基铝、$MgCl_2$ 表面各种活性中心之间存在很多平衡反应，而且这些平衡会因路易斯酸的强度、位阻、Ti 配位八面体的空位数以及活性、立体选择性的不同而不同。

$$LB + AlR_3 \rightleftharpoons AlR_3 \cdot LB$$

$$C_S + AlR_3 \cdot LB \rightleftharpoons C_S \cdot LB + AlR_3$$

$$C_A + AlR_3 \cdot LB \rightleftharpoons C_A \cdot LB + AlR_3$$

$$C_{TV} + AlR_3 \cdot LB \rightleftharpoons C_{TV} \cdot LB + AlR_3$$

$$C_{TV} \cdot LB + AlR_3 \cdot LB \rightleftharpoons C_{TV} \cdot 2LB + AlR_3$$

式中，C_S 为立体定向中心；C_A 为无规中心；C_{TV}为有两个空位的无规中心；$C_{TV} \cdot LB$ 为选择定向中心；$C_S \cdot LB$、$C_A \cdot LB$、$C_{TV} \cdot 2LB$ 均为失活中心。很多实验结果[73,74]都证实了上述的平衡。但是，人们从来没有明确地检测到催化剂表面的 LB 与过渡金属配合物的存在，因为该配合物的浓度很低。

b. $MgCl_2$ 表面路易斯碱与 $TiCl_4$ 的选择性配位。在有 LB 存在下制备催化剂时，二聚体 Ti_2Cl_6 等规活性中心应位于 $MgCl_2$ 的（100）晶面，因而 LB 更易占据位于 $MgCl_2$（110）晶面上的四配位 Mg 离子空位，这样就避免了催化中心在那些非立构等规层面上形成。[75]。

在复相 Z-N 催化剂发展中，第三代和第四代负载型催化剂只有当内给电子体不被 AlR_3 移去才能获得高等规度的聚合物。一般用二酯作为内给电子体，由于 AlR_3 中 Al—C 键对酯的羰基基团的亲核进攻，使二酯类化合物易从催化剂中脱去。为了获得高活性和高立体定向性的催化剂，一般采取的措施如下：降低 AlR_3 的浓度[76]；采用含有苯基的 Zr、Ti 化合物作助催化剂[76]；加入外给电子体[77]；采用的外给电子体能与活化的 $MgCl_2$ 载体形成比 AlR_3 更稳定的化合物，且不与 $TiCl_4$、AlR_3 和 Ti—C、Ti—H 键发生反应。在工业生产中，为了克服内给电子体的脱去对聚合物等规度的影响，大多采用添加外给电子体化合物。该类化合物通常是含有烷氧基的硅化合物，它们也能与 $TiCl_4$ 发生反应，且对催化剂的活性也有影响[78]。

3.2.3.2 外给电子体的作用

内、外给电子体的作用包括直接作用和间接作用[79,80]。内给电子体的间接作用是通过控制 Ti 在 $MgCl_2$ 上的吸附，达到阻止非定向活性点的形成；内给电子体还能直接作用于有活性的 Ti 原子空位，以便产生新的活性点。外给电子体的作用如下：

① 间接作用。与 AlR_3 配位，降低 AlR_3 的浓度，达到降低其在催化剂活性中心上吸附的目的，阻止内给电子体被取代；另一方面被吸附在催化剂的表面，在不影响其立体定向及与其邻近原子作用的前提下，提高催化剂的活性。

② 直接作用。使非定向活性中心转变为立体定向活性中心，如与两个空位中的一个空位配位等；与有立体定向的活性中心缔合，使这些活性中心的活性更大、稳定性更高等。

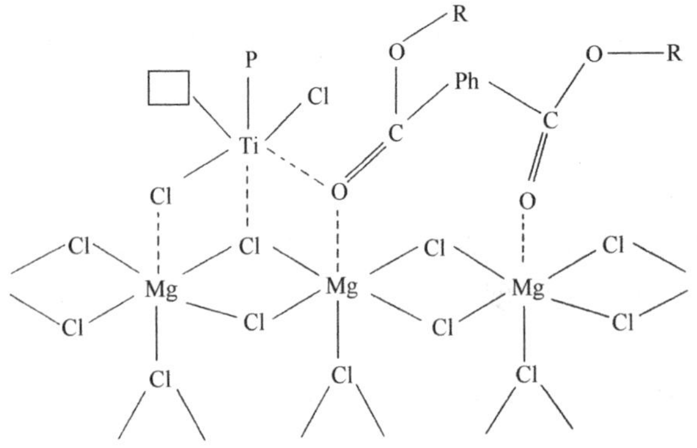

图 3-17　Soga 负载型催化剂活性中心模型

Soga 等[81,82]对含有给电子体复相 Z-N催化剂，提出了立体定向活性中心模型，特别是对以芳香二酯作为内给电子体，烷氧基硅化合物作为外给电子体的 $MgCl_2$ 负载型催化剂进行了系统的研究。Soga 认为在 $MgCl_2$ 晶体的(100)面上二酯与 Mg 和 Ti 同时配位，桥连 Ti 和 Mg 原子形成立体定向活性中心，如图 3-17所示。二酯给电子体在氯化镁载体上有选择地配位，有利于立体定向活性中心的形成，同时在丙烯单体聚合时，利用其空间效应，控制单体的插入方式。外给电子体主要是替代被烷基铝移去的内给电子体，使活性中心具有较好的立体定向性和合成高等规度的聚丙烯。Soga 模型没有考虑内、外给电子体间的交换。

通过对活性中心和聚合机理的研究，越来越多的证据表明负载型 Z-N 催化剂存在多种活性中心。如 Inoue 等[83]提出了两种活性中心模型；Goodall[84]提供的证据表明催化剂至少有三种活性中心；还有 Chien[85]建议的活性中心模型等，都从不同方面对催化剂的多活性中心进行了表征，为推动 Z-N 催化剂的发展作出了贡献。这些模型都有其合理性，也有其不足，因此有关该领域的研究一直是非常活跃的。

3.2.3.3　二醚类给电子体的特殊作用

Albizzati 等[86]通过对无外给电子体催化剂的研究，发现二醚类给电子体在 $TiCl_4$ 和 AlR_3 存在的环境中，能更有效地与 $MgCl_2$ 载体配位，在合成催化剂的过程中不会进一步与 $TiCl_4$ 反应。在聚合反应中它们也不与 Ti—C、Al—C 和 Ti—H 键发生反应，因此丙烯聚合过程中无需外给电子体。虽然以二醚类给电子体合成的 Z-N 复相催化剂的某些性能仍需进一步完善，但在许多方面的性能与第四代 Z-N 催化剂相比有很多优越性。催化剂的活性可高达 70~100kg PP/g cat[87]，是第四代催化剂活性的 2~3 倍。在保持高活性的同时，具有较高的等规度，如以 2,2-二异丁基-1,3 丙二醚合成的催化剂得到聚丙烯的等规度为 96.2%(己烷抽提不溶物)，2,2-二己基-1,3 丙二醚合成的催化剂得到聚丙烯的等规度为 95.1%[88]。二醚类催化剂在丙烯聚合过程中对 H_2 的作用更敏感，催化剂的活性、等规度和分子量受 H_2 压力的影响也较大[86]。随着 H_2 压力的增大，不规则 2，1 插入和立体规则 1，2 插入都将降低链增长的活性，导致链转移的可能性增大，有利于通过控制 H_2 的压力来调节聚合物的分子量和等规度。Albizzati 等[86]用 2,2-二异丁基-1,3 丙二醚作为给电子体合成的催化剂用于丙烯聚合的研究表明，温度在 70℃时，催化剂活性达到最大值，聚合物的等规度受温度的影响较小；催化剂的活性随 H_2 压力的增加迅速升高，最终达到一个渐近线；助催化剂 AlR_3 对催化剂的活性和等规度的影响不大，较好的助催化剂为 $AlEt_3$ 和 $Al\textit{i}Bu_3$。

Sacchi 等[89,90]对二醚给电子体进行了研究，发现二醚具有内、外给电子体的双重作用。二醚无论作为内给电子体合成催化剂或者在聚合时作为外加给电子体使用，都能得到等规度相同或相近的聚合物，但是二醚作为外加给电子体时催化剂的活性较低。在聚合过程中，二醚不易被 $AlEt_3$ 取代。用二酯作内给电子体合成的催化剂进行丙烯聚合时，如用二醚作外加给电子体，则二酯几乎全部被二醚取代，得到的聚合物与只用二醚作为内给电子体合成的催化剂得到的聚合物基本相同。由此得出结论：二醚作为内、外给电子体时，具有相同的反应机理，二醚类化合物可能是吸附在活性中心 Ti 原子的附近。但是吸附在活性中心附近的二醚给电子体是把非立体定向活性中心转变成立体定向活性中心，还是与已具有立体定向的活性中心作用，使立体定向活性中心更稳定、活性更高，这些问题仍需进一步研究。

选择含有合适取代基的二醚，使其在 $MgCl_2$ 晶体的(110)面上形成较强的作用，二醚给电子体与 $MgCl_2$ 载体配位后，控制了 $TiCl_4$ 在 $MgCl_2$ 载体上的吸附，二醚给电子体直接参与立体定向活性中心的形成，从而达到控制聚合物结构的目的[91]。从 IR 谱图上看，排除了给电子体与 Ti 原子直接配位的可能，在 Raman 光谱上，Ti—Cl 键的强度变弱，表明给电子体与毗邻 Ti 原子的 Mg 原子配位时，通过电子效应改变了 Ti—Cl 键[86]。通过统计分布的方法计算可得出同样的结论。二醚分子内 O……O 间距受 2 位上的取代基的大小、刚柔等因素影响较大，当 O……O 间距为 0.3nm 左右时，形成立体定向活性中心可能性最大[86,92]。Barino 等[93,94]通过 CSD(Conformation´s Statistical Distribution)和 CNDO/2(Semi-Empirical Quantum Chemical Method)方法对二醚类复相催化剂进行了能量计算，提出形成三种立体定向活性中心的方式，在给电子体与 Ti 原子足够近的情况下，才有可能形成立体定向活性中心。

① 通过二醚分子中的 O 原子作用，使 Ti 原子转变成立体定向活性中心。形成这种立体定向活性中心时，对不同的二醚给电子体没有选择性，这种活性中心形成的可能性较小；

② 通过 CH_3O—的作用形成立体定向活性中心。性能较好的给电子体可形成这种活性中心；

③ 通过 2 位的取代基的调控形成立体定向活性中心。

Soga 等[81]提出的活性中心模型，只有邻苯二甲酸二丁酯和没有空间定向作用的二醚才有可能形成，而在以二醚给电子体合成的 Z-N 复相催化剂中形成的可能性较小。通过 CSD 计算，二醚桥连 Ti 原子和 Mg 原子的空间位阻太大，形成桥连 Ti 原子和 Mg 原子配合物要求 O……O 间距应大于 0.5nm。Z-N 复相催化剂与晶体结构及理论计算所假定的环境是不同的，究竟给电子体与载体、助催化剂、Ti 原子间如何作用缔合成活性中心是仍需研究的问题。

胡友良等人对二醚类催化剂进行了系统的研究[95~99]，他们综合文献报道和自己的实验数据，认为含有二醚类给电子体的 $MgCl_2$ 负载型 Z-N 催化剂的活性中心最有可能的结构是：

① 二醚给电子体分子中的醚氧原子在 $MgCl_2$ 晶体的(110)面上与邻近的 Mg 原子配位，通过 O…Mg—Cl…Ti 电子效应影响 Ti 活性中心；二醚的取代基的空间效应影响 Ti 活性中心的空间结构，活性中心结构如图 3-18(a)。

② 二醚给电子体分子中的醚氧原子在 $MgCl_2$ 晶体的缺陷处与邻近的 Ti 活性中心的 Mg 原子配位，通过电子效应和空间效应形成活性中心，图 3-18(b)。

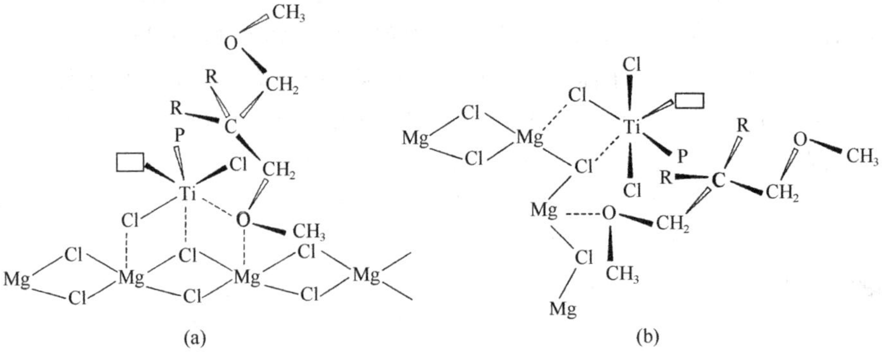

图 3-18　二醚类催化剂活性中心

通过对 2,2-二丙基-1,3-二甲氧基丙烷(DPDMP)和 9,9′-双(甲氧基甲基)芴(BMF)催化剂得到聚丙烯样品的^{13}C NMR 谱图分析[95,99]，五组元[mmmm]>[mmmr]和[rrrr]>[rrrm]，表明等规序列中含有个别的间规链段的几率要大于无规链段的几率。由此可推断对于 2 位双取代二醚和芳基二醚类 $MgCl_2$ 负载型催化剂主要是由两类活性中心所组成:等规活性中心和间规活性中心。两种活性中心链增长如图 3-19 所示，可能是由于 Ti 原子的立体结构不同所致。

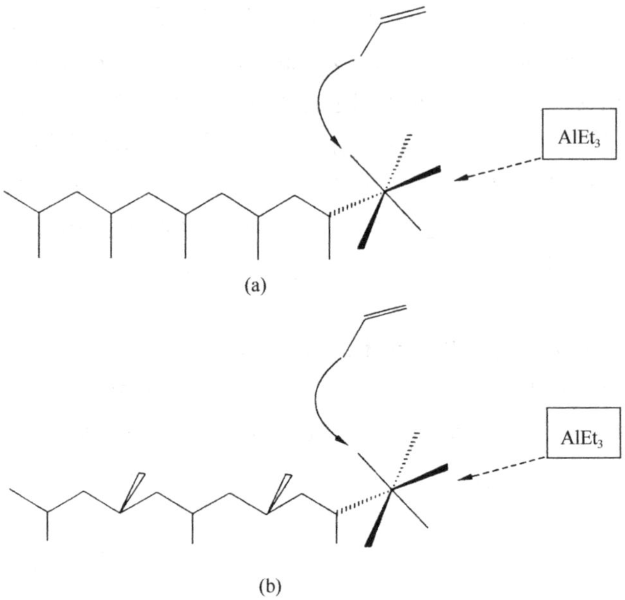

图 3-19　二醚类催化剂可能的两种链增长活性中心

单一手性活性中心所形成的聚合物链应是…mmmmrrmmmm…，其中[mmmr]:[mmrr]:[mrrm]=2:2:1，因此，在同一个聚合物分子的寿命时间内，等规活性中心和间规活性中心互相转变的可能性较小。^{13}C NMR 谱图出现 mmmr、mmrr、mrrm、rrrm 和 rmmr 五组元共振峰，主要是等规活性中心和间规活性中心空间位错所形成，合成的聚丙烯主要是由等规聚丙烯和间规聚丙烯组成，含有等规-间规嵌段聚丙烯可能性较小。

用氧杂环二醚—3-甲氧基甲基二苯并呋喃催化剂得到的聚丙烯的^{13}C NMR 谱五组元分析

结果表明，等规五组元序列中[mmmm]>[mmmr]和[rrrr]>[rrrm]，表明该类催化剂主要是由两类活性中心所组成：等规活性中心和间规活性中心。五组元序列 rrrm 的共振峰分裂成两个强度相同的 rrrrmr 和 rrrrmm 共振峰，rrrrmr 存在于间规链段中…rrrrmrrrr…，是间规活性中心的空间位错所形成；而 rrrrmm 是等规和间规嵌段聚合物…mmmmrrrr…的结合点。与 2 位双取代二醚和芳基二醚催化剂相比，在同一个聚合物分子的寿命时间内，氧杂环二醚催化剂的等规活性中心和间规活性中心可以互相转化。因此，该类催化剂合成的聚丙烯以等规聚丙烯为主，并含有间规聚合物和等规/间规嵌段聚合物[100,101]。

以 2 位成环的芴二醚化合物作为给电子体合成 $MgCl_2$ 负载型催化剂进行丙烯聚合[95,99]，催化剂不仅具有高活性，而且得到高等规度的聚合物。与 2 位被两个取代基取代的丙二醚比较，发现芴二醚分子中芴环上的 C_9 原子以 sp^3 杂化桥连甲氧基和甲基，芴环不能旋转，构象数小，可能在其合成的催化剂中起着很重要的作用，有利于合成高效催化剂。对聚合物的结构分析表明，聚丙烯中五组元序列分布[mmmr]：[mmrr]：[mrrm]=2：2：1，即聚合物链增长受活性中心所控制而不是链末端所控制。如果链增长受链末端所控制，则[mmmr]：[mmrm]≫1：1；[mmmm]>[mmmr]和[rrrr]>[rrrm]表明等规序列中含有个别的间规链段的几率要大于无规链段的几率。由此可推断在 $MgCl_2/TiCl_4$/芴二醚—$AlEt_3$ 上，由于邻近 Ti 活性中心的载体 Mg 原子配位环境不同，主要形成两种活性中心，即等规活性中心和间规活性中心。

茂钛类催化剂由于合成复杂、稳定性低及对氧和水敏感性高，导致催化剂总收率低，使其应用受到限制[102]。近年来，以 β-二酮合成的非茂钛催化剂稳定性好，合成方法更为简便，具有较高的聚合活性，开始引起人们的关注[103~105]。

采用二酮化合物为给电子体合成 $MgCl_2$/负载型催化剂，催化丙烯和苯乙烯两种单体聚合制备共混材料时，发现在一种助催化剂 MAO 作用下，同一聚合体系中形成两种互不干扰的活性中心：丙烯等规聚合活性中心和苯乙烯间规聚合活性中心[106~109]。给电子体化合物参与 $MgCl_2/TiCl_4$ 催化剂活性中心的形成，且对活性中心的立体定向性起着非常重要的作用。通过对芳香二酯、双取代二醚和二酮化合物结构分析，二酮类化合物与邻苯二甲酸二丁酯分子中的两氧原子间距 O……O 相近，约为 0.5nm。二酮类催化剂的活性中心可能是在 $MgCl_2$ 载体的(100)面上形成，二酮分子中的两个氧原子桥连 Ti 和 Mg 原子形成立体定向活性中心。与二酯给电子体不同的是，二酮分子以烯醇式结构与 $MgCl_2$ 载体和 Ti 原子作用，以配位键与 $MgCl_2$ 作用，而与 Ti 原子形成 O—Ti 键。分子中的茚环从空间效应上控制单体的插入，形成立体定向活性中心。二酮类催化剂可能的活性中心模型如图 3-20 所示。

最近，胡友良等人[110]又研究了二醚类内给电子体在催化剂中的含量对催化性能的影响。他们发现，在催化剂制备中未加内给电子体时，催化剂中的钛含量最高，达到 8.1%。随着制备过程中加入的二醚与氯化镁醇合物摩尔比的增加，得到的催化剂中钛含量逐渐降低，而内给电子体的含量相应增加。例如，当加入的二醚与镁的摩尔比为 20/100 时，催化剂中钛含量从 8.1%降到 4.9%，而相应的芴二醚含量从 0 增加到 49.2%。随着芴二醚与氯化镁醇合物摩尔比的进一步增加，催化剂中钛含量进一步降低，醚含量也增加，两者的变化呈现出很好的对称关系。这种此消

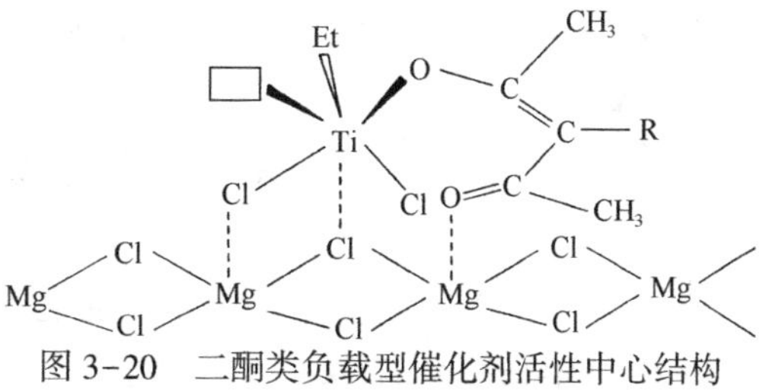

图 3-20　二酮类负载型催化剂活性中心结构

彼长的变化说明催化剂中醚内给电子体与钛原子之间没有发生络合作用，两者之间存在一种竞争的平衡关系，这个结果与催化剂结构分析的结论是一致的。

3.2.4 茂金属催化剂的活性中心

茂金属催化剂具有单一活性中心，可采用 NMR 和 X 射线衍射等实验手段直接对其活性中心进行研究，对活性中心的结构和对映体选择性的机理有了比较深刻的认识。通过对高活性催化剂$[L_2MR]^+[X]^-$（L 为 η^5 配体）的合成和结构表征[111~117]，发现活性中心为假四面体结构的金属阳离子，由 η^5 配体、活性链 σ 配体和一个可供聚合单体配位的空位组成。Marks 等[118]通过固体 CPMAS ^{13}C NMR 研究了 $Cp_2^*Zr(^{13}CH_3)_2$ 与 MAO 的反应过程，证实了茂金属—MAO 催化体系的活性中心是金属阳离子。进一步考虑烯烃单体的插入机理（如图 3-21），茂金属催化剂与 $TiCl_3$ 催化剂的等规活性中心必须复位的机理不同（如图 3-21 中 B 所示），而是如图 3-21 中 A 所示的路线。当然偶尔也有如图 3-21 中 B 所示的插入反应，主要是指含有高度不对称配体的催化剂，例如无规的 *meso*-EBIZrCl$_2$ 和等规的 Me$_2$-Si(3-*t*-Bu-Cp,Flu)ZrCl$_2$ 催化剂等[115]。

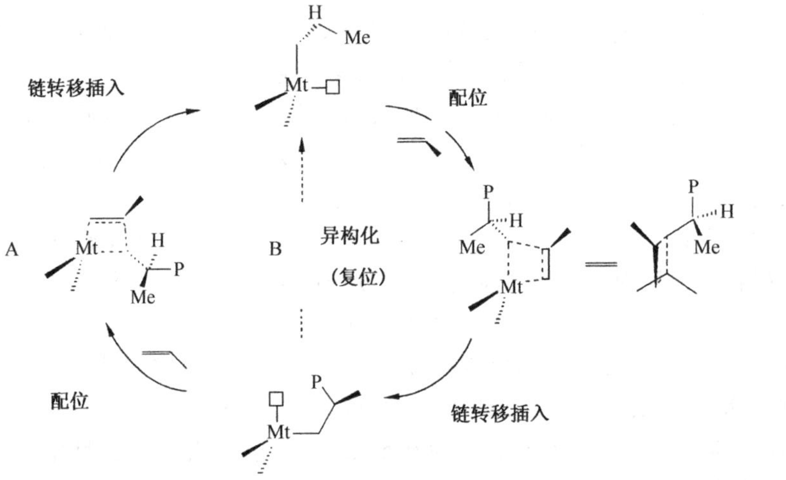

图 3-21　茂金属催化剂链转移插入机理

对茂金属对称性与聚合物立体结构的关系已经有了比较深刻的认识。茂金属具有对映面选择机理可形象地描述为一把钥匙插入锁中，每一个金属活性中心有两个可供烯烃配位的空位，犹如两把锁，而这两把锁的形状和手性可以是不同的。由于活性中心像开关一样，可以相互转换，单体（钥匙）不得不交叉地插入每一活性中心，结果可生成等规聚合物、间规聚合物和半等规聚合物。其机理如图 3-22和图 3-23 所示。

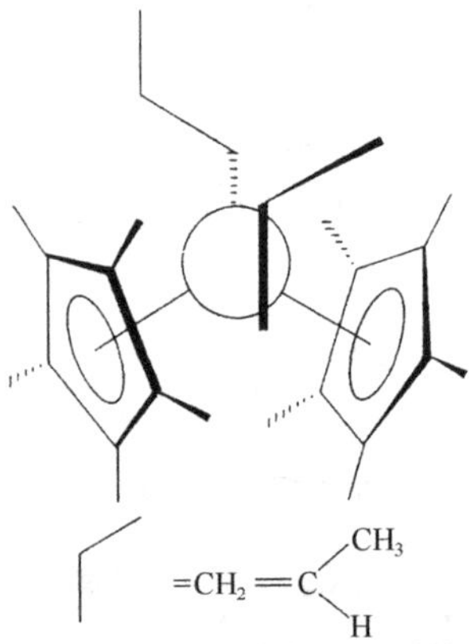

图 3-22　单体的插入与转换

对于非立体定向性的茂金属催化剂，如分子结构含有 C_{2v} 对称性的 Cp_2MtX_2 化合物和具有内消旋的柄型结构茂金属化合物 *meso*-Et(Ind)$_2$MtX$_2$，配位单体和活性链所处的位置是没有手性的，催化剂没有立体定向性[119]，如图 3-24 所示。

对于等规立体定向性的茂金属催化剂，如具有 C_2 对称性的外消旋茂金属化合物 *rac*-Et(Ind)$_2$MCl$_2$，它的两个供活性链和单体配位的空位是等价的，因此，当活性链转移到原配位单体占有的位置时，活性中心的构型不变，从而保持单体以同一对映面与活性中心配位，生成等规聚合物，如图 3-25 所示。根据 Corradini 提出的非键合作用设想[51]，茂金属化合物对映体选择机理与复相催化剂的活性中心机理相似，即相应于茂金属化合物活性链 αC—βC 键处于 π-配体骨架位阻较小的部分那样，在复相催化剂中，金属原子的手性总是使活性链选择与其相同的手性方向。

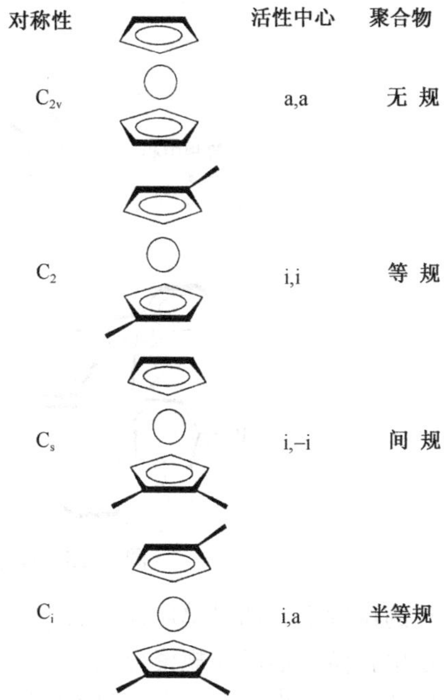

图 3-23　茂配体结构与活性中心结构的关系

Morokuma 根据 *ab-initio* Hartree-Fock 方法对过渡态模型进行计算的结果[120]，得出了相似的结论，认为茂环上取代基的空间效应对烯烃单体插入方式的影响是很小的，因此不足以控制烯烃聚合的立体化学。聚合物的立构规整性不仅与单体的插入方式有关，而且与活性链所处的立体化学位置有关。另外，Brintzinger 认为过渡金属活性中心与活性链上 αC—H 的作用对形成聚合物的立体结构也有一定的影响[121]。

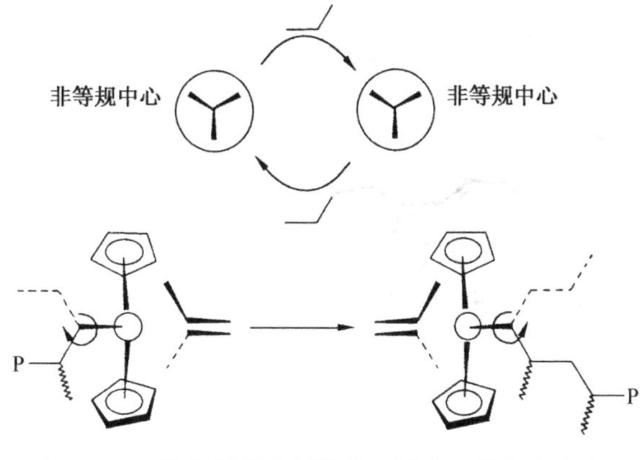

图 3-24　茂金属催化剂催化丙烯非立体定向聚合

反应温度对茂金属催化剂的结构也有一定的影响，对于柔性的桥基影响较大，如乙基桥二茚基茂金属催化剂存在 λ 和 δ 两种螯合环结构[122,123]，两种螯合环可相互转化达到平衡，反应温度对这种平衡有一定的影响，从而影响聚合物的立构规整性[124,125]。对于刚性的桥基，如单原子桥基，2′,2-甲基双取代的桥基茂金属催化剂，影响较小[19]。单体的浓度对催化剂的立体定向性也有一定的影响，如果单体的浓度很低，终端插入单体的异构化反应与链增长反应进行竞争的结果，使聚丙烯的立构规整性下降[126]。如 *rac*-EBIZrCl$_2$ 和 *rac*-EBTHIZrCl$_2$ 催化剂催化丙烯聚合，当丙烯单体的浓度小于 1mol/L 时，聚丙烯的等规度明显下降[18]。

对于不含 C$_2$ 对称性的茂金属催化剂，例如 Me$_2$C(或 Me$_2$Si—)(1-*t*-butyl-Cp,Flu)ZrCl$_2$ 催化剂能够合成等规聚丙烯[127]，其主要原因是较大空间位阻的叔丁基与活性链间有较强的作用，阻止活性链迁移到单体插入配位的位置，使丙烯单体从一定位置插入，生成等规聚丙烯[128]。

具有刚性结构的 Me$_2$C(Cp,Flu)ZrCl$_2$ 分子具有 C$_s$ 对称性，活性链与插入单体处在两个

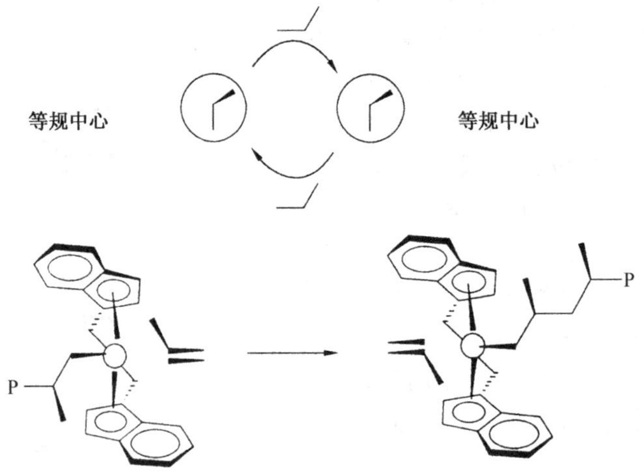

图 3-25 茂金属催化剂催化丙烯等规聚合

相对映的位置上，如果单体插入后，链转移是以顺式进行，活性阳离子的构型随着单体的插入而发生转换，形成间规聚合物[119]（图 3-26）。当聚合反应在极性溶剂中进行时，催化剂的立体选择性消失[129]，可能是因为在溶剂作用下，活性链进行复位，使溶剂化的 Zr 阳离子的构型发生翻转。在非极性溶剂中 Zr 配合阳离子基团与其反离子存在较强的作用，使活性链的复位受到抑制。在单体浓度较低的情况下，假三配位的 Zr 阳离子基团由于没有单体参与配位而异构化，同样没有立体定向性[130]。

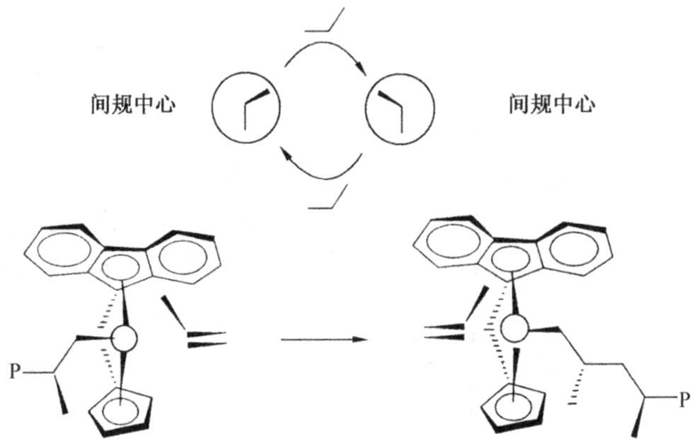

图 3-26 茂金属催化剂催化丙烯间规聚合

3.3 丙烯聚合反应动力学

如前所述，氯化镁载体 Z-N 催化剂是一个非常复杂的体系，它具有多种组分，其表面存在多种活性中心，在聚合过程中这些组分对反应速率和立体规整性的调变作用是不一样的。因此，尽管复相 Z-N 催化剂的动力学研究对工业应用具有很大的意义，但对解释聚合机理却不令人满意[131,132]。这一节将对丙烯聚合动力学模型以及影响聚合动力学的各种变化因素，如催化剂、助催化剂、单体和氢气浓度，聚合温度和时间，聚合介质等分别作一介绍。

3.3.1 丙烯聚合反应动力学模型

3.3.1.1 聚合反应的基本历程

聚合反应通常包含链引发、链增长、链转移和链终止等基本历程。Natta 等人[133]提出下列动力学历程：

（1）链引发

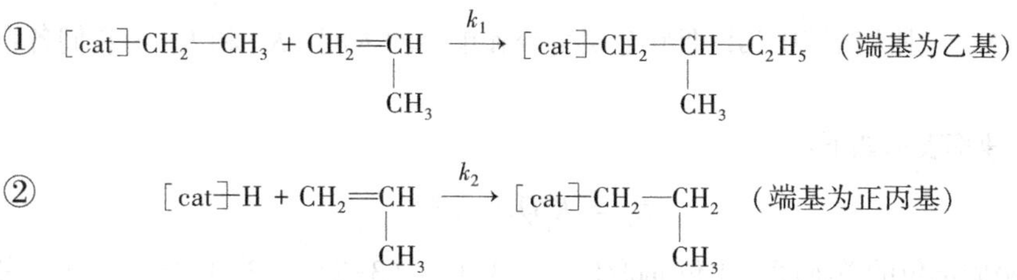

（2）链增长

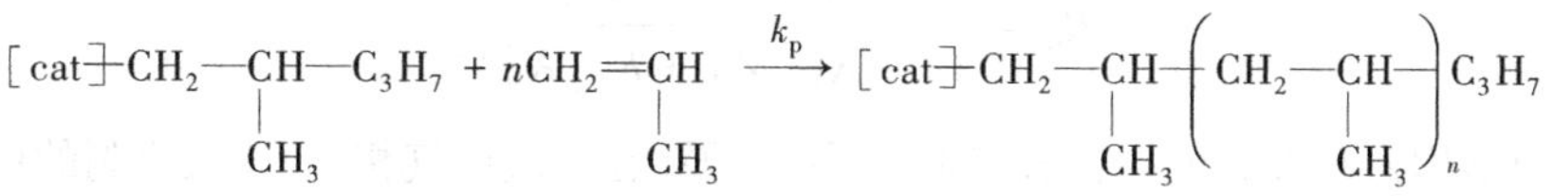

（3）自动终止

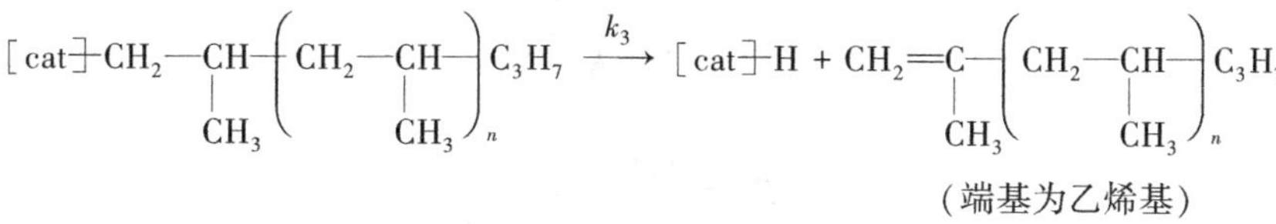

（4）烷基铝转移

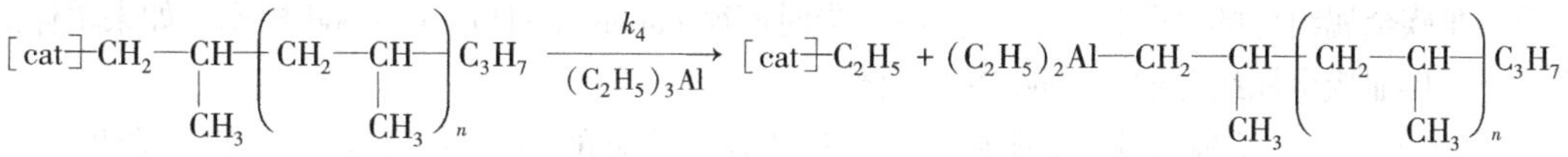

（5）氢转移

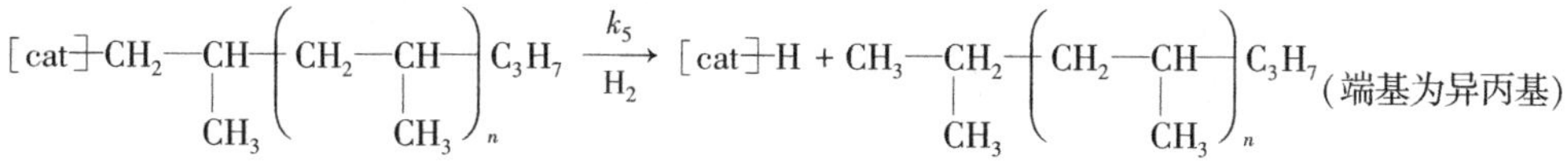

（6）单体转移

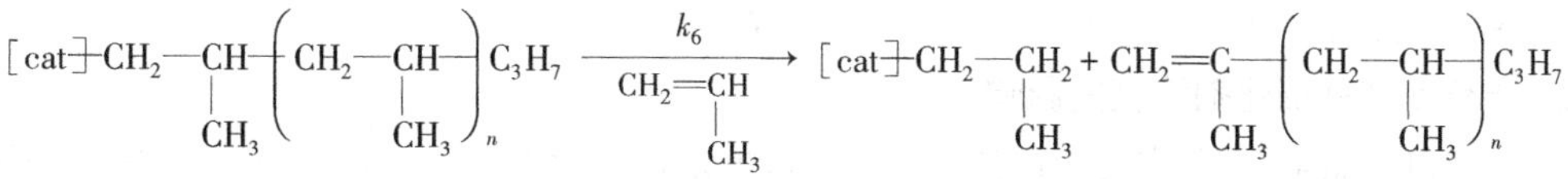

3.3.1.2 聚合速率表达式

非均相 Z-N 聚合反应，须用非均相动力学处理[134]，在稳态下推导聚合反应速率方程。在非均相反应中，单体和第Ⅰ~Ⅲ族金属组分需从溶液中被吸附到过渡金属催化剂颗粒表面上才能发生聚合反应，因此可按 Langmuir-Hinschelwood 模型处理。如果上述两种组分竞争相同的吸收部位，第Ⅰ~Ⅲ族金属组分和单体覆盖的催化剂表面的分数 Q_A 和 Q_M 可分别由 Langmuir 等温线给出：

$$Q_A = \frac{K_A[A]}{1 + K_A[A] + K_M[M]} \tag{3-1}$$

$$Q_M = \frac{K_M[M]}{1 + K_A[A] + K_M[M]} \tag{3-2}$$

式中，[A]和[M]分别为溶液中第Ⅰ~Ⅲ族金属组分和单体的浓度，K_A 和 K_M 为它们各自的吸附平衡常数。

聚合反应速率表示如下：

$$R_p = K_p Q_A Q_M [S] \tag{3-3}$$

式中，[S]是吸附部位的总浓度，单位 mol/L。式(3-1)、(3-2)和(3-3)合并得到的聚合反应速率为：

$$R_p = \frac{k_p K_M K_A [M][A][S]}{(1 + K_M[M] + K_A[A])^2} \tag{3-4}$$

另一种模型称为 Rideal 模型，假定聚合反应涉及(在溶液或气相中)未被吸附的单体和聚合反应活性部位之间的反应。由此可得：

$$Q_A = \frac{K_A[A]}{1 + K_A[A]} \tag{3-5}$$

$$R_p = \frac{k_p K_A [M][A][S]}{1 + K_A[A]} \tag{3-6}$$

一些聚合反应体系服从 Langmuir-Hinschelwood 模型，而另一些则服从 Rideal 模型。如果单体和第Ⅰ~Ⅲ族金属组分的吸附性质(极化度)相当时遵循 Langmuir-Hinschelwood 模型，如果单体的吸附性比第Ⅰ~Ⅲ族金属组分弱时遵循 Rideal 模型。

按常规方法，增长速率除以所有终止(链转移)反应的总速率可得相应的聚合度表达式[135,136]，对于 Langmuir-Hinschelwood 模型有：

$$\frac{1}{\bar{X}_n} = \frac{k_{tr,\ M}}{k_p} + \frac{k_s}{k_p K_M[M]} + \frac{k_{tr\ A} K_A[A]}{k_p K_M[M]} + \frac{k_{tr,\ H_2}[H_2]}{k_p K_M[M]} \tag{3-7}$$

由式(3-4)和(3-6)得到 R_p，由式(3-7)得到 $\bar{X}_n$，其推导过程是假定向氢链转移时不涉及氢在引发剂表面上的吸附作用。如果氢被吸附并且同单体及第Ⅰ~Ⅲ族金属组分竞争吸附位置时，在上面的处理方法中就须对 Q_A 和 Q_M 加以修正并须引入 Q_{H_2} 参数。

3.3.2 催化剂和助催化剂浓度的影响

Natta 和 Pasquon[137]首先发现在其他参数保持恒定及不存在单体扩散控制的前提下，丙烯聚合速率与过渡金属催化剂的浓度成正比(图 3-27)。

聚合速率也取决于烷基金属化合物的种类及浓度。这不仅是由于其烷基化反应是形成催化活性中心的必要前提，同时过渡金属主催化剂与烷基金属化合物助催化剂之间的相互作用是导致催化体系活性改变的重要原因。

烷基金属化合物在聚合体系中担当“清道夫”的作用，它与体系中杂质的作用也会造成一定的消耗。Natta 等发现 α-$TiCl_3$-$AlEt_3$ 催化体系中 Al/Ti 摩尔比低于 8.5 时，丙烯聚合动力学行为几乎没有差别，烷基金属化合物浓度更高时才能达到稳态聚合速率。

由于钛属于易于变价的元素，当使用具有较强还原性的烷基金属化合物助催化剂，如 $ZnEt_2$ 或 $AlEt_3$，若其浓度较高时会发生 Ti 还原至低价态的副反应(图 3-28)，而导致催化剂动力学行为的改变。即使在室温下也会出现此副反应。

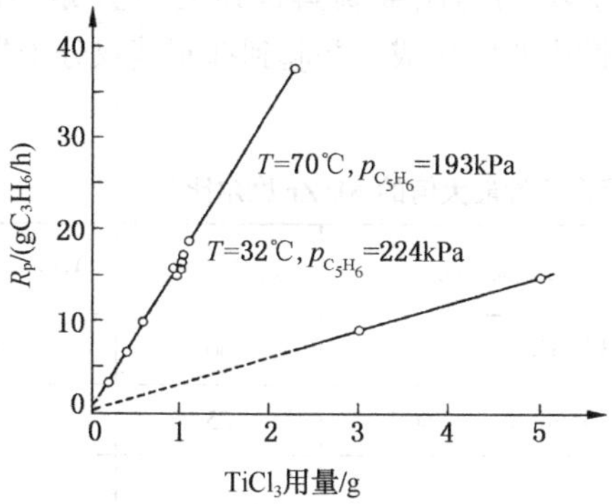

图 3-27 稳态条件下丙烯聚合速率与催化体系中 α-$TiCl_3$ 加量的关系

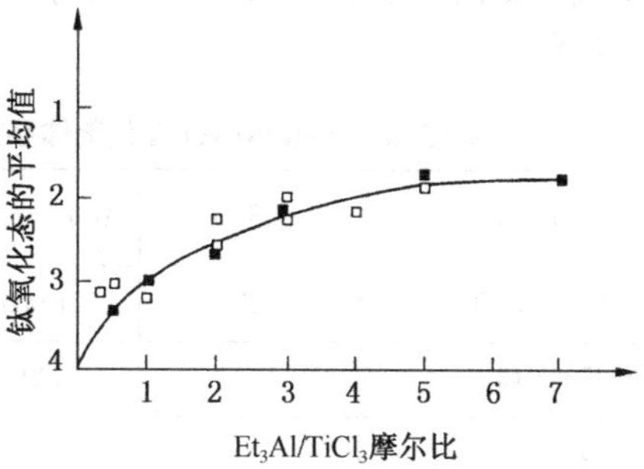

图 3-28 25℃下 30min 后，钛氧化态的平均值随 Al/Ti 摩尔比的改变

主、副催化剂之间的相互作用和钛氧化态的变化与催化体系密切相关。$TiCl_3$/$AlEt_2Cl$ 催化体系中几乎完全是 Ti^{3+} 物种[137]。但在载体催化体系中钛的还原反应速度极快，如 Kashiwa 报道，$TiCl_4$/EB/$MgCl_2$ 体系在 60℃下与 TEA(Al/Ti=50)反应 2h 后，Ti^{4+}还原至 Ti^{3+}(20%)和 Ti^{2+}(80%)。Chien 等发现，在室温下 Ti^{2+}也可达 30%左右，即使没有烯烃存在，还原反应也会进行[138]，若是用 TIBA 作助催化剂则一般不致出现 Ti^{2+}物种。Chicn 等还采用 ESR 和滴定方法测定了在给电子体存在下 Ti^{4+}的不同还原程度[139]。

庆伊给出了可适用于 $TiCl_3$-$AlEt_2Cl$ 和 $TiCl_3$-$AlEt_3$ 两种催化体系丙烯液相或气相聚合的稳态速率与 Al/Ti 摩尔比的关系式：

$$R_\infty = \frac{kKAp^2}{1 + KAp^2} \tag{3-8}$$

式中，A 为 Al/Ti 摩尔比；p 为丙烯压力；k 和 K 为常数，在 53℃下分别为 20.4 和 0.5。

Natta 和 Schneko 认为 $AlEt_3$ 浓度不超过 0.3mol/L 时，对 $TiCl_3$ 催化剂的聚合速率没有影响，只有在其浓度超过 0.3mol/L 的超浓情况下才会发生影响。Zakharov 等人[140]将此情况解释为链增长活性中心由于 $AlEt_3$ 的可逆吸附而暂时失活，其生成的物种 C_A 与 $AlEt_3$ 浓度存在下式给出的关系：

$$C_A = \frac{C_O K_A K_D^{1/2}[Al_2Et_6]^{1/2}}{1 + (K_A K_D^{1/2}[Al_2Et_6]^{1/2})} \tag{3-9}$$

式中，C_O 为总的活性中心浓度；K_A 为 $AlEt_3$ 在活性中心上的吸附平衡常数；K_D 为 Al_2Et_6 的分解平衡常数。

众多的作者报道了 AlR_3 浓度对 $MgCl_2$ 载体型催化剂聚合速率的影响，这些作用在 $MgCl_2/TiCl_4-AlEt_3$，$MgCl_2/TiCl_4-Al(i bu)_3$，$MgCl_2/TiCl_4/MgBu_2-AlEt_2Cl$ 和 $MgCl_2/TiCl_4-EB-AlEt_3$ 等体系中均观察到。聚合速率随 AlR_3 浓度迅速增高至某一极值后明显衰减，这种现象可以解释为体系中要求有一定浓度的 AlR_3 起到清道夫和稳定活性中心的作用[141,142]，这种变化关系不受单体浓度的影响。

茂金属-MAO 催化体系中 Al/Mt 摩尔比对丙烯聚合速率具有明显的作用。聚合活性对 lg A(A 为 Al/Zr 摩尔比)的依赖关系呈钟形(bell shape)，对不同的茂金属其钟顶的位置亦不同(见表 3-4)。体系中高的 MAO 浓度促进阳离子茂金属活性中心的生成，并起到抑制其双分子失活反应的作用[143]。

表 3-4　茂锆-MAO 催化剂体系对应丙烯聚合活性最大值的 Al/Zr 摩尔比①

茂　金　属	温度/℃	Al/Zr 摩尔比	茂　金　属	温度/℃	Al/Zr 摩尔比
rac-$Me_2Si(Ind)_2ZrCl_2$	25	10900	*rac*-EBI $ZrCl_2$	30	$>10^5$
$Me_2C[Cp,Flu]ZrCl_2$	25	1300	$Me_2C(3-MeCp,Flu)ZrCl_2$	25	400
rac-EBTHI $ZrCl_2$	30	3500			

① EB 为乙基桥—CH_2—CH_2—,*rac*-EBTHI $ZrCl_2$ 为 *rac*-ethyl bis(tetrahydro indenxl)zirconium chloride(乙基桥四氢茚二氯化锆),*rac*-EBI $ZrCl_2$ 为 *rac*-ethyl bis(indenyl)zirconium chloride(乙基桥茚二氯化锆)。

3.3.3　聚合单体浓度和氢调的影响

Natta 和 Pasquon[144]最早报道，采用 $\alpha-TiCl_3-AlEt_3$ 催化剂在稳态条件下聚合速率与单体浓度成正比(图 3-29)。

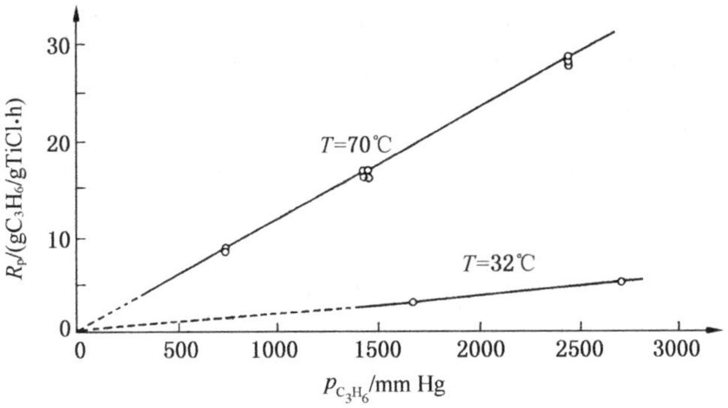

图 3-29　聚合速率与丙烯浓度的关系

1mmHg = 133.3Pa

其后有许多研究者证实，采用 $TiCl_3$ 催化剂或 $MgCl_2$ 负载的多相催化剂在很宽的单体浓度范围内聚合速率和丙烯浓度均呈一级关系[145]，只有在某些情况下单体浓度很低时曾发现偏离一级关系[146]。

对茂金属催化剂的研究报道，烯烃聚合的反应速率级数高于一级[146]。Brintzinger[147]认为，在单体浓度很高的情况下反应速率对单体浓度的依赖关系出现高于一级关系是由于聚合体系中出现聚合物沉淀后引起局部过热造成的。

H_2 常用作链转移试剂调节聚丙烯的分子量，同时也对聚合速率发生影响，这种影响因催化体系而不同。Natta[148]采用 $TiCl_3-AlEt_3$ 催化剂，用下式计算丙烯聚合速率：

$$R^0 - R^H = \frac{(p_H)^{1/2}}{K_2 + K_1(p_H)^{1/2}} \tag{3-10}$$

式中，R^H 和 R^0 分别为在氢存在和没有氢情况下的速率，K_1 和 K_2 为常数。令 $K_1/K_2=\alpha$ 和 $K_1=1/R^0$，则上式可变为：

$$R^H = \frac{R^0}{1+\alpha(p_H)^{1/2}} \tag{3-11}$$

$$R_\infty^H = \frac{R_\infty^0}{1+\alpha p_H} \tag{3-12}$$

Keii[149]采用 AA-$TiCl_3-AlEt_3$ 催化剂研究聚合速率对氢分压的依赖关系，得出式中 R_∞^H 和 R_∞^0 分别为氢存在和没有氢情况下的稳态聚合速率，实验观测到 α 值随温度升高而增大。

对于 α-$TlCl_3-AlEt_3$ 催化体系，氢的存在导致丙烯聚合速率的降低，而 Solvay 型 $TiCl_3$ 则恰恰相反，在高氢气分压的情况下，聚合活性甚至可以增加 50%[150]。

许多学者报道，在 $MgCl_2$ 载体催化体系[151~153]，$MgCl_2/TiCl_4-AlEt_3$，$MgCl_2/TiCl_4$/dialkyl phthalates-AlR_3/Alkoxysilanes，$MgCl_2/TiCl_4$/1,3-diethers-AlR_3 和茂金属催化剂 $EBInZrCl_2$-MAO 中[154]，加氢对提高丙烯聚合速率有促进作用，甚至最高可以提高三倍。加氢主要提高初始聚合速率，有时也可以延缓催化剂的活性衰减。然而对于某些以芳香酸酯类作为外给电子体的 $MgCl_2$ 载体催化剂如 $MgCl_2/TiCl_4$/EB-$AlEt_3$/MPT 体系，氢的存在可以导致其聚合衰减速率明显加剧[155]（见图 3-30），其原因可能是由于 Ti—H 键和酯基的羰基发生反应所致。

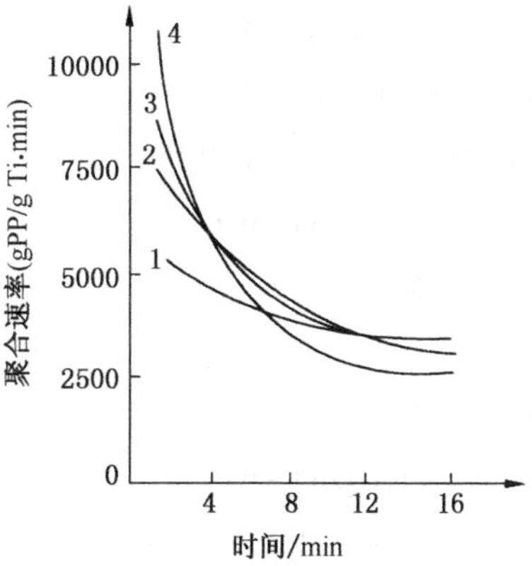

图 3-30 不同氢气分压下的 $MgCl_2/TiCl_4$/EB-$AlEt_3$/MPT 催化体系的丙烯聚合动力学曲线

$p_{C_3H_6}$=68kg/cm²；T=70℃；p_{H_2}：1—0；2—0.15kg/cm²；3—0.3kg/cm²；4—0.6kg/cm²；1kg/cm³=98kPa

氢的活化作用具有可逆性已被证实[155,156]。氢的活化过程的机理虽然仍不十分清楚，但在众多研究工作的基础上人们提出了一些假设。一种假设认为，氢可以抑制增长链中发生二级插入之后丙烯的插入反应，从而引发向氢原子的链转移，使这种潜在的活性中心激活。氢存在下得到的聚合物中带有 n-丁基端基的事实有力地证明了这种假设的真实性。第二种假设认为氢可以使非活性的 Ti^{2+} 物种发生氧化加成而再生[157]。这种解释的依据是氢存在下活性中心浓度明显增加[158]。

3.3.4 聚合温度和时间的影响

在一定的温度范围内，聚合速率随温度而增加，这是由于链增长速率常数 k_p 和增长活性中心数均随温度而增大，因此聚合温度是很重要的因素。然而，它的影响又常常取决于所用的催化剂。对于 VCl_3-AlEt_3 催化剂，在 30℃ 下丙烯聚合速率曲线为加速型，至 60℃ 却变为衰减型。$MgCl_2$ 载体型催化剂的聚合速率常常在 60~70℃ 呈现最大值，而后随温度衰减。在这种情况下活性的衰变可能是由于在较高的温度下 Ti 的价态还原至非活性的低价或是活性物种与路易斯碱之间发生化学反应，造成不可逆的失活。在失活的温度下计算的表观活化能为40~50kJ/mol。

茂金属 *rac*-EBIZrCl_2-MAO 和 *rac*-EBTHI ZrCl_2-MAO 催化体系在-50℃至70℃丙烯聚合活性符合 Arrhenius 关系，活化能为44kJ/mol。丙烯间规聚合催化体系 *t*-BuCH(Cp,Flu)ZrCl_2-MAO 活化能为34.7kJ/mol，Natta 等人报道了α-TiCl_3，其后 Zakharov 等人报道了δ-TiCl_3·0.3AlCl_3 催化剂，都表现为恒速型的动力学曲线，即在几分钟短暂的加速阶段之后，在长至几小时之内速度保持恒定。Solvay 型 TiCl_3 催化剂，MgCl_2 载体型及茂金属催化剂均属衰减型动力学曲线，即在短短的诱导期(甚至没有诱导期)之后聚合速率随时间衰减。衰减的速率因催化体系和聚合温度而异(见表3-5)。由表中数据可见，衰减速率随温度升高而加剧。

表3-5　不同催化体系丙烯聚合速率与时间的关系

催　化　剂①	T/℃	$p_{C_3H_6}$/(kg/cm²)	p_{H_2}/(kg/cm²)	[Al]/(mmol/dm³)	$t_{1/2}$②/min
$MgCl_2/TiCl_4-AlEt_3$	70	3	—	5	8
$MgCl_2/TiCl_4-AlEt_3$	70	3	0.3	5	12
$MgCl_2TiCl_4$/EB-$AlEt_3$	41	1	—	10	20
$MgCl_2/TiCl_4$/EB-$AlEt_3$	65	1	—	10	12
$MgCl_2/TiCl_4$/EB-$AlEt_3$/MPT	60	6.8	0.6	5	6
$MgCl_2/TiCl_4$/EB-$AlEt_3$/MPT	60	4	—	5	30
$MgCl_2/TiCl_4$/DIBP-$AlEt_3$/CMMS	70	8.5	0.1	5	85
$MgCl_2/TiCl_4$/DIBDMP-$AlEt_3$	70	8.5	0.1	5	60
Cp_2ZrCl_2-MAO	40	2	—	51	5
Cp_2ZrCl_2-MAO	20	2	—	51	23
Cp_2ZrCl_2-MAO	0	2	—	51	>400
rac-$Me_2Si(Ind)_2ZrCl_2$-MAO	40	2	—	20	60
rac-Me_2Si(Benz[e]Ind)$_2ZrCl_2$-MAO	40	2	—	20	180
rac-MeCH(1-$\eta^5C_5Me_4$)(1-η^5Ind)$TiCl_2$-MAO	25	1.7	—	54	3
MAO					

① DIBP—diisobutylphthalate; CMMS—cyclohexyl, methyl-dimethoxysilane; DIBDMP—2,2-diisobutyl-1,3-dimethoxypropane。

② $t_{1/2}$=聚合速率衰减到最大速率的一半时所需的时间。

许多研究已经证明，在丙烯聚合中在MgCl_2 载体催化剂颗粒周围形成的聚合物包附层并非是引起速率衰减的原因，因此速率衰减还是由于链增长活性中心的失活所致[159]。活性的Ti^{3+}还原至对丙烯聚合无活性的Ti^{2+}[160]，可能是失活的原因之一。Chien 等[161]提出了一种相邻的两个活性中心非还原作用引起的双分子失活过程。Caunt[162]认为活性中心可以被$AlEt_2Cl$ 和 AA-TiCl_3 中存在的AlCl_3 反应的产物 AlEtCl_2 毒化。

茂金属催化剂活性随时间衰减的原因可能与形成双核茂金属阳离子[Cp_2ZrMe(μ-CH_3)Me$ZrCp_2$]$^+$,或同Zr—Al桥上的亚甲基或烷基形成双核络合物和过渡金属还原至三价等相关[163]。

一些学者的研究涉及多相催化剂聚合速率衰减的动力学。Keii 等[164]报道采用TiCl_3-

$AlEt_3$ 催化剂将表面活性中心从最大速率降至稳态速率定为一级失活。Galli[159] 认为 $MgCl_2$ 载体催化剂也属一级失活动力学并提出下面的公式：

$$(R_t - R_\infty) = (R_o - R_\infty)e - k_d^t \qquad (3-13)$$

式中，R_o、R_t 和 R_∞ 分别为初始速率、t 时间的即时速率及稳态速率；k_d 代表衰减速率常数。

另一些作者则认为大部分聚合时间中更适合于二级衰减，其活性中心浓度随时间的减少可用下式表示：

$$\frac{-d[C^*]}{dt} = k_d[C^*]^2 \qquad (3-14)$$

式中，$[C^*]$表示 t 时间活性中心的数目； k_d 为二级衰减速率常数。

然而在一些情况下动力学曲线的全过程并不能简单地用单一的公式来表示。林尚安等人[165]报道，$TiCl_4/MgCl_2/AlR_3$-EB 催化体系聚合速率的衰减和 $[C^*]$ 随时间的减少是同步的。

3.3.5　聚合介质的影响

在多相催化剂的聚合过程中，介质的选用对聚合速率的影响不是很大。AA-$TiCl_3$ 催化丙烯聚合用芳香烃类比脂肪烃类溶剂聚合活性要高，这可能是与 $TiCl_3$ 中的 $AlCl_3$ 存在有关。有人认为这种差异并非由于介质的介电常数不同，而是由于芳香烃溶剂比脂肪烃溶剂有更高的去除 $TiCl_3$ 表面毒性能力的缘故。

在均相茂金属催化体系中则情况迥然不同，有文献报道[166]以二氯甲烷代替普遍使用的甲苯作为溶剂，聚合速率可以提高 6 倍。这种作用是由于 CH_2Cl_2 高介电常数所致。反应介质较高的极性可以促进生成与溶剂分离的活性更高的茂金属阳离子。

3.3.6　等规活性中心和无规活性中心

众所周知，Z-N 多相催化剂存在至少两种不同的活性中心，即等规和无规中心，其分别生长出等规和无规的聚合物级分。然而，如此简单的认识尚不足以解释一些实验现象。例如，即使经过溶剂抽提，分级的不溶级分其主体规整度和分子量也有相当宽的分布，丙烯与乙烯及高级 α-烯烃的共聚物组成分布很难做到整齐划一等。

Kakugo 等[167]提出，在 $TiCl_3$ 和 $MgCl_2$ 载体催化剂中至少存在两种不同规整度的等规活性中心，可以解释在 100℃ 以上经升温淋洗分级（TREF）得出的聚丙烯级份的等规度分布。两种活性中心的相对比例因催化剂的不同而异[168]。一些多相催化剂在聚合过程中定向度随时间递降，这可能是较高定向的活性中心具有更快的衰减速率。

Z-N 催化剂得到的聚丙烯分子量分布较宽，如 $TiCl_3$ 催化剂为 6~10，$MgCl_2$ 载体催化剂为 3~8。许多研究者[169~171]一致认为，催化剂表面上不同类型的活性中心各具相异的表观链增长速率常数是造成分子量宽分布的最重要原因。

然而茂金属聚合物的分子量分布窄（~2），共聚物组成均一，这表明单中心催化剂确是只有单一的或是极少相异的活性中心。

3.3.7　活性中心浓度和链增长速率常数的测定

了解催化剂的活性中心浓度及其在链增长反应中的作用，对了解聚合反应机理及反应动力学是很重要的。文献中报道的测定 Z-N 催化剂活性中心浓度的方法有三类[172]。

3.3.7.1　动力学和分子量法

用动力学和分子量数据测定活性中心浓度 $[C^*]$ 的方法有多种，其中应用较广泛的是

Natta 提出的利用数均聚合度$\overline{P}_n$与时间的关系求算[C^*]的方法，其关系式如下：

$$\frac{\mathrm{d}\left(\frac{1}{\overline{P}_n}\right)}{\mathrm{d}\left(\frac{1}{t}\right)}=\frac{[C^*]}{R_p} \tag{3-15}$$

和

$$\tau=\frac{\mathrm{d}\left(\frac{1}{\overline{P}_n}\right)}{\mathrm{d}\left(\frac{1}{t}\right)}\cdot\overline{P_n} \tag{3-16}$$

式中，τ 是增长聚合链的平均寿命；R_p 为聚合反应速率。

从上两式可得：

$$[C^*]=\frac{R_p\tau}{\overline{P_n}} \tag{3-17}$$

以 $1/\overline{P}_n$ 对 $1/t$ 作图可求得 τ，代入式(3-17)即可求得[C^*]。用此法求得的 τ 和[C^*]是整个聚合时间的平均值，而且当 M_n 达到恒定值时，$\mathrm{d}(1/\overline{P}_n)/\mathrm{d}(1/t)$ 趋于零。为了克服这个问题，需选用聚合初期的 M_n，但聚合反应初期诱导期带来的误差较大。可用如下方程式表示：

$$\frac{Y}{M_n}=(1+k_{tr}[X]t)[C^*] \tag{3-18}$$

式中，Y 是 t 时间的聚合物产量；k_{tr}是链转移试剂为 X 时的链转移常数。

当 $t=0$ 时，$Y/M_n=[C^*]$。以 Y/M_n 对 t 作图，外推至 $t=0$ 时的截距即为[C^*]。

3.3.7.2　淬灭法

淬灭法是测量 Z-N 催化剂活性中心浓度最常用的一种方法。该方法是基于增长着的高分子链在活性中心上有一个比较碱性的碳原子，它能与淬灭剂(Q-L)的示踪基团作用使聚合反应淬灭，然后测定聚合物中示踪原子数，则可计算出催化剂的活性中心浓度。淬灭反应如下：

$$\text{cat—CH}_2\text{—CH}_2\sim\sim\text{P} + \text{QL} \longrightarrow \text{cat Q} + \text{L—CH}_2\text{—CH}_2\sim\sim\text{P}$$

常用的淬灭剂有：I_2，氚代醇，氚代水，氘代醇，氘代水等。淬灭法必须满足如下要求：

① 淬灭剂应能与活性中心定量反应，使聚合反应完全终止；

② 淬灭剂只参与活性中心金属-碳键作用；

③ 淬灭剂不与聚合链发生同位素交换或副反应；

④ 不存在动力学同位素效应，即使有应可直接测得。

已经证实，在 α-烯烃的情况下淬灭剂可与金属-聚合物碳键定量反应。但是在 Z-N 聚合体系中存在有两种金属-聚合物碳键：

$$\text{cat—CH}_2\text{—CH}_2\sim\sim\text{P 和 R}_2\text{Al —CH}_2\text{—CH}_2\sim\sim\text{P}$$

它们都能与淬灭剂反应。显然，所测得的金属-聚合物碳键浓度应包括活性中心金属-聚合物碳键和由于链转移而产生的连接在铝上的非增长链。因此，体系中的金属-聚合物键（MPB）的总数将随时间而增加，可用下式表示：

$$[MPB]_t = [Ti - P] + [Al - P] = [C_0{}^*] + N_{tr} = [C_0{}^*] + \int_0^t R_{tr} \cdot dt \quad (3-19)$$

式中，$[MPB]_t$ 是 t 时间金属-聚合物键的总浓度；N_{tr} 是 t 时间链转移的金属-聚合物键的浓度。

以 $[MPB]_t$ 对 t 作图，并外推至 $t=0$ 时，对应的[MPB]即为活性中心浓度 $[C_0^*]$。为便于比较，通常以比浓度[MPB]/[Mt]表示。

3.3.7.3 同位素标记法

（1）标记助催化剂　用 C^{14} 标记的 $AlEt_3$ 或其他烷基铝作为助催化剂进行烯烃聚合，其反应可表示如下：

$$TiCl_3 + AlR^* \longrightarrow [cat\ Ti]R^{14}(\text{带标记的活性中心})$$

$$[cat\ Ti]R^* + nCH_2{=}CH_2 \longrightarrow [cat\ Ti][CH_2{-}CH_2]_nR^* \longrightarrow [cat\ Ti]H + CH_2{=}CH(CH_2{-}CH_2)_{n-1}{-}R^*$$

测定聚合物中带 C^{14} 基团的数目，便可计算活性中心浓度。由于有烷基铝的链转移反应存在，此法结果往往偏高。

（2）^{14}CO 和 $^{14}CO_2$ 标记法　^{14}CO 和 $^{14}CO_2$ 与金属-碳键（MPB）之间的反应如下：

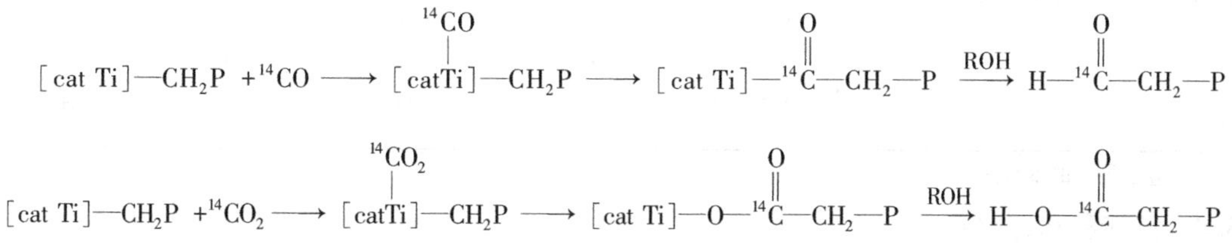

用 ROH 终止反应后得端基带有 ^{14}CO 或 $^{14}CO_2$ 的聚合物。^{14}CO 或 $^{14}CO_2$ 与 Al-聚合物键不发生反应，此法被认为是较可靠的方法之一。^{14}CO 与烯烃的共聚反应很慢，而且可加入 PH_3 抑制，所以 ^{14}CO 或 $^{14}CO_2$ 与 MPB 定量反应。测定聚合物中带有 ^{14}CO 或 $^{14}CO_2$ 的 MPB 数，便可得知活性中心浓度。不同作者用不同方法得出的数据很难一致，常常用同一种方法测不同催化剂活性中心浓度作比较。

链增长速率常数：将测定的活性中心浓度 $[C^*]$、聚合速率 R_p(mol/molTi·s)和单体浓度[M](mol/L)代入下式，即可得出链增长速率常数 k_p：

$$R_p = k_p[C^*][M] \quad (3-20)$$

活性中心浓度和链增长速率常数是决定催化剂活性的两个最主要的因素。表 3-6 中给出了用不同方法测定的各种催化体系在丙烯聚合中的活性中心浓度和链增长速率常数。由表中的数据可以看出，将催化剂活性组分负载在 $MgCl_2$ 载体上，使其活性中心充分暴露可以大幅度提高 $[C^*]$ 和 k_p 值；加入给电子体也可以起到类似的作用。茂金属均相催化体系的 $[C^*]$ 大大高于多相 Z-N 催化剂，甚至可以达到 100%，并具有很高的 k_p 值，因此该体系可以达到超高活性。

表 3-6 不同催化体系的丙烯聚合活性中心浓度和链增长速率常数

催化剂	聚合温度/℃	活性中心浓度×100			链增长速率常数			方法
		$[C^*]_{总}$/(mol/molTi)	$[C^*]_{等规}$/(mol/molTi)	$[C^*]_{无规}$/(mol/molTi)	$k_{p总}$/(L/mol·s)	$k_{p等规}$/(L/mol·s)	$k_{p无规}$/(L/mol·s)	
δ-$TiCl_3$·0.3$AlCl_3$-Et_2AlCl	70		0.17[①]			90		^{14}CO 淬灭
δ-$TiCl_3$·0.3$AlCl_3$-$AlEt_3$	70		0.58[①]			100		^{14}CO 淬灭
δ-$TiCl_3$·0.3$AlCl_3$-AliBu	70		0.8			90		^{14}CO 淬灭
$MgCl_2$/$TiCl_4$-$AlEt_3$	70		4.2[①]			800		^{14}CO 淬灭
$MgCl_2$/$TiCl_4$/EB-$AlEt_3$	70		2.8[①]			1000		^{14}CO 淬灭
$MgCl_2$/$TiCl_4$-$AlEt_3$	70	1.49	0.86	0.63		810	730	^{14}CO 淬灭
$MgCl_2$/$TiCl_4$/EB-$AlEt_3$	70	1.2	0.68	0.52		1250	340	^{14}CO 淬灭
$MgCl_2$/$TiCl_4$/EB-$AlEt_3$	38	1.6			320			CO 毒化
$MgCl_2$/$TiCl_4$/EB-$AlEt_3$/EB	65		8~10			500		^{14}CO 淬灭
$MgCl_2$/$TiCl_4$/EB-$AlEt_3$/EB	70	5.5			310			CO 毒化
$MgCl_2$/$TiCl_4$/EB-$AlEt_3$/EB	60	2.8			2700			动力学
$MgCl_2$/$TiCl_4$/DIBP-$AlEt_3$/DPMS	60	7.6						^{14}CO 淬灭
rac-EBTHIZrCl_2-MAO	30	66			970	1400~1800	18~130	CH_3O^3H
rac-EBIZrCl_2-MAO	20	52						CH_3O^3H
rac-EBIZrCl_2-$Ph_3C^+[B(C_6F_5)_4]^-$ $AlEt_3$	20	100			580			CH_3O^3H
rac-MeCH($CpMe_4$)(Ind)$TiCl_2$-MAO	25	3.7			211			CH_3O^3H

① 对应于最大的聚合速率。

3.3.8 链转移和链终止

生长中的高分子链通常经过下列五种转移反应而发生链终止。

(1) β-H 消除

$$\text{Mt—CH}_2\text{—CH(CH}_3\text{)—P} \xrightarrow{k_{t\beta\text{-H}}} \text{Mt—H} + \text{CH}_2\text{=C(CH}_3\text{)—P}$$

(2) β-甲基消除

$$\text{Mt—CH}_2\text{—CH(CH}_3\text{)—P} \xrightarrow{k_{t\beta\text{-Me}}} \text{Mt—CH}_3 + \text{CH}_2\text{=CH—P}$$

(3) 向单体转移

$$\text{Mt—CH}_2\text{CH(CH}_3\text{)—P} + \text{CH}_2\text{=CH—CH}_3 \xrightarrow{k_{\text{Mt}}} \text{Mt—CH}_2\text{—CH}_2\text{—CH}_3 + \text{CH}_2\text{=C(CH}_3\text{)—P}$$

(4) 向烷基金属转移

$$\text{Mt—CH}_2\text{—CH(CH}_3\text{)—P} + \text{AlR}_3 \xrightarrow{k_t\ \text{Mt}} \text{Mt—R} + \text{R}_2\text{Al—CH}_2\text{—CH(CH}_3\text{)—P}$$

(5) 向活泼氢化合物转移

$$\text{Mt—CH}_2\text{—CH(CH}_3\text{)—P} + \text{H}_2 \xrightarrow{k_{t\text{H}_2}} \text{Mt—H} + \text{CH}_3\text{—CH(CH}_3\text{)—P}$$

反应式中的 Mt 和 P 分别代表过渡金属和高分子链。在发生链转移反应的同时，发生链终止，而在新的 Mt—H 和 Mt—C 键上迅速发生新的烯烃单体的插入反应。

五种链转移反应的发生频率与催化体系及聚合条件密切相关。对于传统的 $MgCl_2$ 载体多相催化剂而言，在一般的聚合温度下丙烯聚合发生 β-氢消除造成链转移并不重要。然而对于绝大多数茂金属催化体系却成为最主要的一种链终止过程[173]。在多相催化剂丙烯聚合反应中根本不存在的 β-CH_3 消除却成为 Cp_2MCl_2/MAO(M=Zr,Hf)催化体系用于丙烯齐聚反应中最重要的链终止机理。

多相催化剂的丙烯聚合反应在不加氢的情况下向单体的转移是最重要的链终止过程。$MgCl_2$ 载体催化剂的 k_{tM} 值比 $TiCl_3$ 催化剂高。只有少数几种茂金属催化剂 k_{tM} 相当于或略高于 $k_{t\beta\text{-}H}$ 值。

无论是多相催化剂还是均相催化剂在丙烯聚合中向助催化剂的链转移反应均占第二位，只有 $ZnEt_2$ 是例外，$ZnEt_2$ 之所以能够成为高效率的链转移试剂是由于它在烃类溶剂中分子之间的结合非常松弛，不像 $AlEt_3$ 那样在溶剂中形成的二聚体离解度很低。毫无例外，氢气是有效的链终止剂，向氢气的链转移控制着聚丙烯的分子量，但它并不改变聚合物的分子量分布[171]。

向氢气的链转移在很大程度上依赖于具有区域和立体定向性能的活性中心。二醚催化剂得到的聚丙烯具有相对窄的分子量分布，其原因是该体系中即使是立体定向最高的活性中心也不是完全区域定向的，$MgCl_2$/$TiCl_4$/二醚-AlR_3 体系中，在高等规活性中心处每发生 2000 个一级插入大概有一个二级插入。如果认为聚合物的最高分子量级分是在立构等规性最高的活性中心处形成的话，那么二级插入后一旦发生向氢气的链转移就会阻止高分子量链的生成。含有酯内给电子体的催化剂得到的聚合物分子量分布较宽，其原因可能在于，体系中存在一些具有非常高的区域定向性能且对氢气敏感性较低的等规活性中心。[174]。

3.4　丙烯与其他烯烃的共聚合

3.4.1　烯烃共聚合概述

3.4.1.1　烯烃的共聚合作用

等规聚丙烯用作纤维、薄膜、管材和注塑件等在家用电器、汽车、包装、建筑、医疗、生活用品等方面有着广泛的应用。但是等规聚丙烯的玻璃化温度在 0℃左右，导致它低温脆性大，抗冲性能差。对于某些应用而言，等规聚丙烯较硬，透明性不佳。为拓展聚丙烯的应用范围，有必要提高它的柔韧性和透明度。通过丙烯与其他烯烃的共聚合，可以改善等规聚丙烯的性能[175]。这些丙烯共聚物的应用范围更加广泛。例如，用于家具制造的乙-丙嵌段共聚物专用料具有良好热稳定性和尺寸稳定性，并兼具好的刚性和抗冲性，在-10℃仍具有中等的冲击强度，是优质的家具用料。嵌段共聚物的出现，使聚丙烯洗衣机内桶的质量有了很大的改善，既节约了原材料，降低了洗衣机的成本，又比传统的铝制洗衣机内桶提高了生产率。作为饮水管使用，共聚的聚丙烯不仅能够满足要求，而且这种管材质量轻，铺设和安装方便，节省施工费用，耐化学腐蚀，比传统钢管有许多优越性。同时，可用带有弹性环的套管连接，是室内废水管道的最合适材料，可以作为连接卫生设备到主要下水管的小直径管。以丙烯共聚物为基材掺混 EPDM 所得共混物具有良好的抗冲击性能，可用于汽车保险杠的生产。乙烯含量为 57%~60%的乙丙无规共聚物与等规聚丙烯的共混物玻璃化温度可下降到-61℃，增韧效果最佳。

我国对以乙烯为主体的乙烯-丙烯共聚合反应有较详细的研究[176~178]。乙丙共聚的主要目的是生产乙丙橡胶，传统的方法主要是用钒-铝催化体系进行乙丙共聚。后来，虽然用钛系载体高效催化剂合成乙丙共聚物活性很高，但其共聚物往往具有一定的嵌段性，结晶度较高，对橡胶性能不利。为了改变这种情况，加入第三共聚单体进行以乙烯为主体的三元共聚合来进一步降低链结构的有序性和结晶性，以达到用载体高效催化剂合成烯烃无规共聚物的目的[179~181]。

3.4.1.2 共聚物的组成和竞聚率

一般来说，共聚合过程中，单体的均聚和共聚相互竞争。通常假设[182]：

① 链增长反应速率与其他基元反应相比要快得多，即形成的聚合物分子链非常长；

② 各增长链的生成速率与消失速率在某一瞬间常常相等。也就是说，各增长链的浓度随时间变化与单体浓度随时间变化相比，常可忽略。

符合上述条件的共聚合体系一般被称作稳态共聚。从动力学角度定量研究共聚体组成和链段分布时，稳态条件是非常重要的。

研究共聚反应过程最重要的问题是确定单体组成和共聚物组成之间的关系。Mayo 和 Lewis 在分析二元共聚反应时，提出了 Mayo-Lewis 共聚物组成式，并提出了竞聚率的概念。由此奠定了共聚合反应的理论基础。

假定，含两种单体 M_i 和 M_j 的二元聚合体系存在以下 4 种链增长的稳态反应：

$$M_i^* + M_i \xrightarrow{k_{ii}} M_i^*$$

$$M_i^* + M_j \xrightarrow{k_{ij}} M_j^*$$

$$M_j^* + M_i \xrightarrow{k_{ji}} M_i^*$$

$$M_j^* + M_j \xrightarrow{k_{jj}} M_j^*$$

式中，k_{ii}为末端链节为 M_i^* 的增长链与单体 M_i 的增长反应常数；k_{ij}为末端链节为 M_i^* 的增长链与单体 M_j 的增长反应速率常数；k_{ji}为末端链节为 M_j^* 的增长链与单体 M_i 的增长反应速率常数；k_{jj}为末端链节为 M_j^* 的增长链与单体 M_j 的增长反应速率常数。

单体 M_i、M_j 的消耗速率可用下式表示：

$$-d[M_i]/dt = k_{ii}[M_i^*][M_i] + k_{ji}[M_j^*][M_i]$$

$$-d[M_j]/dt = k_{jj}[M_j^*][M_j] + k_{ij}[M_i^*][M_j]$$

从稳态假设可知：

$$k_{ij}[M_i^*][M_j] = k_{ji}[M_j^*][M_i]$$

由此得到：

$$\frac{d[M_i]}{d[M_j]} = \frac{[M_i]}{[M_j]} \cdot \frac{k_{ii}/k_{ij} \cdot [M_i] + [M_j]}{k_{jj}/k_{ji} \cdot [M_j] + [M_i]}$$

进而得到：

$$\frac{d[M_i]}{d[M_j]} = \frac{[M_i]}{[M_j]} \cdot \frac{\gamma_i[M_i] + [M_j]}{\gamma_j[M_j] + [M_i]}$$

式中，竞聚率 γ_i 表示单体 M_i 和 M_j 分别与末端为 M_i^* 的增长链反应的相对活性；γ_j 表示单体 M_j 和 M_i 分别与末端为 M_j^* 的增长链反应的相对活性。

由此可见，竞聚率不仅可以决定共聚物组成，还决定了链段分布。当 $\gamma_i \times \gamma_j = 1$ 时，单体 M_i 和 M_j 在共聚物中呈无规分布；$\gamma_i \times \gamma_j < 1$ 时，单体 M_i 和 M_j 倾向于以交替形式进入到共聚物大分子链中，因而得到无规共聚物和交替共聚物。$\gamma_i \times \gamma_j > 1$ 时，单体 M_i 和 M_j 倾向于均聚，因而形成嵌段共聚物。表 3-7 列出了某些催化体系催化丙烯与乙烯及其他 α-烯烃共聚的竞聚率[172,183,184]。

表 3-7　丙烯与其他烯烃共聚的竞聚率

催化剂	共单体	γ_i(丙烯)	γ_j	$\gamma_i \times \gamma_j$
$TiCl_3/AlEt_2Cl$	乙烯	0.1	25	2.5
$TiCl_3/AlEt_2Cl$	乙烯	0.4~0.7	4.2~9.3	1.7~6.5
$TiCl_3/AlEt_3$	乙烯	0.15~0.18	13~14	2.0~2.5
Solvay-$TiCl_3/Cp_2TiMe_2$	乙烯	0.22	10	2.2
$TiCl_4/MgCl_2$/PE/$AlEt_3$	乙烯	n. d.	n. d.	4
$TiCl_4/MgCl_2$	乙烯	0.09	6.1	0.5
$TiCl_4/MgCl_2$/EB	乙烯	0.7~0.4	7.4~13.4	5
$TiCl_4/MgCl_2$/3ROH	乙烯	0.02	6	0.13
$SiO_2/TiCl_3/MgCl_2$	乙烯	0.14	7	1
$SiO_2/TiCl_4/MgCl_2$	乙烯	0.34~0.18	5~10	1.9
$TiCl_3/AlEt_2Cl$/HMPTA/H_2	1-丁烯	4.3	0.8	3.4
$TiCl_3/AlEt_2Cl$/HMPTA	1-丁烯	3.3	0.45	1.5
$TiCl_3/AlCl_3/AlEt_2Cl$	1-丁烯	4.5	0.2	0.9
$TiCl_3/AlEt_2Cl$	1-丁烯	4.7	0.51	2.4
$TiCl_3/AlEt_3$	1-丁烯	2.4	0.5	1.2
$TiCl_4/MgCl_2$/TIBA	1-癸烯	7.7	0.15	1.1
$TiCl_4/MgCl_2$/TIBA	1-十二烯	9.9	0.13	1.3
$TiCl_4/MgCl_2$/TIBA	1-十四烯	12.7	0.1	1.3
$TiCl_4/MgCl_2$/TIBA	1-十六烯	13.9	0.08	1.1
rac-Et[Ind]$_2HfCl_2$/MAO	1-丁烯	1.48	0.69	1.02
rac-Et[Ind]$_2HfCl_2$/MAO	1-己烯	1.83	0.59	1.08
rac-Et[Ind]$_2HfCl_2$/MAO	1-癸烯	2.1	0.55	1.16
rac-Et[Ind]$_2HfCl_2$/MAO	1-十六烯	2.82	0.42	1.18
Cp_2ZrCl_2/MAO	乙烯	0.02	48	0.72
Me_2Si[Cp]$_2ZrCl_2$/MAO	乙烯	0.03	24	0.7
Me_2C[Cp][Flu]$ZrCl_2$/MAO	乙烯	0.2	1.3	0.26

从竞聚率的数值来看，共聚单体和催化体系对丙烯共聚反应的竞聚率都有影响。对于共聚单体来说，双键附近的空间位阻增加，单体共聚活性降低。催化剂的影响较为复杂，受催

化剂对称性、催化剂体系的电子效应和助催化剂等因素的影响。这些因素的综合影响使丙烯共聚合主要呈现无规共聚和序列共聚两种方式。

3.4.2 丙烯的无规共聚

3.4.2.1 催化剂活性

对于传统的Z-N催化剂体系，当丙烯与少量的乙烯共聚时，无论是$TiCl_3/AlEt_2Cl$还是$MgCl_2$/DIBP/$TiCl_4$-$AlEt_3$/PES催化体系，聚合速率都随乙烯加入量的增加而增加。一般认为，当乙烯单元插入到催化剂活性中心后，丙烯的插入变得更加容易[185,186]。以PES和DTBMS为外给电子体的$MgCl_2$/phthalate/$TiCl_4$催化体系催化丙烯和1-己烯共聚合时，也发现了共聚活性随共聚单体浓度增加而增加的现象[187]。用$TiCl_4/MgCl_2$-Al(*i*-Bu)$_3$催化体系进行丙烯/1-辛烯共聚研究，发现引入少量共聚单体1-辛烯时，能提高丙烯的聚合活性[188]。表3-8列出了$TiCl_4/MgCl_2$-Al(*i*-Bu)$_3$催化丙烯和1-辛烯共聚合的结果。

表3-8 丙烯/1-辛烯共聚结果[188]

1-辛烯浓度/(mol/L)	聚合活性/(kg/g Ti · h)			共聚物中的1-辛烯摩尔分数/%	[η]/(dl/g)
	总	丙　烯	1-辛烯		
0	5.25	5.25	0	0	1.67
0.25	8.98	7.46	1.52	7.12	1.73
0.64	9.30	6.01	3.29	17.05	1.94
0.96	9.89	5.30	4.59	24.48	2.04
1.27	10.10	4.51	5.59	31.69	2.31
1.91	14.00	4.87	9.13	41.26	2.52

由表3-8可见，总的聚合活性和1-辛烯的聚合活性随1-辛烯单体浓度增加而增加。与相同条件下丙烯均聚时的活性相比较，引入少量共聚单体能提高丙烯的聚合活性。这可能是由于在共聚反应中，1-辛烯参与链增长反应的结果是在大分子链上引入大的侧基，生成的聚合物具有较为疏松的颗粒结构甚至在反应介质中呈溶解状态，活性中心不易被包埋，有利于单体扩散到活性中心附近参与链增长，从而使丙烯聚合活性提高。

然而，这种“共单体效应”对α-烯烃的链长也有一定的限制。封麟先等人[189]用$MgCl_2$-$TiCl_4$/TIBA催化丙烯与长链α-烯烃共聚发现，“共单体效应”在小于C_{12}的α-烯烃出现并在1-十二烯时出现最大值。之后，随着碳数增加“共单体效应”减弱。这可能是长链α-烯烃降低了共聚物的结晶度，便于单体向活性中心扩散；也可能是给活性中心提供了更为适合的空间环境[190]。用茂金属*rac*-Et[Ind]$_2$$HfCl_2$/MAO催化丙烯和α-烯烃共聚时，也发现在1-己烯以前的α-烯烃与丙烯共聚时出现了“共单体效应”，而在1-癸烯之后的α-烯烃与丙烯共聚时未出现“共单体效应”[184]。

胡友良等人[191,192]用$MgCl_2$高效载体催化剂催化丙烯(P)-乙烯(E)-丁烯(B)，以及丙烯(P)-乙烯(E)—1-十二烯(D)三元共聚，结果发现，三元共聚体系的聚合活性明显大于P-E和P-B二元共聚的聚合活性。这可能与三元共聚物的颗粒结构比二元共聚物更加疏松有关。由于两种共聚单体乙烯和1-丁烯的体积不同，在共聚反应中产生不同的位阻效应，因此当固定一种共聚单体浓度而变化另一种共聚单体浓度时，它们对三元共聚的活性影响是

不一样的。当共聚单体 B 的配比固定时，增加共聚单体 E 的配比，则三元共聚活性呈现一个最佳值。与此相反，当共聚单体 E 的配比固定时，增加共聚单体 B 的配比，三元共聚的活性是下降的(图3-31)。

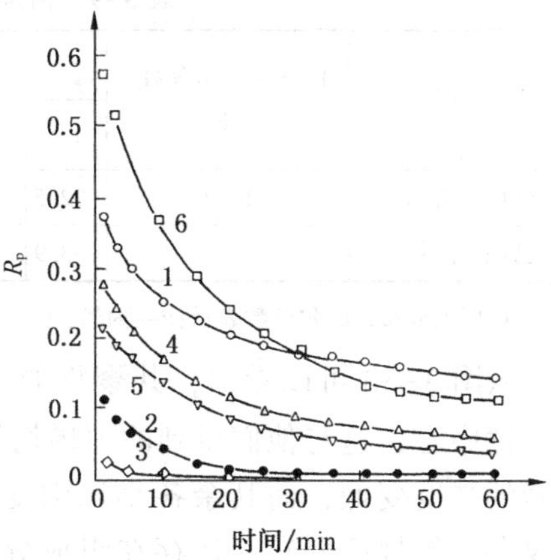

图 3-31 丙烯-乙烯-1-十二烯三元共聚反应速率与时间的关系[182]

1—丙烯均聚;2—乙烯均聚;3—1-十二烯均聚;4—P : E 摩尔比=95 : 5;5—P : E 摩尔比=100 : 0,[D]=0.48mol/L;6—P : E 摩尔比=95 : 5,[D]=0.24mol/L;聚合条件:[Ti]=0.1mmol/L,50℃,Al/Ti 摩尔比=100,二甲氧基二苯基硅烷浓度[DDS]=10mmol/L

3.4.2.2 共聚物组成

$TiCl_4/MgCl_2-Al(i-Bu)_3$ 催化丙烯和 1-辛烯共聚合所得的共聚物经沸腾己烷抽提，可分成可溶和不溶两部分[188]。实验结果表明，丙烯/1-辛烯共聚物的己烷不溶物含量和结晶度随共聚物中1-辛烯含量的提高而迅速下降。当共聚物中1-辛烯摩尔分数为 41%左右时，其己烷不溶物含量及结晶度接近于零。如图 3-32 所示，己烷可溶物的X衍射图呈一漫射峰，表明是一种非晶的无规弹性体；而己烷不溶物的X衍射图在 2θ 为 13°、16°、17°等附近出现衍射峰，这和聚丙烯的 X 衍射图一致。用^{13}C NMR 可进一步确定共聚物的链结构。从共聚物的己烷不溶物和可溶物的^{13}C NMR 谱可算得共聚物的序列分布，结果列于表 3-9。

从不溶物的序列分布来看，两元组 PP 序列占 93.9%(摩尔分数)，丙烯平均序列长度达 31.6，故可形成链段结晶。有少量 PO 序列[6.1%(摩尔分数)]，但无 OO 序列，说明己烷不溶物具有镶嵌着单个 1-辛烯单体单元的长嵌段聚丙烯链结构。可溶物的序列分布，既有 PP、OO 序列，又有较高比例的 PO 序列，丙烯的平均序列长仅为 17.1，大分子链难以形成结晶，这与前述的 X 衍射结果是相符的。

徐君庭等[193]用 $MgCl_2$ 载体催化剂制备了丙烯与少量丁烯的共聚物，并且用最近才发展起来的升温淋洗分级(TREF,Temperature Ressing Elution Fractionation)方法对共聚物进行分级，考察共聚物的组成分布，图 3-33 和表 3-10 分别为淋洗曲线和数据。

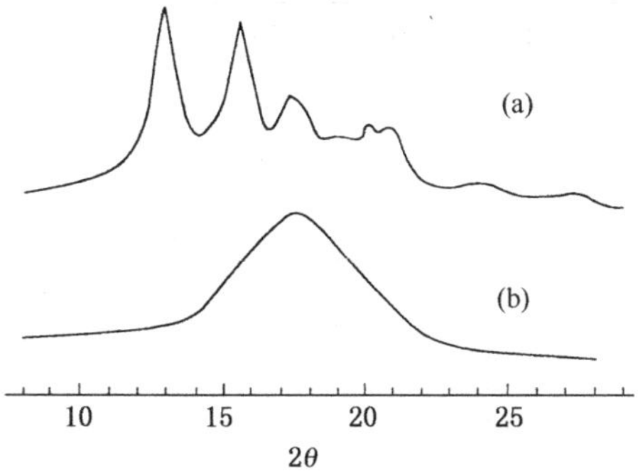

图 3-32 丙烯-1-辛烯共聚物的 XRD 谱

a—己烷不溶物；b—己烷可溶物

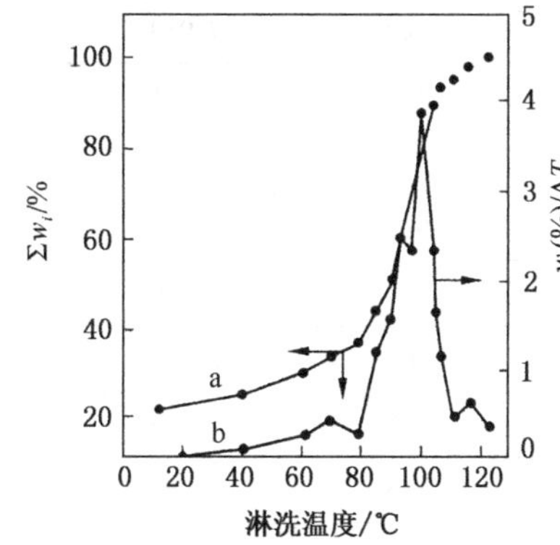

图 3-33 丙烯-丁烯共聚物的 TREF 曲线

a—积分淋洗曲线;b—微分淋洗曲线[$w_i(\%)/\Delta T$];$w_i(\%)$为级分 i 的质量分数;ΔT 为级分 i 和 $i-1$ 之间的温度差;$\sum w_i$ 为淋洗物总质量分数

表 3-9　丙烯-1-辛烯共聚物的序列分布[188]

样　品	1-辛烯摩尔分数/%	序　列　分　布①/%									平均序列长度	
		PP	PO	OO	PPP	PPO	POP	POP	POO	OOO	n_P	n_O
己烷可溶物	15.7	72.5	23.6	3.9	60.1	14.3	9.9	10.0	4.6	1.1	17.1	1.3
己烷不溶物	3.1	93.9	6.1	0	93.0	3.0	0.9	3.1	0	0	31.6	1.0

① 序列分布以摩尔分数表示；P—丙烯，O—1-辛烯；原样中 1-辛烯摩尔分数为 14.1%。

从图 3-33 可以看出，共聚物的 $w_i(\%)/\Delta T \sim T$ 曲线中出现多峰，说明共聚时存在多种活性中心，这与他们得到的丙烯均聚物的分级相似[194]，但与均聚物相比，共聚物中最大峰的强度变低，而其余各小峰则变得更明显，表明共聚物的分散性严重，在共聚物中不仅存在等规度分布，还存在组成分布。此外，与均聚物有所不同的是各峰所对应的温度较均聚物要低，这是因为聚丙烯链中引入了丁烯后，聚合物的结晶性下降，导致淋洗温度降低。另一个不同之处是共聚物在室温下淋洗出的量比均聚物要大出很多，这也是由于共聚单体的嵌入，使聚合物的结晶性降低，原先均聚物中一些在室温以上才能被淋洗出来的级分在共聚物中室温下就可被淋洗出来。从图中可看出，共聚物在 120℃时已基本上全部被淋洗出来，而均聚物则须在 130℃才能全部被淋洗出来，这表明在共聚物中没有丙烯均聚物的存在。

表 3-10　丙烯-丁烯共聚物的 TREF 数据[193]

序　号	T/℃	w_i/%	$\sum w_i$/%	$w_i/\Delta T$	$M_w\times10^{-4}$	M_w/M_n
1	12	21.567	21.567	—	2.39	8.2
2	40.5	3.091	24.685	0.109	—	—
3	61	4.960	29.618	0.242	—	—
4	70	4.026	33.644	0.447	—	—
5	80	2.876	36.520	0.288	—	—
6	85.5	6.686	43.206	1.216	13.48	6.09
7	90.5	7.980	51.186	1.546	—	—
8	94	8.771	59.957	2.489	24.74	5.17
9	97	7.045	67.002	2.348	—	—
10	100.5	13.515	80.517	3.861	45.39	4.44
11	104	8.340	88.857	2.383	—	—
12	107	3.522	92.379	1.174	—	—
13	111	1.869	94.248	0.467	—	—
14	116	3.163	97.411	0.633	46.07	8.01
15	123	2.588	99.999	0.370	—	—
总　计					25.11	11.82

从表 3-10 的分子量及分子量分布数据可以看出，同均聚物类似，共聚物各级组分的分子量也是随淋洗温度的升高而增大的，但是各级分都具有较宽的分子量分布，同

时第 10 个级分和第 14 个级分的分子量非常相近，这都说明分级不是按分子量进行的，只是与分子量和等规度之间存在一定程度的一致性。同均聚物相比，共聚物各级的分子量分布比均聚物级分要宽一些，这说明共聚单体的引入也会使聚合物的分子量分布加宽。

α-烯烃在丙烯共聚物中的组成与其链长有一定关系。这种关系可以从以下的组成图看出。图 3-34 为 *rac*-Et[Ind]$_2$HfCl$_2$/MAO 分别催化丙烯与 1-丁烯和 1-十六碳烯共聚时的单体配比和共聚物组成关系[184]。丙烯与 1-丁烯和 1-十六烯的 $\gamma_i \times \gamma_j$ 值分别为 1.02 和 1.18，但二者的单体配比和共聚物组成关系存在着一定的差别。丙烯与 1-丁烯共聚的 $\gamma_i \times \gamma_j$ 值更接近 1，所以其单体配比和共聚物组成关系曲线更接近理想共聚曲线。而丙烯与体积大得多的 1-十六烯共聚的 $\gamma_i \times \gamma_j$ 值为 1.18，单体配比和共聚物组成关系曲线偏离理想共聚曲线较大。

图 3-35 为茂金属催化剂和传统 Z-N 催化剂催化丙烯-1-己烯共聚时的单体配比和共聚物组成关系[174]。从图 3-35 看出茂金属催化剂共聚性能好于传统 Z-N 催化剂。Kaminsky 等[195]详细研究了茂金属催化剂[Me$_2$C(3-RCp)(Flu)]ZrCl$_2$[R=H(Ⅰ)、Me(Ⅱ)、*i*-Pr(Ⅲ)和 *t*-Bu(Ⅳ)]催化丙烯与乙烯共聚合，其结果如下：

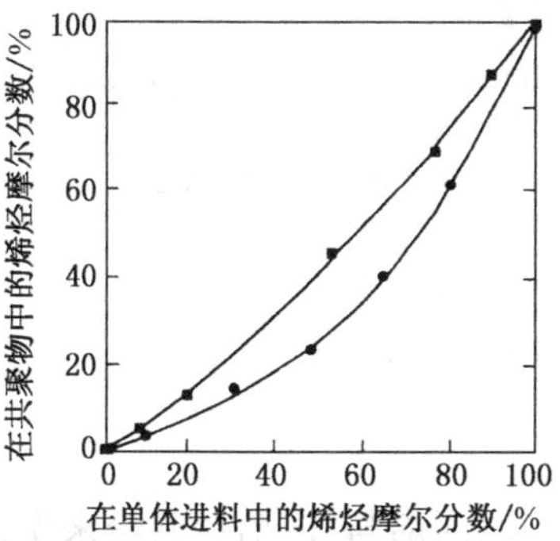

图 3-34　共聚单体链长对共聚物组成的影响

■ —丙烯-1-丁烯；● —丙烯-1-十六碳烯

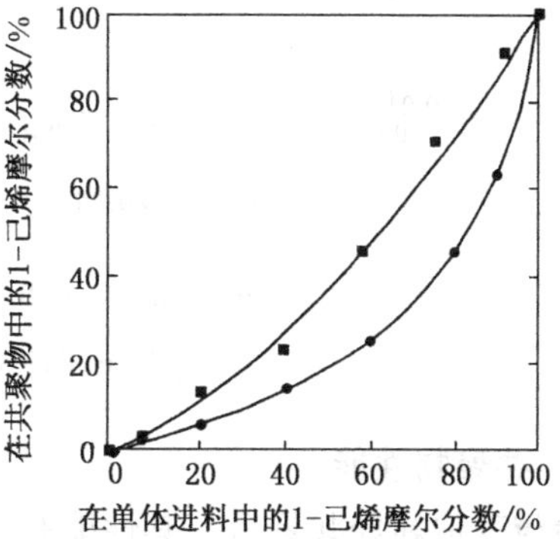

图 3-35　催化剂对共聚物组成的影响

■ —Et(Ind)$_2$HfCl$_2$/MAO；● —TiCl$_3$/AlEt$_2$Cl

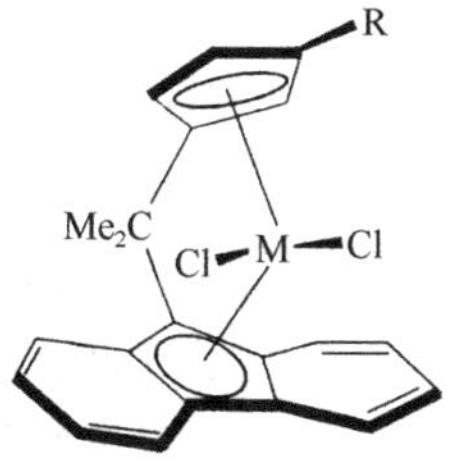

图 3-36 为 30℃(空心点)和 60℃(实心点)时，丙烯-乙烯共聚的单体配比和共聚物中组成关系。Kaminsky 用前末端效应模型对这些实验结果进行计算机模拟发现，该共聚合的共聚物组成存在前末端效应的影响。

图 3-37 为该系列催化剂所得共聚物的三元组分布。图 3-37 表明，催化剂(Ⅱ)和(Ⅲ)趋于形成丙烯嵌段序列；而催化剂(Ⅰ)和(Ⅳ)则趋于形成丙烯单元无规分布[195]。

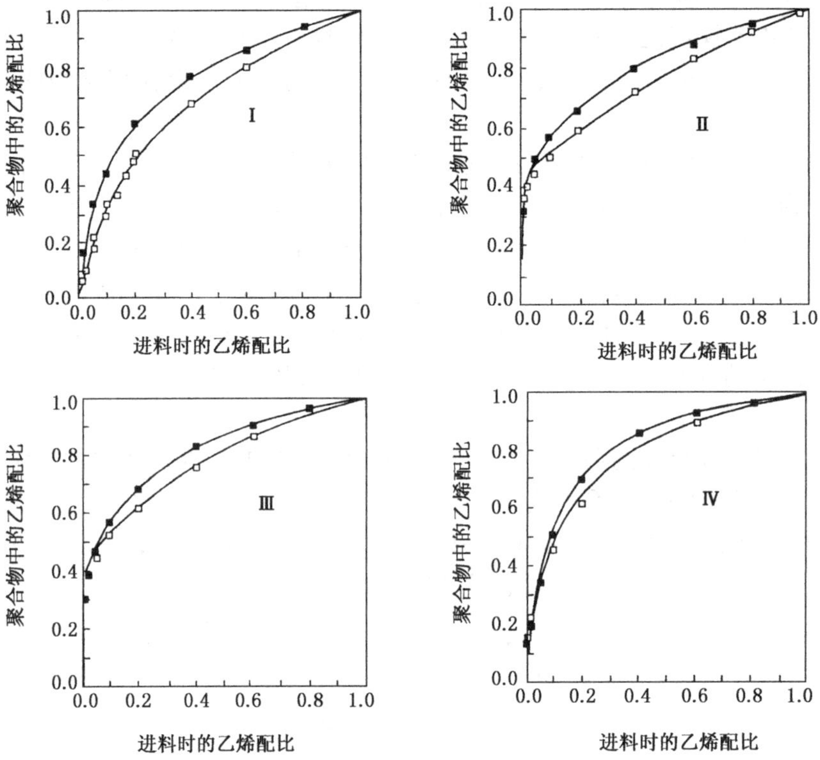

图 3-36　[$Me_2C(3\text{-}RCp)(Flu)]ZrCl_2$/MAO 催化丙烯-乙烯共聚的单体配比和共聚物组成关系曲线

3.4.2.3　共聚物性能

丙烯与其他烯烃共聚后，其性能有了很大的改变。以丙烯与 α-烯烃共聚来说，α-烯烃含量增加，丙烯共聚物的熔点(T_m)和玻璃化温度(T_g)都随之下降；α-烯烃链越长，丙烯共聚物的熔点(T_m)和玻璃化温度(T_g)下降程度越大(图 3-38,图 3-39)[174]。

陈辉等[196,197]研究了丙烯与长链 α-烯烃的聚合反应规律。结果表明，随着 α-烯烃浓度的增大，共聚物的特性黏数降低，这可能是由于长链 α-烯烃进入聚合物链造成支化，使共聚物流体力学体积变小；也可能是长链α-烯烃在共聚物中起链转移剂的作用，使聚合物分子量降低。另外，共聚物结晶度降低，玻璃化转变温度较聚丙烯均聚物低，断裂伸长率较聚丙烯均聚物有很大提高，表明低温性能和韧性得到改善。

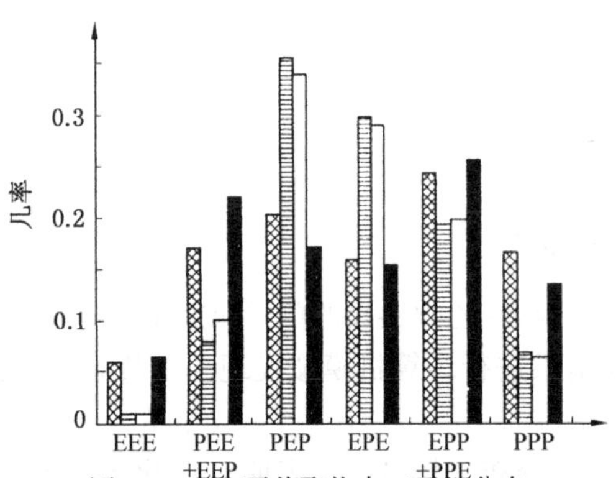

图 3-37　乙丙共聚物中三元组分布

⊠—R=H；⊟—R=Me；□—R=*i*-Pr；■—R=*t*-Bu

表 3-11 列出了丙烯(P)-乙烯(E)-丁烯(B)三元共聚中共聚单体配比对共聚物组成、共聚物密度和熔点的影响。

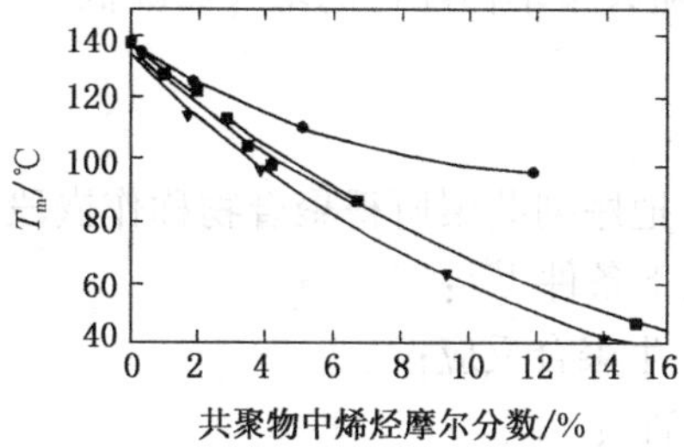

图 3-38　α-烯烃含量与共聚物 T_m 关系

共聚物：◆—1-丁烯；■—1-己烯；

▼—1－十二碳烯；●—1－十六碳烯

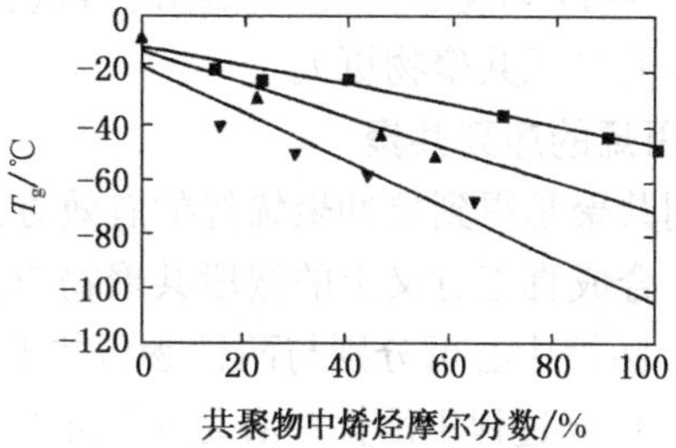

图 3-39　α-烯烃含量与共聚物 T_g 关系

共聚物：■—1-己烯；▲—1－辛烯；

▼—1－十二碳烯

表 3-11　丙烯三元共聚物的熔点和密度[191]

单体配比 P：E：B/%	共聚物组成①		熔点/℃	密度/(g/cm³)
	E/%	B/%		
99.0：1.0：0.0	1.1	0	156	0.9171
97.0：3.0：0.0	3.4	0	151	0.9167
95.5：5.0：0.0	5.9	0	150	0.9165
93.0：7.0：0.0	7.2	0	149	0.9151
91.0：9.0：0.0	8.7	0	131	0.9165
95.0：0.0：5.0	0	6.9	148	0.9166
90.0：0.0：10.0	0	11.6	142	0.9100
85.0：0.0：15.0	0	14.8	140	0.9056
80.0：0.0：20.0	0	16.7	137	0.9045
75.0：0.0：25.0	0	18.2	110	0.9040
93.0：2.0：5.0	2.7	3.1	139	0.9110
91.0：4.0：5.0	3.6	3.5	133	0.9108
89.0：6.0：5.0	4.0	4.5	128	0.9105
87.0：8.0：5.0	4.8	4.8	123	0.9102
85.0：10.0：5.0	5.6	4.9	121	0.9100
93.5：4.0：2.5	3.7	1.9	139	0.9112
88.5：4.0：7.5	3.9	4.1	126	0.9101
86.0：4.0：10.0	3.9	5.1	123	0.9095
81.0：4.0：15.0	3.9	5.3	118	0.9092
76.0：4.0：20.0	4.0	7.3	94	0.9098

① 共聚物组成和单体配比均为摩尔分数。

从表 3-11 可见，三元共聚物的熔点和密度都随共聚单体配比的增大而降低，其下降幅度比相应的二元共聚物更大。

3.4.3 丙烯的序列共聚

序列共聚是得到抗冲聚烯烃的有效方法。通常把序列共聚所得聚合物称作嵌段共聚物。实际上，合成真正意义上的嵌段共聚物应该满足以下条件[175]：

(1) 活性中心可分别与两种参与共聚的单体发生聚合反应；

(2) 聚合过程中活性中心足够稳定(活性催化剂)；

(3) 生长的大分子链有长的平均寿命(活性聚合物)。

对于烯烃聚合而言，条件(1)一般能够满足，条件(2)可部分满足，而条件(3)通常难以满足。聚合中即使没有 H_2 作链转移剂，增长链的寿命也只有几秒[199,200]。因此真正的嵌段共聚物是难以通过传统 Z-N 催化剂得到的，烯烃共聚物严格地说只是多相共聚物或可称作抗冲共聚物。

3.4.3.1 序列共聚合方法

序列共聚合一般采用两步进行。以丙烯和乙烯共聚为例，首先加入一种单体，通常为丙烯，合成其均聚物或略有改性的共聚物。然后加入第二种单体，通常为乙烯，在同一种催化剂的作用下，乙烯和丙烯进行共聚，所得产物为一种多相体系。该体系为无定形橡胶组分分散其间的半结晶物。这种共聚物的性质取决于橡胶相的含量和分子结构[200,201]。图 3-40 表明反应共混中 EP 橡胶含量与冲击强度的关系。EP 橡胶含量增加，冲击强度得以明显改善；低温冲击强度尤其如此。

图 3-41 为抗冲聚丙烯的微相结构。从图中可以看出，橡胶组分均匀分散于聚丙烯链段之间，这是其能够具有抗冲性能的主要原因。为得到所需性能的聚丙烯，在共聚阶段要合成出适当量的橡胶组分。这要求催化剂在经过均聚阶段后仍保持一定的活性，以便橡胶相均匀分散于均聚物的微晶中。这个过程可以被看作是橡胶相在均聚物微球环境中生长的过程。均聚物微球内的孔隙被生长的橡胶占据，在填充完这些孔隙后，橡胶相才向均聚物微球表面扩展。因此均聚物内必须有足够多的孔隙，使橡胶微球分散其中，以免扩散到均聚物微球表面，造成粘釜现象[200,202]。

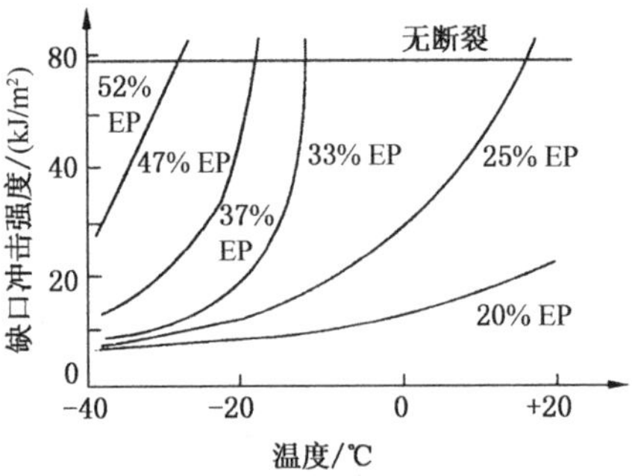

图 3-40 反应共混中 EP 橡胶含量与缺口冲击强度的关系

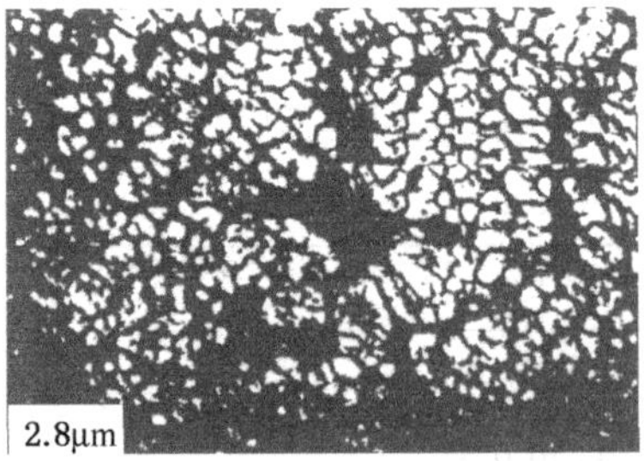

图 3-41 抗冲聚丙烯的微相结构

这对催化剂的结构有一定的要求[203]。一些传统的 Z-N 催化剂如高效 $MgCl_2$ 负载催化剂就可以满足这种要求。图 3-42 为共聚物微球的孔隙度与橡胶相含量关系。从图中看出，多

孔隙的高效 $MgCl_2$ 负载催化剂，由于孔隙度大，生成的共聚物微球的孔隙率也大于常用Z-N催化剂合成的共聚物微球的空隙率。这使得橡胶相能够更好地分散于共聚物中，从而冲击强度大大提高。

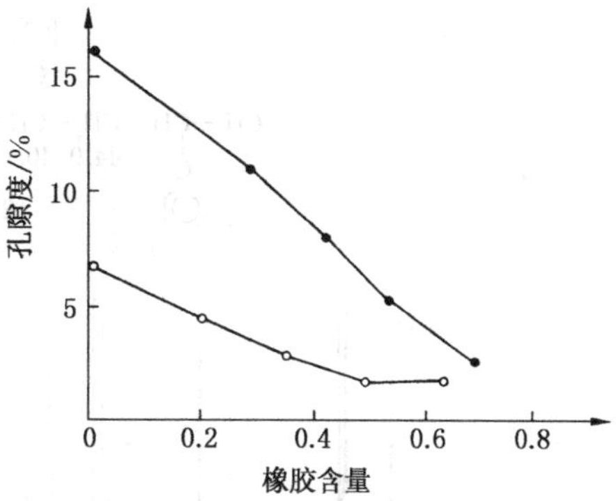

图 3-42 共聚物微球的孔隙度与橡胶相含量关系

●—$MgCl_2$ 负载 Z-N 催化剂；

○—非负载型Z-N催化剂

3.4.3.2 序列共聚组成及其分布

Galimberti 等用空间位阻大的茂金属催化剂 *rac*-$Me_2C(3\text{-}t\text{-}BuCp)_2ZrCl_2$ 催化丙烯-乙烯共聚可以得到乙烯含量从17%~91%的乙丙共聚物，该共聚物的三元组分布见图 3-43[204]。

图中，横坐标为共聚物中乙烯链节的含量(f)，纵坐标为各三元组的摩尔分数(%)。

从图中看出，当[PPP]为 0.55 时，[PPE]为 0.24，[EEP]为 0.09，[PEP]为 0.08，[EPE]和[EEE]约为 0.02。当[PPP]为 0.31 时，[PPE]达到最大值为 0.27，[EEP]为 0.19，[PEP]为 0.09，[EPE]为 0.04，[EEE]约为 0.1。当[PPP]为 0.1 时，[PPE]为 0.17，[EEP]达到最大值为 0.26，[PEP]下降到 0.05，[EPE]上升到 0.07，此时[EEE]约为 0.37。随着共聚物乙烯链节含量(f 值)增加，共聚物中[PPP]含量迅速下降，[PPE]、[EEP]、[EPE]和[PEP]的含量也不同程度地下降。显然，这种序列共聚物中除了[PPP]和[EEE]链段外，还存在相当数量的[PPE]、[EEP]、[EPE]和[PEP]链段。

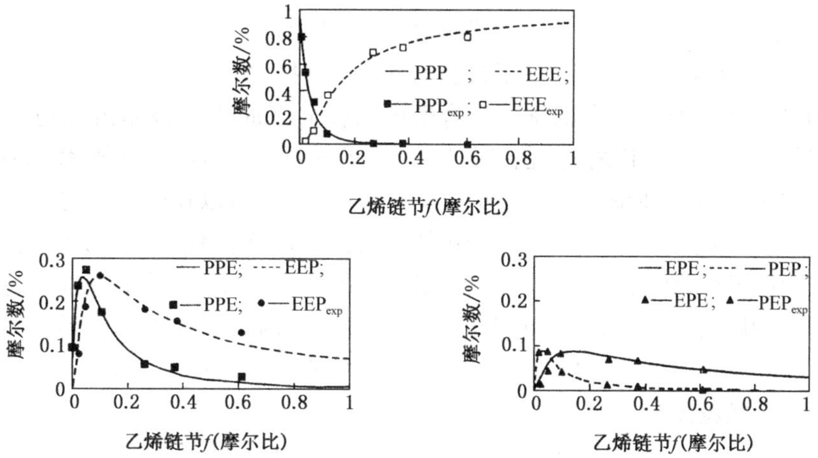

图 3-43 乙丙共聚物中三元组分布

林尚安、伍青等人[205]用合成间规聚苯乙烯的催化剂 $Cp^*Ti(OBz)_3$/MAO 得到了聚丙烯和间规聚苯乙烯的序列共聚物。从溶于不同溶剂的聚合物组分(A)和(B)的 ^{13}C NMR 谱可以清楚地看出，这两种聚合物均为聚丙烯和间规聚苯乙烯的序列共聚物(图 3-44)。这两种组分的 DSC 分析也证明了这一点。

3.4.4 釜内聚合聚丙烯合金

聚丙烯树脂的质优价廉是其迅速发展的主要原因，但是它的低温脆性也限制了它的使

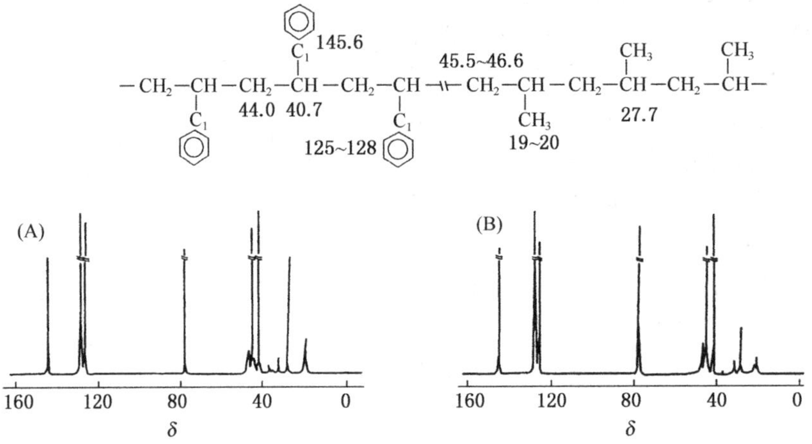

图 3-44 丙烯-间规聚苯乙烯序列共聚物的^{13}C NMR 谱

用。以往人们是通过共混改性克服聚丙烯树脂的低温脆性，但该方法成本较高，质量欠佳，因此人们总在寻找新的改性方法。近来，通过共聚改善聚丙烯的抗冲击性能受到人们越来越多的重视[206]。前面已经叙述了丙烯与乙烯或α-烯烃的无规共聚，它使聚丙烯的性能有所改善；而丙烯与乙烯或α-烯烃的序列聚合才是改善聚丙烯抗冲韧性的主要途径，因此目前已有很高的市场占有率。此种序列聚合是分别在两个反应器中的两步反应。在第一个反应器中进行丙烯均聚，然后将含有活性催化剂的聚合产物转移至第二个反应器中进行共聚反应，同时加入氢气调节产物的分子量。在第二步反应中，共聚单体扩散进入均聚聚丙烯颗粒中，并与催化剂接触进行共聚反应，最终使弹性体组分均匀地分散于聚丙烯颗粒中。由于这是从聚合釜中直接制备出高抗冲聚丙烯树脂，所以也称釜内增韧。

许多生产聚丙烯树脂的公司开发了自己的釜内增韧技术，其中尤以生产球形催化剂著名的原 Himont(BASELL)公司开发的釜内聚合聚丙烯合金(Catalloy)技术最成功。该技术用计算机控制催化剂和聚合工艺过程，最大限度地发挥颗粒反应器技术(reactor granule technology)的优势，通过在聚合釜中重复加入不同的单体，可以在聚合釜内直接生产多相多组分聚合物合金。最近，该公司又把共聚单体扩展到非烯烃单体，使非烯烃聚合物产生于聚烯烃基质中。功能性单体的加入，使得聚丙烯为基础的合金树脂具有高硬度、高刚性和耐化学溶剂的特性，并且在加工成型之前无需干燥。例如聚丙烯接枝聚苯乙烯共聚物(PP-*g*-PS)技术(Hivalloy)使聚丙烯的高温性能大大改善，能直接与昂贵的工程塑料相竞争。

3.4.4.1 反应器颗粒技术

“级联反应器”技术是聚丙烯工艺的一次革命性进步，目前几乎所有新的和成功的生产工艺都基于此，而“级联反应器”技术的基础是反应器颗粒技术（RGT）。所谓的 RGT 技术是指在多孔球形聚丙烯颗粒的孔中进行其他单体的均聚或共聚以制备聚丙烯合金的技术。每一个聚丙烯颗粒就如同一个微型反应器，RGT 技术的示意图如图 3-45 所示。[207]

RGT 技术的关键是能控制聚丙烯颗粒形态的高效球形催化剂。聚合物粒子有复制催化剂颗粒形状的特性，通过预聚合能得到结构稳定的球形多孔聚丙烯预聚物颗粒，因此在后续的丙烯聚合中能得到更大的聚合物颗粒，随后进行丙烯/乙烯共聚时，在聚丙烯颗粒的孔中

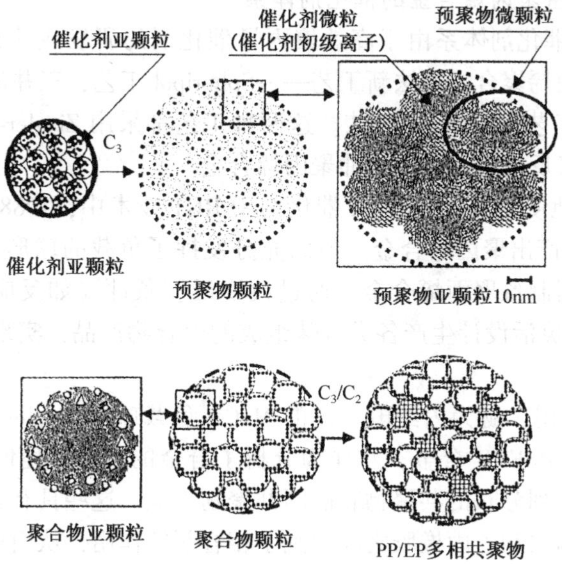

图 3-45　RGT 技术示意图

和亚颗粒的表面增长橡胶相，形成合金。

采用多段聚合，反复加入各种不同单体在釜内直接形成多相聚合物合金的 Catalloy 工艺是 RGT 技术最成功的应用。Catalloy 工艺制备的新产品性能非常优异，比现在广泛使用的 Spheripol 工艺制备的产品性能要好得多。图 3-46 是用传统的 Spheripol 工艺和新的 Catalloy 工艺制备的产品的结构性能比较。[208]

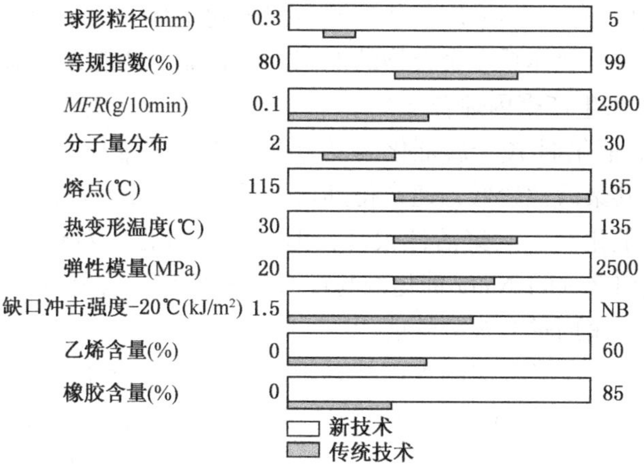

图 3-46　传统的 Spheripol 工艺和新的 Catalloy 工艺的产品主要结构性能比较

从图 3-46 可以看出，Catalloy 工艺不仅能生产出高刚性和高抗冲击性能的聚丙烯新品种，而且可以生产出弹性模量非常小的超软性树脂，这是由于高橡胶含量造成的结果。这种超软性树脂制备的膜材料具有更高的柔韧性能、机械性能、光学性能和密封性能，为产品增加了“柔性触感”和美观特性，在汽车内装饰以及消费品包装方面都有很好的应用市场。

3.4.4.2 釜内聚合制备聚丙烯合金的催化剂体系

(1) Ziegler-Natta 催化剂体系由于高效聚丙烯催化剂的研发成功，Montedison 公司开发出采用环管反应器的丙烯聚合本体法新工艺——Spheripol 工艺，三井油化公司开发出采用釜式反应器的本体法新工艺——Hypol 工艺。这两种工艺都采用 Ziegler-Natta 催化剂体系，用气相反应器作为第二级反应釜，生产抗冲聚丙烯合金。

Himont 公司成功地使用 Ziegler-Natta 催化剂于 RGT 技术中，1988 年正式建成了工业规模的 Catalloy 装置，生产出聚丙烯合金。他们充分发挥了负载的球形 Ziegler-Natta 催化剂的特点，利用多级反应器制备聚丙烯合金，通过改变反应条件（如反应温度、反应压力、单体种类及浓度等)，可灵活设计生产各类特殊组成的聚合物产品，实现对最终产物组成和性能的控制。

胡友良等人[209]使用二醚为内给电子体的 $MgCl_2$ 负载球形 Ziegler-Natta 催化剂，采用多段聚合技术制备出了 PP/EPR 合金，并详细分析了合金的组成。他们发现，共聚物是由乙丙橡胶、具有长乙烯序列分布的共聚物和嵌断共聚物组成。这些具有长乙烯序列分布的共聚物和嵌段共聚物在聚丙烯和乙丙橡胶之间起到了相容剂的作用，从而使聚丙烯的抗冲击性能提高。

(2) 茂金属催化剂体系　茂金属催化剂体系在乙烯和丙烯配位聚合中都表现出很高的活性，尤其在 α-烯烃与乙烯共聚中具有高的 α-烯烃插入率，共单体的分布均匀。基于茂金属催化剂体系优良的共聚性能，Dow 化学公司 1994 年使用限定几何构型催化剂技术制备了乙烯-辛烯共聚物（POE)，并用作聚丙烯共混的抗冲击改性剂，比使用传统的三组分乙丙橡胶（EPDM）共混有明显的优势。[210]

采用茂金属催化剂体系釜内聚合直接制备聚丙烯合金的研究报道极少，目前多为专利技术。为了改善产品的形态，必须采用负载型茂金属催化剂体系。与上述的 Ziegler-Natta 催化剂体系相比，茂金属催化剂体系在聚合物的形态控制和加工性能方面都不是很理想，因此不能充分利用 RGT 技术来生产聚丙烯合金。

(3) Ziegler-Natta 催化剂-茂金属催化剂复合催化体系 Ziegler-Natta 催化剂虽然有优异的形态控制能力，但其共聚活性较低，通常得到均聚长链段含量较高的共聚物，不能起到很好的增韧效果；茂金属催化剂的共聚活性很高，但在均聚过程中对聚合物形态控制的能力较差。近年来人们开始将 Ziegler-Natta 催化剂与茂金属催化剂进行复合，利用两类催化剂的协同作用，进一步改善了聚丙烯合金的性能[211]。

刘继广等[212]用含有功能基团的聚丙烯球形粒子作为大分子载体，在聚丙烯粒子内部通过分子链上的功能基团负载茂金属催化剂，并用茂金属催化剂催化乙烯聚合或乙烯与 α-烯烃共聚，可以得到形态和性能优良的新型聚丙烯合金。用 Ziegler-Natta 催化剂制备的聚丙烯负载茂金属催化剂后的聚合物粒子仍具有球形多孔形貌，可作为乙烯与 α-烯烃共聚的微反应器。该方法中的茂金属通过化学键合的方式负载到聚丙烯上，结合非常牢固，从而保证了绝大多数弹性体共聚物在聚丙烯的孔内生成而不脱落，有利于对聚丙烯合金的形态控制。

3.4.5 丙烯不同立构规整性链段共聚

茂金属催化剂的发展为包括丙烯在内的烯烃共聚提供了有效的工具，使这些共聚反应更加丰富。Waymouth 开发出具有化学振荡功能的茂金属催化剂[213]。在反应中，该催化剂的构型能够发生交替变化，形成具有立构规整性的外消旋(racemic)结构和无立构规整性的内消旋(meso)结构。当催化剂呈外消旋结构时生成等规聚丙烯链段，当催化剂呈内消旋结构时则生成无规聚丙烯链段。由此合成出等规和无规两种不同立构规整性的丙烯序列聚合物，见图3-47。由于这种催化剂的结构变换速率与温度有关，因此可以通过温度来调控这种特殊聚丙烯中两种不同立构规整性链段的分布。

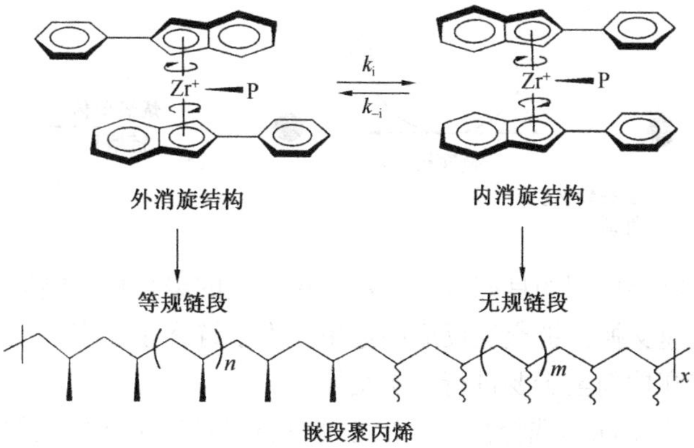

图 3-47　化学振荡型茂金属催化剂及立构序列聚丙烯

3.4.6　通过链穿梭聚合生成聚丙烯嵌段共聚物

链穿梭聚合是近年来发展起来的一种新的配位聚合方法[214]，可用于制备聚烯烃嵌断共聚物，和其他聚合方法相比，该方法在制备嵌断共聚物方面有很多优点，容易实现大规模应用。

3.4.6.1　链穿梭聚合的基本原理

“链穿梭（chain shuttling）”聚合的概念是2006年Dow化学公司的几位科学家首先提出来的。[215]他们将链穿梭聚合定义为，增长的聚合物链在多个催化剂活性中心间穿梭，每一个聚合物链至少在两个催化活性中心上增长。链穿梭聚合的基本原理是，采用至少两种均相烯烃聚合催化剂，至少一种链穿梭剂，在溶液聚合体系中，增长的聚合物链从一种催化剂活性中心转移到链转移剂上，再从链转移剂上转移到另一种催化剂活性中心继续增长，以链转移剂为媒介，聚烯烃增长链在多种均相活性中心上不断穿梭，以完成一个聚合物链的增长。链穿梭聚合中不可缺少链穿梭剂（CAS）。链穿梭剂一般是烯烃配位聚合的链转移剂，如二烷基锌、烷基铝等金属有机化合物。因此，链穿梭反应也可以看作是多种催化剂和链转移剂组成的一个可实现交叉链转移的聚合体系。当催化剂的立体选择性或单体选择性不同时，在有效的链穿梭聚合中，就可以制备出多嵌段聚烯烃共聚物。

下面是一个表示链穿梭聚合基本原理的示意图：

从示意图中我们可以看到，烯烃单体通过催化剂1生成了性质A′的聚合物链1（如硬性链段）；在遇到链穿梭剂时，链穿梭剂上的聚合物链（如软性链段）迅速与催化剂上的（硬性）链段进行交换，其结果是链穿梭剂上的聚合链段变成硬性链段，而催化剂1上的聚合物链段却变成了软性链段。随后，通过烯烃单体的链增长反应，最终生成了具有性质A′+B′（硬性链段+软性链段）的嵌段聚合物链。

从链穿梭聚合的基本原理来看，要成功实现链穿梭聚合，应该满足以下几点：

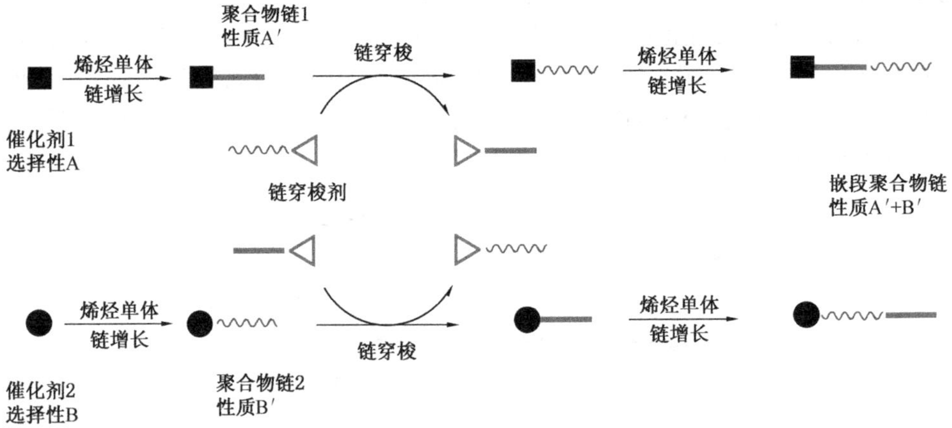

（1）主催化剂和链穿梭剂的良好匹配。链穿梭剂上的聚合物链能够和任意一个主催化剂上的聚合物链进行快速交换，链交换反应的速率要大于链终止速率。形象地说，在一个聚合链终止之前，它与链穿梭剂至少要进行一次交换。

（2）主催化剂具有不同的选择性，这样才能制备出具有不同性能的嵌段共聚物。

（3）聚合反应需要在均相条件下进行。

（4）催化剂的活性最好要达到工业应用的要求。

3.4.6.2　链穿梭聚合制备聚丙烯嵌段共聚物

Lieber 等[216]于 1999 年发现，等规立体定向茂金属化合物 rac-二甲基硅基双（2-甲基-4-叔丁基-环戊二烯基）二氯化锆和无规立体定向茂金属化合物亚乙基双（9-芴基）二氯化锆混合，用 MAO 作助催化剂催化丙烯聚合，可以产生 10%~30%的等规-无规嵌段聚丙烯。他们认为，产生嵌段共聚物的原因是催化剂活性中心和助催化剂烷基铝之间发生了可逆的烷基交换反应。现在看来，其机理应该是 MAO 中包含的三甲基铝充当了链穿梭剂的作用。由于 MAO 中三甲基铝的含量不是很高，所以嵌段共聚物的产率不高。在当时，链穿梭的概念尚未提出，因此还不可能在反应体系中添加三甲基铝来增加嵌段共聚物的含量。最近，Tynys 等[217]在等规-间规催化体系中加入较大量的三甲基铝，聚合中产生了较多的等规-间规立体嵌段共聚物。

Alfano 等[217]使用外消旋催化剂，以三甲基铝为链穿梭剂，在极性溶剂邻二氟苯中催化丙烯聚合，能有效发生链穿梭聚合，制备的聚丙烯分子量分布接近 1，聚丙烯有大量的 m_x（r）m_y结构，说明得到了如下式所示的立体嵌段聚丙烯：

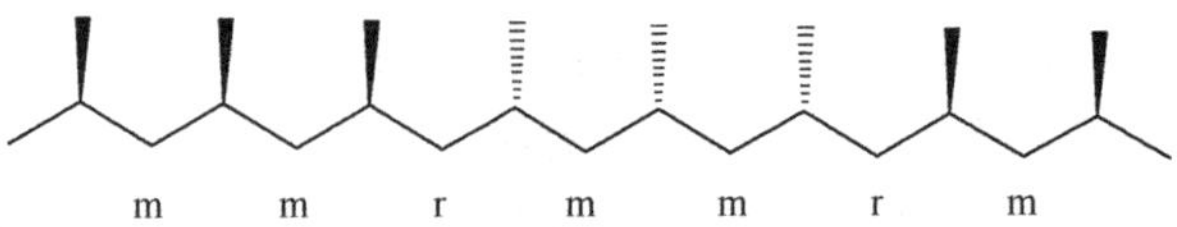

参 考 文 献

[1] Natta G, Pino P, Manitica E, et al. Chim. Ind. (Milan), 1956, 38:124

[2] Zambelli A, Locatelli P, Sacchi M C, et al. Macromolecules, 1982, 15: 831

[3] Sacchi M C, Tritto I, Locatelli P. Prog. Polym. Sci., 1991, 16: 331

[4] Longo P, Grassi A, Ammendola P. Macromolecules, 1991, 24: 4624
[5] Zakharov V A, Bukatov G D, Yermakov Yu, et al. SSSR, 1972, 207: 857
[6] Chien J C W, Wang B P. J. Polym. Sci., Part A: Polym. Chem., 1989, 27: 1539
[7] Natta G, Pino P, Mazzanti G, et al. Chim. Ind. (Milan), 1957, 39: 1032
[8] Pino P, Giannini U, Porri L. Encyclopedia of Polymer Science and Engineering. Second Edition, John Wiley & Sons, Inc, 1987
[9] Zambelli A, Longo P, Pellecchia C, et al. Macromolecules, 1987, 19: 2035
[10] Wolfsgruber C, Zannoni G, Rigamonti E, et al. Makromol. Chem., 1975, 176: 2765
[11] Busico V, Cipullo P, Corradini P. Makromol. Chem. Rapid Commun., 1992, 13: 15
[12] Chadwick J C, Miedema A, Sudmeijer O. Makromol. Chem., 1994, 195: 167
[13] Chadwick J C, Morini G, Albizzati E, et al. Macromol. Chem. Phys., 1996, 197: 2501
[14] Chadwick J C, Morini G, Balbontin G, et al. Macromol. Chem. Phys., 1997, 198: 1181
[15] Soga K, Shiono T, Takemura S, et al. Makromol. Chem. Rapid Commun., 1987, 8: 305
[16] Grassi A, Zambelli A, Resconi L, et al. Macromolecules, 1988, 21: 617
[17] Stehling U, Siebold J, Kirsten R, et al. Organometallics, 1994, 13: 964
[18] Busico V, Cipullo R, Chadwick J C, et al. Macromolecules, 1994, 27: 7538
[19] Spaleck W, Kuber F, Winter A, et al. Organometallics, 1994, 13: 954
[20] Toyota A, Tsutsui T, Kashiwa N. J. Mol. Catal., 1989, 56: 237
[21] Randall J C, Ruff C J, Vizzini J C, et al. Metalorganic Catalysts for Synthesis and Polymerization. Kaminsky W (Ed.), Springer Verlag, Berlin, 1999
[22] Moscardi G, Piemontesi F, Resconi L. Organometallics. 1999, 18: 5264
[23] Chadwick J C, Heere J J R, Sudmeijer O. Macromol. Chem. Phys., 2000, 201: 1846
[24] Zambelli A, Giongo M, Natta G. Makromol. Chem., 1968, 112: 183
[25] Ewen J A. J. Am. Chem. Soc., 1984, 106: 6355
[26] Pino P, Mulhaupt R. Angew. Chem. Int. Ed. Engl., 1980, 19: 857
[27] Doi Y, Asakuru T. Makromol. Chem., 1975, 176: 507
[28] Boor J Jr. Ziegler-Natta Catalysts and Polymerization, New York: Academic Press, 1979
[29] G Natta, J. Inorg. Nucl. Chem., 1958, 8: 589
[30] Cossee P. J. Catal., 1964, 3: 80
[31] Arlman E J, Cossee P. J. Catal., 1964, 3: 99
[32] Allegra G. Makromol. Chem., 1971, 145: 235
[33] Corradini P, Busico V, Guerra G. Comprehensive Polymer Science, Eastman G C, A Ledwith, S Russo, P Sigwalt, Eds., Pergamon Press, 1989
[34] Locatelli P, Tritto I, Sacchi M C. Makromol. Chem. Rapid Commmum., 1984, 5: 495
[35] Zambelli A, Sacchi M C, Locatelli P, et al. Macromolecules, 1982, 15: 211
[36] Brookhart M, Green M L H. J. Organomet. Chem., 1983, 250: 395
[37] 郭洪猷,余晨,曹维良等. 高分子学报, 1991, (2): 175
[38] Kissin Y V, Chirkov N M. Eur. Polym. J., 1970, 6: 525
[39] Fellman J D, Ripprecht G A, Schrock R R. J. Am. Chem. Soc., 1979, 101: 5099
[40] Kinney R S Mc. J. Chem. Soc. Chem. Commun., 1980, 490
[41] Ystenes M. J. Catal., 1991, 129: 383
[42] Patat P, Sinn H. Angew. Chem., 1958, 70: 496
[43] Natta G, Mazzanti G. Tetrahedron, 1960, 8: 86

[44] Rodriguez L A M, Looy H M Van. J. Polym. Sci. A1, 1966, 4: 1971
[45] Chien J C W, Wu J C. J. Polym. Sci., Part A: Polym. Chem., 1982, 20: 2461
[46] Galli P. Proc. of IUPAC 28th Macromol. Symp., Amherst, July12~16, 1982
[47] Giannini U. Makromol. Chem. Suppl., 1981, 5: 216
[48] Zakharov V A, Paukshtis E A, Mikenas T B, et al. Macromol. Symp., 1995, 89: 55
[49] Giannini U, Giunchi G, Albizzati E, et al. Recent Advances in Mechanistic and Synthetic Aspects of Polymerization. NATO ASI Sect 215, Fontanille M,Guyot, A Eds, D Reidel Publishing Co., 1987
[50] Corradini P, Barone U, Fusco R, et al. Gezz. Chim. Ital., 1983, 113: 601
[51] Corradini P, Guerra G. Prog. Polym. Sci., 1991, 16: 239
[52] Shiono T, Uchino H, Soga K. Polym. Bull., 1989, 21: 19
[53] Doi Y. Makromol. Chem. Rapid Commun., 1982, 3: 635
[54] 肖士镜, 韩世敏, 张书清等. 高分子通讯, 1981, 3: 194
[55] Sugiura S, Ueno H, Ishikawa H, et al. US 3 574 179. 1971
[56] Adrien N. US 3 514 433. 1970
[57] Boiko V V, Ivanyukov D V. Plast. Massy., 1970, 7: 8
[58] Price J A, Stewart M J. US 3 635 839. 1972
[59] Boor J. J. Polym. Sci., Part A: 1971, 9: 617
[60] Ethyl Corp. GB 876 093. 1961
[61] Mottus E H. U S 3 440 237. 1969
[62] Nicolaas D, Dhafir Y W, Hans E S. G B 851 113. 1960
[63] Caunt A D. J. Polym. Sci. Part C, 1963, 4: 49
[64] Burfield D R, Tait P J T. Polymer, 1974, 15: 87
[65] Keii T, Soga K, Saiki N. J. Polym. Sci., Part C, 1967, 16: 1507
[66] Bacskai R. J. Polym. Sci., Part A, 1965, 3: 2491
[67] Timofeyeva G V, Kokorina N A, Medvedev S S. Polym. Sci. USSR (Engl. Transl.), 1970, 11: 677
[68] Gippin M. J. Appl. Polym. Sci., 1970, 14: 1807
[69] Mezhikovskii S M, Kissin Y V, Chirkov N M. Polym. Sci. USSR (Engl Transl), 1968, 10: 2592; 1967, 9: 1383&2267
[70] Christman D L. J. Polym. Sci., Part A1: 1972, 10: 471
[71] Ambroz J, Hamrik O, Czech G. Chem. Commun., 1963, 28: 2550
[72] Cooper W, Smith R K, Stokes A., J. Polym. Sci., Part B: 1966, 4: 309
[73] Albizzati E,Giannini U,Morini G,et al.Ziegler Catalysts.Recent Scientific Innovations and Technological Improvements.Fink G,Mülhaupt R,Brintzinger H H(Eds.),Springer-Verlag,1995,p413
[74] Spitz R,Bobichon C,Llauro Darricades M F,et al.J.Mol.Catal.,1989,56:156
[75] Busico V,Corradini P,DeMartino L,et al.Makromol.Chem.1985,186:1279
[76] Galimberti M, Piemontesi F, Giannini U, et al. Macromolecules, 1993, 26: 6777
[77] Welch M B. US 4 107 414, 1978
[78] Albizzati E, Giannini U, Morini G, et al. Macromol. Symp., 1995, 89: 73
[79] Sacchi M C, Forlini F, Tritto I, et al. Macromol. Symp., 1995, 89: 91
[80] Barbe P C, Cecchin G, Noristi L. Adv. Polym. Sci., 1986, 81: 1
[81] Soga K, Shiono T, Doi Y. Macromol. Chem., 1988, 189: 1531
[82] Soga K. Makromol. Chem. Macromol. Symp., 1993, 66: 43
[83] Tnoue Y, Itabashi Y, et al. Polymer, 1984, 25: 1640

[84] Goodall B L. Proc. Int. Symp. Transition Metal Catalyst Polymerization: Unsolved Problems. Michigan, 1981
[85] Chien J C W, Wu J C. J. Polym. Sci., Part A: 1982, 20: 2461
[86] Albizzati E, Giannini U, Morini G. Macromol. Symp., 1995, 89: 73
[87] Albrizzati E, Barbe P, Noristi L, et al. EP 0361494 A_2. 1990
[88] Paukkeri R, Iiskola E, Lehtinen A. Polymer, 1994, 35: 2636
[89] Sacchi M C, Forlini F, Tritto I. Macromolecules, 1996, 29: 3314
[90] Morini G, Albizzati E, Balbontin G. Macromolecules, 1996, 29: 5770
[91] Iiskola E, Pelkonen A A. Macromol. Chem., Rapid Commun., 1993, 14: 133
[92] Scordamaglia R, Barino L. Macromol. Theory Simul., 1998, 7: 399
[93] Barino L, Scordamalia R. Macromol. Symp., 1995, 89: 101
[94] Barino L, Scordamaglia R. Macromol. Theory Simul., 1998, 7: 407
[95] Xu D, Liu Z, Zhao J, etal. Macromol. Rapid Commun., 2000, 21, 1046
[96] 徐德民, 胡友良等. 化学通报, 2000, 7: 8
[97] 徐德民, 胡友良等. 高分子学报, 2001, 4: 191
[98] 徐德民, 胡友良等. 第十届全国催化学术会议. 2000
[99] 徐德民, 中国科学院化学所博士论文. 2001
[100] Xu J, Feng L, Yang S. Macromolecules, 1997, 30: 2539
[101] 徐君庭, 封麟先, 王森辉等. 浙江大学学报(自然科学版), 1998, 32(3): 301
[102] 周文乐, 涂建军, 陈德铨. 石油化工, 1998, 27(12): 929
[103] 许学翔, 谢光华, 高分子学报, 1997, 2: 253
[104] 阎卫东, 胡友良等. 石油化工, 1998, 27(9): 653
[105] Tsai J-C, Liu K K, Peng S-L, et al. US 5 756 610. 1998
[106] Wang J, Liu Z, Wang D, et al. Polym. Int., 2000, 49: 1665
[107] Xu D, Wang J, Y Hu, et al. Macromol. Chem. Phys. 2001, 202: 1817
[108] 徐德民, 胡友良等. 高分子学报, 2001, 4: 521
[109] Xu D, Ke Y, Hu Y. Macromol. Chem. Phys. 2002, 203(1): 80
[110] Cui N, Ke Y, Li H, et al. J. App. Polym. Sci., 2006, 99: 1399
[111] Resconi L, Galimberti M, Piemontesi F. EP 575 875, 1993
[112] Jordan R F, Bajgur C S, Willet R, et al. J. Am. Chem. Soc., 1986, 108: 7410
[113] Jordan R F. Adv. Organomet. Chem., 1991, 32: 325
[114] Hlatky G G, Turner H W, Eckman R R. J. Am. Chem. Soc., 1989, 111: 2728
[115] Hlatky G G, Eckman R R, Turner H W. Organometallics, 1992, 29: 780
[116] Bochmann M, Jaggar A J, Nicholls J C. Angew. Chem. Int. Ed. Engl., 1990, 29: 780
[117] Eshuis J J W, Tan Y Y, Teuben J H. J. Mol. Catal., 1990, 62: 277
[118] Shista C, Hatorn R M, Marks T J. J. Am. Chem. Soc., 1992, 114: 1112
[119] Ewen J A, Jones R L, Razavi A, et al. J. Am. Chem. Soc., 1988, 110: 6255
[120] Kawamura Kuribayashi H, Koga N, Morokuma K. J. Am. Chem. Soc., 1992, 114: 8687
[121] Leclerc M, Brintzinger H H. Int. Symp. 40 Years Ziegler Catalysts, Freiburg. Sept 13, 1993
[122] Simth J, Seyerl J Van, Huttner G, et al. J. Organomet. Chem., 1979, 173: 175
[123] Piemontesi F, Camurati I, Resconi L, et al. Organometallics, 1995, 14: 156
[124] Rieger B, Mu X, Mallin D, et al. Macromolecules, 1990, 23: 3559
[125] Rieger B. J. Organomet. Chem., 1992, 428: 633
[126] Busico V, Cipullo R. J. Am. Chem. Soc., 1994, 116: 9329

[127] Ewen J A, Elder M J. EP 537 130, 1993
[128] Razawi A, Peters L, Nafpliotis L, et al. Macromol. Symp., 1995, 89: 345
[129] Herfert N, Fink G. Makromol. Chem., 1992, 193: 773
[130] Ewen J A, Elder M, Curtis S, et al. Catalytic Olefin Polymerization, T Keii, K Soga, Eds Kodansha, Elsevier, 1990
[131] Kissin Y N. Isospecific Polymerization of Olefins. Springer Verlag Publishers, 1985
[132] Keii T. Kinetics of Ziegler-Natta Polymerization. Tokyo, Kodansha ,1972
[133] Natta G, Pasquon I, Svab J, et al. Chim. Ind. (Milan), 1962, 44: 621
[134] Ashmore P G. Catalyst and lnhibition of Chemical Reactions. London: Butterworth, 1963
[135] Reich L, Shinder A. Polymerization by Organometallic Compounds. New York: Wiley-Interscience, 1966
[136] Cooper W. Kinetics of Polymerization Initiated by Ziegler-Natta and Related Catalysts, Chaps 3 in Comprehensive Chemical Kinetics. Bamford C H and Tipps C F H Eds, New York: Elsevier, 1976
[137] Goodall B L. Polypropylene and Other Polyolefins. Van der Ven, Second Ed, Elsevier ,1990,p113
[138] Webes S, Chien J C W, Hu Y. J. Polym. Sci., Part A: Polym. Chem., 1989, 27: 1499
[139] Chien J C W, Hu Y. J. Polym. Sci., Part A: Polym. Chem., 1989, 27: 897
[140] Zakharov V A, Bukatov G D, Yermakov Yu. Makromol. Chem., 1977, 178: 967
[141] Barbe P C, Cecchin G, Noristi L. Adv. Polym. Sci., 1986, 81: 1
[142] Zakharov V A, Makhtarulin S I, Yermakov Yu. React. Kinet. Cat. Lett., 1978, 9: 137
[143] Fischer D, Jungling S, Mulhaupt R. Makromol. Chem., Macromol. Symp., 1993, 66: 191
[144] Natta G, Pasquon I. Adv. Catal., 1959, 11: 1
[145] Goodall B L. Polypropylene and Other Polyolefins. Van der Ven, Second Ed, Elsevier, 1990,p105
[146] Siedle A R, Lamanna W M, Newmark R A. Makromol. Chem., Macromol. Symp., 1993, 66: 215
[147] Stehling U, Diebold J, Brintzinger H H, et al. Organometallics, 1994, 13: 968
[148] Natta G, Mazzanti G, Longi P, et al. Chim. Ind. (Milan), 1959, 41: 519
[149] Takahashi A, Keii T. Presented at Japan Chem. Soc. Annual. Meeting, 1966
[150] Goodall B L. Polypropylene and Other Polyolefins. Van der Ven, Second Ed, Elsevier, 1990,p77
[151] Chadwick J C, Miedema A, Sudmeijer O. Makromol. Chem., 1994, 195: 167
[152] Chien J C W, Nozaki T. J. Polym. Sci., Part A: Polym. Chem., 1991, 29: 205
[153] Albizzati E, Giannini U, Morini G, et al. Macromol. Symp., 1995, 89: 73
[154] Tsutsui T, Kashiwa N, Mizuno A. Makromol. Chem., Rapid Commun., 1990, 11: 566
[155] Guyot A, Spitz R, Dassaud J P. J. Mol. Catal., 1993, 82: 37
[156] Dudchenko V K, Zakharov V A, Bukatov G D. Plast. Massy, 1992, 6: 20
[157] Busico V, Cipullo P, Corradini P. Makromol. Chem., Rapid Commun., 1992, 13: 15
[158] Bukatov G D, Goncharov V S, Zakharov V A, et al. Kinet. Katal., 1994, 35: 392
[159] Galli P, Luciani L, Cecchin G. Angew. Makromol. Chem., 1981, 94: 63
[160] Soga K, Chen S, Ohnishi R. Polym. Bull., 1982, 8: 473
[161] Chien J C W, Weber S, Hu Y. J. Polym. Sci., Part A: Polym. Chem., 1989, 27: 1499
[162] Caunt A D. J. Polym. Sci., Part C: Polym. Symp., 1963, 4: 49
[163] Kaminsky W, Renner F. Makromol. Chem., Rapid Commun., 1993, 14: 239
[164] Keii T, Soga K, Saiki N. J. Polym. Sci., Part C: Polym. Symp., 1967, 16: 1507
[165] Deng Y, Xu H, Lin S. 石油化工, 1988, 17(7): 405
[166] Longo P, Oliva L, Grassi A, et al. Makromol. Chem., 1989, 190: 2357
[167] Kakugo M, Miyatake T, Naito Y, et al. Macromolecules, 1988, 21: 314

[168] Kioka M, Makyo H, Kashima N et al. Polymer, 1994, 35: 580
[169] Warzelhan V, Burger T F, Stein D J. Makromol. Chem., 1982, 183: 489
[170] Rishina L A, Vizen E T. Eur. Polym. J., 1980, 16: 965
[171] Keii T, Doi Y, Soga K, et al. Makromol. Chem., 1984, 185: 1537
[172] 胡友良, 谢光华, 贺大为. 塑料工业手册, 聚烯烃分册. 洪定一主编. 北京:化学工业出版社, 1999
[173] Chien J C W, Wang B P. J. Polym. Sci., Part A: Polym. Chem., 1990, 28: 15
[174] Pasquini N 著. 聚丙烯手册(第二版).胡友良等译.北京:化学工业出版社,2008
[175] Moore E P. Polypropylene Handbook. Cincinnati, USA:Hanser Publishers, 1996
[176] 杨士林, 封麟先, 朱勤勤等. 浙江大学学报, 1980, (4): 1
[177] 杨士林, 封麟先, 朱勤勤等. 高等学校化学学报, 1981, 2(3): 365
[178] 杨士林, 陆文正, 封麟先等. 浙江大学学报,1982, (1): 1
[179] 孙立新, 林尚安. 高分子学报, 1990, (2): 199
[180] 孙立新, 林尚安. 高分子学报, 1990, (2): 205
[181] Sun L X, Lin S. J. Polym. Sci., Part A, 1990, 28: 1237
[182] 应圣康, 余丰年. 共聚合原理. 北京: 化学工业出版社, 1984
[183] Xu Z, Feng L, Yang S. Makromol. Chem., 1994, 195: 3389
[184] Arnold M, Henschke O, Knorr J. Macromol. Chem. Phys., 1996, 197: 563
[185] Zambelli A, Grassi A, Galimeerti M, et al. Macromol. Chem. Rapid Commun., 1991, 12: 523
[186] Wang J G, Chen H, Huang B T. Makromol. Chem., 1993, 194: 1807
[187] Locatelli P, Tritto I, Sacchi M C, et al. Macromol. Chem. Rapid Commun., 1988, 9: 575
[188] 朱勤勤, 徐志康, 王一青等. 高分子学报, 1991, (3): 340
[189] Xu Z, Feng L, Wang D, et al. Makromol. Chem., 1991, 192: 1835
[190] Fan Z Q, Forlini F, Tritto I, et al. Makromol. Chem., 1994, 195: 3889
[191] 文煜峰, 韩世敏, 胡友良. 高分子学报, 1996, (1): 65
[192] Wen Y F, Han S M, Hu Y L. Macromol. Chem. Phys., 1995, 196: 3369
[193] 徐君庭, 封麟先, 杨士林. 高分子学报, 1997, (4): 508
[194] Xu J T, Yang Y Q, Feng L X, et al. J. Appl. Polym. Sci., 1996, 62: 727
[195] Arnodt M, Kaminsky W, Schauwienold A M, et al. Macromol. Chem. Phys., 1998, 199: 1135
[196] 王建国, 庞德仁, 黄葆同. 高分子材料科学与工程, 1995, (11): 45
[197] 陈辉, 王建国, 张学全等. 应用化学, 1994, 11(5): 5
[198] Barbe P C, Cecchin G, Noristi L. Adv. Polym. Sci., 1986, 81: 1
[199] Kashiwa N, Yoshitake J. Polym. Bull., 1984, 11: 479
[200] Cecchin G. Macromol. Symp., 1994, 78: 213
[201] Fiker H K, Ebara T, Johoji H. Polym. Adv. Tech., 1993, 4: 406
[202] Simonazzi T, Cecchin G, Mazzullo S. Prog. Polym. Sci., 1991, 195: 167
[203] Galli P, Haylock J C. Prog. Polym. Sci., 1991, 16: 443
[204] Galimberti M, Piemontesi F, Fusco O, et al. Macromolecules, 1998, 31: 3409
[205] 陈蕊, 伍青, 祝方明等. 高等学校化学学报, 2000, 21: 1593
[206] 黄葆同, 沈之荃等著. 烯烃双烯烃配位聚合进展. 北京: 科学出版社, 1998
[207] Cecchin G,Morini G,Pelliconi A.Macromol.Symp.,2001,173:195
[208] Fu Z S,Dong Q,Li N,et al.J.App.Polym.Sci.2006,101:2136
[209] Cui N,Ke Y,Li H,et al.J.App.Polym.Sci.,2006,100:4804
[210] 黄葆同,陈伟.茂金属催化剂及烯烃聚合物.北京:化学工业出版社,2000

[211] 胡徐腾,李振宇,牛慧等.石油化工,2006,35:405
[212] Liu J,Dong J.Macromolecules,2004,37:6275
[213] Coats G W, Waymouth R M. Science, 1995, 267: 217
[214] 李化毅,胡友良.合成树脂和塑料,2008,25(6):
[215] Arriola D J,Carnahan E M,Hustad P D,et al.Science,2006,312:714
[216] Lieber S,Brintzinger H H.Macromolecules,2000,33:9162
[217] Alfano F,Boone H W,Busico V,et al.Macromolecules,2007,40:7736

第四章　结构与性能

聚丙烯结构与性能的关系无论在科学研究还是在工业生产的新产品开发中都具有十分重要的意义。无规聚丙烯、等规聚丙烯和间规聚丙烯具有不同的微观分子结构和性能，均聚聚丙烯、无规共聚聚丙烯和抗冲共聚聚丙烯具有不同的结晶结构和形态结构，因而性能有很大差异，应用领域也有所不同。不仅学术界对聚丙烯的结构-性能关系有浓厚兴趣，工业界对此也极为重视。本章对聚丙烯分子链微观结构、结晶结构和形态结构的基本性能和表征方法进行了介绍，并分别对等规聚丙烯和间规聚丙烯的结构-性能关系进行了较为详细的描述，还对聚丙烯的增韧方法、增韧机理，以及聚丙烯型热塑性弹性体的结构和性能进行了全面的介绍。本章不仅涉及经典的基本理论和方法，还对国内外最新的研究成果进行了较为详细的分析论述。

4.1　概述

4.1.1　链结构与立构规整性

4.1.1.1　高聚物结构的特点

与小分子相比，高分子在某些方面与之相似，如反应动力学与反应热力学具有类似的形式与物理量，组成分子的原子与化合价相同，关于共价键的量相同等。但高分子具有一明显不同于小分子的根本特征——分子链巨大且不均一，从而导致两者在结构与性能方面产生一些明显的差别。

（1）微观性质上的多分散性　高分子在微观性质上具有多分散性，而小分子是单分散的。由于高分子材料的主要对象——合成高分子——在聚合反应中链的引发、增长、转移与终止等是随机发生的，而反应官能团不论其链长短都具有相等的活性，从而造成聚合产物是一系列不同分子量的同系物，而不像小分子具有确定的分子量，导致宏观性质的统计平均性。如聚合物的分子量就是统计平均值，同时分子量分布也成为影响流变性质、热性质和机械性质等的重要因素。

（2）结构上的多层次性　高分子巨大的分子量与长链结构，导致结构上的多层次性，一般有三级结构。一级结构，也叫分子链的近程结构，是高分子的化学结构，包括构造与构型；构造是结构单元的化学组成和排列方式，取代基和端基的种类，共聚单体的序列结构，支链的类型与长度，交联度等；构型是指取代基的空间立构。二级结构是远程结构，包括分子链的大小与形态，如分子链和分子量分布，均方末端距与均方半径，由高分子主链价键的内旋转和链段的热运动而产生的各种构象，分子链的柔顺性等。一、二级结构合称高分子的链结构，是单个分子的结构与形态。三级结构为高分子凝聚态结构，也叫聚集态结构，属于物理结构，是高分子材料整体的内部结构，包括晶态、非晶态与液晶态结构，以及取向态结构，多相结构(也叫织态结构)等。还有人把不同的凝聚态或晶态称之为四级结构。

（3）物理性质的不确定性与模糊性　高分子与小分子相比，在和物理性质有关的量上具有一定程度的不确定性与模糊性。小分子的物理性质如熔点、密度等都有确定的值，而大分子的物理性质如熔点、密度、机械强度等，对于同种高分子、不同条件下具有不同的值，受结构与外界因素影响很大。

4.1.1.2 空间立构与立构规整性

分子中最近邻原子间的相对位置用构型来表征，即构型是指分子中由化学键所固定的原子在空间的几何排列。这种排列是稳定的，要改变构型必须经过化学键的断裂和重组。构型不同的异构体有旋光异构和几何异构两种。

(1) 旋光异构　饱和碳氢化合物分子中的碳，以 4 个共价键与 4 个原子或基团相连，形成一个四面体，4 个原子或基团位于四面体的顶点，碳原子位于四面体的中心。当 4 个原子或基团都不相同时，该碳原子称为不对称碳原子，又称手性原子，以 C^* 表示。这种有机物能构成互为镜影的两种异构体，表现出不同的旋光性，称为旋光异构体。

结构单元为—CH_2—C^*HR—型的高分子，在每一个结构单元中有一个 C^* 原子，由于 C^* 两端的链节不完全相同，因此 C^* 是一个不对称碳原子。这样，每一个链节就有两种旋光异构体，它们在高分子链中有三种键接方式：如果高分子全部由一种旋光异构单元键接而成，称为全同立构；如果由两种旋光异构单元交替键接，称为间同立构；如果两种旋光异构单元完全无规键接，称为无规立构。分子的立体构型不同时，材料的性能也有不同，如全同或间同的聚丙烯，结构比较规整，容易结晶，可以纺丝做成纤维，而无规聚丙烯却是一种橡胶状的弹性体。

(2) 几何异构　1,4 加成的双烯类聚合物，由于内双键上的基团在双键两侧排列的方式不同而有顺式构型与反式构型之分，它们称为几何异构体。如天然橡胶含有 98%以上的 1,4-顺式聚异戊二烯及 2%的 3,4-聚异戊二烯，柔软而具有弹性。古塔波胶为反式聚异戊二烯，有两种结晶状态，在室温为硬韧状物。

4.1.2 结晶行为和结晶结构

4.1.2.1 聚合物的结晶过程[1~8]

结晶性聚合物溶液或熔体，在冷却过程中会转变成晶体，了解结晶的基本过程及特点，对于进行结晶研究和工艺设计都将有所帮助。

(1) 高分子结构与结晶能力　决定高分子结晶能力的根本因素是其结构特征，其能不能和易不易按规整排列形成高度有序的晶格是关键。

① 链的对称性　高分子链的结构对称性越高越易结晶。例如，PE 主链上全是 C 原子，也没有不对称碳原子，C 原子上全是 H 原子，对称性好，最易结晶，所能达到的最高结晶度为 95%，远大于一般结晶性聚合物的结晶度(~50%)。但 PE 氯化后对称性破坏，失去了原有的结晶能力。对称取代的烯类聚合物，主链含杂原子的聚合物，及许多缩聚物，其对称性有不同程度降低，但仍属对称结构，结晶能力不如 PE，但仍能结晶。

② 链的规整性　主链含不对称中心的聚合物，若其构型完全是无规的，分子链的对称性和规整性都被破坏，其结晶能力一般都丧失，成为非晶聚合物，如无规聚丙烯（aPP）等。主链的不对称中心若有规则的构型，如全同或间同立构聚合物，分子链又获得必要的规整性，具有不同程度的结晶能力，等规度越高结晶能力就越大。顺式聚合物的结晶能力一般小于反式聚合物。

③ 共聚物的结晶能力　无规共聚通常使结晶能力降低乃至丧失，但若共聚单元的均聚物有相同类型的结晶结构，其共聚物也能结晶，但晶胞参数随组成而变。若两共聚单元的均

聚物结晶结构不同，一种组分占优势时共聚物可以结晶，含量少的单元成为结晶缺陷；但在某些中间组成时结晶能力减弱甚至丧失，如乙丙(EP)共聚物就是如此。嵌段共聚物中各嵌段保持相对独立，能结晶的嵌段形成自己的晶区。

④ 其他结构因素　链的柔顺性是结晶时链段向结晶表面扩散和排列所需要的，柔顺性不好，结晶能力降低。支化使链对称性和规整性降低，结晶能力降低。交联大大限制了链的活动性，轻度交联，结晶能力下降，交联度增大，结晶能力丧失。分子间力往往使柔顺性降低，影响结晶能力，但分子间能形成氢键时则有利于结晶结构的稳定。

(2) 相变驱动力[9]　结晶过程和熔融过程均为相变过程，在热力学上属一级相变。系统处于平衡态时系统的吉布斯自由能最小。若系统并非处于平衡态，而是处于亚稳态，则系统中的相称为亚稳相。系统有过渡到平衡态的趋势，亚稳相(旧相)也有过渡到稳定相(新相)的趋势。亚稳相转变为稳定相，一般有两种方式，一是新相与旧相在结构上的差异是微小的，亚稳相中几乎是所有区域同时发生转变，其特点是变化的程度十分微小，变化的区域(空间)异常大，即相变在空间上是连续的，在时间上是不连续的；二是变化的程度很大而变化空间很微小，新相在亚稳相中某一小区域内产生(成核)，而后通过相界的位移使新相逐渐长大(成长)，其转变在空间上不连续，在时间上连续，如结晶和熔融过程。

晶体生长过程实际上是晶体-流体界面向流体中的推移过程，这个过程之所以会自发进行，是因为流体相是亚稳相，其吉布斯自由能较高所致。界面上单位面积的驱动力用 f 表示。

$$f = \Delta g / \Omega_S \tag{4-1}$$

式中，Δg 为由亚稳流体转变为晶体所引起的自由能降低；Ω_S 为单个原子的体积。由于 Δg 与 f 只差一常数 Ω_S，因而也将 Δg 称为相变驱动力。

高聚物晶体不能从气相开始，所以只考虑溶液和熔体系统中的相变驱动力。若在稀溶液生长系统中，生长的晶体为纯溶质生成，可得溶液生长系统的驱动力为：

$$f = \frac{KT}{\Omega_S}\ln\alpha \approx KT\frac{\sigma}{\Omega_S} \tag{4-2}$$

式中，K 为玻耳兹曼常数；T 为温度，α 为饱和比；$\sigma = \alpha - 1$ 为饱和度。在熔体生长系统中，一般温度 T 略低于熔点 T_m，过冷度 $\Delta T = T_m - T$ 较小，可求得系统的驱动力为：

$$f = \frac{l\Delta T}{\Omega_S T_m} \tag{4-3}$$

式中，l 为单个原子的熔化热。但在晶体与熔体的定压热容相差较大时或过冷度较大时，上式不够精确，这时可参考 Jone 等给出的精确表达式。

(3) 成核与生长　聚合物的过冷熔体转变为晶体时有两个明显的步骤：初级成核阶段即诱导期，和晶体生长阶段。初级成核可以是均相成核也可以是异相成核。

① 均相成核　由于随着能量涨落，聚合物链段有一个聚集-解聚集，或有序-无序的动态平衡过程，直至生成一个“结晶团簇”，当其尺寸≥临界尺寸时便生成初级晶核。均相成核是随机产生的，故为散现成核(sporadic nucleation)。均相成核的体积，在典型过冷度(约50℃)时在分子链方向上为7.5~30 nm，在侧向为0.4~2 nm，其体积约为10 nm^3，比之高分子本身的尺寸(分子量为60000~6000000，10^2~10^4 nm^3)为小，这表明均相成核仅包括一

个高分子的一部分，或几个高分子的小部分。

线型高分子从熔体或溶液结晶时的成核可有两条途径：分子间的缨束(fringed micelle)成核和分子内的链折叠(chain folding)成核。另外在高分子聚合过程中也有两条成核途径：齐聚物在分子间直接成核和在分子内的边聚合边折叠成核。

② 异相成核　晶核已预先存在，其组成多与聚合物本体不同，可以是未熔完的原聚合物晶体，残留催化剂，也可以是外加分散的小固体颗粒、气泡或容器壁等。按成核是否是时间的函数，异相成核有两种极端情况：一是达到一定成核数目的时间比整个观察时间短得多，可看作瞬间成核，也叫预现成核(predetermined nucleation)；二是达到一定成核数目的时间很长，其间核数逐步增加，为散现成核。与均相成核不同的是异相成核数目有一定极限，而均相成核意味着核无限制地继续产生。

③ 有热与无热成核　通过对生长晶体的观察，可看到各边尺寸都相等的晶体，表明有晶体在同一时间开始生长，成核速率不依赖于热，为无热成核，如异相成核时的瞬间成核。还可看到尺寸不同的晶体，表明新的晶体在整个结晶过程中都在生长，成核速率依赖于热，为有热成核，如均相成核和异相成核中的散现成核。

④ 自身成核　自身成核(self-nucleation)指的是由已长成晶体的本身为核，这对高聚物特别适用，因高聚物晶体在相当大的温度范围内不熔融，而且即使已先成核的熔体也不结晶。高聚物的形变也能引起自身成核，如橡胶的拉伸结晶，因形变能使熔点升高。自身成核理论有多种，经典理论的假设是，过冷相的起伏能克服晶体表面上的成核势垒。给定大小晶体的成核几率，在恒体积与恒能量时，与熵变有关，$\propto \exp(\Delta S/k)$；在恒压恒温时，给定大小核的存在几率与自由焓的变化有关，$\propto \exp(-\Delta G/kT)$，$k$ 为玻耳兹曼常数。

⑤ 晶体生长与次级结晶　在晶体生长过程中，在聚合物表面的成核作用叫二级成核；在生长晶体棱边上的成核叫三级成核。多数结晶性聚合物由于继初级结晶之后发生次级结晶，在一个长的时期内体积会非常缓慢地收缩。次级结晶是在已形成的片层之间形成晶体，这种晶体可能来自在初级结晶过程中被排斥的、比较不易结晶的物质。这类晶体的取向可能与初级晶体的不同。

4.1.2.2　聚合物结晶结构[10~15]

聚合物晶体结构的研究远比低分子要困难，目前尚无如低分子物质结构分析那样成熟的方法。与小分子结晶相比，高分子结晶具有三大特点[16]，首先结晶高聚物由于其长链的特征，大多以链段或化学重复单元排入晶胞，使得结晶高聚物本质上都是分子晶体；其次由于分子链内以原子共价键连接，分子链间以范德华力或氢键相互作用，使得其结晶时不能自由运动，妨碍其堆砌排列，使之为部分结晶并产生许多畸变格和缺陷；第三对聚合物结晶不仅要考虑如通常低分子结晶的微观结构参数，还要考虑宏观结构参数，即聚合物结晶的特点为分子晶体、结晶不完善和结构多重性。

(1) 聚合物的结晶结构模型

① 缨状胶束模型　在X射线衍射和密度测量的基础上，1930年Hermann等首先提出了结晶性高聚物缨状胶束两相结构模型。因为实测的晶粒大小(5~50nm)远小于分子链的长度，因此假设一个分子链可以同时贯穿几个晶区和非晶区。在非晶区，分子链是相互缠结、卷曲着的；在晶区，分子链段互相平行排列成10nm左右的微晶，即缨束 (fringed micelle)。

② 折叠链模型　1957年Keller、Till和Fischer同时独立地从高密度线型PE($3CH_3$/

1000C)的二甲苯稀溶液(0.01%~0.05%)在70~80℃等温结晶8h，得到了很规则的PE单晶。Keller用电子衍射证明分子链垂直于片晶平面而取向，由电镜照片上的投影高度测得片晶厚度约10nm，而他所用的PE链长度为600nm，为解释分子链在单晶中的排列，提出了邻位规则折叠(adjacent reentey folding,R.F)模型；高聚物分子链呈杆状(Stem)部分在片晶内规则折叠，邻位相连，而夹在片晶层间的规则链段为晶区。Krimm曾提出PE晶体主要沿(110)晶面邻位折叠。许多聚合物在一定条件下均能形成单晶。

③ 插线板模型　20世纪60年代初Flory等提出插线板模型(switchboard folding model, S.F)。Flory等从中子散射理论计算与实验结果比较了熔体结晶PE及iPP散射函数，按临位折叠几率P_{ar}<0.3时才能与实验结果接近，即从熔体结晶时非临位无规则折叠占优势，更符合插线板模型。中子散射的结果表明，结晶高聚物熔体和本体具有几乎相同的分子链形态，如是邻位折叠，在两种不同物理状态下回转半径应有很大差别，实际却基本相同。因此在熔体结晶中必须放弃邻位折叠的观点，采用“插线板”模型。

④ 固化模型　Fischer等认为熔体构象为无规线团的高分子链,链区在冻结过程中,分子链不会产生长范围扩散及大规模重排,而仅仅是高分子部分伸展成杆状(stem),若干个stem折叠成“固化(solidification)模型”片晶结构。stem目前已较普遍被接受，用作描述折叠片晶的“基元”,即高聚物结晶中分子链像杆状部分，它可以与非杆状部分或链末端连结，或两者连结。

⑤ 伸展链结晶　1958年Bunn等用电子显微镜在慢冷的聚四氟乙烯断裂表面上观察到有带状的沟纹结构，X射线衍射分析证明，分子链方向和沟纹相平行，分子链长度和带子的宽度(约1μm)相近，由此提出了伸展链结晶的概念。

⑥ 综合结晶结构模型　Hosemanm[17]于1963年综合了各种可能存在的结构特征，提出了结晶性高聚物的综合结构模型。

⑦ 结晶-非晶中间相[18]　Flory等从统计力学出发，将晶格理论应用到高分子界面，指出半结晶聚合物片层间存在一个结晶-非晶中间相(crystal-amorphous interphase)，它的性质既不同于晶相，也不同于真正非晶相(各向同性)，即结晶高聚物的形态由3个区域组成：片层状三维有序区，非晶区，中间相(过渡区)。中间相的厚度一般1~1.2 nm，与片层厚度10~50 nm相比是不可忽略的，它对高聚物的物理性质会产生一定影响。

(2) 聚合物链在晶胞中的排布[19~21]　高分子的每个结构单元相当于一个小分子，有一定的对称性，属于某一点群。分子链所具有的对称要素除了点群具有的旋转轴、反映面、反伸轴、旋转反伸轴之外，还有平移、螺旋轴、滑移面3种。将上述7种对称要素通过一直线(链轴)进行可能的组合，即可得出75个不同的直线群，它反映了分子链的对称性。对应于三斜晶系的点群有两个直线群；单斜和正交晶系各有10个直线群，这三个晶系不含有高于二重的旋转轴。对应于四方晶系的直线群有19个，四方晶系含有1个四重轴或四重螺旋轴，其方向总是沿链轴方向。对应于三方晶系的直线群有11个。对应于六方晶系的有23个。对于高分子链，由于链结构的固有特点使它的直线群还有2个附加的性质：其一是在主要的高分子链中碳原子之间键接方法的特点，使得沿链轴方向若出现轴对称时，就一定是螺旋轴，不可能是简单的旋转轴；同样在链轴方向若出现对称面，就一定与链平面一致，不可能与之垂直。因此在75个直线群中，凡是包含z方向(链轴方向)旋转轴的及通过链轴垂直于链平面的对称面的群，在高分子链中均不可能出现。其二是除螺旋轴外，高分子链中还可能有各种旋转轴。

(3) 晶区中高分子链的构象[13,16]　晶态下聚合物分子链具有最稳定构象。某些聚合物由于结晶条件不同可产生不同变体，具有两种或两种以上的构象。已发现有关高聚物分子链构象类型符合 Bunn 最初根据键交差原理推测 C—C 链单键的可能构象，T 为反式，G 为左旁式，$\overline{G}$ 为右旁式，常见晶态高分子链基本构象有 8 种。

① 平面锯齿形　是最简单的构象，每个键都取反式($TT\cdots$)。如 PE，含 C ═C 键或酰胺键晶态高聚物为使其能量较低，一般采用伸展平面锯齿形构象。

② 螺旋构象　对于—CH_2CHR—型的全同立构聚合物，当侧基较大时，非链合原子(即侧基) 之间的相互作用，使得分子链采取螺旋构象。侧基变大或侧基靠近主链占有的体积增大时，由于较大的位阻效应而使螺旋进一步撑开，直到能容下侧基时为止。此外由于偶极之间的相互作用也可使分子链采用螺旋构象，如聚甲醛(2/1 螺旋)。由于高分子链的化学结构的多样性，还可有各式各样的螺旋构象。

③ 滑移形构象　采取这类构型的分子链通常可分为左右相等的两部分，其中一部分沿链轴滑移 $t/2$ 后经反映与另一部分重合，称为滑移反映形，如许多间规立构聚合物。

④ 对称中心形　如 PET，其苯环与二醇是反式构象，其有对称中心近似平面结构。

⑤ 二重轴垂直分子链轴　聚丁二酸乙二酯具有二重螺旋轴垂直于分子链结构，其构象为 $T_3GT_3\overline{G}$。

⑥ 镜面垂直分子链轴　如 Nylon77。

⑦ 多重螺旋　DNA 具有双重螺旋构象，iPMMA 也具有双重螺旋结构。

(4) 高分子链在晶体结构中的排布　高分子链在晶体结构中的排布要符合以下原则。

① 链在空间群中的排布要趋于符合最紧密堆砌原则　晶区中的高分子链一定程度上与一个圆柱类似，圆柱紧密堆砌时，表现为六方的网络，当分子链偏离圆柱时，其横截面通常为正交或单斜的网络，所以偏离圆柱的高分子链大都结晶在三斜、单斜和正交三个晶系中。

② 链的排布要符合空间群中等效位置的原则　对某一高分子晶体，若已知其晶态密度、单体单元的分子量和晶胞体积，就可知单胞中分子链的数目 N，这 N 个分子链在空间群中的排布是通过各种对称要素连系着的，它们可能占据空间群中一套或若干套等效位置。如聚硒的 $N=1$，它只占据空间群中位置数为 1 的一组等效位置。

③ 链的对称性要与结构中所在位置的对称性相呼应的原则　高分子链本身具有一定的对称性，在晶体结构中，一般占据空间群中相应的对称位置。当高分子链的对称与空间群的对称不一致时，高分子链就排列在晶胞中对称性为 1 的位置上。

④ 结构中链构象出现的类型与数目要与空间群中的对称性相呼应　对某些聚合物，不同作者对同一种聚合物测出不同的晶体结构，得出不同的空间群。可按照等能量构象的概念以及空间群的关系进行解释。

⑤ 在晶体结构中若高分子链之间存在氢键，则为了满足氢键成键的要求，各链就要根据本身的形状，氢键的成键方向，按一定的方式排列，排列后的对称性与空间群的对称性相呼应。

4.1.3　形态结构与性能

4.1.3.1　聚合物的结晶形态[2,12~15,22~26]

聚合物形态学主要研究高分子固体中的有序性，是材料学中发展迅速的一个分支。1957 年前几乎无人意识到有重要的有序性值得研究，但自发现聚合物单晶和推断出折叠链结构的结论后，引起了人们广泛的兴趣和重视，此后形态学方面成果倍出，飞速发展。聚合物在不同的结晶条件下形成形态极为不同的宏观或微观晶体，包括单晶、球晶、树枝状晶、孪晶、伸直链晶、纤维状晶、串晶、横晶等。

（1）单晶　通常只能在极稀溶液或缓慢结晶时得到，是具有规则几何形状的薄片状晶体，厚度通常约 10 nm，大小为几个至几十个 μm，甚至更大。

（2）球晶　是高聚物结晶最常见的特征形式，当结晶性聚合物从浓溶液中析出或熔体冷却结晶时，在不存在应力或流动的情况下都倾向于生成球晶，其直径通常为 0.5～100 μm，大的可达 cm 级。

（3）树枝状晶　从溶液析出结晶时，当结晶温度较低、或浓度较大、或分子量较大时，高分子的扩散成了结晶生长的控制步骤，此时突出的棱角在几何学上将比生长面上邻近的其他点更为有利，能从更大的主体角接受结晶分子，因此棱角处倾向于在其余晶粒前头向前生长变细变尖，从而形成树枝状晶。在其生长过程中，也重复发生分叉支化，与球晶生长不同，这是在特定方向上择优生长的结果，是结晶学上的分支，因而导致规则的形状，同时也不像球晶在各个方向上均匀地生长。

（4）孪晶　大多从溶液中生长,低分子量的高聚物结晶中特别常见。可能是因为较有限数目的初始核获得更大生长变异余地的缘故。孪生片晶的不同部分具有结晶学上的不同取向的晶胞。

（5）伸直链晶　是由完全伸展的分子链平行规则排列而成的片状晶体，其厚度比一般从溶液或熔体结晶所得片晶大得多，可与分子链的伸展长度相当，甚至更大。主要形成于极高压力下 PE 的熔融结晶，或对熔体结晶加压热处理。其他聚合物高压下也可形成伸直链晶。

（6）纤维状晶　当存在流动场时，高分子链的构象发生畸变，成为伸展的形式，并沿流动方向平行排列，在适当条件下可发生成核结晶，形成纤维状晶，它由完全伸展的分子链组成，其长度不受分子链平均长度的限制。

（7）串晶　在搅拌情况下于较低温度结晶时，在纤维晶的表面上外延生长许多片状附晶，形成类似串珠结构的特殊结晶形态。片状附晶与纤维状晶脊纤维具有共同的链轴取向。一般晶脊纤维直径为 30 nm，附生片晶不大于 1 μm。这种流动诱发结晶或应变诱发结晶与生产实际中高聚物的结晶过程更为接近，具有很大的技术重要性。

（8）横晶　在接近熔点时慢慢结晶，iPP 能形成横晶（transcrystalline）。在有外部裂纹和包埋电线时可以看到这种形态，横晶是在表面上异相成核的结果，在这种表面上晶核密度高，且球晶垂直于表面增长。

4.1.3.2　聚合物的非晶态结构模型[2,3]

聚合物的非晶态包括玻璃态、高弹态、熔融态及结晶高聚物中的无定形部分。其结构不具备三维长程有序，用一般的结构分析方法得不到多少信息，目前对其结构的表征和理论解释仍处于定性水平，是高聚物结构研究的重要课题。许多科学工作者用不同的实验方法对不同的聚合物进行了大量的研究工作，得出了不同的结论。

1949 年 Flory 用统计热力学的观点提出了无规线团结构模型（random coil model），认为非晶态聚合物的本体中，分子链的构象与在溶液中一样，呈无规线团状。每条高分子链处于许多相同的高分子链的包围之中，分子内与分子间的相互作用是相同的，分子链是无干扰的。1958 年 Каргин 根据 X 射线衍射和电子衍射实验结果提出了链束模型（chain-packed model），认为聚合物非晶态中存在微观有序性，大分子可有两种结构单元，一是链束，一是链球，链束是由多个分子链大致平行排列而成的，链球则是由单个分子链卷曲而成。1962 年 Hosemann 提出了包括所有规整程度范围在内的部分结晶聚合物的模型(para-crystalline model)。1972 年 Yeh 提出了折叠链缨状胶束球粒模型(folded-chain fringed micellar grain model)，认为非晶态聚合物由具有不同规整度的有序区、粒界区和粒间区组成。随后又有 Vollmart 的塌球模型、Pechhold 的曲棍模型和 Бойнштен 的链状分子模型。

4.1.3.3 结晶对聚合物物理机械性能的影响[2]

一种单体，用不同的聚合方法或不同的成型条件可以得到结晶的或不结晶的聚合物材料，虽然结晶聚合物和非晶聚合物在化学结构上没有什么差别，但它们的物理机械性能却有相当大的不同。如聚丙烯，由于聚合方法的不同，可以制得无规立构的聚丙烯(aPP)和等规聚丙烯(iPP)，aPP 不能结晶，在通常温度下是一种黏稠的液体或橡胶状的弹性体，无法作塑料使用；而 iPP 却有较高的结晶度，熔点是 176℃，具有一定的韧性和硬度，是很好的塑料，亦可纺丝。

(1) 力学性能　结晶对聚合物力学性能的影响，要视聚合物的非晶区处于玻璃态还是橡胶态而定。当非晶区处在橡胶态时，聚合物的模量和硬度随着结晶度的增加而升高。低于玻璃化转变温度时，结晶度对脆性影响较大，结晶度增加，分子链排列紧密，孔隙率下降，分子链段活动余地小，冲击强度降低，拉伸强度下降。高于玻璃化转变温度时，结晶度的增加使分子间的作用力增加，所以拉伸强度提高，但断裂伸长率减小，另外微晶体起到物理交联作用，使链的滑移减小，所以结晶度增加可以使蠕变和应力松弛降低。除结晶度外，聚合物的力学性能与球晶的大小有密切关系，即使结晶度相同，球晶的大小和多少也影响力学性能，而且对不同聚合物，影响的趋势不尽相同。

(2) 光学性质　晶区中分子链排列规整，其密度大于非晶区，因而随着结晶度的增加，聚合物的密度增大。物质的折光率与密度有关，所以聚合物中晶区与非晶区的折光率显然不同。光线通过聚合物时，在晶区界面上必然发生折射和反射，不能直接通过，因此两相并存的结晶聚合物通常呈乳白色，不透明。当结晶度减小时，透明度增加，完全非晶的聚合物，通常是透明的。如果一种聚合物，其晶相密度与非晶密度非常接近，光线在晶区界面上几乎不发生折射和反射；或当晶区的尺寸小到比可见光的波长还小，这时光也不发生折射和反射，所以即使有结晶，也不一定会影响聚合物的透明性。对于许多结晶聚合物，为了提高其透明度，可以设法减小其晶区尺寸，如 iPP，在加工时用加入成核剂的方法，可得到小球晶的制品，透明度和其他性能有明显改善。

(3) 热性能　对作为塑料使用的聚合物，在不结晶或结晶度低时，最高使用温度是玻璃化转变温度。当结晶度达到 40% 以上后，晶区互相连接，形成贯穿整个材料的连续相，因此在玻璃化转变温度以上，仍不软化，其最高使用温度可提高到结晶熔点。

(4) 其他性能　由于结晶使分子链规整紧密堆积，与非晶区相比，它能更好地阻挡各种试剂的渗入，所以聚合物结晶度的高低将影响一系列与此有关的性能，如耐溶剂性，对气体、蒸汽或液体的渗透性，化学反应活性等。

4.1.4 聚丙烯的晶型、聚集态结构及性能

4.1.4.1 等规聚丙烯[27,28]

等规聚丙烯(全同立构聚丙烯，iPP)自问世以来，生产发展很快，为重要的塑料和化纤品种之一。iPP 是结晶性聚合物，对其结晶结构的研究也取得了长足的进展，对其不同层次

的结构亦有比较清楚的认识。

（1）等规聚丙烯的晶型　iPP 有多种晶型，即 α、β、γ、δ 和拟六方晶，其晶体结构及性质列于表 4-1。

表 4-1　iPP 的晶体结构参数

晶　型	晶 系	空间群	晶　胞　参　数				单体/晶胞	密度/(g/cm^3)	熔点/℃	链构象
			a/nm	*b*/nm	*c*/nm	角/(°)				
α	单斜	$C_{2h}^{6}-C_{2/c}$或 $C_{3}^{4}-C_{c}$	0.665	2.096	0.650	β=99°20′	12	0.936	176	2×3/1
β	六方	$D_{3}^{4}-P_{31}21$ $D_{3}^{6}-P_{32}21$	1.908	1.908	0.649		27	0.922	147	2×3/1
γ	三斜		0.654	2.140	0.650	88,100,99	12	0.946	149±2	2×3/1
δ										
拟六方晶			~0.65	~0.65				~0.88		

① α 晶型　它是 iPP 中最常碰到的也是热稳定性最好的晶型。Natta 和 Menick 描述了它的晶体特征，属单斜晶系，每个晶胞中有 4 个 3/1 螺旋。Ⅰ、Ⅱ类和混合型球晶就是由 α 晶组成。在较高温度下（>130℃）结晶，iPP 主要生成 α 晶。在 α 晶胞中有左、右手两种螺旋构象，但由于甲基侧基的存在，还有个甲基取向（向下或向上）的问题。若甲基的取向是无规的，则为 $C_{2/c}$ 空间群，此时 $h+k$ 为奇数的衍射全部消失；若甲基单个方向取向，则为 C_c 空间群，此时 $h+k$ 为奇数的衍射不消失。实验发现 α 晶的空间群是处于 C_c 和 $C_{2/c}$ 之间的某个位置，这同 Turner-Jones 等所作的关于取向的和高度结晶而没取向的 iPP 可能具有不同的空间群的结论是一致的。α-iPP 的 DSC 曲线上有时出现 2 个熔融峰，有人认为可能存在着两种结构——极限有序和极限无序结构，前者比后者具有较低的自由能和较高的熔点。朱诚身等也发现，当有氧化产物存在时，α-iPP 有 2 个熔融峰，认为是由于规整性不同的晶体产生的；同时发现在快速冷却时，成核效果差的样品结晶后重熔融，得 2 个熔融峰，且随结晶时冷却速率增大，高温侧峰增大，认为是由于在快速冷却时，结晶区域被迅速冷冻，在区域间的分子链受到一定应力而被拉紧，产生熔点较高的原纤状晶体，成为晶桥，随着冷却速率增大，应力增加，这部分晶体增多，因而高温峰值增大。

② β 晶型　为六方晶系，一般较少碰到，与 α 晶不同，在 β 晶中所有 iPP 螺旋状的大分子链皆以相同的方向参加到晶格中。Padden 和 Keith 在研究 iPP 的熔体结晶时，从 128℃ 以下结晶的样品中，在 α 球晶中发现了单个的 $β_{Ⅲ}$ 球晶，在 132~128℃ 结晶的样品中发现了单个的 $β_{Ⅳ}$ 球晶。Addink 和 Beintema 认为 β 晶在高等规即高结晶性 iPP 中出现，研究发现，较小的晶粒由 β 晶转变为 α 晶发生在 130℃ 以上，要产生 β 晶需将熔体快速冷却到 130℃ 以下。Turner-Jones 等研究了熔融与淬火温度对 iPP 晶型的影响，发现 iPP 薄膜在 210℃ 熔融 10 min，迅速淬火（水或水-甘油浴），0~90℃ 时主要生成 α 晶，80~90℃ 时，有少量 β 晶生成，120℃ 时 β 晶占主要部分，130℃ 时 α 晶又为主。当固定在合适淬火温度时，熔融温度对生成 β 晶有影响：在 190~230℃ 之间熔融，主要生成 β 晶；在 240℃ 熔融时，α 和 β 各占一定比例；250℃ 以上，仅得 α 晶。生岛宏一郎等用 iPP 薄膜进行等温结晶，结果是生长 α 晶的同

时也生成β晶。在200~210℃熔融后结晶，β晶含量最高，并认为在此温度下，一些原来取向的结构未完全消失，有利于β晶形成。压模温度在180℃时，iPP的特性黏数越大，β晶含量越高。某些成核剂也对β晶生成有作用。Leugering和Duswalt用永久红(permannet red) E3B颜料作成核剂制得β球晶；吴毓华等用酞青红作成核剂制得β晶相对含量为83%的样品；史观一等发现一种成核剂，在等温结晶时最多可得95%的β晶，并在20~85℃研究了β-iPP的应力应变性质，发现β-iPP比α-iPP有较低的弹性模量和屈服强度，较高的抗张强度，明显的应力硬化及高的冲击强度。在高速拉伸下β-iPP显示高的韧性与延展性，不像α-iPP那样发生脆裂；朱诚身等也发现一种成核剂，在非等温结晶条件下可生成81%的β晶；Asono和Fujiwara利用温度梯度获得完全是β晶的iPP；有人在应力诱导下也得到β晶，在高剪切速率诱变下，iPP形成一种纤维状结构，并且起到β晶成核剂作用，使iPP迅速生成β球晶。

样品中β晶的含量可用X射线衍射法测定，即根据α晶的主要衍射面的衍射峰高以及β晶强衍射面(300)的衍射峰高计算。朱诚身等用DSC法测定含β晶样品的熔融曲线，用α和β熔融峰高之比表征β晶相对含量，发现变化趋势与X射线衍射法相似。

③ γ晶型　在iPP的α、β、γ 3种晶型中，碰到γ晶型的机会最少，只在一些特别条件下才得到。1961年，Addink和Bintema发现，γ晶型仅从低分子量但同时等规度不太低的样品中得到。他们认为短链容易堆积的更紧密，特别是在b轴方向上。但Turner-Jones在分子量较高的级分($[\eta]=0.5\sim1.5$ dl/g，相当于$\overline{M}_\eta=3.7\times10^4\sim14.7\times10^4$)熔体结晶也得到$\gamma$晶，而且只能从熔体结晶中得到。如果低于熔点温度加热相应的α晶不能形成γ晶。从未分级iPP中常伴生少量γ晶。Natta和Addink假定在γ晶中链的堆积允许在其晶胞中有左、右两种螺旋。从γ晶的密度高于α晶看来，没有任何明显的理由能说明α晶比γ晶稳定。然而当链是嵌段的时，γ晶变得容易生成，似乎这种现象与链条中存在A和B段间排列转换有关。但事实上高等规iPP级分中也常拌生有少量γ晶，尤其是从熔体结晶时。Awaya用商品iPP在氮气氛中于约300℃分解直到变成蜡状物，部分分解样品用沸乙醚抽提，得到γ晶，他认为这可能是α晶中堆积的分子链稍微转位的结果。Kardos等也发现，γ晶是低分子量的，在分子自由度高时才能得到。但即使在高分子量样品中，在高压如3.55GPa上已经开始有γ晶出现，在0.507GPa时几乎全部是γ晶。近年来Nakafuku[25]用高压DTA法研究了iPP的熔融与结晶，用0.245GPa的压力制得少降解的稳定γ晶体，并认为这是γ晶形成的合适压力。付强等使PP在0.77 GPa，250℃下熔体结晶，经广角X射线衍射(WAXD)分析所得为γ晶型，γ-iPP在远低于熔点的温度下发生向α-iPP转变，而不是γ-iPP先熔融再重新结晶成α-iPP，即这是固-固转变，且这种γ-α转变受升温速率的影响很大，γ-α晶型转变只发生在较低的升温速率，在高升温速率下不发生γ-α晶型转变。实际上在高温高压下iPP很容易发生降解。Kojima和Mari用辐射法制得PP的γ晶，并发现α晶与γ晶具有相同的a^*和c轴，具有相同的b^*倒数轴。这意味着iPP的α和γ晶在生长模型方面是相似的，所以γ晶不能像β晶那样通过形态观察与α晶区别开来。

④ δ晶型　Addink和Beintema认为δ晶是由间规聚丙烯(sPP)组成。但也有人认为δ晶不一定是sPP，在无定形多的样品中可以看到这种变体。

⑤ 拟六方晶　把标准的iPP急冷，或者在冷拉伸时则生成拟六方晶，这种结构不稳定，在70℃以上热处理就会有固相转变成α晶。

(2) 等规聚丙烯的聚集态结构

① 球晶形态 1959 年，Padden 和 Keith 详细研究了熔体结晶 iPP 的聚集态结构，按照光学各向异性，根据球晶双折射的大小及正负号，把球晶分成 5 类，各类的特点如下：

Ⅰ类：由 α 晶组成(α_{I})，是约 134℃以下结晶时出现的主要球晶形式。在径向表现有正的双折射，平均值 0.003±0.001。正交偏振光间这些球晶显示简单的 Maltese 十字。在正交偏振光和无偏振光的情况下用显微镜观察可分辨出粗糙的枝形结构。

Ⅱ类：由 α 晶组成(α_{II})，在 138℃以上生成，与Ⅰ类球晶的区别仅仅是双折射的符号不同，$\Delta n=-0.002\pm0.0005$。

混合型：亦由 α 晶组成(α_{m})，这类球晶在任何结晶温度下都可以形成，包括在 134~138℃间形成的大多数球晶在内，因为它们不能归入Ⅰ~Ⅳ类中的任何一类，所以称之为“混合型”球晶。这类球晶没有明确的正负双折射区间。即使在负的区间，也因双折射的数量级相当低，似乎不能说对应于下面的Ⅲ、Ⅳ类球晶。

Ⅲ类：由 β 晶组成(β_{III})，在约 128℃以下出现，可从熔体冷却到适宜此种结晶的温度生成。球晶中间是亮的，$n_{\mathrm{r}}=1.496$，$n_{\mathrm{t}}=1.509$，$\Delta n=-0.013$。球晶外观不规整，多呈块状，其 Maltese 十字也不及Ⅰ、Ⅱ类清楚。由于球晶内部晶体排列具有显著的取向性，使每个球晶呈现几片块状的光亮区域。

Ⅳ类：由 β 晶组成(β_{IV})，在 128~132℃间形成，有明暗相隔的区域，环状鳞片结构。亮区的大分子链方向与样品表面平行，$n_{\mathrm{r}}=1.496$，$n_{\mathrm{t}}=1.519$，$\Delta n=-0.023$；而在暗区大分子链方向垂直于表面，$n_{\mathrm{r}}=1.496$，$n_{\mathrm{t}}=1.498$，$\Delta n=-0.002$，两者相差很大。

把 iPP 五类球晶的特性列于表 4-2。表中没有列入 γ 球晶，这是因为 α 和 γ 晶在晶型方面是相似的，不能通过形态观察区别开，因此也就看不到所谓 γ 球晶。

表 4-2 iPP 五类球晶的特性

类	晶 型	记 号	晶体结构	特 性	环结构	双折射	结晶温度/℃
Ⅰ	α	α_{I}	单 斜	正双折射	无	0.003±0.001	<134
Ⅱ	α	α_{II}	单 斜	负双折射	无	-0.002±0.0005	>138
混合型	α	α_{m}	单 斜	混合双折射	无		全部区间
Ⅲ	β	β_{III}	六 方	强度负双折射	无	-0.013	<128
Ⅳ	β	β_{IV}	六 方	负双折射	有	-0.023(亮区) -0.002(暗区)	128~132

Inoue 观察了 iPP 球晶的形态。发现 iPP 在玻片之间结晶时，容易形成树枝状晶，并显示出很好的二维发展。树枝晶生长的一个特征现象是，当树枝晶晶核在某给定结晶温度下形成后，即使将样品转移到另一个结晶温度的热浴中——在这个温度下树枝晶晶核不能形成——树枝晶仍能继续增长。在结晶增长过程中改变结晶温度，有可能生成增长的树枝晶并在同一区域中生成一些小球晶。在这种情况下，生长着的树枝晶能吸收这些新形成的小球晶，仿佛是这些小球晶被改造成为树枝晶的基本单元，在无偏振光下用显微镜观察，可见每个树枝晶由许多单元所组成。在电镜下则表明，这些树枝晶由许多晶片无规则排列组成。在自由表面上生长成椭圆形球晶——带树枝状结晶的椭球。每个树枝晶表现为有大量小的单位和结点组成。相邻结点间的距离不都相等。在接近于熔点时慢慢结晶，iPP 能形成横晶(transcrystalline)。

朱诚身等用其发现的成核剂制得β晶 iPP 薄片，在正交偏光显微镜下观察，发现β-iPP 呈现彩色状球晶，而α球晶为黑白放射状球晶(α_m型),这样很容易把两者区别开来。电镜观察表明，α晶的无定形区集中在球晶之间的边界区，在球晶中心存在着很严重的应力开裂，球晶之间的联系很少；β晶是由层状片晶组成，内部疏松，无定形区存在于各层之间，即存在于球晶内部，边界之间有一定的联系，不像α晶那样各自截然分开，β晶有几种图像，有的是绕一个中心螺旋状晶片生长而成，整体像一朵花，有的像中间切开的包心菜，晶片弧形散射开去。

② 骤冷态结构　像许多其他聚合物一样，从熔体快速骤冷的 iPP 结构是无序的，从所得到的弥散的 X 射线衍射图可以说明这一点。然而红外光谱(IR)证据表明在骤冷态中存在着螺旋结构，因此又有某种程度的有序结构。PP 骤冷已有许多人研究，先后提出了 6 种模型。第 1 种由 Natta 和 Corradini 提出，认为是近晶形(smetic),由在单斜相中发现的 3/1 螺旋组成，但在垂直于晶轴方向链的堆积是无序的。第 2 种模型由 Miller 拟定，认为骤冷态可用 Hosemann 提出的酝晶型(paracrystal)来描述，即它基本上是三维有序的，但受缺陷的影响很大。第 3 种模型首先由 Gailey 和 Ralston 提出，认为是由非常细的六角相晶粒组成。Boder 等利用 X 射线衍射证据提出了第 4 种模型，认为其结构是由单斜性质的微晶组成。第 5 种模型是根据 X 射线衍射数据由 Mc Allister 等提出的，认为骤冷态中约 60%的 iPP 材料是无定形的，余下的是扭曲的六方或四方晶系的微晶。最后一种是由 Glotin 等根据 IR 证据提出的，认为在骤冷 iPP 玻璃中含有有序的螺旋状分子的枝条，它们是不连贯的，即不能堆砌发展成三维晶体胶束，这些枝条和无序物在玻璃态中是无规分布的。

(3) 影响等规聚丙烯结晶结构的因素　影响 iPP 结晶结构的因素很多，主要有样品的特性如等规度、分子量及其分布、接枝链等；加工条件如熔化温度和时间、结晶温度和压力等；外加物质如成核剂、稀释剂、共混物等。现分别讨论如下。

① 等规度　随等规度下降，熔点和最大结晶速率明显下降，同一温度下的结晶速率也大大下降。其原因是随等规度下降，立构规整性降低，结晶能力下降，样品排列不紧密。等规度对聚集态结构也有很大影响，如正辛烷抽提物能生成良好的球晶，而正己烷抽提物不能生成球晶。

② 分子量及其分布　分子量极低($\overline{M}_\eta=3200$)时在 135℃不能形成球晶，$\overline{M}_\eta=2.4\times10^4$ 时在 130℃结晶形成树枝晶、针状晶；分子量更大时能形成较完善的球晶。有的作者认为，分子量小的样品易形成γ晶。未分级(分布宽)样品生成少量γ晶。

③ 熔融条件　iPP 充分熔融的最低温度通常在 200℃左右，并与试样的分子量及其分布、分子取向及结晶历史有关。经热处理的样品比未经处理的需要更高的熔化温度；拉伸样品，分子量高和分布宽的样品都要更高的熔化温度。相同条件下不同熔融温度可形成不同晶型[参见本节(1)β晶部分]。熔化温度>250℃时样品的降解不可忽视。降解产生的高等规度低分子量链易起到晶核作用，并易生成γ晶。熔化时间会影响到热历史的消除和降解作用的产生。结晶完善程度大，分子量高和分子量分布宽的样品相应需较长的熔化时间。熔化时间越长，降解作用越大；但熔化时间过短，未熔化的残存结晶会起晶核作用。熔化时的气氛对降解作用影响很大，在没有加稳定剂的样品中，iPP 于空气气氛中约 190℃开始降解，故在研究中一般应隔绝空气，在惰性气体(氮气或氦气等)保护下熔融。

④ 结晶温度　如前所述，不同结晶温度下可形成不同的晶型，如表 4-2 所示。

⑤ 压力下结晶 常压下熔融结晶，主要生成 α 晶，在高压下生成 γ 晶。用 DTA 法测定，压力 p 对 iPP 的熔点 T_m 和结晶温度 T_c 都有影响，其依赖关系如下：

$$T_m = 164.1 + 3.66 \times 10^3 p - 2.548 \times 10^4 p^2 \quad (\alpha \text{晶}) \tag{4-4}$$

$$T_m = 150.6 + 3.95 \times 10^3 p - 2.980 \times 10^4 p^2 \quad (\gamma \text{晶}) \tag{4-5}$$

$$T_{C1} = 120.68 + 3.07 \times 10^3 p - 4.935 \times 10^4 p^2 \tag{4-6}$$

$$T_{C2} = 131.15 + 2.76 \times 10^3 p - 2.312 \times 10^4 p^2 \tag{4-7}$$

式中，p 的单位为 Pa；温度单位为℃；T_{C1}是新鲜样品或在 340 MPa 以下压力熔融结晶样品的结晶温度；T_{C2}是在 340 MPa 以上压力下结晶样品的结晶温度。

⑥ 应力 应力引起分子取向，从而对结晶速率和结晶形态发生极大的影响。近年来应力诱导结晶的问题引起了极大的重视和广泛的研究。影响结晶的应力可以是拉伸或剪切应力。剪切易引起分子转动，故在使分子取向排列的效果上不及拉伸。有人发现，随着应力的增加，结晶速率可提高几个数量级。在一定的冷却速率下随应力增加结晶温度提高，因而不易生成次晶而易生成 α 晶。应力还明显改变了结晶形态，即由静态下的球晶转变到柱状结晶。其成因可用“行核”理论解释。

⑦ 稀释剂 加入与结晶性高聚物有相容性的低分子物可以增大分子链的活动性，使 T_m、T_g 降低。iPP 的稀释剂有多种，如六氯苯、正癸烷、四氢萘和十氢萘等。

⑧ 与弹性体共混 有人研究了与弹性体共混的 iPP 结晶与熔化现象，发现单位面积 iPP 球晶数目随弹性体的增加而增加，认为弹性体起到了成核剂的作用，其成核效率强烈地依赖于它们的化学结构与分子量。随弹性体的增加，iPP 球晶的尺寸减小，生长速率一般减小，特别是在低结晶温度下，但在较高温度下随弹性体结构不同影响不同。徐懋等研究了 iPP 和 SBS 共混时的结晶行为，发现混入 SBS 后看不到明显的 iPP 球晶结构，并存在着微相分离。SBS 加入，T_m 稍下降，结晶温度下降，起始结晶温度略低于纯 iPP，但一旦开始结晶，共混物中的 iPP 有较高的结晶速率。

⑨ 接枝 具有非晶态接枝链的 iPP 比纯 iPP 的形态有明显不同。冯榕荫等研究了聚甲基丙烯酸甲酯接枝 iPP，发现不同结晶温度对晶粒尺寸的影响，接枝物比纯 iPP 小得多，结晶温度为 88~136℃，iPP 的 $D_{(040)}$ 由 26.1nm 增加到 34.1 nm，增加了 8.0nm，而接枝物的变化仅 0.6~0.7nm。同时在接枝物中 β 晶不存在或很少形成较为单一的 α 晶。136℃结晶，iPP 形成直径>200μm 的球晶，但接枝物仅形成一些尺寸在 20~25 μm 的沿一定方向出现的串状晶块。主要原因是接枝链的存在阻碍和干扰了晶体的生长。

(4) 成核剂对聚丙烯结晶的影响 纯 iPP 从熔体结晶易生成大球晶，冲击性能差。提高过冷度和结晶压力能生成较小的球晶。但过冷度的提高受到了热流动速率的限制，而高压则使产品失去光泽并加大模具损耗，故也受到限制。因此常在 iPP 中加入成核剂，使生成较小的球晶来达到提高性能的目的。

① 成核剂的性质要求和种类 Beck 研究了 iPP 的各种成核剂，发现有效成核剂具有以下几个基本条件：须能减小晶核界面自由能，即能吸附大分子于其表面或被大分子浸润；在高聚物熔点及熔点以下不溶解；熔点高于高聚物且不分解；不挥发、稳定、不发生化学反应；具有与高聚物接近的结晶结构。一般认为，凡能使结晶温度提高，球晶数目增加和球晶尺寸减小的成核剂即为有效成核剂。

许多物质可以作为 iPP 的成核剂，好的成核剂有芳族或脂环族羧酸的碱金属或铝盐，其中以苯甲酸钠和碱性苯甲酸铝效果最优。此外，苯甲酸钾、β-苯甲酸钠、苯甲酸锂以及环己烷羧酸钠等都是好的成核剂。中等效力的成核剂通常是一元、二元脂肪酸盐及芳基脂肪盐，如丁二酸钠、戊二酸钠等。与有机成核剂相比，矾、SiO_2、TiO_2、CaO、MgO、炭黑、粘土等无机物是效力较差的成核剂。

② 成核剂对等温结晶动力学及形态的影响　加成核剂的 iPP 异相成核和结晶动力学的研究，国内外有许多报道。与 iPP 本身有某些类似，如加成核剂与否都具有相同的增长速率，Avrami 指数 n 值大多为分数。加有效成核剂后由于成核密度增加，虽然球晶增长速率不变，但总的结晶速率增加，半结晶期 $t_{1/2}$ 明显缩短，结晶诱导期也缩短或消失。iPP 结晶速率随分子量增加而增大，但成核 iPP 结晶速率随分子量增大变化不明显。

加入成核剂对 iPP 的晶型、结晶度和晶粒尺寸都有一定的影响。有些加入后只生成 β 或 α 晶，而有些则两种都有。加入不同的成核剂对 α 或 β 晶晶胞参数没有影响，结晶度及晶粒尺寸无明显改变，熔点略有降低。

③ 晶核数目的测定　当晶核数目比较小时，可直接在偏光显微镜下测定。否则结晶核数目 N 可用半结晶期 $t_{1/2}$ 和球晶增长速率 G 表征的叠加结晶速率来测定。在异相成核控制的球晶结晶过程中，Avrami 指数 $n=3$，则

$$N = \frac{3\ln 2}{4\pi G^3 t_{1/2}^3} \tag{4-8}$$

④ iPP 及加成核剂时的非等温结晶动力学及形态　朱诚身等考查了 iPP 及加苯甲酸和脂肪二酸系列等 25 种成核剂对 iPP 非等温结晶的影响，发现多数成核剂使结晶速率常数增大，但对动力学结晶能力(kinetic crystallizibility)基本无影响，对 $t_{1/2}$ 的影响远小于等温结晶。Avrami 指数比等温结晶大得多，提高结晶速率大小的顺序也不同于等温结晶。效果好的成核剂在不同冷却速率下均得到分布均匀的细小球晶，而差的成核剂得到大球晶。冷却速率对尺寸和结晶度的影响不显著。

(5) 等规聚丙烯的性能　iPP 是结构规整的结晶聚合物，影响 iPP 性能的因素有等规度、结晶度、晶体形态、分子量及分子量分布。等规度越高，结晶度就越大。随着结晶度增加，熔点、密度、耐热性、刚性及屈服强度均增加。

iPP 密度较小($0.90 \sim 0.91\ g/cm^3$)，表面光泽性好，软化点高于 HDPE 及 ABS(连续使用温度可达 120℃)。

与 PE 相比，若屈服应力相同，iPP 的结晶度稍低，透明度好，制品收缩率低。

冲击强度是由等规度、球晶大小、熔体流动速率和温度决定的。熔体流动速率决定于分子量和分子量分布。熔体流动速率增大，分子链变短，冲击强度降低，拉伸强度和断裂伸长率也降低。具有相同黏度的单一分子量级分的 iPP，要比分子量分布宽的 iPP 冲击强度高。提高等规度对冲击强度不利。降低等规度，可提高伸长率，但拉伸断裂强度降低。

对于较高黏度的树脂，PE 比 iPP 有较高的冲击强度；对于黏度较低的树脂，iPP 比 PE 有较高的冲击强度。从加工的角度看，挤出成型选用 PE 可得到冲击强度较高的制品；高速注射成型选用 iPP 可得到冲击强度较高的制品。iPP 的球晶较小时，制品的屈服应力大、冲击强度高、透光率高。β 晶 iPP 具有高的冲击强度。

iPP 耐磨耗性优良，介电性能优良，耐水、耐应力龟裂及耐化学药品性优良，其薄膜阻

水阻气性好，且无毒性。

iPP 冲击强度对温度很敏感，低温脆性大，在-10℃左右降到最低值。同时在阳光和热作用下较易老化。

（6）等规聚丙烯的用途 iPP 制品主要用于家庭日用品、汽车等工业零部件、容器、电器零件、家用电器零部件、产品包装、管材、板材等。纤维主要用做纺织纤维、地毯背衬、绳索等。此外，还可做涂料、合成纸、合成木材及蒸煮消毒容器等。

① 注射制品 用玻璃纤维增强或用弹性体改性的 PP 用于汽车的方向盘、电池箱、缓冲器、散热器叶片罩及挡泥板等；在家用器具方面，用作洗涤机、排气风扇、清扫机等；用于牛奶、酒类、农产品的货箱中；用于日用品如厨房用具、食具、玩具、文体用具等。

② 薄膜 主要用于食品、日用品、化学药品包装，电器与电子器械包装。

③ 纤维及其织物 PP 拉伸编织袋代替麻袋，包装化肥、水泥、砂糖、粮食等。PP 织物用于地毯、窗帘等。PP 扁带用于捆包。

④ 中空成型制品 以 PP 为主要结构层，辅以 EVA、尼龙等阻气性能好的树脂层制造的中空容器，可盛装食油、酱油等，也可制作盛装液体燃料、日用化学品的瓶子。

⑤ 挤出成型制品 主要用于电线电缆及板材、管材等。板材用于热成型产品，如食品包装容器和汽车挡泥板。

4.1.4.2 间规聚丙烯[29~66]

1960 年，间规聚丙烯(sPP)作为不纯物从等规聚丙烯中被分离出来。当时是在低温及钒基催化剂作用下制得，其产率很低。1988 年，Even 等使用茂金属催化剂合成了高间规度且纯度和产量均很高的间规聚丙烯，其各种性质均得到了明显改善，有的甚至可与等规聚丙烯相媲美，此后才开始有了工业生产的概念。1993 年，Fina 公司在得克萨斯州的 La Porte 聚丙烯工厂的液相环管反应器中试生产出间规聚丙烯；1995 年，Fina Oil & Chem. 公司和日本三井东压公司以实验量生产出了间规聚丙烯。

（1）间规聚丙烯的晶型 早在 20 世纪 60 年代，人们就发现了 sPP 的多晶型现象。那时人们认为 sPP 是以 $S(2/1)2$ 螺旋形构象进行正交堆砌的稳定晶型，和一种被描述为“反”平面链的不稳定晶型。近年来对 sPP 进行了电子衍射(ED),X 射线衍射及固态^{13}C NMR 谱研究，发现由于 sPP 样品的立规度、力学处理和热历史不同而出现了更复杂的多晶型现象，这种晶型划分方法已远远不够，于是出现了多种对 sPP 晶型的划分：如 Bu 等[58]将其划分成 3 种单元晶胞；Nakaoki 等则认为 sPP 有 4 种分子链构象：平面锯齿形构象，$T_2G_2T_6G_2$ 型构象以及两种 T_2G_2 构象。Rosa 将迄今为止出现的 sPP 划分为 4 种晶型：Ⅰ型、Ⅱ型、Ⅲ型和Ⅳ型。

① Ⅰ型 sPP 晶型 Ⅰ型 sPP 是于最普通的结晶条件下(溶液和熔融结晶)得到的粉末样品或 sPP 单晶中最稳定的晶型，最早由 Lovinger 等发现并对其进行了一定描述，即以 $S(2/1)2$ 螺旋构象堆积的正交单元晶胞。Rosa 等在此基础上进一步研究了Ⅰ型 sPP 的单元晶胞，更好地描述了其晶体结构，晶胞参数等如表 4-3 所列。

表 4-3 Ⅰ型 sPP 晶胞参数

作者	空间群	晶胞参数/nm			
Lovinger	Ibca	$a=1.45$	$b=1.12$	$c=0.74$	
Lovinger	Pcaa	$a=1.45$	$b=0.560$	$c=0.74$ ($t<130$℃)	
Rosa	$P2_1/a$	$a=1.431\pm0.007$	$b=1.15\pm0.002$	$c=0.75\pm0.01$	$\gamma=90.3°\pm1.5°$

粉末 X 射线衍射谱主峰位于 d=0.725、0.56、0.47、0.431 nm(2θ=12.2°、15.8°、18.8°和20.6°,CuKα)处。Rosa 还研究了Ⅰ型 sPP 的不规整多晶型,并表征了不同温度等温结晶所得规整度不同的Ⅰ型 sPP,发现沿单元晶胞的两轴均为反手性堆积的有限规整晶型只有在 T_c>135℃时才能得到,这种晶型为单斜晶系 $P2_1/a$;135℃>T_c>120℃时,则形成沿晶胞两轴均左右手性单环交替排列的晶型;T_c<120℃时,将产生沿 a 方向的 bc 层单环堆积的不规则区,其多少取决于结晶温度,当熔体淬火时不规则区会迅速增多。

② Ⅱ型 sPP 晶型　Ⅱ型 sPP 常出现在退火的 sPP 纤维样品中(其中常混有Ⅰ型 sPP),是以 $S(2/1)2$ 螺旋构象的分子链作正交堆积而成。其单元晶胞 a=1.45 nm,b=0.560 nm,c=0.74 nm。空间群为 $C222_1$,粉末 X 射线衍射谱主峰位于 d=0.725,0.522,0.432 nm(2θ=12.2°,17.0°和20.6°,CuKα)处。

Ⅱ型 sPP 中含有扭结键。扭结键是由于聚合物晶体中平行于 c 轴的压缩应力而产生的一种变形键,与链轴方向上相邻分子链的改变有关。通过研究发现,这种扭结键的形成主要影响了 2θ=12.2°[密勒指数(202)+(311)+(401)]处的布拉格反射强度。

③ Ⅲ型 sPP 晶型　Ⅲ型 sPP 由 Natta 等发现,是通过将压缩模制样品于室温下压延得到,其具有锯齿形反平面构象。Loos 等用 X 射线衍射研究了 sPP 的塑性,发现细颈之后已形成样品中只有平面锯齿形,细颈区的晶型和分子链构象不同于非细颈区。

近来 Chatani 等报道了Ⅲ型 sPP 的晶体结构,即反平面分子链以正交晶胞堆积,单元晶胞中 a=0.522 nm,b=1.117 nm,c=0.506 nm,空间群为 $P2_1Cn$。将Ⅲ型 sPP 纤维样品在高于100℃下退火(纤维长度不变)时,这种反平面晶型会完全转变为双折叠螺旋形晶体,此晶体一般是Ⅰ型晶体和Ⅱ型晶体的混合物。

值得注意的是,近来有人用 CP/MAS^{13}C NMR 技术和 WAXD 发现0℃下平面锯齿形 sPP 晶体(Ⅲ型)的产生是自发的,这就推翻了以往认为只有通过将 sPP 样品熔融淬火后再冷拉才可得到Ⅲ型 sPP 的看法。他们将 sPP 样品在0℃恒温后再升至室温而得到了平面锯齿形的 sPP,这其中虽然也产生了一些 T_2G_2 构象的 sPP,但其量远小于平面锯齿形构象的 sPP。

④ Ⅳ型 sPP 晶型　Ⅳ型 sPP 最早是 Chatani 等将反平面锯齿形构象的 sPP 纤维样品暴露于有机溶剂蒸气中(如:温度低于50℃的苯)而得到。他们认为Ⅳ型 sPP 由$(T_6G_2T_2G_2)n$ 构象的单环组成,并以三斜单元晶胞进行堆积,其晶胞参数为 a=0.572 nm,b=0.764 nm,c=1.16 nm,α=73.1°,β=88.8°,γ=112°。通过 t>50℃的退火,Ⅳ型 sPP 也可转变成双折叠螺旋构象。

Auriemma 等对于Ⅳ型 sPP 的结构提出了不同看法。他们对其堆积能和结构因子进行了重新推算,将 Chatani 提出的三斜结构模型稍加改动,而提出另一种堆积方式,即单元晶胞中心位于 c 面上的单斜结构模型。此模型堆积能更低,且推算出的结构因子与实验值相符。这种单斜结构模型较适于描述长程有序的情况,单晶胞参数 a_m=1.417 nm,b_m=0.572 nm,c_m=1.16 nm,β=108.8°,C_2 空间群,相比较而言,前述的三斜晶型则更适于描述局域有序的情况。

⑤ Ⅰ、Ⅱ、Ⅲ型 sPP 晶型的形成与转化　通常将冰水淬火 sPP 样品于室温拉伸时,得到的是全反式构象的Ⅲ型 sPP。而 sPP 的等温结晶样品在所有温度区间都生成 T_2G_2 螺旋构象的晶体(Ⅰ或Ⅱ型 sPP),当过冷度 ΔT 大于20℃时,得到Ⅱ结构;当过冷度 ΔT 小于20℃时,则得到更稳定的Ⅰ结构。

张斌等研究了拉伸和退火诱导 sPP 的构象转变，发现在较低温度下拉伸 T_2G_2 螺旋构象的晶体（Ⅰ或Ⅱ型 sPP）可导致其向全反式构象（Ⅳ型）晶体的转化。但当拉伸温度较高时（80~110℃），其 WAXD 图无明显变化，只是非晶部分的弥散峰明显减少，结晶峰更尖锐，结晶更完善。张力有利于强化全反式构象的稳定性，直到温度的影响超过张力的作用时，才开始发生构象转变。

（2）间规聚丙烯的性能　在不同反应条件和催化剂下生产的间规聚丙烯有不同的物理性能。目前，用茂金属催化剂得到的聚丙烯分子链中间规序列的长度相对还较短，和等规聚丙烯相比，间规聚丙烯结晶度较低。与等规聚丙烯相比，间规聚丙烯有较高的透明度、冲击强度、韧性及弹性，较低的密度、结晶度、硬度、拉伸强度及刚性，冲击强度随温度降低而降低，但 0℃下仍为等规聚丙烯的 2 倍，流变行为也与等规聚丙烯不同。随着间同结构伸展长度的增加，结晶度增大，密度、邵氏 D 硬度、拉伸强度及弯曲模量也增大。

间规聚丙烯的玻璃化转变温度及平衡熔融热均低于等规聚丙烯；其熔点、结晶温度、熔融热、拉伸强度、弯曲模量及雾度均随聚合度和间规度的提高而提高。

（3）间规聚丙烯的应用

间规聚丙烯的韧性、冲击强度、透明度和低热封温度使之在某些应用领域，如医用产品和特殊包装等方面，可与等规聚丙烯、低密度聚乙烯、线型低密度聚乙烯和聚氯乙烯等竞争。潜在的应用有：黏合剂，如热熔胶和官能团接枝型黏合剂；在 0℃以下用的透明容器；色母粒及添加剂母粒的制备；弹性体；挤出和注塑制品，特别是必须辐射消毒的，如容器、硬瓶及医用注射器；薄膜，特别是高透明度和高韧性膜、低热封温度膜，如快餐食品包装膜；树脂的改性剂及澄清剂（如用于等规聚丙烯）；聚丙烯膜的改性剂；透明片。

4.1.4.3　无规聚丙烯（aPP）[67~73]

无规聚丙烯是继 iPP 之后，由 iPP 的工业产品中分离出的副产物。在等规聚丙烯工业产品中，aPP 通常占 PP 总产量的 5%~7%。在旧的溶液法生产中，aPP 占 25%~30%。在溶剂泥浆法中，生成的无规物和低分子聚丙烯溶在溶剂中。当把 iPP 与溶剂分离后，将含有无规物的溶剂经水蒸气汽提，或用薄膜蒸发器除去溶剂，得到无规物（实际上，这样的无规物还含有间规聚合物和由等规、间规、无规分子交替连接而成的所谓立体嵌段结构）。在本体（泥浆）法中，生成的无规聚丙烯需要用溶剂（己烷或丁烷）萃取分离。若用沸腾的正庚烷萃取，不溶解部分是纯 iPP，溶解部分是无规与间规聚合物的混合物。

（1）无规聚丙烯的性能　在常温下 aPP 是一种非结晶、外观为白色的黏稠物或者略有黏性及弹性的蜡状物。相对密度为 0.86，软化温度（环球法）90~150℃，脆化温度为 -6~-15℃，着火点 220~230℃，闪点 300~330℃，玻璃化转变温度 >-25℃，拉伸强度 <0.784 MPa；aPP 加热到 200℃即开始逐渐降解，在 260℃加热 79 min 时，其热失重为 13.5%，燃烧热为 31.8J/g；电绝缘性、化学稳定性、防火性等与等规聚丙烯相同；aPP 的体积电阻率为 10^{15}~10^{17} Ω·cm，介电常数为 3.00，功率因数为 0.005。

aPP 由于分子量小、结构不规整、缺乏内聚力，因而机械性能、热性能较差；由于 aPP 是无定形的，因此其溶解性较 iPP 好，aPP 易溶于庚烷、己烷、戊烷等直链烷烃，可溶于苯、甲苯等芳香烃；微溶于乙酸乙酯、乙酸丁酯等酯类及四氯化碳、氯仿等氯代烃和高碳醇等有机溶剂。但不溶于水、乙醇、甲醇、乙醇、正丁醇及丙酮、甲乙酮等低分子的醇、酮类。普通的 aPP 中由于混入了少量的 iPP 和部分交联的分子量大的 aPP，因此在溶剂里不易完全溶解。但在精制后，即可完全溶于良溶剂。利用 aPP 易溶的特点，即可将 aPP 同 iPP 进行分离，同时可将其配成溶液来使用。aPP 与 iPP 相比，由于其分子排列无规整性，分子量较低，在刚性、耐热性与耐化学腐蚀等方面较 iPP 差，但 aPP 在柔韧性、耐低温性、浸润性、溶解性及加工流动性等方面都比 iPP 好。aPP 的黏度低，在加工时的流动性非常好。所以，aPP 在不少领域中得到不可忽视的应用。

aPP 同聚乙烯、聚丙烯、聚丁烯、EVA 树脂、萜烯树脂、石油树脂、松香树脂、合成橡胶以及石蜡、沥青等的相容性很好，因此可同它们共混以扩大用途。相反，aPP 同聚苯乙烯等的相容性很差。

(2) 无规聚丙烯的应用　aPP 以其优良的疏水性、耐化学药品性、电绝缘性、黏结性和它对通用橡胶、塑料及填料的良好相容性，已在化工、轻工、建筑、纺织、医药、交通运输、塑料、农业、美术、出版、电子工业等领域得到广泛的应用。aPP 可以用来改性聚烯烃树脂及塑料、橡胶、石蜡、沥青等高分子材料；aPP 用作塑料、橡胶的接合组分可改进加工性能，提高制品性能、降低成本。aPP 可制黏合剂如溶剂胶、压敏胶、热熔胶。aPP 乳液可用于纸张上胶或作农药乳化剂、水土保持剂；此外还可用作润滑油、润滑脂改性添加剂、金属加工润滑剂；印刷油墨添加剂；脱模剂和剥离性的保护层；并可用作电缆填充剂、浓颜料分散剂、农药和防霉剂的载体组分、药用软膏、泡沫人造革面等。在燃料方面除做固体燃料添加剂外，还可裂解成液态烃、气态烃用作燃料或化工原料。aPP 通过进一步的化学反应(如氯化、氯磁化、接枝等)后，更可扩大其用途。

4.1.4.4 低等规聚丙烯[74]

低等规聚丙烯(LIPP)是指除了等规聚丙烯(iPP)和间规聚丙烯(sPP)以外的所有类型的 PP。是由中国科学院化学研究所和燕山石油化工公司研究院联合开发的一种新型的聚丙烯材料。目前 LIPP 尚未正式工业化，还没有正式工业产品。

随着溶剂法聚丙烯生产工艺的发展并占绝对优势，采用 Z-N 催化剂定向聚合的工业化和高效、高定向 PP 催化剂的推广使用，PP 产品的立体规整性越来越高，聚丙烯等规度可达到96%~98%，副产 aPP 产量日益减少，几乎消灭了 aPP 的生成。这使得 aPP 的产量远不能满足其应用需求。为此，中国科学院化学研究所开发研制了生产 aPP 的专用催化剂，在此基础上与燕山石油化工公司研究院联合进行了 aPP 成套生产技术的开发研究。直接合成的 aPP 与副产 aPP 的区别在于：它不是一种不同级分的混合物，而是一种通过高分子设计的方法实现等规度可调的低等规度聚丙烯，更为重要的是它的性能可以通过改变工艺条件来调节，故称直接合成的 aPP 为低等规聚丙烯(LIPP)。

燕山石油化工公司研究院与中国科学院化学研究所合作研制的 LIPP 催化剂是一种 Z-N 载体型高效催化剂，可直接合成 LIPP。催化活性大于 3×10^4g LIPP/g cat(60×10^4g LIPP/g Ti)，等规度小于 25%。LIPP 直接合成生产技术已申请了中国专利，并已于 1997 年 10 月在湖北中天公司成功地进行了 500L 放大中试；1999 年 9 月，燕山石油化工公司研究院又和金陵石油化工公司签定了 LIPP 工业试生产合作协议。采用间歇式液相本体法，而没有采用生产粘性物料惯用的浆液法或溶液法聚合技术，是因为国内的间歇式液相本体法 PP 生产装置可以不作较大改动而转产 LIPP。此技术可结合我国众多的间歇式液相本体法 PP 生产装置的技术改造，摆脱现有产品档次低、价格高、竞争激烈的被动局面。

LIPP 成套生产技术包括低等规聚丙烯催化剂的生产和 LIPP 聚合及分离。LIPP 生产采用间歇式液相本体法，催化剂为低等规度聚丙烯催化剂，收率达 30 kg aPP/g cat，aPP 的无规指数为 75%。LIPP 生产工艺技术过程包括：丙烯精制和回收、丙烯聚合、LIPP 的分离、干燥、包装等 5 个工序。该法以液相丙烯为溶剂，丙烯既是聚合单体又是溶剂，从而革除了溶剂回收工序，简化了工艺流程。

燕山石油化工公司研究院还在不断改进生产工艺技术，中试产品质量已有了新的提高。2000 年 5 月又成功地在湖北中天公司 500L 放大中试基础上进行了第 2 代 LIPP 催化剂试验，试验评价结果，LIPP 等规度比第 1 代催化剂降低 10%左右，催化剂用量降低 2/3，为和金陵石油化工公司 LIPP 工业合作试生产提供了依据。同时金陵石油化工公司塑料厂间歇式液相本体法 PP 生产装置技术改造的初步设计方案也已完成，为 LIPP 新产品走向市场打下了基础。

LIPP 与 iPP 相比，具有密度小、韧性好、低温柔软、热封温度低、加工容易等特点；与传统副产 aPP 相比，具有适当的等规度和一定的结晶度、较高的分子量、较低的表面黏度、较好的耐热性，LIPP(模试产品)性能和国内外几种副产 aPP 品牌性能比较见表 4-4、表 4-5，是副产 aPP 升级换代的改性产品；与丙烯和 α-烯烃的共聚物相比，具有装置建设投资小、成本低、耐高温性能好等优点。LIPP 不但可以替代传统的副产 aPP 的应用，在改性沥青防水材料、橡塑加工、热熔黏合剂等更大领域比传统的副产 aPP 有着更加广阔的市场前景。

表 4-4 燕化公司研究院 LIPP(模试产品)性能

性 能	测试方法	测试结果	性 能	测试方法	测试结果
外观		白色微粘固体	结晶度/%	DSC 法	5.6~11
密度/(g/cm^3)	比重瓶法	0.8432±0.0161	熔点/℃	DSC 法	140~160
	密度梯度管法	0.86~0.89	^{13}C NMR		
无规指数/%	沸庚烷溶解法	>75	[mmmm]/%	NMR 法	26~68
软化点/℃	环球法	140~160	黏度①(140℃)/Pa·s	毛细管法	149.8(243s^{-1})
玻璃化转变温度/℃	DSC 法	-8~-25			60.8(1000 s^{-1})
$\overline{M}_w/10^4$	GPC 法	1.3~9.7			29.46(6080 s^{-1})
分子量分布	GPC 法	7.6~11.4			

① 括号中数据为剪切速率。

表 4-5 合成 LIPP 和国内外几种副产 aPP 品牌性能比较

品 牌	日本 J3585	燕化 aPP	辽化 aPP	合成 LIPP
软化点/℃	146.8	144.0	156.9	150~161
T_g/℃	-34	-48	-22	-25~7.5
$\overline{M}_w/10^4$	2.16	0.16	0.43	1.3~9.7
分子量分布	6.33	2.94	6.65	7.6~14.2
等规度/%	1.8	0.4	1.9	1~47
结晶度/%	1.39	0.46~1.84	0.66~4.28	5.60~11.0
熔点/℃	118.8	82~144.2	108.3~151.8	140~159
[mmmm]/%	17.38	31.74	32.42	42~68

4.2 聚丙烯微观结构表征

4.2.1 概述

聚丙烯是应用最为广泛的合成树脂之一，就世界范围而言，其市场份额的年平均增长率为6%~7%。聚丙烯在生产和应用性能方面有许多的优势，可以用较低的成本生产出高性能的产品；聚丙烯的密度在热塑性塑料中最低，为0.9 g/cm^3，具有较高的强度/质量比。聚丙烯的熔体流动速率范围可以覆盖0.3~1000g/10min，适合挤出、注射、纺丝、吹塑、流延、热成型及双向拉伸等多种加工成型工艺，满足生产不同制品的需要。聚丙烯树脂最常见的商品形式为等规聚丙烯，它是一种结晶型的热塑性塑料，是用Z-N催化剂或茂金属催化剂聚合得到的，具有较高的结晶度和熔点，在聚烯烃中是最硬的材料。由于其熔点可高达160~170℃，因此耐热性优良。这种聚丙烯的一个显著缺点为性脆，特别是低温冲击性差，需要通过共聚或共混提高冲击性能。随着催化剂和聚合技术的发展，其他形式的聚丙烯树脂也相继为人们所重视，它们在性能上与传统的等规聚丙烯有很大的差异，如间规聚丙烯和聚丙烯弹性体等，使聚丙烯由脆性材料转变为韧性材料甚至成为弹性体。这些神奇的性能变化是通过控制特定的聚丙烯的结构实现的。由此不难看出聚丙烯树脂的微观结构对其宏观性能所起的作用。

众所周知，目前市售的等规聚丙烯大多用Z-N催化剂进行定向聚合生产。而Z-N催化剂是一种非均质的多活性中心催化剂，每种活性中心有其特定的立体环境，且对单体和氢的反应性不同。根据近来对催化剂聚合机理的研究[75]，表明当聚合过程中丙烯单体插入时，活性中心周围的环境或正在增长的活性链末端的空间位置控制着丙烯的插入方向，因而也控制着聚丙烯分子链的等规性。不同的活性中心得到的聚丙烯分子链的等规性可能不同，即使是同一种活性中心，也可能因周围环境的瞬间偶然变化而使丙烯的插入方向改变，由此造成空间立构上的缺陷。因此，就等规聚丙烯而言，我们实际得到的也不可能是100%的全同结构，而是由不同分子量和空间立构规整性的大分子组成的混合物，只是其中等规结构占了绝大部分。这种结构上的多分散性对等规聚丙烯的性能是有很大影响的。加之根据使用需要，有些牌号的聚丙烯含有共聚单体，而共聚单体的组成和分布对其结构性能亦有很大的影响。因此，将聚丙烯的这些结构信息提取出来加以表述是非常有意义的。通过对聚丙烯树脂进行微观结构的表征，可以更进一步地认清其结构特点，有效地研究结构对性能的影响，建立比较全面的结构-性能关系，在分子设计观点的基础上进行树脂合成和催化剂的改进工作，从而在新产品、新牌号的开发方面，在控制和改进现有产品的质量方面发挥积极的作用。

4.2.2 聚丙烯均聚物

4.2.2.1 聚丙烯均聚物空间立构调控多样性

聚丙烯均聚物是由丙烯一种单体聚合而成。但由于其空间立构规整性不同，因此又可进一步分成不同的空间异构体。随着催化剂技术的革命与发展，人们对聚丙烯树脂的空间立构调控能力得到加强。除了已为人所熟知的等规聚丙烯、间规聚丙烯、无规聚丙烯外，到目前为止，已报道可以合成出其他的控制等规异构体，包括立构嵌段聚丙烯、等规/无规嵌段聚丙烯、等规/间规嵌段聚丙烯和半等规聚丙烯等（图4-1）。立构嵌段聚丙烯为相邻的等规链段具有相反的空间立体构型，也就是说由空间立体构型相反的等规链段交替排列而成的，其长度取决于聚合温度，聚合温度低则形成的嵌段长度长[76]。同理，等规/无规嵌段和等规/间规嵌段则分别由等规/无规链段和等规/间规链段交替排列形成。所谓半等规聚丙烯，是指在等规聚丙烯的分子链上以规则的间隔插入无规构型所形成的特殊空间排列的聚丙烯。比如，沿聚丙烯主链，奇数甲基的空间构型均相同，即均在主链的同一侧，其余的甲基的空间取向是无规的，即相对主链无规地排列[77]。立体规整性的不同，产品的性能有很大的不同。即使就等规聚丙烯而言，不同的催化剂、聚合工艺等条件对其立构规整性也有很大的影响，因此对立构规整性的表征在均聚聚丙烯微观结构表征中占有十分重要的地位。

4.2.2.2　平均立构规整性表征

（1）等规度及等规缺陷的概念　等规度又称等规指数，是描述聚丙烯链立构规整性的一个指标，用百分数表示。从高分子链结构的观点看，等规度应指聚丙烯大分子链中甲基处于链的同一侧的结构单元链段在结构单元链段总数中的比例。一个等规聚丙烯分子链可视为一个连续的等规聚丙烯序列，其间被偶尔出现的缺陷中断。由于这些缺陷的存在，使得分子链中的等规链段长度（又称等规序列长度）降低。对一定长度的聚丙烯分子链而言，这样的缺陷数量越多，则意味着该分子链的平均等规链段长度就越低，不同的分子链之间，缺陷发生的频率有所不同，图4-2给出了等规聚丙烯等规立构分布的简单说明。

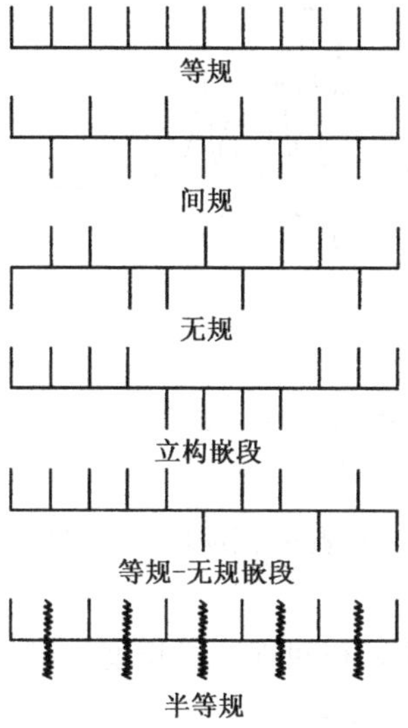

图4-1　聚丙烯空间异构件

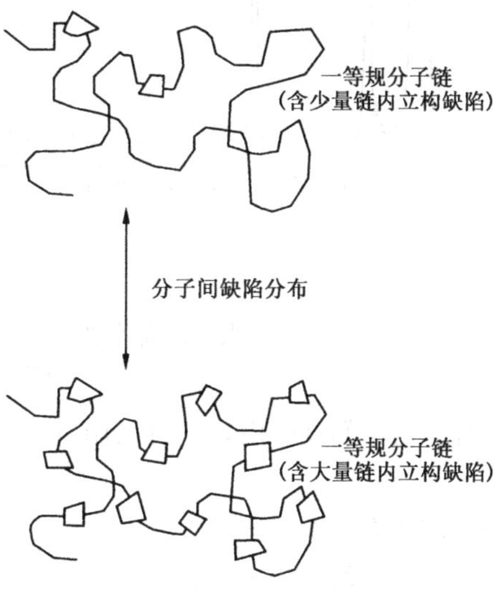

图4-2　等规聚丙烯分子链的等规性分布示意图
（连续的曲线代表等规序列，线上块状物代表等规缺陷，表明等规缺陷的分子链内分布和分子链间分布）

（2）等规度的^{13}C NMR表述　^{13}C NMR是能够直接指示聚丙烯分子链立构规整性的有效方法。在^{13}C NMR研究中人们约定，将相邻的甲基位于分子链同侧的结构记为内消旋结构，用m表示；而将相邻的甲基位于分子链不同侧的结构记为外消旋结构，用r表示。因而对于等规结构，可表示为mmmmm …；间规结构表示为rrrrr …；而无规结构则可表示为m和r的无规排列。由于NMR所观察的结构单元数量是有限的，因此常用二单元组，三单元组或五单元组的测量结果来表征分子链的立构情况。就二单元组而言，只有m和r两种排列，因此等规度的定义为[m]%,即有[m]%=([m]/([m]+[r]))×100%。对三单元组而言，存在mm，mr，rr 3种不同的排列方式，则等规度定义为[mm]%=([mm]/([mm]+[mr]+[rr]))×100%。同理，对于五单元组存在下列10种排列方式，mmmm，mmmr，mmrm，mmrr，mrmr，mrrm，rmmr，rrmr，rrrm，rrrr等，则等规度可定义为[mmmm]%。显然，观察到的结构单元数越多，越能反映大分子链的实际情况。由于在^{13}C NMR谱中，化学位移δ为19.5~22.5的甲基碳区能够提供分辨率较高的立构规整信息，因此常用该区的测量结果计算等规度。图4-3为典型的高等规[78]和无规聚丙烯均聚物[75]^{13}C NMR甲基碳区谱图，可见两者在甲基碳区的核磁共振响应有明显的不同。通过测定各五单元组对应的峰面积，可以得出五单元组平均等规度结果。

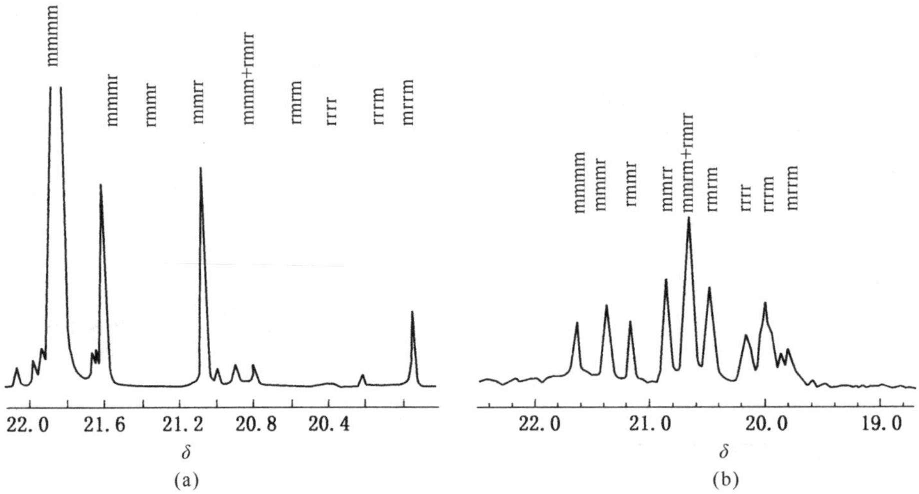

图4-3　典型的高等规聚丙烯和无规聚丙烯的^{13}C-NMR甲基区谱图

a—典型的等规聚丙烯；b—典型的无规聚丙烯

同理，对于间规聚丙烯，可以用[r]%，[rr]%或[rrrr]%来表示相应的规整度(又可称为间规度)。

^{13}C NMR方法不仅可以表征等规度，还可以计算平均等规和间规链段长度。以三单元组为例，体系的平均等规链段长度(n_m)和间规链段长度(n_r)分别为：

$$n_m=\left([mm]+\frac{1}{2}[mr]\right)/\frac{1}{2}[mr]$$

$$n_r=\left([rr]+\frac{1}{2}[mr]\right)/\frac{1}{2}[mr]$$

一般商品化的等规聚丙烯，其[mm]%等规度的范围在85%~99%，间规聚丙烯的间规度[rr]%大于90%，而无规聚丙烯，其[mm]、[mr]和[rr]的相对含量差别不大。对于立构嵌段聚丙烯，除了[mm]%等规度较低外，还表现为相对较短的平均mm等规链段长度。

不仅等规度，等规链段长度对性能亦有很大的影响，一般均聚等规聚丙烯，弯曲模量为1400~1600MPa，对于高度等规且平均等规序列长度较长的聚丙烯，其弯曲模量可达2000 MPa以上，测试其五单元等规度[mmmm]%为99.5%，平均等规链段长度为801，且有81%

的等规链段长度大于801[79]。

(3) 等规度的溶解度分级表述 这是一类间接表征聚丙烯等规度的常用方法，由于操作简便而在工业上应用较为普遍。一种方法是利用沸腾的己烷或庚烷在索氏抽提器中对聚合物进行萃取，测定萃取残余物百分含量，用以表示聚丙烯的等规度。这种方法的难点是不容易达到平衡，且与样品的表面积等因素有关。另外，由于受到扩散等的限制，样品的分子量对萃取物量有很大的影响，因此给等规度的测定带来一些不确定性。另一类方法是通过聚合物溶解后缓慢地重结晶，由于等规部分结晶在常温下不溶于溶剂的性质，利用不溶物的百分含量表示聚丙烯的等规度。二甲苯室温不溶物百分含量测定就属于这种类型。与利用沸己烷或庚烷萃取方法相比，二甲苯室温不溶物方法能够更好地与聚丙烯树脂的等规性相关，而与分子量的关系不大[80]。图4-4给出了^{13}C NMR平均等规指数为0.96而分子量不同的聚丙烯树脂在上述3种溶剂中于规定条件下的可溶物百分数。图中明显可见，二甲苯方法的分子量依赖性最低。因此，相对而言采用二甲苯可溶物的方法的可靠性较其他两种溶剂为好。

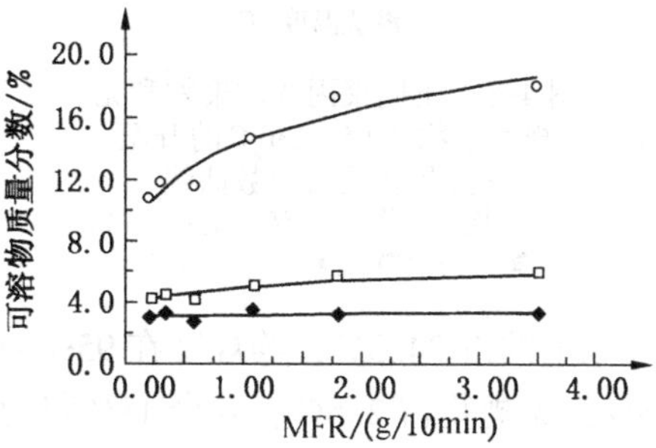

图4-4 在平均等规指数相同的情况下，等规聚丙烯在己烷、庚烷和二甲苯溶剂中测得的可溶物质量分数与树脂熔体流动速率(分子量)的关系

○— 己烷可溶物；□— 庚烷可溶物；◆— 二甲苯可溶物

然而，通过进一步对二甲苯不溶物进行^{13}C NMR等规度的表征发现，不溶物的等规度并非100%。以某一BOPP树脂为例，对其二甲苯不溶物进行^{13}C NMR分析，测得[mm]%等规度为95.2%。由此说明二甲苯不溶物中仍然包含有相当的立构规整性缺陷，而非完全的等规结构。因此用二甲苯不溶物含量来描述聚丙烯树脂的立构规整行为并不是十分严格的。相反，二甲苯可溶物对于无规聚丙烯的描述有着确切的含义。

4.2.2.3 立构规整性的多分散性表征

在材料的开发及应用过程中，人们可能会注意到有时尽管两个物料测定的平均立构规整性是相似的，而在与立构规整性有关的性能上却有不同的表现，说明两者在更微观的层面上是有差异的。根源就在于高分子结构具有多分散性的特点。聚丙烯的等规结构缺陷在分子链间存在一定的分布。因此，一般商品化的等规聚丙烯均聚物，可以说是由无规物、立构嵌段物、含有相当缺陷的等规物和含有很少缺陷的等规物等组成的混合物。各部分的相对含量不同，则可能引起性能上的很大差异，仅仅用平均的分子链规整性量度是不能充分反映结构特征的。升温淋洗分级技术(TREF)的采用，为更精细地表征聚丙烯分子链等规结构提供了方便。

(1) 升温淋洗分级技术原理 将结晶性高聚物在高温下溶于溶剂，并将溶液加入装有玻璃珠等填料的柱体中，缓慢降温冷却，使溶液中的聚合物逐渐析出包覆于填料上。在降温过程中，样品的析出顺序与样品在溶剂中的溶解温度正相反，即需要较高的溶解温度的级分较早从溶液中析出。当降至一定温度后，停止降温，转而用同种溶剂进行升温淋洗，优先淋出的是相对而言不易析出的级分，即低等规结构，由此实现将聚合物按等规结构进行分级的目的。对聚丙烯而言，链规整性越高，形成的结晶越完善，越需要在更高的温度下溶解。因此高淋洗温度级分对应于高等规分子。通过不同的淋洗温度可将不同立构规整性的聚丙烯分子分开，利用在不同淋洗温度下淋出物的相对含量，得到聚丙烯空间立构规整性分布信息。

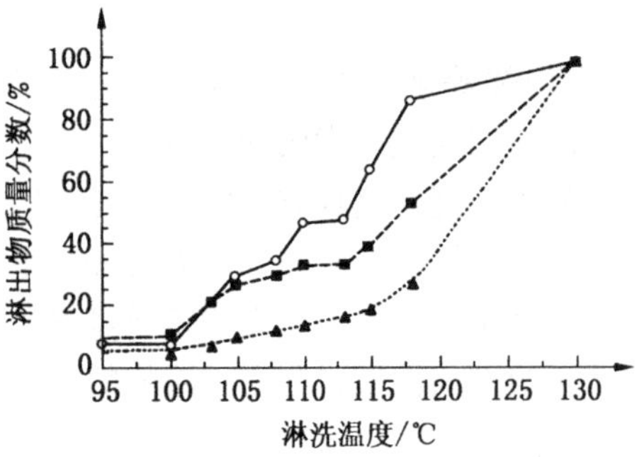

图 4-5 不同聚丙烯均聚物和无规共聚物在 95~130℃的升温淋洗累积质量分数曲线

○— 无规共聚物 A(乙烯含量 0.4%)；■— 均聚物 B；▲— 均聚物 C

(2) TREF 在聚丙烯均聚物等规结构表征中的应用 图 4-5 为使用两种立构规整性分布不同的聚丙烯均聚物在 95℃以上的 TREF 高温淋洗结果[80]。通过累计质量分数与淋洗温度的关系曲线可以清楚地表明，均聚物 B 比均聚物 C 存在更多的立构缺陷。

有时人们为了更明确地了解和说明聚丙烯的等规结构，利用 TREF 进行分级并收集各级分，再通过^{13}C NMR 对各级分的等规度、等规序列长度等进行表征。表 4-6[81] 为某钛系催化剂聚合得到的树脂的各 TREF 级分及分子链空间立构规整性信息，结果表明该树脂中五单元组([mmmm]%)等规度在 98%以上的占 24.3%，等规度在 95%~98%之间的占 41.7%，等规度在 90%~95%之间的占 4.8%，无规物占 2.5%，其余 18%归为立构嵌段物，平均等规度为 86.3%。

表 4-6 聚丙烯 TREF 分级结果及相应的^{13}C NMR 序列

<table>
<tr><th>淋洗温度/℃</th><th>质量分数/%</th><th>[mmmm]/%</th><th>[mmmr]/%</th><th>[rmmr]/%</th><th>[mmrr]/%</th><th>[mrmm]+[rmrr]/%</th><th>[mrmr]/%</th><th>[rrrr]/%</th><th>[rrrm]/%</th><th>[mrrm]/%</th><th>T_m/℃</th><th>特性黏度/(dl/g)</th></tr>
<tr><td>25</td><td>2.5</td><td>22</td><td>11.7</td><td>3.0</td><td>15.1</td><td>11.2</td><td>0.3</td><td>16.4</td><td>9.4</td><td>8.2</td><td></td><td></td></tr>
<tr><td>26~99</td><td>18</td><td>86.3</td><td>4.8</td><td>0.5</td><td>4.0</td><td>1.0</td><td>0.3</td><td>0.6</td><td>0.7</td><td>1.8</td><td>157</td><td>0.67</td></tr>
<tr><td>100</td><td>0.3</td><td rowspan="6">93.8</td><td rowspan="6">2.6</td><td rowspan="6">0.2</td><td rowspan="6">1.9</td><td rowspan="6">0.4</td><td rowspan="6">0.1</td><td rowspan="6">0.1</td><td rowspan="6">0.2</td><td rowspan="6">0.7</td><td rowspan="6"></td><td rowspan="6"></td></tr>
<tr><td>101</td><td>0.3</td></tr>
<tr><td>102</td><td>0.5</td></tr>
<tr><td>103</td><td>0.7</td></tr>
<tr><td>104</td><td>1.4</td></tr>
<tr><td>105</td><td>1.6</td></tr>
<tr><td>106</td><td>2.0</td><td rowspan="3">94.5</td><td rowspan="3">1.9</td><td rowspan="3">0.3</td><td rowspan="3">1.8</td><td rowspan="3">0.4</td><td rowspan="3"></td><td rowspan="3"></td><td rowspan="3">0.1</td><td rowspan="3">0.9</td><td rowspan="3">161</td><td rowspan="3">0.98</td></tr>
<tr><td>107</td><td>2.8</td></tr>
<tr><td>108</td><td>3.9</td></tr>
<tr><td>109</td><td>8.5</td><td>96.7</td><td>1.3</td><td>0.2</td><td>1.1</td><td></td><td></td><td></td><td></td><td>0.6</td><td></td><td></td></tr>
<tr><td>110</td><td>16.9</td><td>97</td><td>1.1</td><td>0.3</td><td>0.9</td><td></td><td></td><td></td><td></td><td>0.5</td><td>163</td><td>1.58</td></tr>
<tr><td>111</td><td>16.3</td><td>97.5</td><td>0.9</td><td></td><td>0.7</td><td></td><td></td><td></td><td></td><td>0.4</td><td></td><td></td></tr>
<tr><td>112</td><td>12.7</td><td>98.5</td><td>0.6</td><td></td><td>0.6</td><td></td><td></td><td></td><td></td><td>0.3</td><td>164</td><td>2.49</td></tr>
<tr><td>113</td><td>9.1</td><td></td><td></td><td></td><td></td><td></td><td></td><td></td><td></td><td></td><td></td><td></td></tr>
<tr><td>114</td><td>2.5</td><td></td><td></td><td></td><td></td><td></td><td></td><td></td><td></td><td></td><td>165</td><td>3.5</td></tr>
<tr><td>115</td><td>0</td><td></td><td></td><td></td><td></td><td></td><td></td><td></td><td></td><td></td><td></td><td></td></tr>
<tr><td>原样</td><td>100</td><td>92.1</td><td></td><td></td><td></td><td></td><td></td><td></td><td></td><td></td><td>162</td><td>1.69</td></tr>
</table>

通过对其级分的熔点和特性黏度的测量，表明等规度越高，对应的熔点越高，高等规链段出现在高分子量端，即越长的分子其链的立构规整性越好。这可以解释某些聚丙烯树脂加工过程中流动诱导结晶行为方面的差异。

4.2.2.4 分子量及分子量分布表征

一般情况下聚丙烯为线型分子，其分子量是由聚合条件控制的，根据加工和性能的要求进行调节。大多数情况下，通过聚合过程中通入氢气来调节分子量。某些情况下，也可以通过后处理工艺，即对反应器聚合出的树脂利用过氧化物控制降解，得到分子量更低的高流动性树脂，此类树脂又称为控制流变聚丙烯(CRPP)。因此，商业上可获得的聚丙烯树脂的分子量范围是很宽的。聚丙烯的分子量分布取决于使用的催化剂、聚合工艺、均聚或共聚，以及是否是过氧化降解产物等因素。通常，可以通过聚丙烯的稀溶液来测定分子量。其平均分子量的测定可分绝对方法和相对方法两大类。前者如光散射法，可以测得聚丙烯的重均分子量，渗透压或凝固点下降法测定数均分子量；后者通过测定不同分子的流体力学体积确定分子量，如特性黏度法或凝胶渗透色谱法(GPC)。由在稀溶液下测定特性黏度[η]，根据Mark-Houwink方程可以得到黏均分子量($\overline{M}_\eta$)。GPC方法可以同时得出聚丙烯的各种平均分子量及分子量分布信息，因而目前应用十分广泛。对聚丙烯而言，一般情况下，数均分子量($\overline{M}_n$)与固体状态下的物理机械性能关系密切，而重均分子量($\overline{M}_w$)与熔体状态下的黏度等流变性质相关，Z均分子量($\overline{M}_z$)对熔体状态下的弹性行为有很大的影响[82]。由于数均分子量对短链分子较敏感，而重均分子量对长链分子敏感，因此分子量分布宽度常用重均分子量与数均分子量的比值($\overline{M}_w/\overline{M}_n$)来表示。

对于采用Z-N催化剂在单反应器中聚合的均聚聚丙烯，其分子量分布宽度一般在4~6范围内，而采用茂金属催化剂则由于单活性中心特点而令其分子量分布宽度变窄，一般在2~3范围内。对于利用控制流变方法制备的聚丙烯，其分子量分布宽度随着分子量的降低而减小，与加入的过氧化物量有关。表4-7为控制流变聚丙烯树脂过氧化物加入量与其分子量、分子量分布和典型的机械性能的关系。

表4-7 控制流变聚丙烯系列分子量、流变和典型机械性能[83]

编号	过氧化物用量/%	$\overline{M}_w/10^3$	$\overline{M}_w/\overline{M}_n$	MFR/(g/10min)	弯曲模量/MPa	简支梁缺口冲击强度/(kJ/m²)
M0	0	766	5.5	0.4	1419	7.5
M1	0.026	453	3.5	3.4	1247	4.7
M2	0.051	318	3.1	8.6	1213	3.9
M3	0.108	231	2.8	28.0	1208	3.0
M4	0.146	181	2.7	51.0	1175	2.6
M5	0.175	157	2.7	81.0	1157	2.4
M6	0.24	135	2.5	149	1150	1.9

① 过氧化物为DIPP，用50mm双螺杆挤出机在210~220℃下降解，M0为降解前的基础树脂。

尽管通过溶液技术表征聚丙烯的分子量及分子量分布对揭示催化剂的活性中心分散度，共催化剂的组成影响等是十分有效的，但就聚丙烯的加工而言，更关心其在熔体状态下的行为，因此也出现了一些通过熔体流变性能表征聚丙烯分子量和分子量分布的方法与研究。其中在工业上应用最普遍的是熔体流动速率(MFR)。即在230℃、21.6N负荷下，测定10min流出树脂的质量，并用以估计树脂的熔体加工性能。熔体流动速率与树脂的黏度、分子量大小的变化趋势相反，分子量越大，黏度越高，则熔体流动速率越低。然而由于聚合物的熔体黏度是受剪切速率影响的，因此，通过流变的方法测定聚丙烯树脂熔体黏度的剪切敏感性，一方面可以直接与其加工行为相关联，比较全面地反映在加工条件下的流动特征，帮助选择和确定适宜的加工条件，另一方面也能够表征聚丙烯树脂分子量及分子量分布方面的结构信息。对于后者而言，动态旋转流变仪已被证明是一种很有效的表征手段。

一般说来，聚丙烯熔体的黏度随着剪切应力的提高或剪切应变速率的提高而降低，表现为剪切变稀型，属于假塑性体。其熔体黏度对温度也较为敏感，温度升高可使黏度降低。具体的温度和剪切速率依赖关系与聚丙烯树脂本身的结构因素，如分子量、分子量分布及等规性等有关。人们将剪切速率趋于零时的黏度定义为零切黏度，用 η_0 表示。当分子量大于缠结分子量(M_e)时，即$\overline{M}_w>M_e=7000$，聚丙烯树脂的零切黏度与分子量和分子量分布的关系可用下式表示[84]：

$$\eta_0 = K\overline{M}_w^a(\overline{M}_z/\overline{M}_w)^b \qquad (4-9)$$

式中，η_0 为零切黏度，Pa·s；$\overline{M}_w$ 为重均分子量；$\overline{M}_z$ 为 Z 均分子量；K、a、b 分别为与分子量无关的系数。

对不同结构的聚丙烯均聚物，在特定温度下的系数见表4-8。

表4-8 公式(4-9)中各系数的确定

聚丙烯类型	温度/℃	$K\times10^{17}$	a	b
窄分布等规聚丙烯	190	5.32	3.60	0
窄分布无规聚丙烯	190	28.4	3.59	0
$\overline{M}_w/\overline{M}_n\approx1$	75	5340.0	3.59	0
多分散等规聚丙烯	190	5.32	3.6	1
$\overline{M}_w/\overline{M}_n\approx4$	200	4.23	3.6	0.84

由此不难看出，在一般Z-N型聚丙烯均聚物的分子量分布宽度范围内，零切黏度对表征其大分子端的贡献非常敏感，而这部分恰恰由于含量相对较低，在通常用GPC接示差检测计的系统中不容易准确地表征，因此用流变的方法可以弥补这个不足。

通过旋转流变仪的小幅振荡剪切模式对聚丙烯的熔体进行动态剪切流变的考察，可以得到有关熔体黏弹性的信息，如储能模量(G′)、耗能模量(G″)及其与动态频率的关系。Zeichner和Patel[85]研究提出，储能模量(G′)曲线与耗能模量(G″)曲线相交的交点对应的模量称为交点模量(crossover modulus)，记为 G_c，相对应的动态频率称为交点频率，记为 ω_c，即：

$$G_c(\omega_c) = G'(\omega_c) = G''(\omega_c) \qquad (4-10)$$

对控制流变型聚丙烯和一般反应器聚合聚丙烯，通常 G_c 值的大小与分子量分布指数($\overline{M}_w/\overline{M}_n$) 相关，对于同系列样品，实验表明分子量分布指数提高，则 G_c 值减小。ω_c 则与重均分子量的大小有关，较高的 ω_c 对应于较小的重均分子量。

此外，聚丙烯均聚物熔体流动的非牛顿性与分子量分布指数也有关系。分子量分布指数提高，熔体的非牛顿性加强，黏度的剪切敏感性提高，即黏度随剪切速率的提高而降低的程度更高，见图4-6。

4.2.2.5 聚丙烯长链支化表征

通常线型聚丙烯树脂在熔融状态下存在熔体强度低的不足，限制了其在某些方面如热成型及发泡等方面的应用。随着聚丙烯生产技术的不断发展，已有高熔体强度的聚丙烯

(HMS)投放市场。与传统的线型聚丙烯不同，这种高熔体强度聚丙烯是在分子主链上引入少量长侧链，从而使聚丙烯的熔体强度得到显著的改善。对于少量长侧链的表征，拉伸流变研究是较敏感和有效的方法[86]。传统的线型聚丙烯熔体在给定拉伸应变速率条件下，其拉伸黏度随时间的变化趋于平缓，呈现应变软化现象。而对于零切黏度相同但含有少量长侧链的聚丙烯，在同样的拉伸应变速率下，拉伸黏度随时间的变化而提高，呈现应变硬化现象。Yoo 等[87]对传统的线型聚丙烯和高熔体强度聚丙烯的拉伸流变测试结果见图 4-7，可以清楚地看到高熔体强度聚丙烯的拉伸应变硬化现象。因此，可以用拉伸黏度随时间的变化情况来表征体系中的少量长侧链。Yoo 还提出了用支化指数来表征高熔体强度聚丙烯中的长侧链的含量。利用支化聚丙烯的特性黏度与同等分子量下的线型聚丙烯的特性黏度之比定义支化指数，支化指数越小反映支化程度越高[88]。

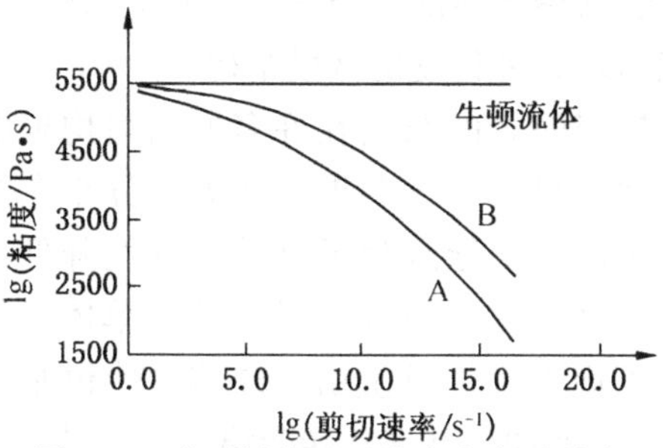

图 4-6　聚丙烯分子量分布宽度对黏度的剪切速率敏感性的影响

A—分子量宽分布样品；B—分子量窄分布样品

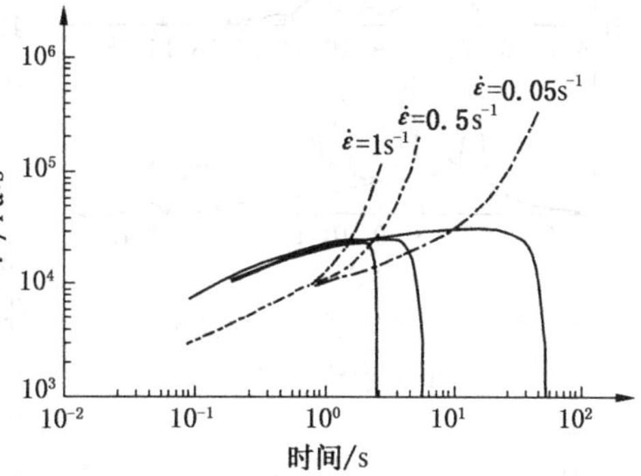

图 4-7　传统的聚丙烯(PRO-FAX6501)与高熔体强度聚丙烯 HMS1 在不同的拉伸应变速率下拉伸黏度随时间的变化情况

——PRO-FAX-6501；—·—HMSI

4.2.2.6　聚丙烯结晶度和晶体结构表征

聚丙烯的结晶度是一个重要的结构参数,聚丙烯的许多宏观物理机械性能都与结晶度直接相关。聚丙烯的结晶度不仅与分子链的立构规整性有关,而且与结晶条件、是否添加成核剂等因素密切相关。对聚丙烯而言常用的表征方法有溶解度法、密度法、WAXD 法、热分析法(如 DSC)等[89]。WAXD 法利用晶区与非晶区的衍射峰面积之比确定结晶度。DSC 法是通过测量结晶熔融热焓与 100%结晶时的标准熔融热焓之比确定结晶质量分数。对于同一样品，不同的测定方法得到的结晶度的结果可能不同，因此在进行不同样品比较时应注意测定方法的一致性。

等规聚丙烯结晶具有多晶型的特点，依据聚丙烯分子链的立构规整性和结晶条件的不同，存在 α、β、γ 等晶体，其中 α 晶最稳定，β 晶易出现在有剪切力作用的情况下，添加 β 晶成核剂是最为有效的 β 晶生成方法。γ 晶通常出现在聚丙烯立构规整性不高的情况下，即等规序列较短的情况下。此外在高压下结晶有利于 γ 晶的生成。当然，结晶温度对各种晶型的形成也是很关键的。对等规聚丙烯而言，往往出现几种晶型同时存在的情况，而且不同的晶型在一定的条件下可以转换。不同晶型的表征可以通过 WAXD 进行。图 4-8[90]为典型的 α、β、γ 晶体的 WAXD 衍射图，不同的衍射峰对应于不同的晶面，对纯的 α 晶，沿 2θ 角递增的顺序，分别为(110)，(040)，(130)，(111)和(131)晶面的衍射峰。对 β 晶而言，通常以 2θ 为 16.5°处的衍射峰作为其特征 X 光衍射峰，γ 晶的特征衍射峰在 2θ 为 19.87°处。利用特征峰可以判定该晶型是否存在。对于几种晶型混合存在的样品，可以通过特征衍射峰的相对强度比计算其相对含量。比如在 α/γ 共存的晶体中，利用 2θ 为 19.87°处的衍射强度与 2θ 为 18.6°(α 晶特有的衍射峰)处的衍射强度之比,可以计算出混晶中 γ 晶的比例[91]。

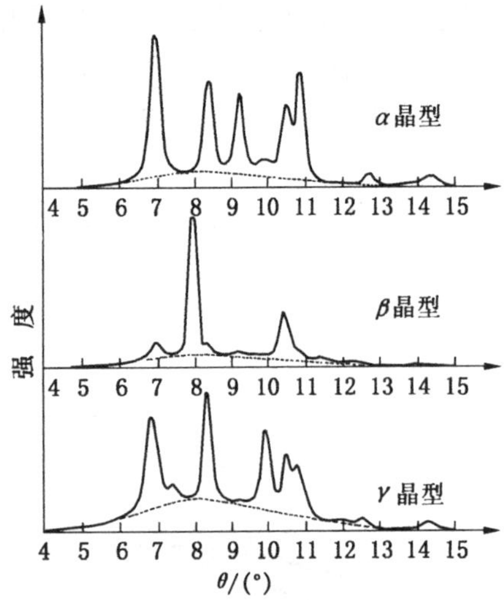

图 4-8 典型等规聚丙烯 α、β、γ 晶的广角 X 射线衍射图

4.2.3 聚丙烯无规共聚物

4.2.3.1 性能与结构特点

聚丙烯无规共聚物通常是在一个反应器中通入丙烯和少量的其他单体,主要为乙烯,有时也用 1-丁烯和 1-己烯进行无规共聚得到的。一般无规共聚物中共聚单体的质量分数为 1%~7%,其中大部分共聚单体在分子链上以孤立的形式存在,也可能有少量的共聚单体发生连排的情况。单体的分布形式与催化剂、聚合工艺、共聚单体的种类等因素有关,在个别条件下也可能出现某种程度的嵌段结构。

无规共聚聚丙烯的结构在许多方面与均聚的等规聚丙烯类似，只是由于共聚单体无规分布在等规聚丙烯的分子链上，导致分子链的等规性降低，无规程度增加。换言之，添加少量的共聚单体，其效果等同于在等规聚丙烯链上引入缺陷，使树脂的平均等规度和等规序列长度均下降。因此分子链的柔顺性增加，玻璃化转变温度、结晶度及熔点下降。

与均聚的等规聚丙烯相比，无规共聚物的拉伸强度、模量、硬度和热变形温度等均有所降低，冲击强度和透明性得到提高，抗 γ 射线稳定性也有提高。随着共聚单体含量的增加，无规共聚物与等规聚丙烯均聚物的性能差别也将进一步扩大。

不难理解，聚丙烯无规共聚物的性能首先与共聚单体的种类和含量相关。然而，由于无规共聚物组成的不均匀性，使得组成分布和序列分布等成为不可忽视的结构因素。因此聚丙烯无规共聚物的微观结构表征不仅要针对树脂的总的组成、结构，而且必须重视其组成和结构的多分散性。

4.2.3.2 无规共聚聚丙烯平均组成和结构表征

通常采用^{13}C NMR、FTIR、GPC、WAXD 和 DSC 等手段对无规共聚聚丙烯的组成、共聚单体序列分布、分子量、分子量分布和晶体结构及熔点等结构性能参数进行表征。图 4-9 为利用 Himont 的 Ti 系高效催化剂进行丙烯和少量乙烯无规共聚得到的无规共聚聚丙烯的^{13}C-NMR谱图，并将三单元、四单元和五单元组的序列归属标于图中[92]。通过分析丙烯和乙烯对亚甲基碳区(CH_2)各峰的贡献，可以很方便地计算出平均的乙烯含量，同时通过对不同序列对应的峰面积进行计算，可以得到二单元和三单元组等的序列分布信息。图 4-10 为一些三单元组序列浓度与无规共聚乙烯含量的关系。图中可见，随着乙烯含量的提高，PEP、EPE、EPP 的含量均单调增加。由于即使在乙烯含量较低的情况下，仍含有许多高乙烯和丙烯含量的短序列，如 PEPE 或 EPEE 等，说明实际上并非完全的无规共聚物。

图 4-11 分别给出了添加乙烯和 1-丁烯得到的聚丙烯无规共聚物的熔点与共聚单体含量的关系。图中可见，随着共聚单体含量提高，聚丙烯的熔点显著降低。相对于 1-丁烯而言，

共聚乙烯对降低熔点更有效。当乙烯含量为6%时，聚丙烯的熔点可降至140℃以下。

Zinmermann[93]对含乙烯的聚丙烯无规共聚物进行了广角X射线衍射实验(WAXD)，发现随着共聚乙烯含量的提高，WAXD谱图上出现γ晶衍射峰，且峰高随着乙烯含量的提高而增加，见图4-12。Avella等[92]对不同乙烯含量的无规共聚物进行GPC和WAXD表征，结果见表4-9。表中可见，在重均分子量基本相同的情况下，随着无规共聚乙烯含量的增加，分子量分布的宽度略有增加，样品的结晶度总体水平下降，而在晶体中γ晶的比例提高，表明聚丙烯分子链的立构规整性随乙烯含量的提高而下降。

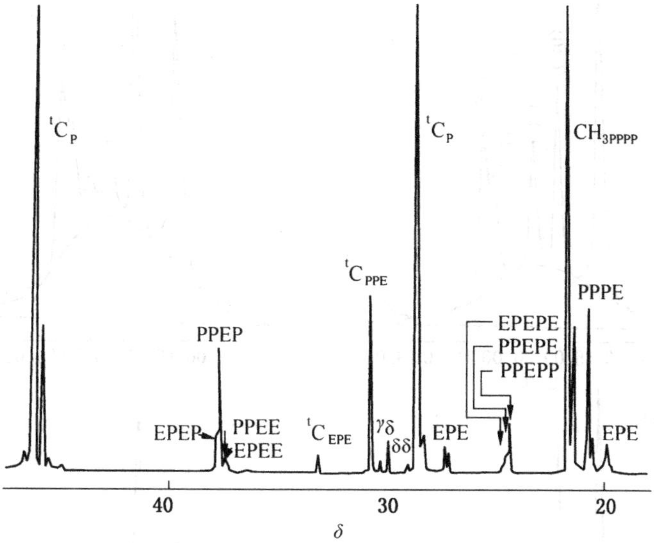

图4-9　典型丙烯-乙烯无规共聚物^{13}C NMR谱图及各峰的归属情况

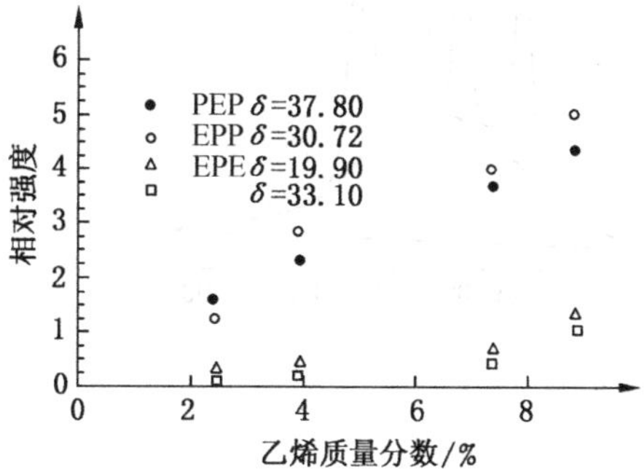

图4-10　PEP、EPE、EPP三单元组强度与无规共聚物中乙烯含量的关系

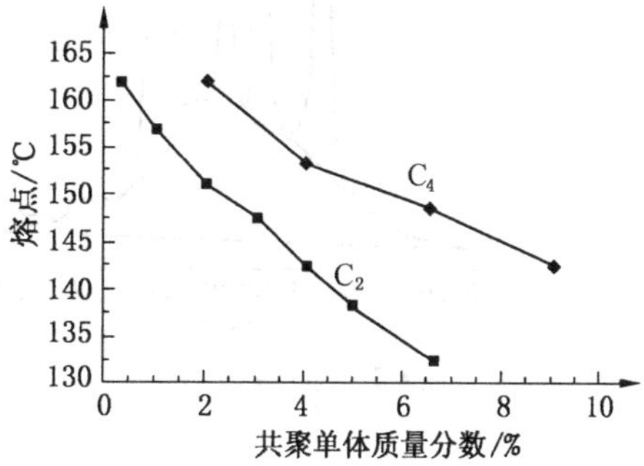

图4-11　含乙烯和1-丁烯的聚丙烯无规共聚物共聚单体含量与熔点的关系

表4-9　乙烯含量对分子量分布、结晶度和晶体结构的影响

样品编号	乙烯质量分数/%	$\overline{M}_w/10^4$	$\overline{M}_w/\overline{M}_n$	X射线衍射结晶度/%	γ晶含量/%
iPP	0	33.7	4.7	55	0
P-*co*-E,R2.5	2.5	29.3	5.9	48	20
P-*co*-E,R4.0	4.0	30.7	6.0	46	27
P-*co*-E,R7.5	7.5	32.9	6.1	41	36
P-*co*-E,R9.0	9.0	30.7	6.2	38	65

4.2.3.3 无规共聚聚丙烯组成分布表征

由于催化剂多活性中心等性质，无规共聚乙烯在分子间的分布是不均匀的。催化剂的活性中心控制着聚合过程中该中心上发生均聚和共聚的反应竞聚率。传统的 Z-N 催化剂，空间定向性较低的活性中心对乙烯的反应活性大于对丙烯，因此有更高的乙烯含量。此外，这

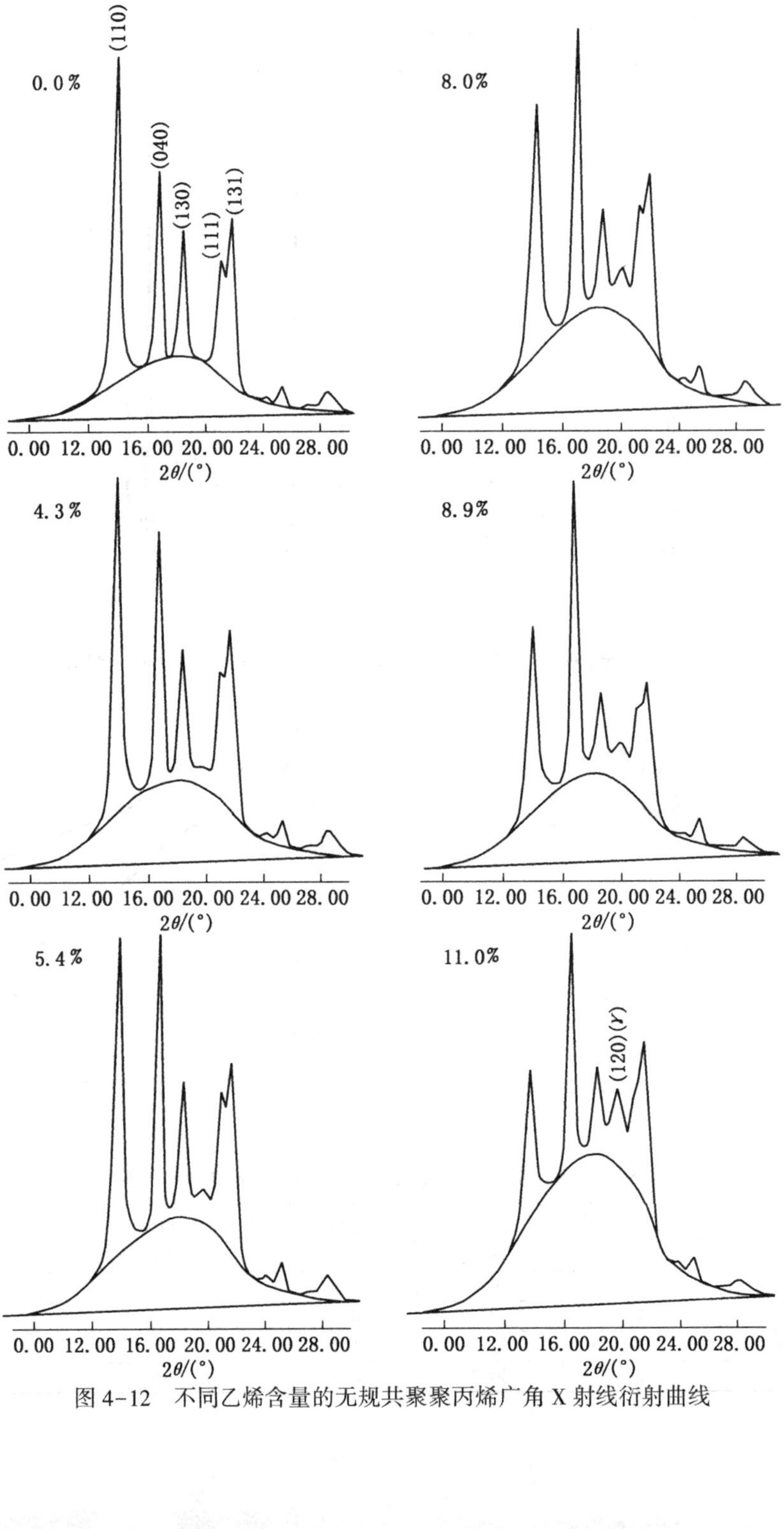

图 4-12　不同乙烯含量的无规共聚聚丙烯广角 X 射线衍射曲线

种活性中心对氢的反应活性亦高，因此相对而言这部分的分子量较低。通过 GPC-FTIR 联用，可以表征不同分子量上乙烯含量的分布情况。根据乙烯单元对 733 cm^{-1}处吸收的贡献和丙烯单元对 973 cm^{-1}处吸收的贡献，利用 $A733\ cm^{-1}/(A733\ cm^{-1}+A973\ cm^{-1})$之比表示共聚物中乙烯含量。结果表明，低分子量部分乙烯含量较高，随着分子量的提高，乙烯含量有所降低，见图 4-13[80]。

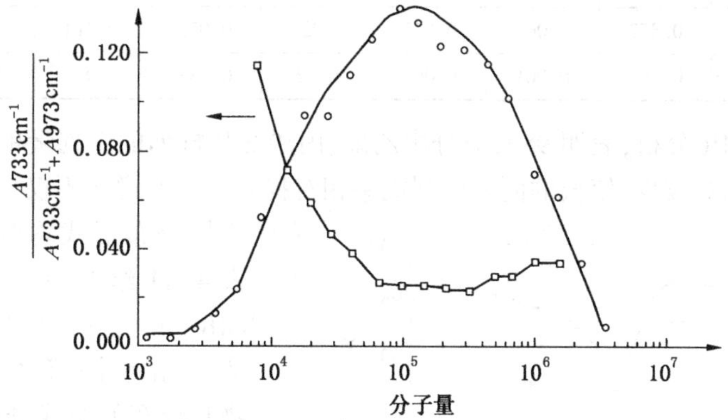

图 4-13 无规共聚聚丙烯中乙烯在不同长度的分子链上的分布情况

基于共聚单体插入破坏了聚丙烯链段立构规整性的事实,升温淋洗分级技术可以用于共聚单体分布的分散性研究。Feng 等[94]对含有摩尔分数为 5%乙烯的无规共聚聚丙烯进行了 TREF 分级研究,并对某些重要的级分进行了进一步的^{13}C NMR 表征。他们对该无规共聚物在 18~123℃范围进行了 16 个温度的分级,得到的级分质量分数及对应的淋洗温度见表 4-10。

不同淋洗温度级分的乙烯或丙烯的含量与淋洗温度的关系见图 4-14。总的规律是随着淋洗温度的提高，乙烯含量下降。但在 90℃和95℃两个级分乙烯含量有相左的规律。通过

表 4-10 无规共聚聚丙烯(含摩尔分数为 5%的乙烯)TREF 分级结果

级分编号	淋洗温度/℃	淋出物质量/mg	质量分数/%	乙烯摩尔分数/%
R1	18	0.0	0	
R2	40	0.6	0.06	
R3	60	1.9	0.19	
R4	80	116.2	11.78	
R5	90	132.7	13.45	19.9
R6	95	147.7	14.97	22.0
R7	100	160.4	16.25	7.2
R8	102	100.8	10.21	
R9	105	95.0	9.63	4.6
R10	107	86.2	8.74	3.9
R11	110	79.4	8.05	
R12	112	25.6	2.59	
R13	115	30.0	3.04	
R14	117	9.4	0.95	
R15	120	0	0	
R16	123	0.9	0.09	

表 4-11　^{13}C NMR 三单元序列分布及乙烯、丙烯平均序列长度

编　号	淋洗温度/℃	PPP	PPE	EPE	PEP	EEP	EEE	n_E	n_P
R5	80~90	0.58	0.167	0.056	0.066	0.133	0	1.5	6.04
R6	90~95	0.6	0.103	0.077	0.096	0.127	0	1.4	4.89
R7	95~100	0.879	0.026	0.023	0.037	0.017	0.018	1.54	32.32
R9	100~105	0.852	0.069	0.033	0.027	0.005	0.014	1.4	20.38
R10	105~107	0.892	0.061	0.007	0.02	0.033	0	1.31	29.46

对级分进行^{13}C NMR 分析，表明 95℃级分中乙烯、丙烯交替排列的序列量稍多，用于阻断长的丙烯序列的乙烯相对较少，使长的丙烯序列概率相对提高。由此说明不仅是乙烯含量，而且特有的乙烯分布形式均对共淋出温度有影响。表 4-11 给出了一些淋出级分的^{13}C NMR三单元序列分布结果。

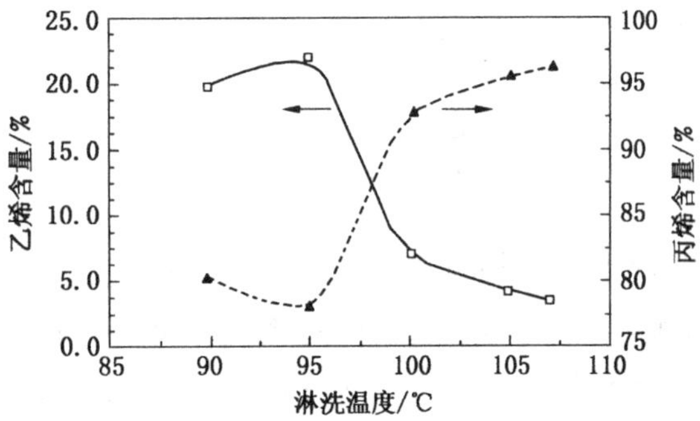

图 4-14　无规共聚聚丙烯升温淋洗分级淋洗温度与级分的乙烯和丙烯含量的关系

从上面的例子不难看出，聚丙烯无规共聚物有较宽的组成分布，其中乙烯的序列长度都较短，例子中为 1.5 左右，很少有超过 3 个单元的乙烯连排，而且与乙烯含量关系不大。

4.2.4　聚丙烯抗冲共聚物

4.2.4.1　性能与结构特点

聚丙烯抗冲共聚物一般是由多个反应器串联制备的聚丙烯多相共聚物的混合物。通常在第 1 个反应器中进行丙烯均聚，得到等规聚丙烯均聚物，然后将其转入下一个反应器，同时通入乙烯、丙烯单体进行共聚，在聚丙烯均聚物的颗粒孔隙中生成以乙丙无规共聚物为主的一系列乙丙共聚物。抗冲共聚物的具体组成取决于聚合配方、聚合工艺条件、催化剂等因素。一般商品化的抗冲共聚物的总乙烯质量分数在 6%~15%之间，乙丙无规共聚物的量控制在 5%~25%之间，而无规共聚物中乙烯含量在 40%~65%之间，其在常温下为橡胶态，因此这部分实际为乙丙橡胶，有较低的玻璃化转变温度（T_g 一般为-40~-50℃）。由于无规共聚物中较高的乙烯含量，导致其与聚丙烯均聚物不相容，形成一定程度的相分离。无定形橡胶相分散在等规聚丙烯的基体中，形成所谓的海岛结构，其中橡胶相作为增韧单元，赋予聚丙烯良好的冲击韧性。

对抗冲共聚聚丙烯而言，其组成与结构较一般的等规聚丙烯均聚物或聚丙烯无规共聚物更为复杂。不仅有等规聚丙烯的结构问题，以及无规共聚物的共聚单体分布问题，还有由于相分离带来的相态结构、形态以及界面问题。概括来说，抗冲树脂的聚集态结构和亚微观的形态直接与其最终物理机械性能相关。树脂的结晶度、晶粒尺寸及橡胶相的形态、内部结构等受树脂的组成，等规聚丙烯的立构规整性，橡胶相组成、结构、含量、分散状态等因素的控制。而且，由于相分离不可能达到平衡状态，因此加工条件对最终形态分布的影响也很关键。比如注射成型时，提高熔体温度，延长停留时间，可导致橡胶相的进一步聚集增长，使分散相的平均尺寸增加，而此时结晶度却变化不大[95]。

制备抗冲共聚物的主要目的是改善聚丙烯的冲击韧性，特别是低温冲击性，但一般情况下

刚性、强度、硬度和热变形温度也会下降。因此对抗冲共聚物而言,建立刚性和韧性之间的平衡关系是非常重要的。而要做到刚韧平衡,则必须能够有效地控制抗冲共聚树脂的组成和各组分的结构以及橡胶相形态分布。因此对抗冲共聚树脂的微观结构表征的重点是组成和形态。

4.2.4.2　抗冲共聚聚丙烯组成和结构表征

过去人们习惯于将抗冲共聚聚丙烯称为嵌段共聚聚丙烯，然而根据目前对商品化的抗冲共聚树脂的研究表明，这种称呼是不确切的。对于合成真正的嵌段共聚物，至少要满足下面3个条件：①活性中心对两种单体均可聚合。②在聚合过程中活性中心有足够长的稳定时间。③增长的大分子链有很长的平均寿命。第1个条件可以满足，第2个条件部分满足，而第3个条件则很难满足。即使在没有氢气做链转移剂的情况下，聚合增长链的寿命也只有几秒钟。因此对Z-N催化剂聚合体系，不可能大量得到嵌段共聚物，而是聚丙烯均聚物和各种乙烯-丙烯共聚物的混合物。因此组成的分析是表征工作的基础。

由于抗冲共聚物是多相体系，含有聚丙烯和橡胶相，因此在进行组成分析时人们首先想到的是确定这两相的相对含量。通常采用溶剂分离的方法，将橡胶部分萃取出来对其进行研究与表征，因此将抗冲树脂分成可溶物和不溶物两个部分进行讨论[96]。常用的溶剂为二甲苯。室温二甲苯可溶物主要为乙丙无定形共聚物(乙丙橡胶),同时混有少量的无规聚丙烯;二甲苯不溶物中主要为等规聚丙烯和一些可结晶的乙丙共聚物。通过对二甲苯可溶物含量、可溶物和不溶物的乙烯含量、特性黏度等的分析测定，表征抗冲树脂的组成。这种表征方法比较适合在工业上用做质量控制方面，而对于揭示抗冲共聚树脂的实际组成，建立组成、结构与性能的关系方面是不够的。

Cai等[97]利用不同的溶剂提取抗冲共聚物中的不同组分，通过^{13}C-NMR、FTIR、DSC等手段对提取的组分进行表征，将其分别归属于乙丙橡胶、短序列的乙丙嵌段共聚物、长序列的乙丙嵌段共聚物和等规聚丙烯均聚物，并提出了长序列的乙丙嵌段共聚物在橡胶相和聚丙烯基体之间起增容剂作用。

Mirabellar Jr[98]利用分析型TREF对抗冲共聚树脂(PP/E-1)进行了分析。他们将树脂样品于140℃下溶解在三氯苯中，配成0.007 g/cm^{3}浓度的溶液，置于TREF柱中，以1.5℃/h的速度冷却到室温，然后以20 mL/min的流速和20℃/min的速度进行升温淋洗，通过红外检测器检测波长为3.4 μm(C—H伸缩)的吸收，结果见图4-15。图中可见，在室温附近和

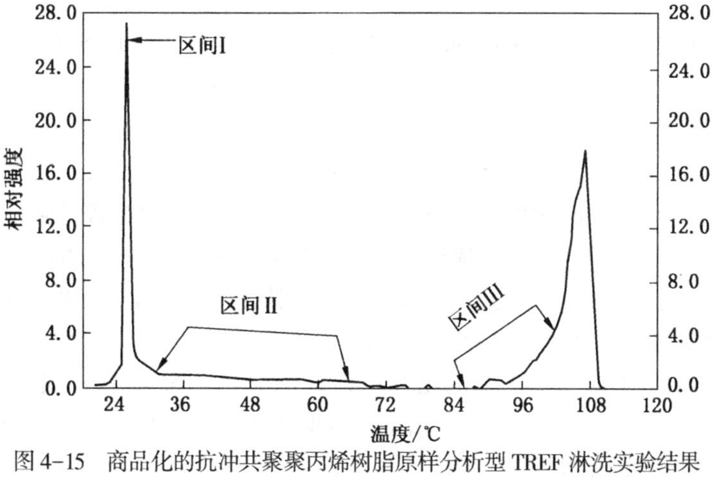

图4-15　商品化的抗冲共聚聚丙烯树脂原样分析型TREF淋洗实验结果

110℃附近有很强的吸收，分别对应着结构差别很大的两个组分。然而在30~100℃之间，尽管浓度相对较低，但仍有红外吸收，说明存在介于乙丙橡胶和聚丙烯之间的其他乙丙共聚物。表明抗冲树脂的组成分布之宽。通过进一步对抗冲树脂进行制备型的TREF分级，并对级分进行结构表征，认为这些淋洗温度居于中间的级分为乙丙可结晶共聚物和含丙烯量低于8%的线型低密度聚乙烯以及低等规聚丙烯，具体的淋洗温度和对应级分的结构认定见表4-12。

表4-12　PP/E-1组成分析

淋洗温度/℃	级分编号	质量分数/%	组成分析		
			大　量	少　量	微　量
室温预分⑤		15.3	EPR(乙烯/丙烯:50/50)	aPP	
室　温	1	0.4	E/P共聚物(结晶度可忽略)		
室温~40	2	1.4	E/P共聚物(结晶度可忽略)	PP②	
40~60	3	2.2	E/P共聚物(低结晶度)	PP②	
60~85	4	3.5	LLDPE③+PP②(可结晶)	PP②	
85~90	5	2.1	LLDPE③+PP②(可结晶)	PP②	
90~95	6	1.4	PP①+LLDPE③	PP②	
95~100	7	1.6	PP①	PE④(线型)	PP②
100~105	8	6.1	PP①	PE④(线型)	
105~110	9	10.8	PP①	PE④(线型)	
110~115	10	23.1	PP①		PE④(线型)
115~120	11	13.2	PP①		PE④(线型)
120~140	12	18.9	PP①		PE④(线型)

① 高等规聚丙烯。
② 低立构规整度聚丙烯。
③ 含少量丙烯单体(不大于8%)的聚乙烯。
④ 无可检出共聚单体的聚乙烯。
⑤ 在室温下预先分出的级分。

Usami等[99]对不同乙烯含量的抗冲共聚物进行了在线的TREF-SEC交叉分级表征，结果见图4-16。他们研究的结果表明在抗冲共聚物中，乙丙共聚物的组成之宽从乙丙橡胶到含少量丙烯的类似于聚乙烯的共聚物(线型低密度聚乙烯)均可检测到。对于淋洗温度有重叠的级分，分子量数据可以提供补充信息，帮助鉴定级分的构成。结果表明，随着抗冲共聚物中总的乙烯含量降低，组成中线型低密度聚乙烯与乙丙橡胶相对含量降低。Feng等[100]在对总乙烯含量为8%的抗冲共聚聚丙烯树脂进行表征时，利用制备型TREF进行了18个淋洗温度的分级，通过对一些中间温度级分进行广角X射线衍射实验，发现在65~102℃的各级分的X射线衍射图谱上，可以看到有聚乙烯的结晶衍射峰出现，说明有长的乙烯序列。当淋洗温度达到110℃以上时，聚乙烯的结晶衍射峰消失，见图4-17。归纳分析得到的组成为：乙丙橡胶15%；含有乙烯单元的聚丙烯共聚物5%；含有丙烯长序列的线型聚乙烯28%；丙烯长序列或聚丙烯均聚物52%。

然而，正如前面在均聚聚丙烯表征中提到，等规聚丙烯的立构规整性并非均一的，而是有一些低等规聚丙烯存在。因此在第 1 个反应器中生成的等规聚丙烯均聚物中较低规整性的部分，在利用 TREF 分级时也将在较低的温度下与共聚物一起被淋出，从而干扰对共聚物的定量研究。Zacur[101]等提出通过对第 1 个反应器生成的聚丙烯均聚物在相同的条件下进行 TREF 分级，用以校正最终抗冲共聚物的分级结果，得到该淋洗温度下真正的共聚物的质量分数。表 4-13 给出校正前后的淋出物含量与淋出温度的关系。经过校正后的结果表明，在该抗冲共聚物中含有 9%的乙丙非晶共聚物(无规共聚物)，4%的乙丙结晶性共聚物和 87%的聚丙烯均聚物。

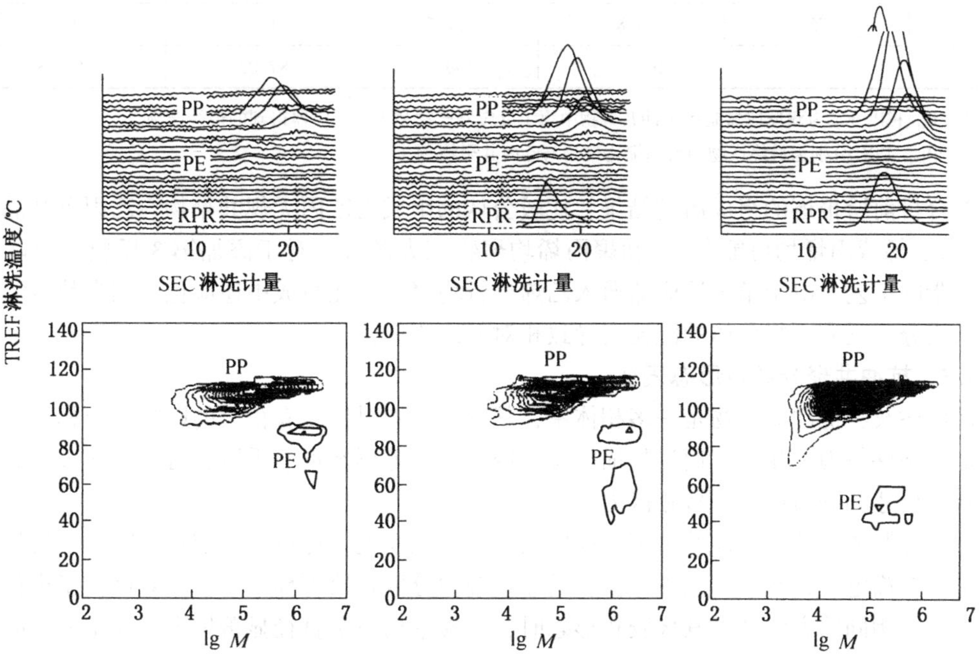

图 4-16 不同组成的三种抗冲共聚聚丙烯 TREF-SEC 交叉分级结果

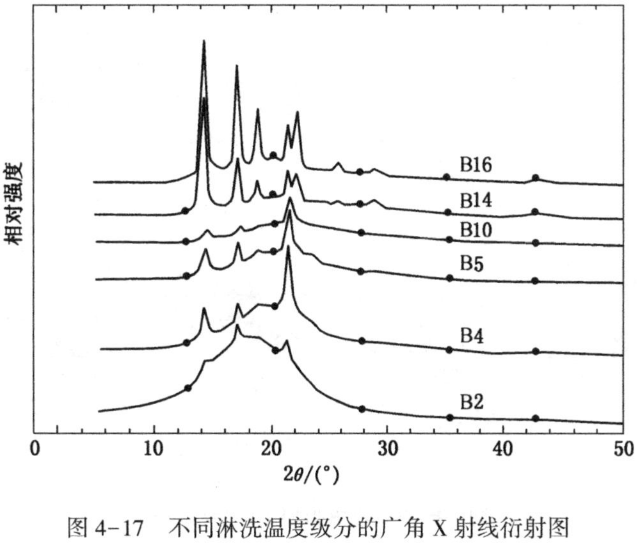

图 4-17 不同淋洗温度级分的广角 X 射线衍射图

B2—24～35℃；B4—52～65℃；B5—65～75℃；B10—100～102℃；B14—110～112℃；B16—115～117℃

表 4-13　抗冲共聚物校正前后的组成

级分编号	淋洗温度/℃	PP_H 质量分数①/%	ICP 质量分数①/%	PP_{ICP} 质量分数②/%	EPC 质量分数②/%
1	40	2.1	10.7	1.83	8.87
2	85	3.4	5.9	2.96	2.94
3	105	7.4	7.6	6.43	1.17
4	110	8.3	7.0	7.0	0
5	120	14	11.6	11.6	0
6	120	29	25.7	25.7	0
7	125	35.8	31.5	31.5	0
合　计		100	100	87.02	12.98

① PP_H、ICP 分别为双反应器制备抗冲共聚物中第 1 反应器产物和第 2 反应器得到的最终产物。

② PP_{ICP}、EPC 分别为最终产物中聚丙烯均聚物与乙丙共聚物。

综合目前所报道的组成研究结果，比较公认的组成为乙丙无规共聚物、乙丙可结晶共聚物(富含乙烯或丙烯均可能存在)和聚丙烯均聚物三大部分。对于添加第 3 反应器串联生产抗冲树脂的工艺，由于第 3 反应器通入乙烯进行均聚，因此组成中还应包含相当数量的线型聚乙烯成分。反应原料单体的配比会导致相对的组成变化。

4.2.4.3　抗冲共聚分散相形态表征

前已述及，抗冲共聚物是一多相体系，其形态结构对性能有很大的影响，而相态又与组成、加工条件等因素相关。通过扫描电镜、透射电镜等形态观察手段，可以直接表征分散相的形状、尺寸和分布以及分散相区内部结构。

(1) 分散相尺寸　抗冲共聚聚丙烯属反应器共混物类。通过对反应器产物粒子切片经刻蚀后进行扫描电镜的观察，发现橡胶相是非常细地分散在聚丙烯中。然而对该树脂进行注射成型后再用相同的方法观察其橡胶相形态时，发现平均粒子直径显著增大。加工前后的形态对比见图4-18[95]。

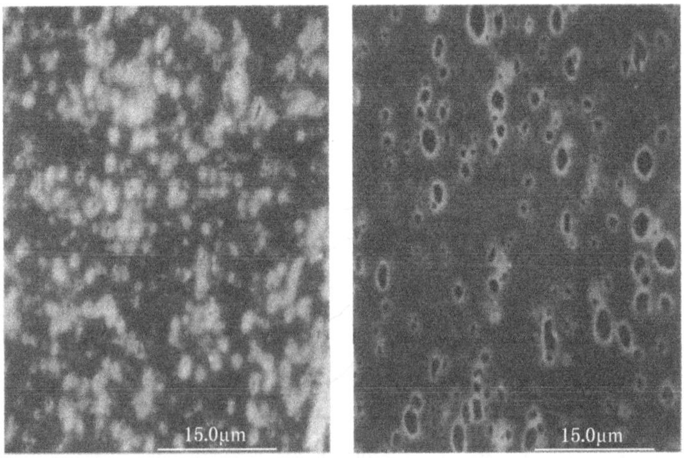

(a)　(b)

图 4-18　同一抗冲共聚树脂加工前后橡胶相粒子形态

a—反应器颗粒 SEM 照片；b—反应器颗粒经注射制样后 SEM 照片

Cai 等[102]对两种不同的抗冲共聚树脂低温缺口冲击脆断表面进行扫描电镜观察，可以看到分散相在聚丙烯基体中呈球形粒子分布，不同的样品其平均粒径大小不同，其中CPPJ样品(a)的平均分散相粒径为 1.0μm，CPPB 样品(b)的平均分散相粒径为 1.6 μm，见图4-19。

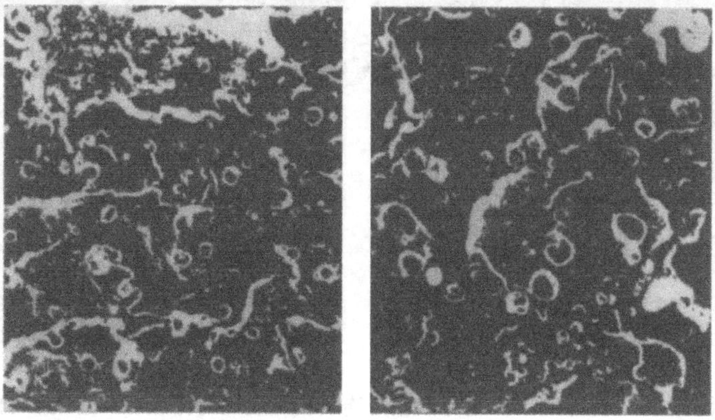

(a) (b)

图 4-19 两种不同的抗冲共聚聚丙烯冲击断口的 SEM 照片

(CPPJ 平均粒径 1.0μm；CPPB 平均粒径 1.6μm)

就分散相的形成模式，Mirabella[103]研究了熔融态相分离和基体相冷却结晶对抗冲共聚树脂分散相形态形成的影响，认为相分离发生在熔融状态下。随着在熔融状态停留时间的延长，分散相不断地聚集粗化，平均粒径增大。橡胶相的平均粒径与在熔体状态下停留时间的1/3次方($t^{1/3}$)呈线性关系，见图 4-20。基体的结晶除锁定形态外，对分散相的形成几乎没有影响。

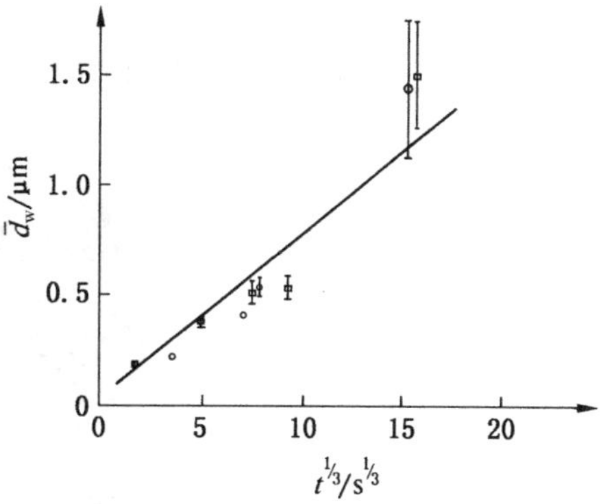

图 4-20 分期相重均直径与熔融粗化时间 t 的 1/3 次方的关系

○—从 193℃置于 0℃淬冷；

Φ—从 193℃自然冷却到室温

黏度比对共混物形态有很大的影响[104]，这一点同样适用于抗冲共聚树脂这样的反应器共混物。由于在熔体状态下发生进一步的相分离与相凝聚，因此在加工过程中分散相和基体相之间的黏度比控制着应力的传递，从而影响最终制品中分散相的粒径，如图 4-21 所示。

(2) 橡胶相内部结构及界面 通过 $RuCL_3$ 染色处理，利用透射电镜(TEM)可观察到某些抗冲共聚聚丙烯树脂橡胶相并非均匀而是存在包含物[105]，见图 4-22。研究表明其为少量的可结晶聚乙烯链段存在于橡胶相中。对所研究的样品而言，乙烯含量越高，则包容物越多。由于它们的存在，改进了橡胶相的刚性，对刚-韧平衡有良好的作用。这种形态主要是受到乙丙共聚物中乙烯含量的控制，乙烯含量高则容易出现这种形态。此外，乙丙共聚物中的乙烯含量对橡胶相和聚丙烯基体的界面也有影响，丙烯含量高的样品，两相界面变得较模糊。图 4-23[99]给出了 3 种不同组成的抗冲共聚聚丙烯的 TEM 形态照片，其中随着共聚物中乙烯含量降低，共聚物中 LLDPE 与 EPR 的相对含量降低，LLDPE 分子量减小，EPR 与 PP 之间的界

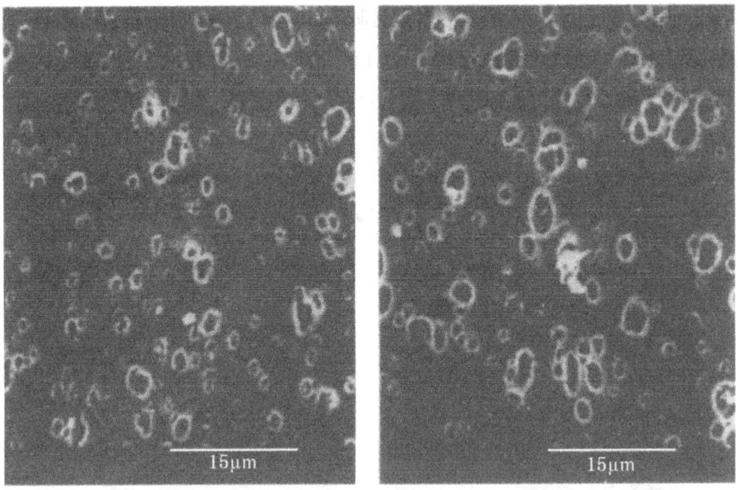

(a)　　(b)

图 4-21　抗冲共聚树脂分散相与连续相黏度比对橡胶相形态的影响

a—低黏度比；b—高黏度比

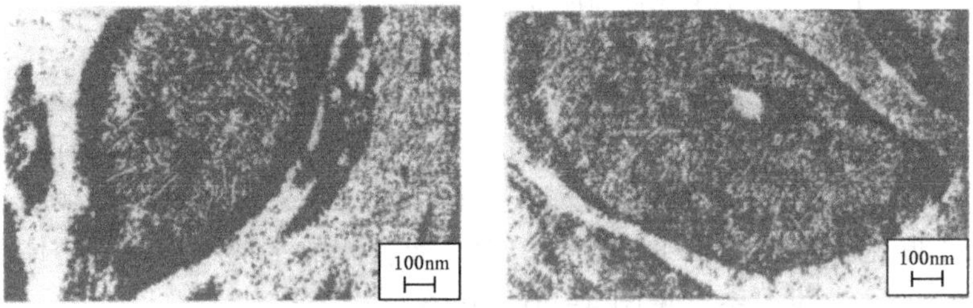

图 4-22　橡胶相内部包含结晶聚乙烯的抗冲共聚树脂的 TEM 形态照片

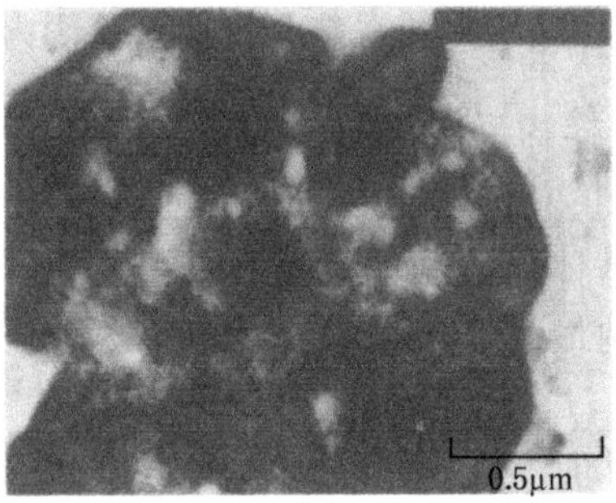

(a)

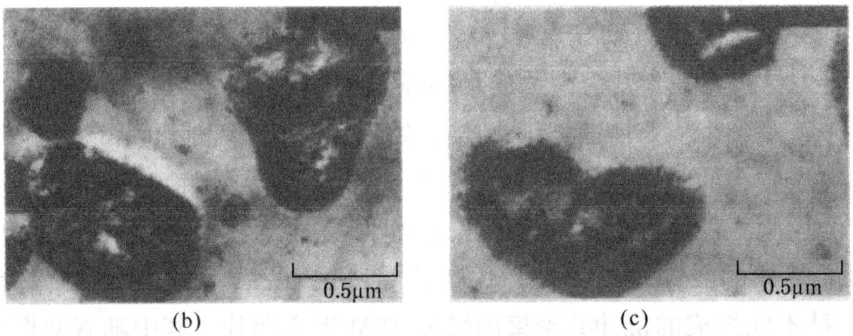

(b)　　(c)

图 4-23　三种不同乙烯含量的抗冲共聚聚丙烯树脂分散相和基体的 TEM 形态照片

面变得模糊。

4.2.5　茂金属等规聚丙烯

随着茂金属催化剂的工业化进程，由各种茂金属催化剂合成的具有高等规结构的聚丙烯也越来越受到重视。鉴于茂金属催化剂的活性中心的性质和特点不同于传统的Z-N型催化剂，而活性中心及其周围的化学环境影响着丙烯单体插入时的区位和立构规整性，进而决定着单体单元的连接方式和构型，因此茂金属催化的等规聚丙烯在结构性能上有一定的特殊性，突出表现在分子量分布和分子链的缺陷结构方面，并由此导致了与传统Z-N催化等规聚丙烯不同的特征性能。对茂金属等规聚丙烯的结构表征，是理解其性能特点的基础。

众所周知，茂金属催化剂具有单活性中心性质，因此得到的等规聚丙烯具有较窄的分子量分布，一般重均分子量与数均分子量之比为2.5~3.5，熔点在140~162℃之间，二甲苯可溶物的量低于0.3%，而传统的等规聚丙烯为1.5%~5%。茂金属催化等规聚丙烯与传统等规聚丙烯在结构分布的均匀性方面的差异可以通过TREF-SEC交叉分级图清楚地看出，见图4-24[106]。

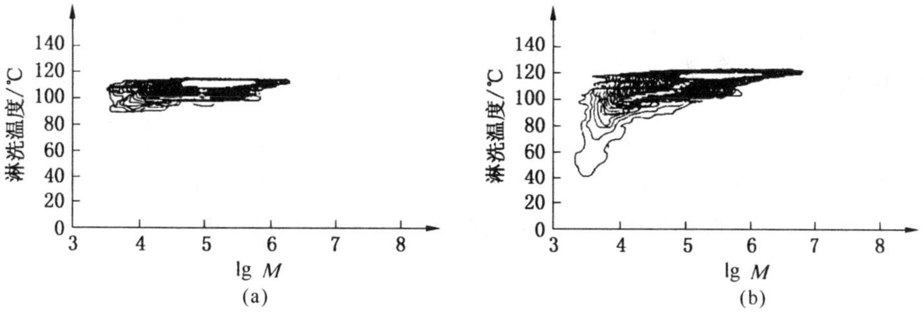

图4-24　茂金属(a)和传统(b)等规聚丙烯均聚物TREF-SEC交叉分级图

由图4-24可见，茂金属等规聚丙烯在整个分子量范围内的淋出温度相对集中，没有低温级分，且最高的淋出温度与Z-N催化剂相比较低，说明其分子间的等规分布比较均匀。进一步对分子链的微观结构进行表征，发现茂金属等规聚丙烯与传统的Z-N催化等规聚丙烯的显著差别在于缺陷结构的不同。后者的缺陷结构主要为空间立构缺陷，且空间立构缺陷在分子间有较宽的分布，而茂金属催化等规聚丙烯分子链中除有空间立构缺陷存在外，还常发生区位异构现象，即所谓由于丙烯单体“2,1”插入和“1,3”插入引起的缺陷结构，而“2,1”插入引起的头-头结构又可根据其上甲基在空间的相对位置分成叠式(赤式)和镜式(苏式)两种情况，见图4-25。

区位缺陷同样破坏了分子链的规整性，从而对等规聚丙烯的性能产生影响，这也是茂金属等规聚丙烯在五单元组[mmmm]含量与Z-N催化等规聚丙烯相似的情况下，其熔点低于传统的Z-N催化等规聚丙烯的原因。目前，^{13}C NMR是最为有效的表征等规聚丙烯分子链各种缺陷的手段。图4-26为利用锆系催化剂在0℃下进行丙烯聚合得到的茂金属等规聚丙烯经过沸腾的正庚烷萃取后残余的高等规部分的^{13}C NMR谱图[107]。

图中标有数字的共振峰系图4-25(a)所示的相同数字的碳的贡献，给出了“2,1”插入引起的区位错排的相关信息，图中所标数字分别对应于图4-25中相同数字碳的共振吸收。利用相同的催化剂在25℃下聚合得到的等规聚丙烯的^{13}C NMR谱图见图4-27，由“1,3”插入形成的区位异构中相应碳的共振吸收见峰 20,21,22。此外，通过 NMR 分析，还可进一步计算出“2,1”插入和“1,3”插入发生的频率[108]，即：

$$“2,1”插入(\%)=\frac{0.5I_{\alpha\beta}}{I_{\alpha\alpha}+I_{\alpha\beta}+I_{\alpha\delta}}$$

$$“1,3”插入(\%)=\frac{0.5I_{\alpha\delta}}{I_{\alpha\alpha}+I_{\alpha\beta}+I_{\alpha\delta}}$$

式中，$I_{\alpha\alpha}$、$I_{\alpha\beta}$、$I_{\alpha\delta}$分别为图 4-25 中所标出的亚甲基碳 αα、αβ、αδ 在 ^{13}C NMR 谱中的对应强度。图中标有数字的共振峰系图 4-25(c)所示的相同数字的碳的贡献，反映了“1,3”插入引起的区位缺陷的相关信息。

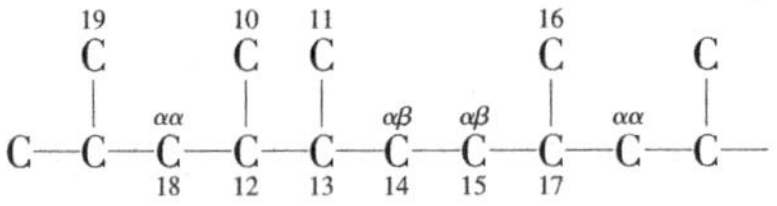

(a)“2，1”插入引起的头-头结构（赤式）

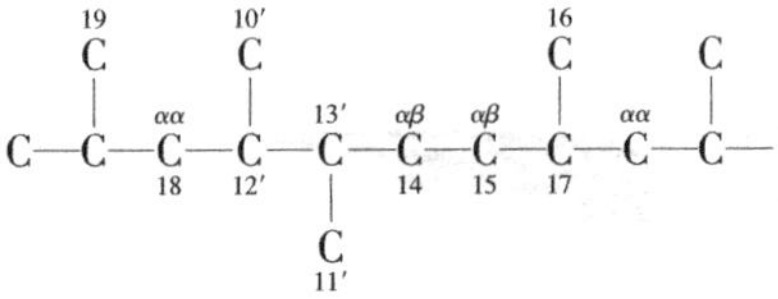

(b)“2，1”插入引起的头-头结构（苏式）

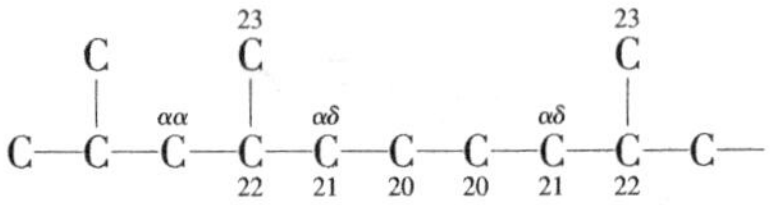

(c)“1，3”插入引起的缺陷

图 4-25　茂金属等规聚丙烯中常见的区位缺陷结构

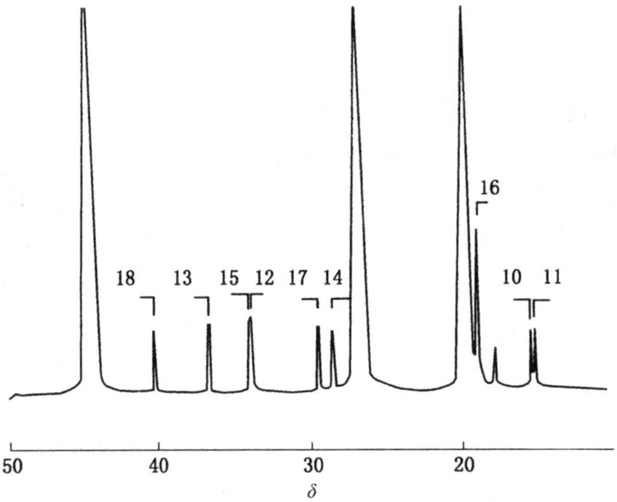

图 4-26　锆系催化 0℃下聚合得到的等规聚丙烯经过沸腾的正庚烷萃取后不溶物的^{13}C NMR 谱图

表 4-14[108]列出了利用锆系催化剂在不同温度下聚合得到的茂金属等规聚丙烯，在沸己烷(C_6)中不溶而在沸庚烷中可溶部分及沸庚烷(C_7)不溶而三氯乙烯(T)可溶物的区位异构情况。由表可见，在区位异构中，“2,1”错插的比例高于“1,3”插入。随着聚合温度的降低，区位错插的比例均降低。高等规部分的区位异构含量显著降低。

正是由于这些区位错插缺陷的存在，导致茂金属等规聚丙烯对于相同的[mm]%含量，其熔点较传统的等规聚丙烯低，见图4-28。图4-29为茂金属等规聚丙烯与Z-N催化聚丙烯在不同温度下等温结晶的结晶速率比较，表明在相同的结晶温度下，茂金属等规聚丙烯的结晶速率较低。

表4-14 茂金属催化丙烯单体聚合发生“2,1”插入和“1,3”插入缺陷的频率

聚合温度/℃	级 分	“2,1”插入/%	“1,3”插入/%
50	C_6 不溶/C_7 可溶	0.6	0.1
10	C_6 不溶/C_7 可溶	0.47	0.05
-10	C_6 不溶/C_7 可溶	0.32	<0.02
-30	C_7 不溶/T 可溶	0.09	<0.02

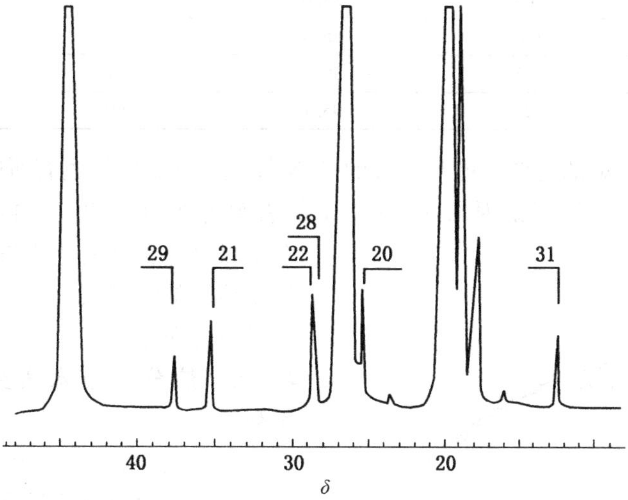

图4-27 锆系催化剂25℃下聚合得到的等规聚丙烯的^{13}C NMR谱图

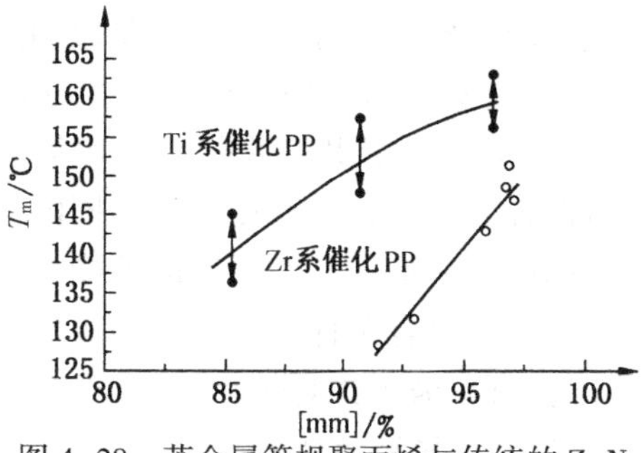

图4-28 茂金属等规聚丙烯与传统的Z-N等规聚丙烯的[mm]与熔点的关系[108]

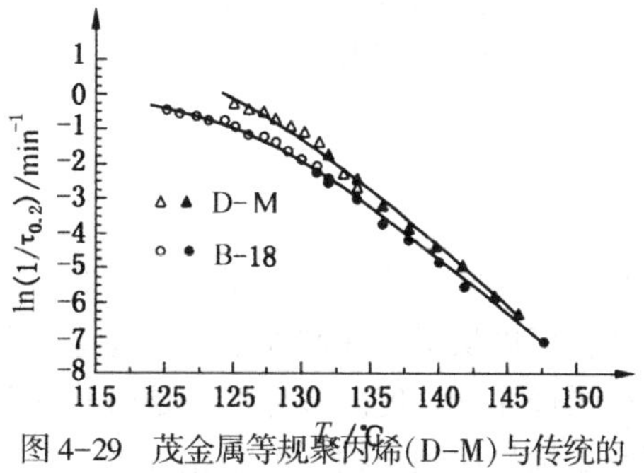

图4-29 茂金属等规聚丙烯(D-M)与传统的Z-N等规聚丙烯(B-18)结晶温度与总结晶速率$1/\tau_{0.2}$的自然对数关系曲线[109]

D-M:[mmmm]=99.1%,2,1-错插=0.22%,M_w=575000,M_w/M_n=2.4;B-18:[mmmm]=98.1%，无2,1-错插,M_w=651000,M_w/M_n=3.2

Grande[110]等利用 WAXD 研究了两种区位异构含量不同的茂金属等规聚丙烯 PP(Ⅰ)和 PP(Ⅱ)在一系列过冷度下进行等温结晶得到的晶体结构，发现对所研究的树脂在给出的温度下等温结晶均有 γ 晶生成，即为 α 晶和 γ 晶的混合物，具体数据见表 4-15。结晶温度越高(过冷度越低)，则 γ 晶比例越高；在整个结晶温度范围内，区位异构含量高的树脂，γ 晶的含量亦相对高。

表 4-15　PP(Ⅰ)和 PP(Ⅱ)不同温度下结晶所得 γ 晶的比例

过冷度/℃	PP(Ⅰ) "2,1"插入:0.32% "1,3"插入:0.07%		PP(Ⅱ) "2,1"插入:0.28% "1,3"插入:0.24%	
	T_c/℃	γ 晶含量/%	T_c/℃	γ 晶含量/%
35	100	44.7	90	55.4
30	105	51.0	95	59.5
25	110	66.4	100	70.9
20	115	70.3	105	72.2
15	120	95.1	110	99

茂金属等规聚丙烯的流变性能与传统的 Z-N 催化等规聚丙烯也有所区别，图 4-30 为熔体流动速率相同的两种等规聚丙烯在 230℃ 下的表观剪切速率和表观黏度之间的关系[106]。图中可见，茂金属等规聚丙烯的剪切敏感性低于传统的等规聚丙烯，这与其具有较窄的分子量分布是一致的。

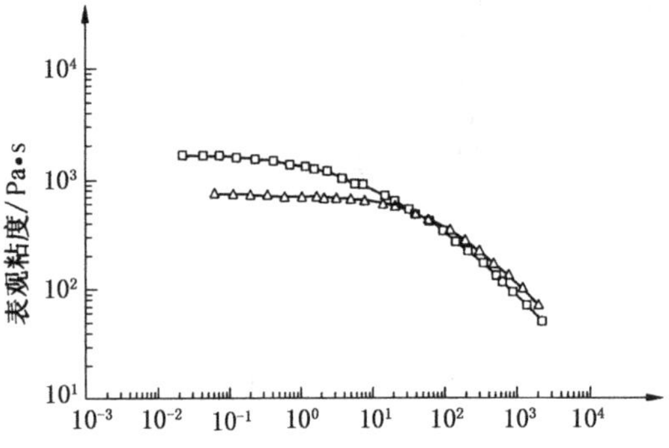

图 4-30　茂金属和传统 Z-N 催化的等规聚丙烯 230℃时的流变曲线
(两样品的 MFR 均为 10g/10min)
□—Z-N；△—茂金属

4.2.6　热分级技术研究共聚丙烯的结晶序列

多分散性是软物质的一个典型特征[106~108]，软物质的强度性质是由体系的多分散性(涨落)决定的。高聚物作为一种软物质，其一级结构的多分散性必然要影响到或体现在其聚集态结构和性质的多分散性上[106]。结晶性烯烃共聚物的结晶序列长度的多分散性表现在，具有接近或相同的共聚组成样品的成型加工和使用性能可能会有很明显的差别。聚合条件控制的波动决定和影响了结晶性烯烃共聚物的结晶序列长度的多分散性，因此研究烯烃共聚物中结晶序列长度的多分散性，可以从了解和监控聚合过程这一源头着手来提高聚烯烃的品质。

共聚烯烃序列长度的多分散性是由共聚单元的分布引起的，包括分子内分布和分子间分布。研究聚烯烃序列结构一般是先分级，再对各个级分的微观结构进行研究。分级方法包括溶剂梯度分级、升温淋洗分级[109,110]以及交叉分级[111]。溶剂梯度分级是根据不同分子量的聚合物在溶剂中具有不同的溶解度来分级；升温淋洗分级是根据聚合物中不同链结构的分子具有不同的结晶度，将样品逐步结晶到惰性载体上去，从而达到将不同链结构的分子分离的目的，然后通过升温淋洗过程将其分开并收集，这种方法对表征结晶序列在分子链间的分布非常有效；交叉分级是将上述两种分级方法结合起来使用，可得到分子量及分子间链结构均一致的级分。上述分级方法最大的缺点是耗时长，成本高[112]。分级得到的各级分的微观结构，如分子链的立构规整性、共聚单体组成及支化度和支化点的位置等则通常采用^{13}C NMR和红外光谱等谱学方法来研究。^{13}C NMR的优点是方法成熟、准确性高，其缺点是成本高，且其局限性也很明显，即它不能区分超过5个单元的链段序列的分布，这使其在研究较低共聚物含量(<10%)的共聚物序列分布时得不到准确结果[113]。分析立体结构序列或化学组成序列的长度，现有的红外光谱方法一般只能确定到10余个主链碳的长度。因此20世纪70年代末发展了热分级技术[114]。

4.2.6.1 热分级技术的原理及实验方法

热分级技术是基于可结晶性链段在熔体中重组织和重结晶行为具有温度依赖性的相分离过程[113]。其分级原理类似于升温淋洗分级，但并不将样品进行物理分离。在热分级过程中，相邻的序列可以独立结晶，对应于结晶的大小和片晶厚度，在随后的升温曲线上出现不同的熔融峰，从而达到分级目的。体系内的序列分布越宽，相分离的层次则越多。由于热分级同时反映了分子间和分子内的链结构情况，因而无需将各级分进行物理分离即可进行微观结构的研究，因此研究的速度快，费用低，是一种有效的研究方法。

自80年代起，随着理论和技术上的不断完善，热分级技术在EV共聚物(泛指乙烯与α-烯烃及取代乙烯等的共聚物)的微观结构研究中得到了广泛的应用[110,112~123]，主要用来表征共聚物中可结晶的乙烯序列长度的多分散性。Keating等[113,115]在热分级实验的基础上，参照氢化聚丁二烯熔融温度与序列长度的工作曲线，引入了重均及数均序列长度并用两者之比作为分布指数来半定量地表征EV共聚物中结晶序列长度的多分散性。但在实际的体系中，经逐步等温结晶，不同长度的结晶序列形成不同厚度的片晶，片晶厚度与序列长度表现出一定的对应性，因此片晶厚度同样具有多分散性。在我们的工作中[121]，用热分级技术对乙烯/α-烯烃共聚物中片晶厚度的多分散性进行了研究，比较了多种确定各级分片晶厚度的方法，并与序列长度多分散性进行了比较。发现对给定的样品，片晶厚度分布要比序列长度分布窄。傅强等[116]利用热分级技术结合透射电镜等方法研究了茂金属短链支化聚乙烯的支化分布非均匀性及微相分离。热分级技术还可以用于共混体系的相容性及共结晶行为的研究[122,123]。目前热分级技术的应用主要集中在EV共聚物上，对丙烯共聚物的热分级研究却鲜有报道，Kravchenko等[124]用热分级技术研究了全同立构五元组序列mmmm含量为25%和30%的聚丙烯弹性体，结果表明由于无规链段(非晶序列)的无规分布使得可结晶的等规序列长度确实存在较宽的分布。

热分级技术的实施通常是将毫克级的样品置于可程序控温的如示差扫描量热计的样品台上，在设定的温度范围内，选定若干等温结晶温度和时间，将样品从熔体经逐步等温结晶后快速降至室温。然后将样品放在示差扫描量热计上以一定升温速率升至熔融并同时记录升温曲线。由于在逐步等温结晶过程中，样品中不同长度的结晶序列可以独立结晶，形成不同尺寸的微晶，在随后记录的升温曲线上这些不同尺寸的微晶熔融给出系列熔融峰，从而给出分级的结果。图4-31

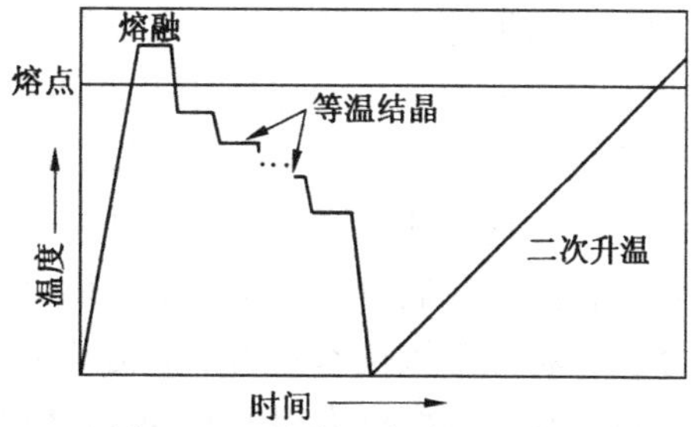

图4-31 热分级实验的流程图

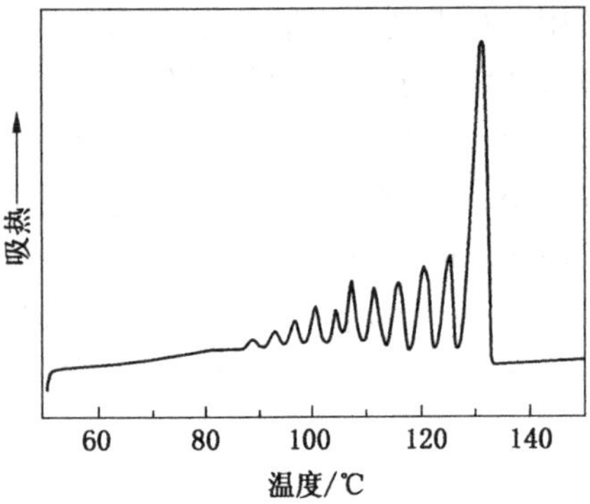

图 4-32　乙烯/1-己烯共聚物于 120~80℃范围内以 4℃间隔进行热分级操作后的样品升温熔融曲线(升温速率 5 ℃/min)

给出了典型的热分级实验的流程图。图 4-32 是对我们[121]得到的一种乙烯/1-己烯共聚物(共聚单体摩尔分数 3.37%)于 120~80℃范围内以 4℃的间隔进行热分级操作后的样品升温熔融曲线。升温熔融曲线上的多个独立、尖锐的熔融峰，对应于不同长度的结晶序列在不同温度下形成的不同尺寸微晶的熔融。

图 4-32 中对应各级分的平均片晶厚度一般可由 Flory 法、热力学方法、小角 X 射线散射方法等方法确定[121]。对于 EV 共聚物也可由 Keating 等[113]给出的熔融温度与序列长度的工作曲线得到各级分的结晶序列长度。由于各级分的含量与图 4-32 中各个熔融峰的面积对应,采用计算机分峰技术通过各个熔融峰的面积可获得各级分的含量,再通过以下公式计算出样品的数均、重均及 Z 均片晶厚度或序列长度,以及片晶厚度或序列长度分布宽度指数。

$$\bar{L}_n = \frac{n_1L_1 + n_2L_2 + \cdots + n_iL_i}{n_1 + n_2 + \cdots + n_i} = \sum f_iL_i \tag{4-11}$$

$$\bar{L}_w = \frac{n_1L_1^2 + n_2L_2^2 + \cdots + n_iL_i^2}{n_1L_1 + n_2L_2 + \cdots + n_iL_i} = \frac{\sum f_iL_i^2}{\sum f_iL_i} \tag{4-12}$$

$$\bar{L}_z = \frac{n_1L_1^3 + n_2L_2^3 + \cdots + n_iL_i^3}{n_1L_1^2 + n_2L_2^2 + \cdots + n_iL_i^2} = \frac{\sum f_iL_i^3}{\sum f_iL_i^2} \tag{4-13}$$

$$I = \bar{L}_w/\bar{L}_n \tag{4-14}$$

$$I_z = \bar{L}_z/\bar{L}_n \tag{4-15}$$

式(4-11)至(4-15)中，n_i 为级分含量；L_i 为对应级分的序列长度或片晶厚度。

4.2.6.2　热分级技术研究立构组成共聚丙烯的结晶序列

从立体结构上等规均聚丙烯可以看作为内消旋(meso)和外消旋(racemic)两种结构的共聚物[21]，可以称之为立体结构组成共聚物，以区别由不同化学共聚单体形成的化学组成共聚物。商品等规聚丙烯的等规度一般大于 90%，少量的内消旋结构及其他立体构型缺陷(如头-头、尾-尾结构)在分子链内及链间的无规分布，导致了等规聚丙烯可结晶的等规序列长度呈现多分散性。但由于这些立体结构之间差别较小，使得立构非规整单元，即内消旋结构及其他立体构型缺陷可以部分地进入立构规整单元形成的片晶中，因此对热分级技术的应用提出了挑战。我们以双向拉伸聚丙烯(BOPP)用的树脂样品为例，说明如何确定和规范热分级条件，将热分级技术应用于立构共聚丙烯的立体结构序列长度的研究。

两种初始熔融行为相近的 BOPP 树脂样品(SEB1 和 SEB2),经过逐步等温结晶热分级处理后的熔融行为却有很大的不同(图 4-33)。热分级后都出现了多重熔融峰，表明体系内确实存在不同长度的结晶序列，但两者的熔融峰的个数和强度却不相同，这反映了两者结晶序列长度多分散性的差别。我们的工作已经表明结晶序列长度与片晶厚度相关，当结晶序列长度不能准确获得时，用片晶厚度的分布同样可以描述结晶序列长度的多分散性。本工作采用热力学方法按 Gibbs-Thomson 方程(4-16)计算片晶厚度，来描述共聚丙烯的结晶序列长度的多分散性。

$$T = T_m^0\left(1 - \frac{2\sigma_e}{\Delta H_m l}\right) \tag{4-16}$$

式中，T 为各级分熔点，K；l 为片晶厚度，nm；T_m^0 为聚丙烯平衡熔点，其值取为 460.7K；σ_e 为表面自由能，J/m^2；ΔH 为标准熔融热焓，kJ/mol。

由图 4-33 热分级后的升温数据经方程(4-11)、(4-12)和(4-14)处理得到样品 SEB1 和 SEB2 的片晶厚度分布指数分别为 1.012 和 1.026，表明 SEB2 中结晶序列分布较宽。

图 4-33 的样品 SEB1 在热分级处理前后的的分子量及其分布几乎完全重合(图 4-34)，说明在所选的热分级条件下，样品没有发生热分解，从而表明图 4-33 中热分级后的升温曲线上的多重熔融峰确实是由结晶序列长度多分散性产生的。

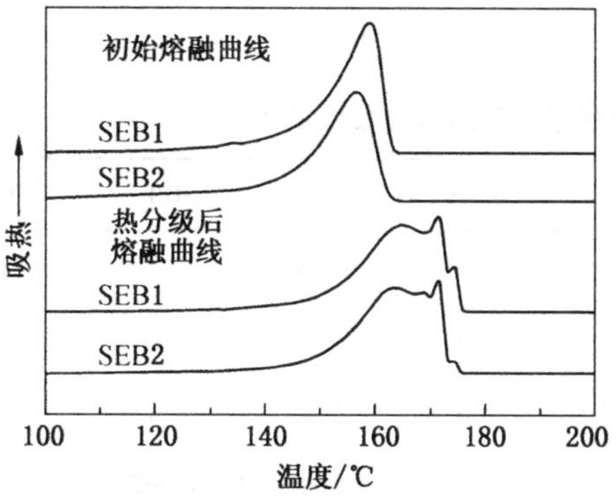

图 4-33　BOPP 样品 SEB1 和 SEB2 的初始熔融曲线及热分级后的熔融曲线

升温速率：5℃/min；热分级条件：230 ℃恒温 5min，152～132℃范围间隔 4℃等温结晶后淬火至室温

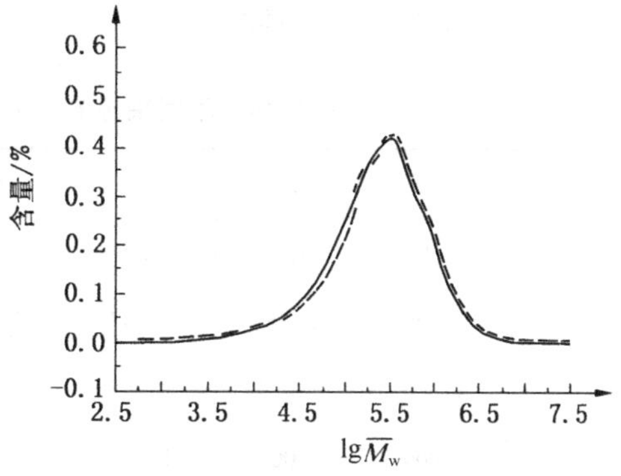

图 4-34　图 4-33 中的样品 SEB1 热分级前后的高温凝胶色谱得到的分子量分布图

	$\overline{M}_w/10^3$	$\overline{M}_n/10^3$	$\overline{M}_w/\overline{M}_n$
——热分级前	436	83	5.24
------热分级后	445	83	5.36

图 4-33 的热分级结果反映的是结晶序列在分子间及分子内分布的整体情况。热分级技术结合其他技术还可以对分子内的分布进行研究。经升温淋洗分级后的样品中主要存在分子内的结晶序列长度分布，而分子间的分布则较均一。图 4-35 给出了样品 SEB1 的 140℃升温淋洗分级级分的热分级后的升温曲线。图 4-35 中出现的反映微观结构多分散性的系列熔融峰，是微观结构在分子链内的分布的体现。

由热分级数据得到的各级分熔点与其含量的积分曲线可以方便地说明不同样品在结晶序列分布上的差别。图 4-36 是 8 种不同来源的 BOPP 样品热分级后，各级分的熔点与其含量的积分曲线。在相同的热处理条件下，图 4-36 的积分曲线上的点越多(级分越多)，温度跨度越大，代表体系内结晶序列长度整体分布越宽，立体构型的规整程度越低(规整分布越宽)。图 4-36 中的 8 种 BOPP 样品的序列长度的各种平均值及分布指数列在表 4-16 中。表 4-16 显示样品 S1 与 S2 的分布指数相近但样品 S2 的平均序列长度较大，表明 S2 的等规度较高；样品 S1 与 S3 的平均序列长度相近但样品 S3 的分布指数较大，表明 S3 的序列分布较宽。表 4-16 的结果表明采用热分级技术，能揭示立体结构即等规度平均值相近的 BOPP 样品在立体结构序列长度及分布方面的细微差别，因而能为解释和解决不同 BOPP 样品的高速拉伸行为的差别，进而为从聚合工艺方面去解决这些差别提供科学依据。

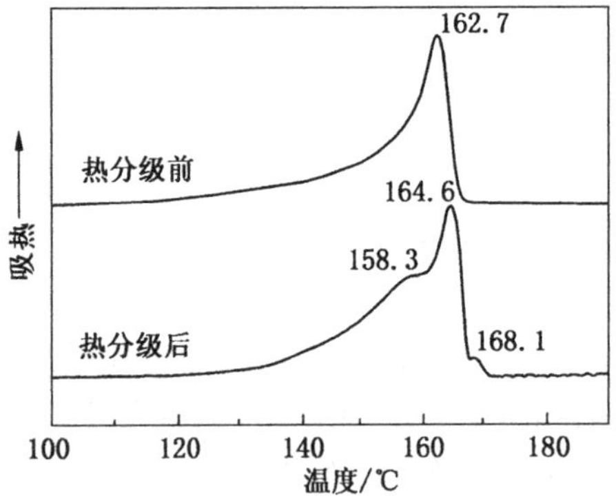

图 4-35　图 4-33 中的样品 SEB1 的 140℃升温淋洗分级级分的热分级后的升温曲线（热分级条件同图 4-33）

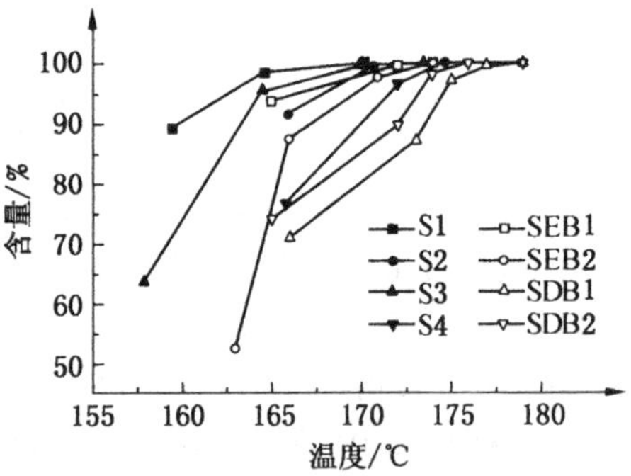

图 4-36　不同来源 BOPP 样品热分级后各级分的熔点对含量的积分曲线

表 4-16　不同来源 BOPP 样品结晶序列多分散性参数

	S1	S2	S3	S4	SEB1	SEB2	SDB1	SDB2
$\bar{L}_n$[1]	16.91	21.90	17.47	23.41	21.07	21.00	25.29	23.93
$\bar{L}_w$[1]	17.06	22.06	17.97	24.18	21.32	21.55	27.00	25.09
$\bar{L}_z$[1]	17.26	22.29	18.57	25.11	21.67	22.25	29.13	26.59
$\bar{L}_w/\bar{L}_n$	1.009	1.007	1.028	1.033	1.012	1.026	1.067	1.048
$\bar{L}_z/\bar{L}_n$	1.020	1.016	1.063	1.072	1.028	1.060	1.151	1.111

① 为便于比较，计算中令方程（4-16）的$\dfrac{2\sigma_e}{\Delta H_m}=1$。

4.2.6.3　热分级技术研究化学组成共聚丙烯的结晶序列

与立体组成共聚丙烯相比，化学组成共聚丙烯中其他共聚单元与丙烯单元的化学结构差异较大，不易进入丙烯链段形成的晶格中，因而对热分级技术的实施比较有利。以流延聚丙烯（CPP）样品为例，用热分级技术研究化学组成共聚丙烯结晶序列多分散性。已经知道 CPP 薄膜的主要性能要求是热封温度。大量的研究工作已经表明引入化学共聚单元的方法对降低熔融温度及热封温度具有明显的效果，但随之也同时降低了结晶度，影响了薄膜的挺度，因此如何在引入化学共聚单元降低熔点的同时，尽可能少地影响其结晶度，调控共聚单元的分布则是关键之一，而热分级技术可以帮助了解和掌握共聚单元的分布。

利用热分级技术研究了两种 CPP 样品（SEC1、SDC1）的结晶序列分布。SEC1 与 SDC1 均为丙烯与乙烯的二元共聚物，乙烯共聚单元的含量相差不大，分别为 4.48%和 4.68%（摩尔分数）。两种 CPP 样品经逐步等温结晶热分级后的升温曲线（图 4-37a），给出了与样品的初始熔融行为(图 4-37b)完全不一样的多重熔融峰，且熔融峰的个数比立构共聚丙烯的多，说明化学共聚单元的引入，较易影响结晶序列的多分散性。图 4-38 是样品 SEC1 和 SDC1 热分级后各级分含量与其对应的熔点的积分曲线。SEC1 与 SDC1 两种样品中的乙烯共聚单元的含量相差不大，但两者熔点的差别却很大。与样品 SDC1 相比，样品 SEC1 的分布指数较小(分别为 1.044 和 1.026)，且其高温级分和低温级分的含量都较低，中间级分含量很高，表明结晶序列长度分布较均匀。样品 SDC1 的积分曲线表明其低温级分数多但含量少，即结晶序列长度分布较宽。样品 SDC1 的结晶序列长度分布宽，表明有相当数量的分子链只共聚上较少量的共聚单体，因而这些分子链有较长的可结晶序列，使得结晶熔融温度升高，反映在使用上则表现为热封温度较高。

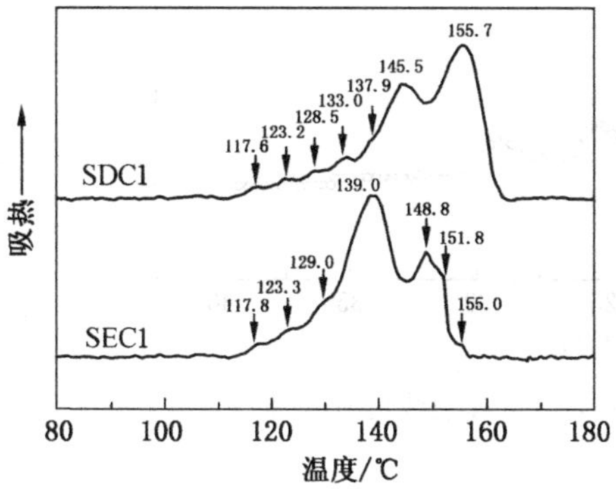

图 4-37a　CPP 样品在 140~112℃范围内以 4℃间隔进行热分级操作后的样品升温熔融曲线(升温速率 5℃/min)

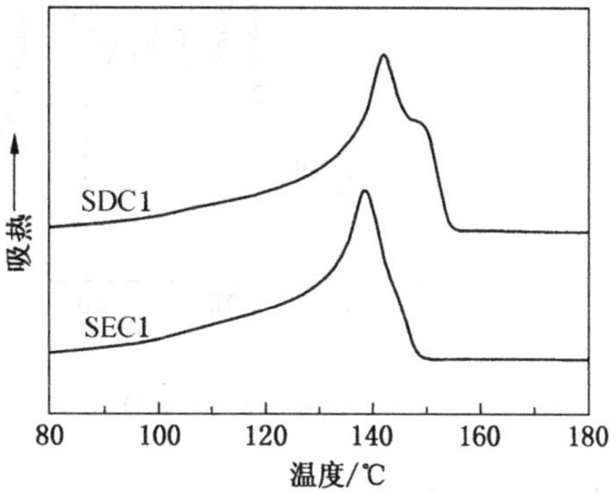

图 4-37b　CPP 样品由熔融态淬火至室温后的升温曲线(升温速率 10℃/min)

已经知道较短的聚丙烯链段易结晶成 γ 型晶体[125~127]，而 γ 晶的熔融温度较低。CPP 样品 SEC1 和 SDC1 热分级后的广角 X 射线衍射结果表明，这两个样品中虽然都是 α、γ 两种晶型共存(图 4-39)，但 2θ 为 20.1°处的 γ 晶的衍射峰说明，样品 SEC1 的 γ 晶含量比 SDC1 高，表明样品 SEC1 中的短结晶序列含量高，这与图 4-37 和图 4-38 的热分级实验结果相吻合。

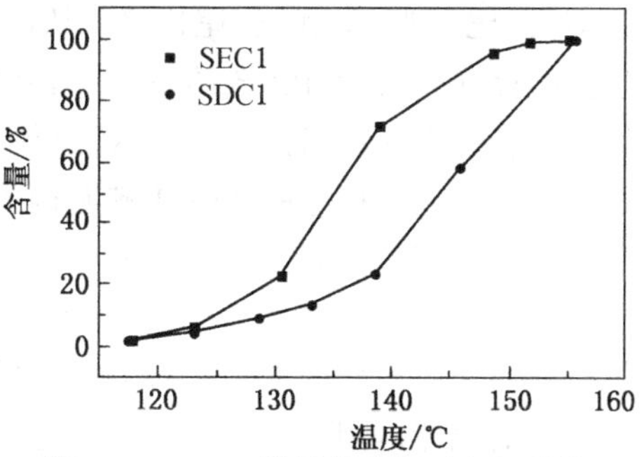

图 4-38　CPP 样品热分级后各级分的熔点对含量的积分曲线

综上所述，热分级技术确实提供了一种操作简单、快速、经济的手段，不仅可用以比较和了解不同共聚丙烯产品的微观结构特征，而且还适用于工业生产过程中对共聚丙烯产品的微观结构进行适时监测。为了方便热分级技术在工业生产中的推广应用，规范热分级实验条件，提高数据处理的精度和效率，我们编辑了一套热分级实验数据处理软件。用示差扫描量热仪记录热分级后的样品的升温曲线后，使用本实验数据处理软件对升温曲线进行处理，可得到各个级分的熔融温度、含量及对应的结晶序列长度，以及样品的数均、重均和 Z 均结晶序列长度，样品的结晶序列长度的分布指数，还可以得到各个级分的含量对其熔融温度的积分曲线和微分曲线等。

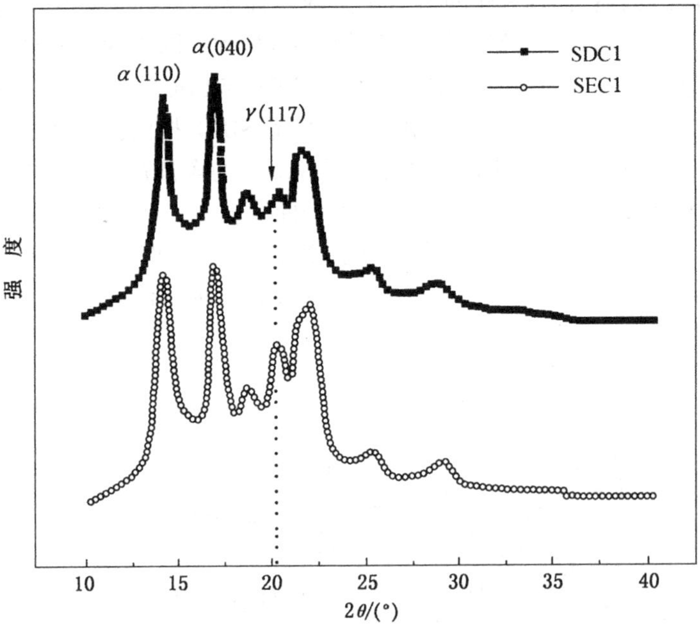

图 4-39　CPP 样品热分级后的广角 X 射线衍射谱图

4.3　等规聚丙烯

4.3.1　概述

等规聚丙烯又称全同立构聚丙烯(iPP)，自 1957 年实现工业化以来[128]，一直是高分子物理领域最重要的研究对象之一，其原因来自于它在工业生产和经济发展上的重要性以及科学研究上的重大意义。iPP 是一种半结晶性聚合物，其高度的结晶倾向是由于它的规则链结构。由不对称性丙烯单体 $CH_2{=}CHCH_3$ 的聚合，可能导致 iPP 的化学结构具有 3 种连接方式，即头-尾、头-头和尾-尾连接，从而形成 iPP 链结构的高度化学规整性，而头-头和尾-尾连接的存在则成为 iPP 链的缺陷。iPP 的特殊立体构型来自于分子链上丙烯单元的不对称碳原子，若以平面锯齿链构型表示，则所有的甲基都位于锯齿平面的同一侧。全同立构聚丙烯的立体构型导致稳定的 2×3/1 螺旋构象(*TGTG*)。因为不对称甲基取代基的存在将引起主链碳—碳键的旋转具有方向性，则有右手和左手之别，再结合 *d* 和 *l* 立体异构构型，则导致 4 种不同的螺旋构象[129~131]。在晶体堆砌中，这 4 种不同的螺旋构象彼此间的相互作用依赖于堆砌几何学。最佳的堆砌是右手螺旋紧挨对映的左手螺旋，反之亦然。不同的堆砌几何学导致不同的晶体(晶形)结构，最常见的为单斜(α)型[132,133]，六方(β)型[132~135]和三斜(γ型)[132~134, 136~138]。此外,通过熔体淬火可得到中等有序度的近晶型(smectic)[132]，还有人提出存在 δ 型[139]。文献中有关 iPP 的结构有许多观点各异的解释[133]。对 iPP 的结构研究主要集中在晶体结构[131]、结晶动力学[140]、熔融特征[141]和形形色色的超分子结构，如球晶、柱状晶(cylindrite)、多角晶(hedrite)和四边晶(quadrite)等。

等规聚丙烯的学术研究主要集中在 α-iPP，因为常规 iPP 在成型加工中通常生成 α 型晶体，而早期对 β-iPP 和 γ-iPP 的研究往往出于好奇心。然而从 20 世纪 80 年代起，对 β-iPP 和 γ-iPP的研究兴趣显著增加，其原因是二者的工业和经济价值在增大，如常规加工条件下制造的β-iPP 薄膜产品，已广泛用于包装材料。

本节将侧重讨论 iPP 的晶型结构，结晶过程和结晶形态。

4.3.2　晶型结构

iPP 具有多种晶型结构，α 型单斜晶格首先被 Natta 和 Carradini[132]确认，其后发现了β型六方晶格[132,134,135]，γ 型为三斜晶格，通常较少出现[132,134,136~138]。iPP 熔体淬火时，可观察到“近晶”型结构[132]，或称“淬火型”。此外，曾报道在非晶部分含量较高时，形成δ型结构，这可能与聚丙烯中非等规结构相关[139]。对于所有这些晶型结构，分子链均采取相同的 2×3/1 螺旋构象(*TGTG*)，其差别仅在于螺旋链的堆砌几何学不同。不同晶型 iPP 的广角 X 射线粉末衍射图(WAXD)如图 4-40 所示[142]，其影响因素主要是结晶条件和分子特征。

4.3.2.1　α 型单斜晶格

iPP 的 α 型晶胞参数为：$a=0.666$ nm，$b=2.078$ nm，$c=0.6495$ nm，$\beta=99.62°$，$\alpha=\gamma=90°$，系 $P2_1/c$ 空间群(结晶学对称性)[134]。每个单胞所包含的重复单元的数目为 12，结晶学密度是 0.946 g/cm^3(Natta 和 Corradini[129]给出的晶胞参数为：$a=0.665$ nm，$b=2.096$ nm，$c=0.650$ nm，$\beta=99.33°$，$\alpha=\gamma=90°$，结晶学密度是 0.936 g/cm^3)。图4-41示出 iPP α 型晶胞在 *ab* 面的投影，为简化起见，只画出正倾螺旋。应特别指出的是 iPP 分子的三重螺旋轴并不是 $P2_1/c$ 空间群的对称要素。由图可见，α 型 iPP 除了与 3 个对映的螺旋接触(反手性接触)之外，还同两个相同的螺旋接触(同手性接触)。这种同手性螺旋接触将导致配位数增加而不妨碍晶体堆砌。另一重要特征是 iPP 分子内甲基所处位置，是正倾还是反倾，所谓正倾是指甲基向上(相关左滑移面)，反倾是指甲基向下(相关右滑移面)，反之亦然。这必将引起 iPP 晶体内无序性增加，Mencik[143]指出，正倾和反倾螺旋将必存在 45%无序，以解释 WAXD 试验结果。

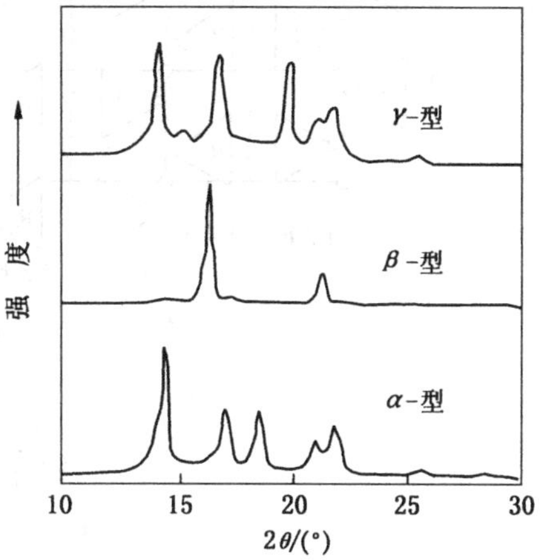

图 4-40　iPP 不同晶型结构的粉末 WAXD 图

α 型 iPP 经重结晶或淬火处理后，可以从有序度较低的 α_1 型(晶胞中甲基向上或甲基向下任意分布)转化为有序度较高的 α_2 型(晶胞中甲基向上或向下有确定位置)[144~149]。α_1 型具有 $C2/c$ 空间群。实际上这两种晶型的堆砌能差别很小，仅为 1 kJ/mol 的十分之几。图 4-42 给出了这两种晶型的结晶学对称性。对 iPP α 晶型的研究非常广泛，其结晶形态将在 4.3.4 节中讨论。

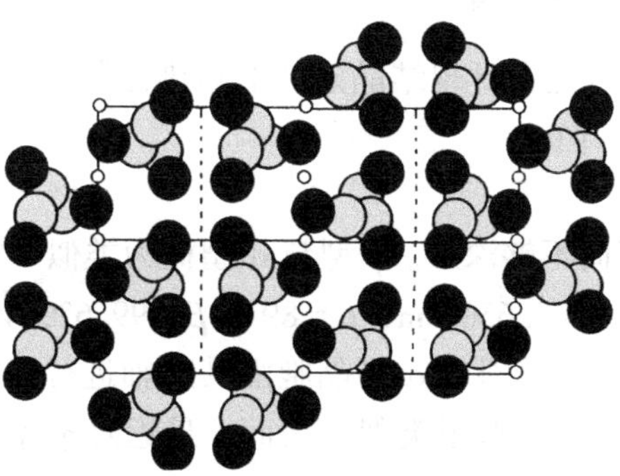

图 4-41　iPP α 型晶胞在 *ab* 面投影
[链方向（*c* 轴）垂直于该平面；为简化起见，所有甲基均处于倾斜位置]

4.3.2.2　β 型六方晶格

iPP β 型晶胞几何学较难确定。基于 WAXD 结果，β 型 iPP 两个衍射峰(图 4-40)的 *d* 值分别为 0.553 nm 和 0.417 nm[139,150]，由此确定β型应为六方晶格，但提出的晶胞参数却各不相同。Keith 等认为[150]：$a=1.274$ nm，$c=0.635$ nm，$\gamma=120°$，$\alpha=\beta=90°$，两个衍射峰分别对应于(200)和

(201)反射；Addink 等则建议[139]：$a=0.636$ nm，$c=0.635$ nm，$\gamma=120°$，$\alpha=\beta=90°$，两个衍射峰分别对应于(100)和(101)反射；而 Turner-Jones 等则相信[134]：$a=1.908$ nm，$c=0.649$ nm，$\gamma=120°$，$\alpha=\beta=90°$，两个衍射峰分别对应于(300)和(301)反射；其后，Samuels 和 Yee[151]通过 16 次 WAXD 实验确信 β 型六方晶格为后者，算得的结晶学密度是 0.921g/cm^3。图 4-43 给出 β 晶型的链堆砌，平行链以相同的手性分组。最近，^{13}C NMR 结果证实了这一点[152]。还有人提出这一亚稳的 β 晶型可视为是将六方晶格再细划分的三方晶格。

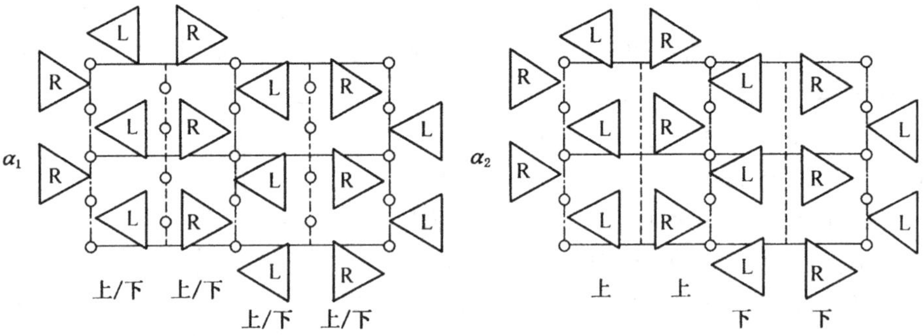

图 4-42　iPP α_1 和 α_2 晶型的两种单斜空间群

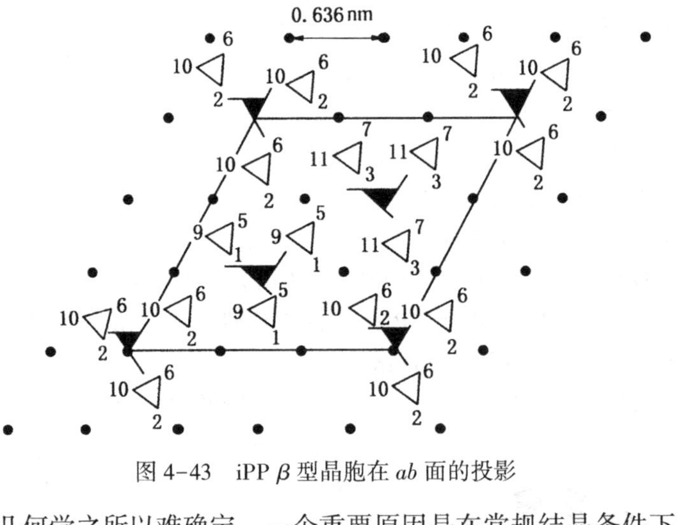

图 4-43　iPP β 型晶胞在 ab 面的投影

iPP 的 β 晶胞几何学之所以难确定，一个重要原因是在常规结晶条件下其热力学稳定性差。多数情况下仅形成部分 β 晶型，而其他晶型同时存在。

4.3.2.3　γ 型三斜晶格

目前，对 iPP γ 型晶体结构和晶胞几何学的了解尚不够深入。γ 型与 α 型极为类似[134]，提出的三斜单胞参数为 $a=0.654$ nm，$b=2.14$ nm，$c=0.650$ nm，$\alpha=89°$，$\beta=99.6°$，$\gamma=99°$，结晶学密度为 0.954 g/cm^3[136]。显然，这一晶胞是单斜的 α 型晶胞沿其 a 轴进行简单剪切的结果[136]。γ 型晶胞的链排列如图 4-44 所示，与 α 型很类似。然而，最近对 γ 型晶体结构的构象分析并没有达到能量的局部最低值[153]。

4.3.2.4　iPP 的“淬火”型

iPP 的“淬火”型又称“近晶”型。至今，对这一晶型的了解最少。这一晶型是在 iPP 快速淬火时形成的，有趣的是即使在10000℃/min的超速冷却条件下，也无法得到完全非晶的iPP试样，换句话说，将生成“近晶”型结构。Natta和Corradini[132]称这一晶型为“近晶”型，并提出由平行的2×3/1螺旋构成，但链堆砌时存在无序性。Miller建议称作次晶(paracrystalline)[154]，而Wunderlich和Grebowicz则称其为构象无序(condis)晶体[155]。此外，对iPP的淬火型还有一些不同的解释，如iPP螺旋以立方或四方对称性的矩阵(square array)排列[156]，螺旋的局部堆砌类似于β晶型[152]，以及由于链间局部相关性的存在而更类似于α晶型[157]等。

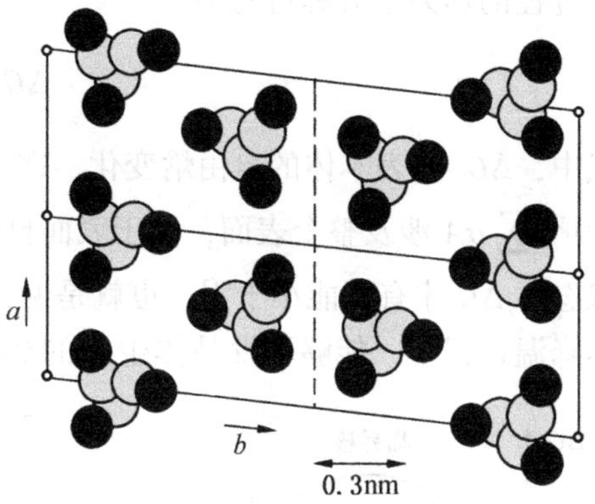

图4-44　iPP γ 型单胞在 ab 面的投影

4.3.3　结晶过程

结晶过程是热力学一级相转变，小分子物质结晶的一般规律对高分子都适用。然而，由于高分子的分子尺寸大，线状分子的不等轴几何学以及由尺寸和化学结构造成的多分散性，其结晶行为有其特殊性。高分子的结晶动力学理论自问世以来[140,158,159]，一直被修改和完善，甚至提出另外的理论[160]。

高分子的一次结晶和二次结晶通常是不同的，一次结晶是非晶熔体物质转化成结晶相，而此时形成的结构处于非平衡态，因此结晶从未完成。这种非平衡态结构在后结晶和重结晶过程中得以完善，后结晶和重结晶可统称为二次结晶。由于一次结晶速率明显高于二次结晶，故这两个过程通常很容易被区分。一次结晶包括两个基本过程：成核和生长[140]，而总结晶速率则由这两个分过程所决定。

在成核过程中，形成很多新的结晶相中心。在等温条件下，若这些中心的数目保持恒定，则称无热成核，若中心的数目随时间线性增加，则称热成核。通常有3种类型成核方式：均相成核、异相成核和自成核。应当指出，在iPP的工业生产中，加入异相成核剂将起重要作用。在晶体生长过程中，新的晶层沉积在一次核上，使晶相尺寸增加。对生长过程的定量描述是线性生长速率。晶体生长实质是二次和三次成核过程，其中二次成核对生长速率起控制作用。

数十年来，对于iPP的结晶动力学做了大量的研究工作[161~200]，本节将侧重讨论其成核过程。

4.3.3.1　结晶聚合物的成核

聚合物结晶只能在过冷状态下实现，只有当高分子链规则排列起来生成足够大的、热力学稳定的晶核时，晶体的生长方能进行。结晶过程的热力学方程可表示为[140]：

$$\Delta G = G_{晶体} - G_{熔体} \tag{4-17}$$

式中，ΔG 为结晶自由焓(Gibbs自由能)。仅当 ΔG 为负值时，结晶才有可能进行。任何晶体的形成均始于体积小但比表面积却很大的晶粒，考虑到表面效应，晶体的总自由焓应精确地表示为：

$$G_{晶体} = G_{本体} + \sum \sigma A \tag{4-18}$$

式中，$G_{本体}$ 是不考虑表面效应的晶体自由焓；σ 是表面自由能；A 为晶体的表面积。这样结晶过程的热力学方程可写为：

$$\Delta G = \Delta G_c + \sum \sigma A \quad (4-19)$$

式中，ΔG_c 代表本体的自由焓变化，在温度低于熔点时，即处于过冷状态，该项小于零。求和项 $\sum \sigma A$ 涉及整个表面，由于表面自由能 σ 在所有结晶温度均为正值，所以只有在过冷状态下 ΔG 才有可能小于零，也就是说，聚合物的结晶只能在过冷状态下实现。在聚合物熔体降温过程中，能够引发晶体生长的热力学稳定晶核形成前有一个 ΔG 大于零的过程，且 ΔG 有一极大值，与此对应的晶核称为临界核。图 4-45 给出了成核阶段 ΔG 随晶核尺寸变化的示意图。临界核的左侧被称作亚临界核或胎核（subcritical nuclei or embryos），右侧 ΔG 仍为正值的区域相应的晶核称为超临界核（supercritical nuclei），对应于 ΔG 小于零的晶核称为稳定核或小晶体。这种从非晶态到晶态生长的初始过程被定义为一次成核。

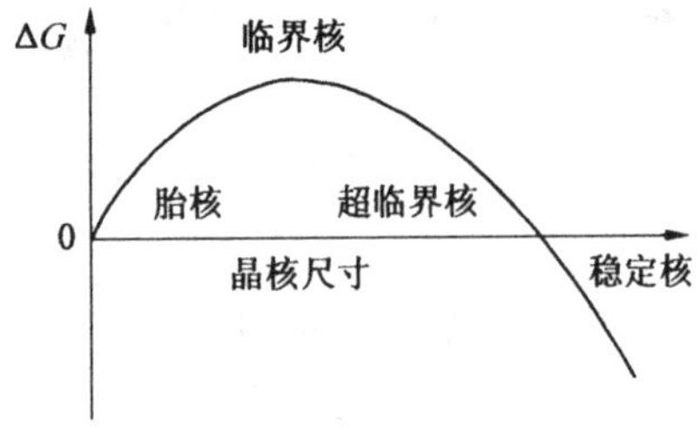

图 4-45　成核阶段 ΔG 随晶核尺寸变化示意图

在分子水平上平滑的晶体表面上新晶体的生长须经过一个二次成核过程。二次成核与一次成核相似，只是二次核系二维均质核，如图 4-46 所示。由于二次核的形成需增加的晶体表面积较少，因此易于引发晶体的生长。除此之外，还有三次成核。所谓的三次成核是指在已经存在的晶体的拐角处形成的晶核（图 4-46）。

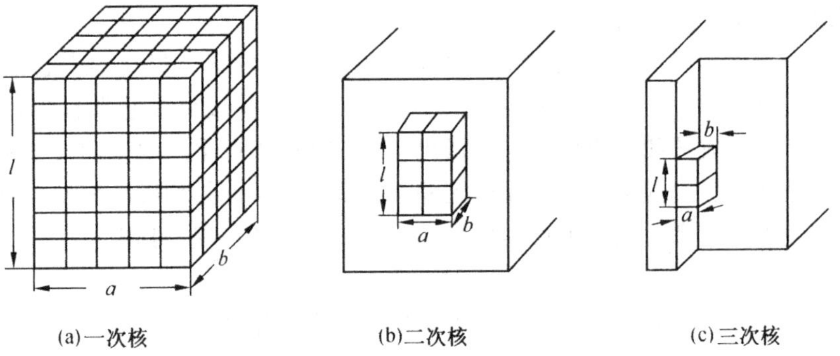

图 4-46　3 种不同晶核示意图

晶体成核的经典概念是基于过冷相波动的假定，以克服晶体表面的能垒[201,202]，成核速率 I^* 为[203]：

$$I^* = (NkT/h)\exp[-(\Delta G^* + \Delta G_\eta)/kT] \quad (4-20)$$

式中，N 与可结晶单元的数目相关；ΔG^* 是临界尺寸晶核的生成能（结晶自由焓），ΔG_η 是链迁移活化能。

对聚合物而言，随熔体温度降低，ΔG^* 迅速减少，而 ΔG_η 缓慢增加，从而引起成核速率 I^* 增加；当温度进一步降低，ΔG^* 下降变缓，而 ΔG_η 显著增加，结果导致 I^* 下降。这样，I^* 将存在极大值。

聚合物的结晶理论一直存在很多争议。这是由于在熔融温度及低于熔融温度，对聚合物熔体的状态尚缺乏分子水平上的充分了解，因此对其结晶过程在更高水平上的解释产生许多问题。基本问题是对结晶过程的判断尚处于定性的阶段。正是由于这一原因，对聚合物成核和结晶的某些参数，在文献中往往出现多种不同的表达方式。也正是由于人们的各自的选择，致使发表的计算结果出现10%~20%甚至更大的分散性。

方程(4-20)可用于计算所有类型的成核速率。在恒定的温度下，ΔG^*最低的核将达到最快的成核速率。因为最低ΔG^*值所对应的核尺寸和形状具有最小的表面自由能，故对于设定几何形状的核，其临界尺寸可以计算。设定ΔG^*(核本体和表面能变化的总和)的一阶导数为零便可求得核的临界尺寸[140,204~207]。计算结果表明，典型的均相核尺寸约为10^2 nm^3，而典型的高分子链体积为$10^2 \sim 10^4$ nm^3。很显然，所形成的核仅能包含高分子链的一小部分。因此，聚合物的单个分子必须折叠方能达到合适的尺寸以形成核并进一步生长。也正是由于这种链折叠的生长方式导致片晶具有恒定的厚度。

除均相成核外，一次成核的另一路径是异相成核。Binsbergen等做了大量的研究工作[173,207~210]，其中绝大多数异相成核实验观察涉及等规聚丙烯。在大量实验结果的基础上，Binsbergen提出了聚合物结晶的异相成核理论[210]。在外来表面成核包括新界面的产生，类似于均相成核的情况。然而，外来表面的事先存在显著降低了临界核形成的自由焓ΔG^*，这将导致核的临界尺寸下降，且异相核形成的过冷度较低。

目前，链折叠的动力学成核理论对了解等温条件下无应变熔体的一次成核和晶体生长提供了很好的手段[204]。de Gennes[211]提出的蛇行(reptation)概念也被用于描述聚合物熔体的链运动和迁移[205,212,213]。蛇行理论可确切地表述方程(4-20)中成核速率I^*的指数因子和链迁移活化能ΔG_η。它亦可预期在不同结晶阶段结晶速率对分子量的依赖性[187,206]。利用蛇行概念还可预测整个大分子被结晶力从熔体拉出(大分子一端接触核的生长前沿)所需的平均时间[206]，约为百分之一秒的数量级。而在聚合物熔体中形成分子间缠结所需时间要长得多(比拉出整个大分子的时间大4个数量级)[214]，约为数十分钟的数量级。这说明，聚合物熔体中的大分子不同于被结晶力拉出、正处于结晶过程中的大分子，其活动性较差。

上述结果清楚地表明，晶体生长的控制因素是在已有晶体表面新结晶层的成核过程，所看到的晶体生长包括两个过程：晶体表面的起始链杆(stems)的成核和接续起始链杆的新链杆对表面的覆盖。应指出，宏观上晶体的生长方向是垂直于晶体表面，而微观上(分子水平上)，其基本生长机理是沿晶体表面生长。

4.3.3.2　等规聚丙烯的一次球晶成核

在等温结晶条件下，成核速率I^*[方程(4-20)]似乎应是常数，然而对聚合物而言，I^*并非常数。原因是聚合物样品中常存在异相晶种，而异相晶种的表面自由能不同，从而导致不同的成核速率。同时，由于异相晶种在样品中的数目有限，导致核附近的转化不同于其他部位。此外，自晶种几乎引起瞬时成核。所有这些因素意味着聚合物，特别是聚丙烯的成核过程，不仅是温度的函数，而且是复杂的时间函数。显然，均相成核、异相成核和自晶种成核理论所描述的只是成核机理和倾向，但决非聚合物的实际成核情况。因此，确定成核的实验方法特别重要。为控制聚合物的物理性质，成核数据往往是必不可少的，材料的力学性质在很大程度上取决于球晶的平均大小、尺寸分布和球晶结构的缺陷(包括空穴和结晶过程体积收缩造成的应力)，而这些均由一次成核所决定。

从实际应用的角度考虑，仅确定结晶过程中核的总数就足够了。获得该值最简单的方法是测定试样中球晶的平均尺寸。平均球晶大小可从球晶尺寸分布的一阶矩(first moment)或与球晶边界的弦截矩分布的一阶矩得到[215]。平均球晶的大小亦可从球晶尺寸分布的高阶矩(higher moments)得到，而球晶尺寸分布的高阶矩的确定则是基于对球晶图形的直接表征，如，聚合物薄膜或本体试样切片用偏光显微镜、透射或扫描电镜表征，得到二阶或三阶矩；用小角光散射表征，则得到四阶或五阶矩[216~218]。若用消偏振光技术则得到二阶或三阶矩[166,219]。

如果考虑成核过程随时间的变化，则可直接用显微镜观察试样的结晶过程，以得到一次成核的时间分布数据。该方法的缺点是只能用薄的试样，同时需要选择合适的结晶条件，以便能计数球晶中心。克服这些缺点的办法是利用已结晶的薄膜或薄片中球晶边界的形状进行成核顺序的重构[220,221]。从两个相邻球晶共同边界的曲率可以发现这两个相邻核之间的时间滞后情况。重复这样的处理过程便可得到成核过程的时间分布数据。成核过程的时间分布应表示为试样中未转化部分的每单位体积的核数目。该方法通过测定球晶生长速率以对时间轴进行校正。

通常，在一定结晶条件下，可测得聚丙烯试样单位体积的一次核平均数目，而本体中平均球晶大小可由单位体积的核数目确定。然而，对于薄膜试样，所观察到的球晶平面图形是较大的，且试样越薄，球晶越大。这种薄膜试样球晶平均尺寸的表现增加来自于单位体积恒定的核平均数。造成这一简单关系复杂化的因素是试样表面的成核能力。

依据等温结晶条件的 DSC 和膨胀计测量法，Avrami 分析常常被错误地用于获得成核数据，其原因是假定熔体向球晶的转化只遵循 Avrami 方程[222~224]所描述的纯突发或纯瞬时模式：

$$\alpha(t) = 1 - \exp(-kt^n) \tag{4-21}$$

式中，$\alpha(t)$表示熔体向球晶的转化度。然而在等温条件下，熔体向球晶转化的动力学方程通式(由 Avrami 首先发展的)为[142]：

对薄膜
$$\alpha(t) = 1 - \exp\left[-\pi G^2\int_0^t I(\tau)(t-\tau)^2 d\tau\right] \tag{4-22a}$$

对本体试样
$$\alpha(t) = 1 - \exp\left[-(4/3)\pi G^3\int_0^t I(\tau)(t-\tau)^3 d\tau\right] \tag{4-22b}$$

式中，G是给定结晶温度下的球晶生长速率常数；$I(\tau)$是成核速率。显然，依据方程(4-22a)和(4-22b)，对于$I^* = I_0\delta(t)$($\delta(t)$是 delta Dirac 函数，代表瞬时成核模式)，将得到 Avrami 指数t^2(二维情况)和t^3(三维情况)，而对于$I^* = I_0 t^c$(c是常数，对突发成核，$c=0$)，Avrami 指数正比于t^{c+3}(二维情况)和t^{c+4}(三维情况)。因此，$\ln\{-\ln[\alpha(t)]\}$对$\ln(t)$作用，仅在 2 种有限情况下方为直线，这两种情况为瞬时成核和突发成核，而这两种情况在聚合物结晶过程中却很少发生。通过求解方程(4-22a)和(4-22b)中的积分方程可对数据作出恰当的分析：

对薄膜
$$\int_0^t I(t)(t-\tau)^2 d\tau = -1/(\pi G^2)\ln[1-\alpha(t)] \tag{4-23a}$$

对本体试样
$$\int_0^t I(t)(t-\tau)^3 d\tau = -3/(4\pi G^3)\ln[1-\alpha(t)] \tag{4-23b}$$

求解方程(4-23a)和(4-23b)最简单的方法是通过拉普拉斯(Laplace)变换或者(等效的)对时间t作三次(对薄膜)或四次(对本体)微分：

对薄膜 $$I(t)=-1/(2\pi G^2)d^3\{\ln[1-\alpha(t)]\}/dt^3 \quad (4-24a)$$

对本体试样 $$I(t)=-1/(8\pi G^3)d^4\{\ln[1-\alpha(t)]\}/dt^4 \quad (4-24b)$$

对于聚合物非等温结晶的处理，文献中有许多报道[225]，但绝大部分缺乏坚实的理论背景。然而，用统计方法描述球晶图形为描述从熔体到球晶的转化提供了方便的办法。在聚合物非等温结晶情况下，从熔体到球晶的转化可表达为[226~228]：

对薄膜 $$\alpha(t)=1-\exp\left\{-\pi\int_0^t I(\tau)\left[\int_0^t G(s)\mathrm{d}s\right]^2\mathrm{d}\tau\right\} \quad (4-25a)$$

对本体试样 $$\alpha(t)=1-\exp\left\{-(4\pi/3)\int_0^t I(\tau)\left[\int_0^t G(s)\mathrm{d}s\right]^3\mathrm{d}\tau\right\} \quad (4-25b)$$

假如在聚合物的非等温结晶过程中能准确控制其温度变化，则非等温结晶可按分步等温结晶处理。由于生长速率完全由二次成核过程和赖以成核层的完成速率所决定，因此对于薄膜试样，在等温结晶条件下，生长速率作为温度的函数可被准确测定，然后很容易转变为时间的函数。同样方程(4-25a)和(4-25b)可通过拉普拉斯变换或(等效的)微分求解[228]：

对薄膜 $$I(t)=-1/(2\pi)\frac{\mathrm{d}}{\mathrm{d}t}\left\{1/G(t)\frac{\mathrm{d}}{\mathrm{d}t}\left[1/G(t)\frac{\mathrm{d}}{\mathrm{d}t}\{\ln[1-\alpha(t)]\}\right]\right\} \quad (4-26a)$$

对本体试样 $$I(t)=-1/(8\pi)\frac{\mathrm{d}}{\mathrm{d}t}\left\{1/G(t)\frac{\mathrm{d}}{\mathrm{d}t}\left[1/G(t)\frac{\mathrm{d}}{\mathrm{d}t}\{\ln[1-\alpha(t)]\}\right]\right\} \quad (4-26b)$$

应特别注意，在上述所有方程中，切不可将熔体向球晶的转化度误当作结晶度。对于所有的非等温实验，其困难是对于不同温度下结晶的部分其结晶度亦不同。

下面将讨论等规聚丙烯单斜 α 型和六方 β 型的一次成核，但到目前为止尚无三斜 γ 型球晶一次成核的报道。

(1) α-iPP 一次成核　iPP 一次成核(在 122~145℃的温度范围内等温结晶)的初期研究结果认为是异相瞬时成核[164]，算得的 Avrami 指数接近 3。后来发现从瞬时成核到突发成核的变化[168]，偏光显微镜观察揭示了起始成核速率为常数，而结晶较长时间后则下降，这时 Avrami 指数不再是整数。

iPP 熔体的一次成核过程可分为 4 个不同的温度区域[229,230]：

① 在 DSC 测定的熔点(165~167℃)以下和 150℃以上的温度区间，存在一个空白区，在这里几乎不发生晶体成核和生长，即使是加速成核的杂质和成核剂存在时也是如此。

② 在 150~115℃的温度区间为规则球晶成核区域，即异相成核活性扩展区，在结晶过程中异相核的数目受到限制。

③ 温度再低，某些异相核是活泼的，但随之而来的是尺寸减小，完整性下降，且核的数目有限。

④ 最后，在 85~80℃和更低的温度范围，仍存在异相成核区，这时随温度降低核数目迅速增加。

由于聚合物的热扩散系数低、在较低温度下急剧成核和球晶快速生长，因此很难超出异相核活性范围的上限(很薄的试样除外)。此外，冷却过程中迅速结晶所释放的熔融潜热倾向于保持结晶过程中其温度处于异相活性范围的上限。这些因素加之绝大多数异相核的瞬时成核特征，致使均相成核范围很难达到。事实上，在实际应用中，很多聚合物材料仅为异相核结晶。

图 4-47 示出 iPP 在等温结晶条件下的成核活性，为表示温度每下降 1℃所激活的新核

的贡献，对核数目进行了微分处理[193,231,232]。随结晶温度下降，起初核数目增加，在132℃，$\Delta I/\Delta T$ 对 T 曲线的斜率发生变化。这种斜率变化与二次成核强度和习性有关，按晶体生长动力学理论或区域(regime)理论[187,204]，应是区域Ⅱ向区域Ⅲ的转变，可看做在聚合物晶体表面的异相成核以及在其他异相核表面的成核。当结晶温度进一步降至115℃以下，则 $\Delta I/\Delta T$ 值达到饱和状态，很显然，此时试样中所存在的全部异相核在这一结晶时间内均得以显露。在温度低于85℃时，出现新的剧烈的均相成核过程，随着温度下降，核数目迅速增加。然而，在连续降温实验过程中，往往只能观测到一个大的成核峰。

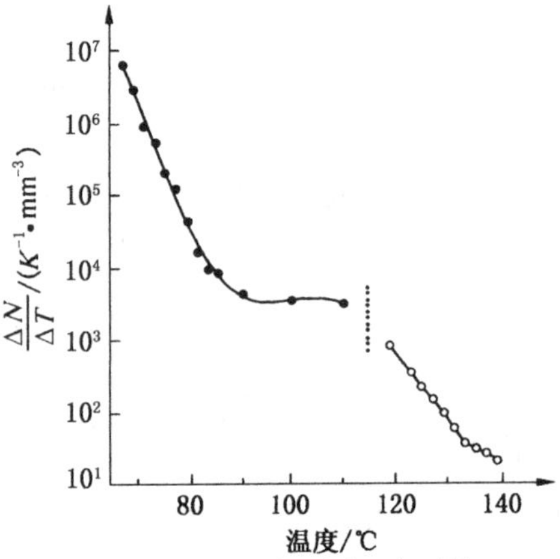

图 4-47　iPP 在不同温度下等温结晶的成核活性

熔体退火对 iPP 的一次成核有很大影响。结晶之前退火 iPP 熔体将导致活化的一次核减少。关键因素是退火温度的高低(低于或高于平衡熔融温度 T_m^0)。若退火温度低于190℃，绝大部分热敏感的核不受影响，而温度高于220℃时，活化核的数目将减少几个数量级。由于退火而消失的核是热活化的异相核和所谓的自晶种核[140]。

自成核(或自晶种成核)是指聚合物熔体或溶液被自身先前生长的晶体的成核过程。由于聚合物晶体在很大的温度范围内不能完全熔融，因此其自成核作用非常强。如果聚合物熔体的热处理温度不超过平衡熔融温度，则一次成核行为主要表现为自成核。实现自成核的路径有二：其一是将聚合物完全熔融，然后降温至熔点以下，但高于所设定的结晶温度10~15℃，并在该温度保持一定时间以产生胎核，继而降温到结晶温度，此时绝大多数胎核达到临界核尺寸并成为稳定晶核[233]；其二是将聚合物升温至熔点以上某一设定温度使其部分熔融，留下小晶体或晶核以做为其后降温结晶的成核部位[234,235]。通过上述自成核方法，可使晶核数目增加几个数量级，并显著减少结晶时间。热敏感晶核的其他来源是存在于微裂缝和外来物表面空穴的聚合物晶体碎片，由于硬化效应，这些晶体的熔融温度增加而未被完全熔融，降温时引发球晶生长。

(2) α-iPP 的成核剂　通过加入异相成核剂，iPP 熔体在异相成核温度区间的结晶过程可被强化。成核剂的加入可大大减小 iPP 的球晶尺寸，改善材料的光学和力学性能。许多细微尺寸的外来物体，包括固体、液体甚至气泡，都对 iPP 球晶有成核作用。最有效的 iPP 成核剂有[170,171,181,188,207,208]：*t*-丁基苯甲酸钠、*p*-*t*-丁基苯甲酸-羟基铝、*p*-甲基苯甲酸钠、苯甲酸钠、胶体银、腙，下述酸的铝盐，包括芳香酸、环脂肪族酸、芳香族膦酸、磷酸和亚磷酸等，以及这些酸的 Ca^{2+}、Ba^{2+}、Cu^{2+}、Co^{2+}、Ga^{3+}、In^{3+}、Ti^{4+} 和 V^{4+} 等盐类，还有靛蓝、滑石粉、方解石乃至气泡等。好的成核剂不溶于聚合物，并且先于 iPP 结晶，其重要结构特征是在晶种表面存在极性和非极性基的交替排列。

iPP 在成核剂上结晶的大量数据并不完全符合以表面自由能为基础的异相成核理论，由于成核剂种类繁多，因此其主要成核机理也不可能用附生结晶(epitaxy)的晶格匹配理论解释。平整表面的晶种的成核活性具有限定的成核速率，而不是实验上观测的瞬时活性。如果晶种晶体表面的间隙(steps)长度分布适当，那么在这种间隙上异相成核能够解释所观测的行为，其原因是 iPP 晶体能够很好的适应晶种表面。Binshergen[207]引入了适应系数以解释界面自由能的减少(通过附生结晶和其他影响因素)，并提出在晶种表面极性和非极性基的交替排列可能是适应系数值较大的原因。

iPP 中大量填料的存在使结晶条件发生强烈改变。某些活性填料，如滑石粉和氧化铝等，有强成核剂的作用。由于活性填料强的成核作用，致使 iPP 的结晶温度增高。相反，惰性填料(如白垩)几乎无成核能力，但它增加热扩散能力，从而使结晶温度降低。

(3) β-iPP 的成核　通常条件下 iPP 本体试样结晶以 α 型为主，β 型结晶一般很少发生。在某一特定温度范围(128~132℃)，可形成 β 型球晶[236]。剪切力作用[237]和淬火有利于 β 型成核。Lovinger 等[238]指出 iPP 在温度梯度下结晶可生成大量的 β 型，尽管此时 β 球晶一次成核非常少，但沿 α 球晶生长前沿很容易发生生长转化，导致 β 相生长。Varga 等[239~243]还发现，具有高分子量的 iPP 易于 β 相结晶，β 相为瞬时成核，核密度随结晶温度增加而减少[243]。通常，β 相含量较低，只有百分之几，只有在 β 相成核剂存在时，或者在温度梯度下结晶，或者在剪切力作用下方能形成较多的 β 相。

有许多结晶性物质可做为 iPP β 型结晶的成核剂，包括 2-硫基苯并咪唑、吩噻嗪、三苯基二噻嗪、蒽、菲和庚二酸等[244,245]。

4.3.3.3 等规聚丙烯的二次成核

在晶体表面折叠层完成后，必然产生新的表面核，以便晶体进一步生长，这一过程称为二次成核过程。关于二次成核速率，目前广为接受的表达式为[205]：

$$I = (N_0\beta_g p_i)/(a_0 n_s)\exp[-4b_0\sigma\sigma_e T_m^0/\Delta T\Delta h_f kT] \qquad (4-27)$$

式中，N_0 是生长前沿的活性物质的数目；$\beta_g=(k/n)(kT/h)\exp[-Q_D^*/RT]$；$n$ 是熔体中大分子链段的数目；n_s 是链杆(stems)的数目；a_0 是链杆宽度；b_0 是分子厚度；h 是普朗克常数；Q_D^* 是蛇形运动的活化能；k 是常数，一般为 1；σ 和 σ_e 分别为晶体的侧表面和端表面自由能；T_m^0 是平衡熔融温度；$\Delta T=T_m^0-T$；Δh_f 是熔融热焓。方程(4-27)中 β_g 称为阻滞因子，原因是过冷度较大时，聚合物熔体黏度很大，使蛇形运动受阻。在过冷度不很大的情况下，二次成核速率由 ΔG^* 所决定，而 ΔG^* 正比于 $T_m^0/(T\Delta T)$。

在基底表面成核的折叠层的完成速率(g)可用折叠链段的附着和脱附速率表示。图 4-48 描绘了表面核的形成和生长，欲使自由能达到负值，胎核要多于 4 个链杆。按附着-脱附机理，在稳定的核形成后，折叠层将以新的链杆完成。折叠层的完成速率以下式表示[204]：

$$g = a_0 Q\beta_g\exp[-2a_0 b_0\sigma_e(1-\psi)/kT] \qquad (4-28)$$

式中，ψ 是熔融自由能分数。由方程(4-28)可以看出，完成速率对温度的依赖性不是很强。

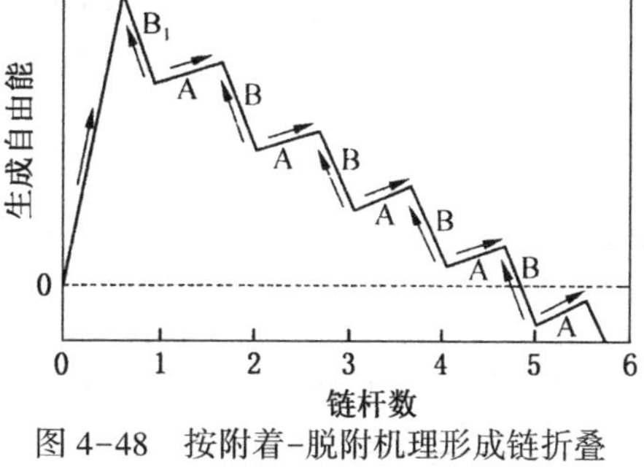

图 4-48　按附着-脱附机理形成链折叠表面核的自由能变化示意图

A 表示新链杆的附着，B 和 B_1 表示链杆的脱附

在聚合物结晶过程中，在二次成核和折叠层完成之间存在着竞争。这种竞争可分为 3 种情况：

① 二次成核过程缓慢，允许在下次二次成核之前完成折叠层。

② 二次成核在折叠层完成之前发生。

③ 二次成核发生很快，不允许折叠层完成。

这些情况正是聚合物存在 3 种结晶区和相应的形态变化的原因。由于折叠层完成速率(g)对温度的依赖性较成核速率(I)对温度的依赖性小得多，故结晶区的转变是可能的。二次成核速率(I)和观测的结晶生长速率(G)的相互关系可表达为：

① 对于结晶区Ⅰ，成核速率低，允许整个基底长度迅速完成[246]：

$$G_{\mathrm{I}} = b_0 IL \tag{4-29a}$$

② 对于结晶区Ⅱ，具有许多次成核的折叠层完成速率(g)[247]：

$$G_{\mathrm{II}} = b_0 (Ig)^{1/2} \tag{4-29b}$$

③ 对于结晶区Ⅲ，结晶主要通过新链杆的急剧成核来实现，而不是靠折叠层的完成[187]：

$$G_{\mathrm{III}} = b_0 IL' \tag{4-29c}$$

式中，L 是生长条带(折叠层)的长度；b_0 是条带厚度；g 是条带完成速率，$g=a(A-B)$，A 和 B 分别是附着和脱附速率；L'是有效基底长度[248]，相当于 $2a_0 \sim 3a_0$，通常 L' 比 L 小得多。

基于聚合物的基本结晶学和热力学参数特征，通过测定球晶生长速率，很容易确定二次成核过程。有关 iPP 结晶(α 型和 β 型)和生长转变[187,249]的数据列于表 4-17。

表 4-17 iPP 成核和结晶的基本参数

项目	基本参数	项目	基本参数
α 型		α 型	
平衡熔点 T_m^0/℃	208±8[249,250]	侧表面自由能 σ/(J/cm^2)	$(9.2\sim11.5)\times10^{-7}$[205,249]
熔融热焓 Δh_f/(J/g)	209.3±29.9[251]	蛇形运动活化能 Q_D^*/(kJ/mol)	6.276[205]
链构象	3_1 螺旋[132]	T_∞(在蛇形运动活化能表示式中)/K	231.2[205]
α 型单胞参数	单斜	β 型	
空间群	C_{2R}^6-C2/C[132]	平衡熔点 T_m^0/℃	176[245]
a/nm	0.665	熔融热焓 Δh_f/(J/cm^3)	177[245]
b/nm	2.096	链构象	3_1 螺旋
c/nm	0.650	单胞	六方[150]
β/(°)	99.3	空间群	D_3^4-P$3_1$21[139]
主要生长方向	a^*(倒易晶格)[252]	a/nm	1.274
a_0/nm	0.549	c/nm	0.635
b_0/nm	0.626	β/(°)	120
结晶区Ⅰ-Ⅱ转变(预期的)/℃	155[249,253]	主要生长面	300
结晶区Ⅱ-Ⅲ转变/℃	137[187]	a_0/nm	0.636
L(在结晶区Ⅰ)/μm	约 0.11	b_0/nm	0.551
L'(在结晶区Ⅲ)/nm	约 $2a_0$=0.91[205]	结晶区Ⅱ-Ⅲ转变/℃	123~129.5[245]
折叠表面自由能 σ_e/(J/cm^2)	1.22×10^{-5}[249]	折叠表面自由能 σ_e/(J/cm^2)	$(4.82\sim5.52)\times10^{-6}$
链折叠功 q/(kJ/mol)	27.61[187]		

4.3.3.4 等规聚丙烯的晶体生长

(1)iPP α 型结晶　数十年来,对 iPP 结晶动力学的大量研究结果是对高分子物理学的重要贡献。前面已经提到,聚合物的晶体生长实质上是二次和三次成核过程,而二次成核是生长速率的控制步骤。Hoffman 等提出了晶体生长区域理论[204],依赖过冷度的不同,二次成核将遵循3种不同的机理,这3种生长区按过冷度增加的顺序依次称作Ⅰ、Ⅱ和Ⅲ。对iPP晶体生长动力学的许多研究工作实际上是对Hoffman提出的生长区域理论的适用性和正确性的考查和验证。iPP是最佳的模型化合物之一,依据球晶半径随时间的变化,很容易准确测定其线性生长速率(G)。在等温条件下,直至高度转化,生长速率仍保持恒定[194]。依据区域理论,Clark和Hoffman对iPP的生长动力学计算了许多文献中的数据[187]。按照这个理论,以校正后的lg(G)对($Tc\Delta T$)$^{-1}$作图，在某一给定的生长区内，实验函数$G=f(T_c)$是线性的。直线部分之间不连续的点表示从一个生长区到另一个生长区的转变温度T(Ⅰ-Ⅱ)和T(Ⅱ-Ⅲ)。理论上，两个相邻区之间的斜率系数是2(或0.5)。如材料的某些常数已知，则由斜率可计算折叠表面自由能(σ_e)和链折叠功(q)。α-iPP生长速率G的实验值落入区域Ⅱ和Ⅲ的范围[187,245,249,254]。转变温度T(Ⅱ-Ⅲ)是410K[187,245]、411K[249]或(408±1)K[254]。转变温度T(Ⅰ-Ⅱ)是(428±3)K[249]。计算的σ_e值分散性很大：62.5×10^{-3}和72.2×10^{-3} J/m^2[245]，122×10^{-3} J/m^2[249]，甚至为230×10^{-3} J/m^2[255]，其差别主要来自于所用的材料常数高度分散，特别是所选取的平衡熔点(T_m^0)对σ_e值有重要影响。至于侧表面自由能，$\sigma\approx11\times10^{-3}$ J/m^2[245,249]。

生长速率G值受链的规整性影响较大。当链规整性下降时(或掺入共聚单体[256]或立规度下降)[199]，G值可减少几个数量级，同时伴随生长区间转变温度的变化。实验证明，在iPP分子量和等规度较低的情况下，3个生长区全部存在[199,200]，同时，对低等规度的iPP，还发现了第4个生长区。此外还发现，尽管T(Ⅰ-Ⅱ)和T(Ⅱ-Ⅲ)转变温度不同，且等规度亦不一样，但发生Ⅰ→Ⅱ和Ⅱ→Ⅲ转变的过程却相同[199]，这似乎与生长区转变引起的形态变化相关[199,246,256]。

在等温结晶条件下，通过动力学研究，可定量地表征结晶过程，并确定分子结构与结晶敏感性之间的关系。为此目的，在不同的结晶温度T_c，记录结晶度随时间的变化：$x=f(t)$(结晶等温线)。热量测定是目前主要的方法。通过量热学方法，实际结晶速率随时间的变化可被连续记录(在非等温结晶条件下,随温度变化)。在某些情况下，由先前结晶的试样的实测熔融热便可画出结晶等温线[199,200]。

结晶等温线通常用Avrami方程处理[222~224,257]或用线性化的变换式处理[258~260]：

$$\ln\ln\frac{1}{1-x}=n\ln t+\ln k \tag{4-30}$$

式中，x是已结晶物质的相对比例；k是结晶速率常数；n是Avrami指数(1到4间的整数)。对于聚合物，$x<1$，已结晶物质的相对比例(x)相当于在时间t的结晶度(x_t)与一次结晶所达到的最大结晶度(x_∞)之比。

对结晶动力学数据的解释往往存在一些困难，如：起始时间(t_0)常常不能确定，在结晶温度(t_c)较低时，结晶等温线的初始部分不能精确记录，以及x_∞值不能确切确定(二次结晶)等。通过引入表观诱导期，结晶起始时间的不确定性可被排除，其实际值的计算是依据标准偏差极小值[181,207,242]。Grenier等[257]分析了由于t_0，x_t和x_∞的不准确性给动力学数据造成的误差，认为k和n值对x_t不精确性影响最大，而x_∞的影响则可以忽略。t_0的正误差将导致上述数值减少。尽管结晶等温线的线性拟合很好，这些误差将导致n值偏离整数值。k和n值可用其他方法确定：或者基于在最大结晶速率时的转化值和时间值(x_{max}和t_{max})，或者基于最大结晶速率本身和相应的时间t_{max}[174]。

依据 Avrami 方程对结晶等温线进行处理，能使其适当的线性化[161,164,165,173,174,177~179,188,189,192,200]，除非在熔融相存在残余的自晶核，或明显的二次结晶发生。用膨胀计法测定的 Avrami 指数近似等于 3[162,164,165,169]，而量热法、光学法和光谱法测定结果，n 值介于 2.4 和 3.6 之间[177,178,181,183,188,189,192]，其非整数值可能来源于上述误差。

由于结晶基本过程对温度的依赖性，所以结晶速率常数(k)与温度的关系很复杂。对 iPP，已证明在很宽的温度范围内，$\lg k$ 作为 $(T_c\Delta T)^{-1}$ 的函数可被线性化[164,174,177,179,181~183,191,192]，这可用无热成核来解释，按无热成核，n 值应是 3。因此，在某些情况下，σ_e 值和 Hoffman 生长区的温度范围很可能是由 k 值的温度依赖性决定的。

一些研究工作试图确定非等温结晶动力学特征，由于速率常数对温度的依赖关系很复杂以及结晶的特殊性，这些努力仅能得到定性的信息[184,261,262]。

为比较不同种类 iPP 的结晶倾向和表征添加剂的影响，人们进行了非等温量热研究[167,170,173,181]。在恒定的冷却速率下结晶，其结晶温度范围(ΔT_c)由起始结晶温度(T_{c0})和最终结晶温度(T_{cf})划定。其间，放热结晶曲线的峰温(T_{cp})可看做是最大结晶速率的温度。冷却速率增加时，所有这些特征温度(包括 T_{c0}、T_{cf}、T_{cp})向低温侧移动，而 ΔT_c 变宽。在实践中，非等温结晶研究对预期 iPP 的结晶行为提供了有用的信息，包括过冷度和结晶温度范围等。具有成核能力的添加剂将减少过冷度，因此结晶温度范围也减小，而特征结晶温度则移向高温侧。非活性添加剂则无显著影响。类似地，在非等温结晶中，亦可得到自晶核和排晶核(row nuclei)作用的定性信息[143,178]。

应当指出，在非等温结晶过程中出现的双结晶峰现象[172,178,189,195]，在等温结晶过程中也可能出现[178]。当试样含有成核活性的添加剂或事先熔融不完全留有分子取向时，双结晶容易出现。很明显，双结晶是结晶机理不同的具有不同结晶温度或时间范围的 2 种结晶过程的结果。在添加剂存在时，在高温侧的峰可归结为异相成核，而低温侧的峰则为均相成核结晶[172]。此外，也有人认为双结晶峰是由于形成球晶和介晶两种不同的结构[189]。对于取向的试样，当熔融不充分时，双结晶峰的高温侧峰可能由未全熔融的晶核或排晶核引起[178]。通过提高熔融温度或增加熔融次数，这些自晶核将被消除，从而导致高温峰强度明显减弱，直至完全消失。

尽管 iPP 结晶动力学特征被广泛研究，但定量描述结晶过程仍存在许多问题。

(2) iPP β 型结晶　在 iPP β-成核剂出现后方开展 β 型结晶动力学研究[239,245,263,264]。由于 β-成核剂的作用，iPP 形成以 β 相为主的结晶。然而，在 β 相生成的同时，往往形成 α 相并干扰 β 相结晶。尽管如此，许多研究工作涉及 β 结晶的基本阶段：成核和生长特性。

iPP β 结晶生长动力学的早期研究所用试样含有较低量的 β 型晶体，因此只能观察到生长动力学的某些特征[163,238,265,266]。近期的工作方涉及纯的 β-iPP 或高 β 相含量的试样[245,254,267]。β 球晶的生长速率高于 α 球晶[163]，在所研究的温度范围内，2 种球晶的生长速率比(G_β/G_α)总是大于 1，但随着结晶温度(T_c)的升高，其比值有所下降。利用分步等温结晶方法[163]，可确定 G_β 的温度范围，其临界温度 $T(\beta\alpha) = 413 \sim 414\text{K}$，在 $T(\beta\alpha)$ 以上，$G_\alpha > G_\beta$。在分步等温结晶过程中，首先在较低 T_c 下获得 β 球晶，然后升至较高温度，测定进一步生长速率。对 iPP β 结晶的深入研究得出如下结果[254]：

① 随结晶温度 T_c 增加，G_β/G_α 稳步减小，在临界温度 $T(\beta\alpha) = 413 \sim 414\text{K}$ 以上，$G_\alpha > G_\beta$

(图 4-49)。

② 温度高于 $T(\beta\alpha)$ 时，β 球晶表面形成 α 晶核，生长 α 球晶片段，并且最终将β球晶包围。这一现象称 $\beta\alpha$-歧化(bifurcation)生长，并以二次 $\beta\alpha$-成核进行解释。在 $T_c>T(\beta\alpha)$ 的温度范围内进一步增加 T_c，强化了 $\beta\alpha$-转化的可能性，当温度接近 $T_m(\beta)$ 时，$\beta\alpha$-转化成为主导。

③ 临界温度 $T(\beta\alpha)$ 可看做β-iPP 形成的上限温度，高于 $T(\beta\alpha)$ 则β-iPP不能生成。而 β-iPP 的生成还存在下临界温度 $T(\alpha\beta)$[268]，生长的 β 球晶表面在冷却到 378K 左右出现 $\beta\alpha$ 转变，不过这一转变因结晶速率快且球晶尺寸小，而难以识别。下临界转变温度 $T(\alpha\beta)$ 的存在可从熔融记忆效应得以解释[241,269]。

④ 依据结晶动力学理论，按动力学数据计算，在所研究的温度范围内，β-iPP 的生长在 Hoffman 的结晶区 Ⅱ 和 Ⅲ 进行。转变温度 T(Ⅱ-Ⅲ) 约为 406K[254] 或 406~410K[245]。这两个结晶区的直线的斜率比[m(Ⅲ)/m(Ⅱ)]约为 1.5[245,254]，低于理论值 2。由于上述原因，算得的 σ_e 值亦不同，分别为 σ_e(Ⅱ) = 112×10^{-3} J/m^2 和 σ_e(Ⅲ) = 85.4×10^{-3} J/m^2[254] 或 σ_e(Ⅲ) 落入 48.2×10^{-3} 至 67×10^{-3} J/m^{2}的范围[245]。有关 σ_e 的数值，还有其他不同的报道。造成 σ_e 值差别的另外原因是不同的研究者在计算中所用的材料常数不同。

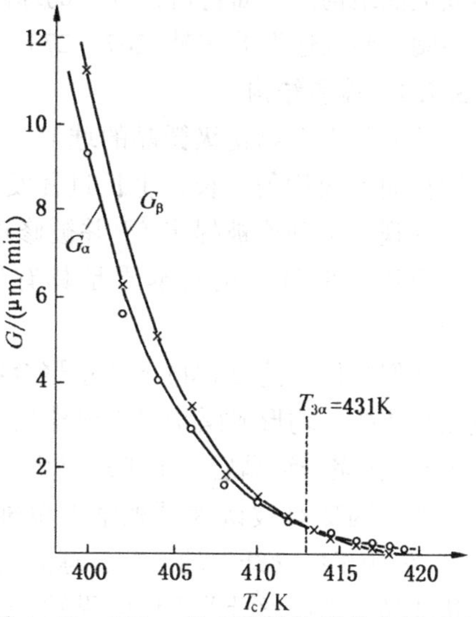

图 4-49　iPP α 和 β 型晶体线性生长速率（G_α 和 G_β）对温度的依赖关系

通过比较有关 α 相和 β 相结晶生长速率 G_α 和 G_β 的数值，可以预期不同牌号 iPP 形成 β 结晶的倾向。一般趋势是如果 iPP 链的规整性受到干扰或破坏，则影响 β 相的生成，例如在 iPP 中引入少量乙烯共聚单元(1.8%~2.5%)，则 β 结晶可以忽略不计。原因是根据等温结晶的动力学测定，此时的 α 相生长速率 G_α 总是高于 β 相的生长速率 G_β[142]。

如上所述，β-iPP 的形成理论存在上临界温度和下临界温度[241,254,269]。在上下两个温度之间，则有一个能形成纯的 β-iPP 的较宽的温度范围。有人报道生成 β-iPP 的最佳温度范围是 373~403K[139]，也有报道温度范围较宽，从 400K 至室温[263,270,271]。当然，这一温度范围是否存在还依赖于 iPP 的种类，β-成核剂的选择性和浓度，同时对非等温结晶过程冷却速率的控制也很重要[142]。

关于 β-iPP 等温结晶报道则很少，原因是 α 和 β 结晶往往同时发生。Verga 等[272] 在上下临界温度之间的温度范围研究了纯 β-iPP 的等温结晶过程，建立了结晶等温线，并用 Avrami 方程进行了线性化，算得的 Avrami 指数为 3，结晶速率也被线性化，证明是无热成核，且核密度随结晶温度升高而下降。但由于所研究的温度范围很窄，因此这些结论的可靠性不高[142]。

4.3.4　结晶形态

结晶形态(亦称超分子结构)是指初始折叠链微晶(片晶或纤丝)按特定几何形状排列的聚集体。对熔体结晶聚合物，最常见的结晶形态是球晶，而在特殊条件下，可形成柱状晶、轴晶(axialite)、四边晶、多角晶和枝状晶(dendrite)[131,158,267,273,274]。不同特征结晶形态形成的影响因素包括结晶的热处理条件，作用于熔体的机械应力和外来物质的存在。通常，熔体在静态下结晶成球状，而在力学负荷下生成柱状结构。在外来物质（异相表面）存在时可形成横晶结构。下面将讨论 iPP 的球晶(包括片晶支化)、柱状晶和横晶特征。感兴趣的读者可参阅一些综述性的文献[267，273~275]。

4.3.4.1　球晶结构

球晶是聚合物初级微晶的球形组集，具有球对称性。球晶的发展过程是：微晶从中心核沿径向方向均匀生长，生长过程发生小角度支化，从而充满整个空间。聚合物球晶结晶过程的现象学理论被提出[276]并被修正[277,278]。按着现象学理论，在球晶结构形成过程中，纤丝或片晶小角支化的本质是具有低结晶倾向的杂物所引起的，致使在晶体生长前沿分开。

在偏光显微镜(PLM)下观察聚合物熔体薄膜结晶(实质上是二维结晶)，无论是热成核或无热成核，均形成碟状双折射球晶。在等温条件下，具有恒定的径向生长速率(线性生长速率)。在完全结晶后，由于球晶生长前沿的相互碰撞，形成的球晶呈多边形，接界为直线或曲线。因球晶被认为是光学上单轴晶体，故 PLM 像呈交叉的黑十字(所谓的 Maltese 交叉)。依赖于所含纤丝的形状，球晶可以是径向的或环状的。径向球晶由直的纤丝构成，而环状球晶，其纤丝沿着它们的纵轴(螺旋轴)扭曲，在偏光显微镜下观察到同心的暗环。基于双折射的符号球晶可以是正的或负的。球晶的双折射(Δn)被定义为[275]：

$$\Delta n = n_r - n_t \tag{4-31}$$

式中，n_r 和 n_t 分别为径向和切向的折射率。

球晶双折射的类型可通过在偏振器间对角放置的一级红色滤光片来确定[275]。

在 iPP 结晶过程中，很容易形成漂亮的光学上易于分辨的球晶结构，下面将讨论其球晶结构的特征。

(1) 球晶类型　iPP 结晶过程中，可形成不同类型的球晶，包括 α 型和 β 型，但到目前为止，还没有发现 γ 球晶。通常，γ 球晶作为 α 球晶的一个组成部分出现[133,279,280]。在一定的热处理条件下，α 和 β 型球晶同时生成。在 β 球晶形成的临界温度 T(αβ) 和 T(βα)之间，可能获得 β 球晶。图 4-50 和图 4-51 分别为 iPP 典型的 α 球晶和 β 球晶的 PLM 像。

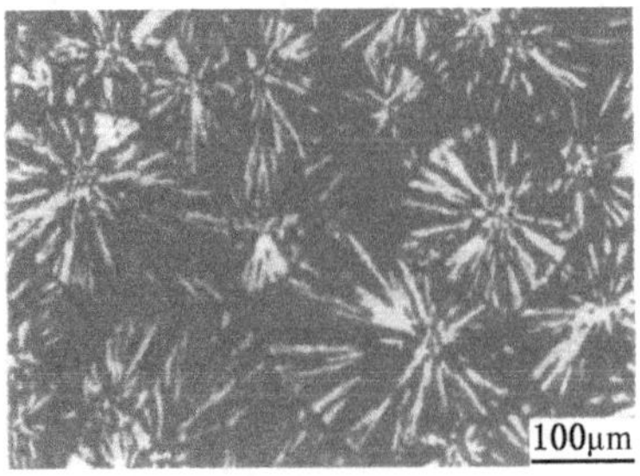

图 4-50　从熔体冷却生长的 iPP α 球晶的 PLM 像

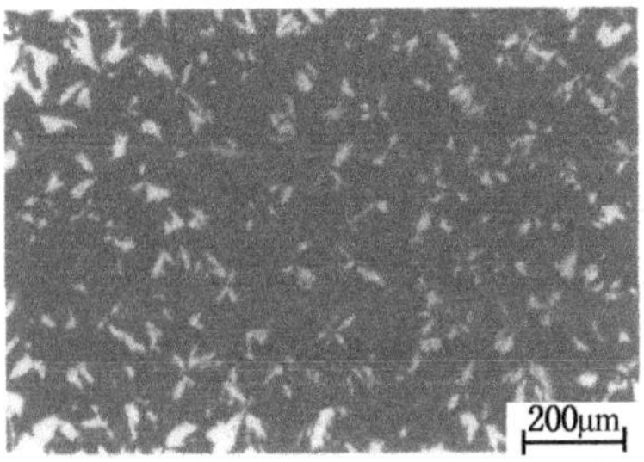

图 4-51　在 T_c = 398K 形成的 iPP β 球晶的 PLM 像[242]

依据结晶温度，iPP 通常可形成 3 种不同类型的 α 球晶，即：低于 406K 时形成正径向球晶（Ⅰ），高于 410K 时形成负径向球晶（Ⅱ），在 410K 和 406K 之间则形成混合球晶[163]。混合球晶无确定的双折射，在 PLM 下亦不出现交叉的黑十字。α 球晶的形成有其温度下限，在 T_c 低于 350K 时，则生成近晶结构[281,282]。在 α 球晶中可形成两种类型 β 球晶[163]，即：低于 401K 时形成高双折射负径向球晶（Ⅲ），在 401K 和 405K 之间时形成负环状球晶（Ⅳ）。应当指出，形成不同类型球晶的温度范围相当宽，虽不存在尖锐的界限，但随着结晶温度 T_c 和结晶速率 v_c 的不同，iPP 的球晶结构发生很大变化[142,267]。此外，分子结构也有很大影响。

对于非常规生产的 iPP 样品，还发现一些新的球晶类型。如低分子量 iPP 在较高温度（T_c=420~430K）结晶，生成的球晶类型有很大差别（被称做假正、假负、新混合、花状球晶等等）[283]；低等规度 iPP 则生成开放的、粗糙的球晶结构，且在温度升高时转变成枝状晶[199]。

iPP 的球晶结构特征强烈地依赖于热处理条件。球晶类型受结晶温度 T_c 所控制，在结晶过程中，若 T_c 不是恒定的，则在生长的球晶中甚至发生光学特征的变化。例如，不同温度下分步结晶可导致具有不同光学特征和熔点的环带球晶形成[267]。iPP 的球晶结构也受结晶完成后的后处理温度的影响，例如，退火可导致正的和混合型的 α 球晶转变成负的 α 球晶[163,267]，加热过程中负的环形 β 球晶可能转变成正的环形 α 球晶[267,269]。影响 iPP 结晶过程和球晶特征的另一重要因素是结晶前的熔融处理温度，这一影响被归结为熔体中的自成核作用[267,281,282,284]。

（2）片晶支化　透射电子显微镜（TEM）观察发现，iPP 的 α 球晶中存在一种特有而又常见的片晶支化（交叉）现象，在稀溶液浇铸膜[285]、熔体结晶[281,286,287]、甚至熔融纺丝得到的纤维中[288,289]均可观察到此现象。图 4-52 是 iPP 稀溶液浇铸膜片晶支化的明场电子显微图，很明显支化片晶（子片晶）与其相应的母片晶间成固定的 80°或 100°交角。在球晶生长中，母片晶沿径向方向，而子片晶沿切向方向。正是由于沿着两个不同方向的交叉结构的形成，导致了 α 球晶出现正的或混合型的双折射（正常的球晶中片晶沿径向生长或出现小角度支化，导致负的双折射）。提高结晶温度可减少这一大角度支化现象，从而导致 α 球晶由正的或混合型的双折射向负的方向移动[199,284,287]。

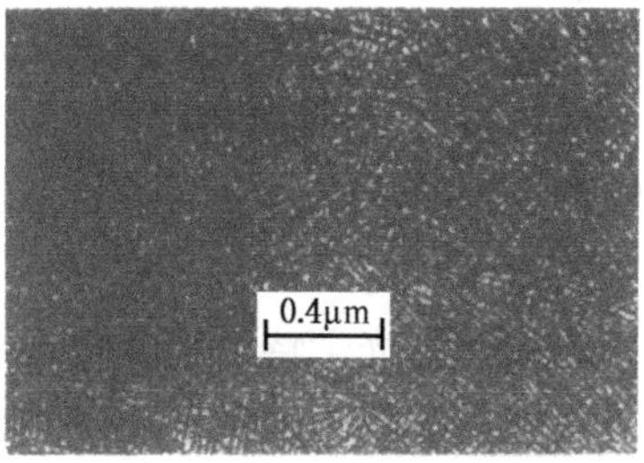

图 4-52　iPP 稀溶液浇铸膜交叉片晶结构的明场电子显微图

在原理上，iPP α 球晶中的片晶支化现象是一种均相附生结晶行为（homoepitaxy 或 autoepitaxy）。电子衍射结果证明[285]，iPP α 球晶中母、子片晶的 a、c 轴在膜平面内，两者的 b 轴垂直于膜平面，以（010）晶面为接触面形成均相附生结晶。对这种交叉片晶的形成机理从不同的层次上（分子的、结晶学和形态学的）进行了解释[136,158,252,284,287,290~292]。最完整的解释是 Lotz 和 Wittmann 提出的从分子水平上的描述[293]。如图 4-53 所示，沉积在母片晶（010）晶面上的附生生长的螺旋链的手性与该（010）面上的螺旋链的手性相同，这样，沉积层的螺旋链需旋转 80°或 100°以达到甲基的交指组合，从而实现母、子片晶附生层界面甲基的最有利相互作用。由于沉积层螺旋链的这种旋转，导致 $a_1 // c_2$ 和 $a_2 // c_1$，即形成了大角度支化的交叉片晶结构。除 α-iPP 球晶中的片晶支化外，γ-iPP 可在 α-iPP 片晶的侧面附生结晶，此时，交叉角明显变低(40°)，且母、子片晶的结晶学取向发生变化[133,279]。应指出，迄今为止，尚未发现 β-iPP 存在片晶的大角度支化，故而不能形成交叉结构。

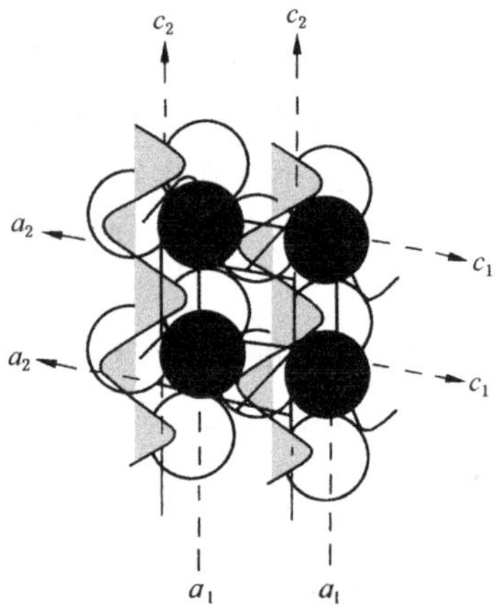

图 4-53　α-iPP 片晶支化螺旋链匹配示意图

4.3.4.2　柱状结构

聚合物熔体在力学剪切或应变条件下结晶则可形成柱状结构。在剪切或应变应力作用下，形成伸直分子链并成带状取向。这些先取向的条带成为其后结晶的晶核，这种特殊的、线型的自晶核被称做排核(row nuclei)。排核诱导的结晶温度高于异相核和均相核。由于折叠链纤丝(片晶)在排核上的附生生长，形成了柱状对称性的超分子结构，称做柱状晶[294]。柱状晶的中心是排核，柱状晶本身由垂直于排核的折叠链微晶构成。在生长过程中，纤丝(片晶)支化，充满整个空间。

对于 iPP，在剪切或应变力场的作用下，很容易形成柱状晶[266,295]。形成排核的方法有多种，最简单的方法是剪切 2 个玻璃片间的熔体，或在熔体中抽拉一种纤维(如玻璃纤维)[296~298]。研究柱状晶最方便的方法是光学显微镜。图 4-54 是典型的剪切诱导的 iPP 柱状结构偏光显微图。应指出，柱状晶和横晶有非常类似的光学图像，因此，这两种现象往往难以区别(这两种过程的主要差别将在后面讨论)。

iPP 的柱状结晶有下述一些特点[266,267]。其一，排核的稳定性高(高于 470K，仍稳定存在)，因此在重复的熔融/重结晶过程中，柱状结构仍能复现，这一现象亦称结构记忆效应。其二，类似于 iPP 球晶的情况，柱状晶的光学双折射符号是结晶和退火温度的函数，定义如下：

$$\Delta n = n_r - n_a \qquad (4-32)$$

式中，n_r 和 n_a 分别是柱状晶的径向和轴向方向的折射率(对于横晶，Δn 可定义为垂直于和平行于异相核表面的折射率之差)。

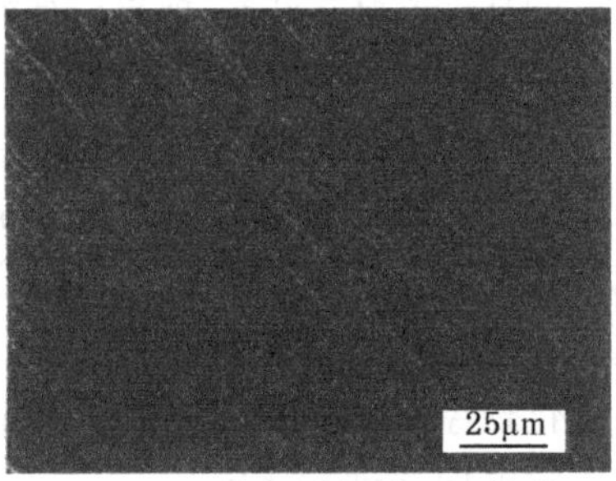

图 4-54　剪切诱导的 iPP 柱状结构偏光显微图

柱状晶的光学特征可由插入偏光显微镜偏振器间的一级红色光片来确定，正双折射柱状晶在滤光片方向是黄色的，负双折射是蓝色的，而混合型柱状晶，则蓝黄交替，垂直于排核[266]。做为结晶温度 T_c 的函数，α 型柱状晶的变化规律类似于其球晶的变化，在 410K 以上是正的，低于 390K 接近正的，在 410K 和 390K 之间则形成混合型柱状晶。其三，在剪切层周围，通常形成较多的 β 型结晶，以特征的条带或三角形晶片的形貌在排核上生长[299]。在结晶温度低于 411K 时，主要生成 β 型结晶，而高于此温度时，则 α 型生长前沿形成[296]。

4.3.4.3　横晶结构

由异相表面引起的聚合物结晶超分子结构称做横晶结构[300]。当异相固体表面的晶核密度明显高于熔体本身的晶核密度时便形成了横晶，原因是具有异相成核活性表面的晶核密度高，球晶彼此妨碍其横向生长，导致微晶垂直于该异相表面生长。对于 iPP，许多纤维可以诱导横晶形成，包括 PET 纤维[207,301~308]，尼龙 6 和尼龙 66 纤维[303,305,307,308]，Kevlar 纤维[305,308~310]，某些高模碳纤维[305,308]，纤维素纤维和棉纤[311]以及某些其他聚合物纤维[307,309,312]。这些纤维是选择性的 α-成核剂，因此在纤维周围形成 α 型横晶带[308]。应指出，常用的玻璃纤维一般不诱导横晶结构[312]。

横晶与柱状晶(见图 4-55)成核特征的主要差别在于：横晶由异相核诱导，而柱状晶源于自晶核(如：化学和物理结构与结晶相相同的排核)。这种成核特征的差别在结构的形成过程中得以反映。以 PET 纤维诱导 iPP 结晶为例，在 PET 纤维存在下，iPP 在 $T(\beta\alpha)$ 和 $T(\alpha\beta)$ 之间的温区等温结晶，如结晶在纤维静止状态进行，则生成 α 型横晶(图 4-55a)；如果在结晶过程中抽拉 PET 纤维，在纤维周围将形成排核，导致 β 型柱状晶生成(图 4-55b)。这一结果证明了横晶与排核成核的柱状晶的不同之处。应当指出，迄今为止，尚未发现 β 型 iPP 横晶结构，因为这需要有选择性的具有 β 成核活性的异相表面(纤维)的存在。

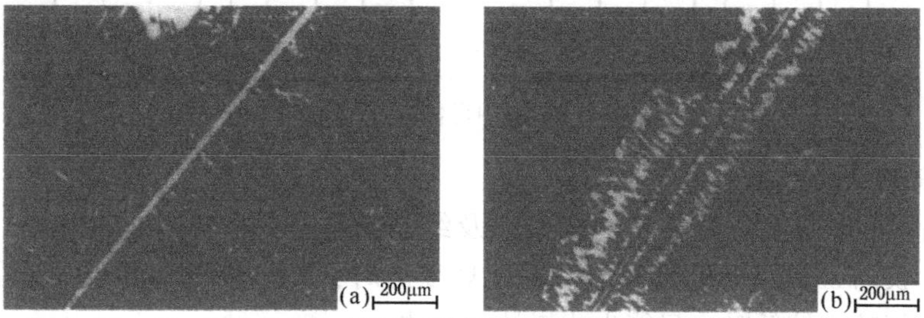

图 4-55　iPP 在静止 PET 纤维上形成的 α 型横晶结构（$T_c=398K$）(a)
和抽拉 PET 纤维诱导的 β 型柱状晶结构（$T_c=408K$）(b)

4.4　间规聚丙烯

sPP 是一种新型热塑性塑料。sPP 的分子链中，甲基交替地出现在主链（碳链）两边。20 世纪 60 年代，Natta 等[313]通过分离 iPP 产物或采用矾类催化剂聚合首次得到了 sPP，并对其结构进行了表征，但间规度较低。近年来，茂金属催化剂的应用[52, 314]大大提高了 sPP 的间规度([rrrr]>80%)，得到了性能良好的结晶性的 sPP。

4.4.1　微观结构与结晶形态

4.4.1.1　sPP 的微观结构

核磁共振(^{13}C NMR)、红外光谱(IR)、X 射线衍射(XRD)及升温淋洗分级(TREF) 等均可表征聚合物的微观结构。其中，^{13}C NMR 最为常用。

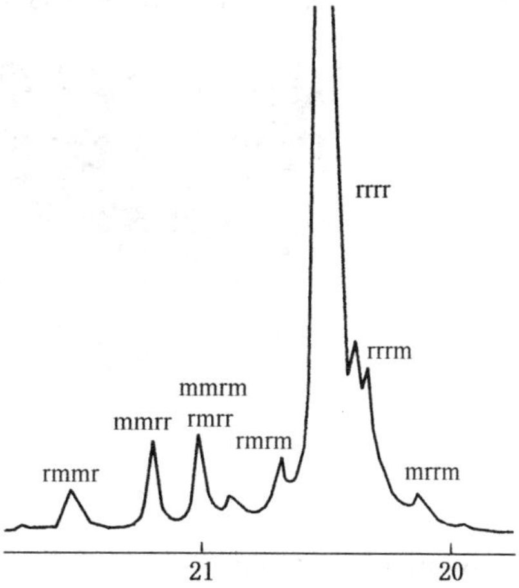

图 4-56　sPP 的^{13}C NMR 谱图

sPP 分子链中，有 10 种可能的五单元(pentads)序列分布，即 mmmm、mmmr、rmmr、mmrr、mmrm、rmrr、mrmr、rrrr、rrrm 和 mrrm 等，其中，m、r 分别代表等规内消旋与间规外消旋二单元，五单元 mmrm 与 rmrr 有相同的化学位移。因此，在 ^{13}C NMR 谱图上反映立体结构的特征峰有 9 个，如图 4-56 所示。

在 sPP 的分子链中，除了 rrrr 链段外，由于单体插入错误引起的链缺陷包括 m 和 mm 2 种，但不存在 mmmr 和 mmmm 五单元链段，即 sPP 可能的链结构有：（a）rrrrmmrrrr；（b）rrrrmrrrr；（c）rrrrmrrrrmmrrrr。这几种结构是由不同的聚合机理形成的。研究表明[315~317]，在生成 sPP 的过程中，可能存在两种不同的链增长机理，即对映点控制(enantiomorphic site control)和末端控制(chain-end control)机理。

对映点控制时，聚合物链增长为催化活性中心控制，即活性中心对不同绝对构型的单体有不同的选择性。当出现链增长错误时，由于活性中心的模板作用，会将错误纠正过来，因此，二单元 m 结构总是成对出现；末段控制则是指链的增长受增长链中前一个插入单元的影响，错误的增长会延续下去，导致一个 m 二单元结构的生成，如图 4-57(a)和 4-57(b)所示。至于链结构(c)则可能是 2 种控制共同作用的结果。序列结构的错误，不但对 sPP 晶体结构和结晶过程，而且对 sPP 的热性能及机械性能都有很大影响。

图 4-57　sPP 链中可能存在的结构缺陷

4.4.1.2　sPP 的结晶形态

sPP 的晶体形态与 sPP 分子链的构型以及结晶条件有关。Marchetti 和 Martuseclli[318] 研究了溶液中生长的 sPP 晶体的形态，发现间规度高时，晶体表现为伸长的单晶，但单晶的边沿不规则。规整度较低时，只能生成树枝状晶体。

Lovinger[319] 等对熔体中生成的晶体形态及结晶条件的影响进行了系统的研究，发现过冷程度对晶体形态影响较大。过冷度 ΔT(熔点 T_m 与结晶温度 T_c 的差)较小时(T_c>105°C)，形成较大的矩形片晶，晶胞尺寸及堆积程度与晶胞Ⅲ相同(见 4.4.2 节)。过冷度较大时($T_c\approx$90℃)，孪晶较多。随着结晶温度 T_c 的进一步降低，将出现轴晶，最终变成球晶($T_c\approx$60℃)。但结晶温度低于 50°C 则只有树枝状片晶形成，而不像 iPP 仍为球晶，如图 4-58 所示[320]。

图 4-58　iPP 和 sPP 的形态（50°C 下等温结晶，相差显微镜观察）

Rodriguez-Arnold 等[321,322] 的研究也得到了同样的结论。ΔT = 20℃时，sPP 为球晶，偏光显微镜下出现典型的 Maltese 黑十字。随着结晶温度的升高，球晶逐渐粗糙，黑十字也变得不规则，如图 4-59 所示。

结晶温度为 125℃时，sPP 具有典型的矩形片晶结构，如图 4-60 所示。

Rodriguez-Arnold 等观察到两个有趣的现象，其一，sPP 的晶体中，b 轴为长轴方向，晶

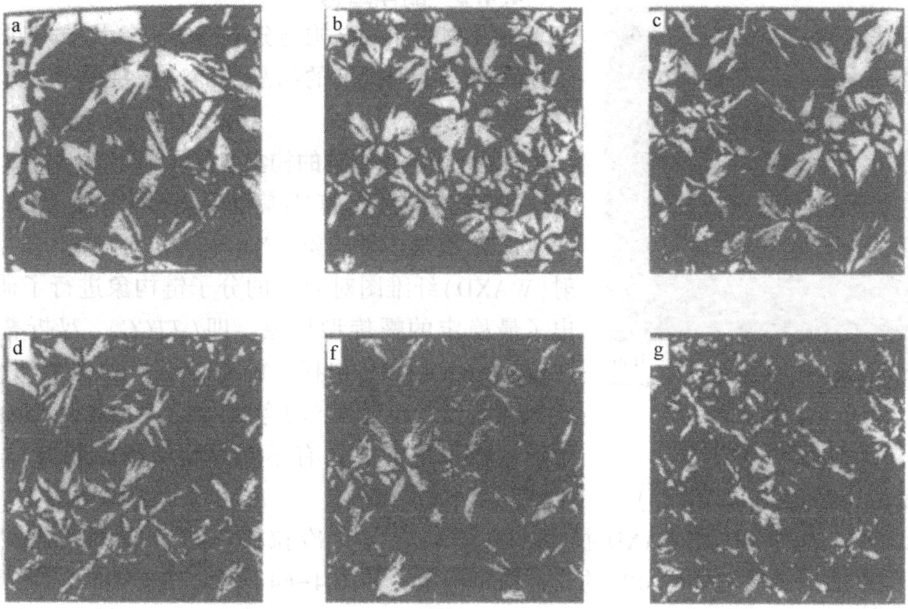

图 4-59　不同结晶温度下 sPP 的球晶形态

T_c：a —101℃；b —106℃；c —107℃；d —109℃；f —113℃；g —117℃

面总是沿着 *b* 轴生长，而且与晶体生长方式无关。其二，结晶温度小于 130°C 时，sPP 的单晶存在着与 *b* 轴垂直的断裂面，如图 4-61 所示。这可能是由于 sPP 晶体的堆积缺陷以及晶体在 *a* 轴和 *b* 轴方向不同的热膨胀性造成的。

图 4-60　125°C 下生成的 sPP 片晶形态（TEM）

Thomann[323] 等对［rrrr］=91% 的 sPP 的晶体形态进行了研究。研究表明，在 115~150℃ 的结晶温度范围内，sPP 主要表现为针状结构，包含有片晶束和矩形单晶，如图 4-62 所示，箭头表示片晶由于相互接触而弯曲，从而引起致密的堆积结构。片晶直线生长，几乎没有分叉，这可能是难于生成 sPP 球晶的主要原因。sPP 晶体有两种断裂方式，其一为横向直线断裂，裂纹平均约 2 μm；其二为不规则断裂，产生较小的镶嵌结构。

图 4-61a　有垂直于 *b* 轴裂纹的 sPP 单晶

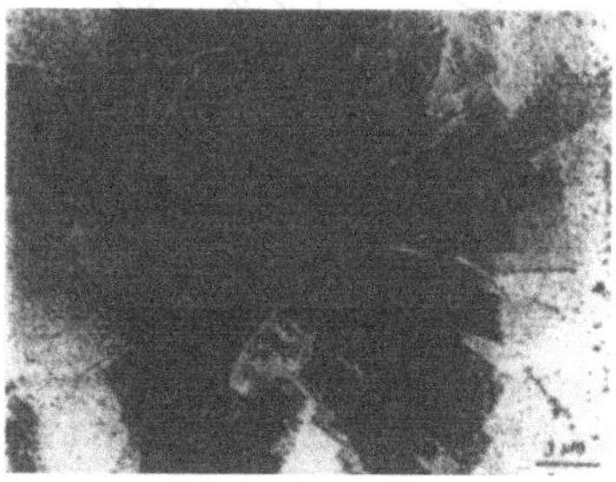

图 4-61b　有垂直于 *b* 轴裂纹的 sPP 球晶

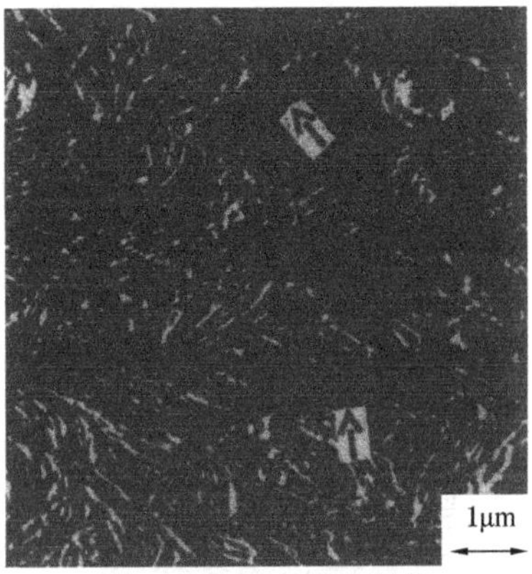

图 4-62　sPP 完全结晶后的形态（AFM）

4.4.2　晶体结构

聚合物的晶体结构与分子链的构象及堆积方式有关。研究表明，高间规度的结晶性的 sPP 结晶速度较慢，具有多种晶型。

4.4.2.1　sPP 分子链的构象

sPP 分子链具有螺旋型、平面锯齿型及中间态 $T_6G_2T_2G_2$ 型等 3 种构象。Natta 等[324]通过广角 X 射线衍射(WAXD)纤维图对 sPP 的分子链构象进行了研究，提出了最稳定的螺旋型构象，即($TTGG$)$_2$ 双折叠螺旋式(如图4-63所示)，包括左旋和右旋。这里，T 是 180°的反式二面角，G 是 60°的旁式二面角。这种(4×2)/1 螺带有序堆积将形成具有不同晶胞的高温斜方晶型(high temperature orthorhombic lattice)。

Natta[53,55]通过 IR 和 WAXD 技术，对淬火后 sPP 冷拉样品进行观察，证实全反式($TTTT$)的平面锯齿结构也是 sPP 的一种稳定构象，如图 4-64 所示，T 为 180°。平面锯齿构象将堆积成一种低温淬火斜方晶型(low temperature quenched orthorhobic lattice)。

图 4-65 为 sPP 的第 3 种构象，即 $T_6G_2T_2G_2$ 螺旋型，是 Chatani[64]等将 $TTTT$ 型的 sPP 样品长时间暴露于低于 50℃的有机溶剂蒸气（如苯蒸气）中得到的。这种构象被认为是锯齿型和螺旋型的中间体，与锯齿型构象一样，在高于 50℃下退火将转化为螺旋型。由于分子链的不同构象及不同的堆积方式造成了 sPP 的多种晶型。

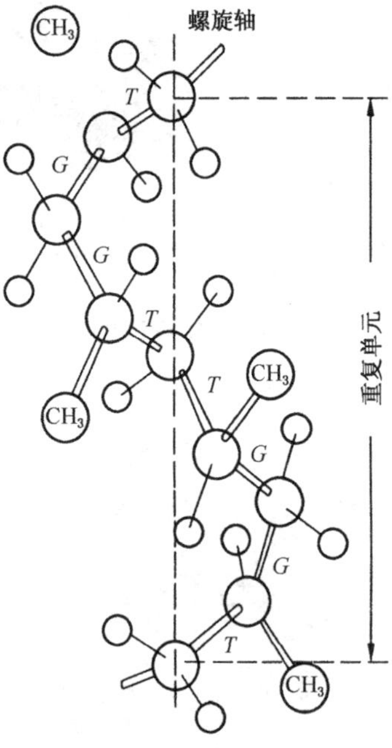

图 4-63　双螺旋链结构

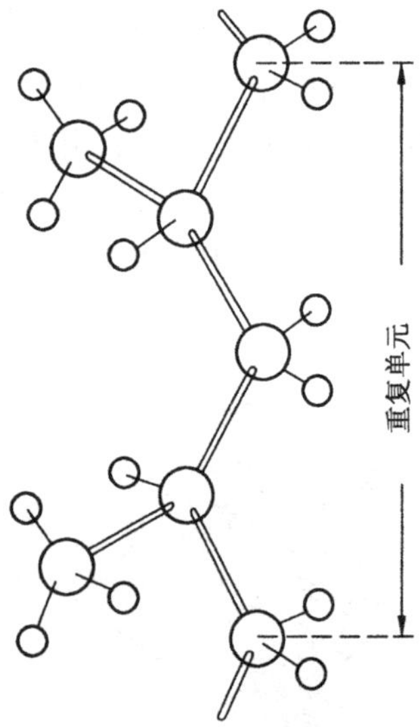

图 4-64　锯齿型链结构

4.4.2.2　sPP 的晶体结构

螺旋型 sPP 分子链可形成最稳定的高温斜方晶形(high temperature orthorhombic form)，晶胞中含有 4 个单体单元，但由于链堆积手性的差异导致不同晶胞的存在，如图 4-66 所示。晶胞Ⅰ[324]属 *c* 轴同手性堆积，所有同手性的分子处于 *bc* 面上；晶胞Ⅱ[56,319]属 *a* 轴方向反手性堆积；晶胞Ⅲ[32]则是全反式手性堆积。

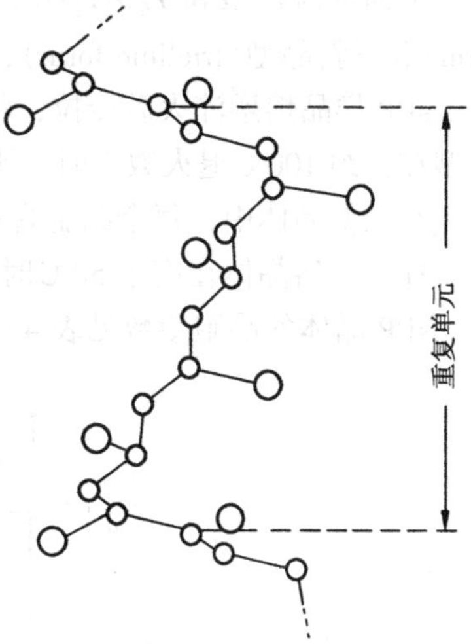

图 4-65　$T_6G_2T_2G_2$ 螺旋型链结构

Lovinger 等[32]认为，sPP 的晶体结构与结晶动力学有关。从能量角度考虑，在 *a* 轴和 *b* 轴上反手性堆积优于同手性堆积，晶面上同手性分子链堆积难于形成。这样，在形成晶面的高分子的顶部吸附和成核更为容易，结果产生反手性堆积。结晶温度较高时，产生反手性堆积，结晶温度较低时，结晶速率加快，但反手性堆积中的规整度降低，说明动力学因素起主导作用。据此，Lovinger 认为，sPP 晶体结构中，晶胞Ⅲ是主要形式，晶胞Ⅰ和晶胞Ⅱ是由于结晶过程中的缺陷造成的，不会单独存在。

Corradini 则认为[57]晶胞Ⅰ是可以单独存在的，就是说，可以得到晶型相同，但链堆积相反的等手性和反手性的晶体。Rosa 和 Corradini 的研究证实[57]，未经任何处理的 sPP 具有晶胞Ⅰ或Ⅱ，熔融并经 1.5℃/min 的缓慢结晶后，晶体中存在晶胞Ⅱ或Ⅲ。另外，没有轴向拉伸的样品经过退火后，晶体中也存在晶胞Ⅰ、Ⅱ和Ⅲ。所以，作者认为，sPP 样品

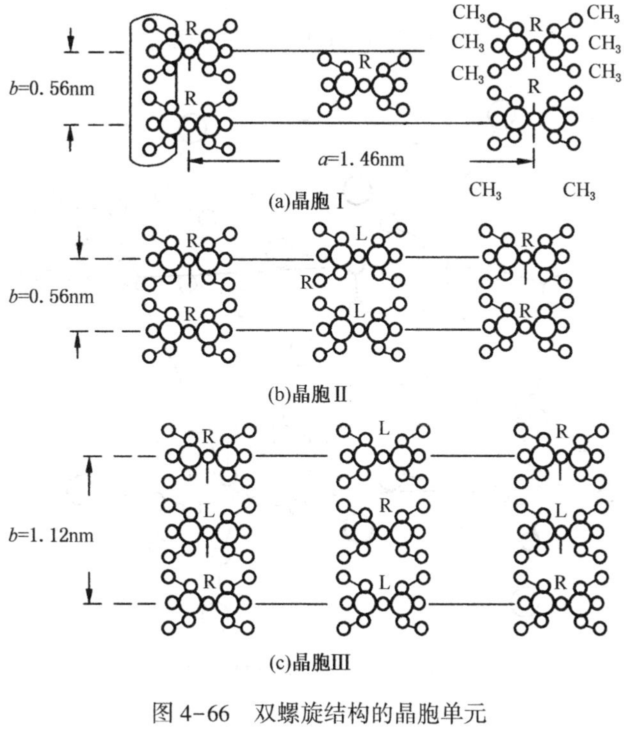

图 4-66　双螺旋结构的晶胞单元

退火后，可以得到由晶胞Ⅰ组成的晶体，也可以得到晶胞Ⅱ和晶胞Ⅲ混合物为主要成分的晶体；过冷度较低时，形成的 sPP 单晶主要以晶胞Ⅲ为主要成分。

平面锯齿构型和 $T_6G_2T_2G_2$ 螺旋型则分别形成低温斜方晶型(low temperature orthorhomic form)和三斜晶型(triclinic form)，如图 4-67，图 4-68 所示[63,64]。

sPP 样品熔融淬火后冷拉，将形成低温斜方晶型，晶胞中含有 4 个单体单元。低温斜方晶型在大约 100℃退火数小时，平面锯齿型将转变成更稳定的螺旋型。

在三斜晶体中，每个晶胞含有 6 个单体单元，而且分子链没有对称中心。同低温斜方晶型一样，三斜晶体在高于 50℃时退火就会向螺旋型转变。

sPP 晶体的晶胞参数见表 4-18。

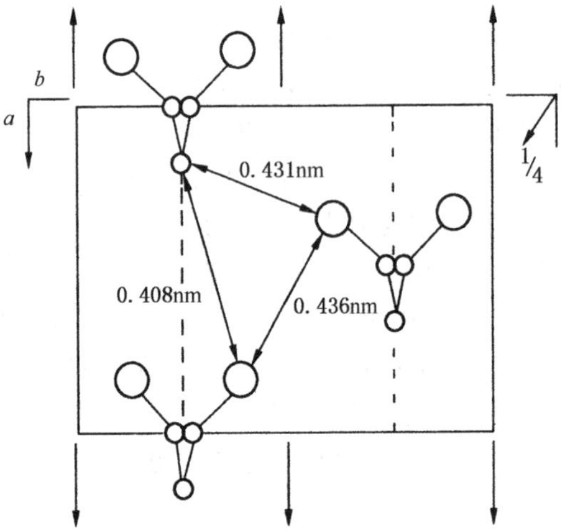

图 4-67　低温斜方晶型的结构

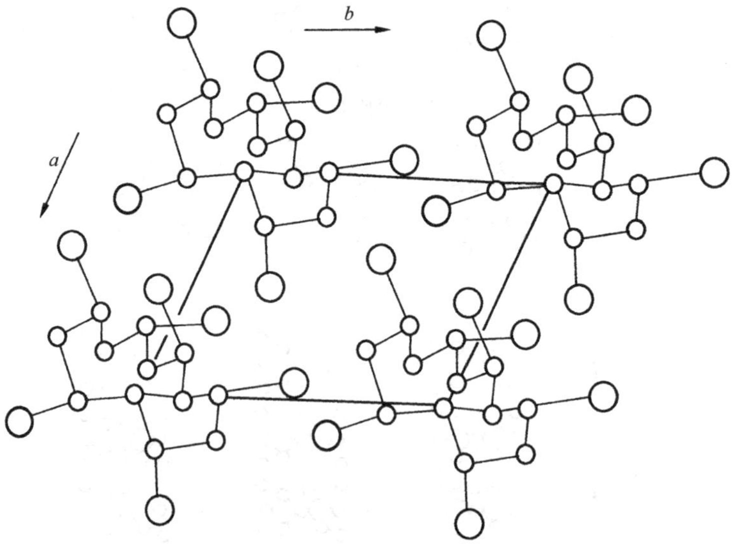

图 4-68　三斜晶型的结构

表 4-18　sPP 的晶胞参数

链构象	晶　系	晶　胞　参　数						空间群	晶体密度/(g/cm^3)
		a/nm	b/nm	c/nm	夹　角/(°)				
					α	β	γ		
$(TTGG)_2$	高温斜方型	1.450	0.560	0.740	90	90	90	$C222_1$	0.93
		1.450	0.560	0.740	90	90	90	$Pca2_1$	
		1.450	1.120	0.740	90	90	90	Ibca	
$TTTT$	低温斜方型	0.552	1.117	0.506	90	90	90	C2cm	0.885
$T_6G_2T_2G_2$	三斜晶型	0.572	0.764	1.160	73.1	88.8	112.0	PI	0.89

4.4.3　结晶性能

4.4.3.1　sPP 的结晶动力学

Bolbontin 等[325]详细研究了不同间规度和不同分子量的 sPP(见表 4-19)的结晶动力学，结晶动力学参数见表4-20。可以看出，除样品 6 外，Avrami 指数 n 在 2.5~3.96 之间，且几乎不随结晶温度变化，说明晶体为三维生长。半衰期的倒数$(t_{1/2})^{-1}$及动力学常数 k 则随着结晶温度的升高而降低。

表 4-19　sPP 的间规度和分子量及分子量分布

样品序号	$\overline{M}_w/10^4$	$\overline{M}_w/\overline{M}_n$①	五单元分布②/%						
			rmmr	mmrr	rmrr	mrmr	rrrr	rrrm	mrrm
1	26.6	2.6	0.7	1.6	1.0	—	94.5	1.7	0.6
2	22.8	2.4	0.9	2.1	0.8	—	93.2	2.3	0.7
3	16.4	2.2	1.3	2.6	1.3	—	92.1	2.4	0.3
4	7.7	2.9	1.5	3.3	2.3	0.8	88.8	3.1	0.4
5③	11.5	2.7	1.6	3.1	3.5	—	88.6	2.8	0.4
6③	5.2	2.3	1.9	4.1	8.5	—	81.6	3.9	0.3

① 分子量及分子量分布通过 GPC 测定。

② 五单元分布由^{13}C NMR 确定。

③ 样品 5 和 6 不溶于乙醚但溶于庚烷。

莫志深等[326]对分子量 $\overline{M}_w=1.8\times10^5$，三单元[rr]>93%的 sPP 的等温及非等温结晶过程进行了研究，结果见表 4-21 和表 4-22。其中，t_p 表示 DSC 曲线上放热峰最高位置所对应的时间，n 分别在 1.5~1.6 和 2.5~3.5 之间变化，说明等温和非等温结晶过程的成核及生长方式不同。等温结晶过程中，结晶速率常数随着结晶温度逐渐变小，但半结晶期随之增大，晶体属非均相二维生长；非等温过程中，晶体生长符合非均相三维生长机理，与等温结晶过程的成核与生长方式不同，动力学常数随着冷却速率的增大而增大，半结晶周期却减小。

表 4－20　sPP 结晶动力学参数

T_c/K	1			2			3			4			5			6		
	n	$10^{-3}k$/s^{-1}	$10^{-3}t_{1/2}^{-1}$/s^{-1}	n	$10^{-3}k$/s^{-1}	$10^{-3}t_{1/2}^{-1}$/s^{-1}	n	$10^{-3}k$/s^{-1}	$10^{-3}t_{1/2}^{-1}$/s^{-1}	n	$10^{-3}k$/s^{-1}	$10^{-3}t_{1/2}^{-1}$/s^{-1}	n	$10^{-3}k$/s^{-1}	$10^{-3}t_{1/2}^{-1}$/s^{-1}	n	$10^{-3}k$/s^{-1}	$10^{-3}t_{1/2}^{-1}$/s^{-1}
363.1																2.27	1.30	1.51
365.6																1.81	1.00	1.26
368.1																2.30	0.62	0.72
373.1													3.38	4.77	5.20			
375.6													3.09	3.25	3.80			
378.1										2.30	4.20	5.01	3.18	2.28	2.60			
380.6													3.06	1.52	1.70			
383.1													3.30	1.16	1.30			
385.6										3.00	1.67	1.95	2.80	0.78	0.90			
388.1										2.80	1.22	1.38	2.50	0.57	0.67			
390.6										2.57	0.91	1.05	3.20	0.29	0.33			
393.1	2.80	1.64	1.95	3.86	2.01	2.23	2.90	0.98	1.12	2.96	0.58	0.68	2.45	0.19	0.23			
395.6	2.80	1.38	1.62	3.31	1.79	2.00	3.10	0.70	0.79									
398.1	3.00	0.89	1.05	3.95	1.25	1.38	3.40	0.53	0.59									
400.6							3.40	0.33	0.38									
403.1	2.70	0.59	0.69	3.39	0.69	0.78												
405.6	2.00	0.42	0.56	3.32	0.38	0.42												
408.1	3.20	0.16	0.18															
409.1				2.78	0.28	0.32												

表 4-21　sPP 等温熔融结晶的动力学参数 k、n、$t_{1/2}$

T_c/℃	$k/(\mathrm{min}^{-1})^{1/n}$	n	t_p/min	$t_{1/2}$/min
81	0.330	1.586	0.742	1.579
83	0.288	1.599	0.782	1.732
85	0.222	1.581	0.901	2.055
87	0.193	1.598	1.033	2.226
90	0.126	1.561	0.301	2.981

表 4-22　非等温结晶时，不同降温速率(R)下 sPP 的 Avrami 指数 n、速率常数 Z_t、Z_c 以及半衰期 $t_{1/2}$

R/(℃/min)	40	20	10	5	2.5
Z_t	1.2618	0.1574	0.0513	0.0057	0.0023
Z_c	1.006	0.9117	0.7430	0.3558	0.0879
n	3.22	3.09	2.636	2.877	2.688
$t_{1/2}$①/min	0.8302	1.6157	2.6853	5.3046	8.3739

① $t_{1/2}=(\ln 2/Z_t)^{1/n}$。

另外，莫志深等[327]根据 sPP 的广角 X 射线衍射(WAXD)图推导出结晶度的计算公式 $W_{c,x}$，即

$$W_{c,x}=\frac{I_{200}+2.01I_{020}+3.17I_{211}+4.25I_{220,121}+7.62I_{002}}{I_{200}+2.01I_{020}+3.17I_{211}+4.25I_{220,121}+7.62I_{002}+1.69I_a}\times 100\%$$

式中，I_i 为样品结晶衍射峰积分强度；I_a 为样品非晶散射峰积分强度。

Rodriguez-Arnold 等[328]和 Supaphol[49]也分别对不同的 sPP 样品的结晶动力学过程进行了研究。研究结果与 Bolbontin 等的基本一致，Avrami 指数 n 分别在 2.01~3.27 和 1.91~3.34 之间。同时，Rodriguez-Arnold 发现，sPP 晶体的生长为线性生长过程，但初始阶段，n=1.9~3.0，结晶后期 n 值变小，如图 4-69 所示。

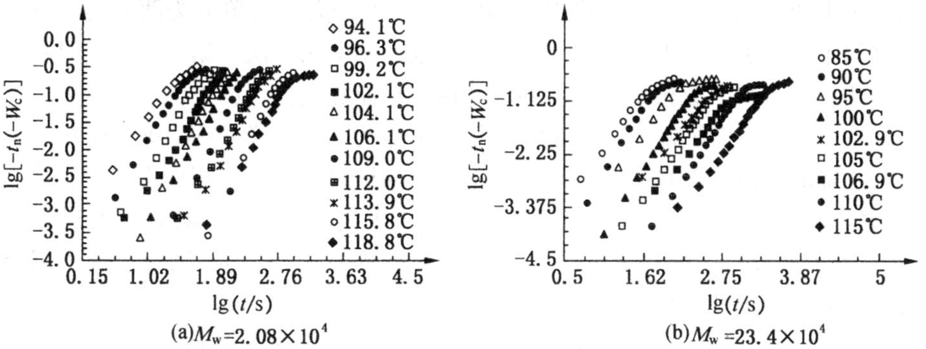

图 4-69　不同温度下 sPP 的 Avrami 图

4.4.3.2　结晶生长方式

根据 Lauritzen-Hoffman 成核理论[329,330]，晶体生长包括两个过程，即晶面上晶核的沉积和聚合物链段或聚合物片段在晶面的侧向扩散。按照二者速率的相对大小，可将晶体生长方式分为 3 类。晶体生长方式Ⅰ为聚合物的侧向扩散速率远大于晶核的沉积速率，晶体生长方式Ⅲ为晶核的沉积速率远大于聚合物的侧向扩散速率，这两种方式的晶体生长速率与成核速

率成正比，即 $G \propto i$；如果聚合物的侧向扩散速率与晶核的沉积速率相当，则属晶体生长方式Ⅱ，晶体生长速率与成核速率的平方根成正比，即 $G \propto i^{1/2}$。晶体的生长方式主要与过冷度有关，随着过冷度的降低而变化。

Miller 和 Seeley[331] 首先测量了间规度为 71.7%的 sPP 的球晶生长速率，测量时，结晶温度在 97.4~137.3℃之间。同时，按晶体方式Ⅱ生长确定了结晶参数。1984 年，Clark 和 Hoffman[187] 重新验证了 Miller 和 Seeley 的研究结果，认为在 110~115℃的结晶温度范围内，即过冷度大约 50℃时晶体生长存在着由方式Ⅱ向Ⅲ的转变。1994 年，Rodriguez-Arnold[321] 等在测定两个 sPP 样品球晶生长速率时，发现晶体生长速率随着过冷度的降低而降低。在过冷度 $\Delta T \approx 50$℃（$T_c = 110$℃）附近，生长速率变得不连续，证实存在 sPP 结晶生长方式的转变，如图 4-70 所示。$T_c = 110$℃时，sPP 由结晶生长方式Ⅱ向方式Ⅲ转变。在转变过程中，晶体沿着 b 轴生长，但没有发现晶体形态的变化，说明结晶方式的转变仅与表面成核机理的变化有关。Supapho[49,332] 等也证实 sPP 结晶方式的转变发生在 $T_c = 110$℃。但莫志深等研究表明[326]，sPP 在 $T_c = 81 \sim 90$℃范围内，等温结晶过程属于生长方式Ⅲ。

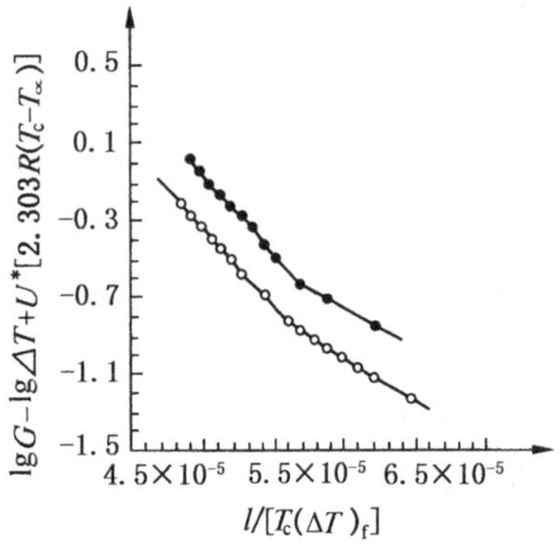

图 4-70　sPP 的结晶方式的转变

● — $M_w = 7.68 \times 10^4$；○ — $M_w = 13.2 \times 10^4$

4.5　橡胶增韧聚丙烯的形态与性能

4.5.1　增韧聚丙烯概述

材料的韧性是一个非常重要的力学指标，它直接影响到材料的各种应用。等规聚丙烯由于其具有成本低、密度小、强度高等优点而得到广泛的应用，并依靠其低成本而有代替部分工程塑料之趋势。但是 PP 的韧性尤其是低温韧性较差，使其部分应用受到限制。因此，提高 PP 的韧性一直是 PP 改性研究的热点。通过不懈的研究，人们已经找到多种增韧 PP 的方法，其中一些方法已经在工业上得到广泛应用。

如果按照生产工艺来划分，可将提高 PP 韧性的方法大体简单分为两大类。第一类是在丙烯聚合过程中通过引入其他共聚单体进行共聚改性的增韧方法。第二大类，是将聚丙烯树脂与橡胶、塑料、填料、成核剂等进行共混改性，从而提高韧性的方法。

采用共聚改性 PP 的方法中，最常用的共聚单体为乙烯。美国从 1962 年开始工业规模生产丙烯和乙烯的嵌段共聚物。其方法为，先将丙烯聚合，然后在同样催化剂及第一阶段制得的均聚物的存在下，将乙烯与丙烯进行共聚[333]。采用乙烯与丙烯共聚可得到 PP 均聚物、PE 均聚物、乙丙橡胶、乙丙共聚物[97]，由于共聚的结果使 PP 均聚物中出现了部分橡胶组分，使得体系的抗冲击性能得到了提高。

PP 的共混改性具有耗资少，生产周期短的特点。PP 通过与其他聚合物发生协同作用，可改进其冲击性能、加工性能、阻燃性能等。随着技术的进步，现在可借助于增容技术，通过分子设计，使原来不相容的聚合物形成界面亲和的多相体系，从而增加了 PP 共混物的品种，使其满足各个方面的特殊需要。下面分别介绍各种通过共混改性来增韧 PP 的方法。

4.5.1.1　橡胶增韧聚丙烯

各种通过共混增韧聚丙烯的方法中，用橡胶来改善 PP 的韧性是应用最为广泛的。由于橡胶具有较好的弹性和较低的玻璃化转变温度，因而将橡胶与 PP 共混后可明显提高 PP 的常温和低温韧性。

可用于增韧聚丙烯的橡胶有多种，如乙丙橡胶、顺丁橡胶、SBS 弹性体、POE 弹性体等。但无论采用何种橡胶来增韧 PP，最终增韧效果的好坏与 PP 树脂的性质、橡胶的性质以及 PP 与橡胶粒子之间的相互作用情况是密切相关的。例如：PP 是均聚还是共聚产品，PP 的分子量、分子量分布，PP 的结晶度；橡胶的玻璃化转变温度、橡胶的分子量及分布；橡胶与 PP 树脂的相容性的好坏，橡胶在 PP 基质中的分散情况、其粒径大小、分散的形态；橡胶的用量。各种因素对增韧 PP 力学性能的影响将在后面乙丙橡胶增韧 PP 部分详细介绍。

4.5.1.2　塑料增韧聚丙烯

结晶型聚合物相互共混在聚合物共混改性中所占比例很小，其原因主要是相容性差而导致共混物形成各自组分的相区。但聚丙烯和聚乙烯的共混物却因其具有较高的冲击强度和较好的低温韧性而已在工业上得到应用[334]。

在塑料增韧 PP 的体系中较常见的是 PP/HDPE、PP/LDPE、PP/尼龙等体系。例如在 PP 中加入 5~15 份 LDPE 时，材料的脆点可降至-38℃、冲击强度可提高到 $70kJ/m^2$[335]。在 PP 中加入 33%HDPE 时[336]，常温缺口冲击强度可从 $6.0kJ/m^2$ 提高到 $10.9kJ/m^2$，-20℃缺口冲击强度可从 $2.6kJ/m^2$ 提高到 $3.6\ kJ/m^2$，而拉伸强度没有改变，弯曲强度略有下降。

有研究结果表明[337]，在 PP/HDPE 共混体系中，PP 与 HDPE 是分别结晶的，但两种组分结晶时相互阻碍，发生干扰，PP 晶体熔点下降。当 HDPE 含量少时，HDPE 的晶体能插入 PP 球晶，破坏了 PP 球晶的规整性。继续增加 HDPE 含量，PP 球晶会受到 HDPE 分割，进而把 PP 球晶破坏成碎片。HDPE 对 PP 球晶的插入、分割作用增强了 PP 与 HDPE 两相界面间的相互作用，减少了 PP 晶体的尺寸，这就改善了 PP 基体及 PP 与 HDPE 界面的力学性能，从而有利于提高 PP/HDPE 共混物的力学性能。Lovinger A J 和 Williams M L[338] 采用熔融共混的方法制备了线型聚乙烯和等规聚丙烯的共混物，也发现当 PP 中加入 10% PE 后可明显减小 PP 球晶尺寸。

4.5.1.3　无机刚性粒子增韧聚丙烯

利用橡胶或弹性体虽可显著地增加 PP 的韧性，但同时却降低了共混物的模量、强度和热变形温度。自从 20 世纪 80 年代起，国外出现了以刚性粒子代替弹性体或橡胶增韧聚合物的想法[339]，1988 年李东明等在研究 $CaCO_3$ 增韧 PP 复合材料的断裂韧性时，首次在国内提出了填充增韧增强的新途径。利用无机刚性粒子(碳酸钙、滑石粉、高岭土等)代替弹性体增韧增强 PP，达到同时增韧和增强的目的。常用的无机刚性粒子包括：云母(Mica)、滑石粉(Talc)、硅灰石、$CaCO_3$、$BaSO_4$ 等。

弹性体和刚性粒子之间的性能有很大差异，但影响增韧的几个主要因素如下：①基体树脂的性质，包括它的分子量、分子量分布、结晶性能等；②弹性体或刚性粒子的性质，包括刚性粒子形状、粒径、粒径分布及表面能；③界面的性质；④弹性体或刚性粒子的含量等。下面主要讨论界面黏结性、粒子大小及用量对增韧体系冲击强度的影响。

(1) 界面黏结性的影响　为使刚性粒子赤道面上产生强应力，必须使基体与填料界面有适当的界面黏结以满足应力传递。提高基体与刚性粒子的相容性以增强界面黏结，可提高填充体系的韧性。

(2) 粒子大小及用量　一般使用大粒径刚性粒子易在基体内形成缺陷，尽管能提高体系硬度和刚度，却降低了强度和韧性。如常规无机填料，随着填加量增大，改性体系的拉伸强度与冲击强度下降，而模量、硬度及热变形温度等升高。拉伸强度与冲击强度的下降幅度与其粒度大小有关，粒度越小，下降幅度越平缓。但若使用刚性大的小粒子，粒子与树脂基体结合紧密，界面黏结良好，也能产生增韧效果，所以一般使用超细粒子。

如果刚性粒子的填充量太少，分散浓度太低，它们吸收的塑性形变能将会很小，这时承担和分散应力的主要是基体，不能起明显的增韧作用，随着粒子含量增大，共混体系的冲击强度不断提高。但当填料加入量达到某一临界值时，粒子间过于接近，材料受冲击时产生微裂纹和塑性形变太大，几乎发展成为宏观应力开裂，使冲击性能下降。即填料的加入量存在一最佳值。

（3）粒间基带厚度　傅强等[340]认为，当粒子间基带厚度小于临界基带厚度时，在相对小的应力下，基体产生空穴以及大量的局部银纹。强迫基体塑性变形的三维张力能够通过空穴而释放，围绕一个粒子周围的应力场已不再是简单的增加，而是明显地相互作用，这就导致增强基体的屈服，扩大了粒子间基体的塑性变形，从而使体系得到增韧。

（4）分散相模量　模量大小是影响共混合金断裂方式，乃至韧性大小的重要因素。当分散相的模量比较小，如橡胶分散相时，分散相在静压作用下发生屈服形变所需的力非常小，此时冲击能量的消耗主要由基质来承担。随着分散相模量的增加，共混合金受力变形过程中，基质除了本身产生大量的银纹和形成屈服剪切带吸收能量外，对分散相要产生静压力，分散相被迫发生形变而吸收大量的能量。

对于模量较大的刚性体而言，即使有静压应力的作用，仍达不到屈服应力，故往往发生脆性断裂。因此，只有当分散相的屈服应力与分散相和基质间的界面黏结强度相接近时，分散相能随着基质形变而被迫形变，分散相方可吸收大量的能量而起到较好的增韧效果。

4.5.1.4　成核剂增韧聚丙烯

使用成核剂可影响 PP 的物理和光学性能，无论改变何种性能，其原理都是基于成核剂对结晶型的 PP 树脂具有成核作用，从而影响其结晶行为。PP 在熔融冷却过程中会形成较大的球晶，球晶之间往往有比较明显的界面，当材料发生形变时，由外力引发的裂纹很容易沿着这些界面扩展，使材料产生脆性断裂。加入成核剂后可提高 PP 的结晶速率和结晶温度，使 PP 晶粒细化，减少内部的缺陷，使其缺口冲击强度得到提高[341]。

商业上用到的成核剂可分为两大类：熔融敏感型和非熔融敏感型[342]。熔融敏感型成核剂的熔点低于或接近常规的 PP 加工温度，而非熔融敏感型成核剂在通常的加工温度下不熔。熔融敏感型成核剂包括山梨醇及其衍生物，非熔融敏感型成核剂包括苯甲酸盐、有机磷酸钠盐，其中苯甲酸钠是最常用的成核剂。

4.5.1.5　多组分混合增韧聚丙烯

由于通常采用单一组分来增韧 PP 难以达到对韧性、强度、模量、耐热性等诸多性能的综合指标，因此在 PP 实际改性生产中，经常采用多种组分同时使用的方法来获得综合性能优异的改性 PP。

加入橡胶能提高 PP 的韧性,但会降低其刚性;而加入刚性的无机粒子能提高 PP 的刚性,但会使其韧性下降。因此为获得刚性和韧性均比较理想的综合性能,人们通常将橡胶和刚性无机粒子或玻璃纤维并用。在有关使用无机刚性粒子的报道中,界面改性剂的使用对最终整体性能的影响较大。在聚丙烯中混入包覆有柔性分子链界面改性剂的高岭土可获得满意的增韧效果[343],在此基础上再引入短玻纤可弥补因界面改性剂引起的材料强度和模量降低的缺点,这样复合改性后得到的 PP 的冲击韧性大幅度提高,材料的强度和模量不降低。此结果不仅在较低的高岭土含量下,而且可在高岭土含量为 50%(质量分数)的高填充量下也得以实现。

欧玉春等[344]在 PP/EPDM/滑石粉三相复合增韧体系中,采用无机填料表面处理和加入反应性组分的方法,促使无机填料在熔融加工过程中进入橡胶相,即在无机填料表面形成弹性界面相,从而使整个三相复合体系可达到同时提高强度和韧性的效果。

4.5.2 橡胶增韧聚丙烯的增韧机理

采用橡胶粒子来增韧塑料是提高塑料韧性的一种广泛采用并非常有效的方法,因而人们对橡胶粒子提高塑料韧性的作用机理一直很感兴趣,以便从理论上更好地指导工业生产。从 Mertz[345]于 1956 年提出的第一个橡胶增韧塑料的理论直到现在,橡胶增韧塑料的理论仍在不断的发展之中,其中许多理论的提出并不是针对 PP 树脂研究所得出的,但其理论解释对理解橡胶增韧 PP 的原因是有帮助的。

由于橡胶增韧聚合物的断裂过程非常复杂,并随着组成、形态、测试条件等因素的改变有着巨大的差异。因此对增韧机理的理解和认识仍进展比较缓慢。直到今天,仍有许多结构与性能的关系没有得到很好的解释,这些问题仍是人们不断争论的主题。下面先简要论述一下一些重要的增韧理论。

4.5.2.1 多重银纹理论

该理论是 1965 年由 Bucknall[346]和 Smith 提出的。其主要观点是:共混物中的橡胶粒子数目极多,其作为应力集中点而引发大量的银纹,由此消耗大量的能量。通过 TEM 实验可以观察到 HIPS、ABS 和其他增韧的玻璃质高分子材料中的银纹。后来,Bucknall 和 Kramer 又分别对此理论进行了补充,进一步提出了橡胶粒子还是银纹的终止剂、小粒子不能终止银纹。多重银纹机理已被许多实验所证实[347~350],但其不能解释 PVC 拉伸过程中的细颈的出现并未伴有应力发白。为解释这一现象,须考虑剪切屈服机理。

4.5.2.2 剪切屈服理论

剪切屈服机理是 Newman 和 Strella 在 1965 年提出的[351],其主要观点是橡胶粒子的应力集中在其周围的基体树脂中产生了三维静张力,由此引起的基材的剪切变形是韧性提高的原因。该机理可以解释一些实验结果,如橡胶增韧 PVC 体系,但对剪切屈服时常常伴随的应力发白现象没有给出解释。

4.5.2.3 银纹-剪切带理论

银纹和剪切带共存理论是多重银纹理论和剪切屈服理论的有机结合[352]。该理论是 Bucknall 等[353]在 20 世纪 70 年代提出。其基本观点是:橡胶在增韧体系中既可引发银纹,又可引发剪切带,同时橡胶粒子还可控制银纹的发展使其及时终止而不发展成破坏性的裂纹。银纹与剪切屈服所占的比例与基体性质有关,基体韧性越高,剪切屈服所占比例越大。如在 HIPS 中,银纹化起主导作用,剪切屈服贡献极小,所以宏观表现为应力发白;在 ABS 中,二者比例相当,于是 ABS 在破坏过程中同时存在应力发白和细颈现象。

由于该理论既考虑了橡胶粒子的作用又考虑了树脂连续相性能的影响,并成功地解释了一系列实验事实,因而被广泛接受。

4.5.2.4 空洞化理论

橡胶相中形成空洞是增韧塑料在拉伸应力作用下产生的最重要的反应之一[354]。橡胶粒子的空化现象最初是在 20 世纪 70 年代[355]被发现,随着大量关于空洞化的报道的不断出现,其重要性直到十多年后才被认识到。这其中的原因包括:人们很难区别空洞的形成是由于橡胶自身的破坏还是橡胶与基材之间黏结不好而在界面处形成的;另外当出现空洞时,人们会把它当成由周围基材的屈服或银纹化而引起的次级过程而不是应力作用下产生的直接反应;再者,许多显微镜学者认为由 TEM 所观察到的空洞不太可信,因为切片可能会产生空洞这种假象。

但端羧基丁腈橡胶增韧环氧树脂的断口的扫描电镜照片[354]，却给出了橡胶粒子空洞化的最清晰的证据。橡胶粒子中的空洞可以很明显从破坏表面上看出，它是一种类似于火山口一样的形貌，每一个凹陷都是由橡胶环绕着中心的空洞所构成。对于橡胶增韧的热塑性塑料，由于断裂面比较复杂，所以不易通过 SEM 方法得到空洞化的确定的证据。通过 TEM 方法，将变形后的 HIPS 样品用 OsO_4 染色固定，然后超薄切片，可观察到形状很复杂的空洞，其形状有些类似于银纹。在聚丁二烯增韧尼龙 6 体系中[356]，冲击断口经染色和切片后用 TEM 观察也可看到一排空洞化的橡胶粒子。对于含乙丙橡胶的 PP 体系，也通过高压电子显微镜 HVEM 方法观察到了空洞[357,358]。

除了电镜方法直接观察外，通过光散射方法、热收缩和膨胀方法、动态力学分析方法都可证实在橡胶增韧塑料的形变过程中有空洞的形成[354]。

虽然人们对空洞化理论仍持一定的保留态度，即空洞化似乎是由基体屈服后所产生的一种次级形变，但在材料形变时除了已发现的银纹、剪切带之外，空洞化是确实存在的，其对于材料韧性的贡献尚没有定论。Yee[359]等在研究增韧环氧树脂体系中曾提出，空洞化本身不能构成材料脆韧转变，它只是导致材料从平面应变向平面应力的转化，从而引发剪切屈服，阻止裂纹的进一步发展，消耗大量能量，使材料的韧性得以提高。

4.5.2.5　临界基体层厚度理论

该理论是吴守恒[360~363]于 20 世纪 80 年代中期在改性 EPDM 增韧尼龙 66 的研究中提出的。该理论将临界基体层厚度作为材料脆韧转变的判据，建立了脆韧转变的逾渗模型，并从高分子链结构出发对热塑性聚合物基体进行了科学的分类。

该理论通过采用各种关系式对实验结果进行回归比较，确定当相邻的粒子间距离达到临界值后，材料就会出现脆韧转变[361]。其具体的关系式为:

$$d_c = \tau_c[(\pi/6\phi_r)^{1/3} - 1]^{-1}$$

式中，d_c 为橡胶粒子的临界粒径；τ_c 为临界基体层厚度(或临界粒子间距)；ϕ_r 为橡胶的体积分数。

式中的 τ_c 是与 d_c 和 ϕ_r 都无关而只与基体本身性质有关的量。当基体层厚度 $\tau<\tau_c$ 时，材料受到冲击时将发生平面应变到平面应力的转变，基体发生剪切屈服，以韧性方式断裂；反之当 $\tau>\tau_c$ 时，这种转变不会发生，材料以脆性方式断裂。

吴守恒的逾渗模型认为:分散在塑料中的橡胶粒子与其周围 $\tau_c/2$ 厚的基体球壳形成平面应力体积球。当 $\tau\leq\tau_c$ 时,应力体积球达到临界值,相邻的平面应力体积球发生关联,可使屈服过程发展并扩散到整个基体的形变区,使材料发生脆韧转变。逾渗的阈值与粒子的分散度和形状有关。单分散和高度非对称的粒子比多分散的球形的粒子具有更好的增韧效果[363]。

吴守恒的理论应用对象为具有一定韧性的体系，即以剪切屈服为主要能量吸收机理的体系。对于像 PS 这类的脆性树脂，还未见该理论的应用报道。

以上是各种增韧理论的简要介绍，下面针对橡胶增韧聚丙烯体系介绍一下其增韧机理。

聚丙烯属于半结晶聚合物，此类聚合物具有较高的银纹应力，易通过剪切屈服产生形变。但如果试样有缺口时，几乎都以脆性方式断裂[364]。半结晶聚合物的断裂可以是韧性断裂或以银纹机理脆性断裂。银纹化是在聚合物中的缺口或不均匀处的前端出现空洞的一种膨胀过程。增加聚合物的链缠结密度或提高分子量可使银纹应力提高。银纹屈服和剪切屈服是相互独立的过程，最终的机理取决于具有最低应力的一方。屈服应力要比银纹应力对测试条件更为敏感。提高应变速率或降低温度会使屈服应力上升。半结晶聚合物的结晶度和晶片厚度的增加也会使屈服应力升高[365]。

聚丙烯的链参数为链缠结密度 $\nu_e \approx 0.325$ mmol/cm^3，链特征比 $C_\infty \approx 6.64$[366]，根据吴守恒关于脆性和韧性聚合物的划分，它应属于韧性聚合物中偏脆的一种。各种有关橡胶增韧聚丙烯体系的断裂过程基本上围绕着银纹化、剪切屈服、空洞化及临界基体层厚度理论这几个理论来进行解释。

Masaru Ishikawa 等[367]对 EPDM 增韧 PP 体系的研究表明，不含橡胶的带有圆形缺口的 PP 试样在三点弯曲实验时，发生脆性断裂，并在断裂前形成的塑性区中可发现大量的银纹。加入大量的 EPDM 后，加载应力的提高主要会形成空洞。此时，应变不受束缚，从而减少应力集中。韧性的提高是通过抑制脆性断裂，即在应力达到银纹强度之前就发生了应力屈服。

Tjong S C 等[368]研究了三种热塑性乙丙共聚物 HIPP(Himont 的 Catalloy 工艺生产)对 PP 的增韧效果。通过体积应变的测试发现，加入质量分数为 10%的 HIPP 的 PP 共混物，其体积应变在超过屈服点后仍随拉伸应变呈线性上升趋势，说明主要的形变机理为银纹化。而当 HIPP 质量分数达到 30%后，体积应变在屈服点后基本不随拉伸应变的增加而上升，这表明剪切屈服成为主要的形变机理。

Jang B Z 等[369]采用多种橡胶，如 EPDM、EPR、SBR，对 PP 进行增韧研究。其研究结果表明，橡胶增韧 PP 随着测试温度及形变速率的变化可出现银纹或是剪切屈服。高形变速率和低温有利于银纹的产生，而低形变速率和高温则促进剪切屈服的形成。银纹和剪切屈服在同一体系中是一种互相竞争的关系。

Stricker F 等[370]在对 PP-SEBS 共混体系的研究中发现，通过改变 PP 和 SEBS 的分子量可使二者的熔体黏度发生变化，进而控制分散相 SEBS 的粒径。纯 PP 的冲击强度基本与分子量无关，而 PP 共混体系的冲击强度随 PP 分子量的提高而明显上升。实验发现当橡胶相粒径减小到约 0.5μm 时，材料发生了脆韧转变，根据吴守恒的逾渗模型，可算得临界粒子间距为 0.27μm，该值与橡胶的体积分数无关。

对于橡胶增韧 PP 体系所发生的脆韧转变，Jancar J 等[371]认为 Sjoedersma[372]提出的基于相互作用应力和逾渗理论得到的局部应力场重叠理论能更好地解释所观察到的脆韧转变现象。Jancar J 等认为脆韧转变的本质是由于裂纹尖端增强的局部应力的相互连接而产生的，而不是由于局部的平面应变向平面应力的转变造成的。其实验依据为，根据有限元分析计算表明，当基体层厚度达到微米级时，由平面应变向平面应力转变所引起的局部应力变化并没有出现明显的改变。

朱晓光、漆宗能[366]等采用低温下低速拉伸实验的方法来研究 PP/EPDM 体系的脆韧转变机理。他们提出，Bucknall 提出的室温下拉伸蠕变试验体积应变的方法，不能用于表征 PP、PA 这类的准韧性聚合物与橡胶共混物的脆韧转变机理。因为室温下低速拉伸对于 PP 和增韧 PP 所得到的都是微剪切损伤机理[373]，不能解释 PP/EPR 的脆韧转变现象。而应用时温等效原理，可使低速低温拉伸试验和室温冲击试验相关等效。通过在 183K 下的拉伸蠕变试验表明，纯 PP 的 K 值，即体积应变 ΔV 对轴向应变 ε_3 的斜率为 0.72，当 EPDM 的体积分数 V_f 达到 0.15 时，$K=0.36$，当 EPDM 的体积分数 V_f 达到 0.30 时，$K\approx0$。由于 K 值的不同反应了不同的损伤机理，即 $K=1$，完全是银纹-空洞化的体膨胀损伤；$K=0$，仅剪切损伤机理；$0<K<1$，两种损伤机理并存，并相互作用。因此，通过低温下蠕变试验得到的 K 值可知：EPDM 的用量达到 $V_f=0.3$ 时，PP 呈韧性断裂，其细观损伤机理为剪切屈服；纯的 PP 为脆性断裂，损伤机理以空洞-银纹化为主；当 EPDM 的用量 $V_f=0.15$ 时，PP 处于脆韧转变区，断裂机理为以上两种损伤机理并存。该方法将 Bucknall 的室温拉伸蠕变方法加以改进，并成功地解释了 PP/EPDM 体系的脆韧转变现象。

4.5.3　乙丙橡胶增韧聚丙烯

由于乙丙橡胶(EPR 或 EPDM)在分子结构上与 PP 非常接近，与 PP 共混具有比其他的橡胶或弹性体更好的相容性，并且具有较好的力学性能、低温性能和耐老化性能，因此成为增韧 PP 的最为理想的橡胶品种之一。有关乙丙橡胶增韧 PP 的报道非常多，各种影响 PP/EPDM 共混体系韧性的因素也研究得较为透彻。下面就针对影响 PP/EPDM 共混体系韧性的几方面因素加以讨论。

4.5.3.1　PP 基体的性质对增韧的影响

就 PP 基体而言，对增韧效果有较大影响的基体指标主要就是其分子量和结晶度。由于改变 PP 的分子量会影响橡胶相的粒径，所以 van der Wal A 等[374]采用了加入过氧化物对PP-EPDM 共混物进行可控降解的方法来研究不同分子量对韧性的影响。如图 4-71 所示，随着树脂的熔体流动速率(MFR)的降低，即相当于分子量的提高，在相同测试温度下材料的冲击强度提高。说明分子量提高有利于提高材料的韧性。

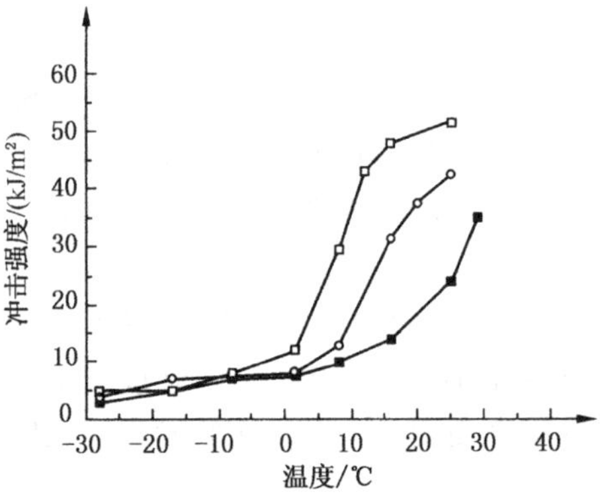

图 4-71　橡胶分子量对冲击强度的影响

橡胶粒径 D_w 约为 0.4μm；基质的 MFR：

□ —1.8；○ —12.9；■ —29.2

在半结晶聚合物中，结晶区相当于物理交联点，尤其是在材料的 T_g 温度以上时。此时提高结晶度可使材料的模量和屈服强度提高。但在 T_g 温度以下，结晶度对模量和屈服强度的影响很小。在该温度下，结晶交联点的数目与被冻结的缠结链数目相比就显得非常少。根据这些因素可以推测，结晶度对材料冲击行为的影响在高于 T_g 温度时会特别明显。

从图 4-72 中[374]可以看出，结晶度升高使增韧体系的脆韧转变温度有明显的升高。同时我们还可以发现，结晶度越高的样条其脆韧转变后冲击强度提高的幅度越小。这说明在添加相同份数的橡胶情况下，对于低结晶度的基体可获得更为理想的增韧效果。

4.5.3.2　橡胶用量及粒径对增韧的影响

橡胶的用量对增韧 PP 的影响比较简单，随着乙丙橡胶的含量的提高，体系的冲击强度提高，并会使体系脆韧转变温度 T_{bd} 降低。van der Wal A 等[375]的研究表明，PP/EPDM 体系中的橡胶体积分数为 40%时，可使纯 PP 的脆韧转变温度由 85℃下降到-40℃。

粒径对韧性的影响方面的研究不算很多，这是由于要单独改变粒径而不改变其他参数是很困难的。但也有研究表明橡胶的用量不同对共混后橡胶相的粒径基本没影响[376]。在加工挤出过程中,粒径是剪切速率、界面张力、基体黏度、分散相黏度以及橡胶浓度的函数。van der Wal A 等[377,378]通过改变 EPR 的分子量来改变橡胶相的粒径,可使粒径在 0.5~4μm 之间变化。在 Izod 缺口冲击实验条件下,即高速实验条件下,橡胶相粒径增加可使脆韧转变温度 T_{bd} 升高。而在缺口 Izod 样条的低速(1mm/s)拉伸实验条件下，粒径增加会使 T_{bd} 略有下降。

Jang B Z 等[369]认为粒径在 0.5 μm 附近是增韧 PP 的临界橡胶粒径，小于该值的粒子不能

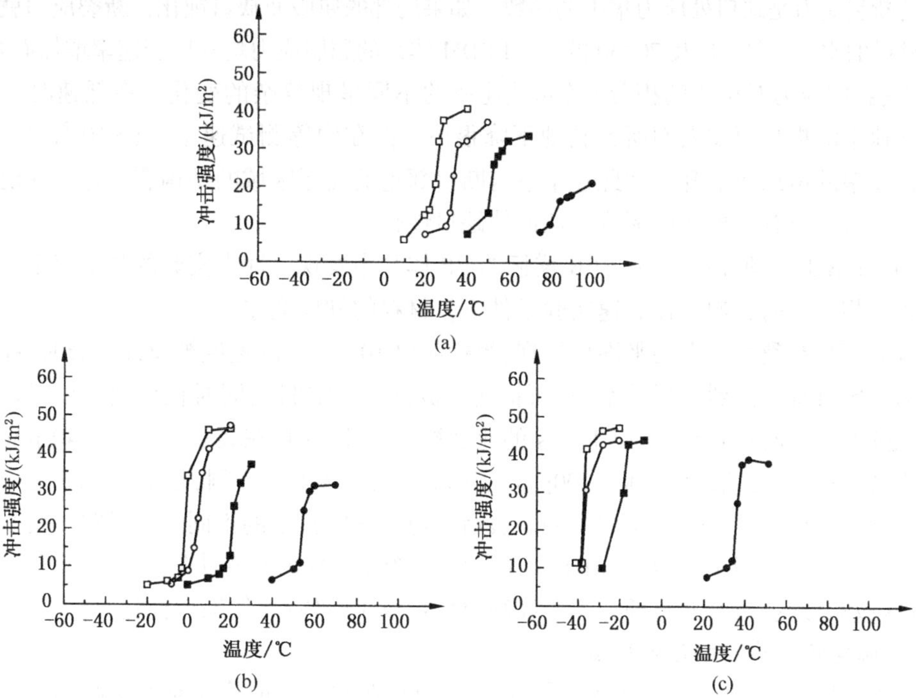

图 4-72　PP 结晶度对缺口冲击强度的影响
基质结晶度（质量分数）: □ —31%；○ —38%；■—43%；● —53%
橡胶体积分数：a —10%；b —20%；c —30%

引发银纹。通过对拥有不同平均粒径的 PP/EPDM 的冲击性能的比较发现，在平均粒径分别为 1.05 μm、0.64 μm、0.50 μm 和 0.40 μm 的四种样品中,粒径越小,越有利于增韧。从粒径分布方面分析,大量的小粒子比少量的大粒子在提高 PP 的冲击强度方面发挥了更大的作用。

4.5.3.3　橡胶交联程度对增韧的影响

一些研究表明，在 PP 与 EPDM 共混的过程中使 EPDM 发生部分交联会改善共混物的缺口冲击强度[379~381]。Toshio Inoue 和 Tokuhito Suzuki 通过在共混挤出过程中加入交联剂使 EPDM 发生动态交联反应，实验结果表明，发生交联反应后，材料的缺口冲击强度比未发生交联反应的样品有大幅度提高。通过动态交联反应使 PP 和 EPDM 的界面黏结增强，抑制了界面脱粘，从而增加了应力集中区的自由体积，结果使 PP 基体的表观 T_g 降低。在 30%(质量分数)EPDM 含量下，可使 T_g 降低 5℃。

Masaru Ishikawa 等[367]对 PP/EPDM 体系的研究也发现，在配方中加入交联剂和促进剂通过双螺杆共混将 EPDM 部分交联，可使材料的冲击性能比未交联的明显提高。由于动态交联反应提高了橡胶与 PP 的界面黏结，提高了银纹强度，另一方面交联使屈服应力降低，这可能是交联反应抑制了结晶的生长。此外，交联使橡胶中产生空洞的密度降低，这对于减

轻应变束缚是不利的。但总的来说，交联使银纹强度的提高抵消了对减轻应变束缚带来的不利影响，最终使材料的冲击强度提高。

4.5.3.4 测试条件对体系韧性的影响

测试速率对 PP/EPDM 体系的形变行为有很大的影响。通过对缺口试样在不同测试速率下单边缺口拉伸实验(SENT)的研究表明[382]，拉伸屈服应力和断裂应力均为应变速率的函数。缺口试样的断裂应力是缺口处应力集中的函数。如果局部的屈服使缺口钝化，断裂应力就可达到非缺口试样的水平。纯 PP 及 70/30 的 PP/EPDM 体系的屈服应力均随应变速率增加而升高。

断裂能(即应力对位移的积分)随测试速率的不同呈现复杂的变化。在低速时，断裂能随着测试速率的提高而如人们所预料地下降很快。但在中等测试速率下($>10^{-2}$ m/s)，断裂能随测试速率的增加而上升。在此速率下与断口邻近的变形区域的结构有变化，这说明在此速率下在缺口前方有一松弛层形成，从而使缺口钝化。

Gaymans R J[383]在 EPDM 或 EPR 增韧的 PP 体系中发现，冲击实验的测试速率对树脂的形变过程有相当大的影响。在高速实验条件下，材料的韧性变差。

通过观察与断裂面垂直的平面可发现,当样品以 10^{-3} m/s 的速度被拉伸断裂时,在紧挨着断裂表面区域可看见强烈变形的空洞(可描述为被拉长的空洞),同时在稍微远离断裂面的区域可看见圆形的空洞;而当样品以 1 m/s 的速度被拉伸冲断时,在离断裂面 10~40 μm 的区域几乎见不到空洞,但在离断面 100~200μm 的区域有强烈变形的空洞,在 1~2 mm 远处可发现圆形的空洞。这种在高速测试条件下的断裂情况与低速实验下的不同,可以解释为:紧临断裂面的无空洞的区域相当于松弛层,由于高速形变所导致的绝热形变使局部温度上升并超过熔点,使该区域的形变得到松弛,即相当于在缺口处形成了熔体层,使缺口钝化。

4.5.4 全硫化粉末橡胶增韧聚丙烯

常用于增韧 PP 的橡胶都是块状或粒状的，而且在共混之前橡胶是非交联的。本部分内容所介绍的增韧 PP 的方法中所用到的全硫化粉末橡胶是既与普通橡胶不同的，又有别于一般的粉末橡胶的一种全新的橡胶品种。其基本特点是具有交联结构，而且粒径(50~500nm)远小于普通的粉末橡胶。

这种全硫化粉末橡胶是由北京化工研究院开发的专利产品，包括多个品种，其制备过程如图 4-73 所示，即以橡胶乳液为原料经射线辐照然后再干燥得到。在目前已生产的各种全硫化粉末橡胶中，丁苯粉末橡胶和聚丁二烯粉末橡胶这两个品种与 PP 的极性较为接近，适

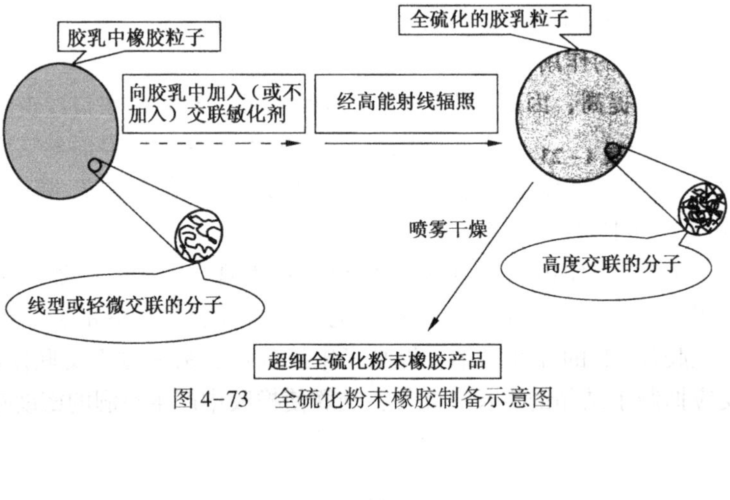

图 4-73　全硫化粉末橡胶制备示意图

合于作为 PP 的增韧改性剂。

由于传统的粉末橡胶是用于生产橡胶制品的,所以基本是非交联的。而全硫化粉末橡胶是交联型的粉末橡胶,所以其用途与传统的粉末橡胶不同,主要用于塑料增韧和制备全硫化热塑性弹性体。由于全硫化粉末橡胶是交联结构,所以它在与 PP 共混过程中粒子不会再凝并,从而保证了粒子大小不受加工过程的影响,而且即使橡胶用量达到 70%(质量分数),共混得到的仍然是塑料为连续相而橡胶为分散相的海岛结构,我们仍可以称之为增韧塑料。当然在如此高的橡胶含量下,材料实际上是一种热塑性弹性体。由于全硫化粉末橡胶的粒度很小,并且很容易在 PP 基质中分散,用它增韧 PP 还会得到常规橡胶所无法实现的特殊效果[384]。

图 4-74 是采用低份数的全硫化聚丁二烯粉末橡胶对均聚 PP 增韧得到的结果。从图上显示的各项性能指标可以发现，粉末橡胶的添加量在 1.5 份以下时，PP 的冲击强度、弯曲强度和模量以及热变形温度均比纯料提高，这说明橡胶的加入不但提高了 PP 的韧性，同时还使其刚性和耐热性也同时提高了，这是采用橡胶增韧 PP 研究中从未见过的现象。

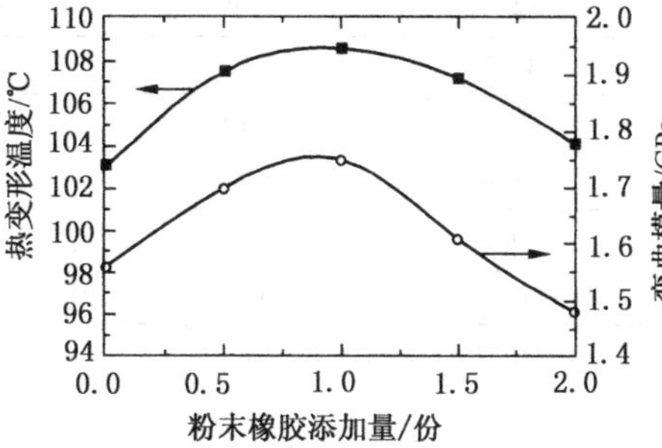

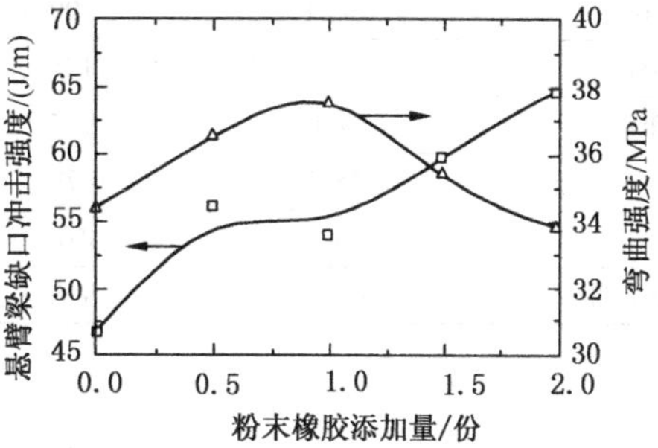

图 4-74　全硫化聚丁二烯粉末橡胶添加量对 PP 力学性能的影响

（PP 牌号为 T30S，济南炼油厂生产）

一般说来，用橡胶增韧塑料，刚性和韧性是难以同时实现的。要提高刚性就得以牺牲韧性作为代价，反之亦然。那么用粉末橡胶在低添加量的情况下为何会同时提高聚丙烯的刚性和韧性呢？通过 DSC 方法对材料的结晶情况分析发现，加入少量粉末橡胶(2 份以内)后可使 PP 的结晶温度和结晶热焓的绝对值同时提高(见表 4-23)，扣除粉末橡胶质量影响因素后，数值提高更为明显。这说明粉末橡胶具有成核效果。关于橡胶对聚丙烯的成核作用，有一些文献报道[369,385,386]，但这些报道均表明橡胶的加入有成核作用，使 PP 的结晶温度提高，使球晶尺寸变小，但对结晶度却没有提高，反而使其下降。因此我们认为，这是全硫化粉末橡胶在 PP 中起到了成核剂的作用，其成核作用要超出一般的橡胶，表现在它不但使结晶温度提高，同时使结晶度也提高，因而不但能提高 PP 的韧性还使得其刚性增加，耐热性提高。

表 4-23　全硫化粉末橡胶对聚丙烯结晶温度的影响

PP 中添加粉末橡胶的份数	结晶温度/℃	ΔH/(J/g)	$\Delta H'$①/(J/g)
0	107.8	-87.595	-87.595
0.5	112.8	-89.248	-89.694
1	114.4	-89.253	-90.146
1.5	113.7	-91.295	-92.664
2	112.9	-87.310	-89.056

① $\Delta H'$为扣除粉末橡胶质量影响后的 ΔH 值。$\Delta H'=\Delta H(1+X/100)$，$X$ 为粉末橡胶添加份数。

图 4-74 中的结果表明在添加很少量橡胶的情况下可使 PP 的刚性和韧性同时提高，但当橡胶用量继续增加时，由于橡胶本身特性的影响将导致材料的刚性下降。因此，我们又对现有的粉末橡胶用普通的 PP 成核剂进行改性，制得苯甲酸钠改性的丁苯粉末橡胶，采用这种改性的粉末橡胶对 PP 增韧可获得非常明显的刚性、韧性同时提高的效果。如表 4-24 所列，混入改性粉末橡胶的 PP 与纯 PP 相比，在 1%～5%(质量分数)的橡胶添加量下不但韧性有了大幅度提高，其刚性和耐热性均有提高。苯甲酸钠这种非常普通的 PP 成核剂在与全硫化粉末橡胶复合后就获得了理想的刚韧平衡效果。通过改性粉末橡胶增韧 PP 样品的低温切片截面的原子力显微照片(图 4-75)，可以看到 PP 基质中均匀地散布着粒径为纳米级(<100nm)的橡胶粒子。苯甲酸钠可能分布在 UFPR 的表面，这种特殊的结构应与材料的刚性、韧性明显改善密切相关。

表 4-24　改性粉末橡胶对 PP 的增韧、增强效果

粉末橡胶添加量①	拉伸强度/MPa	缺口冲击强度/(J/m)	弯曲强度/MPa	弯曲模量/GPa	热变形温度/℃
0	34.9	99.7	34.3	1.49	113.6
1%	36.6	105	37.2	1.62	124.8
2%	37.0	265	38.0	1.65	126.8
5%	35.7	479	35.9	1.58	122.5
15%	30.9	818	29.2	1.34	120.7
测试标准	GB 1040	GB 1843	GB 9341	GB 9341	ASTM D648

① 质量分数。

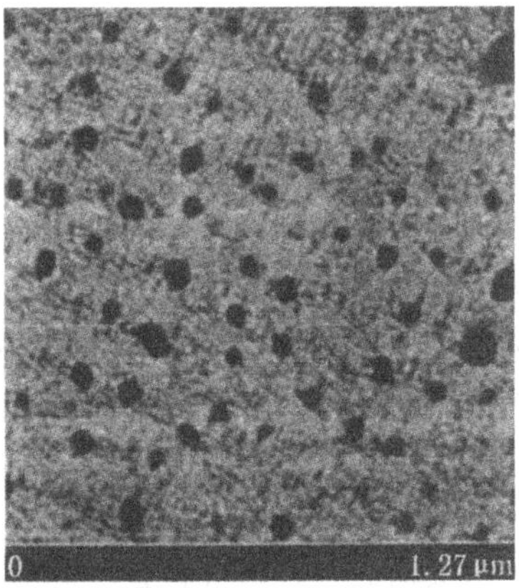

图 4-75　改性粉末橡胶(牌号 VP-102)增韧 PP 的原子力显微照片

同样对增韧 PP 的结晶情况进行了研究。从图4-76 的等温结晶的偏光显微镜照片来看，改性后的 PP 其结晶非常细小，与纯 PP 样品的大球晶明显不同，说明了粉末橡胶对 PP 具有成核作用。采用 DSC 方法对增韧前后样品进行等温结晶动力学研究，并用 Avrami 方程进行处理(图4-77)，结果表明，改性粉末橡胶增韧的 PP 结晶速率远远大于增韧前的纯 PP，124℃下前者的结晶速率常数约为后者的 150 倍。通过以上对 PP 的结晶行为的研究，可以认为改性后的粉末橡胶具有更突出的结晶成核的效果，从而促进了 PP 的结晶，因此在大幅度提高 PP 韧性的同时，使其刚性及热变形温度提高。

由于 PP 属于韧性塑料中较脆的一种，试样有缺口时以脆性方式断裂，所以考虑选择粒径较大的橡胶粒子(相对于粉末橡胶而言)，将有助于空洞化和银纹化来吸收能量，提高韧性。同时根据 Okamoto Y[387] 等对 HIPS 体系的关于大小粒子搭配实现协同增韧效果的理论分析，我们将乙丙橡胶和粉末丁苯橡胶混合使用，来验证其是否具有协同效果。

增韧后的悬臂梁缺口冲击强度如图 4-78 所示，其他性能列于表 4-25 中。从表中数据可以看出，加入乙丙橡胶或全硫化粉末丁苯橡胶后，PP 的强度和刚性略微下降，这是比较正常的。图中数据显示，加入 10%的全硫化粉末丁苯橡胶的增韧 PP 比 PP 纯料的冲击强度提高了近一倍，并且比相同份数的乙丙橡胶增韧的 PP 效果要好。将全硫化粉末橡胶和乙丙橡胶混合使用的效果最好。随着二者的混合比例不同，冲击强度呈非单调变化，在全硫化粉末丁苯橡胶占多数情况下出现了协同效应，冲击强度值高于各单一组分。这可能是由于橡胶粒径的双峰分布造成的[388]。因为，乙丙橡胶在螺杆中经剪切后得到比较大的粒子，其粒径在 1μm 左右。全硫化粉末丁苯橡胶的粒径约为 100nm，这样乙丙橡胶大粒子有利于引发银纹，然后小粒子的全硫化丁苯橡胶起到一个传递银纹的桥梁的作用，使银纹长度进一步增加，从而吸收更多的能量，提高材料的冲击韧性。

通过全硫化粉末橡胶增韧 PP 的研究，可以认为，采用混合橡胶组分增韧 PP 可获得最佳的增韧效果。其特点是小粒径的全硫化粉末橡胶占主导，同时添加少量的乙丙橡胶。

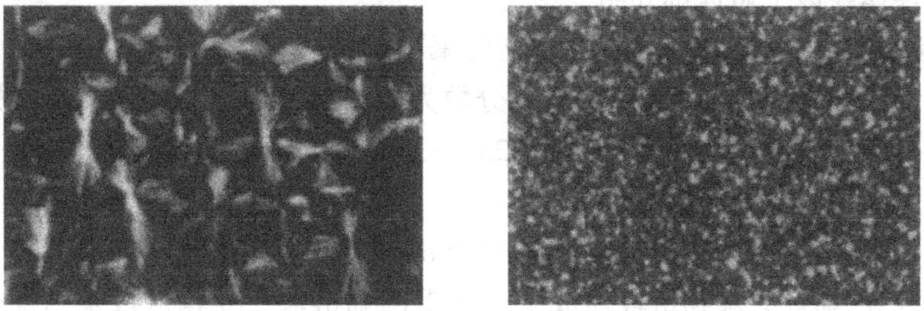

(a)　(b)

图 4-76　偏光显微镜观察增韧前后 PP 的结晶形态
（两样品的结晶温度均为 118℃）
a —纯 PP；b —改性粉末橡胶增韧 PP

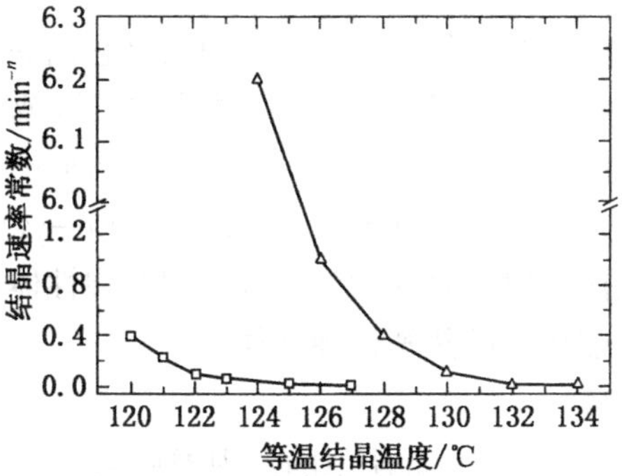

图 4-77　PP 等温结晶的 Avrami 方程处理结果
□—PP 纯料；△—改性粉末橡胶增韧 PP

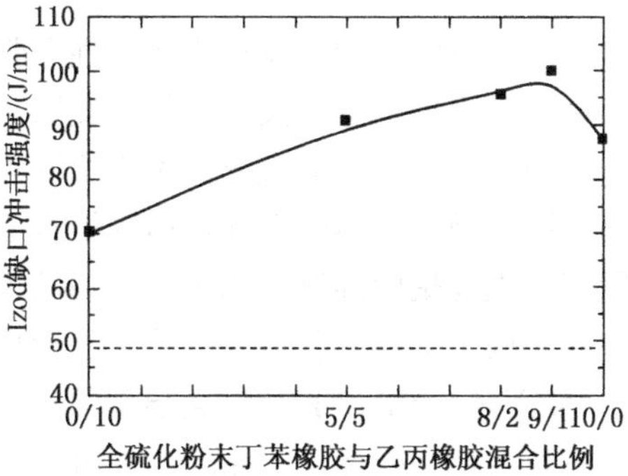

图 4-78　橡胶质量分数为 10%时，全硫化粉末丁苯橡胶和乙丙橡胶的不同配比对聚丙烯 Izod 冲击强度的影响趋势
（图中虚线代表 PP 纯料的冲击强度）

表 4-25　加入 10%混合橡胶组分对聚丙烯的力学性能的影响

粉末橡胶与 EPDM 之比	拉伸强度/MPa	断裂伸长/%	弯曲强度/MPa	弯曲模量/GPa	热变形温度/℃
PP 纯料	34.8	502	34.4	1.56	103.0
0/10	28.7	171	29.1	1.33	99.9
5/5	28.7	179	29.4	1.33	98.2
8/2	28.8	230	29.0	1.31	99.7
9/1	28.8	248	28.8	1.32	97.4
10/0	28.4	211	28.4	1.28	97.3
测试标准	GB 1040	GB 1040	GB 9341	GB 9341	ASTM D648

4.6 聚丙烯类热塑性弹性体的结构与形态

4.6.1 概述

含聚丙烯树脂的热塑性弹性体主要包括 EPDM(EPR)/聚丙烯共混物或动态部分硫化热塑性弹性体、EPDM/聚丙烯动态全硫化热塑性弹性体、聚丙烯/粉末橡胶全硫化热塑性弹性体、丙烯-高级 α-烯烃共聚物、立构嵌段聚丙烯热塑性弹性体等。本部分仅对丙烯-高级 α-烯烃共聚物和立构嵌段聚丙烯热塑性弹性体做一简单介绍。EPDM(EPR)/聚丙烯共混物或动态部分硫化热塑性弹性体、EPDM/聚丙烯动态全硫化热塑性弹性体、聚丙烯/粉末橡胶全硫化热塑性弹性体在以下做详细介绍。

丙烯-高级 α-烯烃共聚物由等规全同立构聚丙烯链段和丙烯与高级 α-烯烃共聚物链段嵌段共聚而成，当 1-己烯或 1-癸烯的质量分数为 20%~60%时，该共聚物为热塑性弹性体，其熔点为 130~150℃，玻璃化转变温度为-25~-30℃。这种热塑性弹性体的主要缺点是拉伸永久变形较大，影响其应用[389]。

立构嵌段聚丙烯热塑性弹性体与丙烯-高级 α-烯烃共聚热塑性弹性体结构类似，只是其中的丙烯与高级 α-烯烃共聚物链段换成了无规聚丙烯链段。立构嵌段聚丙烯热塑性弹性体是通过控制茂金属催化剂中配体的手性结构来实现的，可通过单活性中心催化剂均相催化聚合而成[390]，也可通过非均相催化聚合而成[391]。这种热塑性弹性体在实际应用中有很大的局限性，其最低熔点仅为 50~70℃，玻璃化转变温度为 0℃左右，结晶速率也较慢，目前尚不具备实用性。

以上两种热塑性弹性体均为实用性不强的热塑性弹性体材料，主要原因是它们的微观结构不合理。等规聚丙烯链段作为物理交联点分散在丙烯与高级 α-烯烃共聚物链段或无规聚丙烯链段中难以作为性能优异的物理交联点。在嵌段共聚物中，聚丙烯链段所形成的片晶厚度不会太厚，因此，热塑性弹性体的熔点必然较低。并且，无论是丙烯与高级 α-烯烃共聚物链段还是无规聚丙烯链段均不是理想的橡胶软段。以下将介绍的几种热塑性弹性体在微观结构方面克服了上述两种材料的缺陷，形成了性能优异的热塑性弹性体。

4.6.2 聚丙烯/EPR(EPDM)共混型热塑性弹性体

此类热塑性弹性体由 Uniroyal 公司的 Fisher 发明[392]，所使用的乙丙橡胶是长链支化或部分交联的，一般是在与聚丙烯共混时，通过动态硫化法制备。这种热塑性弹性体的形态结构为双连续相，通过控制聚丙烯/乙丙橡胶的黏度比，聚丙烯用量在 20%~80%范围内，均可保持双连续相结构。此类热塑性弹性体的典型性能如表 4-26 所示[389]。

表 4-26　聚丙烯/EPR(EPDM)共混型热塑性弹性体的典型性能

EPDM/PP	80/20	70/30	60/40	断裂伸长率/%	220	150	80
拉伸强度/MPa	8.3	10.5	13.9	断裂永久变形/%	28	30	30

聚丙烯/EPR(EPDM)共混型热塑性弹性体的主要应用领域是：汽车、电线电缆和机械制品。但是，在动态全硫化热塑性弹性体问世后，这类热塑性弹性体的应用受到很大的影响，用量显著降低。

与聚丙烯/EPR(EPDM)共混型热塑性弹性体结构类似的热塑性弹性体还有：聚丙烯/丙烯-1-己烯无规共聚物共混型热塑性弹性体、聚丙烯/无规立构嵌段聚丙烯共混型热塑性弹性体、聚丙烯/EVA 共混型热塑性弹性体。它们的性能、应用和影响无法与聚丙烯/EPR(EPDM)共混型热塑性弹性体相比，这里不做详细介绍。

4.6.3　聚丙烯/橡胶动态全硫化热塑性弹性体

动态全硫化热塑性弹性体由 Coran 等在 20 世纪 70 年代末发明[393]，目前，由 Advanced Elastomer Systems 公司生产。它是由橡胶和塑料在动态硫化条件下，通过机械共混的方法制备的[394~396]。所谓动态硫化法是指橡胶与塑料共混时，借助交联剂和强烈的剪切应力作用进行硫化反应的过程。其技术关键是在硫化尚未结束之前混合不能停止，并且要有足够的硫化剂用量以保证橡胶能够完全硫化。全硫化热塑性弹性体在相形态上是完全交联了的橡胶相分散在塑料连续相中。由于橡胶相已经交联，所以全硫化热塑性弹性体的强度、弹性、耐热性及压缩永久变形性都比未交联的热塑性弹性体有很大的提高。同时，耐油、耐化学药品和加工稳定性也有明显改善，橡塑共混比可在较大范围内变化，使材料在性能上有更大的调节余地。全硫化热塑性弹性体的形态结构如图 4-79 所示。

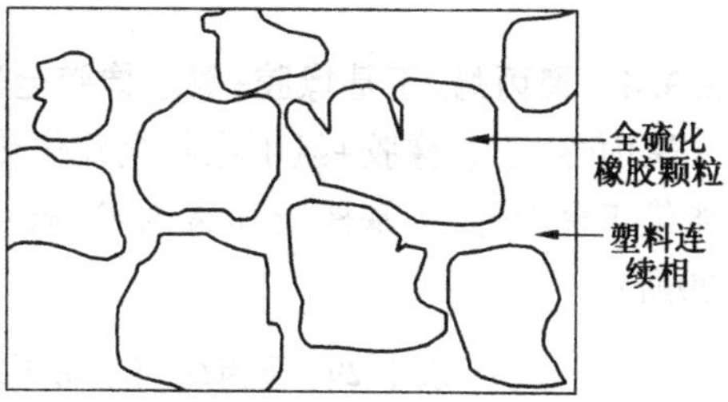

图 4-79　全硫化热塑性弹性体的形态结构

聚丙烯可以和多种橡胶组合形成全硫化热塑性弹性体，例如，聚丙烯/异戊橡胶、聚丙烯/乙丙橡胶、聚丙烯/天然橡胶、聚丙烯/丁基橡胶、聚丙烯/丁苯橡胶、聚丙烯/EVA、聚丙烯/CPE、聚丙烯/丙烯酸酯橡胶、聚丙烯/氯丁橡胶和聚丙烯/丁腈橡胶等全硫化热塑性弹性体。本章将对已商业化或有商业化前景的几个聚丙烯型全硫化热塑性弹性体品种进行介绍。

4.6.3.1　聚丙烯/乙丙橡胶全硫化热塑性弹性体

聚丙烯/乙丙橡胶全硫化热塑性弹性体是此类热塑性弹性体中应用面最广的品种，其典型性能如表 4-27 所示。

表 4-27　聚丙烯/EPDM 和聚丙烯/天然橡胶全硫化热塑性弹性体的典型性能

编号	基本组成	橡胶直径/μm	邵氏硬度	杨氏模量/MPa	100%定伸强度/MPa	拉伸强度/MPa	断裂伸长率/%	永久变形/%
1	EPDM/PP	1-2	34D	22	5.6	17.9	470	9
2	EPDM/PP	1-2	36D	32	7.6	25.1	460	12
3	EPDM/PP	1-2	43D	82	8.5	24.6	550	19
4	EPDM/PP	1-2	48D	162	11.3	27.5	560	31
5	天然橡胶/PP		60A		2.1	5.0	300	10
6	天然橡胶/PP		70A		3.7	7.6	380	16
7	天然橡胶/PP		90A		6.5	11.4	400	35
8	天然橡胶/PP		50D		10.5	20.8	620	50

4.6.3.2　聚丙烯/天然橡胶全硫化热塑性弹性体

聚丙烯/天然橡胶全硫化热塑性弹性体也是一类已商品化的热塑性弹性体材料，其典型性能如表 4-27 所示。

4.6.3.3 聚丙烯/丁基橡胶全硫化热塑性弹性体

聚丙烯/丁基橡胶全硫化热塑性弹性体具有优异的阻气性和阻水性，其典型的阻气性能如表 4-28 所示。

表 4-28 聚丙烯/丁基橡胶全硫化热塑性弹性体的阻隔性

品　　种	丁基橡胶	聚丙烯/丁基橡胶	聚丙烯/乙丙橡胶
相对透气性	1.00	1.45	4.44

4.6.3.4 聚丙烯/丁基橡胶+氯丁橡胶全硫化热塑性弹性体

聚丙烯/丁基橡胶+氯丁橡胶全硫化热塑性弹性体也具有优异的阻气性和阻水性，并且，性能优于聚丙烯/丁基橡胶和聚丙烯/氯丁橡胶两种全硫化热塑性弹性体。其典型性能如表 4-29所示。

表 4-29 聚丙烯/丁基橡胶+氯丁橡胶全硫化热塑性弹性体的阻隔性

	聚丙烯/氯丁橡胶	聚丙烯/丁基橡胶	聚丙烯/丁基橡胶+氯丁橡胶
拉伸强度/MPa	4.7	7.1	7.5
断裂伸长率/%	170	220	250
压缩永久变形/%	66	47	52
邵氏硬度	58	60	66

4.6.3.5 聚丙烯/丁腈橡胶全硫化热塑性弹性体

聚丙烯/丁腈橡胶全硫化热塑性弹性体是一种耐油型全硫化热塑性弹性体。由于聚丙烯与丁腈橡胶的相容性较差，直接使用性能不佳，不能满足应用要求。一般采用加入马来酸酐接枝聚丙烯和端氨基液体丁腈橡胶的方法来改善它们之间的相容性，使这种全硫化热塑性弹性体的性能得到较大提高。其典型性能如表 4-30 所示[397]。

表 4-30 聚丙烯/丁腈橡胶全硫化热塑性弹性体的典型性能

编号	邵氏硬度	100%定伸强度/MPa	拉伸强度/MPa	断裂伸长率/%	永久变形/%	脆化温度/℃	在汽油中的体积膨胀率(23℃,168h)/%
1	80A	5.4	11.0	310	15	-40	+25
2	87A	6.9	14.1	380	23	-40	+24
3	40D	10.3	19.3	470	31	-36	+21

4.6.4 聚丙烯/粉末橡胶全硫化热塑性弹性体

如前所述，传统的动态硫化法是在共混过程中对橡胶相进行硫化的，因此，这种方法对交联剂类型和用量、共混温度、剪切速率、共混时间及这些因素之间的相互配合等都有很高的要求。这种方法还需要特殊的共混设备，以保证共混物在共混反应设备中有足够的停留时间。所以该法的生产成本较高，生产工艺比较复杂，橡胶相的粒径及交联度不易控制，制品一般有颜色，浅色制品较难制备。另外，在制备饱和橡胶(如丙烯酸酯橡胶、硅橡胶）型全硫化热塑性弹性体时，难度更大，对设备的要求更高。

Coran 等的研究结果表明，对于全硫化热塑性弹性体来说，橡胶相粒径对其物性影响极大，橡胶相粒径越小，材料的拉伸强度越高，断裂伸长率越大，加工性能也越好[396]。动态硫化法制备的全硫化热塑性弹性体中橡胶相的粒径大小主要依靠机械共混的剪切力与化学交联反应之间的平衡来决定，尽管要求橡胶的缠结分子链长不可太长，橡胶相粒径也难以做到很小。一般情况下，动态硫化法制备的全硫化热塑性弹性体的橡胶相平均粒径为1～2μm[398]。

为克服上述全硫化热塑性弹性体的不足，北京化工研究院的科研人员于 1999 年发明了一种新的全硫化热塑性弹性体制备技术[399]，此技术是基于他们发明的全硫化粉末橡胶开发而成的[400]。其基本制法是：利用橡塑加工中通常的共混方法，将平均粒径≤500nm 的全硫化粉末橡胶与塑料通过通用的橡塑共混设备共混而成。在共混过程中可以将粉末橡胶和塑料一次性共混挤出，也可以将一部分粉末橡胶与塑料共混制成母粒，然后再与剩下的粉末橡胶进行二次共混造粒。

可以和聚丙烯共混而制备全硫化热塑性弹性体的全硫化粉末橡胶可以是下列全硫化粉末橡胶中的至少一种：全硫化粉末天然橡胶、全硫化粉末丁苯橡胶、全硫化粉末羧基丁苯橡胶、全硫化粉末丁腈橡胶、全硫化粉末羧基丁腈橡胶、全硫化粉末聚丁二烯橡胶、全硫化粉末氯丁橡胶、全硫化粉末硅橡胶或全硫化粉末丙烯酸酯橡胶等。在这种全硫化热塑性弹性体中粉末橡胶的含量可达 75%以上。

这种全硫化热塑性弹性体的橡胶相粒径比传统动态硫化方法所制得的全硫化热塑性弹性体的橡胶相粒径要小得多，最小可达 50 nm，故其拉伸强度等性能可得到很大改善。并且，外观好、加工性能优良、制备工艺简单、设备成本低，适用于工业化大批量生产。这种全硫化热塑性弹性体的基本形态结构与动态全硫化热塑性弹性体相同，即超细全硫化粉末橡胶均匀地分散在聚丙烯基体中。

使用这种方法可以制备多种聚丙烯型全硫化热塑性弹性体，其中，应用面较宽的类型有：聚丙烯/全硫化丁苯粉末橡胶、聚丙烯/全硫化丁腈粉末橡胶、聚丙烯/全硫化羧基丁腈橡胶等。聚丙烯/全硫化丁苯粉末橡胶热塑性弹性体的典型性能如表 4-31 所示。

表 4-31　聚丙烯/全硫化丁苯粉末橡胶热塑性弹性体的典型性能

编号	基本组成	橡胶直径/nm	邵氏硬度	100%定伸强度/MPa	拉伸强度/MPa	断裂伸长率/%	永久变形/%
1	丁苯橡胶/PP(70/30)	100	27D	13.0	13.7	267	24
2	丁苯橡胶/PP(60/40)	100	40D	15.2	16.2	176	48
3	丁苯橡胶/PP(50/50)	100	51D	18.6	20.7	376	198
4	丁苯橡胶/PP(30/70)	100	59D	21.6	24.6	228	120

聚丙烯/全硫化粉末丁腈橡胶热塑性弹性体和聚丙烯/全硫化粉末羧基丁腈橡胶热塑性弹性体是耐油性能优异的全硫化热塑性弹性体。聚丙烯/全硫化粉末羧基丁腈橡胶热塑性弹性体的典型性能如表 4-32 所示。

表 4-32 聚丙烯/全硫化粉末羧基丁腈橡胶热塑性弹性体的典型性能

编号	基本组成	橡胶直径/nm	邵氏硬度	100%定伸强度/MPa	拉伸强度/MPa	断裂伸长率/%	永久变形/%
1	羧基丁腈橡胶/PP	50	40D	15	21	210	15
2	动态硫化法对比样	2000	40D	10	19	470	10

① PP/粉末橡胶样品中未含液体端氨基橡胶,对比样品中含有此组分。

聚丙烯/全硫化丁苯粉末橡胶型的应用领域与美国 Advance Elastomer Systems 公司的 Santoprene 和 Vyram 相当，主要应用于车轮、手柄、管材和垫圈等一般用品方面，以及汽车、建筑、电子电器、机械工具和运动器材等方面；聚丙烯/全硫化丁腈橡胶和聚丙烯/全硫化羧基丁腈橡胶为耐油型热塑性弹性体，应用领域与美国 Advance Elastomer Systems 公司的 Geolast 相当，主要应用于耐油的管材、垫圈以及电线电缆等方面。

参 考 文 献

[1] 李斌才. 高聚物的结构与物理性质. 北京:科学出版社,1989
[2] 何曼君,陈维孝,董西侠编. 高分子物理. 上海:复旦大学出版社,1994
[3] 中国科学技术大学高分子物理教研室. 高聚物的结构与性能. 北京:科学出版社,1981
[4] 潘鉴元等编. 高分子物理. 广州:广东科技出版社,1981
[5] Elias H. Macromolecules. New York: Plenum Press, 1984
[6] 钱保功,许观藩,余赋生. 高聚物的转变与松弛. 北京:科学出版社,1986
[7] Wunderlich B. Macromolecular Physics. New York: Academic Press, 1979
[8] 闵乃本. 晶体生长的物理基础. 上海:上海科学技术出版社,1982
[9] 复旦大学材料科学研究所译. 大分子. 上海:上海科学技术出版社,1986
[10] 吴大诚译. 聚合物的性质. 北京:科学出版社,1981
[11] Bassett D C. Principles of Polymer Morphology. Cambridge: Cambridge University Press, 1981
[12] Tadckoro H. Structure of Crystalline Polymers. New York: A Wiley-Interscience Publication, 1979
[13] Geil P H. Polymer Single Crystals. New York: Interscience Publication, 1963
[14] Zallen R. The Physics of Amorphous Solids. New York: A Wiley-Interscience Publication, 1983
[15] 高分子学会编. 高分子特性解析. 共立株式会社出版社,1983
[16] 小野種治著. 高分子材料科学.林福海译. 北京:纺织工业出版社,1983
[17] Hosemann R. J. Appl. Phys., 1963, 34: 25
[18] 莫志深,陈宜宜. 高分子通报,1990,(3):178
[19] 吴法祥,蔡宝连,艾得才. 南开大学学报,1989,(2):78
[20] 潘鉴元,朱诚身,杨始堃等. 高分子学报,1987,(6):432
[21] 季寿元,王得滋. 晶体光学. 北京:人民教育出版社,1961
[22] 黄少慧. 高分子学报,1991,(2):134
[23] 朱诚身等. 高等学校化学学报,1991,12(12):1677
[24] 朱诚身等. 高分子材料科学与工程,1992,8(3):61
[25] 朱诚身等. 高分子学报,1991,(6):728
[26] 殷敬华,莫志深主编.现代高分子物理学.北京:科学出版社,2001
[27] 向阳等译. 聚丙烯树脂.北京:科学出版社,1972
[28a] 朱炤男编. 聚丙烯塑料的应用与改性. 北京:轻工业出版社,1982
[28b] 朱诚身,潘鉴元. 塑料加工应用,1986,(3):1
[28c] 朱诚身,潘鉴元. 塑料加工应用,1986,(4):1

[29] 于英宁,张宏放,莫志深等. 应用化学,1998,15(6):77
[30] 张斌,杨得才. 高等学校化学学报,1999,20(3):486
[31] Lovinger J A,Lotz B, Davis D D. Polymer, 1990, 31: 2253
[32] Lovinger J A,Lotz B, Davis D D. Macromolecules, 1991, 24: 552
[33] Loos J, Petermann J, Waldofner A. Colloid & Polym. Sci., 1997, 275: 1088
[34] Guadagno L, Fontanella C, Vittoria V, et al. J. Polym. Sci., Part B, Polym. Phys., 1999, 37: 173
[35] 于英宁,张宏放,莫志深等. 高分子学报,1999,(3):302
[36] 高焕,莫志深,张宏放等. 应用化学,1990,7(2):35
[37] 殷敬华,莫志深,纪锋等. 高分子学报,1987,(4):276
[38] 张宏放,莫志深,李三喜等. 高分子学报,1990,(4):453
[39] 莫志深,王立筱,张宏放. 高分子学报,1988,(6):441
[40] 张宏放,陈東,薛小芙等. 应用化学,1993,10(6):35
[41] 王得禧,李蕴能,李兰等. 中国塑料,2000,14(2):12
[42] 张蛟,张国相,蒋雨. 内蒙古石油化工,2000,25:85
[43] 傅强,黄锐. 高分子材料科学与工程,1999,15(4):69
[44] 潘鉴元,朱诚身,杨始堃. 中山大学学报,1987,(2):140
[45] 小岛盛男. 高分子化学,1968,25:241
[46] 戚嵘嵘,庞文民,朱清仁等. 中国科学技术大学学报,1999,29(6):727
[47] Huang T W, Alamo R G. Macromolecules, 1999, 32: 6374
[48] Zhu X Y, Yan D Y, Tan S S. J. Appl. Polym. Sci., 2000, 77: 163
[49] Supaphol P, Spruiell J E. J. Appl. Polym. Sci., 2000, 75: 44
[50] Ohira Y, Horii F, Nakaoki T. Macromolecules, 2000, 33: 1801
[51] Ohira Y, Horii F, Nakaoki T. Macromolecules, 2000, 33: 5566
[52] Ewen A J, Jones J R, Razavi, et al. J. Am. Chem. Soc., 1988, 110: 6255
[53] Natta G, Corradini P, Ganis P. Makromol. Chem., 1960, 39: 238
[54] Corradini P, Natta G, Ganis P, et al. J. Polym. Sci., Polym. Lett. Ed., 1967, 16: 2477
[55] Natta G, Peraldo M, Allegra G. Makromol Chem., 1964, 75: 215
[56] Lotz B, Lovinger J A, Cais E R. Macromolecules, 1988, 21: 2375
[57] Rosa C D, Corradini P. Macromolecules, 1993, 26: 5711
[58] Bu Z Z, Yoon Y, Ho R M, et al. Macromolecules, 1996, 29: 6575
[59] Takahiko N, Yasumasa O, Hisao H. Macromolecules, 1998, 31: 2705
[60] Rosa C D, Auriemma F, Corradini P. Macromolecules, 1996, 29: 7452
[61] Rosa C D, Auriemma F, Vinti V. Macromolecules, 1997, 30: 4137
[62] Auriemma F, Rosa C D, Corradini P, et al. Macromolecules, 1997, 30: 6586
[63] Chatani Y, Maruyama H, Noguchi K, et al. J. Polym. Sci., Part C, Polym. Lett., 1990, 28: 393
[64] Chatani Y, Maruyama H, Asnuma T, et al. J. Polym. Sci., Part B, Polym. Phys., 1991, 29: 1649
[65] Auriemma F, Rosa C D, Vinti V, et al. J. Polym. Sci., Part B, Polym. Phys., 1998, 36: 395
[66] 关肇基,姜斌. 合成树脂及塑料,1997,14(1):58
[67] 阎寿科,杨德才,Petermann J. 高等学校化学学报,1998,18(6):973
[68] 蔡世绵,陈运瑾,张明革等. CN 1 146 461. 1997
[69] 陈运瑾,李杨,周诺等. 合成树脂及塑料,2000,17(1):6
[70] 陈运瑾,李杨,周诺等. 合成树脂及塑料,2000,17(3):5
[71] 张武最,罗益锋,杨维榕编. 化工产品手册(合成树脂及塑料). 北京:化学工业出版社,1999
[72] 程曾越主编. 通用树脂实用技术手册. 北京:中国石化出版社,1999
[73] 冯榕荫等. 中山大学自然科学学报(自然科学版),1984,(1):100

[74] 有关 LIPP 资料,北京燕化公司研究院,戴长华提供
[75] Mulhaupt R. Ziegler-Natta Catalysis And Propylene Polymerization. In: Karger-Kocsis J, ed. Polypropylene: A-Z Reference. Dordrecht: Kluwer Publishers, 1999: 897~920
[76] Huang B, Tian J. Metallocene Catalysts. In: Salamone JC, ed. Polymeric Materials Encyclopedia. Boca Raton, Florida: CRC Press, 1996: 4191~4201
[77] Sozzani P, Di Silvestro G. Polypropylene, Hemiisotactic. In: Salamone JC, ed. Polymeric Materials Encyclopedia. Boca Raton, Florida: CRC Press, 1996. Vol 9: 6630~6636
[78] Hansen E W, Redford K. Nuclear Magnetic Resonance Spectroscopy of Polypropylene Homopolymers. In: Karger-Kocsis J, ed. Polypropylene: A-Z Reference. Dordrecht: Kluwer Publishers, 1999: 540~544
[79] Otsubo Akihiro, Watanabe Kazuyuki. JP 9087447. 1997
[80] Costa J L. Molecular Structure Characterization and Related Properties of Homo-and Copolymers. In: Karger-Kocsis J, ed. Polypropylene: A-Z Reference. Dordrecht: Kluwer Publishers, 1999: 503~510
[81] Morini G, Albizzati E, Balbontin G, et al. Macromolecules, 1996, 29: 5770
[82] Kissel W J, Han J H, Meyer J A. Polypropylene: Structure, Properties, Manufacturing, Processes and Applications. In: Karian H G, ed. Handbook of Polypropylene and Polypropylene Composites. New York: Marcel Dekker, Inc., 1999: 15~37
[83] Hammerschmid K, Gahleitner M. Controlled rheology polypropylene. Edited By Karger-Kocsis. J. in: Polypropylene: A-Z Reference. Dordrecht. Kluwer Publishers. 1999: 95~103
[84] Wasserman S H, Graessley W W. Polym. Eng. Sci., 1996, 36: 852
[85] Zeichner G R, Patel P D. Second World Congress of Chemical Engineering, Montreal, 1981
[86] Munstedt H. Rheol J., 1979, 23: 421
[87] Yoo H J, Done D. SPE Antec'92, Detroit, 1992: 569
[88] Yoo H J. SPE ANTEC'94, San Francisco, 1994: 1243
[89] Mark H F, Bikales N M, Overberger C G, et al. Encyclopedia of Polymer Science and Engineering. New York: John Wiley & Sons, 1988, Vol 13: 478
[90] Turner-Jones A, Aizlewood J M, Beckett D R. Makromol. Chem., 1964, 75: 134
[91] Turner-Jones A. Polymer, 1971, 12: 487
[92] Avella M, Martuscelli E, Volpe G D, et al. Makromol. Chem., 1986, 187: 1927
[93] Zimmermann H J. J. Macromol. Sci. Phys., 1993, B32 (2): 141
[94] Feng Y, Hay J N. Polymer, 1998, 39 (25): 6589
[95] Phillips R A, Wolkowicz M D. Structure and Morphology. In: Moore Jr, ed. Polypropylene Handbook. Munich: Hanser Publishers, 1996: 113~170
[96] Galli P, Spataro M. USP 4 521 566. 1985
[97] Cai H, Luo X, Ma D, et al . J. Appl. Poly. Sci., 1999, 71: 93~101
[98] Mirabellar F M Jr. Polymer, 1993, 34(8): 1729~1735
[99] Usami T. et al. J. Appl. Poly. Sci.: Appl. Polym. Sym., 1993, 52: 145~158
[100] Feng Y, Hay J N. Polymer, 1998, 39(26): 6723~6731
[101] Zacur R, Goizueta G, Capiati N. Polym. Engng Sci., 1999, 39(5): 921~929
[102] Cai H, Luo X, Chen X. J. Appl. Poly. Sci., 1999, 71: 103~113
[103] Mirabellar F M Jr. New Advances In Polyolefins: Structure and Thermodynamic Aspects of Phase Segregation of Commercial Impact Polypropylene Copolymers. New York: Plenum Press, 1993
[104] Sundararaj. Macromolecules, 1995, 28: 2647~2657
[105] Laupretre F, Bebelman S, Daoust D. J. Appl. Poly. Sci., 1999, 74: 3165~3172
[106] Water Spaleck. Metallocene-based Polyolefins: Properties of Metallocene-catalyzed Isotactic Polypropylene. Chichester, England: John Wliley and Sons Ltd., 2000, Vol.1

[107] Grassi A, et al. Macromolecules, 1988, 21: 617~622
[108] Tsutsui T, et al. Polymer, 1989, 30: 1350~1356
[109] Galante M J, et al. J. Therm. Anal., 1996, 47: 913
[110] Grande C, et al. ANTEC'2000, 2000: 3635~3639
[111] de Gennes P G. Science, 1992, 256: 495
[112] de Gennes P G. Rev. Mod. Physics, 1992, 64(3): 645
[113] (a) 谢封超, 张青岭, 何天白等. 高分子通报, 2001, (2): 50; (b) Bartlett P. Physics World, 1998, (6): 23; (c) 张发军, 宋默, 何天白等. Polymer, 2002, 43: 1453
[114] Defoor F, Groeninckx G, Schouterden P, et al. Polymer, 1992, 33: 3878
[115] Keating M Y, Lee I H, Wong C S. Thermoc. Acta, 1996, 284: 47
[116] Fu Q, Chiu F, McCreight K, et al. J. Macromol. Sci., Part B: Physics, 1997, B36: 41
[117] Keating M Y, Lee I H. J. Macromol. Sci., Part B: Physics, 1999, B38: 379
[118] Vandermier C, Moulin J F, Damman P, et al. Polymer, 2000, 41: 2945
[119] Schouterden P, Groeninckx G, Van der Heijden B, et al. Polymer, 1987, 28: 2099
[120] Kamiya T, Ishikawa N, Kambe S, et al. ANTEC '90, 1990: 871
[121] 张发军, 傅强, 何天白等. Polymer, 2002, 43: 1031
[122] Shanks R A, Amarasinghe G. Polymer, 2000, 41: 4579
[123] Chen F, Shanks R A, Amarasinghe G. Polymer, 2001, 42: 4579
[124] Kravchenko R L, Sauer B B, Scott McLean R, et al. Macromolecules, 2000, 33: 11
[125] Bicerano J. J.M.S.-REV. Macromol. Chem. Phys., 1998, C38(3): 391
[126] Turner-Jones A, Aizlewood J M, Beckett D R. Makromol. Chem., 1964, 75: 134
[127] Mezghani K, Phillips P J. Polymer, 1995, 36: 2407
[128] Sailors H R, Hogan J P. J. Macromol. Sci., Part A: Chemistry, 1981, A15: 1377
[129] Natta G, Corradini P. J. Polymer Sci., 1959, 39: 29
[130] Natta G, Corradini P, Ganis P. J. Polymer Sci., 1962, 58: 1191
[131] Wunderlich B. Macromolecular Physics, Vol. 1. New York: Academic Press, 1973
[132] Natta G, Corradini P. Nuovo Cimento. Suppl., 1960, 15: 40
[133] Brückner S, Meille S V, Petraccone V, et al. Polym. Sci., 1991, 16: 361
[134] Turner-Jones A, Aizlewood J M, Beckett D R. Makromol. Chem., 1964, 75: 134
[135] Turner-Jones A, Cobbold A J. J. Polymer Sci., Part B: Polym. Lett., 1968, 6: 539
[136] Morrow D R, Newman B A. J. Appl. Phys., 1968, 39: 4944
[137] Kardos J L, Christiansen A W, Baer E J. J. Polymer Sci., Part A-2: Polymer Physics, 1966, 4: 777
[138] Sauer J A, Pae K D. J. Appl. Phys., 1968, 30: 4950
[139] Addink E J, Bientema J. Polymer, 1961, 2: 185
[140] Wunderlich B. Macromolecular Physics, Vol. 2. New York: Academic Press, 1976
[141] Wunderlich B. Macromolecular Physics, Vol. 3. New York: Academic Press, 1980
[142] Karger-Kocsis J. Polypropylene: Structure, blends and composites, Vol. 1. London: Chapman & Hall, 1995
[143] Mencik Z. J. Macromol. Sci., Part B: Physics, 1972, B(6): 101
[144] Hikosaka M, Set T. Polym. J., 1973, 5: 111
[145] Petraccone V, De Rosa C, Guerra G, et al. Makromol. Chem. Rapid Commun., 1984, 5: 631
[146] Guerra G, Petraccone V, Corradini P, et al. J. Polymer Sci.: Polym. Phys. Ed., 1984, 22: 1029
[147] De Rosa C, Guerra G, Napolitano R, et al. Eur. Polym. J., 1984, 20: 937
[148] Petraccone V, Guerra G, De Rosa C, et al. Macromolecules., 1985, 18: 813
[149] Napolitano R, Pirozzi B, Varriale V. J. Polymer Sci., Part B: Polymer Physics, 1990, 28: 139
[150] Keith H D, Padden F J, Walker N M, et al. J. Appl. Phys., 1959, 30: 1485

[151] Samuels R J,Yee R Y. J. Polymer Sci.,Part A-2:Polymer Physics,1972,10:385
[152] Gomez M A,Tauaka H,Tonelli A E. Polymer,1987,28:2227
[153] Corradini P,Petraccone V,Pirozzi B. Eur. Polym. J.,1983,19:299
[154] Miller R L. Polymer,1960,1:135
[155] Wunderlich B,Grebowicz J. Adv. Polym. Sci.,1984,60/61:1
[156] McAllister P B,Carter T J,Hinde R M. J. Polymer Sci.,Part A-2:Polymer Physics,1978,16:49
[157] Corradini P,Petraccone V,De Rosa C,et al. Macromolecules,1986,19:2699
[158] Geil P H. Polymer Single Crystals. New York:Wiley-Interscience,1963
[159] Hoffman J D,Davies G T,Lauritzen J J. Treatise on Solid State Chemistry(Vol. 3):The Rate of Crystallization of Linear Polymers with chain Folding. New York:Plenum Press,1976: 562~614
[160] Armistea K,Goldbeck G,Keller A. Adv. Polym. Sci.,1992,100:221
[161] Marker L,Hay F M,Tilley G P,et al. J. Polymer Sci.,1959,38:33
[162] Griffith J H,Ranby B G. J. Polymer Sci.,1959,38:107
[163] Padden F J,Keith H D. J. Appl. Phys.,1959,30:1479
[164] Von Falkay B. Makromol. Chem.,1960,41:86
[165] Parrini P,Corrier C. Makromol. Chem.,1961,62:83
[166] Magill J H. Polymer,1962,3:35
[167] Donald H J,Humes E S,White L W. J. Polymer Sci.,Part C:Polym. Sym.,1964,6:93
[168] Hoshino S,Meinecke E,Powers J,et al. J. Polymer Sci.,Part A:General Paper,1965,3:3041
[169] Gordon M,Hillier H. Polymer,1965,6:213
[170] Beck H N,Ledbetter H D. J. Appl. Poly. Sci.,1965,9:2131
[171] Beck H N. J. Appl. Poly. Sci.,1967,11:673
[172] Rybnikar F. J. Appl. Poly. Sci.,1969,13:827
[173] Binsbergen F L,de Lange B G M. Polymer,1970,11:309
[174] Godowsky J K,Slonimsky G L. J. Polymer Sci.:Polym. Phys. Ed.,1974,12:1053
[175] Pratt C F,Hobbs S J. Polymer,1976,17:12
[176] Ishizuka O,Koyama K. Polymer,1977,18:913
[177] Crispino L,Martuscelli E,Pracella M. Makromol. Chem.,1980,181:1747
[178] Varga J,Menczel J,Solti A. J. Therm. Ana.,1981,20:23
[179] Wlochowicz A,Eder M. Polymer,1981,22:1285
[180] Rybnikar F. J. Appl. Polym. Sci.,1982,27:1479
[181] Menczel J,Varga J. J. Therm. Ana.,1983,28:161
[182] Avella M,Martuscelli E,Pracella M. J. Therm. Ana.,1983,28:237
[183] Martuscelli E,Pracella M,Crispino L. Polymer,1983,24:693
[184] Eder M,Wlochowicz A. Polymer,1983,24:1593
[185] Chalvert P D,De Rosa C. Polymer,1984,25:921
[186] Carfagna C,De Rosa C,Guerra C,et al. Polymer,1984,25:1462
[187] Clark E J,Hoffman J D. Macromolecules,1984,17:878
[188] Kowalewski T,Galeski A. J. Appl. Poly. Sci.,1986,32:2919
[189] Acosta J L,Ojeda M C,et al. J. Appl. Poly. Sci.,1986,32:4119
[190] Bartczak Z,Galeski A,et al. Polymer,1987,28:1627
[191] Janimak J J,Cheng S Z D. Polym. Bull.,1989,22:95
[192] Martuscelli E,Silvestere C,et al. Makromol. Chem.,1989,190:2615
[193] Bartczak Z,Galeski A. Polymer,1990,31:2027
[194] Pawlak A,Galeski A. J. Polymer Sci.,Part B:Polym. Phys.,1990,28:1813

[195] Mitsuishi K,Ueno S,et al. J. Appl. Poly. Sci.,1991,43:2043
[196] Tai H,Chiu W Y,et al. J. Appl. Poly. Sci.,1991,42:3111
[197] Kim Y C,Kim C Y,Kim S C. Polym. Engng Sci.,1991,31:1009
[198] Jurado J R,Maure C,et al. J. Mater. Sci.,1991,26:4022
[199] Janimak J J,Cheng S Z D,et al. Macromolecules,1991,24:2253
[200] Janimak J J,Cheng S Z D,et al. Polymer,1992,33:728
[201] Zettlemoyer A C. Nucleation. New York:Marcel Dekker,1969
[202] Price F P. Nucleation in Polymer Crystallization. New York:Marcel Dekker,1969
[203] Turnbull D,Fisher J C. J. Chem. Physics,1949,17:71
[204] Hoffman J D,Davies G T,Lauritzen J J. Treatise on Solid State Chemistry(Vol. 3):The rate of crystallization of linear polymers with chain folding. New York:Plenum Press,1976:561~614
[205] Hoffman J D. Polymer,1982,23:656
[206] Hoffman J D,Miller R L. Macromolecules,1988,21:3038
[207] Binsbergen F L. Kolloid-Z & Z-Polymer,1970,238:389
[208] Binsbergen F L. Polymer,1970,11:253
[209] Binsbergen F L. J. Cryst. Grow,1972,16:249
[210] Binsbergen F L. J. Polym. Sci.:Polym. Phys. Ed.,1973,11:117
[211] De Gennes P G. J. Chem. Phys.,1971,55:572
[212] Hoffman J D,Gutman C M,DiMarzio E A. Discuss. Faraday Soc.,1979,68:177
[213] DiMarzio E A,Hoffman J D,Gutman C M. Discuss. Faraday Soc.,1979,68:210
[214] Andriannova G P. J. Polymer Sci.:Polym. Phys. Ed.,1975,13:95
[215] Schultze G E W,Willers R. J. Polymer Sci.,Part B:Polym. Phys.,1987,25:1131
[216] Stein R S,Rhodes M B. J. Appl. Phys.,1960,31:1873
[217] Clough S,Von Artsen J J,Stein R S. J. Appl. Phys.,1965,36:3072
[218] Champion J V,Killey A,Meeten G H. J. Polymer Sci.:Polym. Phys. Ed.,1985,23:1467
[219] Magill J H. Nature,1961,191:1092
[220] Pakula T,Galeski A,et al. Polym. Bull.,1979,1:275
[221] Galeski A,Piorkowska E. Polym. Bull.,1980,2:1
[222] Avrami M. J. Chem. Phys.,1939,7:1103
[223] Avrami M. J. Chem. Phys.,1940,8:212
[224] Avrami M. J. Chem. Phys.,1941,9:177
[225] Wasiak A,Chemtracts. Macromol. Chem.,1991,2:211
[226] Piorkowska E,Galeski A. J. Phys. Chem.,1985,89:4700
[227] Piorkowska E,Galeski A. J. Polymer Sci.,Part B:Polym. Phys.,1985,23:1723
[228] Piorkowska E,Galeski A. J. Polymer Sci.,Part B:Polym. Phys.,1993,31:1285
[229] Burns J R,Turnbull D. J. Appl. Phys.,1966,37:4021
[230] Koutsky J A,Walton A G,Bear E. J. Appl. Phys.,1967,38:1832
[231] Bartczak Z,Galeski A,Pracella M. Polymer,1986,27:537
[232] Galeski A,Bartczak Z,Pracella M. Polymer,1984,25:1323
[233] Vidotto G,Levy D,Kovacs A J. Kolloid-Z & Z-Polymer,1969,230:289
[234] Fillon B,Thierry A,Lotz B and Wittmann J C. J. Polymer Sci.,Part B:Polym. Phys.,1993,31:1383
[235] Fillon B,Thierry A,Lotz B and Wittmann J C. J. Polymer Sci.,Part B:Polym. Phys. ,1993,31:1407
[236] Keith F J,Padden H D. J. Appl. Phys.,1959,30:1479
[237] Dregaun H,Hubeny H,Muschik H. J. Polymer Sci.:Polym. Phys. Ed.,1977,15:1779
[238] Lovinger A J,Chua J O,Gryte C C. J. Polymer Sci.:Polym. Phys. Ed.,1977,15:641

[239] Varga J,Garzo G,Ille A. Angew. Makromol. Chem.,1986,142:171
[240] Varga J,Toth F S. Makromol. Chem. Makromol. Symp.,1986,5:213
[241] Varga J. J. Therm. Ana.,1989,35:1891
[242] Varga J,Farzo G. Angew. Makromol. Chem.,1990,180:15
[243] Varga J,Toth F S. Angew. Makromol. Chem.,1991,188:11
[244] Garbarczyk J,Paukszta D. Colloid P. S.,1985,263:985
[245] Shi F Y,Zhang X D,Qiu Z X. Makromol. Chem.,1992,193:583
[246] Lauritzen Jr J I,Hoffman J D. J. Appl. Phys.,1973,44:4340
[247] Sanchez I C,Dimarzio E A. J. Res. Nat. Bur. Stand.,1972,76A:213
[248] Hoffman J D. Polymer,1983,24:3
[249] Monasse B,Haudin J M. Colloid P. S.,1985,263:822
[250] Fatou J G. Eur. Polym. J.,1971,7:1057
[251] Krigbaum W R,Uematsu I. J. Polymer Sci.,Part A:General Paper,1965,3:767
[252] Lovinger A J. J. Polymer Sci.:Polym. Phys. Ed.,1983,21:97
[253] Lauritzen J I. J. Appl. Phys.,1973,44:4353
[254] Varga J,Fujiwara Y,Ille A. Period. Polytech. Chem. Eng.,1990,34:256
[255] Martucelli E,Silvestere C,Abate G. Polymer,1982,23(2):229
[256] Monasse B,Haudin J M. Colloid P. S.,1988,266:679
[257] Grenier D,Prudhomme R E. J. Polymer Sci.:Polym. Phys. Ed.,1980,18:1655
[258] Cheng S Z D,Wunderlich B. Macromolecules,1988,21:3327
[259] Perez-Cardenas F C,Castillo L F,Vera Graziano E. J. Appl. Poly. Sci.,1991,43:779
[260] Malkin A J,Beghisev V P,Keapin J A. Polymer,1983,24:81
[261] Ozawa T. Polymer,1971,12:150
[262] Nakamura K,Katayama K,Amano T. J. Appl. Poly. Sci.,1973,17:1031
[263] Moos K H,Jungnickel B J. Angew. Makromol. Chem.,1985,132:135
[264] Chi G,Huang B,Zhang J,et al. Scientia Sinica:Series B,1987,30:225
[265] Varga J. Angew. Makromol. Chem.,1982,104:79
[266] Varga J. Angew. Makromol. Chem.,1983,112:191
[267] Varga J. J. Mater. Sci.,1992,27:2557
[268] Lotz B,Fillon B,Therry A,et al. Polym. Bull.,1991,25:101
[269] Varga J. J. Therm. Ana.,1986,31:165
[270] Ullmann W,Wendorff J H. Prog. Colloid Polym. Sci.,1979,66:25
[271] Moos K H,Tilger B. Angew. Makromol. Chem.,1981,94:213
[272] Varga J,Garzo G. Acta Chem. Hung.,1991,128:303
[273] Fox D. Labes M M, Weissberger A. Physics and Chemistry of Organic Solid State, Vol. 1 (Chapter 8). New York: Wiley-Intersicence, 1965
[274] Vaughan A S, Bassett D C. Comprehensive Polymer Science: Crystalliaztion and Morphology. Vol. 1 (Chapter 12). Oxford: Pergamon Press, 1989
[275] Haudin J M. Optical Properties of Polymers (Chapter 4). London: Elsevier, 1986
[276] Keith H D, Padden F J. J. Appl. Phys. 1963, 34: 2400
[277] Bassett D C, Vaughan A S. Polymer, 1986, 27: 1472
[278] Keith H D, Padden F J. Polymer, 1986, 27: 1463
[279] Lotz B, Graff S, Wittmann J C. J. Polym. Sci., Part B: Polym. Phys. , 1986, 24: 2017
[280] Nedkov E, Krestev V. Colloid Polym. Sci., 1990, 268: 1028
[281] Binsbergen F L, de Lange B G M. Polymer, 1968, 9: 23

[282] Cox W W, Duswalt A A. Polym. Eng. Sci., 1967, 7: 309
[283] Awaya H. Polymer, 1988, 29: 591
[284] Olley R H, Bassett D C. Polymer, 1989, 30: 399
[285] Shen Y, Yang D, Feng Z. J. Mater. Sci., 1991, 266: 1941
[286] Sauer J A, Morrow D R, Richarson G C. J. Appl. Phys., 1965, 36: 3017
[287] Nortern D R, keller A. Polymer, 1985, 26: 704
[288] Compostella M, Coen A, Bertinotti F. Angew. Chem., 1962, 74: 618
[289] Andersen P G, Carr S H. J. Mater. Sci., 1975, 10: 870
[290] Padden F J, Keith H D. J. Appl. Phys., 1966, 37: 4013
[291] Padden F J, Keith H D. J. Appl. Phys., 1973, 44: 1217
[292] Bassett D C, Olley R H. Polymer, 1984, 25: 935
[293] Lotz B, Wittmann J C. J. Polym. Sci., Part B: Polym. Phys., 1986, 24: 1541
[294] Peterlin A. Molecular Aspects of Oriented Polymers, In: Ward J M, ed. Structures and Properties of Oriented Polymers. London: Elsevier, 1975
[295] Binsbergen F L. Nature, 1966, 211: 516
[296] Devaux E, Chabert B. Polym. Commun., 1991, 32: 464
[297] Varga J, Karger-Kocsis. J. Polym. Bull., 1993, 30: 105
[298] Thomason J L, Van Rooyen A A. J. Mater. Sci., 1992, 27: 897
[299] Leugering H J, Kirsch G. Angew. Makromol. Chem. , 1973, 33: 17
[300] Jenckel E, Teege E, Hinrichs W. Kolloid Zeitscherft, 1952, 129: 19
[301] Fitchmun D R, Newman S. Polym. Lett., 1969, 7: 301
[302] Fitchmun D R, Newman S. J. Mater. Sci. Part A2, 1970, 8: 1545
[303] Kantz M R, Cornelliussen R D. Polym. Lett., 1973, 11: 279
[304] Chtterjee A M, Price F P, Newman S. J. Polym. Sci.: Polym. Phys. Ed., 1975, 13: 2391
[305] Campbell D, Qayyun M M. J. Polym. Sci. : Polym. Phys. Ed., 1980, 18: 83
[306] Folkes M J, Hardwick S T. J. Mater. Sci. Lett., 1987, 6: 656
[307] Huson M G, McGill W J. J. Polym. Sci. Polym.: Phys. Ed., 1984, 22: 2571
[308] Thomason J L, Van Rooyen AA. J. Mater. Sci., 1992, 27: 889
[309] Avella M, Dellavol G, Martuselli E, et al. Polym. Eng. Sci., 1992, 32: 376
[310] Avella M, Dellavol G, Martuselli E, et al. Polym. Eng. Sci. , 1992, 32: 383
[311] Gray D G. Polym. Lett. , 1974, 12: 509
[312] Devaux E, Chabert B. Polym. Commun., 1990, 31: 391
[313] Natta G, Pasquon I, Zambelli, A. J. Am. Chem. Soc., 1962, 84: 1488
[314] Herzog T A, Zubris D L, Bercaw J E. J. Am. Chem. Soc., 1996, 118: 11988
[315] Razavi A J. Organometallic Chem., 1992, 435: 299
[316] Asanuma T, Nishimori Y, Ito M, et al. Makromol. Chem., Rapid Commun., 1993, 14: 315
[317] Asanuma T, Nishimori Y, Ito M, et al. Makromol. Chem. Rapid Commun., 1994, 15: 723
[318] Marchetti A, Martuscelli E. J. Polym. Sci.: Polym. Phys. Ed., 1974, 12: 1649
[319] Lovinger A J, Lotz B, Davis D D, et al. Polymer, 1990, 31: 2253
[320] Loos J, and Petermann J. Polymer, 1996, 37: 4417
[321] Rodriguze-Arnold J, Zhengzheng Bu, Cheng S Z D. Polymer , 1994, 35: 5194
[322] Zhengzheng Bu, Yecheol Y, Rong-ming Ho, et al. Marcomolecules, 1996, 29: 6575
[323] Thomann R, Wang C, Kressler J, et al. Polymer, 1995, 36, 3795
[324] Natta G, Pasquon I., Corradini P, et al. Rend. Acc. Naz. Lincei, Classe Sci., Fis., Mat. E Nat. 1960, 28: 539

[325] Natta G, Corradini P, Ganis P, Makromol. Chem., 1960, 39: 238
[326] 于英宁, 张宏放, 莫志深. 高分子学报, 1999, 3: 302
[327] 于英宁, 张宏放, 莫志深. 应用化学, 1998, 12 (15): 6
[328] Rodriguze-Arnold J, Zhengzheng Bu, Cheng S Z D. Crystallization and Morphology of Syndiotactic Polypropylene Fractions: 1. Thermodynamic Properties, Overall Crystallization and Melting, Polymer, 1994, 35: 1884
[329] Hoffman JD, Lauritzen Jr JD. J. Res. Natl. Bur. Stand., 1961, A65: 297
[330] Lauritzen Jr JI, Hoffman JD. J. Appl. Phys., 1973, 44: 4340
[331] Miller RL, Seeley EG. J. Polym. Sci.: Polym. Phys. Ed., 1982, 20: 2297
[332] Supaphol P, Spruiell J E. Polymer, 2000, 41: 1205
[333] Rifi M R, Ficker H K, Walker D A, et al. Modern Plastics, 1987, (2): 65
[334] Wenig W. Angew. Makromol. Chem., 1978, 74, 147
[335] 李东明, 漆宗能. 高分子通报, 1989, 3: 32~38
[336] 张曾民, 吕荣侠, 田毅等. 塑料工业, 1989, (1): 31~37
[337] 童筱芳等. 塑料, 1989, (2): 11
[338] Lovinger A J, Williams M L. Journal of Applied Polymer Science, 1980, 25: 1703~1713
[339] Kurauchi T O. Journal of Materials Science, 1984, 19: 1699
[340] 傅强等. 高分子材料科学与工程, 1993, 3: 120
[341] Mori K, Izawa T, Mizuno Y, et al. US 4111879. 1976
[342] Becker R F, Burton LPJ, Amos SE. Polypropylene Handbook: Additives. New York: Hanser, 1999
[343] 欧玉春, 方晓萍, 冯宇鹏. 高分子学报, 1997, 1: 31~37
[344] 欧玉春, 方晓萍, 冯宇鹏. 高分子学报, 1996, 5: 601~606
[345] Merz E H, Glaver G G, Baer M. Journal of Polymer Science, 1956, 22: 325~334
[346] Bucknall C B, Smith R R. Polymer, 1965, 6: 437~442
[347] Moskowitz H D, Turner D T. Journal of Applied Polymer Science, 1974, 18: 143~148
[348] Matsuo M. Polymer, 1966, 7: 421~424
[349] Kambour R P, Russell R R. Polymer, 1971, 12: 237~248
[350] Seward R J. Journal of Applied Polymer Science, 1970, 14: 852~857
[351] Newman S, Strella S. Journal of Applied Polymer Science, 1965, 9: 2297~2304
[352] Bucknall C B. Toughened Plastics. London: Applied Science Publishers, 1977
[353] Bucknall C B et al. Journal of Materials Science, 1972, 7: 1443
[354] Bucknall C B. Polymer Blends, Vol 2: Performance: Deformation Mechanisms in Rubber-toughened Polymers. New York: John Wiley & Sons, 1999
[355] Bascom W D, Cottington R L, Jones R L, et al. Journal of Applied Polymer Science, 1975, 19: 2545
[356] Lazzeri A, Bucknall C B. Polymer, 1995, 36: 2895
[357] Starke J U, Michler G H, Grellmann W, et al. Polymer, 1998, 39: 75~82
[358] Kim G M, Michler G H, Gahleitner M, et al. Journal of Applied Polymer Science, 1996, 60: 1391~1403
[359] Pearson R A, Yee A F. Journal of Materials Science, 1986, 21: 2475~2481
[360] Wu S. Journal of Applied Polymer Science, 1988, 35: 549~561
[361] Wu S. Polymer, 1985, 26: 1855~1863
[362] Wu S. Polymer Engineering and Science, 1990, 30: 753~761
[363] Margolina A, Wu S. Polymer, 1988, 29: 2170~2173
[364] Gaymans R J. Polymer Blends, Vol 2. Performance: Toughening of Semicrystalline Thermoplastics., New York: John Wiley & Sons, 1999
[365] Young R J. Mater. Forum, 1988, 11: 210

[366] 朱晓光, 漆宗能等. 中国科学: B辑, 1996, 26 (4): 338~343
[367] Ishikawa M, Sugimoto M, Inoune T. Journal of Applied Polymer Science, 1996, 62: 1495~1502
[368] Tjong S C, Li W D, Li R K Y. Polymer Bulletin, 1997, 38, 721~727
[369] Jang B Z , Uhlmann D R , Vander Sande J B. Journal of Applied Polymer Science, 1985, 30: 2485~2504
[370] Stricker F, Thomann Y, Mulhaupt R. Journal of Applied Polymer Science, 1998, 68: 1891~1901
[371] Jancar J, DiAnselmo A, DiBenedetto A T. Polymer Communications, 1991, 32: 367~369
[372] Sjoedersma S D. Polym. Commun., 1989, 30: 106
[373] Bucknall C B, Page C J. Journal of Materials Science, 1982, 17: 808~816
[374] Wal A, Mulder J J, Oderkerk J, et al. Polymer, 1998, 39: 6781~6787
[375] Wal A, Nijhof R, Gaymans R J. Polymer, 1999, 40: 6031~6044
[376] Jiang W, Liu C, Wang Z, et al. Polymer, 1998, 39: 3285~3288
[377] Wal A, Verheul A J J, Gaymans R J. Polymer, 1999, 40: 6057~6065
[378] Gaymans R J, Wal A. Polym. Mater. Sci. Eng., 1997, 76: 168~169
[379] Inoue T. Journal of Applied Polymer Science, 1994, 54: 709~721
[380] Inoue T. Journal of Applied Polymer Science, 1994, 54: 723~733
[381] Inoue T, Suzuki T. Journal of Applied Polymer Science, 1995, 56: 1113~1125
[382] Wal A, Gaymans R J. Polymer, 1999, 40: 6045~6055
[383] Gaymans R J, Wal A. Polym. Mater. Sci. Eng., 1997, 76, 168~169
[384] Liu Y, Zhang X, Wei G, et al. Chinese Journal of Polymer Science, 2002, 20 (2): 93~98
[385] Jang B Z , Uhlmann D R, Vander Sande J B. Journal of Applied Polymer Science, 1984, 29: 4377~4393
[386] Gupta A K, Purwar S N. Journal of Applied Polymer Science, 1984, 29: 1595~1609
[387] Okamoto Y, Miyagi H, Kakugo M, et al. Macromolecules, 1991, 24: 5639~5644
[388] 刘铁群, 张晓红, 乔金　等. 2001高分子年会论文集. 郑州, 2001
[389] 霍尔登 G 等. 热塑性弹性体. 傅志峰等译. 北京: 化学工业出版社, 2000
[390] Linar G H, Dong S H, Mallin D T, et al. Macromolecules, 1992, 25: 1242
[391] Collette J W, Tullock C W, MacDonald R N, et al. Macromolecules, 1989, 22: 3851
[392] Fischer W. USP 3 835 201. 1974
[393] Das Balbhadra, Patel Raman P, Coran Aubert Y. USP 4 130 535. 1978
[394] 张中岳, 乔金樑. 合成橡胶工业, 1986, 9 (5): 361
[395] 张中岳, 乔金樑. 化工进展, 1987, (5): 16
[396] 朱玉俊编著. 弹性体的力学改性. 北京: 北京科学技术出版社, 1992
[397] 辛浩波主编. 塑料合金及塑橡共混改性. 北京: 中国轻工业出版社, 2000
[398] Coran A Y, et al. Rubb. Chem. Technol., 1980, 53 (1): 141
[399] 乔金樑, 魏根栓, 张晓红等. 中国专利申请号 00109220. 0. 2000
[400] 乔金樑, 魏根栓, 张晓红等. 中国专利申请号 99125530. 5. 1999

第五章　聚合反应工程

聚合反应工程在促进实验室研究成果向工业生产技术转化的过程中发挥了不可替代的作用。与一般的化学反应相比，聚合反应过程具有更为复杂的特性(已经在前面的章节中论述过)。非均相烯烃聚合过程，广泛涉及气、液、固多相体系的传热、传质和流动混合，固体颗粒的生长、破碎、聚并等，它们与催化剂的活性、氢调敏感性、共聚特性、聚合物的分子量及其分布、树脂粉体的颗粒形态等存在着极为复杂的关系。这些工程技术上的重要问题成为聚合反应工程学科的主要研究内容，目的是要提供各种先进工艺的工程放大理论以及过程优化方法，特别是聚合反应器的选型、放大设计和优化。聚合反应器的设计，除了要解决连续化以及强化反应能力的技术问题之外，还要解决多结构、多牌号树脂产品的柔性生产问题。事实上，多相聚合体系的反应流动和传递是化学工程科学至今尚未解决的重大问题，因此聚合工程在一定程度上还是一门经验科学。近年来，随着人们对催化剂、聚合机理的深入理解，以及新催化剂的不断更新，特别是计算机数学模拟技术的飞速发展，烯烃聚合反应工程技术取得了一系列重要的进展，形成了具有鲜明特点的现代聚合反应工程学科。

本章着重论述丙烯非均相聚合反应在工程上的各种主要实现方法，聚合反应设备的设计原理以及各种主要工程问题对产品性能质量的二次影响，目的在于掌握过程的放大规律，实现过程最优化，为生产工艺和设备的设计和操作提供科学理论基础。本章中的少部分模拟算例采用了乙烯聚合的数据，但是所揭示的意义同样适应于丙烯聚合过程。

5.1　丙烯聚合过程的颗粒动力学

聚合动力学是阐明聚合速率曲线及其与聚合物性质之间关系的理论，但是至今还难以形成一个统一的、可普遍接受的聚合动力学机理和模型方程。这是因为聚合动力学现象除了受到活性中心的结构、浓度和稳定性，增长的聚合物链的寿命，共聚性能，氢调性能等因素影响之外，还受到热质传递、催化剂/聚合物的颗粒形态等等因素的影响。由于催化聚合过程一般在淤浆或气相等多相体系中进行，因此在颗粒尺度上测量和描述聚合动力学是更为现实和有实际意义的研究。

5.1.1　催化剂/聚合物的颗粒结构

现代催化剂的聚合得率可以达到每克催化剂生产的聚合物大于 10 kg，所以催化剂无需从聚合物中脱除。固体催化剂颗粒的尺寸在 10～100 μm 之间，在反应器中处于单体的包围之中，与催化剂接触的单体可以是气相、纯液相(液体池工艺)，或溶解于液相稀释剂中(淤浆工艺)。在所有场合，多孔催化剂发生碎裂并且分散于聚合物中成为聚合的中心(见图5-1)。因此粒内至少有两个层次的质量传递过程：通过次级粒子间隙的微孔扩散(扩散系数为 D_l)，通过半结晶聚合物层的次级粒子内部扩散(扩散系数为 D_s)。

颗粒内部的热质传递对颗粒的热稳定性和颗粒形态等会产生重要作用，特别是气相聚合

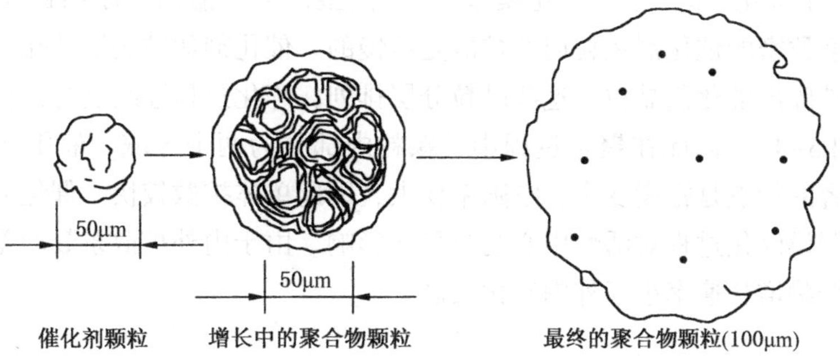

图 5-1 催化剂的破碎和聚合物颗粒的生长示意图

过程。因为对于气相聚合过程，单体的扩散系数比淤浆聚合过程高 2 个数量级。活性点上单体的浓度较高，聚合速率较快。但是由于聚合物放热量高，气相过程的传热能力差，聚合过程容易飞温。与此相对应，淤浆聚合过程的传热性较好，传质速率和催化活性较低，避免了聚合温度的失控。

进一步分析，聚合物是在多孔催化剂颗粒的内外表面生成的，数量不断增加的聚合物压迫催化剂孔道，造成催化剂颗粒的破碎。由于高分子链的缠结，破碎的催化剂次级粒子一般不会分离出母体，但是最近有研究者认为催化剂的破碎会导致反应器细粉的增加(见第 5.2 节)。无论如何，破碎现象会对聚合过程以及产品质量产生重要影响。破碎过程与催化剂颗粒的机械强度有关，它们最终受催化剂的配方和制备方法的影响。

如前所述，热质传递一般在微观(次级)颗粒(micro-particle)和宏观颗粒(macro-particle)两个层次上进行。微观颗粒由催化剂晶粒和聚合物组成，晶粒尺寸分布一般非常窄。在将要介绍的聚合物多粒子模型中，假设晶粒为球形，尺寸均一，晶粒周围聚合物的厚度相等，即符合等尺寸球对称假定。宏观颗粒是由众多的微观颗粒聚集而成，于是，该颗粒聚集体和催化剂颗粒有复制关系，包括形状复制和尺寸分布方面的复制。

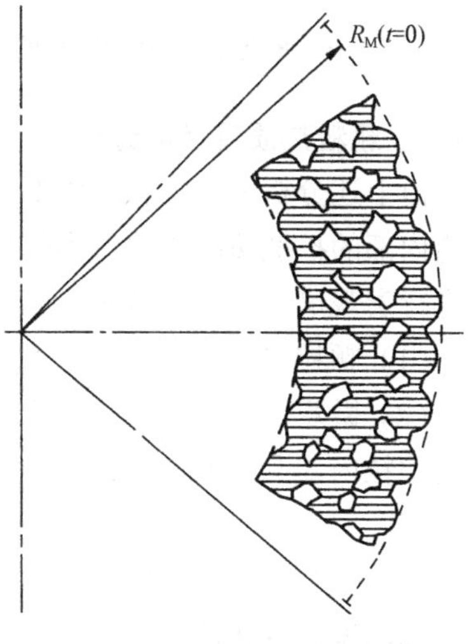

图 5-2 催化剂/聚合物颗粒的同心层结构

文献中有两种基本的模型结构描述微观颗粒是如何构造宏观颗粒的，即同心层结构和对称发散结构。同心层结构认为尺寸相同的微观颗粒彼此相邻排列在宏观颗粒的同心层面上(见图 5-2)。显然，由于颗粒内部存在反应物浓度的不均匀分布，每层的厚度可以不同。在聚合过程中，微观粒子层逐渐向外推移。同心层结构也可以称为“onion-skin”型。另一方面，对称发散结构也有层状的特点，但是微观粒子是两头成线相连(见图5-3)。这种结构也可以称为“necklace”型。从图上可以看出，颗粒结构不同，内部的孔道特性也不同。

在描述催化剂的破碎现象时，可以简单地假设催化剂的全部微晶在聚合反应发生之前就已经破碎并且排列好，称之为“early breaking”模型，或称为“瞬时破碎模型”。但是实际上，催化剂的碎化过程是需要时间的，其时间尺度与热质传递和聚合反应的时间尺度是相当的。于是 Laurence 和

Chiovetta[1]提出了催化剂的“逐步碎化模型”。该模型认为，催化剂原颗粒处于单体环境中时，单体在高度致密的催化剂颗粒内的扩散是缓慢的。催化剂颗粒表层的孔道最先受生长聚合物的挤压而破碎出催化剂晶粒，这些晶粒分层排列，碎化过程连续进行，从外到里一层一层地推进(见图 5-4)。因此在聚合过程中，颗粒内部分为两个区域。催化剂核区与外围层状碎化区，后者的特点是密度变小，空隙率变大，因此单体扩散较快。催化剂核区的扩散是较慢的。这里假设碎化过程对活性中心的数目无影响。由于内外扩散系数的差别，中心未碎化催化剂的聚合物增长速率小于外围碎化层区。

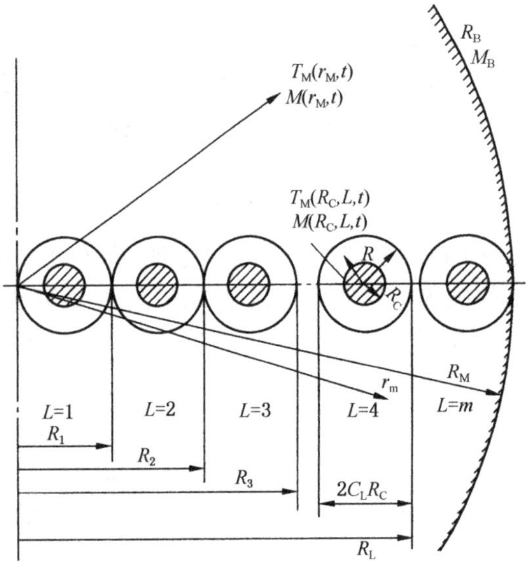

图 5-3　催化剂/聚合物颗粒的发散结构

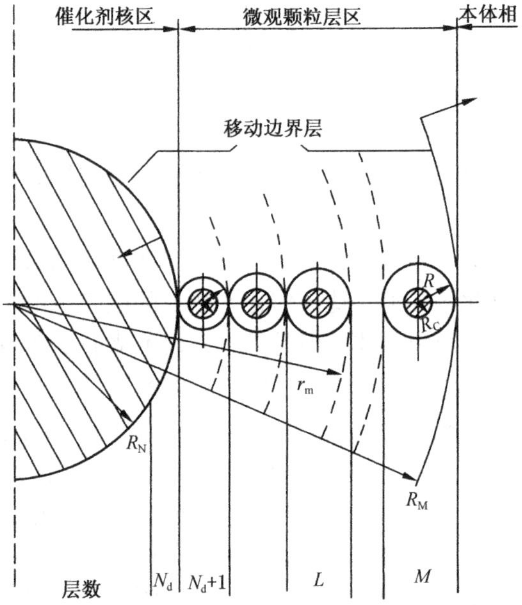

图 5-4　催化剂的逐步碎化聚合物颗粒生长模型

5.1.2　颗粒热质传递的分析

由上述分析可见，颗粒内部存在两个水平的传递过程。单体在催化剂/聚合物宏观颗粒孔道内部的扩散速率很快。由催化剂微晶和聚合物层组成的微观颗粒内的扩散速率就很慢。在进行宏观尺度上的模拟时，将整个聚合物(宏观)颗粒作为拟均相，假定：

(1) 颗粒内部为拟均相，即宏观颗粒有均匀的密度、热容、扩散系数、导热系数等。

(2) 微观颗粒被作为化学反应项和热源项，在宏观颗粒内部进行均匀化处理。因为一个宏观颗粒内部有许多层(10^2)，每层又有众多的催化剂微晶，因此，源项的均匀化处理是合适的。

通过微观颗粒的扩散方程和宏观颗粒扩散方程的联立数值求解可以计算单体的扩散与颗粒内部温度的变化趋势。

5.1.2.1　基于催化剂瞬时破碎模型的模拟结果

该模型表示催化剂晶粒在聚合之前已经完成破碎，聚合开始后单体便以同一个扩散系数向催化剂微晶表面扩散。以丙烯的气相聚合过程为例，演示催化剂/聚合物颗粒的热稳定性以及单体的传递过程。模型参数的选取参见表 5-1。

表 5-1　模型参数表(丙烯聚合过程)

参　数	取　值	单　位
动力学常数(以面积为基准)k	0.0000638	cm/s
单体在微观颗粒聚合物中的扩散系数 D	2.4×10^{-9}	cm^2/s
单体在宏观颗粒孔道间的扩散系数 D_{eM}	6.25×10^{-5}	cm^2/s
催化剂微晶半径 R_C	0.045	μm
宏观颗粒的外部半径 R_M	18.0	μm
聚合压力 p	28.0	atm①(绝)
本体中聚合温度 $T_0=T_B$	353.0	K
本体单体浓度 M_B	0.00145	mol/cm^3
宏观颗粒内微观粒子的体积分数 ϕ	0.65	
宏观颗粒的密度 ρ_M	0.4	g/cm^3
密实聚合物的密度 ρ_P	0.91	g/cm^3
催化剂密度 ρ_C	2.26	g/cm^3
聚合活化能 E_{act}	14.5	kcal②/mol · K
聚合热 ΔH	20.0	kcal/mol
微观颗粒中聚合物层的热容 C_{PP}	0.46	cal/g · K
催化剂的热容 C_{PC}	0.15	cal/g · K
气相的热容 C_{PG}	0.638	cal/g · K
宏观颗粒与本体之间的传热系数 h	0.01778	cal/g · K

① 1 atm = 101.3 kPa。

② 1 cal = 4.18J。

气相聚合可以在流化床或搅拌床中进行。操作气速是影响颗粒与气流之间传热的主要操作变量。模拟过程中可以通过定义参数 F_v 反映操作气速的作用。

$$F_v=\frac{Nu^0}{Nu_0^0}$$

式中，Nu^0 为聚合尚未开始催化剂颗粒在给定操作气速下的 Nusselt 准数值；Nu_0^0 是一个参照值，对应于操作气速为催化剂颗粒终端速度一半时的 Nusselt 准数值。显然，F_v 是一个无因次量，F_v 愈大，表示传热情况愈好，反之亦然。

模拟结果显示，颗粒的散热状况对聚合反应产生了决定性的影响。如图 5-5，在不同的散热条件下，催化剂颗粒中心层的温度[为无因次化温度，$T=T_M(L=1,\ t)/T_B$]随聚合的进行迅速升高达到某一个最大值，然后温度又逐渐下降。直观的解释是由于催化剂微晶颗粒假设事先破碎，迅速的扩散作用，使单体与所有活性中心接触发生聚合反应，放热速率极快，并大于散热速率，导致温度快速上升；随着聚合物的生成，催化剂微晶颗粒活性点向外分散，颗粒逐渐长大，由于散热面扩大，撤热速率加快，颗粒温度逐渐下降。另一方面，由于聚合物的生成，扩散的影响逐渐明显，可能会降低聚合速率，因此颗粒温度降低。

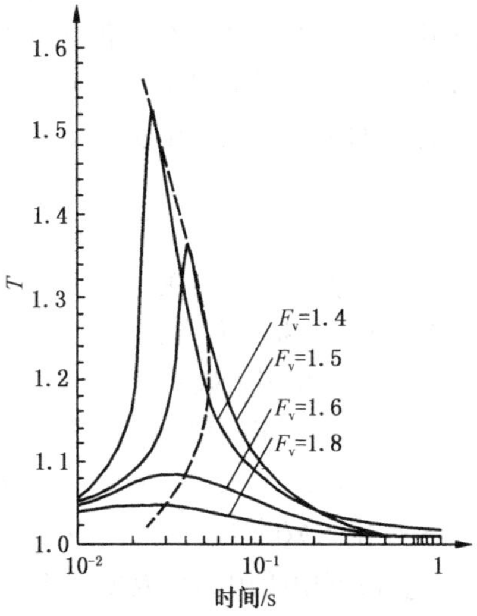

图 5-5　不同外部传热条件下，宏观颗粒中心位置的温度变化历程

升温时间大大小于降温时间(在半对数图上显示不明显)。在不同的换热条件下颗粒温度的变化程度是明显不同的:

(1) $F_v=1.5$ 时, 无因次温度 $T>1.2$, 聚合放热将产生飞温, 这意味着聚合物层的熔化, 阻止了单体向活性中心的扩散, 聚合反应终止。

(2) 当散热条件改善时($F_v>1.5$), T 在1.0~1.1之间, 聚合反应可以接受。事实上, 一旦发生飞温, 数学模型的许多假定自然就不成立了, 例如, H_r、D、C_p、ρ、导热系数等均与 T 有关, 因此模型的正确性只可以延伸到 $T=1.2$。但是图5-5中的计算结果给出了许多理论上的提示。图5-6 模拟了宏观颗粒内部不同活性位置上, 无因次单体浓度 [$M(R_C, L, t)/M_B$] 随时间的变化关系。

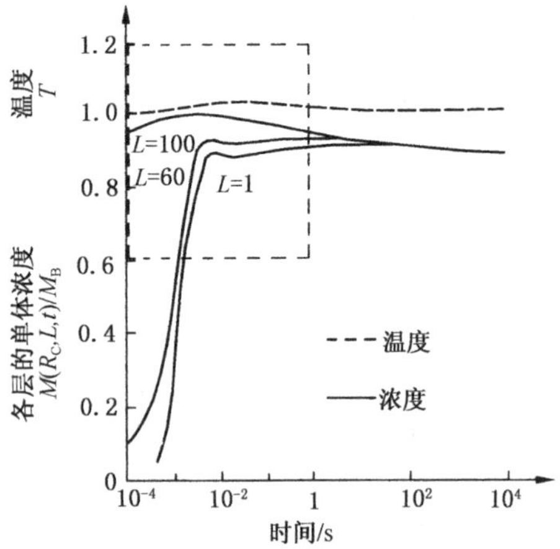

图 5-6 不同粒子层面的活性点上单体浓度与时间的关系

由图 5-6 可见, 考察扩散过程的时间尺度要更提前。扩散作用在反应初期的表现是十分明显的。随着时间的推移, 所有层面上的单体浓度都趋于一致, 说明扩散作用基本消失。颗粒出现热点温度的时间是在单体进入颗粒一定时间以后。此时单体浓度出现了小的低谷, 它反映了当聚合温度和速率最大时, 由于扩散的限制, 单体浓度出现暂时的亏空现象。随着聚合时间的延长, 温度和浓度梯度均消失。可见 D_{eM} 在聚合初期是重要的。另外, 改善散热条件有利于消除催化剂/聚合物颗粒的热点。

由于聚合初期的颗粒内部传递现象特别明显, 所以有必要考虑聚合初期的碎化过程及其对传递现象的影响。为此, 催化剂逐步碎化模型可以提供有关的模拟结果。

5.1.2.2 基于逐步碎化模型的模拟结果

该模型认为催化剂的碎化时间与颗粒内部单体传递的时间尺度相当, 因此有必要引入催化剂逐步破碎的概念。Z-N 催化剂原颗粒破碎过程的描述可以参见图 5-4。在催化剂逐步破碎模型中, 引入了临界生长因子 C_{cri}, 用于描述破碎所需要的聚合物最小生成量, 这是描述碎化过程的重要参数。生长因子 C 的定义为:

$$C=R/R_C$$

式中, R 是微观颗粒的半径; R_C 为催化剂微晶的半径。显然 C_{cri} 与催化剂的种类、化学组成、载体特性等因素有关, 一般难以用实验进行测定, 但可以作为模型参数加以考察。

如果用 R_N 指示催化剂破碎的前沿, 则当 $r_M>R_N$ 时, 模型结构与瞬间破碎模型相同。当 $r_M<R_N$ 时, 催化剂未破碎部分(核)是一个扩散控制的聚合过程, 核内单体浓度很低。同样, 可以用带化学反应的拟均相热质扩散方程描述催化剂内单体聚合的逐步破碎过程。此时, 模拟计算中共出现了三个扩散系数。D 为单体在半结晶聚合物层的扩散系数, D_{eM}^C 为单体在催化剂未碎化区域的扩散系数, D_{eM} 为单体在微观颗粒之间的孔道内的扩散系数。一般, $D_{eM}>D_{eM}^C>D$。模型中所用的参数见表 5-1。另外, $D_{eM}/D_{eM}^C=100$。通过计算可以获得如下重要的模拟结果。

图 5-7 表示了催化剂逐层破碎的位置[$\gamma(r_M=R_N)$]与聚合时间的关系。当 $C_{cri}=1.0$ 时,

表明催化剂的破碎过程是瞬时完成的，模拟曲线与纵坐标重合。当 $C_{cri}=1.02$ 时，破碎层的前沿是逐步向催化剂中心推进。当 $C_{cri}=1.04$ 时，这种推进的速率减缓。由图 5-7 可见，催化剂完全破碎所需要的时间大于颗粒内部出现热点的时间(0.02s)。对于活性不高的催化剂，或者结构强度较大的催化剂，完全破碎所需要的时间将延长。

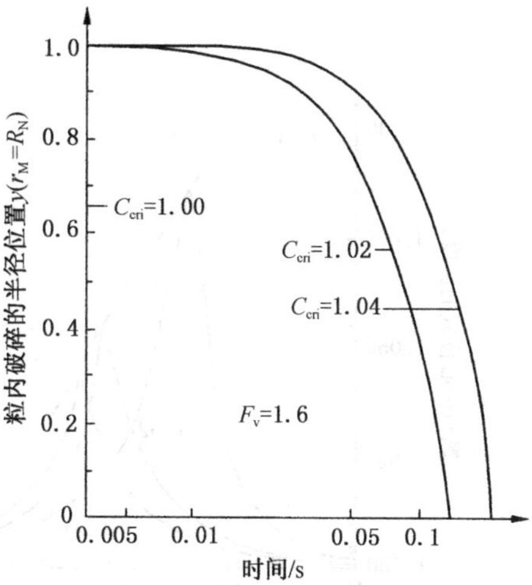

图 5-7　催化剂逐层破碎的位置与聚合时间的关系

由图 5-8 可见，当已知催化剂的临界破碎值 C_{cri} 和散热条件 F_v 时，单体逐步从本体向催化剂内部扩散，例如当 $\theta_1=0.0033$s 和 $\theta_2=0.0362$s 时，单体的无因次浓度[$M(R_C,y,\theta)/M_B$]变化呈现典型的扩散控制特点。当 $\theta_1>\theta_2$ 以后，催化剂内部出现了破碎层，在破碎层内单体浓度的变化不大，说明此时反应为控制因素，扩散变得容易。在催化剂未破碎的中心区，单体的扩散仍然为控制步骤，中心区单体的浓度变化就说明了这一点。在这些时间内，单体在颗粒内部的变化是不连续的。当 $\theta_1>\theta_9=0.316$s 时，催化剂的破碎过程结束，整个颗粒内部单体的浓度变化均不明显，原因是整个颗粒内部的扩散速率有了很大提高。

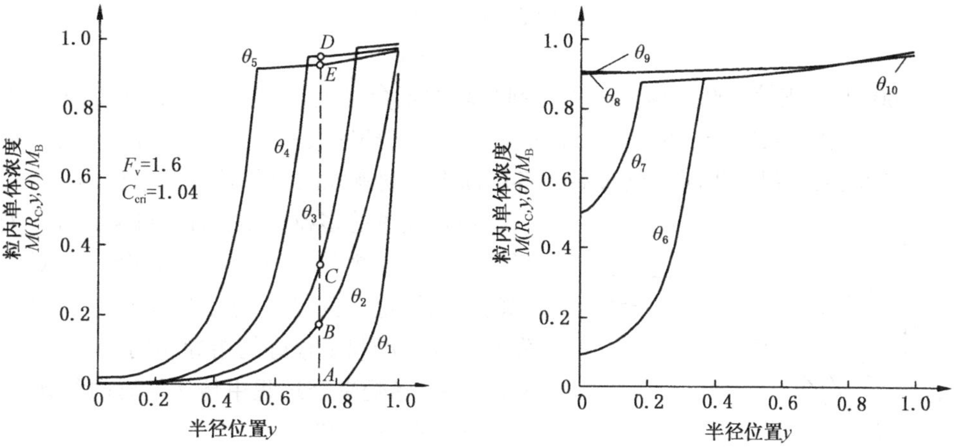

图 5-8　不同聚合时间单体浓度在催化剂/聚合物颗粒内部的分布

θ_1	θ_2	θ_3	θ_4	θ_5	θ_6	θ_7	θ_8	θ_9	θ_{10}
0.0033s	0.0362s	0.069s	0.102s	0.135s	0.168s	0.200s	0.234s	0.316s	0.842s

由于考虑了催化剂的逐步破碎过程，催化剂的活性中心是逐步被暴露于单体之中的，聚合热不易积累。因此，催化剂进行单体聚合时出现飞温的可能性大大减少。由图 5-9 可见，当 $F_v=1.6$ 时，C_{cri} 愈大，则催化剂破碎的速度愈慢，温度升高的幅度就愈小。图 5-10 综合显示了散热条件 F_v 和催化剂破碎快慢程度 C_{cri} 对聚合温度升高的影响。可以发现 C_{cri} 比 F_v 更加敏感。例如，$F_v=1.4$，$C_{cri}=1.0$ 是不可接受的，但是 $F_v=1.4$，$C_{cri}=1.04$ 就具有平缓

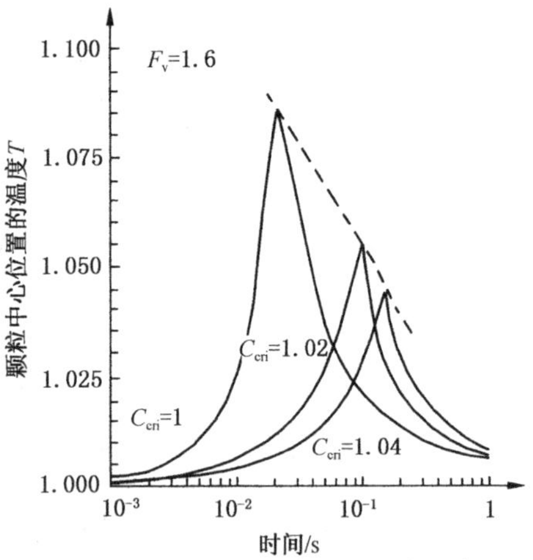

图 5-9　催化剂/聚合物颗粒内聚合温度随时间的变化关系

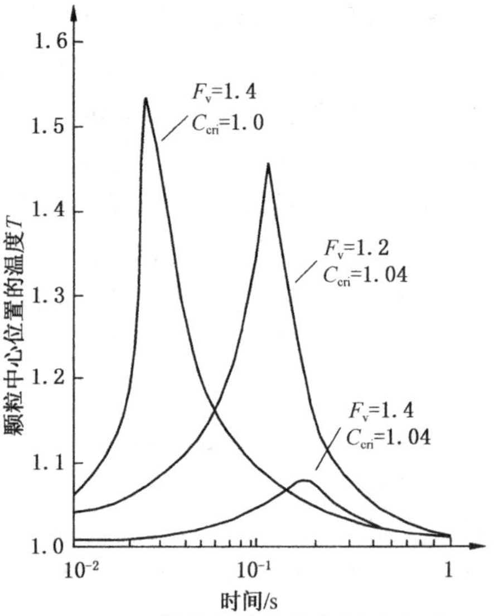

图 5-10　散热条件与催化剂破碎对聚合温度升高的影响

的温度变化规律了。

为了考察宏观颗粒内部各层面上微观颗粒尺寸的变化情况，可以先定义下列微观颗粒无因次尺寸变量：

$$\frac{C(L,\ \theta)\ -\ 1}{C(100,\ \theta)\ -\ 1}$$

其中，$C(100,\theta)$代表第 100 层球面上催化剂微晶的聚合物生长因子；$C(L,\theta)$代表第 L 层面上 θ 时刻的聚合物生长因子。由图 5-11 可见，聚合初期宏观扩散的作用明显，各层粒子尺寸之间的差别较大。但是当时间延长后，各层面上微观颗粒的直径基本趋于相等。

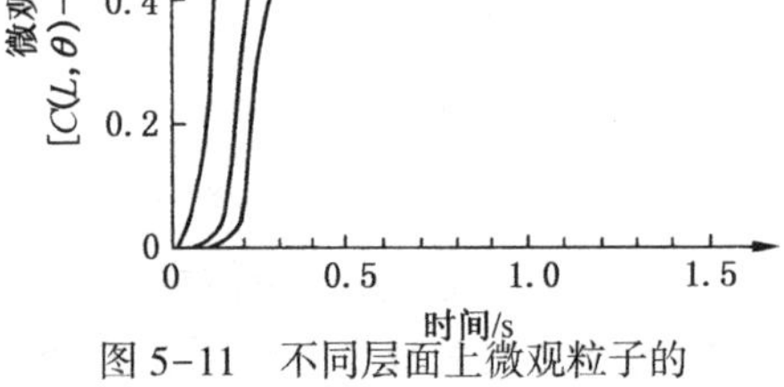

图 5-11　不同层面上微观粒子的尺寸随时间的变化

通过改进的多粒模型，Hutchinson 等[2]对聚烯烃颗粒的生长规律，特别是预聚合过程对颗粒形态的影响等重要问题进行了模拟研究，对技术开发和工业生产起了很好的指导作用。

5.1.2.3　烯烃聚合过程中传递性质的估计

在淤浆聚合和气相聚合过程中，催化剂活性中心被半结晶态的聚合物所包围。为了使反应继续进行，单体必须吸附进入该聚合物，然后通过聚合物扩散到催化活性中心上。聚合速率取决于活性中心上单体的浓度，而该浓度又与一定温度和压力下的单体在聚合物中的溶解度有关。研究人员已经发现，单体在聚合物中的溶解度和扩散性影响聚合过程(例如，聚合度、共聚物含量等)，而且在气相过程和淤浆过程中单体的传递参数有显著的差别。掌握这些传递参数的变化规律对于开发设计聚合反应器和脱挥器十分必要。此外，小分子在聚合物中的溶解与扩散规律对于聚合物的后加工过程也是极为重要的。

（1）单体在聚合物中的溶解性质　在气相聚合和液相聚合体系，单体在聚合物相中的可溶解性有非常大的差别。在气相体系，单体从气相进入一个半结晶聚合物中的非晶相区时，吸附过程遵守 Henry 定律。Henry 系数与操作温度和单体性质有关，其计算公式[3]为：

$$\lg(k_{\mathrm{H}}^{*}) = -5.38+1.08(T_{\mathrm{C}}/T)^{2}$$

式中，T_{C} 为吸附剂的临界温度。于是

$$\eta_{\mathrm{i}} = \frac{[M_{\mathrm{i}}]^{*}}{[M_{\mathrm{i}}]_{\mathrm{b}}} = \frac{k_{\mathrm{H}}^{*} \cdot p}{\hat{\rho}}$$

式中，p 是反应器中的总压；$\hat{\rho}$ 为反应器中气体的摩尔密度。

液相聚合时，η_{i} 仅与聚合物颗粒中非结晶区的体积分数 v_{pol} 有关，计算式[2]如下：

$$\eta_{\mathrm{i}} = 1.0 - v_{\mathrm{pol}}$$

而 v_{pol} 可用下式计算：

$$v_{\mathrm{pol}} = a + b(1/T) + c(1/T)^{2}$$

其中，常数 a、b、c 可以进行经验回归。

对于庚烷-聚丙烯体系：

$$a=-2.1820;\ b=1.4938\times10^{3};\ c=-1.9434\times10^{5}$$

对于己烷-聚乙烯体系：

$$a=-3.6329;\ b=2.3547\times10^{3};\ c=-3.1243\times10^{5}$$

显然，这些数据不能应用于其他体系。

Sato 等[4a]研究了乙烯、丙烯、正己烷在聚丙烯合金(ICP-PP)中的溶解度。聚丙烯合金(ICP-PP)的结构特征是在聚丙烯基体中包含了乙烯均聚物和乙烯/丙烯的无规共聚物(多相聚合物)。由于聚合物的溶胀会导致溶解度增加，溶解度必须进行校正。经过预测，丙烯/ICP-PP 的最大溶胀率为 16%(体积分数)，乙烯/ICP-PP 的溶胀率为 4%(体积分数)。对于丙烯/PP 体系，溶胀率小于 14%(体积分数)。所以，丙烯/ICP-PP 体系、乙烯/ICP-PP 体系以及丙烯/PP 体系，溶胀校正分别小于溶解度的 12.9%、8.5%和 14.9%。

ICP-PP 的结晶度估算比较复杂[4a]。假如 ICP-PP 的无定形部分聚合物的比容比丙烯均聚物的高 0.46%，则结晶度将在 58.1%~60.1%(质量分数)之间变化。而结晶度 2%的变化将引起相对溶解度增加大约 6%。

图 5-12 和图 5-13 分别给出了乙烯、丙烯在 ICP-PP 中的溶解度。发现乙烯的溶解度随压力几乎线性增加，丙烯的溶解度也随压力的增加而有较快的增加。两种气体的溶解度均随温度的增加而下降。丙烯在 ICP-PP 中的溶解量大约比乙烯高 6~8 倍。图 5-12 中的虚线表示结晶度为 47%(质量分数)的聚丙烯在 54℃时的溶解度。作为对比，图 5-14 给出了丙烯在 PP 中的溶解度。由于小分子仅仅溶解在聚合物的无定形区，所以我们以单位质量无定形聚合物中的相对溶解度作为各种样品之间的比较基准。可以发现，丙烯在 ICP-PP 和 PP 中的相对溶解度基本相同，可能是由于两种样品的聚合物具有相似的结构(都含有 CH_2 和 CH_3)

所致。而且丙烯和聚丙烯的相互作用似乎类似于丙烯和聚乙烯之间的相互作用。

图 5-15 给出了正己烷在 ICP-PP 中的溶解度变化数据。图中的虚线代表了用Sanchez-Lacombe 状态方程(S-L EOS)的校正结果，可以看出除高溶解区外，实验值和校正计算值符合较好。实线表示采用 Herry 常数的 S-L 状态方程的预测结果。

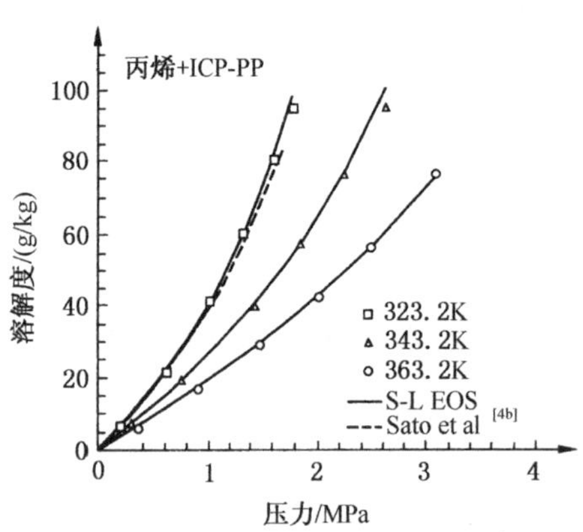

图 5-12　丙烯在 ICP-PP 中的溶解度

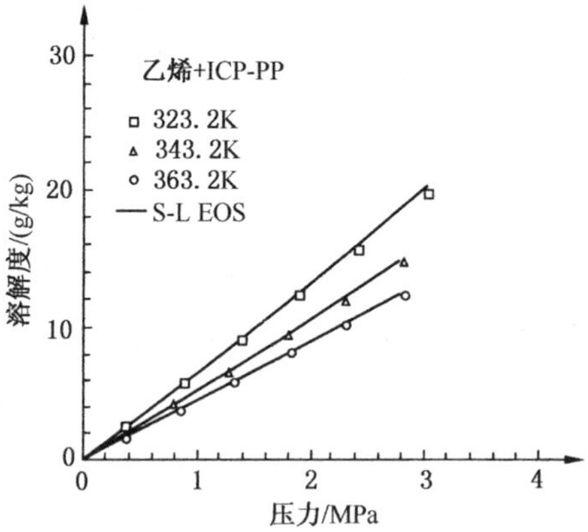

图 5-13　乙烯在 ICP-PP 中的溶解度

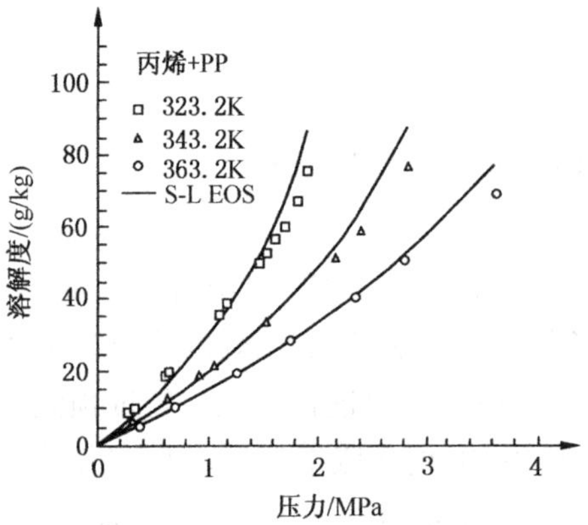

图 5-14　丙烯在 PP 中的溶解度

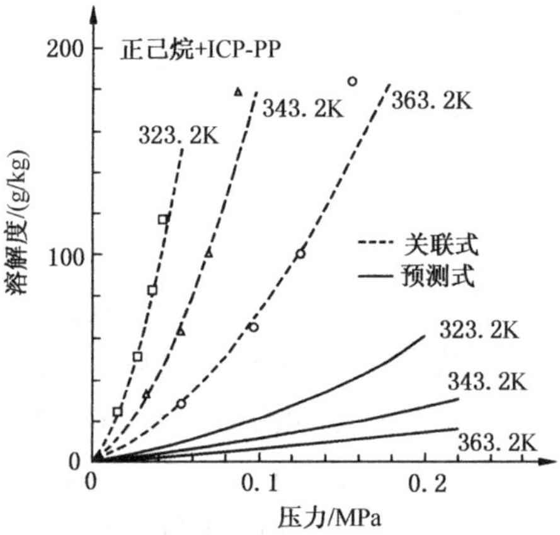

图 5-15　正己烷在 ICP-PP 中的溶解度

Sato 等[4]研究了 ICP-PP 多组分的吸附溶解问题。他们用气-液分配色谱测定了正己烷在无限稀释的条件下的气液平衡分配系数 K_{w1}^{∞}(正己烷在气相和聚合物相的质量分数之比)。正己烷在丙烯/ICP-PP 体系和在乙烯/ICP-PP 体系中的实测平衡结果以及理论预测分别表示在图 5-16 和图 5-17 中。K_{w1}^{∞} 随温度的增加、压力的减少而增加。两图中的实验数据在数量级上是相似的。考虑到丙烯在 ICP-PP 中的溶解度是乙烯的 6~8 倍，可以认为正己烷的 K_{w1}^{∞} 主要受正己烷/聚合物体系的气液平衡控制，与乙烯或丙烯是否在气相中占主导地位无关。

(2) 单体在颗粒中的扩散系数　单体在宏观颗粒中的扩散类似于通过多孔催化剂的扩散，其扩散系数主要与单体 i 在反应介质中的扩散性相关。其计算公式如下：

$$(D_i)_1 = \frac{\varepsilon \cdot (D_i)_b}{\tau}$$

式中，ε 是宏观颗粒的孔隙率，这是随时间变化的，当反应刚开始时，$\varepsilon_0=0.3$；τ 是弯曲因子(一般为 2~7，推荐取 4[5])。

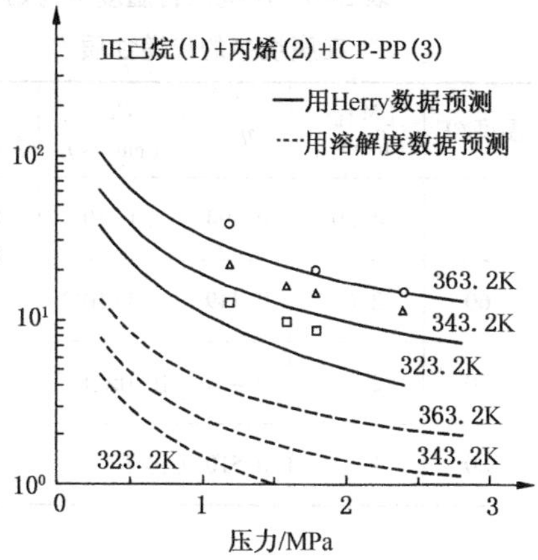

图 5-16 正己烷在丙烯/ICP-PP 体系中的气液平衡分配系数

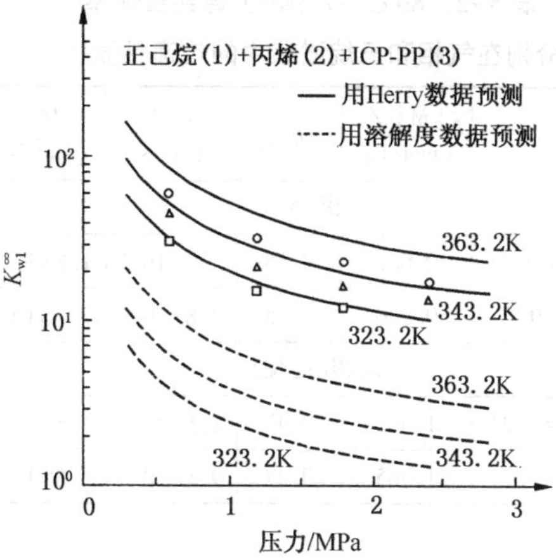

图 5-17 正己烷在乙烯/ICP-PP 体系中的气液平衡分配系数

(3) 单体在聚合物中的扩散系数 当计算由催化剂晶粒和聚合物组成的微观颗粒中的传质过程时，需要了解单体在聚合物中的扩散系数，其中单体在聚合物非结晶区域中的扩散系数可以由下式[6]计算：

$$D_i^* = D_{i0}^* \cdot \exp\left(-\frac{E_{di}}{RT}\right) \tag{5-1}$$

式中，$E_{di}=2.6+2.2d$(单位：kcal/mol · K)。

由于聚合物结晶区的存在，必须对上述计算公式进行校正：

$$(D_i)_s = \frac{D_i^* \cdot \alpha_v^n}{\beta_i} \tag{5-2}$$

式中，α_v^n 为非结晶区的体积分数；β_i 为系数，反映结晶区域的存在对单体 i 扩散的阻力大小。

当 $\alpha_v \leqslant 0.8$ 时，$\ln\beta = 0.079d^2$

当 $\alpha_v > 0.8$ 时，$\beta=1$

对于 HDPE，$n=1.5$。上述方程(5-1)和(5-2)中的参数可以与渗透分子的对比直径(d)相关联。渗透分子的真实直径 σ 还必须用单位聚合物链节 —CH_2— 的自由体积 ϕ 进行校正。

$$d = \sigma - (\sqrt{\phi})/2$$

式中，$(\sqrt{\phi})/2$ 代表 2 个聚合物链段之间的平均空间，取值为 0.09 nm。σ 的取值可以从文献[7]查取。有了上述分子参数后，可以按如下方法估计方程(5-1)和(5-2)中的参数：

$$\ln\left(\frac{10^7 D^*}{\sigma^2}\right) = 3.66 - 1.32d$$

该式给出了25℃下的扩散系数(单位：cm^2/s)。

表5-2和表5-3给出了常见聚合体系中的有关传递参数。

表5-2　80℃下乙烯-丁烯共聚体系分别在气相和己烷淤浆中的传递性质[2]

	$[M]_b$/(mol/L)	η^*	D_b/(cm^2/s)	D_s/(cm^2/s)
气相(N_2)				
乙烯(x=0.5)	0.652	0.55	5.7×10^{-3}	1.8×10^{-6}
丁烯(x=0.1)	0.130	3.75	2.8×10^{-3}	7.7×10^{-7}
液相(己烷)				
乙烯(x=0.2)	1.365	0.47	1.5×10^{-4}	1.6×10^{-6}
丁烯(x=0.2)	1.365	0.47	9.8×10^{-5}	6.5×10^{-7}

表5-3　不同聚合温度下丙烯在庚烷中的传递性质[2]

温度/℃	$[M]_b$/(mol/L)	η^*	D_b/(cm^2/s)	D_s/(cm^2/s)
40	4.20	0.394	8.1×10^{-5}	1.0×10^{-7}
60	2.60	0.449	9.3×10^{-5}	2.9×10^{-7}
70	2.12	0.479	10.0×10^{-5}	4.7×10^{-7}
80	1.75	0.510	10.8×10^{-5}	7.4×10^{-7}

5.1.3　扩散阻力与多活性中心

怎样才能够加宽聚合物的分子量分布(MWD)，出现了两种有影响的理论。一种理论认为生长着的聚合物颗粒内单体的扩散阻力可能与宽MWD有关。由于存在严重的扩散阻力，成长着的聚合物颗粒内部承受了不均一的单体浓度，相应生成的聚合物分子量将具有显著的区别，于是总的MWD变宽。为了定量描述固态催化聚合的粒内扩散阻力对聚合的影响，需要一个具有合理物理意义的多粒模型[8]，并定义单体在聚合物颗粒微孔内的有效扩散系数D_1和单体通过次级粒子中半结晶聚合物的扩散系数D_s。D_1类似于常规的多相催化剂中的有效扩散系数。在淤浆聚合中估计D_1在10^{-6}~$10^{-5}cm^2/s$之间，这在许多情况下会导致明显的扩散阻力。次级粒子的扩散系数D_s一般在10^{-8}~$10^{-7}cm^2/s$之间。一些其他的关键参数的取值见表5-4。在气相聚合中D_1比淤浆聚合过程高出两个数量级，宏观颗粒(macro-particle)的扩散阻力一般可以忽略。

表5-4　烯烃聚合过程中一些关键参数的典型取值范围[9]

参　数	取 值 范 围
单体在微孔中的有效扩散系数D_1(淤浆工艺)	10^{-6}~$10^{-5}cm^2/s$
单体浓度M_b(工业化淤浆工艺)	2~4mol/L
平均链增长速率常数k_p(现代高效催化剂)	500~5000 L/mol/s
活性中心的数目C^*(现代高效催化剂)	10^{-5}~10^{-4}mol/g cat
活性中心半衰期$t_{1/2}$	秒~小时级
聚合热H_p	20~25kcal①/mol
聚合活化能E	5~12kcal/mol
催化剂粒径d_p	10~100μm

① 1cal=4.18 J。

第二种理论认为烯烃聚合物的宽MWD和催化剂存在多种活性中心(即催化活性的非均匀性)有关[10~13]。每种活性中心需要有各自的链增长常数和/或转移常数。很显然，将N份在N种不同类型活性中心上产生的聚合物结合起来所产生聚合物的分子量分散指数为：

$$Q = \sum_{i=1}^{N} w_i\overline{M}_{wi} \Big/ \sum_{i=1}^{N} w_i/\overline{M}_{ni} \tag{5-3a}$$

式中，w_i 是重均分子量为 $\overline{M}_{wi}$、数均分子量为 $\overline{M}_{ni}$ 的聚合物的质量分数。另一方面，假如每种活性中心上生长的聚合物的分子量分散指数均为 Q_0，则总分散指数可以表达为：

$$Q = Q_0 \sum_{i=1}^{N} w_i \overline{M}_{ni} \Big/ \sum_{i=1}^{N} w_i / \overline{M}_{ni} \tag{5-3b}$$

因此，总分散指数正比于单个中心的分散指数 Q_0。对于 $Q_0=2$ 的简单双活性中心模型，两种活性中心的分率对总分散指数 Q 的影响示于图5-18,由图可见：

(1) 分子量至少相差一个数量级的两种聚合物组合才会导致分散指数大于 5。

(2) 当两种聚合物以相等的质量组合时，分散指数最大。

假如粒间扩散阻力的存在导致每种活性中心有较高的分散指数，那么总的分散指数将以无扩散阻力的分散指数为基准按某一比例因子增加(见方程 5-4)。因此，由于活性中心的多样性，粒间扩散阻力可以通过方程(5-4)对 MWD 的加宽产生贡献。

在淤浆聚合时，具有单活性中心的高效催化剂的分散指数预测结果见图 5-19。可以发现，即使在扩散过程严重受到限制的条件下，聚合 30min 后分散指数降至 4 以下，聚合 2 h 后分散指数降至 3 以下。因此，不管怎样假设似乎合理的扩散系数值和浓度梯度，也不能解释实验中观察到的分散指数的数值在 5~20 的结果(假设反应器停留时间为数小时)。

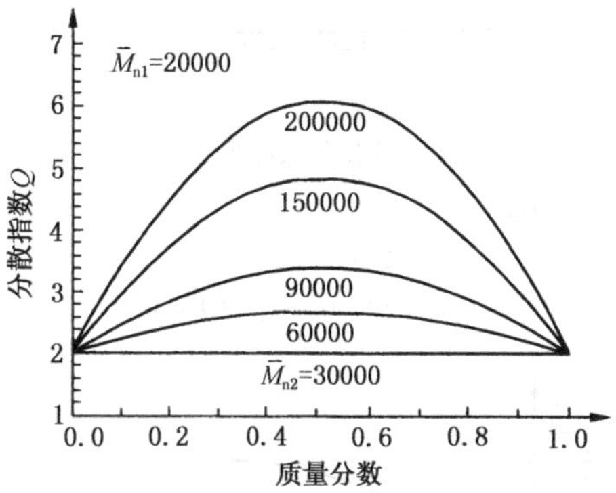

图 5-18　不同分子量的聚合物与 $\overline{M}_{n1}=20000$ 的聚合物以不同质量分数组合，对总体分散指数的影响（每种聚合物的分子量分散指数 $Q_0=2$）

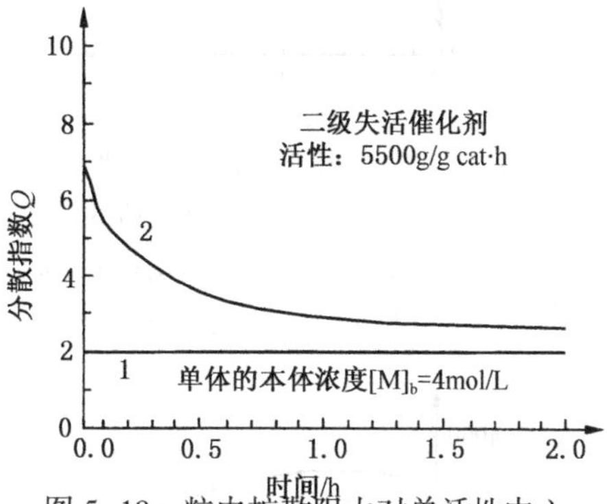

图 5-19　粒内扩散阻力对单活性中心催化剂分散指数的影响

催化剂活性二级失活，$C(0)=10^{-5}$mol/g cat，$t_{1/2}=0.25$ h，1—$k_p=3600$ L/mol·s，$Y_2=11700$ g/g cat，$D=1\times10^{-5}$cm²/s；2—$k_p=6600$ L/mol·s，$Y_2=11800$ g/g cat，$D=1\times10^{-6}$cm²/s

图 5-20~5-22 预测了粒径不同的催化剂体系中双活性中心和扩散阻力对聚合速率、数均分子量、分散指数以及有效因子(有扩散阻力的反应速率与无扩散阻力时的反应速率之比)的综合影响[14]。

假设单活性中心和双活性中心催化剂的动力学参数对所有粒径的颗粒都是相同的，双活性中心催化剂的总体活性与单活性中心催化剂也相同。计算中链转移过程的氢气扩散阻力忽略。对于 30μm 粒径的催化剂(图 5-20)，粒间扩散是极小的。0.5h 后有效因子就达到 0.9，活性衰减的特征曲线因此受扩散的影响很小，单活性中心催化剂的分散指数仅仅在数分钟的反应时间后就小于 3，而在 2 h 后分散指数就接近 2——最可几分布的理论值。对于双活性中心催化剂，聚合 2h 后的分散指数为 6.4。当然，这可以更宽或更窄，取决于每种活性中心的动力学常数。

如图 5-21 所示，中等大小的粒子（粒径为 60μm 的催化剂）就展示出了较为明显的扩散阻力。有效因子随时间缓慢增加，2h 后等于 0.8，而分子量逐步增加，这是失活催化剂在扩散控制的系统中所固有的表现。因此即使对于单活性中心催化剂在反应停留时间 30min 内，分散指数也大于 4。对于双活性中心催化剂分散指数开始为 25，然后在 2h 后减少到 10。

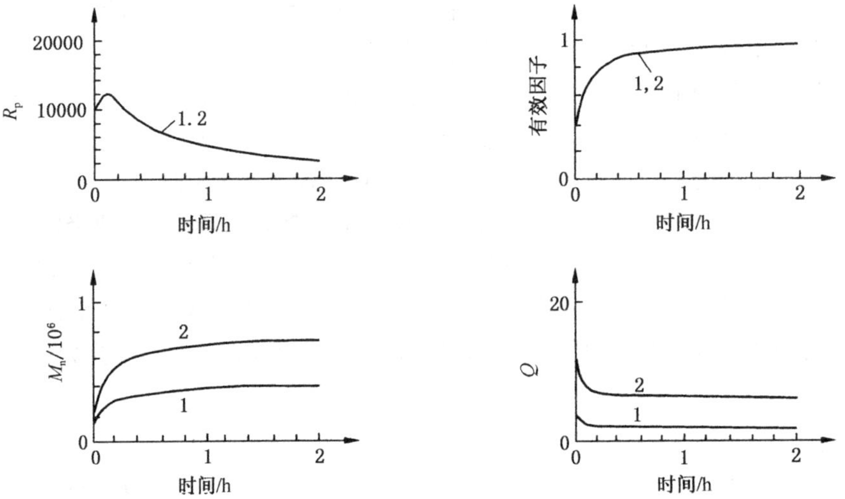

图 5-20 扩散阻力和双活性中心对聚合速率、有效因子、数均分子量和分散指数的影响
二级失活的高效催化剂，粒径 30μm

1—k_p=4200 L/mol·s，$C(0)=10^{-5}$mol/g cat，$t_{1/2}$=0.25h；2—k_p^1=4200 L/mol·s，$C^1(0)=0.5\times10^{-5}$mol/g cat；k_p^2=42000 L/mol·s，$C^2(0)=0.05\times10^{-5}$mol/g cat，$t_{1/2}=t_{1/2}$=0.25h

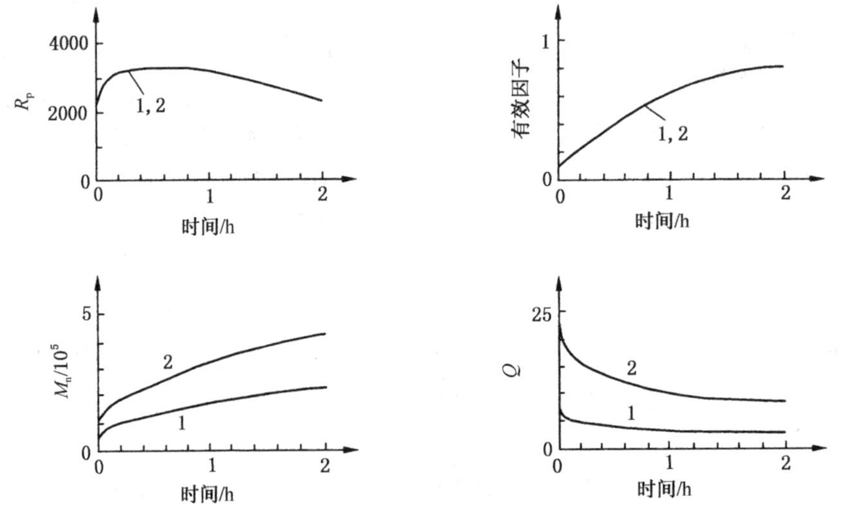

图 5-21 扩散阻力和双活性中心对聚合速率、有效因子、数均分子量和分散指数的影响
二级失活的高效催化剂，粒径 60μm

1—k_p=4200 L/mol·s，$C(0)=10^{-5}$ mol/g cat，$t_{1/2}$=0.25h；2—k_p^1=4200 L/mol·s，$C^1(0)=0.5\times10^{-5}$ mol/g cat；k_p^2=42000 L/mol·s，$C^2(0)=0.05\times10^{-5}$ mol/g cat，$t_{1/2}=t_{1/2}$=0.25h

最后看图5-22，粒径为90μm的催化剂颗粒。单活性中心催化剂在2h的分散指数为4.4，2h的催化剂得率却只有30μm催化剂的20%。由于大粒径催化剂生产的聚合物如此少，因此对于具有粒度分布的催化剂体系，扩散所产生的MWD加宽作用不大。从图5-22可见，扩散阻力微小或可以忽略，但是存在一种类型以上活性中心的催化剂，仍然可以产生宽分子量分布的聚合物。

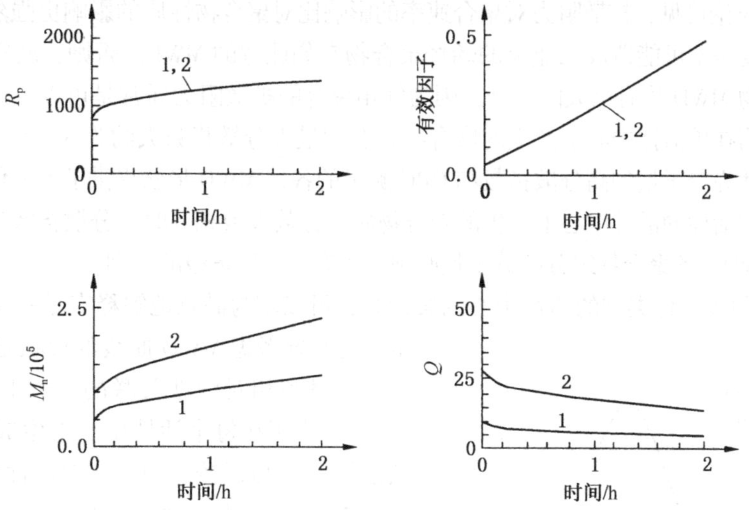

图5-22　扩散阻力和双活性中心对聚合速率、有效因子、数均分子量和分散指数的影响

二级失活的高效催化剂，粒径90μm

1—$k_p=4200$ L/mol·s，$C(0)=10^{-5}$ mol/g cat，$t_{1/2}=0.25$h；2—$k_p^1=4200$ L/mol·s，$C^1(0)=0.5\times10^{-5}$ mol/g cat；$k_p^2=42000$ L/mol·s，$C^2(0)=0.05\times10^{-5}$ mol/g cat，$t_{1/2}=t_{1/2}=0.25$h

具有不同衰减速率的双活性中心催化剂，其分散指数随时间的变化主要是取决于两种活性中心的相对数量变化。假如在每种活性中心上产生的聚合物的质量分数开始时为50%，之后逐渐变成不平衡，则分散指数将逐渐随时间减少。假如质量分数开始时为不平衡并且向50%接近，则分散指数随时间逐渐增加。当两种活性中心上生长出来的聚合物正好达到平衡时，分散指数将达到最大值。

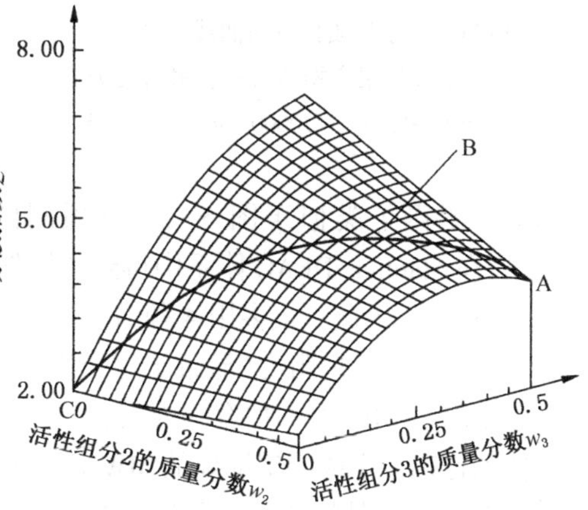

图5-23　三活性中心催化体系的分散指数变化规律

每种活性中心的$Q=2$，相对活性比为1∶2∶10

假设有某种三活性中心催化剂，每一个活性中心产生了分散指数为2的聚合物，图5-23展示了采用该催化剂所生成的聚合物的总的分散指数是如何随活性中心组成的变化而变化的。增加差别较大的活性中心未必导致MWD的进一步加宽，假如在新活性中心产生的聚合物相对于其他已经存在的活性中心来讲有特别大或特别小的MW，才会出现加宽的效应。如果新活性中心上产生的聚合物分子量接近原有活性中心上产生的聚合物分子量，则实际上使总的MWD变窄了。例如，考虑图5-23中的A点，在该点只有第2和第3类活性中心，它们产

生了等量的聚合物，于是分散指数近似为4。在AC线上，$w_2=w_3$，代表了第1种活性中心加入后，第2、第3种活性中心上产生的聚合物仍然保持等量变化。分散指数在B点达到最大值，之后开始下降。在多活性中心的情况下，分子量有大约一个数量级差别的两种聚合物以基本等量的比例产生，方有可能起到加宽MWD、与实际观察值相符的作用。

5.1.4　分子量分布曲线

由前面的讨论可见，扩散阻力对聚合速率的影响比对聚合物性质的影响更强烈。因此，仅仅是粒间浓度梯度是不可能造成工业上的烯烃聚合物有如此宽的MWD。否则，淤浆聚合和气相聚合获得的聚合物MWD将有巨大的区别，因为气相聚合的扩散阻力通常是可以忽略的。模型预测与实验研究表明在单活性中心上产生的聚合物具有的最大分散指数大约为3。另一方面，活性中心类型的多样性为分子量的高分散指数和GPC测量的各种MWD形状提供了令人信服的解释。当在每种具有不同活性的活性中心上产生的聚合物质量分数大致相等时，分散指数将达到最大。为了获得宽的MWD，各聚合物组分的分子量必须至少有一个数量级的差别。

当采用两种或三种类型的活性中心的假设时，可以较为满意地解释实际的分散指数。进一步，有必要考虑MWD曲线的形状是如何与活性中心的数量和相对活性关联的。由于几个“最可几”分布(对应于在每个活性中心上生成的聚合物的分散指数为2)可以按它们的相对活性大小进行叠加，图5-24显示了由两种活性中心(一个的活性是另一个的10倍)所生成的等量聚合物组合而成的MWD。在这里，即使分散指数只有6，MWD就清楚地显示出了双峰分布的特征[14]。因此，仅仅只有两种活性中心，并且无扩散阻力或GPC加宽作用，难于预测到宽分散样品的单峰分布。然而，如果假设存在4种类型的活性中心，每一种活性中心上生成数量相等的聚合物，则有可能获得平滑、真实的MWD曲线。Keii等[10]用经典的$TiCl_3$催化剂制备聚丙烯时测得了类似于图5-25所预测的MWD曲线，其分散指数为6.4。而Rishina和Vizen[12]在Stauffer-DEAC体系中得到了倾斜的SEC峰，类似于图5-26中用4种活性中心模型计算的MWD。因此，最多用4种活性中心假定的模型，就可以在特定场合得到光滑、单峰曲线。通常，由于扩散阻力(导致了每个活性中心上聚合物MWD峰的加宽)、每种活性中心上有能量分布以及GPC柱的加宽等因素，双活性中心模型的多峰特性可能在实际中被掩饰。总之，在固体催化剂上生成的聚烯烃的MWD可以借助于少量几类活性中心得到充分描述。

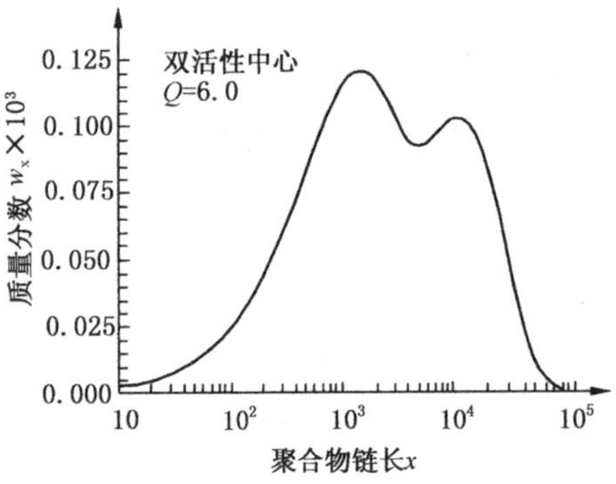

图5-24　分子量质量分布曲线，两种活性中心上生成的聚合物链长具有最可几分布 $\upsilon_{n,1}=1000$，$\upsilon_{n,2}=10000$，$w_1=w_2=0.5$

大多数的文献报道是，随着停留时间或产率的增加，分散指数逐渐减少[15,16]。关于分散指数随反应时间的增加而增加的报道较少。反应条件对分数指数的影响较复杂。改变单体浓度、烷基铝类型和浓度、氢气浓度和温度等，会引起失活或/和新活性中心的生产，从而改变活性中心的相对总量。在Zucchini和Cecchin[15]的综述报告中，这些条件的变化已经导致了许多相互矛盾的结果。然而，在相似的催化剂作用下，乙烯的聚合速率至少比丙烯高一个数量级。与聚丙烯相比，聚乙烯的分散指数一般较宽，可能是由于参与聚合的活性中心种类较多以及乙烯聚合过程中存在较大的扩散限制的缘故。

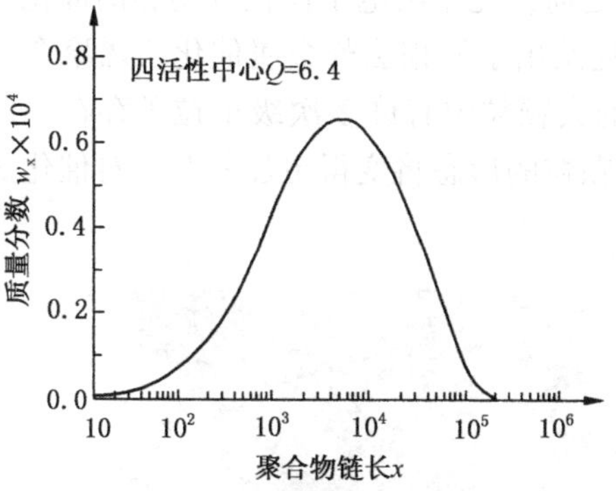

图 5-25　分子量质量分布曲线，四种活性中心上生成的聚合物链长具有最可几分布

链长之比 $v_{n,1}:v_{n,2}:v_{n,3}:v_{n,4}=1:3:9:27$ 活性中心分数 $\theta_1=0.519,\theta_2=0.333,\theta_3=0.111,\theta_4=0.037$；质量分数 $w_1=0.148,w_2=0.284,w_3=0.284,w_4=0.284$

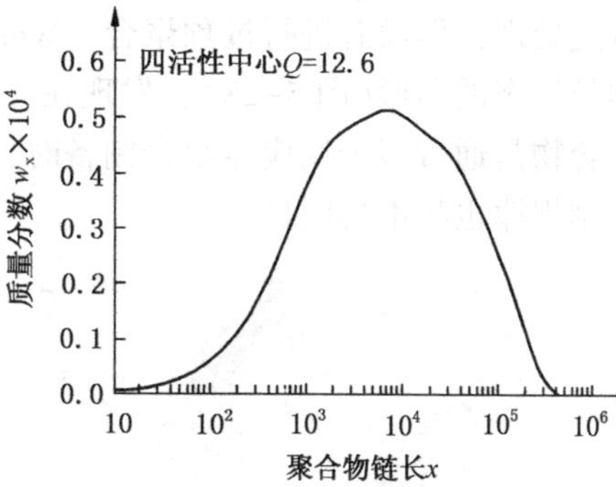

图 5-26　分子量质量分布曲线，四种活性中心上生成的聚合物链长具有最可几分布

链长之比 $v_{n,1}:v_{n,2}:v_{n,3}:v_{n,4}=1:4:16:64$ 活性中心分数 $\theta_1=0.519,\theta_2=0.333,\theta_3=0.111,\theta_4=0.037$；质量分数 $w_1=0.183,w_2=0.272,w_3=0.272,w_4=0.272$

大量的专利文献披露，在Z-N催化剂中加入第三种活性化合物一般可以使MWD变宽。锆(Zr)或钒(V)的化合物与钛(Ti)或铬(Cr)的化合物相结合是特别常见的。在许多体系里，锆化合物趋向于增加分子量但是活性相对较低，因此，用锆加宽MWD和锆在聚合物中的残留量增加两者之间应该进行权衡。可能存在某个最优的聚合温度序列来加宽MWD，这和不均匀活性中心的假设是一致的，因为不同类型的活性中心可能有不同的活化能。对于非载负的钛系催化剂，分散指数通常大约在6~18之间，而对于单纯的、载负过渡金属化合物催化剂，分散指数常常在3~10之间。

当以窄MWD为目标时，发现某些载负的催化剂能够生成分散指数小于4的聚合物。这些低分散指数可能是由于活性组分在载体上有相对均匀的沉积。为使MWD变窄，经常应用活性中心中毒添加剂。然而从我们的分析看，很显然催化剂的中毒并不是总会使MWD变窄。假如添加剂选择性地使某一种活性中心中毒(大量的聚合物在此产生)，则会导致MWD的加宽。最后，专利文献特别提示制备条件对MWD的控制是至关重要的，因为分散指数对活性中心的相对比例非常敏感。

对于固体催化聚合，以上结论对裁剪聚合物的MWD是有指导作用的。在确定活性中心的组成时，催化剂的制备条件是至关重要的。实际上，加宽MWD的方法经常是选择使用两种或更多的以不同过渡金属为基础的活性组分；窄化MWD的优选方法是使用具有单一活性组分的载负催化剂。

5.1.5　聚合动力学和颗粒形态的相互作用

聚合动力学与聚合物颗粒形态之间的关系已经引起人们的关注，但是仍有许多实验现象不能被解释。例如，Weickert等[17]在进行液相法Z-N催化丙烯聚合时，研究了聚合温度对聚合物颗粒形态的影响(图5-27)。发现当聚合速率较低时，在相对较大的团簇(含有大量聚合物微粒子)附近会形成一层致密的聚合物表皮。当提高温度时聚合速率加快，发现聚合物表皮变薄，直到最终消失，形成敞开的宏观微孔结构。由于聚合速率太快，聚合物粉体的堆密度下降。注意，该实验是催化剂在注入反应器之前，先用给电子体化合物和助催化剂溶液进行过处理，但没有进行过预聚合。Weickert 等还给出了气相法茂金属催化乙烯聚合时聚合物颗粒形态的图形(图 5-28)，发现在一个破开的大颗粒中有许多次级小粒子存在。但是如果聚合物是通过多个反应器组合制备时，聚合物颗粒的形态将变得更加复杂，对催化剂颗粒的复制规律也将不再明显。

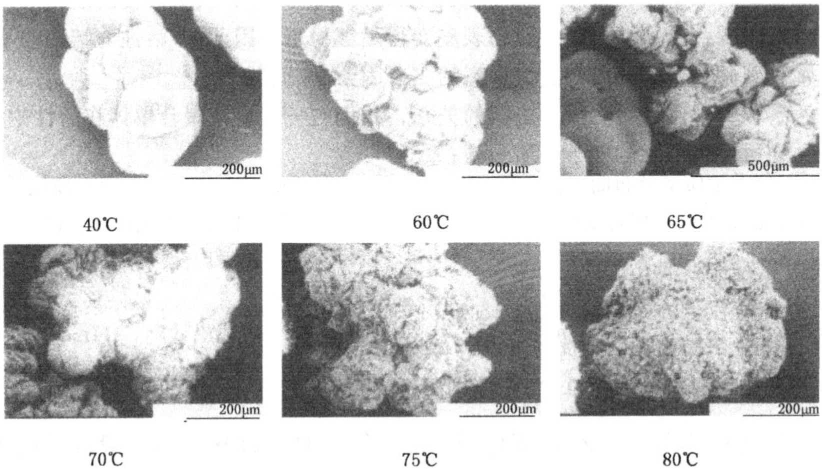

图 5-27　液相法 Z-N 催化剂催化丙烯聚合时温度对颗粒形态的影响

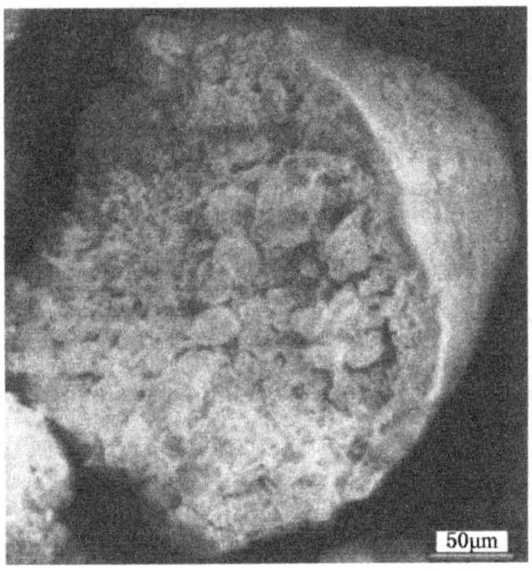

图 5-28　茂金属催化的乙烯气相聚合中的次级粒子结构

以某一高活性聚合催化剂为例演示有关的研究结果。催化剂的初始聚合速率为 80kg(聚合物)/g(载体)·h，可以得到如下典型的颗粒形态参数：初始催化剂粒径 25 μm；初始孔径 60nm(分布在 6~120nm)；最终的聚合物平均粒径 930 μm；最终的二级微粒子簇的直径 20 μm(假如存在)；最终的二级微粒子的直径 2 μm；最终的颗粒微孔直径 2 μm；每个颗粒中包含的微粒子数目 5×10^7；每个微粒子上具有的活性中心点 2000，等等。

最新的解释是，催化剂的破碎以及聚合物的颗粒形态主要取决于聚合物增长所产生的压力和催化剂载体材料刚性之间的平衡。对于硅胶或某些分子筛等刚性载体，假如微孔太小(对于硅胶，临界孔径为 20nm)，载体就不易破碎。因为聚合物在非常短的时间内就可以充满微孔，限制了单体继续向活性中心的传输，此时聚合物所产生的压力还不足以破碎载体。相反，对于具有 4nm 微孔的 $MgCl_2$ 载体可以容易地被所生成的聚合物破碎。

类似于材料冲击实验的压力-时间曲线，较高的初始聚合速率所产生的压力快速增长，将导致产生大量催化剂碎片，而聚合初始速率较低时所产生的碎片也较少。此外，催化剂颗粒内部的破碎并不是均匀发生的，特别是当催化剂活性组分在载体颗粒内部非均匀分布时，更是如此。

聚合物粒子表皮聚合物膜的出现取决于颗粒微孔中聚合物流体的潜在压力(这与聚合速率有关)和聚合物表皮的机械稳定性。如果聚合物颗粒的外表皮阻碍了质量传递，颗粒内部的单体可能在 0.1 s 之内就消耗完，颗粒内部被反应所耗空。表皮封闭使颗粒孔道内将产生很大的压力梯度。因此，在高的聚合初始速率下，聚合物的多孔结构是非常敞开的。因为颗粒的聚合物表皮不能抵挡如此高的压力梯度而破裂。假如这样的聚合物表皮为我们所需要，就应该在聚合的初始阶段，通过预聚合(或者缓和的反应条件，或者缓慢的催化剂活化过程)保持较低的初始聚合速率，直到聚合物表皮变得足够稳定。因此，“活性与结构的平衡”是决定催化剂颗粒破碎和聚合物颗粒最终形态的主要因素。

为了考察颗粒形态与聚合反应之间的关系，我们再一次研究聚合单体在活性中心上转化为固体聚合物所必须经过的如下传质步骤：

① 从气相或液相向颗粒表面传递；

② 通过聚合物表皮(假设存在)的传递；

③ 通过相互连接的孔道传递；

④ 吸附在微粒子的聚合物层面上；

⑤ 通过微粒子的聚合物层向活性中心传递。

由于在聚合物的粗孔网中单体的流动阻力极低，孔网内单体的任何消耗都可以立刻通过外部单体的对流给予补充。对于不可压缩的纯液相聚合也是如此。假如忽略热效应，聚合物粗孔内的单体浓度将等于本体浓度。事实上单体是被聚合反应通过对流模式吸入颗粒内部的，因此通过孔道的质量传递不适合于用扩散模型描述。如果继续使用反应扩散方程描述聚烯烃颗粒的生长，可能会发现扩散系数对催化剂活性的依赖关系，这将是不符合逻辑的。Weickert 等将这一新观点称为聚合反应对单体传质过程的“加速效应”。

在常压和加压情况下研究聚丙烯颗粒对丙烯气体的吸收作用时，假设丙烯单体总的有效扩散系数 $D=1\times10^{-11}\mathrm{m^2/s}$，在粒径 50μm 的颗粒上丙烯会被无定形的聚合物所吸收，其中 20%的丙烯吸收量可以在 1s 内完成。用空隙率为 30%的聚合物颗粒，在丙烯吸收量只有平衡溶胀量的 30%时，对应了最大的吸收速率，此时颗粒的最大体积增长率低于每秒 40%。但是，对于纯组分单体的反应，这样的颗粒在初始聚合阶段，其体积增长率将达到每秒 4000%。显然，反应时的传质比无反应时的传质要快得多，进一步证实存在上述“加速效应”。

当聚合体系存在惰性液体或气体组分时，还将出现特殊的情况。假如聚合速率与单体浓度之间是线性依赖关系，当聚合体系中加入 10%的惰性介质时，通常认为聚合速率只有纯单体组分体系的 90%。然而，却出现了聚合速率下降更为剧烈的情况。原因是由于聚合物表皮的存在，惰性气体在颗粒微孔内部产生富集，降低了聚合单体的有效浓度。这种富集效应在工业上具有重要的调控作用，因为它可以帮助控制聚合速率，防止高活性催化剂颗粒过热。粒子活性越高，富集效应越明显，这是一种聚合速率的“自适应”调节作用，对聚合反应器的设计和操作具有极为重要的作用。

通常气相聚合的速率要低于液相聚合速率(图 5-29)。用标准的质量流量计和反应

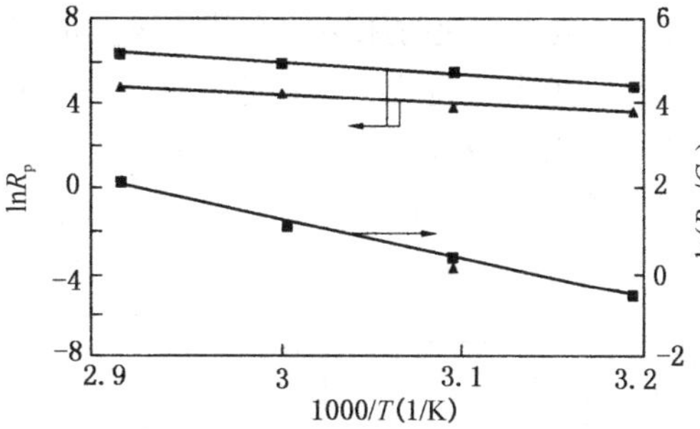

图 5-29　用硅胶负载的低活性茂金属催化剂进行丙烯的液相(70℃)和气相聚合(1 MPa)时的初始聚合速率(kg/g cat·h)

左边纵坐标：聚合速率；右边纵坐标：聚合速率与无定形聚丙烯中溶胀丙烯的平衡浓度之比

▲—气相聚合；■—液相聚合

器-量热仪技术可以非常精确地测量出气相和液相聚合的速率，同时还可以测量无定形聚丙烯的平衡溶胀。反应发生在单体溶胀的聚合物相区，如果用聚合物溶胀的平衡单体浓度除聚合速率，可以发现气相和液相聚合的聚合动力学是一致的。说明单体在聚合物中的吸附以及聚合物形态等对聚合动力学存在的极大影响，因此在研究聚合动力学时必须考虑颗粒形态的各种重要影响。

5.2　流化床气相聚合器

气相聚合工艺由于无需使用溶剂，省去了从溶剂中干燥和分离无规聚丙烯的操作，比常规的液相淤浆工艺优越。对于气相法丙烯的(共)聚合工艺，工业上较为广泛采用的反应器有如下三种类型：

① 自由流化床型，例如，美国 UCC 的 Unipol 工艺。

② 带搅拌的立式流化床型，例如有德国 BASF 的 Novolen 工艺；美国 Himont 的 Spheripol 工艺；日本三井油化的 Hypol 工艺等。

③ 卧式搅拌反应器型，有美国 Amoco 的单轴卧式 Amoco 工艺；日本三菱油化的双轴卧式工艺。

其中，自由流化床反应器为床内无内部构件的床型，而在搅拌的立式流化床中安装了垂直搅拌器，依靠桨叶搅拌和气体流化的共同作用使床内颗粒运动。本书将这两种床型均归为流化床反应器而在此一并介绍。聚丙烯卧式搅拌反应器在将在 5.4 节叙述。

5.2.1　自由流化床聚合反应器

5.2.1.1　流化床的操作气速

在气固流化床内部，气体向上流过床层颗粒时的变化是这样的：当气速较低时颗粒静止不动，随着气速的不断增加，床层的压降 Δp 逐渐变大，当 Δp 等于床层中颗粒的重量减去气体对颗粒的浮力时，床层颗粒将不再由分布板支承而完全被上升气体所悬浮，此时分布板仅起均匀布气的作用。对单个颗粒来讲，它不再依靠邻近颗粒的支撑来固定它的空间位置，此时每个颗粒在它的附近均可以较为自由的运动、迁移。不仅如此，整个床层具有流体的特征。对应于刚进入流态化时的气速就是最小流化速度 U_{mf}。临界流化参数主要包括最小流化速度 U_{mf}，最小流化时床层的空隙率 ε_{mf} 和对应的床层高度 H_{mf}。其中，以最小流化速度 U_{mf} 最为重要，它是反应器设计时选择工艺参数的重要依据。一般而言，在流态化工程中最小流化速度的计算应该是很简单、成熟的，但是由于聚合反应器中流化的是高分子粉料，静电与团聚现象严重，由此导致 U_{mf} 的准确预测发生困难[18]。因此，在选用 U_{mf} 的计算公式时，应该慎重。目前普遍推荐使用 Wen－Yu 公式[19,20] 计算 U_{mf}。

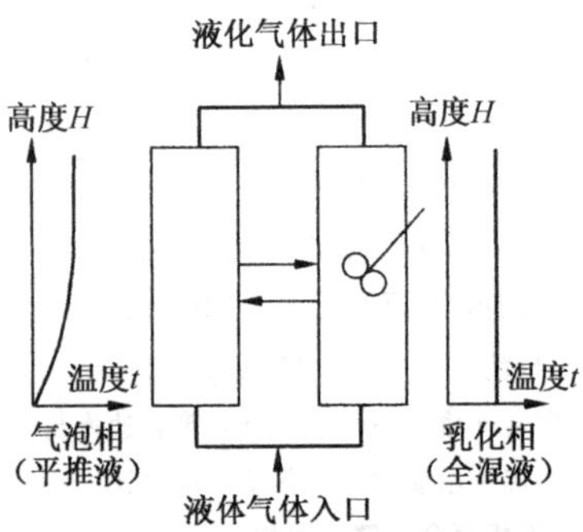

图 5-30　流化床两相模型示意

我们知道，流化床内流动的气固混合物可以分为乳化相与气泡相(见图 5-30)，当循环气体从流化床底部经分布板进入流化床层时，气流是分成两部分通过床层的，一部分($U-U_{mf}$)是以离散的气泡群快速通过，另一部分(U_{mf})是穿过乳化相以悬浮床层中的聚合物颗粒。由于聚合反应即发生在乳化相之中，因此，乳化相属于高温相，而气泡相是低温相。

建立这样的概念是重要的：气泡运动是影响流化床流体力学行为的内在原因。床内气固两相的热质传递、不同流化颗粒在床层中的混合程度等均与气泡的运动特征密切相关。气泡内颗粒很少，基本上是空穴。在气泡底部，由于气泡上升时固体颗粒的卷入而有尾涡形成，这种尾涡也是伴随气泡上升的。随着气泡在床面的爆破，尾涡也就消失了，但被尾涡带上来的粒子在床面附近回流。另一方面，尾涡上升时也不断与床层中其他粒子交换，从而造成全床粒子的良好混合。图 5-31 显示了气泡在固体颗粒混和过程中的作用机理[21]。图 5-32 显示了整个流化床内颗粒流动的模式。这些良好的混和特性保证了高活性催化剂细粉在流化床聚合反应器内的迅速分散。

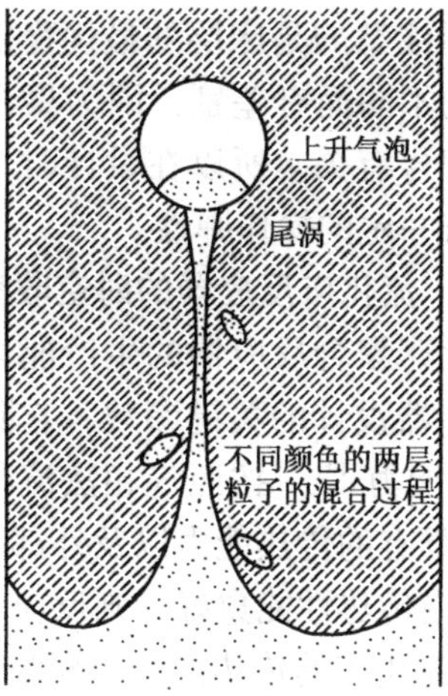

图 5-31　流化床内气泡尾涡运动造成固体颗粒的混和

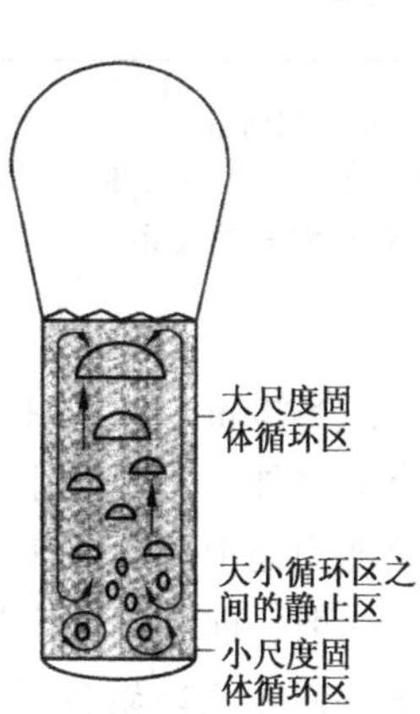

图 5-32　流化床内固体的总体混和模式

流化床聚合反应器中操作气速的计算依据是流化颗粒的尺寸大小，特别是起始流化速度 U_{mf} 和颗粒的沉降速度(或称终端速度) U_T，计算公式分别[22,23]为：

$$U_{mf} = \frac{\mu}{d_p \cdot \rho_g}\left\{\left[640.09 + 0.0434\frac{d_p^3 \cdot \rho_g \cdot (\rho_s - \rho_g) \cdot g}{\mu^2}\right]^{1/2} - 25.3\right\} \quad (m/s) \qquad (5-4)$$

$$U_T = \frac{g(\rho_s - \rho_g)d_p^2}{18\mu} \qquad Re_p < 0.4 \qquad (5-5a)$$

$$U_T = \left[\frac{4}{225}\frac{(\rho_s - \rho_g)^2 g^2}{\rho_g \cdot \mu}\right]^{1/3} d_p \qquad 0.4 < Re_p < 500 \qquad (5-5b)$$

$$U_T = \left[\frac{3.1g(\rho_s - \rho_g)d_p}{\rho_g}\right]^{1/2} \qquad 500 < Re_p < 200000 \qquad (5-5c)$$

式中，μ 为气体黏度；d_p 为聚合物颗粒直径；g 为重力加速度；ρ_s 为颗粒密度；ρ_g 为气体密度；$Re_p = \dfrac{d_p \cdot \rho_g \cdot U_T}{\mu}$。

流化床的稳定操作气速 U 显然应该在起始流化速度 U_{mf} 与颗粒终端速度 U_T 之间。根据冷态模拟实验的研究结果：

$$U/U_{mf} = 5 \sim 10$$

在该操作气速范围内可以兼顾到下列诸因素之间的平衡：

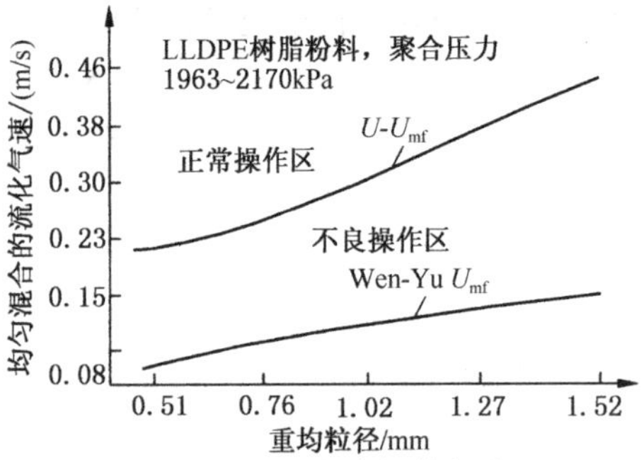

图 5-33　流化床操作气速与床内颗粒混和的关系

(1) 流化均匀。床内细颗粒与粗颗粒能够均匀混和。图 5-33 显示了流化床操作气速与床内颗粒混和的关系。

(2) 颗粒运动较为剧烈，传热良好。

(3) 颗粒夹带量少。

值得注意的是床层的最优稳定操作气速随生产牌号的不同而有差别，因为聚合物颗粒的粒径和产品牌号有关。所以在设计时，应该允许流化气速具有一定的操作弹性。

5.2.1.2　流化床反应器的时空收率

流化床聚合反应器的生产能力一般以时空收率 STY(单位：kg 聚合物/m^3 · h)为指标，这是反应器设计的关键参数，它除了与所使用聚合催化剂的特性有关之外，主要受限于系统的换热能力[19]。按照气相法流化床聚合工艺的特点，系统的传热能力是由流化床床内单位体积所具有的传热能力以及外部冷却器的调温能力所共同决定的，一般，前者起决定性的作用。床内传热性能愈好，则反应器的生产能力也愈大。反应器 STY 的确定是以聚合反应放热必须与流化床的传热能力相配为准则。如果 STY 过大(例如，增加催化剂进料量、提高催化剂活性、降低流化床料位高等)，则床内的热流密度增大；如果没有相应的强化传热的措施，将导致聚合物颗粒的温度升高，严重时发生树脂的熔接，形成富集催化剂的大熔融团块。如果这种团块的数量变大，将迫使流化床停车。为安全起见，设计的 STY 数值还应该为反应速率的偶然短暂的向上漂移提供足够的缓冲余地。

以流化床两相理论为基础，假设气泡相为平推流，乳化相为全混流，通过物料和热量衡算，可以推导出流化床聚合反应器的 STY 模型：

$$\frac{STY}{T_e - T_f} = \frac{\rho_g \cdot C_{p,g}}{H \cdot (\Delta H_r - Q')}[U_{mf} + \eta \cdot (U - U_{mf})] \qquad (5-6)$$

式中，Q'代表聚合物出料引起的热损失；T_e 为乳相聚合温度；T_f 为循环气体入口温度；$C_{p,g}$ 为气体热容；ΔH_r 为聚合热；H 为流化床料层高度。

$$\eta = 1 - e^{-K \cdot H} \qquad (5-7)$$

式中，K 为乳相与泡相之间的传热系数。

从式(5-6)可以看出，η 实际上代表了泡相气体和乳相之间的传热接触效率。对于乙烯气相聚合，美国联合碳化物公司(UCC)专利[19]推荐最大 $STY = 96 \sim 112$ kg/m^3 · h。利用式(5-6),可以定量分析相间传热系数、操作气速、聚合温度等变量对 STY 的影响。

(1) 流化床聚合反应器入口温度 T_f　当增加反应器产量，提高 STY 时，一方面必须增加催化剂的注入量和单体的进料量，另一方面按式(5-6)必须降低入口温度 T_f，以使床内热平衡维持在规定的聚合温度 T_e 上。在实际生产中催化剂注入量或单体消耗量与流化床入口

温度 T_f 之间呈线性关系。在允许的范围内，提高 STY，可以由降低入口温度 T_f 实现，而流化床入口温度的操作低限与换热器的换热能力有关。如果入口温度 T_f 过低，流化床分布板上方的低温区将扩大，影响聚合反应。

(2) 流化速度 U　提高流化速度 U 从两个方面增加了时空收率，一方面是得益于对流传热能力增加；另一方面，是增加了流化床中气泡的分散与聚并程度，提高了泡相气体与乳相的接触效率 η 所致。

但是根据工艺的要求，流化气速 U 不能任意提高，否则将导致活性聚合物颗粒夹带量增大，导致循环管路和流化床分布板逐步堵塞，缩短反应器的操作周期。由此看来，应该有一个最优的操作气速，以同时满足聚合传热与降低颗粒夹带的目的。按 UCC 专利的推荐[19]，流化数 $U/U_{mf}=5\sim10$，一般取 $U/U_{mf}=6$。

(3) 流化床料位高度 H　这是流化床聚合反应器的又一重要操作变量。从传热的角度看，H 愈大，提供的气固接触面积就愈大，由此反应器可以承受更大的反应量。如果泡相与乳相的接触面积与床高成正比，则可以认为反应器的生产能力(以催化剂的投入量计)与床高成正比例。另外，从式(5-7)看到，床高 H 的增加可以提高气泡相气流的接触效率 η，从而提高反应器生产能力。在实际生产中，H 的选择还与其他因素有关。例如：H 要控制在流化床扩大段与直筒段连接处附近，以帮助冲刷沉积在扩大段上的活性聚合物颗粒，另一方面，考虑到夹带量的增多，料位高度也不是愈高愈好。按理论上的计算，$H=11.0\sim12.0\text{m}$。

(4) 反应压力　流化床聚合反应器加压操作的作用之一就是可以提高反应器的 STY。因为加压使气体密度增加，由式(5-6)可见，STY 也就相应提高。在实际生产中，聚合压力一般控制在设计值上，很少调节。这是由于聚合压力的选用还受催化剂的产率和设备机械强度的约束。

(5) 流化质量　工业装置上，如果流化粒度分布不好或床内结块，流化床的流化质量将下降，接触效率 η 变小。按式(5-6)，反应器为了保持原有的产量必须进一步降低入口温度 T_f，否则，流化床聚合温度 T_e 将升高。当温度接近聚合物软化温度时，流化床将会失控而造成严重后果。可见，流化质量下降，允许的最大 STY 将降低。

此外，生产的树脂牌号不同，反应器最大允许操作的 STY 也不一样。这种差别可以从以下几方面体现：

① 不同树脂牌号有不同的颗粒尺寸，对应的最小流化速度 U_{mf} 也不同，由式(5-6)可见，U_{mf} 愈大，则 STY 也愈大。

② 当生产牌号不同时，要求流化气体中具有不同的聚合配方，由此产生的气体速度和密度、比热容等物性上的差别将使 STY 有所变化。

确定流化床聚合反应器的时空产率 STY，对于设计流化床主要结构尺寸也是极为重要的。根据流化床反应器的热量衡算可以计算出反应器的通气量 V，由于已经限制了流化床的操作速度 U，所以可由此得到流化床的直径 D。最后由反应器的 STY 计算反应器的料位高度 H。

5.2.1.3　聚合反应器的动态行为

由于反应器操作在聚合物的软化温度附近，所以聚合温度的稳定性分析以及有关的控制问题显得十分重要。如果床内聚合物粉体的温度达到其软化温度点，自由流动的聚合物粉体就会开始团聚并黏附在所有器壁和内构件上，此时反应器将被迫停车。

为了定量演示流化床反应器的动态操作特性，以如下的反应器模型为例(参见图 5-30)，其模型假设一般是较为普遍接受的：

① 流化床乳化相为全混流，并处于起始流化状态，空隙率恒定。

② 过量的操作气体以气泡的形式通过，气泡为尺寸相等的球形，气泡相为平推流。

③ 聚合反应仅在乳化相中进行。

④ 气泡相假设为稳态。

⑤ 气泡相和乳化相之间进行热质传递，气泡直径和相间交换常数见表 5-5。

⑥ 固体聚合物颗粒与乳化相中气体之间的热质交换阻力可以忽略(但是对于高活性催化剂颗粒的流态化，这种阻力并不能忽略)。

⑦ 流化床中不存在颗粒的扬析与夹带。

⑧ 催化剂连续喷入床层并迅速达到混和均匀，不存在催化剂的失活。

⑨ 产物连续排放以保持床层高度恒定，出料速率为 Q。

表 5-5　某些烯烃聚合反应器模型的物性和动力学参数

参　　数	乙烯/聚乙烯	丙烯/聚丙烯
颗粒密度 ρ_s/ (g/cm^3)	0.9500	0.913
颗粒热容 $C^*_{p,s}$/(cal①/g · K)	0.456	0.426
气体密度 ρ_g/(g/cm^3)	0.029	0.028
气体导热系数 k_g/(cal/cm · K · s)	7.6×10^{-5}	6.1×10^{-5}
气体黏度 μ/(g/cm · s)	1.16×10^{-4}	9.67×10^{-5}
链增长反应活化能 E_a/(cal/mol)	9000	9000
链增长速率常数指前因子 k_{p0}/(cm^3/gcat · h)	1.50×10^{10}	1.50×10^{10}
聚合热$(-\Delta H_r)$/(cal/g)	916	560
聚合物颗粒直径 $\bar{d}_p$/cm	0.05	0.05
聚合物床层高度 H/cm	600	600
聚合反应器直径 D/cm	250	250

① 1cal＝4.18 J。

流化床聚合反应器的模型是一组非线性的、相互偶合的微分方程组。一定的操作条件对应了一定的反应器稳定状态，聚合反应器操作与响应之间存在显著的非线性行为[24]。对于特定的体系，可操作的变量包括循环气体在反应器的入口温度 T_f、反应器器壁温度 T_w、催化剂进料速率 q_c、循环气体的速度 U_0。反应器的状态变量包括：

乳化相中单体的浓度　$X_1=\dfrac{C_{Me}}{C_0}$；

催化剂的含量(kg cat/kg 聚合物) $X_2=X_{cat}$

乳化相的温度　$X_3=\dfrac{T_e}{T_{ref}}$；

气泡相的单体浓度　$X_4=\dfrac{C_{Mb}}{C_0}$；

气泡相的温度　$X_5=\dfrac{T_b}{T_{ref}}$。

其中以乳化相的温度变量 X_3 最重要，它必须低于聚合物的软化温度。例如，对于 HDPE，$T_e<400$K。

某些烯烃聚合反应器模型中的流体力学参数与操作条件列于表 5-6。

表 5-6　某些烯烃聚合反应器模型的流体力学参数与操作条件

设计条件	基准参数
$T_f=330\text{K}$　$\dfrac{U_0}{U_{mf}}=5.0$ $T_{b0}=330\text{K}$　$T_e(0)=330\text{K}$　$T_w=340\text{K}$ $U_0=26\ \text{cm/s}$　$U_{mf}=5.2\ \text{cm/s}$ $U_b=180\ \text{cm/s}$　$U_e=15.4\ \text{cm/s}$ $d_B=50\ \text{cm}$　$\varepsilon_{mf}=0.38$　$\delta^*=0.115$ $q_c=\begin{cases}150\ \text{g/h(乙烯)}\\208.8\ \text{g/h(丙烯)}\end{cases}$	$T_{ref}=300\text{K}$　$C_0=\begin{cases}0.029\ \text{mol/L(乙烯)}\\0.028\ \text{mol/L(丙烯)}\end{cases}$　$t_0=30\ \text{h}$

上述流化床聚合反应器的状态变量与催化剂进料速率之间的关系已经由数学模型计算(见图 5-34)。当催化剂进料量 q_c 在一定的范围变化时，反应器可以出现三个定态。但是可操作的区域在 H 点之下，超过该范围后，反应器的操作温度等状态变量会产生振荡。

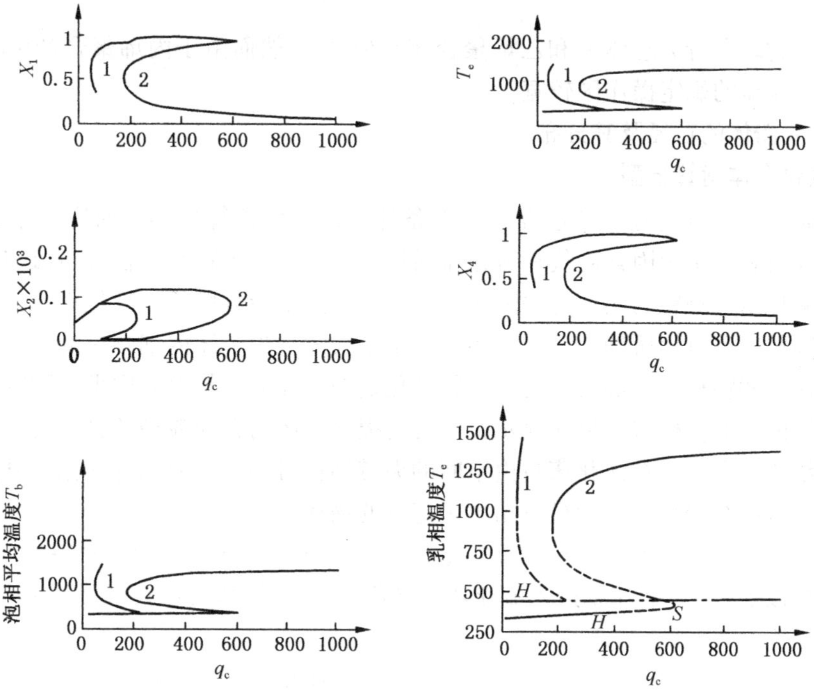

图 5-34　流化床中乙烯气相聚合反应器的稳态图

1—绝热；2—T_w = 340 K

U_0/U_{mf} = 5.0；$H=H_{opf}$分叉点；S=静态分叉点；q_c=催化剂加料量

实际上，流化床反应器的聚合热是以三种方式从反应区(乳化相)移除的，如图 5-35 所示，(i)通过乳相流化气体的温升吸收聚合热；(ii)通过乳相对泡相的传热；(iii)产物放料排出的热量。它们在聚合反应放热中所占的比例分别为 Q_{R1}、Q_{R2} 和 Q_{R3}，数值取决于流化气速和气泡的尺寸。图 5-36 显示了三种移热的比例是如何随流化气速变化的。可见随着气速的增加，乳相与泡相之间的传热占了绝对的比重，因此相间传热以及与之相关的流化质量是十分重要的。

由模拟分析可知，增加操作气速，可以加快移热速率，于是加宽了反应器的操作范围。

另一方面，当反应器的移热能力固定时，催化剂的活性愈高，反应器的可操作范围(T_e < 400K)愈窄。当然，许多情况下比较严重的反应器失控一般是这样自行避免的：当反应温度增加后，催化剂失活或聚合物粉体熔融而降低了反应速率。

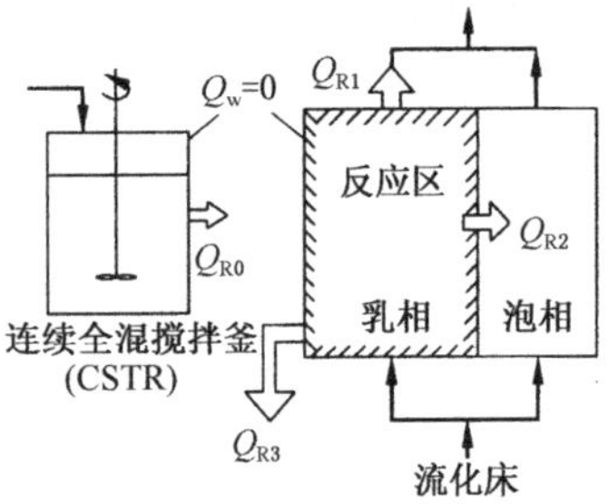

图 5-35　绝热 CSTR 与绝热流化床反应器传热机理的比较

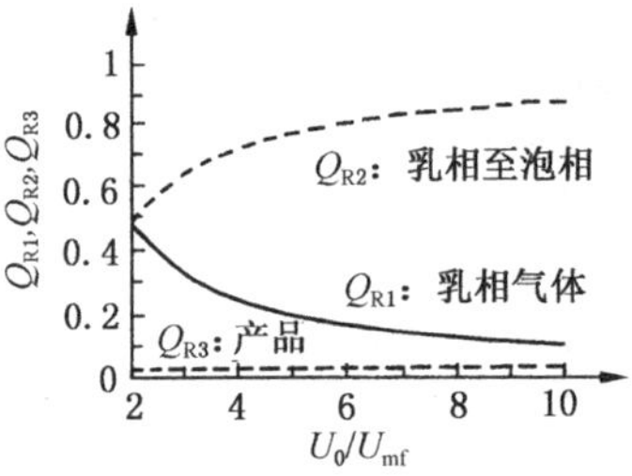

图 5-36　绝热流化床各种冷却能力的变化
(k_{p0} = 1.5×10^{10}cm^3/g cat · h, T_f = 330K)

丙烯聚合的动态行为总体上和乙烯聚合相类似[24]。然而由于丙烯聚合产生相对小的聚合热，所以反应器的稳定操作区较宽。

5.2.2　聚合物粉体的粒径及其分布

5.2.2.1　颗粒众体衡算模型

Hatzantonis 等[25]通过建立普适性的稳态条件下的众体衡算模型，研究了聚合物颗粒生长、磨损、扬析和团聚等因素对气相流化床烯烃聚合反应器中颗粒粒径分布(PSD)的综合影响。模拟结果显示，颗粒的团聚速率随床层温度的升高呈指数增长的变化规律；床内颗粒的扬析可以被颗粒团聚过程所抑制，因为团聚的结果大大减少了床内细颗粒的含量；由于存在较高的聚合速率和颗粒的全混流行为，进料催化剂的粒径分布将对床内聚合物颗粒的粒径分布有较为敏感的影响。模拟结果还显示，颗粒磨损会使床内颗粒粒径的分布变窄，同时增加出口气流中细粉的含量。在流化床自由空间的夹带细粉可能是壁面结片和循环管路内部结块的主要原因。这些结论均由数学模型给出了定量的描述。

假设在一个连续流动的、颗粒相具有全混流型的流化床反应器中(图 5-37)，单一粒径的催化剂颗粒以 F_c(g/s)的速率进入流化床，产品出料速率 F_1(g/s)，以维持床内聚合物树脂的恒定质量为 W(g)。

在反应器中，颗粒尺寸可以同时由于聚合反应和团聚而变大，也可能由于摩擦而破碎成为小粒径的颗粒。细颗粒可能被流化气体以 F_2(g/s)的速率扬析夹带出流化床。在模型中假设颗粒是球型，而且密度保持恒定。根据 Kunii 和 Levenspiel[22]的方法，颗粒尺寸分布可以采用统计密度函数 $P_b(D)$表示。$P_b(D)\Delta D$ 代表了在(D, $D+\Delta D$)尺寸范围内的聚合物质量分数，并满足下列封闭条件

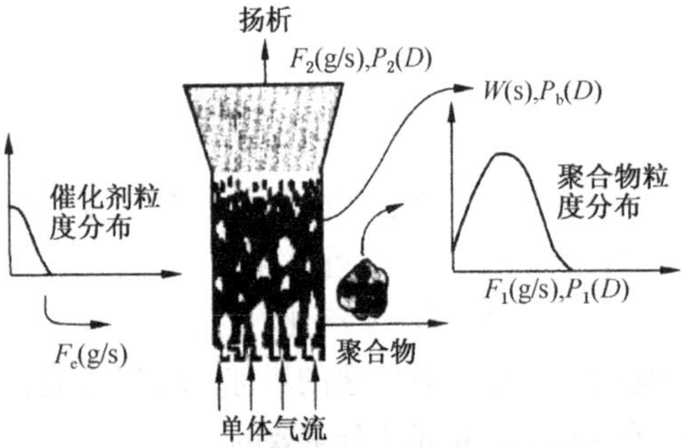

图 5-37　在全混鼓泡流化床中烯烃催化聚合(变量定义)

$$\int_{D_0}^{D_{max}} P_b(D) \cdot dD = 1 \qquad (5-8)$$

式中，D_0 和 D_{max} 分别代表了床内初始的催化剂粒径和最大的颗粒粒径。由于床内颗粒流动的全混流特征，产品出料中颗粒的密度函数 $P_1(D)$ 可以认为与床内的 $P_b(D)$ 一致。

根据图 5-38，可以对尺寸在 $[D, D+\Delta D]$ 区间的颗粒作稳态条件下的质量衡算：

(随进料催化剂进入的颗粒)-(随产品出料离开反应器的颗粒)-(随扬析物流离开的颗粒)+(由于聚合生长进入该尺寸区间的颗粒)-(由于聚合生长离开该尺寸区间的颗粒)+(由于磨损作用颗粒变小而进入该尺寸区间的颗粒)-(由于磨损作用颗粒变小而离开该尺寸区间的颗粒)+(由于聚合生长该区间颗粒质量的增长)-(由于磨损该区间颗粒质量的损失)= 0　　(5-9)

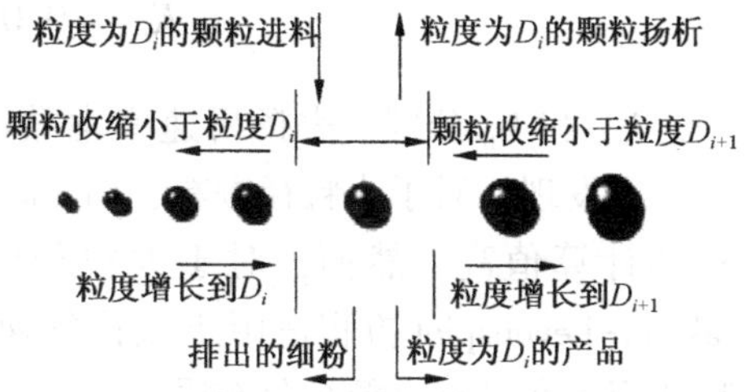

图 5-38　由于颗粒生长、扬析、磨损和黏结引起的粒径变化

分别用颗粒密度函数和对应的质量流量表达式(5-9)的各项，并取极限，可以获得进料催化剂颗粒尺寸均匀条件下的反应器颗粒众体平衡方程。

$$-\left(\frac{F_1}{W}+K_e(D)\right)P_b(D)-\frac{d}{dD}[P_b(D)R_p(D)]+\frac{d}{dD}[P_b(D)R_b(D)]+P_b(D)\frac{3}{D}[R_b(D)-R_b(D)]=0 \tag{5-10}$$

式中，$R_p(D)$ 为聚合反应所导致的颗粒粒径变化速率；$R_b(D)$ 为颗粒磨损速率。

聚合物颗粒的质量可以表达为：

$$m_p(D)=\frac{\pi}{6}\cdot\rho\cdot D^3 \tag{5-11}$$

对应的颗粒质量变化速率为：

$$(dm_p(D)/dt)_g=\frac{\pi}{2}\cdot\rho\cdot D^2(dD/dt)_g \tag{5-12}$$

两边除以 $m_p(D)$

$$(dm_p(D)/dt)_g/m_p(D)=3\cdot(dD/dt)_g/D \tag{5-13}$$

另一方面，颗粒的生长速率可以与本征的聚合速率(r_p，$g/cm^3cat\cdot s$)相关联。

$$(dm_p(D)/dt)_g=r_p(x)\cdot\frac{\pi}{6}\cdot D_0^3 \tag{5-14}$$

式中，x 代表一组动力学变量(向量)。从方程(5-12)和(5-14)，可以得到颗粒直径的变化速率 $R_p(D)$：

$$R_p(D)=(dD/dt)_g=r_p(x)\cdot D_0^3/(3\cdot\rho\cdot D^2) \tag{5-15}$$

在密相高气速流化床中由于颗粒与颗粒之间的碰撞所产生的摩擦，可能会导致颗粒的破裂。结果大量的细颗粒可能产生出来，严重影响床层内部和产品出口的颗粒尺寸分布。颗粒磨损速率 $R_b(D)$ 与颗粒质量变化的平均速率之间的关系可以表达为：

$$(dm_p(D)/dt)_b/m_p(D)=3R_bD \tag{5-16}$$

气泡沿床层上升时，气泡尾涡夹带了大量颗粒。当气泡到达床层爆破时，夹带的颗粒被抛入自由空间中，形成扬析夹带物流。颗粒可以被夹带的高度取决于它们在床面的初始速率、颗粒尺寸、形状和密度。当流化床中包含了宽分布粒径的颗粒体系，且流化床的自由空间高于所谓输送离析高度(TDH)时，颗粒被带出流化床的流率符合如下的一级规律：

$$F_2 \cdot P_2(D) = W \cdot K_e(D) \cdot P_b(D) \tag{5-17}$$

式中，$P_2(D)$、F_2 和 $K_e(D)$ 分别代表扬析物流中的颗粒密度函数、扬析质量流率和扬析速率常数。Gugnoni-Zenz 方程和 Colakyan-Levenspiel 方程常被推荐用于估算流化床颗粒的扬析速率：

$$\frac{K_i^*}{\rho_g \cdot U_0} = 1.975 \times 10^{-5}\left(\frac{U_i - U_{ti}}{\sqrt{g \cdot D_i}}\right)^{3.271} \tag{5-18}$$

$$K_i^* = 0.011 \cdot \rho_s\left(1 - \frac{U_{ti}}{U_0}\right)^2 \tag{5-19}$$

式中，K_i^* 和 U_0 分别代表扬析速率常数(kg/m^2/s)和表观气速；U_{ti} 代表固体颗粒的终端速度。研究发现，对于小粒径颗粒，Gugnoni-Zenz 方程预测的扬析速率较 Colakyan-Levenspiel 方程的计算值高。然而，对于大粒径颗粒，两预测方程的计算值变化不大。必须注意 Colakyan-Levenspiel 方程适用于流化气速相对较高的流化床($U_0>10U_{mf}$)，而 Gugnoni-Zenz 方程适用于在具有窄粒径分布颗粒(20~200μm)的鼓泡流化床($U_0<8U_{mf}$)中使用。

当高活性的小粒径聚合物颗粒彼此相互作用，并且聚合温度接近聚合物的熔点时，团聚现象可能发生。颗粒团聚体具有不同的形态特征和流态化特性。因为颗粒团聚是颗粒和颗粒直接碰撞的结果，所以可以借助于众体平衡方程描述。

该模拟研究以乙烯聚合为例，其研究结果对于丙烯聚合也是适用的。表 5-7 给出了乙烯在双活性 Z-N 催化剂上聚合的简化动力学。虽然在工业上颗粒的热质传递限制因素非常重要，但是模型暂时没有考虑。聚合速率表达如下：

$$R_p = [\mathrm{M}] \cdot M_w \cdot \sum^{N_s}[\mathrm{S}^k] \cdot k_p^k \tag{5-20}$$

式中，[M]和[S^k]分别表示单体和活性中心的浓度；N_s 代表活性中心的数目；M_w 和 k_p^k 分别代表单体的分子量和链增长速率常数。模拟所用的动力学参数总结在表 5-8 中。

通过模拟计算可以定量表述流化床内各种作用机理的组合效应。例如，颗粒增长和扬析，颗粒增长和催化剂失活，颗粒增长和磨损，颗粒增长、扬析和团聚等因素分别耦合时，对床内颗粒粒径分布的影响。首先考虑使用单一粒径催化剂的情况。

表 5-7 乙烯聚合的基元反应

自发的活化反应：	$S_p^k \xrightarrow{k_{asp}^k} S_0^k$
由单体引起的活化：	$S_p^k + [M] \xrightarrow{k_{a,M}^k} S_0^k$
链增长：	$S_n^k + [M] \xrightarrow{k_p^k} S_{n+1}^k$
自发的失活反应：	$S_n^k \xrightarrow{k_{sp}^k} S_0^k + D_n^k$
由毒物引起的失活：	$S_n^k + [Im] \xrightarrow{k_{dIm}^k} S_0^k + D_n^k$

表 5-8 模拟计算采用的动力学和操作参数

k_p^1	10×10^5 cm^3/mol/s	[S_p^1]	2×10^{-3}mol/cm^3 · 聚合物
k_p^2	5×10^3 cm^3/mol/s	[S_p^2]	2×10^{-3}mol/cm^3 · 聚合物
k_{asp}^1	1×10^1 l/s	[M]	1×10^{-3}mol/cm^3
k_{asp}^2	1×10^1 l/s	Im	1×10^{-4} mol/cm^3
		U	20 cm/s
k_{am}^1	1×10^2 cm^3/mol/s	U_{mf} | $d_{p=500\ \mu m}$	5.67 cm/s
k_{am}^2	1×10^2 cm^3/mol/s	W	1×10^6 g
k_{dsp}^1	1×10^{-4} l/s	ρ_p	0.908 g/cm^2
k_{dsp}^2	1×10^{-4} l/s	R_b	1×10^{-8} cm/s
		D_0	60×10^{-4} cm
k_{dIm}^1	1×10^3 cm^3/mol/s	F_e	1×10^{-3} g/s
k_{dIm}^2	1×10^3 cm^3/mol/s		

5.2.2.2　催化剂性质的影响

首先考察了催化剂粒径及其分布、聚合动力学等特性对流化床内聚合物颗粒的粒径及其分布以及细颗粒扬析的影响。

当催化剂的活性恒定时，床内颗粒的粒径分布(PSD)随进料催化剂粒径变大而加宽(如图5-39所示)。完成了部分反应的细颗粒催化剂，由于活性较高很可能被夹带进入床的自由空间并继续增长。当流化床操作在中等气速条件下时(例如，$U_0=30cm/s$)，催化剂粒径大于80μm，床内颗粒的扬析并不明显(图5-40)。注意，扬析的质量流率正比于床内对应的颗粒质量分数。细颗粒在床内的质量分数非常低，扬析的质量流率较小。而粗颗粒的扬析速率常数很低，扬析质量流率较小。因此，图5-40显示的扬析质量流率曲线的最大值可以认为是床内颗粒粒径和它的质量分数的组合效果。

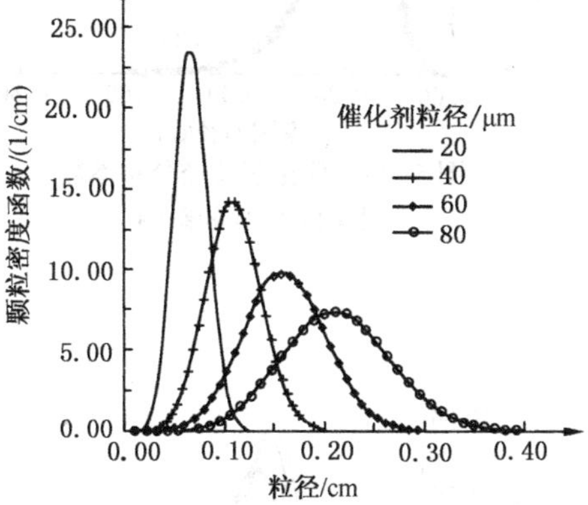

图5-39　催化剂粒径与床内聚合物颗粒粒径分布的关系($U_0=30cm/s$)

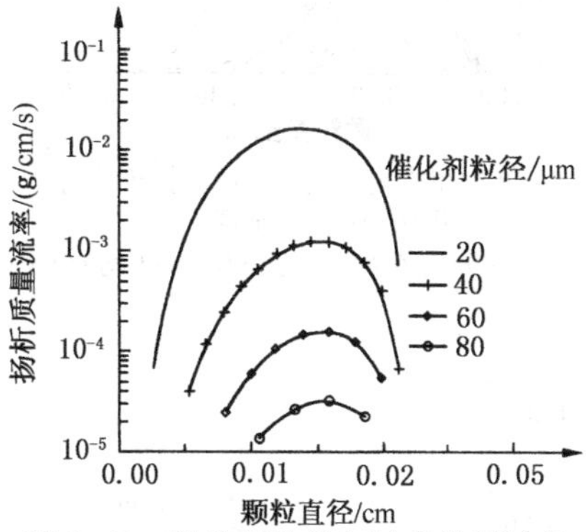

图5-40　催化剂粒径与被夹带颗粒的粒径分布之关系($U_0=30cm/s$)

催化剂失活对床内聚合物颗粒的粒径分布也将产生影响。对于0级失活动力学，增加失活速率常数，可明显降低聚合物颗粒内的活性中心浓度。而随着催化剂活性中心浓度的降低，聚合速率减少，颗粒扬析速率增加，最后PSD变窄。图5-41定量表示这一规律。

Hatzantonis等[25]还研究了进料催化剂颗粒存在粒径分布时的情况。在流化床烯烃聚合的气相反应器中，初始催化剂的粒径分布对床内树脂粉体的粒径分布产生了明显的影响。事实上，我们可以通过调节催化剂的粒径分布来实现床内粉体的粒径分布符合特定的要求。假定进料催化剂的粒径分布符合对数正态分布，当使用平均粒径 $\bar{d}$ 为40μm，标准偏差 S 为0.15的初始催化剂时，床内聚合物颗粒的PSD如图5-42所示。图中同时演示了床内颗粒PSD的计算方法。图5-43表示了催化剂尺寸分布参数对床内PSD的影响。

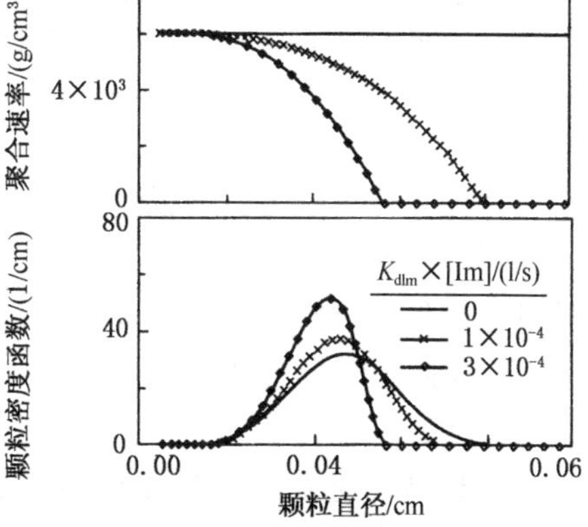

图5-41　失活速率常数对聚合速率和床内粒径分布的影响($d_c=40\mu m$，$U_0=30cm/s$)

当同时引入两种粒径单一的催化剂进行聚合时($d_{cat,1}=40\mu m$；$d_{cat,2}=90\mu m$)，床内可以获得双分布的聚合物颗粒粒径分布(图 5-44)，可以发现总的 PSD 的形状直接与两种进料催化剂的比例和粒径有关。

5.2.2.3　流化床操作气速的影响

流化床表观气速对床内聚合物PSD的影响如图5-45所示。虽然较高的表观气速将帮

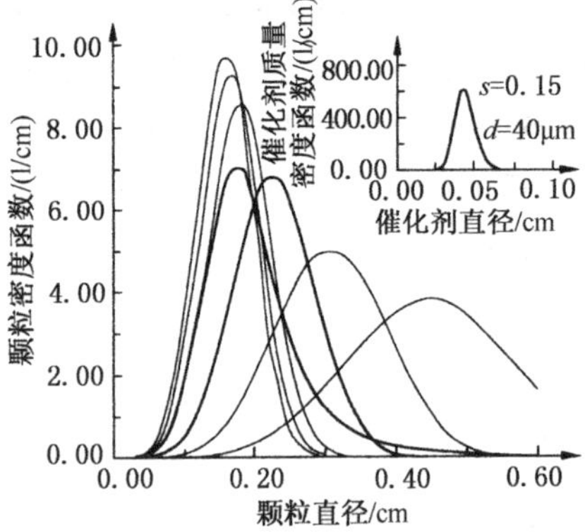

图 5-42　在给定催化剂粒径分布下流化床 PSD 的预测
—对应某一筛分粒径催化剂的 PSD；—平均的 PSD

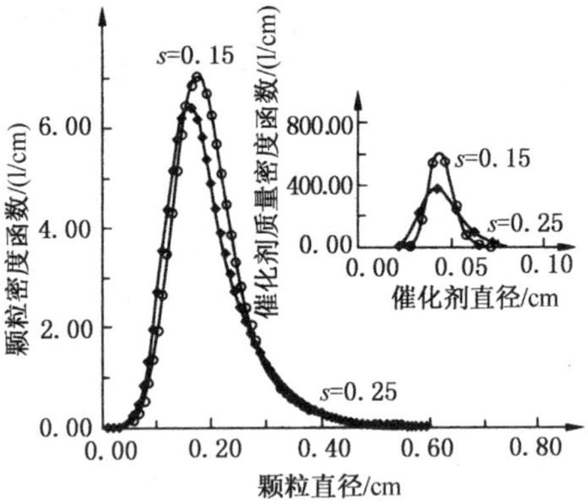

图 5-43　催化剂粒径分布参数对床内 PSD 的影响

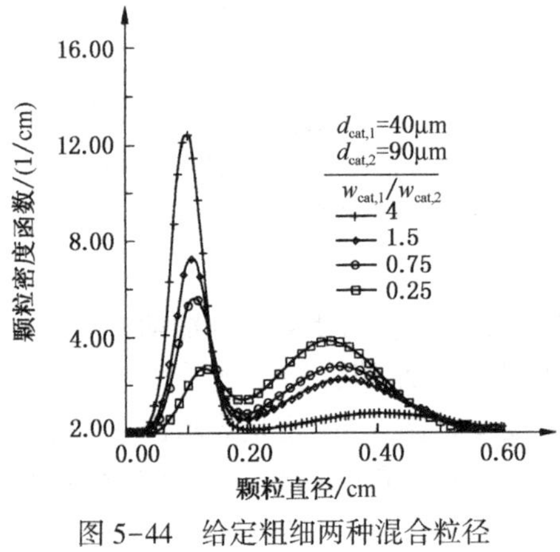

图 5-44　给定粗细两种混合粒径催化剂时，细颗粒催化剂质量分数对床内 PSD 的影响

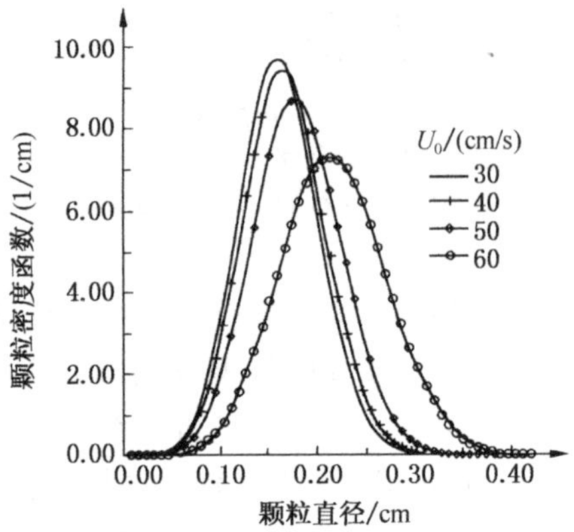

图 5-45　流化床表观气速对床内聚合物 PSD 的影响

助反应器提高传热能力，但是也可能引起较大的扬析速率，使 PSD 变宽，并且 PSD 将发生明显迁移。图 5-46 演示了不同操作气速下，某一粒径颗粒被夹带的质量与床内该粒径颗粒的质量之比值随颗粒粒径的变化。如果没有颗粒的聚并，粒子越小，越容易被扬析夹带。另一方面，Briens[26] 等发现并不是越小的颗粒越容易被扬析夹带。这可能和细颗粒较容易与难于扬析的粗颗粒聚并有关。

在密相高气速流化床内由于颗粒与颗粒的相互作用，可能存在粒子的摩擦破碎。虽然到目前为止尚没有有关公开发表的实验证据，但是模拟计算表明颗粒的摩擦破碎对床内聚合物的 PSD 将产生明显的影响。另外，由于颗粒摩擦所产生的细粉可能成为夹带扬析的主要来源。同时也是 PSD 出现第二个小峰的主要原因。当颗粒的摩擦破碎遵守 0 级磨损模型(例

如，磨损速率 R_b = 常数）时，图 5-47 显示随着磨损速率常数的增加，床内 PSD 变窄，峰位置向小尺寸移动。

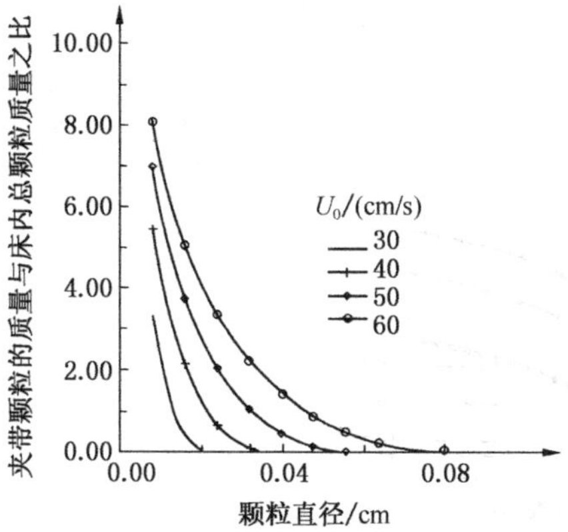

图 5-46　表观气速对被夹带颗粒的质量分数的影响

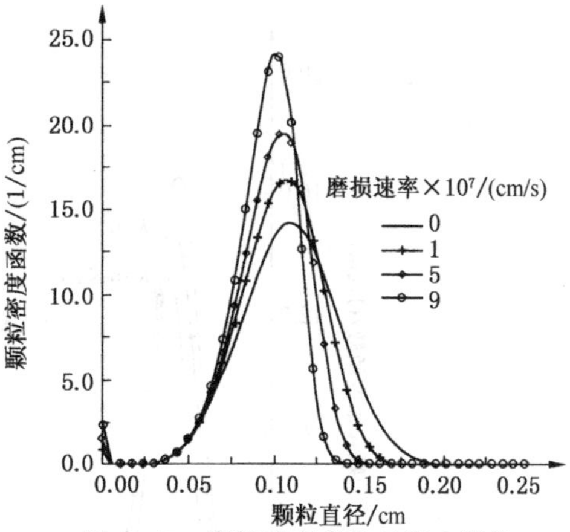

图 5-47　磨损速率常数对床内颗粒粒径分布的影响（U_0 = 30cm/s）

5.2.2.4　颗粒聚并的影响

在众体衡算方程中，颗粒聚并的描述可以由 Arastoopour 等[27]的研究工作给出。假定聚并速率常数是两个函数之间的乘积，即，操作条件函数（例如，温度、气速）和碰撞颗粒的粒径函数。后者（称为聚并核 kernel）可以表达为：

$$K_{ag}(D_i,\ D_j) = K \cdot (D_i^4 + D_j^4) \cdot \left(\frac{1}{D_i^3} + \frac{1}{D_j^3}\right) \tag{5-21}$$

式中，D_i 和 D_j 分别代表聚并的颗粒粒径；K 是聚并速率常数。考虑到流化床烯烃聚合过程中细颗粒过热及聚并的情况严重，Hatzantonis 等[25]提出了适用于描述细颗粒碰撞聚并的函数：

$$K_{ag}(D_i,\ D_j) = K \cdot (D_i^2 + D_j^2) \cdot \left(\frac{1}{D_i \cdot D_j}\right)^4 \tag{5-22}$$

从图 5-48 和图 5-49 可以看出聚并对床内 PSD 的影响。当细颗粒的碰撞占主导地位时（图 5-49），可以明显看出 PSD 向较大的平均颗粒尺寸迁移。另一方面，当大颗粒的碰撞占主导地位时（图 5-48），出现了带较长拖尾的 PSD 分布。

图 5-50 描述了颗粒聚并对床内总的颗粒扬析速率的影响（假定小粒子的碰撞占主导地位）。可以看出随着颗粒聚并速率常数的增加，PSD 变宽，床内细颗粒的质量分数和扬析粒子的数量均出现明显下降。

图 5-51 表示了聚并速率常数与床内结块体（大于某个特征尺寸的颗粒）的质量分数之间的关系。分别模拟了催化剂粒径为 40μm 和 60μm 的两种情况。聚集体的特征尺寸分别定义为 2500μm 和 4000μm，可以看出颗粒结块体的质量分数随聚并速率常数 K 的变化遵循指数变化的规律。因为后者直接和颗粒温度相关联，所以图 5-51 表明，流化床内聚集体的质量分数随聚合温度呈指数增长。图 5-52 还表明，在上述条件下细粉的扬析量也随着聚并速率

常数的增加而相应下降。当没有颗粒聚并时($K=0$)，在床内的聚集体(尺寸大于 2500μm 或 4000μm)的含量小于 0.05%。

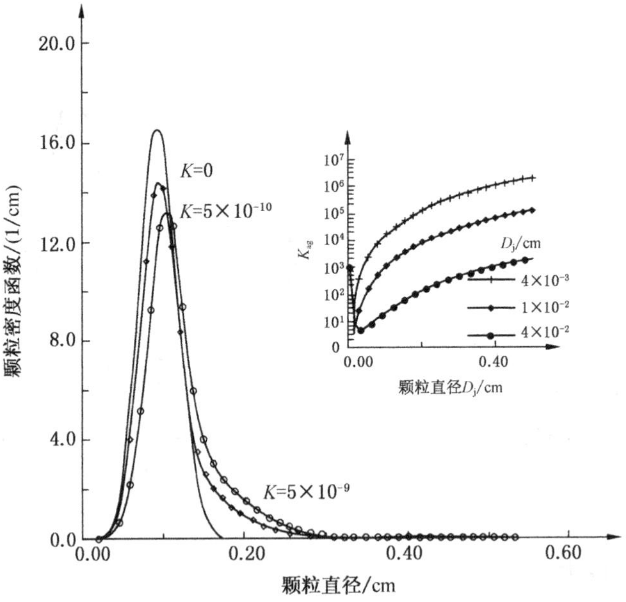

图 5-48　当大颗粒碰撞优先时聚并速率常数 K 对粒径分布的影响

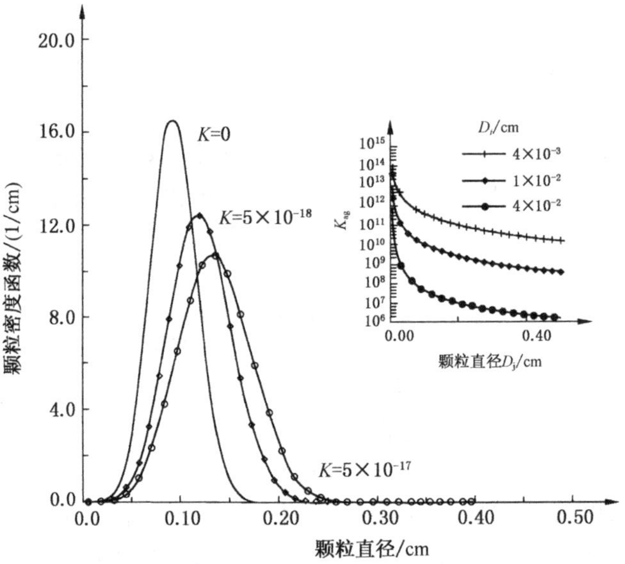

图 5-49　当细颗粒碰撞优先时聚并速率常数 K 对粒径分布的影响

5.2.3　聚合流场的可视化

由于在实验和数学分析方面的困难，带反应的多相流流场分析的研究文献较少发表。Yasunobu Kaneko 等[28]应用最近开发成功的数值模拟工具(DEM 模拟，离散元方法)成功模拟了流化床烯烃气相聚合反应器中的反应与流动情况，由于模拟细致并具有动态实时效果，使人们可以通过可视化的方式，较为直观地研究聚合反应器的内部机理。

5.2.3.1　数学模型

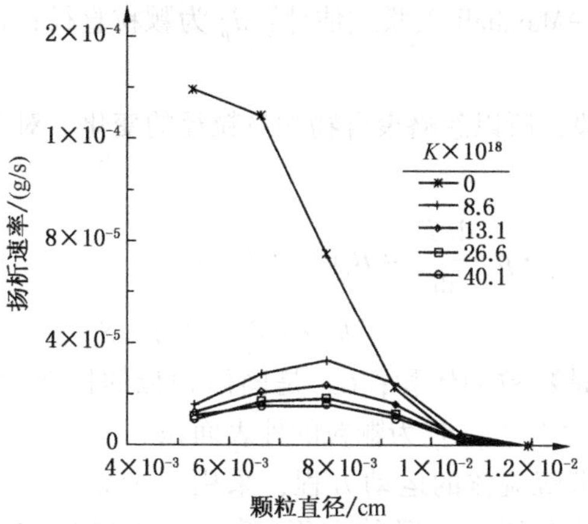

图 5-50　聚并速率常数 K 对扬析颗粒的粒径分布的影响（$d_{cat}=40\mu m$）

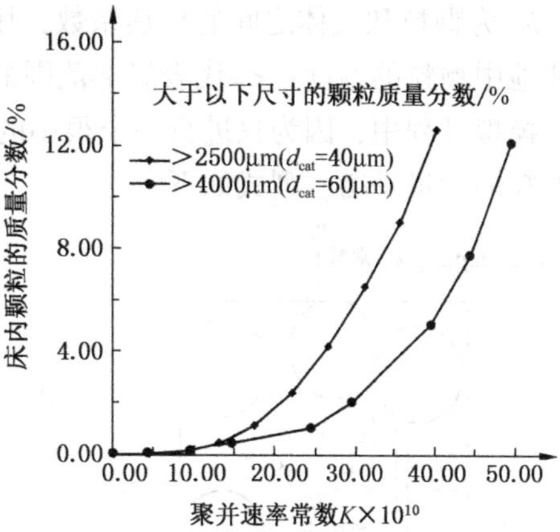

图 5-51　聚并速率常数 K 对床内颗粒聚并体质量分数的影响

数学模型主要假定：①除了颗粒附近的气体，气体为无黏性流体；②颗粒为粒径相等的球体；③模拟对象是二维流化床，相当于三维流化床的一个垂直切片，厚度为一个颗粒的直径，前后床壁面假定无摩擦；④颗粒为软性球体，符合 Hookian 线性弹簧和减振模型，允许在 Coulomb 型的摩擦条件下作多颗粒之间的接触；⑤通过考虑非弹性碰撞，间接模拟黏性阻尼效应；⑥颗粒之间的黏性力可以忽略；⑦气体和固体的热容、热导、密度和黏度等物性参数为常数；⑧由于反应造成的气体体积变化可以忽略；⑨反应器的热损失忽略；⑩除非在颗粒附近，气相的热导可以忽略；⑪颗粒内部的温度均匀；⑫颗粒与气体的传热系数用 Ranz-Marshall关联式估计；⑬颗粒对颗粒的直接传热可以忽略；⑭弹簧常数可以按照计算的需要进行调节。计算已经发现，弹簧常数不会影响床层的宏观特性，即使在聚合条件下也如此。

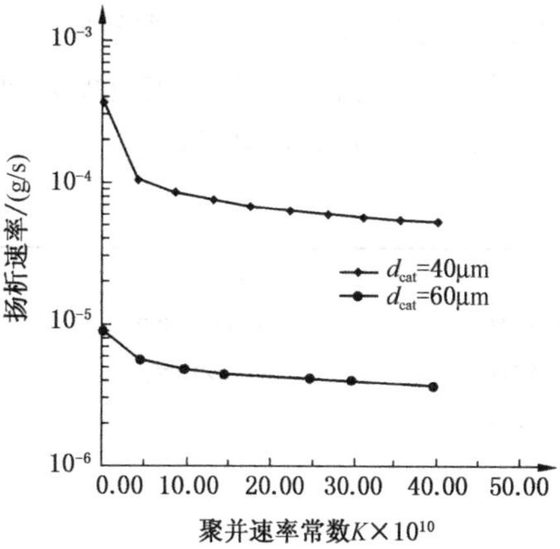

图 5-52　两种不同粒径催化剂进料时聚并速率常数 K 对细颗粒扬析速率的影响

在 DEM 模拟中人们可以避免使用难以测量的颗粒应力张量。图 5-53 表示了用于作数值计算的流体池和池中有关气相能量平衡的变量。

气体速度定义在每个流体池的中心点，以避免数值计算的不稳定性。空隙率、气体压力和气体温度等也定义在池中心。能量平衡方程为：

$$\frac{\partial\ (\varepsilon\cdot T_{g})}{\partial\ t}+\frac{\partial\ (\varepsilon\cdot u_{i}\cdot T_{g})}{\partial\ x_{i}}=\frac{Q_{g}}{\rho_{g}\cdot C_{p,g}}$$

式中，$C_{p,g}$为气体的热容；T_g 为气体的温度；Q_g 代表单位体积内颗粒和气体之间的传热速率，可以表达为：

$$Q_g = \frac{6 \cdot (1 - \varepsilon)}{d_p} \langle h_p \cdot (T_p - T_g) \rangle$$

式中，h_p 为颗粒和气体之间的传热系数，用 Ranz-Marshall 关联式估计；d_p 为颗粒直径；T_p 是流体池中颗粒的温度；<>代表局部范围的平均。

在模拟过程中，因为只进行一个很小的时间段，所以忽略聚合物颗粒粒径的变化。对于一个颗粒的能量平衡，列式如下：

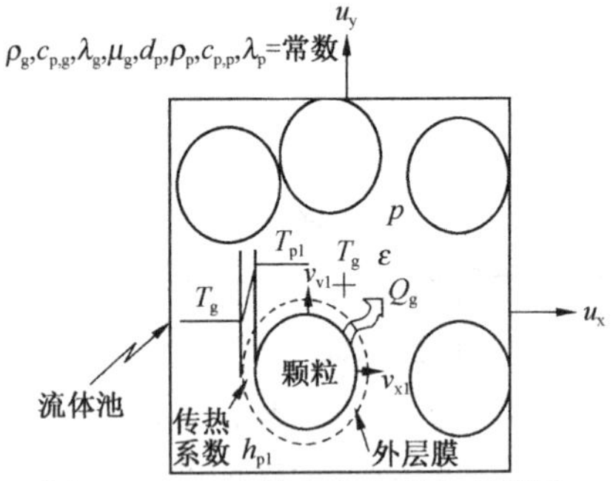

图 5 - 53　流体池中有关气相能量衡算的变量定义

$$V_p \cdot C_{p,p} \cdot \rho_p \frac{d.T_p}{dt} = R_p(-\Delta H_r) - \{h_p \cdot (T_p - T_g) \cdot S_p\}$$

式中，V_p 是颗粒的体积；$C_{p,p}$是固体颗粒的比热容；$(-\Delta H_r)$为聚合热；S_p 为颗粒的外表面积。

为了求解流体的运动方程，采用了 SIMPLE(半隐含的方法与压力关联的方程)算法和上风显式算法。其他的方程及有关说明参见有关文献[28]。模拟计算的时间步长由下式确定：

$$\Delta t = \frac{1}{5} \cdot 2\pi \sqrt{\frac{m}{k}}$$

式中，Δt 为时间步长；m 为颗粒质量；k 为弹簧系数。

模拟计算时，在反应器的宽度方向划分出 41 个区，其他条件见表 5-9、表 5-10。流化床烯烃聚合反应的流场模拟结果在以下小节中分别介绍。

表 5-9　计算条件

颗 粒 参 数		床 层 参 数	
颗粒数 n_t	14000,28000	床 层 尺 寸	0.154m×0.3825m（对于颗粒数目为 14000）
颗粒直径 d_p	1.0×10^{-3}m		0.154m×0.765m(对于颗粒数目为 28000)
恢复系数 e	0.9	分布器类型	密孔板,钻孔板
摩擦系数 μ	0.3	流体池数目	41×105(对于颗粒数目为 14000)
			41×210(对于颗粒数目为 28000)
弹簧常数 k	800N/m	时间布长	聚丙烯 1.298×10^{-5}s
			聚乙烯 1.346×10^{-5}s

表 5-10　计算参数

项目	参　　数	单　　位	丙烯反应	乙烯反应
颗　粒	密度 ρ_p	kg/m³	667	717
	比热容 $C_{p,p}$	J/(kg·K)	1.67×10^3	2.30×10^3
	初始温度 $T_{p,0}$	K	343	363
气　体	密度 ρ_p	kg/m³	74.84	20.44
	黏度 u_g	Pa·s	1.0×10^{-5}	1.0×10^{-5}
		J/(m·s·K)	2.09×10^{-2}	2.91×10^{-2}
	比热容 $C_{p,g}$	J/(kg·K)	1.67×10^3	1.80×10^3
	进口气体温度 $T_{g,i}$	K	343	293
	压力 p	MPa	3.1	2.1

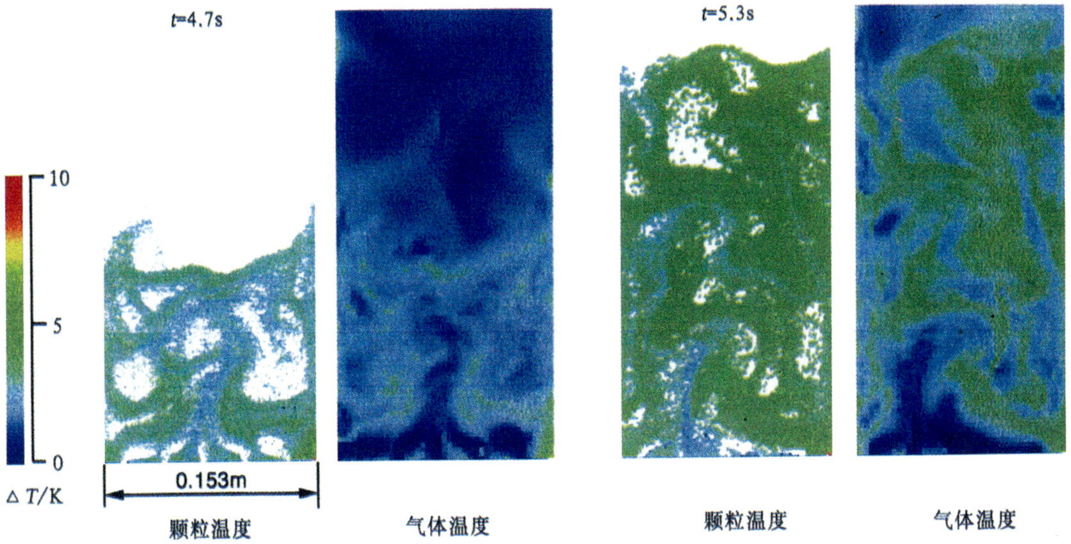

（a）颗粒数目 = 14000　　（b）颗粒数目 = 28000

图 5-56　床内颗粒和气体温度场典型快照（U = 0.156m/s）

丙烯聚合反应，气体入口温度为343K；钻孔板分布器：5孔

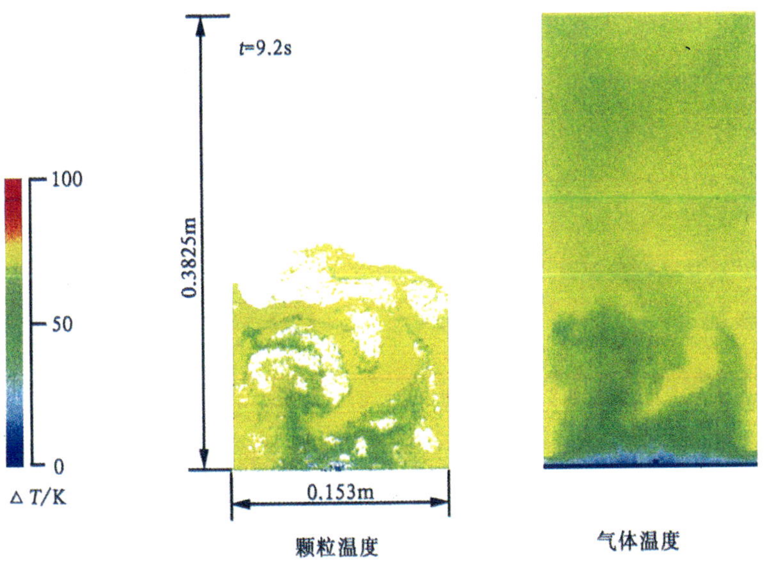

颗粒数目 = 14000

图 5 - 57　床内颗粒和气体温度场的典型快照（U = 0.303m/s）

乙烯聚合反应，气体入口温度为293K；密孔板分布器：5孔

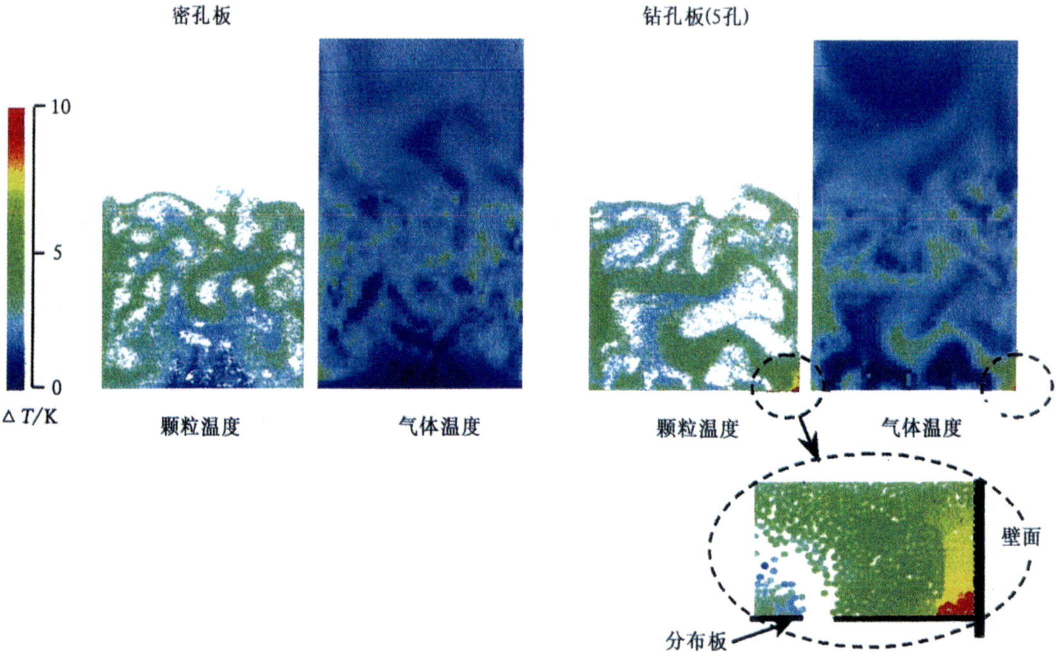

图 5-59 分布板类型对颗粒和气体温度场的影响

（颗粒个数 14000，丙烯聚合，$U=3U_{mf}$，t=6.2s）

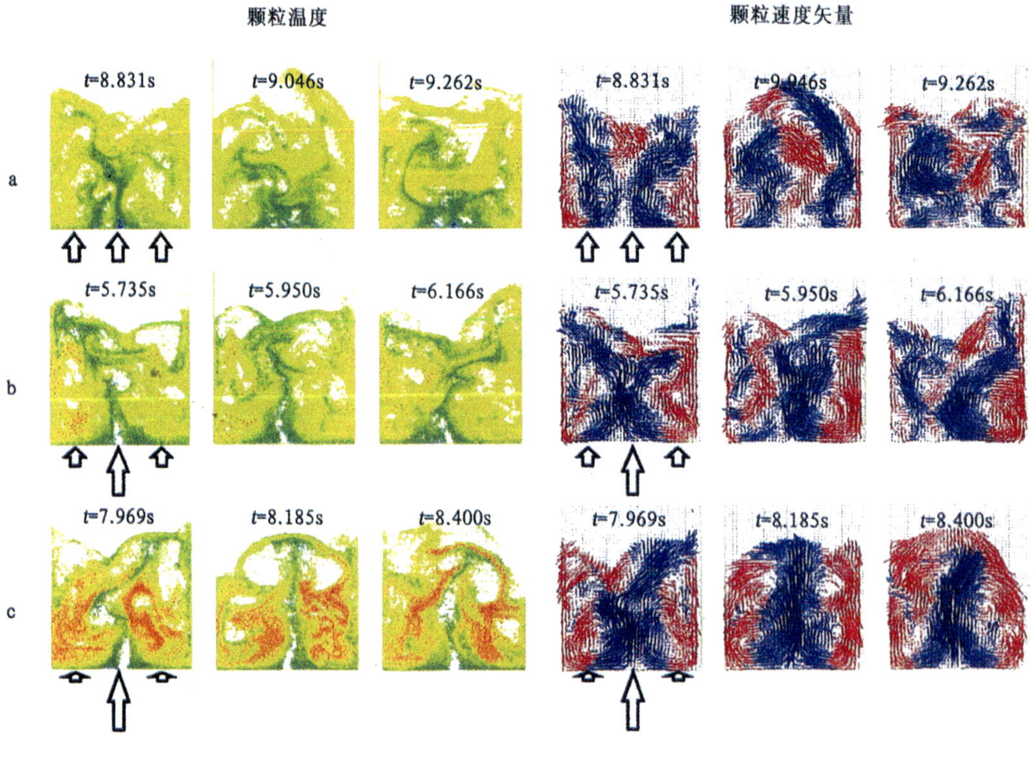

图 5-60 入口气体非均匀分布对颗粒温度分布的影响

（颗粒个数 14000，乙烯聚合，$U=3U_{mf}$）

续表

项目	参　　数	单　　位	丙烯反应	乙烯反应
反　应	速率常数 $k_{p,0}$	kgPP/s · Pa · kg cat	8.948×10^{-6}	8.948×10^{-6}
	活化能 E	J/mol	10585	10585
	催化剂质量 w_c	kg/m^3	7.0×10^{-10}	4.2×10^{-9}
	聚合热($-\Delta H_r$)	J/kg	2.51×10^3	3.77×10^3
U_{mf}	预测值(根据 Wen-Yu 公式)	m/s	0.052	0.101
	估计值(根据模拟计算)	m/s	0.066(在室温常压条件下为 0.29)	0.112

5.2.3.2 操作压力对聚烯烃流态化的影响

图 5-54 显示了在常压和加压两种情况下聚丙烯颗粒的鼓泡行为。可以发现，随着操作压力的提高气泡直径减少。在加压条件下，气泡直径沿床高的变化不明显。

如果以空隙率为 α 的流体池数目除以流体池的总数目(空隙率大于 0.9 的流体池除外)，可以得到床层空隙率的频率分布图(图 5-55)。计算发现，在升压条件下，乳相的空隙率($\varepsilon_{peak}=0.55\sim0.6$)大于常压条件下的空隙率($\varepsilon_{peak}=0.45\sim0.5$)。表明加压流化床具有更好的充气性，与以前的实验研究结果一致。

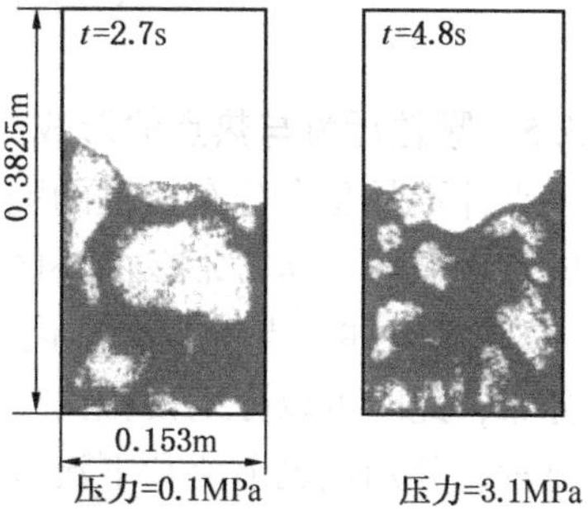

图 5-54　加压条件下的流态化行为
$U=U_{mf}$，t 为初始流态化后的时间
聚丙烯颗粒数 = 14000；气体分布器：钻孔板；钻孔数：5

5.2.3.3 聚烯烃流态化的温度场

在两个不同的料位高度条件下，进行丙烯聚合，可以分别模拟得到聚合物颗粒和流化气体的温度场(图 5-56，见彩色插页)。反应器内的温度用颜色表示，可以发现泡相的温度比乳化相小2～3K。在乳化相，颗粒的温度与气体的温度几乎相同，表明气固之间的传热极快。对于乙烯气相聚合，图 5-57(见彩色插页)给出了类似的结果。图 5-58(a)和图 5-58(b)计算了在钻孔板流化床中分别进行聚乙烯、聚丙烯生产时床内气体和颗粒的对数温度分布。可以发现，在分布板上存在一个很陡的温度梯度。越过该温度梯度区间，床温基本维持恒定。由于反应热存在差别，聚乙烯床层的温度梯度比聚丙烯流化床的温度梯度更为陡峭。

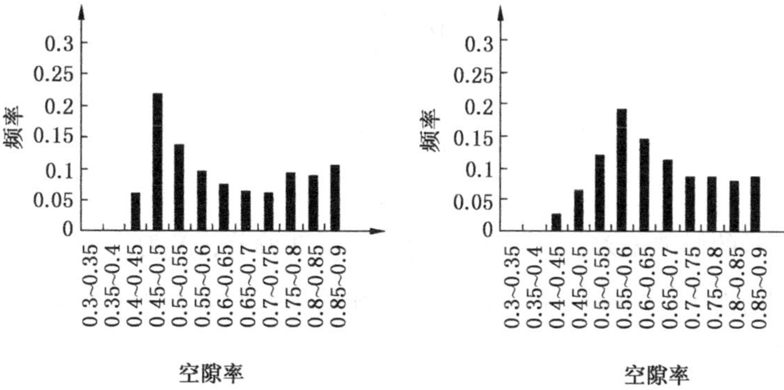

(a)p=0.1MPa　　(b)p=3.1MPa

图 5-55　聚丙烯颗粒空隙率的频率分布

5.2.3.4　分布板的设计与温度热点的形成

由于分布板结构上的缺陷会导致温度场中热点的形成。图 5-59(见彩色插页)显示了在密孔板和钻孔板流化床中颗粒和气体的温度场。发现钻孔分布板上存在颗粒的死区，在这些地方颗粒和气体温度连续增加。对于密孔板分布器，流化床内无高温区存在。

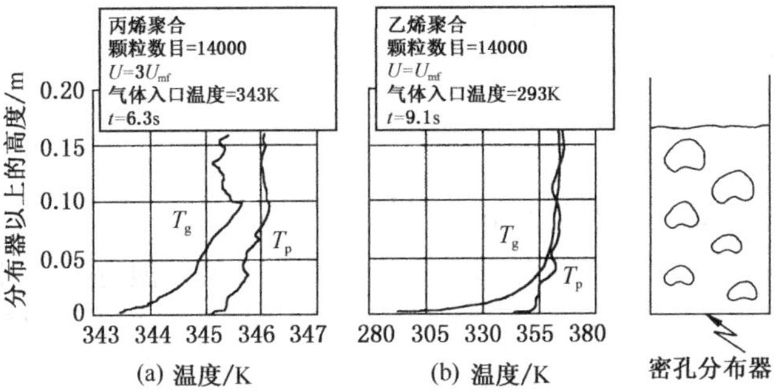

图 5-58　颗粒和气体温度的轴向分布(密孔板分布器)

5.2.3.5　颗粒行为与热点的形成

热点并不是总在分布板上的颗粒死区形成。据报道，工业规模的反应器，由于气泡运动诱发的颗粒循环运动常常在循环区中心点形成热点。利用 DEM 模拟方法，图 5-60(见彩色插页)复现了上述观点。假设流化气的流量保持恒定，但流化床分布板采用三种不同方式的气体分布，此时可以分别模拟出床内颗粒和气体的温度分布情况。颗粒的速度矢量用蓝色和红色显示，分别代表上流和下流方向。在图 5-60(a)中，底部所有流体池的表观速度 U_y 均 3 倍于 U_{mf}；在图 5-60(b)中，中间三个流体池的 U_y 被设定为 $9.33U_{mf}$，其他 38 个旁边的流体池为 $2.5U_{mf}$；在图 5-60(c)中，中间三个流体池的 U_y 设定为 $15.67U_{mf}$，其他 38 个旁边的流体池气速为 $2.0U_{mf}$。

模拟发现，在图 5-60(a)中，由于气泡的随机运动，颗粒的旋涡中心均匀分布在全床内运动。然而，在图 5-60(b，c)中，特别是在图 5-60(c)中，非均匀的气体喷射诱发出了相对稳定的颗粒循环旋涡。在颗粒速度较低的区域，颗粒温度大大地高于其他区域，甚至高于聚合物颗粒的熔融温度。这种温度的非均匀性和颗粒不能完全随机混合有关。为了说明上述观点，人们引入了混合度 M 的概念，用于评估颗粒混合强度对颗粒温度的影响。定义：

$$M = \frac{\sigma}{\sigma_0}$$

$$\sigma = \sqrt{\frac{1}{N-1}\sum_{i=1}^{N}(C_i(t) - \bar{C})^2}$$

$$\sigma_0 = \sqrt{\bar{C}(1-\bar{C})}$$

式中，σ 代表 $t=t$ 时的标准偏差；σ_0 表示混合前的标准偏差；N 为流体池数目；$C_i(t)$ 表示 $t=t$ 时刻在 i 池中的示踪颗粒浓度；$\bar{C}$ 为床内示踪剂颗粒的平均浓度。完全混合条件下示踪剂颗粒浓度的标准偏差为：

$$\sigma_r = \sqrt{\frac{\bar{C}(1-\bar{C})}{\bar{n}}}$$

式中，$\bar{n}$ 表示取样池中颗粒的平均数目。将流化床分成 20×52 个取样池，其体积几乎相当于

4 个流体池。假如样品池中无颗粒，$C_i(t)$ 就不存在；假如样品池中只有几个颗粒，标准偏差的计算值将存在很大的误差。所以，规定含有 10 个颗粒以上的样品池被选来计算混合度 M。为了消除初始条件的影响，在平均颗粒温度几乎稳定后的 $t=6.0$s 开始计算 M。将距离分布板 0.03642m 以下的颗粒，即来自床底的 10 个流体池，定义为示踪颗粒。在所有 3 种情况下，$\bar{C}$ 的值为 0.5。

图 5-61 显示了上述 3 种情况下 $\sigma/\sigma_0(M)$ 和 σ/σ_r(相对于全混流的混合度)的变化。σ/σ_0在起始阶段迅速下降，表明气泡运动所产生的明显的对流混合作用。曲线下降的速率表示了混合速率常数的大小。随着气体射流不均匀程度的增加，速率常数有轻微的下降。然而，在图 5-61(c)中发现，在 1.5 和 2.5 s 之间存在一个缓慢的混合区，对应了颗粒的扩散或宏观的区域混合(share mixing)。所有的 σ/σ_0 最终到达平衡线 σ/σ_r。很明显，在气体非均匀进料时，稳定的颗粒旋涡是缓慢混合以及出现较大的温度非均匀性的主要原因。因此混合度 M 可以用于预测热点的形成。

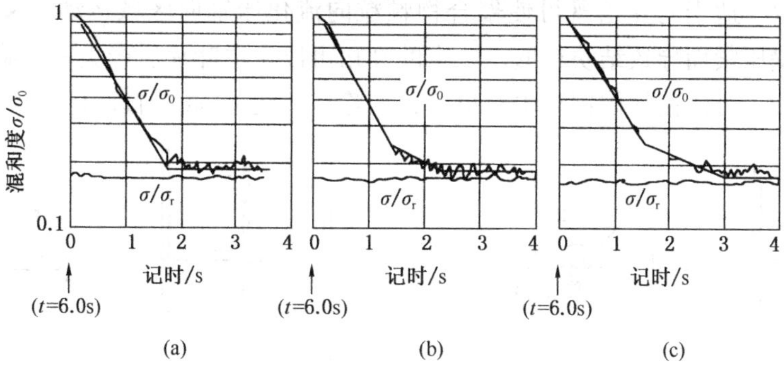

图 5-61　床内颗粒的混合曲线

a —均匀进气；b —中心区：9.33 U_{mf}，边区：2.5 U_{mf}；c —中心区：15.67 U_{mf}，边区：2.0 U_{mf}

5.2.4　搅拌流化床的基本原理

自由流化床结构简单，制造成本低，在聚乙烯生产中应用较为广泛。但是，在解决聚丙烯以及有关的聚丙烯合金生产中出现的粘壁和结块问题时，带搅拌的流化床(立式或卧式)显示出了独特的优势。显然，与自由流化床相比，搅拌流化床的设备结构更加复杂，设计与放大的难度也更大。本节内容是通过讨论搅拌流化床的流体力学原理，提出这类反应器的设计准则，为工程放大提供理论依据。

5.2.4.1　工艺设备特征

搅拌流化床除了直筒流化段和扩大段、聚合物进料和出料机构外，最为重要的是气固搅拌桨和分布板，它们是维持黏性聚合物良好流态化的关键。这里主要结合三井油化 Hypol 工艺和 Himont-Spheripol 工艺所采用的搅拌流化床结构，介绍搅拌桨和分布板的设备特征。

(1) 气固搅拌桨　流化床中搅拌器的功能是改善流化质量；克服聚合物在反应器壁面上的黏结和结块；打碎大气泡，使床层料面处气泡的破裂程度降低，减少气体离开床层时聚合物颗粒的夹带量；同时要避免在流化床中心轴附近形成旋涡。一般的搅拌器难以同时满足上述要求。例如，采用传统的锚式搅拌器，在离心力的作用下，聚合物颗粒将在器壁附近积累而导致粘釜，并且易在流化床轴线区域形成涡流，而导致聚合物颗粒积累结块。如果采用平桨，虽然在流化床轴线区域不会形成涡流，但是由于聚合物颗粒在流化床内壁附近的流动性差，很容易发生粘釜结块。

三井油化[29]公布了一种由内外两层搅拌翼和一水平搅拌翼组成的锚式搅拌器(图5-62)。搅拌器外层是一对垂直搅拌翼，横截面为直角三角形，小锐角尖端方向与搅拌翼运动方向一致。转动时，搅拌翼后面形成一个涡流，可以使器壁区的聚合物颗粒卷入并流动。搅拌器内层的一对垂直搅拌翼横截面为正方形，其作用是防止床内气体产生偏流。内外两层搅拌翼在轴线上互相垂直布置。若在轴线上配置两对内层搅拌翼，也在轴线上等角分布。下部的水平搅拌翼横截面为直角三角形，小锐角尖端方向与搅拌方向一致。该搅拌翼主要为加强分布器上聚合物颗粒的向上运动。图5-63是该搅拌翼设计的进一步改进[30]。搅拌器由内外两对搅拌翼组成，外搅拌翼为主叶片，内搅拌翼为副叶片，内外搅拌翼在水平上垂直分布。有关尺寸数据列于表5-11。外搅拌翼的横截面是三角形，小锐角 α 尖端方向与桨翼运动方向一致。适当的 α 角既可使聚合物颗粒向流化床轴向区域运动，又可以防止将聚合物颗粒向器壁压紧而导致结块粘壁。一定的 β 角可以在主叶片后产生一个湍流域。在副叶片的共同作用下，可以使气体偏离中心位置，消除在流化床轴线附近可能形成的涡流。

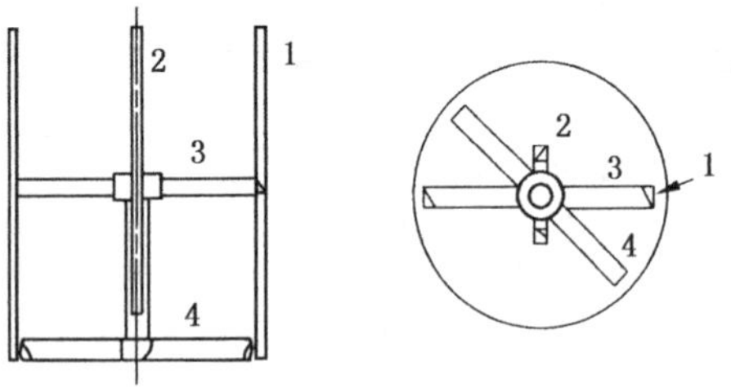

图5-62　三井油化内外双搅拌桨翼结构
1—垂直外搅拌翼；2—垂直内搅拌翼；
3—支撑杆；4—水平搅拌翼

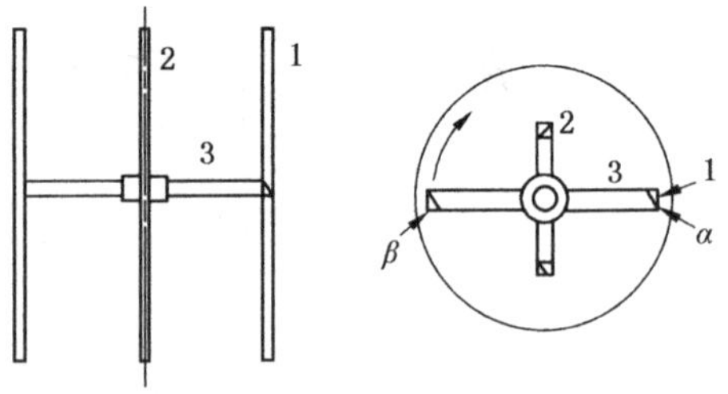

图5-63　三井油化搅拌桨翼结构改进
1—垂直外搅拌翼；2—垂直内搅拌翼；
3—支撑杆；4—水平搅拌翼；
α—外搅拌翼横截面三角形的小锐角；
β—外搅拌翼横截面三角形的钝角

表5-11　三井油化搅拌器尺寸参数

	专利公布	实验室报道	备　注
外搅拌翼	$10° \leqslant \alpha \leqslant 45°$ $80° \leqslant \beta \leqslant 150°$ $0.8\ r_1 \leqslant r_2 \leqslant r_1$ $0.1\ r_1 \leqslant l \leqslant 0.5 r_1$ $0.03\ D_t \leqslant AB \leqslant 0.2\ D_t$ $0.3\ H_0 \leqslant L \leqslant 1.2\ H_0$	前锋锐角 $\alpha = 30°$ 尾部钝角 $\beta = 90°$ 锐角离轴线距离 $r_1 = 135$ mm 钝角离轴线距离 $r_2 = 130$ mm 三角形斜边长 $l = 45$ mm $L = 460$ mm	L：搅拌器桨翼高度 H_0：装料高度 D_t：流化床内径 AB 为外搅拌桨翼的清扫宽度 实验装置中： $D_t = 450$ mm $H_0 = 450$ mm
内搅拌翼	$0.2\ r_1 \leqslant r_3 \leqslant 0.8\ r_1$ 位于与外搅拌翼中心线垂直线的±60°范围内 $0.3\ H_0 \leqslant L \leqslant 1.2\ H_0$	离轴线较远一面半径 $r_3 = 70$ mm 靠近轴线一面半径为40 mm 宽为20 mm，$L = 460$ mm	

三井油化[31]还公布了另一种形式的搅拌器，即流化段中设置有一个底伸式的框式搅拌器(结构见图 5-64)，在搅拌轴上配置一个长方形框架，两侧是一对垂直搅拌翼，搅拌翼横

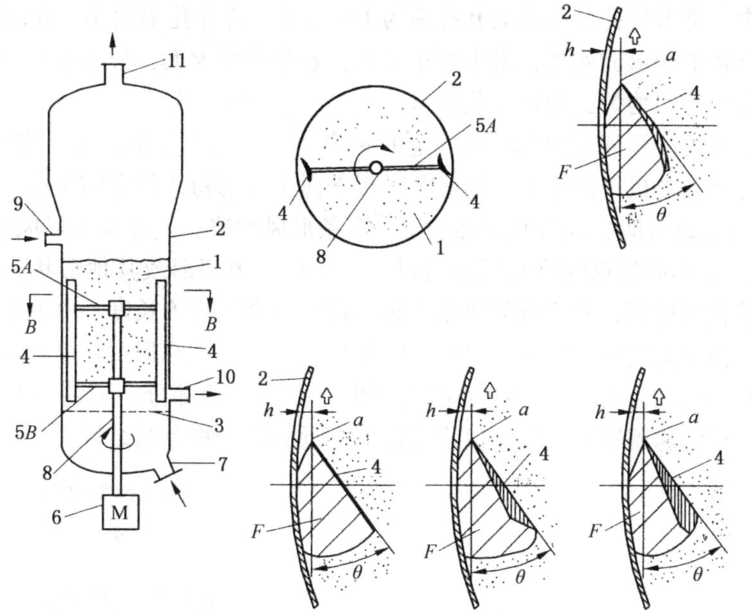

图 5-64　三井油化框式搅拌桨

1—流化床层；2—流化床器壁；3—气体分布器；4—垂直搅拌翼；5A—上支架；5B—下支架；6—马达；7—进气口；8—搅拌轴；9—加料口；10—树脂出料口；11—出气口 F—湍流区；a—搅拌翼前锋；h—搅拌翼前锋与器壁之间的最短距离

截面可以是机翼形、板条形、弧形以及三角形等，叶片中心线与器壁的夹角 θ 为 15°~45°。框外缘与反应器壁面的间距很小，目的是及时清除壁面黏结的聚合物。搅拌翼的移动速度为 1. 1m/s 左右，若移动速度大于 2m/s 或者搅拌翼横截面中心线与器壁的夹角 θ 大于 60°时，离心力会使聚合物颗粒向器壁压紧，在器壁附近形成一个气体混合和扩散不充分的粒子层。在实际使用时，还可以使搅拌器的结构进一步简洁[32]。

利用 Himont 工艺生产嵌段共聚物时，要在环管后再串联一个立式搅拌流化床反应器[33]。该反应器的操作温度为 65℃，操作压力为 1418 kPa。反应器结构如图5-65 所示。

由图可见，气相聚合反应器中设有一带刮板的偏框式搅拌器，用于清除粘釜物，在反应器内物料呈流化状态，其底部装有气体分布板，分布板通过焊接在底封头上的支架来固定。

搅拌流化床的设计中，必须注意搅拌轴的机械密封问题。通常，搅拌器和搅拌轴的密封限制了反应器的大型化。

(2) 流化床分布板结构　气体分布板是关键技术之一，它使气体分布均匀，形成良好的流化条件，避免床内死角的产生，并同时满足阻力小、不漏料、不堵塞。在 Hypol 工艺中，为了避免聚合物颗粒堵塞分布板上的气孔，设计了锥形气孔分布板，气体通道由上

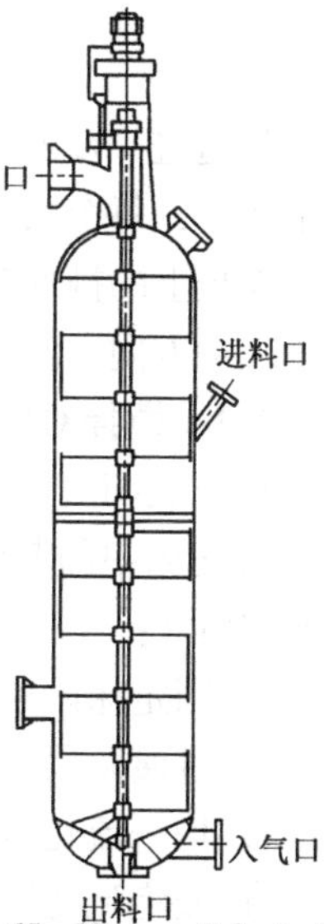

图 5-65　Himont-Spheripol 工艺中的立式搅拌流化床反应器

部的直孔(孔径 2~20mm)和下部的锥形孔两部分组成，圆锥上底孔径与直孔孔径相等。圆锥下底孔径是直孔孔径的 1.2~3 倍。这种结构使循环气体夹带的聚合物微粒容易通过分布板返回到床层中。锥形气孔分布器的开孔率为 1%~3%。若开孔率太小，孔间距增大，容易使分布板上聚合物堆积形成死角，发生聚集结块；若开孔率太大，分布板压力降减少，会造成分布板各气孔流速不均匀，影响流化质量。

尽管如此，上述多孔分布板仍具有一定的缺陷。即，孔径太小，容易堵塞；孔径太大，聚合物颗粒容易从分布板气孔落下，造成分布板下面聚合物粉体的黏结结块。为此，三井油化[34]在改进分布板设计时，在气孔上加盖了一个条形风帽罩，气体从条形风帽罩两端吹出，结构如图 5-66。条形风帽罩的垂直截面可以是三角形、半圆形或其他形状。在分布器上布置时，圆中部呈直线排列，各行列的风帽罩相互错位一个风帽罩长度。靠器壁边缘的风帽罩的中心线与壁面都相交同样的角度，并且风帽罩里的气孔是椭圆形。在靠近器壁的这一圈条形风帽罩中部有一隔板，将风帽罩下面的椭圆形气孔隔成两部分，大的一部分位于器壁一侧，使较多的气体流速朝器壁方向，以避免器壁附近的聚合物黏结结块。

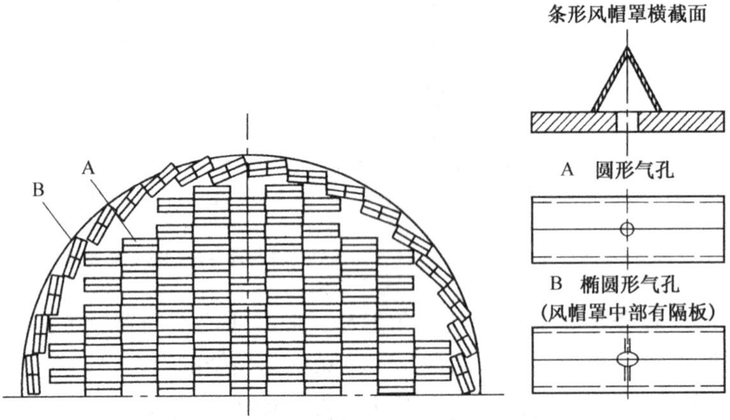

图 5-66　带有条形风帽罩的分布器

通过进一步的结构优化，三井油化[32]公布了另一种新的分布板结构。该分布板使用单方向的风罩，每个风罩的垂直截面可以是三角形、半圆形、长方形等形状，结构见图 5-67。气孔在分布板上的排列有了新的改进，可以是同心圆形、螺旋线形或方格形。风罩开口方向与搅拌器的运动方向一致，但风罩中心线与同心圆切线的夹角随圆半径增大而改变。

5.2.4.2　搅拌对流化特性的影响

研究表明气固搅拌流化床的压降变化比较稳定，因为任何一种搅拌桨在较低转速下即可消除流化床中的节涌或沟流。冯连芳等[35]将流态化随气速的变化关系分为 4 个阶段(如图 5-68所示)：

① 固定床阶段：　$U_g < U_{min}$

② 过渡阶段：　$U \leqslant U_g < U_{mf}$

③ 均一流化阶段：　$U_{mf} \leqslant U_g < U_{mb}$

④ 鼓泡流化阶段：　$U_g \geqslant U_{mb}$

值得注意的是，在搅拌流化床中，B 类和 D 类颗粒存在均一的流态化区域(相当于散式流态化)。对于 B 类和 D 类颗粒的常规流态化，一般是不存在该特征区域的。由于搅拌桨的搅拌，初生的小气泡被粉碎，迫使颗粒的充气性提高。但此时，压降随流化气速的变化规律与普通流化床不同。在搅拌流化床的均一流化阶段，压降仍在缓慢上升，当气速达到一定程

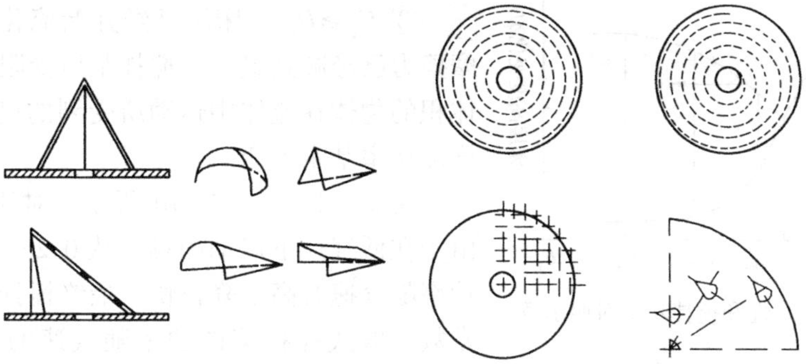

(a) MPC单方向风帽罩　　(b) MPC单方向风帽罩分布图

图 5-67　带有单方向风帽罩及其分布图

度后，气泡的聚并逐渐占据优势，在搅拌桨边缘出现气涡，气涡不断脱离搅拌桨形成大气泡。床层开始进入鼓泡流化阶段。

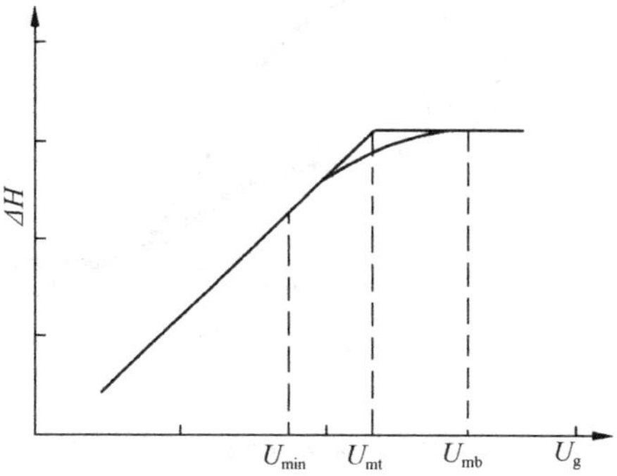

图 5-68　搅拌流化床流化区间示意

在固定床阶段，床层压降随气速的增加而增大，有搅拌和无搅拌的压降变化趋势相同。但是压降的变化是搅拌桨结构和搅拌转速的函数。不同的搅拌桨结构所得到的 U_{mf} 和 U_{mb} 不相同。研究者[35]还比较了单层平桨、多层平桨、45°斜桨、135°斜桨、内外单螺带桨、框式搅拌桨等不同桨型对颗粒流态化的影响，结果如表 5-12 所示。

表 5-12　桨型对颗粒流态化的影响

影响因素	单层平桨	多层平桨	45°斜桨	135°斜桨	内外单螺带桨	框式桨
消除沟流、节涌	较　好	很　好	较　好	较　好	较　好	较　好
桨作用范围	1.5*D*	全　床	1.5*D*	1.5*D*	全　床	全　床
流化床阶段的压降	较　高	较　低	较　低	较　高	较　高	较　低
固定床阶段的压降	较　高	较　高	较　高	较　高	较　低	
转速的作用						很　大

5.2.4.3　搅拌功率

在搅拌流化床中，流化气速对搅拌功率有明显的影响。冯连芳等[35]研究了不同搅拌桨结构和不同搅拌转速下，单位体积物料消耗的搅拌功率随流化气速的变化规律。图 5-69 给出了床层压降变化与搅拌功率变化的对照曲线，可以将功率曲线分为如下三段。

① $U_g \leqslant 0.5U_{mf}$　气速对搅拌功率影响较小。因为气体没有使颗粒悬浮，搅拌功率较大。

② $0.5U_{mf} < U_g \leqslant U_{mf}$　床层虽然还没有流态化，但是颗粒已经开始膨胀和松动，粒子之

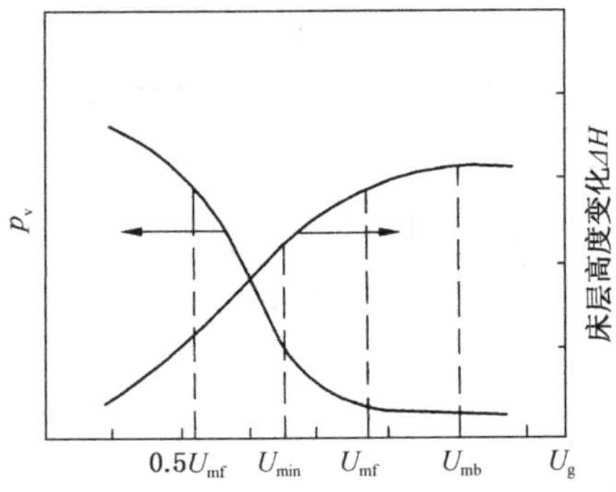

图 5-69　流化特性和搅拌功率对照示意

间的摩擦力开始减小，此时搅拌功率随气速的增加而迅速下降。

③ $U_g \geq U_{mf}$　床层已经开始流化，颗粒之间的摩擦力已经减到最小，搅拌桨所受阻力相当于相同体积的物体在流体中运动所受到的曳力。随气速的增加功率基本不变。

实验数据如图 5-70 所示。对于螺带搅拌桨，由于在低气速下启动困难，从 0.26m/s 开始，搅拌功率随气速升高下降很快。最终搅拌功率逐渐趋于常数。框式搅拌桨的功率随气速的升高一直在下降，且呈线性关系。发现在实验范围内框式搅拌流化床具有较大范围的均一流态化区域。

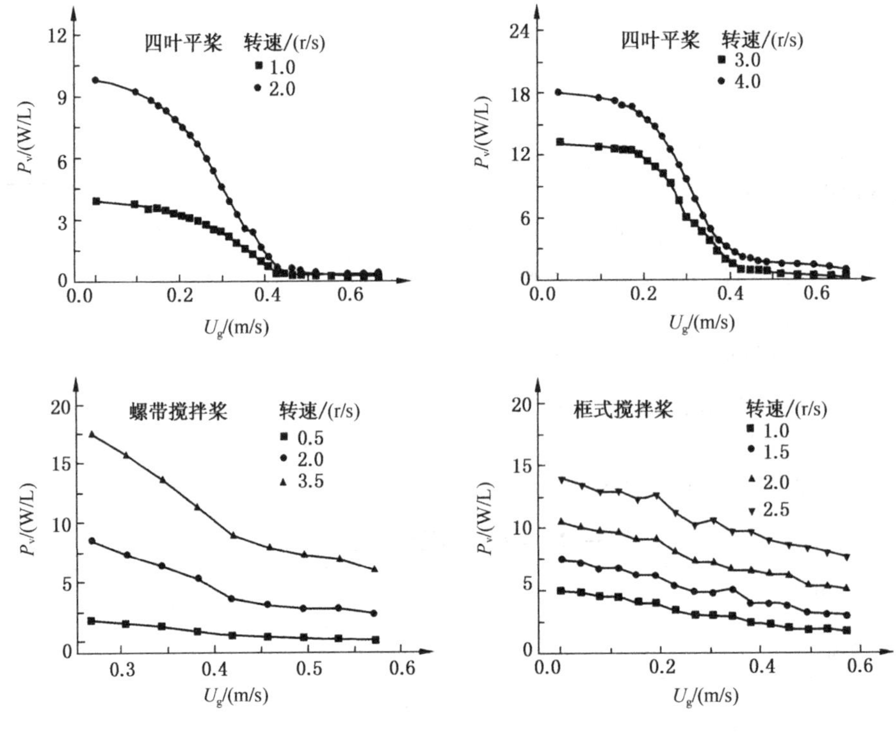

图 5-70　不同搅拌桨在不同转速下单位体积功率随表观气速变化曲线

牧岛和白井[36]通过实验发现，搅拌功率随流速的增大而减少；当流速大于等于 $2U_{mf}$时，搅拌功率保持不变，并且与搅拌器伸入床内的高度无关(图 5-71)。高桥等[37]则认为，存在一个最小搅拌扭矩流速 U_{mt}：

$$U_{mf} \leq U_{mt} \leq 2.5U_{mf}$$

当流速大于 U_{mt}时，搅拌扭矩达到最小值(图 5-72)。

另一方面，搅拌功率和物料性质、搅拌器几何尺寸、搅拌器伸入高度等因素的关系可以在实验的基础上通过受力分析获得。Makishima 等[38]通过分析搅拌桨在粉体中的受力情况，发现搅拌桨受力一般可以分为摩擦力和惯性力(形体阻力)两部分。还发现引入 M 数(N_M)的概念(即惯性力与摩擦力的比值)后，功率准数 N_P 仅仅是 N_M 的函数。Makishima 等还推导了多层搅拌桨流化床 M 数的表达式，得到了不同操作阶段下的功率准数关联式。

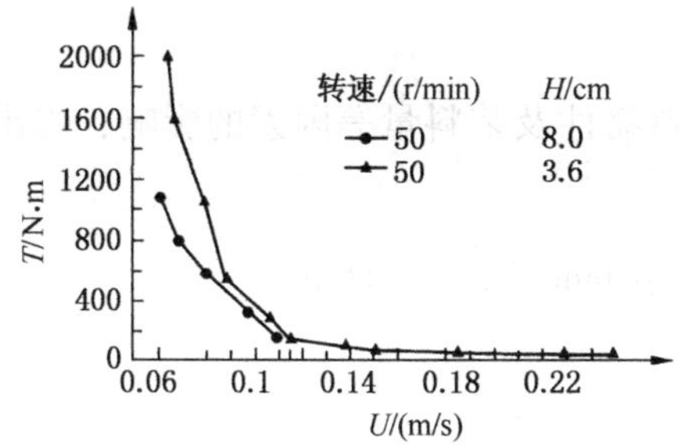

图 5-71 表观气速对搅拌扭矩的影响

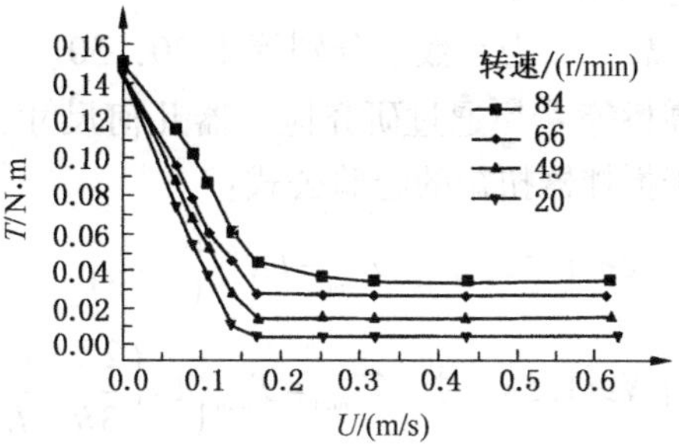

图 5-72 表观气速对搅拌扭矩的影响

(1) 固定床 $N_p=k_1N_M^{-1}+k_2$

式中 $N_M=N^2R^2/(gH_e\tan\varphi_r)$

$$H_e=h_1\varphi_{r1}+h_2\varphi_{r2}+h_3\varphi_{r3}$$

$$h_1=(B/R)(2-W/R)\left(1-\frac{2B}{3H}\right)$$

$$h_2=(W/R)(2-W/R)\left(1-\frac{B}{2H}\right)$$

$$h_3=(W/R)(2-W/R)(1-B/H)$$

$$\varphi_{r1}=\tan^3(\pi/4+\varphi_r/2)$$

$$\varphi_{r2}=\tan^2(\pi/4+\varphi_r/2)/\tan\varphi_r$$

$$\varphi_{r3}=\tan(\pi/4+\varphi_r/2)$$

式中，k_1、k_2 为常数，分别等于 20、50；H 为搅拌桨伸入高度；N 为搅拌桨转速；R 为叶轮半径；B 为叶片轴向长度；W 为叶片径向宽度；φ_r 为颗粒休止角。

(2) $U_0\leqslant U_{mf}$ $\quad P=\overline{N}_p\left\{k\sum_{N_{Bl}}[\rho N^3(B\sin\alpha)R^4]\right\}$

式中：

$$N_p=k_1\overline{N}_M^{-1}+k_2$$

$$\overline{N}_M=\sum_{N_{Bl}}(N^2B\sin\alpha\cdot R^4)/\sum_{N_{Bl}}[g(B\sin\alpha)R^4H_e\tan\varphi_r]$$

$$H_e=H(h_{e1}+h_{e2}+h_{e3})$$

$$h_{e1}=\tan^3(\pi/4+\varphi_r/2)\left(\frac{B\sin\alpha}{H}\right)\left(1-\frac{2B\sin\alpha}{3H}\right)$$

$$h_{e2}=\frac{\tan^2(\pi/4+\varphi_r/2)}{\tan\varphi_r}\left(1-\frac{B\sin\alpha}{2H}\right)$$

$$h_{e3}=\tan(\pi/4+\varphi_r/2)\left(1-\frac{B\sin\alpha}{2H}\right)$$

式中，k_1、k_2 为常数，分别等于 20、50；α 为叶片与水平的夹角。

(3) $U_0\geqslant 2U_{mf}$ $\quad N_p=k_1N_M^{-1}+k_2$

式中：

$$N_M = N \cdot R/(\sqrt{gL_e}\tan\varphi_r)$$

$$L_e = \sqrt{B \cdot R}$$

式中，k_1、k_2 为常数，分别等于 20，50。

高桥等[37,39]通过研究搅拌器几何尺寸、转速、物料物性及装料量等因素的影响，提出了关于搅拌器扭矩的经验公式：

当 $N \leqslant 1.5\text{s}^{-1}$时，$T_{\min} = kN^{4/3}\left\{1-\exp[-(W/W_0)^{3/2}]\right\}(\rho_b\tan\varphi_r)(r_0^2+r_i^2)L^2g$

当 $N \geqslant 1.5\text{s}^{-1}$时，$T'_{\min} = T_{\min}\left\{1+\left(\dfrac{2Z \cdot r_0}{3R \cdot L}\right)\left(\dfrac{\beta^3-r^3}{\beta^2-\gamma^2}\right)\right\}$

$$\begin{cases}\beta = r_i/R \\ \gamma = r_0/R\end{cases}$$

式中，k 为常数；$T_{\min}$，$T'_{\min}$为最小扭矩。

5.2.4.4 分布板的压降

分布板也是搅拌流化床的重要组成部分，流化质量的好坏与气体分布板的性能有非常直接的关系。在设计选用分布板时，要求布气均匀稳定、避免沟流、节涌、死区等现象的发生。目前工业上一般以分布板的压力降作为设计的目标函数。利用柏努利方程，将分布板的压降表示为速度头的倍数，即：

$$\Delta p_d = \xi \cdot \rho_g \cdot U_{vr}^2/(2g) = \xi \cdot \rho_g \cdot U_0^2/(\alpha^2 \cdot 2 \cdot g)$$

可见，当操作流速 U_0 确定后，气体分布器压降 Δp_d 只与分布板的开孔率 α 和阻力系数 ξ 有关。气体分布板的阻力系数 ξ 是流速、分布板形式、开孔率、孔径及结构参数的函数。在常规的流化床设计中分布板的压降值设定在床层压降的 10%~30%之间[22]。对于搅拌流化床分布板压降的优化计算还有待于更深入地研究。

5.3 淤浆搅拌聚合反应器

在聚丙烯、聚乙烯、乙-丙共聚物等产品的生产中广泛使用了淤浆搅拌釜技术，在具体的工艺中，搅拌釜可以单独使用，也可以多釜串联或并联操作，甚至可以和流化床气相聚合反应器组合使用。世界上烯烃淤浆搅拌釜聚合的工艺有许多种，由于工艺要求不同，淤浆聚合搅拌反应器设备结构也有较大的差别。

根据单体的单程转化率大小，淤浆聚合工艺分为单体循环工艺和单体无循环工艺(此时单程转化率 99%以上)。反应物料可以有液、固体系和气、液、固体系之分。固体是聚合物粉料和催化剂，液体是单体(例如丙烯等)或溶剂，气体为单体(例如乙烯)或惰性气体。淤浆聚合釜的常用换热方式可以有如下 4 种：

① 夹套冷却(总传热系数 1254~2090 kJ/h · m² · ℃)。

② 挡板冷却(总传热系数 1045~1463 kJ/ h · m² · ℃)。

③ 浆液外循环换热(总传热系数 3344~4180 kJ/ h · m² · ℃)。

④ 气相外循环换热。利用釜外设置的列管冷凝器将聚合釜内蒸发的单体或溶剂冷凝回流，达到换热的目的。一般，总传热系数在 668.8~836 kJ/ h · m² · ℃之间。

淤浆聚合搅拌釜的桨叶形式也可以有多种多样，目的是为了满足良好的固体颗粒混和与气体分散。另外，聚合釜的设计中可以有液面控制(或固定溢流)，也可以取消液面，实行满釜操作。

5.3.1　工艺与设备特征

日本三井油化的淤浆聚合工艺具有较为典型的代表性。如图5-73所示，在淤浆法生产聚丙烯或聚乙烯的连续聚合反应器中，通过搅拌作用，生长着的聚乙烯颗粒和高活性催化剂细粉悬浮在惰性溶剂(例如正己烷)中，反应器进料包括精致丙烯和(或)乙烯单体、氢气、催化剂、溶剂等，气相反应物首先溶解到液相，再扩散到催化剂表面进行聚合[40]，聚合物颗粒逐渐长大。随着聚合物的生成，连续流动的溶剂将尺寸大小不同的聚合物粉状产品以及溶解于溶剂中的乙烯单体和低聚物等带出反应器。反应放出的大量聚合热由溶剂的蒸发、夹套水冷却等移除。蒸发的溶剂以及未反应的乙烯等气体在外部换热器中进行冷凝冷却后又循环回反应器。

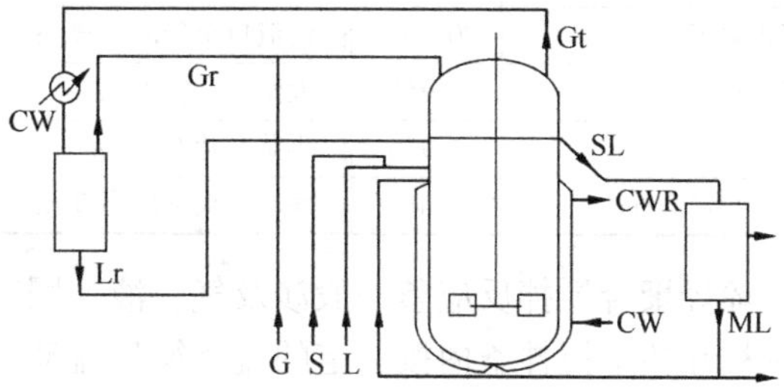

图5-73　丙烯淤浆聚合反应工艺示意

Gt—蒸发溶剂与单体；Gr—冷却单体回流；CW—冷却水；Lr—冷凝溶剂回流；G—补充单体；S—催化剂；L—补充溶剂；SL—浆液；CWR—冷却水回流；ML—溶剂母液

淤浆聚合反应釜的结构示意如图5-74。这是一种多层六直叶圆盘涡轮搅拌釜[41]。由图可见，搅拌轴最上部安装有一个已烷分布盘，用于除去剧烈鼓泡的气流所带出的溶剂和可能的活性聚合物颗粒，以免堵塞管道。分配盘下安装有三层6叶盘式涡轮，搅拌转速为1.5r/min，丙烯/乙烯是通过靠近釜壁的4根圆管从釜下部通入反应器的。另有4根指型挡管兼作换热管。溶剂等物料从釜的中部进入，淤浆出料通过溢流口流出，并保持聚合釜液面恒定。

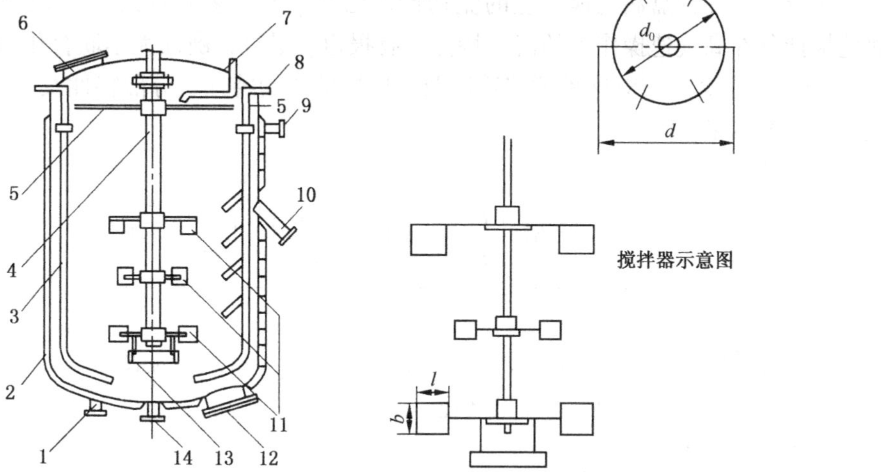

图5-74　三井油化淤浆聚合反应器

1—冷却水进口；2—螺旋挡板夹套；3—乙烯和循环气体入口；4—搅拌轴；5—分配盘；6—人孔；7—己烷入口；8—指型挡板；9—冷却水出口；10—浆液溢流口；11—圆盘涡轮；12—人孔；13—稳定环；14—排污口

表5-13列出了70 kt/a淤浆聚合搅拌釜的结构尺寸。由于该搅拌釜操作稳定，效率高，已广泛用于HDPE和PP的生产中。在组织实际生产时，可以进行搅拌釜的串联和并联操作，以生产不同的树脂牌号，提高了装置的生产柔性。

表5-13 反应釜特征结构尺寸

参数名	参数值	参数名	参数值	参数名	参数值
挡板宽度/m	0.580	溢流口至釜底距离/m	4.250	大桨叶轮直径/m	1.550
釜内径/m	4.350	大桨叶片宽度/m	0.300	小桨叶轮直径/m	1.000
釜体总高/m	6.776	小桨叶片宽度/m	0.200	上中两层桨间距/m	1.035
釜体直筒高/m	4.480	底层桨离釜底高度/m	1.228	中下两层桨间距/m	0.885

烯烃聚合搅拌反应釜一般涉及气、液、固三相。借助搅拌器的作用，推动釜内流体和固体颗粒在整个搅拌釜内按一定的流型循环流动。同时固体和气泡被均匀地分散到液相中，形成流动、混和、反应的相互作用过程。对于气、液、固三相过程，搅拌的效果可以体现在固体颗粒悬浮状态和气体破碎分散程度上。影响搅拌釜内流动和混和的主要因素有[42]：搅拌方式、搅拌釜结构、桨型和内部构件的几何形式、操作条件和所处理物料的性质等。而表征搅拌器(桨叶)作用的参数主要包括：

① 桨端速度或称周边速度，它与搅拌桨的转速有关，代表实际的剪切速率；

② 桨叶的排料速率 $Q_R \propto nd^3 (N_{QR} = Q_R / nd^3)$；

③ 混和时间 t，它代表达到混和均匀所需要的时间；

④ 单位物料体积的功率 $P_V = N/(\rho n^3 d^5)$。

由于多层六直叶圆盘涡轮搅拌釜可以处理较大的气体流量，传热效果好，因此在聚乙烯和聚丙烯的生产中被广泛采用。这里主要介绍淤浆聚合常用的多层六直叶圆盘涡轮搅拌桨的特性。单层六直叶圆盘涡轮搅拌釜的流动特性已经有比较多的研究[42]，但是多层六直叶圆盘涡轮搅拌釜在高气速操作下的流动特性少有报道。最近，浙江大学联合化学反应工程研究所[43]着重考察了高气速对这种搅拌桨以及反应器的流动特性、分散特性及传递特性的影响，得到如下研究结果。

(1) 气体分散临界转速 N_F：

$$N_F = \frac{0.675\left(\frac{\sigma}{\rho}\right)^{1/4} + 0.707\left(\frac{D}{d}\right)^{1.5}\left(\frac{\rho}{\sigma}\right)^{0.193} V_g}{d} \tag{5-23}$$

式中，N_F 为临界转速，1/s；d 为桨径，m；D 为釜径，m；σ 为表面张力，10^{-3}N/m；ρ 为液固相表观密度，kg/m^3；V_g 为空釜气速，m/s。

(2) 搅拌轴功率 P_g：

轴功率计算方法已经为工业界所普遍采纳。在不同的搅拌雷诺数 Re 下，通过实验测定 P_g，得到功率准数 N_p，绘制 $N_p \sim Re$ 算图(见图5-75)。

$$P_g = 2 \times 3.14 \times M \times N$$

$$P_g = N_P \rho N^3 d^5$$

式中，P_g 为搅拌轴功率，W；M 为扭矩，Nm，由实验测定；ρ 为液固两相表观密度，kg/m^3；N 为转速，1/s；d 为桨径，m；N_P 为功率准数。

实际计算时，N_p 由 $N_p \sim Re$ 算图查取，其中：

$$Re = \frac{d^2 N\rho}{\mu}$$

式中，Re 为雷诺准数；d 为桨径，m；N 为转速，1/s；ρ 为液固两相表观密度，kg/m^3；μ 为液固两相表观黏度，Pa · s。

$$\mu = \mu_0(1 + 2.5\phi_v + 7.17\phi_v^2 + 16.2\phi_v^3)$$

式中，μ_0 为溶剂黏度，Pa · s；ϕ_v 为固相体积与液固两相总体积之比。

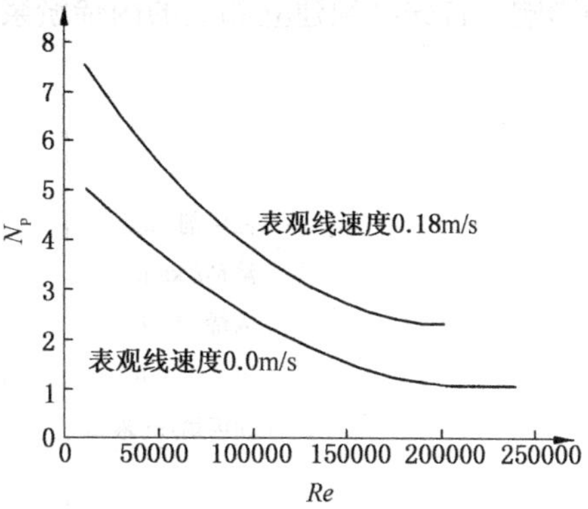

图 5-75　多层六直叶圆盘涡轮搅拌桨的 $N_p \sim Re$ 图

(3) 平均气含率 ε_g 的计算：

$$\varepsilon_g = 0.049\left(\frac{P_g}{V_{1-s}}\right)^{0.27} V_g^{0.22}\mu^{-0.11}\sigma^{-0.22} \tag{5-24}$$

式中，ε_g 为平均气含率；P_g 为通气时搅拌轴功率，W；V_{1-s} 为液固两相总体积，m^3；V_g 为表观气速，m/s；μ 为液固两相表观黏度，Pa · s；σ 为液体表面张力，10^{-3}N/m。有关变量的计算方法如下：

$$V_{1-s} = V\times(1-\varepsilon_g) \qquad (\text{计算 } \varepsilon_g \text{ 时需试差})$$

$$V_g = \frac{Q_g}{A}$$

(4) 液相容积传质系数 k_La 的计算：

$$k_La = 0.0301\left(\frac{P_g}{V}\right)^{0.33} V_g^{0.56} \tag{5-25}$$

式中，k_La 为液相容积传质系数，1/s；P_g、V、V_g 的意义均与前面相同。

最后需要指出的是，液相本体法聚丙烯间歇生产工艺在我国有相当的适应能力，该工艺具有投资少、原料来源丰富(炼油厂)等优点。间歇过程的工艺也较为简单[44]。分别向聚合釜内投入计量的助催化剂、催化剂、丙烯和氢气之后，丙烯在催化剂的作用下进行聚合，聚合条件维持在 3.4~3.5 MPa、70~75℃，反应时间 3~6 h。反应后期当釜内液相消失时(俗称“干锅”)，人工停止反应，降温泄压回收丙烯，得到聚丙烯树脂。间歇过程的特点是反应器的操作以及过程特性都是随聚合时间发生变化的。间歇式液相本体法聚丙烯装置普遍采用螺带搅拌桨(见图 5-76)。这是因为间歇过程中物料的相态是随时间而变化的，开始时，釜内全部是液体丙烯，随着反应时间的推移，液相中悬浮的聚丙烯固体颗粒逐渐增加，待反应结束特别是回收丙烯后，釜内几乎全部是聚丙烯颗粒。研究表明，螺带式搅拌器对于这种间歇过程的搅拌效果较好，搅拌功耗也特别小[44]。

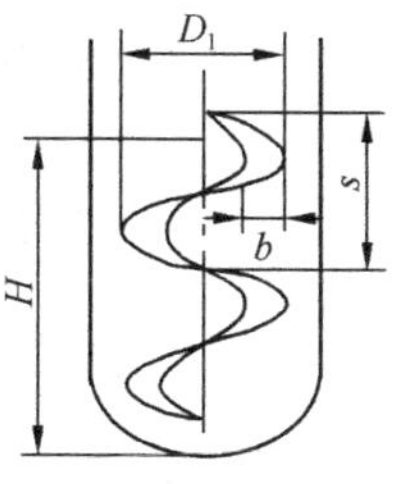

图 5-76　螺带桨的示意图

螺带式搅拌釜的撤热方式主要采用夹套撤热方式，辅之以指型内冷却管换热。有关螺带式搅拌器以及间歇聚合釜的较详细设计方法参见文献[44]。

5.3.2　丙烯淤浆聚合搅拌反应器操作特性分析

在图 5-77 所示的反应系统中进行丙烯的液相聚合[45]。单体、溶剂(通常为正庚烷)、催化剂和规定的氢气进入反应器，聚合压力为1500kPa，聚合温度在330~350 K之间，反应器的淤浆浓度控制在30%~40%（体积分数）范围内。反应产物从反应器出口流入一个闪蒸罐，未反应的单体循环使用，含有聚合物颗粒的母液(~80%)用离心机将溶剂和聚合物分离。为了考察反应器操作条件(主要是反应器停留时间及分布)对产品分子量以及分散指数的影响，首先必须建立相关的丙烯淤浆聚合反应器模型，模型有如下假定：

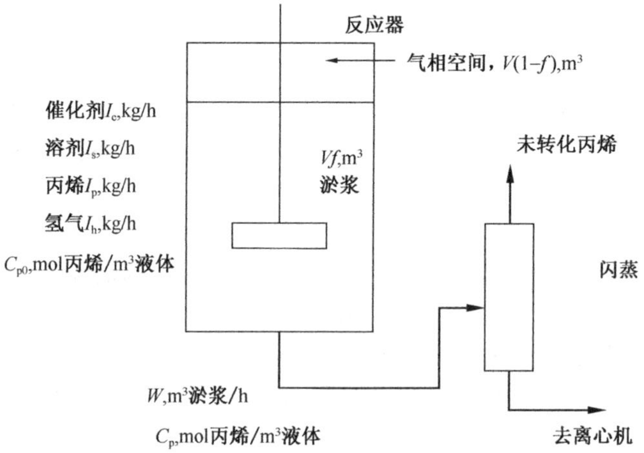

图5-77　丙烯连续淤浆聚合过程

① 反应器有效体积为 V，其中淤浆的体积为 $V\times f$（m^3），气相空间的容积则为 $V\times(1-f)$（m^3）。假设气相空间只有单体、庚烷和氢气，气液相之间存在平衡。

② 由于反应器内氢气的浓度为一个很小的常数，氢气的进料流量很小，故不考虑 H_2 的物料平衡。

③ 存在于宏观颗粒内部的溶剂可以忽略。

④ 催化剂进料中的所有颗粒尺寸均匀并且为球形。

⑤ 聚合釜内的液体流动为理想全混流，而催化剂聚合物颗粒是离析的并且具有非理想的停留时间分布。

于是可以得到聚合釜的稳态质量衡算方程：

单体　$$I_p-W\cdot(1-F)\cdot C_p\cdot(M_p)\times10^{-3}-R=0 \tag{5-26}$$

催化剂　$$I_c-W\cdot F\cdot f_c\cdot\rho_{s,av}=0 \tag{5-27}$$

聚合物　$$-W\cdot F\cdot(1-f_c)\cdot\rho_{s,av}+R=0 \tag{5-28}$$

溶剂　$$I_s-W\cdot(1-F)\cdot\rho_{solv}\cdot\left[1-\frac{C_p\cdot(M_p)\times10^{-3}}{\rho_p}\right]=0 \tag{5-29}$$

在上述方程组中，F 代表出口淤浆中固体颗粒的体积分数，m^3 催化剂和聚合物/m^3 淤浆；C_p 是出口物流中单体的浓度，mol/m^3液体；M_p 为丙烯的分子量；f_c 为出口固体颗粒中催化剂的质量分数，kg 催化剂/kg 固体；$\rho_{s,av}$ 为平均固体密度，kg 催化剂和聚合物/m^3 固体；ρ_{solv} 为纯溶剂的密度，kg/m^3；ρ_p 为纯液体丙烯的密度，kg/m^3；R 为聚合釜中单体的消耗速率，kg/h。假设存在体积加和性，则平均固体密度 $\rho_{s,av}$ 可以表达为：

$$\rho_{s,av}=\frac{1}{f_c/\rho_c+(1-f_c)/\rho_{pp}} \tag{5-30}$$

式中，ρ_c 和 ρ_{pp} 分别是纯催化剂和纯聚丙烯的密度，kg/m³。由于 f_c 很小，故 $\rho_{s,av} \approx \rho_{pp}$。

单体的消耗速率 R(kg/h)是反应器所有宏观颗粒的积分：

$$R = \int_0^{\infty} M \cdot I(t) \cdot R_v(t) \cdot \left[\frac{4}{3}\pi \cdot r_{i,0}^3 \cdot \rho_c\right] dt \tag{5-31}$$

式中，M 为反应器中颗粒的总数；$I(t)$ 为器内年龄分布函数；$R_v(t)$ 为具有 t 年龄的宏观颗粒的单体瞬时消耗速率；$r_{i,0}$ 是催化剂进料时的半径。

定义反应器的平均停留时间 θ 为：

$$\theta = \frac{\text{反应器内的持液体积}}{\text{液体进料流率}} = \frac{f \cdot V}{[I_p/\rho_p + I_s/\rho_{solv}]} \tag{5-32}$$

假设 N_i 为催化剂进料的颗粒数流率(个/h)，则 $M = N_i \times \theta$，于是式(5-31)可以变成：

$$R = \theta \cdot N_i \cdot \int_0^{\infty} \left[\frac{4}{3}\pi \cdot r_{i,0}^3 \cdot \rho_c\right] \cdot I(t) \cdot R_v(t) dt = \theta \cdot I_c \int_0^{\infty} I(t) \cdot R_v(t) \cdot dt \tag{5-33}$$

连续全混流反应器(CSTR)的内部年龄分布函数通常可以利用如下常见的单参数“N 个全混釜的串联模型”模拟计算。

$$I(\theta') = e^{-N\theta'}\left[1 + N\theta' + \frac{N^2}{2!}\theta'^2 + \cdots + \frac{(N-1)^{N-1}}{(N-1)!}\theta'^{(N-1)}\right] \tag{5-34}$$

式中，θ' 为无因次时间，定义为 $\theta' = t/\theta$。θ 是 N 个理想搅拌釜的总停留时间，在聚合釜的模拟过程中等于聚合釜的平均停留时间。

$$I(t)dt = I(\theta')d\theta'$$

$$dt = \theta \cdot d\theta'$$

所以

$$R = \theta \cdot I_c \int_{\theta'=0}^{\infty} R_v(\theta') \cdot I(\theta') d\theta' \tag{5-35}$$

实际计算表明，上述积分算式只需在 $\theta' = 0 \sim 5$ 之间积分即可。

反应器出口的聚丙烯宏观颗粒物流具有各种不同的反应器停留时间。因此，聚合物的分子量可以表达成为所有颗粒分子量的平均值。注意，每个宏观颗粒都是由 NN 个聚合物层所组成，而每层聚合物又是由具有不同分子量(P_k)的聚合物所组成，于是所有宏观颗粒的平均分子量为：

$$\overline{M}_n = \frac{\text{聚合物总质量}}{\text{总摩尔数}} = \frac{\sum_{j=1}^{N} W_j}{\sum_{j=1}^{N}\sum_{i=1}^{NN} v_{ij} \sum_{k=1}^{\infty} P_{k,i,j}} \tag{5-36}$$

式中，N 是宏观颗粒的总数；W_j 是第 j 个宏观颗粒的质量；v_{ij} 是第 j 个颗粒中第 i 层的体积。假设第 j 个宏观颗粒的数均分子量 $\overline{M}_{n,j}$ 为：

$$\overline{M}_{n,j} = \frac{W_j}{\sum_{i=1}^{NN} v_{ij} \sum_{k=1}^{\infty} P_{k,i,j}} \tag{5-37}$$

将式(5-37)代入式(5-36)，得到：

$$\overline{M}_{\mathrm{n}}=\frac{\sum_{j=1}^{N}W_j}{\sum_{j=1}^{N}W_j/\overline{M}_{\mathrm{n},\ j}}=\frac{1}{\sum_{j=1}^{N}\left(\frac{W_j}{W}\right)/\ \overline{M}_{\mathrm{n},\ j}} \tag{5-38}$$

式中，W 是聚合物的总质量；W_j/W 是第 j 个颗粒的质量分数。类似地，可以推导重均分子量：

$$\overline{M}_{\mathrm{w}}=\frac{\sum_{j=1}^{N}\sum_{i=1}^{NN}\sum_{k=1}^{\infty}k^2m^2P_{k,\ i,\ j}\,v_{ij}}{\sum_{j=1}^{N}\sum_{i=1}^{NN}\sum_{k=1}^{\infty}m\cdot k\cdot P_{k,\ i,\ j}\,v_{ij}}=\frac{\sum_{j=1}^{N}\sum_{i=1}^{NN}\sum_{k=1}^{\infty}k^2m^2P_{k,\ i,\ j}\,v_{ij}}{W} \tag{5-39}$$

式中，m 代表单体的分子量。第 j 个重均分子量由下式给出：

$$\overline{M}_{\mathrm{w},\ j}=\frac{\sum_{i=1}^{NN}\sum_{k=1}^{\infty}k^2m^2P_{k,\ i,\ j}\,v_{ij}}{W_j} \tag{5-40}$$

于是有：

$$\overline{M}_{\mathrm{w}}=\frac{\sum_{j=1}^{N}W_j\overline{M}_{\mathrm{w},\ j}}{\sum_{j=1}^{N}W_j}=\sum_{j=1}^{N}(W_j/W)\overline{M}_{\mathrm{w},\ j} \tag{5-41}$$

使用 $\overline{M}_{\mathrm{n}}$ 和 $\overline{M}_{\mathrm{w}}$ 之前还必须进行修正。出口产品中所有颗粒的总质量可以表达为：

$$W=\int_0^{\infty}N_iE(t)\,\frac{4}{3}\pi[r_t^3-r_{i,\ 0}^3]\rho_{\mathrm{pp}}\mathrm{d}t=\int_0^{\infty}\frac{\rho_{\mathrm{pp}}I_{\mathrm{c}}}{\rho_{\mathrm{c}}}[(r_t/r_{i,\ 0})^3-1]E(t)\,\mathrm{d}t$$

式中，$E(t)$ 是聚合物/催化剂颗粒在反应器中的停留时间密度函数；N_i 为单位时间流出反应器的颗粒数目；R_{t} 是年龄为 t 的颗粒半径。类似地，年龄在 $[t,\ t+\mathrm{d}t]$ 之间的宏观颗粒的质量为：

$$\mathrm{d}W_t=N_iE(t)\,\frac{4}{3}\pi[r_t^3-r_{i,\ 0}^3]\rho_{\mathrm{pp}}\mathrm{d}t=\frac{\rho_{\mathrm{pp}}I_{\mathrm{c}}}{\rho_{\mathrm{c}}}[(r_t/r_{i,\ 0})^3-1]E(t)\,\mathrm{d}t$$

因此，数均分子量为：

$$\overline{M}_{\mathrm{n}}=\frac{1}{\sum_{j=1}^{N}(W_j/W)/\overline{M}_{\mathrm{n},\ j}}=\frac{\int_0^{\infty}E(\theta')[(r_{\theta'}/r_{i,\ 0})^3-1]\mathrm{d}\theta'}{\int_0^{\infty}\frac{1}{\overline{M}_{\mathrm{n}}(\theta')}E(\theta')[(r_{\theta'}/r_{i,\ 0})^3-1]\mathrm{d}\theta'} \tag{5-42}$$

类似地：

$$\overline{M}_{\mathrm{w}}=\sum_{j=1}^{N}(W_j/W)\overline{M}_{\mathrm{n},\ j}=\frac{\int_0^{\infty}E(\theta')[(r_{\theta'}/r_{i,\ 0})^3-1]\overline{M}_{\mathrm{w}}(\theta')\mathrm{d}\theta'}{\int_0^{\infty}E(\theta')[r_{\theta'}/r_{i,\ 0})^3-1]\mathrm{d}\theta'} \tag{5-43}$$

如图 5-78 所示，随着催化剂平均停留时间的增加，聚合度 DP 增大，而分散指数 Q 减少，与间歇反应过程具有相同的规律。然而当停留时间固定时，随着非理想程度的增加（N 值增加），分散指数 Q 增加而聚合度 DP 下降。可以借助反应器出口年龄分布曲线 $E(t)$ 来解释。N 增大，$E(t)$ 函数变窄，并接近平推流的 δ-函数。此时，出料中较新的和较老的聚合物/催化剂颗粒的数量分数变小，DP 和 Q 的曲线接近半间歇的反应器曲线。CSTR 中的 DP 大于半间歇过程 DP 表明年龄大的粒子群（具有较高的聚合度 DP）对 CSTR 出口的产物平均 DP 有显著贡献，见方程（5-42）。质量分数与颗粒尺寸的 3 次方成正比，因此增加了老粒子对 DP 的贡献。

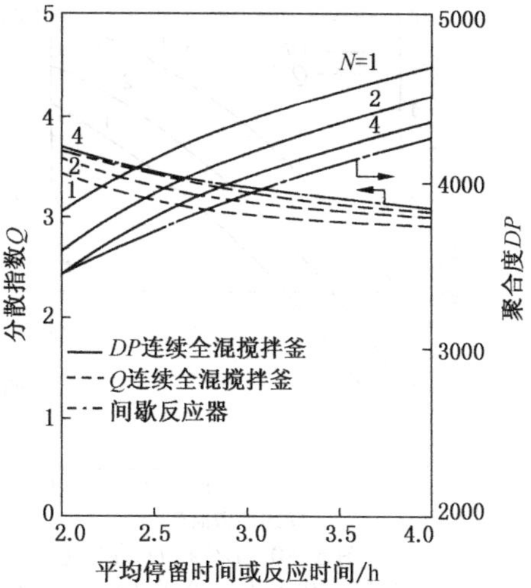

图 5-78　DP 和 Q 与平均停留时间的关系
N 为多釜串联的釜数，单活性中心，催化剂不失活

图 5-79 指出 N 值越大聚合物的得率越高。这意味着此时反应器出口流中年龄小的颗粒的数量分数下降起了控制作用。增加停留时间 θ，我们可以在聚合物得率方面受益，但是出口浆液的排除速率 W 下降，因此，必须选择合理的停留时间 θ，优化聚合物的生产，同时保持 DP 和 Q 在规定的水平上。以上模拟结果是对于相对较低的催化剂活性（$k_p = 0.5\ m^3/mol \cdot s$）和单体扩散系数（$D_1 = 10^{-12}\ m^2/s$）而言。

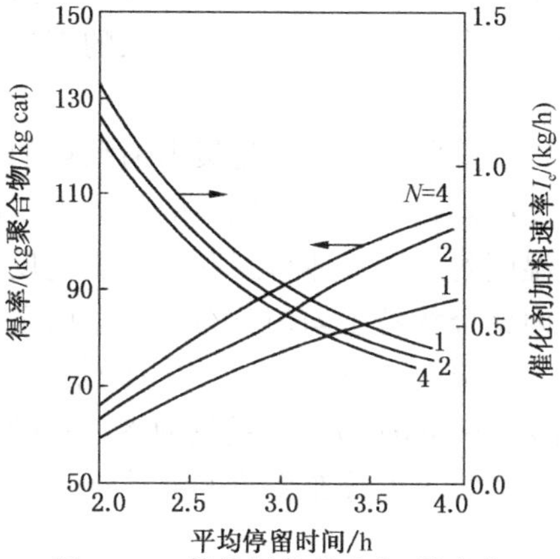

图 5-79　催化剂负载速率、聚合物得率与停留时间的关系
单活性中心催化剂，一级失活（$t_{1/2} = 1.5h$），其他参数同图 5-78

由图 5-80 可见，当催化剂的活性较高（$k_p = 8\ m^3/mol \cdot s$）并且扩散系数（$D_1 = 10^{-10}\ m^2/s$）更为合理时，聚合物分散指数与流型无关，并且 $Q=2$，而且聚合度明显变大（可以通过增加氢气浓度降低过高的聚合度）。当 N 增加时，DP 降低，这是由于出口物流中年龄大的颗粒的数量分数减少所致。此时聚合物的得率是相当高的，少量的催化剂的投料量就足够了。图 5-81 指出了催化剂活性的显著影响。

5.3.3　高抗冲聚丙烯合金反应器的操作特性分析

在高抗冲聚丙烯合金的生产中，催化剂首先催化单体丙烯聚合，以生成丙烯均聚物，接着加入乙烯用于生产乙丙橡胶（EPR），这样形成的聚合物由于具有多相结构，可以提高材料的抗冲击性能。本小节以图 5-82 所示的三井化学公司（MCC）工艺为例，对聚丙烯塑料合金的生产过程进行分析。

控制聚合物颗粒具有窄的停留时间分布（RTD）是工艺设计中一个极为重要的目标参数，也是目前的技术难题所在。因为聚合物颗粒的 RTD 直接影响了产品的性质，加宽 RTD 将引起聚合物组成分布的加宽，导致较差的产品性质，例如，粉体密度降低，最终产品的机械强度变差等。

尽管 RTD 很重要，但是工业上 RTD 的测量是极为困难的。通过数学模型预测反应系统中颗粒的 RTD 是目前的一种安全便捷的方法。Zacca 等[46] 运用众体衡算方法建立了有关数学模型，能够计算各种类型多级烯烃聚合反应器的颗粒产物的 RTD。模型允许催化剂粒径具有宽的分布,具有双活性中心。另外,Watanabe 等[47]采用 Monte-Carlo 模拟技术建立了淤浆聚合反应器的颗粒 RTD 模型,在模拟 MCC 流程时取得了成功。

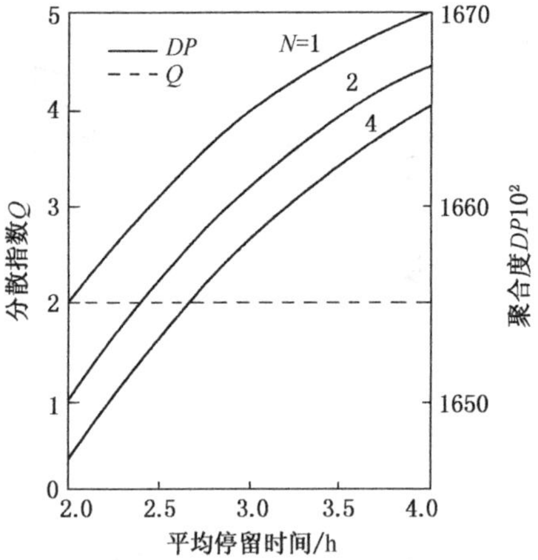

图 5-80　DP 和 Q 的变化
(某种第 2 代无失活单活性中心催化剂)
k_p = 8 m^3/mol, D_1 = 10^{-10} m^2/s

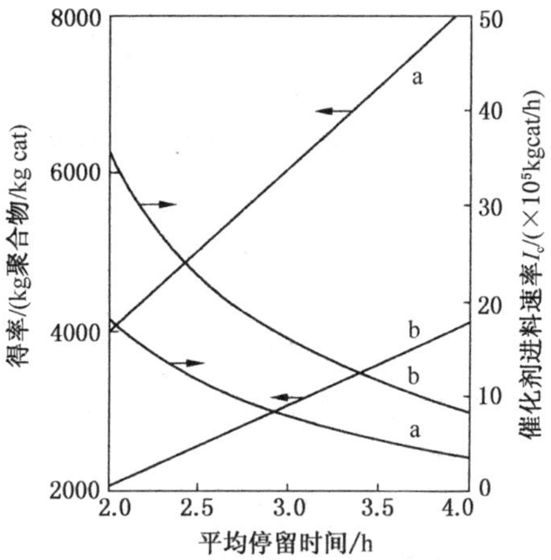

图 5-81　淤浆 CFSTR 的得率和催化剂负载速率(与 N 值无关)
a —k_p = 8 m^3/mol, D_1 = 10^{-10} m^2/s;
b —k_p = 4 m^3/mol, D_1 = 10^{-10} m^2/s

最近,Prasetya 等[48]建立了包括全混流淤浆反应器、气固旋风分离器和颗粒分类器(classifer)在内的反应系统的动态模型,模拟了颗粒聚合物的 RTD,并考察了系统开车、停车和操作条件切换等情况下的 RTD 变化规律,为工业装置的设计和操作优化提供了较为深入的理论指导。具体的建模过程分为如下几部分考虑。

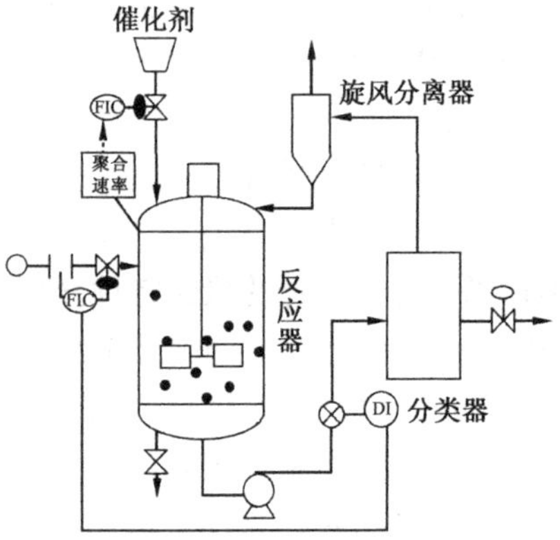

图 5-82　MCC 聚丙烯工艺和过程控制图

(1) 反应器　反应器可以看成是聚丙烯颗粒的发生器。浆液聚合反应器必须操作在较高的压力下,以保证丙烯在沸点温度附近以液体形式存在。假定反应器是全混流,釜内聚合物粒子均匀分布,并且假定进料催化剂粒径单一。定义 $n(\theta,t)\,d\theta$ 为单位淤浆体积,时间为 t 时,年龄在 θ 和 $\theta+d\theta$ 之间的聚丙烯颗粒的个数,描述反应器内颗粒年龄分布变化的众体衡算方程可以表达如下:

$$\frac{\partial\ n(\theta)}{\partial\ t}+\frac{\partial\ n(\theta)}{\partial\ \theta}=\frac{1}{V_R}[(Q_{f,R}\cdot n_{f,R}(\theta)+Q_{a,R}\cdot n_{a,R}(\theta))-Q_{d,R}\cdot n_{d,R}(\theta)]-\frac{n(\theta)}{V_R}\cdot\frac{dV_R}{dt}$$

式中,$Q_{f,R}$为进入反应器的体积流率,m^3/s;$n_{f,R}(\theta)$为进入反应器物流中年龄的数密度函数 $1/m^3/s$;$Q_{a,R}$为循环进入反应器的体积流率,m^3/s;$n_{a,R}(\theta)$为循环进入反应器物流中年龄的数密度函数,$1/m^3/s$;$Q_{d,R}$为反应器放料的体积流率,m^3/s;$n_{d,R}(\theta)$为反应器放料中年龄的数密度函数 $1/m^3/s$,对于颗粒全混流,$n_{d,R}(\theta)=n(\theta)$;$V_R$ 为淤浆体积,m^3。

(2) 颗粒分类器　分类器的功能就是按照粒径将颗粒分开,较大的颗粒允许离开系统,较小的颗粒必须循环返回反应器。显然，分类器能够使离开聚合系统的颗粒停留时间分布变窄。分类器的效率可以由如下分级效率函数给出：

$$p(d_p)=\frac{Q_{d,C}\cdot n_{d,C}}{Q_{f,C}\cdot n_{f,C}}=\begin{cases}\exp(a\cdot d_p-b) & d_p\leqslant(b/a)\\ 1.0 & d_p>(b/a)\end{cases}$$

式中，a 和 b 是与设备有关的参数；$p(d_p)$是粒径为 d_p 的颗粒离开系统的概率。由于分类器的体积远小于反应器的体积，因此分类器的动态变化可以忽略。假定分类器总是处于稳态操作条件下，分类器的颗粒平衡方程为：

$$Q_{f,C}\cdot n_{f,C}(\theta)=Q_{0,C}\cdot n_{0,C}(\theta)+Q_{d,C}\cdot n_{d,C}(\theta)$$

总的放料流率遵从如下的阀门方程：

$$Q_{d,C}=K_v\cdot V_R^{0.5}$$

(3) 气固旋风分离器 来自分类器顶部的细颗粒，在返回反应器之前，必须通过旋风分离器与流体相相分离。在稳态条件下，旋风分离器的颗粒平衡式如下：

$$Q_{f,S}\cdot n_{f,S}(\theta)=Q_{d,S}\cdot n_{d,S}(\theta)$$

应用简单的比例调节规则，通过催化剂进料和液相丙烯的流量，实现聚合速率的控制(可以由热负荷大小表达聚合速率)以及反应器内颗粒的体积分数的调节控制。

定义催化剂效率(C_E)为单位质量催化剂所生产的聚丙烯的质量比例。这是催化剂活性的重要指标。C_E 是 k_p 和 k_d 的函数，两个参数分别描述了聚合反应速率和催化剂活性衰减速率的大小。k_p 越大，k_d 越小，催化剂效率 C_E 将增加。表 5-14 列出了模拟计算时所用的参数值。Prasetya 等[48]针对(a)阀参数的阶跃变化；(b)进料催化剂粒径的阶跃变化等情况进行了模拟计算，单体和催化剂的进料流量分别稳定在 56.25m^3/h 和 0.130kg/h，以 d_{cat} = 10μm 和 K_v = 6×10^{-4}(m^3)$^{0.5}$/s 的稳态操作条件作为模拟的起始条件。

表 5-14 模拟计算时所用参数值

参 数	取值(单位)	参 数	取值(单位)
聚合速率常数 k_p	0.525(kg PP · kg cat) · (kgf/cm^2)$^{-1}$	催化剂密度 ρ_{cat}	2000 kg/m^2
催化剂衰减速率常数 k_d	10^{-4}s^{-1}	聚合物密度 ρ_{PP}	900 kg/m^2
分类器参数 a	0.011μm^{-1}	阀门初始参数 K_v	6×10^{-4}(m^3)0.5/s
分类器参数 b	7.37	液体丙烯的密度 ρ_{PPY}	400 kg/m^3
催化剂初始粒径 d_{cat}	10μm	反应器出料流率 $Q_{d,R}$	560 m^3/s
反应器压力 p	28.5 kg/cm^2		

用出料阀的开度变化(以阀常数 K_v 表示)研究过程的动态响应。K_v 的阶跃下降可以认为是迅速使阀处于关闭位置。出料流量突然下降，将导致循环流量的增加，引起反应器淤浆体积的逐渐升高，如图 5-83 所示。出料流量降低和淤浆体积的增加会导致颗粒的平均停留时间和催化剂效率的同时增加(图 5-84)。由于停留时间变长，更多的聚丙烯颗粒有机会长大，并使得更多的聚丙烯颗粒离开分类器。因此，聚合速率应该增加以便和流出系统的颗粒质量流率相匹配(见图 5-85)。由于总的出料流率的下降，出料流中的液相丙烯含量也降低，但聚丙烯颗粒的流率增加。可以发现，反应器中的液相丙烯含量会稍微有所增加，这是因为淤浆体积增加了，但是总的颗粒的体积略有下降(图 5-86)。反应器和出料物流中颗粒的停留时间分布曲线的变化见图 5-87 和图 5-88。可以发现，停留时间分布稍微向右移动了一下，并有所加宽，表明平均停留时间是增加的。

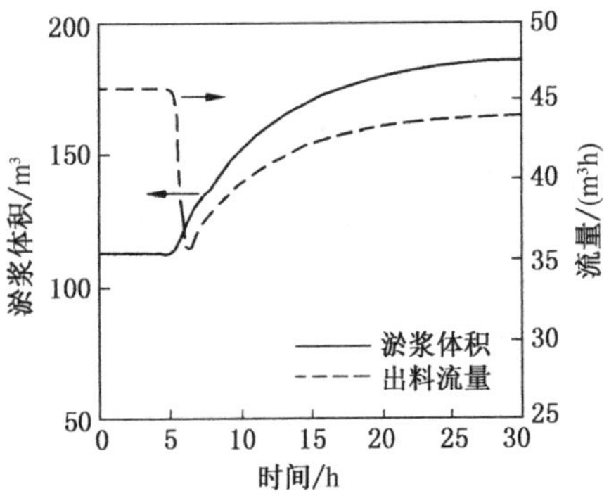

图 5-83　K_v 25%的阶跃下降对出料流量和淤浆浓度的影响

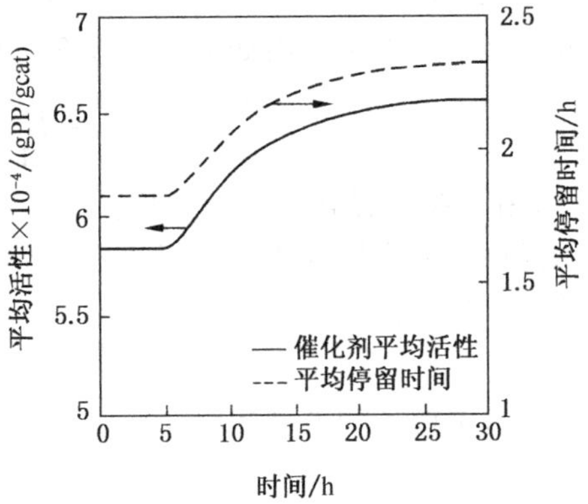

图 5-84　K_v 25%的阶跃下降对颗粒平均停留时间的影响

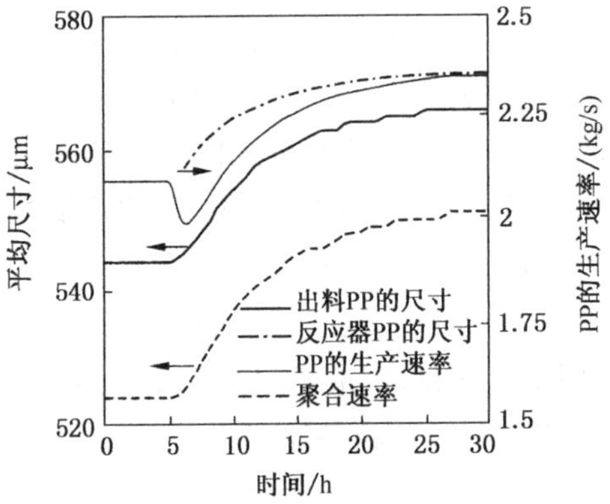

图 5-85　K_v 25%的阶跃下降对平均粒径和颗粒流率的影响

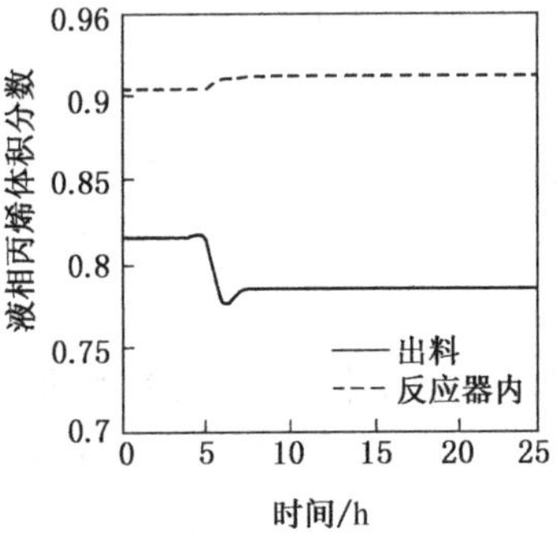

图 5-86　K_v 25%的阶跃下降对液相丙烯体积分数的影响

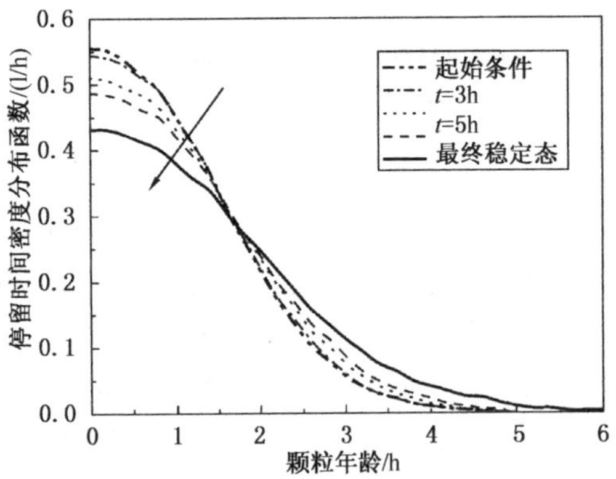

图 5-87　反应器内聚合物颗粒停留时间分布的变化（25%的 K_v 阶跃下降的效应）

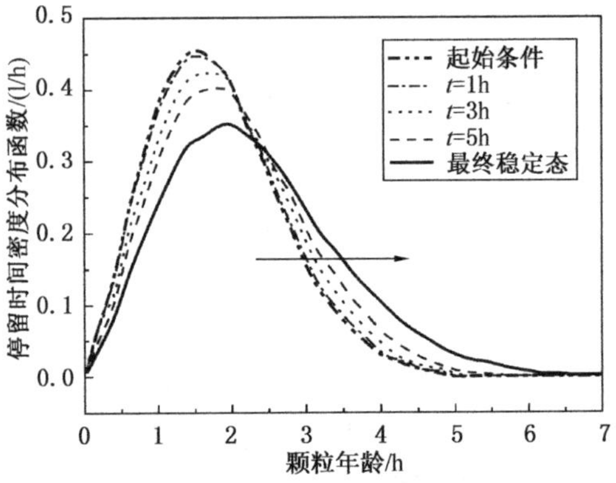

图 5-88　出料中聚合物颗粒停留时间分布的变化（25%的 K_v 阶跃下降的效应）

催化剂粒径从 10μm 阶跃变化到 5μm 所产生的动态响应见图 5-89 至图 5-92 的模拟结果。由 5μm 催化剂产生的最大聚合物颗粒尺寸是 302μm，这些颗粒离开分类器的概率是 1.8%。换句话说，由于颗粒并没有长得足够大，大部分的聚合物颗粒都将返回反应器。结果，一段时间以后，反应器中液体丙烯的分率将下降到零(图 5-89)，聚合物颗粒在系统中的循环也导致了停留时间分布的加宽(图 5-91 和图 5-92)，最后离开系统的颗粒平均粒径实际上与反应器内的一样(图 5-90)。可见在这种条件下操作，反应系统的稳态是很难达到的。

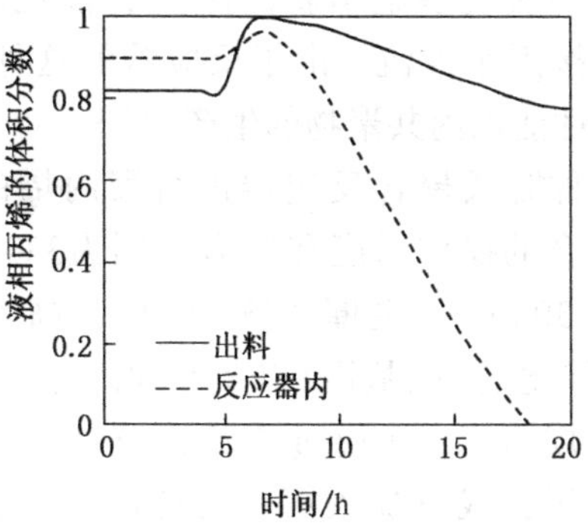

图 5-89 催化剂粒径的变化对液体丙烯体积分数的影响(d_{cat}从 10μm 减到 5μm)

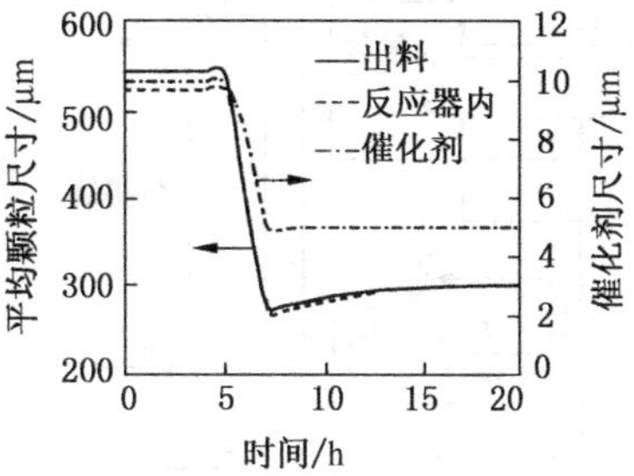

图 5-90 催化剂粒径的变化对聚合物颗粒尺寸的影响(d_{cat}从 10μm 减到 5μm)

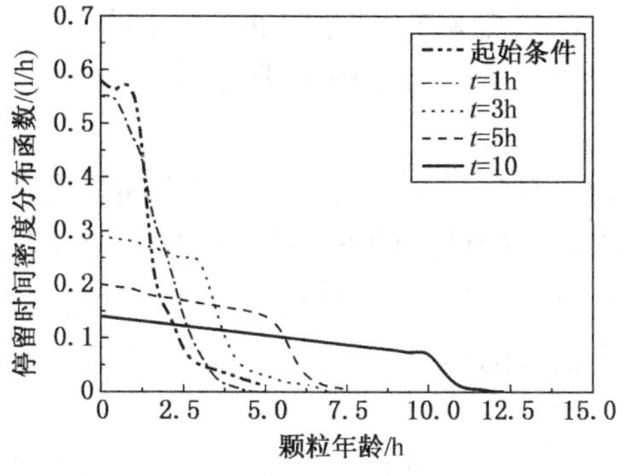

图 5-91 反应器中颗粒的停留时间分布曲线的演化(d_{cat}从 10μm 减到 5μm)

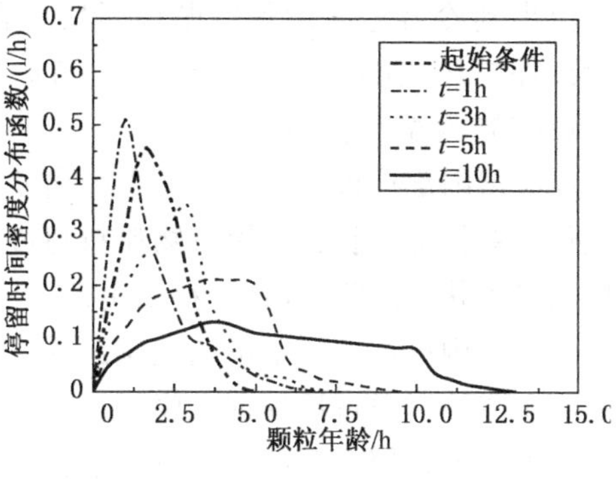

图 5-92 在放料物流中停留时间分布曲线的演化(d_{cat}从 10μm 减到 5μm)

在聚丙烯合金的制备过程中，第一步反应控制得到尽可能窄的颗粒停留时间分布是极为重要的，也是设计和操作的目标。RTD 的加宽将导致共聚物组成分布变宽，并造成产品质量变差。通过控制离开第一级反应器的颗粒粒径，是实现窄化 RTD 的重要手段之一。通过淤浆全混流反应器和分类器的模拟，发现，聚合系统对进料催化剂颗粒粒径的变化极为敏感。假如催化剂粒径太小，催化剂的失活可能导致小颗粒聚合物被“困”在反应器中，而不能流出反应系统。该模型可以作为反应器 RTD 的软测量工具，用于设计反应器的控制策略，优化产品牌号。

5.4 卧式搅拌聚合反应器

5.4.1 工艺设备

20 世纪 70 年代中期，Amoco 成功开发了用于丙烯气相聚合的卧式搅拌床反应器(图 5-93)。这是一个水平的圆柱形压力容器，反应器容积近 $80m^3$。反应器轴向安装了桨式搅拌器，聚合物颗粒被连续搅拌，避免温度热点形成。反应器下部用堰板分成 4 部分，堰板略高出搅拌轴。这种卧式聚合反应器的优点在于可以在单台反应器内实现多釜串联操作[49]，催化剂的停留时间可以接近平推流。由于反应器的这种特性，可以实现高性能乙丙共聚物的生产[50,51]。

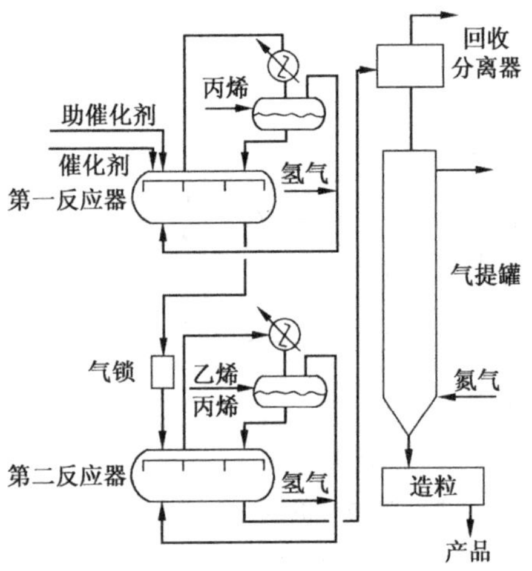

图 5-93　卧式聚合搅拌反应器及工艺

在用各种卧式聚合反应器进行聚丙烯的生产时，丙烯聚合的操作温度和压力分别为330~350K 和 1.90~2.30MPa，主催化剂(例如，高效载 Ti 系列)和助催化剂(烷基铝)以及冷却液体(一般为异丁烷或异戊烷)一起通过喷嘴连续加入容器中的每个反应区，或只加入第一反应区。聚合温度的控制是借助于液态循环丙烯，它和新鲜的进料丙烯以及氢气混和后，沿轴向均匀喷入聚合床层底部，冷却液体和未转化的液体单体吸收强聚合放热后被蒸发，并和氢气、冷却介质一起从容器上部流出到冷凝分离设备后循环回反应器。循环气体以精确控制好的速率返回反应器底部，以保护床内的流态化。循环气与原料之比约为 6 : 1。工艺中需要排放部分循环气体，以控制丙烷的积累。

反应器内部挡板堰高稍大于半径高度，使聚合物粉料只占据反应器的一半空间。聚合物在催化剂颗粒上生长，当聚合物粉料超过堰高时，将流向较低位的下一个反应区，直至最后直接以粉体状态排除，PP 粉料采用密相输送去料仓。也可以在出料口附近设计一过聚合区，在过聚合区内可控制一定量的反应，反应放热再加上通入的热量，将聚合物熔融成为便于输送的液态流体，通过后处理工序加入必要的添加剂，即可制成粒状产品输出。

在气相搅拌聚合反应器的设计中，气固两相的接触形式有两类，一类主要靠气体流动使聚合物颗粒悬浮流化。每个聚合室内都有安装在水平轴上的平桨叶，主要用于清理容器内壁面上的聚合物(图 5-94 和图 5-95)，保证粉料完全混和。桨叶的设计必须尽量不使床层产生向前或向后的移动，转速控制在 5~30r/min，以提供合适的热质传递，避免聚合物颗粒被抛向床面以上，使整个聚合物粉料床层在反应器内能够均匀缓慢地翻转。

另一类方式是纯粹依靠搅拌桨的力量使聚合物粉体跳跃运动，发生气固接触和聚合反应。典型的有三菱油化专利报道的卧式双轴搅拌式气相聚合反应器(图 5-96)。搅拌轴上安装了多组叶片，两轴相向旋转，在搅拌轴上部预留了较大的空间，以便于物料流化。另外可以发现，双轴还具有互相打碎粘附在搅拌轴上块状物，从而达到搅拌器自清洁的作用。

5.4.2　卧式搅拌桨的设计

马青山等[52]认为搅拌桨受力可以分为摩擦阻力和形体阻力两部分，发现对于黏附力较弱的粉体，内摩擦力随转子运动速度的上升而下降，而形体阻力与运动速度的一次方近似成正比。对于卧式釜中绕水平轴旋转的 n 只叶片，功率准数的定义如下：

$$N_{\mathrm{p}}=\frac{P}{\rho(1-\varepsilon)g\cdot B^2\cdot L\cdot n\cdot N\cdot l}$$

式中，P 为搅拌功率；B 为搅拌桨桨叶宽度；L 为搅拌桨桨叶长度；N 为搅拌桨转速；l 为搅拌桨桨叶刮过长度。

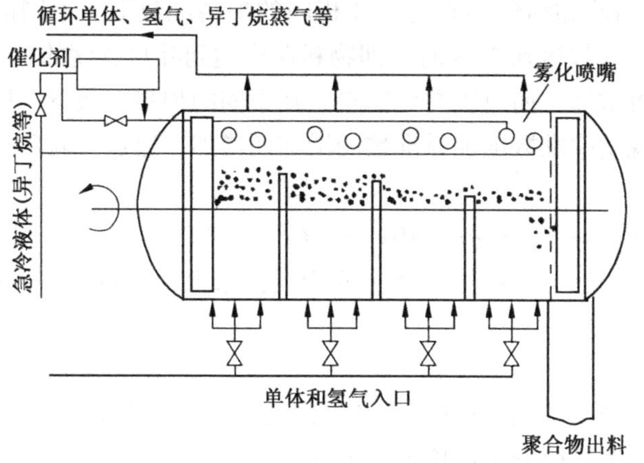

图 5-94　卧式搅拌釜结构示意

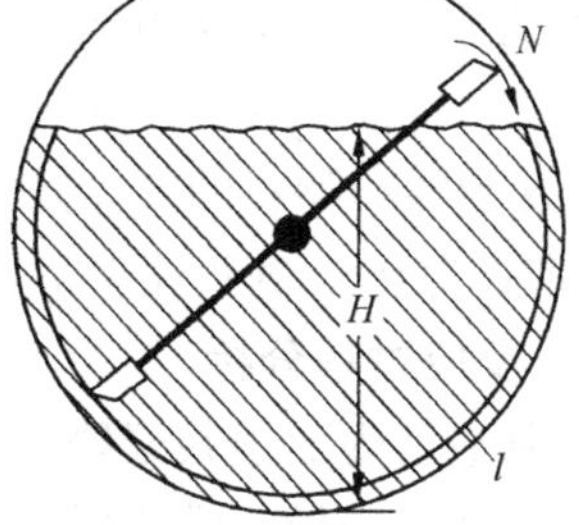

图 5-95　卧式釜中搅拌桨刮过物料的示意图

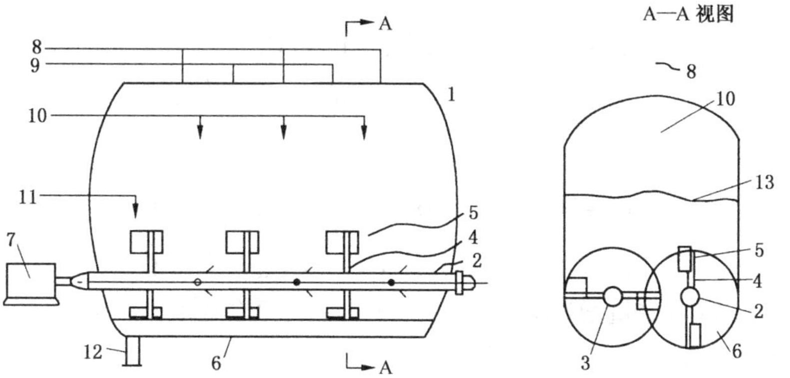

图 5-96　三菱油化卧式双轴气相聚合反应器

1—外壳；2、3—搅拌轴；4—支撑杆；5—桨式叶片；6—底部；
7—驱动装置；8—烯烃配管；9—排气配管；10—分子量调节剂入口；
11—催化剂加入口；12—聚合物取出口；13—浮游面

对于螺带桨而言，可以认为螺带的长度远远大于螺带的宽度，螺带推动物料的体积与螺带的受力面积(即螺带被埋于物料中的面积)成正比，并与螺带的宽度成正比，所以 n 组螺带的功率准数表达式为：

$$N_{\mathrm{p}}=\frac{P}{\rho(1-\varepsilon)g\cdot A\cdot B\cdot n\cdot S\cdot N}$$

式中，A 为搅拌桨受力面积；S 为螺带螺距。

马青山等[52]实验测定了不同搅拌桨及物料体系的功率准数 N_{p} 随搅拌速度 N、釜加料系数 ϕ(加料体积与搅拌槽体积之比)、加料准数 $Gd\left(\frac{H-H_0}{B}\right)$ 以及物料物性等因素变化的实验数据。发现随着搅拌转速的增加，功率准数变化不大，表现出搅拌功率与搅拌转速的一次方近似成正比；随着加料系数的增加，功率准数随之升高，并且表现出近似的线性关系。对于 N_{p} 与物料性质之间的关系，发现当使用非黏结性物料时，在相同的加料准数下，不同的搅拌转速，功率准数基本相同，且当加料准数达到7~8时，即物料深度达到叶片宽度的7~8倍时，随加料准数的增加，功率准数不再增加。而对于黏性物料，在不同的加料准数下，搅拌速度对功率准数的影响规律不同，发现功率准数随加料准数的增加而增加。通过实验数据的回归得到了如下经验关联式：

$$N_{\mathrm{p}}=[(\mathrm{tg}\alpha+2\delta\mathrm{tg}\beta+5\gamma)+(0.8\mathrm{tg}\alpha-10\gamma)Su]Gd^{2.3-0.44\phi-\delta\cdot\gamma}$$

式中，α 为颗粒物料的安息角；β 为滑落角；γ 为正压系数；δ 为搅拌桨上扬系数(叶片式为1，螺带式为0)；速度准数 $Su=u^2/(g\times B)$。

5.4.3 反应过程分析

在制造乙丙无规共聚物时，还必须在反应器中引入乙烯，同时需要将氢气加入聚合系统，以调节分子量。卧式搅拌聚合反应器的模型可以按如下方法建立[53]。

首先为简化起见，假设乙丙共聚过程可以由 4 个链增长反应(2 个交叉增长、2 个自增长)，2 个向 H_2 转移的反应和 2 个向助催化剂转移的反应所组成。

链增长：

$$[\mathrm{E}]+[\mathrm{C}_2^=]\xrightarrow{k_{11}}[\mathrm{E}]\;;\;[\mathrm{P}]+[\mathrm{C}_2^=]\xrightarrow{k_{21}}[\mathrm{E}]$$

$$[\mathrm{E}]+[\mathrm{C}_2^=]\xrightarrow{k_{12}}[\mathrm{P}]\;;\;[\mathrm{P}]+[\mathrm{C}_2^=]\xrightarrow{k_{22}}[\mathrm{P}]$$

链转移：

$$[\mathrm{E}]+[\mathrm{H}_2]\xrightarrow{k_{\mathrm{h1}}}[\mathrm{D}]\;;\;[\mathrm{E}]+[\mathrm{Al}]\xrightarrow{k_{\mathrm{a1}}}[\mathrm{D}]$$

$$[\mathrm{P}]+[\mathrm{H}_2]\xrightarrow{k_{\mathrm{h2}}}[\mathrm{D}]\;;\;[\mathrm{P}]+[\mathrm{Al}]\xrightarrow{k_{\mathrm{a2}}}[\mathrm{D}]$$

假设单体全部消耗在链增长反应过程中，则初始的聚合速率 R_{p0}(mol 单体/h · kgcat)为：

$$R_{\mathrm{p0}}=k_{11}[\mathrm{E}]_0[\mathrm{C}_2^=]+k_{21}[\mathrm{P}]_0[\mathrm{C}_2^=]+k_{22}[\mathrm{P}]_0[\mathrm{C}_3^=]+k_{12}[\mathrm{P}]_0[\mathrm{C}_3^=] \quad (5-44)$$

引入失活动力学模型：

$$R_{\mathrm{p}}(t)=R_{\mathrm{p0}}(1+B_{\mathrm{p}}t)^{1/(1-n)} \quad (5-45)$$

其中，$B_{\mathrm{p}}=(n-1)R_{\mathrm{p0}}{}^{(n-1)}k_{\mathrm{d0}}\exp\left(-\frac{E_{\mathrm{d}}}{RT}\right)$

式中，E_{d} 为失活步骤的活化能。对于分批聚合，如果在 $0\sim t$ 之间积分上式，即得催化剂的聚合得率 $Y_{\mathrm{b}}(t)$。而对于连续聚合过程，聚合物的得率 Y 的计算还与反应器内催化剂的停留时间分布 $E(t)$ 有关：

$$Y = \int_0^\infty Y_b(t)\cdot E(t)\mathrm{d}t = \frac{n-1}{2-n}\cdot\frac{R_{p0}}{B_p}\int_0^\infty\left[1-(1+B_p t)^{(2-n)/(1-n)}\right]\cdot E(t)\mathrm{d}t \tag{5-46}$$

对于死聚体的形成速率 $R_T(t)$ 也遵循同样的失活模型，于是可以写出下述表达式：

$$R_T(t) = R_{T0}(1+B_T t)^{1/(1-n)} \tag{5-47}$$

其中，$R_{T0}=(k_{h1}[H_2]+k_{a1}[Al]\cdot([E]_0+[P]_0)$

这里假设各链转移速率常数是相等的。

$$B_T = (n-1)\cdot R_{T0}{}^{(n-1)}k_{d0}\exp\left(-\frac{E_d}{RT}\right)$$

连续过程的数均聚合度 DP 是分批过程的聚合度 $(DP)_b(t)$ 和反应器出口催化剂颗粒的年龄分布函数 $E(t)$ 的卷积：

$$(DP) = \int_0^\infty (DP)_b(t)\cdot E(t)\mathrm{d}t = \frac{R_{p0}{}^{2-n}}{R_{T0}{}^{2-n}}\int_0^\infty \frac{1-(1+B_p t)^{(2-n)/(1-n)}}{1-(1+B_T t)^{(2-n)/(1-n)}}\cdot E(t)\mathrm{d}t \tag{5-48}$$

为了使 Y 和 DP 的表达式便于应用，尚需要推导 R_{p0} 和 R_{T0} 的表达式。根据前述 R_{p0} 的表达式(5-44)，假定单体不与催化剂络合物配位或是弱配位，可以写出如下以丙烯均聚反应为基准的总聚合速率表达式，该公式考虑了乙丙共聚的加速效应、氢气和助催化剂的吸附效应、催化剂颗粒的扩散影响等，具有半经验和半理论性：

$$R_{p0} = \phi\cdot k_{220}\exp\left(-\frac{E_p}{RT}\right)\left(1+\frac{2f}{r_2}+\frac{r_1 f^2}{r_2}\right)(1+\alpha\cdot f)\frac{K_a[Al]+K_h[H_2]}{(1+K_a[Al]+K_h[H_2])^2}[C_3^=] \tag{5-49}$$

式中，f 为气相中乙烯与丙烯的摩尔比；k_{220} 为丙烯链自增长速率的指前因子；E_p 为对应的表观活化能；ϕ 为考虑颗粒内部扩散系数的 Thiele 模数；K_a、K_h 分别为烷基铝和氢气的配位平衡常数；$r_1=k_{11}/k_{12}$，$r_2=k_{22}/k_{21}$ 为交叉链增长时的反应活性比；α 为催化剂活性的增强因子。由于引入反应活性较高的乙烯进行聚合，乙烯可能重新引发了潜在的活性中心，导致聚合活性增加。

由方程(5-44)、(5-47)得：

$$\frac{R_{p0}}{R_{T0}} = \phi\frac{k_{22}[C_3^=]}{(k_{h1}[H_2]+k_{a1}[Al])}\cdot\frac{r_2+f}{r_2+r_1\cdot r\cdot f} \tag{5-50}$$

式中，r 是自增长的活性比，$r=k_{22}/k_{11}$。r_1、r_2 可以通过分析最终聚合物的红外或核磁共振光谱数据，得到共聚物分子组成，然后估算有关的活性比。

方程(5-49)和(5-50)中的有关参数必须从反应器的操作数据估算出来，包括不同生产速率和反应器操作条件下的催化剂收率 Y(kgPP/kg cat)和聚合物的熔体流动速率 MFR 等数据。聚合物的熔体流动速率通常是通过双对数关系与数均或重均分子量相关联的：

$$\lg(MFR) = \beta + \gamma\lg(DP)\cdot(MW)_{ave} \tag{5-51}$$

式中，$(MW)_{ave}$ 为重复单元的平均分子量；β、γ 为可调参数。

为了分析上述反应器的操作数据，还必须推导一个反应器出口年龄分布的函数。我们知道，聚合物粉体在水平搅拌床中的流动可以被模拟成 N 个等体积的串联全混釜。从一个反应容器的 RTD 的实验发现，$N=3\sim5$。可以发现，聚合物收率是 N 和催化剂加料分布方式的函数。对于催化剂在单个反应容器顶端加料的情况，平均停留时间 τ_j 和累积收率 $Y_{j(j=1,2,\cdots,N)}$ 的函数关系可以用以下公式表达：

$$\tau_1 Y_1 = \tau_2 Y_2 = \cdots = \frac{\tau}{N} Y_N,\quad Y = Y_N \tag{5-52}$$

式中，τ 为反应器的空时，$\tau=$ 总的粉体藏量/总的生产速率；τ_j 为第 j 釜的平均停留时间；Y_j 对应于第 j 釜的累积收率。

应用卷积定理，方程(5-46)可以变成下式：

$$Y_k = \frac{(n-1)}{(2-n)} \cdot \frac{R_{p0}}{B_p} \sum_{j=1}^{k} \frac{\tau_j^{k-1}}{w'_k(\tau_j)} \int_0^{\infty} \left[1-(1+B_p t)^{(2-n)/(1-n)}\right] \cdot E_j(t)\,dt \tag{5-53}$$

式中，$k=1,2,\cdots,N$；Y_k 为聚合物到第 k 个 CSTR 中时的累积收率；$E_j(t)=\frac{1}{\tau_j}\exp\left(-\frac{t}{\tau_j}\right)$；$w_k(x)=(x-\tau_1)(x-\tau_2)\cdots(x-\tau_k)$，$w'_k(\tau_j)$ 代表了多项式 $w_k(x)$ 在 $x=\tau_j$ 处对 x 的一阶导数。同理

$$(DP)_k = \frac{R_{p0}{}^{(2-n)}}{R_{T0}{}^{(2-n)}} \sum_{j=1}^{k} \frac{\tau_j^{k-1}}{w'_k(\tau_j)} \int_0^{\infty} \frac{\left[1-(1+B_p t)^{(2-n)/(1-n)}\right]}{\left[1-(1+B_p t)^{(2-n)/(1-n)}\right]} \cdot E_j(t)\,dt \tag{5-54}$$

式中，$k=1,2,\cdots,N$。

可见，卧式聚合反应器的模型是非线性的。它由方程(5-52)、(5-53)、(5-54)所组成，描述了流动、聚合物累积收率以及数均聚合度的变化规律。通过采集反应器的操作数据，可以估计出现在方程(5-49)、(5-50)、(5-51)中的可调参数。表 5-15 给出了在卧式反应器中进行乙丙共聚合时，多釜串联的反应器结构对停留时间以及聚合物得率的影响。可以看出，与等体积的单个全混釜或流化床相比，由于具有多釜串联的特点，提高了聚合物的收率。

表 5-15　卧式聚合反应器的停留时间、聚合物得率以及釜数之间的关系

$\tau=1.46$ h，$B_p=0.34$ h^{-1}；$n=1.5$(失活级数)

	无催化剂失活		有催化剂失活	
N	$(\sum_{j=1}^{N}\tau_j)/\tau$	Y_N/R_{p0}	$(\sum_{j=1}^{N}\tau_j)/\tau$	Y_N/R_{p0}
1	1.00	1.46	1.00	0.81
2	1.31	1.91	1.25	1.01
3	1.46	2.13	1.36	1.09
4	1.56	2.27	1.42	1.14

5.5　环管聚合反应器

由于催化剂在活性和立体等规度等方面的不断改进，推动了新型反应器的发明设计，以满足相应的聚合工艺要求。鉴于在生产高性能聚烯烃树脂方面所具有的经济和技术的优势，环管聚合反应器已经日益成为一种对工业界极有吸引力的选择。在实际生产中环管反应器可以用于烯烃的溶剂-淤浆聚合和本体-淤浆聚合，产品可以包括高密度聚乙烯(HDPE)、抗冲聚丙烯(IPP)和其他共聚物等。

5.5.1　工艺与设备

反应器基本上是由管道组成。通过轴流泵作用混合的反应物在管道内循环流动(图5-97)。管道的横截面积基本上是均匀的。反应器内不能有任何障碍物以避免干扰反应物的循环流型。环管的构型可以是O型或垂直的双环管，聚合反应也可以在两个串联的环管之间进行，以提高停留时间并改善停留时间分布。反应器为全液体操作，轴流泵提供流体高速运动的动力并保证反应组分的良好混和。反应器可以全部或部分地采用夹套水冷却，移除极高的聚合反应放热，特别是在高活性催化剂的情况下。

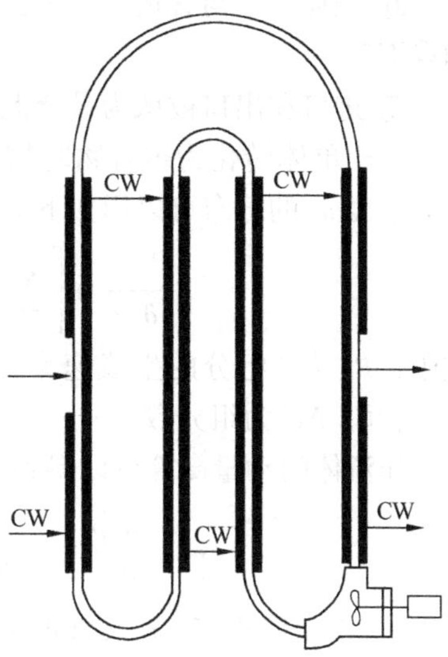

图5-97　环管聚合反应器

在环管反应器中高的循环速率允许进行聚合物的高固体浓度操作，而在搅拌釜操作时，高浓度的大尺寸颗粒的混和与传热将存在严重限制。在这一点上环管反应器占有明显的优势。为了保持固体颗粒的悬浮，流体的流型区域必须在湍流区。此外，保持极高的反应器长径比和物料高速循环可以造成良好的传热条件，与其他类型的反应器相比可以允许有较高的时空收率(STY)。由于采用了有效而简单的搅拌方式，传热效率高、传热面积大、管道压降小，故环管反应器的能量利用也是经济的。近年来，将淤浆环管反应器应用于烯烃的超临界聚合也取得了工业上的成功[54,55]。

5.5.2　反应器的数学模型

Lepski和Inkov[56]、Ferrero和Chiovetta[57]等研究者曾使用连续搅拌釜反应器CSTR模型描述环管反应器。显然，当反应物料的循环比超过某一临界值时，才能合理应用CSTR模型模拟淤浆环管反应器。该临界循环比的大小一般与催化剂的活性相关，认为满足下式时，环管反应器可以作为全混处理[58]：

$$R_{ec} = Q_R / Q_{out} > 30$$

即，环管反应器的循环比R_{ec}定义为循环流和出口流的体积流量之比。

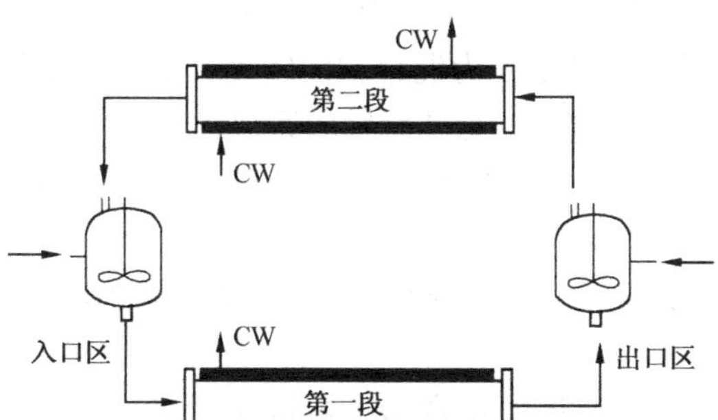

图5-98　环管反应器的数学模型

Zacca和Ray[58]提出了一个更通用的环管模型，可以预测任何循环比下的环管反应器行为，同时还可以描述颗粒沉积、热质传递方面的情况。模型示意见图5-98。模型的基本假定为：

① 反应器由两直管段相互连接而成。第1段直管从入口区到出口区，第2直管段为回流段。

② 每段直管道中的物料流动可以用轴向扩散模型描述。

③ 反应介质为拟均相。

④ 管内为湍动流动，因此，可以不考虑径向的速度、温度和浓度分布。对于所有的物种可以统一使用一个总括轴向扩散系数，传质的主要动力是流体的湍流涡漩运动，分子水平

的物种扩散可以不加区别。不考虑颗粒与流体之间的温度与浓度梯度。

⑤ 环流液体的速度足够高。颗粒可以被夹带，忽略颗粒沉积。每次计算时该假定都必须加以校核。

⑥ 颗粒尺寸与管道尺寸相比可以认为很小，因此在微分衡算中可以将催化剂作为“点源和点汇”。

⑦ 进口和出口被认为是全混区。

由于单体转化为聚合物时物质的密度有显著的变化，因此沿轴向 z 的流速会不断减少。轴向速度 u_z 的分布可以用如下的体积平衡方程描述：

$$\frac{\partial u_z}{\partial z}=\left[\sum_{j=1}^{NC}\frac{R_{Cj}(MW)_j}{\rho_j}+\frac{\mathrm{d}T}{\mathrm{d}t}\sum_{j=1}^{NC}C_j(MW)_j\frac{\mathrm{d}}{\mathrm{d}T}\left(\frac{1}{\rho_j}\right)\right] \tag{5-55}$$

式中，R_{Cj} 为 j 组分的生成速率；$(MW)_j$ 为组分的分子量；ρ_j 为 j 组分的密度；T 为温度；t 为时间；NC 为组分数。

作流体的动量衡算可以得到有关轴向流速和压力 p 的方程：

$$\frac{\partial p}{\partial z}=-\rho\left(\frac{\partial u_z}{\partial t}+u_z\frac{\partial u_z}{\partial z}+\frac{u_z^2 f}{R}\right)+\frac{4}{3}\mu^{(t)}\frac{\partial^2 u_z}{\partial z^2} \tag{5-56}$$

式中，f 为摩擦系数；R 为管道半径；$\mu^{(t)}$ 为湍流黏度。

由连续性方程可得拟均相体系中某个生成组分 j 的方程：

$$\frac{\partial C_j}{\partial t}+\frac{\partial}{\partial z}(u_z C_j)-D^{(t)}\frac{\partial^2 C_j}{\partial z^2}=R_{Cj} \tag{5-57}$$

由于流体处于湍动态，湍流扩散系数远大于分子扩散系数，故上式仅考虑了湍流扩散系数。这里，$D^{(t)}$ 代表湍流扩散系数。C_j 可以是下列任何一种量，包括各种组分的浓度、第 k 种活性中心的浓度、第 k 种活性中心上活性聚合物链的分子量矩、第 k 种活性中心上的聚合物的分子量矩等等。

$$C_j=C_H,\ C_A,\ C_E,\ C_M,\ C_X,\ C_B,\ C_S,\ C_T,\ C_{cat},\ P_0^k,\ \mu_{0,i}^k,\ \mu_{\delta,i}^k,\ \lambda_0^k,\ \lambda_{\delta,i}^k,\ \lambda_2$$

通过热量衡算，可以得到聚合反应器的温度方程：

$$\left(\frac{\partial}{\partial t}T+u_z\frac{\partial}{\partial z}T\right)-\alpha^{(t)}\frac{\partial^2}{\partial z^2}T=\frac{1}{\rho C_p}\left[\sum_{r=1}^{NC}(-\Delta H)_r R_r+\frac{4U}{D}(T_c-T)\right] \tag{5-58}$$

式中，t 为时间；T 为温度；u 为反应物的平均质量速度；ρ 为混合物的密度；$\alpha^{(t)}$ 为湍流热扩散系数；$(-\Delta H)_r$ 为 r 反应的反应热；U 为总换热系数；z 为环管轴向距离；C_p 为总比热；NC 为液相组分数目；R_r 为组分 r 的变化速率；D 为反应器环管内径；T_c 为冷却介质的温度。

为了求解每段直管的轴向扩散模型，还需要建立两个边界条件。在环流反应器模型中可以采用闭-闭边界条件[59]。

显然，传递性质的计算是十分重要的。对于湍流扩散系数 $D^{(t)}$ 可以选用如下 Wen 和 Fan[60]的公式计算：

$$\frac{1}{Pe}=\frac{3\times10^7}{Re^{2.1}}+\frac{1.35}{Re^{1/8}} \tag{5-59}$$

其中，$Pe=uD/D^{(t)}$。

在湍流条件下，假设热质传递之间存在类比关系[61,62]，于是：

$$\frac{\alpha^{(t)}}{D^{(t)}} \approx 1.0 \tag{5-60}$$

按 Bird 等的理论[61]，湍流涡漩黏度和热扩散度 $\alpha^{(t)}$ 之间的比例通常在 0.5~1.0 之间。因此，可以按下式计算湍流动力黏度：

$$\frac{v^{(t)}}{\alpha^{(t)}} \approx \frac{v^{(t)}}{D^{(t)}} \in [0.5,\ 1.0] \tag{5-61}$$

液体介质中颗粒沉降速度 u_t 可以参照 Clift 的公式[63]计算：

$$u_t = \left[\frac{4gd_p(\rho_p - \rho_l)}{3\rho_l C_d}\right]^{1/2} \tag{5-62}$$

当 $Re_p<300000$ 时，曳力系数 C_d 可按下式计算：

$$C_d = \frac{1}{Re_p}(1 + 0.15Re_p^{0.687}) + \frac{0.42}{1 + 4.25 \times 10^4 Re_p^{-1.16}} \tag{5-63}$$

式中，Re_p是颗粒的雷诺数，定义为 $Re_p = \frac{d_p u_t \rho_l}{\eta_l}$，其中，$\eta_l$ 为液相黏度。

包括环管内部物流和冷却剂之间的所有传热阻力的总传热系数 U 为：

$$\frac{1}{U} = \frac{1}{h_i} + \frac{D}{D_1 h_c} + \frac{D\lg_e(D_1/D)}{2k_w} + R_d \tag{5-64}$$

其中，管内传热系数 h_i 可以按 Sieder-Tate 公式计算[64]：

$$Nu_i = 0.023Re^{0.8}Pr^{1/3}\left(\frac{\eta}{\eta_w}\right)^{0.14} \tag{5-65}$$

式中，η_w 为壁面流体黏度。

冷却介质的传热系数 h_c 可以按 Monrad-Pelton 环型套筒内传热公式计算[64]：

$$Nu_c = 0.020Re_c^{0.8}Pr_c^{1/3}\left(\frac{D_2}{D}\right)^{0.53} \tag{5-66}$$

5.5.3 环管反应器的操作分析

操作分析的基础和数学模型所依据的参数分别列在表 5-16 和表 5-17 中。

表 5-16 模型参数

参数定义	符号	单位①	参数值	参数定义	符号	单位①	参数值
管道长度	L_1，L_2	cm	8900	进料温度	T_F	℃	45
管道直径	D	cm	60	进料丙烯浓度	C_{M1F}	mol/L	10.1
入口区的体积	V_{in}	cm^3	2.5×10^5	进料乙烯浓度	C_{M2F}	mol/L	
冷却介质的流量	Q_c	cm^3/s	2.2×10^5	本体聚合			0.45
冷却介质温度	T_c	℃	54	淤浆聚合			11.42
聚合热	H_p	cal/mol	2.0×10^4	进料 1-丁烯浓度	C_{M3F}	mol/L	1.4
活性中心数/催化剂质量	E_{cat}	mol/g		进料催化剂浓度	C_{catF}	g/L	0.26
本体聚合			1.88×10^{-4}	进料异戊烷浓度	C_{SF}	mol/L	4.51
淤浆聚合			1.0×10^{-2}	助催化剂的进料浓度	C_{AF}	mol/L	0.105
进料流量	Q_F	cm^3/s	11554	氢气的进料浓度	C_{HF}	mol/L	3.2×10^{-3}

① 1cal=4.18 J。

表 5-17　动力学常数：$k=k_0\exp(-E_a/RT)$

反　应	k_0	单　位	E_a/(kcal[①]/mol)	文献来源[②]
链增长		L/mol · s		
丙烯	4.97×10^7		12.0	a
乙烯	4.84×10^8		12.0	b
1-丁烯	9.68×10^6		12.0	
链转移		L/mol · s		
氢气	4.40×10^6		12.0	b
歧化	3.85×10^2		12.0	b
单体	6.16×10^3		12.0	b
增长点的活化		L/mol · s		
助催化剂	7.04×10^2		12.0	c
增长点的变换		L/mol · s		
助催化剂	7.04×10^2		12.0	c
增长点的失活		L/s		
自发	7.92×10^3		12.0	a

① 1cal = 4.18J。

② 文献来源如下：

a. Drusco G, Rinaldi R. Polypropylene —— process selection criteria. Hydrocarbon Processing, 1984, 113～117

b. Kissin Y V. Isospecific Polymerization of Olefins with Heterogeneous Ziegler-Natta Catalysts. Berlin: Springer, 1985

c. Barbe P C, Cecchin G, Noristi L., The catalytic system Ti-complex/$MgCl_2$, in Advances in Polymer Science. Berlin: Springer, 1987

模拟计算发现，当循环比减少时，反应器内的均匀性和混和情况都将变差。图 5-99 和图 5-100 显示了丙烯本体聚合时反应器管内单体浓度的轴向分布情况。作为一个粗略的估计，当循环比大于 30 时，可以将环管反应器作为 CSTR 处理。当然，具体情况还要视聚合反应的动力学而定，对于快速反应，同样的循环比下，反应器中的浓度分布将变得更陡。

作为简化处理，可忽略环管中的轴向扩散，因此，环管反应器模型就简化为两个平推流的相互连接。当环管比较长时，这种简化是可以接受的。对于稳态、等温过程，假定所有物性是常数，只考虑单体的一级链增长反应，则可以推导出如下反应器转化率的分析解表达式。

$$x_p = 1 - \frac{\exp\left(\dfrac{Da_1}{1+R_{ec}}\right)}{1+R_{ec}\left\{1-\exp\left[-\left(\dfrac{Da_1}{1+R_{ec}}+\dfrac{Da_2}{R_{ec}}\right)\right]\right\}} \tag{5-67}$$

式中，$Da_1(=k'\tau_1)$和 $Da_2(=k'\tau_2)$分别对应了每段管道所代表的 Damkohler 数。$k'=k_{pit}C_\infty$；τ_1、τ_2 分别为两管段的平均停留时间。Damkohler 数的大小可以衡量每一管段的反应程度。

稳态出口转化率和循环比之间可以出现三种变化关系：递增、递减和基本保持常数。这是由 Da_1 和 Da_2 的相对大小所决定的(见图 5-101)。从节省能量的角度出发，可以采用较低的循环比，而不影响反应器的产量。

反应器内颗粒的沉积是显然要关注的问题。颗粒沉降的原因主要是相间的密度差以及由于聚合而不断增长的颗粒粒径。当循环比发生变化时，正向和反向管路内的流体速度也将发生变化。因此必须核实反应器的流速是否远大于颗粒的自由沉降速度。根据表 5-16 和表 5-17的数据，可以计算不同循环比下的管内流速(表 5-18)。

表 5-18　管道内的稳态速度

循环比 R_{ec}	平均流体速度/(cm/s)		临界沉降速度/(cm/s)	
	管道 1	管道 2	管道 1	管道 2
150.0	694.8	690.7	5.5	5.5
15.0	73.2	69.1	5.4	5.5
1.5	11.0	6.9	5.3	5.5
0.15	4.8	0.69	5.4	6.4

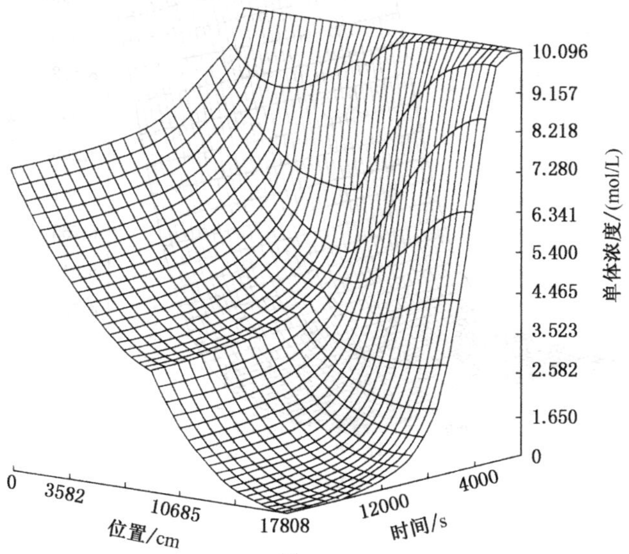

(1)

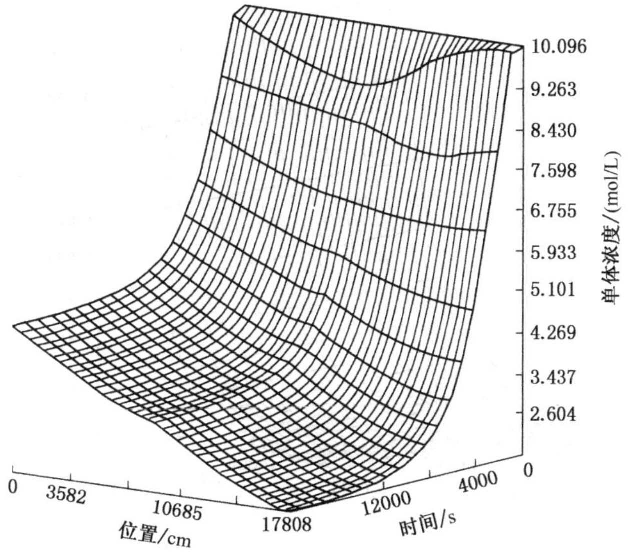

(2)

图 5-99　丙烯本体聚合时(T=70℃)单体浓度的分布

1—R_{ec}=0.15；2—R_{ec}=1.5

显然，当循环比在 0.15~1.0 之间时，流体的流动速度与最大颗粒的沉降速度基本在同一数量级范围，表明颗粒的沉积有可能出现。数学模型还可以给出更详细的分析数据。图 5-102说明当循环比只有 0.15 时，颗粒的沉降速度在正、反向管道中变化。同时可以看出在反向(回流)管内流体流动的速率存在显著降低，达到了相应的颗粒沉降速度。从图5-102还可以看出，沿着流体流动的方向，颗粒的粒径是不断增加的，因此对应的沉降速度变大。

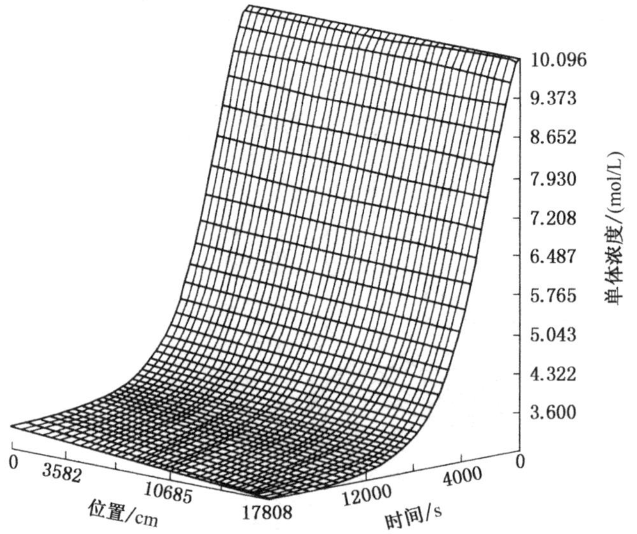

(1)

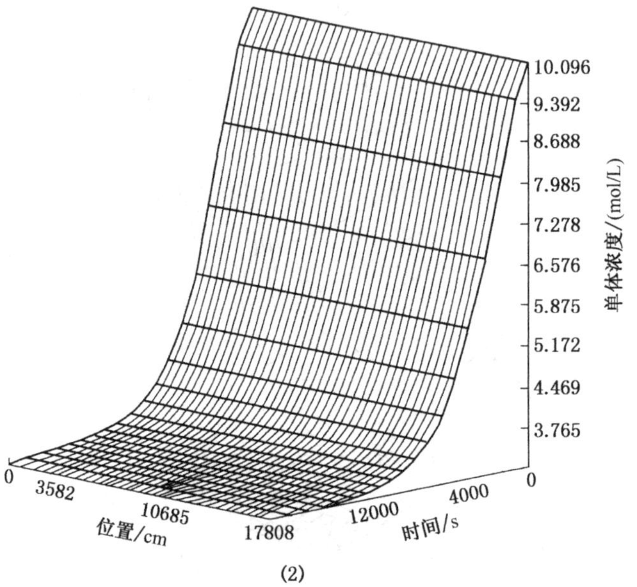

(2)

图 5-100　丙烯本体聚合时(T=70℃)单体浓度的分布

1—$R_{ec}=15$；2—$R_{ec}=150$

最后，考察研究环管的热行为。一般地，在可比条件下搅拌釜只能提供环管反应器换热能力的一半到四分之一。而且在环管反应器中，物料循环速率对传热能力有显著影响。循环物流率越大，传热水平越高，并且管道轴向的温度越均匀。图 5-103 显示了循环比对反应器热稳定性的影响。当 $R_{ec}=150$ 时，出口温度逐步增加并达到最终的稳定值。但是当循环

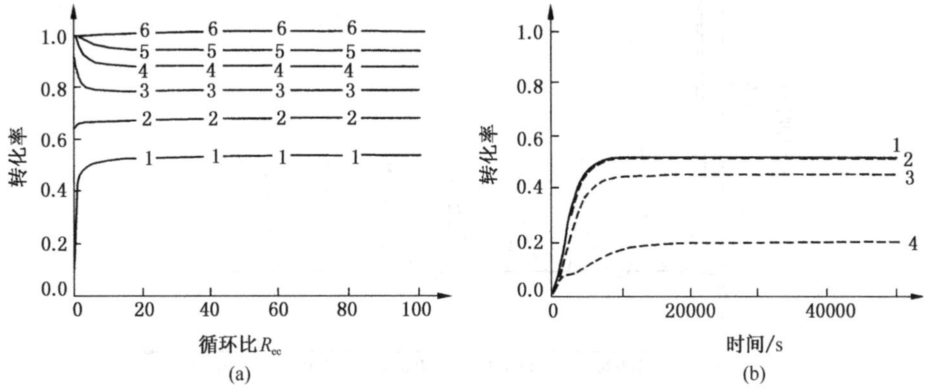

图 5-101 两个平推流反应器的连接

a —稳态出口转化率与循环比的关系（$Da_2=1.0$）

1—$Da_1=0.1$；2—$Da_1=1.0$；3—$Da_1=2.5$；4—$Da_1=5.0$；5—$Da_1=10.0$；6—$Da_1=100.0$；

b—出口转化率动态模拟（$Da_1=0.1$，$Da_2=1.0$）

1—$R_{ec}=150$；2—$R_{ec}=15.0$；3—$R_{ec}=1.50$；4—$R_{ec}=0.15$

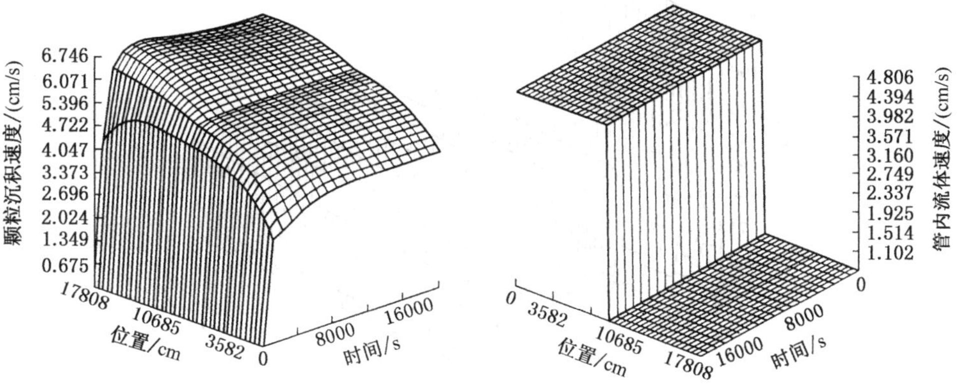

图 5-102 丙烯本体聚合时颗粒终端速度和流体本体速度与位置和时间的关系

（$T=70$℃，$R_{ec}=0.15$）

比减少十分之一时，由于反应器换热能力的减少，出口物料流会出现一个剧烈的升温冲击，最大值可以达到 300℃左右。由于在反应器中任何点的温度不允许超过丙烯的临界温度值（约 92℃），否则会出现液相的气化，所以，$R_{ec}=15.0$ 的操作将导致反应器的飞温。

如果飞温的情况继续模拟下去，将会看到温度的振荡(图 5-103)。振荡的周期等于反应器的平均停留时间（~6000s）。振荡是反应器系统放热和撤热周期性不平衡的结果。图 5-104显示了 3 维的结果，可以看出反应器内任何位置的温度都在发生周期性的振荡。

催化剂的最优操作温度一般定在70~80℃，仅仅比丙烯的临界温度低大约10~20℃。因此反应器温度的控制必须快速，系统设计应该更具有橹棒性。

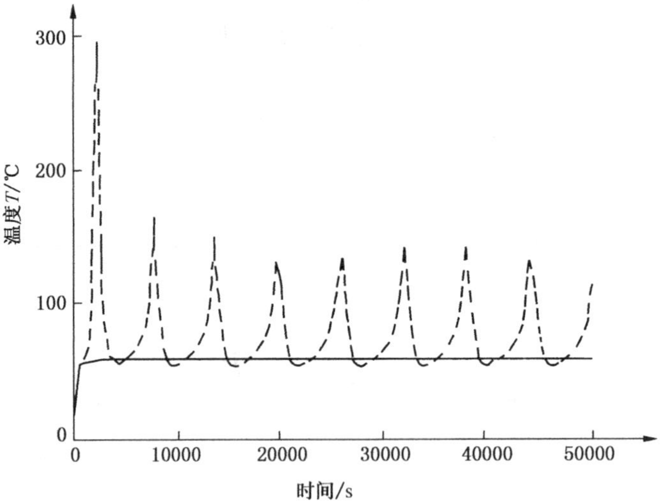

图5-103　丙烯本体聚合时不同循环比下的反应器热效应

——$-R_{ec}=150.0$；┈┈$-R_{ec}=15.0$

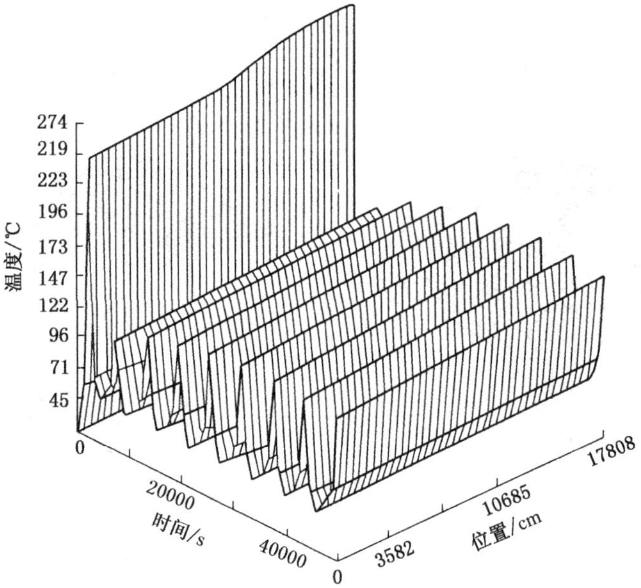

图5-104　丙烯本体聚合时温度的持续振荡现象($R_{ec}=15.0$)

5.6　多区循环聚合反应器

成功的工艺设计不仅要考虑经济因素，更要考虑产品性能的要求。为了提高聚丙烯、聚乙烯的性能，两个或多个反应器串联的聚合反应工艺已得到了较广泛的应用。在每一个反应器内产生一部分具有不同结构(例如，分子量、单体组成、结晶度等)的聚合物，例如，分别让PE完成宽分子量分布、PP完成结晶度的控制，使聚合物的各种性能在雷达图上得到充分拓展，并实现聚合物的目标性能。典型的实例是 BMWD 聚乙烯和高抗冲多相 PP 共聚物。

现有的多级串联的聚合工艺总结在图 5-105 中。例如，聚丙烯的工艺有 Spheripol (Basell)、Unipol(UCC)、Novolen (Targor)、Hypol (Mitsui)、Amoco；聚乙烯的工艺有 Hostalen (Elenac)、Spherilene (Basell)、Borstar (Borealis)、CX (Mitsui)。在所有这些多级串联聚合反应工艺中，催化剂是在聚合序列的顶端入口加入的。

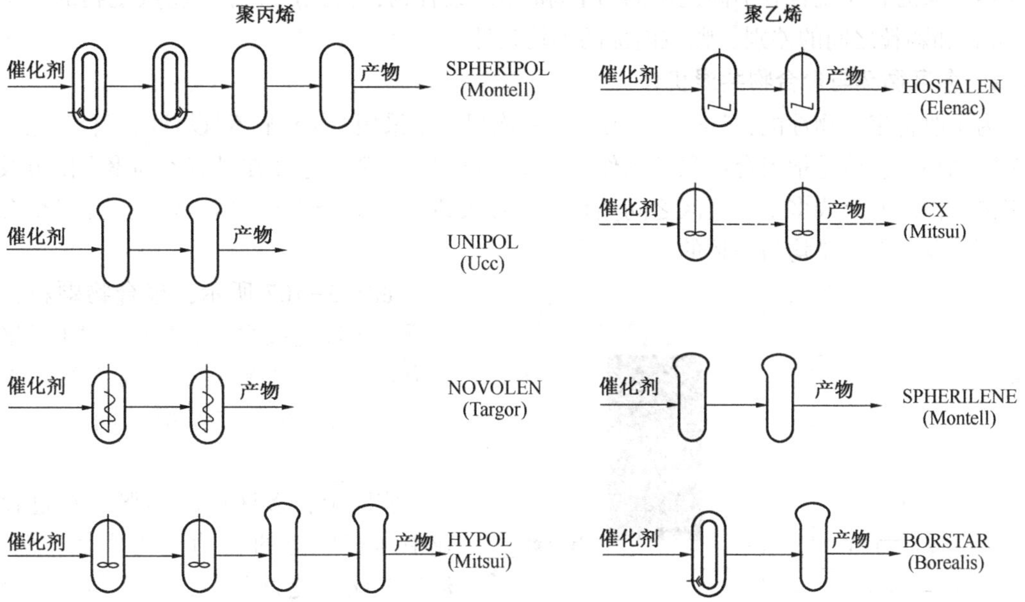

图 5-105　烯烃聚合的多级串联工艺[65]

从停留时间分布的观点看，图 5-105 中涉及的所有聚合反应器(例如，环管、流化床、淤浆搅拌釜等)都可以处理为化学反应工程中的“连续全混流反应器 CSTR”。因此，它们都可以用如图 5-106 所示的两(多)级全混釜串联的工艺代表。这里，每个全混釜可以具有独立的操作条件(聚合压力、温度、浓度、固体含量、平均停留时间等)，因而所生产的聚合物具有不同特性(例如，分别以“白色”和“黑色”表示)。聚合物颗粒在每一级反应器中的停留时间分布 RTD 符合经典的 CSTR 分布：

$$f(t)=\frac{1}{\tau_m}\exp\left(-\frac{1}{\tau_m}\right) \text{和} \int_0^{\infty} f(t)=1 \tag{5-68}$$

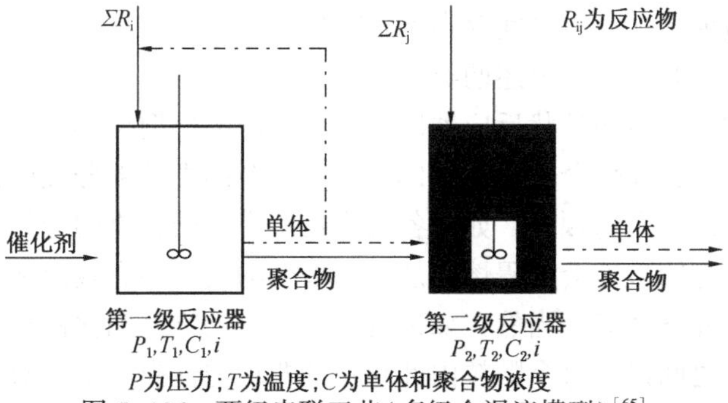

图 5-106　两级串联工艺(多级全混流模型)[65]

对于两级(具有相同平均停留时间的)全混釜串联工艺，最后一级反应器出口的聚合物颗粒的停留时间 t 的分布函数为：

$$f(t)=\frac{4}{\tau_m^2}\exp\left(-\frac{2t}{\tau_m}\right) \tag{5-69}$$

这里，τ_m 为固体颗粒的平均停留时间。由于颗粒在每个反应器停留的时间不同，从第二个反应器出来的颗粒就含有不同比例的“白”和“黑”聚合物，由此产生聚合物共混物的非均匀性(颗粒和颗粒之间的差别、颗粒内部的不均匀性)。

5.6.1　多区循环与聚合物共混机理

为了改善聚合物性能，Covzzi 和 Mei[65] 首次提出了采用“多区循环”设计的聚合工艺。所谓多区循环工艺就是把聚合物颗粒当作一个微型反应器，颗粒连续在具有不同聚合配方及聚合工艺条件的两个或多个反应区之间循环。可以发现每个聚合物颗粒中“黑”、“白”聚合物的比例以及分布都是均匀一致的。

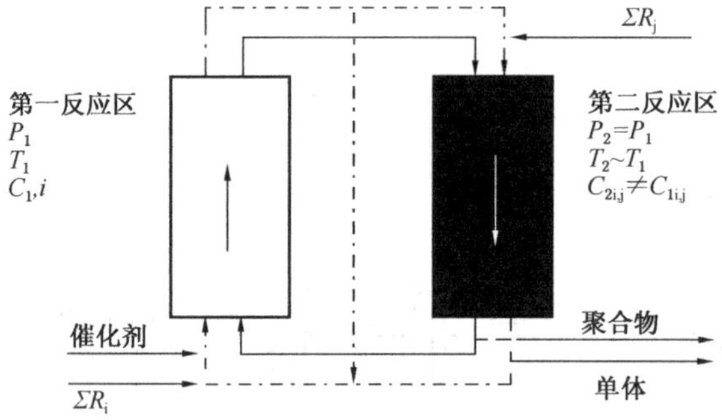

图 5-107　多区循环反应器工艺设计[65]

如图 5-107 所示，聚合物颗粒在两个反应区域连续循环，“黑”、“白”聚合物交替生成，颗粒在反应器内的一次停留时间比总的平均停留时间低一个数量级。

实际上，多区循环的概念在过程工业中具有广泛的成功应用实例。例如，流化催化裂化过程中，催化剂在两个反应区之间连续交替地进行着裂化和再生的过程[66]。此外还有流化床化学循环燃烧强化 CO_2 捕集[67]、氧化铜-硫酸铜循环耦合由水制氢的工艺[68]、CaO 吸附剂连续煅烧-CO_2 吸收循环耦合[69]、丙烯氨氧化循环耦合[70]、生物工程的厌氧-好氧组合处理工艺[71]等大量的多区循环耦合过程。

为了详细了解“黑”、“白”两种不同高分子共混物的均质化程度，我们首先考察负载型的催化剂颗粒注入两级 CSTR 串联聚合反应系统时的情况。如本章 5.1 节所指出的那样，第一级反应器产生的聚合物颗粒为宏观颗粒，第二级反应器产生的聚合物则以微观细颗粒的形式分散“嵌入”在其中，两种聚合物在单个宏观颗粒内的混合均匀性由反应/扩散过程所控制；另一方面，由于颗粒停留时间存在分布变化，每个宏观颗粒所含“黑”或“白”的聚合物比例有很大差别，造成宏观颗粒之间存在不均匀性。

对于传统的多级串联工艺，上述两类原因基本决定了聚合物颗粒产品所能够达到的结构组成均匀度是有限的。按照颗粒状反应器以及颗粒破碎的模型描述，当反应速度与扩散速度之比非常高时，例如，乙烯聚合过程，单体首先在颗粒的壳层部分反应，而后进入第二反应器，形成洋葱型结构的聚合物颗粒。如果各反应器所产生聚合物的分子量或结晶度出现很大的区别，这种串联工艺明显地会妨碍熔融加工时聚合物组分的有效混和，并导致最终的塑料制品没有好的机械和光学性能。当然，如果两种聚合物的物性和比例相差不大，串联工艺产生的聚合物，其颗粒之间以及每个颗粒内部存在的非均匀性尚不至于对产品最终性能产生很大影响。

图 5-108 显示了双釜串联工艺中产生的两种非均匀性，图中，τ_1 和 τ_2 分别为颗粒在两个反应器中的平均停留时间。为了提高“黑”、“白”两种聚合物共混的均匀度水平，人们提出了多区循环聚合反应器(MZCR)的设计，让催化剂/聚合物颗粒连续循环地穿过两个聚合反应区。由于颗粒循环的流率比反应器的产率大一个数量级，限制了每一层“黑”或“白”聚合物区域的厚度。假如 τ_{tot} 是整个聚合系统中颗粒平均停留时间，τ_p 是颗粒循环一次所需要的平均停留时间，则每一个聚合物颗粒流出反应系统之前，平均需要完成 $n=\tau_{tot}/\tau_p$ 次循环。可见，MZCR 反应器设计改变了颗粒生长和均匀共混的机理，减少或消除了“黑”、“白”聚合物共混不均匀的可能性。而聚合系统的总停留时间分布的变化并不影响聚合物组分的均匀性，仅改变每个颗粒在反应器中的运动历程。

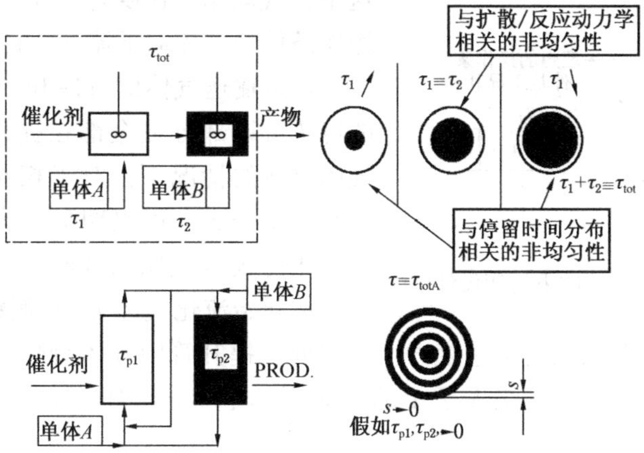

图 5-108　多级聚合过程模拟[65]

5.6.2　多区循环反应器

实现 MZCR 的设计方案有很多种，但是借鉴炼油过程中成熟的流化催化裂化(FCC)技术被证明是目前最经济可行的设计方案之一。通过料腿、提升管、下行床的设计，聚合物颗粒可被连续循环起来(图 5-109)。这里，预聚物注入提升管，产物从下行床底部排除。提升管内高速气体与聚合物颗粒作用，常称之为快速流态化；下行床内聚合物颗粒依靠重力向下移动；聚合物颗粒通过“L”阀从下行床底部返回提升管底部，气体通过离心风机进入提升管，固体在提升管上部的旋风分离器分离后，排到下行床顶部。

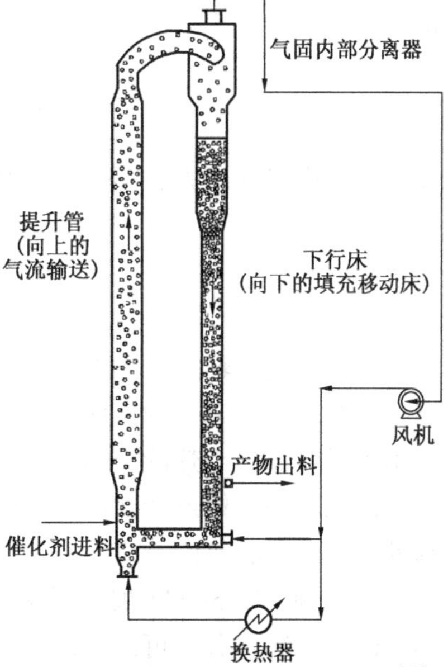

图 5-109　多区循环反应器的实现[65]

为了获得良好的颗粒流态化和颗粒输送，聚合物颗粒的球形度、粒度、密度等参数要控制在要求的水平上。此外，聚合物的堆积密度(单位反应器体积中的聚合物重量)要最大化，以提高反应器内聚合物的容积。一般在提升管中可以完成固体堆积密度的 40%(要计及床内的气泡等空隙率)，下行床中可以达到 90%。由于下行床颗粒堆密度最高，聚合物产物从下行床排除，有利于减少未反应物的排放，降低回收所需要的能量。

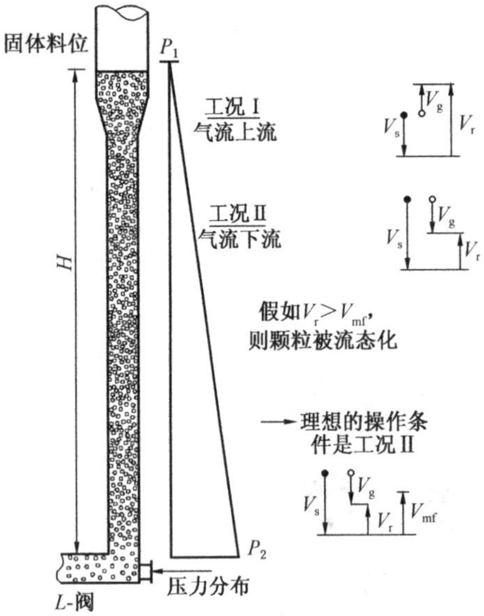

图 5-110　多区循环反应器的下行床设计[65]

颗粒的循环速度与堆积密度、粒径、密度等参数有关。建立聚合物颗粒的“闭路”循环主要是依靠两个聚合反应区域的压差平衡。下行床的压差可以通过“填充”移动模型[72]计算，气体速度和固体速度是同一个方向。固体由于重力向下移动，而气体流动遵循 Ergun 方程。

$$\frac{p_2 - p_1}{H} = k_1\mu_g v_r + k_2\rho_g v_r^2 \qquad (5-70)$$

这里，气固相对速度 $v_r = |v_g - v_s|$，MZCR 理想的操作条件为气体向下流动，且没有流态化。

通过输送气体的过冷和/或部分冷凝，反应器的传热可以部分或全部在提升管内完成。在输送气体过冷的情况下，对于相同的聚合物颗粒粒度以及粒度分布，可以明显看出提升管的局部传热效率比传统流化床高 30%。因为，流化床反应器操作在起始流化气体 u_{mf} 和颗粒输送速度 u_t 之间，而 MZCR 提升管操作在颗粒输送速度以上。因此，提升管中气体/颗粒的相对速度 v_{riser} 与传统流化床流化速度 v_{FB} 之比总是大于 1 的。应用如下 Ranz-Marshall 关联式估计气固传热系数[72]，

$$h \propto Nu = 2 + 0.6Re^{0.5}Pr^{0.33} \qquad (5-71)$$

MZCR 提升管与常规的流化床的气固传热系数之比为

$$\frac{h_{riser}}{h_{FB}} = \frac{1 + A(v_{riser})^{0.5}}{1 + A} \qquad (5-72)$$

这里，

$$A = 0.3\left(\frac{\rho v_{FB} d_p}{\mu}\right)^{0.5}\left(\frac{\mu Cp}{k}\right)^{0.33} \qquad (5-73)$$

例如我们考虑操作压力和温度为 3MPa 和 80℃的纯丙烯气体，并假设 $v_{riser}/v_{FB} = 1.8$，则可以得到，

$$\frac{h_{riser}}{h_{FB}} = 1.34 \qquad (5-74)$$

对于提升管内输送气体部分冷凝的情况，冷凝液体的分散可以不需要借助任何的分布板或雾化机构，因为床内的流体湍动已足够剧烈了。

由于下行床是绝热的，需要通过设定合适的固体循环率控制温升 ΔT，或者在料腿的任何部位注入液态单体或惰性成分移除反应热。至于液体分散，因为固体循环速率很高，在填充移动床中也是容易的。

作为示例，图 5-111 展示了生产聚丙烯的“双峰”操作工艺，这里，生产两个分子量明显不同的聚合物组分，可以提高聚丙烯的挠曲模量、熔融体强度和加工性能等。

如前所述，下行床是一个填充移动床，聚丙烯颗粒向下移动，颗粒间的气体同样向下流

动。来自提升管的气体中 H_2 浓度比较高，而下行床内的反应气体需要保持较低的 H_2 浓度，因此，需要在下行床聚合物料面下方，引入一股液态或气态丙烯(可以是新鲜丙烯，也可以是循环气中冷凝回来的丙烯流股)，目的是实现对氢气的阻隔。这些“阻隔介质”和循环固体的比例可能是很小(小于 0.1)的，但是反应热和固体颗粒的显热可蒸发“阻隔介质”，使之在注入点上部产生净向上的流股。阻隔介质的加入量一般稍微比向下流动的粒间气体流量大些(图 5-112)，这样可以使下行床中 H_2 的浓度比提升管内 H_2 的浓度低 4 个数量级，真正对目标产品的 MWD 实现“定制”，而不必顾及共混物产品结构的均匀性问题了。MZCR 不仅可以生产均聚物和无规共聚物的共混物，也可以生产两种共聚物的共混物，还可以用于生产宽分子量分布的 HDPE。起阻隔作用的液体可以是来自循环主管道中的、在反应条件下可凝的惰性组分。

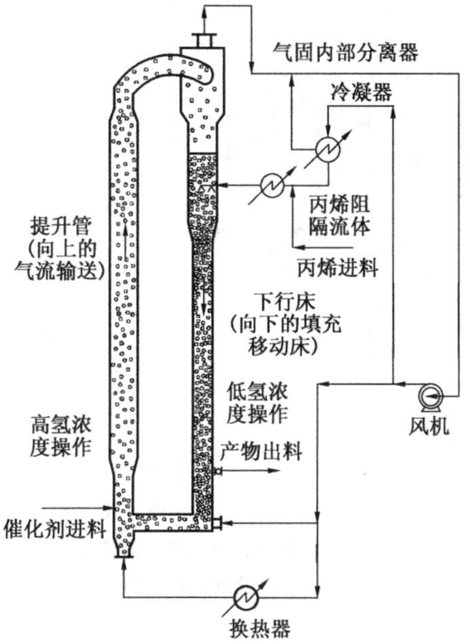

图 5-111　多区循环反应器[65]

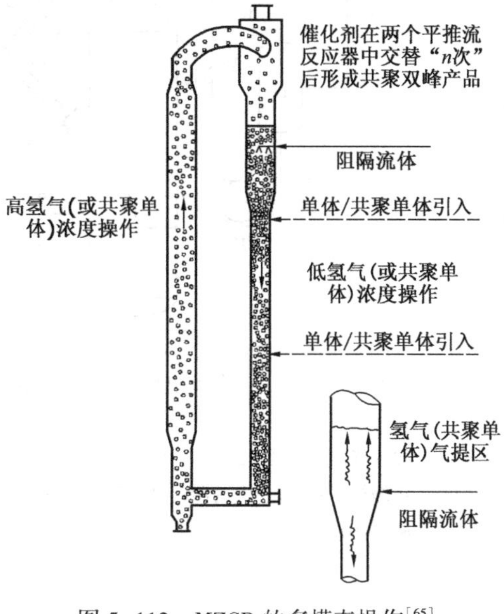

图 5-112　MZCR 的多模态操作[65]

当使用 Ziegler 催化剂时，MZCR 设计可明显改善产物的加工性能，因为不用顾忌共混物结构非均匀的问题，分子量分布可以做得比串联工艺宽得多。如果在下行床适当的位置加入高碳共聚单体，生产带支链的高分子量聚合物，所得产品的应力开裂性能将有更大提高。

实际上，实现多区循环聚合反应器的结构是不唯一的。中国石化工程建设公司与浙江大学提出了一种新的用于烯烃聚合的多区循环反应装置和反应方法[73],[74]。该多区循环反应系统由四个反应区、两个循环气系统构成。其中，两个反应区是鼓泡流化床(见图 5-113 中的标号 3 和 23)，两个反应区是快速流化床(见图 5-113 中的标号 4 和 24)。其氢气和共聚单体含量分别按照生产高分子量和低分子量的要求进行控制，其中一股循环气经分布器首先进入第一反应区，该区按照鼓泡流化床设计；循环气及部分反应物从第一反应区的顶部进入第二反应区，第二反应区为快速流化床；气速通常为第一反应区的数倍，第二反应区的直径明显小于第一反应区；循环气及全部或部分反应产物从第二反应区顶部离开后进入一个旋风分离器；在旋风分离器中循环气和固体聚合物分离后从顶部进入循环气压缩机，经压缩冷却后

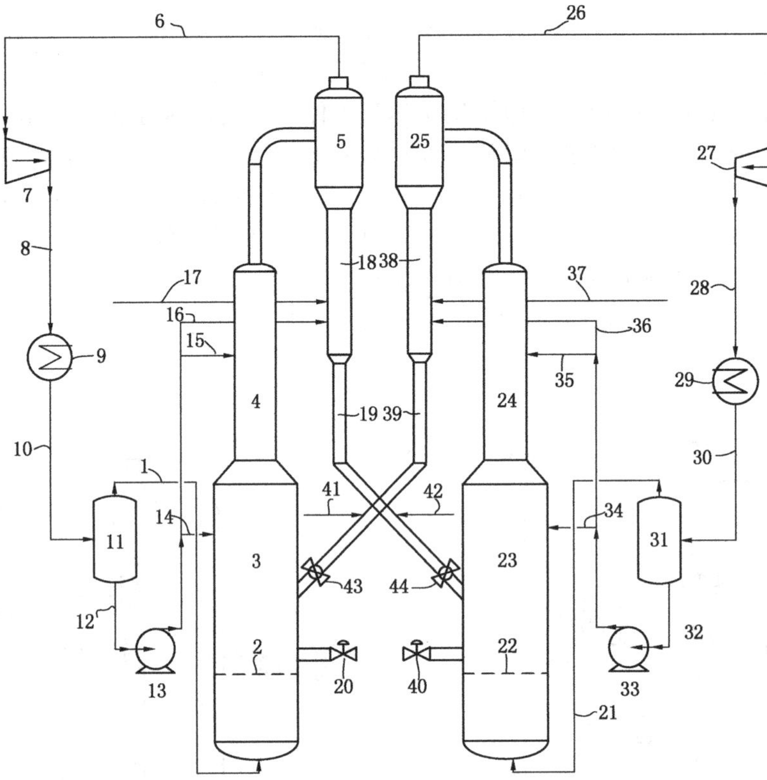

图 5-113　多区循环反应器工艺及其产品性质

1、6、8、10、12、14、15、16、17、21、26、28、30、32、34、35、36、37—管道；2、22—气体分布器；3—第一反应器；4—第二反应器；5、25—旋风分离器；7、27—循环气压缩机；9、29—换热器；11、31—集液罐；13、33—泵；18、38—气提段；19、39—返料腿；20、40—出料阀门；23—第三反应器；24—第四反应器；41、42—松动气；43、44—返料阀门

重新返回第一反应区；分离出的固体颗粒从旋风分离器料腿进入一个气提段，该气提段通常采用聚合单体(例如乙烯)或惰性气体(例如氮气)气提分离氢气及共聚单体；气提后的颗粒依靠重力送入第三反应区，第三反应区按照鼓泡流化床设计，另一股循环气经分布器进入第三反应区，聚合产物从第一和第三反应区出料送入下游分离及回收单元；循环气及细颗粒聚合物从第三反应区的顶部进入第四反应区，第四反应区为快速流化床；气速通常为第三反应区的数倍，由于速度差的存在，粒径较小的聚合物颗粒优先被带入第四反应区进行循环，其原理与所谓的淘析作用相类似；进入第四反应区的循环气及聚合物颗粒从顶部离开后同样进入另一个旋风分离器；在旋风分离器中循环气和固体颗粒分离后从顶部流回另一循环气压缩机，经压缩冷却后重新返回第三反应区；分离出的固体颗粒从旋风分离器底部进入一个气提段，该气提段也采用聚合单体(例如乙烯)或惰性气体(例如氮气)气提出氢气及共聚单体；气提后的聚合物依靠重力送入第一反应区，形成聚合物颗粒的循环；粒径较小的颗粒同样在淘析作用下优先被带入第四反应区进行循环；粒径小的聚合物需要更多地在反应系统中循环；大颗粒则适合排出反应系统。相比于现有二区循环工艺，四区循环工艺由于具有淘析功

能，提高了循环和出料的效率，避免在料腿管内部发生聚合放热反应，减少了聚合物颗粒熔融结块的可能性。此外气体组成和循环速率控制容易，保证聚合物产品的分子量和支化度灵活可调。

5.6.3 MZCR 的数学模拟

鉴于 MZCR 反应器的重要性，Fernandes 和 Lona[75,76]较早地建立了 MZCR 的数学模型并进行了模拟。Santos 等人[77]更深入地模拟了 MZCR 等温气相法丙烯聚合过程，研究了过程条件和催化剂特性对产物特性(分子量和分散指数)的影响，包括下行床内气固相对速度的影响，固体循环速率、下行床中气体的注入位置、催化剂特性与产率的关系、提升管/下行床生产比例等等。虽然模拟对象与工业装置相差较大，但研究结果具有代表性和借鉴作用，值得介绍和点评。

如图 5-114 所示的气相法丙烯聚合多区循环工艺可以模拟为一个由两节平推流部分组成的环管，循环比为 R，循环比定义为固体颗粒的循环流量与固体出口流量之比。模拟采用的参数见表 5-19，模型假定如下：

表 5-19　主要模型参数[77]

参　数	数　值	参　数	数　值
提升管进口单体密度 ρ_{m_e}/(g/cm³)	3.01×10^{-2}	下行床进口单体密度 ρ_{m_e}/(g/cm³)	4.5×10^{-3}
提升管进口气相密度 ρ_e/(g/cm³)	3.5×10^{-2}	下行床进口气相密度 ρ_e/(g/cm³)	4.5×10^{-2}
提升管出口气体速度 u_{g_s}(cm/s)	200	下行管出口气固相对速度 $u_{parrt_s}-v_{g_s}$/(cm/s)	0
提升管气相黏度 μ/(g/cm·s)	1.02×10^{-4}	下行床气相黏度 μ/(g/cm·s)	9.55×10^{-5}
提升管高度 L_r/cm	300	下行床高度 L_r/cm	150
提升管直径 D_r/cm	24	下行床直径 D_r/cm	24
压力 p/atm	30	温度 T/K	353
催化剂孔隙率 ε_{cat}	0.65	下行床空隙率 ε_r	0.35
初始催化剂活化中心浓度$[C]_{inic}$/(mol/cm³)	10^{-4}	链增长速率常数 k_p/[cm³/(mol·s)]	2×10^{6}
单体在颗粒孔道中的扩散系数 D_{Pm}/(cm²/s)	10^{-3}	单体在聚合物中的扩散系数 D_{Sm}/(cm²/s)	10^{-6}
聚合物密度 ρ_{pol}/(g/cm³)	0.9	颗粒密度 ρ_p/(g/cm³)	0.63
颗粒孔隙率 ε_p	0.3	颗粒终端速度 u_t/(cm/s)	100
催化剂粒径 R_{cat}/cm	2.5×10^{-3}	边界层内单体的传质系数 K_{Sm}/(cm/s)	Ranz-Marshell
单体在聚合物中的溶解度系数 η_m^*	1.72	氢气在聚合物中的溶解度系数 $\eta_{H_2}^*$	0.12
颗粒循环流量 $Q_{part_{rec}}$/(cm³/s)	2205	催化剂流量 $Q_{part_{cat}}$/(cm³/s)	7×10^{-2}

①采用单活性中心催化剂；②所有的催化剂活性中心都被活化。为简化起见，催化剂可以不失活；③气相包括单体、氢气和惰性气体；④向氢气的链转移是唯一的链终止事件，且不考虑氢气对反应速率的影响；⑤采用多粒模型描述聚合物颗粒内部的聚合过程。这里，聚合物颗粒被称为宏观颗粒，它由微观颗粒组成，如 5.1 节所述，多粒模型中传质阻力分别出现在两个水平上，通过宏观颗粒的传质阻力以及通过微观颗粒聚合物层的传质阻力；⑥提升管和下行床中气体和聚合物颗粒的流动是平推流；⑦反应器的温度完全被控制在设定点；⑧初始条件下反应器内充满聚合物颗粒；⑨初始条件下提升管和下行床内的气体组成分别与物流 A 和 C 的组成相同(见图 5-114)；⑩下行床的高度就是颗粒散料堆积高度，空隙率固定；⑪直径 50μm 的单分散球型催化剂颗粒连续注入预聚合反应器，在淤浆预聚反应器停留

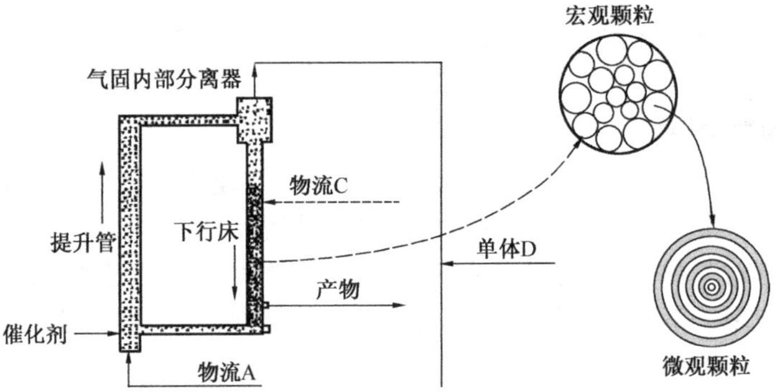

图 5-114　多区循环聚合反应器示意图[77]

时间为 12min，进料中的单体浓度为 3×10^{-3}mol/cm^3，预聚温度为 35℃。注入 MZCR 的颗粒的粒径分布(PSD)就是预聚反应器出口颗粒的 PSD(在稳态条件下操作)；⑫设计 MZCR 的一个关键原则就是避免固体颗粒在下行床流态化，保持填充移动状态，所以气固相对速度必须小于最小流态化速度(参见图 5-110)。

$$u_{mf} \geqslant u_{part} - u_g \tag{5-75}$$

在以上假定条件下，建立的反应器模型包括质量与动量平衡以及聚合物颗粒数量平衡。质量平衡允许计算反应器内部任何一点的反应物浓度，动量平衡可以给出反应器各部分的气体速度，提升管内的固体颗粒速度为气体速度减去气相颗粒的终端速度。聚合物颗粒的数量平衡可以决定床内的颗粒粒径分布。

5.6.3.1　下行床出口处气体速度的影响

为了考察下行床出口的气固相对速度的影响，采用了如表 5-20 所示的模拟参数。分别考虑了下行床出口处的两个相对气速：$u_{g_s}-u_{part_s}=0$cm/s 和 $u_{g_s}-u_{part_s}=5$cm/s。向下的固体颗粒速度可按如下公式计算，

$$u_{part}^{d} = \frac{Q_{part_{rec}}}{S_r^d(1-\epsilon_r^d)} = \frac{2205}{\pi\times12^2\times0.65} = 7.5(\text{cm/s}) \tag{5-76}$$

稳态条件下，反应器中平均粒径颗粒的最小流态化速度为 23cm/s，远大于颗粒的下行速度，核实了下行床颗粒不会被流态化。

表 5-20　考察下行床出口气固相对速度影响时采用的工艺参数[77]

参　数	数　值	参　数	数　值
提升管进口单体密度 ρ_{m_e}/(g/cm^3)	3.01×10^{-2}	下行床进口单体密度 ρ_{m_e}/(g/cm^3)	4.5×10^{-3}
提升管进口氢气密度 $\rho_{H_{2,e}}$/(g/cm^3)	4.2×10^{-4}	下行床进口氢气密度 $\rho_{H_{2,e}}$/(g/cm^3)	4.14×10^{-8}
提升管进口气相密度 ρ_e/(g/cm^3)	3.5×10^{-2}	下行床进口气相密度 ρ_e/(g/cm^3)	4.5×10^{-2}
提升管气相黏度 μ/(g/cm·s)	1.02×10^{-4}	下行床气相黏度 μ/(g/cm·s)	9.55×10^{-5}
链增长速率常数 k_p/[cm^3/(mol·s)]	2×10^{6}	氢链转移速率常数 k_t/[cm^3/(mol·s)]	3.2×10^{2}
颗粒循环流量 $Q_{part_{rec}}$/(cm^3/s)	2205	提升管出口气体速度 u_{g_s}(cm/s)	200

图 5-115 和图 5-116 展示了下行床中气体速度对单体和氢气浓度分布的影响，发现单体和氢气浓度沿下行床下降，且低气速下这种下降变得更加显著，并造成聚合物分子量分布的加宽。

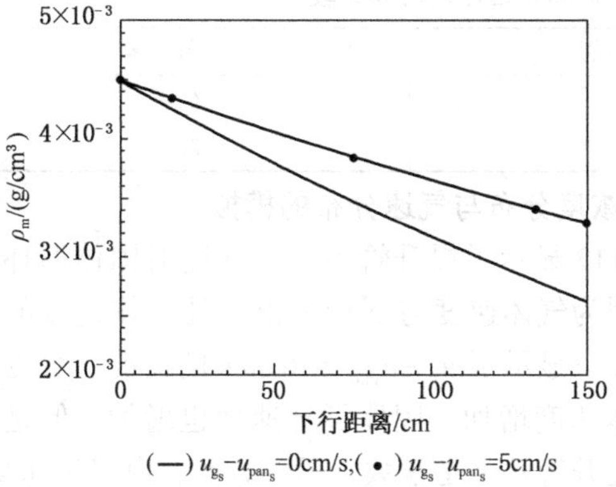

图 5-115　稳态条件下单体浓度沿下行床的分布[77]

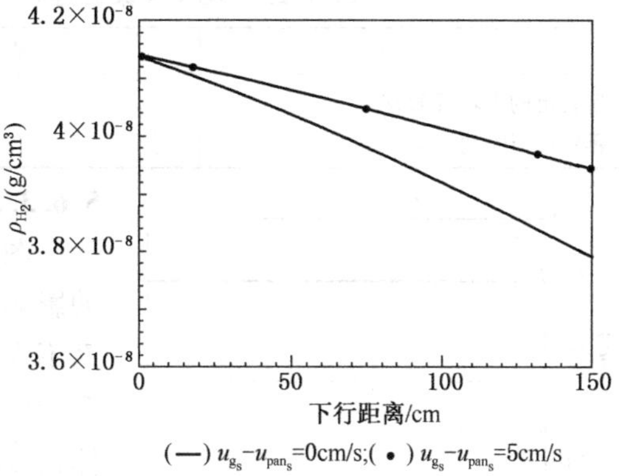

图 5-116　稳态条件下氢气浓度沿下行床的分布[77]

5.6.3.2　下行床的停留时间与聚合链寿命的模拟

表 5-21 列出了下行床出口处气体速度对产物重均分子量和多分散指数的影响情况，发现气速变小，产物分子量变低。特别是发现可能出现这种情况、在不同的反应区采用不同的单体/氢气比例，加大差别化，但是产物的多分散指数(*PI*)仍比预期的小。对于含链转移和链终止的链式聚合过程，*PI* 的最小值为 2，而表 5-21 显示下行床的 *PI* 小于 2。为此，在表 5-22 中分析比较了 MZCR 各反应区域颗粒的停留时间和按如下公式计算的聚合链的平均寿命“$\bar{t}$”，发现，在下行床的聚合条件下，下行床的颗粒停留时间比聚合链的平均寿命短，这不仅抑制了聚合链的生长，而且导致 *PI* 小于 2。因此应该采用较小的循环比例生产宽 MWD 的聚合物。

$$\bar{X}_n = \frac{k_p[M_c]}{k_t[H_2]^{1/2}} \quad \bar{M}_n = \bar{X}_n MW_m \tag{5-77}$$

$$\bar{t} = \frac{\bar{X}_n}{k_p[M_c]} \tag{5-78}$$

表 5-21　下行床出口气速对产物性质的影响[77]

参　数	下行床出口气固相对速度	
	$u_{g_s}-u_{part_s}=0$cm/s	$u_{g_s}-u_{part_s}=5$cm/s
提升管内聚合物重均分子量 $\bar{M}_w$(g/mol)	260200	279000
提升管内聚合物多分散指数 *PI*	2.56	2.63
下行床内聚合物重均分子量 $\bar{M}_w$(g/mol)	232800	243900
下行床内聚合物多分散指数 *PI*	1.24	1.25
提升管的产量所占百分数 w_p/%	56.4	53.9
反应器出口聚合物重均分子量 $\bar{M}_w$/g/mol	258600	275600
反应器出口聚合物多分散指数 *PI*	2.44	2.49

注：颗粒循环流量 $Q_{part_{rec}}=2205cm^3/s$。

表 5-22　MZCR 聚合链的平均寿命和颗粒停留时间比较[77]

项　　目	提　升　管	下　行　床
聚合链的平均寿命 $\bar{t}$/s	0.6	63
颗粒停留时间 τ/s	3	20

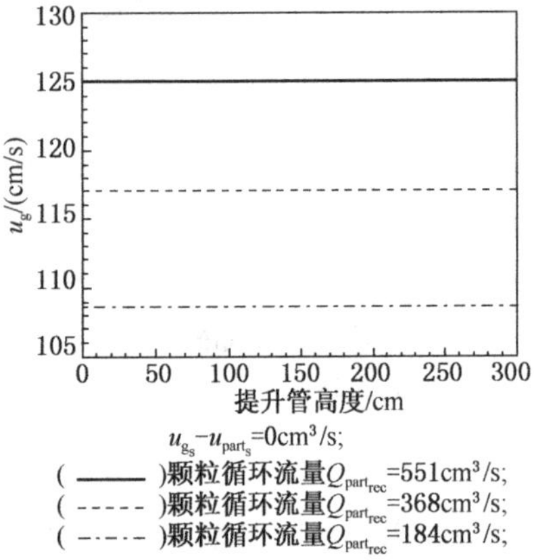

图 5-117　稳态条件下气速沿提升管的分布[77]

5.6.3.3　浓度分布与气速分布的模拟

图 5-117 显示了提升管内气体速度对固体循环率的影响。因为气体速度与下行床出口处气体速度的关系不大，故只显示了 $u_{g_s}-u_{part_s}=0$cm/s 的情况。可见提升管中气体速度增加，固体循环速率也增加，但是气体速度沿提升管几乎是常数。另一方面，由于气速高，单体浓度不受固体循环流率影响，且沿提升管保持恒定(未显示)。

图 5-118~图 120 分别显示了固体循环流量对下行床内单体和氢气浓度以及气体速度分布的影响。发现，对于 $u_{g_s}-u_{part_s}=0$cm/s，浓度下降是明显的，且随固体循环流率的改变也较显著。图 5-118 显示，对于最小的固体循环流率和 $u_{g_s}-u_{part_s}=0$cm/s，在下行床中部单体就几乎全部消耗掉。这意味着在如此低的固体循环流率下，下行床的一半对生成聚合物不做贡献。当固体循环比例和下行床的气速都减少时，聚合物产率将下降(图 5-121)。

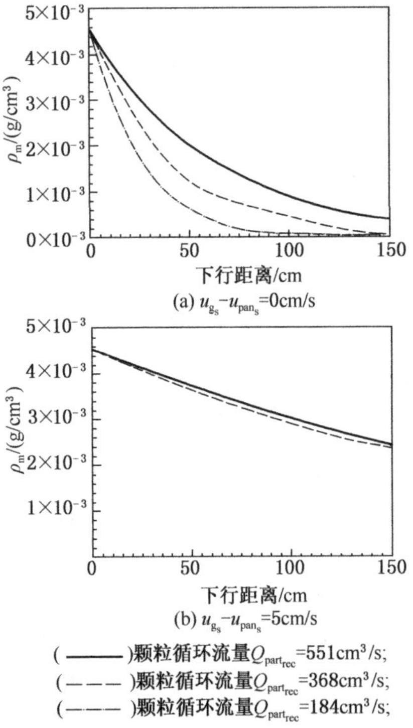

图 5-118　稳态条件下单体浓度沿下行床的分布[77]

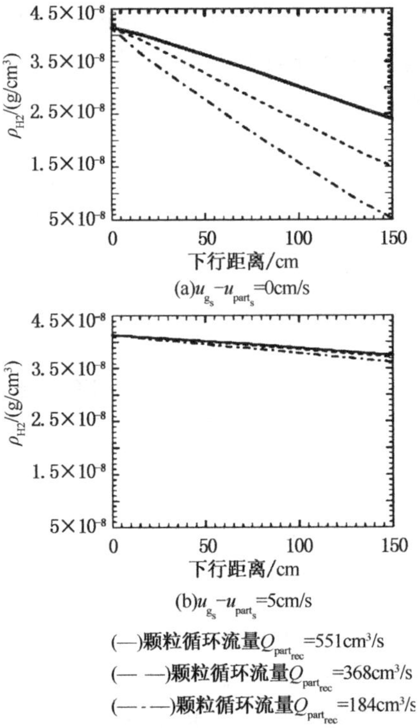

图 5-119　稳态条件下氢气浓度沿下行床的分布[77]

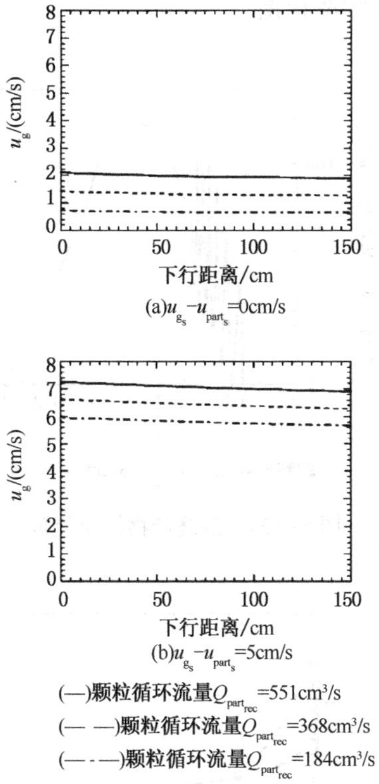

图 5-120　稳态条件下气速沿下行床的分布[77]

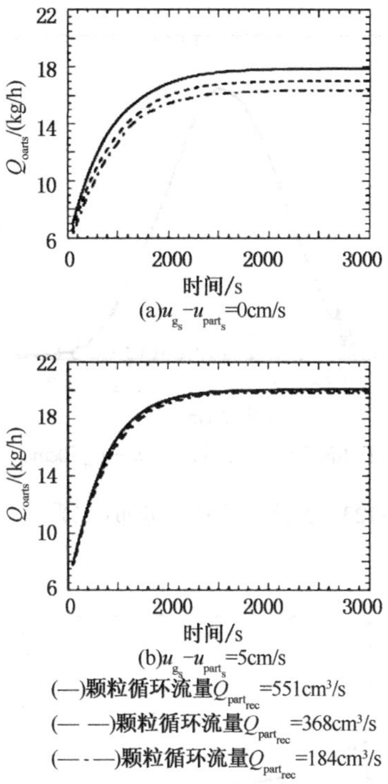

图 5-121　产率与时间的关系[77]

5.6.3.4　固体循环率对产物 PSD 的影响

图 5-122~图 5-125 显示不同固体循环流率条件下出口产物的粒径分布(PSD)。为简便起见，仅表示了 $u_{g_s}-u_{part_s}=0$cm/s 的情况。发现随固体循环速率的增加，所得颗粒的 PSD 更平滑，因为固体颗粒流率大时，系统表现得像连续全混流反应器(CSTR)；而对于低固体循环流率，由于 MZCR 具有平推流行为，PSD 曲线上会出现一些峰值(第一个峰表示完成第一次循环流出反应器的颗粒，第二个峰对应为第二次循环，等等)。所有情况下平均粒径大约 1.4mm。

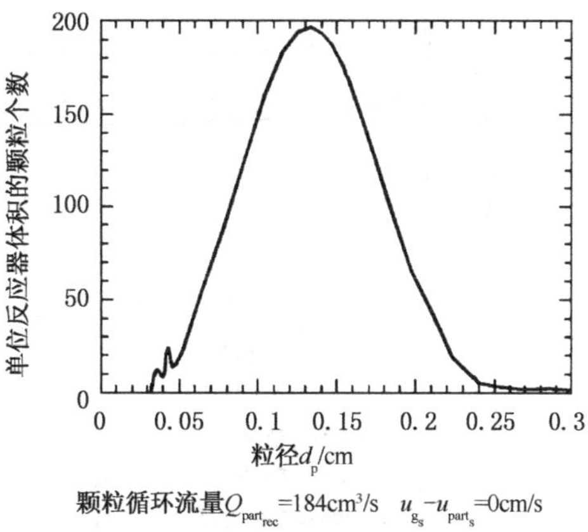

图 5-122　最终产物粒径分布(一)[77]

5.6.3.5　固体循环速率对产物性能的影响

图 5-125 和 5-126 展示了固体循环流率和气体速度对产物重均分子量和多分散指数的影响。可以发现随气速增加，提升管内单体浓度变大，产物重均分子量与多分散指数也增加。另一方面，分子量和多分散指数 *PI* 随固体循环流率减少而增加，因为下行床中聚合物链有更多的生长时间(见表 5-23)。有必要指出，减

少固体循环流率会导致“白”或“黑”的聚合物出现较大的控制区域，即产品的非均匀性较大。因此，在分子量分布宽度和最终产品的均匀度之间需要权衡。

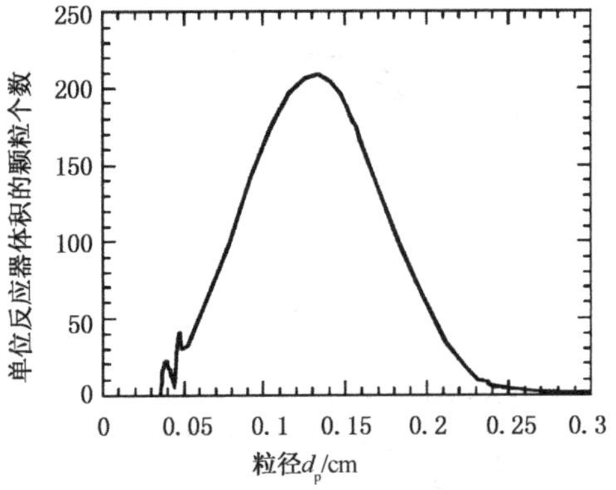

颗粒循环流量$Q_{part_{rec}}$=184cm³/s　$u_{g_s}-u_{part_s}$=0cm/s

图 5-123　最终产物粒径分布(二)[77]

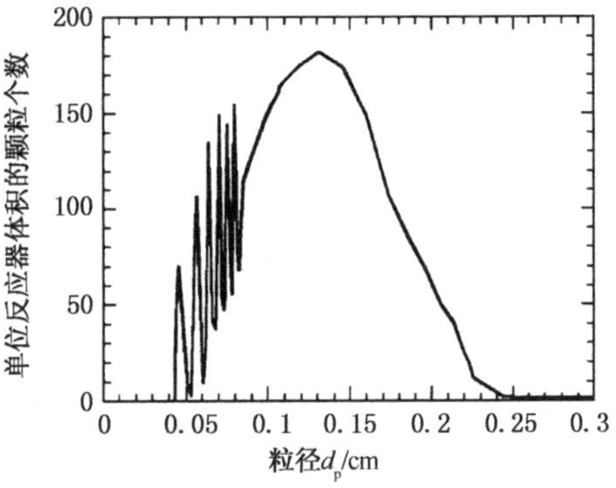

颗粒循环流量$Q_{part_{rec}}$=184cm³/s　$u_{g_s}-u_{part_s}$=0cm/s

图 5-124　最终产物粒径分布(三)[77]

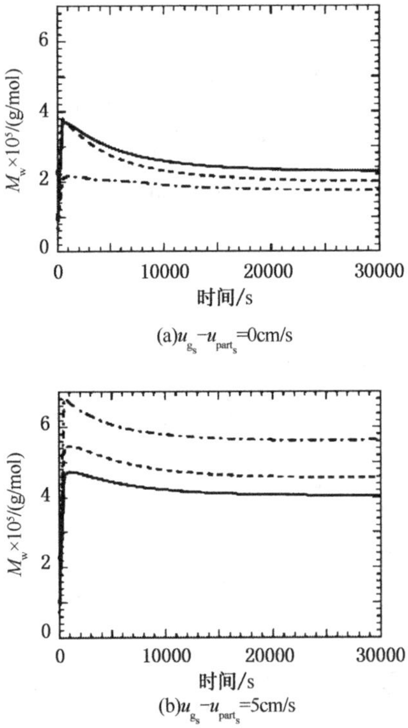

(b)$u_{g_s}-u_{part_s}$=5cm/s

(—)颗粒循环流量$Q_{part_{rec}}$=551cm³/s

(— —)颗粒循环流量$Q_{part_{rec}}$=368cm³/s

(—·—)颗粒循环流量$Q_{part_{rec}}$=184cm³/s

图 5-125　产物重均分子量随时间的变化关系[77]

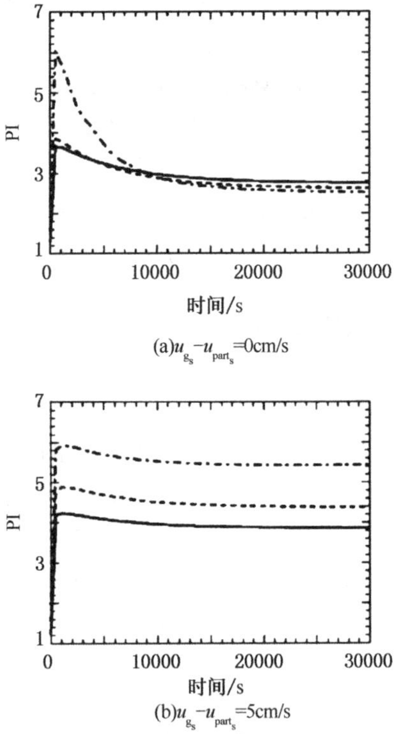

(b)$u_{g_s}-u_{part_s}$=5cm/s

(—)颗粒循环流量$Q_{part_{rec}}$=551cm³/s

(— —)颗粒循环流量$Q_{part_{rec}}$=368cm³/s

(—·—)颗粒循环流量$Q_{part_{rec}}$=184cm³/s

图 5-126　产物多分散指数随时间的变化关系[77]

表 5-23　MZCR 聚合链的平均寿命和颗粒停留时间比较[77]

项　　目	颗粒循环速度	提升管	下行床
聚合链的平均寿命 $\bar{t}$/s		0.6	63
颗粒停留时间 τ/s	$Q_{part_{rec}}=551cm^3/s$	12	80
	$Q_{part_{rec}}=368cm^3/s$	18	120
	$Q_{part_{rec}}=184cm^3/s$	36	240

由表 5-24～表 5-26 所列出的稳态模拟结果发现，对于 $u_{g_s}-u_{part_s}=0cm/s$，在所有的固体循环流率条件下，MZCR 可以获得相对窄的 MWD。原因之一是大部分的聚合物在提升管内生产。随着固体循环速率的减少和下行床出口气速的增加($u_{g_s}-u_{part_s}=5cm/s$)，由于单体浓度较高，固体停留时间较长，下行床得到的分子量和多分散指数是增加的。对于固体循环率最小以及 $u_{g_s}-u_{part_s}=0cm/s$ 的情况，由于下行床内单体浓度不均匀分布而导致产物的非均匀性，多分散指数将大于 2(聚合链是在恒定的单体浓度下被链转移反应终止的)。

在提升管，来自下行床的活性聚合物链由于遭遇提升管内高的氢气/单体比例气氛而迅速终止。因此，随着固体循环流率减少，存在两个相反的效应。一方面，来自下行床的活性聚合物链的分子量较高，增加了 MZCR 出口的分子量和多分散指数。另一方面，由于下行床和提升管的停留时间增加，每一圈循环产生的聚合物区域会变大，产物均匀性下降。

表 5-24　下行床出口的气体速度和固体循环流量对产物性质的影响(一)[77]

参　　数	下行床出口气固相对速度	
	$u_{g_s}-u_{part_s}=0cm/s$	$u_{g_s}-u_{part_s}=5cm/s$
提升管内聚合物重均分子量 $\overline{M}_w$/(g/mol)	200500	360300
提升管内聚合物多分散指数 *PI*	2.73	4.14
下行床内聚合物重均分子量 $\overline{M}_w$/(g/mol)	381200	571200
下行床内聚合物多分散指数 *PI*	1.27	1.34
提升管的产量所占百分数 w_p/%	72.2	57.1
反应器出口聚合物重均分子量 $\overline{M}_w$/(g/mol)	229000	404400
反应器出口聚合物多分散指数 *PI*	2.75	3.87

注：颗粒循环流量 $Q_{part_{rec}}=551cm^3/s$。

表 5-25　下行床出口的气体速度和固体循环流量对产物性质的影响(二)[77]

参　　数	下行床出口气固相对速度	
	$u_{g_s}-u_{part_s}=0cm/s$	$u_{g_s}-u_{part_s}=5cm/s$
提升管内聚合物重均分子量 $\overline{M}_w$/(g/mol)	164100	357700
提升管内聚合物多分散指数 *PI*	2.42	4.40
下行床内聚合物重均分子量 $\overline{M}_w$/(g/mol)	408900	723200
下行床内聚合物多分散指数 *PI*	1.29	1.48
提升管的产量所占百分数 w_p/%	78.8	57.4
反应器出口聚合物重均分子量 $\overline{M}_w$/(g/mol)	200900	455800
反应器出口聚合物多分散指数 *PI*	2.62	4.39

注：颗粒循环流量 $Q_{part_{rec}}=368cm^3/s$。

表 5-26　下行床出口的气体速度和固体循环流量对产物性质的影响(三)[77]

参　数	下行床出口气固相对速度	
	$u_{g_s}-u_{part_s}=0cm/s$	$u_{g_s}-u_{part_s}=5cm/s$
提升管内聚合物重均分子量$\overline{M}_w$/(g/mol)	128100	320100
提升管内聚合物多分散指数 *PI*	2.03	4.36
下行床内聚合物重均分子量$\overline{M}_w$/(g/mol)	472500	1044600
下行床内聚合物多分散指数 *PI*	2.46	1.90
提升管的产量所占百分数 w_p/%	86.4	57.6
反应器出口聚合物重均分子量$\overline{M}_w$/(g/mol)	173800	563400
反应器出口聚合物多分散指数 *PI*	2.51	5.44

注：颗粒循环流量 $Q_{part_{rec}}=184cm^3/s$。

5.6.3.6　在下行床底部注入单体的模拟

当单体注入下行床底部时，气固相对速度为 $u_{part}+u_g$，为了避免颗粒流态化，必须满足下列条件：

$$u_{mf} \geqslant |u_{part}+u_g| \tag{5-79}$$

这里，$u_{mf}=23m/s$。当固体循环流率最高(即，固体速率最大，$u_{part}=7.5cm/s$ 时)，临界的气体速度不能高于 15.5cm/s。模拟计算时下行床底部气速选择为 12cm/s。工艺条件列在表 5-19 和 5-20 中，唯一的变化是下行床底部的气体密度较高，$\rho_e=0.0451g/cm^3$。图5-127～图 5-129 显示单体、氢气浓度以及聚合物产率都不受固体循环率的影响。另一方面，最终产物的分子量和分散指数随固体循环量的增加而增加(图 5-130～图 5-131)。

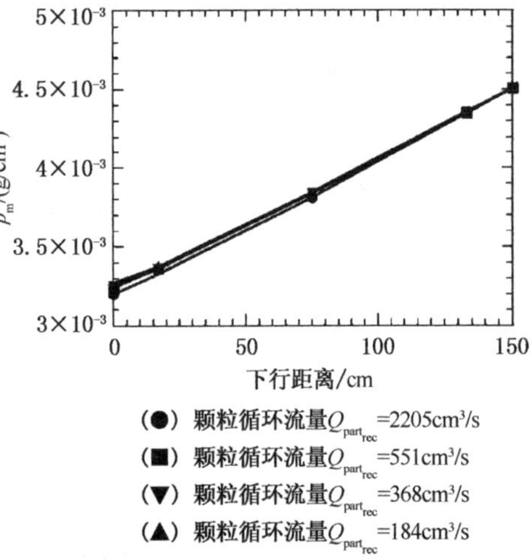

图 5-127　稳态条件下单体浓度沿下行床的分布[77]

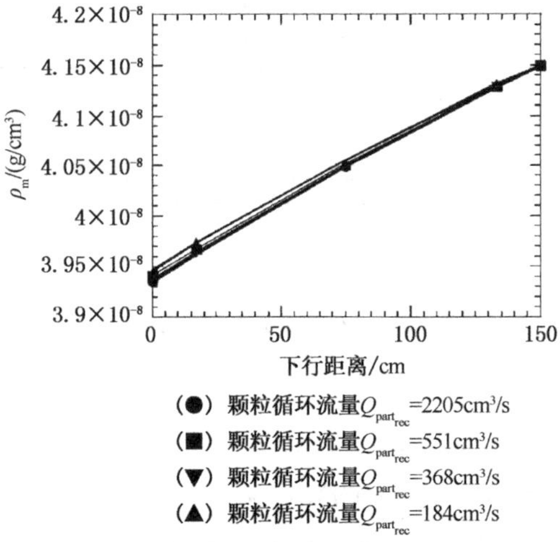

图 5-128　稳态条件下氢气浓度沿下行床的分布[77]

5.6.3.7　催化剂特性的影响

如上所述，MZCR 存在最优的固体循环量，最优值的大小与催化剂的特性有关，因为问题的根源在于聚合链的平均寿命使下行床在较短的停留时间内不足以产生长的分子链。为了模拟催化剂活性的影响，假设催化剂动力学常数(链增长速率常数 k_p 和氢链转移速率常数 k_t)比表 5-20 中对应的值大 5 倍。为了保持相同的产率，活性点的数目相应减少 5 个数量级。在最高的固体循环流率 $Q_{part_{rec}}=2205cm^3/s$、气体在下行床顶部注入以及 $u_{g_s}-u_{part_s}=0cm/s$ 等条件下，表 5-27 比较了采用两种催化剂情况所生产的聚合物的特性[77]。可以发现分子量和多分散指数随催化剂活性增加而增加。原因是聚合链的平均寿命下降，更长的链可以在下行床中产生。因此，采用非常高活性的催化剂可以充分发挥 MZCR 的优势。

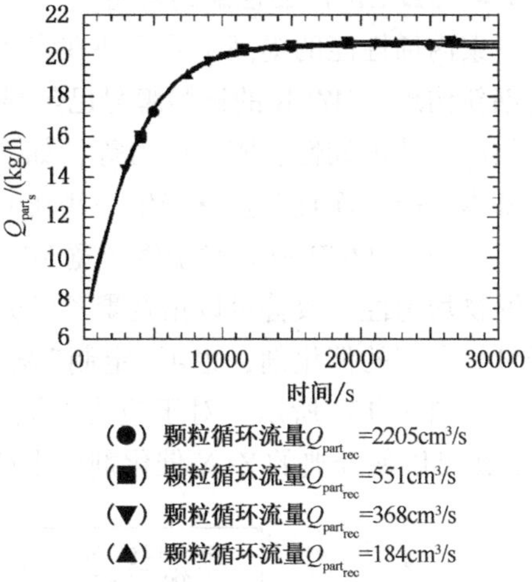

图 5-129　产率与时间的关系[77]

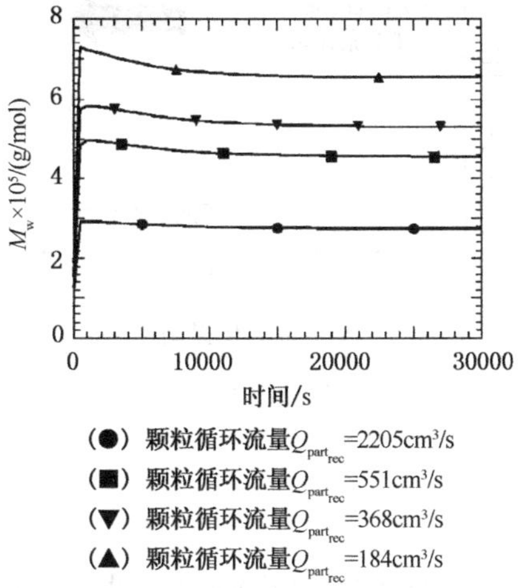

图 5-130　产物重均分子量与时间的关系[77]

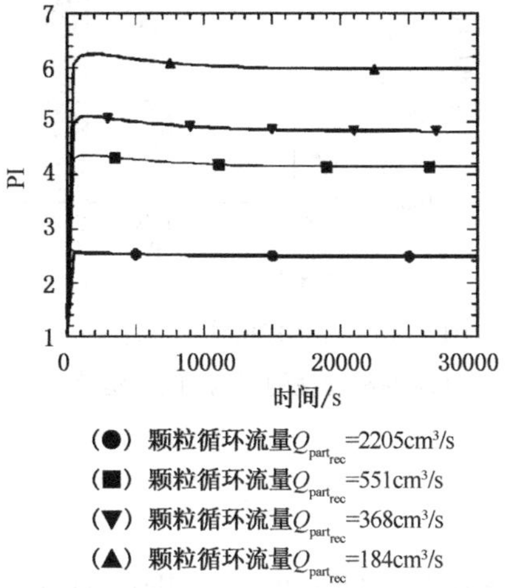

图 5-131　产物多分数指数与时间的关系[77]

表 5-27　氢气的链转移速率常数提高 5 倍后的聚合模拟结果

参　数	$k_p=2\times10^6cm^3/(mol\cdot s)$ $k_t=3.2\times10^2cm^{3/2}/(mol^{1/2}\cdot s)$	$k_p=1\times10^7cm^3/(mol\cdot s)$ $k_t=1.6\times10^3cm^{3/2}/(mol^{1/2}\cdot s)$
提升管内聚合物重均分子量 $\overline{M}_w$/(g/mol)	26200	383100
提升管内聚合物多分散指数 *PI*	2.56	4.5
下行床内聚合物重均分子量 $\overline{M}_w$/(g/mol)	232800	678100
下行床内聚合物多分散指数 *PI*	1.24	1.35
提升管的产量所占百分数 w_p/%	56.4	56.4
反应器出口聚合物重均分子量 $\overline{M}_w$/g/mol	258600	453500
反应器出口聚合物多分散指数 *PI*	2.44	4.28

注：其中颗粒循环流量 $Q_{part_{rec}}=2205cm^3/s$。

5.6.4 MZCR 产品性能的检验

聚丙烯性能的提高主要反映在多相共聚物中刚性和韧性平衡方面的进步。由于多区循环的创新构想，MZCR 的试验牌号已经显示材料的平衡性能得到阶跃性的提高，包括刚性、熔体强度、冲击韧性、密封能力等，如图 5-132 所示。必须强调的是该技术不仅改进了材料的基本性能，而且还能够产生一些新的组合性能。

此外，MZCR 概念对于生产宽 MWD 高密度聚乙烯 HDPE 也特别有意义。利用反应器对共混物均匀性的改善可以拓宽聚乙烯分子量分布的宽度，增加材料的可加工性。即使采用分子量分布窄的催化剂，也可“定制”宽 MWD 聚乙烯，且避免凝胶的生成，避免低分子量拖尾。如图 5-133 所示，对于应力开裂性能，由于可能对高分子量部分的聚乙烯进行改良，MZCR 可以使经典的 Z-N 催化剂所生产的聚乙烯的加工性能得到提高。

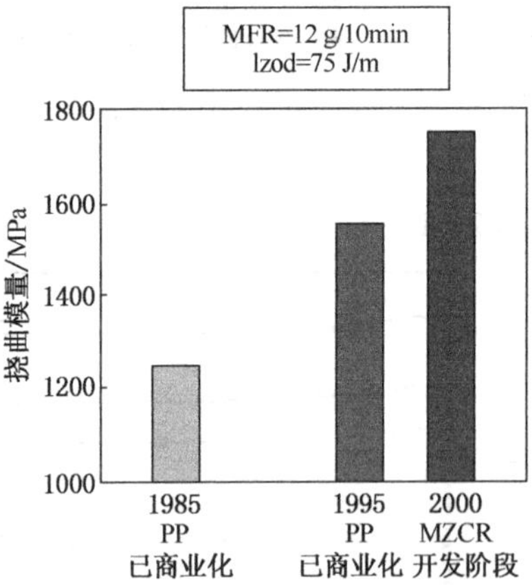

图 5-132　PP 多相共聚物性能的提高（刚性和韧性的平衡-挠曲模量）[65]

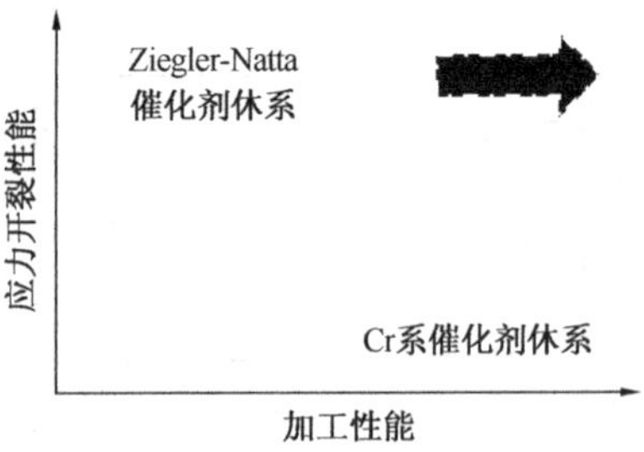

图 5-133　MZCR 提高产品性能的潜力[65]

参 考 文 献

[1] Laurence R L, Chiovetta M G. Heat and Mass Transfer During Olefin Polymerization from the Gas Phase. In: Polymer Reaction Engineering: Influence of Reaction Engineering on Polymer Properties. Reichest K H, Geiseler W, Eds. Munich: Hanser, 1983: 73~111

[2] Hutchinson R A, Chen C M, Ray W H. J. Appl. Polymer Sci., 1992, 44: 1389~1414

[3] Stern S A, Mullhaupt J T, Gareis P J. AIChE J., 1969, 15: 64

[4a] Sato Y, Tsuboi A, Sorakubo A, et al. Fluid Phase Equilibria, 2000, 170(1): 49~67

[4b] Sato Y, Yurugi M, Yamabiki T, Takishima S, Masuoka H.J. Appl. Polym. Sci., in press

[5] Satterfield C N. Heterogeneous Catalysis in Practice. New York: McGraw-Hill, 1980: 336

[6] Micheals A S, Bixler H J. J. Polymer Sci., 1961, 50: 413

[7] Reid R C, Prausnitz J M, Sherwood T K. The Properties of Gases and Liquids. New York: McGraw-Hill, 1977

[8] Floyd S, Heiskanen T, Mann G E, et al. J. Appl. Polym. Sci., 1987, 33: 1021

[9] Floyd S, Choi K Y, Taylor T W, et al. J. Appl. Polym. Sci., 1986, 32: 2935

[10] Keii T, Doi Y, Suzuki E, et al. Macromol. Chem., 1984, 185: 1537

[11] Nielsen R P. Transition Metal Catalyzed Polymerizations. Quirk R P, Ed. New York: Harwood Academic

Publishers, 1980
[12] Rishina L A, Vizen E I. Eur. Polym. J., 1980, 16: 965
[13] Bohm L L. Macromol. Chem., 1980: 89: 1
[14] Floyd S, Heiskanen T, Ray W H. Chemical Engineering Progress, 1988, (11): 56
[15] Zucchini U, Cecchin G. Adv. Polym. Sci., 1983, 51: 101
[16] Bohm L L. Polymer, 1979, 19: 562
[17] Weickert G, Meier G B, Pater J T M, et al. Chemical Engineering Science, 1999, 54: 3291~3296
[18] Koda H, T Kurisaka. Research and Development of Gas Phase Polymerization Process of Propylene, Proceedings of Second China-Japan Fluidization Conference. Kunming,China, 1985, 402~413
[19] Mill A R. USP 4003712. 1977
[20] Wen C Y,Chen L H. AIChE J.,1982,28(1):117
[21] Rowe P N,Nienow A W,Agbim A J. Trans. Inst. Chem. Engrs., 1972,50:310
[22] Kunii D,O Levenspiel. Fluidization Engineering. New York:Wiley,1969
[23] Vermel E E,V A Zakharov,V B Fenelonov,et al. Kinet. Catal.,1981,22(2):367
[24] Choi K Y,W H Ray. Chem. Engng Sci.,1985,40(12):2261~2279
[25] H Hatzantonis,A Goulas,C Kiparissides. Chem. Engng Sci.,1998,53(18):3251~3267
[26] Briens C L,Bergougnou M A,Inculet I I,et al. Powder Technol.,1992,70:57~62
[27] Arastoopour H,Huang C S,Weil S A. Chem. Engng Sci.,1988,43:3063~3075
[28] Yasunobu Kaneko,Takeo Shiojima,Masayuki Horio. Chem. Engng Sci.,1999,54:5809~5821
[29] Kato Akifumi,et al. JP 56133019. 1981
[30] Kato Akifumi,Kaneshige Nobuhiko,Yamamoto Ryoichi. USP 4366123. 1982
[31] Yokoyama Takeshi. JP 59156425. 1984
[32] Ichimura Mitsunori,Yamamoto Ryoichi,Horimoto Katsutoshi. USP 4521378. 1985
[33] Mod. Plast. Int.,1991,21(7):10
[34] Katou Akifumi,et al. JP 58113208. 1983
[35] 冯连芳,马青山,陈鹏飞等. 化学工程,2000,28(3):33~37
[36] Shi-Ichi,Makishima. Chem. Eng. Japan,1962,2(2):224
[37] 高桥照男等. 化学工学论文集,1988,14(2):189
[38] Shi-Ichi,Makishima. Chem. Eng. Japan,1968,1(2):168
[39] 高桥照男等. 化学工学论文集,1988,14(4):546
[40] 杨荆泉,陈伟,阳永荣等. 高校化学工程学报,1998,12(1):44
[41] 王凯,孙建中. 工业聚合反应装置. 北京:中国石化出版社,1997
[42] 永田进治著.混和原理与应用. 马继舜译. 北京:化学工业出版社,1984
[43] 阳永荣, 吕德伟. 聚合反应工程与设备. 见:塑料工业手册—聚烯烃.洪定一 主编. 北京: 化学工业出版社,1999
[44] 李玉贵等. 液相本体法聚丙烯生产及应用. 北京:中国石化出版社,1992
[45] P Sarkar,S K Gupta. Polym. Engng Sci.,1992,32(11):732~742
[46] Zacca J,Debling J A,Ray W H. Reactor residence time distribution effects on the multistage polymerization of olefin. 5th DECHEMA Workshop,Berlin,1995
[47] Watanabe F,Mitsutani K,Yukawa K,et al. Model-based process and product design of high-impact polypropylene copolymer. Presentation at 1998 Spring AIChE Meeting,New Orleans,8~12 March,1998
[48] A Prasetya,L Liu,J Litster,et al. Chem. Engng Sci.,1999,54:3263~3271
[49] Shepard J W, Jezl J L, Peters E F, et al. USP 3957448. 1976

[50] Brockmeier N F. The AMOCO/CHISSO Gas Phase Polypropylene Copolymer Technology, Presented at Society of Plastics Engineers, International Conference. Houston, TX: Feb., 1991
[51] Krieger J. Chem. Eng. News, 1992, Mar., 30: 17
[52] 马青山, 冯连芳, 顾雪萍等. 高校化工学报, 1999, 13(1):31~37
[53] Caracotsios M. Chem. Eng. Sci., 1992, 47: 2591~2596
[54] Antero A, Kari S, Henrik A. USP 5391654. 1995
[55] 刘彦奇, 王文英. 黑龙江石油化工, 1999, 10(3):1~3
[56] Lepski D M, Inkov A M. Sb. Tr. Vses. Ob′edin. Neftekhim, 1977, 13: 34~45
[57] Ferrero M A, Chiovetta M G. Polym.-Plast. Technol. Eng., 1990, 29: 263~287
[58] Zacca J J, Ray W H. Chem. Eng. Sci., 1993, 48(22): 3743~3765
[59] Froment G F, Bischoff K B. Chemical Reactor Analysis and Design. New York: Wiley, 1979
[60] Wen C Y, Fan L T. Models for Flow Systems and Chemical Reactor. New York: Marcel Dekker, 1975
[61] Bird R B, Stewart W E, Lightfoot E N. Transport Phenomena. New York: Wiley, 1960
[62] Stevens C J. Mathematical Modelling of bulk and solution free radical polymerization in continuous tubular reactors:[Ph. D. thesis]. Madison: University of Wisconsin, 1988
[63] Clift R, Grace J R, Weber M E. Bubbles, Droplets and Particles. New York: Academic Press, 1978: 111
[64] Perry R H, Green D. Perry′s Chemical Engineering Handbook. New York: McGraw-Hill, 1984
[65] M Covezzi, G Mei. Chemical Engineering Science 2001, 56:4059~4067
[66] 陈俊武. 催化裂化工艺与工程. 北京:中国石化出版社,2005
[67] B Erlach, M Schmidt, G Tsatsaronis. Energy. 2010(8):1~12
[68] Ross B Gonzales, Victor J Law, John C Prindle. International journal of hydrogen energy 2009, 34:4179~4188
[69] Eric Bouquet, Gontrand Leyssens, Cornelius Schönnenbeck. Chemical Engineering Science. 2009, 64 :2136~2146
[70] 洪汇. 石油化工,1998,27(3):221~225
[71] N Bernet, N Delgenes, J C Akunna, et al. Wat. Res. 2000, 34(2):611~619
[72] D Kunii, O Levenspiel. Fluidization engineering. (2nd ed.). Oxford: Butterworth -Einemann. 1991
[73] 中国石油化工股份有限公司,中国石化工程建设公司,浙江大学. 申请号:200910222301.8. 2009
[74] 中国石油化工股份有限公司,中国石化工程建设公司,浙江大学. 申请号:201010160512.6. 2010
[75] Fabiano A N Fernandes, Liliane M F Lona. Journal of Applied Polymer Science. 2004, 93:1042~1052
[76] Fabiano A N Fernandes, Liliane M F Lona. Journal of Applied Polymer Science. 2004, 93:1053~1059
[77] José L Santos, José M Asua, José C de la Cal. Ind. Eng. Chem. Res. 2006, 45:3081~3094

第六章 生产工艺技术

6.1 概述

6.1.1 生产工艺技术的发展

1953 年 10 月，德国曼海姆(Mulheim)马克思-普郎克学院(Max Planck Institute)的 K. Ziegler 教授采用过渡金属(锆、钛)化合物和烷基铝的催化剂体系首次成功合成了高结晶度的线型聚乙烯。意大利米兰工业学院(Milan Polytechnic Institute)的 G. Natta 教授在 Montecatini 公司的资助和合作下，也在进行类似的研究。由于 Montecatini 公司购买过 Ziegler 教授的一些专利，和 Ziegler 教授之间有技术交换的协议，Natta 很快了解到 Ziegler 的最新研究进展。受 Ziegler 合成聚乙烯的启发，Natta 立即开展了丙烯的聚合研究，并于 1954 年 3 月 11 日，采用 $TiCl_4-AlEt_3$ 催化剂首次合成了结晶聚丙烯[1]。虽然当时聚丙烯的等规度只约有 40%，但结晶聚丙烯的合成开创了立体定向聚合的理论，Ziegler 和 Natta 也因此获得 1963 年的诺贝尔化学奖，以表彰二人在聚合物科学方面的杰出贡献。

1955 年初，Natta 发表了成功合成结晶聚丙烯的论文。1954 年 7 月和 1955 年 6 月 Natta 等人以 Montecatini 公司的名义先后在意大利和美国申请了用 α-烯烃包括丙烯聚合成结晶聚合物及其工艺的专利。Montecatini 公司很快开始工业聚丙烯生产装置的建设。1957 年，在发明聚丙烯不到四年之后，在意大利的 Ferrara 建成了世界上第一套生产能力为6 kt/a的间歇式聚丙烯工业生产装置。同年，美国 Hercules 公司在美国 New Jersey 的 Parlin 也建成了一套 9 kt/a 的聚丙烯生产装置[2]。这些装置都采用间歇法生产工艺。第一套聚丙烯装置中的一个反应器至今仍保留在意大利 Ferrara 的聚丙烯工厂中。

20 世纪 50 年代末至 60 年代初期，Montecatini 公司在世界上申请了一系列有关生产聚丙烯和制备聚丙烯催化剂的专利，其他公司也相继开发了自己的技术或从别的公司引进专利技术，从而促进了聚丙烯生产技术的迅速发展，聚丙烯工业化生产规模不断扩大，产品性能逐步提高，应用越来越广，迄今已发展成为一种最具活力的聚合物材料。

50 多年来已有二十几种生产聚丙烯的工艺技术路线，各种工艺技术按聚合类型可分为溶液法、浆液法(也称溶剂法)、本体法、本体和气相组合法、气相法生产工艺。按生产工艺的发展和年代划分，可分为第一代工艺，生产过程包括脱灰和脱无规物，工艺过程复杂，主要是 20 世纪 70 年代以前的生产工艺，采用第一代催化剂；20 世纪 70 年代开发了第二代催化剂，生产工艺中取消了脱灰过程，称为第二代工艺；20 世纪 80 年代以后，随着高活性、高等规度(HY/HS)载体催化剂的开发成功和应用，生产工艺中取消了脱灰和脱无规物，称为第三代工艺。

早期的聚丙烯生产工艺源于采用 Ziegler 催化剂的 HDPE 工艺技术。最早的浆液法工艺采用搅拌釜反应器，加入一种惰性液态烃溶剂(如己烷、庚烷)，在温度低于 90℃ 和能够在液态溶剂中溶解 10%~20%丙烯单体的压力下进行聚合反应。采用紫色结晶的 $TiCl_3$ 催化剂和 $AlEt_2Cl$ 助催化剂。颗粒状的聚合物以 20%~40%的浆液浓度排出反应器，闪蒸分离未反应的单体。聚合物中加入 HCl 和乙醇或其他极性有机溶剂以去活并溶解催化剂，通过离心分离、过滤或水相萃取从聚合物中分离出残余催化剂。无定形聚丙烯溶解在液态烃中，通过蒸发溶剂而分离回收[1]。催化剂的活性和产品的等规度都较低。这种浆液法工艺随着高效催化剂的采用，原来的工艺流程已经大大简化。20 世纪 80 年代以前的聚丙烯工厂大多采用这种技术，已形成相当规模的生产能力，80 年代以后新建、改建的大型工厂，由于新工艺的出现不再采用这种工艺。但由于浆液法工艺历史长，工艺比较成熟，可靠性好，操作条件温和，产品质量易于控制，随着高活性、高等规度催化剂的采用，对老的浆液法装置加以改造，使装置简化，经济性提高。时至今日，虽然该技术的操作成本较高，但设备折旧期已过，对厂家来说仍有利润，所以有一些装置仍在运转中。2006 年全球（46000kt/a）的产能中，浆液法仅占 7%，且在不断减少之中。

溶液法也是最老的聚丙烯工艺之一。聚合温度高达 140～150℃，副产大量的无定形聚合物。该技术早已过时，只有 Eastman 公司由于对无定形聚丙烯的内部需要而采用该技术[1]。

本体法聚合工艺以液态丙烯作为聚合介质，液相本体聚合反应速率远高于溶剂聚合反应速率。本体法由于没有使用溶剂而减少了溶剂回收工序，流程短，易于操作。这类技术最早于 1964 年由美国 Dart 公司实现工业化，采用串联三台立式搅拌釜反应器，利用丙烯蒸发冷凝撤出反应热。采用环管反应器的本体法工艺由 Phillips Petroleum 开发成功并实现工业化生产。本体法工艺技术在 20 世纪 70 年代发展较快，70 年代后期改造、新建工厂大多基于此法。

20 世纪 80 年代初，随着第三、四代载体高活性/高立体选择性(HY-HS)催化剂的研制成功，Montedison 公司开发出采用环管反应器具有划时代意义的本体法新工艺——Spheripol 工艺，三井油化公司开发出采用釜式反应器的本体法工艺——Hypol 工艺。这两种工艺都采用气相反应器生产抗冲共聚物。现在，这类本体法和气相法组合的工艺技术已发展成为最广泛采用的聚丙烯工艺技术，迄今全球一半以上的聚丙烯生产装置采用这类工艺技术。

气相法工艺中丙烯气相聚合采用搅拌床或流化床反应器，用部分丙烯液体气化和冷却循环气撤出反应热。1969 年，德国 BASF 公司首先开发出采用立式搅拌床气相聚合反应器的 Novolen 工艺，实现了气相法聚丙烯生产工业化，在德国 Wesseling 的 ROW 公司（BASF 和 Shell 的合营公司)，建成了 24 kt/a 的气相法聚丙烯工业生产装置。1979 年，美国 Amoco 公司采用自行研制的高效催化剂及卧式搅拌床反应器也开发了新的气相聚合工艺，建成了一套 135 kt/a 的气相法聚丙烯生产装置。由于高效催化剂的开发，气相法工艺自 20 世纪 70 年代后期以来发展很快，被认为是最有希望的工艺，尤其是近 15 年来各种气相法工艺发展迅速，1998 年已经占到当年全球聚丙烯生产能力的 27.9%，而 1990 年气相法技术的生产能力仅占全球聚丙烯生产能力的 14.7%，其市场份额 8 年中几乎增长了一倍。2006 年气相法技术的生产能力增加到当年全球聚丙烯生产能力的 34%左右。

50 多年来，聚丙烯工艺技术的发展一直与催化剂技术的发展密切相关，每一次工艺技术的革新都源于催化剂技术的突破。20 世纪 70 年代末期以前的第一代到第三代催化剂，由于催化剂活性和产品等规度较低，工艺中需要脱除灰分和无规物，工艺流程长，投资高。1969 年，Montedison 公司开发出活性 $MgCl_2$ 载体催化剂，又经过 10 年左右的研究，到 1980 年，Montedison 公司和三井油化合作开发出了超高活性、高等规度的第四代载体催化剂，使聚丙烯工艺技术发生了革命性的变化。从此，催化剂的高活性、长寿命，产品的高等规度、宽的 MFR 范围、抗冲共聚物、MWD 控制和产品形态控制都变成现实。从 20 世纪 80 年代开始至今的 30 年中，新生产工艺的出现和广泛应用使整个聚丙烯工业获得了新生，使聚丙烯成为 30 多年来最有活力、增长速度最快的聚合物材料。在整个 20 世纪 80 年代，很多的大公司和聚丙烯生产商都开发出了基于第四代催化剂的新生产工艺，取消了脱灰、脱无规物，取消了溶剂的使用，装置投资和操作费用大幅度降低，并且聚丙烯产品的种类和新产品牌号大大增加，性能范围大幅度拓宽。这些新技术集中在以下几个主要的专利商和工艺技术中：原 Himont(现 LyondellBasell)的 Spheripol 工艺、Dow（原 Union Carbide）公司的 Unipol 工艺、原 BASF 公司的 Novolen 工艺(现 CB&I)、原三井油化(现 Prime Polymer)的 Hypol 工艺、Amoco(现 Ineos)的 Innovene 气相法工艺等，这些技术全部是本体法、气相法或两者的组合法，不同的工艺技术采用不同形式的反应器设计。20 世纪 80 年代中期以来新建的聚丙烯装置绝大部分采用以上这些新工艺。

表 6-1 列出了催化剂技术[3]的进步和工艺技术改进之间的关系。由表 6-1 可看出，正是催化剂的不断改进带动了生产工艺技术的改进、产品性能的提高和拓宽，这种改进还在持续进行之中，催化剂是聚丙烯工艺技术进步的动力和源泉。尤其是 1968 年发明载体催化剂以来的 40 多年，催化剂技术的革命性进展使聚丙烯生产技术也发生了革命性的进步。

表 6-1 催化剂和工艺技术的发展

年 代	起始技术创新	技术成果	最终工艺和经济结果
20 世纪 60 年代	第一代 Z-N 催化剂	活性 1000kg PP/kg cat	浆液法工艺，聚丙烯的大量工业化生产
1968	活性 $MgCl_2$ 载体催化剂	独立任意改变催化剂、聚合物和形态的潜力	
1969	内给电子体	较高等规指数，但较低活性	
1971	外给电子体	很高的等规指数，活性一般	
1975	单独钛酸化	高的活性和高等规指数	取消脱除残余催化剂
1978	催化剂尺寸和形状可控；球形载体	高的堆密度，好的浆液流动性，大而均一的聚合物颗粒尺寸	操作稳定的生产工艺
1980	邻苯二甲酸酯/硅烷给电子体	高而稳定的聚合反应速率，很高的等规指数	取消了脱除无规物和溶剂回收
1982	Spheripol 工艺	更简单的工厂布置	投资和操作费用降低
1984	多孔催化剂	能够生产高橡胶含量的产品	反应器生产抗冲共聚物，连续低应力发白共聚物
1985	可控的高空隙率催化剂	反应器颗粒技术	Catalloy 工艺（及随后的工艺）
1988	增加橡胶相含量，组分范围更宽	很软的共聚物	Catalloy 工艺生产出新的超软产品，并推向市场
1990	在 PP 颗粒上进行非烃聚合	均匀分布的接枝共聚物	Hivalloy 工艺
1994	PP 颗粒上的茂金属聚合	催化剂反应器颗粒技术	茂金属 PP 的商业化
1997	含高性能二醚类给电子体的催化剂	催化剂具有高活性、高氢调敏感性	新一代 Spheripol 工艺，双峰技术
1999	多区循环反应器	单个反应器生产高性能聚合物	多区循环反应器技术
2000	高温催化剂，超临界聚合	超临界聚合，高性能的聚合物	Borstar 双峰超临界聚合技术

续表

年　代	起始技术创新	技 术 成 果	最终工艺和经济结果
2002年以后	琥珀酸作内给电子体的第五代催化剂	中等到很高的立构规整性控制，宽分子量分布	工艺流程简化
2008年以后	非对称外给电子体技术	实现不同反应器间催化剂性能的灵活调节，生产更高性能的聚丙烯产品	进一步提升了现有工艺技术水平，拓展了PP产品性能

当代聚丙烯生产工艺技术统计见表6-2。表6-2汇总了自HY-HS催化剂诞生以来开发的各种工艺技术概况及截止2010年采用这些技术建成和目前在建的所有装置。所有这些工艺技术都采用本体法、气相法或本体法和气相法的组合法工艺生产均聚物和无规共聚物，再串联一个气相反应器系统生产抗冲共聚物。从生产能力统计上看，气相法和本体气相组合法几乎各占一半。但装置数量上，本体气相组合法有164套，气相法139套。

表6-2　当代聚丙烯生产工艺技术①

专利商	工　艺　技　术	聚合反应器型式		装置数量/套	生产能力/(kt/a)
		均聚反应器	共聚反应器		
LyondellBasell	Spheripol 工艺	环管反应器	气相流化床	108⑤	21850
中国石化集团公司	环管法聚丙烯工艺	环管反应器	气相流化床	26	5190
Prime Polymer	Hypol Ⅱ工艺	环管反应器	气相流化床	4	1300
ExxonMobil④	ExxonMobil PP 工艺	环管反应器	气相流化床	1	500
Borealis	Borstar 工艺②	单环管反应器和气相流化床	气相流化床	4	1330
本体法和气相法组合工艺小计				164③	32070③
DOW	Unipol 工艺	气相流化床	气相流化床	50	10000
Lummus Technology (CB&I)	Novolen 工艺	立式气相搅拌釜	立式气相搅拌釜	34	8040
INEOS	Innovene 气相法工艺	卧式气相搅拌釜	卧式气相搅拌釜	21	5760
LyondellBasell	Spherizone 工艺	多区循环反应器	气相流化床	11	3250
Japan Polypropylene Corporation	Horizone 气相法工艺	卧式气相搅拌釜	卧式气相搅拌釜	7	1420
Sumitomo	Sumitomo 气相法工艺②	气相流化床	气相流化床	10	2310
LyondellBasell	Catalloy②	2台或3台气相流化床反应器		4	550
气相法工艺小计				137	3133
合　　计				300	63400

① 装置数量和生产能力统计至2010年底，均包含在建装置在内。

② 这三种工艺不对外技术许可，仅专利商自用或合资建设。

③ 包含前三井化学的Hypol工艺21套生产装置约1900kt/a的生产能力。

④ ExxcnMobil工艺是Spheripol和Hypol的组合工艺，现有四套生产装置，已统计在Spheripol工艺里。

⑤ 含中国石油购买技术许可，国内设计的4套装置。

有人在分析了现有的各种聚丙烯工艺后提出了如下的看法：最好的聚丙烯均聚物生产技术是环管式反应器，而流化床反应器对聚丙烯共聚技术有较大的灵活性[4]。因此，均聚物和无规共聚物生产的最佳方案是本体法环管式反应器，然后在压力下闪蒸。高抗冲共聚物生产的最佳方案是混合型，均聚物闪蒸分离后进入流化床共聚反应器。

在表 6-2 所列的各种工艺技术中，Spheripol 工艺正符合以上分析被最广泛采用。不论从装置数量还是生产能力上，Spheripol 工艺和中国石化环管工艺在内的环管法工艺都占有绝对的优势，达到 143 套，30170kt/a 的生产能力，占全球生产能力的一半。而各专利商中，Lyondell Basell 也一直遥遥领先，其 Spheripol 工艺及最新的 Spherizone 工艺占据了全球产量的 40%左右。以 Unipol 聚丙烯工艺为代表的气相法工艺包括 Novolen 工艺和 Innovene 工艺在内近 15 年来也发展很快。Unipol 工艺在气相法中处于领先地位，其次是 Novolen 工艺，这两家占了全球产量的 28%左右。Innovene 工艺则主要在 Ineos(原 BP)、中国和 SABIC(原 DSM)有较大市场。此外的其他各家技术的市场份额则很低。采用液相搅拌釜式反应器的三井化学(原三井油化)的 Hypol 工艺由于不能满足装置规模大型化的要求，投资较高，10 多年前就已无人问津。三井化学 1998 年推出的 Hypol Ⅱ工艺除气相反应器外其他几乎与 Spheripol 工艺的设计相同。

2000 年，Borealis(北欧化工)建成投产了第一套 Borstar 工艺的聚丙烯装置。采用一个单环管反应器，在超过丙烯临界点的聚合条件下聚合反应，再串联 2 台气相流化床反应器生产不同类型的产品。该技术的主要特点是能够生产宽分布的产品。由于流程复杂，经济性稍差而仅限于 Boeralis 内部使用。

2002 年，Basell 公司采用其最新开发的多区循环反应器，替换了位于意大利 Brindisi 的世界上第一套 Spheripol 装置的环管反应器，这标志着 Spherizone 工艺的开发成功。采用这种全新的多区循环反应器，使聚丙烯产品的性能较其他工艺有很大提高，成为聚丙烯工业史上的又一里程碑。Spherizone 工艺 2003 年底推向市场，至今已有 11 套装置采用该工艺。

从 2005 年第四季度起 ExxonMobil 开始对外许可其聚丙烯工艺技术，这实际上是 Spheripol 工艺的环管技术、Hypol 工艺的气相聚合技术和 ExxonMobil 操作经验和生产技术的组合工艺。1989~2001 年间，ExxonMobil 采用 Spheripol 工艺的环管反应器技术，Hypol 工艺的抗冲共聚反应器（但没有刮壁器）技术和聚合物粉料的卧式搅拌床干燥器、汽蒸罐技术，建成了四套装置。其中一套装置设计有两台气相反应器（185kt/a），两套装置设计有一台气相反应器（315kt/a，410kt/a），一套生产均聚物的双环管装置（405kt/a）。ExxonMobil 正在新加坡建设一套单线 500kt/a 的双环管均聚物装置，计划 2011 年建成。上面那个 410kt/a 带一台气相反应器的装置位于新加坡，2001 年建成，原设计 315kt/a，现在实际能力达到 410kt/a。ExxonMobil 聚丙烯技术主要基于这套装置。ExxonMobil 聚丙烯工艺使用日本东邦钛的 THC 催化剂或市场其他的适宜催化剂。美国专利[15,16]介绍了 ExxonMobil 的串联双环管聚合工艺（每组环管 6~8 腿）及浆液气固分离技术。

最近 10 多年来，中国石化聚丙烯技术在国内得到快速发展和广泛应用。中国石化形成了聚丙烯催化剂技术、环管法工艺和产品技术在内的聚丙烯成套技术，可以提供单线 400kt/a 以内各种规模环管装置的成套技术，达到国际先进水平。该技术已广泛用于国内聚丙烯装置的建设，截至 2010 年底共有 26 套装置采用该技术，年总生产能力 5200kt/a，成为中国市场上最主要的聚丙烯工艺技术。这对于满足国内聚丙烯需求、提高国内聚丙烯装置的竞争力起了很大作用。

图 6-1 形象地表示了当代各种聚丙烯工艺技术所用的反应器及其组合方式。M 表示驱动

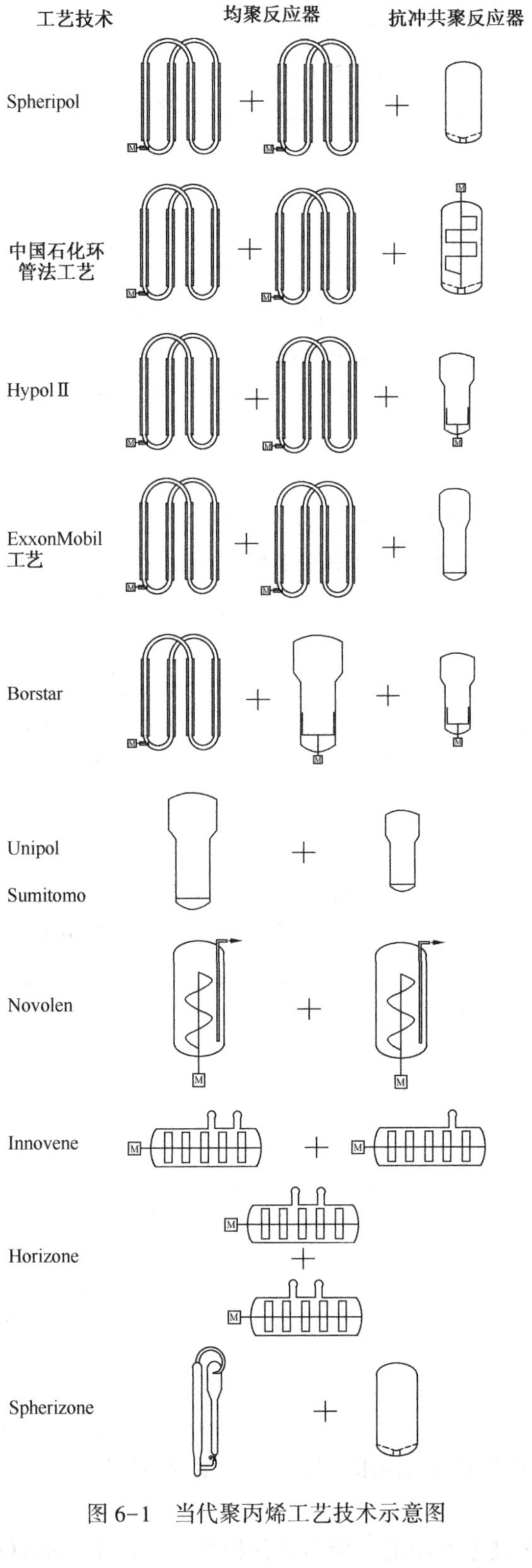

图 6-1 当代聚丙烯工艺技术示意图

轴流泵或搅拌器的电机。所示的 Horizone 工艺的两个反应器表示上下垂直布置关系。从图 6-1 可以看出，各种本体法和气相法组合工艺技术都采用液相环管反应器，这类工艺可以通称为环管工艺，这样当代聚丙烯工艺技术就只有环管法和气相法两类。本章虽然介绍了各种浆液法、溶液法等多达 20 种聚丙烯工艺技术，但除环管法和气相法之外的技术都被已被淘汰。

近些年，聚丙烯工艺和新建装置向大型化、产品高性能化方向快速发展，以期降低投资和操作费用，提高装置经济性和竞争力。目前全球聚丙烯装置的平均规模达到 210kt/a。随着催化剂技术的进步和设备制造能力的提高，尤其是影响单线规模的关键设备挤压机制造能力的不断提高，近年来新建装置的规模越来越大，单线 300kt/a 已经成为世界级规模的起点，最大的单线装置能力达到 525kt/a，双线装置达到 900kt/a。但装置的大型化显然也有一些不利之处，如牌号切换的灵活性降低及相应的对原料供应和产品储存的更高要求，因为一旦停车由于物料量太大对上下游会产生很大影响。

而在产品技术方面，各大聚丙烯生产商都在努力开发生产差别化、高性能的新产品，如高流动性和高结晶性的均聚物，透明性好、熔点低的无规共聚物、综合性能优异的高抗冲共聚物、茂金属聚丙烯产品等，极力拓展聚丙烯的应用领域。

近 10 年来，全球聚丙烯工艺技术许可的竞争日趋激烈，各大聚烯烃生产商和专利商频繁并购重组，全球范围内出现了几个实力很强的大型跨国公司。如 2000 年 10 月 1 日，BASF 和 Shell 合并了他们的聚烯烃业务，将 Montell、Elenac、Targor 合并为 Basell 聚烯烃公司，双方各占 50% 股份。Basell 公司拥有聚丙烯生产装置 28 套，生产能力 5700kt/a，聚乙烯生产能力

2650kt/a，Catalloy 工艺生产能力 360kt/a。2008 年初，巴塞尔(Basell)和莱昂德尔化学公司(Lyondell)又完成并购交易，双方新成立的莱昂德尔巴塞尔工业公司(Lyondell Basell Industries)成为目前全球第三大独立的化学公司。原 Targor 的 Novolen 工艺及其茂金属聚丙烯技术和 PTK 催化剂技术则于 2000 年 9 月被 ABB Lummus Globle 和 Equistar Chemicals 收购，前者占 80%股份，后者占 20%股份。2007 年第二季度，ABB Lummus 收购了 EQUISTAR 持有的 20%股份。2007 年 8 月，ABB 宣布将 ABB Lummus Global 包括 Novolen 工艺在内出售给 Chicago Bridge and Iron Company(CB&I)。1999 年，Amoco 与 BP 合并为 BP-Amoco。2000 年，BP 收购了 Amoco 的股份后改称为 BP 公司，聚烯烃工艺命名为 Innovene 工艺。2005 年 12 月，BP 将 Innovene 出售给了 Ineos。1998 年，UCC 被 Dow Chemicals 收购。经过以上的合并重组，现今的几种主要聚丙烯工艺技术的竞争更多地表现为商业因素包括专利商的综合实力、产品开发能力、项目支持能力等综合实力的竞争而非纯技术经济性的比较。

6.1.2　我国聚丙烯工艺技术的发展

我国自 20 世纪 60 年代初就开始进行聚丙烯催化剂的开发和研究，并进行聚丙烯聚合工艺的中间试验，在 20 世纪 70 年代到 80 年代期间曾结合我国国情先后开发出丙烯汽化散热三釜连续聚合工艺技术和间歇本体丙烯聚合工艺技术，均建成工业化装置投入生产。20 世纪 60 年代我国也开始引进国外技术，建设大型聚丙烯生产装置。因此，在我国聚丙烯工业生产中一直存在有国产和引进两类聚合工艺技术。

6.1.2.1　丙烯汽化散热三釜连续聚合工艺技术

20 世纪 60 年代当时的兰州化学工业公司自英国维克斯-吉玛公司引进规模为 5kt/a 的淤浆法五釜满釜连续聚合工艺技术，装置在建设和生产过程中出现了不少问题，在当时国家科委支持下北京化工研究院根据自己前期聚合工艺开发研究和国内外经验，提出了“丙烯汽化散热三釜连续聚合工艺”的构思并据此进行了中间试验研究。随后提出了建设万吨级聚丙烯工业生产装置的建议，1973 年建成。同年 7 月经当时燃料化学工业部组织考核后正式投入生产。直到 1976 年因引进 80 kt/a 聚丙烯生产装置投产而关闭。

该技术与兰化公司所引进技术相比具有以下特点：

（1）聚合采用三釜连续聚合工艺，第一、二釜为 60%~70%液位操作，第三釜为满釜操作。第一釜设有气相冷凝器，通过丙烯冷凝内回流解决聚合撤热问题。

（2）主催化剂采用沙子磨一步法用铝还原四氯化钛所生成的 δ-$TiCl_3$ · 1/3$AlCl_3$。助催化剂一氯二乙基铝采用以金属铝和氯乙烷反应生成倍半物，再以金属钠脱氯来制取。并采用沙子磨合成工艺，不需加碘作为引发剂。

（3）后处理采用乙醇酯化，水洗，碱中和以及汽提蒸出汽油工艺。

（4）溶剂回收采用薄膜蒸发器脱除无规物以及水蒸气蒸馏脱除和精馏回收汽油的工艺。

（5）树脂最后经气流干燥和挤压造粒工艺。

（6）聚合釜容积为 14 m^3，用碳钢制造。

6.1.2.2　间歇丙烯本体聚合工艺技术

我国在 20 世纪 70 年代末期开发出间歇丙烯聚合工艺技术，1978 年在江苏省丹阳化肥厂建成了国内第一套工业化生产装置，生产能力为 1kt/a，聚合釜为 4m^3，利用重油裂解分离出的丙烯为原料生产聚丙烯。

1981年，为了合理利用石油炼厂气丙烯资源，岳阳石化总厂橡胶厂和北京化工研究院合作进行了间歇式本体法聚丙烯技术的小试和中试研究。1982年，岳阳石化总厂橡胶厂首先以石油炼厂气分离的丙烯为原料建成2kt/a的间歇式本体法聚丙烯生产装置。1982~1983年，经过进一步的技术攻关和开发，使该工艺生产的聚丙烯产品的主要质量指标达到或接近引进浆液法装置的质量指标。

由于我国炼油厂数量较多，规模较小且布局分散，各炼厂都有数量不大的廉价丙烯资源，而集中利用这些丙烯建设大型聚丙烯装置又比较困难。正是在这种特定历史条件下，用我国自行开发的间歇式本体法聚丙烯工艺技术建设了一大批聚丙烯生产装置，几乎遍及全国所有炼油厂。1987年，当时的中国石化总公司作出了“充分利用炼厂丙烯资源,加速发展聚丙烯”的决定，短短4年后，中国石化总公司系统内的间歇式本体法络合Ⅱ型聚丙烯催化剂的研制成功和应用，又极大地推动了间歇式本体法聚丙烯生产技术的应用，聚丙烯装置生产能力就从1986年底的44.5kt/a增加到1990年底的237.5kt/a，增加了4.3倍。这对缓解当时国内塑料市场的急需，满足加工制作扁丝、捆扎绳、编织袋等制品以及发展乡镇企业作出了应有的贡献。此后，这种工艺在国内得到迅速发展，截止到2007年底，全国共有61套间歇式本体法聚丙烯生产装置，总生产能力达到1774kt/a[5]。

6.1.2.3 引进国外先进技术

20世纪60年代末期，我国先后从国外引进了3套浆液法聚丙烯装置。兰化公司石油化工厂于1964年从英国和德国的合资公司(Vickers-Zimer公司)引进了一套生产能力为5kt/a的浆液法聚丙烯装置。1970年8月，该装置建成投产，生产均聚物，开创了我国工业规模的聚丙烯生产。

1974年，燕山石化公司化工二厂从日本三井油化公司引进一套80kt/a浆液法聚丙烯生产装置，能生产均聚物、无规共聚物和嵌段共聚物产品，1976年6月建成投产。

1976年，辽阳石油化纤公司化工三厂从美国Amoco公司引进一套35kt/a聚丙烯装置，于1979年12月建成投产。以上3套装置均为浆液法，采用第一代催化剂。

从20世纪80年代开始，我国相继引进了多套当时最先进的聚丙烯装置。1983年7月，扬子石化公司塑料厂从日本三井油化公司采用“一买三合作”的方式引进了一套生产能力为140kt/a的聚丙烯装置，采用三井油化的Hypol工艺，四釜流程，两条生产线。1986年8月，齐鲁石化公司塑料厂与美国Himont公司签订了专利技术引进合同，采用“一买三合作”的方式引进了一套生产能力为70kt/a的Spheripol工艺聚丙烯装置，1990年建成投产。

1996年12月，燕山石化公司与原美国Amoco公司签订了引进一套200kt/a聚丙烯装置的合同，采用Innovene气相法聚丙烯工艺，该装置于1998年底建成投产。

1986~2001年间，随着一批新建乙烯装置的建设和现有乙烯装置的改扩建等，我国又先后引进了4套采用三井油化Hypol工艺的聚丙烯装置、9套采用Spheripol工艺的聚丙烯装置和2套采用Innovene气相法工艺的聚丙烯装置。

2002年至今，我国的石油化工装置建设进入高速发展期，建成、在建一大批世界级大型聚丙烯装置。截止2010年12月，采用引进技术建成35套装置，总产能7510kt/a，另有7套总产能2150kt/a的装置在设计建设中，两者合计达42套装置，总产能9660kt/a，见表6-3。

表 6-3　我国采用引进技术的聚丙烯装置一览表①

序号	企业名称	装置生产能力/(kt/a)	投产日期	采用工艺技术
1	中国石化燕山分公司 1PP	80/115/120	1976/1987/2005	日本三井油化浆液法/Innovene气相法工艺
2	中国石油辽阳石化公司	35/50	1979/1994	美国阿莫科溶剂法
3	中国石化扬子分公司	140/240	1987/2001	Hypol 工艺
4	辽宁华锦化工(集团)公司	40/60	1990	Hypol 工艺
5	中国石化洛阳分公司	50/90	1993	Hypol 工艺
6	中国石化广州分公司	70/110	1997	Hypol 工艺
7	中国石化广州分公司	40/70	1995	Hypol 工艺
8	中国石化齐鲁石化公司	70/90	1990	Spheripol 工艺
9	中国石化上海分公司(1PP) (2PP)	70/120 70/120	1990/1998 1991/1999	Spheripol 工艺 Spheripol 工艺
10	中国石油抚顺石化公司	60/90	1992/2000	Spheripol 工艺
11	中国石化茂名分公司	140/170	1996/2000	Spheripol 工艺
12	中国石化天津分公司	40/60	1995/2000	Spheripol 工艺
13	中国石化中原分公司	40/80	1996/2000	Spheripol 工艺
14	中国石油独山子石化公司	70/120	1995/2003	Spheripol 工艺
15	中国石油西太平洋石化公司	60/100	1996/2001	Spheripol 工艺
16	中国石油华北石化公司	50/100	2001/2003	Spheripol 工艺
17	中海壳牌石油化工有限公司	240	2005	Spheripol 工艺
18	中国石油大庆炼化公司	300	2005	Spheripol 工艺
19	中国石油兰州石化公司	300	2006	Spheripol 工艺
20	中国石油大连石化公司	200	2006	Spheripol 工艺
21	辽宁华锦化工(集团)公司	250	2009	Spheripol 工艺
22	中国石油大港石化公司②	100	2010	Spheripol 工艺
23	中国石油庆阳石化公司②	100	2010	Spheripol 工艺
24	陕西蒲城清洁能源化工有限责任公司	400	2013	Spheripol 工艺
25	中国石化燕山分公司	200/240	1998/2001	Innovene 气相法工艺
26	中国石化扬子分公司	200/240	2002	Innovene 气相法工艺
27	上海赛科石化公司	250	2005	Innovene 气相法工艺
28	中国石油独山子石化公司	550	2009	Innovene 气相法工艺
29	中国石油广西石化公司	200	2010	Unipol 工艺
30	陕西延长石油集团榆林能源化工有限公司(2PP)	300	2013	Innovene 气相法工艺
31	神华包头煤化工有限公司	300	2010	Unipol 工艺
32	大唐国际发电股份有限公司(内蒙/多伦)	500	2009	Unipol 工艺
33	中国石油四川石化公司	450	2012	Unipol 工艺
34	中国石油抚顺石化公司	300	2012	Unipol 工艺
35	中化泉州石化有限公司	200	2013	Unipol 工艺
36	中国石化天津分公司	450	2010	Spherizone 工艺

续表

序号	企业名称	装置生产能力/(kt/a)	投产日期	采用工艺技术
37	中国石油大庆炼化公司	300	2012	Spherizone 工艺
38	台塑宁波分公司	450	2007	Novolen 气相法工艺
39	福建联合石油化工有限公司	400	2009	Novolen 气相法工艺
40	中国石油锦西石化公司	150	2009	Novolen 气相法工艺
41	神华宁夏煤业集团	500	2010	Novolen 气相法工艺
42	中国石化武汉分公司	200	2012	Horizone 气相法工艺
	总计	9660		

①斜线“/”后生产能力为改造后或现有能力，斜线“/”后日期为改造后的投产日期。

②装置为只购买 LyondellBasall 技术许可，国内成套设计。

6.1.2.4 国产化技术的开发和发展

从20世纪80年代初开始，我国在引进国外先进聚丙烯工艺的同时就开始了大型聚丙烯装置的国产化开发设计工作。在扬子石化公司采用“一买三合作”的方式引进三井油化 Hypol 工艺聚丙烯生产装置的过程中，我国的工程技术人员就全面参与了装置的工艺设计、工程设计、采购、建设、开车等全过程工作，比较深入地掌握了该技术。从20世纪80年代中期就开始了大连石化公司有机合成厂40kt/a聚丙烯生产装置的工艺开发设计工作。1989年完成全部工程设计，该装置采用独特的三釜流程（两台液相釜、一台气相釜），以炼厂气丙烯为原料生产聚丙烯均聚物，同时开发完成了炼厂气丙烯的精制技术。该装置于1991年底建成投产，这是我国石油化工装置国产化的起步项目，除一些关键设备从国外引进外，其余均由国内加工制造。20世纪90年代，采用该技术又建成投产了4套同规模的装置。

1995年以后，国内多个炼油厂扩建，相应地副产大量的炼厂气丙烯，因而有多个炼油厂（7个）都规划建设70kt/a的聚丙烯装置。在技术选择的时候，中国石化总公司果断决策采用国产化工艺技术。原北京石化工程公司（现称中国石化工程建设公司）全面参与了上述各种规模和工艺技术聚丙烯装置的技术引进和设计建设工作，开发设计了上述多套国产化40kt/a聚丙烯装置。依托其丰富的聚丙烯装置设计经验和人才、技术优势，该公司从1995年下半年开始环管法聚丙烯工艺的国产化开发设计工作，随后几年全面解决了环管法聚丙烯工艺的国产化设计和工程化问题。从1996年至1999年，利用该技术建成投产了7套以炼厂气丙烯为原料的70kt/a的聚丙烯装置和1套100kt/a的聚丙烯装置，所有这些装置的设计水平均达到了国外同类装置的同时期技术水平，而且装置投资大幅度降低，产生了极大的经济和社会效益，极大地缓解了国内聚丙烯产品的供需矛盾，在国内的石油化工技术领域产生了比较大的影响。

为适应石油化工装置大型化发展的要求，中国石化工程建设公司于1999年又开发出200kt/a规模、能够生产宽分子量分布产品、高性能抗冲共聚物，具有国外新一代 Spheripol 工艺技术水平的第二代国产化环管聚丙烯成套工艺技术。采用该技术的上海石化塑料事业部3PP于2002年2月建成投产，这是我国采用自有技术独立设计建设的第一套技术最新、规模最大的世界级石油化工装置。中国石化集团公司组织了有关科研、设计、生产单位进行一条龙技术攻关，解决新型催化剂和新产品牌号的开发。这标志着我国的聚丙烯工艺技术经过30多年的引进国外技术之后，国产化技术已经达到了国际先进水平，能够独立设计建设世界级规模和水平的大型聚丙烯装置，这对于形成我国自己的石油化工核心技术具有里程碑式的意义。

2000年以来，中国石化集团公司进一步加强了聚丙烯核心技术的开发，包括催化剂、产品牌号、工艺技术和重大装备的国产化，组成了催化剂研发和生产、产品牌号开发、产品性能表征、工艺及工程技术开发等一套完整的技术队伍和体系，形成了催化剂技术、工程技术和产品技术在内完整的聚丙烯成套核心技术。自上海石化3PP之后至2010年底，又有11套100~350kt/a的装置采用中国石化第二代环管工艺，总生产能力2200kt/a。

此外，中国寰球工程公司也能提供100kt/a等规模Spheripol工艺的成套设计，但需要向LyondellBasell购买技术许可。

最近十几年来，中国石化环管聚丙烯成套技术的开发应用及大批装置的建设，极大地带动了我国聚丙烯装备制造水平的提高。环管反应器、气相反应器、汽蒸罐、干燥器等结构复杂、制造精度高的非定型设备，高速泵、立式迷宫密封压缩机、挤压机组、气流输送系统、包装码垛机组等关键机组和设备系统都实现了国产化制造。国际水平的国产化聚丙烯成套技术加上精良的国产化设备，大大降低了聚丙烯装置的投资水平，面对开放竞争的市场环境，提高了这些装置的市场竞争力。

截至2010年12月，包括在建装置在内，全国共有26套装置采用中国石化环管工艺，总产能5190kt/a，成为中国最主要的聚丙烯生产技术。截止2009年底采用国产化技术的聚丙烯装置见表6-4。

表6-4 采用国产化技术的聚丙烯装置一览表

序号	企业名称	装置生产能力/（kt/a）	投产日期	采用工艺技术
1	中国石油大连石化公司	40/停产	1991.12/2006	中国石化釜式法
2	中国石化燕山分公司（2PP）	40/60	1994.7	中国石化釜式法
3	兰港石化有限公司	40/110	1995/1999	中国石化釜式法
4	中国石油前郭炼油厂	40	1999.1	中国石化釜式法
5	中国石油兰州石化公司	40	1998.10	中国石化釜式法
6	中国石化长岭分公司	70/120	1998.4/2003	中国石化环管工艺
7	中国石化九江分公司	70/120	1998.6/2002	中国石化环管工艺
8	中国石化武汉分公司	70/120	1998.6/2002	中国石化环管工艺
9	中国石化福建分公司	70/120	1998.5/2003	中国石化环管工艺
10	中国石化济南分公司	70/120	1998.8/2004	中国石化环管工艺
11	中国石化荆门分公司	70/120	1999.8/2004	中国石化环管工艺
12	中国石油大连石化公司	70/90	1999.4	中国石化环管工艺
13	中国石油大庆石化公司	100	1999.8	中国石化环管工艺
14	中国石化上海分公司（3PP）	200	2002.2	中国石化第二代环管工艺
15	中国石化镇海分公司	200	2003	中国石化第二代环管工艺
16	陕西延长石油集团	100	2005	中国石化第二代环管工艺
17	中国石化海南分公司	200	2006	中国石化第二代环管工艺
18	中国石化茂名分公司	300	2006	中国石化第二代环管工艺
19	绍兴三圆石化公司	200	2006	中国石化第二代环管工艺

续表

序号	企 业 名 称	装置生产能力/（kt/a）	投产日期	采用工艺技术
20	中国石化青岛分公司	200	2008	中国石化第二代环管工艺
21	湛江东兴石油企业有限公司	140	2009	中国石化第二代环管工艺
22	陕西延长石油集团	200	2009	中国石化第二代环管工艺
23	中国石化镇海分公司	300	2010	中国石化第二代环管工艺
24	中国石化洛阳分公司	140	2012	中国石化第二代环管工艺
25	中国石化武汉分公司	200	2012	中国石化第二代环管工艺
26	辽河石化公司	20/30	2000	SPG 工艺
	总计	3560		

6.1.2.5 我国聚丙烯生产现状及发展前景

2002 年以来，随着我国经济的增长，我国聚丙烯消费量持续高速增长，我国的聚丙烯工业随之高速发展，兴建了大批技术新、规模大的聚丙烯装置。我国连续法聚丙烯产能从 2001 年底的 3330kt/a 增加到 2010 年底的 10700kt/a，年均增长 13.8%。尤其是 2006 年至 2010 年间，5 年时间建成投产了 24 套装置，新增产能 6280kt/a。一些民营企业从下游的塑料加工向上游延伸到聚丙烯生产，丙烯来源为进口丙烯及甲醇制烯烃（MTO）的丙烯。2008 年以来，随着 MTO 技术的成熟，更多的企业在煤炭资源丰富的西北等地区，以煤为原料，通过 MTO 技术生产烯烃，建成了多个大型聚丙烯装置。据统计，现在有多达 30 个左右的 MTO 项目在前期工作中，规划的烯烃产能在 20000kt/a 以上。据 2010 年底的不完全统计，至少有 20 个聚丙烯项目约 6700kt/a 的产能在项目前期工作中。预计到 2015 年，我国连续法聚丙烯装置将达到 90 个左右，总产能将达到 20000kt/a。

截止 2010 年 12 月，我国共有 60 套连续法聚丙烯装置，总生产能力 10700kt/a。另有 20 套总产能 4850kt/a 的装置在建设中。2011～2013 年间这批装置将全部建成投产，届时我国连续法聚丙烯生产能力将达到 15550kt/a，总计达 80 套装置，其中采用引进技术的装置产能 9660kt/a，占 62.1%，采用国产化技术的装置产能 5890kt/a，占 37.9%。我国成为世界上最大的聚丙烯生产国，所有先进的工艺技术在中国都有采用，连续法 PP 装置数量占世界的 27%，生产能力占世界的 25%。

表 6-5 汇总了国内各种聚丙烯工艺的统计数据，表中数据截止 2009 年 6 月，包括在建装置在内的所有聚丙烯装置。由表中可见，中国石化环管工艺成为国内最主要的聚丙烯生产工艺，装置数量占全国的 1/3，生产能力超过 30%。

表 6-5 国内采用的聚丙烯工艺技术统计表

工 艺 技 术	装置数量	生产能力/（kt/a）	工 艺 技 术	装置数量	生产能力/（kt/a）
中国石化环管工艺（国产化 Spheripol 工艺）	23	4240	Hypol	5	570
Spheripol	18	265	中国石化釜式法（国产化 Hypol 工艺）	4	250
Unipol	6	195	Horizone	1	200
Novolen	4	1500			
Innovene	6	1700	溶剂法	1	50
Spherizone	2	750	合计	70	13860

6.2　浆液法聚合工艺

6.2.1　工艺概述

浆液法工艺(Slurry Process)也称淤浆法或溶剂法工艺，是最早的聚丙烯生产工艺。从1957年第一套工业化装置一直到20世纪80年代中后期，浆液法工艺在长达近30年的时间里一直是最主要的聚丙烯生产工艺。虽然由于催化剂的进展使聚丙烯生产工艺发展成为更加简单的气相法和本体法工艺，但目前世界上有许多老的浆液法PP装置仍在生产一些高质量的聚丙烯产品，一些厂家对老装置进行技术改造而不是废弃原有装置，使装置继续发挥作用。

1957年，意大利的Montecatini公司首次实现聚丙烯的工业化生产，称为Moplen间歇浆液法工艺。早期的聚丙烯生产工艺的设计基于$TiCl_3$-$AlEt_2Cl$催化剂，活性和立体选择性都很低，等规度只有90%左右。1959年以后商业化的第一代Z-N催化剂，活性和立体选择性也很低。因而生产过程既需要脱除聚合物中的残余催化剂(脱灰),也要分离出非立体规整性的无规物。采用烃溶剂来悬浮结晶聚丙烯颗粒并且溶解无定形聚合物部分，生成烷氧基铝和烷氧基钛，用水处理溶剂使之从溶剂中分离出来。结晶聚合物产品采用过滤或离心分离，然后干燥。溶解在溶剂中的无定形聚合物通过蒸发溶剂而分离。早期的工艺装置都采用间歇聚合技术，先加入溶剂、催化剂和烷基铝，然后连续加入丙烯单体和控制分子量的氢气。

20世纪60年代，随着聚丙烯需求的增长，世界上很多公司都开发出了浆液法聚丙烯生产工艺，连续聚合工艺逐步取代了间歇工艺，如图6-5的Hercules工艺，间歇聚合釜被几个串联的搅拌反应釜取代。这些浆液法工艺包括Montedison公司的浆液法工艺、Hercules公司浆液法工艺、三井东压化学公司浆液法工艺、Amoco公司浆液法工艺、三井油化公司浆液法工艺、索尔维浆液法工艺等。这些工艺的开发都基于当时的第一代催化剂，采用立式搅拌釜反应器，需要脱灰和脱无规物，因采用的溶剂不同，工艺流程和操作条件有所不同。最早的聚合装置通常包括制造第一代$TiCl_3$催化剂的设施，用氯化烷基铝来还原$TiCl_4$，然后催化剂悬浮在溶剂中并与助催化剂烷基铝(通常是一氯二乙基铝)混合，这种预混合的催化剂和溶剂连续加入第一反应器，单体和氢气按所生产聚合物需要的量连续加入每个反应器。聚合温度通常在60~80℃，聚合压力最高可达1.4MPa，取决于工艺和溶剂。例如，早期的Hercules工艺由于使用煤油为溶剂并且没有单体循环，因而采用低于0.5MPa的较低压力，最后一台反应器提供少量的残余单体聚合所需的停留时间。其他工艺，如早期Montecatini工艺，采用己烷或庚烷为溶剂，并且有用于浆液脱气和未反应单体循环的设备，因而操作压力较高。聚合和脱气后，聚合物浆液用乙醇处理，然后用碱液中和乙醇处理过程中生成的HCl。将包括醇、水和催化剂中和的产物在内的水相与烃相分离，悬浮在烃相中的聚合物通过过滤或离心分离与溶剂和无定形聚合物分离。在早期的Hercules工艺中，含有溶剂的聚合物用蒸汽蒸馏以除去残余煤油，然后用空气干燥。Montecatini工艺和其他早期工艺使用低沸点的烃类为溶剂，含有烃类的聚合物用氮气干燥[6]。

在浆液法工艺的装置中，需要大量设备用于乙醇和溶剂的精制和循环，大部分乙醇在水相中必须用三重蒸馏破坏恒沸物，无定形PP通过蒸发溶剂分离，通常是多级蒸发，第一级通常是闪蒸或传统蒸发器，但是为了得到不含过量残余溶剂的产品也经常使用膜式蒸发器。含有残余乙醇和水的回收溶剂必须通过蒸馏提纯以便循环使用于聚合，因而，采用多个蒸馏塔和分离器来提纯溶剂和乙醇并隔离用于破坏水-乙醇恒沸物的化合物。含有催化剂分解后产生的无机物的废水必须处理后才能排放。

图 6-2 表示了 20 世纪 60 年代浆液法生产聚丙烯的典型工艺流程框图。这种工艺一般包括如下生产步骤：

① Z-N 催化剂的配制。

② 在规定的操作条件下，丙烯在己烷或庚烷等烃类溶剂中在催化剂存在下进行均聚，或与乙烯及其他烯烃进行无规共聚或嵌段共聚。

③ 闪蒸回收并循环使用未反应的丙烯。

④ 将甲醇或其他醇直接加入浆液中，分解聚合物所包裹的催化剂或其残余物，并用水洗涤浆液，俗称脱灰。从甲醇水溶液中回收甲醇循环使用。

⑤ 经脱灰的浆液进行沉降离心分离，除去溶剂和无规物。然后，将所得的聚合物干燥，加入添加剂混炼和造粒，最后得到的产品即为聚丙烯树脂粒料。

⑥ 含无规物的溶剂通过薄膜蒸发器分离无规物，溶剂经精制后循环使用。

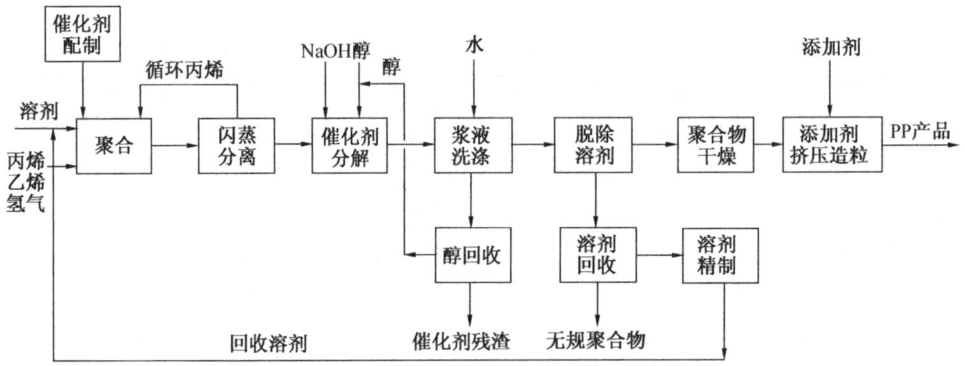

图 6-2　20 世纪 60 年代典型浆液法聚丙烯生产流程框图

浆液法工艺由于需要净化和循环溶剂和乙醇而能耗大和投资高。副产品无定形聚丙烯，最早几乎没有用途，后来可用于某些领域，可作为产品销售。美国的 Rexene 公司曾把它的一套浆液法工厂改造成专门生产无定形 PP 的工厂。与其他丙烯聚合工艺方法相比，浆液法工艺反应条件较温和，能生产质量稳定、性能优越的产品。此法聚合反应压力低，装置操作简单，设备维修容易。在某些产品应用领域如大部分特殊拉伸 PP 膜，浆液法装置生产的产品比一些更先进的装置生产的产品更受欢迎。一般来说，浆液法工艺生产的产品等规度稍低，分子量分布较宽，因而需要拉成薄膜的力较小，有较高的熔融强度使挤出的稳定性较高。浆液法和使用的 $TiCl_3$ 催化剂的局限性在于随着溶解聚合物的增加，反应器易于结垢，因而生产高熔体流动速率的产品和高共聚单体含量的产品的经济性较差。这些工艺通常仅限于生产 MFR 小于 15g/10min 的均聚物、乙烯含量小于 3%(质量分数)的无规共聚物和橡胶相低于 15%(质量分数)的低熔体流动速率的抗冲共聚物。生产共聚物的成本高，这是因为共聚单体的价格较高，而生产过程中有较大量的可溶聚合物溶出并含有较多的共聚单体，而且生产共聚物时生产能力较低。

20 世纪 70 年代以前，由于催化剂的活性和等规度都较低，并且聚合过程使用溶剂，用过的溶剂在返回聚合工段再次使用之前必须进行精制，除去可溶性聚合物及催化剂残渣，流程冗长且复杂，脱灰和脱无规物的处理过程耗能高，投资与生产成本也高。随着使用第二代

$TiCl_3$ 催化剂(Solvay 催化剂)及高效、高立体选择性催化剂的开发并成功地应用到浆液法聚合工艺中，浆液法工艺流程得到简化，取消了脱灰工段，降低了脱除无规聚合物副产品的负荷，大大减少了溶剂可溶聚合物的生成量，原料消耗和能耗也大幅度降低，这极大地改善了浆液法工艺的经济性，延长了浆液法工艺装置的寿命。图 6-3 表示了这种高产率浆液法工艺的流程框图。

到 1990 年，全球 31% 的聚丙烯生产能力仍采用浆液法工艺，1998 年，该比例降到 19%，且还在持续下降。近几年随着市场竞争的加剧，浆液法装置较高的操作费用使得越来越多的浆液法装置停产或被关闭或被新建的采用新工艺的大型装置所替代。例如，2001 年 Basell 公司决定在 2002 年中期以前关闭 330kt/a 的聚丙烯生产能力，包括 90kt/a 的浆液法工艺装置，其主要原因就是这些装置的操作费用太高。Borealis 也于 2000 年关闭了两条浆液法生产线，总计 130kt/a。预计 2010 年全球 PP 产能中，浆液法的比例不会高于 5%。

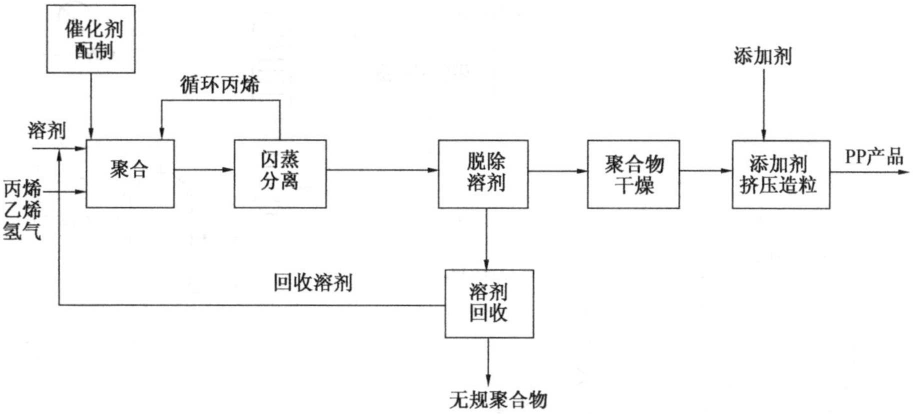

图 6-3　高产率浆液法工艺流程框图

下面介绍几种主要浆液法技术的概况。

6.2.2　Montedison 公司浆液法工艺[2,3]

意大利 Montedison 公司由 Montecatini 和 Societa Edison 公司于 1966 年合并组成。Montecatini 公司是世界上第一家生产聚丙烯的公司。

Montedison 浆液法采用三氯化钛、烷基铝为主要成分的催化剂体系，以对催化剂呈惰性的碳五至碳七烃类为溶剂，在 60~80℃、0.98MPa 的条件下，丙烯进行定向聚合反应制备等规聚丙烯。生产共聚物的聚合温度较低于生产均聚物的聚合温度，聚合釜内加入氢气调节聚合物分子量，反应后的浆液以悬浮状态连续转移到闪蒸釜，闪蒸出未反应丙烯。然后，聚合产品在分解釜加醇，破坏残存的催化剂。从分解釜出来的浆液经闪蒸后，再用工艺水洗涤，进沉降式离心机分离。含有溶剂的聚合物经干燥，用氮气送往造粒，最后得到聚丙烯颗粒产品。

1975 年，Montedison 和 Mitsui 两家公司就联合使用各自的专利技术以及共同进行 R&D 开发达成一致协议后，共同开发了一种新型的丙烯聚合用催化剂 FT-1。Montedison 和 Mitsui 公司分别于 1976 年和 1977 年宣布了一种简化的浆液法工艺。这种新催化剂具有高度的立体定向能力和相当高的聚合转化率，从而取消了所有与脱除催化剂残留物有关的工序，但仍需脱除无规聚丙烯(等规度约为 95%)。

Montedison 简化的浆液法工艺示意图见图 6-4。

丙烯、作为共聚单体的乙烯和配制好的催化剂加入装有一种烃类溶剂的聚合釜中聚合。典型的聚合条件为：温度60~80℃，压力0.5~1.5MPa，采用多个串联反应器，最后一个反应器使单体基本上反应完全。聚合后的聚合物浆液转移到一台闪蒸罐中闪蒸脱除未反应的单体，并循环回聚合工段。聚合浆液在离心机中分离去掉含有少量无规聚丙烯的溶剂，然后，聚合物经干燥、挤出造粒成颗粒状产品。工艺采用简单的蒸馏方法回收分离出来的溶剂和除去聚合釜中形成的少量无规物。所使用的HY-HS(Ⅱ)催化剂活性可达到1000kg PP/g Ti。

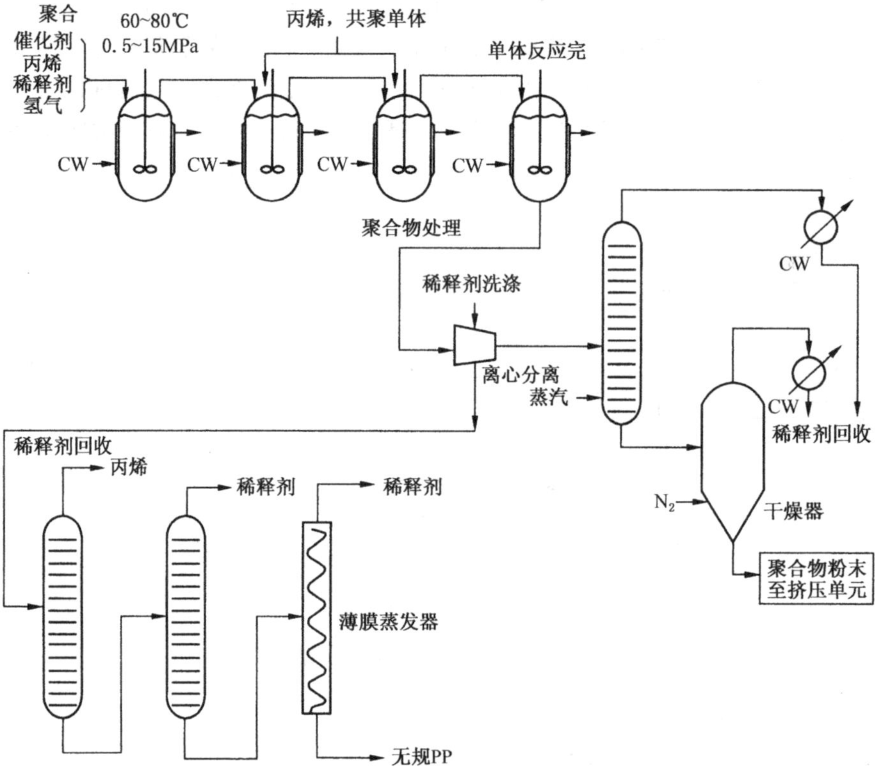

图6-4　Montedison简化的浆液法工艺

与传统的浆液法相比，由于简化了生产工艺，因此高产率浆液聚合工艺具有明显的经济优越性。例如：①取消了聚合物洗涤。由于催化剂活性高，所以聚合物中钛含量仅约3×10^{-6}。②简化了溶剂回收工序。工艺过程只设置一座简单蒸馏塔，取消了使用醇和水洗涤聚合物，减少了废水排放量。③溶剂储存工段规模较小。④节能。新工艺使用工艺水，降低蒸汽消耗，减少界区外公用工程的投资。此外，如人工、维修和中间控制实验室等费用，高产率浆液聚合工艺也较常规浆液法工艺显著减少。

6.2.3　Hercules公司浆液法工艺[2,3]

Hercules公司是美国第一家生产聚丙烯的公司，也是世界上继意大利Montecatini公司之后第二家生产聚丙烯的公司。20世纪80年代初，Hercules公司在世界上尤其是在美国聚丙烯市场上占有很大的市场份额，因而在Montedison公司开发出高效载体催化剂后，两个公司很快于1983年11月组成Himont公司，专门生产聚丙烯树脂。后此的十几年中Himont是全球最大的聚丙烯生产商和聚丙烯专利技术转让者。

Hercules公司浆液法工艺流程见图6-5。

稀释剂(通常是己烷或庚烷)、催化剂、原料丙烯及共聚单体连续通入聚合釜，在60~80℃、0.5~1.5MPa条件下进行聚合。反应器基本上满釜操作，反应温度通过反应器夹套水控制。如果采用活性较高的第二代催化剂，最后一个反应器可以聚合完所有单体。若是第一代催化剂，则需要降压闪蒸出未反应的单体，压缩、循环回反应器。反应物料在聚合釜内的停留时间根据催化剂活性和规定的操作条件而有所不同。采用氢气作为分子量调节剂。

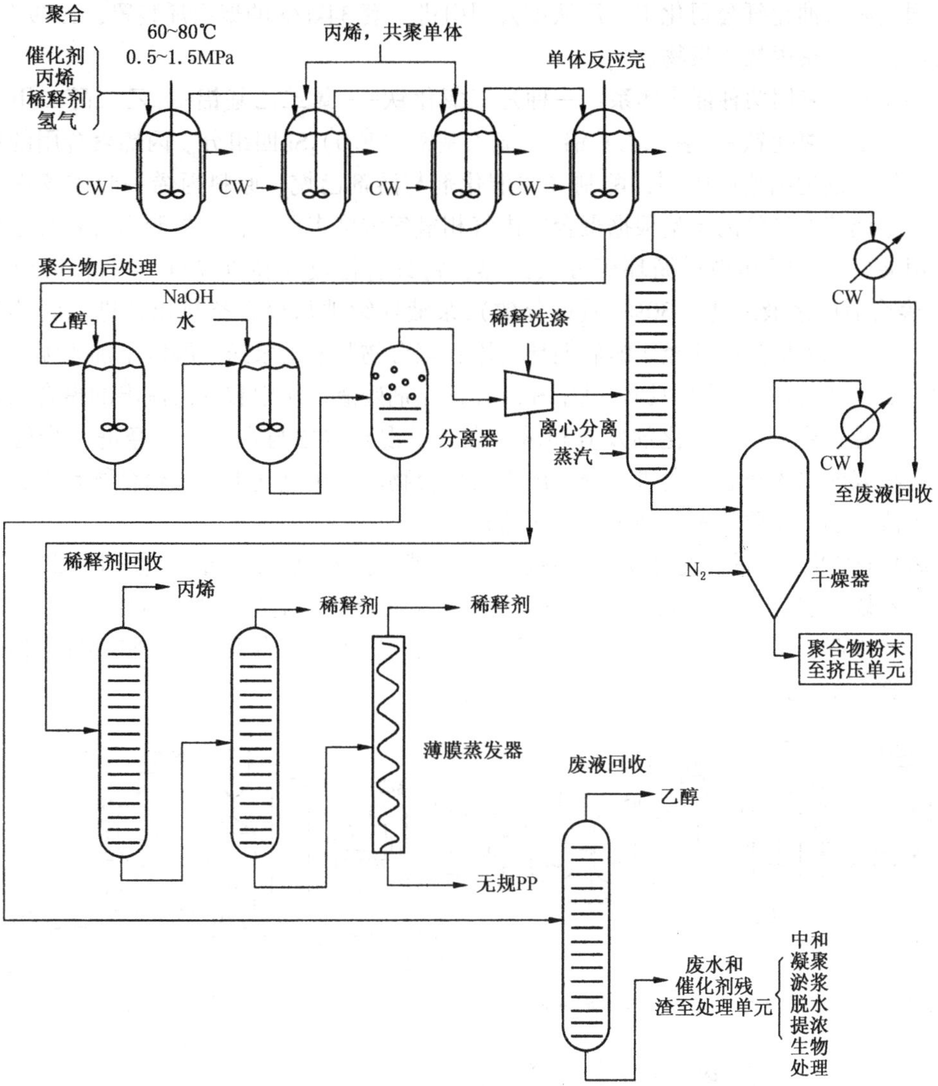

图6-5 Hercules浆液法工艺流程示意图

聚合后得到的聚合物浆液浓度为20%~40%(质量分数)。聚合物浆液从聚合釜排出，分别加入醇和水处理催化剂残留物，水相含有催化剂的残留物，无规聚丙烯在溶剂有机相中。由分离器出来的废溶液送至蒸发器，除去无规物，得到的溶剂经提纯后，供聚合工艺循环使用。聚合物则送至离心分离器，脱除溶剂后的聚合物用氮气干燥，得到的干燥聚合物粉末可直接使用，也可造粒。

Hercules浆液法工艺比较灵活，能够生产比较宽范围的聚丙烯产品。共聚物的乙烯含量可达 15%~20%(质量分数),大约含 35%(质量分数)的橡胶相。但由于操作的复杂性，不同工厂生产的产品质量会有较大的差别。

6.2.4 Amoco 公司浆液法工艺[2,7]

美国 Amoco 公司(现为 Inoes 公司)拥有美国第一套独自开发的聚丙烯连续生产工艺装置(34kt/a,3 条生产线)。该装置在 20 世纪 60 年代初曾是世界上最大的聚丙烯装置。1974 年 1 月，我国辽阳石油化纤公司化工三厂从该公司引进一套 34kt/a 的聚丙烯装置，1979 年 12 月建成投产，生产聚丙烯均聚物。

Amoco 公司采用两种催化体系：一种是三氯化钛-一氯二乙基铝-二乙二醇二甲醚三组分；另一种是三氯化钛-一氯二乙基铝-二氯乙基铝-$(EtO)_4Si$ 四组分。丙烯聚合用的催化剂在单独的催化剂配制槽内配制，配制好的催化剂与溶剂己烷、原料丙烯一起连续进入聚合釜。分子量调节剂氢气的流量根据聚合釜内气相氢气浓度来调节，以控制聚合物分子量。聚合釜采用夹套、盘管和物料循环等方式撤热，将聚合温度维持在 70℃左右，反应压力约 2MPa。聚合后的浆液浓度约 30%(质量分数),浆液连续地从聚合釜排出，进入闪蒸釜。由闪蒸釜出来的未反应的丙烯经压缩后循环使用；聚合物浆液由泵送入醇解釜加入无水甲醇使催化剂失活，然后在中和罐中加入碱中和酸性催化剂残渣。从中和罐溢流出的聚合物浆液含有己烷、甲醇、聚合物、催化剂残渣和碱，在管道混合器中与水混合，经进一步处理分离后，聚合物浆液送入离心分离机。分离出来的聚合物滤饼用氮气干燥成聚合物粉末，连续送往造粒工段，加入需要的添加剂进行挤压造粒。

从离心分离机出来的己烷溶液进入汽提塔、干燥塔,成为精己烷,返回工艺使用(见图 6-6)。

生产乙烯-丙烯共聚物时，将乙烯连续通入各聚合釜。生产乙烯-丙烯抗冲共聚物时，两台聚合釜串联，第一台聚合釜出来的聚丙烯均聚物进入第二台聚合釜，将共聚单体乙烯通入第二台聚合釜，最终生成乙烯-丙烯抗冲共聚物。

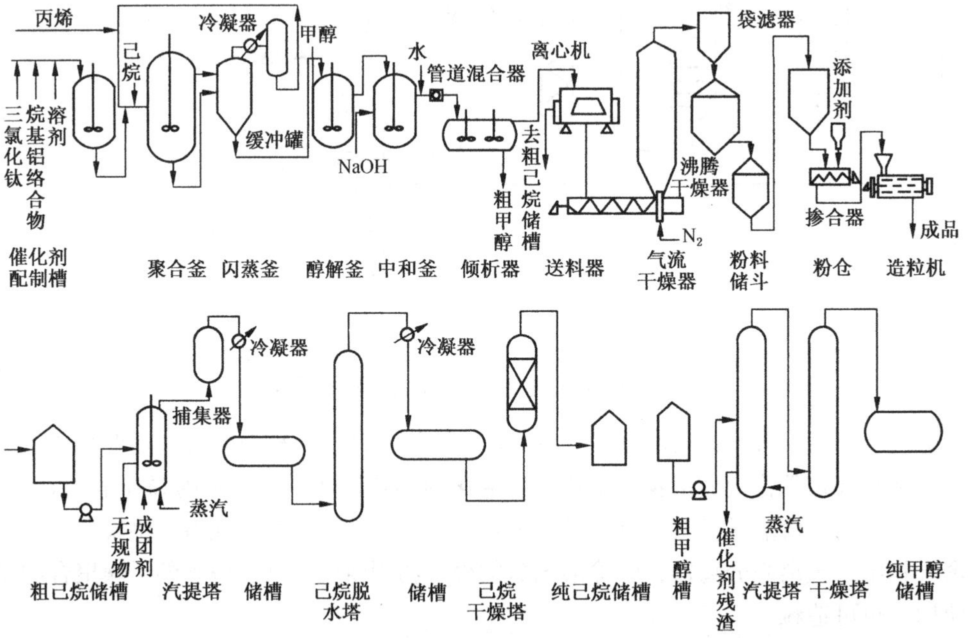

图 6-6 Amoco 浆液法工艺流程示意图

Amoco浆液法工艺的特点是：①各种牌号的产品均可用同一催化剂体系生产出来；②均聚、无规共聚物采用两台聚合釜并联操作，嵌段共聚时采用两台聚合釜串联操作；③聚合釜散热采用夹套、盘管和物料循环三种方式，效率较高；④采用水蒸气连续蒸馏法回收己烷和去除无规物。

6.2.5　三井油化公司浆液法工艺[7]

日本Mitsui Petrochemical Ind. Ltd.（三井油化,简称MPC）公司于1968年在千叶工厂建成了第一套聚丙烯生产装置，采用常规$TiCl_3$催化剂。20世纪70年代初，MPC公司在载体催化剂的研究开发上取得重大突破，MPC公司的Kashiwa申请了催化剂制备的专利，将酯化过程与催化剂载体和内给电子体的研磨分开，使催化剂活性大大提高[3]。1975年与同样在寻求载体催化剂技术突破的Montedison公司达成了一个共同研究开发、生产、专利转让催化剂技术的协议，载体催化剂技术随后于20世纪80年代初引发了聚丙烯技术的革命性进展。

MPC公司聚丙烯开发的历史也是与高密度聚乙烯的开发紧密相连的。在Ziegler型乙烯聚合催化剂的基础上，该公司于1965年独立开发了丙烯聚合用的催化剂。接着，该公司将此催化体系与本公司的高密度聚乙烯的生产工艺结合起来，于1968年在千叶工厂建设了第一套生产能力为45kt/a聚丙烯装置，生产均聚物和共聚物。MPC公司的浆液法聚合工艺能确保产品高质量标准，并能充分适应生产多种均聚物和共聚物的要求。

1973年，燕山石油化工公司引进了两条40kt/a MPC浆液法生产线，于1976年6月投产。催化剂是δ-$TiCl_3 \cdot 1/3AlCl_3$和氟氯烷基物，可以生产聚丙烯均聚物、无规共聚物和抗冲共聚物。

1986和1987年该装置在用三井油化高效催化剂技术进行工艺改造后，生产能力由80kt/a提高到115kt/a。产品质量也有很大提高，装置消耗降低，并省去了催化剂分解、水洗等工序。PP粉末产品由于立体规整性、分子量分布等得到改善，提高了产品物理机械性能，产品粉料粒型好，粒度分布窄，表观密度大。

图6-7为MPC公司浆液法工艺流程示意图。该技术主要由催化剂配制、聚合、分离和干燥、造粒、己烷回收及公用工程组成。主催化剂经过批量间歇式预聚合处理后连续加入第一反应器，另两种助催化剂也经配制后计量加入反应器。聚合工艺由四台聚合釜串联组成。生产抗冲共聚物时，向第三、四釜加入乙烯。原料丙烯、溶剂己烷以及分子量调节剂氢气连续加入聚合釜。聚合温度为60~75℃，聚合压力约0.1~1.0MPa，丙烯进料可能是液相也可能是气相，随生产的产品而定，各聚合釜的操作条件随产品牌号不同而控制在不同数值。聚合反应的浆液浓度约250~400kg/m^3。聚合釜撤热采用夹套冷却水冷却、循环气冷却，一些反应器还用挡板冷却器和套管浆液冷却器撤热。各釜内分子量调节剂氢气的浓度由仪器连续测定，并加以调节。

反应器排出的聚合物浆液进入分离单元，未反应的丙烯经闪蒸、压缩循环回反应器。聚合物浆液经离心分离出溶剂，湿的聚丙烯滤饼经过气流干燥、沸腾干燥后成为干燥的聚合物粉末，用氮气气流输送至挤压造粒系统。

由离心分离机出来的溶剂己烷先经浓缩，后在薄膜蒸发器内除去无规聚丙烯，经精馏、干燥后得到的精己烷，返回系统使用。

MPC公司的浆液法工艺采用高活性、高立体定向性的催化剂，工艺过程没有催化剂分解和洗涤工序。由于该工艺使用溶剂量小，溶剂回收工序简化，加之不需回收分解剂，因此，据介绍，整个生产装置的工程费用与其他浆液法相比可节省 20%，生产费用可节省 10%，装置的能耗也大幅度降低。过程所用的高活性、高立体定向性催化剂先经预聚合后，经己烷稀释至一定浓度，用计量泵送入聚合釜。与采用常规催化剂相比，多了一道催化剂预聚合工序。HY-HS 催化剂既可用于浆液法工艺，也适用于本体法生产聚丙烯工艺。

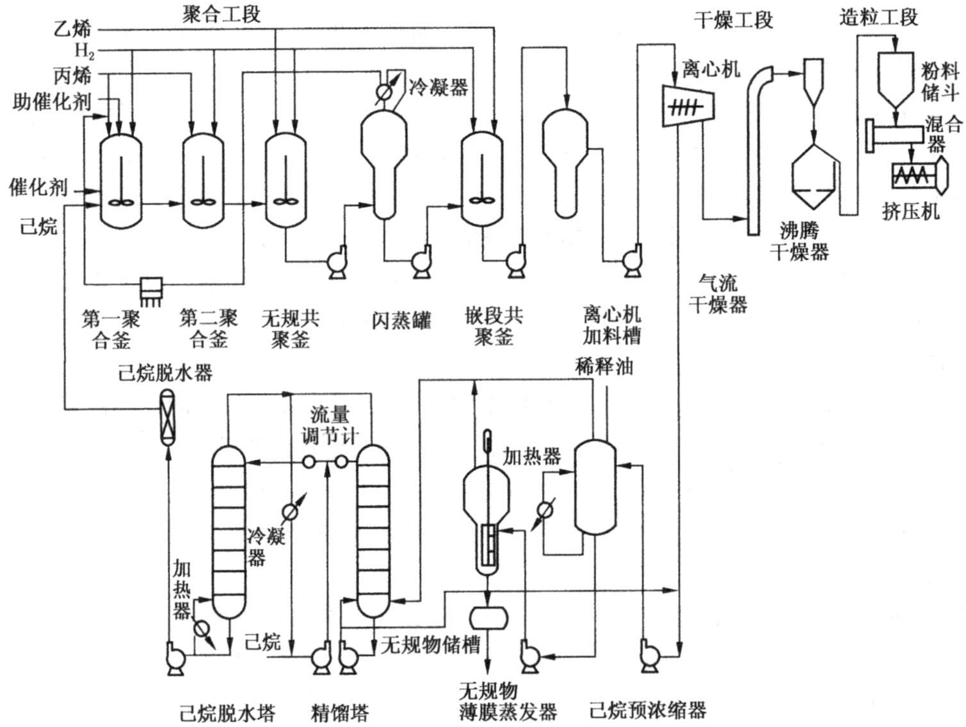

图 6-7　MPC 公司浆液法工艺流程示意图

6.2.6　现代浆液法工艺

现代或称改进的浆液法工艺上文中已略有介绍，这种工艺仍采用第二代高效催化剂，使工艺免除了脱灰工序，并减少了无规物的生成量。

各厂家对改进其 PP 装置所采用的方法及应用效果都有很大的差别，单体及公用工程消耗也不一样，下面介绍的是目前用高效催化剂的浆液法工艺的情况。

图 6-8、图 6-9 所示是改进的浆液法工艺流程，生产均聚物、无规共聚物和抗冲共聚物产品。

首先是催化剂和助催化剂浆液的制备。固体催化剂储存在催化剂储罐里，助催化剂与溶剂在助催化剂混合罐中混合，用泵打入催化剂浆液混合罐，在此与经称量的一定量固体催化剂配成浆液。配好的催化剂浆液用泵加入催化剂进料罐，然后连续计量加入到聚合反应器中。

新鲜聚合级丙烯与丙烯回收压缩机返回的循环丙烯混合，经分子筛干燥器脱除微量水后进入反应器。

本流程所示的原料为聚合级丙烯，但精制后的化学级丙烯也可用于聚合。

除催化剂和丙烯外，反应器中还需加入惰性溶剂，并加入氢气以控制分子量。生产无规

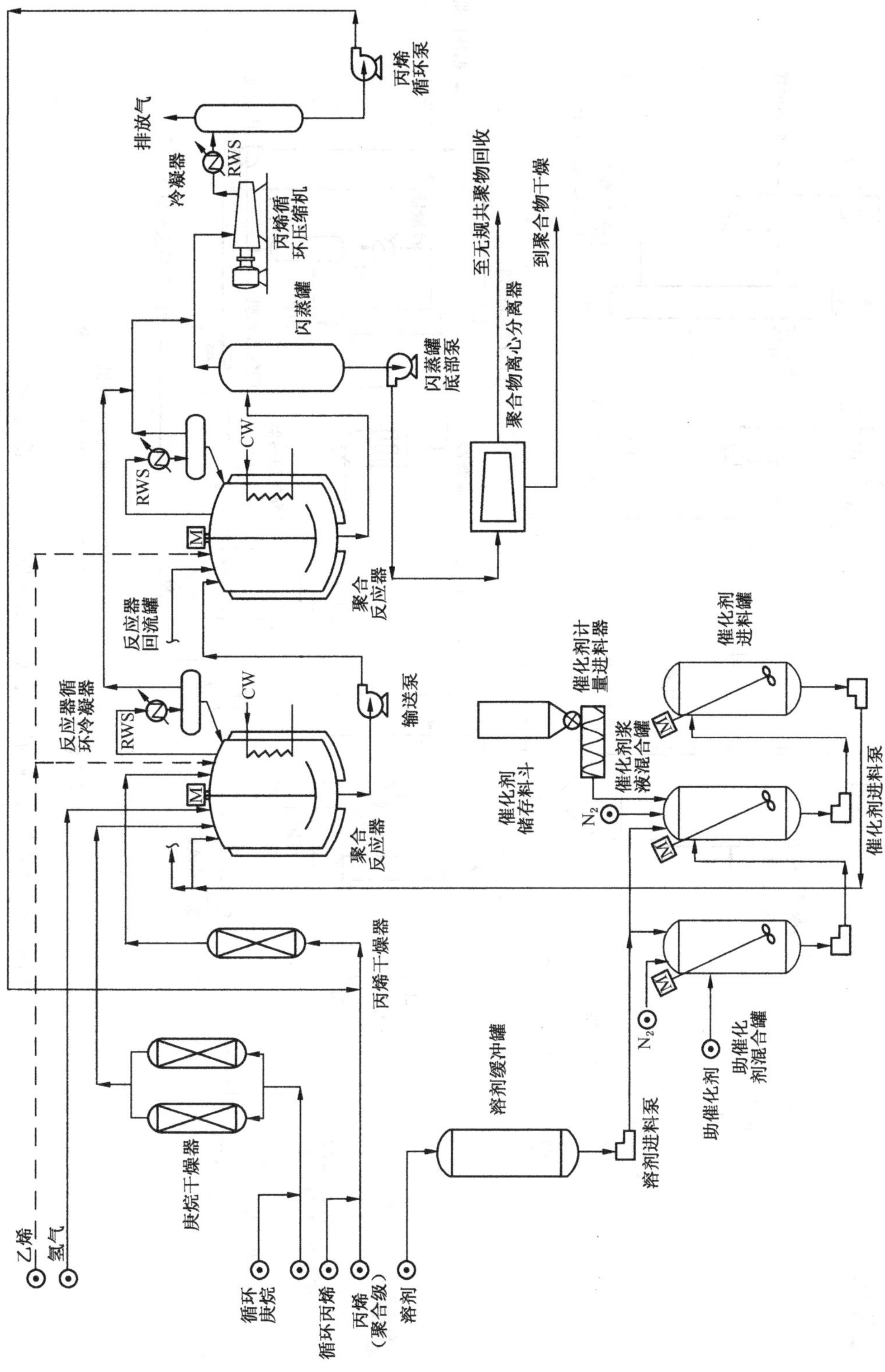

图 6－8　现代浆液法聚丙烯工艺流程：聚合及单体回收

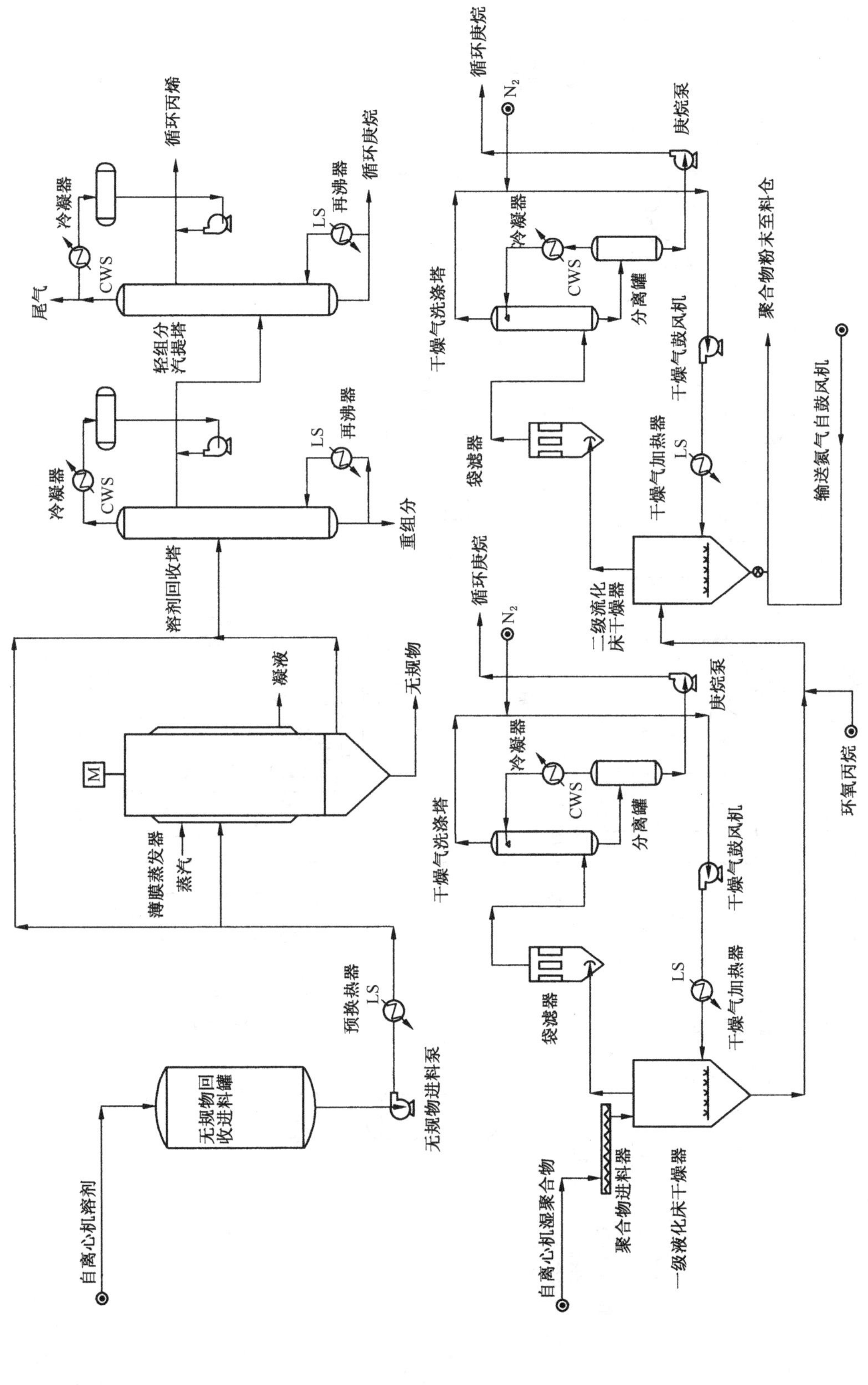

图6-9　现代浆液法聚丙烯工艺流程：脱无规物、干燥及溶剂回收

和抗冲共聚物时，乙烯加入第一和/或第二反应器。反应器是传统带夹套和冷却挡板的搅拌釜式反应器。聚合热通过冷却挡板和夹套，并结合循环冷凝方法撤出反应器。进入反应器的物流、惰性溶剂和液体丙烯因为与反应器有温度差，也吸收了部分聚合热。可使用的溶剂有多种选择，如己烷、庚烷等，本工艺设计用的是正庚烷。丙烯转化率控制在60%，庚烷加入速率按维持反应器出口浆液中聚合物浓度为35%(质量分数)控制。出口聚合物中无规聚合物含量一般为2%~5%(质量分数)，反应混合物的温度维持在其泡点以提供足够的循环冷却量。反应条件为60℃，1.2MPa(G)，对于不同工艺，反应条件也不尽相同。

反应物出口浆液排到压力为0.14MPa的闪蒸罐。含部分丙烷和庚烷的丙烯气经压缩后，用冷冻水使之冷凝，再循环回反应器。当乙烯作为共聚物原料时，所有不凝气体中的乙烯经回收后循环回反应系统。

闪蒸罐中的浆液混合物用泵打到离心机，以从溶剂中脱除不溶解的聚合物。溶于庚烷的无规共聚物一部分留在湿的聚合物中，其余部分溶于庚烷溶剂中，送脱无规物和溶剂回收工段，经预热、蒸发处理后，回收的无规物作为副产品出售。庚烷气体送到溶剂回收塔以脱除在塔底的重组分。塔顶产品送到轻组分精馏塔，脱除丙烯、丙烷等轻组分并将其返回到反应器。为防止系统中丙烷的累积，需要从这股物流中连续排放一股气体。如果是化学级丙烯，则轻组分汽提塔的塔顶产品送往丙烯精馏塔，分离出丙烷，塔底的庚烷产品则循环回反应器。

离心分离后的聚合物滤饼含有20%(质量分数)的液体，在干燥工段的设备中进行脱除并回收。将滤饼送到聚合物干燥器，干燥装置由二级流化床系统组成，聚合物在此从65℃加热到82℃。每级流化床都用一股93~120℃的热氮气流逆流通过聚合物，使挥发性组分气化后被脱除。当出口气体经过滤和冷却后，一部分挥发物被冷凝，干燥气体再被加热后循环回流化床。

第二级操作与第一级基本相同，不同的是干燥器出口气流冷却到-18℃以将大部分挥发物冷凝，然后再加热循环回干燥器。含有约0.1%(质量分数)挥发物的PP粉末，送到工厂的挤压造粒工段。

挤压造粒工段的设施包括粉料储仓、挤压造粒机、产品掺混料仓和包装单元，这些设施与其他工艺相同。

6.3　溶液法聚合工艺[3,6]

溶液法工艺流程复杂，且成本较高，溶液法聚合温度可高达140℃以上，结晶PP溶解在α-烯烃中。在这个温度下，聚合热可以转化成一种有用的能量，如蒸汽。Eastman工艺是惟一工业化生产结晶PP的溶液法聚合工艺。由于传统的第一代Z-N催化剂在需要的溶液温度下的立体规整性和活性不够高，因而采用一种特殊改进的催化剂体系——锂化合物，如氢化锂铝，这种催化剂能适应高的溶液聚合温度。催化剂组分、单体和溶剂连续加入聚合反应器，未反应的单体通过对溶剂减压而分离并循环。额外补充溶剂来降低溶液黏度，并过滤除去残留催化剂。溶液通过多个蒸发器而浓缩，再通过一台能够除去挥发物的挤压机而形成固体聚合物。固体聚合物用庚烷或类似的烃萃取进一步提纯，同时也除去了无定形PP，取消了使用乙醇和多步蒸馏的过程。这种工艺用于生产一些与浆液法产品相比模量更低、韧性更高的特殊牌号产品。

溶液法工艺之所以只有 Eastman 公司采用，这与 Eastman 公司丰富的溶液聚合经验有关，该公司采用溶液聚合工艺大量生产用于照相胶片的醋酸纤维素。这种工艺虽然独特但也有一定的灵活性，生产的产品与其他工艺相比更软、熔点更低。由于采用特殊的高温催化剂因而产品范围有限。

该工艺早已不再用于生产结晶聚丙烯。

Eastman 溶液法聚丙烯工艺的流程示意见图 6-10。

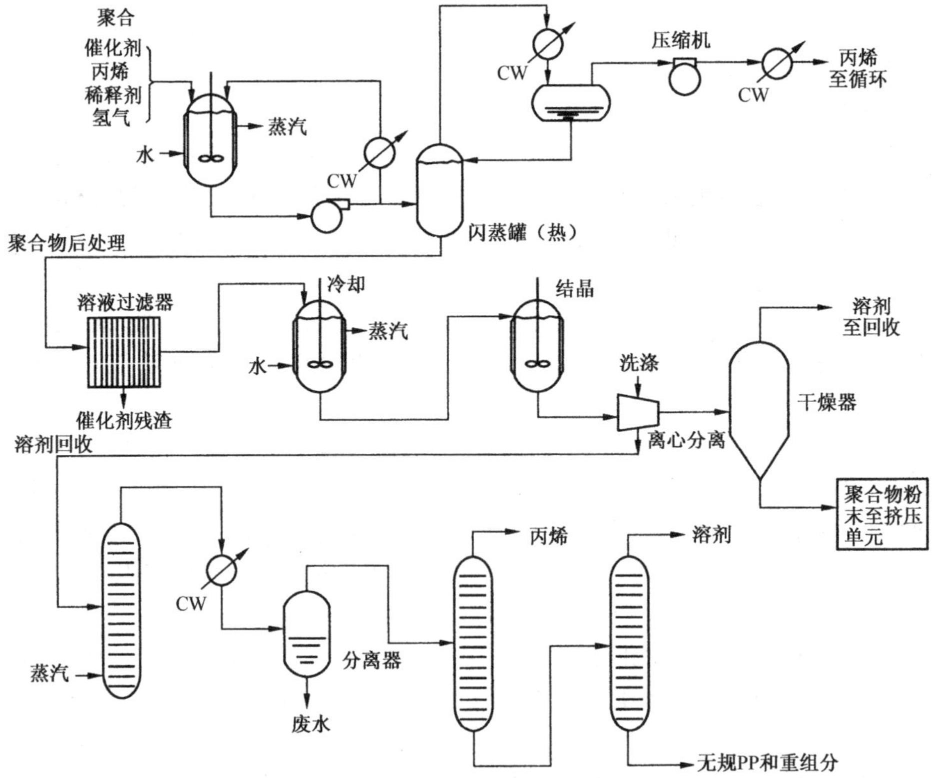

图 6-10　Eastman 溶液法聚丙烯工艺流程示意图

6.4　本体法聚合工艺

6.4.1　工艺概述

虽然浆液法生产工艺在 20 世纪 60 年代就已广泛采用，但该工艺还存在下列几个问题：

① 需要使用大量的惰性溶剂，一些杂质如水、氧、硫化物、一氧化碳、二氧化碳等的含量需控制到 10^{-6}（体积分数）级。溶剂的损耗量大，需要庞大、繁杂的溶剂精制、回收及产品和溶剂分离设备。

② 反应体系中单体的浓度较低。由于大量溶剂的存在，使单体浓度下降，聚合反应速率较低，影响了生产率的提高。产品还必须经过酯化、中和、洗涤、干燥等后处理工序。

从 20 世纪 60 年代开始，Rexene(Dart)和 Phillips 石油公司就开始了丙烯液相聚合工艺的研究，开发了比浆液法更简单的 Rexall 和 Phillips 本体法工艺。使用第一代 $TiCl_3$ 催化剂，需要用适当的溶剂脱灰和脱无规物。1964 年，美国的 Dart 公司建成了第一套工业化的本体法聚丙烯装置，采用釜式反应器。1970 年以后，很多大的化工公司如日本的住友、Phillips、美国的 El Paso 等公司都实现了液相本体聚丙烯工艺的工业化。采用高活性催化剂后，本体法工艺进一步简化，取消了脱灰工段，装置的经济性进一步提高。但这些工艺很快就被不久之后采用第四代超高活性载体催化剂开发出的液相本体和气相组合法及气相法新工艺所取代。

与采用溶剂的浆液法相比，采用液相丙烯本体进行聚合有很多优点：

① 因为在液相丙烯中聚合，不使用惰性溶剂，反应系统内单体浓度高，聚合速率快，催化剂活性高，并且聚合反应转化率高，反应器的时-空生产能力更大；

② 由于聚合过程不用溶剂，没有溶剂的精制和循环，因而工艺流程简单，设备少，生产成本低，“三废”少；

③ 颗粒本身的热交换性好，反应器采用全凝冷凝器，容易除去聚合热，并使撤热控制简单化，可以提高单位反应器体积的聚合量；

④ 在液相丙烯中，能除去对产品性质有不良影响的低分子量无规聚合物和催化剂残渣，因此，在产品洁净度方面，可得到高质量的产品；

⑤ 浆液黏度低，机械搅拌简单，耗能小。

本体法工艺的主要缺点在于反应单体需气化、冷凝后才能循环回反应器。反应器内的高压液态烃类物料容量大，有潜在的危险性。此外，反应器中乙烯的浓度不能太高，否则在反应器中形成一个单独的气相，使得反应器难以操作，因而共聚产品中的乙烯含量不会太高。

本体法不同工艺路线的主要区别是反应器的不同，主要分为两类：釜式反应器和环管反应器。釜式反应器是利用液体蒸发的潜热来除去反应热，蒸发的大部分气体经循环冷凝后返回到反应器，未冷凝的气体经压缩机升压后循环回反应器。而环管反应器则是利用轴流泵使浆液高速循环，通过夹套冷却撤热，由于传热面积大、撤热效果好，因此其单位反应器体积产率高、能耗低。

本体法生产工艺按聚合工艺流程，可分为间歇式聚合工艺和连续式聚合工艺两种，现分述如下。

6.4.2　间歇法聚合工艺[2]

6.4.2.1　技术概况

20 世纪 70 年代，我国炼油厂址布局比较分散，规模较小(丙烯原料每年为几千吨至 2 万吨)，如何充分有效地利用这些宝贵的炼厂气丙烯资源，是一项重要的课题。间歇本体法聚丙烯技术正是基于这样的原料基础发展起来的。

1976 年，由北京化工研究院开发的络合 Ⅰ 型催化剂，在辽宁瓦房店纺织厂 34L 釜间歇法液相本体聚合实验中获得理想的效果。1977 年，又在该厂 1.5m^3 聚合釜中试用北京化工研究院开发的络合 Ⅱ 型催化剂，同样取得了成功。在此之后，采用络合 Ⅱ 型催化剂，由我国自行设计的千吨级间歇法液相本体聚丙烯技术在全国得到迅速推广应用。

从 20 世纪 70 年代后期开始，先后在丹阳化肥厂、常州石油化工厂和岳阳石油化工总厂橡胶厂建成投产两套 2kt/a 和一套 1.8kt/a 的间歇法液相本体聚丙烯装置。据统计，2007 年，我国间歇法液相本体聚丙烯装置设计年生产能力约为 1774kt/a，占 2007 年我国聚丙烯总年产量的 23.9%。

间歇法液相本体聚丙烯技术之所以能在我国得到迅速推广应用，并且在目前我国的聚丙烯生产的主体已经是连续法技术的情况下，仍具有一定的生命力，主要原因是间歇法液相本体聚丙烯技术具有如下的优点：

① 生产工艺技术可靠。多年来的生产实践已经证明了这一点。

② 原料丙烯的来源比较丰富，对其质量的要求不是很高。随着各地石油化工的发展，丙烯更容易得到。

③ 所需的催化剂有保证。通过北京化工研究院对炼厂丙烯精制技术的开发，炼厂丙烯可以达到高纯度聚合级，并进而达到使用高效催化剂的要求。除可用络合Ⅱ型催化剂为主催化剂、一氯二乙基铝为活化剂外，还可采用高效催化剂为主催化剂、三乙基铝为活化剂，配合硅烷为外给电子体化合物生产较高质量的聚丙烯树脂。

目前的间歇法液相本体聚丙烯装置使用的催化剂有络合Ⅱ型、N 型、CS-1 型、DQ 型、CS-2 型及 HDC 型等，其中络合Ⅱ型催化剂为第二代催化剂，其他几种均为高效催化剂。

④ 广阔的产品市场。由于国产的聚丙烯树脂供应一直不足，用间歇法生产聚丙烯，可作为我国聚丙烯树脂的补充来源。同时也因为间歇法液相本体聚丙烯技术生产的产品性能，如熔体流动速率、等规度基本上能满足国内市场多种用途的要求，产品可用于生产板材、编织袋用的扁丝、打包带等。

⑤ 流程简单，投资省，收效快，操作简单，产品牌号转换灵活，“三废”少，具有中国特色，适合中国的国情。

但另一方面，间歇法液相本体聚丙烯技术也有很多不足的地方，主要表现在如下几点：

① 生产规模很小，难以产生规模效益。

② 装置手工操作较多，间歇生产，自动化控制水平较低，产品质量不稳定，装置存在一些安全隐患。

③ 原料的消耗定额较高。

④ 产品的品种牌号少，档次不高，用途较窄。

6.4.2.2 工艺说明及技术特点

（1）工艺流程说明　间歇本体法聚丙烯生产工艺流程见图 6-11，全流程可分为原料精制、聚合反应、闪蒸去活、造粒包装、丙烯回收等五个部分。

① 原料精制　液态丙烯经过脱硫塔、脱一氧化碳塔、脱氧塔、脱水塔等除去硫化物、一氧化碳、水、氧等杂质后，进入精丙烯计量罐。

氢气经过脱水塔除水后，供聚合用。

② 聚合反应　精制后的丙烯经计量加入到聚合釜内，并将活化剂、给电子体、催化剂、分子量调节剂(氢气)按一定比例分别加入聚合釜。各物料加完后，开始向聚合釜通入热水升温聚合，整个过程可以手动控制也可以利用计算机半自动控制。每釜反应时间约 3~4h，聚合压力约 3.5MPa，聚合温度约为 75℃。

反应到有 70%~80%丙烯转化成聚丙烯时(实际生产中,根据聚合釜搅拌器电机的电流大小判断),停止聚合反应。将丙烯放入高压丙烯冷凝器，用循环冷却水将丙烯冷凝回收至平衡压力，冷凝的液体丙烯进入高压丙烯回收罐储存，供下一釜聚合时投料用。将固体聚丙烯粉料喷入闪蒸去活釜。

③ 闪蒸去活　用闪蒸的方法(即多次抽真空、充氮气)使丙烯与聚丙烯分离，得到不含丙烯的聚丙烯粉料，再通入空气使聚合物失活，然后由下料口送至造粒工段或直接包装以粉料出厂。未反应的高压丙烯气体用冷却水或冷冻盐水冷凝回收后循环使用，未反应的低压丙烯

收集到气柜内。聚合釜喷料完毕，就可进行下一釜投料操作。

④ 造粒包装　打开闪蒸釜下部出料阀，将闪蒸釜内物料装入口袋，并同时完成称重、封袋工作。

得到的聚合物粉料既可以直接包装出厂，也可以送往造粒工段，加入相应助剂后，造粒出厂。

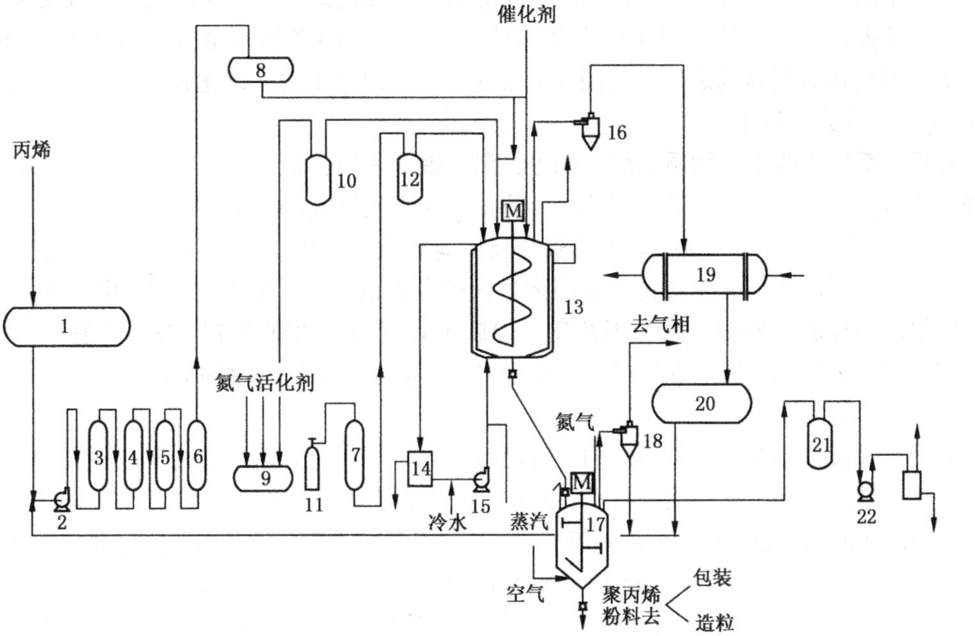

图 6-11　间歇本体法聚丙烯生产工艺流程图

1—丙烯罐；2—丙烯泵；3,4,5,6,7—净化塔；8—丙烯计量罐；9—活化剂罐；10—活化剂计量罐；11—氢气钢瓶；12—氢气计量罐；13—聚合釜；14—热水罐；15—热水泵；16—分离器；17—闪蒸釜；18—分离器；19—丙烯冷凝器；20—丙烯回收罐；21—真空缓冲罐；22—真空泵

⑤ 丙烯回收　收集到气柜内的丙烯气，经压缩机压缩并液化后，送入粗丙烯储罐，再送至气分装置再利用。

本工艺不需脱灰、脱无规物，亦无溶剂回收工序，工艺流程短，操作简单。

（2）影响聚合反应的因素

① 丙烯质量的影响　络合Ⅱ型催化剂中的三氯化钛及活化剂一氯二乙基铝、高效催化剂中所含的钛化合物和 $MgCl_2$ 及活化剂三乙基铝化学性质都非常活泼。遇到水或氧时，会发生反应，容易失去活性，活化剂能在空气中自燃，与水、醇、醛、酮、羧酸、酰氯等发生反应。因此，丙烯中含有少量杂质会破坏催化体系的活性。

通常，使用络合Ⅱ型催化剂时，丙烯中水含量在 20×10^{-6}（体积分数）以上时，聚合反应就受到影响，当在 100×10^{-6}（体积分数）以上时，催化剂的活性将有较大幅度的下降，高于 200×10^{-6}（体积分数）时，聚合反应就难以维持。使用高效催化剂时，丙烯中的水含量一般应控制在 5×10^{-6}（体积分数）以下。

硫是丙烯中极其有害的杂质，特别是羰基硫（COS）、二硫化碳（CS_2）能使聚合反应发生链终止。使用络合Ⅱ型催化剂时，当硫含量在 7×10^{-6}（体积分数）以上时，反应明显受到影响，催化剂活性下降，单釜产量降低，粉料中出现塑化块。使用高效催化剂时，丙烯中的硫含量一般应控制在 1×10^{-6}（体积分数）以下。

微量的炔烃与二烯烃对釜内转化为聚丙烯的丙烯所占的比例(丙烯转化率)、产品的等规度也都有明显的影响，使它们下降。

丙烯中的一氧化碳将影响催化剂的定向能力。一氧化碳、二氧化碳能使聚合反应发生链终止，降低催化剂的活性。使用络合Ⅱ型催化剂时，当两者的含量大于 20×10^{-6}（体积分数）时，对反应有明显的影响。使用高效催化剂时，丙烯中的一氧化碳含量一般应控制在 1×10^{-6}（体积分数）以下。

在反应系统管线中的物质如醛、酮等，漏入聚合釜内，也对聚合反应起破坏作用，微量的醛、酮就会使活性大大降低。因此，要防止这些物质进入反应系统。

② 反应条件的影响　温度对丙烯聚合反应有较大的影响。随着反应温度升高，聚合反应加速。催化剂活性与釜内转化为聚丙烯的丙烯所占的比例(丙烯转化率)均有所提高。另外，丙烯的临界温度为91.8℃，因此反应温度不宜过高，通常以75~78℃为宜，若反应温度过高，则丙烯气相浓度增加，残余丙烯增多，不利于丙烯转化率的提高。同时也将对催化剂及设备提出更高的要求。

此外，升温速率对反应也有影响。升温过快，釜温容易失控，造成压力剧增，甚至产生爆聚结块；升温过慢，反应周期过长，对产品的质量会产生不利的影响。

反应时间的影响也很重要，随着反应时间的延长，催化剂活性和丙烯转化率明显提高。但是在反应后期，由于釜内基本上是聚丙烯固体，不易散热，局部热点增多，应当停止反应。

③ 氢气的影响　在丙烯聚合反应中，氢气起活性链的转移作用。因此，可以用作聚丙烯分子量大小的调节剂。

随着氢气/丙烯比的增大，聚丙烯的分子量相应变小，熔体流动速率增大。此时，催化剂的活性和单釜产量会有所提高，聚合物的等规度有所下降。但当氢气加入量较大时，使用高效催化剂时，单釜产量有时会有所降低。

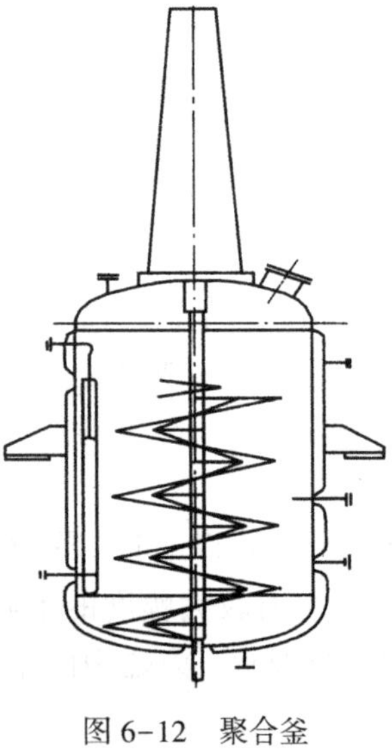
图6-12　聚合釜结构简图

6.4.2.3　主要设备特点

(1) 聚合釜　目前，国内间歇法本体聚合聚丙烯生产技术中，生产装置中所用的聚合釜主要有4m³、12m³和15m³ 3种。各种规模聚合釜的结构大体相同，见图6-12。

聚合釜在3.5MPa的压力条件下进行操作。随着反应的进行，釜内物料的相态也发生变化。开始反应时釜内全是液相丙烯，随着反应时间的延长，液相丙烯中悬浮的聚丙烯固体颗粒逐渐增多，反应后期几乎全是聚丙烯颗粒。因此，聚合釜采用螺带式搅拌器(单螺带搅拌或双螺带搅拌)。为防止釜底下料管的堵塞，釜底设计了小搅拌。聚合热以夹套撤热为主，辅以釜内冷却管撤热的方式。

(2) 闪蒸去活釜　间歇本体法聚丙烯生产中，一般为每两台聚合釜配套一台闪蒸去活釜。这是由于采用络合Ⅱ型催化剂，聚合釜操作周期为6~8h，闪蒸去活周期只有1~2h，因此只要把聚合釜投料时间错开，一台闪蒸去活釜就可以适应两台聚合釜的生产。当选用高效催化剂后，聚合反应时间为3~4h，最好增加闪蒸去活釜一台。这样，一台聚合釜配合一台闪蒸去活釜，更能发挥和提高设备台时产量。

6.4.3　连续式聚合工艺[2,3]

本体法连续式生产工艺有不同的类型，现介绍几家公司典型的生产方法。

6.4.3.1　Rexall本体法工艺

Rexall本体聚合工艺(Rexene,Dart, El Paso公司)是介于溶剂法和本体法工艺之间的生产工艺。

1964年，美国Rexene(Dart)公司用丙烷含量10%~30%(质量分数)的液态丙烯进行聚合，采用立式搅拌釜反应器。丙烷是系统中不参加反应的惰性物质，可起溶剂作用，但其中70%~90%(质量分数)为液相丙烯，因此也可属于本体法工艺。在聚合物脱灰时采用已烷和异丙醇的恒沸混合物为溶剂，简化了精馏的步骤，将残余的催化剂和无规聚丙烯一同溶解于溶剂中，从溶剂精馏塔的底部排出。采用第一代Z-N催化剂的Rexall本体聚合工艺见图6-13。

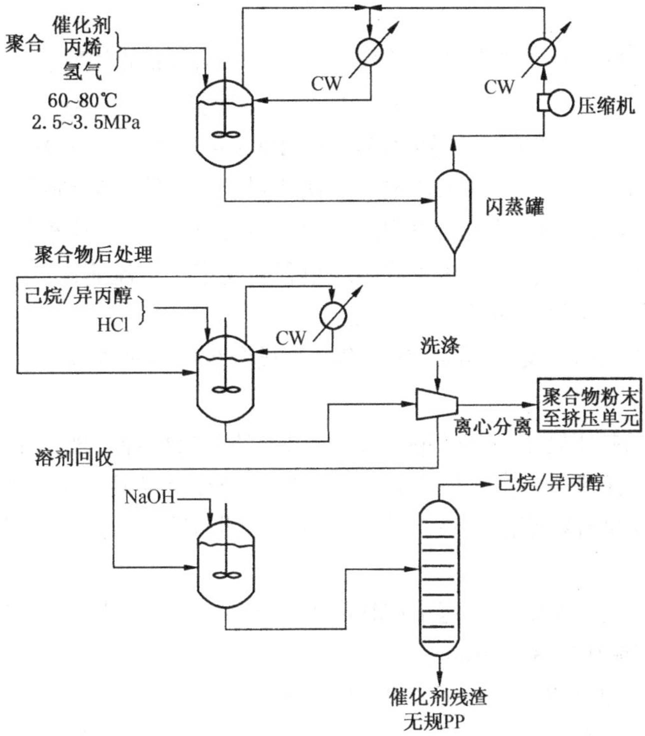

图6-13　Rexall本体聚合工艺示意图

以后，该公司与美国El Paso公司组成联合热塑性塑料公司(Consolidated Thermoplastics Co.),采用Montedison-MPC公司的HY-HS高效催化剂，取消了脱灰步骤，进一步简化了工艺流程，称为"液池工艺"(Liquid Pool Process),其工艺流程见图6-14。

Dart-El Paso新工艺的特点是以高纯度的液相丙烯为原料，采用HY-HS高效催化剂，无脱灰和脱无规物工序。采用连续搅拌反应器，聚合热用反应器夹套和顶部冷凝器撤出。浆液经闪蒸分离后，单体循环回反应。

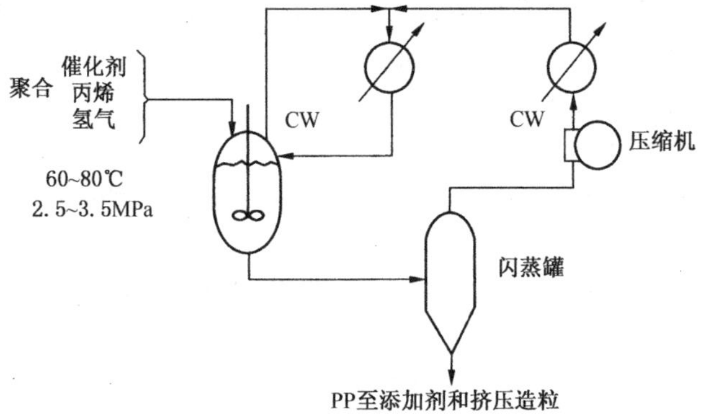

图 6-14　El Paso“液池工艺”示意图(第四代催化剂)

6.4.3.2　Phillips 本体法工艺

(1) 技术概况　大约在 20 世纪 50 年代末、60 年代初，美国 Phillips 石油公司开发了一套简单易行的聚丙烯连续生产工艺——Phillips 连续管式工艺。该工艺采用环管反应器作为聚合反应的设备。

1970 年 12 月，Phillips 石油公司在其位于 Texas Pasadena 的休斯敦化工联合企业里建了一套 36kt/a 的聚丙烯新工厂。在解决关键问题后，年产量增至 110kt/a。1987 年又添加了一个 8kt/a 的反应器，使总生产能力达到 215kt/a。1993 年又进一步解决工艺难点、更新技术以适应高活性催化剂，进行了一些工艺改进，使装置总生产能力提高到 250kt/a。

Phillips 连续本体工艺的特点是：采用独特的环管式反应器，这种结构简单的环管反应器具有单位体积传热面积大、总传热系数高、单程转化率高、流速快、混合好、不会在聚合区形成塑化块、产品切换牌号的时间短等优点。

环管反应器满釜操作，反应器时-空产率高，投资少，占地面积小。环管反应器容易扩大生产能力。

(2) 工艺说明及技术特点　Phillips 工艺使用的环管反应器，实质上是一个首尾相连的带有换热夹套的单管换热器，由 4 根立管和一台轴流循环泵组成。在本体聚合操作中，反应器内充满液相丙烯和聚合物浆液。该工艺可以使用如北京化工研究院开发的 N 型催化剂那样的各种高效催化剂。

该工艺可生产宽范围熔体流动速率(MFR)的均聚物和无规共聚物，Phillips 公司商品聚合物一般的 MFR 范围为 2~35g/10min。

Phillips 公司本体法工艺流程示意图见图 6-15。

液体丙烯(无规共聚时还有乙烯)加入到由大口径管材组成的环管反应器中，环管直管部分带有夹套，通过冷却水可以精确控制反应温度。催化剂与催化改性剂由异丁烷类惰性烃稀释后，分别从反应器的不同部位连续进入反应器，维持和调节聚合反应。用氢气来控制分子量。聚合反应热通过夹套水冷却系统撤出。反应器内充满液相丙烯，聚合物浆液由泵循环。聚合反应的温度为 60~67℃，压力为 3.9MPa。

当使用高效催化剂时，高效催化剂需要预聚合处理。原料催化剂从运输罐加入带搅拌的预处理反应器，反应器中有冷异丁烷稀释剂，在少量助催化剂与改性剂计量加入后，缓慢引入丙烯，使聚合在精密控制下进行，反应器带有夹套以控制温度。预聚后，反应浆液进一步

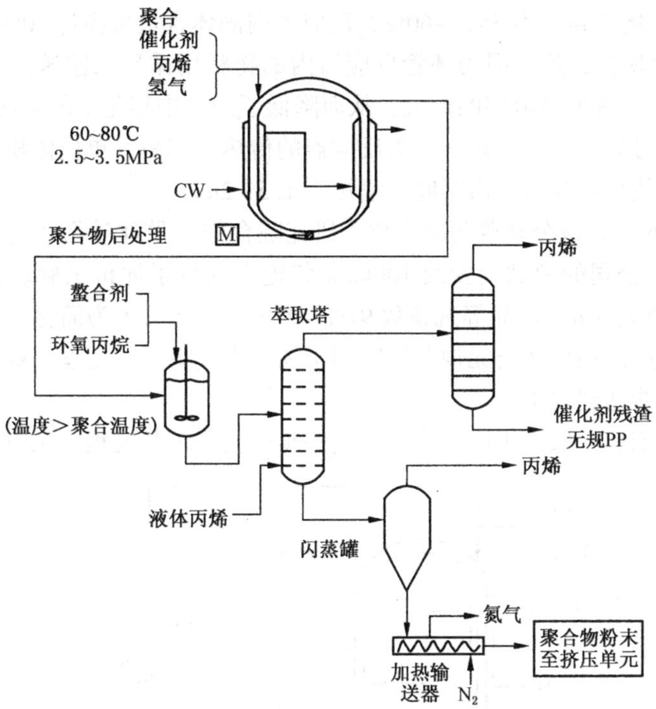

图 6-15　Phillips 公司本体法工艺流程示意图

稀释并转入一个储罐内，稀释的预聚合浆液直接用泵加入反应器。

聚丙烯浆液从反应器立管上部脉冲式连续排出，经过接触器和脱灰塔脱灰后，流经一节带蒸汽夹套的长闪蒸管线进入高压闪蒸罐，闪蒸管线管径从 1.5 英寸到 4 英寸，闪蒸温度为 65~70℃，压力为 0.03~0.04MPa，大部分丙烯以气相从聚合物颗粒中分离出去，物料再进入一低压罐，分离剩余丙烯。聚合物从这里加入一脱气罐，与氮气逆向接触，从脱气罐排出的聚合物已基本上无任何挥发物。离开脱气罐的氮气可导入再生单元除去烃类组分，再生单元利用压缩、冷冻及膜分离技术，大部分净化后的氮气可以循环进入脱气罐。从低压闪蒸分离区出来的气体被压缩后加入高压气体中，冷凝后再与回收单元出来的液体一起进入轻组分脱除蒸馏塔，塔顶气体冷凝器有冷却装置保证丙烯损失很少。从塔底出来的丙烯及重组分烃类被导入反应器加料罐后，泵送返回反应器。从轻组分塔底部出来的循环气的一部分可以导入重组分塔将重组分烃浓缩除掉。

Phillips 工艺中，残余催化剂用一种“螯合剂”，通常是乙酰丙酮和一种酸清除剂(如环氧丙烷)处理，并与无规 PP 一起用与浆液逆流接触的液体丙烯洗涤出来。

挤压造粒与其他工艺相同。

催化剂预聚反应器(带搅拌)，设计压力为 0.45MPa，设计温度为 40℃。

环管反应器是一个首尾相连的带有换热夹套的单管换热器，由 4 根立管和一台轴流循环泵组成。

环管反应器的特点有：

① 单位体积传热面积大，约为 $6.5m^2/m^3$；

② 传热系数高，为 3.35~4.19MJ/(m^2·℃·h)；

③ 单位体积产量大，>300kg/(m^3·h)；

④ 丙烯单程转化率高，为 55%～60%，反应器内固体含量可高达 70%（质量分数）；

⑤ 产品中塑化块少，这是因为环管反应器内的物料用循环泵输送，能形成湍流，保持高流速，约为 7m/s，减少滞流层的形成，从而降低了产品中塑化块的生成量。

生产中切换牌号较易，时间短。因为反应器的传热效率高，单位体积产量大，物料停留时间可缩短，从而使切换牌号所需时间可缩短为 1.5～2h。

1985 年和 1986 年，该公司曾与北京化工研究院合作，联合对北京化工研究院开发的 N 型催化剂在 Phillips 公司的中试装置及 100kt/a 装置上进行了评价试验。试验表明：N 型催化剂收率达 19kg PP/g cat，产品等规指数 97%～98%，工艺可大为简化，不需要脱灰、脱无规物等工序。试生产的均聚物与无规共聚物用于加工生产单丝、复丝、扁丝及吹塑、注塑制品，质量均优，性能达到要求。

采用高效催化剂后，取消了脱灰步骤，进一步简化了工艺流程，见图 6-16。

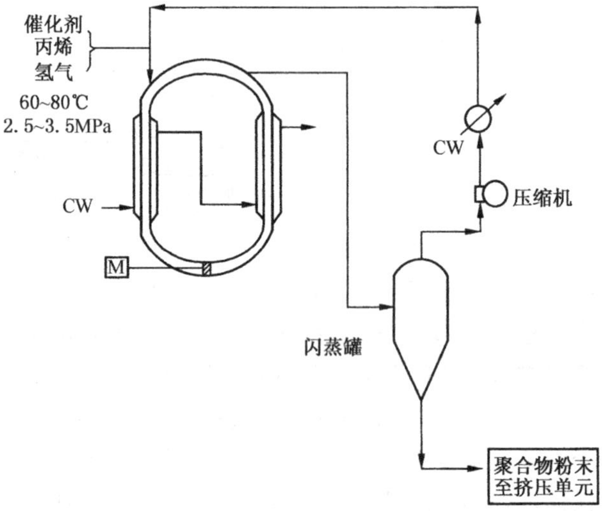

图 6-16　Phillips 本体法工艺流程示意图（第四代催化剂）

6.4.3.3　Sumitomo 本体法工艺[9]

1974 年，日本 Sumitomo（住友）化学公司开发了本体法工艺（称 BPP 工艺）。此工艺基本上与 Rexene 本体法相似，但 Sumitomo 本体法工艺包括除去无规物及催化剂残余物的一些措施。通过这些措施可以制得超纯聚合物，用于某些电气和医学用途。Exxon Chemicals 公司是 Sumitomo 本体法工艺在美国的惟一专利使用者，该公司使用高活性催化剂简化了工艺，并注意到了洗涤净化步骤可以生产出超纯聚合物。1992 年，Exxon 公司在法国建设的新聚丙烯工厂也选择了 Sumitomo 本体法工艺，采用两台串联的液相本体反应器操作，可获得较窄的聚合物颗粒粒度分布。1981 年，匈牙利的 Tizai Vegyi Kombina 公司采用 Sumitomo 本体法工艺建成了一套 50kt/a 的装置。1984 年，Polyolefin 公司在新加坡建成了一套 100kt/a 的新装置，采用 Sumitomo 本体法工艺，该装置现生产能力提高到 150kt/a。

Sumitomo 本体法工艺使用 SCC 络合催化剂（以一氯二乙基铝还原四氯化钛，并经正丁醚处理），液相丙烯在 50～80℃、3.0MPa 下进行聚合，反应速率高，聚合物等规指数也较高，还采用高效萃取器脱灰。产品等规指数为 96%～97%，产品为球状颗粒。产品刚性高，热稳定性好，耐油及电气性能优越。其工艺流程见图 6-17。

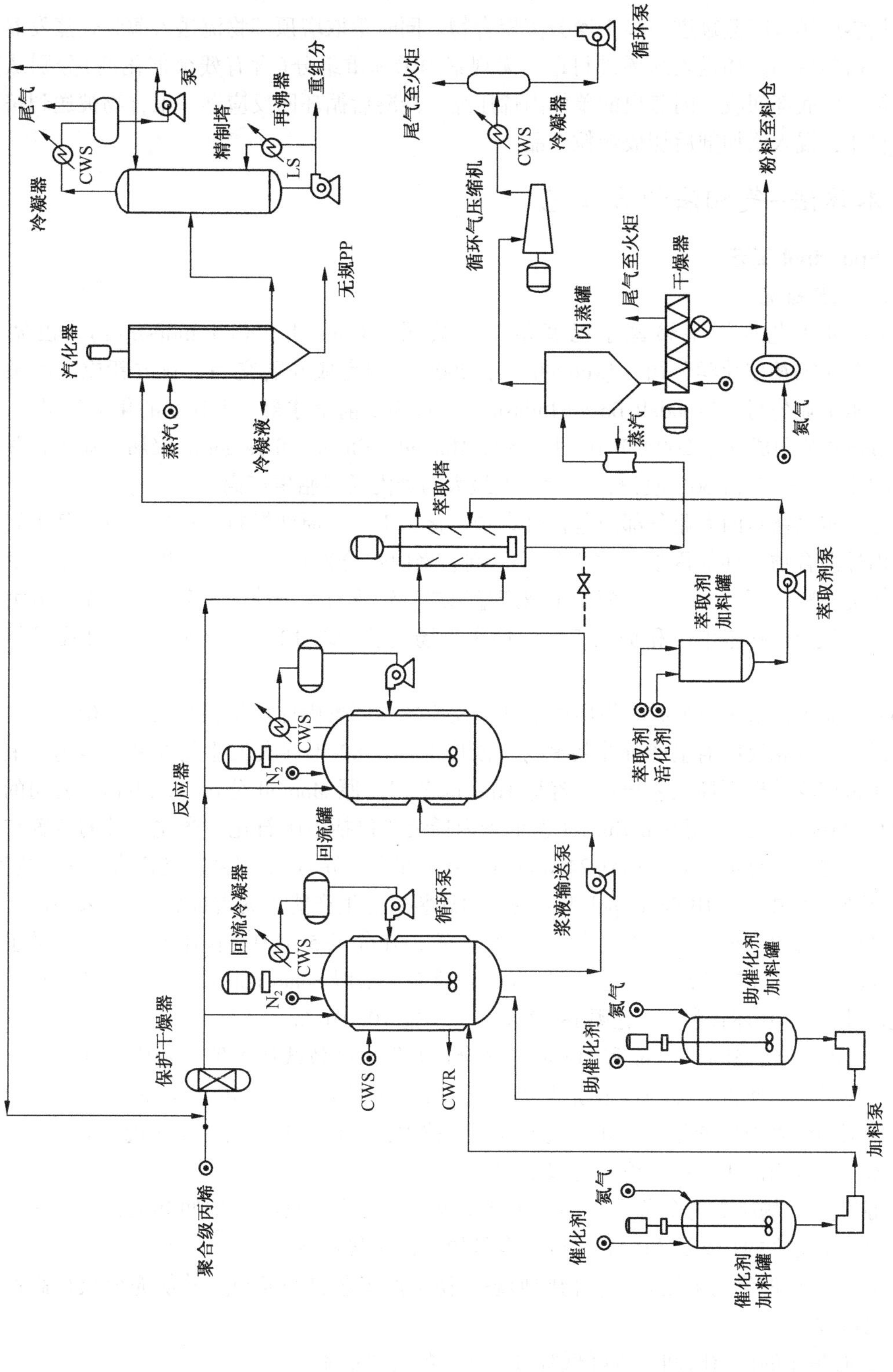

图6-17　住友化学本体法工艺流程示意图

原料丙烯、催化剂分别加入聚合釜。用反应器夹套和丙烯的蒸发冷凝撤出聚合反应热。从反应器排出的浆液送入萃取塔顶部，新鲜液态丙烯加到萃取塔底部。另外环氧丙烷和乙醇的混合物作为去活剂加入萃取塔。洗涤之后的聚合物浆液从萃取塔底部排出，通过蒸汽加热的管线加热后排入闪蒸罐进一步干燥分离聚合物。同时萃取塔顶部物流送入薄膜式蒸发器和精制塔，精制后的丙烯送入丙烯进料罐。无规聚丙烯和重组分(含有残余催化剂)分别从蒸发器和精制塔底部回收。闪蒸出的单体丙烯压缩、冷凝后循环回反应器。聚合物被送到挤压造粒机料斗，混入添加剂后切成颗粒产品。

6.5 本体法-气相法组合工艺

6.5.1 Spheripol 工艺

6.5.1.1 工艺概况

Spheripol 工艺现属莱昂德尔巴塞尔工业公司（Lyondell Basell Industries）。巴塞尔（Basell）和莱昂德尔化学公司（Lyondell）于 2008 年初完成并购交易，双方新成立的莱昂德尔巴塞尔工业公司（Lyondell Basell Industries）成为目前全球第三大独立的化学公司。

原 Basell 公司成立于 2000 年 10 月，由原 Montell、Elenac 和 Targor 的聚烯烃业务合并组成，Shell 和 BASF 各占 50%股份，是世界上最大的聚丙烯树脂生产商。

莱昂德尔巴塞尔四大业务部门包括聚合物、化工工业、原油燃料、科技研发。其中聚烯烃和聚丙烯混合物、环氧丙烷、聚丙烯催化剂、聚丙烯全球产量第一，聚乙烯全球产量第三，氧化类燃料、丙二醇和丙二醇醚全球产量第二，轻质石蜡全球产量第五。在全球五大洲的 19 个国家建有 60 座生产和加工工厂，销售市场覆盖全球 120 多个国家，全球雇员超过 15000 人。

Spheripol 工艺采用一组或两组串联的环管反应器生产聚丙烯均聚物和无规共聚物，再串联一个或两个气相反应器生产抗冲共聚物。该技术自 1982 年首次工业化以来，是迄今最成功、应用最广泛的聚丙烯工艺技术。经原 Himont 公司、原 Montell 公司、原 Basell 公司的推广，截止 2008 年初，采用 Spheripol 工艺的聚丙烯装置包括中国石化国产化设计的装置在内达到 125 套之多，总生产能力达到 24.0Mt/a，分布在全世界 30 个国家，已建成 110 套装置，15 套装置在建设中。采用 Spheripol 工艺的聚丙烯装置总生产能力约占近 25 年来采用高产率工艺新建聚丙烯生产能力的 50%。仅在 1996 年至 2001 年的 5 年中就转让了 5500kt/a 的生产能力。2002 年至 2007 年更有 22 套 7.53Mt/a 新建装置采用 Spheripol 工艺，如果加上这期间国产化设计的 11 套环管装置，总数达 33 套，总产能 10.0Mt/a。

1980~1981 年，Montedison 和 Mitsui 公司合作开发出高效载体第四代聚丙烯球形催化剂和硅烷给电子体，使得开发一种全新的聚丙烯聚合工艺成为可能。Montedison 公司着手组织开发采用第四代聚丙烯催化剂的新一代聚合工艺技术，目标是开发出能够实现工业化的最佳工艺技术。这种新的工艺技术将具有以下特征[10]：

① 能生产市场所需的全范围产品，包括均聚物、无规共聚物、抗冲共聚物，且能生产熔体流动速率更高的均聚物和更高橡胶相含量的高抗冲共聚物。

② 利用球形催化剂来控制聚合物的形态，使生产工艺更为简单，并能充分获得高产率和高等规指数。

③ 具有最小的停留时间，以降低牌号切换时的过渡成本。

④ 使进入挤压造粒的聚合物是完全惰性的(催化剂组分在聚合区域已失活),且不含轻质烃，可以避免危害下游操作并减少环境污染。

经过大量的分析、讨论、比较，Montedison公司的工艺设计人员确定了以下认为是最合理的工艺方案[3]：

① 采用连续的预接触和预聚合以保证预聚合产物质量的稳定性，防止因不同批次所造成的装置波动。

② 较高的预聚合收率(50~100g PP/g cat甚至更高而不是当时通常的2~3g PP/g cat)，使进入第一反应器的催化剂颗粒强度更高。

③ 采用充满丙烯液体的液相本体环管反应器生产均聚物，这种反应器具有很多搅拌釜式反应器所没有的优点。

④ 在能够用冷却水将丙烯冷凝的压力下闪蒸未反应的单体丙烯，用泵将丙烯循环回反应器，而不用能耗高的压缩机。

⑤ 采用气相反应器生产抗冲共聚物的橡胶相，这是生产抗冲共聚物最经济灵活的方法。

第一套采用Spheripol工艺的聚丙烯装置于1982年在意大利的Brindisi建成，只能生产聚丙烯均聚物，生产能力为60kt/a。新装置的建成投产证明了Spheripol工艺的成功。该装置成为Montedison和Hercules合资公司Himont公司的基础。

Spheripol工艺的成功引起了美国最大的PP生产商Hercules的极大兴趣。Hercules在当时的世界聚丙烯市场上占有很大份额，正在寻找一种新的聚丙烯生产技术来更新其庞大但已过时的聚丙烯生产能力。当Hercules公司注意到Montedison一些最新的催化剂和工艺技术研究成果包括第一套Spheripol工艺装置的成功时，技术和资本及市场很快结合在一起。1983年11月，Hercules和Montedison成立聚丙烯合资公司Himont。由于美国市场对抗冲共聚物的大量需求，新成立的Himont公司在评估了Spheripol工艺的经济性之后，开发了抗冲共聚物生产系统，并决定立即在北美尽快建设一个新工厂，任何拖延都被认为是“等同于扔钱”。1985年，第一套带共聚反应器系统的Spheripol工艺装置在美国的Lake Charles建成，生产能力为200kt/a。

1990年，Montedison购买了所有Hercules及公众拥有的Himont公司股票，使Himont公司成为Montedison公司的全资子公司。

截至1995年2月，Himont共转让了50条Spheripol工艺的生产线。Spheripol工艺取得了极大的成功，该技术使聚丙烯生产成本大大降低，引发了聚丙烯生产工艺的革命。

1995年4月，Montedision和Royal Dutch Shell公司将两公司的PP和PE(不包括在美国的业务)业务合并组成Montell Polyolefins公司。Shell公司在美国的聚烯烃业务则于1996年卖给了Union Carbide公司。Montell公司的成立解决了原Himont公司不足的单体供应和Shell公司单体过剩的问题。与Himont公司一样，Montell公司成立后成为当时世界上最大的聚丙烯生产商。1998年，Montell公司成为Royal Dutch Shell公司的全资子公司。

为生产更广泛的产品，并着眼于未来15年左右技术进展的要求，Montell公司对Spheripol工艺作了系统的改进，于1995年推出了新一代Spheripol工艺技术。

新一代Spheripol工艺大大拓宽了工艺操作窗口，能够生产宽分子量分布及其他高性能的均聚、无规和抗冲共聚产品，产品性能范围大大加宽。新工艺将环管反应器的操作压力从3.4MPa提高到4.4MPa，极大地提高了反应器内溶解氢气的浓度，结合新的给电子体和主催化剂可以生产具有高结晶度、高刚性、分子量分布在3.2~12之间等高性能的一系列新产品。与老工艺相比，新一代Spheripol工艺作了很多工艺改进，如催化剂增加D-给电子体，新增氢气汽提和压缩循环系统，改进设计以提高汽蒸干燥的效率，降低事故情况下最大火炬排放量，采用纯的添加剂加入系统以提高产品质量稳定性便于产品切换，等等。这些工艺改进适应了新催化剂的要求和新产品生产的需要，进一步提高了操作的可靠性和装置的安全性，巩固了Spheripol工艺在聚丙烯工艺技术方面的领先地位。

1999年，原Montell公司在法国Berre投产了一套设计能力280kt/a的新一代Spheripol工艺聚丙烯装置。该装置设计有两个气相反应器，采用一台设计能力42t/h的W&P公司制造的挤压机，实际能力可达46t/h，装置满负荷操作的目标是350kt/a，这是当时世界上最大的单线聚丙烯装置。

2002年以后，气相反应器采用新设计，取消了内部刮板。

新一代Spheripol工艺曾经设计了一套氢气汽提单元用于高MFR产品的生产，但自新型琥珀酸酯内给电子体催化剂商业化以后，由于该催化剂适宜生产宽分子量分布的产品，自2007年起Basell取消了工艺中的氢气汽提单元。

Spheripo1工艺之所以取得巨大的成功并始终处于聚丙烯工艺技术的顶端，与该工艺专刊商强大的催化剂研究开发力量和技术创新能力密切相关。早在Natta教授发明聚丙烯的时候就有很多Montecatini公司的研究人员协助，后来Montecatini公司成为Montedison公司后，又相继成为Himont、Montell、Basell公司，虽然公司几经变更，但在聚丙烯的工艺技术、催化剂技术和产品技术方面长期处于领先地位，凝聚在那些科研人员身上的科学精神和他们对聚丙烯工业的革命性贡献却不断光大，有兴趣的读者可以参阅参考文献[3]。

6.5.1.2 工艺特点[3,4]

Spheripol工艺是当今最先进可靠的聚丙烯工艺之一均聚反应采用液相环管反应器，多相共聚采用。与其他技术不同的是，其催化剂生产的粉料呈圆球形，颗粒大而均匀。

Spheripol工艺采用的液相环管反应器有很多优点，前文的Phillips本体法工艺中已有所介绍，如：

① 有很高的反应器时-空产率(可达400 kg PP/h · m^3)，因而反应器的容积较小，投资少。

② 反应器结构简单，材质要求低，可用低温碳钢，设计制造简单。由于管径小(*DN*500~*DN*800)，即使压力较高，管壁也较薄。

③ 带夹套的反应器直腿部分可作为反应器框架的支柱，这种结构设计降低了投资。

④ 由于反应器容积小，停留时间短，产品切换快，过渡料少。

⑤ 聚合物颗粒悬浮于丙烯液体中，聚合物与丙烯之间有很好的热传递。采用冷却夹套撤出反应热，单位体积的传热面积大，传热系数大，据称环管反应器的总体传热系数高达1600W/(m^2 · ℃)。

⑥ 环管反应器内的浆液用轴流泵高速循环，流体流速达7m/s以上，因此可使聚合物淤浆搅拌均匀，催化剂体系分布均匀，聚合反应条件容易控制且可以控制得很精确，产品质量均一，而且不容易产生热点，不容易粘壁，轴流泵的能耗也较低。

⑦ 反应器内聚合物浆液浓度高[>50%(质量分数)]，反应器的单程转化率高，均聚的丙烯单程转化率为50%~65%。

以上这些特点使环管反应器很适宜生产均聚物和无规共聚物。

为了拓宽分子量分布，也由于装置建设大规模的需要，Spheripol 工艺一般采用两个串联的环管反应器。虽然这种设计投资较高，但在产率和催化剂收率相同时，两个反应器的总容积要小于单个反应器的容积。

Spheripol 工艺的抗冲共聚反应采用气相法生产，反应器是一个或两个串联的密相流化床反应器。

多相(抗冲)共聚物采用气相法生产是各个工艺技术普遍的选择：

① 多相共聚反应是在均聚反应后进行，聚合物颗粒来自均聚反应器，在多相共聚反应器中不再有催化剂组分的分布问题。

② 在多相共聚反应时要加入乙烯，而乙烯的反应速率很快，动力学常数大，因此反应所需的停留时间短，而反应的压力可以低。

③ 气相反应系统不存在液相单体或溶剂，而使聚合物具有抗冲击性能的无定形橡胶相(EPR)是高度可溶于液相烃类单体的。这样，惟一经济可行的方法是将均聚物和橡胶相的生产分成两步进行，将橡胶相添加到均聚物母体上，流化床反应器是生产橡胶相最经济可靠的方法，气相反应中生成的橡胶相不会被溶解出来。这不但对保证共聚物的质量有利，而且所生成的共聚物的表面不易发粘。这对减轻共聚物挂壁或结块堵塞都有好处。

以上三个原因，为多相共聚采用气相工艺创造了非常有利的条件，而且采用气相反应器生产橡胶相还有以下一些优点：颗粒的流动性好，不发粘；可设计较高的流化速率使气体和颗粒之间的传热系数较高，可采用循环气体冷却撤热；流化床内温度和气体组成分布均匀；当颗粒粒度分布(PSD)窄时可以有很好的流化和分离；选择合适的操作条件可以使催化剂的活性得到较好的保持。

至于 Spheripol 工艺的多相共聚反应器为什么采用气相法密相流化床，这是基于其催化剂的粒径大而且圆，因此所生成的聚合物颗粒大(粒径 2mm 左右)，且粒径分布窄，颗粒呈球形，流动性好，堆积密度高(450kg/m^3)，不像细粉那样容易被气流吹走。这样就为采用密相流化床反应器创造了极为有利的条件，从而可以缩小反应器的体积，不需要在稀相流化床反应器上留有很大的气-固分离空间，因而不但降低造价，节省能耗，同时也减少了挂壁的机会。这种形式的反应器时-空产率可达 80kg EPR/h · m^3(总反应器容积)，容积利用率接近 50%，因而反应器容积远小于其他类型的流化床反应器。

采用一个气相反应器系统可以生产乙烯含量在 8%～12%(质量分数)的抗冲共聚物。如需生产橡胶相含量更高且可能具有一个以上分散相的特殊抗冲共聚物(如低应力白点产品)，则需要设计两个气相反应器系统，保持两个气相反应器系统中的气相组成和操作条件独立，可以获得两种不同的共聚物添加到均聚物中。

采用汽蒸和干燥两步法处理聚合物，先向聚合物吹入蒸汽，将夹带的微量单体吹脱出来，并分解残余催化剂，聚合物随后用闭路循环的热氮气进行干燥。这种两步法与向脱气仓中通入氮气和蒸汽混合气的一步处理方法相比虽然增加了一些设备，但可以很容易将汽蒸尾气中的蒸汽冷凝而分离出纯烃类单体，能够完全回收利用尾气中的烃类，降低单体的消耗。闭路氮气干燥系统也降低了装置的氮气消耗量。如要将脱气仓排放的低压尾气中的烃类分离回收，需要采用复杂的膜分离技术，且不能完全分离，而送火炬烧掉则增加单体的消耗。

此外，Spheripol 工艺采用模块化设计方式可以满足不同用户的要求，易于分步建设(如先上均聚物生产系统,再适时增加气相反应系统),装置的生产能力也容易扩大。

Spheripol 工艺有严格完善的安全系统设计，使装置有很高的操作稳定性和安全性。

新一代 Spheripol 工艺采用纯的或变配添加剂加入系统，使产品质量更加均一稳定，而且方便产品切换。

Spheripol 工艺技术能提供全范围的产品，包括均聚物、无规共聚物、抗冲共聚物、三元共聚物(乙烯-丙烯-丁烯共聚物)。其均聚物产品的 MFR 范围为 0.1~2000g/10min，工业化产品的 MFR 达到 1860g/10min(特殊的不造粒产品),高刚性产品的弯曲模量达到 2300MPa。

工业化生产的无规共聚物产品中乙烯含量高达 4.5%（质量分数），并有乙烯-丙烯-丁烯三元共聚物产品，薄膜起始热封温度低至 110℃，可与气相法工艺生产的高乙烯含量无规共聚物竞争。

抗冲共聚产品乙烯含量可高达 25%(40%橡胶相),并已具有达到 40%乙烯含量(60%橡胶相)的能力。抗冲共聚产品具有很好的刚性和抗冲击性的综合性能。

此外，Spheripol 工艺可通过添加过氧化物和双环管反应器灵活地根据产品需要在聚合物分散指数(PI)3.2~12 之间调节产品的分子量分布，可以在反应器内直接生产 MFR 高达 1800g/10min 的产品，及大颗粒无需造粒产品，使 Spheripol 工艺具有极强的竞争力。

Spheripol 工艺的另一特点是先进的催化剂技术。Basell 公司有多种催化剂体系可用于 Spheripol 工艺生产不同类型的产品，如 MC-GF2A 催化剂用于生产均聚物，MC-M1 用于生产大球形的抗冲共聚物及均聚物和无规共聚物，而一些高模量的均聚物则要使用 D-给电子体(二环戊基-二甲氧基-硅烷,简称 DCPMC)。一些高乙烯含量的特殊抗冲共聚物也要使用专用的催化剂。Basell 公司注册了多项专利的二醚类催化剂也已经有了商业化产品，如MC-126、MC-127。二醚类催化剂具有很高的聚合活性(可达 100t PP/kg cat)和长寿命，很好的等规指数控制，高的氢气敏感性，产品有较窄的分子量分布。MC-126、MC-127 催化剂可以生产一些高性能的产品，如：宽分子量分布的高刚性注射成型产品，超高 MFR 的熔喷成纤产品，窄 MWD 的纺粘产品，高纯度 BOPP 产品以及注射成型的薄壁容器产品等。

2001 年起，Basell 以 Avant 商品名称生产和推销先进催化剂系统，包括上述各类催化剂和第五代琥珀酸酯催化剂及茂金属催化剂。

最近几年，Spheripol 工艺的主要进展如下：

① 以琥珀酸酯为内给电子体的第五代新型催化剂投入工业化生产。这种催化剂虽然较贵，但具有良好的从中等到很高的立构规整性控制和非常宽的相对分子量分布（MWD）的特点，可用于控制流变聚合物、高刚性均聚物、综合性能优异的抗冲共聚物等高性能特殊产品的生产。

② 琥珀酸酯类催化剂的应用，使得工艺得到简化。十几年前，新一代 Spheripol 工艺为生产宽 MWD 产品而增加的氢气汽提系统得以取消。

③ 也由于琥珀酸酯类催化剂的特点，使得只用 1 组环管反应器生产宽 MWD 产品成为可能，而以前必须通过 2 个串联的反应器，分别控制不同的氢气浓度才能生产。

④ 取消了气相反应器内部的刮壁器，通过一个从反应器底部出料口到反应器上部的粉料循环管线来防止出料口的堵塞。新设计简化了气相反应器的设计和制造。

⑤ 设计停留时间缩短到1h，大规模装置的环管反应器设计改进，采用单环管方案。

⑥ 高压闪蒸单元的设计改进，简化了工艺流程。

⑦ 加强工艺技术的专利保护。2007年至2009年，BASELL POLIOLEFINE ITALIA S. R. L申请了十几个世界专利[17~24]，这些公开专利包括主催化剂制备程序[17]、桥连接出料方式[23]、新型闪蒸罐设计[22]、新型气相反应器系统[24]及气相反应器分布器[18]、聚合物汽蒸干燥工艺[19]等，包括了Spheripol工艺所有核心技术和主要单元操作设计。

⑧ 目前设计中的最大装置达到单线525kt/a（SABIC，YANBU），双线700kt/a（Qatar Petroleum/Honam Petrochemical，Mesaieed）。

6.5.1.3 工艺过程

Spheripol工艺过程包括原料精制、催化剂制备、预聚合及液相本体反应系统、气相反应系统、聚合物脱气及单体回收、聚合物汽蒸干燥、挤压造粒等工序。

对于老的Spheripol工艺，能力小于100kt/a的装置可以设计成单环管反应器系统。但新一代Spheripol工艺则设计成两个环管反应器，以拓宽分子量分布。图6-18为两个环管反应器加一个抗冲共聚反应器工艺流程示意图。

与其他工艺相同，由于催化剂对某些杂质极为敏感，一般都要设计原料精制系统以除去这些杂质。化学级丙烯去除毒害催化剂的杂质后也可直接用于聚合，但装置的丙烷排放量加大。

桶装的固体催化剂在装置内要用烃油和脂配制成混合均匀的催化剂膏，然后用液压操作的催化剂注入器加入反应器系统。助催化剂和给电子体分别用计量泵加入预聚合反应器，3种催化剂在进入预聚合反应器之前先在小的容器内预接触混合活化，使不同的催化剂颗粒和单个催化剂颗粒内部具有相同的催化活性，然后用低温丙烯将催化剂混合物带入预聚合反应器。预聚合反应器是一个小的环管反应器，在较低温度下，催化剂被生成的少量聚丙烯包裹，以提高催化剂颗粒的机械强度，避免在主反应阶段因高强度聚合反应而使催化剂颗粒破碎。预聚合也能显著提高催化剂活性，但其机理目前尚不完全清楚。

均聚物、乙烯-丙烯无规共聚物和乙烯-丙烯-丁烯无规三元共聚物的聚合反应是在两组串联的环管反应器中进行。每组反应器由4或6(取决于装置的生产能力)根管组成2或3个环，反应器底部配有一台轴流循环泵以保证浆液高速循环。

预聚合后的催化剂淤浆进入第一组环管反应器，在此加入单体丙烯和调节分子量的氢气。一部分丙烯进行了聚合，余下的丙烯仍为液态而作为固体聚合物的稀释剂。循环泵使淤浆高速循环并混合均匀，以防止固体沉积和改进传热效果。聚合物浆液连续从第一反应器底部排至第二环管反应器，第二反应器中也加入液态丙烯和氢。两组环管反应器内的淤浆浓度均保持在55%(质量分数)左右。

生产无规共聚物时，乙烯同时加入第一组和第二组反应器，生产无规三元共聚物时，乙烯和丁烯同时加入第一和第二反应器，氢和乙烯均用往复式压缩机送入，丁烯用泵打入。

聚合反应的压力为3.4~4.4MPa，反应温度为70~80℃。与老的工艺相比，新一代Spheripol工艺的聚合温度有所提高，催化剂的活性更高，产品的结晶度和等规指数更高。用冷却水夹套导出反应热，通过板式换热器用循环冷却水将聚合热撤出反应系统。反应的压力、温度和淤浆浓度都是自动监测和自动控制的。

包括抗冲共聚反应器在内的总停留时间为1.5h，生产均聚物的停留时间要低10%。

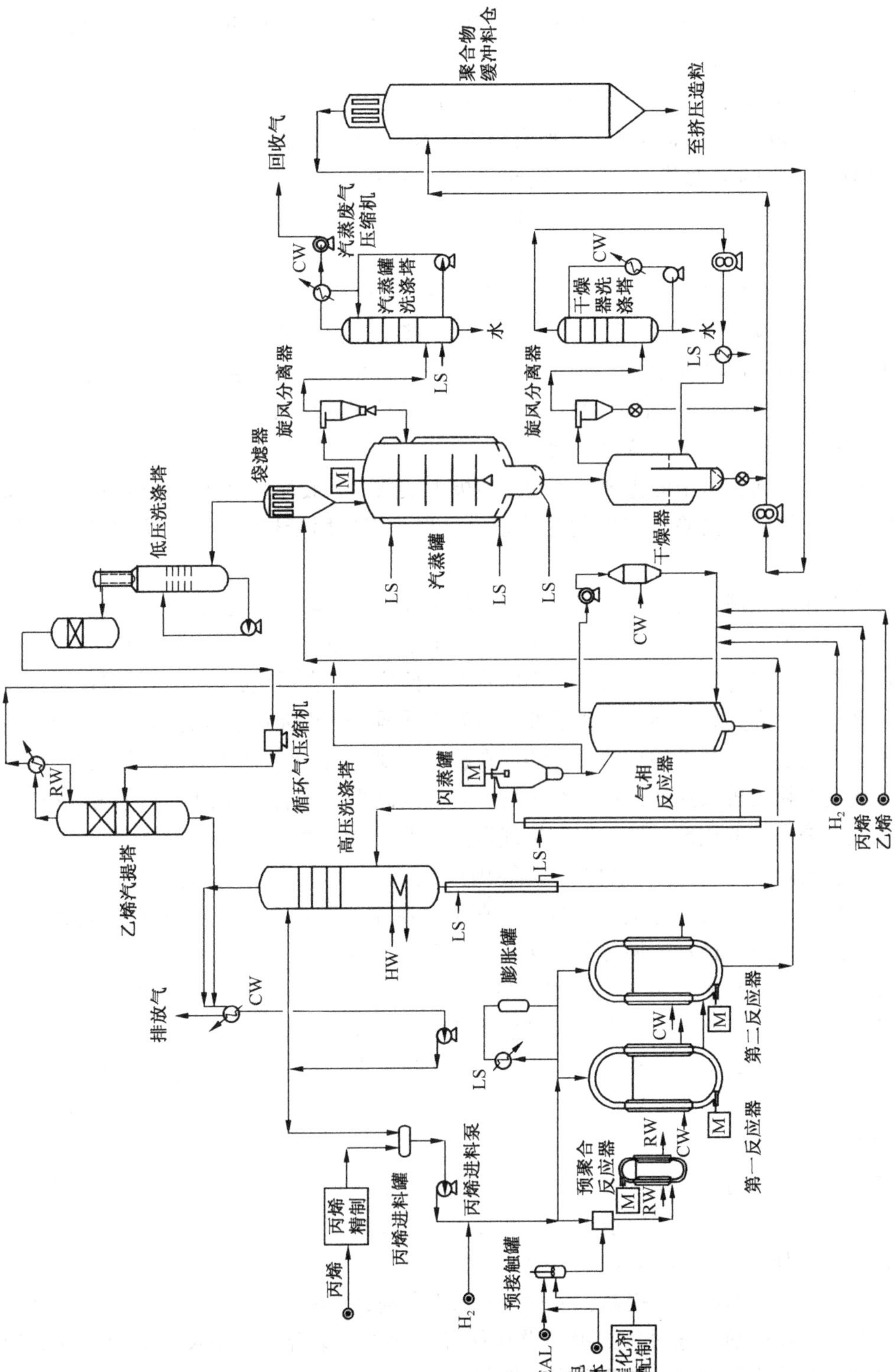

图6-18 Spheripol 工艺流程简图

高速循环的一部分聚合物淤浆从第二反应器底部连续排出，经过一条加热管(又称闪蒸加热管)用蒸汽加热以保证随浆液排出的液相单体全部气化，然后将气态和固态的物料送到旋风分离器式闪蒸罐，在约1.8MPa压力下将未反应的丙烯闪蒸出去而与聚合物分离。

从闪蒸罐分离出来的未反应的丙烯、丙烷气体，与从袋滤器顶部分离出来经压缩升压后的丙烯气体一起进入高压丙烯洗涤塔，洗去气体中夹带的微量聚合物粉末。洗涤后的气体经冷却和冷凝后送至丙烯进料罐，在此与补充的新鲜丙烯混合，再用泵送至聚合反应器使用。

高压闪蒸后的聚合物仍含有少量单体，进一步用接近常压操作的袋滤器分离出单体或在生产抗冲共聚物时加入气相反应器。袋滤器的操作压力约0.05MPa，分离出的低压气体经洗涤并压缩至1.8MPa以上与高压闪蒸的气体一起循环回反应器。

生产抗冲共聚物时，使用一个共聚反应器，生产聚烯烃合金(如低应力白点产品)时需要连续使用两个共聚反应器。从闪蒸罐底部出来的均聚物粉料直接进入第一共聚反应器。与此同时，按一定比例恒定加入乙烯、丙烯和氢气，以达到共聚产品所需要的聚合物组成和性质。聚合反应热靠循环气体的冷却而导出。第一共聚反应器的温度为80℃，反应压力为1.1~1.4MPa，停留时间为20~40min。反应器为立式筒形容器，内设有转速很低的刮板搅拌器，但最新的工艺设计则取消了刮板搅拌器。粉料料面控制高度为70%~80%。

气相反应的控制，是靠调节反应器内的气体组成(特别是乙烯对乙烯加丙烯的摩尔比，和氢气对乙烯的比)、总的系统压力、反应温度及料面高度(停留时间)来实现的。

如果要生产聚烯烃合金，则从第一共聚反应器底部出来的粉料在压力下先送到一个旋风分离器。分离出来的气体返回到前面的袋滤器，固体粉料进入第二共聚反应器。在此再按一定比例恒定加入丙烯、乙烯和氢气，以生成聚烯烃合金。

第二共聚反应温度为60~100℃，其他条件与第一共聚反应器类似。反应器的容积和尺寸也与第一反应器相同。虽然两个气相反应器可以保证较高的特殊抗冲共聚物产量，但用气相反应器在商业上已经生产出总乙烯含量高达25%(质量分数)的抗冲共聚物。

从气相反应器底部出来的抗冲共聚物粉料，排入袋滤器，分离出粉料中未反应的丙烯、乙烯、氢气等。该低压气体压缩升压后经精馏塔分离出乙烯和氢气并循环回气相反应器，塔底丙烯则循环回均聚反应器。

从袋滤器排出的聚合物粉料仍含有1%~2%(质量分数)的单体，需要进一步处理以脱除粉料中夹带的未反应丙烯和丙烷，并使催化剂失去活性，以保证产品质量。其生产过程是：从袋滤器底部出来的粉料进入汽蒸罐，在此与低压蒸汽直接接触，吹除粉料中的丙烯和丙烷，也使残留催化剂失去活性。蒸汽经冷凝后排至隔油池后再送生化处理，被蒸出的丙烯和丙烷压缩升压后送出界区以便回收。

从汽蒸罐出来的粉料被送到流化床干燥器，在此停留约5~10min，用闭路循环的热氮气吹除粉料表面的水分。干燥后的粉料用闭路氮气气流输送系统送至粉料料仓并进一步挤压造粒。Spheripol工艺一般设计有较大的粉料中间料仓，使聚合系统和挤压造粒之间留有较大的缓冲时间，以便于挤压机故障时检修而不必将聚合系统停车，提高装置操作的连续性。

聚合物粉料从干燥器出来后被送到粉料料仓，经计量后连续送入挤压机，在此与添加剂混合、熔融、塑化，再经水下切粒，并经干燥、筛分后，送到掺混料仓。掺混后送入包装料仓包装成袋，也可散装出厂，取决于用户的要求。

6.5.2　中国石化环管法聚丙烯工艺

中国石化自 1995 年开始开发基于环管反应器、采用中国石化聚丙烯 N 型催化剂的聚丙烯成套技术。在 1998 年至 1999 年之间建成了 7 套 70kt/a 和 1 套 100kt/a 的聚丙烯装置，全部采用一组 6 腿的环管反应器。称之为中国石化第一代环管法工艺。

1999 年中国石化又开发出第二代环管聚丙烯成套工艺技术，采用中国石化 N 型或 DQ 催化剂，能够生产双峰分布产品和高性能抗冲共聚物等全范围聚丙烯产品。该技术达到国外新一代 Spheripol 工艺水平。自 2002 年至 2010 年采用该技术已建成 10 套 100～300kt/a 的装置，另有 8 套 100～350kt/a 的装置在设计建设中。截止 2010 年底，建成和在建累计 26 套装置、5200kt/a 的产能采用中国石化环管法聚丙烯成套技术，占我国现有和在建聚丙烯装置数量和产能的 30%以上，成为中国市场上最主要的聚丙烯工艺技术。

2000 年以来，中国石化集团公司进一步加强了聚丙烯核心技术的开发，包括催化剂、产品牌号、工艺技术和重大装备的国产化，组成了催化剂研发和生产、产品牌号开发、产品性能表征、工艺及工程技术开发等一套完整的技术队伍和体系，形成了催化剂技术、工程技术和产品技术在内完整的聚丙烯成套核心技术。

2002 年 2 月，第一套带气相反应器的 200kt/a 装置在上海石化建成投产。

2006 年，第一套 300kt/a 的双环管装置在茂名投产。2010 年 1 月，第一套带气相反应器的 300kt/a 装置在中国石化镇海分公司建成投产。

2008 年，规模为 400kt/a 装置的成套技术工艺包通过中国石化内部审核。

近几年来，中国石化依托其催化剂技术和环管中试装置，开发出拥有自主知识产权的非对称外给电子体技术，以调整催化剂的立构定向性、氢调敏感性、共聚性能等，结合聚合工艺条件的调整，实现高性能聚丙烯产品的生产。已经开发出耐酸碱的高性能管材料、均聚高速 BOPP 专用料、高熔体强度及高熔指抗冲聚丙烯等商业化产品，投入批量工业化生产。此外还开发出丙烯/丁烯无规共聚技术，生产高透明、低热封温度的丙/丁二元无规共聚物。2011 年起，包括这些高端产品在内的成套工艺技术称为中国石化第三代环管工艺。中国石化环管法聚丙烯成套技术的开发、改进和在国内的广泛应用，使我国的聚丙烯技术跃升为国际先进水平，可以为国内任何规模的聚丙烯装置建设提供具有国际一流水平的成套技术包。

中国石化环管法聚丙烯流程简图见图 6-19。

6.5.3　Hypol Ⅱ及 Hypol 工艺[4]

6.5.3.1　工艺概况

2005 年 4 月，三井化学（Mitsui Chemicals Industries）和出光兴产（Idemitsu Kosan）成立合资公司 Prime Polymer，在 Prime Polymer 中，三井化学占有 65%股份，出光兴产占其余的 35%股份。Hypol Ⅱ聚丙烯工艺技术转入 Prime Polymer 公司。Hypol 聚丙烯工艺早在 10 多年前就已被市场淘汰。

MPC（Mitsui Petrochemical Ind. Ltd. 三井油化，简称 MPC）公司在 20 世纪 80 年代初期开发出 Hypol 工艺。1997 年 10 月，MPC 和 Mitsui Toatsui Chemicals, Inc. 合并组成三井化学公司，MPC 公司的 Hypol 工艺改称三井化学 Hypol 工艺。

MPC 公司的聚烯烃技术始于 1958 年。1965 年研制出丙烯聚合的 Ziegler 催化剂系列，并把这种催化剂系列同其在 HDPE 领域所开发的生产工艺相结合，于 1968 年建成了第一个 PP 工厂(1PP)，1969 年建成第二个 PP 工厂(2PP)。

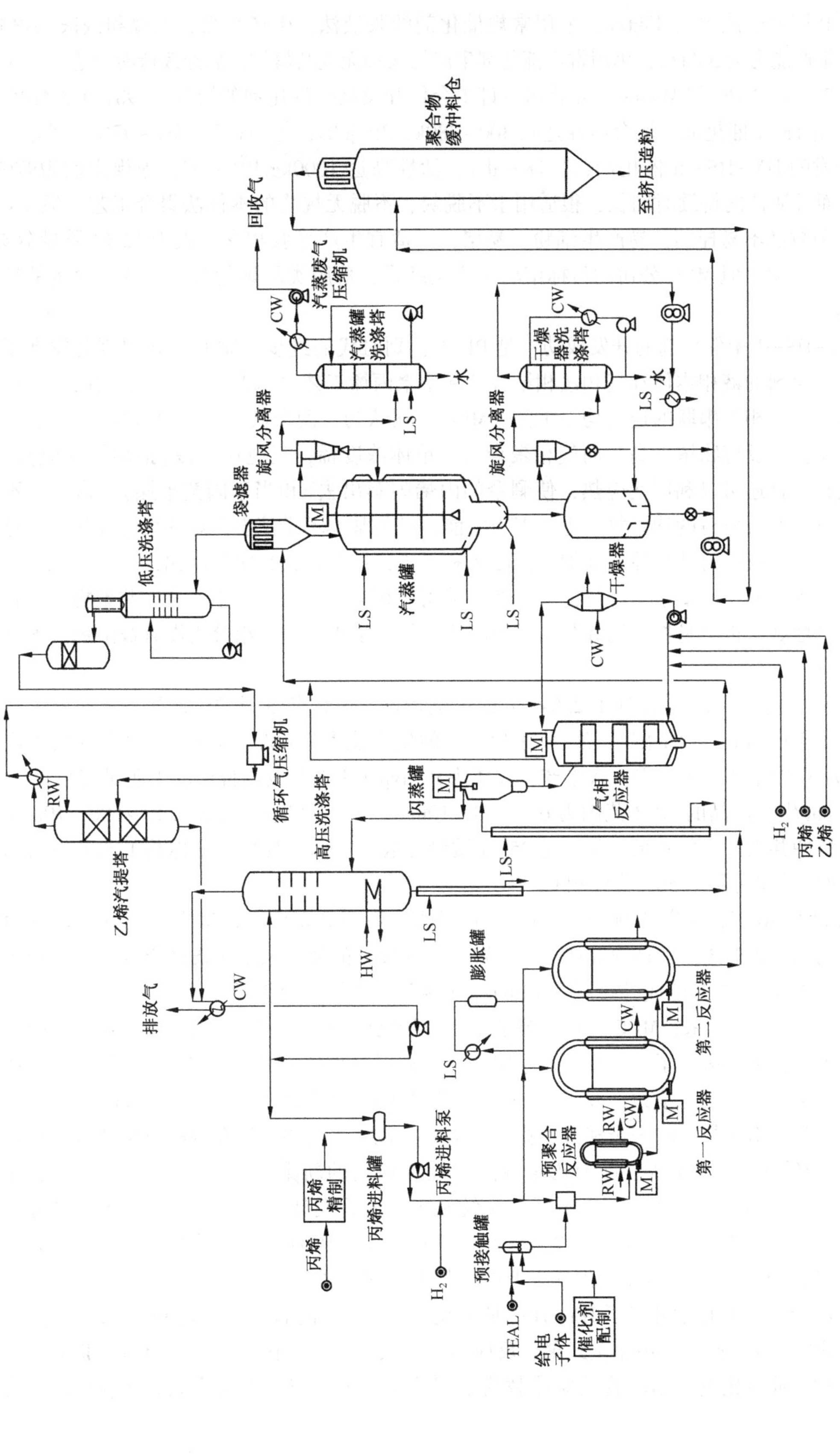

图6-19　中国石化环管法流程简图

1PP 厂生产能力为 45kt/a，采用常规催化剂的浆液法，生产均聚、无规和嵌段共聚物。2PP 厂生产能力为 55kt/a，仍用常规催化剂生产均聚和无规共聚物，后经改造能力达80kt/a。

1975 年，MPC 和 Montedison 公司签订了合作开发高效催化剂的协议。1981 年，MPC 公司开发出 TK-I 催化剂，聚合活性达到 300～380kg PP/g Ti，等规指数 95%～97%。经进一步研究开发的 HY-HS-Ⅱ催化剂(即 TK-Ⅱ)，活性高达 1000kg PP/g Ti、等规指数为97%～98%，而且活性的持续时间长，很适用于不脱灰、不脱无规物的本体法聚合工艺。但 TK 催化剂的颗粒度不易控制，易产生细粉，易堵，不适宜生产橡胶相含量大于 12%(质量分数)的抗冲共聚物。但 MPC 公司的目标市场主要是纤维、薄膜类均聚物和低橡胶相含量的抗冲共聚物。

HY-HS-II 型催化剂的开发成功，是 PP 工艺划时代的进步，MPC 公司也因此发展了基于这种催化剂的液相本体和气相法相结合的新型聚丙烯工艺 Hypol 工艺，即采用两个液相聚合釜和一个气相釜串联的连续均聚工艺。MPC 公司认为，两个液相釜的聚合反应比较均匀，反应速率快，反应物浓度高，而气相聚合时，单体浓度稀，反应速率慢(指均聚反应)。此外，气相聚合还可以利用反应热，使剩余的丙烯闪蒸出去(相当于闪蒸干燥)。这样，不但节省能量，而且所得的均聚物在进共聚釜之前，已是基本不带液态丙烯的聚丙烯粉料。这就便于抗冲共聚反应时严格控制新加入的乙烯和丙烯，使其达到预定的配比，从而使抗冲共聚产品达至预期的性能要求。经过比较选择，采用气相流化床反应器生产抗冲共聚物。气相反应器经济性好，也容易控制乙烯与丙烯的配比，聚合物中的橡胶组分也没有被溶剂溶解或溶胀的问题。

MPC 公司于 1980 年设计了 250kg/h 的中试装置，1981 年 3 月中试装置开始运转。1982 年设计了年产 80kt/a(两条生产线,每条生产线的生产能力为 40kt/a)的第三套聚丙烯生产装置(称为 3PP),1984 年春季投入生产，并成为其 Hypol 工艺开发与推广的工业研究装置。

Hypol 生产产品的 MFR 范围为 0. 3～80g/10min，据称可生产 MFR 0. 10～600g/10min 的产品，抗冲共聚产品的乙烯含量已达 25%(质量分数)(40%橡胶相),据称其工艺可使乙烯含量达 30%(质量分数)(50%橡胶相)。

20 世纪 80 年代末期和 90 年代初期，在日本、中国和东南亚国家有十几套新建聚丙烯装置采用 Hypol 工艺，都是中等规模的装置，一些较大的装置采用两条聚合生产线。扬子石化公司于 1987 年 7 月建成并投产了 140kt/a（两条生产线）聚丙烯装置。

20 世纪 80 年代末，MPC 公司发展了单台液相反应器和一台气相反应器结合，生产均聚产品的工艺，由于减少了一套反应器系统，使流程得以简化，更易于控制，并且不影响产品的质量，增强了工艺竞争力，并于 1993 年在洛阳炼油厂聚丙烯厂(50kt/a)实现工业化。

近年来，由于技术的进步和市场竞争的加剧，包括聚丙烯装置在内的石化装置的建设向大型化、经济性方向发展。近十几年各国建设和拟建的新聚丙烯装置的规模基本上都在200kt/a以上，而 Hypol 工艺复杂的反应系统和工艺流程设计和较高的投资使之难以适宜大规模装置的建设要求，自 1997 年以来已经渐渐被淘汰，成为一种过时的工艺技术，其生命周期仅有 15 年，这也反应了聚丙烯工业的勃勃生机和发展迅猛。

1997 年，三井化学开发了 HY-HS-Ⅲ催化剂(RK-催化剂),活性达到 40kg PP/g cat.，等规指数≥98%。同年，由于釜式聚合反应器的局限性，三井化学推出了 Hypol Ⅱ工艺，采用 HY-HS-Ⅲ催化剂，用环管反应器替代了釜式反应器。根据有关资料，Hypol Ⅱ工艺与

Spheripol 工艺的主要区别在于气相反应器设计，其他单元包括催化剂及预聚合都与 Spheripol 工艺基本相同。据称 Hypol Ⅱ工艺可以使装置的总投资相比 Hypol 工艺降低大约 15%。2004 年，三井化学在日本投产了一套 300kt/a 的 Hypol Ⅱ装置，2010 年在泰国的 Map Ta Phut 建成一套 400kt/a 的装置。

Hypol Ⅱ工艺采用两个串联的反应器系统生产均聚物和抗冲共聚物。第一个反应系统采用两个环管反应器，停留时间 1~1.5h。第二反应器系统采用一个下部带刮壁式搅拌器的流化床反应器，即原来的 Hypol 气相反应器，停留时间 0.5~1.0h。Hypol Ⅱ工艺示意图见图 6-20a。

全球采用 Hypol 和 Hypol Ⅱ工艺的聚丙烯装置有 25 套，总产能 2540kt/a，其中 Hypol Ⅱ装置 4 套。

6.5.3.2 工艺特点

Hypol 工艺采用 HY-HS-Ⅱ催化剂(TK-Ⅱ),是一种多级聚合工艺。它把本体法丙烯聚合工艺的优点同气相法聚合工艺的优点融为一体，是一种不脱灰、不脱无规物能生产多种牌号聚丙烯产品的组合式工艺技术。

均聚聚丙烯的聚合分两段进行：第一阶段进行丙烯液相本体聚合，在这种聚合中能获得很高的反应速率；生成的浆液送入第二阶段的气相反应器。在气相反应进行的同时，液态丙烯靠气相反应热蒸发成蒸气，进料丙烯的气化也带走了反应热。

Hypol 工艺的特点如下：

① 主催化剂需要进行预聚合处理。预聚合处理采用间歇批量法，在通过预聚和动态过滤使全部催化剂颗粒都能处理得非常均匀。预处理和进料系统具有很高的可靠性。

② 串联的多级反应系统可有效降低催化剂的“短路现象”。

③ 在液相反应器和气相反应器没有发现影响连续操作的聚合物挂壁现象。

④ 大量液态丙烯依靠气相聚合的反应热进行气化，降低了蒸汽的消耗量。

⑤ 立体选择性的催化剂 HY-HS-Ⅱ具有极高的活性，其转化率高达 10^6g PP/g Ti，且具有很长的持续活性，到第四釜仍有足够活性，能保证第四釜的正常生产。

⑥ 聚合物的颗粒大小控制，从工艺操作性来说，在工艺过程中控制聚合物粉粒的性能非常重要。因此聚合物颗粒必须具有很好的刚性、球状、大小均匀、很好的流动性(不粘连、不结块),不仅在均聚工艺中，而且在共聚工艺中也应如此。如果使聚合物的形状变为均匀的球状，则颗粒尺寸分布很窄，而且平均颗粒大小可以控制，能稳定工厂操作。采用 HY-HS-Ⅱ催化剂可生产出能满足全部上述条件并具有很高堆密度的高质量的球状聚合物颗粒。

⑦ 聚合物的物理性能，具有很高的立体规整度和刚性；制成的薄膜具有极好的光学性能(透明度和光泽度);定向品种如单丝、条带和纤维有很好的加工性(定向性),能使成品具有很好的性能；熔体流动速率很高，用于高速注塑的品种可直接聚合得到，而不需要热处理等措施(如 J900 品种)。

6.5.3.3 工艺过程

图 6-20b 所示为三井化学的 Hypol 工艺流程示意图，主流程包括原料精制、催化剂进料系统、反应器系统、单体闪蒸、循环、聚合物脱气和挤压造粒等，进料丙烯一般都要进行必要的精制处理以除去一些对催化剂起毒害作用的杂质如水、硫等。

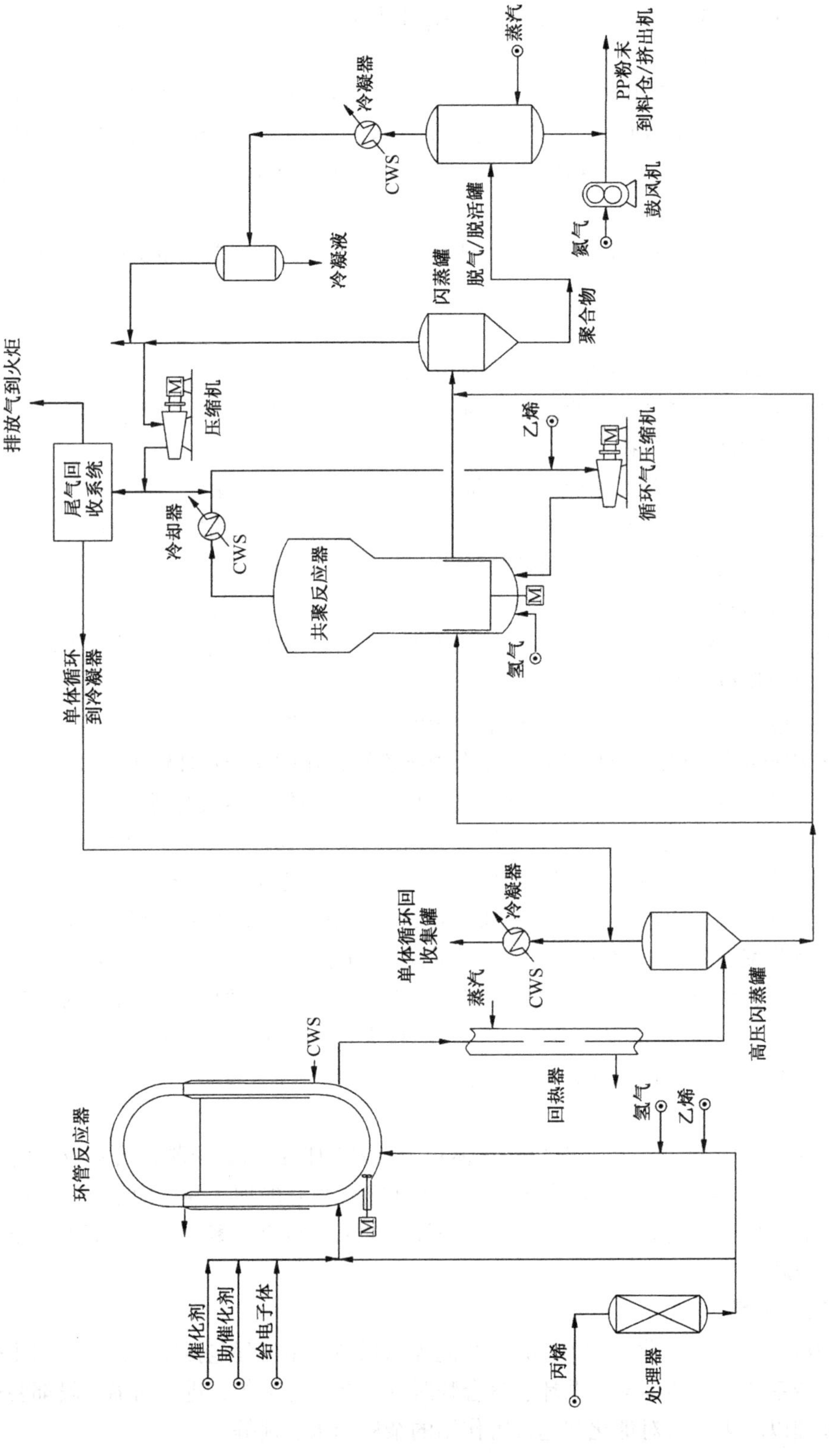

图6-20a　Hypol Ⅱ工艺流程示意图

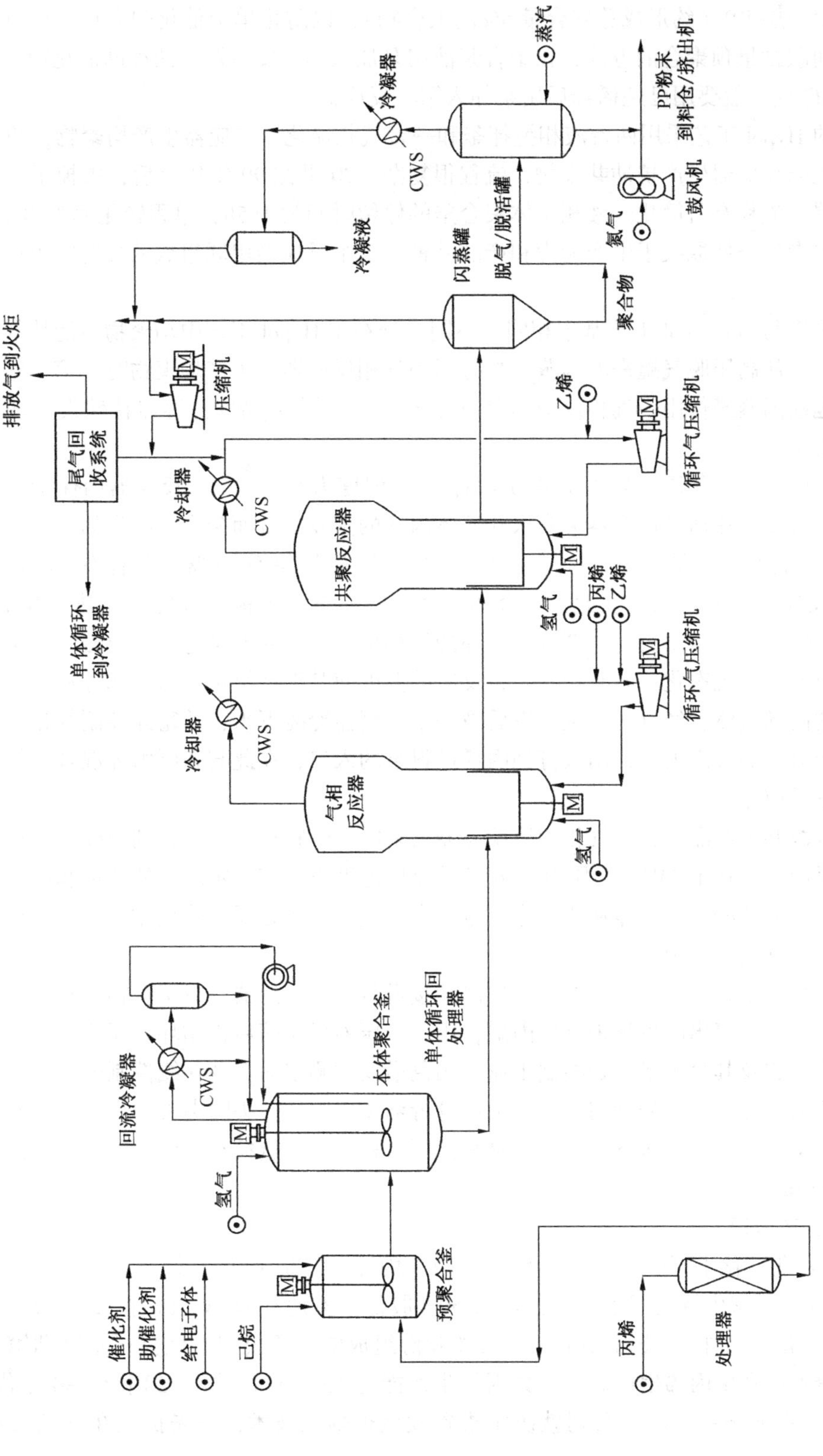

图 6－20b　Hypol 工艺流程示意图

Hypol 工艺采用的主催化剂是 HY-HS-Ⅱ钛催化剂，是三井化学的专利产品。助催化剂可以从市场购买。固体主催化剂需要用己烷配制成浆液并加入少量丙烯进行预聚合，使催化剂表面预聚一层 PP（约形成总聚合量 5%的聚合物），以防止单个催化剂颗粒活性过高。采用搅拌釜间歇批量预聚合的方式，预聚合浆液用泵加入第一反应器。两种助催化剂三乙基铝(TEAL)和硅烷一般要用己烷稀释后用泵加入第一反应器。

早期的 Hypol 工艺采用两台液相搅拌釜和一台气相流化床反应器生产均聚物，再串联一台气相流化床反应器生产抗冲共聚物，流程很复杂。20 世纪 90 年代以后，去掉了一台液相釜式反应器，流程有所简化。液相本体聚合釜的停留时间为 1.5h，单程转化率为 50%。

反应器操作条件取决于生产能力和产品品种。三个反应器串联组成的装置能生产所有产品品种。

工艺操作与 Spheripol 工艺基本相同，不同之处在于 Hypol 工艺中均聚物不能从气相反应器旁路，部分从高压脱气罐来的闪蒸气被打回到气相反应器，生产均聚物时，第一气相反应器实际上也起闪蒸罐作用。气相反应器是基于流化床和搅拌(刮板)容器特殊设计的，反应停留时间为 1h。

液相反应器的操作压力为 3.0~4.0MPa，反应温度为 65~75℃。反应器内保持一定的浆液浓度，聚合反应热通过反应器夹套水和液体丙烯的蒸发冷凝而撤出，冷凝的丙烯又回流到反应器中，均聚反应器出来的聚合物浆液进入气相均聚反应器，其操作压力为1.7~2.0MPa，反应温度为 80℃。在此，聚合物浆液中的液态丙烯被聚合的反应热气化而蒸发。蒸发出的丙烯气体经冷却后，一部分再循环到气相反应器的底部又进入反应器，使聚合物在此气相反应器中呈流态化，同时控制聚合反应的温度使其保持恒定。另一部分从气相反应器顶部出来的丙烯气体，经过丙烯洗涤塔后被一个冷凝器冷凝下来，并籍此控制气相反应器中的压力。冷凝后的液态丙烯，用泵打到丙烯进料泵的入口，在此与新鲜丙烯混合，然后再加入液相均聚反应器。

生产嵌段共聚产品时，从气相均聚反应器出来的聚合物粉料，被送到同样带搅拌刮板的气相共聚反应器。在 1.2MPa 的压力和 70℃的反应温度下，与一定配比的乙烯和丙烯进行嵌段共聚反应，循环的丙烯气体从流化床反应器底部进入。聚合反应热被循环气体带出，再经冷却后又循环到反应器中。

反应所得的聚合物，经排料控制阀排出至接近常压的袋滤器，将聚合物与夹带的少量未反应单体分离。分离出的少量未反应丙烯，用一台压缩机压缩后再循环到反应器中，反应器中的聚合物组成及其分子量，是根据工业气相色谱仪的测定而实现在线控制的。

分离后的聚合物粉末分别用氮气和蒸汽进行催化剂脱活并去除夹带的少量单体及随催化剂带入的微量己烷，然后送下游粉末储罐和挤压造粒。挤压造粒与其他工艺基本相同。

6.5.4 Borstar 工艺

6.5.4.1 工艺概况

Borealis(北欧化工)的 Borstar®(北星双峰)聚丙烯工艺是 1998 开始开发的新型聚丙烯工艺。Borealis 是一家由挪威国家石油公司持 50%股份，奥地利 OMV 公司持 25%股份，阿联酋阿布扎比国际石油投资公司(IPIC)持 25%股份组成的合资公司。该公司是欧洲第二、全球第四大聚乙烯和聚丙烯生产商，有聚丙烯生产能力 1375kt/a。早在 20 世纪 80 年代前期，Borealis 公司的前身——Neste 公司就决定投资发展聚烯烃技术，首先扩大在欧洲市场的份额，同时开发新的专有技术，以期未来在持续增长的聚烯烃市场中占有领先地位。在20世纪80年代中期，Neste公司建立了聚烯烃催化剂和聚合技术的实验室和中试装置，在此基础上开发放大Borstar技术至工业规模。

Borealis公司的北星双峰聚丙烯(Borstar®)工艺源于北星双峰聚乙烯工艺(Borstar®)。北星双峰聚乙烯工艺技术使用环管反应器以丙烷为溶剂在超临界条件下进行聚合反应，生成的聚合物进入气相流化床反应器进一步反应，可以生产双峰聚乙烯产品。采用该技术的第一套聚乙烯工业装置于1995年在芬兰投产，原设计能力为120kt/a，现生产能力已达160kt/a。

北星双峰聚丙烯工艺采用与北星双峰聚乙烯工艺相同的环管和气相反应器，采用模块化设计的概念，根据目标市场和产品方案，可以灵活地选择工厂配置。其基本配置是采用双反应器即环管反应器串联气相反应器生产均聚物和无规共聚物，再串联一台或两台气相反应器生产抗冲共聚物，这取决于最终产品中的橡胶相含量，如生产高橡胶相含量的抗冲共聚物则需要第二台气相共聚反应器。

1998年，在第一套北星双峰聚乙烯装置投产3年后，Borealis公司决定建设第一套采用北星双峰聚丙烯工艺的工业装置，设计能力为200kt/a，建在奥地利的Schwechat。该装置于2000年5月建成投产。新装置的建成取代了原来的两条浆液法生产线(总能力130kt/a)，这两条老生产线已于2000年3月、6月关闭。2005年，新装置改造至300kt/a。2007年，Borealis在德国建成投产了一套330kt/a的装置。预计2012年在中东将建成一套800kt/a的新装置。

新生产线有一台气相共聚反应器，能生产均聚物、无规共聚物和抗冲共聚物。该工艺设计基于Z-N催化剂，也能使用正在中试中的单活性中心催化剂。

北星双峰聚丙烯工艺采用Borealis公司的BC1系列催化剂，能够适应较高的聚合温度。该催化剂的活性和等规指数随聚合温度的提高而增大。采用北星双峰聚丙烯工艺，该催化剂既能生产分子量分布(MWD)很窄的产品，也能生产很宽分子量分布的产品，包括均聚物和无规共聚物。该公司正在积极研制新一代催化剂，包括Z-N催化剂和单中心催化剂，由于北星双峰工艺产品的分子量分布可以很容易地从很窄到很宽范围内调节，很适合使用单活性中心催化剂。

Borstar工艺仅限于北欧化工及其合资公司使用，不对外技术许可。

6.5.4.2　工艺特点

传统的聚丙烯工艺在丙烯的临界点以下进行聚合反应，为防止轻组分(如氢气、乙烯)和惰性组分生成气泡，聚合温度控制在70~80℃。北星双峰聚丙烯工艺的环管反应器则可在高温(85~95℃)或超过丙烯超临界点的条件下操作，聚合温度和压力都较高，能够防止气泡的形成。这是惟一一个超临界条件下聚合的聚丙烯工艺。

高温工艺的北星双峰聚丙烯技术的主要特点可以概括为：先进的催化剂技术、聚合反应条件宽、产品范围宽、产品性能优异。

① 采用更高活性的$MgCl_2$载体催化剂(BC1)。使用的Z-N系列催化剂反应温度越高，活性越高。80℃时的活性为60000kg PP/kg cat，90℃时的活性为70000kg PP/kg cat。其他的BC1系列催化剂的活性，90℃时甚至达到100000 kg PP/kg cat。因而产品中的催化剂残余量非常低。另外，Borstar工艺采用一种催化剂体系就可以生产所有类型的产品。

② 采用环管反应器和气相流化床反应器的组合工艺路线，可以灵活地控制产品的

MWD、等规指数和共聚单体含量。高温或超临界操作环管反应器不仅提高了催化剂活性也提高了反应器的传热能力，使液体密度降低，固体浓度提高，提高了反应器的生产效率。环管反应器的出料直接加入气相反应器，不需用蒸汽气化单体，通过气相聚合反应热使液相单体气化，减少了蒸汽消耗量。反应的单程转化率高，可达80%以上，单体的循环量少。

③ 由于环管反应器在超临界条件下操作，可以加入的氢气浓度几乎没有限制，气相反应器也适宜高氢气浓度的操作。这种反应器的组合具有直接在反应器中生产很高熔体流动速率和高共聚单体含量的产品的能力。目前已开发出 MFR 超过 1000g/10min 的纤维级产品和乙烯含量 6%（质量分数）的无规共聚物。

④ 能够生产分子量分布很窄的产品，也能生产分子量分布宽的产品，使聚合物的分子量分布加宽，改进产品的加工性。聚合物的分子量分布随反应器温度的增加而降低，可以生产所需分子量分布的产品。即使是很高 MFR 的产品，MWD 也可以控制，使得产品具有一些独特性质，如低的蠕变性和高的熔体强度。

⑤ 由于聚合温度较高，生产的聚合物有更高的结晶度和等规指数，二甲苯可溶物很低，约为 1%(质量分数)。在相同冲击强度下的刚性比传统的聚丙烯产品高 10%。

⑥ 无规共聚物中共聚单体的分布非常均匀，因而有非常好的热封性和光学性能。由于反应条件在临界点之上，只有很少的聚合物溶解于丙烯中，减少了无规共聚物含量高时出现的粘釜现象，系统可以加入更大量的共聚单体，无规共聚物中的乙烯含量最高可达 10%(质量分数)。

⑦ 能够生产更高橡胶相含量的抗冲共聚物。使用一台共聚反应器最高可以生产 25%橡胶相含量的抗冲共聚物[乙烯含量 15%(质量分数)],使用两台共聚反应器最高可以生产 50%橡胶相含量的抗冲共聚物[乙烯含量 30%(质量分数)]。产品的抗冲击性和刚性的综合性能更好。

⑧ 采用多个分立控制的反应器系统，模块化设计。能够生产全范围的产品包括目前市场上现有的 PP 产品，也具有生产更高性能新产品的能力，一些新产品正在开发之中。先进的催化剂技术和聚合工艺使 Borstar 工艺生产的产品性能优异。Borealis 公司称 Borstar 工艺为“未来的聚丙烯工艺”。

⑨ Borealis 公司在其 Borstar 工艺中开发应用了 BorAPC 技术。采用专有工艺控制器可进行各种方式的工艺控制，实现前瞻性控制和卡边操作，提高了产量 2%~3%，提高了反应条件控制的稳定性和产品质量的稳定性，缩短了产品过渡时间，减少了过渡料。

6.5.4.3　工艺过程

简化的工艺流程见图 6-21。BC 系列催化剂在较低的温度(20~30℃)下在小环管反应器内进行预聚合，预聚合产物加入液相环管反应器。在聚合单元，环管反应器的停留时间 0.7~1h，环管反应器内的浆液浓度为 50%(质量分数),反应温度约为 85~95℃，反应压力约为 5.5MPa。一些产品在超过丙烯临界点的聚合条件下生产。环管反应器与 Spheripol 工艺的环管反应器相似，但设计压力较高。反应热通过夹套冷却水撤出。

环管反应器出料的聚合物浆液不需加热而直接加入带有上部膨胀段的气相流化床反应器，通过液体丙烯的蒸发潜热撤出一部分聚合热，再通过气体循环冷却撤出另一部分反应热，同时气体循环也维持了反应器内物料的流态化。第一气相反应器在 2.0~2.5MPa，80~90℃下操作，停留时间约 1.5~2h，因而反应器容积较大。

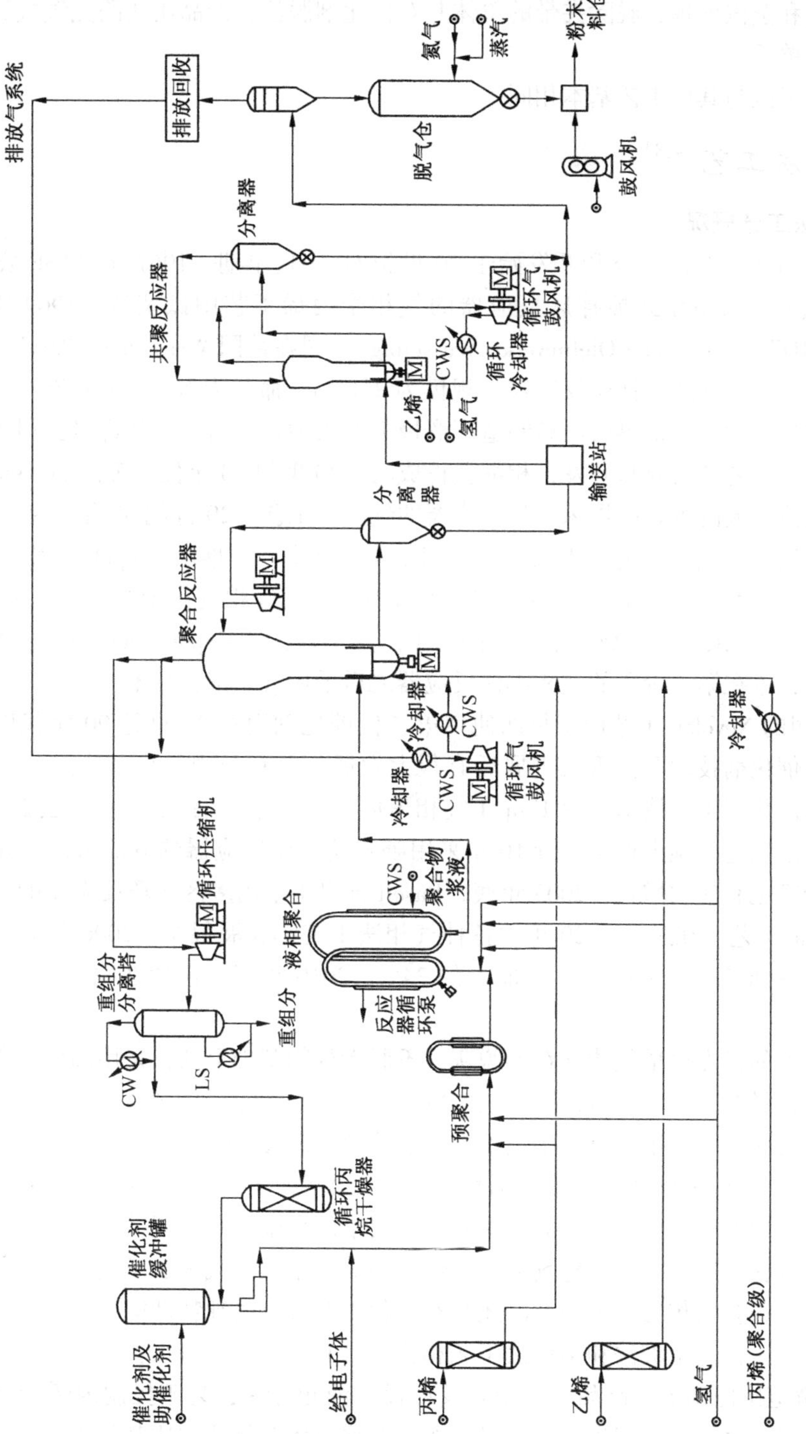

图 6－21 Borstar 工艺流程简图

第一气相反应器连续出料至第二气相反应器，第二气相反应器用于生产抗冲共聚物，该反应器较小，停留时间约 0.7h。气相反应器出料至闪蒸分离罐，分离出的未反应单体进精馏塔分离，分离出的单体丙烯和氢气分别循环回反应系统。经闪蒸分离后的聚合物进入脱气仓，通入氮气和蒸汽处理，脱除夹带的单体并对催化剂脱活，产品用闭路氮气气流输送系统送入挤压造粒单元。

挤压造粒工段与其他工艺基本相同。

6.6 气相法工艺[4,8]

6.6.1 气相法工艺概况

气相法聚丙烯工艺的研究和开发始于 20 世纪 60 年代早期。1967 年 BASF 公司在 Ludwigshafen 建成一套采用立式搅拌床反应器的气相聚丙烯工艺中试装置。1969 年 BASF 和 Shell 的合资 ROW(Rheinische Olefinwerke Wesseling)公司在德国 Wesseling 建成第一套气相聚丙烯工业装置，采用立式搅拌床反应器，规模为 25kt/a，命名为 Novolen 工艺。气相聚丙烯工艺的开发成功引起了全世界聚丙烯制造厂商极大的兴趣。此后，其他许多公司也加紧了对新的气相聚丙烯工艺的研究和开发，相继获得成功。20 世纪 70 年代，美国的 Amoco 公司开发出采用接近活塞流的卧式搅拌床气相反应器的气相法工艺。20 世纪 80 年代初期，UCC 公司将其成熟的气相流化床 Unipol 聚乙烯工艺用于聚丙烯生产，推出 Unipol 气相聚丙烯工艺。日本的 Sumitomo（住友化学）公司也于同时期开发出采用气相流化床的气相法工艺。此外，20 世纪 80 年代以后采用高效载体催化剂的新聚丙烯工艺，如 Hypol、Spheripol、Borstar 等组合式工艺技术，也在第一阶段的液相本体反应器之后采用气相聚合技术。

BASF 公司的 Novolen 工艺由于长期使用第二代催化剂而在 20 世纪 90 年代以前发展较慢。该技术在催化剂技术取得重大进展后有很大发展。UCC 公司凭借其先进的催化剂技术和成熟的气相流化床工艺技术，使 Unipol 气相聚丙烯工艺推出后就得到广泛接受而发展迅速，居于气相法工艺的领先地位。近 10 年采用卧式搅拌床反应器的 Innovene 气相法聚丙烯工艺的市场份额也有较大增长。2003 年底，Basell 推出了采用多区循环反应器的气相环管工艺即 Spherizone 工艺。在过去的 20 年中各种气相法工艺都发展很快，2006 年底，气相法工艺的生产能力占到了全球聚丙烯生产能力的 34%。2010 年底，包括在建装置的产能在内，气相法工艺约占一半。

气相法技术的优点最早是建立在不脱灰、不脱无规物基础上的，采用高效催化剂的气相流化聚合工艺，具有一般高效本体法工艺的特点，不需要脱除催化剂残渣，也不需要脱除无规物。由于是气相聚合，生产过程中也不需闪蒸分离或离心干燥。在气相法发展初期，由于催化剂处于第二代 Z-N 催化剂时代，活性与等规度不高，产品不经后处理，使灰分与无规物含量都偏高，因此不适用于生产对质量有较高要求的均聚物和无规共聚物，使应用受到限制。采用高效催化剂后，由于催化剂的高活性和高等规指数，气相法工艺可以生产所有用途的聚丙烯产品，很多气相法工艺的产品还具有其他工艺没有的独特性能。

气相法生产工艺与浆液法和本体法工艺相比，具有下列一些特点：

① 可在宽范围内调节产品品种。聚合反应没有液相存在，易于控制丙烯产物的分子量和共聚单体含量，这样就易于生产分子量分布和共聚单体含量范围比其他工艺宽的产品，如高乙烯含量的无规共聚物，也可缩短产品牌号切换的过渡时间，过渡产品少，因为只要改变

反应器内的气体组成，就可以改变产物的组成。

② 适宜抗冲聚丙烯的生产。在浆液法及本体法工艺中，溶剂及液相丙烯会溶解在反应过程中生成的无规物，因而使反应器内物料黏度增加，以至影响搅拌、混合，特别是生产高抗冲共聚物时，橡胶相会部分溶解在溶剂中。因而气相法是最适宜生产抗冲聚丙烯的生产工艺。

③ 安全性好，开停车方便。在气相聚丙烯工艺中，包括丙烯在内的所有可燃性物质在反应器中都处于气相，每单位反应器容积中的物料数量远小于非气相法工艺。所以，当出现突然事故(如供电故障)时，只需安全排出反应体系中的气体使反应器泄压，反应就可在短时间内停止，不会引起任何异常反应。只要恢复催化剂进料，升压反应系统就可以方便地恢复生产。

④ 反应器是气-固相出料，没有液相单体需要气化，蒸汽消耗量少。

⑤ 气相法工艺由于在单体浓度远低于液相丙烯的气相中聚合，一般不需要催化剂预聚合步骤；不论规模大小，生产均聚物和无规共聚物只需要一台均聚反应器，第二反应器用于抗冲共聚物；反应器后的聚合物粉料大多采用脱气仓一步法处理。因而气相法工艺流程短，设备台数少。而环管类工艺由于液相本体聚合的本质要求，催化剂都需要预接触和预聚合，而且一般需要两组串联的环管反应器。高、低压的闪蒸分离气体需要洗涤除细粉，汽蒸、干燥的尾气也需要水洗处理，这样的流程配置无疑比气相法复杂。

⑥ 各种气相法工艺大多通过聚合生产有限的基础牌号。高熔指牌号通过向挤压机中加入过氧化物降解来生产

虽然气相法优点多，但气相反应器内容易形成局部热点导致聚合物结块，从而导致装置停车，连续运行周期比不上环管装置，这也是各种气相法工艺回避不了的问题。而环管类装置却可以长达几百天的不停车连续稳定运转。

各种气相法工艺之间的主要差别是反应器及其搅拌形式的不同。搅拌一般采用机械搅拌和气相流态化搅拌两种。机械搅拌使粉料分布均匀，不会在床层内产生热点，操作范围大于沸腾床反应器，因此与撤热结合起来，生产能力容易扩大或缩小，由于粉末粒子直径不同，聚合容器中床层分离不如流化床那么容易发生，但反应器设计复杂，费用较高。以 UCC 公司为代表的气相沸腾床反应器易于移出反应热，操作范围比机械搅拌式反应器小。另外，由于撤热和沸腾流态化的要求，流化床反应器的气体循环量要大得多，这往往使移出热所需流化用体积难以与沸腾所需物料的体积相比，这些都需更多的技术考虑。

各种气相法工艺的反应器可分为流化床、带刮壁器的立式流化床、立式搅拌床、卧式搅拌床、多区循环反应器等几种类型，见图 6-22。

Novolen 工艺和 Innovene、Horizone 工艺分别采用立式和卧式机械搅拌反应器。这种机械的、强制性的搅拌，使物料分布均匀，不容易在反应床层中出现热点。在反应器中物料量的可变范围大，生产能力易于调节。另外，反应器中允许少量液体丙烯存在，不会影响流化反应状态。但采用机械搅拌，反应器及搅拌器的设计复杂，加工制造难度大，特别是卧式反应器及其搅拌器，加工精度很高，价格昂贵。此外，能耗和维修费用也高，搅拌器的轴承需要经常维修。但机械搅拌需要的电机功率大于流化搅拌功率，搅拌床反应器的操作范围也大于流化床反应器，因此与撤热方法结合起来生产能力很容易扩大或缩小。这种搅拌的气相反应器内粉料需要的流动气速较低，床层控制也比较稳定，不容易出现床层分离。

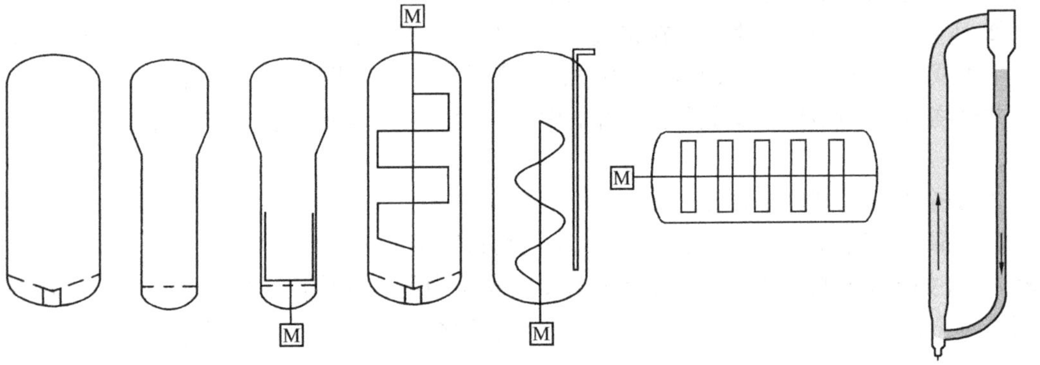

图 6-22　气相反应器的型式

Unipol 工艺和 Sumitomo 气相聚丙烯工艺采用气相流化床反应器，由于反应器内无其他部件，设备费用较低，无机械维修问题。但是，为了防止反应器中出现热点，流化气体的速率必须足够高，这样就需要有较大的压缩机和能量消耗，以及反应器中应有足够大的固-气分离空间。因而相同规模的装置，反应器的尺寸较大。然而流化床反应器比机械搅拌反应器容易移出聚合热，因为在各个分散的粒子之间存在气体传递介质。另一方面，由于流化所需要的气流体积随着粉末直径、密度变化很大，容易产生颗粒相分离，因此操作范围比搅拌床型反应器小。

虽然流化床反应器由于没有复杂的内部构件而非常简单，但必须使大量气体循环以除去反应热和维持反应床层的流化，因而需要庞大的循环压缩机，循环压缩机的费用抵偿了搅拌床反应器的搅拌器的费用。

搅拌床反应器聚合条件与流化床反应器聚合条件的主要区别如下：

① 搅拌床反应器聚合物床层内上升气体的流速不是关键性的。流化床气体流速必须始终保持高于流化所需的最低速率，并且沿整个床层要分布均匀。

② 床层均匀性对聚合反应控制是极其重要的，搅拌床必须用机械方法予以实现。流化床本质上就是极为均匀的。

③ 搅拌床允许有液体存在，因为机械搅拌可以防止聚合物湿颗粒彼此结团。流化床不允许湿颗粒结团，否则将损害流化。但是，流化床混合区(下部 500mm 层高)内可以允许有一定量液体存在。

对于聚合反应热的撤出方式，搅拌床聚合工艺如 Novolen 工艺和 Innovene、Horizone 工艺，是直接向反应粉末床层喷洒液态丙烯，通过液体丙烯的蒸发、冷凝的气化潜热撤出反应热。这是因为它们采用机械搅拌，当液体丙烯进入反应器引起聚合物粘着时，机械搅拌即将它们破碎，因此不会造成反应器堵塞。

Unipol 工艺和 Sumitomo 气相聚丙烯工艺及其他采用流化床反应器的工艺主要是通过冷却循环流化气体的显热除去聚合反应热，部分冷凝态进料或进料中的液体丙烯的气化也带走了部分反应热。由于丙烯气体的显热较小，冷丙烯气体的用量就很大，因此压缩机的能耗较大。并且，由于气体的流量同时影响反应的流化状态和除热过程，要使流化需要的气体与除热需要的气体匹配是很困难的。此外，反应进料不仅需要一个大压缩机，而且操作也变得复杂起来，因为气体既影响反应器床层的沸腾搅拌作用，也影响反应热的移出，这就需要更多的技术考虑。

物料流动型式，在 Novolen 工艺的立式搅拌床反应器中，物料流动属于理想混合型。在流化床反应器中，物料流动形式原则上是可变的。在实际操作中，它更接近理想混合型。而在卧式搅拌床反应器中，物料流动接近活塞流型。

物料的流动形式说明物料在反应器中的停留时间分布，而停留时间分布代表了从反应器排出的聚合物颗粒性质的自然分布，对聚合物性能有很大影响，特别是影响抗冲共聚物质量，如共聚物含量、乙烯含量、产品的总收率分布等[11]。接近活塞流式的卧式反应器设计使聚合物具有很窄的停留时间分布，因而更有利于生产抗冲共聚物。

表 6-8 列出了 4 种工艺的反应器中颗粒的流动形式，指出了它们的差别。一般来讲流动形式表示粉末停留时间分布。有的粉末瞬时流出反应器而短路，有的粉末停留时间过长而出现死角。众所周知，从分布曲线看，一个反应器中的粒子流与多反应器的粒子流相似。自然粒子流的形式决定了产品质量。然而，共聚物均一性的差别不大，特别是嵌段共聚物。在传统的浆液聚合和本体聚合工艺中，一般安装多个全混反应器，并且串联形成活塞流从而完成聚合反应。在这方面比较一下，Novolen 工艺的搅拌床是一种全混式的，而 Unipol 工艺的流化床反应器的床层原则上可以有各种不同的变化，实际生产中接近全混型。Innovene 和 Horizone 工艺的反应器接近活塞流式，根据研究，一台卧式搅拌床反应器相当于 2~3 台串联的连续搅拌釜反应器的流动形式。而 Spherizone 的多区循环反应器将一个反应器分成可以独立控制反应条件的两个反应器区域即提升段和沉降段，可以在一个反应器内生产宽分子量或双组分混合产品，反应颗粒在这两个反应区域内 n 次循环，实现了颗粒内大分子尺度的均匀混合。

表 6-6 给出了估算结果，对与反应器有关的设备的差别进行了比较。由于使用的催化剂不同、产品的质量不同，难以直接比较生产能力上的差别。考虑下列各种因素，采用时空产率的相对值是合理的：在 Novolen 工艺中，因离心力作用，聚丙烯粉末易聚集在内壁上，搅拌轴周围的粉末变粗，粉末的量小于根据表观估算的量；在 Unipol 工艺中，由于流化作用反应区界限粗糙，离析区界限很不清晰。与反应器有关的设备的起动功率，Novolen 工艺的反应器搅拌马达需要大功率；Unipol 工艺中循环气压缩机的马达也需要非常大的功率。

表 6-6　主要气相聚丙烯工艺比较表

工艺技术	Novolen 工艺	Innovene、Horizone 工艺	Unipol 工艺、Sumitomo 气相法工艺	Spherizone
反应器				
类型	立式搅拌床	卧式搅拌床	沸腾流化床	多区循环反应器
混合方式	机械	机械	非机械(气体)	非机械
反应器中聚合热的移出	丙烯蒸发潜热	丙烯蒸发潜热	丙烯气体显热	丙烯气相显热+丙烯蒸发潜热
流动形式	全混	活塞流	全混	气力输送+重力流
生产能力				
单位时间内单位反应器体积的产率/[t PP/(m^3·h)]	0.2	0.2~0.3	0.05	约 0.1

下文逐一介绍各种气相法工艺。

6.6.2 Spherizone 工艺[8]

6.6.2.1 背景及工艺特点

最近 10 年来聚丙烯工艺技术最主要的进展就是 Spherizone 工艺的商业化。

传统聚丙烯聚合工艺都是将催化剂加入第一个反应器，采用一个或一到三个反应器串联操作。这些反应器都可看作是“连续搅拌的釜式反应器”，而从反应器排出的每个聚合物粒子的停留时间是不同的，因而最终产品中所含的在那个反应器中生成的聚合物物量也不同。这就导致最终聚合物粒子将含有在不同反应器中生成的不同聚合物。而在每个粒子内部的不同结构的聚合物也不一定分布均匀，因而难以获得质量均一的产品。

而采用多区循环反应器（Multi-zone Circulation Reactor，简称 MZCR）技术的 Spherizone 工艺，将一个反应器分成可以独立控制反应条件的两个反应区域，反应温度、氢气浓度、单体浓度可以分别加以控制，逐步增长的聚合物颗粒在两个反应区域内快速多次循环，实现聚合物颗粒内类似“洋葱”状的均匀混合 Spherizone 工艺的原理及与传统工艺的区别见图 6-23。这是一个全新的聚烯烃生产工艺，只用一个 MZCR 反应器即可生产质量更加均一、分子量分布很窄到很宽的均聚物产品，综合性能比传统产品更好的无规共聚物产品，以及一些全新的多相聚合物，如双无规共聚物、均聚/无规聚合物。

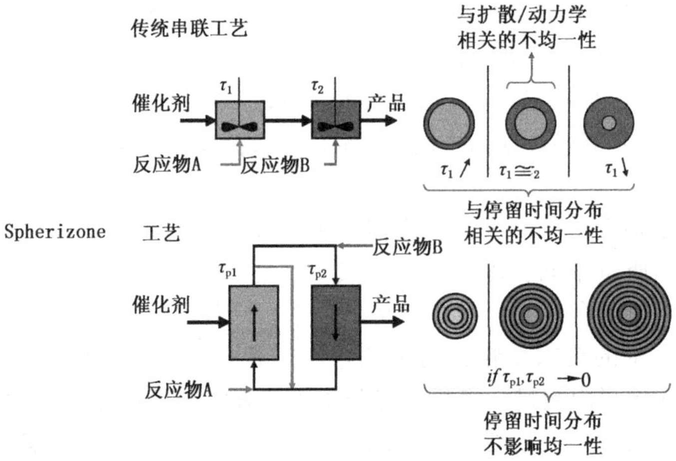

图 6-23　Spherizone 工艺原理图

这种 MZCR（或称固体循环流化床反应器）反应器原先用于炼油厂的催化裂化，在 Spherizone 工艺之前从来没有用于聚合反应。Basell 于 1996 年开始 MZCR 用于烯烃聚合研究，建有一套中试装置。第一套工业化规模采用 MZCR 技术的装置位于意大利 Brindisi，Basell 成功地将这套 160kt/a 的 Spheripol 装置的环管反应器替换为 MZCR，在 2002 年建成投产。实际上 Spherizone 工艺与 Spheripol 工艺的主要区别就是 MZCR 和环管反应器，其他部分例如汽蒸、干燥和气相共聚反应器基本相同。Basell 于 2003 年 10 月开始对外技术转让 Sphe-izone 工艺，截至 2010 年已有 11 套装置采用该技术，总产能达到3250kt/a，最大规模的装置达到单线 450kt/a。

图 6-24 是 MZCR 的示意图。这种反应器有两个流体动力学行为完全不同的区域：一个流化段称上升段，聚合物向上快速流化或稀相输送；一个向下重力流动的紧密段（或轻度

膨胀）称下降段。

这种革命性的 MZCR 在单个反应器中提供了两种不同的反应环境，聚合物粒子在上升段里反应之后，通过一个阻隔段后进入反应条件不同的下降段继续反应，之后再循环到上升段反应，如此循环往复。这种技术使气相单环管反应器几乎像无限个反应器一样运作。这样，聚合物成分的混合不再是或至少不完全是被催化剂所驱动，而是被聚合技术所驱动，甚至“最迟钝的”催化剂也能转变成有效的床体，以得到分子水平上的聚合物混合，使得聚烯烃的性能极限进一步扩展，并快速向着几年前想像不到的领域发展，很多新型丙烯基聚烯烃产品的生产成为可能。

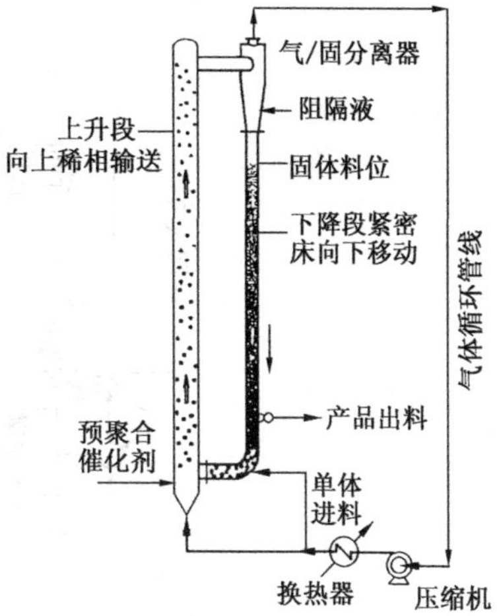

图 6-24　MZCR 示意图

Spherizone 工艺大大拓展了聚丙烯产品的性能范围。采用 Spherizone 工艺能够生产高质量的产品，包括全部聚丙烯常规牌号以及部分独有的特殊聚烯烃产品牌号。这一方面源于多区循环反应器独一无二的设计，另一个关键因素是 Basell 所提供的高收率、高选择性 Avant 催化剂。采用该催化剂可以有效控制聚合物的等规度、颗粒形状及尺寸、分子量分布等，可生产均聚物、无规共聚物、三元共聚物、非均相抗冲共聚物以及特种抗冲共聚物。

与 Spherizone 工艺相关的专利有 20 多个，主要是关于催化剂、工艺和产品。文献［25~27］，是与多区循环反应器相关的几个专利，有兴趣的读者可以查阅。

中国石化天津 1000kt/a 乙烯工程中的 450kt/a 聚丙烯装置采用该技术，2010 年建成开车，是世界上单线规模最大的聚丙烯装置之一。正在建设的中国石油大庆炼化第二套 300kt/a聚丙烯装置也采用该技术，但与天津不同，大庆的这套装置没有气相反应器，不能生产抗冲共聚物。

6.6.2.2　工艺描述

Spherizone 工艺采用了 Basell 高收率、高选择性的催化剂，可以在反应器内直接生产球状聚合物粉末。同某些其他技术所生产出的小且形状不规则的粒状粉末产品相比，稳定可靠的 Spherizone 所生产的球状聚丙烯粉末的性能拥有明显优势。

Spherizone 工艺跟 Spheripol 工艺一样都采用模块化流程设计，生产抗冲共聚物需要在多区循环反应器下游安装和 Spheripol 工艺一样的气相流化床反应器。

Spherizone 工艺除了 MZCR 外，其他工段和 Spheripol 基本相同，包括以下单元：

① 催化剂进料及活化。

② 聚合单元。

——在 MZCR 内聚合（均聚及无规共聚物）；

——在流化床反应器内进行的气相聚合（非均相抗冲及特殊共聚物），此单元可在后期追加，且对工厂初始设置及投资没有影响。

③ 后处理单元。

Spherizone 工艺流程简图见图 6-25。

催化剂经预接触、预聚合进入多区循环反应器的上升段。新鲜丙烯、乙烯及用于分子量

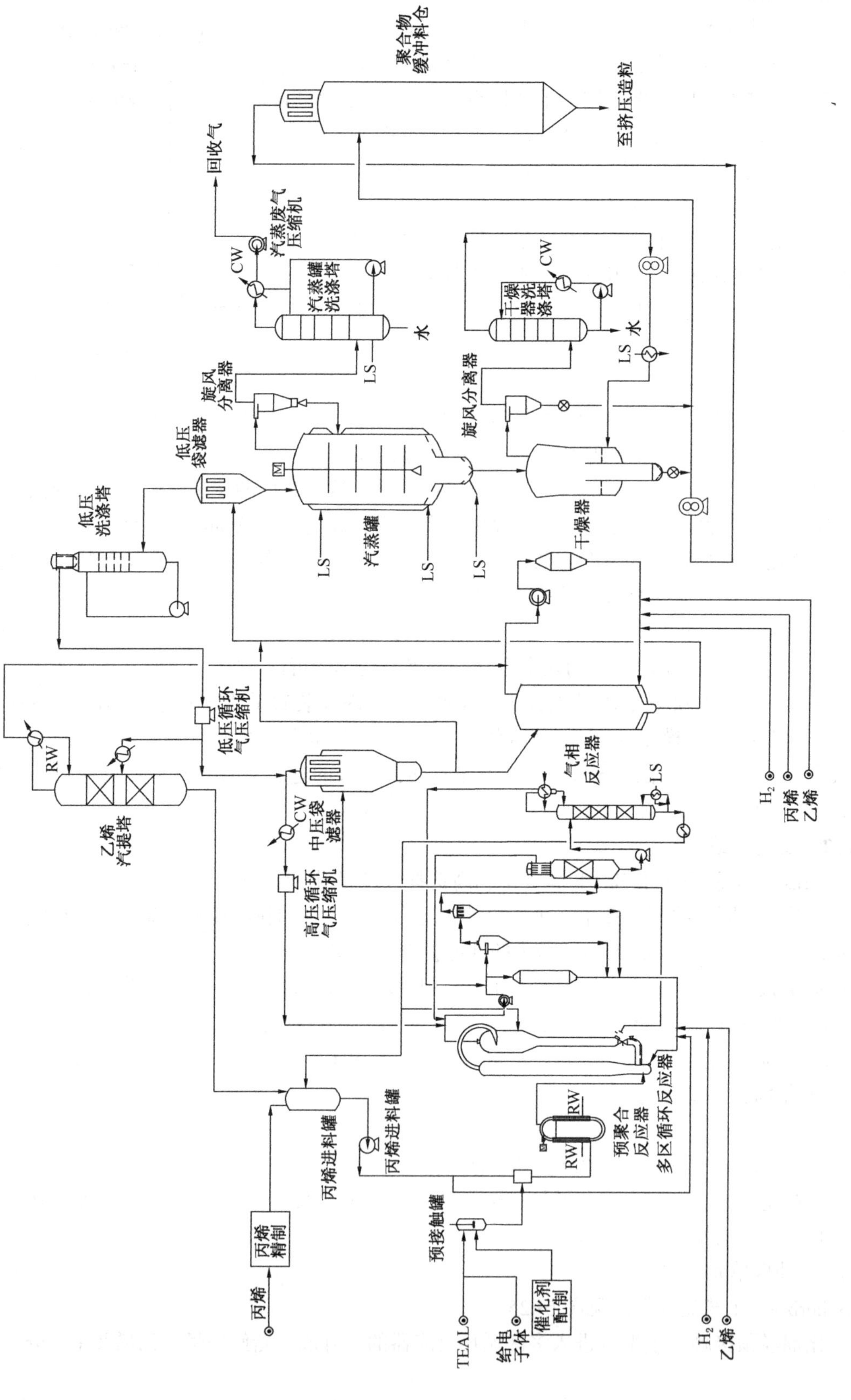

图 6-25　Spherizone 工艺流程简图

控制的氢气也一起加入多区循环反应器。多区循环反应器由两段反应区组成，聚合物由反应气携带在高速流化床的上升段由下向上气力输送，然后经过内部的一个旋风分离器分离后，分离的粉料进入堆积床的下降段。旋风分离后的反应气通过反应器外部的一个离心压缩机从反应器下降段进入反应器用以携带聚合物进入上升段并保持反应物料循环。反应热通过循环气回路上的一个立式管壳式换热器撤除。聚合物产品由多区循环反应器下降段的底部排放阀排出，进入中压袋滤器。

反应器的两个区域可以根据氢气（作为链转移剂）及共聚单体的浓度要求在不同条件下操作，因此可以在大分子阶段形成聚合物宽分子量分布结构（例如 MFR、共聚单体浓度、类型）。不同反应条件的划分是通过向上升段与下降段间的过渡区域（阻隔段）注入阻隔液丙烯来实现的。MZCR 的两个区域也可以在同样操作条件下进行反应，从而生产均聚物或无规共聚物，这时不需要加入阻隔液丙烯，两个反应区域成为一个反应区域。

产物连续从反应器中排出进入中压袋滤器，在压力下将固体聚合物与未反应的气相单体进行分离。分离出的气体循环返回多区反应器。分离出的聚合物在生产抗冲共聚物时进入气相反应器，否则进入低压袋滤器进一步分离出夹带的单体。

作为一个可选方案，聚合物也可以送至与 MZCR 串联操作的气相流化床反应器中；在这里再一次发生共聚反应生成高抗冲共聚物。通过向反应器中引入乙烯与第一反应器生产的均聚物在聚合矩阵间聚合生成橡胶态（乙/丙橡胶）。而聚合物颗粒内的细小孔隙可以避免橡胶态因为其自身粘性而结块。在生产均聚物或无规共聚物时则可将该反应器旁路操作。

气相反应器内的流体通过循环气压缩机保持循环；循环气进入气相反应器底部前先经过循环气冷却器冷却撤除反应热。这类气相反应器的高效性在于它一方面能保持高度的湍流从而增加单体的分散及反应速率，同时还能有效地撤除反应热，并且体积较小。

中压袋滤器或气相反应器的出料送往低压袋滤器；未反应的气相单体压缩后循环回反应，聚合物被送往汽蒸罐通过蒸汽汽提进行单体脱除并使残留催化剂脱活。所脱除的残存烃类可返回反应单元或送出装置回收。同时聚合物将在流化床干燥器内通过闭路氮气吹扫得以干燥。

去除了挥发组分的聚合物通过氮气气流输送至挤压机单元，与添加剂混合并挤压为粒料（通常为单线挤压系统）。产品经过均化料仓后将被储藏、包装码垛及运输。

6.6.3 Novolen 工艺

6.6.3.1 工艺概况

Novolen 工艺是由 BASF 公司开发成功的。1997 年，BASF 和 Hoechst 公司将他们各自的聚丙烯业务合并成立了 Targor 公司，1998 年生产能力为 1700kt/a，是当时欧洲最大的聚丙烯生产商。1999 年 Targor 和 ABB Lummus 公司达成协议，由 ABB Lummus 公司在全球范围内推广 Novolen 工艺。2000 年，Montell、Targor、Elenac 公司合并组成 Basell 公司。Targor 公司的聚丙烯生产装置并入 Basell 公司，欧洲反托拉斯委员会（European Antitrust Commission）要求 Novolen 工艺技术、茂金属催化剂及产品技术必须从 Basell 公司中分离出来。2000 年 9 月，Novolen 工艺被 ABB 公司（80%股份）和 Equistar 公司（20%股份）所组成的合资公司 Novolen Technology Holdings（简称 NTH）收购。2007 年第二季度，ABB Lummus 收购了 EQUISTAR 持有的 20%股份。2007 年 8 月，ABB 宣布将 ABB Lummus Global 包括 Novolen 工

艺在内出售给 Chicago Bridge and Iron Company（CB&I）。

BASF 公司是最早开展气相法聚丙烯工艺技术开发的公司，1962 年开发出 Novolen 气相搅拌床技术。Novolen 工艺的第一套工业装置于 1969 年在前西德 Wesseling 建成，生产能力为 25kt/a，由 BASF 和 Shell 的合资公司 ROW(Rheinische Olefinwerke Wesseling)公司建设经营。在 ROW 公司内，BASF 公司负责聚丙烯的生产和专利技术，Shell 公司仅提供催化剂。1977 年在德国 Wesseling 建成第一套 60kt/a 生产均聚物的装置，1978~1979 年开始商业规模生产无规和抗冲共聚物，1991 年开始采用高效载体催化剂，1994 年建成第一套茂金属聚丙烯的中试装置，1997 年建成第一套采用 $75m^3$ 反应器 180kt/a 的生产装置，并商业化生产茂金属聚丙烯。

BASF 公司成功地将 Novolen 工艺不断改进并在世界范围内推广。1987 年，BASF 公司和它的两个专利受让方 ICI、Quantum 公司签定了一个三方协议，三公司将在所有方面合作开发 Novolen 工艺技术，这在 Novolen 工艺技术和产品技术的发展过程中是一个里程碑式的协议，大大促进了 Novolen 工艺的进步和推广。截止 2010 年底，包括在建装置在内，共有 34 套装置采用 Novolen 工艺，总产能达到 8040kt/a。

1991 年以前，BASF 工艺一直沿用费用低、原料可从市场购买的第二代 Z-N 催化剂，工艺过程有脱氯工序，这一落后的催化剂限制了 Novolen 工艺的推广。1984 年购买了 Himont-MPC 的 HY-HS 高效催化剂使用权，以提高其工艺水平，但直到 1990 年专利商才同意 BASF 公司在推广 Novolen 工艺中采用这种催化剂。1990 年，BASF 公司引进一种高收率的催化剂，提高了反应器的生产能力并取消了脱氯步骤，并且 BASF 和 Montell 公司达成一个协议，允许 BASF 公司在其自己和专利技术转让的工厂中使用 BASF 公司自己的高活性催化剂 PTK，不侵犯 Montell-Mitsui 公司申请的所有专利。目前 PTK-4 催化剂已用于除两套装置外的所有采用 Novolen 工艺技术的工厂。PTK-4 催化剂采用氧化硅(Silica)载体。

新催化剂的重要特点是能够生产高强度和韧性的均聚物(拉伸模量可达 2300MPa)，可用于制做花园家具和家庭用具而不加填充物。生产的无规共聚物 BOPP 热封膜和含 50%(质量分数)橡胶相(25%乙烯含量)用于汽车保险杠的高乙烯含量抗冲共聚物的性能更好。

BASF 公司在氧化硅载体催化剂的研究方面有很长的历史。BASF 公司最早于 1974 年就开发出用于 HDPE 的 Z-N 氧化硅载体催化剂，1991 年开发出用于 PP 的 Z-N 氧化硅载体催化剂，1997 年又开发出第一个商业化的氧化硅载体聚丙烯茂金属催化剂。Targor 公司的Z-N 催化剂的生产能力能够满足 3000kt/a PP 的生产。2000 年 2 季度在 Ludwigshafen 投产的聚丙烯茂金属催化剂工厂能够提供年产 1000kt 茂金属聚丙烯所需的催化剂。

PTK-4 催化剂的主要特点是：同一种催化剂包括相同的助催化剂和立体规整剂可以生产全范围的产品；不需预聚合，可直接加入反应器；产率高并且挥发分含量低；分子量和等规指数易于控制；催化剂形态可以极好地复制到聚合物粉末中，不结垢、不结块。

PTK 催化剂和 $MgCl_2$ 载体催化剂的比较见表 6-7。

Novolen 工艺曾被认为最适于小规模多品种 PP 的生产，通常采用一个或两个反应器，最大生产能力为 80kt/a。后来与 ICI、Quantun 共同改进工艺，并采用了高效催化剂后，减少了反应停留时间。同样 $50m^3$ 反应器，其生产能力从原来的 60kt/a 提高到 150kt/a。采用 PTK-4催化剂和一台 $75m^3$ 反应器的一条生产线，年生产能力可达 180kt/a。两台串联 $75m^3$ 反应器的生产线，年生产能力可达 225kt/a。两台并联 $75m^3$ 反应器的生产线，年生产能力可达 360kt/a。

Novolen 工艺的一个优点是能用抗冲共聚反应器生产均聚产品(与第一均聚反应器串联),使均聚物的生产能力可以提高 30%。无规共聚物也可以用串联反应器生产。

表 6-7　PTK 催化剂和 $MgCl_2$ 载体催化剂的比较表

PTK 催化剂	$MgCl_2$ 载体催化剂
通过载体控制形态	通过预聚合控制形态
低的氯含量 30%~35%	氯含量约 70%
活性较低	活性高
价格较低	价格高

Novolen 工艺可以生产全范围的聚丙烯产品包括超高抗冲共聚物。在均聚产品中，工业化产品的 MFR 范围为 0.2~100g/10min，中试装置产品的 MFR 达到 500g/10min。对于无规共聚物，工业化产品的乙烯含量达 6%(质量分数),在工业装置上生产过乙烯含量 9%(质量分数)的无规共聚物，中试产品中乙烯含量最高达到 12%(质量分数)。

采用 Novolen 工艺独特的用于抗冲产品的反应器，能在一个抗冲共聚反应器中生产出合格产品。其乙烯(橡胶体)含量与其他工艺两个抗冲产品反应器串联生产的产品相似。例如，工业化抗冲共聚物含高达 30%(质量分数)乙烯(相应含 50%橡胶相),中试产品中乙烯含量高至 35%(质量分数)(70%橡胶相)。已经商业化的高刚性并且韧性好、无填料的聚合物，拉伸模量可从 300MPa 到 2400MPa。

原 Targor 公司的茂金属催化剂聚丙烯技术居于领先地位。1999 年 2 季度 Targor 在德国的 Wesseling 开车了一套 60kt/a 专门生产茂金属催化剂聚丙烯产品的工厂，采用两台串联 $25m^3$ 反应器。Novolen 工艺已开发出几个茂金属催化剂牌号的聚丙烯均聚物，商品名为 METOCENE，MFR 范围为 12~1200g/10min。Targor 公司生产过 MFR 高达 3000g/10min 的聚丙烯，这些高 MFR 牌号是为薄壁注射成型和高速纺丝、高速拉膜工艺设计的。

Novolen 工艺的另一个特点是反应器操作模式的灵活性。对于两个反应器的装置可以设计成“可切换”模式，即两个反应器可串联操作生产抗冲共聚物，也可并联操作生产均聚物和无规共聚物。用于生产抗冲共聚物的两个串联反应器中，第二个抗冲共聚反应器也可以用于生产均聚物和无规共聚物，相比一个反应器可提高产量 30%。

近年来 Novolen 工艺主要的技术进展如下：

① 取消了原来催化剂配置用的已烷溶剂。固体催化剂用丙烯配置成浆液，用泵加入反应器。给电子体和烷基铝也都以纯态加入反应器。因而 Novolen 工艺自称为“Solvent free Process”即无溶剂工艺。

② 改进反应器冷却系统回路的设计，使循环气中的细粉得以分离并循环回反应器，提高了产品质量。

③ 所有产品均无需脱臭，工艺中彻底取消了脱臭单元。

④ 采用膜分离技术回收脱气仓尾气中的丙烯和氮气，降低了消耗。

⑤ 继续保持商业化茂金属聚丙烯技术领域的领先地位。Novolen 在 2004 年底宣布他们正在商业化其高级茂金属聚丙烯技术。目前能够生产多个均聚物和无规共聚物的茂金属催化剂产品，反应器产品的 MFR 范围可达 0.1~3000g/10min。

⑥ 已开发出反应容积为 $125m^3$ 的反应器，单反应器装置的生产能力可达 300kt/a。

⑦ 新型 PTS 催化剂正在商业化之中，活性比 PTK4 大幅度提高。

目前 Novolen 工艺已建成的最大装置是双线 450kt/a。其中 Saodi Polyolefins Company 的那套 450kt/a 装置正在改造到 720kt/a。目前我国有 4 个装置采用 Novolen 工艺，总产能 1500kt/a。

6.6.3.2 工艺过程

Novolen 工艺包括催化剂配制、聚合反应、挤压造粒等工序，见图 6-26。

高效主催化剂与丙烯配制成浆液，用泵计量加入反应器。两种纯的助催化剂也分别用泵计量加入反应器。

在聚合单元，根据原料聚合级丙烯的规格，经过必要的精制后，加入反应器。聚合反应器为立式，采用螺带式搅拌器，以防止产生大块、鼠洞和床层骤降。聚合反应在气相下连续进行，所以反应温度和压力都应与气态丙烯的条件相一致。为此，均聚反应的温度范围是 60~90℃，压力范围是 1.8~3.0MPa，共聚反应在较低的温度、压力下进行，温度为 50~70℃，压力为 1.0~2.5MPa，具体的反应条件要根据最终生产产品的性能决定。反应器材质为低温碳钢。

聚合热通过加入反应器的液态丙烯汽化撤出，通过冷凝器将丙烯冷凝，循环回反应器。

聚合物粉料及其夹带的丙烯气体，从反应器内部的插底管靠压差排出而进入带有搅拌器的产品接收罐。在此出料管上装一个阀门，随反应器料位的高低而开启或关闭。反应器排出物[随聚合物排出的丙烯占总进料丙烯量的 15%~20%(质量分数)]在产品接收罐内降到接近常压，聚合物与夹带的大部分丙烯分离，粉料与夹带的气体分开。分离出的气体经循环气压缩机压缩、冷凝(如果含有乙烯,还要经过精馏),循环回反应器。

离开产品接收罐的粉料靠重力进入带搅拌器的脱气仓，粉料中大约含有 0.2%的丙烯，在脱气仓中被氮气吹出，可以回收利用，也可以送火炬烧掉。粉料用闭路氮气气流输送至挤压造粒系统。

在反应器内，聚合反应在粉末床中进行。为使反应床不致发生流化，反应器的尺寸、反应器的加料方式和粉末床的充气松散度都是经过仔细选择的。这种独特的状态称为粉末搅拌床。

由于必须使少量的催化剂很均匀地分散在粉末床层中，因此 BASF 公司对粉末搅拌床的特性和发生作用的状态进行了周密的研究。在这种研究的基础上，开发成功了一种特别的螺带式搅拌器，可使粉末床搅拌得很均匀。由于这种粉末床的密度比较大，因此 Novolen 工艺的聚合反应器的时-空产率要比流化床工艺大得多，因而可使反应器体积缩小。

聚合反应的生产过程是，液态丙烯用泵连续打入反应器，如果生产无规共聚物则要加入乙烯。聚合物分子量的控制靠调节连续加入的氢气来实现。均聚反应器中丙烯的转化率一般可达 80%左右。

聚合反应的温度是靠液态丙烯的蒸发来控制的。蒸发出来的气态丙烯再用水冷式冷凝器使其液化，然后再用泵打回反应器。此液态丙烯的蒸发，一方面可使反应器冷却，另一方面可使搅拌的粉末床充气松散。

生产均聚物和无规共聚物用一个反应器，生产抗冲共聚物则在第二反应器中进行。此反应器的压力小于第一反应器，因此第一反应器中的聚合物粉料，可以利用两个反应器之间的压差而被送到第二反应器中。从第一反应器粉料夹带出来的部分丙烯进入第二反应器后，与一部分进料乙烯进行共聚而被消耗掉。在第二反应器进行的共聚反应是由第一反应器来的、尚有活性的催化剂所激发的，因此要特别注意控制随时间变化的催化剂活性。为了控制共聚物的分子量，在第二反应器中需要另外加入氢气。

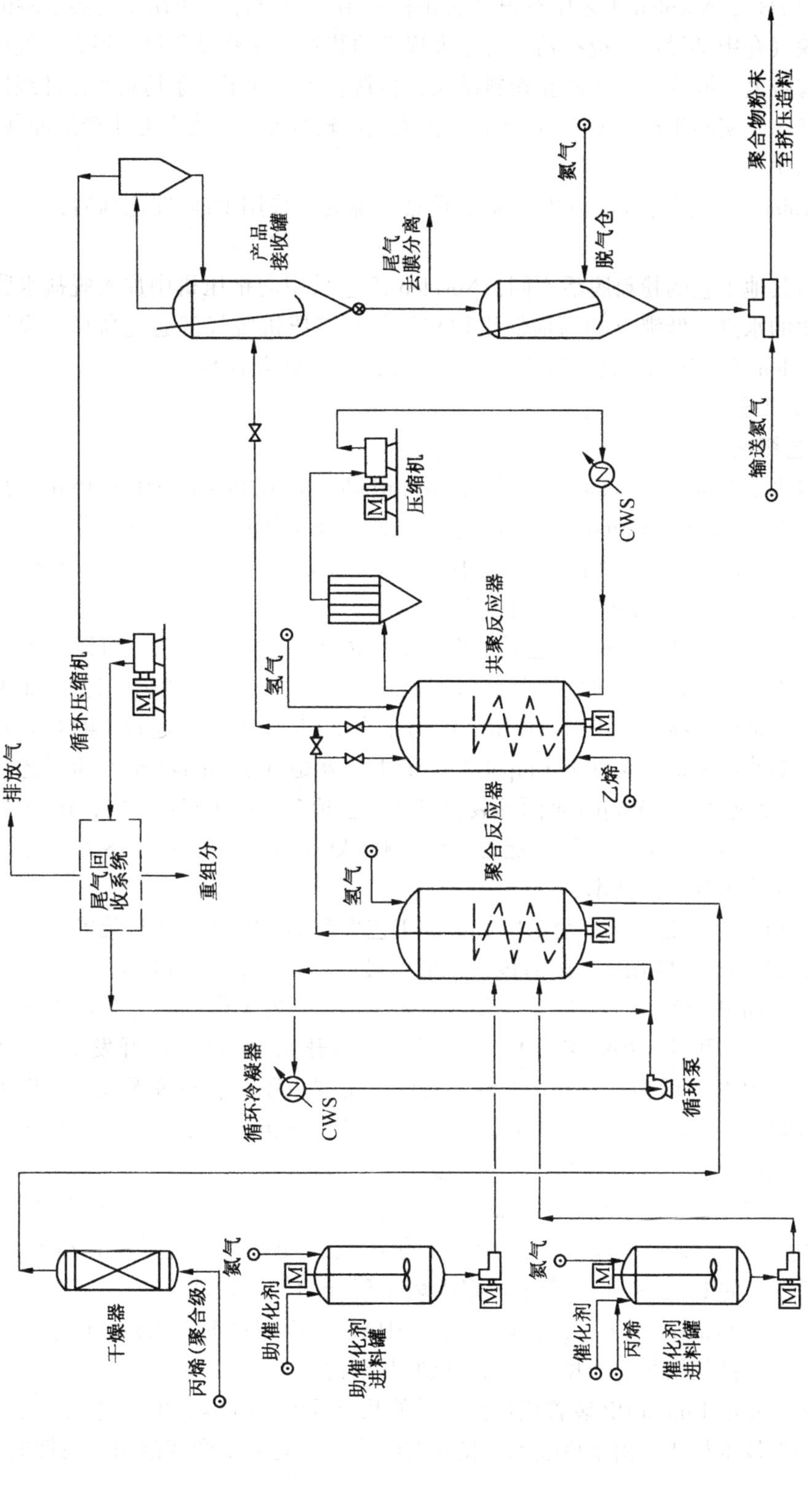

图 6－26　Novolen 聚丙烯工艺流程简图

共聚反应器的出料方式与均聚反应器相同。反应器出料的处理过程与均聚物产品相同，要分离循环未反应的单体，聚合物粉料用氮气送到粉料仓。

需要说明的是，Novolen 工艺中有很多防止粉料结块的设计，如在反应器下游的粉料出料仓及粉料脱气仓中都设计了搅拌器。对于大规模的装置，这些设备尺寸很大，搅拌器的设计和制造都有难度。同样是为了防止粉料结块，粉料仓还设计了一条粉料小循环线以保证粉料处于流动状态。实际生产表明，Novolen 工艺确实比较难操作，尤其是生产抗冲共聚物时，更容易发黏结块。

老的 Novolen 工艺在挤压造粒单元需要脱氯、脱臭。采用 PTK 催化剂后，不再需要脱氯、脱臭。

另外，与其他工艺的粉料脱活不同，Novolen 工艺采用向挤压机中加入脱盐水脱活残余催化剂。汽化的水汽、低沸点的丙烯低聚物和氮气从挤压机脱气区通过高真空脱气系统去除，因而 Novolen 工艺使用的挤压机需要特殊设计，费用也增加不少。

6.6.4　Unipol 工艺

6.6.4.1　工艺概况

2001 年 4 月，Dow Chemicals 收购了 Union Carbide、Univation 及 SHAC 催化剂技术，自此，Dow Chemicals 接管了 Unipol 聚丙烯工艺的开发、技术转让和催化剂事业。而 Unipol 聚乙烯技术仍由 Univation 掌管，Univation 是 Dow 和 ExxonMobil 的合资公司（以前是 UnionCarbide 和 Exxon 的合资公司，1997 年 5 月成立）。

原 Union Carbide 称其 Unipol 工艺是最先进的聚丙烯工艺技术之一，可以用最低的固定投资和操作成本，生产最宽范围的产品。Union Carbide 的 Unipol 聚乙烯工艺是 LLDPE 革命性的生产工艺，采用该技术的 PE 装置生产能力早在 20 世纪末就已超过 14000kt/a。Unipol 聚丙烯工艺与其非常相似，实际上 Unipol 聚丙烯工艺就是基于 Unipol 聚乙烯工艺开发成功的。自 1985 年建成第一套 Unipol 聚丙烯装置以来，包括 3 套在建装置在内，迄今已有 50 套装置采用 Unipol 聚丙烯工艺，总生产能力达到 10000kt/a 以上，分布在 18 个国家，是应用最广泛的气相法聚丙烯工艺技术。

1968 年，UCC 公司建成第一套采用 Unipol 工艺生产 HDPE 的工业化装置。1975 年工业化的 Unipol 装置生产出 LLDPE，随后该技术成为最广泛采用的 LLDPE 生产技术。1975 年，UCC 公司在 Unipol 中试装置上开展了一些聚丙烯生产的开发工作，但由于 LLDPE 的迅速发展而中断 PP 技术的开发。1980 年，UCC 公司又重新开始 PP 技术的开发工作。1981 年，Shell 公司开发成功超高活性催化剂（SHAC®），可以实现不脱灰、不脱无规物的聚丙烯新工艺。1982 至 1983 年，Shell 公司和 UCC 公司合作开发在气相法 Unipol 技术中采用超高活性催化剂的工业化技术，并宣布 Unipol 聚丙烯技术可以专利转让。

Unipol PP 工艺的开发首先是在 40kt/a 聚乙烯装置上进行 PP 的均聚和无规共聚试验，然后借鉴流化床聚乙烯的工程放大经验和流化床反应器的生产经验，1983 年底，采用 Unipol 聚丙烯技术的 UCC/Shell 合资公司聚丙烯工厂开始工艺设计，新工厂于 1985 年 5 月在美国得克萨斯的 Seadrift 投入生产，设计使用 SHAC-103 催化剂，能够生产全范围的商业化聚丙烯产品，包括均聚物、无规共聚物、抗冲共聚物。

在得克萨斯州的 Unipol PP 装置成功投产后的几个月内，Unipol PP 工艺成功地转让了几套技术。与其他技术相比，由于该技术有良好的经济性和能够生产宽范围、高性能 PP 产品的灵活性，很快就得到了PP市场的认可，成为仅次于Spheripol工艺的第二大聚丙烯工艺技术。1996年第20套Unipol聚丙烯装置开车，到2001年就有18个国家的31套装置总计5380kt/a的生产能力采用Unipol聚丙烯工艺，2010年底达到50条生产线、10000kt/a以上的生产能力，其中最大的一套双线装置生产能力达到900kt/a。2008年投产的SABIC4#装置能力为500kt/a，只有一台反应器。

1995年，UCC公司收购了Shell公司在美国的聚丙烯业务，UCC公司投入了更大的力量开发、推广Unipol PP技术包括产品、催化剂和技术转让。

Unipol技术采用SHAC系列催化剂，1990年开发出200系列催化剂(第四代)，已有SHAC-201、SHAC-205、SHAC-320多个产品。1996年，UCC推出了SHAC-320催化剂，新催化剂改进了产品的形态和粒度分布。2002年，Dow推出了SHAC-330催化剂并投入商业化生产。据介绍，这种新型的SHAC-330催化剂与SHAC-320相比，能够提高装置操作性、降低生产成本。以生产中等抗冲强度的共聚物为例，SHAC-330需要的外给电子体减少80%，催化剂产率提高25%，反应器沉积堆密度提高15%，氢调敏感性更好，可以生产更高MFR的产品。

SHAC系列催化剂是专为Unipol工艺开发的，能够最好地适应Unipol的气相流化床工艺，生产的产品性能在很宽范围内可控，活性高，使用简单，无需预处理或预聚合。用户购买的催化剂已与矿物油配成浆液，可直接从催化剂罐加入反应器。

Dow还开发了SHAC催化剂ADT（Advanced Donor Technology）系统，即高级给电子体技术。通过SHAC催化剂和给电子体的不同组合，可以生产性能范围很宽的各类产品，如高刚性产品、高流动性的抗冲共聚物等。通过SHAC催化剂ADT系统可以定制产品的多种性能，如MFR、等规度、分子量分布。工业装置的操作表明，ADT系统大大提高了流化床反应器的操作稳定性，能够抵抗反应温度、流化状态等各种反应波动。这是由于高温下ADT系统使反应活化能从正变为负，聚合反应动力学变得更加“自我限制”。

Unipol聚丙烯工艺采用气相流化床反应器系统，配合先进的催化剂系统，只用两台串联的反应器系统就能够灵活地生产全范围的聚丙烯产品。商业化均聚物反应器级产品的MFR为0.2~35g/10min，据称可生产MFR高达100g/10min的产品，包括高速注射成型树脂。在中试装置中，能生产MFR高达10000g/10min的产品。中高MFR的纤维级牌号通常在挤压机中加入可控流变的过氧化物生产。

对于无规共聚产品，工业化生产的产品牌号中乙烯含量在0.5%~5.5%，最高乙烯含量为7%，中试装置生产的产品乙烯含量可达12%，这类产品软化点较低，用于热封用途。1993年，UCC公司开发出丙烯和1-丁烯共聚的特殊无规共聚产品，商品名为CEFOR，这种产品含有最高14%的1-丁烯，商业化牌号的1-丁烯含量为8%~12.5%，熔点为131~142℃，MFR范围为3.4~12g/10min。与丙烯-乙烯无规共聚产品相比，CEFOR产品的主要特点是光学性能更好，熔点更低，有更好的热封性。

Unipol工艺采用两台串联反应器系统生产的抗冲共聚产品的MFR和分子量分布很宽。商业化生产的抗冲共聚物乙烯含量最高达21%(橡胶相含量为35%)，中试装置可生产高达含60%橡胶相的产品。Unipol工艺的抗冲共聚物产品也有很好的抗冲击性和刚性的平衡。

Dow公司认为Unipol工艺生产高MFR产品比液相反应器更容易，这是因为与液相反应器相比，气相反应器可以更快地增加到需要的氢气平衡浓度。

最近几年，Unipol 工艺在中国市场上取得很大成功，中国石油、神华、大唐发电等公司先后有 6 套聚丙烯装置采用 Unipol 工艺，总产能 1950kt/a，成为中国市场上第三位的聚丙烯生产工艺。

6.6.4.2 工艺特点

原 UCC 公司在气相聚烯烃聚合技术方面居全球领先地位，拥有这方面包括流化床冷凝态和超冷凝态技术在内的关键专利。Unipol 气相法聚丙烯工艺所用的稀相流化床聚合工艺是 UCC 公司的专长。从 1968 年至今，UCC 公司已用 Unipol 工艺成功地生产了高、中、低密度聚乙烯。早在 20 世纪末，全世界就有超过 120 条 PE 和 PP 生产线采用 Unipol 工艺技术，总生产能力超过 20000kt/a，是最广泛采用的聚烯烃生产工艺。

Unipol 工艺技术的主要特征可以总结为：简单、灵活、经济、安全。

由于采用了先进的气相流化床技术和先进催化剂系统，因而可以简化流程，形成一个比较稳定而灵活的系统，可以在较大的操作范围内调节操作条件而使产品的性能保持均一。因流程短，故设备台数较少，从而可以减少专门的维修工作量，使生产的可靠性也得到提高，

Unipol 工艺的经济性也是很有吸引力的。从操作观点来看，由于工艺过程和设备的简化，维修工作量减少，能量消耗低而生产效率高。从工程观点来看，由于流程短设备少，装置布置紧凑，而使基建投资降低。尤其是如能与 Unipol 聚乙烯装置建成联合装置，在装置布置、备品备件、维修、操作费用等方面的优势更加明显。

Unipol 工艺以其气相法技术所固有的特点，本质上要比本体法生产工艺更安全。主要是因为操作条件缓和(聚合压力较低)，而使系统中原料单体的储量少，所以没有储存大量可燃液体可能带来的危险。再因为流化床反应动力学固有的内在限制，消除了在事故失控时设备超压的危险。

Unipol 工艺没有液体废料排出，属清洁生产工艺，对环境污染的影响非常小，更容易达到环境保护、健康和安全的规定。

6.6.4.3 工艺过程

采用 Unipo1 工艺生产聚丙烯的工艺流程见图 6-27。工艺过程主要包括原料精制、催化剂进料、聚合、聚合物脱气和尾气回收、造粒及产品储存、包装等工序。Dow 公司称其紧凑的挤压造粒技术使造粒系统的投资和操作费用更低。

进入界区的原料丙烯、乙烯一般要进行精制，脱除原料中可能存在的各种对聚合反应催化剂有严重毒害作用的杂质，如氧气、一氧化碳、二氧化碳、水、醇等。通常采用汽提塔脱除丙烯中的轻组分，如氧气、一氧化碳等，再用分子筛干燥器脱除水、醇等。精制系统一般要根据原料的具体规格来设计精制方案。

购买的主催化剂已配制成矿物油悬浮液，可直接用催化剂进料泵把催化剂从进料罐注入反应器的分布板上部注入口。催化剂的进料速度也就决定了反应速率，并控制了产量。助催化剂从反应器的底部进入反应器。

聚合反应系统可分成以下几个部分：第一反应器、抗冲共聚反应器、反应器出料、分离。如只生产均聚物和无规共聚物则只需要一个反应器系统。

第一反应器用于生产均聚物、无规共聚物和抗冲共聚物的均聚物部分，是由一台流化床反应器、一台循环气冷却器和一台循环气压缩机组成的一个反应系统。SHAC 催化剂只加入第一反应器。反应器是连续返混式流化床反应器，顶部有一个很大的膨胀段，以使聚合物颗

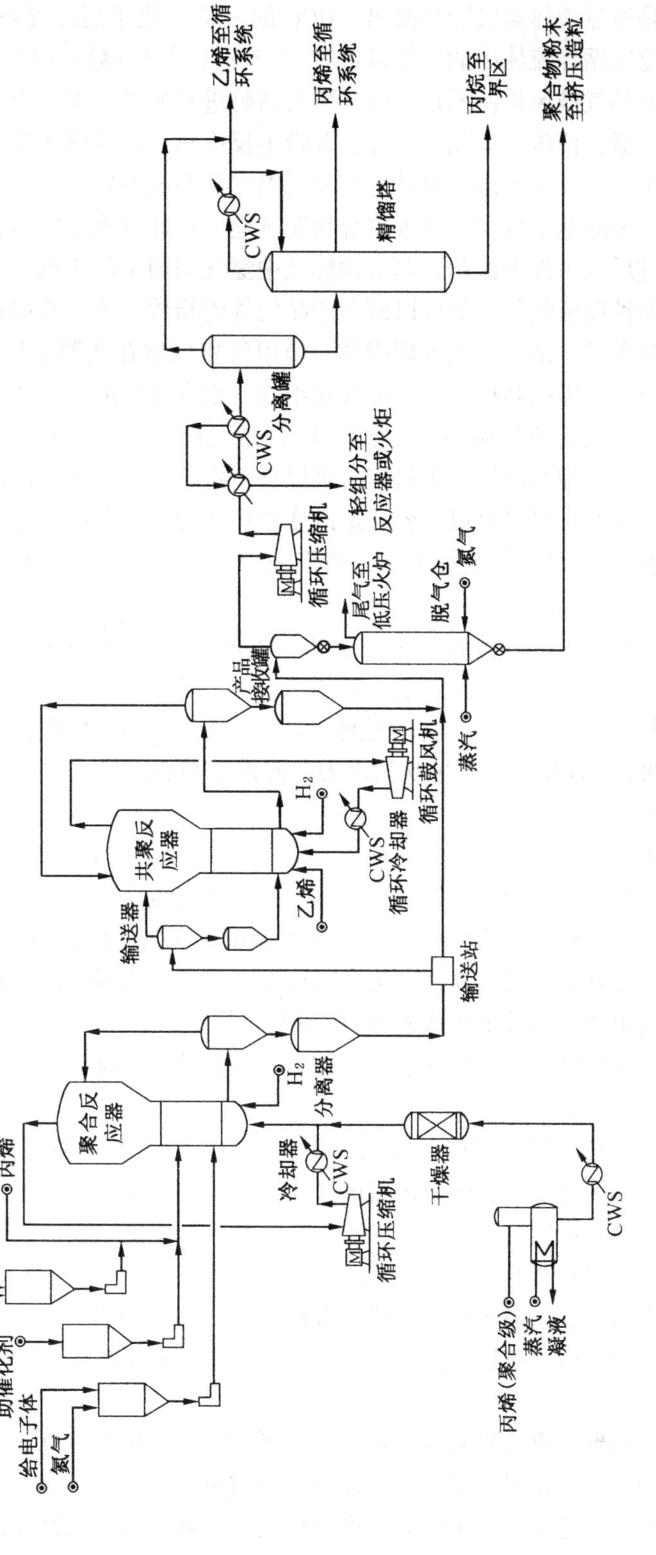

图6-27　Unipol聚丙烯工艺流程示意图

粒沉降。反应器的操作压力为 3.4MPa，在 65℃左右操作，接近单体露点。反应器进料中有一部分液体丙烯和冷凝剂(饱和烃)，大约占 10%~12%，液体的气化潜热强化了反应热的撤出，反应热主要是通过液体蒸发冷凝撤出。UCC 的一篇流化床超冷凝态烯烃聚合专利[28]中介绍，湍流态流化床循环流体中的液体量可达 17.5%（质量分数）以上至 20%，甚至更高。循环气回路中的循环气鼓风机使循环反应气体与新鲜进料的液态聚合级丙烯一起从反应器分布板底部吹入反应器，使床层流化、返混，并带走反应热。反应热通过管壳式气体冷却器用冷却水撤出反应系统，反应器床层内没有明显的温度和组成差别。反应器中的聚合物经两个自动控制的排料系统间断地排出，送入聚合物脱气仓或抗冲共聚反应器。

产品性能通过反应条件来控制。调节循环气中氢气与丙烯的比例，可以控制产品的熔体流动速率。调节两种助催化剂比例可以调节产品的等规指数；调节乙烯对丙烯的比例，控制无规共聚物的乙烯含量、结晶度或等规指数。使用气相色谱在线测定反应器中的气相组成，调节有关进料的流量可以控制反应器中的气相组成。聚合反应的温度通过调节循环冷却水的温度给定值控制进入反应器的循环气的温度来控制。循环气冷却器在开车时用来加热反应器。反应器的压力通过控制丙烯的进料速率来保持恒定。生产能力可以在很宽的范围内灵活控制，通过改变催化剂进料量可以很容易地改变生产能力，产品性能与生产能力无关。

流化床反应器反应停留时间大约 1h，并带强烈返混。牌号转换时间与本体法(一般为 4h)相当，过渡产品量也较少。

聚合反应不正常时，可以用杀死系统(Kill System)向反应器中注入很少量的 CO 阻聚剂以部分地或全部中止聚合反应。在停电等紧急情况下，反应器的循环气排放通过备用透平，驱动压缩机在较低的转速下运转，使杀死剂充分分散在反应器床层中，终止聚合反应。待系统操作正常后，再把 CO 从反应器里吹扫出去，使催化剂的活性立刻恢复，以继续进行聚合反应而不产生等外品。

第二反应器生产抗冲共聚物。这个系统的组成与第一反应器相同，包括一台流化床反应器、一台循环气冷却器和一台循环气压缩机，只是循环气流全部为气体，设备尺寸相对也小一些，反应器材质仍为碳钢。反应压力大约为 2.4MPa，反应温度为 65~70℃。含有催化剂的活性均聚物间断地从第一反应器送入第二反应器，乙烯、丙烯、氢气和循环单体也连续加入反应器中，在均聚物的基体上生成乙烯-丙烯共聚物。

反应器内如果出现结块，可以从监测反应器各参数的仪表预先发出警告，这样可在操作上采取适当的措施以防结块严重。

随着催化剂和原料向反应器内的加入，聚丙烯不断生成，在流化床内累积，使床层升高。当床层升到预定的高度时，间歇出料的产品排放程序自动起动。排放阀打开，一部分产品排入产品排放罐，然后阀门关闭，分离出粉料产品中夹带的未反应气体。两个产品排料系统交替操作，也可以单独操作。每个排料系统由一个高压气固分离罐和一个产品吹出罐组成。从反应器排出的树脂粉料先到分离罐，分离后的气体循环回反应器顶部。反应器床层静压差使气流可以不经加压直接返回到反应器，流化床层的料位高度通过改变产品的出料频率得到控制。

从反应器排出的聚合物还吸附有少量未反应的烃类(约 0.2%~0.3%)，这些烃类必须从产品中分离干净并回收，以保证安全、环保和产品质量等方面的要求。

反应器的出料首先进入一个小的立式产品接受器，从底部吹入氮气，脱除聚丙烯粉料中溶有的烃类。粉料重力流入脱气仓，脱气仓底部加入氮气和少量蒸汽，进一步去除烃类并脱除催化剂的残余活性。脱气过程是使脱气仓里的树脂，以“柱塞流”的形式向下流动。该仓在微正压的条件下操作，其温度与反应温度非常接近。氮气自下而上地流过树脂，当树脂到达脱气仓底部，即达到脱气的要求。从脱气仓底部排出的处理合格的聚合物送入挤压造粒系统。

产品接收罐排出的尾气进入尾气回收系统。该系统是为了回收那些未反应的单体，以提高单体的总利用率，降低单体消耗和成本。尾气回收系统由压缩、冷凝和分离等设备组成。富含单体的物流循环回反应系统，氮气大部分送火炬。生产抗冲共聚物时，尾气中的乙烯和丙烯分离，乙烯循环回共聚反应器。

与其他不同的是，Unipol 工艺中含有很少量单体的脱气仓尾气送单独设置的低压火炮烧掉，这无疑增大了丙烯单耗。

在挤压造粒单元，与其他工艺基本一样，添加剂与少量聚丙烯粉料配成母料加入挤压机，不同的是 UCC 公司建议粉料不要中间储存，经脱气、失活处理后直接造粒。因此，脱气仓需有保持 3~4h 产量的缓冲能力。

由于反应系统中产品混合充分，Unipol 工艺与其他工艺相比，需要产品掺混料仓的数量少，每条生产线只需要两台掺混料仓和一台过渡牌号料仓。但生产厂往往要求设计较大的产品储存和掺混能力。

很多 Unipol 工艺的竞争者认为，强烈返混的反应器与两个串联反应器系统或活塞流反应器相比，其颗粒停留时间分布不均匀，这将导致由均聚产品粉末作为原料生产的抗冲共聚产品在流动性和橡胶体分布方面都差。但 Dow 公司认为，返混反应器中颗粒停留时间分布与连续搅拌釜反应器是一样的，用两个反应器也不能明显改善停留时间分布。并且，均一的 SHAC 催化剂活性可以保证得到橡胶体分布均匀并有较好流动性的共聚产品。同时，大返混反应器产品更均匀，使下游产品不需进一步掺混。

在控制系统方面，Unipol 工艺能够提供先进过程控制（APC），能提高工艺过程控制的稳定性、生产的灵活性并缩短牌号转换时间减少过渡产品的量。

6.6.5　Innovene 工艺

6.6.5.1　工艺概况

Innovene 聚丙烯工艺现属 INEOS 公司所有。Innovene 工艺即 1999 年以前的 Amoco 气相法工艺，1999~2001 年又称 BP-Amoco 气相法聚丙烯工艺。

1999 年，Amoco 与 BP 合并组成 BP-Amoco 公司。2000 年，BP 收购了 Amoco 的股份，又更名为 BP 公司。BP 公司随后将石化产品部门分为两部分，其中的烯烃及其衍生物（包括烯烃、聚丙烯、聚乙烯、阿尔法烯烃和丙烯腈）部门命名为 Innovene 并成为一个独立的实体，并将 Innovene 对外出售。2005 年 12 月，BP 将 Innovene 出售给了 INEOS，这包括所有聚烯烃业务，但不包括 BP 与中国石化合资的赛科公司及与马来西亚的合资聚乙烯公司。

Innovene 工艺包括气相法聚丙烯和聚乙烯技术，可以为用户提供完整、系统、先进的聚烯烃成套技术。

Innovene 气相法聚丙烯工艺采用接近活塞流式的卧式反应器，并带一个特殊设计的水平搅拌器，也是当今最先进的聚丙烯技术之一。

Amoco 公司最早于 1959 年就开始了聚丙烯的研究开发工作。1968 年，Amoco 购买了

Avisun 公司，开始聚丙烯生产。当时 Avisun 公司采用浆液法技术，并转让给日本的 Chisso 公司。Amoco 和 Chisso 此后合作开发聚丙烯技术，并转让了几套浆液法技术的装置。

20 世纪 70 年代中期，Amoco 开发成功气相法聚丙烯工艺技术。1979 年 12 月，Amoco 在美国建成了第一套采用 Amoco 气相法工艺生产聚丙烯均聚物的工厂。1980 年，Chisso 得到了 Amoco 气相工艺的技术许可证。1985 年双方同意合作开发工艺技术，并称为 Amoco/Chisso 工艺。1987 年开发了气相抗冲共聚产品的工艺。1992 年，Amoco 在得克萨斯建成一套能生产抗冲共聚物的装置，1996 年在比利时建成一套 200kt/a 的共聚物生产装置。Amoco 与 Chisso 的合作协议于 1995 年结束，此后两公司可以独立转让各自的气相法聚丙烯工艺。

Innovene 工艺中主要有直径 9 英尺和 10 英尺两种规格的反应器，其中单台直径 10 英尺反应器的装置可以做到单线生产能力 300kt/a，两台串联直径 10 英尺反应器可以做到单线生产能力 450kt/a。截至 2010 年底，采用 Innovene 工艺的聚丙烯装置共有 21 套（四套装置在建），总共产能约 5760kt/a。我国有 6 套装置采用 Innovene 工艺，总产能约 1700kt/a。

6.6.5.2　工艺特点

Innovene 气相法工艺的主要特点是采用独特的接近活塞流的卧式搅拌床反应器和高效 CD 催化剂。Innovene 气相法工艺流程短，能耗较低，过渡产品少，抗冲共聚物产品的综合性能好，安全环保。

CD 催化剂是专为气相法工艺研制的高效载体催化剂，催化剂有很好的形态控制，有很高的活性和选择性；能控制无规聚丙烯的生成，产品有很高的等规指数；聚合产品粒度分布窄，粉料流动性好，灰分含量低，色泽好等。采用该催化剂，使工艺流程得到简化。CD 催化剂的活性在 25000~55000kg PP/kg cat 范围内，取决于原料纯度和反应器的数量。生产的粉料产品的等规指数也很稳定，等规指数最高可达 99%。CD 催化剂的另一特点是不需预处理或预聚合，可以直接加入反应器，并且该催化剂可以生产所有聚丙烯产品。

Innovene 气相法工艺的显著特征就是其非常独特的接近活塞流式带水平搅拌器的反应器设计。关于此反应器的设计及其操作情况在专利(US 3 957 448)中有详细叙述。反应器为卧式圆柱形压力容器，在轴向设有桨式搅拌器。其顶部在搅拌时按自然方位在一条直线上。每个反应器的聚合物床层都由固定在搅拌轴上间隔 45°的叶片进行匀速缓慢的翻动，轴转速为 10~20r/min。这种搅拌器的设计，与其他强烈混合的搅拌器相比，节省大量能量。单体和氢气进入每一部分，混合物被连续搅拌以避免形成热点。反应器上众多的气液进口用于催化剂进料、急冷液及气相进料口。每个反应区域都由从底部喷入的循环气流维持半流化状态或称松动状态。催化剂从反应器一端注入，PP 粉末从另一端流出。粉末停留时间分布接近平推流反应器。据专利商介绍，一台这种反应器的性能相当于三台以上的串联返混式反应器(如流化床或液相本体反应器)。由于物料在反应器的流动接近活塞流，走短路的催化剂极少，只用两台反应器就可以生产高性能的抗冲共聚物。另外，反应器的时-空产率在各种聚丙烯工艺中是最高的，这使得投资较低。

用这种独特的反应器，因颗粒停留时间分布范围很窄，可以生产刚性和抗冲击性非常好的共聚物产品。这种接近平推流的反应器可以避免催化剂短路。当有乙烯存在时，可生成大颗粒共聚物，而不是在均聚物颗粒内生成细粉，这些细粉将降低共聚物的低温冲击强度，并形成不必要的胶状体。因此，该工艺很窄的反应停留时间分布可以实现用多个全混反应釜均聚反应器才能生产的高抗冲共聚物的要求。

聚合物在形成过程中，可由一个区转到下一个区，最后以粉末状态排出。反应热靠液体原料的蒸发移出，形成的蒸气有利于床层的充气、流动。

同样也是因为独特的反应器设计，Innovene 气相法工艺的产品过渡时间很短，理论上产品的过渡时间要比连续搅拌反应器或流化床反应器短 2/3，因而产品切换容易，过渡产品很少。

由于工艺流程简短，反应器设计独特，聚合压力比较低，没有大型的转动设备，电能消耗在各种 PP 工艺中处于最低之列。由于是气相聚合系统，不必像液相法那样用蒸汽加热反应器随聚合物排出的液体丙烯，因而蒸汽消耗量很少，生产均聚产品的能耗在各种工艺中是最低的。

Innovene 气相法工艺与其他气相法工艺一样，聚合系统内没有大量的液态烃，本质上比本体法要安全一些。Innovene 气相法工艺反应器的操作压力，在各种工艺技术中是最低的。聚合系统没有废水排放，是清洁生产工艺。

该工艺的另一重要特征是聚合反应可以通过停止催化剂注入而快速平稳地停止(约 15~20min)，并可在几小时后重新开车，不会影响反应器内部条件及聚合物质量。在遇到停电等事故时，反应器可以在事故停车或慢停车状态下，通过释放反应器压力，在 3min 内停车，并可在重新加压及注入催化剂后再次开车。

本工艺均聚产品的 MFR 可从 0.5g/10min 到 100g/10min，产品韧性高于其他气相聚合工艺，无规共聚产品的 MFR 为 2~35g/10min，其乙烯含量可达 7%~8%（质量分数)，抗冲共聚产品的 MFR 为 1~35g/10min，乙烯含量为 5%~17%(质量分数)。由于活塞流式的反应器设计，使得催化剂的停留时间分布较窄，抗冲共聚物的橡胶相分布更加均匀，性能更加优异，尤其是抗冲击性和刚性的平衡性能更好。

6.6.5.3　工艺过程

Innovene 气相法工艺生产均聚及共聚产品的流程示意见图 6-28。工艺过程包括：CD 催化剂和助催化剂计量加入聚合反应器；第一聚合反应器系统；反应器粉末输送系统；用于抗冲共聚的第二聚合反应器系统；聚合物粉料中残存催化剂脱活及下游挤压造粒系统等。

聚合级或化学级丙烯经精制处理后加入反应器。外购的用矿物油配制好催化剂浆液倒入催化剂加料罐，用计量泵加入反应器。助催化剂烷基铝和改性剂直接从装运容器内用计量泵加入反应器。

反应器系统包括搅拌床气相反应器和气体及液体循环回路。液体丙烯作为液体冷却剂从反应器顶部喷洒在粉末床层上，吸收反应热后气化，有效地撤除反应热。另外，丙烯气体从反应器底部加入反应器，使反应器内聚合物床层部分流化并随搅拌移动。反应器顶部有两个(共聚反应器有一个）很大的穹顶用以分离气化丙烯中夹带的聚合物细粉，采用高效 CD 催化剂，聚合反应停留时间约 1h。

反应器在 65~85℃、2.0~2.3MPa 下操作，在循环气流中各组分分压决定了其聚合速率，氢气用于控制分子量。

在反应器中，急冷丙烯液体被喷洒到搅拌床，因为急冷丙烯分压低于露点，这样可使床层保持干燥。喷洒量要高到足以带走反应热。离开反应器的气体部分冷凝后送到分离器，与新鲜丙烯混合后打回到反应器顶部。不凝气则被压缩，生产共聚物时加入乙烯，送入反应器底部。同时，从系统中连续排出一部分物流以防止丙烷气体的累积。

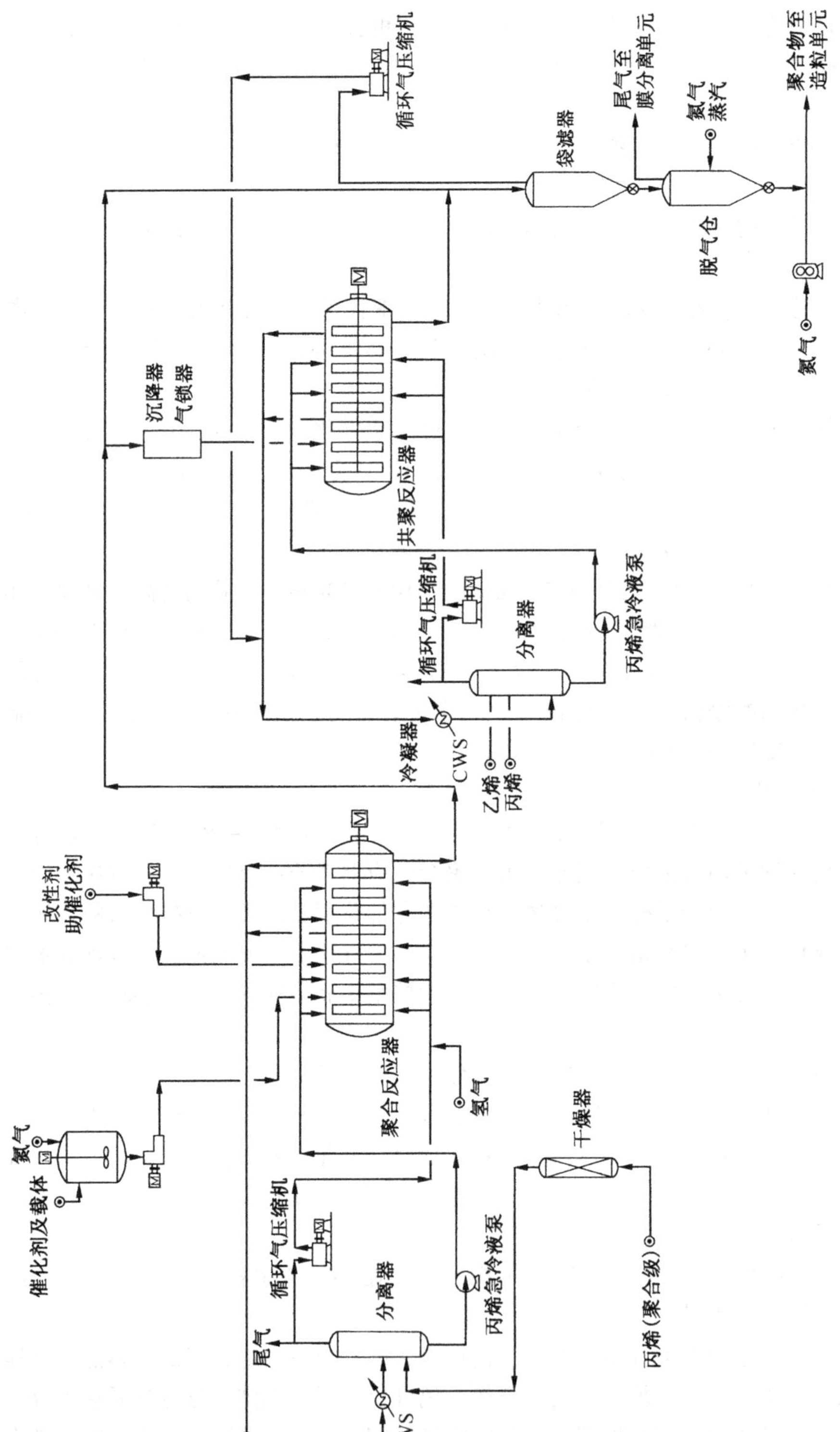

图 6－28　Innovene 工艺流程示意图

液相单体进料及从粉料中气化的速率是反应器操作的关键，必须确保粉末床层的松动状态和撤出反应热的速率并保持需要的反应温度曲线之间的平衡。

气流的速率要低到防止床层流化，使反应器内聚合物床层在搅拌下达到松动状态。因为反应器中没有浆液，反应器壁不会结垢。

第一反应器的聚合物通过粉末输送系统(也作为气锁装置防止任何气体反窜入第一反应器)加入第二反应器，生产均聚物时也可以直接从第一反应器排入袋滤器。生产抗冲共聚物时，第二反应器中加入乙烯。第二反应器系统的设计和操作与第一反应器系统相似，从反应器排出的丙烯、乙烯、氢气大部分冷凝以撤出反应热，冷凝液与加入的新鲜丙烯一起用泵加入反应器顶部。不凝气及新鲜乙烯用循环气压缩机循环回反应器底部。乙烯和丙烯的比例必须准确控制，以得到所需组成的共聚物产品。这种搅拌床很适合于生产不能很好流化的高乙烯含量嵌段共聚产品。

该工艺的两台聚合反应器平行水平布置，反应器粉末输送系统相对比较复杂。从第一反应器排出的粉末先进入沉降器减压至0.5~0.7MPa，再排入气锁器，升压至2.0~2.3MPa后进入第二反应器。由于第一、二反应系统的气体组成不同，气锁器对于防止第二反应器的气体反窜入第一反应器至关重要。

从反应器排出的聚合物粉末经袋滤器分离出未反应的单体后进入脱气仓，分离出的单体压缩后循环回反应器。从脱气仓底部加入氮气和少量蒸汽以脱除残余催化剂的活性并去除夹带的少量单体。脱气仓尾气可送火炬焚烧或用膜分离法分离出其中的丙烯回收利用。

脱气仓排出的聚合物可通过氮气气流输送系统送入或直接靠重力(脱气仓布置在挤压造粒楼顶)进入挤压造粒系统。

作为进一步处理的挤压造粒工序，与其他工艺相同，一般采用带齿轮泵的挤压机。

6.6.6　Horizone 气相法工艺

6.6.6.1　工艺概况

Horizone 气相法工艺即原 Chisso 气相法工艺。

2003 年 10 月，Chisso 将其聚丙烯业务与 Japan Polychem Corp.（JPC，三菱化学的全资子公司）合并组成 Japan Polypropylene Corp.（JPP）。原 Chisso 气相法聚丙烯工艺重新命名为 Horizone 气相法工艺。

Chisso 公司进入聚丙烯市场并开发出气相聚丙烯工艺技术是与 Amoco 公司（现 Ineos）紧密联系在一起的。Chisso 公司从 1963 年开始聚丙烯树脂的生产，浆液法技术从原 Avisum 公司引进，是 Avisum 公司浆液法技术转让的第一套装置。1968 年，Avisum 公司被 Amoco 公司收购，Chisso 公司和 Amoco 公司在聚丙烯技术方面的合作一直持续到 1995 年。

Horizone 气相法聚丙烯工艺最初由 Amoco 公司在 20 世纪 70 年代中期开发成功，用于聚丙烯均聚物的生产。Chisso 从 Amoco 公司引进该技术，并增加共聚反应器，将其扩大到抗冲共聚物的生产。1987 年 7 月，在日本千叶建成了一套能生产包括抗冲共聚物在内的聚丙烯装置，设计能力 30kt/a。之后，该公司又对该技术进行了一些工艺改造。1990 年 12 月，在日本的四日（Yokkaochi）又建成了一套设计能力 40kt/a 的装置。这两套装置的现生产能力都是 65kt/a。1994 年，Amoco 公司与 Chisso 公司合作向 DSM 转让了 Amoco/Chisso 气相法聚丙烯技术。1995 年，两公司的合作期终止。此后，Chisso 公司可以独立对外转让 Chisso 气相法聚丙烯技术，成为独立的聚丙烯生产技术专利商，开始向外转让技术。采用 Horizone 工艺台塑建成了两套 300kt/a（两条生产线）和一套 192kt/a 的装置，分别于 2000 年、2001 年和 2004 年建成投产。2008 年，JPP 在日本鹿岛（Kashima）建成一套单线 300kt/a 的 Horizone 气相法装置。正在建设的中国石化武汉 800kt/a 乙烯工程中有一条 200kt/a 的 PP 装置采用 Horizone 工艺。

JPP 开发了一些特殊牌号产品，如用于发泡、吹模和热成形的高流动熔体强度牌号（NEWFOAMER 和 NEWSTREN），反应器级 TPO 树脂（NEWCON®），茂金属催化剂及聚丙烯（WINTEC）等。

6.6.6.2　工艺特点

Horizone 气相法聚丙烯工艺技术是在 Innovene 气相法聚丙烯工艺技术基础上发展起来的，两者主要区别是所用催化剂及反应器布置和出料方式不同。

与 Innovene 气相法聚丙烯工艺技术相比，Horizone 气相法聚丙烯工艺技术有以下两个独特之处。

由于 JPP 在共聚物产品方面的业绩更好，Horizone 气相法聚丙烯工艺更适宜生产高乙烯含量的抗冲共聚物产品。Horizone 工艺的第一反应器布置在第二反应器的顶上，第一反应器的出料重力流入一个简单的气锁装置，然后用丙烯气压送入第二反应器。而 Innovene 气相法工艺的两台反应器平行水平布置，第一反应器的出料靠压差送入高处的沉降器，分离出的未反应气体经压缩机压缩升压、冷凝后循环回反应器，聚合物粉料重力进入气锁器，用丙烯气压送入第二反应器。两者相比，Chisso 工艺的设计要更简单，能耗更小。

Horizone 气相法聚丙烯工艺采用东邦钛（Toho Titanium）公司的 JHC、JHN、JHL 催化剂。TPP 称采用 JH 系列催化剂的聚丙烯形态好、细粉少、粒度分布窄、流动性好、易于输送至第二反应器。典型活性为 25000～40000kg PP/kg Cat。但该催化剂需要预聚合，用已烷配成浆液，加入少量丙烯预聚合几个小时，否则产品中细粉增多，流动性降低，共聚反应器的操作困难。

JPP 开发的 JHN 催化剂专门用于 NEWCON 产品的生产。NEWCON 是一种高乙烯含量的反应器级 TPO 产品，橡胶相含量在 30%～60%之间，主要用于汽车保险杠。但生产 NEWCON 产品的能耗很高。

Horizone 气相法聚丙烯工艺能够生产全范围的产品。反应器级产品的 MFR 通常小于 20g/10min，均降物产品的 MFR 可达 300g/10min。无规共聚物最高乙烯含量可达 6%。Horizone 气相法聚丙烯工艺生产的无规共聚物有很低的密封温度，适宜作 BOPP 膜。对于均聚物的 BOPP 牌号，能够控制立体规整度适宜各种用途，如高加工性和高刚性/低热收缩性膜。

抗冲共聚物有优异的性能，在很宽的温度范围内有优异的刚性和抗冲击性。JPP 称其产品的冲击强度比其他工艺生产的同类产品至少高 10%。这主要是源于其独特的反应器设计，使走短路的催化剂最少，使得共聚反应器中聚合的共聚物中橡胶相细小并分布均匀。抗冲共聚物产品的 MFR 范围可达 100g/10min，橡胶相含量可高达 60%。

6.6.6.3　工艺过程

简化的工艺流程见图 6-29。

将主催化剂及助催化剂和改性剂批量加入预处理罐内，用已烷配成浆液，加入丙烯预聚合几个小时，预聚合后的催化剂浆液用计量泵加入第一反应器。两种助催化剂通过计量泵加入第一反应器。聚合反应在卧式搅拌反应器内进行，如生产抗冲共聚物则需要两台反应器，

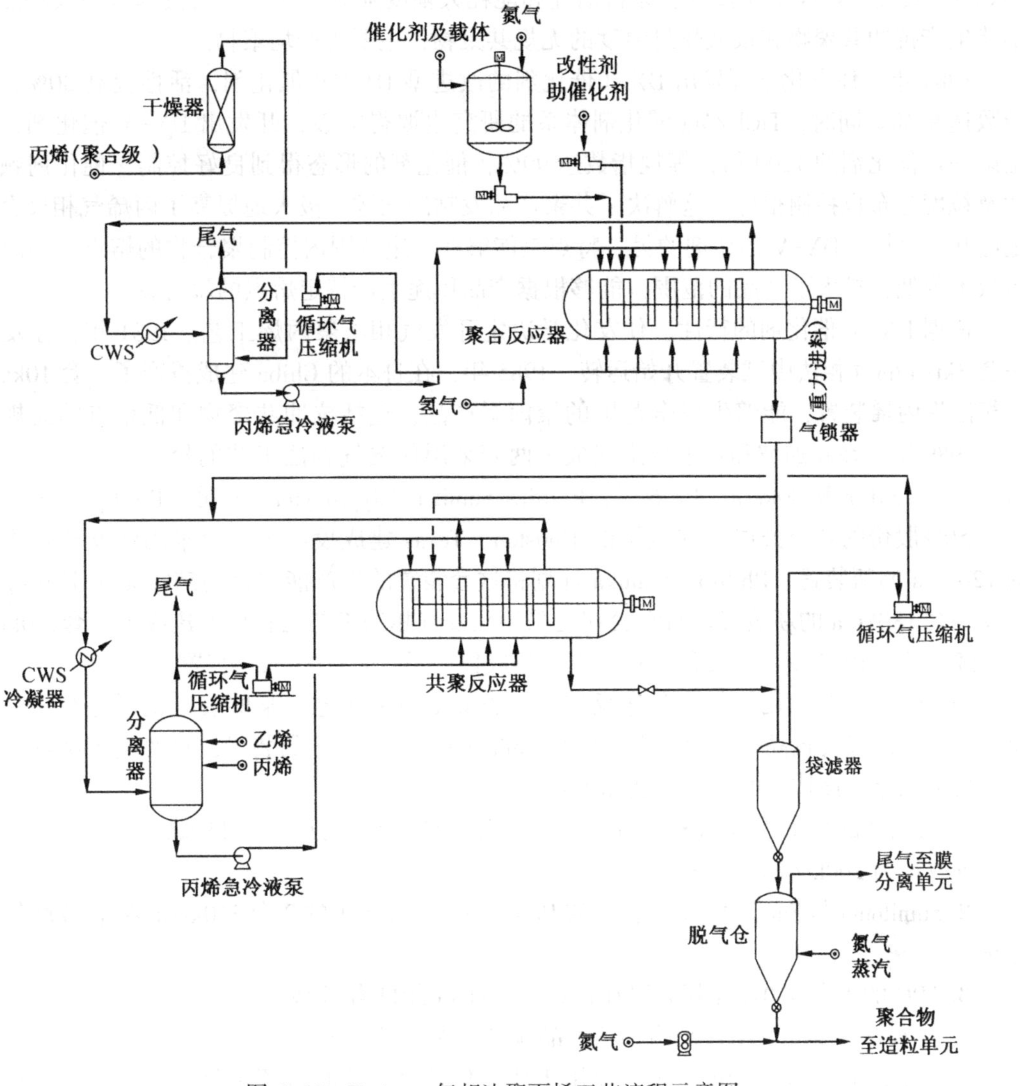

图 6-29 Horizone 气相法聚丙烯工艺流程示意图

生产均聚物只需要一台反应器。两台反应器上下布置，第一反应器的出料通过气锁器间断排入第二反应器，气锁器的尾气返回第一反应器。聚合产品从反应器排入膨胀袋滤器，分离出未反应单体经压缩、冷凝后循环回反应系统。粉料进一步在脱气仓内脱气并去活催化剂后，挤压造粒或在挤压机检修时送入粉料缓冲料仓。脱气仓尾气可用膜分离装置分离回收烃类，或送火炬烧掉。

6.6.7 住友(Sumitomo)气相法工艺

6.6.7.1 工艺概况

住友化学 1962 年开始聚丙烯的生产，引进 Montecadini 的浆液法技术，采用第一代催化剂，生产能力为 6.5kt/a。此后，住友化学开始大力研究开发聚丙烯催化剂。1976 年，开发出高比表面积 δ-$TiCl_3$ 催化剂，称为 DX-I 催化剂，与当时的 Solvay 催化剂性能相似。开发催化剂的同期，住友化学开发出本体法工艺，1976 年在日本的 Nihama 建成投产了一套

10kt/a的装置，该技术使投资、原料消耗和能耗大幅度降低。但本体法技术有一大缺点，即不能生产抗冲共聚物和很低热封温度的无规共聚物，主要生产均聚物。

1984 年，住友化学开发出 DX-I 催化剂的改进型 DX-IV 催化剂，活性提高 30%，等规指数达 99%。同时，$TiCl_3$/Mg 催化剂体系的研究也取得突破，开发出 DX-V 催化剂，活性是第一代催化剂的 1200 倍，等规指数达 99%，催化剂的形态得到良好控制，催化剂颗粒尺寸及粒度分布也控制很好，这解决了共聚产品发粘的问题，极大地提高了丙烯气相聚合的稳定性和可靠性。DX-V 催化剂的另一特点是能够在一定范围内控制聚合物的熔点，同时等规指数不降低，扩大了产品的范围，能够根据产品用途生产特定熔点的聚合物。

根据 DX-V 催化剂的特性，住友化学决定开发气相法聚丙烯工艺。1981 年，住友化学一套 3kt/a 的气相法中试装置开始运转。1985 年，在日本的 Chiba 建成投产了一套 10kt/a 的气相法聚丙烯装置，能够生成全范围的聚丙烯产品，包括抗冲共聚物和低熔点的无规共聚物。1989 年，在新加坡和日本分别建成了两套采用住友气相法工艺的聚丙烯装置，生产能力分别为 45kt/a 和 80kt/a。1996 年，Phillips Sumika Polypropylene 公司（Phillips和 Sumitomo 各占 50%股份的合资公司）在美国的 Houston、Texas 建成投产了一套采用住友气相法工艺的 120kt/a 的新装置。Phillips-Sumika 计划将这套装置的生产能力提高55kt/a,并且正在考虑建设一套 180kt/a 的新装置。TPC 公司也采用住友气相法工艺在新加坡建成了一套120kt/a的聚丙烯装置。1997 年，住友化学在日本也建成投产了一套120kt/a的装置。

Sumitomo 工艺采用气相流化床反应器，类似 Unipol 工艺，某些装置也可能有 3 台串联反应器，因而投资较高。目前，有 10 套 Sumitomo 气相法工艺的装置，总产能 2300kt/a。

最近几年，该技术的主要进展如下：

① 新加坡的 TPC 公司（Sumitomo 控股）于 2006 年成功将 1 套 150kt/a 线型低密度聚乙烯装置改造为 200kt/a PP 装置。

② Sumitomo 与 Saudi Aramco 合资的 Petro Rabigh 公司中的 2 套 350kt/a 装置 2009 年建成开车。

③ TPC 的 1 套 450kt/a 新装置在设计中，计划 2011 年建成。

④ 技术开发主要集中在高附加值产品领域，尤其是汽车料。

⑤ Sumitomo 气相法 PP 工艺主要用于住友化学公司或其合资项目，很少参与公开招标的项目。

6.6.7.2 工艺特点

住友化学认为其气相法聚丙烯工艺的核心特点是采用住友高性能的催化剂，能够生产高性能的共聚物。住友化学的聚丙烯催化剂在日本生产，销售给专利使用者。

住友化学称采用住友催化剂的气相法工艺生产的产品的结晶度比其他工艺更高。住友公司的 PP 产品在注射成型的汽车和家电方面有很大优势。这可能是因为住友工艺采用几个串联的反应器，使得反应器内的停留时间分布比较均一(产品质量更均一),抗冲共聚产品的韧性更好。

在薄膜市场上，住友化学的低热封初始温度 BOPP 膜和高透明度的硬膜类产品很有优势。

住友化学已经开发了高熔体流动速率的特殊共聚物混合物，用于内置织物的水平呼吸型模具的注射成型制品。这种工艺已经转让给世界上几个生产织物覆盖器具如仪表盘的厂家。住友化学进一步开发的产品是用串联气相反应器生产的弹性共聚物或三元共聚物。

6.6.7.3 工艺过程

住友气相法工艺的工艺流程简图见图 6-30。装置包括 9 个单元：原料精制、催化剂配制、聚合、粉料分离、单体循环、粉料储存、挤压造粒、产品料仓储存及包装。

该工艺采用串联的气相流化床反应器(两或三台串联反应器)，控制反应器内的温度、压力和气相组成。

固体催化剂用己烷配制后用计量泵加入第一反应器，助催化剂及改性剂也计量加入第一反应器。每个反应器配有一台循环气体压缩机，保证反应器内聚合反应需要的流化状态。

在进入聚合反应器之前，丙烯、乙烯、氢气根据原料规格情况进行必要的精制处理，除去对催化剂有毒害作用的微量杂质。精制后的丙烯加入丙烯进料罐，与从反应器尾气返回的循环丙烯混合后用泵加入反应器。气体和液体丙烯由反应器底部各个喷嘴注入。反应热通过液体丙烯的气化潜热和循环气的显热撤出反应器，用冷却水从循环气冷却器中撤出反应系统。第一反应器的反应条件为 65℃、2.1MPa。从反应器顶部出来的气体经过一个旋风分离器和过滤器并经冷却后用循环气压缩机循环回反应器。生成的聚合物通过反应器出料和输送系统加入第二反应器。

第二反应器系统的设计与第一反应器相同，但操作压力较低，反应条件：60℃、1.5MPa。第二反应器用于生产抗冲共聚物。

第二反应器通过气锁出料系统将产品从反应器底部排入粉末分离器。粉末分离器顶部设计有袋滤器，将聚合物与未反应的单体分离。粉末分离器在接近常压下操作，未反应的单体从分离器顶部排出，经过滤除去夹带的聚合物细粉并冷却，用循环气压缩机压缩后循环回反应器。分离后的聚合粉料通过旋转进料器用氮气输送到脱气仓，连续通入氮气和少量蒸汽脱除粉料中夹带的少量单体并去活催化剂。脱气仓尾气通过旋风分离器及过滤器后采用膜分离技术回收尾气中的烃类，部分氮气循环回脱气仓或送火炬烧掉。粉料产品在脱除夹带的烃类后送入粉料料仓，粉料料仓能在挤压机检修时提供一定的缓冲时间。聚合物粉末加入添加剂用挤压机切成颗粒产品，送料仓掺混后送成品仓库储存。

6.6.8 反应器颗粒技术及 Catalloy 工艺

6.6.8.1 反应器颗粒技术

在采用多相 Z-N 催化剂体系的烯烃聚合反应中，聚合物是围绕每个催化剂颗粒内部的微晶生长和结晶。因此，任何单个聚合物颗粒构成一完全隔离的体系，就像一个以自己的动力学和质量与能量平衡所表征的微型反应器。而反应器颗粒技术(Reactor Granule Technolgy，简称 RGT)的开发和应用引发了 Z-N 催化剂的革命，并且成为 Basell 公司在聚烯烃工业中处于遥遥领先地位的基础。这种“反应器颗粒技术”可以定义为：在活性 $MgCl_2$ 载体催化剂上进行的烯烃单体的可控制重复聚合反应而形成一个增长的球形颗粒，成为一个多孔性反应床，可加入其他单体聚合并生成聚烯烃合金。

RGT 实际上是一系列科学技术成就的混合体。首先是基于对烯烃聚合物成长机理的正确理解和控制。研究发现催化剂的预聚合是控制复制现象的必须步骤，也是聚合物-催化剂体系维持其完整性的基本因素，而聚合物的生长机理也要比预想的复杂得多。对于橡胶成分无论它们在哪里生长，已经观察到它具有填充微观和宏观空隙的固有倾向，具体说就是填充到主均聚物基体内部粒子间弱边界，包括微球间边界，并最终迁移到聚合物大粒子表面。通过对聚合物生长机理的研究也发现聚合物颗粒能够复制母体催化剂颗粒的形状和孔隙度，随

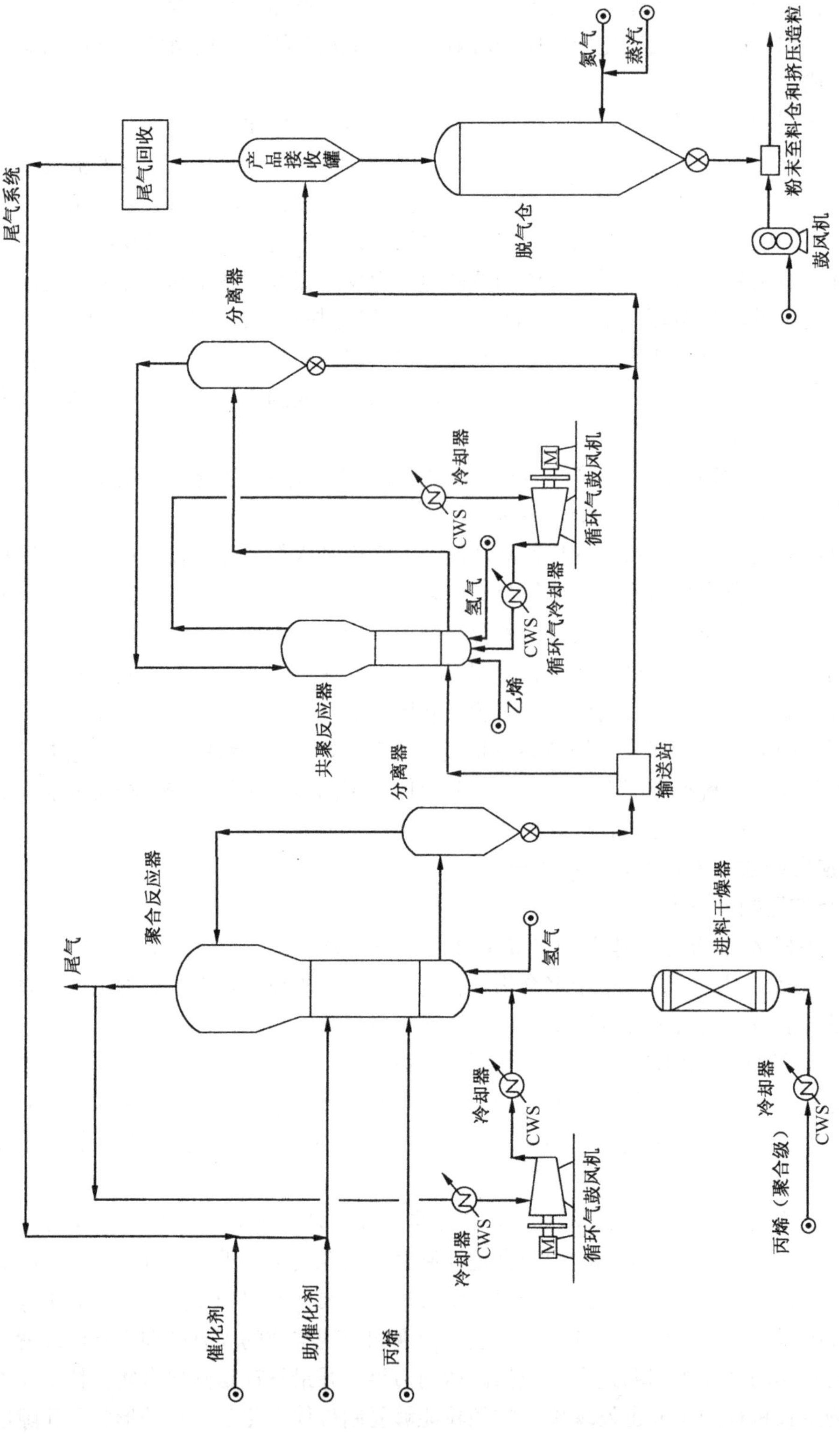

图 6-30　住友化学气相法聚丙烯工艺流程示意图

着聚合产物的增加，颗粒尺寸扩大。基于这些基础研究工作成果，就可以精细地预测、设计和调整催化剂颗粒的形状、大小和空隙度(孔数量、大小和分布)等三维结构，以生产出所需要的大小和孔隙度的聚合物粒子。实际上这种多孔性概念的发现、控制和应用已被视为一个革命性的科学技术平台，成为生产出以前没有和难以合成的聚烯烃材料的基础。催化剂颗粒的结构必须依照单体的种类、产品和工艺的考虑来小心调整，同时还必须完全和精确地控制许多化学和物理的参数才能把催化剂颗粒转变成反应器颗粒。而要达到这个目标，必须选择并建立最适当的聚合条件或更好地与催化剂工艺结合以利用上述研究成果优化装置的可操作性，保持反应过程中聚合物颗粒的完整性和一致性。

RGT概念的提出和开发实现了一整套创新、先进和通用的烯烃聚合工艺技术，包括Spheripol、Spherilene(Basell聚乙烯工艺技术)和Catalloy工艺，并且还在不断开发出新的工艺技术，如多催化剂反应器颗粒技术(Multi-Catalyst Reactor Granule Technology)和多区循环反应器技术(Multizone Circulating Reactor Technology)。这些技术将对聚烯烃工业产生巨大甚至革命性影响，生产出接近聚烯烃性能极限的新材料并将聚烯烃的性能极限进一步扩展。

基于对反应器颗粒技术的理解，工业上为生产高橡胶相含量抗冲共聚物的需要，原Himont公司从20世纪80年代中期开始进行大量的高空隙率$MgCl_2$载体聚丙烯催化剂的研究，以实现对催化剂三维结构的控制，进而控制聚合物的结构。采用RGT极大地扩展了传统Z-N催化剂的聚合反应条件和单体范围，同时产品保持与外层聚合物有关的好的加工性。最明显的例子是高乙丙橡胶相含量而具有较好加工性的产品。

采用反应器颗粒技术可以生产Spheripol工艺不能生产的产品或改变聚合物的组成，拓宽产品的性能范围。

例如低应力发白共聚物最早是1985年在中试装置上生产出来的，后被放大到工业装置，很快开始在北美的工厂生产，采用的是多孔隙、更多脱醇的催化剂，RGT使这种产品可以在Spheripol工艺的装置上生产出来。高橡胶含量、高MFR的保险杠材料是应用RGT生产的另一种产品。如Hifax7135，MFR为15 g/10min，并具有极好的刚性和抗低温冲击的平衡性能，具有很好的加工性，这是采用高孔隙度催化剂，提高了产品中橡胶相含量并调整了橡胶相组成的结果，使反应器在以前认为是接近结垢和堵塞的区域安全操作。这些新产品的开发主要是利用聚合物/催化剂复制现象的成果，球形催化剂颗粒能产生致密、大小可控和窄粒度分布的球形聚合物颗粒。

采用气相聚合工艺可以生产高橡胶相含量的产品而没有粘釜的问题，而Spheripol工艺即使采用高空隙率的催化剂也存在一个能够正常操作而不粘釜的产品组成上限。例如无规共聚物是在液相环管反应器中生产的，当C_2含量超过4%(质量分数)时，溶解在丙烯中的无规物就会导致浆液发粘，这就使产品的封焊起始温度(SIT)只能在120℃左右，而市场要求的用于复合膜封焊层的无规共聚物的熔点越低越好。大部分溶解在单体中的可溶物在单体闪蒸时都沉积在聚合物颗粒表面。因而对于高乙烯含量的无规共聚物要用气相法工艺生产，可溶物可保持在颗粒内部，在可操作范围内可以允许更高的可溶物含量(产品中高的C_2含量)。用反应器颗粒技术采用气相法工艺生产的无规共聚物的SIT温度可达到100℃以下。认识到采用反应器颗粒技术并采用纯气相法聚合工艺，可大大拓宽聚丙烯的性能范围，开发生产大量具有优异性能的新产品。原Himont公司在中试装置上开发了很多特殊的聚丙烯新产品，包括上述低 SIT 的无规共聚物，C_2~C_8 含量在 2%~10%，“高合金共聚物”如弯曲模量在 70~100MPa 的超软共聚物(Supersoft)，其橡胶含量高达 70%(质量分数)，超硬共聚物(Superstif)等。

由于 RGT 的开发和一些创新性技术的发展，聚合工艺和聚合物性能的前沿都被大大地扩展，并快速地向着几年前梦想不到的领域发展。

6.6.8.2 Catalloy 工艺

基于 RGT 的成果，清楚地理解了催化剂多孔性的作用并能够加以控制，从而能够据此调整催化剂的结构。在实验室和中试的基础上，1988 年原 Himont 公司决定建设两套工业规模 Catalloy 工艺装置，分别在意大利的费拉拉(Ferrara)和美国得克萨斯的 Bayport。目标是在聚合单体、聚合物组成和操作条件方面提供更宽范围的灵活性。所谓 Catalloy 工艺就是多相、多单体的聚烯烃工艺，采用 3 个独立的气相反应器系统以提供最大化的反应组成的灵活性，并使可溶聚合物对工艺的负面影响减到最小。Catalloy 技术既利用了复制又利用了多孔性的效果，特别是还利用了球形和多孔催化剂颗粒承载大量良好分散而无粘接的橡胶组分的能力。

目前 LyondellBasell 公司有 4 套 Catalloy 工艺的装置，分别于 1990 年、1991 年、1997 年和 2005 年建成，总生产能力达到 550kt/a。

Catalloy 工艺的流程简图见图 6-31。最后一个反应器排出的产品经过汽蒸和干燥处理，送入挤压造粒。

Catalloy 工艺虽然流程较复杂，但结合独特的反应器颗粒技术。该工艺可以灵活地设计生产满足现在市场以及未来市场需要的特殊组成的聚合物产品。在反应器内合成更宽的 MWD、更高的等规指数、共单体含量高达 15%的无规共聚物、含 70%以上多单体共聚物的多相聚烯烃合金等产品的生产成为现实。而这类产品过去要靠机械共混或熔融配混才能制得。这种多种单体共聚技术的最明显的优点是可制得其他性能下降很少的低模量树脂。而一般把弹性体引入 PP 中降低模量，其他性能也要随之下降。例如，用这种技术可制得吹膜和流延膜的 PP 树脂，这种树脂柔性好，并具有与 LDPE 相当的低温韧性，同时撕裂强度和拉伸性能并不下降，而对于普通的抗冲级 PP，这些性能是要降低的。在反应器中用 Catalloy 工艺合成的 PP 树脂，仍保持着传统 PP 树脂的优点。和 LDPE 比较，它具有更高的使用温度，容易进行薄膜加工。Catalloy 树脂可以用加工 LLDPE 和 LDPE 时使用的设备加工，但需要骤冷。使用这种树脂可节省资源。例如可用 18μm 的 PP 薄膜代替 25μm 的 PE 薄膜。

这些从反应器内直接生产宽范围的多相聚烯烃合金产品进入了很多新的应用领域，可以和其他工程塑料如尼龙、PET、ABS、PVC 竞争，甚至在汽车领域可以和及其他一些高性能材料(如钢材)竞争。

Catalloy 工艺 1997 年商业生产的一些产品及其性能见表 6-8。

Catalloy 产品主要是极软的特殊膜类产品及特殊抗冲产品。2007 年全球 Catalloy 产品销售量为 430kt，近几年的年均增长率约 8%。

6.6.8.3 Hivalloy 技术

RGT 进一步发展为“多催化剂反应器颗粒技术”(简称 MRGT)。该技术可以定义为：能提供多孔反应床的球形聚合物颗粒，在反应床内可以引入其他催化剂来聚合烯烃或非烯烃单体，形成聚烯烃基合金。其核心是来自 Z-N 催化剂聚合的球形、多孔的聚合物颗粒。多孔

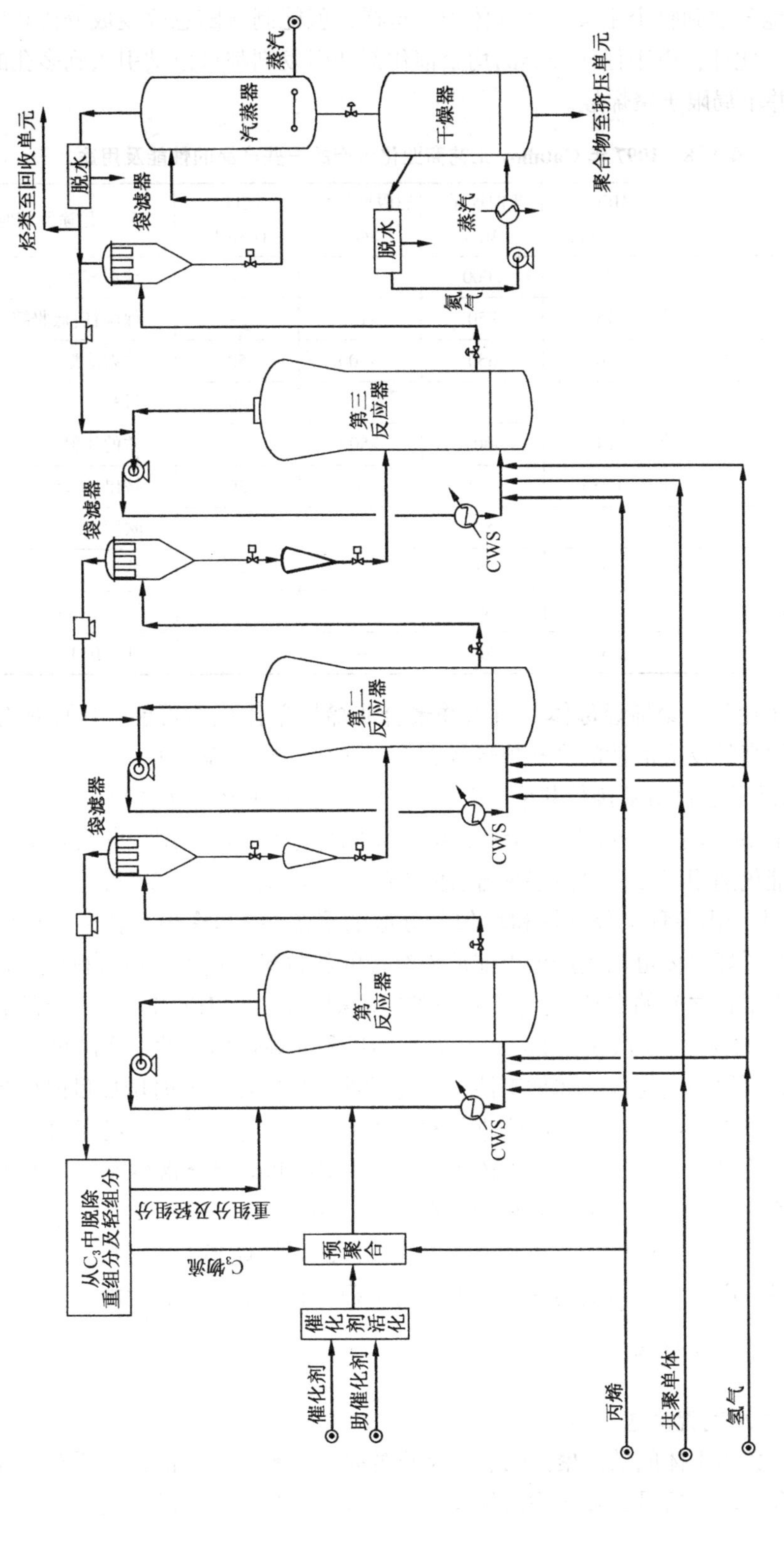

图 6－31　Catalloy 工艺流程示意图

性是这个体系的关键因素，只有按照孔的分布、大小和数量来细微调节，得到的聚合物才能复制母体多孔聚合物载体的球形状，更重要的是才能保证聚合物组分的最佳混合，使得第二个聚合物均匀地分散到整个主聚合物基体中。这样，就能制备随意改变成分比和性质的多种反应器混合物。此外，由于任何种类的均聚催化剂和引发剂都可以被引入到多孔的聚合物颗粒中，MRGT 并不局限于聚烯烃。

表 6-8 1997 年 Catalloy 工艺商业化生产的一些产品的性能及用途

产　　品	MFR/(g/10min)	弯曲模量/MPa	屈服伸长率/%	硬度/D Scale	用途及其他性能
Adstif KC 732P	20	2000	—	88	注射成型
Hifax 7135	15	950	>150	—	保险杠;低收缩,着色性好
Hifax CA 53A	10	650	>500	52	注射成型
Hifax CA 138A	3	420	>200	39	母料
Hifax CA 162A	14	80	>500	32	软的注射成型
Adflex Q 300 F	0. 8	350	430	36	挤出,压延
Adflex Q 100 F	0. 6	80	800	30	吹膜,片材
Adflex C 200 F	6	230	—	41	共挤出
Adflex X 101 H	8	80	—	—	沥青共混物
Adsyl 5C 30 F	6	700	—	—	SIT 105℃

采用 MRGT 使得在聚烯烃母体上引入并聚合非烯烃单体成为可能。这种具有非常高的比表面积和非常高的反应活性的多孔聚烯烃颗粒为非烯烃聚合提供了一个非常适应的反应基础,可以很容易地通过自由基接枝共聚与含量在 50%以上的非烯烃单体反应。原 Himont 公司称这种技术为 Hivalloy 技术,可以认为该技术是 MRGT 的第一次应用。它实际上是采用过氧化物代替配位催化剂用于接枝自由基聚合,诸如苯乙烯、丙烯腈或丙烯酸酯进入聚丙烯基体的一种工艺过程,生产出各种组分良好和均匀预分散的聚烯烃-非聚烯烃合金。在聚烯烃母体上进一步聚合非烯烃单体可以生产出以前从未有过的新材料。这种新型材料可以弥补高级聚烯烃树脂和工程塑料之间的空缺,可称作真正的“特殊聚烯烃”。Hivalloy 家族产品的第一个目标将是目前 ABS 的应用领域。Hivalloy 产品兼有烯烃和非烯烃的特性，产品可以设计为具有最希望保留的聚丙烯的优越性能如加工性、耐化学性和低密度，同时增加目前聚烯烃材料不具备的工程塑料的很多优异性能，如改进材料的刚性/抗冲击性平衡，提高耐摩擦性，降低成模周期时间，改进抗蠕变性。由于母体为聚烯烃，Hivalloy 聚合物很容易添加矿物质和增强剂，改进某些性能，进一步拓宽 PP 的性能，进入一些特殊应用领域。

用这种技术可以生产出用极性和非极性单体改性的聚烯烃基工程材料，由于是反应器内生产的特殊材料，产品具有传统共混方法生产的工程材料没有的优越性能。

6.7 聚合物的后处理

6.7.1 挤压造粒及气流输送

虽然国内多数小本体间歇法聚丙烯装置销售的是不造粒粉料产品，但所有连续法聚丙烯装置都要在聚合工段之后设置聚合物后处理工段。即挤压造粒、产品均化和包装，最终销售的是添加了各种添加剂性能稳定的颗粒料产品。这是因为直接从聚合反应生产出来的聚丙烯粉料对空气氧化很敏感，如果不加添加剂在环境条件下储存，经过几周或几个月的时间产品的物理性质就会迅速恶化，恶化的速度取决于粉料的形态、温度、氧气及其他条件。如果在气温较高的夏季储存，降解的速度会加快，并除了使聚合物的物理性能降低外，还会导致其他的严重问题。因为聚丙烯的这种氧化过程是一个不可控的放热反应，放出的热量和气体可导致聚合物的熔化，这种情况在早期的聚丙烯生产和使用中确曾发生过。一些工艺技术采用向干燥和储存之前的反应器聚合物粉料中加入少量抗氧剂的措施来防止其降解，这种添加剂通常称作“工艺添加剂”。有的工艺技术在聚合物汽蒸干燥过程中添加一些低成本的成核剂。

能够通过挤压机进行挤压造粒的粉料产品的 MFR 范围通常在 0.2～100g/10min 之间，太硬或太软都难以造粒。各种功能的添加剂与聚合物粉料一起连续加入挤压机中，通过挤压机切成性能稳定、尺寸均一的颗粒产品。这些添加剂包括抗氧剂、防静电剂、酸中和剂、成核剂、爽滑剂等，以及一些特殊用途产品添加的特殊添加剂。对于控制流变牌号的产品，要加入过氧化物以改变聚合物的结构和性能。这些添加剂使聚合物性能稳定，产品质量得以改进，达到预定的性能和使用要求。此外，这种添加了添加剂的造粒产品也便于储存和运输，因为聚丙烯粉料有粉尘爆炸的危险，而颗粒产品则是安全的。各种添加剂的分类及功能详见第七章的有关内容。

对于聚烯烃产品，挤压和造粒工段对于产品性能、产品均一性及投资都有很大影响，并决定了最终粒料产品的形状和组成。挤压机也是全装置中最贵的设备。

挤压造粒单元的主要设备是造粒机系统，包括挤压造粒机、离心干燥器、振动筛以及聚合粉料和各种添加剂的计量加料设备，包括添加剂配制或加料罐、计量秤、螺旋输送器、聚合物-添加剂混合器等。在挤压机的上游是聚合物粉料的气流输送系统，下游是聚合物颗粒产品的气流输送系统。

在聚合和挤压造粒之间通常设计有聚合物中间缓冲料仓，聚合工段经过去活残余催化剂并脱除夹带微量单体的聚合物粉料，通过闭路氮气气流输送系统送入聚合物粉料料仓。这种设计在挤压机短时间故障停车检修时，可以维持聚合反应系统的操作而不必将装置停车，聚合的产品可以暂存粉料料仓，尤其是环管法工艺的装置，反应器停车的过程较复杂，需要时间也较长，设置中间缓冲料仓的必要性就更大。对于气相法工艺的装置，反应器开、停车简单方便，可不设中间缓冲料仓。有的装置设计聚合和造粒之间仅有 2～3h 产量的粉料缓冲时间，布置紧凑，降低了投资，但挤压机的故障也很容易影响聚合的连续性。

各种添加剂大多为粉末状固体，少量为液体。大多将各种纯的添加剂分别计量后加入挤压机；也有采用加入复配添加剂或与少量聚合物粉料配成添加剂母料的方式，根据不同聚丙烯牌号要求的添加剂配方，在添加剂工厂将这些添加剂混合并挤出成粒。

熔融聚丙烯的分子量可以用有机过氧化物降解，如2,5-二过氧化叔丁基-2,5-二甲基己烷。在这种减粘裂化反应中，过氧化物形成过氧化自由基，与聚合物骨架中的叔碳原子反应生成自由基。在挤压机内，自由基发生链剪切反应。由于熔融聚合物内的每个叔碳原子受自由基攻击的机会均等，有更多碳原子的大分子更容易发生链剪切反应。因而这种减粘反应使重均分子量 M_w 要比数均分子量 M_n 降低的更多，以 M_w/M_n 表示的分子量分布变窄。对于一些纤维产品更需要这种窄分子量分布产品。有机过氧化物多以液体状态用计量泵加入挤压机，也有预先与 PP 粉料或二氧化硅混合在一起的固体形式，用粉料秤加入。

聚合物和添加剂连续计量加入挤压机，在挤压机内经双螺杆的强力捏合，聚合物和添加剂塑化、熔融、从模板挤出，在切粒室内水下切成颗粒。挤出温度通常在 200～260℃之间，以降低熔融黏度并尽可能减少降解。低熔体流动速率的牌号挤出温度稍高，高熔体流动速率的牌号挤出温度稍低，以尽量保持挤压机相同的生产能力。从切粒机内排出的颗粒和水在离心干燥器内分离，切粒水经过滤除去细粉后进入切粒水箱，用切粒水泵打回切粒机，进入切粒机之前切粒水先经换热器用冷却水冷却至需要的温度。不同 MFR 的产品需要的切粒水温度会有所不同。脱水干燥后的聚合物颗粒经振动筛分离出尺寸不合格的过大或过小粒子，合格的聚合物颗粒产品用气流输送系统送入掺混料仓。

虽然聚合工艺技术种类繁多，但聚合物后处理工段则基本相同。挤压造粒及上下游系统的典型设计见图 6-32。

聚丙烯造粒采用双螺杆挤压造粒机组，机组主要由电动机、减速箱、双螺杆挤压机、旋转切粒刀及水冷系统组成。目前，商业化的最大挤压造粒机的生产能力达到 70t/h，单线聚合、造粒 PP 装置的最大能力可达 500kt/a 以上。德国的 Coperion 公司(前 WP)、日本的日本制钢所(JSW)和神户制钢所是几家大型挤压机组的主要制造商。

正如在聚丙烯工艺技术国产化方面一样，中国石化大力推动了挤压造粒机组、气流输送等大型机组和系统的国产化进程。2007 年，中国石化组织大连橡胶塑料机械股份有限公司、中国石化工程建设公司、中国石化燕山分公司等六家单位组成产学研联合攻关组，开展 200kt/a 大型混炼挤压造粒机组(机组设计能力 33t/h)国产化攻关。2010 年第一台 200kt/a 国产化挤压机在中国石化燕山分公司聚丙烯装置投入使用，机组各项性能指标全面达到设计要求。另两台同型号的挤压机在设计制造中，并且正在开发研制更大的机型。这表明我国已掌握了挤压机组制造的核心技术，打破了德国、日本等国外大公司在挤压造粒机组上的垄断地位。

2003 年，中国石化组建了专业粉体输送公司——上海金申德粉体工程有限公司(KSD)。气流输送技术是依赖实验和测试的技术，KSD 于 2005 年建成了世界上最先进、规模最大的气流输送试验装置，掌握了稀相和密相气流输送工艺设计及相关核心技术，申请了多项专利。2005 年以来，KSD 设计并成套供货了包括中国石化福建、天津、镇海百万吨级乙烯工程中的所有聚烯烃装置在内的 30 多个项目的气流输送系统，全部开车成功。

6.7.2 产品均化及包装储存

由于聚合工艺参数很难在长时间内控制在很稳定的水平，温度、压力、氢气浓度等参数会在一定范围内波动。这种工艺参数的波动导致聚合物产品性质的变化，使得不同时间聚合的产品性能有所不同，尤其是 MFR。虽然经过挤压造粒，还需要在掺混料仓内通过物理混合使一个料仓内的颗粒产品均一化。掺混料仓多设计为重力流混合式，使聚合物颗粒从料仓的不同部位同时向下运动，在料仓出口处达到混合的效果。这种重力流掺混料仓的设计有多种形式，主要有内掺混管式和掺混料斗式。内掺混管式是在料仓内均匀固定多根垂直掺混管，在掺混管的不同位置开有不同形状的孔，料仓内的颗粒从掺混管不同高度和形状的孔进入掺混管，从料仓底部的混合室排出达到掺混的效果。这种掺混料仓有 Phillips 式、多管式、多流道式等几种设计形式。此外，在料仓的底锥部安装锥形或垂直管或其他一些特殊设计的内件，来改变料仓内的不同圆周处的颗粒下落速度，也可以达到在料仓出口混合均匀的目

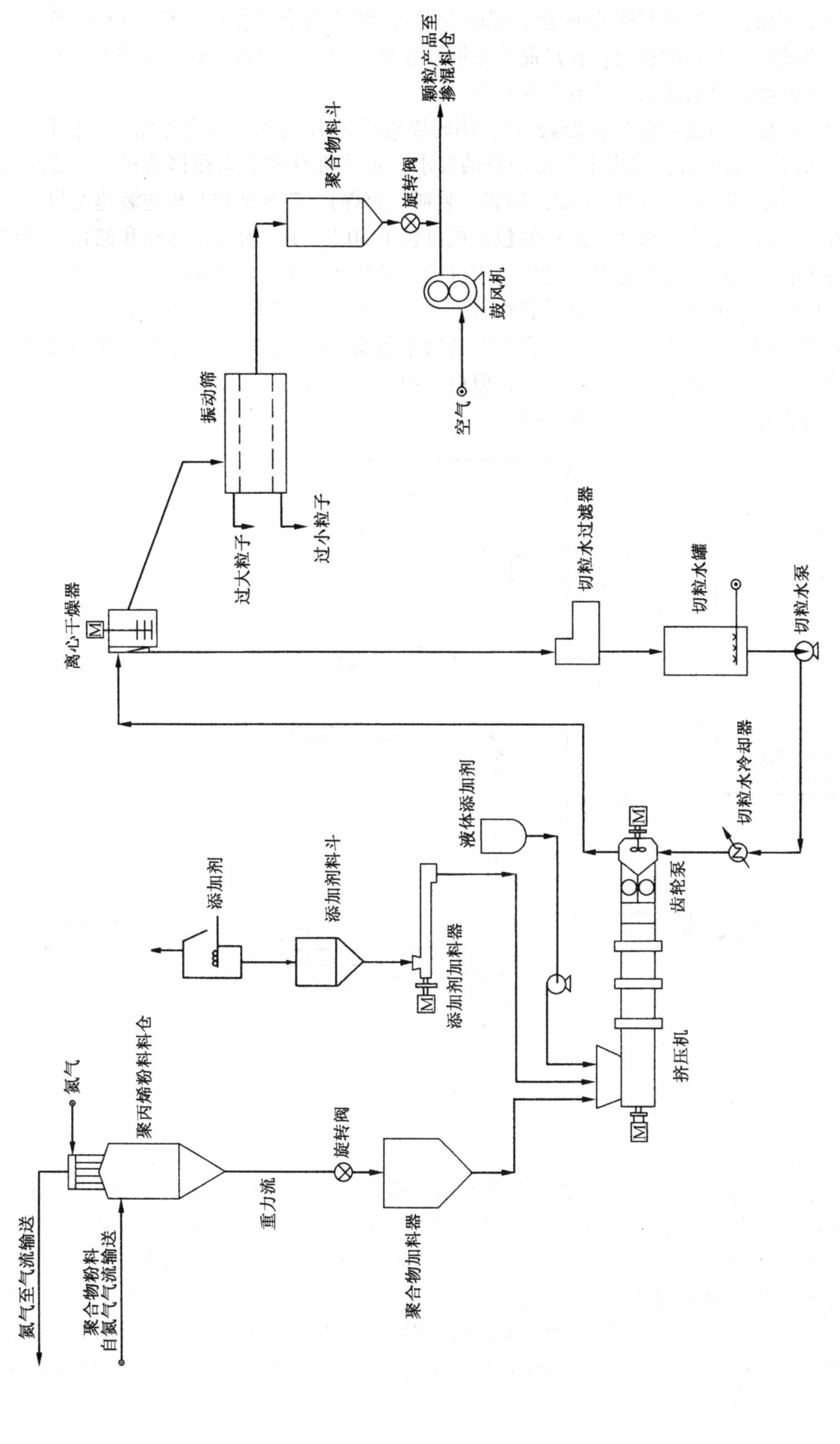

图 6-32 挤压造粒系统典型流程示意图

的。这种掺混料仓有 Binsert®、Combi-Flow®等几种设计形式。重力流内掺混料仓提高了掺混效率并节省能耗，通常只需将料仓下部的少量料(约为料仓容量的 10%~15%)循环回料仓，然后直接输送至目的料仓，在产品从掺混料仓排出的过程中就实现了掺混的目的。

颗粒产品经掺合后送去包装或储存料仓。

聚丙烯颗粒产品通常包装成 25kg/袋，用码垛机码成 1t 的垛，送仓库储存。也有 500kg 甚至 1t 袋的大包装形式，取决于下游用户的要求。包装机有固定式和移动式，有缝纫机式和热封式(FFS，即 Form、Fill、Seal，制袋、装料、封焊)。FFS 型包装机包装速度快，可靠性高，在欧、美国家广泛采用，最快的包装机可包 1650 袋/ h。为便于运输和储存，码成的垛通常外覆收缩膜或缠绕膜包装，这样可用机械成垛装卸，也可露天储存。随着聚合装置和下游加工用户规模的增大，散装料受到欢迎，尤其是在欧、美国家，50%以上的产品散装运输。颗粒产品储存在几十个料仓内，通过散装槽车运输。这种方式减少了包装机的数量，减少了仓库的面积，降低了产品包装成本，但料仓的投资较大。

产品料仓及包装系统示意见图 6-33。

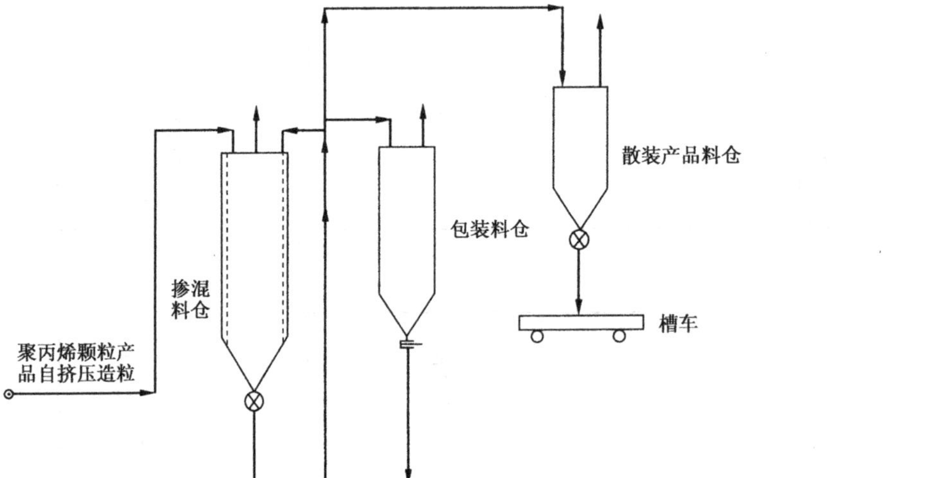

图 6-33　产品料仓及包装系统示意图

6.8　原料丙烯及公用工程供应和消耗

6.8.1　丙烯的生产[29]

生产聚丙烯的主要原料丙烯是仅次于乙烯的重要石油化工原料，可分为炼厂级(纯度 50%~70%)、化学级(纯度 92%~96%)和聚合级(>99.5%)三种，聚丙烯生产要用聚合级丙烯。据统计，2007 年全球丙烯产量是 73.5Mt，约 62%(即 45.5Mt)用于聚丙烯生产。

丙烯的来源主要有以下四种途径：来自蒸汽裂解的乙烯生产装置，约占丙烯产量的 60%；炼油厂催化裂化等装置附产的丙烯，约占丙烯产量的 35%；专门生产丙烯的工艺，约占丙烯产量的 5%，如丙烷脱氢、烯烃转换；最近几年商业化的新兴丙烯生产技术如 MTO

(甲醇制烯烃)、MTP(甲醇制丙烯)等。

6.8.1.1　从乙烯装置的裂解气中分离制取丙烯

蒸汽裂解技术是现代石油化工的基础技术之一，由各种烃类(包括烷烃、轻油、石脑油)蒸汽裂解生产乙烯的同时联产大量丙烯。烃类裂解过程的反应极其复杂，反应条件和原料组成都直接影响和决定产品的分布。在固定乙烯收率的情况下，重质裂解原料(或者液体)比轻质原料能生产更多的丙烯。稍温和的裂解条件也能比深度裂解产生更多的丙烯。按原料组分不同，每生产1t乙烯，联产丙烯的量大致在0.3~0.65t之间。

6.8.1.2　从炼厂气中回收丙烯

催化裂化装置以重油为原料生产汽油或柴油，同时可得到一定数量的气体(C_1~C_4)产物，这些产物中含有丙烯。近年来随着催化技术的不断进步，气体收率明显提高，碳三、碳四馏分收率由原来的12%提高到26%(按进料质量计)，丙烯收率可达5%~9%(按进料体积计)。中国石化集团石油化工科学研究院开发的深度催化裂化工艺(DCC)，可使丙烯收率达21.03%，使很多炼油厂除生产油品外，还附产了大量丙烯。这些炼厂气丙烯经气分装置分离出聚合级丙烯，再经进一步脱水、脱硫、脱CO等精制措施后得到的高纯度聚合级丙烯即可直接用于丙烯的聚合。国内所有的小本体装置以及炼油厂配套建设的大聚丙烯装置等都是采用炼厂气丙烯为原料。

6.8.1.3　专门生产丙烯的技术

(1) 丙烷脱氢技术　在催化剂作用下并外供大量的反应热，温度在500~680℃范围内，压力在0.0017~0.07MPa(A)或微正压下，丙烷会发生脱氢反应，转化为丙烯：

$$C_3H_8 \rightleftharpoons C_3H_6+H_2 \quad \Delta H_{R,25℃}=29.70\text{kcal/mol}$$

丙烷脱氢是强吸热平衡反应，受热力学限制，反应器出口的烯烃含量受反应器出口条件限制。提高温度和降低压力有利于脱氢反应的进行，可获得较高的丙烷转化率，工业装置的丙烯收率可达85%以上。但高温有利于热裂解副反应的发生，副反应还会产生一些轻和重的烃类并导致分解而在催化剂上少量结焦，从而降低反应活性。因而丙烷脱氢反应需要频繁的催化剂再生和复杂的反应器设计。脱氢催化剂一般是铂或镉系催化剂。

目前，世界上已开发成功的丙烷脱氢制丙烯技术主要有UOP公司的Oleflex工艺、Lummus Technology公司的Catofin工艺、Krupp Uhde公司的STAR工艺。此外还有Snamprogetti的FBD-3工艺以及Linde、Statoil和Borealis合作开发的工艺。这五种丙烷脱氢工艺主要区别在于催化剂、反应器设计和催化剂再生方法。各种丙烷脱氢技术大多从异丁烷脱氢技术发展而来，异丁烷脱氢技术广泛用于MTBE的生产。工业应用较多的丙烷脱氢工艺是Oleflex工艺和Catofin工艺。截止2010年底，包括在建装置在内采用这两种丙烷脱氢工艺的丙烯产能已达到9600kt/a。我国的天津大沽化学和烟台万华都在建设600kt/a的丙烷脱氢装置，原料都是中东进口的丙烷。

(2) 烯烃转换　在过渡金属化合物催化剂的作用下，乙烯和2-丁烯可以发生反应转化为丙烯。反应式如下：

$$C_2H_4+CH_3—CH=CH—CH_3 \rightleftharpoons 2C_3H_6 \quad \Delta H_{R,25℃}=-0.4\text{kcal/mol}$$

这是个平衡反应。W或Mo系催化剂的典型反应温度是300~500℃，Re系催化剂的典型反应温度是20~50℃。

烯烃转换技术主要有Lummus的OCT技术(Olefins Conversion Technology)和Axens的低温

Meta-4 技术。Lummus 的 OCT 工艺采用 Wo 系催化剂，将烯烃转换和双键异构化结合起来，能够将 1-丁烯转化为 2-丁烯，2-丁烯再转化为丙烯。Lummus 声称其 OCT 工艺中丁烯转化为丙烯的选择性高达 97%，乙烯转化为丙烯的选择性接近 100%。2003 年至 2007 年已有 12 套装置采用 OCT 技术，丙烯产能超过 3000kt/a。

6.8.1.4 新兴的丙烯生产技术

（1）MTO 及 MTP　由甲醇制乙烯、丙烯等低碳烯烃是采用相对廉价的煤炭或天然气制取烯烃的最新工艺技术路线之一。由于乙烯和丙烯庞大的市场需求及甲醇低廉的价格，极大促进了 MTO 技术的快速发展，近两年技术开发和工业应用已成熟。由煤炭或天然气经气化转化为合成气再进一步合成甲醇是很成熟的工艺路线，而从甲醇转化为低碳烯烃的技术 2010 年才建成第一套工业化装置，其主要技术瓶颈是甲醇转化、催化剂和工程放大。MTO 工艺可以较高选择性生产轻质烯烃，并可在较宽范围内灵活调节乙烯与丙烯比(0.75~1.5)，甲醇单耗约 3t 甲醇/t 烯烃。

国外的 MTO 技术主要是 UOP 的 Hydro MTO 工艺和 ExxonMobil 的 MTO 工艺。UOP 的 Hydro MTO 工艺采用流化床反应器，反应温度 420~480℃，甲醇几乎完全转化，烯烃(乙烯和丙烯)收率大约 80%，第一套工业化装置预计 2012 年建成。我国在 MTO 技术开发和工业化方面处于国际领先地位。中国科学院大连化学物理研究所的 DMTO 技术于 2006 年 8 月完成首次万吨级工业试验并通过国家级技术鉴定，2010 年 8 月 8 日在神华包头煤化工有限公司成功投运世界上第一套烯烃生产能力为 600kt/a 的 MTO 装置。DMTO 采用连续反应再生的密相循环流化床技术，与催化裂化装置的反应再生系统类似，DMTO 的反应温度 400~550℃，甲醇转化率接近 100%，总的烯烃收率 80%，乙烯和丙烯的收率都在 40%左右。反应之后的烯烃分离与乙烯装置的烯烃分离类似。此外，中国石化组织上海石油化工研究院(SRIPT)、中国石化工程建设公司(SEI)和中国石化燕山分公司三家单位联合开发了 S-MTO 工艺，2007 年在北京燕山建设了一套 100t/天甲醇制烯烃(S-MTO)中试装置。该中试的工业化试验表明 S-MTO 工艺的乙烯+丙烯选择性、甲醇转化率等均优于国内外的 MTO 工艺。目前中国石化正在用该技术在中原石化建设 600kt/a 的 MTO 装置，将于 2011 年建成投产。

MTP 则是用甲醇专门生产丙烯的技术，有鲁奇(Lurgi)的 MTP 工艺和中国化学工程集团与清华大学和淮化集团开发的 FMTP 工艺。鲁奇的 MTP 工艺分两步，首先将甲醇在催化剂作用和温度 250~300℃下转化成二甲醚，二甲醚与未反应的甲醇和水蒸气达到平衡混合物；然后该混合物在 450~500℃和 0.13~1.6MPa 下，采用南方化学公司专有沸石催化剂在固定床反应器中反应生成丙烯，丙烯收率约为 70%，并附产高辛烷值汽油、LPG 和燃料气。第一套采用鲁奇 MTP 技术的是神华宁夏煤业集团的 500kt/a 煤基 MTP 装置，2010 年 10 月建成开车。第二套是大唐发电在内蒙多伦的 460kt/aMTP 装置，于 2011 年开车。

2010 年底，国内共有在建、拟建以及处于规划阶段的煤制烯烃项目 30 余个，烯烃产能合计超过 20000kt/a。上述神华、宁煤、大唐三大煤制烯烃示范工程的顺利建成投产，加快了各煤制烯烃项目的建设步伐。预计 MTO/MTP 将成为我国丙烯的主要来源之一。

（2）SUPERFLEX 工艺制丙烯　SUPERFLEX 工艺是一种将低附加值物料(如炼厂的 FCC 或焦化的轻油以及乙烯装置的混合 C_4 和 C_5 物料)在磷改性的 ZSM-5 催化剂作用下高选择性地转化为丙烯、乙烯和高辛烷值汽油等高附加值产品的工艺技术。SUPERFLEX 工艺由 KBR

独家技术许可，是一种与 FCC 装置类似的流化催化裂化工艺。生产丙烯的理想进料是选择加氢之后富含 C_4 和 C_5 烯烃的物料。其他较好原料包括 FCC 石脑油或 C_4，减黏裂化或焦化装置的热裂解石脑油，BTX 或 MTBE 残余液或从汽油中脱除的 C_5 烯烃。脱除丁二烯的 C_4 残余液的典型丙烯收率大约是 48%，FCC 石脑油的丙烯收率是 30%。SUPERFLEX 工艺可以整合到新建或现有乙烯装置或炼厂中，增产丙烯，提高装置经济效益。第一套 SUPERFLEX 工艺装置(250kt/a)于 2007 年在南非 Sasol 公司建成投产。中国石油吉林石化公司在 2007 年也引进 SUPERFLEX 工艺建设一套 200kt/a 的丙烯生产装置。

6.8.2 丙烯等主要原料的规格和供应

采用 HY-HS 的第四代及第五代载体 Z-N 催化剂的聚合工艺，与低收率的 $TiCl_3$ 催化剂相比，对丙烯的纯度有更高的要求。一些毒物杂质如一氧化碳、COS、胂等会与钛活性中心反应，从而使催化剂中毒，为使对催化剂的影响降到最低，这些微量杂质的含量要控制在 10^{-9}(体积分数)级。表6-9是目前各种高收率聚合反应工艺对丙烯典型的规格要求。表 6-14 中列出了各种组分的最大允许含量。惰性组分如丙烷不参与聚合反应，但丙烷等惰性组分的存在，降低了单体丙烯的浓度，从而可使聚合反应速率降低，对聚合反应没有其他的不利影响。所以，丙烷含量达 5%(质量分数)的化学级丙烯，如果毒物的含量在表 6-9 要求的范围内，也可直接用于聚合反应。

表 6-9 聚合级丙烯的典型规格

组分类型	组分名称	含量	组分类型	组分名称	含量
单体	丙烯	≥99.5%(体积分数)	毒物	丁二烯	$<50\times10^{-6}$(体积分数)
	氢气	$<20\times10^{-6}$(体积分数)		氧	$<2\times10^{-6}$(体积分数)
惰性组分	丙烷	<0.5%(体积分数)		一氧化碳	$<0.03\times10^{-6}$(体积分数)
	不凝组分(N_2，CH_4)	$<100\times10^{-6}$(体积分数)		二氧化碳	$<5\times10^{-6}$(体积分数)
	乙烷	$<200\times10^{-6}$(体积分数)		氧硫化碳	$<0.02\times10^{-6}$(体积分数)
	C_4，C_5，饱和烃	$<200\times10^{-6}$(体积分数)		总硫	$<1\times10^{-6}$(体积分数)
共聚单体	乙烯	$<100\times10^{-6}$(体积分数)		水	$<2\times10^{-6}$(质量分数)
	丁烯	$<100\times10^{-6}$(体积分数)		甲醇	$<5\times10^{-6}$(体积分数)
	戊烯	$<10\times10^{-6}$(体积分数)		胂	$<0.03\times10^{-6}$(体积分数)
毒物	乙炔	$<5\times10^{-6}$(体积分数)		膦	$<0.03\times10^{-6}$(体积分数)
	丙二烯	$<5\times10^{-6}$(体积分数)		氨	$<5\times10^{-6}$(体积分数)
	甲基乙炔	$<3\times10^{-6}$(体积分数)			

对丙烯聚合而言，极性组分如水、硫(硫化氢、羰基硫、硫醇等)、一氧化碳、二氧化碳等，不饱和烃如丙炔、丙二烯、丁烯、丁二烯等及其他如有机砷等均为有害物质，能使催化剂中毒，活性降低，并使产品中灰分含量增加。因此，需要在进聚合反应器之前除去这些杂质。

精制的方法分物理脱除和化学脱除两种。物理脱除包括精馏、吸附、过滤等方式除去杂质。化学脱除一般用固体催化剂床层，脱除硫、砷等杂质。

有多种工艺和催化剂技术可以脱除丙烯中的微量杂质。一般用吸附(分子筛、活性氧化铝、硅胶)法脱除水分，用氧化锌、氧化铜等催化剂脱除硫化氢、羰基硫等。氧、一氧化碳、二氧化碳等轻组分，可用固体催化剂，也可用精馏方法脱除。对烃类组分，常用方法仍是精馏分离，微量氧脱除可用镍催化剂，但更多是采用汽提塔或精馏塔随 CO 等轻组分一起脱除。

供给聚合装置的原料是合格的聚合级丙烯，因此不合格原料进装置以后，需设置精制工段。精制工段一般由吸附干燥床和催化剂床层、精馏塔及附属设备、再生氮气系统等组成。

为了保证丙烯聚合装置生产的稳定性，防止因原料规格尤其是丙烯进料中一些毒物含量的波动对聚合装置的不利影响，不论是炼厂气丙烯还是来自裂解装置的丙烯都要采取一些必要的精制，精制系统一般根据原料规格有针对性地设计流程，可以简单也可能复杂一些，取决于原料的情况。工业上在聚丙烯装置内通常设计脱除 CO、O_2、COS、H_2S、水等杂质的精制系统，对于 CO、O_2 等比丙烯轻的组分可以采用汽提塔脱除，COS 等含硫组分可以用常温脱硫剂脱除，水、醇可以用分子筛和活性氧化铝脱除。也有些装置设计了脱胂塔，一般设计在精制流程的最后。一般来说，对于大型石化联合装置，采用集中设计的原料精制系统比较经济，向聚合装置供应合格的聚合级单体，在聚合装置内可取消精制工序或仅设置简单的保安精制工序。典型的丙烯精制流程见图 6-34。

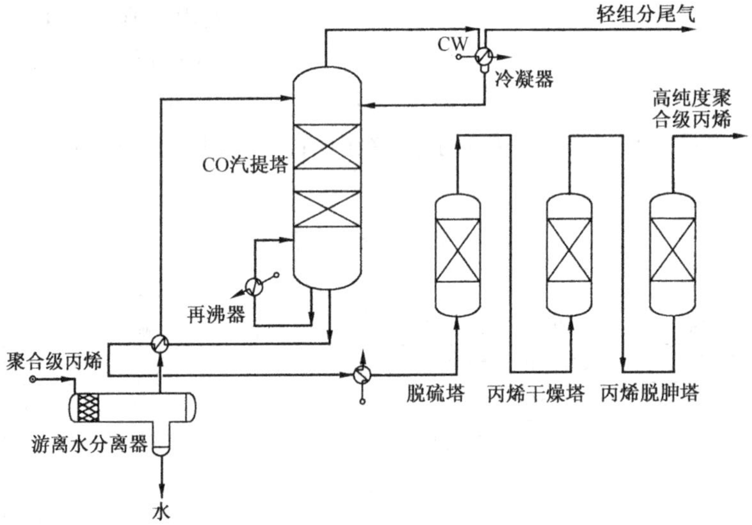

图 6-34　典型的丙烯精制流程

生产抗冲共聚物时要用到共聚单体乙烯，需要的聚合级乙烯典型规格见表 6-10。

表 6-10　聚合级乙烯典型规格

组分类型	组分名称	含　量	组分类型	组分名称	含　量
单　体	乙　烯	≥99.5%（体积分数）	毒　物	二氧化碳	<5×10⁻⁶(体积分数)
惰性组分	甲烷+乙烷+氮气	平　衡		羰基硫	<0.02×10⁻⁶(体积分数)
	氢	<50×10⁻⁶(体积分数)		总　硫	<1×10⁻⁶(体积分数)
	烃类 C_3+C_4	<50×10⁻⁶(体积分数)		水	<2×10⁻⁶(质量分数)
毒　物	乙　炔	<5×10⁻⁶(体积分数)		甲　醇	<5×10⁻⁶(体积分数)
	甲基乙炔	<3×10⁻⁶(体积分数)		胂	<0.03×10⁻⁶(体积分数)
	丙二烯	<5×10⁻⁶(体积分数)		膦	<0.03×10⁻⁶(体积分数)
	氧	<2×10⁻⁶(体积分数)		N_2O	<0.4×10⁻⁶(体积分数)
	一氧化碳	<0.03×10⁻⁶(体积分数)		氨	<5×10⁻⁶(体积分数)

用于调节产品分子量的氢气的典型规格见表 6-11。

表 6-11 氢气的典型规格

组分类型	组分名称	含 量	组分类型	组分名称	含 量
	氢 气	≥95% (体积分数)	毒 物	总 硫	$<1\times10^{-6}$
	惰性组分 (N_2, CH_4)	平 衡		氧	$<5\times10^{-6}$(体积分数)
毒 物	一氧化碳	$<0.5\times10^{-6}$(体积分数)		乙 炔	$<10\times10^{-6}$(体积分数)
	二氧化碳	$<5\times10^{-6}$(体积分数)		水	$<2mg/Nm^3$

对于乙烯、氢气的规格，如偏离表 6-10 和表 6-11 的要求较多，一般也要采取相应的精制措施。

6.8.3 公用工程的主要规格

聚丙烯装置用到的公用工程主要有电、循环冷却水、蒸汽、氮气、消防水、脱盐水、工业水、仪表风、工业风等。蒸汽通常在界区内减温、减压成 0.35MPa 的饱和蒸汽，主要用于反应器开车时聚合系统的加热，产生用于工艺操作的气相丙烯，气化从反应器排出的液相单体，保温伴热等。脱盐水用于闭路冷却系统的补充水，挤压造粒的切粒水等。氮气主要用于开车前整个系统的氮气置换，聚合物粉料的气流输送，需要氮气保护的设备，分子筛的再生等。氮气的纯度要求>99.9%(体积分数)，氧含量$<10\times10^{-6}$(体积分数)，压力大于 0.4 MPa。仪表风的压力一般要求大于 0.5MPa。循环水的压力一般要求 0.45MPa 以上。

6.8.4 原料及公用工程的典型消耗

对于不同的工艺技术，原料及公用工程的消耗指标有所不同。一般来说，气相法工艺由于可利用液相丙烯的汽化潜热撤除部分反应热，而且反应器出料没有液相丙烯，不需要用蒸汽加热反应器出料中的液相丙烯，因而冷却水和蒸汽的消耗量比其他技术要小一些。而改进的浆液法，由于有溶剂的循环系统，流程较长，能耗比其他工艺高。不同牌号产品的能耗也有所不同，低 MFR 产品的电耗要高一些。

扣除装置内可回收的各种排放气中的单体后，每吨产品的净丙烯消耗量，各种工艺相差无几。环管类工艺多采用汽蒸干燥两步法处理 PP 粉料，烃类可 100%回收利用。气相法工艺多采用在脱气仓内向聚合物粉料中通入氮气和蒸汽处理的技术，由于聚合物中夹带的少量单体，约为聚合物质量的 2%，随脱气尾气排出，送火炬焚烧或采用膜分离和深冷结合的技术分离出丙烯等烃类，可回收 99%(质量分数)以上的丙烯。回收丙烯中仍含有少量氮气(质量分数约 2%)，其中 Unipol 工艺的脱气仓尾气只能送低压火炉焚烧，因而气相法工艺实际的原料消耗比采用汽蒸和干燥两步处理技术的消耗要高一些。

其他原料和公用工程的消耗量相差不多。

表 6-12 是目前主要 PP 生产工艺的设备与消耗定额情况。

表 6-12 每吨 PP 颗粒产品的消耗定额①

项 目	消耗指标	备 注	项 目	消耗指标	备 注
丙烯+乙烯/t	1.003~1.020	按 100%丙烯计	电/kW·h	320~540	包括造粒
氢气/ Nm^3	0.01~5	随牌号而定	蒸汽/kg	90~400	
主催化剂/kg	0.03~0.06		氮气/Nm^3	40~85	
循环冷却水②/t	90~120				

①按每吨 PP 颗粒产品计；均聚物与共聚物的消耗值略有不同。

②以循环冷却水温升 7~10℃计。

6.9 工艺控制及先进过程控制

6.9.1 聚丙烯装置工艺控制

6.9.1.1 聚丙烯生产的工艺过程

聚丙烯生产的工艺过程(采用高效催化剂工艺技术)由以下几个工段组成:

(1)催化剂配制工段 聚合催化剂系统一般由一种主催化剂(载体型钛催化剂)和两种助催化剂(三乙基铝、给电子体)组成。主催化剂一般为专有技术,是各种工艺技术的核心所在,由工艺技术所有者或其合作的催化剂供应商提供,不同工艺技术所使用的催化剂因反应条件不同、专利商不同而有所不同,前面各节中已有介绍。辅助催化剂可从市场上购买。

催化剂配制一般分为催化剂自身的制备及聚合前催化剂预处理或预聚合。不同工艺技术对催化剂制备的步骤与要求有所不同。有液相本体聚合过程的工艺技术一般要对主催化剂进行预处理或预聚合,以提高催化剂颗粒的机械稳定性和催化剂活性。不同工艺对催化剂进行预处理的方法也不尽相同,有连续法也有间歇法。

(2)原料精制工段 原料丙烯、共聚单体乙烯中含有的极性组分如水、硫(硫化氢、羰基硫、硫醇等)、一氧化碳、二氧化碳、有机胂等均为有害物质,能使催化剂中毒,活性降低,并使产品中灰分含量增加。因此,需要在进聚合反应器之前除去这些介质。

精制的方法有精馏、吸附、过滤等物理方法和用固体催化剂床层脱除硫、胂等杂质的化学方法。

(3)聚合工段 聚合工段是聚丙烯工艺技术的核心部分。反应器的形式、数量、系统组成及控制方式是不同工艺之间区别的主要标志。反应器系统包括反应器、循环鼓风机和/或循环泵、换热器、储罐等。随工艺或产品方案不同每套工艺装置可有一至四个反应器系统。

聚合过程的设计和控制是决定产品质量的关键步骤。

影响聚合过程的因素很多,原料及辅助材料的质量、聚合用各种催化剂的配方及加入量、反应器的设计形式和反应条件控制都对聚合反应产生影响。

(4)分离与干燥脱活工段 聚合成的聚丙烯粉料产品夹带着未反应的液相或气相单体从反应器中排出,未反应的单体必须与聚丙烯粉料分离。将反应器排出的聚合物粉末和未反应单体排到低压分离罐,靠气体闪蒸的作用,未反应单体基本上可以从颗粒中脱除。分离出的单体,再循环回反应系统。为防止惰性组分(如丙烷)的累积,一般要从装置向外排放一部分分离出的单体。

分离后的聚合物产品进一步用蒸汽和热氮气或氮气和蒸汽的混合气处理,不同工艺有所不同,在水等极性分子作用下破坏粉末中残余的催化剂活性组分,使其失去活性,并进一步脱除粉末产品中残存的微量单体。

经分离与干燥后的聚丙烯粉末,用闭路氮气输送系统输送到粉料仓和挤压机进料仓,进行造粒。为了减少粉尘与空气、易燃挥发性介质可能形成的爆炸危险,输送介质采用氮气。

(5)造粒工段 为使聚合物性能稳定、改进产品性能或结构并便于安全储存和运输,在聚丙烯粉料中加入各种添加剂一起加入挤压机,经塑化、熔融,在水下切成颗粒产品。

尽管不同工艺技术挤压造粒系统的设计有所不同,比如添加剂有采用配成母料添加的,也有添加纯的添加剂的,也有添加复配添加剂的,但其中的主要区别在于各种添加剂的选择与配方略有不同。

(6)产品掺合、包装码垛及储存　经挤压机切粒后的颗粒产品送入产品掺和料仓，均化后送往包装料仓进而包装码垛，或送入料仓储存。

(7)公用工程　聚丙烯工艺装置内公用工程和辅助设施，不同工艺技术有所不同，一般包括以下系统：排放气系统和火炬系统；冷冻水系统；密封油系统；蒸汽与冷凝液系统；水系统(循环水、工艺水、热水)；氮气系统；废油处理系统等。

6.9.1.2　聚丙烯生产工艺过程控制

工艺控制系统设置的基本原则是确保工艺参数的控制、操作稳定、安全生产并便于维修，一般基于专利技术积累的经验并采用可靠的控制措施。控制系统一般分两部分：即用于工艺过程正常生产的操作与监控系统(分散控制系统 DCS)；非正常情况及事故状态下装置可采取应急步骤和措施的安全仪表系统(SIS)。

由于自动控制系统水平的提高和工厂操作经验的积累，目前的操作与监控一般设有下列内容：

①整个装置采用分散式控制系统(Distributed Control System，简称 DCS)，对全装置的每个仪表回路、操作顺序、各种计算、数据记录、应用程序等实施控制和监测，正常生产的所有控制操作、监视和管理都可通过 DCS 进行。

②紧急情况下能够保护人员和装置安全，正常状态下，SIS 系统对生产装置的关键工艺及设备参数进行连续监测。当出现异常情况时，SIS 系统能按照预先设计好的联锁保护程序采取相应的动作，使装置处于安全的状态中。考虑安全性和可靠性，SIS 独立于 DCS 并采用冗余容错技术。

③为了使聚合反应控制最佳化，采用工业气相色谱分析仪(PGC)对与反应有关的物料组成进行在线分析，分析数据引入 DCS，进行数据处理、运算和控制。

④SIS 系统能与 DCS 进行数据通讯。SIS 系统均设计成故障安全型。在 SIS 系统中关联的变送器、盘装仪表、开关、按钮和报警器等应采用硬接线相连。

复杂的系统或成套设备，如气流输送系统、压缩机、挤压机的控制系统由制造厂成套设计供应，配有现场控制盘，以便在现场开车和停车，这些机组的一些重要操作参数可 DCS 显示。挤压机和气流输送系统的操作大多采用单独的 PLC 控制，所有数据可通讯到 DCS，实现 DCS 集中监控。

所有旋转设备的启动和停止一般由操作人员在现场控制站操作，可通过现场的随机控制盘或控制室的 DCS 来监控这些转动设备的操作运行状态。在紧急情况下要求立即停车的转动设备可由控制室通过 SIS 系统自动停车或手动停车。

反应器系统的操作和控制是聚丙烯生产控制的关键，不同反应器系统的控制策略和方法不尽相同，但其控制方案与设计原则基本相似。下面简要介绍液相和气相反应器系统的典型控制方案。

(1)反应器的温度控制

①液相反应器的温度控制　聚合反应器的温度控制决定反应速率、操作稳定性等，因此，温度控制方案是工艺设计中应优先考虑的问题。

液相反应器有搅拌釜式和环管式反应器两种。搅拌釜式反应器的聚合热量通过反应器夹套的水冷及气体冷却冷凝循环系统撤除，主要由气体冷却冷凝循环系统来控制该反应器的聚合温度。

环管式反应器的聚合热量通过流经环管夹套的夹套水撤除，夹套水用泵循环，用夹套冷却器将聚合热撤出反应系统，通过调节进入夹套冷却器的夹套水量来控制反应器的温度(参见图6-35)。环管式反应器的温度通过DCS设定，控制在需要的温度。开车时用蒸汽加热夹套水。

②气相反应器的温度控制　气相反应器的温度由循环气冷却器控制。有的工艺采用带循环水泵的直接冷却水系统，有的工艺采用间接冷却水的间接冷却系统(参见图6-36)，以提高控制可靠性，改善操作性能。在正常操作时，用间接冷却水和冷却水来冷却循环气体。在开车时，则用间接冷却水和蒸汽给气体加热，此时，间接冷却器被旁通。

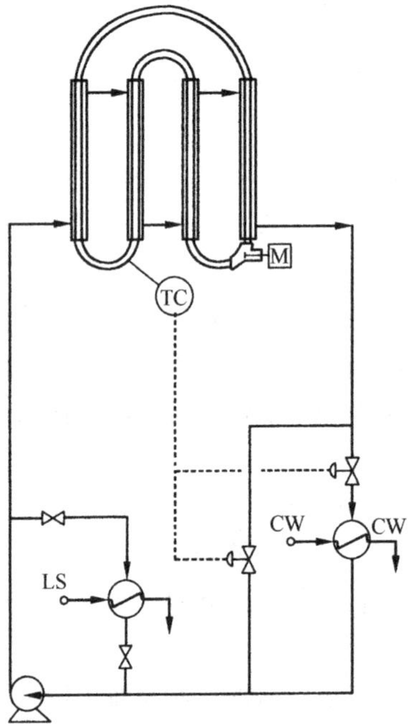

图6-35　环管反应器温度控制方案

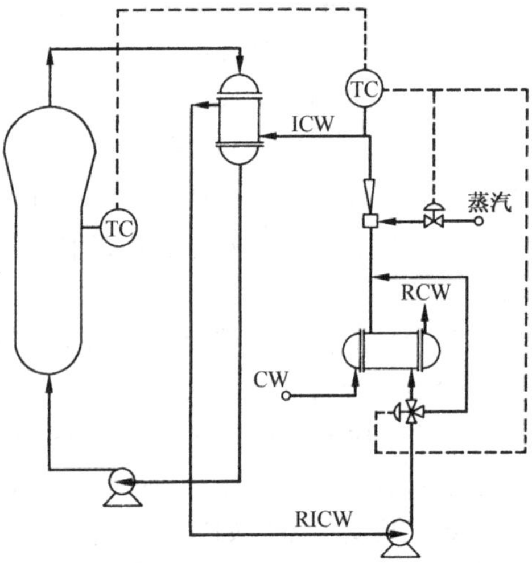

图6-36　气相反应器典型温度控制方案

ICW—间接冷却水；CW—冷却水；

RICW—返回冷却水

气相反应器内产生的一部分聚合热被进料液态丙烯的蒸发潜热带走，其他热量通过循环气冷却器撤出，并通过调节到间接冷却器的间接冷却水的温度进行温度串级控制，反应器的温度控制器是主控制器，间接冷却水的温度控制器是副控制器。

气相卧式搅拌床反应器的温度有多达十几个控制点，每个控制点的温度通过控制从反应器顶部喷入的急冷丙烯液体流量来控制，反应热通过喷洒在聚合物床层上的液体丙烯气化来撤出。

(2)反应器的压力控制　釜式反应器的聚合压力恒定地保持在其反应温度相对应的饱和蒸气压力下，该压力主要由丙烯及氢气蒸气压力之和来决定。环管式反应器需控制其压力略高于饱和蒸气压力，反应器压力通过气化一部分与环管反应器连通的缓冲罐内的液体丙烯来控制。

气相反应器的压力控制随气相反应器的形式不同而有所不同。密相流化床反应器调节反应器内的固体料位，将压力保持在需要的水平，压力也受到反应器内惰性组分(主要为丙烷)含量的影响。稀相流化床反应器调节丙烯进料量来控制反应器的压力。气相卧式搅拌床反应器的压力则通过调节反应器顶部冷凝器的冷却水流量来控制。

气相反应器的压力一般不需要精确地维持在其设定压力，尤其是流化床反应器。反应器操作压力不会对改变产品质量及聚合量有太大影响。

(3)反应器的液位控制

①液相反应器的液位控制　环管反应器处于全充满状态，但要控制与第二反应器连通的缓冲罐的液位，通过控制第二反应器浆液出料阀的开度来控制。

釜式反应器的液位要维持其恒定。液位检测采用差压式液位计，保持反应器底部与其气相之间的压差不变。实际上控制的是液相的质量而不是液位(液相体积)。反应器液位通过调节底部浆液出料阀的开度来控制。正常操作时，允许反应器内的液位发生小的变化，但当液位上升太高时，就有可能因循环气体起泡，导致溅起的浆料随循环气一起进入顶部冷凝器。过低的液位可导致搅拌器涡轮叶片显露在液面之上，降低了挡板的效用，影响了浆料的搅拌，最终导致聚合量的变化。为准确地测量和控制液位，一般要设计多个液位测量点，包括在正常液位设定点处设置液位计，确保液位在设定液位附近。

②气相反应器的料位控制　气相反应器的结构比较复杂，各工艺的控制方案不尽相同，这里选择典型的流化型反应器作简单的介绍。

反应器的粉料料位由料位计测量控制。料位计一般采用差压式，测量密相床底部与顶部气相的压差，并保持该压力恒定。流化床的松密度不会改变，除非循环气体的流量改变。根据前述的压差保持恒定，流化床的料位及质量能够保持恒定。对于液相本体和气相法组合工艺的第一台气相反应器，浆料直接从液相反应器进料到气相反应器，由于液态丙烯的作用，反应器内的流化床是处于湿状态的。为了适当地进行流化，采用一搅拌器对该流化床进行搅拌，以作为采用循环气体流化的一个辅助措施。为了用搅拌器达到有效的搅拌，必须有一适当的粉料位，粉料料位过高就不可能达到均匀搅拌效果，粉料料位太低，那么就会由于绝对粉料量不足而减少传热面积，妨碍丙烯气化。应尽可能地将反应器内的流化床料位维持恒定。反应器内的粉料间断地由粉料排放系统排出。粉料料位的控制是通过改变间断排放操作的时间间隔而实现的。对于完全的流化床，如 UCC 公司技术，为了达到上述目的，循环气流量是相当大的。

对于通过调节阀连续出料的密相流化床反应器，通过调节底部出料阀的开度，并与反应器压力控制串级来控制料位。

(4)催化剂活性的控制因素

① 反应温度　对于液相反应器来说，随着绝对反应温度的上升，聚合量呈指数上升趋势。但是，由于液相反应器内反应温度的上升不仅增加聚合量，而且还使浆料膨胀，应保持对于各个牌号所设定的反应温度。气相反应器内反应温度的上升，也会增加聚合量，因此不允许反应温度偏高设定。

② 单体分压　由于在单体中聚合，对于液相反应器来说，单体的分压决定于反应器的温度，单体分压是因变量。如果在气相反应器内存在有很多不参加聚合反应的组分，如氮气和丙烷，则随着聚合量的减少，单体分压就会降低。气相反应如同液相聚合，其聚合量与单体分压并无直接关系，只是反应速率会受到影响。

③ 停留时间　在液相和气相反应器内，聚合量随催化剂停留时间的增加而增加，尽管

该增加量的大小互不相同。改变反应器内的反应体积，就可改变催化剂的停留时间。通过分别改变液相反应器和气相反应器内浆料的液位和流化床的粉料料位，就可很容易地改变聚合量。进一步地说，在液相反应器内，改变浆料的浓度，就可改变催化剂的停留时间。浆料浓度越高，催化剂的停留时间就越长，因为在聚合物生产率保持不变的条件下，需要的进料率变得较低。

④ 氢气浓度　氢气浓度直接影响到 MFR 的值，在液相反应器内，较高的氢气浓度也会影响到聚合量。MFR 是控制产品质量的重要指标。

6.9.2　聚丙烯装置的先进过程控制[14]

6.9.2.1　概述

20 世纪 80 年代以来新建的石化装置大多采用 DCS 系统对生产工艺过程进行控制。近些年来，自动化技术和计算机技术的飞速发展为石化装置生产过程控制技术的发展提供了良好的基础。

丙烯的聚合反应是个有复杂动力学关系的剧烈放热反应，工业生产过程中的反应条件是一些多变量相互作用的复杂系统，需要直接或间接控制反应器的温度、压力、液位、催化剂进料量、原料进料量、固体浓度、氢气浓度等很多参数，这些参数控制的稳定与否直接影响到生产负荷、产品性能和产品质量。尤其是两个以上的串联反应系统或共聚反应系统，由于需要控制的参数很多，一些共聚单体的进料量还需要进行实时计算后给出并加以控制，仅仅通过采用常规控制方法(PID)的 DCS 和人工控制很难将这些多变量的控制系统控制在一个稳定的水平，有时会不可避免地出现控制滞后造成反应条件的波动，从而造成生产负荷的波动，产品质量的不均一，甚至造成超过条件的控制界限而致失控。通过 APC 技术可以充分发挥 DCS 的功能，有效解决上述问题。

所谓先进过程控制(Advanced Process Control，简称 APC)，就是一种采用多变量预估控制，以在线实时优化为核心的过程优化技术。它通过模型计算技术，建立生产过程的模型，计算出一些常规测量和简单计算无法测知的质量指标，并预报其在未来一段时间内的变化情况，为生产操作提供指导，从而提高生产过程的可操作性；在模型计算的基础上，采用多变量控制技术或其他先进控制手段，由对常规可测过程变量的监测和控制上升为对反应过程质量指标和产量目标值的直接监测与控制，由过去的单元操作上升为系统操作，由单回路过程参数的局部优化转变为质量指标和产量目标的全局优化，从而提高整个生产过程的操作和管理水平。采用 APC 技术可以在 DCS 系统常规控制技术的基础上，投入少量的资金及人力，使工艺参数尤其是聚合反应器的操作条件控制更加稳定可靠，实现卡边操作，使产品质量和生产能力得到提高，因而产生较好的收益。

聚丙烯装置采用先进过程控制可以有效地提高生产装置的操作稳定性，提高装置产量，提高产品质量，减少在牌号切换过程中的不合格产品量，缩短产品牌号切换时间，降低丙烯单耗。APC 软件设计应用有鲁棒性、模块化和兼容性，基于反应器的动力学模型计算，可以改善产品质量；前馈控制用来预测必要的变化，减少反馈时间滞后；约束控制将在不影响过程安全性的前提下，容许卡边操作，从而提高装置的经济效益。

APC 技术正广泛应用于各类石化生产装置中，各聚丙烯工艺技术专利商和生产企业也都在大力开发应用 APC 技术。如 Unipol、Borstar 工艺都有成套 APC 技术软件包提供，大大提高了工艺过程控制的水平。

2000年以来，中国石化集团公司将推广采用先进控制技术作为企业挖潜增效的重要措施，并且成效显著。中国石化集团公司技术开发中心、Honeywell Hi-Spec Solution公司、中国石化工程建设公司和国内的多个聚丙烯生产单位联合开发了三井油化工艺聚丙烯装置的先进过程控制和环管法聚丙烯装置的先进过程控制技术，在扬子石化、九江石化、武汉石化、福建炼油厂、荆门石化厂、天津联化等6套聚丙烯装置上应用，取得了良好的经济效益。上海石化公司塑料事业部环管法聚丙烯装置是国内最早采用APC技术的聚丙烯装置。

6.9.2.2 APC系统构成

(1)APC系统硬件　APC软件是基于DCS系统开发的，DCS系统的型号可以是不同制造商的产品。APC模型计算软件也可基于上位机系统。以Honeywell公司的TDC3000x系统作为APC软件系统的硬件平台，方便、可靠，可直接利用TDC3000x系统的AxM应用模块作为支持APC计算软件与控制模块的平台，利用UxS(或是PC机)作为访问AxM的用户终端，通过组态、调用OpenDDA软件实现X窗口侧与LCN侧的双向数据传递。

① AxM　APC计算软件可驻留在TDC3000x系统的AxM节点上(Application Module x)。AxM具有双CPU的结构，它将应用模件AM与HP 700系列CPU板的工作站组合在一起，它提供给用户一个更加开放的环境来开发执行用户的先进过程控制应用软件。一般将HP工作站称为AxM节点的"X侧"。X侧的操作系统为HP-UNIX。AM是LCN、UCN网上的节点，能够与TDC3000x系统的网络如LCN、UCN、Data Highway上的节点进行通信，AM能够读写TDC3000x系统上所有节点的信息。AxM除具有AM的全部功能外，其X侧还为用户开发高级应用软件提供了编程功能、通信功能及运算功能。X侧可以与工厂上层网络构成全厂管理信息系统(MIS)。广泛应用的高级语言，如FORTRAN、C、C++都可作为用户开发APC系统的软件平台，提高了其扩展性及可维护性。AxM系统的构成略图见图6-37。

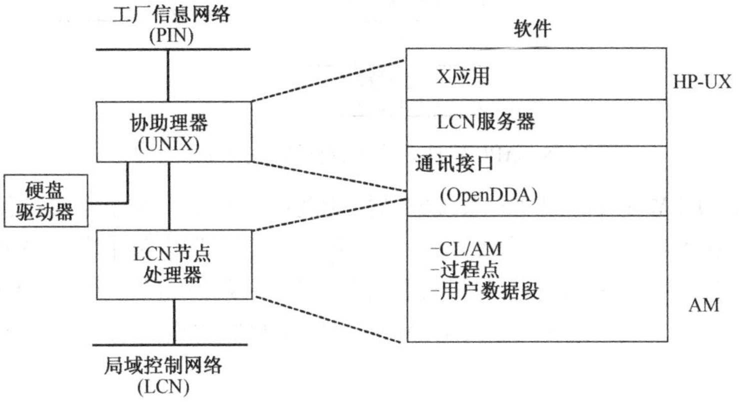

图6-37　AxM系统构成略图

AM与X侧的数据通信主要是通过OpenDDA软件来完成(Open Data Definition and Access)。用户可通过OpenDDA来访问LCN侧的过程数据，也可以将X侧的计算结果下送至LCN侧。

AxM是TDC3000x系统中级别高的上位机，是APC软件系统得以在TDC3000x系统上得以实现的方便与可靠的硬件和软件平台。

②UxS　UxS是万能工作站，它提供了两个界面：TDC3000x系统的操作人机界面，同时

也是访问 X-Windows 和开放系统的人机界面；为在 X 侧开发应用 APC 提供了良好的人机界面。

(2)APC 系统软件　APC 系统软件主要由 HPM 层、AM 层和 AxM 层 3 个层次构成，见图 6-38。

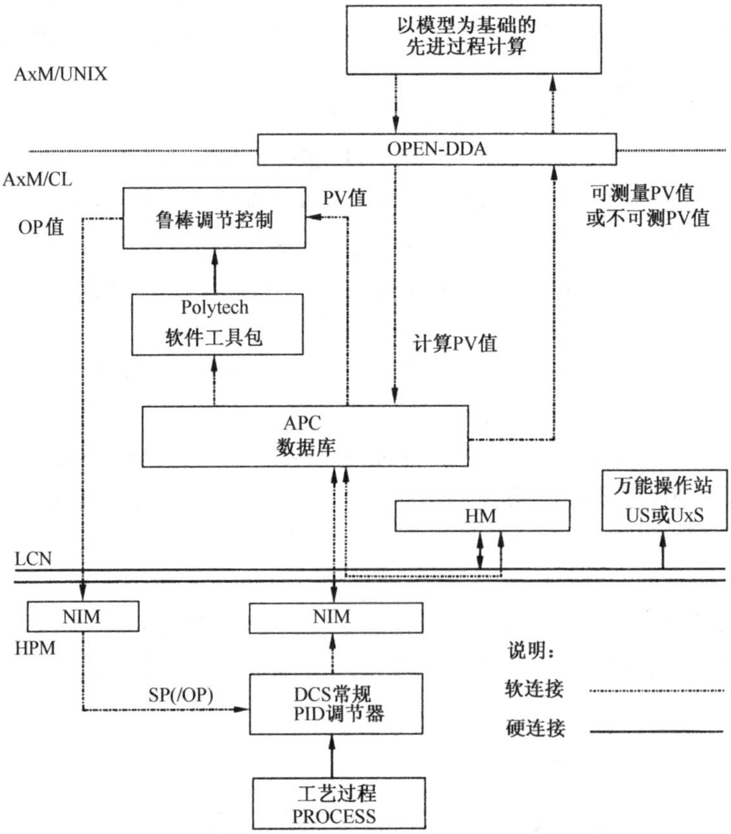

图 6-38　APC 软件系统构成框图(扬子 PP 实例)

① HPM 层　HPM 是 TDC3000x 系统的高性能现场控制站，独立完成过程数据采集和控制，是最终用于控制的直接作用对象。在 AxM 中，经过先进过程计算和先进过程控制计算出的过程参数(如不可测的 PV 值、先进过程计算的结果或先进过程控制的 OP 值等)，可以通过远程串级(Remote Cascade)，作为 HPM 中常规控制器的设定值，可优化常规过程控制的指标。

② AM 层　AM 中驻留有 TDC3000x 系统开发的先进过程控制软件开发工具软件包，提供了常规控制和计算无法实现的功能，使先进计算和控制的开发过程简单化、工程化。

由图 6-37 可以看出，先进过程控制的数据库系统建立在 AM 上。先进过程的计算结果，将由 OpenDDA 通信传递过来，保存到 AM 中建立的 AM-NUMERICS 点中，以便流程图画面或用户直接调用；APC 计算和控制要用到的 HPM 过程点变量，应在 AM 中经过数据有效化确认，才能为计算和控制所用。先进控制工具中如鲁棒性 PID 控制器、约束超弛控制器等复杂控制器都是建立在 AM-REGULATORY 点中，通过捆绑特定的 CL-AM 程序块及用户数据段或用户枚举量(Customer Data Segment and Custom Enumerations)而构成的。由于 AM 是

LCN的节点，可以建立相应先进过程计算及控制点的历史组操作组或自由格式报表等，对其进行管理利用。

③ AxM层　AxM的X窗口实际为一台HP工作站，操作系统为UNIX。APC模型计算软件是在UNIX FORTRAN-9000语言环境下编写而成，它驻留在AxM的X侧硬盘上。APC软件用FORTRAN语言编写是理想的。APC计算软件基于Honeywell公司Polytech软件工具包的设计，是利用聚合物生产过程的质量平衡和能量平衡为理论基础，通过模型技术来完成的。

(3)APC应用软件　APC应用软件是在系统软件的基础上根据具体项目需要开发的软件，可分为以下3个部分。

①APC推理计算　APC推理计算(APC Inferential Calculation)是APC技术的基础。每个计算都试图"推导"出一个变量的值，如产率、固体浓度等。这些推导出的变量既是重要的质量指标信息，也是APC的过程控制变量。推理计算过程也是建立反应器数学模型的过程，建模将直接关系到APC技术能否较好地发挥作用。

推理计算的基础是反应过程的质量平衡和能量平衡。在标准软件包如Honeywell公司的Polytech Tool-kit标准软件包的基础上，针对具体项目的实际情况进行二次开发。

从化学反应的角度来看，质量流量能够更真实地反应各种物流的量，而体积流量要受如流体密度、流体的压缩系数、流体黏度、温度、压力等因素的影响。因此，首先计算出各物流的质量流量，为APC计算提供准确的过程数据。

得到各反应物及生成物的质量流量后，利用质量平衡的算法来建立过程的模型。基本算式为：

$$\text{Mass IN} = \text{Mass OUT} \tag{6-1}$$

各组分的总质量平衡算式为：

$$\frac{\mathrm{d}M}{\mathrm{d}t} = M_{\mathrm{i}} - M_{\mathrm{o}} + M_{\mathrm{p}}$$

式中，M为 反应器中反应物的质量；M_{i}为注入质量；M_{o}为流出质量；M_{p}为生成物质量。

以丙烯组分为例，其质量平衡算式可表示为：

$$\frac{\mathrm{d}[\mathrm{C}_3]}{\mathrm{d}t} = F_{\mathrm{i}}^{*}[\mathrm{C}_3]' - F_{\mathrm{o}}^{*}[\mathrm{C}_3] - \alpha$$

式中，$[\mathrm{C}_3]'$为进料丙烯的浓度,%(质量分数)；$[\mathrm{C}_3]$为反应器中的丙烯浓度,%(质量分数)；F_{i}^{*}为注入反应器的丙烯质量流量，kg/h；F_{o}^{*}为流出反应器的丙烯质量流量，kg/h；α为聚合物转化率，kg/h。

质量平衡计算关键在于进出反应器的各种物料的质量流量应准确。能量平衡的算式与质量平衡相似，基本算式为：

$$\text{Energy IN} = \text{Energy OUT} \tag{6-2}$$

式(6-2)可细化为下式：

$$\Delta(\text{系统能量}) = \Delta U + \Delta E_{\mathrm{k}} + \Delta E_{\mathrm{p}} = \pm Q \pm W$$

式中，ΔU为内部能量(Internal energy)；ΔE_{k}为动能(kinetic energy)；ΔE_{p}为潜能(Potential Energy)；Q为注入(或撤出)系统的热能；W为注入(或撤出)系统的功。

从上面的算式看出，能量平衡计算比质量平衡计算更加复杂，很多能量源是难以考虑周全的，且难以计量。通常情况下，忽略动能和潜能，并假设系统的内能可以用热焓(Enthalpy)来表示。热焓不能直接测量到，它是介质状态(固、汽、液)、温度、压力及介质分子结构的函数。

运用能量平衡进行计算时，要按一定的逻辑顺序进行。因为有些能量是可通过实地采集的过程数据或经验公式直接求得的，而有些能量计算必须基于其他能量的计算结果。

通过反应器内外质量平衡和能量平衡计算，建立整个聚合过程的数学模型，并通过采集常规的过程数据，计算出重要的过程参数。聚丙烯装置 APC 软件系统主要计算和控制的质量指标包括：反应器质量流量；反应器传热系数；聚合产率；反应器固体浓度；丙烯、丙烷、氢气、乙烯浓度；质量计算修正热量计算。

② 鲁棒调节控制　由于聚丙烯装置的非线性及频繁的产品牌号切换，主要控制回路的 PID 调节参数可能仅适用于某些牌号、某些过程，而在生产其他牌号或在其他过程时，其控制品质就会变差，为此采用了鲁棒 PID（Robust PID)技术及相关的约束控制(Constraint Control)技术。聚丙烯装置 APC 系统用到的主要工具软件包括：过程信号确认(Process Signal Validation)、分析仪预估器(Analyzer Predictor)、约束控制器、约束监视器、起动/监视器、RPID 控制器、压力补偿温度计算、数字积分技术、多用途滤波器程序等。下面对过程信号确认及 RPID 参数整定软件包进行简要介绍。

✚ 过程信号确认

APC 技术对过程数据的要求很高。过程数据可靠性不高，或坏值检测软件工作不好，则 APC 模型计算和 APC 控制采样值偏离实际的工艺过程，导致错误的控制动作，不利于 APC 的工业化应用。为了解决这个问题，必须设法对过程数据进行测试，若采样值不可靠，要用前一次好的采样值作为新的扫描周期的采样值，使 APC 计算和控制正常、正确地进行。

APC 计算及控制要用到大量的过程变量数据(如聚合反应器内温度、压力、原料进量等)、计算程序计算出的数据(如氢气浓度、乙烯浓度等)，以及大量工业色谱分析仪的分析数据。这些数据的可靠性将直接影响到 APC 计算的准确性，若现场仪表测量值严重偏离实际值，则计算结果也必然会有偏差。为了解决这个问题，要利用该数据有效化确认工具包对 APC 计算的过程数据值及计算结果值加以高限、低限、冻结、变化率超高等多项数据有效化检查。若发现该 PV 值为坏值，则下游计算将不用该 PV 值，而是利用上次的“好值”作为新一轮的计算 PV 值，以保证计算结果的可靠性和稳定性。

✚ RPID 参数整定软件包

RPID 是 Robust PID 的缩写，它是一种控制器 PID 整定软件包，可根据某个 PID 控制器的对象特性，计算出一组优化的 PID 调整参数——比例、积分、微分值及后滤波器时间常数(P、T_i、T_d、T_c)。RPID 控制器是在常规 PID 控制器的基础上，增加一个后滤波器模块，RPID 控制器可以在 DCS 系统上安装实现。经参数整定后的 RPID 控制器可以在很宽的过程动态变化范围内有良好的控制性能。

在控制系统中常用的 PID 控制器控制参数有 K、T_i 和 T_d，一般根据经验或常规 PID 参数整定技术来确定这 3 个参数，当原料、产品牌号或产量变化引起系统过程动态变化时，原有的 PID 参数无法保证控制回路有理想的控制品质。RPID 参数整定技术则可以在过程模型的一定动态变化范围内提供良好的控制品质，无需对 PID 控制器参数进行再整定。因此，在一定的动态变化范围内，特别是对于装置调试与试车阶段，RPID 参数整定技术更具有重要的意义。在 APC 控制软件投运之前，将重要的常规调节回路用 RPID 参数整定软件包进行参数整定，并加入后滤波器功能（T_c），可以改善常规控制的控制品质，也为投用更为复杂的控制系统打下了基础。

这些工具软件包的合理使用与集成，可以设计复杂的、多层次的控制系统，实现对产品质量指标的直接或间接控制，同时有约束超驰控制等作为约束条件，使 APC 应用更安全，一旦 APC 控制系统发生故障，约束监视器会自动将复杂的控制系统降级为常规的控制系统，确保生产操作稳定。在 APC 技术中，控制是稳定生产操作、获取经济效益的直接手段。经现场考察的结果，下列的控制策略将有助于聚丙烯装置稳定生产、减少质量指标的波动：反应器温度控制；反应器差压控制；液位控制；反应器固体浓度控制；氢气浓度控制；氢气过渡过程控制；乙烯浓度控制；产率控制。

③ MFR 关联计算　在推理计算和中介调节控制软件投入运行之后，利用丰富的过程信息，通过不同的模型技术，关联计算 PP 工艺生产过程中最重要、最直接的质量指标是熔体流动速率（MFR）。这些过程信息既有常规的过程变量，如各反应器的温度、压力等，也包括推理计算的结果变量，如反应器氢气浓度、冷凝器换热系数等。

MFR 的波动是长期困扰聚丙烯生产操作的主要问题，也是进一步提高产品质量，开发新牌号产品的关键参数。通过 MFR 在线实时计算与预报技术，可大大改善对 MFR 的监测与控制，使产品质量得到保证。

6.9.2.3　APC 技术在聚丙烯装置上的应用

（1）APC 技术在 Hypol 工艺聚丙烯装置上的应用　聚丙烯装置由 A、B 两条生产线组成，采用 Hypol 工艺技术，每条线有两台液相釜式反应器和两台流化床反应器，可以生产均聚物、无规共聚物和嵌段共聚物产品。由于聚合反应机理复杂，对关系到产品质量的熔体流动速率、浆液浓度、反应器产率等重要工艺参数不能进行在线测量，在一定程度上影响了生产的稳定性和产品质量的提高。在原有工艺和设备不变的条件下，在 DCS 系统基础上实施先进过程控制是保证生产装置安全、稳定、长期、优质运行的重要手段之一，对提高聚丙烯产品的产量、质量，降低物耗、能耗，提高经济效益，具有重要的意义。

经过现场实地考查，并分析采集的工艺过程实时数据表明，聚丙烯装置的主要生产瓶颈和制约因素如下：聚合反应器稳定性不够，如浆液浓度等；反应器产品质量指标难以严格控制，如 MFR；产品的优级品率难以控制，特别是在产品牌号切换过程中；非计划停车；牌号切换（减少过渡过程时间和过渡料）。

采用 APC 技术可以有效地解决以上瓶颈，保持装置安、稳、长、满、优运行，实现卡边操作从而增加装置产量；提高生产装置稳定性；降低单体及催化剂、公用工程消耗；生产高质量的无规和嵌段共聚物。

增加产率主要是通过减少主要控制参数的波动，并合理地设定控制器的目标值，使其接近生产操作设定值。

高效率地利用原材料（单体、催化剂等），控制主要反应的操作条件在其特定的设计水平，并尽量缩短不同牌号产品切换过程所需时间。

改善控制性能，监视那些无法测知的计算变量的波动（如浆液浓度），减少物流堵塞的次数，减少非计划停车。

严格控制 MFR 的范围，预估各个聚合反应器的 MFR 值，以指导各种聚丙烯产品的生产。

(2) APC 技术在环管工艺聚丙烯装置上的应用　上海石化公司聚丙烯装置是国内率先采用 APC 控制的环管法聚丙烯装置，投入后产生了很好的经济效益。中国石化集团公司加大了在环管法聚丙烯装置上推广应用 APC 技术的工作力度。从 2000 年初开始，九江、武汉、福建、荆门、天津、济南 6 套环管法聚丙烯装置开始实施 APC 技术改造，都采用 Honeywell Hi-Spec Solution 公司的 APC 技术软件包，主要由中国石化工程建设公司 APC 技术开发组负责 APC 技术的二次开发和工程化的工作，主要包括：APC 详细设计；APC 计算和控制程序的编制、安装、调试和工业运行；APC 技术操作培训等工作。经过努力基本上完成全部技术开发工作，武汉、九江、福建聚丙烯装置先进过程控制先后投入工业化连续运行，取得良好的效益。

APC 的应用提高了装置的控制水平。如九江 PP 的单环管反应器的聚丙烯装置先进过程控制包括 10 类推理计算共 140 多条、5 个控制策略、6 幅人机界面、148 个软输入点、40 多个历史数据点、5 个操作编组，包括计算和控制等 32 幅画面。该项目推理计算技术基于质量平衡、热量平衡的动、静态模型算法，具有质量平衡自动修正热量平衡的特征，实现反应器的产率、固体浓度、氢浓度等重要工艺参数实时在线推理计算；MFR 预测模型利用了反应器氢浓度，计算精度满足工艺要求，主要计算变量的误差在±7%以内。增加了必要的检测点、控制回路、串级和前馈控制，并应用鲁棒 PID 控制器，提高了生产装置操作的平稳性，增强了装置的抗干扰能力。

环管聚丙烯装置的 APC 推理计算主要包括：反应器质量流量；反应器传热系数；聚合产率；反应器固体浓度；TEAL-DONOR 计算；丙烯、丙烷、氢气浓度；MFR 关联计算；质量计算修正热量计算。

环管聚丙烯装置的 APC 控制策略：反应器温度控制；反应器固体浓度控制；反应器氢浓度控制；产率控制；TEAL 和 DONOR 比率控制。

6.9.2.4　APC 技术实施的主要步骤及体会

APC 技术在聚丙烯装置上的实施可分以下主要步骤：考察生产过程瓶颈及现场调查；确定先进过程控制专利技术；功能设计；详细设计；编制应用软件；现场硬件系统改造；DCS 数据库系统及人机界面设计组态；应用软件系统现场安装调试；工业化运行；系统验收测试；系统维护。

国内多套装置实施 APC 的经验表明，APC 技术的实施会改变一些传统观念。先进过程控制可以平稳生产操作、增加产量、减少过渡料、降低能耗、缩短不同牌号产品切换时间、提高优级品率，从而提高生产操作和管理水平。生产过程由过去的单元操作上升为系统操作，由对常规可测过程变量的监测和控制上升为反应过程质量指标的直接监测与控制，由单回路过程参数的局部优化转变为质量指标的全局优化，同时对技术人员和操作人员提出了更高更新的要求。

实施 APC 技术，必须搞好基础工作。实践证明，APC 技术应用成功，依赖于准确、可靠、充足的过程数据，依赖于系统的稳定性，现场仪表的准确性及重复性，要求现场工艺和设备基础工作良好，仪表的完好率、投用率、闭环控制率要达到一定水平。

APC 技术的模型计算软件不是一成不变的，对于不同的工艺、不同的装置其软件构成会不同，只有对现场的情况进行透彻地了解，对工艺操作的特点熟悉，才有可能使 APC 技术贴近实际的需求，才能充分发挥 APC 的作用，获得更大的效益。APC 软件的维护非常重要，在实际生产过程中会出现这样那样的问题，有些甚至是工艺改变，这时原有的 APC 软件的应用会有一些偏差，其质量平衡计算或能量平衡计算会偏离实际值。此时，要对软件系统本身进行维护和修改，使其满足生产的需要。

APC 软件系统要有良好的人机界面，保证技术人员易于维护，操作人员易于操作。建立必要的日志及定期的结果分析，并且将 APC 计算与控制记录作为日常交接班的重要内容之一，对重要的质量指标参数要建立历史趋势记录，在 DCS 系统上要建立友好的流程图画面和操作编组画面，并辅以各种报表，以便于随时观察 APC 软件的实际应用情况。

APC 技术在我国石油化工领域的应用还处于初级阶段，在应用过程中还有很多实际问题，还须不断地摸索经验和探讨更为行之有效的应用软件。应该看到，APC 技术的应用将为我国石油化工工业挖潜增效、消除生产“瓶颈”、提高经济效益和社会效益提供崭新的途径和广阔的前景。

6.10　安全、卫生及环境保护[12,13]

6.10.1　安全

聚丙烯的生产过程是将易燃、易爆的丙烯、共聚单体乙烯、丁烯、氢气等原料在催化剂作用下聚合成聚丙烯粉料。这些烃类原料和氢气一旦发生泄漏而造成爆炸或火灾将是灾难性的事故。因而装置的设计和生产的安全性就显得极为重要。聚丙烯装置与其他石油化工装置一样在设计中要考虑以下职业安全与卫生问题：物料及工艺过程的危险性分析、装置安全设计、安全控制系统、工艺联锁系统，并将装置的安全分析、设计与检查贯穿于工程项目的全过程。

6.10.1.1　聚丙烯装置危险因素分析方法

采用科学系统的分析方法对装置内的物料及工艺过程的设计、安装、试车、开车、停车、正常操作、检修等阶段进行危险因素分析，几乎可以发现所存在的所有危险，并对所存在的危险采取相应的措施，就能大大提高装置的安全性。危险因素分析是装置安全设计的前提和基础。项目的不同阶段采用不同的分析方法，如“安全检查(Safety Review)”、“安全检查表分析(Safety Checklist Analysis)”等分析方法适用于项目的概念设计阶段；“危险与可操作性分析(Hazard and Operability Analysis，简称 HAZOP)、量化风险分析(Quantitive Risk Analysis，简称 QRA)”适用于基础设计及详细设计和正常操作对过程进行分析。一些跨国公司有其自已的危险因素分析及管理系统，如 1964 年美国 DOW 化学公司根据化工生产的特点，首先开发出“火灾、爆炸危险指数评价法”，用于对化工装置进行安全评价，该法已修订 6 次，1993 年已发展到第七版，它是以单元重要危险物质在标准状态下的火灾、爆炸或释放出危险性潜在能量大小为基础，同时考虑工艺过程的危险性，计算单元火灾爆炸指数(F&EI)，确定危险等级，并提出安全对策措施，使危险降低到人们可以接受的程度。由于该评价方法日趋科学、合理、切合实际，在世界工业界得到一定程度的应用，引起各国的广泛研究、探讨，推动了评价方法的发展。1974 年英国帝国化学公司(ICI)蒙德(MOND)部在 DOW 化学公司评价方法的基础上引进了毒性概念，并发展了某些补偿系数，提出了“蒙德火灾、爆炸、毒性指标评价法”。我国在针对聚丙烯装置进行安全评价时广泛使用了此方法。此外还有 Shell 采用 HEMP(Hazard Effects Management Process)方法对装置的危险因素进行系统的分析，将所有的危害对人员、财产、环境、名誉的影响按轻重程度分成 0、1、2、3、4、5 级，填入“危险评估距阵(Risk Assessment Matrix)”，对处于危险区域的危害采取有效防范措施，并贯彻到设计中。这些分析及相应的安全设计保证了装置的安全性。

6.10.1.2 聚丙烯装置危险因素分析

聚丙烯装置内常用危险物质的性质见表 6-13。

表 6-13 聚丙烯装置内常用危险物质的性质一览表

物料名称	氢气	乙烯	丙烯	三乙基铝
常温状态	气体	气体	气体	液体
分子量	2.02	28.06	42.08	114.2
沸点/℃	-252.8	-103.7	-47.7	186.6
熔点/℃	-259.2	-169.2	-185	-52
闪点/℃	—	-136	-107.7	<-52.8，自燃
自燃点/℃	510	425	455	自燃
爆炸范围/%(体积分数)	4.1~74.2	2.7~36	2~11.1	—
火灾危险类别	甲	甲	甲 A	甲 B

(1)物质的火灾及爆炸危险性分析

① 丙烯　原料丙烯是聚丙烯装置中使用最多的物料，以液态由界区外管道输送进装置。丙烯具有蒸气密度大于空气、爆炸下限低等特点。万一装置中某点发生泄漏，这些易燃气体很容易聚集在低洼处，形成具有爆炸危险的混合物，且容易引起回燃。

因此聚丙烯装置的周围及可燃气体较集中的地方需设置可燃气体检测器，这些检测器均有报警信号直接进入中央控制室。另外还应备有两台便携式可燃气体检测器，在现场它们可以帮助操作人员很快地寻找到泄漏点，以便及早采取措施。丙烯引起的火灾，可以采用常规灭火方法(如水、干粉、二氧化碳等)灭火。

② 三乙基铝　在聚丙烯工艺中，助催化剂三乙基铝(TEAL)是一种无色透明的液体。TEAL 在庚烷中的浓度高于 12%时自燃(按 UN Recommendations on the Transport of Dangerous Goods 测定)。TEAL 暴露于氧气、水或含有活泼氢的混合物如醇和酸中会剧烈反应。TEAL 稀释后反应会减缓，当 TEAL 在庚烷中浓度低于 12%时，虽然仍可燃并有反应性，但认为不能自燃。与空气和水反应产生可燃的乙烷或乙醇。燃烧产物是一氧化碳、二氧化碳、氧化铝。TEAL 要在 O_2 含量小于 10×10^{-6}(体积分数)的干燥氮气下储存。

若 TEAL 与皮肤接触会导致严重烧伤。针对 TEAL 的特性，一般需要采取如下安全防护措施：TEAL 的配置和储存设置在聚合区以外；三乙基铝的储存间需设置防火墙进行隔离；TEAL 的装卸及操作必须在氮气中进行，使其不能接触空气和水。因此，TEAL 管线的伴热使用电伴热。在储存室内及 TEAL 储罐处设有火焰探测器及联锁系统，如果 TEAL 泄漏到空气中引起火灾，联锁系统则自动切断所有进入装置的 TEAL 阀门，并开启氮气阀门，同时启动自动干粉灭火系统。装置内设有已烷或油冲洗系统，在停车检修前，先用已烷或油将所有与 TEAL 接触的管线和阀门冲洗干净。特别值得注意的是由 TEAL 泄漏而引起火灾时，绝对禁止用水、四氯化碳和泡沫灭火器来灭火，要采用蛭石、干砂和干化学药品等灭火剂，参加消防的人员必须穿戴有铝或石棉层的耐火、耐热服和面罩，必须备有压缩空气呼吸器。

③ 氢气　氢气的作用是调节分子量，用量不是很大。氢气是无色无味气体，具有很宽的燃烧范围[4.1%~74.1%(体积分数)]及很低的爆炸下限[4.1%(体积分数)]。氢气-空气混合物燃烧只需很小的能量(0.02mJ)，使得对氢气需要特殊处理。氢气-空气混合物点燃，会爆炸性燃烧并产生很清洁几乎看不见的火焰。

氢气发生火灾时，灭火之前首先应当切断氢气源以避免积累爆炸性混合气体。当氢气源被切断后，可采用常规的灭火方法(水、干粉)扑灭残火。

④ 乙烯　原料乙烯在聚丙烯装置中作为共聚原料使用。乙烯的蒸气密度小于空气，爆炸下限低[(2.7%(体积分数)]。乙烯引起的火灾，可以采取常规的灭火方法(如水、干粉、二氧化碳等)。

⑤ 聚丙烯粉末与颗粒　聚丙烯粉末是可以燃烧的，而且燃烧发热量大，不完全燃烧时会产生烟和有毒气体。聚丙烯运输和储存中发生的爆炸通常是因存在高浓度的聚丙烯粉末和挥发性气体，颗粒输送过程中产生的聚合物细粉与同样尺寸的聚丙烯粉末一样具有爆炸性。聚合物细粉(小于74μm)的最小爆炸浓度大约为0.10~0.20kg/m^3。在空气中如果超过这个浓度时，遇有火花点燃，则会迅速燃烧，引起严重爆炸。

聚合物中惟一的挥发物是残存的丙烯单体，丙烯含量超过0.002%(质量分数)的聚合物，在93℃下的密闭容器中能产生可燃气体。

(2)物质的毒性分析

① 丙烯　丙烯是一种纯窒息剂和麻醉剂，具有轻微麻醉作用，高浓度下才引起显著的生理影响，可引起意识丧失，症状包括窒息和不规律的心跳。高浓度下也会因把空气中的氧气稀释到不能维持生命的浓度而有致命危险。暴露于带压的液体丙烯也是很危险的。液体丙烯将迅速闪蒸，产生低温，与肌肉接触会导致冻伤。

② 乙烯　乙烯也是一种纯窒息剂，高浓度下会把空气中的氧气稀释到不能维持生命的浓度而有致命危险。乙烯没有任何显著的毒性，乙烯的麻醉能力比丙烯弱。暴露于带压的液体乙烯也是很危险的，液体乙烯将迅速闪蒸，产生低温，与肌肉接触会导致冻伤。

③ 三乙基铝　助催化剂TEAL与空气接触即着火，遇水将强烈燃烧，会生成一种带刺激性气味的氧化物，此气体对人的气管和肺部均有不良影响。参加消防的人员必须穿戴有铝或石棉层的耐火、耐热服和面罩，必须备有压缩空气呼吸器。

④ 一氧化碳　有一些工艺中采用的阻聚剂——一氧化碳[一般采用含2%(体积分数)或10%一氧化碳的氮气钢瓶]是一种无色、无味的有毒气体，人若吸入该气体后不仅刺激呼吸道系统，而且还会产生中毒症状，当吸入量超过一定值时常常导致死亡。空气中一氧化碳的浓度应限定在20mg/m^3(TWA)以下。换装一氧化碳钢瓶前应当确保钢瓶间的一氧化碳的浓度应限定在20mg/m^3(TWA)以下。在紧急处理一氧化碳时，操作人员必须戴上防护眼镜和正压自给式呼吸器，或专用的防护面罩。

⑤ 催化剂　催化剂是固体粉末，由$TiCl_4$、活性$MgCl_2$载体和内部改性剂组成，当催化剂暴露于空气当中时，催化剂会与空气当中的水反应而放出氯化氢(HCl)，当它们与人体皮肤接触后，会造成化学烧伤。

处理这种物质时需要用护目镜和手套。当皮肤与它接触后，需立即用水冲洗，现场附近应设置洗眼器和安全淋浴。

⑥ 氮气　氮气是无色无味气体，不燃烧也不支持燃烧，无毒。但可以稀释空气中的氧气，是一种窒息剂。需使用吸氧装置或用空气吹扫后再进入充满氮气的容器，特别是检修时一定要注意防止氮气造成的窒息死亡事故。

⑦ 放射性危害　聚丙烯装置中采用放射性料位计测量浆液密度或聚合物粉料料位。这些参数都需要精确控制，如环管反应器内的浆液密度、气相反应器的料位、闪蒸罐料位、袋滤器料位等、脱气仓料位等。采用的放射源主要有铯 137 和钴 60 两种，其中钴 60 的半衰期短，仅为 5.3 年，铯 137 的半衰期则长达 33 年，所以一般采用铯 137。这些放射源的屏蔽一般由制造商提供，放射源应能满足《密封放射源及密封 γ 放射源容器的放射卫生防护标准》(GBZ 114—2006)的有关要求。换下的废放射源按国务院令第 449 号(2005)《放射性同位素与射线装置安全和防护条例》规定送工程所在地省级环境保护行政主管部门指定的城市放射性废物库储存。放射源和接收器侧均设有铅屏蔽板。

(3)静电危险分析　液态丙烯的电阻率在 $10^{11}\sim10^{15}\Omega\cdot cm$ 之间，容易带静电。聚丙烯的电阻率在 $10^{14}\sim10^{17}\Omega\cdot cm$ 之间，容易产生静电且产生的静电难以消除。

聚丙烯装置中的静电产生原因一般有以下两种：

① 流动带电　聚合物粉体在流动过程中，粉体与管壁、粉体颗粒之间发生碰撞或摩擦，使粉体带上了静电。当汽蒸干燥操作不好而使聚合物粉末中含有超标的烃类或输送过程中产生的细粉较多时，这种粉体静电具有很大的危险性，往往容易产生火灾或爆炸。

聚合物浆液或液体丙烯在管线内流动，形成液体与固体接触、分离的现象而生产静电。但是由于正常工况中不存在氧化剂，所以危险性不大。

因流动会产生静电的管线和设备需要采取有效的静电接地以消除静电危险。

② 喷出带电　粉体、液体和气体从界面很小的开口处喷出时，这些流体与喷口激烈摩擦，同时流体本身分子之间又互相碰撞，会产生大量静电。同时这种方式在聚丙烯装置中也是最危险的方式，因为装置中的易燃易爆的物料或粉料一旦喷出到大气后发生静电放电就会引起火灾或者爆炸，特别是环管反应器的上法兰处，发生泄漏或破裂后就会喷出大量丙烯，具有极大的危险性。因此在设计时需特别考虑此问题。通常要在法兰处设置喷淋系统，一旦发生上述情况就可以及时扑灭。即使不能将火扑灭也可以起到隔离和降温的作用。

烃类液体或聚合物颗粒产品的槽车装料操作也有产生喷出带电的倾向，有发生事故的危险，国外已有多起事故发生。静电也是导致 PP 颗粒料仓着火或爆炸最主要的原因。设计和操作都要采取有效的防范措施以保证安全。

6.10.1.3　装置的安全设计

国内外的各石油化工公司都将装置的 HSE(Health、Safety、Environment)提到非常重要的高度，而装置的安全是核心。装置安全问题，体现在设计原则、维修、正常与事故操作、个人防护、装置保护 5 个方面。安全设计包括厂址选择、总图布置、安全分析，这些工作在很大程度上决定了装置的安全可靠性。尤其是在厂址和总图确定的情况下，按照科学系统的方法和程序做好装置的安全分析和安全设计对于保证装置的本质安全极为重要。本节主要介绍聚丙烯工艺本身及其所需要的安全设计。

包括聚丙烯装置在内的高分子聚合装置都是危险性较大的化工装置，目前的聚丙烯装置安全设计一般遵循下面的安全设计思想。

(1)工艺的安全性 对以下三项内容进行研究：在设计条件下能安全运转；即使多少有些偏离设计条件也能将其安全处理并恢复到原来的条件；确定安全的起动和停车包括紧急停车方法。

(2)防止运转中的事故 尽力防止由运转中所产生的事故而引起的灾害。事故的对象有三废处理、公用工程故障、误操作和发生异常情况等。也可根据 HAZOP 分析的偏离进行事故模拟假设。

(3)防止扩大受害范围 万一发生灾害时，可以防止灾害扩大的方法和设施，包括 HAZOP 分析后建议的措施。

根据这些设计思想，聚丙烯装置安全措施项目及分工见表 6-14。

6.10.1.4 安全控制系统

为排除不安全或不正常的条件，如出现反应异常、工艺条件失控、工艺流体大量泄漏、公用工程故障等情况，装置中设置了工艺安全联锁系统，在工艺设计中提供了下列保护系统。

(1)全线紧急停车系统 当紧急情况或关键公用工程发生故障，如冷却水、供电以及仪表风中断，全线紧急停车系统能使装置按照设定的操作程序自动安全停车而不致发生事故。

(2)局部停车系统 当机械和设备运行中发生故障时，局部停车系统能够使发生故障的设备停车并与上下游设备隔离，以保护机械和设备，上游工段停车时防止结块，防止工艺流体倒流。

(3)手动启动系统 在造成工厂停车的条件解除而且对联锁系统用手动复位后，工厂操作才能按照操作手册中规定的程序重新开始。

(4)备用电源系统 由于聚丙烯生产过程安全性、连续性要求很高，供电系统采用双电源供电(每个电源按 100%负荷设计)以确保供电的可靠性。仪表供电备用蓄电池容量要保证电源故障时持续 30min 供电，以使装置能够安全停车。

表 6-14 安全措施项目和主要应用领域

项 目	目 的	安 全 措 施 的 内 容	主要应用领域
工艺过程的安全	评价物料、反应、操作条件的危险性，研究安全措施	1)评价由物料特性引起的危险性 ① 燃烧及爆炸危险；②有害危险 2) 反应危险 3)抑制反应的失控 4)设定数据测定点 5)判断引起火灾、爆炸的条件 6)评价操作条件产生的危险性 7)材质 ① 耐应力性；②高低温耐应力性；③耐腐蚀性；④耐疲劳性；⑤耐电化学腐蚀性；⑥隔音；⑦耐火、耐热性 8)填充材料	全装置

续表

项 目	目 的	安全措施的内容	主要应用领域
工艺过程的安全	机器、设备的结构，研究承受负荷的措施	1)材质 2)结构 3)强度 4)标准等级	机械设备(包括配配管、储罐、加热炉、电气、仪表、土建、结构)
	机器、设备偏离正常操作条件及发生泄漏时的安全措施	1)选择安全泄压装置的形式、位置、结构 ①安全阀；②爆破片；③密封垫；④过流量防止器；⑤阻火器	设备与系统
		2)反应杀死剂注入装置	反应器
		3)爆炸抑制装置	装置区、化学品库
		4)其他控制装置(包括程序控制等)	装置操作
		5)测量仪表	安全、检测
		6)可燃气体检测报警装置	装置区
		7)通风装置(厂房)	厂房、实验室
		8)划分危险区和决定电气设备防爆结构	布置与电气设备
		9)防静电措施(包括防杂散电流的措施)	管道、电气
		10)避雷设备	建筑物、设备
		11)装置内的动火管理	管理措施
防止发生运转中的事故	防止由运转中所发生事故引起的灾害的措施	1)排放系统(安全阀、泄放阀)	装置区
		2)排水、排油设备	污水管网、池
		3)动力的紧急停供措施 ①备用电源；②备用蒸汽；③备用冷却水④备用仪表风	电气、仪表、机械
		4)防止误操作及操作失控措施	联锁系统
		5)安全仪表	仪表
		6)防止混入杂质等的措施	过滤器
		7)防止外因产生断裂的措施	设备设计
	防止发生灾害时扩大受害范围，将受害限制在最小限度内的措施	1)总图布置的合理性	全厂布置
		2)耐火结构	设备及结构防火
		3)防油、防液堤	
		4)紧急断流装置	工艺流程
		5)防火、防爆墙	钢结构、化学品库
		6)防火、灭火设备	装置区
		7)紧急通话设备	装置区
		8)安全急救设施	适宜地点
		9)防爆结构	建筑物
		10)其他	

(5)可燃气体报警系统　为了及时发现可燃气体的泄漏，在有可能泄漏出可燃气体的设备和法兰处要设置可燃气体检测器。检测器的位号和报警信号或位置示于安装在控制室的控制盘或模拟盘上。

6.10.1.5　工艺联锁系统的基本设计原理

(1)工艺联锁系统的设计是在紧急情况下切断工艺物料或停止运行有关设备，或向火炬排放并隔离系统或设备以保持主要设备中的压力，使装置处于安全状态。一旦实施联锁，气相釜中的工艺气体则排入火炬系统。

(2)原则上每个联锁系统都应设计成能独立工作而不会因为某一部分的工艺或设备被投联锁而影响其他系统的运行。

(3)当重要的公用工程发生故障或出现紧急情况时联锁系统即如下工作。

①出现紧急情况如地震、火灾或停电时，在这种紧急情况下“全厂紧急停车”联锁用来迅速安全地使装置停车，这种开关是手动操作。若电源有保证，在启动这个开关后，反应器循环气鼓风机继续转动，使杀死剂充分分布到反应器中使催化剂失活更有效。

②停电：在停电情况下，联锁系统使整个装置安全停车。

③瞬时断电(2s 以下)：瞬时断电后又恢复供电时，反应系统中的关键设备要能够自动再起动，以保证生产的连续进行和装置的安全。这些设备包括：聚合釜搅拌器；聚合釜鼓风机；轴流泵；反应器夹套水泵；密封油泵；丙烯进料泵等。但由于装置规模不断大型化而导致设备大型化，上述设备能否实现自起动，最终要由制造厂确认。

然而，在很多瞬时断电的情况下，要保持工厂继续运行实际上是不可能的。在这种情况下要求依靠“全厂紧急停车”联锁系统用手动使工厂停车。此时应采取适当措施以便能容易而迅速地恢复操作。

④冷却水故障：当冷却水发生故障时，整个工厂依靠联锁系统自动停工。

⑤仪表风故障：聚丙烯工厂包括大多数石油化工装置都有备用仪表风系统，当仪表风压力过低或中断时，切换至备用仪表风系统以维持装置的正常生产或使装置能够在 30min 内安全停车。

(4)聚合工段的联锁功能　当联锁系统启动时发生如下操作：催化剂、原料停止向反应器进料；原料停止从反应器底部排出；杀死剂自动或手动注入反应器。

(5)手动停车按钮　下列制动按钮安置于辅助控制台上：全厂紧急停车按钮；反应杀死剂注入按钮；关键设备的停车按钮和重要联锁的启动和旁路按钮。

(6)安全系统网络　安全设施设计，除工艺联锁系统外，为及时发现和处理事故，装置本身拥有完整的安全检测、报警及消防设施系统。图 6-39 是典型的安全系统网络图。

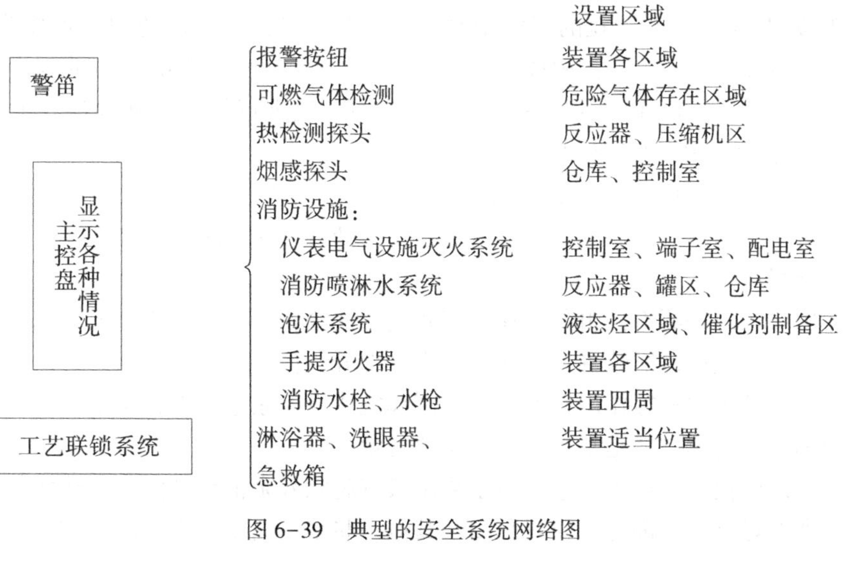

图 6-39　典型的安全系统网络图

6.10.2 三废及环保

老的浆液法工艺存在不少环保问题。装置中有多处地方向大气中排放烃类，这导致相对高的挥发性有机物的泄漏，由于溶剂的损失也使成本增加。浆液法工艺使用醇和水来去除残余催化剂，这带来相应的环保问题。

除了溶剂回收工段向空气中泄漏烃类外，还需要从溶剂中分离出无规聚丙烯并作进一步处理。装置内储存有大量的溶剂和醇，也存在污染空气、水和土壤的潜在危险。

近30年来，由于高效载体催化剂的采用和本体法、气相法工艺的开发应用，聚丙烯装置成为非常环保的装置。由于在单体中聚合，并且未反应的丙烯循环回反应，使装置内的烃类泄漏点大大减少，由于阀门和法兰制造标准的提高，使得向空气中泄漏的挥发性有机物量大大减少。催化剂不需从产品脱除，也不用去除无规物，这极大地减少了三废的排放。目前各种采用本体和气相法新工艺的聚丙烯装置工艺产生的三废量已很少，聚丙烯装置成为非常清洁环保的石油化工装置，而操作水平、设备运行可靠性及原料质量成为影响三废产生的主要因素。

6.10.2.1 废固体

废固体主要有废精制用催化剂和废树脂两种。

废精制催化剂，主要有脱水用干燥剂(分子筛、活性氧化铝等)、脱硫剂、脱其他杂质的催化剂等。其种类和量取决于原料规格和催化剂水平，如界区原料为合格的聚合级原料则设立保安精制工段较为妥当。废催化剂一般填埋处理或回收处理。

废树脂的产生源于造粒水平与操作水平。主要由于造粒机开车及运转不正常时产生的不合格PP树脂，一般作为副产品出售。

6.10.2.2 废液

废液有以下几种：催化剂配制不合格时，需用氢氧化钠溶液加以处理，由此形成废催化剂液体，这取决于催化剂配制水平，发生的概率很低，一般送出装置进行处理；还有一种废液是夹带污油(机械用润滑油、密封油等)的地面污水(冲洗水或雨水)，含油量取决于油的泄漏情况，这些泄漏的油一般要采取措施收集起来。环管工艺有水洗涤塔，排放一些含有少量聚丙烯细粉的废水，撇除悬浮固体后，送污水场处理。

造粒工段用于冷却PP颗粒的切粒用水，因不断置换，置换出的切粒水作为工艺废水，仅含少量固体悬浮物，撇除悬浮固体后排至污水场处理，也可循环回切粒水罐。

这些聚丙烯细粉均可作为等外品出售。一些用己烷进行催化剂批量预处理的工艺技术(如Hypol)也会产生一些己烷废液。

助催化剂烷基铝系统在检修前要用白油冲洗干净，环管工艺用白油来洗涤低压丙烯气体，这些含有烷基铝的废油，先在装置内进行安全处理后送出装置焚烧。

6.10.2.3 废气

由于原料中含丙烷等惰性组分，在反应系统中逐渐积累，因此需排放一部分气体送别的装置进一步分离提纯后返回装置，有些工厂将这部分气体直接送火炬系统。

因误操作、外来因素等作用导致的安全阀起跳或设备紧急排放，是造成废气量大的主要原因。火炬的设计规模也就是基于事故下排放的量。

对于目前广泛使用的环管工艺，由于采用蒸汽脱除残余催化剂活性和热氮气干燥两步处理聚合物，所有烃类气体都可以回收利用。其他一些采用向脱气仓内同时加入氮气和蒸汽工艺技术，脱气仓排出的含烃类气体和氮气、蒸汽的混合气，可采用膜分离的方法回收其中的丙烯。

由于一些工艺采用精馏塔脱除原料中如一氧化碳、氧气等轻组分杂质，塔顶会释放一部分烃类(主要是丙烯)不凝气，送低压燃料管网或送出装置回收，其流量与杂质含量及塔的设计水平有密切关系。

脱水用的分子筛干燥器在分子筛再生时经氮气多次置换后会向大气中排放含水蒸气的氮气，对环境已无影响。

参 考 文 献

[1] Seymour R B, Cheng T. History of Polyolefins. Dordrecht, Holland: D Reidel Publishing Company, 1986
[2] 程增越主编．通用树脂实用技术手册．北京:中国石化出版社,1999
[3] Edward P Moore Jr. The Rebirth of Polypropylene: Supported Catalyst. Munich, Vienna, New York: Hanser/Gardner Publications, 1998
[4] 张旭之等主编．丙烯衍生物工学．北京:化学工业出版社,1995
[5] 中国石化咨询公司．聚丙烯市场分析与预测．北京,2000
[6] Edward P Moore Jr. Polypropylene Handbook. Munich, Vienna, New York: Hanser/Gardner Publications, 1996
[7] 李树国主编．引进的石油化工生产技术(Ⅳ):聚丙烯．中国石油化工总公司生产经营协调部,1998
[8] Nello Pasquini. Polypropylenl Handbook. Munich, Vienna, New York: Hanser/Gardner Publications, 2005
[9] NEXANT ChemSystems. PERP Report, Polypropylene, 06/07-2, Nov. 2007
[10] 中国石化咨询公司．石油化工规划参考资料——合成树脂．北京:中国石化出版社,1999
[11] 田兰等主编．化工安全技术．北京:化学工业出版社,1984
[12] 廖学品编著．化工过程危险性分析．北京:化学工业出版社,2000
[13] 陆德民主编．石油化工自动化控制设计手册. 第三版．北京:化学工业出版社,2000
[14] Susan L. Bell, Propylene Update, SRI Consulting, Nov.2001
[15] ExxonMobil, United States Patent, Pub. No. US2009/0023872, Jan. 22. 2009
[16] ExxonMobil, United States Patent, Pub. No. US2008/00227952, Sep. 18. 2008
[17] BASELL POLIOLEFINE ITALIA S. R. L., PCT, International Pub. No. WO2008/022900
[18] BASELL POLIOLEFINE ITALIA S. R. L., PCT, International Pub. No. WO2008/074632
[19] BASELL POLIOLEFINE ITALIA S. R. L., PCT, International Pub. No. WO2008/080782
[20] BASELL POLIOLEFINE ITALIA S. R. L., PCT, International Pub. No. WO2008/080788
[21] BASELL POLIOLEFINE ITALIA S. R. L., PCT, International Pub. No. WO2009/010413
[22] BASELL POLIOLEFINE ITALIA S. R. L., PCT, International Pub. No. WO2009/071414
[23] BASELL POLIOLEFINE ITALIA S. R. L., PCT, International Pub. No. WO2009/027197
[24] BASELL POLIOLEFINE ITALIA S. R. L., PCT, International Pub. No. WO2007/071527
[25] BASELL POLIOLEFINE ITALIA S. R. L., PCT, International Pub. No. WO2005/095465
[26] BASELL POLIOLEFINE ITALIA S. R. L., PCT, International Pub. No. WO2006/067052
[27] BASELL POLIOLEFINE ITALIA S. R. L., PCT, International Pub. No. WO2006/040240
[28] UCC, US Patent, Patent No. 6391985, May 21, 2002
[29] SRI Consulting, Propylene production, 2008

第七章　聚丙烯树脂牌号开发

7.1　聚丙烯树脂牌号开发的目的、意义及其采用的手段和方法

7.1.1　树脂牌号开发的目的和意义

聚丙烯树脂具有重量轻、耐热性、耐腐蚀性好及易进行各种成型加工等特点，广泛应用于工农业生产和人民生活的各个领域。但聚丙烯树脂也有诸多不足之处，主要表现为作为一种高分子材料，其刚性还不够高，均聚物性脆，耐低温性差，熔体强度低等，这些性能方面的不足，限制了聚丙烯树脂应用领域的进一步扩大。另一方面，随着汽车、家电和化学建材等重点行业的不断发展与进步，聚丙烯树脂的市场需求不断变化，对树脂的性能要求越来越高，因此，必须加快开发性能更为优异的各种聚丙烯专用树脂，以更好地满足市场需求[1~4]。聚丙烯新产品、新牌号开发的主要内容是采用物理或化学手段，改进和提高聚丙烯树脂的应用和加工性能，以更好地适应不同行业、不同领域的应用要求。所谓树脂的牌号，一般是指在一个具有相同或相近的主要化学组成的产品品种范围内，因树脂具有不同的加工性能或使用性能，因而拥有不同的行业编号或工厂编号等[3]。这些行业编号或企业编号的不同往往可因树脂的熔体流动速率（MFR）不同、等规指数不同、分子量分布不同、添加剂不同、共聚单体种类不同和共聚单体结合量不同等所致。许多牌号的产品具有专一的特定用途，故也称专用树脂或专用料。

7.1.2　树脂牌号开发的现状

聚丙烯树脂牌号开发目的，是为了更好地适应市场多样化和功能化的需求，进一步扩展聚丙烯的应用领域。由于聚丙烯本身结构简单，基础树脂的性能“先天不足”，要开发聚丙烯的新牌号，大幅度地提高聚丙烯树脂的应用和加工性能难度很大，从某种意义上讲，开发新牌号的难度往往要超过新设备和新工艺的开发。随着市场竞争的日益激烈，特别是全球技术和经济市场一体化进程的进一步加快，世界各大聚丙烯生产公司越来越重视产品牌号的开发，不断推出性能优异、附加值高的新品种、新牌号。

我国在聚丙烯树脂的牌号开发方面起步较晚。目前，我国聚丙烯树脂的生产装置以引进为主，就产品的品种牌号而言，据不完全统计，如果简单相加共有聚丙烯牌号近900个，如果按照同类工艺装置对牌号进行简单合并，则拥有聚丙烯牌号约200多个。近几年来，各生产企业在组织生产引进牌号的基础上，针对国内下游加工行业的发展需求，开发了一些新的牌号或对引进牌号进行了改进，在不同程度上提高了聚丙烯树脂的应用及加工性能，较好地满足了不同加工用户的需求，从其应用性能方面看，这些牌号基本上覆盖了通用树脂应用的各个领域。随着我国汽车、家电和化学建材等工业的快速发展以及民用天然气管道建设，对高性能合成树脂材料的品种及数量需求越来越多。中国石化从1997年起，持续不断进行高性能、高附加值和适应市场需求的聚丙烯新产品开发，累计开发了100多个新牌号。聚丙烯高性能化技术的开发有赖于催化剂、聚合工艺、工程技术、中试开发能力和结构分析方法与表征手段等的创新。要自主开发和生产高性能的聚烯烃产品，还必须从基础研究入手，从结构上搞清产品的性能与分子结构的关联关系，并

作为设计或改变聚合工艺条件的基础，即通过对合成树脂产品工业生产和应用中所遇到的问题进行研究分析，从中提炼出关键科学技术问题。以结构和性能的关系作为研究的主线，对聚烯烃材料的高性能化开展基础研究，研究聚烯烃材料高性能化的基本规律。高速双向拉伸聚丙烯（BOPP）专用树脂的开发即是一个很好的范例。

由于国内陆续引进高速 BOPP 加工设备，国产 BOPP 专用树脂与国外产品相比，在拉伸速度上已出现明显差距，尽管熔体流动指数和等规指数等关键技术指标与国外产品相同或相近，但拉伸速度比进口产品低。为搞清内在根本原因，中国石化组织国家“973”项目以及高等院校、研究院所的著名专家，包括他们所带领的团队，从加工技术的基本原理出发，结合各种 BOPP 专用树脂表征结果，建立起符合实际稳态操作的物理数学模型，提出了高速加工 BOPP 专用树脂应有的分子结构模式，有力地指导了树脂改进的方向。在上述研究的基础上，专家们提出了聚合工艺条件和添加剂配方等调整对策。同时，中国石化着力组织这一新工艺技术在企业的工业转化。上海石化等企业根据专家提出的建议，很快开发和生产出了高速 BOPP 专用树脂，拉伸速度达到 400m/min，并于当年投产成功，达到数万吨产量，性能超过了许多进口产品，引起了世界著名厂商的高度重视。借鉴这一研究方法和思路，中国石化还陆续组织开发生产了超高速 BOPP 专用料、高速均聚 BOPP 专用料、高速高挺度 BOPP 专用料、PPR 管材料、汽车保险杠专用料、高光泽 PP 专用料、高结晶 PP 专用料、瓶盖专用料以及可热灌装 PP 专用料等一批高性能聚丙烯专用树脂。

但从总体上说，我国目前的聚丙烯树脂牌号还远不能完全满足市场发展需求，主要表现在聚丙烯树脂产品的品种牌号少，牌号单一现象仍十分突出。造成这一情况的原因有生产企业的因素，也有市场的因素。国内引进的相同工艺装置主要牌号大体一致，由于市场供不应求，更造成国内牌号生产的严重集中。而下游用户往往将同一个牌号的产品用于注塑、吹膜、拉丝、纺丝和吹塑等多个方面，加工各种制品，这种初级阶段不规范的市场行为，导致更多的对通用牌号的依赖，也使企业降低了对专用树脂品种牌号生产及新产品开发的压力和积极性。总体看来，国产聚丙烯专用树脂的性能与国外产品相比还有很大差距，创新开发的牌号很少，多数为在引进牌号基础上所进行的改良和改性的“二次”开发，特别是一些高技术含量、具有特殊性能要求的专用料仍依赖进口。此外，用户普遍反映，国产的聚丙烯树脂产品，质量不稳定，部分性能达不到加工要求，批次间的质量指标控制不严格，波动范围大。目前，质量不稳定的问题已成为国产树脂与国外产品竞争和争夺市场的主要障碍之一。因此，国内聚丙烯生产厂急需开发和稳定生产各种高性能牌号以提高我国合成树脂的竞争力。

7.1.3　牌号开发采用的手段和方法

聚丙烯牌号开发的主要目的是为了进一步提高聚丙烯树脂的加工和应用性能，扩大聚丙烯的应用范围。聚丙烯新产品和新牌号的开发常常可采用三种手段来实现，即改变聚合工艺条件、改变催化剂或改变树脂的后处理条件等。通常这三种方法是互相关联的，如聚合催化剂改变时，工艺条件也可能需要进行相应的配合调整[3]。聚丙烯新牌号开发涉及的技术面广，可从几个方面入手。一是利用各种先进分析仪器，进行产品的微观结构分析；二是利用流变学原理和分析手段，查明合成树脂后加工应用中各种现象出现的原因；三是建立产品微观结构与加工应用性能间的关联，找出二者之间的相关规律，提出判断依据和改进建议；四是选用合适的催化剂、调整工艺条件、共聚单体种类和加入量以及加入方式等方法，进行新牌号产品生产。目前，改变催化剂、改变聚合工艺是开发新牌号的主要方法，因为这种方法适合大批量生产，生产成本相对较低，而且产品质量稳定。以通用树脂为基础，采用物理或化学手段进行进一步的改性加工使之高性能化，是开发一些性能要求特殊、品种多、批量较小的专用料的有效手段。改变树脂的后处理条件，一般指通过物理共混的方法，对基础合成树脂进行增韧、增强、降解、阻燃和抗老化等处理。在造粒过程中添加各种助剂，如抗氧剂、光稳定剂、抗静电剂、成核剂、铜抑制剂、卤素吸收剂、爽滑剂、开口剂、分子量调节剂等，从而生产出具有各种特色、满足市场需要的多种聚丙烯牌号。

根据所需要开发的树脂的性能不同，可分别采用物理和化学两种方法来进行聚丙烯树脂的牌号开发。采用物理方法，往往是在聚合所得的基础树脂中加入各种助剂来获得具有加工和应用方面新特性的专用树脂。例如加入抗氧剂及光稳定剂等开发耐热级及耐候级聚丙烯等；加入阻燃剂生产阻燃聚丙烯等；还可采用多种助剂同时搭配使用；也可以把两种或两种以上的高聚物混合或熔融混炼而制得塑料合金。采用化学方法，往往是在丙烯的单体聚合过程中，通过改变催化剂、调整聚合工艺条件、改变反应器结构或加入不同的共聚单体的方法，改变树脂的微观结构。例如可把一种高聚物（通常用弹性体）溶于单体中，再进行聚合，就可以改进其韧性。采用多个反应器串联生产塑料合金，高耐冲击聚丙烯即是一例。还有把化学反应转移到混炼设备中，进行以接枝共聚为主的反应性混炼。通常，树脂生产厂以化学方法为主，辅以造粒时加入一些抗氧剂和润滑剂等助剂开发各种树脂牌号；而加工应用单位则以物理方法为主，开发出各种专用的树脂牌号（常叫做专用料）。本章的内容主要是指在树脂生产厂进行的各种牌号开发和涉及的各种添加剂。至于用聚丙烯树脂作二次加工进行各种改性，例如增强、填充、阻燃、增韧、交联等，再进一步开发各种牌号，以满足不同用户需求，则将在第八章中加以讨论。

7.2　树脂牌号开发中常用添加剂及添加剂配方设计[5,6,8.9]

聚丙烯树脂本身具有优良的性能，其机械强度好，易加工成型，重量轻，成本低。但也存在一些缺点，易受热、氧、光等的作用而降解，导致材料的性能降低。而且聚丙烯的透明性差、易带电，与铜接触时促使质量下降等。为了满足聚丙烯加工和应用特性的要求，在树脂牌号开发中经常加入一些添加剂，所谓添加剂是指能均匀地分散到聚丙烯中，对其分子结构没明显的影响，添加很少的量便能赋予聚丙烯多种多样性能的物质。根据添加剂的作用在聚丙烯树脂牌号开发中常用的添加剂有抗氧剂、光稳定剂、抗铜害剂、抗静电剂、成核剂、爽滑剂和开口剂、分子量调节剂、润滑剂、抗菌剂等。

7.2.1　聚丙烯树脂常用添加剂品种

7.2.1.1　抗氧剂

聚丙烯在无氧的条件下具有很好的稳定性，但由于聚丙烯结构中存在叔碳原子，在造粒加工、储存和使用过程中，受热、氧、光的作用易老化降解，甚至失去优良的综合物理机械性能和使用价值，这也是聚丙烯抗氧化和耐老化性比聚乙烯差的原因。为了抑制和延缓聚丙烯的氧化降解，保持聚丙烯的分子量不变，通常在聚合反应之后，分离、干燥和储存之前就必须进行稳定化处理，在造粒阶段加入抗氧剂，是提高聚丙烯抗氧性的简便有效途径。

7.2.1.1.1　抗氧剂作用机理

聚丙烯的氧化老化过程按游离基连锁反应机理进行，聚丙烯在热、氧作用下发生大分子链的断裂，产生游离基，这些游离基进一步引起整个大分子链的裂解、支化与交联，最后导致聚丙烯老化变质。聚丙烯的自动氧化包括链引发、链传递、链终止三个过程。

（1）链引发　聚丙烯（RH）在氧、光或热的作用下其叔碳原子处极易生成游离基。

$$RH \xrightarrow{\text{光与热活化}} R\cdot + H\cdot$$

$$RH + O_2 \longrightarrow R\cdot + HOO\cdot$$

（2）链传递　游离基自动催化生成过氧化游离基和大分子过氧化物，过氧化物分解又产生游离基，游离基又可和聚合物反应，使游离基不断传递、反应延续。

$$R\cdot + O_2 \longrightarrow ROO\cdot$$

$$ROO\cdot + RH \longrightarrow ROOH + R\cdot$$

$$ROOH \longrightarrow RO\cdot + HO\cdot$$

$$ROOH + RH \longrightarrow RO\cdot + R\cdot + H_2O$$

$$RO\cdot + RH \longrightarrow ROH + R\cdot$$

$$HO\cdot + RH \longrightarrow H_2O + R\cdot$$

$$2ROOH \longrightarrow RO\cdot + ROO\cdot + H_2O$$

（3）链终止　游离基相互结合生成稳定的产物，终止链反应。

$$R\cdot + R\cdot \longrightarrow R\text{—}R$$

$$R\cdot + ROO\cdot \longrightarrow ROOR$$

$$ROO\cdot + ROO\cdot \longrightarrow ROOR + O_2$$

$$ROO\cdot + RO \longrightarrow ROR + O_2$$

$$R\cdot + \cdot OH \longrightarrow ROH$$

在氧化过程中，当大分子链断裂而发生降解时，分子量降低，熔体黏度下降，强度下降和粉化。当大分子发生交联反应时，则分子量增大，熔体流动性降低，发生脆化和变硬。在氧化过程中生成的氧化结构，如羰基、过氧化物等，降低了聚丙烯的电性能，并增加了对光引起降解的敏感性，这种氧化结构的进一步反应，使大分子断裂或交联。

抗氧剂的作用就在于阻止聚丙烯自动氧化链反应过程的进行，即供给氢使氧化过程中生成的游离基 R · 和 ROO · 变成 RH 和 ROOH，或使 ROOH 变成 ROH，从而改善聚丙烯在加工和应用中抗氧化和抗热解的能力。酚类抗氧剂的作用机理见图 7-1[6]。

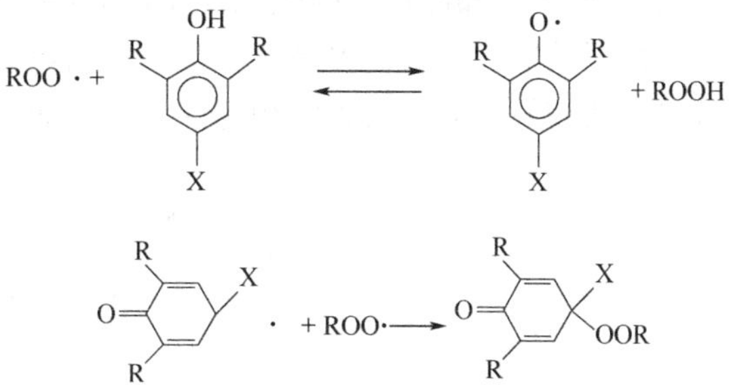

图 7-1　酚类抗氧剂的作用机理

7.2.1.1.2　抗氧剂的品种和分类

抗氧剂的品种有酚类抗氧剂、硫酯类抗氧剂和亚磷酸酯类抗氧剂。根据其作用机理可分为主抗氧剂和辅助抗氧剂两大类。

（1）主抗氧剂　主抗氧剂又称游离基捕捉剂或游离基终止剂。其功能是捕捉聚丙烯自动氧化过程中产生的 R · 和 ROO · 游离基，使之失去活性，从而中断自动氧化反应的传递和延续。

聚丙烯适用的主抗氧剂是受阻酚。常用的有抗氧剂 264（BHT）即 2，6-二叔丁基对甲酚、抗氧剂 1010 即四［3，（3，5-二叔丁基-4-羟基苯基）］丙酸季戊四醇酯、抗氧剂 3114 即 1，3，5-三（3，5-二叔丁基-4-羟基苄基-*S*-三嗪-2，4，6-（1H，3H，5H）三酮、抗氧剂 1076 即β-（3，5-二叔丁基-4-羟基苯基）丙酸十八烷基酯、抗氧剂 330 即 1，3，5-三甲基-2，4，6-三（3，5-二叔丁基-4-羟基苄基）苯、抗氧剂 CA 即 1，1，3-三（2-甲基-4-羟基-5-叔丁基苯基）丁烷等。

BHT 是聚丙烯早期广泛使用的传统受阻酚，其结构式中羟基的两个邻位均是空间位阻较大的叔丁基，保护酚基不会因氧化而自身分解，其结构简单、成本低、抗氧效果良好，但由于分子量较小，易挥发、易迁移，抗氧效果不持久，耐氧化氮 NO_x的能力差，会使制品泛黄，不利于浅色制品使用。随着聚丙烯应用领域的扩展和性能指标要求的提高，自 20 世纪 80 年代末已被抗氧效能更高的受阻酚代替。目前聚丙烯牌号配方中国外广泛使用抗氧剂 1010、3114、1076。我国聚丙烯树脂厂普遍选用抗氧剂 1010。

抗氧剂 1010 结构中有四个受阻酚基团，以耐热型季戊四醇结构予以联结，分子量高，具有抗氧性能高、不污染、不变色、挥发性小、不易被抽提，与辅助抗氧剂有协同效应，可显著提高耐热性、耐老化性等特点。

抗氧剂 3114 是一种耐热、耐光、耐抽提、低毒、价廉的受阻酚。在聚丙烯中单独使用时远不及单独使用抗氧剂 1010 好，而与辅助抗氧剂并用时协同效应好，具有优良的长期热氧稳定性。与硫酯类抗氧剂（如 DSTP）并用配制耐热级聚丙烯，可生产在 80～100℃条件下长期使用的部件。抗氧剂 3114 与亚磷酸酯类抗氧剂 168 和硫酯类抗氧剂 DSTP 三者并用可配制超耐热级聚丙烯，用其可生产在 100～120℃高温环境中长期使用的部件。此外添加抗氧剂 3114 的聚丙烯，其耐候性优于抗氧剂 1010，与光稳定剂并用生产耐候级聚丙烯效果更显著。瑞士 Ciba 公司用抗氧剂 3114 与亚磷酸酯抗氧剂 168 混合复配成复合抗氧剂 B1411 和 B1412 出售，用于聚丙烯纤维。

（2）辅助抗氧剂　辅助抗氧剂又称预防抗氧剂、氢过氧化物分解剂。它们能将聚丙烯在自动氧化过程中产生的氢过氧化物分解成稳定的产物，有效抑制或减缓游离基链式反应。通常与酚类抗氧剂并用发挥协同作用。辅助抗氧剂有硫酯类抗氧剂和亚磷酸酯类抗氧剂。

① 硫酯类抗氧剂　硫酯类抗氧剂主要有硫代二丙酸二月桂酯（DLTP）、硫代二丙酸双十八酯（DSTP）和硫代二丙酸二（十四）酯（DMTP）。硫酯类抗氧剂与酚类抗氧剂并用有良好的协同效应，能明显提高聚丙烯的长期热氧化稳定性。其中，DSTP 与酚类抗氧剂的协同效果虽然较好，但与树脂的相容性差，添加量多时会出现喷霜现象。硫酯类抗氧剂是聚丙烯早期（20 世纪 50～70 年代）广泛使用的抗氧剂，但由于其加工稳定性较差，制品易泛黄，与受阻胺光稳定剂并用时有对抗作用，会明显降低耐候性。此外，因为有臭味，在食品包装应用方面受到限制。

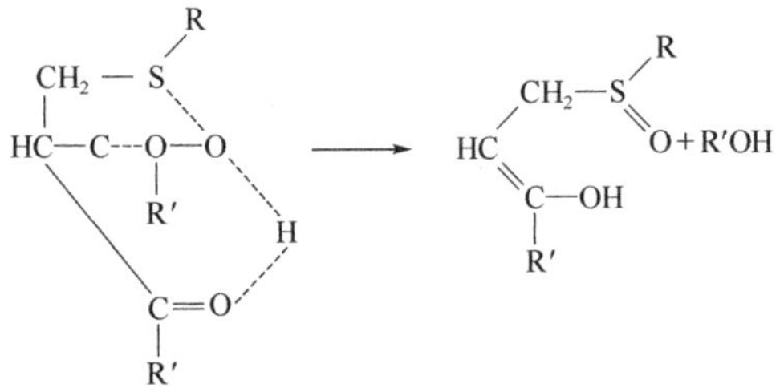

图 7-2　硫酯类抗氧剂的作用机理

硫酯类抗氧剂的作用机理如图 7-2[6]。

② 亚磷酸酯类抗氧剂　聚丙烯常用的亚磷酸酯类抗氧剂主要有亚磷酸三壬基苯酯（TNP）、二亚磷酸二（十八）烷基季戊四醇酯（618）、亚磷酸三（2，4-叔丁基苯基）酯（168）、二亚磷酸双（2，4-二叔丁基苯基）季戊四醇酯（624）等。亚磷酸酯类抗氧剂与酚类抗氧剂或与受阻胺光稳定剂并用均具有良好的协同作用，而且加工稳定性优良，能改善树脂色泽，在使用温度不太高的情况下，其长期热氧化稳定性比硫酯类辅助抗氧剂还好。近

年来国外聚丙烯生产纷纷采用亚磷酸酯辅助抗氧剂与酚类抗氧剂并用生产各种牌号的聚丙烯。早期聚丙烯广泛使用分子量较低的TNP，其挥发性大，耐热耐水解性差，对聚丙烯的热氧稳定效果不理想。抗氧剂168是加工常用的辅助抗氧剂，而季戊四醇型亚磷酸酯（618）由于具有耐热性好，有效磷含量高，分解氢过氧化物的能力强等特点，在赋予制品加工稳定性、耐热稳定性、良好色泽及持久耐候性等方面突出，已在聚丙烯中广泛使用，而且为了提高水解稳定性，还加入1%的三异丙醇胺，开发了相应的抗氧剂619。芳基亚磷酸酯抗氧剂（P-EPQ）的加工稳定作用比抗氧剂168好，但因价格贵，仅限用于某些特定的用途以改进色泽。烷基亚磷酸酯（624，626，PEP-36）等一系列固体亚磷酸酯用于聚丙烯，使稳定剂的配制操作简单，操作费用降低。

亚磷酸酯类抗氧剂的作用包括三个方面，它是氢过氧化物分解剂，也是金属失活剂、醌类化合物的褪色剂。

a. 氢过氧化物分解剂　亚磷酸酯与氢过氧化物反应，生成氧化性稳定的磷酸酯，不仅阻止氧化反应的链传递，还提高聚丙烯对光的稳定性。

$$(RO)_3P:+\sim R'OOH\rightarrow (RO)_3P{=}O+\sim R'OH$$

b. 金属失活剂　亚磷酸酯与聚丙烯中残留的金属催化剂组分反应，使金属离子失去活性，减少聚合物中过氧化物和氢过氧化物的生成速率。

$$M^{n+}+:P(OR)_3\rightarrow M^{n+}[:P(OR)_3]_y$$

$$M^{n+}[:P(OR)_3]_y+\sim R'OOH\rightarrow M^{n+}[HOR']_y+(RO)_3P=0$$

c. 醌类化合物的褪色剂　使用BHT等受阻酚类抗氧剂时，与过氧化物反应生成醌类或甲醌类化合物，其产物呈黄色，结果使聚合物变黄，而加入亚磷酸酯后与醌类或甲醌类化合物反应，生成无色的芳基磷酸酯，故酚类抗氧剂与亚磷酸酯抗氧剂并用能提高聚丙烯的颜色稳定性。

③ 复合抗氧剂　复合抗氧剂是利用酚类主抗氧剂与亚磷酸酯类辅助抗氧剂并用产生协同效应，提高抗氧效能而复配的抗氧剂。例如由抗氧剂1010和辅助抗氧剂168复配而成。其优点是兼具长效热稳定性和加工稳定性，并使用户操作简便。由于复合抗氧剂的组分恒定，不会潮解变质，易用于混炼挤压，已在聚丙烯中广泛使用。复合抗氧剂中168的含量愈高，加工稳定性愈好，一般根据所要求的加工稳定性和长效热稳定性选用适当的复合抗氧剂。215型和225型复合抗氧剂适用于绝大多数聚丙烯的用途，用量约0.1%~0.3%，但用于纤维时效果稍差。

7.2.1.1.3　选择抗氧剂的要求

选择抗氧剂时应满足下列要求：

(1) 抗氧剂的功效高；

(2) 不影响聚丙烯的性能，不与其他添加剂发生不利反应；

(3) 抗氧剂的热稳定性好，加工温度下不分解，挥发性低；

(4) 与聚丙烯及其他助剂的相容性好，抗抽出，迁移性和喷霜现象小；

(5) 不变色、不污染制品；

(6) 无毒或低毒；

(7) 价廉或性能价格比好。

7.2.1.2　光稳定剂

一般塑料在加工和使用过程中，吸收波长为290~400nm的紫外线，引发光氧化老化导致降解，甚至失去其使用价值和商品价值。聚丙烯从化学结构上看不吸收 290nm 以上的紫外线，但在聚丙烯生产或加工时，一些残留物和发色团，如残留的催化剂残渣、羰基、不饱和物和氢过氧化物，会引发聚丙烯的光氧化老化，因此用于户外的聚丙烯制品都需要加入光稳定剂阻止光引发，捕获游离基、抑制自动氧化，保持聚丙烯的稳定。

$$RH \longrightarrow R\cdot + H\cdot$$
$$R\cdot + O_2 \longrightarrow ROO\cdot$$
$$ROO\cdot + RH \longrightarrow ROOH + R\cdot$$
$$ROOH \longrightarrow RO\cdot + \cdot OH$$
$$RO\cdot + RH \longrightarrow ROH + R\cdot$$
$$2ROOH \longrightarrow ROO\cdot + RO\cdot + H_2O$$

通常光稳定剂分为紫外线吸收剂、猝灭剂和游离基捕获剂（受阻胺）三大类。紫外线吸收剂是聚丙烯早期广泛使用的光稳定剂，但对纤维、薄膜的防护作用有限，目前与猝灭剂均基本处于停滞发展的状态，受阻胺是高效光稳定剂，已成为目前聚丙烯中应用和发展的重点。

（1）紫外线吸收剂　紫外线吸收剂能选择性地吸收紫外线变成激发态，经分子内质子的移动进行能量转换，变成热能或无害的低能释放或消散出去，自身再返回到稳定的基态，从而达到防护的作用。

紫外线吸收剂的品种有水杨酸酯类、苯甲酸酯类、二苯甲酮类、苯并三唑类化合物。

① 水杨酸酯类　水杨酸酯类是应用最早的紫外线吸收剂，价廉，与聚合物的相容性好，无味、低毒，但经光照后会吸收可见光，致使制品变黄，故在无色或透明制品中的使用受到限制。其品种如水杨酸对辛基苯酯等。

② 苯甲酸酯类　苯甲酸酯类兼具捕获游离基和紫外线吸收剂的两种作用。单独使用时没有光稳定效果，且色污染大，但与受阻胺的协同效应好，尤其是对添加颜料的配方体系效果大，但存在时间长之后着色问题，一般用于保险杠，而对浅色制品的应用受到限制。其品种如 3，5-二叔丁基-4-羟基苯甲酸-2，4-二叔丁基苯酯。

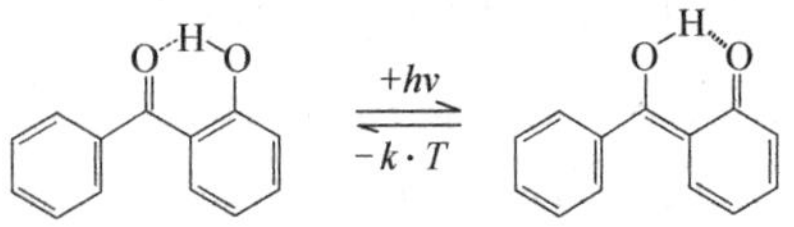

图 7-3　二苯甲酮类紫外线吸收剂作用机理

③ 二苯甲酮类　二苯甲酮类紫外线吸收剂最大吸收波长为 320nm，对热、光稳定，着色少，与聚丙烯相容性好，价格较便宜，是目前聚丙烯广泛使用的光稳定剂之一。其品种如 2-羟基-4-正辛氧基二苯甲酮和 2-羟基-4-十八烷氧基二苯甲酮等，其作用机理见图 7-3[6]。

④ 苯并三唑类　苯并三唑类是目前紫外线吸收剂中最佳的品种，其吸收紫外光的波长比二苯甲酮类宽，可有效吸收 300~400nm 波长范围的紫外光，几乎不吸收可见光。具有优良的光、热稳定性，与抗氧剂的协同效应好，与受阻胺并用能获得高的耐候性，其品种如 2-（2-羟基-3′-叔丁基-5′-甲基苯基）-5-氯代苯并三唑（Tinuvin-326，瑞士 Ciba），2-（2′-羟基-3′，5′-二叔丁基苯基）-5-氯代苯并三唑（Tinuvin-327，瑞士 Ciba）等。

其作用机理见图 7-4[6]。

（2）猝灭剂　猝灭剂主要是有机镍的络合物，其有机部分分别是取代酚、硫代双酚、二硫代亚磷酸酯、二硫代氨基甲酸酯等。如双（3，5-二叔丁基-4-羟基苄基膦酸单乙酯镍）等，它们与紫外线吸收剂有协同作用。

猝灭剂的作用机理是其基态分子中的发色团吸收紫外光后生成激发态的分子，与猝灭剂分子间发生能量转移，迅速而有效地将激发态分子猝灭，使其再回到稳定的基态，最终达到保护聚丙烯免受紫外线的破坏。

$$A\cdot + Q\ (\text{猝灭剂}) \longrightarrow A + Q$$

$$Q\cdot \longrightarrow Q$$

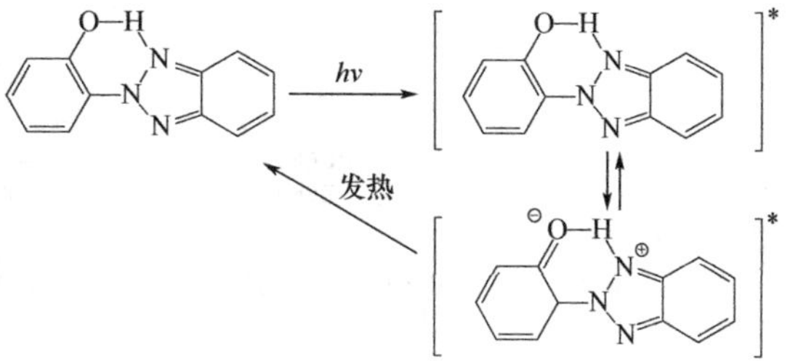

图 7-4　苯并三唑类紫外线吸收剂作用机理

(3) 游离基捕获剂（受阻胺）　游离基捕获剂是一类具有空间位阻效应的哌啶衍生物类光稳定剂，也称为受阻胺类光稳定剂。包括单哌啶衍生物（如 4-（对甲苯磺酰胺）-2，2，6，6-四甲基哌啶）、双哌啶衍生物（如双（2，2，6，6-四甲基-4-哌啶）癸二酸酯）、多哌啶衍生物。受阻胺是 20 世纪 70 年代发展的新型高效光稳定剂，它的进步和发展大大改进了聚丙烯的性能，对聚丙烯在户外应用代替金属的制品，如汽车保险杠、仪表板等起了极大的促进作用。早期开发使用的是一些低分子量受阻胺，如 Tinuvin-770，由于其分子量较低，易于扩散，相容性好，对厚制品的防护有效，而对薄制品，如纤维、薄膜影响稳定效果。高分子型受阻胺的扩散常数比同种低分子型受阻胺大约低 3 倍，在聚丙烯纤维和薄膜应用方面发挥着有效的作用。尤其是高分子型 Tinuvin-622（一种由丁二酸与（4-羟基-2，2.6，6-四甲基-1-哌啶醇反应生成的低聚合物）与 Chimassorb-944 并用比单独使用显示出优异的性能。而低分子量型和高分子型混用如 Tinuvin-770/Chimassorb-944 对厚制品非常有效，可使制品光泽率保持在 50%以上。因此一些复合型的受阻胺光稳定剂，如 Tinuvin-111，783，791 获得较好的应用效果。1999 年 Ciba 公司又推出比 Chimassorb-944 和 119 性能更好的高分子型 Chimassorb-2020，它对加有颜料的 TPO 厚制品表面光泽保持率又超过了目前商业上常用的 Tinuvin-770/Chimassorb-944 混剂。

受阻胺类光稳定剂它本身不吸收紫外线，但具有捕获游离基、分解过氧化物、传递激发态能量等作用，是一种高效稳定剂，对聚丙烯的光稳定、防止热、光氧化极为有效，其作用机理见图 7-5[6]。

聚丙烯中添加的光稳定剂应具备下列条件：

① 能有效地消除和抑制紫外光对聚丙烯的破坏作用，不影响聚丙烯的其他性能。

② 本身具有优异的光稳定性，不被光能破坏。

③ 热稳定性好，加工时受热不变化，挥发性低。

④ 化学稳定性好，不与材料中的其他组分发生不利反应。

⑤ 与聚丙烯和其他助剂的相容性好，在加工和使用过程中不析出。

⑥ 不污染制品。

⑦ 耐抽提，耐水解性好。

⑧ 无毒和低毒。

⑨ 价廉。

7.2.1.3　铜抑制剂

铜抑制剂也称金属钝化剂，是一类能防止和抑制金属（铜）及其离子诱发塑料产生自动氧化反应的化合物，有时也将其归属为抗氧剂的一类。

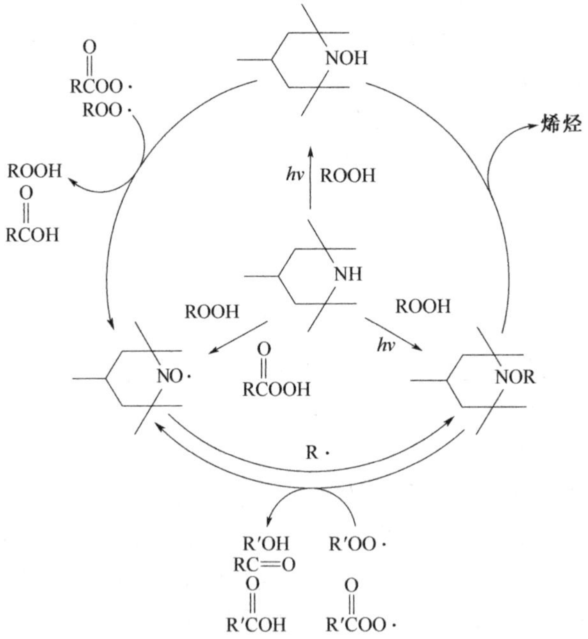

图 7-5　受阻胺的稳定化机理

一般添加有抗氧剂的聚丙烯与铜接触时，由于受铜表面所生成铜盐的影响，往往会使抗氧剂的效果损失99%以上，为了防止聚丙烯接触铜时的氧化，在一些要求耐铜腐蚀的电器、电子设备部件和电线用的聚丙烯中需要添加铜抑制剂。

铜抑制剂本身一般没有防氧化的作用，而与酚类抗氧剂、硫酯类辅助抗氧剂并用才发挥作用。

聚丙烯常用的铜抑制剂，主要是酰胺、酰肼类化合物，如 *N*，*N*′-二乙酰基己二酰基二酰肼。此外主抗氧剂 CA，即 1，1，3-三（2-甲基-4-羟基-5-叔丁基苯基）丁烷也具有铜抑制剂的作用。

7.2.1.4　抗静电剂

聚丙烯无极性，是良好电绝缘体，但摩擦或接触容易带电，产生静电的积累，对制品的加工和使用造成不良的影响。因此在聚丙烯要求防静电的配方中需加入防止和消除聚丙烯带电的添加剂。

聚丙烯常用的抗静电剂是一类表面活性剂，可分为阳离子型、阴离子型、非离子型和两性离子型几种。主要品种见表 7-1。阴离子型因与塑料的相容性差，一般用于塑料的表面涂布。阳离子型的应用最普遍，其抗静电效果好，尤以季铵盐型最好，但存在耐热性差、易着色的问题。非离子型的耐热性好，与塑料的相容性亦好。两性离子型可与阳离子型或阴离子型抗静电剂配合使用，两性咪唑啉类抗静电剂性能优良。

抗静电剂的作用机理是通过表面传导使积蓄在制品表面的静电荷有效地泄漏出去。最常用的表面活性剂类抗静电剂，它与聚丙烯有适度的相容性，可向制品表面迁移。由于表面活性剂的分子由亲水基部分和亲油基部分组成，亲油基（非极性基团）如长链烷基与聚丙烯的相容性较好，进入聚丙烯内部，而亲水部分（极性基）与聚丙烯的相容性差，留在外部，在聚丙烯表面吸收空气中的水分后形成导电层，容易使电荷泄漏，从而防止制品静电的积聚。

抗静电剂应具备的条件是：抗静电效果好、性能持久；热稳定性好，在加工温度下不分解；与树脂有适度的相容性，不产生喷霜，不发粘；不影响制品的性能；用量少；无毒；价廉。

使用时根据抗静电剂的种类，树脂的品种和用途的不同，其添加量亦不同。抗静电剂的热稳定性对制品的物性有影响，故选用品种和用量时要慎重。

表 7-1　聚丙烯用抗静电剂

名　称	添加量/%	特　性
十八烷基二甲基羟乙基季铵硝酸盐	1.5~2.0	棕红色油状黏稠物，>180℃分解，pH 值 7~8
(3-月桂酰胺丙基) 三甲基铵硫酸甲酯盐	0.5~2.0	白色结晶粉末，热稳定性好
硬脂酰胺丙基二甲基-β-羟乙基胺二氢磷酸盐	0.5~1.5	淡黄色透明液体，分子量 509
N-(3-十二烷基氧-2-羟基丙基) 乙醇胺	0.15~1.5	白色粉末，熔点 60℃，热稳定性好
阳离子型高分子类抗静电剂	5	熔点 80℃
烷基磷酸酯二乙醇胺盐		棕黄色黏稠物，有一定的吸湿性，pH 值 8~9
羟乙基烷基胺 · 高碳醇 · 二氧化硅混合物	0.5~5.0	白色至灰白色粉末。熔点 45℃，无毒，耐热 300℃以上。抗静电效果好，并有抗垢、防污、易清洗等优点
N，*N*-双 (2-羟基乙基) 烷基胺	0.1~0.3	浅黄色液体，黏度 150mPa · s
N，*N*-二羟乙基癸氧丙基胺		

7.2.1.5　成核剂

成核剂是指一些在聚丙烯结晶中起晶核作用的物质。按照其用途不同可分为普通型、透明型、增强型、特殊晶型成核剂等四类。

(1) 普通型　是指滑石粉、苯甲酸钠等，其价廉实用，但对聚丙烯的透明性和表面光泽等的改进效果差，常用的成核剂是后三类。

(2) 透明型　这类成核剂是山梨醇苄叉衍生物，其品种多，应用最广。它不仅能改善聚丙烯的透明性、表面光泽和其他物理机械性能，而且与聚丙烯的相容性好，基本无毒。

早期广泛使用的二苄叉山梨醇（DBS）对改进聚丙烯透明性、光泽性虽有良好作用，但热稳定性差，在较高的成型温度下易放出臭味。具有多取代基的二苄叉山梨醇类成核剂熔点高，效果佳、气味小，如 Milliken 公司的第三代透明成核剂 Millad3988 即三（3，4-二甲基二苄叉）山梨醇，熔点 278℃，其成核作用快，透明性最佳，可使聚丙烯在大于 230℃的温度下加工成型。

这类成核剂在应用过程中有一个最佳的添加量。添加量太少时，透明性的改进不大，随着成核剂用量的增加，其透明性相应提高，达到一最佳值，添加量再增加，制品透明性反而下降。故添加量一般控制在 0.2%~0.5%左右。

(3) 增强型　这类成核剂是指一些有机磷酸盐类化合物，其熔点高，热稳定性好，可赋予聚丙烯优异的力学和热性能。如日本旭电化的 NA-11 可使聚丙烯的热变形温度从 110℃提高到 135℃，而且在高温下很稳定，不会分解，温度达 400℃时仍很稳定，可使聚丙烯在高温领域使用，如微波炉食品容器等。此外添加 NA-11 可使聚丙烯的弯曲弹性模量从 1320MPa 提高到

1850MPa。而且在刚性提高后，冲击强度并不降低，有利于聚丙烯制品的薄壁化。另外添加 0.3 份 NA-11，可使聚丙烯的成型周期缩短 7s，一台注射机的产率提高 14%。

（4）特殊晶型成核剂，主要指 β 晶型成核剂。它在适宜的加工温度下，可提高聚丙烯中 β 型晶体的含量，从而提高聚丙烯的冲击强度、刚性和热变形温度，并降低熔点，有利于扩大聚丙烯的应用，如用于 BOPP 薄膜、汽车部件、家用电器及热水管等。山西化工研究所的 TMB 产品可使聚丙烯的抗冲击强度提高 6~7 倍，热变形温度提高 20℃。新日本理化公司的 β 型成核剂 NJstarNV-100 添加量 0.1%~0.3%，可使聚丙烯的热变形温度提高 20℃，熔点降低 15℃，注塑制品冲击强度提高 300%~400%。用于挤出管材，能提高管材强度，延长使用寿命，提高挤出速度。用于 BOPP 薄膜、添加量 0.2%效果十分稳定。

利用成核剂进行聚丙烯结晶行为的改性，其作用有：

① 使聚丙烯结晶均匀地微细化，改进聚丙烯的透明性和表面光泽以及机械强度，有利于聚丙烯的高性能化。

② 成核剂可大大降低聚丙烯球晶和晶体尺寸，使晶核、微晶数量增多，从而提高聚丙烯的结晶度，提高制品的刚性、拉伸强度和冲击强度。

③ 可加快结晶化发生速度，提高聚丙烯结晶化温度，降低加工温度，缩短成型周期，提高制品产率。

④ 可在聚丙烯结晶微细化时，同时使低熔点的非晶部分均匀地微细化，提高聚丙烯的热变形温度。

⑤ 有些成核剂在一定浓度范围内可提高聚丙烯的熔体黏度、改善加工性，加宽加工条件的范围。

选用成核剂应具备的条件是：

① 成核剂在聚丙烯的熔点温度下不熔；

② 与聚丙烯具有良好的共混性；

③ 成核剂以微细颗粒分散在聚丙烯中；

④ 成核剂最好与聚丙烯具有相似的结晶结构；

⑤ 无毒或低毒。

7.2.1.6　爽滑剂、开口剂

爽滑剂又称滑爽剂、防粘剂、抗粘连剂或开口剂。它能使制品表面具有润滑作用，降低塑料摩擦系数。与树脂有一定的相容性，还能渗透到制品表面一部分，产生一层肉眼看不见、具有一定润滑性的薄层，降低塑料表面的摩擦系数而增进滑移特性，防止聚丙烯薄膜、片材、包装袋在储存受压和提高温度时相互粘连，有助于打开方便及高速包装。

爽滑剂分为无机物和有机物两大类。聚丙烯常用的爽滑剂、开口剂见表 7-2。

无机物类是填料型，常用的有二氧化硅、硅藻土、水合硅酸镁和人造水合滑石，其作用机理是使塑料表面变得粗糙，减小两个表面的实际接触面积，从而降低相互粘结力。水合滑石（DHT-4A）既有开口剂的作用，也有稳定作用。它与油酸酰胺、芥酸酰胺并用产生协同开口效应，与硬脂酸钙并用产生协同稳定作用，对新一代聚丙烯防止金属腐蚀极为重要。

有机类有脂肪酸酰胺，包括油酸酰胺、芥酸酰胺、亚乙基硬脂酰胺。其中以芥酸酰胺用于聚丙烯的效果最好。

芥酸酰胺具有较高的熔点和良好的热稳定性，在树脂中加入 0.1%则能加快挤塑速度，

使制品滑爽，能有效防止薄膜之间相互粘连，还能增强塑料的透明度和热封口性，同时还能使塑料具有抗静电性。

表 7-2　聚丙烯用爽滑剂、开口剂

名　称	熔点/℃	添加量/%	特　性
二氧化硅	1670		白色粉末，粒度 3.0~4.0μm
TA-水合硅酸镁 $(MgO)_2(SiO_2)_3 \cdot H_2O$			白色粉末，平均粒径<2.0μm pH=8~9
人造水合滑石 $[Mg_{4.5}Al(OH)_{13}CO_3 \cdot 3.5H_2O]$ MgO/Al_2O_3（分子比）=4.0~5.0			白色粉末，比表面积（BET，德）$7 \sim 16cm^2/g$
油酸酰胺 $C_{17}H_{33}CONH_2$	70~78	0.05~0.2	白色粉状，碎片或珠粒状
芥酸酰胺 $C_{21}H_{41}CONH_2$	76~85	0.1	白色粉末或片状物，挥发性小
硬脂酸酰胺 $C_{17}H_{35}CONH_2$	100~105	0.5~1	白色粉末
亚乙基双硬脂酰胺 $C_2H_4(NHCOC_{17}H_{35})_2$	139~145	0.3~0.8	硬而脆的白色或淡黄色高熔点蜡
亚乙基双硬脂酰胺 $C_2H_4(NHCOC_{17}H_{35})_2$	139~145	0.3~0.8	硬而脆的白色或淡黄色高熔点蜡

7.2.1.7　分子量调节剂

分子量调节剂是控制聚合物分子量和减少聚合物链支化作用的添加剂，其链转移常数很大，加很少的量就可有效地降低聚丙烯的分子量，从而有利于其后加工和应用，在开发聚丙烯新牌号时，为了满足成型加工对聚丙烯流动性的要求，目前常采用在造粒过程中添加过氧化物作为分子量调节剂。过氧化物与高分子聚丙烯中的长链分子反应，使长链降解为短链，降低平均分子量，获得所需熔体指数的聚丙烯，同时使聚丙烯的分子量分布变窄，即所谓可控流变性聚丙烯（CR-PP）、工业生产上常采用二叔丁基过氧化异丙苯与聚丙烯的混合母料，其中二叔丁基过氧化异丙苯的含量为（4.4±0.3）%～（20±2）%，聚丙烯粉的熔体流动速率为 0.8~2.0g/10min。此外，还可用亚磷酸一月桂酯二月桂硫酯作为分子量调节剂，它常用于纤维级聚丙烯牌号的配方。

有机过氧化物作为分子量调节剂的作用机理如下；

过氧化物分解：

$$RCOOCR \longrightarrow 2RCO\cdot$$

分解生成自由基夺取聚丙烯大分子链上氢：

$$\sim \underset{CH_3}{CH}—CH_2—\underset{CH_3}{CH}—CH_2 \sim + RO: \rightarrow \sim \cdot\underset{CH_3}{C}—CH_2—\underset{CH_3}{CH}—CH_2 \sim$$

链断裂：

$$\sim \cdot \underset{CH_3}{C}—CH_2—\underset{CH_3}{CH}—CH_2 \sim \rightarrow \cdot\underset{CH_3}{CH}—CH_2 \sim + \sim \underset{CH_3}{CH}=CH_2$$

因歧化作用而终止：

$$\cdot \underset{CH_3}{CH}—CH_2 \sim + \sim CH_2—\underset{CH_3}{CH}\cdot \rightarrow \underset{CH_3}{CH}=CH \sim + \sim CH_2—\underset{CH_3}{CH_2}$$

7.2.1.8　抗菌剂

抗菌剂是一类新型添加剂，添加少量抗菌剂可赋予聚丙烯长期的抗菌和杀菌能力。与常规的化学、物理消毒方法相比，其杀菌时效长。自 1984 年日本品川燃料公司首次推出银沸石抗菌剂后，已得到较快的发展和广泛应用。在食品行业、电信行业、家电行业、化学建材、纤维、医疗卫生和日用品等方面已用来生产抗菌厨房用具、电话机、计算机键盘、冰箱、空调、洗衣机内桶、洗碗机、浴盆、坐便器、洗脸台、椅子、垃圾箱、丙纶纤维衣袜、注射器、输液袋、输液瓶、手套等。

抗菌剂可分有机、天然、无机三大类。有机类耐热性差，易水解，安全性差，使用寿命短。天然类有效期极短，耐热差，而且受安全和生产的制约，品种少。由于安全性、耐热性、药效持续性、抗菌谱等特点，目前主要使用无机抗菌剂。尤其是银类抗菌剂应用广，需用量急增。但银离子不够稳定，在紫外线照射或加热至一定温度后，银离子被还原为金属银，并立即转化为氧化银，而使制品着色、变灰变黑，这在一定程度上限制了其应用，故目前仍在研究改进。聚丙烯用的抗菌剂见表 7-3。

日本品川燃料公司的载银沸石抗菌剂（Zeomic）其抗菌谱广，抗菌性强，可抗金黄色葡萄球菌和大肠杆菌。可用于聚丙烯成型制品、薄膜和纤维。不加抗菌剂时的聚丙烯黄色葡萄球菌达 7.0×10^5，而加入 1%抗菌剂后黄色葡萄球菌仅为 10。

聚丙烯适用抗菌剂见表 7-3。

日本东亚合成化学公司添加抗菌剂 Novaron 的聚丙烯抗菌性见表 7-4。

瑞士 Ciba 精化有限公司 IraguardB1000 生物抑制剂用于聚丙烯的效果见表 7-5。

表 7-3 聚丙烯用抗菌剂

商品名称	成　分	特　性	生　产　者
Zeomic	载银沸石	细粉，添加量<1%，耐热 800℃。抗菌性强，抗菌谱广，抗菌持续性久，耐洗涤	日本品川燃料公司
Novaron AG300 AG330 AG1100	载银磷酸锆	白色粉末，粒径 0.9μm，相对密度 3 白色粉末，粒径 1.3μm，相对密度 4 白色粉末，粒径 0.9μm，相对密度 3	日本东亚合成化学公司
Irgaquard-B1000	三氯羟基二苯醚（俗名三氯新，Triclosan）	分子量 289，熔点 56～58℃，加工温度 270℃，分解温度>300℃，高效、广谱抗菌剂	瑞士 Ciba 精细有限公司添加剂部
HN-300	载银磷酸复盐	白色粉末，粒径<0.5μm，抗菌活性高，PP 超滤膜添加量 0.2%，耐高温 1300℃以上，化学稳定性好	中国科学院泰兴纳米材料厂

表 7-4 聚丙烯添加 Novaron 后的抗菌性

试验菌种	黄色葡萄球菌		大肠杆菌	
试验时间/h	6	24	6	24
初始菌数	1.6×10^5		1.6×10^5	
对照菌数	2.4×10^5	2.6×10^5	1.3×10^5	1.0×10^5
不加	2.8×10^5	4.9×10^5	1.5×10^5	2.0×10^5
加 AG300 0.2%	3.7×10^3	4×10^2	4.1×10^5	7.4×10^2
加 AG300 0.5%	1.7×10^2	<10	4.1×10^3	<10
加 AG300 1.0%	<10	<10	1.2×10^2	<10

表 7-5　IrgaguardB1000 用于 PP 食品容器

样　　品	金黄色葡萄球菌 ATCC9144ZI[①]/mm	大肠杆菌 ATCC8196ZI/mm
不含 IrgaguardB1000	0	0
10 次洗碗机冲洗	0	0
含 0.1%IrgaguarbB1000	15	16
10 次洗碗机冲洗	12	6
含 0.2%IrgaguardB1000	18	11
10 次洗碗机冲洗	15	7
含 0.3%IrgaguardB1000	17	12
10 次洗碗机冲洗	15	9

① ZI 为抑制区域（Zone of Inhibition），根据该抑制区域直径的 mm 值衡量生物抑制剂的效果。

7.2.1.9　润滑剂

通常将润滑剂分为内润滑剂和外润滑剂两类，虽然这不尽确切，但可说明润滑剂常起着两种功能，内润滑剂能促进聚合物大分子链或链段相对运动，从而改善物料流动性，外润滑剂则主要起着改善表面性能的作用。如减少物料与机器或模具表面的粘附。通常所用润滑剂常兼有两方面的性能。

聚丙烯虽是非极性聚合物，对润滑剂的选用不像对极性聚合物那样重要，但由于聚丙烯在加工时仍会出现粘模现象，因此在配方中仍常加入润滑剂。聚丙烯常用润滑剂有：

① 蜡类，包括低分子量聚乙烯和低分子量聚丙烯（软化点 85~160℃），和一般石蜡（软化点 55~75℃）。聚乙烯蜡与聚丙烯相容性差，因此主要起外润滑作用。而低分子量聚丙烯蜡与聚丙烯相容性好，加入后实际上起着加宽分子量分布的作用，往往改善其流动性。这类润滑剂还常被用于色母料中，因此在使用色母料时，实际上已加入了一定量的润滑剂。

② 脂肪酸类，最常用的是硬脂酸，它常以二聚物的形式存在，在聚烯烃中可用作内和外润滑剂，填料表面处理剂和脱模剂。

③ 脂肪酰胺类，单酰胺类如芥酸酰胺，它兼具爽滑剂与脱模剂的功能。双酰胺中最重要的是亚乙基二硬脂酰胺（EBS），其熔点约为 140℃，热稳定性好，用于聚丙烯中主要起外润滑作用。

④ 低挥发性的脂肪酸酯类，如在薄膜中有用甘油单硬脂酸酯，它兼有抗静电的作用。

⑤ 脂肪酸金属盐，最常用的是硬脂酸钙。在聚丙烯中它除有外润滑作用外，还有一定改善流动性和中和残留酸性物质的作用。

7.2.2　树脂牌号开发中添加剂配方设计

树脂牌号开发中添加剂配方设计是指为了赋予聚丙烯各种特性要求，而选择在聚丙烯中应加入的添加剂类型、品种、添加量的一个过程。通过配方设计可改善聚丙烯的加工性、树脂性能、降低成本，获得不同应用的新牌号。

7.2.2.1　配方设计的原则

在着手设计配方之前，应首先了解聚丙烯树脂所采用的生产方法及性能；需加工的塑料制品的加工过程，包括加工方法和条件；制品的用途及使用环境，是室内还是室外；确定性能控制指标，作为配方设计的依据。

聚丙烯牌号开发中常用的添加剂有抗氧剂，光稳定剂、抗静电剂、成核剂、铜抑制剂、爽滑剂和开口剂、分子量调节剂、抗菌剂、润滑剂等。选择时的依据应考虑以下几个方面：

① 效果　加入的添加剂必须对聚丙烯的某种性能有明显的改进效果。

② 相容性　加入的添加剂与聚丙烯的相容性好，才能以一定的浓度均匀分布在树脂中产生最佳效果。为达到较好的相容性，有机添加剂分子最好有与聚丙烯单体结构近似的基团。无机添加剂要尽量使其粒度小，或经表面处理以利良好分散。

③ 稳定性　添加剂自身稳定性好，包括热稳定性、光稳定性、耐化学药品性及对溶剂的稳定性。添加剂与聚丙烯不发生不良反应。

④ 挥发性　添加剂的挥发性低，以利减少加工和使用中的损失。

⑤ 耐抽提性及析出性　一般分子量低的有机添加剂易被抽提，且挥发性较大。而分子量过高时又影响相容性与在聚丙烯中的分散，故一般选用分子量为 200~2000 较好。添加剂从制品表面析出称喷霜现象，应尽量避免喷霜。

⑥ 颜色　添加剂最好无色或浅色，在储存和加工时不分解变色。

⑦ 毒性　低或无毒。

⑧ 价格　低或价格性能比适中或最佳。

在聚丙烯中加入两种或两种以上的添加剂时，可能产生以下几种效应：

① 加合效应　混入添加剂的效果等于各单独成分加入效果的代数和。有时也称叠加作用或搭配作用。如不同类型的防老化剂使用后，可提供不同类型的防护作用。

② 协同效应　混入添加剂的效果大于各单独成分加入效果的代数和，或其中某一组分效果大于它在单独使用时的效果。协同的效果有性能的补充，包括不同效果的组合、相同效果的组合。此外还有生成活性种，如生成新的活性种，活性种再生。

③ 对抗效应　混入添加剂的效果小于各单独成分加入效果的代数和，或其中某一组分的效果低于其单独使用时的效果。如受阻胺光稳定剂与硫酯类辅助抗氧剂并用相互作用后使有效物质减少，与镍盐作用阻碍活性种生成。

7.2.2.2　聚丙烯配方设计实例

7.2.2.2.1　聚丙烯抗老化配方设计

为了有效利用资源、延长聚丙烯制品寿命，以及提高加工温度、提高制品产率，设法使聚丙烯稳定十分重要。稳定聚丙烯的配方中必须添加抗氧剂和光稳定剂，改进聚丙烯的耐热性、耐候性以及变色性。

（1）耐热级聚丙烯稳定化配方　该类配方在使用抗氧剂时，受阻酚是最重要的长效热稳定剂，其作用是防止聚丙烯加工时的氧化和长期热氧化。硫酯类辅助抗氧剂可改进在较高温度使用时的长效热稳定性，但因有气味，应用受到限制。亚磷酸酯类辅助抗氧剂对长效稳定并无明显作用，主要是防止加工时氧化以及改进聚合物的色泽，而三种抗氧剂并用时可生产超耐热级的聚丙烯。

① 酚类抗氧剂十酚类抗氧剂的稳定配方示例　在聚丙烯生产中常使用抗氧剂 1010/抗氧剂 264/硬脂酸钙（CaSt）的复配体系，举例如下：

用途举例	树脂 MFR/（g/10min）	1010/264/CaSt 配比/（kg/10000kgPP 粉料）
薄膜级，均聚物	1.5	10/10/10
BOPP，均聚物	2.4	10/10/10
窄带级，均聚物	2.5	5/11/10
窄带级，均聚物	1.5	5/11/10
窄带级，均聚物	6.5	5/10/10
纤维级，均聚物	2.5	5/10/10（5/11/10）
纤维级，均聚物	6.5	5/10/10
注塑级，均聚物	0.55	5/6/10
注塑级，均聚物	1.5	3/10/10
注塑级，均聚物	3	3/10/10
注塑级，均聚物	3	5/15/10
注塑级，均聚物	7	3/10/10
中空成型，瓶、管、薄板	0.55	5/6/10

② 酚类抗氧剂+硫酯类辅助抗氧剂的稳定配方示例　酚类抗氧剂主要选用抗氧剂 1010、其次是 3114。硫酯类辅助抗氧剂主要用 DSTP（硫代二丙酸双十八酯）、抗氧剂-1212（硫代二丙酸十八烷十二酯）和 DLTP（硫代二丙酸二月桂酯），配方举例如下：

用途举例	树脂 MFR/（g/10min）	添加量/（kg/10000kgPP 粉料）
		1010/DSTP/CaSt
纤维级，均聚物	13	30/25/10
注塑级，均聚物	1.5	15/15/10
注塑级，均聚物	3	15/15/10
注塑级，均聚物	7	15/15/10
		1010/1212/CaSt
纤维级，均聚物	13	30/25/10
注塑级，均聚物	1.5	35/25/10

此外抗氧剂-3114 与 DSTP 并用生产的耐热级聚丙烯可在 80～100℃ 的条件下长期使用。

③ 酚类抗氧剂+亚磷酸酯类辅助抗氧剂的稳定配方示例　这类聚丙烯稳定化配方中，酚类抗氧剂可使用抗氧剂 1010，四［（β-3，5-二叔丁基-4-羟基苯基）丙酸］季戊四醇酯。亚磷酸酯类辅助抗氧剂可采用三壬基苯基亚磷酸酯和三双壬基苯基亚磷酸酯或其混合物（AH）。配方举例如下：

用途举例	树脂 MFR/（g/10min）	1010/AH/CaSt 配比/（kg/10000kgPP 粉料）
吹塑级，均聚物	0.5	10/10/10
吹塑级，共聚物	0.5	10/10/10
吹塑级，共聚物	0.5	5/5/10
窄带级，均聚物	1.5	5/10/10
窄带级，均聚物	2.5	5/10/10
窄带级，均聚物	6.5	5/10/10
注塑级，均聚物	1.5	3/5/10

续表

用途举例	树脂 MFR/（g/10min）	1010/AH/CaSt 配比/（kg/10000kgPP 粉料）
注塑级，均聚物	3	3/5/10
注塑级，均聚物	7	3/5/10
注塑级，均聚物	11	3/5/10
注塑级，均聚物	40	3/5/10
注塑级，抗冲共聚物	5	5/5/10
注塑级，抗冲共聚物	10	5/5/10
注塑级，抗冲共聚物	25	5/5/10
注塑级，抗冲共聚物	45	5/5/10

也可在亚磷酸酯类抗氧剂中选用［二亚磷酸二（十八烷基）季戊四醇酯+1%三异丙胺］（抗氧剂 AO-619）或亚磷酸三（2，4-叔丁基苯基酯（AO-168）），其稳定配方与采用［AO-1010+LDTP（或 DSTP）］的对比如下：

稳定体系	配　比	PP 薄片热氧化寿命/天			
		150℃	100℃	80℃	50℃
AO-1010/DLTP/CaSt	0. 1/0. 1/0. 1	31	834	1679	
AO-1010/AO-619/CaSt	0. 1/0. 1/0. 1	36	576	2304	18432
AO-1010/AO-168/CaSt	0. 05/0. 1/0. 1	7	112	448	3584

配方中用亚磷酸酯类抗氧剂（AO-619）代替硫酯类可生产用于 80～100℃ 温度下长期使用的部件。对于常温下使用的制品更多的趋于用亚磷酸酯类抗氧剂 AO-168 代替硫酯类，其 AO-1010 用量可减少一半。此配方能高效抑制聚丙烯在加工过程中引起的热氧化降解，也能有效延长聚丙烯的寿命。

由于硫酯类抗氧剂如 DSTP 熔点低，易挥发，气味大，使用不方便，目前已淘汰此类配方，而改用 AO-1010/AO-168 的复合稳定剂，树脂质量稳定，其熔体流动速率几乎不变，制品颜色也得到改善，并改善了工人劳动条件，获得较好的经济效益和社会效益。两种配方用于聚丙烯扁丝的质量对比如下：

批次 \ MFR \ 配方	AO-1010/AO-168 = 0. 1/0. 2	AO-1010/DSTP = 0. 1/0. 2
1	2. 0	2. 2
2	1. 8	2. 3
3	2. 8	2. 8
4	2. 4	3. 1

如果将酚类抗氧剂、亚磷酸酯类抗氧剂和硫酯类抗氧剂三者并用，不仅能改进耐热氧化性，也改善耐候性。

稳定的茂金属聚丙烯配方为：mPP/抗氧剂 1010/Irgafos168/CaSt/ = 100/0. 1/0. 1/0. 05

（2）耐候级聚丙烯配方设计及实例　聚丙烯制品的户外应用日趋广泛，配方中光稳定剂的作用越来越重要。由于光老化作用的因素复杂，设计配方时不仅要根据加工过程及使用条件进行综合考虑，还要注意光稳定剂（紫外线吸收剂，猝灭剂，受阻胺）的组合与配合量，光稳定剂与抗氧剂的配合问题。

① 确定光稳定配方时应注意事项

- 制品的形态及厚度；
- 制品的用途及使用环境（室内还是室外，高温还是常温）；
- 成型加工方法，挤出、注塑还是吹塑；
- 紫外线吸收剂的吸收波长范围；
- 受阻胺光稳定剂与其他添加剂的作用；
- 价格。

② 受阻胺光稳定剂与其他添加剂的作用　受阻胺光稳定剂是对聚丙烯十分有效的光稳定剂，其应用使聚丙烯薄膜、纤维和成型制品的寿命得到大幅度的提高，户外应用日趋广泛。但在配方中与其他添加剂并用时的作用要特别注意。

a. 受阻胺与酚类抗氧剂的并用

- 与抗氧剂 1076 和抗氧剂 3114 并用有明显的协同作用；
- 与抗氧剂 1010 和 AO-80 并用协同作用不明显；
- 与抗氧剂 1790 并用有对抗作用；
- 不能与 BHT 并用，BHT 会使制品发黄。

b. 受阻胺与亚磷酸酯类抗氧剂的并用　低分子量受阻胺与亚磷酸酯类抗氧剂并用有协同作用，耐候性提高，有人认为高分子量受阻胺与亚磷酸酯类抗氧剂并用有对抗作用。

c. 受阻胺与硫酯类抗氧剂的并用　此时有对抗作用，设计配方时应予以注意，树脂中混入含硫化合物会降低受阻胺的光稳定性。

d. 受阻胺与紫外线吸收剂并用　当与苯并三唑类紫外线吸收剂并用时产生良好的协同作用。而与二苯甲酮类紫外线吸收剂并用的作用存在较大分歧。

e. 低分子量受阻胺与高分子量受阻胺并用　两者并用有协同效应，其效果比单独使用明显。

(3) 耐候级聚丙烯配方实例　耐候级聚丙烯配方实例如下：

用途举例	树脂 MFR/(g/10min)	稳定配方	配比/(kg/10000kgPP 粉料)	MFR/(g/10min)
室外用窄带级，均聚物	2.5	1010/264/CaSt/UVA（*N*，*N*-二丁基二硫代氨基甲酸镍）	10/10/10/30	2.5
室外用窄带级	1.5	1010/264/CaSt/UVA（*N*，*N*-二丁基二硫代氨基甲酸镍）	10/10/10/30	1.5
室外用窄带级	6.5	1010/264/CaSt/UVA（*N*，*N*-二丁基二硫代氨基甲酸镍）	10/10/10/30	6.5
注塑级，室外用均聚物	3	1076/DLTP/CaSt/UVA-327	10/20/10/30	3
注塑级，室外用均聚物	3	1010/DLTP/CaSt/UVA-327/UVA-120	10/20/10/20/20	3
注塑级，抗冲击共聚物	1.8	1010/混合磷酸酯/CaSt/UVA-326/HALS-770	5/5/10/3/3	1.8
注塑级，室外用均聚物	3	1010/混合磷酸酯/CaSt/UVA-326/HALS-770	5/5/10/5/5	3

瑞士 Ciba 公司推荐的光稳定体系组成如下：

	标准配方体系	优质配方体系
PP 带 PP 薄膜	Tinuvin622LD 或 Chimassorb944LD/FL 或 Tinuvin770DF	Chimassorb944LD/FL+Tinuvin770DF
PP 纤维	Tinuvin622LD 或 Chimassorb944LD/FL	
PP 厚制品	Tinuvin622LD 或 Chimassorb944LD/FL 或 Tinuvin770DF（+Tinuvin326/327）	Chimassorb944LD/FL+Tinuvin770DF 或 Tinuvin770DF+Tinuvin622LD（+Tinuvin326/327）

一种改进汽车内外装饰材料耐候性配方举例：

1,3,5-三[3,5-二叔丁基-4-羟基苄基-S-三嗪-2,4,6-(1H,3H,5H)]三酮　0.1 份

亚磷酸二（2，6-二叔丁基-4-甲苯基）季戊四醇酯　0.1 份

四（1，2，2，6，6-五甲基-4-哌啶基）-1，2，3，4-丁烷-四羧酸酯）　0.3 份

耐候性茂金属聚丙烯（mPP）的配方是：

mPP/UVA327/Tinurin-770/抗氧剂 1010/CaSt=100/0.1/0.1/0.1/0.1

7.2.2.2.2　添加铜抑制剂的配方设计

铜抑制剂本身没有防氧化作用，要与酚类抗氧剂、硫酯类辅助抗氧剂并用，配方实例如下：

用途举例	MFR/（g/10min）	稳定配方	配比/（kg/10000kgPP 粉料）
注塑级、均聚物，用于耐铜蚀的电器和电子设备部件	3	AO-1010/LSTP/CaSt/氮-(2,3,5-三偶氮)水杨酸酰胺	35/25/10/50
注塑级，均聚物	3	AO-1010/DSTP/CaSt/氮-(2,3,5-三偶氮)水杨酸酰胺	15/15/10/50
注塑级	7	AO-1010/DSTP/CaSt/氮-(2,3,5-三偶氮)水杨酸酰胺	15/15/10/50
电缆用		PP/UVA531/AO-1010/草酸二酰肼	100/0.2~0.5/0.5/0.1~0.5

7.2.2.2.3　添加抗静电剂的配方设计

在设计此类配方时，考虑抗静电剂的热稳定性及对塑料的影响，有润滑剂存在时会促进抗静电剂向聚合物表面迁移，在选择抗静电剂和用量时要慎重综合考虑，抗静电剂应具备的条件是：①抗静电效果好，性能持久；②热稳定性好，在加工温度下不分解；③与树脂的相容性适中，即不完全相容也不析出；④不影响 PP 的加工性和制品性能；⑤不影响其他添加剂的使用效果；⑥无毒、价廉、用量少。

抗静电 PP 配方举例如下：

用途举例	树脂 MFR/（g/10min）	稳定配方	配比/（kg/10000kgPP 粉料）
注塑级，均聚物	3	AO-1010/混和磷酸酯/CaSt/双（2-羟基乙基）十二胺	5/5/10/20
注塑级，防尘制品	3	AO-1010/AO-264/CaSt/烷基胺高级醇和 SiO_2 的混合物	3/10/10/50
注塑级，均聚物，抗静电制品	7		3/10/10/50

7.2.2.2.4 添加成核剂的聚丙烯配方

(1) 成核剂对聚丙烯性能的影响　聚丙烯中加入成核剂后，晶核产生的速度加快，晶核数目增多，结晶速度加快，球晶尺寸减小，球晶形态更完整，结果刚性、硬度、透明性、表面光泽、屈服强度、尺寸稳定性等有所改善，成型收缩率和加工温度降低，但不同结构的成核剂，应用效果也不同，见表7-6。

表7-6 成核剂对聚丙烯性能的影响①

	原始料	DBS	MDB	NA-11	滑石粉
添加量/%	0	0.3	0.3	0.3	1.5
熔体流动速率/(g/10min)	10	10	10	10	10
熔点/℃	162	165	166	166	164
结晶温度/℃	116	123	128	128	123
弯曲弹性模量/MPa	1700	1900	2000	2100	2000
洛氏硬度/R	100	104	107	108	105
收缩率 MD/%	1.46	1.59	1.60	1.52	1.43
浊度/%	90	45	25	50	90
热变形温度/℃	112	125	134	137	132
光泽度/%	88	90	95	90	86

① 表中的DBS为二苄叉山梨醇，MDBS为二（对甲基二苄叉）山梨醇，NA-11为2，2-亚甲基-双（4，6-二叔丁基苯氧基）磷酸钠。每种成核剂的功效各有特色，若采用两种或两种以上并用可扬长避短，充分发挥各成核剂的优势。

(2) 成核剂的使用

① 添加量　DBS类成核剂对聚丙烯透明性的影响因品种不同差异较大，但基本趋势是随添加量的增加，聚丙烯雾度下降，添加量达到0.3%时最佳，添加量再大聚丙烯雾度无明显变化，因此绝大多数配方添加量不应超过0.3%。

② 消除白点　高效DBS系列成核剂，一般熔点较高，正常的聚丙烯加工温度往往低于此类成核剂的熔点，结果导致未熔化的透明剂在制品中呈现白点，影响功效及制品的美观，故需设法降低透明剂熔点或改善透明剂的分散性，例如：

a. 采用DBS系列的混合物，将30~100份的1，3-二甲基苄叉山梨醇（熔点270℃）与0~70份的1，3-二氯苄叉山梨醇（熔点250℃）混合，可得到熔点为200℃的高效成核透明剂。

b. 改变成核剂的初始状态。如将P-Me-PBS（熔点265℃）或DBS（熔点225℃）配成二氧六环浆液，在0℃和高真空下冷冻干燥。

c. 在成核透明剂中添加少量脂肪酸及其酯类，增加成核剂与聚丙烯的相容性。

d. 在DBS系列成核剂中添加有机磷类抗氧剂有效降低熔点，消除白点现象，例如将四-（2，4-二叔丁基苯基）-4，4-联苯亚磷酸酯（SandostabP-EPQ）与DBS在庚烷中配成浆液，均匀混合后真空加热脱溶剂，混合后的熔点在200℃以下。

③ 消除气味　一些DBS系列高效成核剂有较明显的气味，用长链脂肪酸，如二十二酸乳液包覆P-Me-DBS制成脂肪酸/透明剂质量比为1/4或3/7的混合物，或环糊精（α、β、γ型）与P-Me-DBS等掺混使用。

(3) 配方实例

① 良好韧性和刚性的聚丙烯配方（窒素公司专利JPK9-194652）

聚丙烯（MFR0.5g/10min）　100份

滑石粉（平均粒径2~3μm）成核剂　0.05份

抗氧剂1010　0.05份

辅助抗氧剂双［2，4-二叔丁基苯基］季戊四醇亚磷酸酯　0.05份

硬脂酸钙　0.05份

该配方所得聚丙烯制品的韧性3.9MPa，弯曲模量2.05Gpa。

② 添加山梨醇衍生物成核剂的聚丙烯配方（东燃公司专利，JPK9-194651）

聚丙烯（MFR20g/10min）　100份

二（对甲基二苄叉）山梨醇成核剂（GelAllMD）　0.5份

制品具有高冲击强度、刚性和耐热性。其弯曲模量24MPa，缺口悬臂梁冲击强度1.96kJ/m^2，热变形温度140℃。

③ 添加β-成核剂的配方（窒素公司专利，JPK9-194650）

聚丙烯（MFR0.1g/10min）　100份

γ-喹吖酮（γ-quinacridone），（β-成核剂）　0.0001份

酚类抗氧剂　0.05份

亚磷酸酯类抗氧剂　0.05份

硬脂酸钙　0.05份

可制得高韧性聚丙烯成型物。

④ 具有良好抗冲击性和耐热性的配方（东燃公司专利，JPK9-176328）

聚丙烯　100份

2，4，8，11-四叔丁基-6-羟基-二苯并-二氧杂磷烷-6-氧化物钠盐（成核剂ADK-StabN-11）　0.1份

LMS100滑石粉　10份

制品杨氏模量2.57GPa，悬臂梁缺口冲击强度18.6J/m，热变形温度134℃。

⑤ 改进刚性和透明性的配方[6]

聚丙烯　100份

抗氧剂AO-60（AO-1010）　0.1份

亚磷酸酯抗氧剂PEP-36　0.1份

成核剂NA-11　0.1~0.2份

7.2.2.2.5　添加爽滑剂、开口剂的聚丙烯配方

所用添加剂有无机和有机两大类，用以改进聚丙烯的爽滑性、开口性，提高聚丙烯的流动性，降低熔体黏度。

无机物类中有二氧化硅、水合硅酸镁、人造水合滑石。其中人造水合滑石对新一代聚丙烯极为有效。它与油酸酰胺、芥酸酰胺产生协同开口效应，与硬脂酸钙产生协同稳定作用，可大大降低聚丙烯中残留催化剂残渣对金属的腐蚀，用于薄膜级聚丙烯有明显效果。

有机类中主要用油酸酰胺和芥酸酰胺。薄膜级聚丙烯尤以使用芥酸酰胺效果更佳。它具有较高的熔点和良好的热稳定性，在树脂中加入0.1%能加快挤塑速度，成型后的制品滑爽，能有效防止薄膜之间互相粘连，增强透明性、热封口性，同时还具有抗静电性，无毒，广泛用于食品包装。

聚丙烯生产厂常使用爽滑剂、开口剂生产的配方举例如下。

用途举例	MFR/(g/10min)	配　方	添加量/(kg/10000kgPP 粉)
薄膜级(均聚物) 薄膜级(均聚物)	10 10	AO-1010/AO-264/CaSt/油酸酰胺/SiO_2	5/6/10/20/11 6/6/10/35/35
窄带级薄膜级，流延膜	7 7	AO-1010/AO-264/CaSt/油酸酰胺/SiO_2 AO-1010/AO-264/CaSt/水合滑石/芥酸酰胺/SiO_2	6/6/10/30/20 6/9/5/2/14/8
薄膜级(共聚物)	8.5	AO-1010/AO-264/油酸酰胺/SiO_2	5/6/10/30/35
薄膜级(共聚物) 薄膜级(共聚物)	8.5 8.5	AO-1010/AO-264/CaSt/芥酸酰胺/SiO_2 AO-1010/AO-264/CaSt/水合滑石/芥酸酰胺/SiO_2	6/8/5/10/12 6/9/5/2/7/12
薄膜级(均聚物) 薄膜级(均聚物)	11 11	AO-1010/AO-264/CaSt/芥酸酰胺/SiO_2 AO-1010/AO-264/CaSt/水合滑石/芥酸酰胺/SiO_2	6/8/5/10/12 6/9/5/2/14/8
窄带级	6	AO-1010/AO-264/CaSt/水合滑石/芥酸酰胺/SiO_2	6/9/5/2/7/12
注塑级 注塑级	40 40	AO-1010/CaSt/水合硅酸镁 AO-1010/磷酸酯混合物/CaSt/水合硅酸镁	5/5/10 3/5/10/100

7.2.2.2.6　添加分子量调节剂的聚丙烯配方

在聚丙烯生产中，为增加新牌号，经常在造粒工序加入分子量调节剂，在后加工过程中为提高聚丙烯的流动性，降低能耗也常加入分子量调节剂。纤维级的聚丙烯一般是通过化学降解设计配方，扩宽聚丙烯的熔体流动速率的可控范围，同时使分子量分布变窄，明显改变树脂的流动性，这种配方也广泛用于涂膜复合，大型复杂的注塑件。

在设计配方时必须考虑稳定剂和分子量调节剂之间应没有或只有很小的干扰作用。例如在配方中使用抗氧剂1010时，由于该抗氧剂对分子量调节剂(过氧化物)的反应副作用大，为提高聚丙烯的降解效率、热性能和加工稳定性，在添加分子量调节剂的配方中，应使用复合抗氧剂。一些聚丙烯的配方如下：

用途举例	MFR/(g/10min)	配　方	添加量配比/(kg/10000kg PP)
纤维级(均聚物)	2.1	AO-1010/DLTP/CaSt/亚磷酸一月桂酯二月桂硫酯	10/20/10/21
纤维级，复丝，短纤维	14	AO-1010/AO-264/CaSt/1，3-二(叔丁基过氧化异丙基)苯母料与PP粉的混合物	5/3/10/16
纤维级，细旦，无纺布	35	AO-1010/AO-264/CaSt/1，3-二(叔丁基过氧化异丙基)苯母料与PP粉的混合物	6/10/10/35

7.2.2.2.7　添加抗菌剂的聚丙烯配方

聚丙烯中添加抗菌剂时，应确保抗菌剂分散均匀，抗菌剂对树脂和各种稳定剂、添加剂无化学反应，在成型加工高温条件下抗菌剂不发生变化，抗菌剂的粒子不产生凝聚。抗菌剂的添加量0.2%~1.0%，根据各种应用情况在聚丙烯基础配方中加入抗菌剂，例如：

实　例	1	2	3
聚丙烯/份	100	100	100
硬脂酸钙/份	0.05	0.05	0.05
抗氧剂/份 酚类抗氧剂 亚磷酸酯类抗氧剂	 0.05 0.05	 0.05 0.05	 0.05 0.05
紫外线吸收剂/份	0.1	0.1	0.1
抗菌剂/份	0.25	0.50	1.0

7.2.3　聚丙烯适用各种添加剂的进展和若干国内外添加剂生产企业牌号表

聚丙烯由于叔碳原子的存在，在加工和使用时，在高温和氧、光等的作用下，极易引起降解和变质，因此在聚丙烯树脂的生产过程中，在造粒时必须加入抗氧剂和其他添加剂，使其得到稳定。因此对添加剂的需求，总是随聚丙烯生产能力和消费量的增加而增加的。

进入21世纪以来，国外生产添加剂的企业也进行过一些调整，包括合并、收购、重组等，使添加剂市场供应也产生一些变化，例如美国的GreatLake和Crompton合并，组成Chemtura公司；日本旭电化公司正式改名为Adeka，并和法国的Palmarole公司联合组成Adeka Palmarole公司，加速进入欧洲市场。

我国国产的聚丙烯所用各种添加剂在近几年中，通过产学研攻关，无论产量和新产品开发方面都有快速提高，但老的品种居多，自主研制和新型高性能品种所占比例仍很低。因此目前我国每年仍需大量进口中高档添加剂。聚丙烯生产企业也仍大量采用进口或合资企业的产品。近年来国外添加剂生产企业纷纷到中国来建立办事机构，分公司或创办合资企业，抢滩中国市场。环保和各种新的法规实施，加大了对用户选用添加剂时的压力，也促使添加剂生产企业研制新的品种。

从添加剂技术发展特点来看，进入21世纪以来，各种品种都有一些新的发展：

(1) 抗氧剂中仍以高分子量受阻酚为主，发展重点是高温下耐热氧老化新品种和非酚类的高效抗氧剂，和有协同效应的各种复配物。住友化学公司所开发的Sumilizer GP[8]在分子中兼有酚类抗氧剂和膦酸酯抗氧剂的结构：
使其具有防止受氧化氮作用变色，与聚烯烃相容性好和耐水解等特点。

(2) 光稳定剂方面：包括二苯甲酮，苯并三唑和受阻胺三大类产品。但更着重受阻胺的开发。包括：①无毒和提高分子量；②低碱性和低反应性；③复配。

例如，BASF公司新推出的Uvinul 5050H和5062 H，5050H其结构式为：

5062 H结构式为：

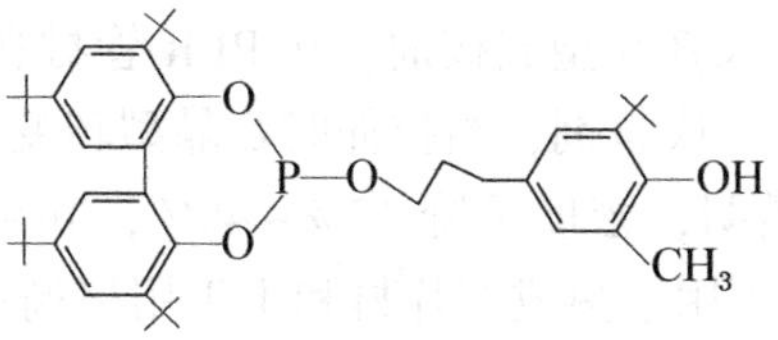

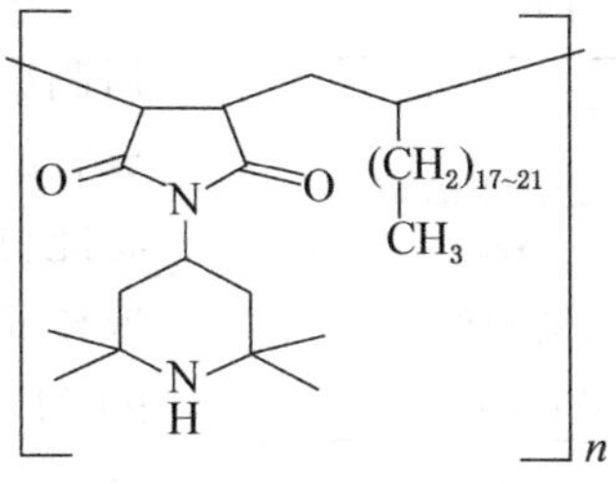

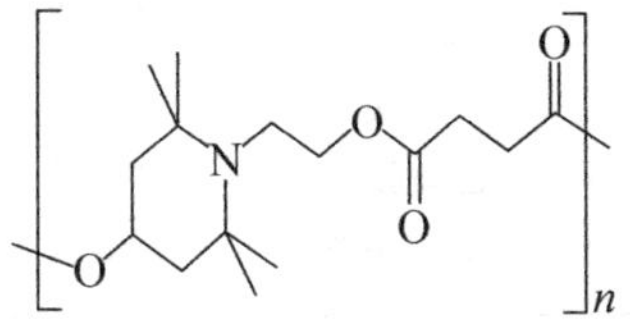

Adeka 公司的 Adekastab LA-81，其功效优于原先的 LA94。Ciba 公司用于聚丙烯纤维的 Irgastab FS533，为非酚类的光稳定剂，有良好的光和热稳定作用，且价廉。

(3) 近年来一个十分活跃的领域是成核剂和透明剂，已广泛用于树脂生产中。不但经常使用的 α 晶型成核剂，而且 β 晶型成核剂也开始用于工业产品中。近期透明聚丙烯制品需求急增，据报道全球透明聚丙烯的市场容量达 3500kt，2010 年将达 5000~5500kt，更促进了透明剂的发展。Milliken 公司除早先上市的 Millad 3988 外，又相继推出了 Hyperform HPN-68L 和 HPN-20E。2005 年前后，又研究发现了一类新型的成核剂[7]，其结构是在苯环上 1，3，5 的位置上有三个带取代基的酰胺基团，有两种基本类型如下：

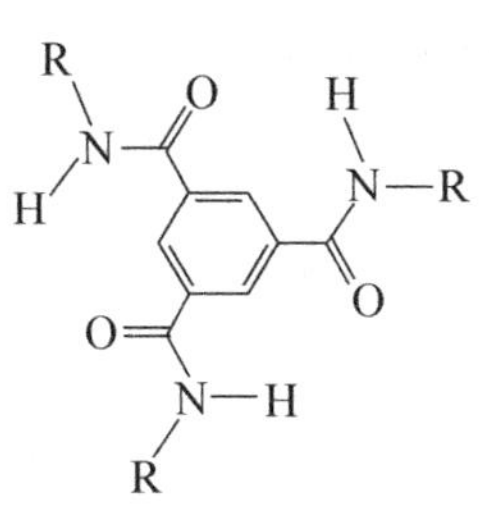

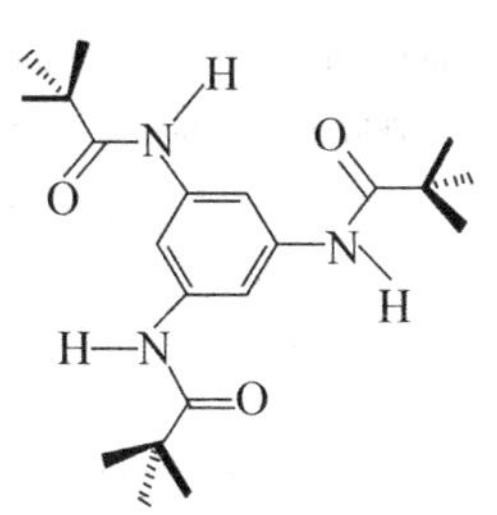

这类成核剂兼有透明剂的功效，用量极低，可低达 0.0002%。2007 年在德国塑料展览会上 Ciba 首次展出了一种聚丙烯适用的新型成核(透明)剂，牌号为 Irgastab NA287，估计就是这类化合物。Adeka 公司新推出的 Adkstab NA-21，其成分主要是双[2,2′-亚甲基-双(4,6-二叔丁基苯基)羟基磷酸铝。中国石化北京化工研究院在其超细粉末橡胶的基础上，与磷酸盐类的成核剂复配，研制出了一种全新的成核剂 VP101B，能有效提高聚丙烯的弯曲模量和热变形温度，已在聚丙烯树脂生产中推广应用[10,11]。

β 晶型聚丙烯比通常 α 晶型聚丙烯具有更高的抗冲击强度和热变形温度，已受到广泛关注和使用。而最常用方法是加入 β 晶型成核剂。在 PPR 管材和一些注塑制品中已经常使用。在拉伸取向膜制备中加入 β 晶型成核剂，当拉伸时 β 晶型转变为 α 晶型，产生许多微孔，这些微孔散射光线，使膜呈不透明，密度下降 12%～40%，并可使其透气，可用作蓄电池隔膜，合成纸等。β 晶型成核剂还用于热成型片材和土工用格栅中。常见 β 晶型成核剂品种见表 7-7。

表 7-7 β 晶型成核剂品种举例 [12,13]

类别	化学组成
稠环芳烃（染料，颜料类）	γ 喹吖啶酮类化合物 三苯二噻嗪 喹吖啶酮醌 双偶氮黄
有机酸或盐	邻苯二亚甲酸钙 辛二酸钙或庚二酸钙
酰胺类	二环已基对苯二甲酰胺 2,6 苯二甲酸环已酰胺 *N*,*N*′-二环已基 2,6-萘二甲酰胺

中国科学院广州化学研究所等[14]研制成功一种以稀土镧系化合物为主要成分的 β 晶型成核剂，并由广东炜林纳功能材料有限公司生产，牌号为 WBG 成核剂。加入聚丙烯中可诱导产生 90%以上 β 结晶，热变形温度可提高 35℃，室温和低温下冲击强度都有明显提高。

（4）抗静电剂和抗菌剂的使用较以前也提出更多的要求，抗静电剂在向永久型发展，抗菌剂正在冰箱和医药器械中使用。

下面将一些国内外有代表性的添加剂生产厂家，其适用于聚丙烯的各种产品牌号及其大体化学组分，列表于后。

① Ciba Specialty Chemicals

表 7-8 Ciba Speciality Chemicals 公司聚丙烯适用添加剂一览表

牌号	主要组分	说明
聚丙烯适用抗氧剂（加工稳定剂，热稳定剂）		
Irganox 1010	Tetrakis [methylene(3,5-di-*t*-butyl-4- hydroxyhydrocinnamate)] methane 或，Pentaerythritol-tetra-[β-(3,5-di-*t*-butyl-4-hydroxyphenyl) propionate]	
Irganox 1035	Trisdiethylene bis[3-(3,5-ditert-butyl-4hydroxyphenyl) propionate]	
Irganox 1081	2,2,-Thio-bis(4-methyl-6-*t*-butyl-phenol)	
Irganox 1076	Octadecyl-3,5-di-*t*-butyl-4-hydroxyhydrocinnamate	
Irganox 1330	1,3,5-trimethyl-2,4,6-tris(3,5-di-*t*-butyl-4-hydroxybenzyl) benzene	
Irganox. 1425WL	bis(ethyl-3,5-di-*t*-butyl-4-hydroxybenzylphosphonate) calcium	
Irganox 3114	1,3,5-Tris(3,5-di-*t*-butyl-4-hydroxybenzyl)-*S*-triazine-2,4,6(1H,3H,5H) trione	
Irganox E201	α-Tocopherol	
Irganox PS800	Didodecyl-3,3′-thiodipropionate	
Irganox PS802	Distearyl thiodipropionate	
Irgafos 12	2-[2,4,8,10-Tetrakis(1,1-dimethylethyl) dibenzo[d,f][1,3,2] dioxaphosphepin-6-yl] oxy]-*N*,*N*-bis[2-[[2,4,8,10-tetrakis(1,1-dimethylethyl) dibenzo[d,f][1,3,2] dioxaphosphepin-6-yl] oxy]-ethyl] ethanamine	

续表

牌　号	主　要　组　分	说　明
聚丙烯适用抗氧剂（加工稳定剂，热稳定剂）		
Irgafos 126	Bis(2,4-di-*t*-butylphenyl) pentaerytritol diphosphite	
Irgafos 168	Tris (2,4-di-*t*-butylphenyl) phosphite	
Irganox B1411	Blend of Irganox 3114 and Irgafos 168,1∶1	
Irganox B1412	Blend of Irganox 3114 and Irgafos 168,1∶2	
Irganox B215	Blend of Irganox 1010 and Irgafos 168,1∶2	
Irganox B220	Blend of Irganox 1010 and Irgafos 168,1∶3	
Irganox B225	Blend of Irganox 1010 and Irgafos 168,1∶1	
Irganox B561	Blend of Irganox 1010 and Irgafos 168,1∶4	
Irganox BHP2215	Blend of Irganox 1010 and Irgafos 168, Irganox HP-136,2∶4∶1	
Irganox HP2225	Blend of Irganox 1010 and Irgafos 168, Irganox HP-136,3∶3∶1	
Irganox HP2251	Blend of Irganox 1010 and Irgafos 168, Irganox HP-136,3∶2∶1	
Irganox HP2411	Blend of Irganox 3114 and Irgafos 168, Irganox HP-136,3∶3∶1	
Irgastab FS210	Blend of 50% CGA 042 and 50% Chimassorb 119 FL	
Irgastab FS410	Blend of 50% FS 042 and 50% Chimassorb 944	
Irgastab FS 811	Blend of Irgastab FS042 and Tinuvin 791	
Irgastab FS301	50% blend of IRGASTAB FS 042: Oxidized bis(hydrogenated tallow alkyl) amines and IRGAFOS 168: Tris(2,4-di-*t*-butylphenol) phosphite Hindered amine derivative	
Irgastab FS533	2008 刚上市，尚未公开	
光稳定剂		
Chimassorb 119FL	*N*,*N*′-bis(3-aminopropyl) ethylenediamine and 2,4-bis[*N*-butyl-*N*-(1,2,2,6,6-pentamethyl-4-piperidyl) amino]-6-chloro-1,3,5-triazine 缩合物	
Chimassorb 2020	1,6-Hexanediamine*N*,*N*′-bis(2,2,6,6-tetramethyl-4-piperidinyl)-, polymer with2,4,6-trichloro-1,3,5-triazine, reaction products with, *N*-butyl-1-butanamine and *N*-butyl-2,2,6,6-tetramethyl-4-piperidinamine	
Chimassorb 944	Poly[[6-(1,1,3,3-tetramethylbutyl) aminol-1,3,5-triazine-2,4-diyl][[2,2,6,6-tetramethyl-4-piperidyl) imino]] hexamethylene (2,2,6,6-tetramethyl-4-piperidyl) iminol]],	高分子量的受阻胺光稳定剂
Tinuvin 111	Mixture of TINUVIN 622: (butanedioic acid polymer with (4-hydroxy-2,2,6,6,-tetramethylpiperidin-1-yl) ethanol) and CHIMASSORB 119: (*N*, *N*′, *N*″, *N*‴-tetrakis(4,6-bis (butyl-(*N*-methyl-2,2,6,6-tetramethylpiperidine-4-yl) amino) triazine-2-yl)-4,7-diazadecane-1,10-diamine)	

续表

牌　号	主　要　组　分	说　明
光稳定剂		
Tinuvin 622	Poly (4-hydroxy-2,2,6,6-tetramethyl-1-piperidine ethanol-alt-1,4-butanedioic acid)	
Tinuvin 765	Bis- (1,2,2,6,6-pentamethyl-4-piperidinyl) sebacate	
Tinuvin 770	Bis-(2,2,6,6-tetramethyl-4-piperidyl) Sebacate	
Tinuvin 783	Chimassorb 944 与 Tinuvin 622 的复配物	
Tinuvin 791	Chimassorb944 和 Tinuvin770 的协效混合物	
Tinuvin XT850	Tetrakis-(2,2,6,6-tetramethyl-4-piperidyl)1,2,3,4-butane tetracarboxylate	
Tinuvin NOR 371FF	"1,6-Hexanediamine, *N*, *N*′-bis(2,2,6,6-tetramethyl-4-piperidinyl)-, polymer with 2,4,6-trichloro-1,3,5-triazine, reaction products with 3-bromo-1-propene, *N*-butyl-1-butanamine and *N*-butyl-2,2,6,6-tetramethyl-4-piperidinamine, oxidised, hydrogenated	
Chimassorb 81	2-hydroxy-4-*n*-octoxy-benzophenone	
Tinuvin 234	2-[2-hydroxy-3,5-bis(2,2-dimethylbenzyl)penyl]-2-benzotriazole	
Tinuvin 326	2-(3-*t*-butyl-5-methyl-2-hydroxyphenyl)-5-chlorobenzotriazole	
Tinuvin 328	2-(3,5-di-*t*-amyl-2-hydroxyphenyl)benzotriazole	
抗静电剂		
Atmer	例如 Atmer 163：synthetic ethoxylated amine, Atmer 129：Glycerol monostearate.	
Irgastat	Irgastat P18, P22：永久抗静电剂，含聚醚硬脂酰胺	
抗菌剂		
Irgaguard A	灭藻剂，抑菌剂，例如 A2000	
Irgaguard B 有机	高效抗菌剂，能在很大范围内通过抑止革兰氏阳性菌及革兰氏阴性菌的生长来起到抗菌作用，例如 B1000	
Irgaguard B 无机	无机含银离子的硅酸盐，例如 B5000	
Irgaguard F	一种噻唑基苯并咪唑，杀真菌剂，例如 F3000	
成核剂，透明剂		
Irgaclear D	1,3,2,4-dibenzylidene sorbitol	
Irgaclear DM	1,3,2,4-Bis(*p*-methylbenzylidene) sorbitol	
Irgastab NA11	Sodium2,2'-Methylene bis-(4,6-di-*t*-butylphenyl)phosphate	
Irgastab NA287	(可能是 1,3,5-benzenetrisamide 衍生物)	
抗刮伤剂		
IRGASURF® SR 100		用于汽车聚丙烯塑料件

② Albermale (雅宝)公司(表 7-9)

表 7-9 Abermale 公司聚丙烯适用添加剂一览表

牌号	主 要 组 分	说明
ETHANOX® 310	Organotin catalyzed Penterythritol tetrakis(3-(3,5-di-*t*-butyl-4-hydroxyphenyl)propionate)	
ETHANOX® 310TF	"Tin-free" penterythritol tetrakis 3-(3,5-di-*t*-butyl-4-hydroxyphenyl)propionate	
ETHANOX® 314	1,3,5-tris(3,5-di-*t*-butyl-4-hydroxybenzyl)-1,3,5- triazine-2,4,6(1h,3h,5h)-trione	
ETHANOX 323A	nonylphenol disulfide oligomer	
ETHANOX 330	1,3,5-trimethyl-2,4,6-tris (3,5-di-*t*-butyl-4-hydroxybenzyl) benzene	
ETHANOX 376	octadecyl-3-(3,5-di-*t*-butyl-4-hydroxyphenyl)-propionate	
ETHAPHOS™ 368	tris-(2,4-di-*t*-butylphenyl) phosphite	
ETHAPHOS™ 326	Bis (2,4-di-*t*-butylphenyl) Pentaerythritol Diphosphite	

③ Adeka(Adeka Palmarole)公司　Adeka Palmarole 公司是由日本旭电化工业株式会社(Asahi Denka)和法国 Palmarole 公司于 2000 年组成的一合资公司，总部设在瑞士，主要经营欧洲业务。旭电化工业株式会社于 2006 年正式改名为 Adeka。目前在日本和亚洲仍为 Adeka，在美洲为 Amfine 公司。

表 7-10 Adeka Palmarole 公司聚丙烯适用添加剂一览表

牌 号	主 要 组 分
抗氧剂	
ADK STAB AO-20	1,3,5-Tris(3′,5′-di-*t*-butyl-4′-hydroxybenzyl)-*S*-triazine- 2,4,6(1H,3H,5H)-trione
ADK STAB AO-30	1,1,3-Tris(2-methyl-4-hydroxy-5-*t*-butylphenyl)butane
ADK STAB AO-50	*n*-Octadecyl-3-(4′-hydroxy-3′,5′-di-*t*-butyl phenyl)propionate
ADK STAB AO-60	Tetrakis methylene-3-(3′,5′-di-*t*-butyl-4-hydroxyphenyl)-propionate methane
ADK STAB AO-80	3,9-Bis1,1-dimethyl-2{β-(3-*t*-butyl-4-hydroxy-5-methylphenyl)-propionyloxy}ethyl-2,4,8,10-tetraoxaspiro 5,5′undecane
ADK STAB PEP-8HT	硫醇类抗氧剂
ADK STAB PEP-24	Cyclic neopentanetetraylbis(2,4-di-*t*-butylphenyl phosphite)
ADK STAB PEP-36	Bis(2,6-di-*t*-butyl-4-methylphenyl) pentaerythritol-diphosphite
ADK STAB HP-10	2,2-Methylenebis(4,6-di-*t*-butylphenyl)octyl phosphite
ADK STAB AO-412S	硫醇类抗氧剂

续表

牌　号	主　要　组　分
光稳定剂(紫外吸收剂)	
ADK STAB LA-52	Tetrakis(1,2,2,6,6-pentamethyl-4-piperidyl) 1,2,3,4-butanetetra- carboxylate
ADK STAB LA-502	*N*-烷基化 HALS
ADK STAB LA-62	Condensate of 1,2,3,4-butanetetracarboxylic acid,1,2,2,6,6-penta- methyl-4-piperidinol and tridecyl alcohol
ADK STAB LA -63	Condensate of 1,2,3,4-butanetetra carboxylic acid,1,2,2,6,6-penta-methyl-4-piperidinol and β,β,β′,β′-tetrameth yl-3,9-(2,4,8,10-tetraoxaspiro 5,5′undecane) diethanol
ADK STAB LA-68	Condensate of 1,2,3,4-butanetetra carboxylic acid,2,2,6,6-tetra-methyl-4-piperidinol and β,β,β′,β′-tetrameth yl-3,9-(2,4,8,10-tetraoxaspiro 5,5′undecane) diethanol
ADK STAB LA-77	Bis(2,2,6,6-tetramethyl-4-piperidyl) sebacate
ADK STAB LA-402XP	*N*-烷基化 HALS
Palmarole LS. BO. 087	二苯甲酮类紫外线吸收剂
成核剂	
ADK STAB NA-11	2,2′-亚甲基-双(4,6-二叔丁基苯酚)磷酸钠
ADK STAB NA-21	[亚甲基双(2,4-二叔丁基苯基)磷酸铝]
Palmarole MI. NA. 08	苯甲酸钠
Palmarole MI. NA. 20	苯甲酸锂

④ Chemtura 公司　Chemtura 公司 2005 年由美国 Greatlake 和 Crompton 两公司合并而成，目前仍由两公司分别销售其产品。

表 7-11　Chemtura 公司聚丙烯适用添加剂一览表

牌　号	主　要　成　分
抗氧剂	
Anox 20	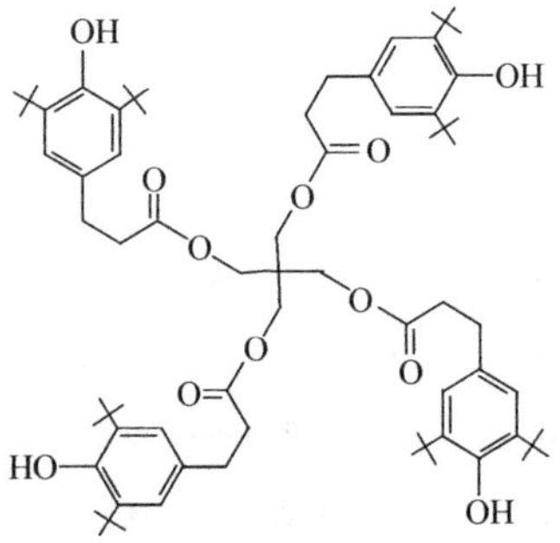

续表

牌　　号	主 要 成 分
抗氧剂	
Anox PP18	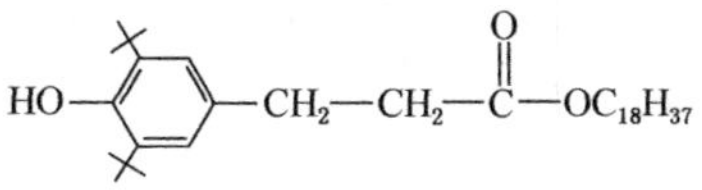
Anox BB2777	Alkanox 240 和 Lowinox 1790,2 :1 混合物
Anox BB011	Alkanox 240 和 Anox 20,1 :1 混合物
Anox BB021	Alkanox 240 和 Anox 20,2 :1 混合物
Anox 70	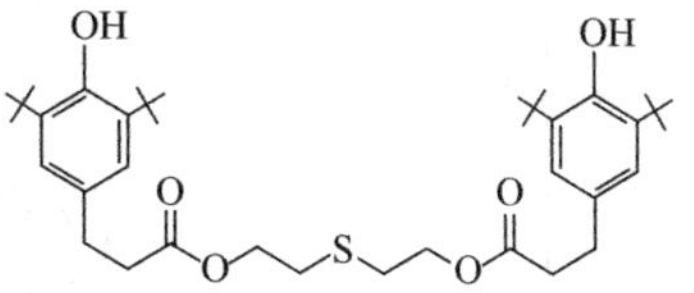
Anox IC-14	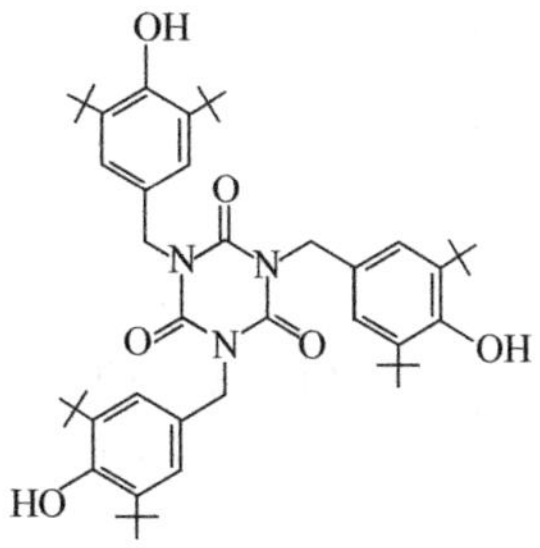
Anox 330	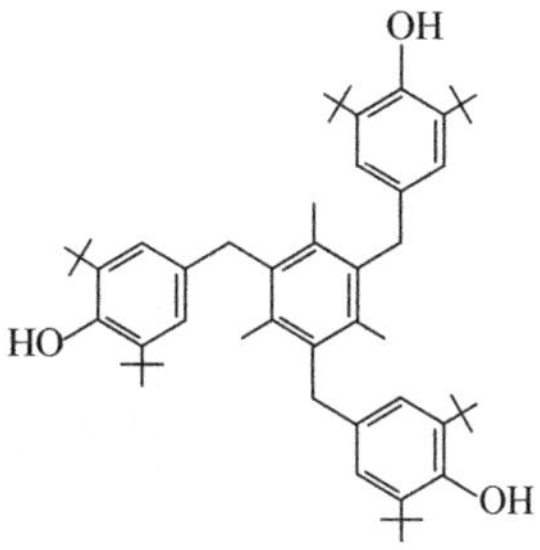
Lowinox CA22	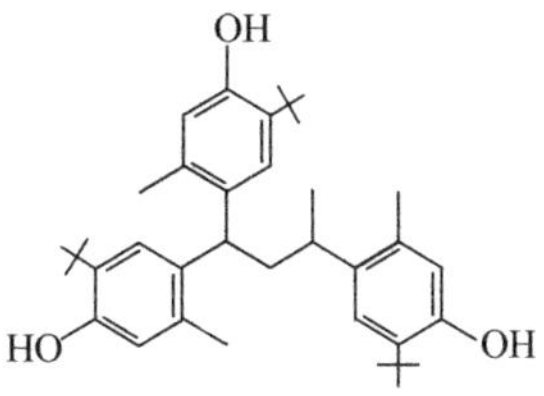
Lowinox 1790	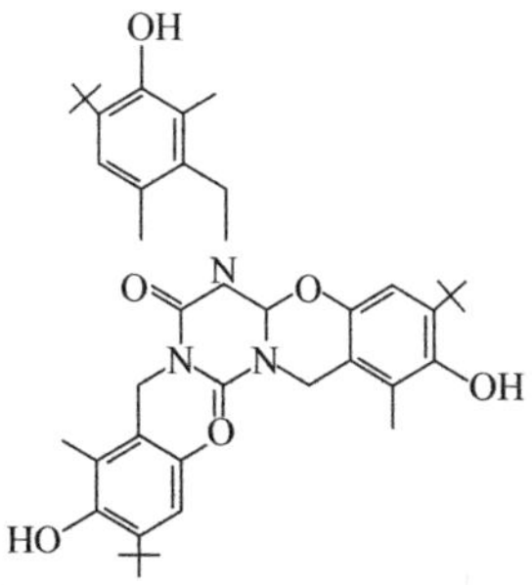

续表

牌　　号	主 要 成 分
抗氧剂	
Lowinox MD24	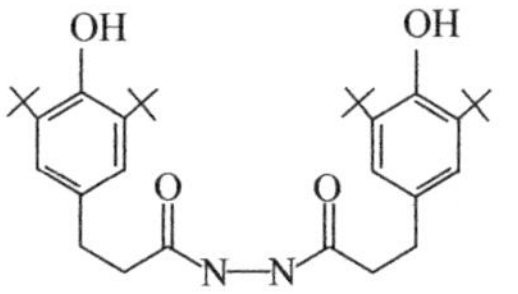
Lowinox TBM6	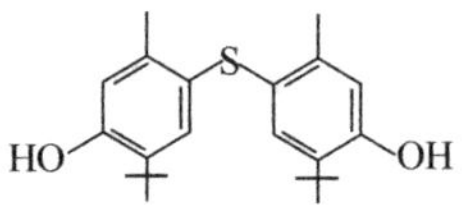
Ultranox 626 Ultranox 627A	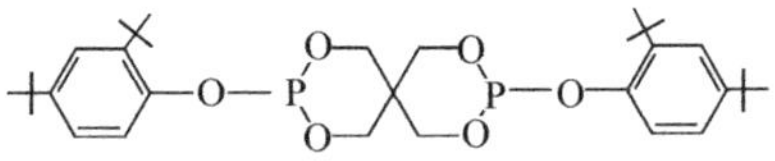
Ultranox 641	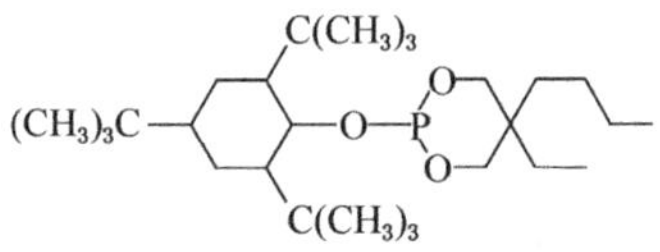
Anox FiberPlus	专用于聚丙烯纤维的高效复配物
Anox ProcessPlus	专用于加工条件苛刻的高效复配物
Naugard DSTDP	$S\left[CH_2-CH_2-\overset{\overset{O}{\|}}{C}-OR\right]_2$ DSTDP:R=$C_{18}H_{37}$
Naugard XL-1	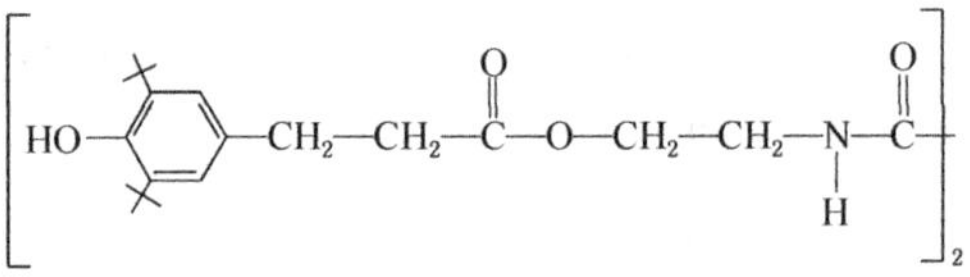
Naugard 445	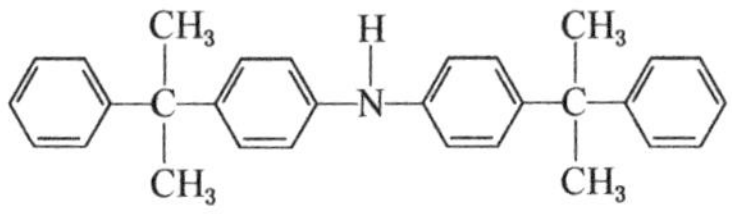
Naugard 4125	$C\left[CH_2-O-\overset{\overset{O}{\|}}{C}-CH_2-CH_2-S-C_{12}H_{25}\right]_4$
Alkanox 240	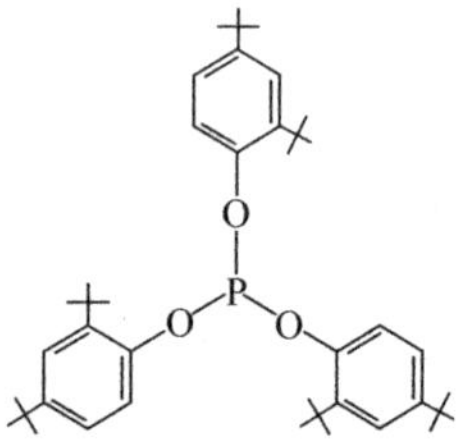

续表

牌　　号	主 要 成 分
光稳定剂(紫外线吸收剂)	
Lowilite 26	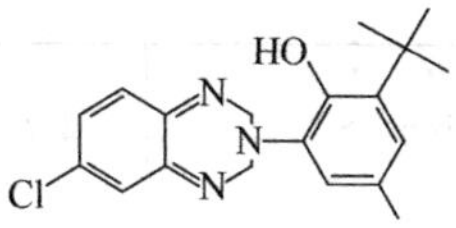
Lowilite 27	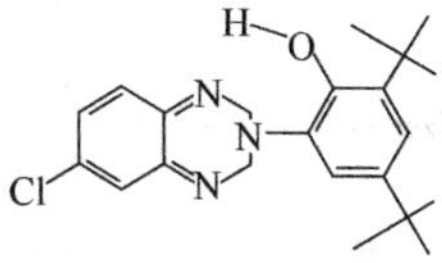
Lowilite 28	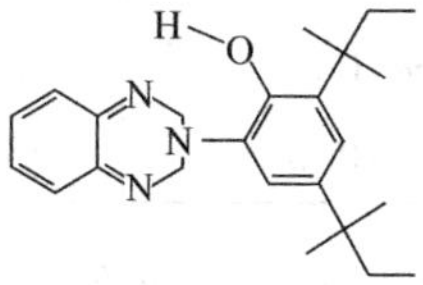
Lowilite 92	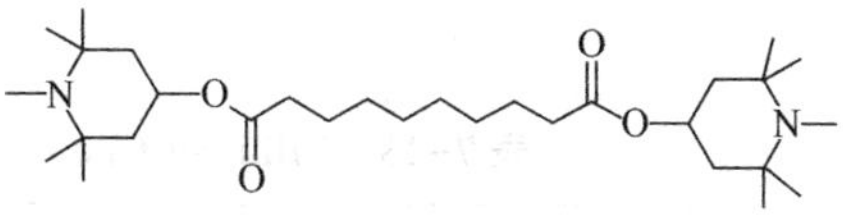
Lowilite 94	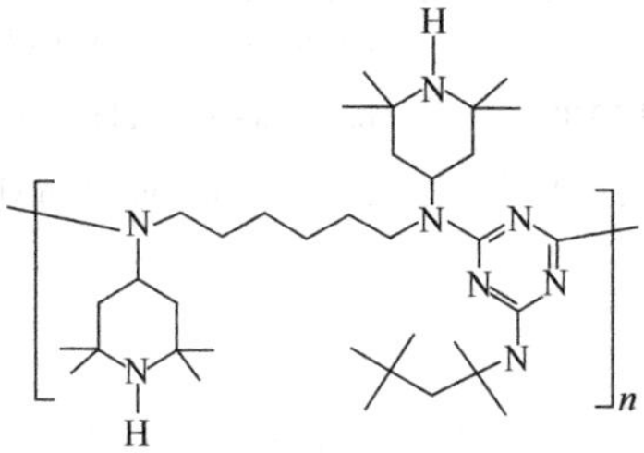
Lowilite 7500	抗氧剂与紫外线吸收剂的复配物
润滑剂	
Keramide EZ	芥酸酰胺
Keramide OR	油酸酰胺
Keramide S	硬脂酸酰胺
Keramide W20	*N*,*N'*-ethylenebisoleamide
Keramide W40	*N*,*N'*-ethylenebisstearamide
硬脂酸钙	
硬脂酸锌	

⑤ 住友化学

表 7-12 住友化学公司聚丙烯适用添加剂一览表

牌 号	主 要 成 分
抗氧剂	
Sumilizer GS	2-*t*-butyl-6-(3-*t*-butyl-2-hydroxy-5-methylbenzyl)-4-methylphenyl acrylate
Sumilizer GA-80	3,9-*bis*[2-[3-(3-*t*-butyl-4-hydroxy-5-methylphenyl)propionyloxy]-1,1-dimethylethyl]-2,4,8,10-tetraoxaspiro[5,5]undecane
Sumilizer GP	6-[3-(3-*t*-butyl-4-hydroxy-5-methylphenyl)propoxy]-2,4,8,10-tetra-*t*-butyldibenz[d,f][1,3,2] dioxaphosphepin
Sumilizer TRL-R	Dilauryl 3,3′-thiodipropionate
Sumilizer TPM	Dimyristyl 3,3′-thiodipropionate
Sumilizer TPS	Distearyl 3,3′-thiodipropionate
Sumilizer TP-D	Pentaerythrityl tetrakis(3-laurylthiopropionate)

⑥ Milliken Chemical 公司　Milliken Chemical 公司为 Milliken & company 下属子公司，早先以生产纺织用助剂为主，目前已成为著名特种化学品供应厂家，对塑料行业来说，其成核剂(透明剂)一直广为人知。

表 7-13 Milliken Chemical 公司聚丙烯适用添加剂一览表

牌 号	主 要 成 分	说 明
成核剂(透明剂)		
Millad 3905	dibenzylidene sorbitol (DBS)	
Millad 3940	bis(*p*-methyl-dibenzylidene)sorbitol(MDBS)	
Millad 3988	bis(3,4-dimethyl benzylidene)sorbitol(DMDBS)	
Millad NX8000	尚未公开	2007 年首次在 K2007 塑料展览会上展出
Hyperform HPN-68	disodium bicyclo[2,2,1]heptane-2,3-dicarboxylate	HPN-68L 加有其他助剂
Hyperform UPN-20E	Calcium hexahydrophthalic acid	

⑦日本 Shipro Kasei 公司

表 7-14 Shipro Kasei 公司聚丙烯适用添加剂一览表

牌 号	主 要 成 分
紫外吸收剂(光稳定剂)	
SEESORB 701	2-(2-hydroxy-5-methylphenyl)-2H-benzotriazole
SEESORB 703	2-(3-*t*-butyl-2-hydroxy-5-methylphenyl)-5-chloro-2H-benzotriazole
SEESORB 704	2-(3,5-di-*t*-pentyl-2-hydroxyphenyl)-2H-benzotriazole

续表

牌 号	主 要 成 分
紫外吸收剂(光稳定剂)	
SEESORB 706	2-(2H-benzotriazole-2-yl)-4-methyl-6-(3,4,5,6-tetrahydrophthalimidylmethyl)phenol
SEESORB 707	2-(2-hydroxy-4-octyloxyphenyl)-2H-benzotriazole
SEESORB 709	2-(2-hydroxy-5-*t*-octylphenyl)-2H-benzotriazole
SEESORB 100	2,4 dihydroxybenzophenone
SEESORB 101	2-hydroxy,4-methoxybenzophenone
SEESORB 101S	2-hydroxy-4-methoxybenzophenone-5-sulfonic acid trihydrate
SEESORB 102	2-hydroxy-4-octyloxybenzophenone
SEESORB 103	4-dodecyloxy-2-hydroxybenzophenone
SEESORB 105	4-benzyloxy-2-hydroxybenzophenone
SEESORB 106	2,2′,4,4′-tetrahydroxybenzophenone
SEESORB 107	2,2′-dihydroxy-4,4′-dimethoxybenzophenone
SEESORB 151	1,4-bis(4-benzoyl-3-hydroxyphenoxy)-butane
SEESORB 501	ethyl 2-cyano-3,3-diphenylacrylate
SEESORB 502	2′-ethylhexyl 2-cyano-3,3-diphenylacrylate
SEESORB 712	2′,4′-di-*t*-butylphenyl 3,5-di-*t*-butyl-4-hydroxybenzoate
抗氧剂	
SEENOX BCS	4,4′-thiobis-(2-*t*-butyl-5-methylphenol)
SEENOX 224M	2,2′-methylenebis-(6-*t*-butyl-4-methylphenol)
SEENOX 326M	1,3,5-trimethyl-2,4,6-tris-(3,5-di-*t*-butyl-4-hydroxybenzyl)-benzene
SEENOX 104S	a mixture of pentaerythrithol tetrakis-(3-dodecylthiopropionate) and pentaerythrithol tetrakis-(3,5-di-*t*-butyl-4-hydroxyhydrocinnamate)
SEENOX 114BS	a mixture of pentaerythrithol tetrakis-(3-dodecylthiopropionate) and 4,4′-thiobis-(2-*t*-butyl-5-methylphenol)
SEENOX 1479S	a mixture of pentaerythrithol tetrakis-(3-dodecylthiopropionate) and tris(4-*t*-butyl-2,6-dimethyl-3-hydroxybenzyl)-1,3,5-triazine-2,4,6(1H,3H,5H)-trione
SEENOX 412S	pentaerythrithol tetrakis-(3-dodecylthiopropionate)
SEENOX DL	didodecyl thiodipropionate
SEENOX DM	ditetradecyl thiodipropionate
SEENOX DS	dioctadecyl thiodipropionate

⑧ Clariant 公司

表 7-15 Clariant 公司聚丙烯适用添加剂一览表

牌　号	主 要 成 分
抗氧剂	
Hostanox O 3	*Bis*-(3, 3-*bis*-(4′-hydroxy-3′-*t*-butylphenyl butanoic acid)-glycolester)
Hostanox O 10	Pentaerythryl-tetrakis3-(3 , 5-di-*t*-butyl-4-hydroxyphenyl) propionate
Hostanox O 14 F	1, 3, 5-tris-(3, 5-di-tertbutyl-4-hydroxybenzyl)-[1, 3, 5]-triazine-2, 4, 6-tri-one
Hostanox O 16	3-(3, 5-di-*t*-butyl-4-hydroxyphenol) propionic acid octadecyl ester
Hostanox O 35	Phenolic antioxidant
Hostanox O 310	Mixture of polynuclear phenol
Hostanox 245	Phenolic antioxidant
Hostanox OSP 1	Polynuclear sulphur-containing hydroxy-phenyl-phosphite
Hostanox OSP 4	Cinnamohydraide
Hostanox SE 4	3, 3′-Thiobispropanoic Acid, Dioctadecyl Ester
Hostanox SE 10	Dialkyl disulphide
Sandostab P-EPQ®	Solid organic phosphonite
Hostanox PAR 24	Tri-(2, 4-di-*t*-butylphenyl) Phosphite
Hostanox PAR 62	Aromatic phosphite
Hostanox M … (blends)	Phenol-phosphite blend in various ratios
Sandostab QB … (blends)	Phenol: phosphonite blends in various ratios
抗静电剂	
Hostastat FA 14	Ethoxylated alkylamine
Hostastat FA 18/FA 38	Ethoxylated alkylamine
Hostastat FA 24	Ethoxylated alkylamine
Hostastat FA 68	Ethoxylated alkylamine
Hostastat FE 1	Ethoxylated alkylamine
Hostastat FE 2	Fatty acid ester
光稳定剂	
Hostavin ARO 8	2-Hyroxy-4-*n*-octyloxybenzophenone
Sanduvor VSU	Ethylene diamide, *N*-(2-ethoxyphenyl)-*N′*-(4ethyl phenyl)
Hostavin N 20	5-(2, 2, 6, 6-tetramethyl-piperidinyl-cyclo-undecyl-oxazole)
Hostavin N 24	A mixture of: dodecyl 3-(2, 2, 4, 4-tetramethyl-21-oxo-7-oxa-3, 20-diazadispiro(5. 1. 11. 2) henicosan-20-yl) propionate; and tetradecyl 3-(2, 2, 4, 4-tetramethyl-21-oxo-7-oxa-3, 20-diazadispiro(5. 1. 11. 2) henicosan-20-yl) propionate
Hostavin N 30 F	polymer of 2, 2, 4, 4-tetramethyl-7-oxa-3, 20-diaza-20-(2, 3-epoxipropyl)-dispiro-(5. 1. 11. 2)-heneicosane-21-one and epichlorohydrin
Hostavin N 321	

⑨ BASF 公司

表 7-16 BASF 公司聚丙烯适用添加剂一览表

牌号	主要成分
光稳定剂	
Uvinul 3008	2-hydroxy-4-octyloxybenzophenone
Uvinul 3026	6-*t*-butyl-2-(5-chloro-2H-benzotriazole-2-yl)-4-methylphenol
Uvinul 3027	2,4-di-*t*-butyl-6-(5-chloro-2H-benzotriazole-2-yl)-phenol
Uvinul 3028	2-(2H-benzotriazole-2-yl)-4,6-di-*t*-pentylphenol
Uvinul 3029	2-(2H-benzotriazole-2-yl)-4-(1,1,3,3-tetramethylbutyl)-phenol
Uvinul 3030	1,3-bis-[(2′-cyano-3′,3′-diphenylacryloyl)oxy]-2,2-bis-{[(2′-cyano-3′,3′-diphenylacryloyl)oxy]methyl}-propane
Uvinul 3033 P	2-(2H-benzotriazole-2-yl)-4-methylphenol
Uvinul 3034	2-(2H-benzotriazole-2-yl)-4,6-bis(1-methyl-1-phenylethyl)phenol
Uvinul 3035	ethyl-2-cyano-3,3-diphenylacrylate
Uvinul 3039	(2-ethylhexyl)-2-cyano-3,3-diphenylacrylate
Uvinul 4050 H	*N*,*N*′-bisformyl-*N*,*N*′-bis-(2,2,6,6-tetramethyl-4-piperidinyl)-hexamethylendiamine
Uvinul 4077 H	bis(2,2,6,6-tetramethyl-4-piperidyl)-sebacate
Uvinul 4092 H	bis(1,2,2,6,6-pentamethyl-4-piperidyl)-sebacate+methyl-(1,2,2,6,6-pentamethyl-4-piperidyl)-sebacate
Uvinul 5050 H	sterically hindered amine, oligomeric
Uvinul 5062 H	sterically hindered amine, oligomeric

⑩ Cytec Technology 公司

表 7-17 Cytec 公司聚丙烯适用添加剂一览表

牌号	主要成分
光稳定剂	
CYASORB UV-9	2-Hydroxy-4-methoxybenzophenone
CYASORB UV-24	2,2′-Dihydroxy-4-methoxybenzophenone
CYASORB UV-531	2-Hydroxy-4-n-octoxybenzophenone
CYASORB UV-1164	2-[4,6-Bis(2,4-dimethylphenyl)- 1,3,5-triazin-2-yl]-5-(octyloxy)phenol
CYASORB UV-2126	Poly-4-(2-acryloxyethoxy)-2-Hydroxybenzophenone
CYASORB UV-2337	2-(2′-Hydroxy-3′,5′-di-*t*-amylphenyl) benzotriazole
CYASORB UV- 2908	3,5-di-*t*-Butyl-4-Hydroxybenzoic Acid, Hexadecyl Ester
CYASORB UV-3346	Poly[(6-morpholino-s-triazine-2,4-diyl)[(2,2,6,6-tetramethyl-4-piperidyl)imino]- hexamethylene[(2,2,6,6-tetramethyl-4-piperidyl) imino]]

续表

牌　　号	主　要　成　分
光稳定剂	
CYASORB UV-3529	1,6-Hexanediamine, N, N′-bis(2,2,6,6-tetramethyl-4-piperidinyl), Polymers with morpholine-2,4,6-trichloro-1,3,5-triazine
CYASORB UV-3853	Hindered Amine Light Stabilizer (HALS)
CYASORB UV-5411	2-(2′-Hydroxy-5′-octylphenyl)-benzotriazole
CYASORB THT 4611	未公开,专用于汽车部件,滚塑制品,农用制品,为 triazine HALS 和稳定剂复配物
CYASORB THT 4801	未公开,专用于汽车部件,滚塑制品,农用制品 Proprietary HALS and triazine chemistry
CYASORB THT 6435	Combination of light absorbers and stabilizers
CYASORB THT 6460	Proprietary HALS and triazine chemistry
CYASORB THT 7001	New family of THT triazine-based, high-molecular-weight polymeric. , new HALS stabilizer for TPO and PP copolymers
抗氧剂	
CYANOX 425	2,2′-Methylenebis(4-ethyl-6-*t*-butylphenol)
CYANOX 1790	1,3,5-Tris(4-*t*-butyl-3-hydroxy-2,6-dimethyl benzyl)-1,3,5-triazine-2,4,6-(1H,3H,5H)-trione
CYANOX 2246	2,2′-Methylenebis(4-methyl-6-*t*-butylphenol)
CYANOX 2777	Mixture of 1,3,5-TRIS(4-*t*-butyl-3-hydroxy-2,6-dimethyl benzyl)-1,3,5-triazine-2,4,6-(1H,3H,5H)-trione and Tris (2,4-di-*t*-butylphenyl) phosphite
CYANOX XS4	Mixture of 1,3,5-Tris(4-*t*-butyl-3-hydroxy-2,6-dimethyl benzyl)-1,3,5-triazine-2,4,6-(1H,3H,5H)-trione and Bis (2,4-dicumylphenyl) pentaerythritol diphosphite
抗静电剂	
CYASTAT SN	Stearamidopropyldimethyl-2-hydroxyethylammonium nitrate
CYASTAT SP	(Stearamidopropyldimethyl-β-hydroxyethylammonium-dihydrogen phosphate)
CYASTAT 609	*N*,*N*-Bis(2-hydroxyethyl)-*N*-(3′-Dodecyloxy-2′-Hydroxypropyl) Methyl Ammonium Methosulfate

表 7-18　国外抗菌剂生产企业及其产品牌号一览表

企业名称	产　品　情　况
日本品川	Zeomic，分子筛载负银系抗菌剂
日本富士化工	Bektakiller，银系或锌系抗菌剂
日本东亚合成	Novaron，AO 300，320，1199
日本抗菌化研株式会社	Biosure，银系抗菌剂
出光 Technofine	Kokinmaster，抗菌，防霉，防藻制剂

续表

企业名称	产　品　情　况
Milliken	AlphaSan 银系
AveciaBiocides	Vanquish 100
Wells Plastics	Bactigas
Troy Corp.	Micropel 612
Akcros	Intercide IPBC-100
PolyChemAlloy	PolySept Li，Ag，Zn

表 7-19　国产聚丙烯用添加剂生产厂家

生产厂家	主　要　产　品
金海雅宝化工公司	各种抗氧剂： 如 AT-10，702，3114，76，733，1135，626，245 PW9215，PW9225 等
上海汽巴高桥化学有限公司	各种抗氧剂：如抗氧剂 Irganox1010，抗氧剂 Irganox1076，辅助抗氧剂 Irgafos168，复配抗氧剂 IrganoxB215，复配抗氧剂 IrganoxB220，复配抗氧剂 IrganoxB225，复配抗氧剂 IrganoxB561 等等
宁波伊立欧化学公司	抗氧剂 Wingstay 系列
天津利生化工公司	酚类抗氧剂如 1010，1076，3114， 含硫抗氧剂 DLTP，DLTP、DLTDP，DSTP、DSTDP 紫外吸收剂如 UV26，327，531，UV-9 等
山西省化工研究院	光稳定剂 GW-540，GW-628 第二代三嗪类紫外线吸收剂 SQ-425 聚烯烃成核透明剂 TM-1、TM-2、TM-3 成核透明剂 β-晶型 TMB-4、TMB-5 非对称受阻酚抗氧剂 KY-586 新型抗氧剂 KY-394 等
北京市化工研究院	受阻胺系列光稳定剂如 770、6911、BW-10LD(622) 亚磷酸酯抗氧剂(168、626、439)、受阻酚抗氧剂(1098) 复配型抗氧剂系列(B215、B225、B561、B900) 聚烯烃用抗静电剂：ASA 系列、AB 系列、ASH 和 ASP 系列 PVC、PU 用抗静电剂：ASA-150/156
镇江前进化工有限公司	光稳定剂(2002)、抗氧剂(1425)、抗氧剂(1225)、光稳定剂(1084)、抗氧剂(3114)、抗氧剂(5057)
广州合成材料研究院	抗氧剂系列 ①受阻酚类：300、323、1010、1076、1098、CA ②亚磷酸酯：168、626、PL-440、TNP ③硫代酯类：DLTP、DSTP、十三酯 ④复合型类：B215、B225、B900、JC1215、JC1225 光稳定剂系列 ①受阻胺类：292、622、770、944、6911 ②紫外线吸收剂类：UV-P、UV-531、UV-326、UV-327、UV-5411 ③复合型类：GW771、GW773、GW783、GW791 抗静电剂系列 ASA 系列、ASH 系列、ASP 系列、AST 系列、ASN 系列、ASL 系列

续表

生产厂家	主要产品
广东炜林纳功能材料有限公司	β成核剂 WBG
上海天坛助剂公司	光稳定剂 UV531
上海华溢塑料助剂公司	各种润滑剂如 PE 蜡，氧化石蜡，EBS 等
北京加成助剂研究所	抗氧剂 KY1010，1076，242，PKY168 DSTP，DLTP 光稳定剂：GW508，9，944，UV 327，531，326 等
烟台只楚合成化学有限公司	成核透明剂 ZC-3，(类似 3988)
浙江万安塑料有限公司	松香型聚烯烃透明成核剂
山东省临沂市三丰化工有限公司	受阻酚类抗氧剂、亚磷酸酯类抗氧剂、复合抗氧剂、硫酯类抗氧剂
江苏太湖化工有限公司	聚丙烯用成核剂：THK-21，THK-122
海尔科化工程塑料国家工程研究中心股份有限公司	无机抗菌剂、有机抗菌剂、有机无机复合抗菌剂、防霉剂。通用级抗菌母粒，抗菌防霉母料，管材专用抗菌母料，香味母料
西安康旺抗菌科技股份有限公司	无机载银抗菌剂(Conval Pag-40 型系列)
上海沪正纳米科技有限公司	纳米银；纳米抗菌剂；纳米产品；负离子；远红外；ATO；ITO；防螨；光触媒
成都交大晶宇科技有限公司	氧化锌晶须(ZnOw)复合抗菌剂

7.3 聚丙烯牌号开发中树脂微观结构设计

过去聚丙烯牌号的开发都是依靠将聚合出来产品通过实际加工应用，反复试验不断改进才能最终获得成功。但随着生产经验的积累和基础研究工作的深入，对树脂结构和性能之间关系不断的了解和掌握，加上聚丙烯结构相对比较简单，近年来在催化剂、聚合工艺和表征技术方面的长足进步，对聚丙烯结构变换和调节上的主动权大大增强，使分子设计有了可能。从而也加深了对聚丙烯微观结构与应用之间关系的进一步理解。但这方面专著至今仍缺，有些技术仍属于企业机密，有些研究成果也分散于一些文献和专利之中，本节试图在这方面作些探讨。在每一类产品中尝试把加工工艺与应用和对树脂结构上的要求结合起来讨论。

7.3.1 编织袋用的扁丝

这是目前我国聚丙烯消费量最大的一个品种，其生产方法相对比较简单。一般采用两种方法：

(1) 扁丝的纤度处于 100~133tex 间，宽度 6~7mm，厚度 0.017~0.022 mm 时，主要采用吹塑薄膜方法，先制成膜片，经剖切后，再加热(115~130℃)拉伸定型而制得。通常拉伸倍数为 1∶5 到 1∶7.5 之间。

（2）纤度在 72～133tex 之间，宽度 2～3mm，厚度在 0.035～0.06mm 之间时，采用挤出机 T 型机头挤出并在冷水中冷却成平片膜，剖切后再加热拉伸定型而得。

不管是吹塑膜或平片膜都较厚，拉伸是单向的，倍数也较低。所以一般等规聚丙烯都可适用，熔体流动速率最好在 2～4g/10min，分子量分布窄一点为好。为防止加工和使用时老化，往往需添加抗氧剂、紫外线吸收剂等助剂，有的还加入填料。

7.3.2　注塑制品

只要熔体流动性符合产品注塑时的要求，几乎各种聚丙烯都可用于注塑成型，包括均聚物、无规共聚物和耐冲击型共聚物。因为注塑工艺中只要树脂熔体能在机器中被熔融，在柱塞或移动螺杆的压力推动下，将物料输送通过料筒喷嘴，再经过模具中的流道和注口，进入型腔。冷却后即成和型腔一样形状的制件。制件表面完全取决于模具内表面光洁程度。所以对树脂来说，一是熔体必须有足够流动性，能充满模腔；二是收缩率的变化应在模具设计时已考虑好的范围内。树脂流动性大小取决于制件大小和复杂程度，以及模具设计时的考虑。小制件用流动性大而分子量低的树脂，一定程度上降低了制件的强度。大制件用流动性差的树脂，需用更高的压力，而且有时充满不了模腔，造成废品。所以在设计注塑用的牌号时，要能提供不同熔体流动速率的树脂。几乎 MFR 自 0.5g/10min 到 50g/min 甚至更高的都有。

树脂分子量分布也是有影响的，树脂分子量分布宽，则常含有分子量很高的级分，这种级分弹性大，松弛时间长，使分子在注塑过程中因流动而形成的取向，被冻结在制件中，从而产生内应力，而引起制件收缩和翘曲，以及尺寸不稳定。这在制作大型制件和精密制件时更为突出。因此对注塑成型来说，窄分子量分布是有利的。为此，有用化学降解法生产的可控流变聚丙烯（CR-PP）来作大型和精密制件，化学降解聚丙烯不但分子量降低，而且分子量分布变窄，特别是很高分子量的级分明显减少，这都有利于注塑成型。但分子量分布变窄后，剪切速率对剪切黏度的敏感度下降，而注塑时剪切速率很高，因此在相同的注射速度下熔体黏度比分子量分布宽者要大，会产生充模困难。所以常需要选用更高 MFR 的树脂来作补救。此外化学降解后树脂低分子量部分明显增多，可挥发分和可萃取物增加，不适于在某些医疗和卫生用品中使用。

茂金属聚丙烯分子量分布极窄，挥发物和可萃取物也很低，用于注塑制件中是比较理想的。因此特别适合在医疗卫生用品中的应用。

至于在注塑时采用均聚、无规共聚还是耐冲击型（多相共聚物）树脂，要取决于制件性能的要求。均聚物刚性和耐热性都较高，但低温下耐冲击性差。无规共聚物透明性和韧性有所改进，但熔点和强度有所降低。耐冲击型多相共聚物则大量用于像汽车保险杠、仪表板、衣箱、家电壳体等制件中。耐冲击型多相共聚物绝大部分均用于注塑成型中，将另作专门讨论。

7.3.3　聚丙烯纤维（丙纶）[15～18]

7.3.3.1　生产方法与品种

聚丙烯纤维按丝的长短分，可分为长丝和短丝（短纤维）。

（1）长丝（filament）　为长以千米计的连续纤维，它还可分为单丝和复丝，单丝指单根纤维的连续丝条。复丝指由数十根单纤维组成的丝条。粗的长丝（直径 0.08～2mm）用作绳索，网袋等。细的单丝用作袜子和针织品。还有细旦丝（单丝纤度 1～2.4 dtex）、超细旦丝

(0.3~1.0 dtex)等。超细旦丝由于其具有良好导湿性、保暖性，可用作机织或针织内衣。

(2) 短纤维(staple fiber) 又称切断纤维，系将连续丝束用切断机械切断而得的纤维，单丝纤度1.5~150 dtex，长度35~65 mm。在丙纶中用途最广，产量最大，占丙纶总产量40%。根据纺丝后加工过程不同，形成各种各样纱或丝。常见的品种有：

① 未取向丝(unoriented yarn, UOY, 或称未拉伸丝, undrawn yarn, UDY) 它由于未经取向，物理力学性能较差，必须经拉伸定型和一系列加工过程后才有实用价值。

② 部分取向丝(partially oriented yarn, POY) 在熔融纺丝时，卷绕速度高达一定值后纤维受到一定拉伸，此时所得到的即为部分取向丝。

③ 全取向丝(fully oriented yarn, FOY) 熔融纺丝后纤维经充分拉伸，取向度很高的丝。它可用常规一步或两步法，以及高速纺来制取。

④ 拉伸变形丝(draw textured yarn, DTY) 用各种加工方法使平直光滑纤维改变其外观、几何形状、内部结构与性能所得到的丝称变形丝。变形丝的蓬松性和伸缩性好，保暖和透气性和手感都较好。部分取向丝或未取向丝，在拉伸变形机中都可经变形加工成变形丝，这类丝称为拉伸变形丝。

⑤ 膨化变形长丝(bulk continuous filament, BCF) 指采用纺丝-拉伸-变形连续一步法生产的长丝，这种丝呈三维卷曲，蓬松性好，覆盖度大，回弹性好。主要用于地毯和装饰布。

⑥ 高强丝 指断裂强度大于6.5cN/dtex的单丝，单丝纤度：300~1680 dtex。

此外还有一些特种纤维，如香烟用丝束、远红外纤维，阻燃丙纶等。

按织物(布)生产方法分，一种是用丝通过织造来制得，常用服饰用布都是属于这类；另一种不用织造方式生产，简称非织造布或无纺布。聚丙烯无纺布生产常用方法为：

(1) 纺粘法(纺丝直接成布法)(Spunbond process) 先用高速熔融纺成长丝，经热空气拉伸，分丝铺网，再经热熔或针刺固着而直接成布。

(2) 熔喷法(melt blown process) 树脂熔融离开喷丝孔后直接将所生成的直径1~8μm纤维用高速气流熔喷自粘而成薄型片材，

一般纺织品按用途分为：服装用、装饰用和产业用三大类。聚丙烯纤维用在服装中的比例较小，以细旦或超细旦丝为主。而在装饰和产业领域中得到广泛应用者，如地毯，家具和车辆用装饰布，土工布，水泥纤维加固材料，农用覆盖材料，卫生和环保制品等，则以无纺布为主。

纤维级聚丙烯基本是均聚物，它的一般质量要求是：熔体流动速率10~30 g/10min，庚烷不溶物大于96%，M_w/M_n 小于6。

7.3.3.2 聚丙烯纤维所用原料对工艺和产品的影响

在用挤出法进行熔融纺丝时，产量是用熔融泵来控制的，挤出机螺杆转速按泵入口压力(一般保持50~100MPa)来调控。提高熔融泵速度，产量增加，螺杆转速自动提高以保持恒定泵入口压力。保持纤维直径均一，产量必须恒定。纤维尺寸是由卷取速度和每喷丝孔产量来调控的。由于喷丝孔直径只有0.4~0.6mm，熔体在喷丝孔中流动时所受剪切速率是很高的。因此对树脂来说：

(1) 分子量必须小，使熔体黏度低。通常纺较粗的丝，MFR为8~12g/10min，纺细丝则需30g/10min以上。而生产熔喷法无纺布时则需40 g/10min以上。制备低分子量的方法有：①在聚合时加入较多量的链转移剂(如氢)，但这常会引起生产能力降低。②用过氧化物将树脂进行降解[15]，也称减粘(visc-breaking)，亦即所谓流变控制聚丙烯(CR-PP，controlled rheology PP)。③采用茂金属催化剂制取等规聚丙烯。

在用过氧化物进行降解时最常用的过氧化物为：2,5-二甲基-2,5 二(特叔丁基过氧基)己烷（DHBP)。降解过程大体为：①过氧化物分解生成过氧化自由基；②过氧化自由基夺取大分子链上叔碳原子上的氢原子；③大分子链的断裂；④通过高分子自由基的歧化而使反应终止。降解常在挤出机中进行，随着过氧化物量的增加，聚丙烯的重均分子量(M_w)下降，但数均分子量(M_n)变化不大，因而 M_w/M_n 比值变小，表示分子量分布变窄。在流变性能方面表现为，熔体黏度大大降低，剪切速率对黏度的敏感性下降，熔体更接近牛顿氏流体。化学降解的缺点是常伴随产生低分子物、挥发物和气味增加。

(2) 分子量分布应窄。因为分子量分布窄，剪切速率对熔体黏度影响的敏感性降低，在高剪切速率下黏度的波动就小，分子量分布窄，也使熔体弹性减小，这些都对丝的直径保持均一是有利的。聚丙烯经化学降解后不但分子量下降，而且分子量分布变窄，因此自这方面看也是对纺丝过程有利的。Haylock J C 等人研究化学降解聚丙烯的纺丝性能时发现[19]，MFR 均为 30g/10min 的三种聚丙烯，一种为原始状态的树脂，其 $M_w/M_n=5.38$，另两种均以化学降解方法制取，M_w/M_n 分别为 3.78 和 3.26。通过一步法纺丝发现，随着纺丝速度增快(由 200m/min 增至 1000m/min)，几种原料所制成的纤维韧度(g/dtex，指一定纤度的纤维之拉伸强度)均略有上升，在低速下分子量分布对韧度影响不大，只在高速下分子量分布窄的韧度有所提高。但与此同时，纤维断裂伸长率却有所下降。一般来说，分子量很低时(例如上述 MFR=30g/10min)分子量分布对熔体流变性能影响要低于分子量高时。

这里还需说明一点，化学降解对聚丙烯纺丝后形态结构也有一定影响。Phillips 等人[20]发现未经化学降解聚丙烯在各种纺丝速度下，都形成 α 晶形。而经化学降解的聚丙烯($M_w/M_n=3.26$)在 250 和 1000m/min 纺丝速度时，形成所谓中介相结晶结构，这种结构中仍保留一般 α 形结晶的典型 3_1 螺旋构象，但分子链间有序被破坏。$M_w/M_n=3.78$ 者在低速下形成中介相结构，而在高速下形成 α 结晶。所以可见增加速度和加宽分子量分布是有利于形成较稳定的 α 结晶的。也由此可看出，对分子量分布变窄的化学降解聚丙烯来说，增加纺丝速度使形成稳定的 α 晶形是必要的。这对下一步拉伸也是重要的，因为不同的结晶结构(中介相还是 α 形结晶)拉伸结果是不同的。

(3)庚烷或二甲苯可溶物在通常 1%~5%间变动，对纺丝是没有影响的。茂金属催化剂制得的等规聚丙烯，分子量可调节到适合纺丝的要求。加上其分子量分布十分窄($M_w/M_n=1\sim2$)，低聚物和气味比化学降解聚丙烯要少得多，因此更适合纺丝要求。提高纺丝速度所提高丝的韧度也高一些，但其断裂伸长率有所降低。与化学降解聚丙烯一样，纺丝后纤维易形成中介相结晶结构，因此提高纺丝速度是必要的。

7.3.4 热水管用聚丙烯(PPR)

随着住房建筑业的发展，出现了对塑料热水管的需求，目前聚丙烯已与交联聚乙烯、聚丁烯、氯化聚氯乙烯(以及铝塑复合管)一起，成为用作热水管的重要材料。与其他几种材料相比，聚丙烯管的特点是成本低、加工设备和工艺简单方便、管件易于配套、可焊接、废料易回收等，因此受到重视，发展很快。对热水管用聚丙烯的质量要求，在国际标准 ISO/15874—2003 中已有明确要求。该标准对聚丙烯管(包括冷热水管)进行了分级，使用条件分类和命名。标准规定三类聚丙烯即均聚聚丙烯(PPH)、嵌段共聚聚丙烯(PPB)和无规共聚聚丙烯(PPR)都可用作热水管，可根据实际情况来选用。但自长期使用寿命来看，在这三者中，PPR最好，因此此处主要讨论PPR。

在该标准中对聚丙烯树脂质量要求，大部分都从所制成的管子上取样进行测试。

在管材性能测试中最重要者为液压性能，在管内充水并加上一定压力，在一定放置温度和时间下，管材不能出现破裂。对热水管而言，通常要求在所使用内压条件下(根据楼层高度一般在0.3~1.5MPa)70℃能连续使用50年。

当管材内部加压(p)后，管材径向材料上实际所受应力是因管材直径(D)大小和壁厚(e)不同而不同的，此应力称作环向应力或环应力(σ)。环应力 准确表示管材上材料实际所受的应力。它们间关系如下式：

$$\sigma = p(D - e)/2e$$

式中　σ为环应力，MPa；p为管内液压力，MPa；D为管平均外径，mm；e为管的最小壁厚，mm。

在ISO15874标准中对聚丙烯材质的要求，首先要评估其σ_{LCL}值(σ_{LCL}系管子在20℃下能承受内部水压50年之长期液压强度预测值，单位为MPa，置信度为97.5%，并取置信区间的下限，测试方法根据ISO 9080)。所测得的σ_{LCL}值至少应和标准中所刊图(参见图7-6)中之参比曲线在全部时间范围内之对应值相等。

由图可见，70℃以上各曲线均可分为两部分，随着时间延长，管材破裂所需环应力值下降，下降到一定值后出现一转折点，此后环应力值急转直下。70℃以下的曲线原则上应该一样，只是出现转折点所需时间在10^6h以上，已在图外。管材在第一直线段破裂时，断口呈韧性破坏，断口处有拉伸变形，处于第二直线段破裂时断口呈脆性断裂，断口处光滑。此转折点即称为韧性-脆性转折点。管材的可适用范围必须在转折点前。

70℃以上曲线第一区段(左侧部分)可以下列方程式代表：

$$\lg t = -55.725 - \frac{9484.1\lg\sigma}{T} + \frac{25502.2}{T} + 6.39\lg\sigma$$

第二区段(转折点后右侧部分)可以下列方程式代表：

$$\lg t = -19.98 + \frac{9507}{T} - 4.11\lg\sigma$$

通常要求在所使用内压条件下(根据楼层高度一般在3~15MPa)70℃能连续使用50年。

对所制成的管子，除管子尺寸和管壁厚度等规定外，对管子力学与理化性能规定见表7-20和表7-21。

表7-20　ISO/ 15874—2003中所规定的对PPR管材的力学性能要求

性能	要求	测试参数			
		环应力/MPa	测试温度/℃	试验时间/h	试样个数
抗内压性能	在测试过程中管材不破裂	16.0	20	1	3
		4.3	95	22	3
		3.8	95	165	3
		3.5	95	1000	3

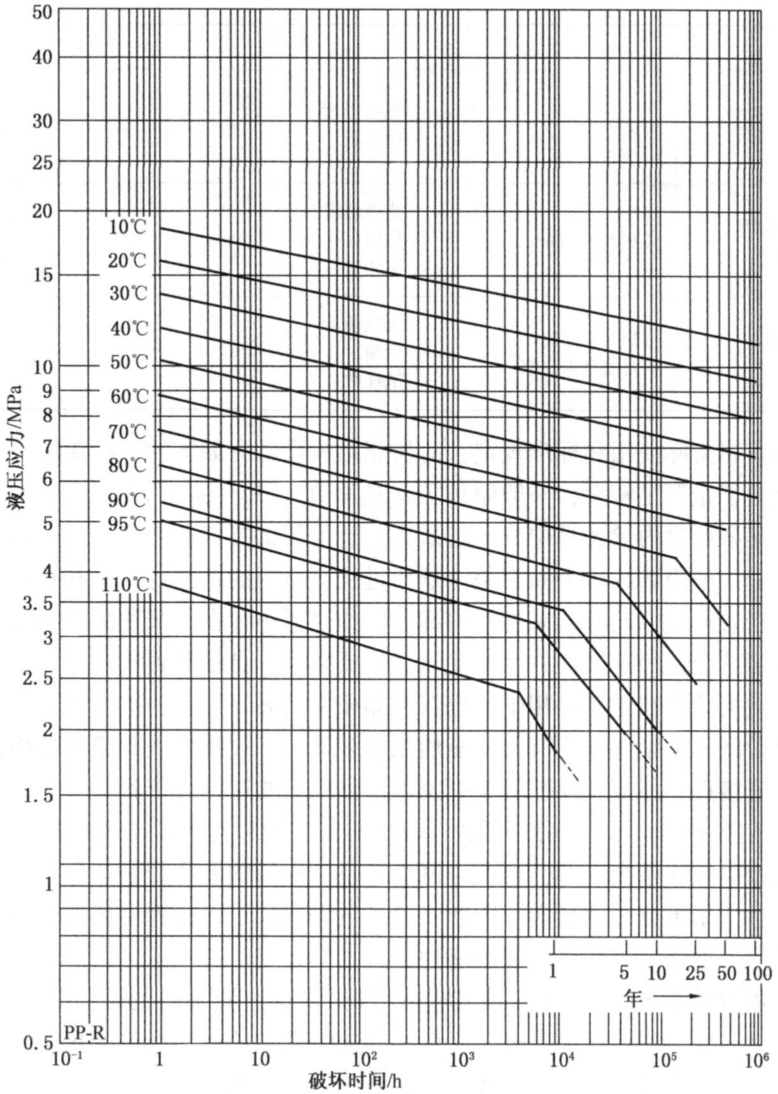

图 7-6　PPR 管在不同温度下长期液压试验曲线图

表 7-21　ISO/15874—2003 中所规定的对 PPR 管材理化特性要求

特　性	要　求	参　数	指　标
纵向收缩率	≤2%	测试温度 持续曝置时间(烘箱中) 壁厚≤8mm 8mm<壁厚≤16mm 壁厚>16mm 试样数	135℃ 1h 2h 4h 3 个
在静水压下热稳定性	在试验过程中不破裂	试验条件 环应力 温度 测试时间 试样数	 1.9MPa 110℃，水/空气中 8760h 1

续表

特　性	要　求	参　数	指　标
抗冲击性 (Charpy 摆锤法 ISO 9854)	<10%	测试温度 试样数	0℃ 10
熔体流动速率 (专用料)	≤ 0.5 g/10min	测试温度 负荷 试样数	230℃ 21.6 kPa 3
熔体流动速率 (管材)	与专用料相比 最大偏差为 30%	测试温度 负荷 试样数	230℃ 21.6kPa 3

为了满足管材实际使用和标准规定，对树脂结构设计有如下的一些要求[21,22]：

(1) 树脂分子量要足够大，一般熔体流动速率在 0.5g/10min 以下，通常在 0.3g/10min 左右，可以说是各种聚丙烯牌号中分子量最大的。为什么要如此之大，还得自管材长期负荷下断裂过程说起。聚丙烯的这种断裂是一蠕变过程，材料的粘弹行为使其在长期负荷作用下产生蠕变，即产生形变，此时如果材料内部在制作过程中存在着某种微小裂纹，那末在蠕变过程中这些微裂纹会慢慢扩展，并逐渐变大，形成裂纹，自量变到质变，最终导致材料快速断裂。初始的微裂纹存在于非晶相中，也在非晶相中扩展，显然，扩展快慢和结晶相晶粒多少，大小和晶粒间联系紧密程度有关。显然晶粒多又小，裂纹扩展时遭遇阻挡就多。而如晶粒之间有许多连接点，那末裂纹扩展就更困难。晶粒间的连接可依赖于“系带分子(tie molecule)”。所谓系带分子即一个大分子链由于其十分长，可以进入若干个晶片中，这样此大分子链就可把几个晶粒联系在一起，形成一网络体系。树脂的平均分子量愈大，特别是很高分子量级分的存在，系带分子就愈多。因此，分子量大有利于提高管材韧性，很重要的一点是让系带分子增多，加强阻止裂纹扩展的能力。

(2) 必须用少量乙烯(3%~4%)或其他 α-烯烃共聚。共聚目的是破坏大分子链的规整性，以降低其结晶度，减薄片晶厚度，降低结晶的熔点，还可降低玻璃化温度。大分子链上存在着较长的支链，使系带分子从晶片中拔出更困难，其抵止裂纹扩展的作用能力更大。当然共聚时乙烯或其他 α 烯烃应能比较均匀地分布在聚丙烯主链上。

(3) 树脂分子量分布应稍宽。分子量分布宽有利于系带分子的产生；也有利于提高剪切速率对剪切黏度的敏感性，使原本分子量很高的树脂加工性能能得到改进；有利于挤出成型。M_n/M_w 最好在 5~6 之间。

此外，在需要时也可以在无规共聚聚丙烯(PPR)中加入 β 晶型成核剂以增加聚丙烯的韧性，也有利于提高管材的长期性能。可选用的成核剂有二元酸的二酰胺如 *N*,*N*-二环己基-2,6 萘二甲酰胺，喹吖啶酮类化合物，周期表第二族元素金属的二羧酸盐如庚二酸钙等。Borealis 公司[23] 目前所生产的这类管材专用料牌号为 Beta PPR RA7050，MFR 为 0.3 g/10min，弹性模量为 900 MPa。由于其长期耐压性能好，因此设计应力：70 ℃，5.0 MPa/50 a，比不加成核剂者高出近 50%，管材壁厚可减薄，壁厚与外径比可取 7.4(以往产品取 6)。

郭梅芳等[24] 在用热梯度淋洗分级法(TREF)和凝胶渗透色谱法(GPC)研究热水管用乙烯-丙烯无规共聚树脂的结构时，比较了两种树脂 A 和 B，两者都有较宽的等规度分布，但

A 树脂中高等规度的级分比 B 略少，此外，A 的分子量较高且分布稍宽，并更具有双峰分布的特征，力学性能表明，A 树脂优于 B 树脂。丁健[25]等将 PPR 的熔体流动速率(MFR)由常规的 0.3g/10min，降低到 0.2g/10min，制得高分子量的 PPR，并调控高分子量级分和低分子量级分的比例。他们认为高分子量的分子链能起到成核剂的作用，而低分子量级分易于结晶，有较快的结晶速率和相近的结晶度，从而具有较高的刚性，此外由于前述的成核剂作用，晶体平均尺寸较小，导致材料有较好的韧性。Sabic 公司的 Litvinov 等人[26]研究了 PPR 管在高温和液压下储存长时间后的形态、分子活动性和破坏行为变化，所用的管材专用料的性能为：MFR 为 0.3g/10min，乙烯含量为 4%，^{13}CNMR 核磁共振谱分析，PPP 为 89%(摩尔)，PPE 为 10%(摩尔)，EPE 为 1%(摩尔)，等规，无规和间规级分分别占 90%，6%，4%，$M_n=155\times10^3$g/mol，$M_w/M_n=4.7$。

目前在国际市场上比较常见的适合热水管用的 PPR 牌号如 Sabic 公司的 Vestolen P 9421，Borealis 公司的 RA 130E-2491，和 LyondellBasell 公司的 Hostalen PP H5416 等。过去我国石化企业由于所采用的聚合催化剂和生产工艺的限制，长期以来国内 PPR 树脂整体性能较进口产品略差，而管材的挤出工艺要求又苛刻，因此主要表现在性能不稳定，加工性能不好，大口径管道容易产生开裂。但近年来已陆续试制成功 PPR 管材专用树脂并投入生产。中国石化北京化工研究院运用新型内给电子体 ND 催化剂与扬子石化公司合作，从管材料的加工性与使用性角度考虑，开发出具有高的抗冲击性能和足够的刚性，长期抗蠕变性能优良，易于加工的 PPR 专用料 R503。用 R503 生产 PPR 产品强度高，易加工，产品性能已达到国外先进水平。其产品的主要性能见表 7-22。

表 7-22　PPR 专用树脂 R503 主要性能指标

熔体流动速率/(g/10min)	弯曲弹性模量/MPa	弯曲强度/MPa	屈服拉伸强度/MPa	拉伸断裂伸长率/%	悬臂梁缺口冲击强度(23℃)/(J/m)	热变形温度(0.455MPa)/℃	维卡软化温度/(10N)/℃	熔点/℃
0.2~0.3	>850	>29	>26	>450	>24	>82	>137	<146

7.3.5　聚丙烯流延薄膜(Casting Film，CPP)

聚丙烯流延薄膜的特点为：透明性好，光泽度高，膜挺度和阻湿性好，耐热又易于热封，比聚乙烯薄膜更适合快速包装需要，还可进行金属蒸镀，及和其他薄膜复合。广泛用于食品、药品、化妆品、纺织品等包装中，其中以食品包装用量最大，包括各种糖果、汤料、调味品和高温蒸煮袋等。CPP 薄膜生产有单层挤出流延和多层复合共挤流延两种方式。单层薄膜要求材料低温热封性能和柔韧性好。多层共挤流延膜一般可分为热封层、支撑层(或叫芯层)、电晕层三层，在材料的选择上较单层膜宽，可分别选择以满足各个层面的要求，赋予薄膜以不同的功能和用途。其中热封层要进行热封，要求材料的熔点低，热熔性要好，热封温度要宽，热态强度要高；支撑层对薄膜起到坚挺作用；电晕层要进行印刷或金属化处理，要求有适度的表面亲合能力。因此对助剂(防粘连剂和润滑剂等)的选用应有严格的要求。近年来流延膜生产发展趋势是：①膜幅加宽达到 6m，膜幅加宽后同一产量可以采用较慢的速度，这样物料在冷辊上可以停留长一点的时间，膜的透明性和光泽度更好。②在复合膜生产中采用多通道机头，屏障型螺杆，精确卷取装置等。③采用熔体流动速率更小的树脂(例如芯层均聚物采用 $MFR=1\sim3$g/10min，面层共聚物采用 $MFR=7\sim10$ g/10min)以增加膜的挺度。

7.3.5.1　流延膜生产过程

聚丙烯树脂在挤出机中被熔化后，通过一T字型机头狭缝(通常此间隙约为0.4~1mm)挤出成薄的膜片，靠气刀喷出的压缩空气把膜片吹贴到冷却辊上，快速进行冷却，在此过程中膜片经受一定程度的拉伸减薄作用，最终形成薄膜(厚度为25~60μm)，再进一步冷却，经测厚、电晕处理、裁切边料，最后卷取成料卷。详情可参见第八章。

7.3.5.2　流延膜对树脂要求

从树脂品种看，均聚聚丙烯，无规共聚聚丙烯(与乙烯，1-丁烯共聚等二元共聚物，与乙烯/丁烯共聚的三元共聚物)和多相共聚聚丙烯(嵌段共聚)都有采用。均聚物和无规共聚物都可用于单层膜中。在复合膜中均聚物主要用作支撑层。无规共聚物由于熔点降低，适用于热封层和电晕层。多相共聚聚丙烯主要用于高温蒸煮袋用膜。

流延膜生产中常遇到的问题[27,28]是：

① 颈缩现象。即物料离开机头后，幅宽变窄，影响薄膜宽度和厚度控制。

② 边缘增厚现象。即膜的边缘厚度大于中间厚度。这是起因于边缘处在被拉伸时，是受着单向拉伸应力，而其他地方发生形变是因为是受着双向的平面应力。

③ 可拉伸性。从理论上讲，流延膜是无取向性的，但实际操作中，冷辊上物料的速度总是快于机头出口处物料的速度，也就是所谓有一拉伸速度或者说有一定的拉伸比。物料在经受拉伸时，常会出现两种情况：一是拉伸比一大，薄膜就被拉断，另一是出现拉伸共振，这是生产中的一种“不稳定”现象。即当机头出口处和冷却辊间薄膜的拉伸比超过一定时，薄膜厚度和宽度产生周期性的波动或振荡。这种现象在纤维纺丝和吹塑薄膜中也常遇到。

以上这些问题的产生都影响产品的质量。这些问题除了一部分可以从工艺操作中加以调整予以解决外，还应该在树脂质量上加以注意[29,30,31,32]。

从流变学的角度分析，在流延过程中，物料离开机头到达冷却辊前，是一直处于拉伸流动中，因此熔体如拉伸黏度或熔体强度较低，则有利于拉伸，但需要一定的应变硬化性能相配合，才能使拉伸过程中，膜不易被拉破。Lee等[33,34]在研究流延工艺后认为，树脂熔体在拉伸时可出现拉伸变稠和拉伸变稀两种不同的情况，拉伸变稠的熔体例如LDPE有利于拉伸过程的稳定，而拉伸变稀的熔体，例如HDPE则相反。

Chai等[35]认为熔体的弹性较高，有利于减小颈缩现象，而熔体的黏性有利于拉伸，因此要获取良好的流延性能，在熔体弹性和黏性间应有一综合平衡。熔体弹性和黏性可从动态流变仪来获取信息，并根据一定耗损模量G''(例如500Pa)时熔体弹性模量G'大小来分析比较。

Aniunoh认为[36]当机头温度一定时，加大拉伸比或降低树脂分子量都会使颈缩现象加剧，后者是因为聚合物黏度降低使边缘增厚部分对颈缩所起的抑止作用减弱。

关于流延过程的稳定性问题，Silagy等人研究[37,38]认为，是和树脂黏弹行为有一定的关系，如以Deborah数对拉伸比作图可得到一稳定的操作区域，见图7-7。

Deborah数是树脂松弛时间和工艺特征时间h/μ_0的比值，式中h为机头出口到冷却辊间的距离，μ_0为物料初给速度。树脂松弛时间可由动态流变仪先求得切变速率和黏度的关系，再用Cross方程求取。当Deborah数小时，松弛时间短于工艺特征时间，熔体有足够时间松

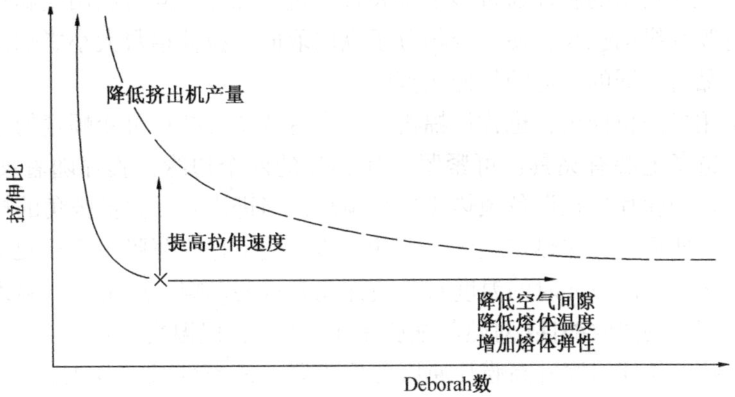

图 7-7 Deborah 数和拉伸比关系图

弛其应力，因此可以进行高度的拉伸。相反，当 Deborah 数大时，熔体一直是处于受应力状态。拉伸比一大就会出现振荡和不稳定现象。

由以上分析可大体上看出流延工艺对树脂性能的要求：

① 树脂分子量的选择首先要根据挤出设备功率、机头口模尺寸、允许操作参数等来定。分子量低者，熔体拉伸黏度也较低，有利于加大拉伸速度，但分子中有适度的缠结(或有一点长支链)，使熔体呈现拉伸变稠，或有一定的应变硬化性能。

② 一般讲，树脂分子量大时，如分布又窄，则其熔体松弛时间长。当树脂分子量小时，如分布宽，则松弛时间也会长。但考虑到流延法用的树脂一般分子量都比较低，因此分布窄者更好些[39,40]。

③ Toft 等[41]在研究挤出涂覆工艺时指出熔体低的剪切黏度和高的 η_e/η_a 比值，有利于在颈缩和可拉伸性间找到平衡。其中 η_e 是拉伸黏度，而 η_a 是剪切黏度。茂金属聚烯烃很窄的分子量分布和低的熔体拉伸黏度有利于流延工艺，但弹性低和熔体强度低会使颈缩严重。但不少茂金属聚烯烃常在聚合过程中生成少量的长支链，则有利于上述两者间的平衡。

④ 流延膜另一问题是如何降低膜的热封温度。杨鸣波[42]等研究认为在聚丙烯的各种晶型中 γ 晶型熔点最低，结晶温度和冷却速度影响 γ 晶型形成，结晶速度愈慢，γ 晶型愈易形成。而 γ 晶型形成是由于共聚单体插入阻止等规链段进入 α 晶格中所致，如共聚单体链段较短，且分布比较均匀，则 γ 晶型更易生成。而茂金属聚丙烯也较易生成 γ 晶型，所以也是它体现这方面的优异性原因。

7.3.6 双轴拉伸聚丙烯薄膜专用树脂（BOPP）

7.3.6.1 BOPP 生产过程简述[43]

目前生产 BOPP 的方法大都采用平面双向拉伸法，部分电容器膜用管膜法生产。管膜法是在吹塑膜泡同时将膜泡进行纵向和横向拉伸。平面双向拉伸法是将树脂通过挤出机制成厚的膜片，这一步在工艺上和制取流延膜基本上是相同的。膜片然后在专用拉伸机内，在一定温度和速度下进行拉伸，再经适当热定型和冷却或再经特殊加工如电晕和涂覆等工艺而成(详情可参见第八章)。

平面双向拉伸法制 BOPP 膜时，分为一步法和两步法，目前工业生产以两步法为多。一步法是同时进行纵向和横向拉伸。两步法中多先进行纵向拉伸，再进行横向拉伸。

纵向拉伸是先将挤出的膜片通过多个金属辊筒进行加热，同时利用金属辊不同转速所产生的速度梯度将膜片纵向拉长，使聚合物分子纵向取向。拉伸倍数大小影响薄膜的机械和物理性能，不同产品有不同的合适的拉伸比范围。

横向拉伸采用横向拉伸机，也称拉幅机，机中有两条支撑在可变幅宽的导轨上的无端回转的特制链条，链条上装有夹具，可紧紧夹住膜片的两个边缘，膜片随着夹具在导轨上运动。已经纵向拉伸的膜片先在设备预热段进行预热，当进入有较大扩张角的拉伸区时，膜片在横向就被拉伸。然后，再在热定型区进行定型及松弛(有些薄膜不需热处理)。最后冷却完成横向拉伸工艺。横向拉伸时的温度对薄膜性能有重要影响。通常，低温条件有利于提高薄膜性能，增加薄膜的热收缩性(对热收缩膜是重要的)，但温度过低，可出现脱夹和破膜。自拉伸难易看，随着拉伸温度升高膜片屈服强度下降，断裂伸长率变大，是有利于拉伸的。但温度过高，薄膜厚度公差变坏，雾度增大，也会出现破膜现象。由于膜片已经纵向拉伸，分子纵向已得到取向，因此横向拉伸时温度应比纵向拉伸温度高 15~25℃。拉伸后两条导轨间的宽度与拉伸前两条导轨间宽度之比定义为横向拉伸倍数。提高横向拉伸比可改善横向厚度的均匀性，提高薄膜横向强度，使横向热收缩率增大。但倍数过大，易出现破膜现象，降低成膜率。通常，较厚的膜和纵向强度要求较高的薄膜，横向拉伸比要小些，热收缩膜及一般包装用膜横向拉伸比可大些。

横向拉伸后要进行热定型，热定型的目的是加速大分子的二次结晶，消除薄膜的内应力，提高结晶度，降低薄膜的收缩率。BOPP 的热定型温度为 145~165℃，时间 3~6s。横向拉幅机的最后区段是冷却段。其目的是防止在较高温度下产生蠕变而影响薄膜的性能。

自横向拉幅机出来的薄膜经牵引机后就可进行收卷和分切。

BOPP 薄膜生产速度近年来提高很快，目前最高已达 350~400m/min 以上。

常用 BOPP 薄膜拉伸工艺条件举例如下：

部　位	拉伸倍数	温度 / ℃	备　注
纵向拉伸			
预热	4.5~5.5	120~145	具体条件取决于原材料品种和牌号
拉伸		95~130	
定型		120~145	
横向拉伸			
预热	7.5~9	175~180	预热温度决定于单位时间内的产量，产量高，温度高
拉伸		156~162	
定型		165~175	

7.3.6.2　聚丙烯半熔态时的拉伸性能

如上所述，BOPP 生产过程中双向拉伸是决定产品性能最关键的阶段，而这一步是在聚丙烯熔点以下进行的。因此详细了解聚丙烯在这种半熔融状态下的形态结构和其受拉伸应力发生形变的过程，对于从原理上掌握 BOPP 生产是有帮助的。目前国内外的学者研究得比较多的是单向拉伸[44]和双向同时拉伸[45]时聚丙烯形态结构和形变情况。

(1) 半熔态聚丙烯形态结构　Kamal[46,47]等认为在进行双向拉伸前，物料可看作是一个网络结构，它由三部分所构成：①残余的“未熔融”的结晶相；②树脂非晶态相熔体；③一种“结构化”的熔体。后者是指极不稳定刚熔融的片晶。所谓“结构化”是指这些“刚熔融”的分子链还处于高度的有序(不太缠结)状态，以有别于非晶态相的缠结的分子。他们在研究不同等规度的聚丙烯对双向拉伸行为的影响时发现：由于通常膜片进行双向拉伸时，其温度都低于但接近于树脂的熔融温度，也就是处于半熔融状态。图 7-8 为他们研究所用的不同等规度的聚丙烯在不同温度下树脂结晶相(残余)和熔融相(结构化熔体)的含量情况。由图可见，在 150℃时，PP3 只熔融了 13%，PP2 只熔融了 18 %，而 PP1 却熔融了 33%。而且，在同一拉伸温度下，随着等规度提高，残余结晶相增多，结构化熔体减少。

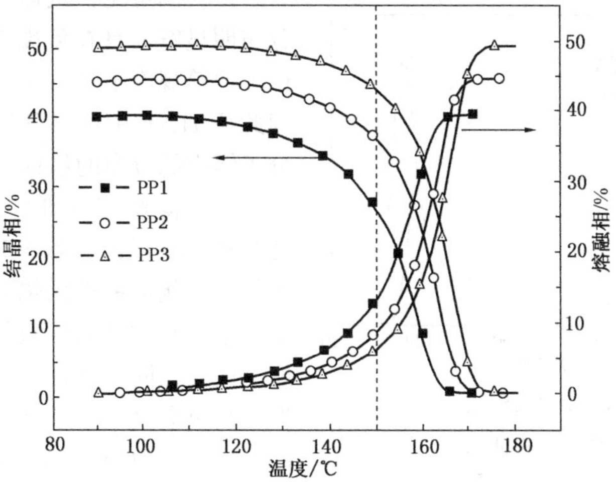

图 7-8　不同等规度的聚丙烯在不同温度下熔融情况[45]

PP1、PP2、PP3 系用同一种催化体系所制得，其二甲苯不溶物分别为 94.9%、98.6%、99.5%，其熔融温度 T_m 分别为 160.1℃、163.8℃、168.1℃

如果将 DSC 所测得的树脂熔融峰值 T_m 与拉伸时物料温度 T 之差设为 ΔT，则 $\Delta T=T_m-T$。此 ΔT 可以表示在此温度 T 时树脂“欠熔融程度”。用 ΔT 对结晶相和熔融相含量作图，见图 7-9。

从图 7-9 可看出，残余结晶相含量主要取决于“欠熔融程度” $\Delta T=T_m-T$。如果 ΔT 一定，残余结晶相含量则随着等规度提高而增加。

此外，由于聚丙烯的结晶和熔融主要取决于等规度，等规度还影响球晶和片晶的形态，在结晶温度相同下，结晶度高者，晶粒尺寸也大，这是因为球晶增长速度快。球晶大者结晶也更完整，因此热稳定性更高。所以等规度高者，晶片厚度增加，熔融温度升高。

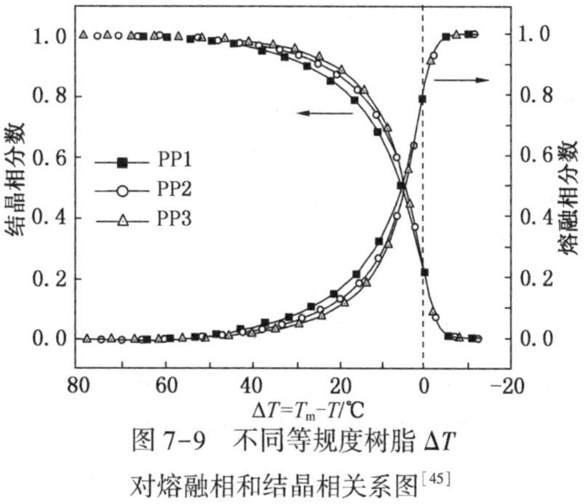

图 7-9　不同等规度树脂 ΔT 对熔融相和结晶相关系图[45]

但通常以二甲苯不溶物或庚烷不溶物来表征聚丙烯的等规度，实际上是一个平均值，由于聚合时催化剂的多活性中心的原因，树脂分子链内和分子链间其等规序列分布是不均一的。也就是说各个分子链内等规序列可以是不一样的，而且长短也可以不同。这是为什么有些树脂其二甲苯不溶物或庚烷不溶物都相同(即所谓等规度相同)，其熔融特性仍不同的主要原因。等规序列分布(或简称等规度分布)通常可从升温淋洗分级法(TREF)所得到的曲线中看出。因为在聚丙烯中，只有长度达到一定的等规序列链段才能结晶，最长的可结晶等规序列决定了一个分子链最高的结晶温度(也影响熔融温度)，在TREF分级过程中，等规序列最长链段先形成稳定的结晶而被分离出来。图7-10表示两个不同等规度的聚丙烯，其TREF曲线图[48]。

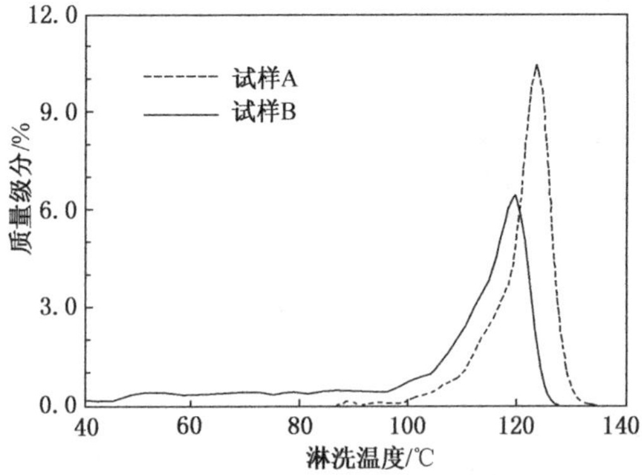

图7-10　两种聚丙烯树脂升温淋洗分级TREF所得曲线[48]

该两种树脂系用同一种Z-N催化剂，在不同烷基铝/外给电子体比例下制得，试样A的二甲苯可溶物为1.2%，而B为15.0%

由上图可见，试样A分布较窄，试样B分布明显宽，且在低端有较长拖尾。两个试样不但等规度不同，而且其分布也明显不同。因此从TREF中可得到等规序列链段在树脂分子链中的分布的信息。

杨玉良等[49]在研究等规度分布对聚丙烯结晶和熔融行为的影响时指出，对于分子量和等规度相似的聚丙烯来说，等规度分布的不同不仅影响结晶的成核作用和结晶增长速度，而且在同一条件下，可改变结晶的完整性，甚至会改变平衡熔融温度，形成不同的晶型。树脂中分子链立构规整度分布，决定着树脂结晶度，晶粒大小，结晶形态，结晶完整性等等，从而影响到材料力学性能。

树脂等规度分布的不同是起因于催化体系本身的特性，如要加以改变，必须研究催化体系和树脂等规度内在的关系。此外利用共聚单体来破坏可结晶序列长度，特别在多级串联反应中按一定顺序加入共聚单体是在工业生产中常用的有效方法。杨德才[50]等在研究共聚单体对无规共聚聚丙烯的结晶行为的影响时也认为乙烯单元的含量和分布不同明显影响树脂的结晶和形态。乙烯含量愈高，片晶厚度愈薄，熔点也愈低，这种效应在高等规的级分中更明显。

(2)半熔态树脂的拉伸性能　Phillips等(51)在研究BOPP时认为，聚丙烯进行单向拉伸时，其应力-应变曲线大体上可分为4个区域。区域1中应力与应变呈线性关系，形变很小且可逆。此种可逆的形变是和非晶相区分子链的拉伸和片晶的取向有关，也就是直接和当时树脂的结晶度有关。区域2为屈服区，出现塑性变形，晶粒从此开始逐步被破坏。区域3是拉伸区，片晶形态逐渐转变为纤维形态，区域3的终了，完成纤维结构的转变，从区域4开始即出现拉伸硬化现象，形成取向的纤维结构。这种现象也可从双向拉伸时随着拉伸比的增大，应力变化情况而看出，见图7-11。

图中的拉伸应力σ_d是使结晶由片晶变为纤维时所需应力，σ_y为屈服应力，$\sigma_{y,act}=\sigma_y-\sigma_d$，因为使结晶开始破坏所需的应力往往大于后续拉伸所需的应力。σ_m为达到最终拉伸比(一般最大为6×6)时之应力，$\sigma_h=\sigma_m-\sigma_d$，表示应变硬化应力。

若将DSC中试样再次加热扫描时，如总的熔融热焓设为ΔH_r，在曲线下某一温度之吸热区所占比例为f，结晶度为100%的iPP平衡熔融热设为ΔH^*($\Delta H^* = 165$J/g)，则可以把$(1-f)\Delta H_r/\Delta H^*$定义为结晶度指数，表示在某一温度下结晶度的大小。将$(1-f)\Delta H_r/\Delta H^*$对

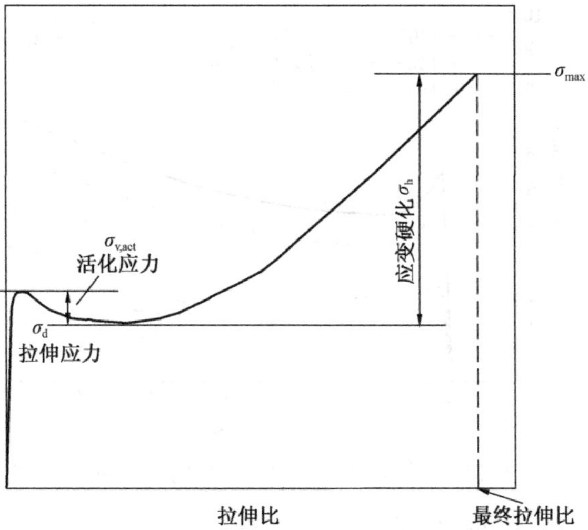

图 7-11　聚丙烯进行双向拉伸时随着拉伸比的变化，拉伸应力变化情况[51]

屈服应力 σ_y 作图，见图 7-12。

由图 7-12 看出，有两个参数对屈服应力有影响，即在某一温度下的 f 和此温度下的 ΔH_r。拉伸温度和树脂的等规度都对 f 值有影响，ΔH_r 也受等规度影响，而屈服应力和结晶级分间的影响又是非线性的。还可看出，低屈服应力的树脂对加工温度的影响不太敏感，拉伸温度高者，膜的结晶度高，密度也高，膜的模量也高，而对于断裂时伸长率而言则相反，提高拉伸温度，减弱了取向，也加大了断裂时伸长率。所以提高拉伸温度，有两个相反的因素在竞争，结晶度提高，但取向降低。

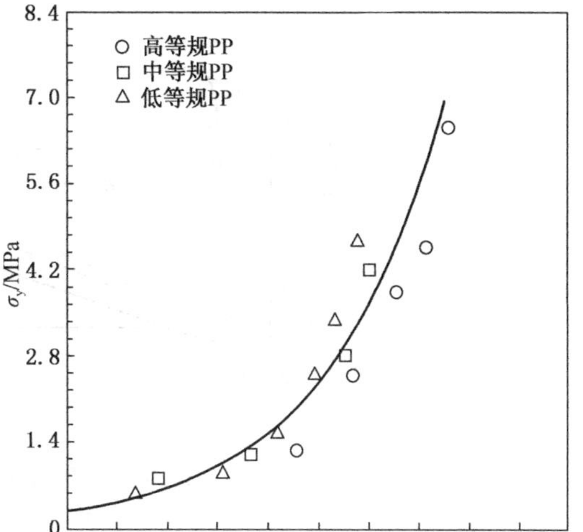

图 7-12　$(1-f)\Delta H_r/\Delta H^*$ 对屈服应力 σ_y 作图[51]

Kamal[45]研究了聚丙烯在单向拉伸时应力应变变化情况，见图 7-13。由图可看出，随着温度上升，应力减小，曲线变得平坦，尤其是屈服现象逐渐消退。

不同温度下，单向拉伸时应力-应变变化曲线，见图 7-13。

由图可看出，半熔态树脂的形变是和温度密切相关的，在 140~155℃范围内是典型的韧性形变，出现屈服点、颈缩和应变硬化。在 158℃，屈服点消失，在小形变处略有一平台。温度到达 160℃曲线呈现类似橡胶状形变。

Kamal 认为高聚物缠结网络的拉伸行为可用下式表示：

$$\sigma_T = G\left(\lambda^2 - \frac{1}{\lambda^4}\right)$$

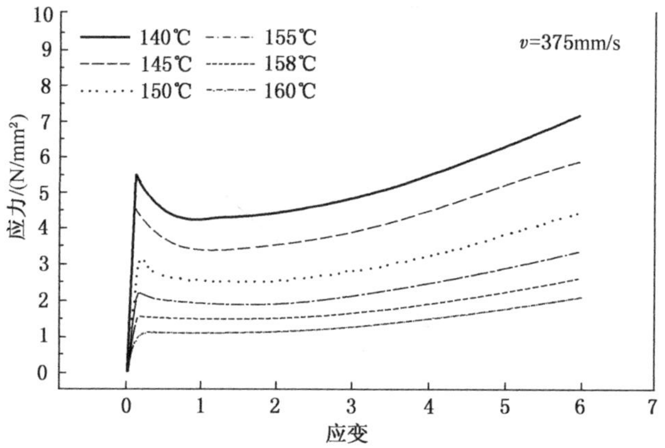

图 7-13 不同温度下，单向拉伸时应力-应变变化曲线

式中，σ_T 为真应力；G 为网络模量；λ 为拉伸比。

流延膜在双向拉伸时，形变经历两个过程，一是屈服区，另一是屈服后的区域。以流延膜在 150℃ 下双向拉伸时的真应力(形变速率为 $1s^{-1}$)和拉伸比作图，见图 7-14。

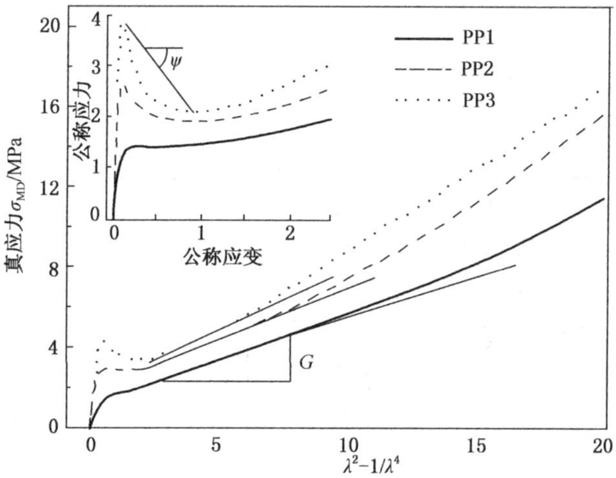

图 7-14 150℃下不同等规度树脂(λ^2-1/λ^4) 变化时，拉伸应力变化情况[45]

由图可见，随着树脂等规度提高，拉伸应力是增大的，屈服应力也增大。屈服行为还可从上侧小图中看出，随着树脂等规度提高，公称屈服应力也逐步增大，PP2 和 PP3 都出现明显突起。正如上述，等规度高者晶片尺寸也大，因此晶片尺寸大者双向拉伸屈服应力增大，这不利于拉伸操作。

以此三种等规度不同的树脂在相同的 ΔT 下的真应力对(λ^2-1/λ^4)作图，见图 7-15。

由图可见，三者屈服点形状不同，屈服应力随等规度提高而增大。屈服后的其他区三者几乎相同。其公称拉伸应力和模量 G，也十分近似(见图 7-16)。拉伸应力和 ΔT 几乎呈线性关系。

他们的研究还认为：成品膜结晶度、熔融温度、晶粒尺寸和面内取向程度取决于拉伸

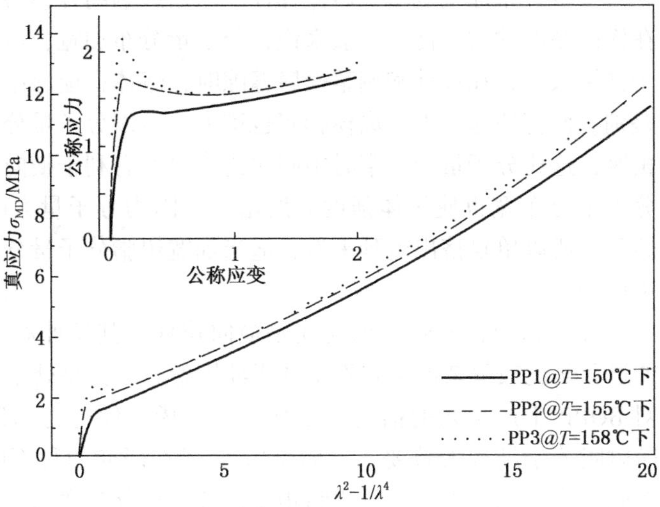

图 7-15　不同等规度树脂在不同温度下，(λ^2-1/λ^4)和拉伸应力关系[45]

比、拉伸温度和欠熔融程度 ΔT；成品膜的拉伸强度和断裂时伸长率和面内取向程度及结构化熔体量、残余结晶量有关；成品膜的弹性模量与结晶度及系带分子多少有关；雾度和晶粒大小有关，当 ΔT 在 14 左右时呈现最佳值。

由上分析可见，BOPP 生产过程中，控制树脂在拉伸工艺条件下的残余结晶含量是十分重要的一个因素。而这一点正如上面所分析那样，是和树脂的等规度和等规度分布密切相关的。

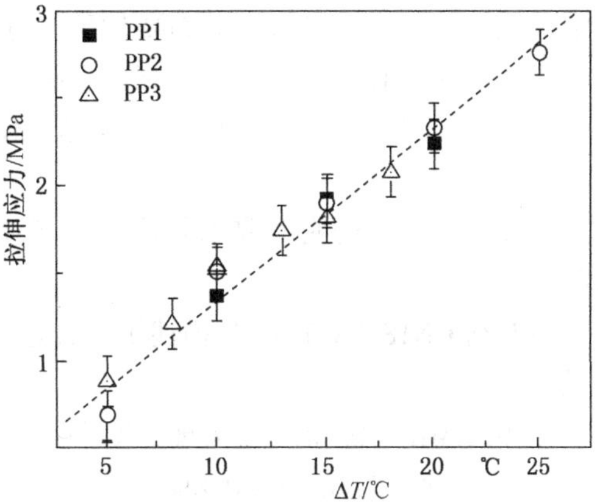

图 7-16　不同等规度树脂在 ΔT 相同时，(λ^2-1/λ^4)和拉伸应力关系[45]

7.3.6.3　加工 BOPP 时对树脂结构要求的探讨

(1) 挤出流延过程　在此过程中树脂呈熔融状态，影响挤出是其熔融态的流变性能。在相同转速下，熔体黏度大，挤出机功率加大。熔体在通过机头狭缝模唇呈片状流延到冷却辊上时，一方面在其宽度方向各点向前流动必须均一，同时在其厚度方向也应一致，才能最后得到厚薄均匀的薄膜，而且还不能发生熔垂现象。一旦发生熔垂，膜片两边缘变厚，片幅宽变窄，成膜率下降。熔体黏度和膜片厚度上的均匀性，以及熔垂现象和树脂分子量与分子量分布有关。BOPP 用的聚丙烯分子量大小，主要是取决于最终所需薄膜的性能，当然也受加工条件所制约。分子量大，膜的强度高，但熔体黏度也增加，拉伸时所需力也增大。因此需作综合平衡，生产实践证明，目前生产 BOPP 所用的聚丙烯均聚物的熔体流动速率为2~4g/10min，共聚物为 4~7g/10min。树脂分子量分布变化也会影响熔体的黏度，一般来说，分子量分布加宽会提高剪切速率对熔体黏度敏感性，同一剪切速率下(例如，相同螺杆转速下)

熔体黏度有所降低。分子量分布加宽也增大熔体弹性，从而影响离开模唇时熔体膨胀，加宽膜片的厚度，以及在横向厚度的均一性。一般来说，分子量分布加宽，熔体弹性增大，离模膨胀率加大。又由于弹性效应，在设计和调整模唇缝隙时，熔体在模唇中部和边缘处流动时剪切速率常有一定差别。而剪切速率大，离模膨胀也增大，所以分子量分布加宽，会使膜片趋向于边缘比中间稍厚，这比分子量分布窄时中间比边缘厚要有利于横向拉伸，因为后者易导致拉伸时膜破。分子量分布宽也使熔体强度有所增大，因为分子量大的级分易于相互缠结，这有利于减轻熔垂。所以单自挤出流延来看，适当加宽树脂分子量分布是有利的，但要使离膜膨胀率变化尽可能小。

(2) 拉伸过程　前面已指出，不管是纵向还是横向拉伸，其拉伸温度都在树脂熔点以下，所以 BOPP 拉伸过程是比较复杂的。它不是处于纯熔融态，而是处于有大量结晶的半熔融状态中。从以上对 BOPP 生产工艺的描述和半熔态聚丙烯拉伸行为的讨论中，不难看出 BOPP 生产对聚丙烯树脂分子结构大致要求。周恩乐等[52]在研究两种不同的聚丙烯分子结构与结晶行为的关系时认为，和分子量窄的树脂相比，分子量分布宽的树脂中极高分子量的那部分 PP 链段在冷却结晶过程中，在其他链段还处于熔融状态时，它首先起着成核作用，产生大量的“晶核”。加快结晶速度，加上少量乙烯的引入，使总体结晶度降低，晶粒变小，结晶缺陷增多，出现枝叉状结晶，而分子量低的部分又有利于物料流动，这些都是拉伸工艺所要求的。Liu Yonggang 等[53]比较了两种聚丙烯树脂后，认为更适合高速加工的 BOPP 树脂要求较低的等规度，等规度分布要均匀，分子量较高但分布要宽些。由此可看出，既要使树脂在拉伸条件下有一定的强度，高分子级分有一定含量，且有一定等规序列长度，但其长度又不能太长，以免生成较多的较厚片晶，使熔点提高，并使膜在拉伸温度下，屈服应力过高，不利于拉伸进行。

此外在一些对透明度要求较高的薄膜中，如香烟包装膜，则需要将分子量分布适当调窄些。

在专利 CN1810871 中[54]描述了一种适用于制备高挺度 BOPP 膜的聚丙烯组合物，其特征是：

① 用 NMR 所测得之立构规整度指数至少为 97%；

② 乙烯含量为 0.3%~0.8%；

③ 采用 Crystaff 结晶分析分级仪测定聚合物的结晶分布曲线，其分散指数 R 小于或等于 2.0；

④ 树脂二甲苯可溶物低于 2.6%；

⑤ 熔体流动速率为 1~3g/10min。

在专利 CN101058654[55]中描述了一种制备适用于 BOPP 的宽分子量分布聚丙烯树脂的方法，系采用高活性、高立构选择性的 Z-N 催化剂，在不同的氢浓度下采用两步或多步聚合制备具有宽分子量分布的丙烯聚合物，通过调节或控制不同氢浓度下催化剂活性中心的定向能力，来改进最终树脂中分子链立构规整性的不均匀性，使低分子量部分的立构规整性提高，而高分子量部分的立构规整性降低，使最终聚合物的综合性能得到提高。

为了改进聚丙烯加工生产 BOPP 的性能，Phillips 等[45]以 Z-N 催化剂所制得的聚丙烯与用茂金属催化剂所制得者进行共混。通常 Z-N 催化剂所制得的聚丙烯，要使拉伸性能好，常采用降低等规度方法，但降低等规度又会同时降低结晶度，从而也降低了膜的刚性和阻隔性。而茂金属催化剂所制得的聚丙烯要降低其熔点，则可以通过调节其等规度，以及改变其“插入错误”(包括立构错误和区位错误)，使树脂熔点降低而不太影响其性能。但茂金属聚丙烯的分子量分布和等规度分布都比较窄，使可加工范围也比较窄。所以如果把两者混合使用，则可以取长补短，优化了加工性能和产品性能之间的平衡。Kim 等[56,57]则将一种丙烯/乙烯无规共聚物与高结晶等规聚丙烯共混，由此所制得的 BOPP 比由普通均聚聚丙烯所制得者有更好的挺度。

7.3.6.4 中国石化北京化工研究院开发 BOPP 专用树脂情况

当前 BOPP 专用料用量在聚丙烯的总消费量中接近 10%，是聚丙烯单一品种用量最大的，国内外生产聚丙烯的企业都十分重视 BOPP 专用料的开发。目前，BOPP 专用料主要发展方向：一是适应高速拉膜，提高 BOPP 生产效率；二是提高 BOPP 的挺度，减少 BOPP 制品厚度，降低成本，同时提高包装速度和品质。

BOPP 专用树脂的生产有均聚法与共聚法两种。对于均聚法 BOPP 专用料来讲，等规指数是最为关键的控制指标之一，也是生产中的控制难点。树脂的等规指数越高，其结晶速率就越快。在纵向拉伸后，高等规的 BOPP 树脂分子迅速结晶，横向拉伸时往往会产生破膜现象。另外，专用料分子量分布对薄膜生产工艺有极大的影响，均聚物的分子量分布愈窄，薄膜的拉伸性能和弯曲模量等综合力学性能提高，但加工工艺条件愈严格，延展性下降，不利于成膜。中国石化北京化工研究院与镇海炼化分公司联合攻关，通过对分子量和等规度精确的控制，开发出可高速拉神的 BOPP 均聚牌号 F280Z，实现了均聚 BOPP 专用料的性能较大跨越。表 7-23 为 F280Z 的基本性能。

表 7-23　F280Z 的基本性能

熔体流动速率/(g/10min)	等规度/%	清洁度/(个/kg)	黄色指数	拉伸强度/MPa	维卡软化点/℃	冲击强度/(kJ/m^2)	灰分/%	鱼眼/(个/$1520cm^2$)	弯曲模量/MPa	硬度 R
2.6	96.8	0	-2	31	152.2	3.9	0.016	1	1200	98.6

针对均聚 BOPP 专用料的等规度在生产过程中是比较难控制的情况，发展出共聚法 BOPP 专用料技术：即采用丙烯与乙烯或丁烯的无规共聚物作为 BOPP 专用树脂。通过加入微量乙烯或丁烯来调整高分子量部分等规序列分布，在保证 PP 宽分子量分布的前提下，通过在聚合物长链上插入少量乙烯，来调整聚合物等规序列分布，减少晶片厚度，提高树脂的成膜性，这样得到的 BOPP 专用树脂可以进行高速拉膜。中国石化上海石化分公司研制的高速 BOPP 专用料 F280S，中国石化茂名石化分公司高速 BOPP 专用料 EP3 T46F 及中国石化燕山石化分公司 BOPP 专用树脂 F2002 均属于此类产品。

加入乙烯或丁烯对 BOPP 薄膜的加工成型有利，但若加入不当会最终降低薄膜的力学性能，如薄膜的拉伸强度和挺度等性能。通过应用粘弹体拉伸流动稳定性理论研究成果，经过分子结构设计，中试聚合试验，树脂性能表征，树脂加工以及拉膜试制等手段，中国石化北京化工研究院与中国石化茂名石化分公司成功开发出高速高挺度 BOPP 专用树脂 F280M。该树脂用于生产 BOPP 薄膜的横向杨氏模量≥5000MPa，纵向杨氏模量≥2400MPa。与进口 BOPP 专用料相比，其模量提高 20%以上，与进口料加入 20%的增挺剂效果相当，因此能显著地降低高挺度 BOPP 的成本，经济效益显著；薄膜产品可溶物含量低，适合作高档包装材料。

7.3.7 高刚性聚丙烯[58]

由于一般均聚聚丙烯的弯曲模量在1400～1600MPa范围，因此通常所谓高刚性聚丙烯都指其弯曲模量在1700MPa以上，有的更认为应在2000MPa以上。其耐热性和表面硬度也有一定提高，常被用作汽车塑料部件和一些受力制件。

树脂的刚性与其结晶度和晶型以及结晶尺寸等有关，高刚性常和高结晶度相联系，因此这类树脂又常被称作高结晶树脂(HCPP)。普通均聚聚丙烯的结晶度一般不高于60%，高刚性聚丙烯的结晶度可以高达70%以上。而影响聚丙烯结晶行为的最主要的因素是其等规度，其次是分子量及其分布。等规度愈高，树脂结晶度也愈高。Gahleitner等[59]研究曾认为聚丙烯的弯曲模量与其结晶度呈对数线性关系，与聚丙烯等规度呈一次线性关系。因此：

(1) 对高刚性聚丙烯来说，首先要力求提高树脂的等规度，目前树脂等规度都是测其平均等规度。一般都采用二甲苯或庚烷不溶物来表示，或者更科学地采用^{13}CNMR测定所得的五单元值[mmmm]来表示，高刚性聚丙烯的二甲苯或庚烷不溶物都在99%以上，[mmmm]值应大于97%。但除了控制树脂的平均等规度外，从更深一步来考虑还应该尽可能加大等规序列的长度(meso run length，MRL)。它通常可以从^{13}CNMR谱的五单元值中求取

$$\mathrm{MRL} = 2\times[\mathrm{mmmm}]/[\mathrm{mmmr}]$$

对高刚性聚丙烯此值最好在300以上。

当树脂等规度和分子量相同时，等规度分布(或称立构规整性分布)不同，也会影响成核和结晶成长速率，甚至影响结晶完整性和晶型等。因此除树脂平均等规度要高外，在立构规整性分布中，高等规度的级分含量要高些，而且这些级分的等规链段长度要长。TREF分级法对聚丙烯来说实际上是按大分子链中最长可结晶序列来分的，因此用TREF可以比较详细地了解等规序列长度和其分布。可用多种参数来表示这种关系，例如用T_p/R值[60]。其中，T_p为TREF曲线中最高温度值，

$$R = \left(\frac{T_w}{T_n} - 1\right) \times 100$$

式中
$$T_n = \frac{\sum c_i}{\sum c_i/T_i} \quad T_w = \frac{\sum c_i \cdot T_i}{\sum c_i}$$

c_i为在某一温度T_i下淋出物的浓度。

等规序列愈长，其分布愈窄，T_p/R值愈大，因此T_p/R值可以和刚性/可加工性的平衡相关联。

目前提高树脂等规度的方法都是通过在制备催化剂时选择适当的内给电子体并搭配上最佳的外给电子体以组成能产生高等规度的催化体系。

(2) 分子量和其分布的影响。李文东等[57]在研究分子量及其分布对聚丙烯力学性能和结晶行为的影响时认为：随着分子量增大，分子链增长，分子链作有序排列阻碍加大。分子链扩散进入晶相所需活化能提高，从而使结晶速度变慢，结晶度下降。由于高分子的多分散性，其高分子量级分和低分子量级分间在结晶时发生明显的相互作用，分布愈宽，这种相互作用愈明显。低分子量级分结晶速度快，首先结晶出来，生成的结晶阻碍着分子量高级分的结晶。他们的试验还说明：分子量增大，拉伸强度降低，断裂伸长率出现最大值，冲击强度也有增大趋势。随着分子量分布变窄，拉伸强度增大，断裂伸长率也增大，冲击强度则出现

最大值。这可归因于分子量分布窄时，高低分子量级分间相互影响小，结晶速率也相近，结晶粒度分布变窄，不易生成大的球晶。杨玉良等[62]认为高等规高分子量的级分明显会加快聚丙烯的成核作用，加快总的结晶速率。徐涛等[63]也认为：分子量分布对结晶度和球晶大小等有明显影响，而分子量的影响规律性较差。但总的来看，重均分子量高，结晶度是降低的。高低分子量级分间存在明显的相互作用，分布变宽，这种相互作用更明显。低分子量级分结晶速度快，首先结晶出来，先生成的结晶“冻结”了未结晶的高分子链，使总的结晶度下降，同时低分子量的级分快速结晶，导致球晶尺寸下降，球晶大小分布变宽。而分子量变宽则相反，高低分子量级分间相互作用减弱，球晶尺寸变大，分布变窄。张广平等[64]制备了双峰分布的聚丙烯，认为双峰分布聚丙烯的弯曲模量比普通均聚聚丙烯高约20%。所以目前都趋向于将高结晶聚丙烯的分子量分布加宽。但这也带来另外一些问题，分布加宽不够，则对刚性增加不显著，加宽多了，又引起在挤塑成型时所使用的低熔体流动速率树脂产生机头膨胀率过大，在注塑成型时所使用的高流动速率树脂，二甲苯可溶物多，可挥发分多和烟雾多的现象，也增加了发生翘曲的可能性。因此设法制备出窄分子量分布，高等规高刚性的聚丙烯仍是一个被追求的目标[65]。在生产高刚性聚丙烯时，为了进一步提高刚性，添加成核剂仍是一种普遍采用的办法。

北京化工研究院利用新一代ND催化剂与中国石化武汉石化分公司合作，开发出符合刚性要求，具有良好的抗蠕变性能，易于加工的高刚性高档格栅专用料D901。该牌号可以在不加入成核剂的情况下，生产高质量的格栅制品，有效降低了此类制品的生产成本。该产品经外资企业应用，各项性能指标优良，已出口欧美等发达国家及地区。表7-24为D901的主要性能指标。

表7-24　D901的主要性能指标

熔体流动速率/(g/10min)	等规指数/%	拉伸模量(ISO标准，1mm/min)/MPa	屈服拉伸强度(ISO标准，50mm/min)/MPa	屈服伸长率(ISO标准，50mm/min)/%	Rockwell硬度	维卡热变形温度/℃
0.7~1.1	>97.5	>1500	>35.0	7~10	>99	>155

北京化工研究院还利用自主开发的纳米化复合成核剂体系，成功开发出系列的高结晶聚丙烯牌号HCPP。HCPP具有高弯曲模量、高表面硬度、高耐热温度、高拉伸强度、高表面耐划伤性能、较好的表面光泽度和尺寸稳定性，并且有极快的结晶速度，可明显地缩短制品成型周期，提高生产效率，降低生产制品成本。HCPP的MFR可以从1.0g/10min调至30 g/10min。表7-25为MFR为12g/10min的HCPP主要产品性能。

表7-25　MFR为12g/10min的HCPP主要产品性能

熔体流动速率/(g/10min)	弯曲强度(ASTM D790)/MPa	拉伸强度(ASTM D638)/MPa	弯曲模量(ASTM D790)/MPa	Izod缺口冲击强度(23℃，ASTM D256)/(J/m)	热变形温度(ASTM 648)/℃
12.1	60.7	40.6	2430	26.9	139.7

HCPP系列产品主要用于制备电热水壶、电熨斗等小家电外壳、家居用品、运动器材以及儿童玩具配件等。由于纳米化复合成核剂价格低廉，HCPP聚丙烯产品经济效益显著。

7.3.8 高熔体强度聚丙烯[66,67]

所谓熔体强度是指：高聚物在熔融状态被拉伸发生形变直到断裂时，所能承受的最大应力。聚丙烯熔态的剪切黏度较低，其熔体强度也较低，这就不适应某些成型加工工艺的要求，例如发泡成型、热成型、吹塑薄膜、挤出涂覆等。

例如聚丙烯泡沫塑料的成型过程可分为：①气体产生，可用化学发泡剂在高温(即树脂熔态温度)下分解释放出气体，或用可挥发有机液体在高温下气化方法；②小气孔产生，产生的气体超过其在熔体中的溶解度就要逸出，产生气孔，气孔的形成要靠成核作用；③气孔扩大，随着气体不断产生，气孔内压力不断增大，就要向外膨胀，使孔壁变形和变薄，此时如材料的表面状态和其熔态强度和弹性能支撑住这种变形，气孔就可扩大；④气孔的稳定。由此可见，要生产密度低的泡沫塑料，很关键的是熔体强度大小。

热成型也一样，热成型过程是将塑料片材加热到所需温度(对聚丙烯而言，大约为143~166℃)用机动柱塞，气压或真空或两者结合使用造成的压差，使片材在模具上成型成与模具形状相似的制件。如熔体强度低，在重力作用下产生向下淌流(俗称熔垂)，结果是制品厚薄不均，甚至片材在成型过程中被撕破。这也是一般聚丙烯树脂不适于热成型的原因。因此提高聚丙烯的熔体强度就成为改进聚丙烯性能的一个方向。

众所周知，提高分子量，能提高剪切黏度，也能相应提高熔体强度。加宽分子量分布也能适当提高熔体强度，但长支链的存在对提高熔体强度的效果最明显。因此长支链聚丙烯也常被称为高熔体强度聚丙烯。那么多长的支链才能称为长支链，或者能起到提高熔体强度的作用？长支链的定义有多种多样，一般讲，支链的分子量至少要大于“缠结分子量”，因为只有大分子间产生缠结才能对熔体强度产生影响。也有人认为应该是缠结分子量的2.5倍。所以高熔体强度聚丙烯的基本分子结构应是：高的分子量，宽的分子量分布，长支链的存在。

和熔体强度有关的另外两个常遇到的问题是“拉伸黏度”和“应变硬化”现象。

在以上这些成型加工过程中，熔体流动的主要形式是拉伸流动，而拉伸黏度是表征聚合物熔体拉伸流动的一个重要参数。如果说测定熔体强度是观察熔体在单向拉伸时，不同拉伸速率下，力的变化(其单位常是牛顿)，那么拉伸黏度则是在一定熔融温度下，随着拉伸速率的变化，拉伸应力增长的程度。拉伸黏度 η_E 即是某一拉伸速率下拉伸应力 σ 和拉伸速率 ε 的比值，即 $\eta_E=\sigma/\varepsilon$，其单位为 Pa · s。当以拉伸速率对拉伸黏度作图时，在低的拉伸速率时，两者间呈线性关系。当拉伸速率增大到某一点后，有时随着拉伸速率加快，拉伸黏度急剧上升，这种行为被称作“应变硬化”。高聚物中分子量十分大的级分存在，或长支链的存在都会产生应变硬化现象。这也是高熔体强度聚丙烯的一种重要特性。高熔体强度聚丙烯的制备方法很多：

(1) 共混法　例如加入高分子量的 LDPE 或 HDPE。

(2) 高能辐照[70]或加入过氧化物进行反应　在聚丙烯被降解过程中，所产生的带自由基的短分子链，重新接枝到聚丙烯的主链上，形成长的支链结构[68]。

(3) 反应挤出改性　加入另一种单体和引发剂，在挤出机中进行接枝反应，生成长支链。例如 Borealis 公司的“Daploy 工艺”[69]，是在用过氧化物对树脂进行降解同时，加入另一种单体(例如苯乙烯和丁二烯)。当过氧化物分解使大分子链叔碳原子脱去氢，生成大分子自由基时，除了有部分降解断链外，所加入的单体也同时被引发与刚形成的大分子自由基反应，形成单体型的自由基，阻止了大分子链的进一步断链，使大分子链得到稳定。这种单体型自由基比叔碳原子自由基更稳定。因此此反应可在高温下于160~180℃挤出机中进行。当这种单体型自由基与其他大分子自由基结合时就生成带长支链的树脂。这种带长支链的聚丙烯具有高的熔体强度。

(4) 反应器法合成

① 有些茂金属催化剂能在聚合反应过程中，产生末端带乙烯基结构的大分子链，并同时插入到正在增长的聚合物链中，形成长支链。也可在用茂金属催化剂同时，加入对(3-丁烯基)苯乙烯，生成带乙基苯结构的长支链[71]。

② 利用多釜串联工艺，使在其中的一个反应器中生成部分分子量极高的级分，以提高其熔体强度。例如 Borealis 公司一专利中有所描述[72]。Novolen 公司专利中也是用两个反应器制备双峰分子量分布的聚丙烯，以制取高熔体强度聚丙烯[73]。

中石化北京化工研究院宋文波等[74]采用所谓“不对称加氢”技术，制得分子量宽的聚丙烯，即“在多步聚合反应中，第一和第二聚合反应加入不等量的分子量调节剂(氢)”。此工艺所制得的树脂，其熔体强度明显提高，适用于制作泡沫塑料和热成型等制品。

LyondellBasell 公司在其 Spherizone 工艺上生产出高熔体强度聚丙烯[75]，因为在这种特殊反应器中，上升区和下降区可以在不同的氢分压和共聚单体浓度下操作，因此可以制得双峰分子量分布的聚丙烯，提高了熔体强度，适合制备密度低于 $500g/dm^3$ 的泡沫塑料。

到目前为止，只有少数几个公司能提供高熔体强度聚丙烯树脂产品，长支链聚丙烯的工业生产技术还没有形成。少数公司用接枝或交联方法小批量地进行高熔体强度聚丙烯的专用料生产，或者和加工工艺结合，直接生产各种发泡和热成型制品。对长支链聚丙烯的制备和性能研究，仍在深入进行中。

7.3.9 抗冲击型聚丙烯(反应器制备聚丙烯合金)[76~79]

这是一大类共聚型的聚丙烯，因为它们具有较高的抗冲击性能，因而称为抗冲击型共聚物(impact polymer，简称 HIPP)。但又因为抗冲击型聚丙烯也可用机械共混方法来制取，为示其差别，将在反应器中直接生产出来者称为反应器制备的抗冲击型聚丙烯或反应器制备聚丙烯合金(reactor-made impact polypropylene，reactor-made polypropylene alloy)。又因为它们所含的各种乙丙共聚物与聚丙烯基体不相容，常以不同组成、形状和大小的微区分散在树脂基体中，呈多相结构，因此也有称其为多相共聚物(heterophase copolymer)。它还被称为嵌段聚丙烯，因为早先曾认为从第一反应器中物料进入第二个反应器后，由于大分子链尚有活性，在第二个反应器中会生成嵌段共聚物。而后来发现尽管树脂有些级分中有一些嵌段结构，但整体上是称不上典型的嵌段共聚物的，但一直被一些作者所沿用至今。

在反应器内制备抗冲击型聚丙烯，目前主要方法都是利用多反应器串联工艺，一般先进行丙烯均聚，然后再进行乙烯/丙烯共聚，也有的工艺在第三阶段再增加乙烯均聚。其中共聚阶段都采用气相反应。不管在均聚阶段或共聚阶段都有采用几个反应器串联的。

7.3.9.1 弹性体相——乙丙共聚物的结构和性能

HIPP 的最明显的特征是含有弹性体，而且通常都是乙烯/丙烯共聚所合成的弹性体。乙烯-丙烯共聚物的性能取决于共聚单体含量和其分布，而对于乙烯-丙烯共聚反应来说，不同的催化剂体系，所得到的共聚物组成和其分布是不同的。了解各种不同催化体系对乙烯/丙烯共聚性能的影响有助于深入理解 HIPP 的结构的特点。茂金属催化剂具有单活性中心的特征，共聚物的成分比较单一和均匀，Coto 等[80]研究了茂金属催化剂存在下，在整个组成范围内乙烯-丙烯共聚物性能，结果见表 7-26。

表 7-26　茂金属催化剂存在下，乙丙共聚物不同组成对性能的影响[80]

共聚物编号	所含乙烯量①/%(摩尔)	结晶度/%	N_E②	N_P②
EP3	3.4	38.9	1.05	30.06
EP6	5.8	35.3	1.20	20.42
EP13	12.7	19.0	1.15	7.88
EP21	20.5	—	1.14	4.51
EP31	30.4	—	1.25	2.85
EP59	59.0	—	2.07	1.41
EP81	80.7	18.1	4.64	1.14
EP87	86.7	28.2	6.67	1.12
EP94	93.8	37.5	15.00	1.10
EP99	99.0	51.1	81.84	1.00

① 乙烯含量，由 ^{13}CNMR 谱中三单元值计算，E = EEE+EEP+PEP。

② N_E 和 N_P 分别代表在共聚物链中乙烯单元和丙烯单元相对平均数。

由上表可见，当乙烯含量在 20%~60%(摩尔)之间，共聚物完全不含结晶，是无规共聚物(弹性体)，在此范围以外为含少量结晶的非晶型聚合物或半结晶聚合物，重均分子量也在整个组成范围的中间位置。

Seppälä 等[81]研究了锆系(Cp_2ZrCl_2)、钒系($VOCl_3$)和钛系($MgCl_2/TiCl_4$)三种不同的催化体系对乙烯/丙烯共聚合的影响，认为用锆系催化剂所制得的聚合物组成分布最均匀，分子量分布最窄。钛系催化剂所制得者组成分布最宽，且含有少量结晶。

由于在 HIPP 制备中所适用的催化剂必须既能使乙烯/丙烯共聚，又能使丙烯均聚，因此目前工业生产中，都使用聚丙烯生产中常用的高效载体型钛系催化体系。但正如上述，这类催化剂在乙烯/丙烯共聚阶段中所生成的共聚物组成分布很宽，而且不同的催化剂组成，也会对共聚反应和共聚物结构产生不同影响。这就是 HIPP 结构复杂的主要原因之一。了解在这类催化剂存在下乙烯/丙烯共聚反应和共聚物结构性能对掌握 HIPP 生产是有裨益的。

宋文波等[82]采用丙烯聚合常用的两种 $MgCl_2/TiCl_4$ 催化剂，研究它们对乙烯/丙烯共聚的影响，两种催化剂不同点是内给电子体分别为邻苯二甲酸二异丁酯(DIBP)和邻苯二甲酸二正丁酯(DNBP)，还分别配合两种不同的外给电子体：甲基环己基二甲氧基硅烷(CHMMS)和二环戊基二甲氧基硅烷(DCPMS)，结果见表 7-27。

表 7-27　乙烯/丙烯共聚所用的两种催化剂特性[82]

催化剂编号	Ti 含量/%	Mg 含量/%	粒径/μm	聚合活性/(kg/g)
BJC01 (内给电子体为 DIBP)	2.0	19.8	19.01(颗粒状)	57
BJC02 (内给电子体为 DIBP/DNBP)	2.8	17.1	44.70(球形)	59

研究结果表明：不同催化体系所制得的乙烯-丙烯共聚物其分子量和组成都不相同。BJC01/DCPMS 催化体系所制得的共聚物分子量最大，含结晶最多，所夹杂的长链段的乙烯或丙烯共聚物也最多。而 BJC02/CHMMS 催化剂所制得的共聚物分子量最低，含结晶最少，但组成最复杂。此结果说明要正确掌握 HIPP 制备中各种组成的影响，应该首先详细了解在该催化剂存在下乙烯-丙烯共聚物的结构特性。

李三喜等[83]用化学反应法制备的氯化镁载体高效钛催化剂进行乙烯/丙烯共聚，并和钒系催化剂进行了比较。也发现钛系催化剂所制得聚合物，丙烯平均序列长度大大超过钒系催化剂所制得者。不同催化剂组成对聚合物结构有明显影响。

范志强[84]等用 $MgCl_2/SiO_2/TiCl_4$/二酯催化体系进行乙烯/丙烯共聚，并对得到的一种共聚物进行了详细分级和表征。分级采用溶解/沉淀结合温度梯度萃取方法，共分出 8 个级分。此种分级主要是根据乙烯含量来区分。研究表明，在 25℃ 分出的级分主要为非晶型的无规共聚物(弹性体)，含量占 71.8%，其中乙烯含量为 42.7%。随着级分中乙烯含量增多，结晶级分中嵌段链段也愈多，乙烯含量再增，则连续的丙烯序列的长度和数量在减少。这反映了催化剂的多活性中心的特征。在用 DSC 观察中获知，即使单一的级分也出现不同长度的可结晶的序列。在大部分的级分中都同时存在可结晶的丙烯和乙烯序列。短的丙烯序列可以包含在聚乙烯的结晶中，短的乙烯序列则可包含在聚丙烯的结晶中。丙烯序列进入聚乙烯结晶中完全取决于序列分布和结晶条件。在含有嵌段结构最多的级分中，丙烯单元进入聚乙烯结晶中数目最少。由上可见，用钛系催化剂来制取 HIPP 时，在乙烯/丙烯共聚阶段所产生的许多复杂的组成和结构是影响 HIPP 最终产品性能的一个十分重要的因素。

接下来的问题是从高分子共混的角度看，选用什么样的乙丙弹性体才能获得最佳的产品性能？在早先刚开始用乙丙橡胶(EPR)与聚丙烯机械共混制取改性聚丙烯时，曾认为应该选用弹性好的乙丙共聚物[通常其中所含的丙烯为 50%(摩尔)]。Martuscelli[85]等选用了三种具有不同的丙烯含量和门尼黏度的乙丙弹性体(EPR)，将它们和聚丙烯进行机械共混，原材料特性见表 7-28。

表 7-28　与聚丙烯共混时所选用的几种原材料特性[85]

原材料	牌号名称	MFR/(g/10min)	门尼黏度 ML(1+4)	丙烯含量/%	M_w/M_n
聚丙烯	MoplenS30G	1.7			7.4
EPR	Dutral C0038	—	67	28	3.5
EPR	Dutral C0034	—	45	27	3.5
EPR	Dutral C0059	—	85	43	5.0

他们所得到的共混物抗冲击性能如下：

① 在低于 EPR 的玻璃化温度以下时(-40℃)，冲击强度都没有任何改进。

② 在高于 EPR 的玻璃化温度，并接近聚丙烯的玻璃化温度时(-10℃ 至 0℃)，DutralC0034 所制得的共混物冲击强度最高，C0034 和 C0038 的丙烯含量和分子量分布都十分接近，两者差别在于分子量不同及黏度不同，从而使共混时分散相粒子的尺寸和分布不同，与聚丙烯基体黏度比高者，粒子粗分布宽，冲击强度也高。

③ 在黏度比中 C0059 最高，但在低温下(0℃)冲击强度介于 C0034 和 C0038 间，可见粒子分布有一最佳范围。但当温度到达 20~30℃时，C0059 冲击强度逐渐超过 C0034。

稍后，Mancarella 等[86]又选用了两种分别由钒系催化剂和钛系催化剂所制得的 EPR，观察其与聚丙烯共混后材料的性能。该两种 EPR 性能见表 7-29。

表 7-29　用钒系和钛系催化剂分别制得的两种乙丙弹性体基本性能[86]

试　样	$M_n \times 10^{-3}$	M_w/M_n	丙烯含量/%	玻璃化温度/℃	熔点/℃
聚丙烯	78.7	6.5	—	7	165
EPR(Ti)	34.8	6.1	38.5	-41	122(乙烯序列)
EPR (V)	30.8	6.5	38.5	-43	—

他们研究发现，当 EPR 用量在 20%以下时，共混后物料在-30℃下的冲击强度，两者差别不大；EPR 用量再增，则钒系催化剂所制得的 EPR 明显优于钛系所制得者，但钛系催化剂所制得者的弹性模量明显要高。

由以上这些工作已可看出，在聚丙烯中加入弹性体后的增韧效果，不是简单地和弹性体本身的性能有关，而更要考虑的是弹性体粒子在基体中分散后的尺寸，密度和其分布，以及影响这些因素的各种条件(例如黏度比)。最好和弹性体增韧理论联系起来分析[87]。如果说聚丙烯和乙丙弹性体机械共混是比较简单情况，因为只有两种组成，那么反应器共混的 HIPP 就要复杂多了。因为正如上述那样，在第二反应器中乙烯/丙烯共聚阶段，所生成的聚合物是十分复杂的。因此到目前为止，要把 HIPP 反应阶段各种因素对产品性能的影响一一加以弄清是十分困难的。一般来讲，影响 HIPP 抗冲击性能有关的重要因素如下：

① 基体的分子量和其分布以及其结晶度；

② 弹性体的粒径、体积分数、分子量和其乙烯含量；

③ 两相间的相容性。

对这些问题，从前人的工作大体可归纳出：

① 基体聚丙烯的分子量大，由于片晶内和片晶间的链接密度增大(包括分子链的缠结和系带分子增多)，断裂能会增大。断裂时更易发生剪切屈服，而不是产生单一或多重的银纹。

② 结晶度的影响是相互矛盾的。有人研究认为，结晶度增加使结晶长得更完整，也更厚，但系带分子密度会降低。因此结晶度对韧性的影响呈现一最大值。这就是此两种因素竞争的结果。

③ 增加弹性体在基体中的密度，也就是增加其含量，当然会提高抗冲击性能。但如弹性体的体积分数超过 25%~30%后，会明显降低材料刚性。因此要综合考虑刚-韧平衡问题。

④ 如将弹性体含量控制在 20%~30%内，要获取最佳静态或动态力学性能，弹性体常有一最适当的颗粒大小，它取决于当时应力状态和温度。例如在 23℃时此最佳值为 400~600nm，0℃时为 800~1000nm，而在-40℃时，则为 1200~1500nm。另外，弹性体粒子大小和分布也会起着明显影响，曾认为分布宽，大小粒子搭配合适，有利于冲击强度提高。

⑤ 在室温下，即使在高速下，最常发生的形变是剪切屈服。而当温度低于材料玻璃化

温度(例如0℃以下)时，最常发生的是银纹化。

⑥ 弹性体中乙烯含量为40%~50%(摩尔)有利于力学性能改善，但还需考虑其他因素，如颗粒形态。

⑦ 由于 弹性体和基体间相的分离，因此两相间的相容性就显得十分重要。

Grein[88]等曾着重研究了弹性体的分子量(以特性黏数表示)对HIPP材料性能的影响。他们研究所用的几种HIPP试样见表7-30。

表7-30 含不同特性黏数弹性体的HIPP基本性能[88]①

编号	HIPP的MFR/(g/10min)	基体的MFR/(g/10min)	二甲苯可溶物/%	二甲苯可溶物的特性黏数②(dL/g)	二甲苯可溶物 M_w	二甲苯可溶物 M_w/M_n
M-17	24	≈40	23.1	1.7	233000	4.2
M-2.1	19.6	≈40	22.8	2.1	320000	3.8
M-2.7	17.4	≈40	22.6	2.7	412000	4.4
M-3.0	15.3	≈40	21.5	3	530000	5.2
M-3.9	12.8	≈40	21.4	3.9	706000	5.5
M-4.7	11.9	≈40	22.1	4.7	745000	6.7
M-6.0	9.8	≈40	22.0	6	2000000	6.7

① 在聚合时乙烯和丙烯比例不变，使弹性体中乙烯含量保持恒定。

② 特性黏数根据ISO 1628—1测定，以十氢萘为溶剂。

他们的研究认为：

① 在室温下，材料简支梁缺口冲击强度和弹性体特性黏数的对数值呈线性关系，但在低温(-20℃)下，这种关系不太显著。这种现象仍然可以是两方面原因所引起的，即直接由于弹性体分子量提高，也可能是由于两相间黏度比引起弹性体粒子变化，从而导致形态不同。

② 一般认为材料的脆-韧转变温度 T_{db} 主要受控于颗粒形态，为此测定了不同弹性体特性黏数对材料 T_{db} 的影响。发现随着特性黏数的增大，T_{db} 值是降低的，开始下降快些，此后变慢，但不呈线性关系。由此认为颗粒形态在此仍起主要作用。

③ 所测得的EPR动态力学谱中，tanδ 峰面积和简支梁缺口冲击强度间，呈一定的线性关系，说明弹性体的分子量提高，增加了弹性体内分子间缠结和系带分子，但它不能反映弹性体颗粒形态的影响。

Radusch等[89]则研究了不同乙烯含量的EPR分散相对材料抗冲击性能的影响。他们所用的各种试样的特性见表7-31。

表7-31 含不同组成EPR的HIPP基本性能[89]①

编号	MFR/(g/10min)	二甲苯可溶物②/%	EPR特性			聚丙烯相玻璃化温度/℃	EPR平均粒径(重均)/μm
			特性黏数/(dL/g)	乙烯含量/%	玻璃化温度/℃		
PP/EP82	4.7	20.4	3.4	82	-37	20	4.5
PP/EP70	8.1	20.5	2.4	70	-51	19	1.7

续表

编　号	MFR/(g/10min)	二甲苯可溶物②/%	EPR 特性			聚丙烯相玻璃化温度/℃	EPR 平均粒径(重均)/μm
			特性黏数/(dL/g)	乙烯含量/%	玻璃化温度/℃		
PP/EP50	9.4	20.3	2.5	50	-51	16	1.4
PP/EP30	11.1	19.2	2.4	30	-35	12	1.0
PP/EP17	9.7	25.2	1.6	17	10		0.2

① 聚丙烯的 MFR 都保持在 20g/10min 左右。

② 在测定二甲苯可溶物时，用丙酮将丙烯无规聚合物沉淀除去，所以此二甲苯可溶物更正确反映 EPR 含量。

他们的研究认为：

① 在 0~80℃范围内，随着 EPR 中乙烯含量的降低，两相间的相容性改善，分散相微区不断变小，使材料韧性持续提高。

② 伴随着粒径和粒子间距变小，脆-韧转变温度也下降。但这种变化不是线性的，而且明显受分散相的组成影响。看来临界粒子间距并非影响脆-韧转变的唯一因素。从另一方面看，两相间相容性改善，会导致脆-韧转变温度提高，因此存在一性能优化平衡问题。

③ 更低温度下的落锤冲击强度，主要取决于分散相 EPR 的玻璃化温度。

④ 就所研究的材料来说，当 EPR 中乙烯含量处于中间值时，其在-20℃下的韧性出现最大值。拉伸模量和屈服应力也都有这一现象。这归咎于在最高和最低乙烯含量时，聚丙烯的结晶过程受到抑止所致。

⑤ 主要形变机理是分散相颗粒的空穴化，接着是相邻空洞以空洞化膨胀带的形式进行逾渗。在脆-韧转变温度以下，在断裂表面只观察到孤立的空洞化膨胀带，而在脆-韧转变温度以上时，空洞间相互作用变得强烈，导致基体产生扩散的剪切屈服。

⑥ 乙烯含量降低，界面粘结改善，粒径以及粒子间距变小会使出现空洞逾渗现象的温度偏移到较低的温度。这有利于膨胀带扩展趋于稳定。

⑦ 分散相中最低乙烯含量的 PP/EP17 试样发生形变时，直接为剪切屈服，而不出现空洞化和膨胀带步骤。

7.3.9.2　PP 基体流动性

对 HIPP 的基本要求除刚性和抗冲击性外，另一重要质量指标是熔体流动性能。这一类树脂的熔体流动速率可由 0.5g/10min 到 50g/10min，甚至有高达 100g/10min 的牌号。HIPP 的形态结构明显影响其流变性能，因此像共混物的组成、剪切速率、两相的黏度和弹性、混合时的形变速率和混合时间等都是影响因素。因此在制备 HIPP 的过程中，如何精确控制产品的流动性以符合一定用途的要求，需要作一定的试验研究。上述表 7-30 中也可见，随着弹性体中乙烯含量的降低，弹性体黏度降低，HIPP 的熔体流动速率也明显增大。而如果保持乙烯含量不变，提高弹性体的分子量，HIPP 的熔体流动速率则明显降低。一般情况下，在 HIPP 中所含的橡胶相，还有聚乙烯或乙烯共聚物，它们的黏度都远高于聚丙烯的黏度，而共混物的黏度并不服从简单的加成规则，既可能发生正偏差又可能发生负偏差，取决于体系组成。目前都采用在前面反应器进行丙烯均聚时加大氢用量以降低 HIPP 分子量。但对于高流动性的牌号，都在树脂中加入少量降解剂进行轻度降解以降低分子量。但要注意的是，用过氧化物对此类抗冲击型树脂进行降解时，与聚丙烯相发生降解同时，橡胶相会发生交联，导致流动性反而下降情况。古平等[90]曾研究过用过氧化物对 HIPP 进行可控降解，结果认为，熔体流动速率大，并且乙烯含量低的树脂，加入少量过氧化物即能明显改善其流动性，树脂分子量大、乙烯含量高者其流动性增值相对较低。在 PP 降解的同时，弹性体相和聚乙烯相会发生交联或接枝，对流动性增加又会起相反的作用。过氧化物加入量超过一定时，低频率下的复数黏度反而增高。在各种工艺参数中，影响流动性最大的是加工温度，其次是主机转速。

7.3.9.3 HIPP 结构和形态研究[91]

HIPP 微观结构的复杂性已如上述，因此长期以来一直为许多研究工作者所关注，前后作过大量分级和表征工作。近期如浙江大学徐君庭等[92]用 TREF 对用两步法制得的树脂进行分级并用^{13}CNMR 进行表征，认为在室温下淋出的级分为乙烯-丙烯无规共聚物(弹性体)，在 117℃淋出者为丙烯均聚物，而在 110℃淋出的是乙烯-丙烯多嵌段共聚物，在 96℃淋出的级分比较复杂，它不但含有长的乙烯和丙烯序列而且还含有一些无规序列结构。也就是说存在一些过渡性质的级分，因为其结构介于无规共聚物和嵌段共聚物间，他们称之为过渡共聚物。他们还发现，产物中大粒子和小粒子的组成分布有所不同。大粒子含有更多的丙烯均聚物和乙烯-丙烯嵌段共聚物，而小粒子中含更多的乙烯-丙烯无规共聚物(弹性体)和过渡结构的共聚物。因此他们认为粒子的破碎是发生在共聚阶段。

郑强等[93~95]对此种 HIPP 树脂进行了结构、形态和结晶行为的研究，认为这类树脂的结晶结构取决于其结晶条件和组成，在快速冷却下，乙烯含量较低者，只有 α 型、β 型两种晶型，而当树脂中乙烯含量增加到 27%(摩尔)以上时，又出现聚乙烯晶型。β 晶型的生成可能是由于相分离使熔体中大分子链进行某种取向所致。两种乙烯-丙烯共聚物(无规共聚物和嵌段共聚物)的存在，使总的结晶速率增快，但球晶增长速率变慢，结晶速率加快是由于乙烯-丙烯共聚物起着强的成核作用。而球晶增长速率变慢是由于共聚物中聚丙烯链段受到的稀释效应和阻碍效应。

郑强等[96]还对这种树脂进行组成结构对热性能和相容性影响的研究，认为在所含的嵌段共聚物中，乙烯链段长度是一重要的因素。在 DSC 测定中，树脂都有两个玻璃化转变，一是归于丙烯均聚物，另一是归于乙烯-丙烯共聚物。而随着乙烯含量增加，此两个转变都向低温方向偏移。这是因为这些嵌段共聚物改善了 PP 和 EPR 间的相互作用，使树脂的玻璃化转变依赖于组成。

郑强等[97]还对 Basell 公司两种 HIPP(A 和 B)试样进行了分级和表征，这两种树脂具有相同的乙烯含量、分子量和其分布(表 7-32)，但抗冲击性能仍有很大不同。

表 7-32 两种 HIPP 试样的基本性能[97]

项　目	A	B
乙烯含量/%	13.57	13.05
$M_n \times 10^{-4}$	5.57	5.59
$M_w \times 10^{-4}$	29.9	29.9
M_w/M_n	5.37	5.34
悬臂梁缺口冲击强度/(kJ/m^2) 23℃	48.20	11.60
-20℃	10.48	6.57
二甲苯可溶物黏度/二甲苯不溶物黏度比	2.17	1.67

研究认为试样 B 所含的带长的乙烯和丙烯可结晶链段的乙烯/丙烯嵌段共聚物较少，这种嵌段共聚物原本可作为分散相和基体间的增容剂。其量减少后使弹性体和 PP 间的界面粘结作用变坏，再加上由于黏度比影响所导致的分散相尺寸大，且分散不匀，是试样 B 冲击强度低的主要原因。

杨德才[98]等对一种 HIPP 用透射电子显微镜、原子力显微镜、场发射扫描电子显微镜以及 DSC 和 ^{13}CNMR 等详细研究了结构和性能。此种材料的拉伸模量为 1030MPa，简支梁缺口冲击强度为 15.5kJ/m^2(23℃)，8.1kJ/m^2(-20℃)。用溶剂分级法可分为 3 个级分：

级分 f_a：室温下溶于二甲苯中，含量为 21.6%，主要成分为非晶型的弹性体 EPR，还含有少量的短的 PP 和 PE 序列的共聚物。

级分 f_b：系 100℃下二甲苯可溶物，含量为 11.4%。它包括众多具有不同嵌段长度的乙烯/丙烯嵌段共聚物，还含有一些乙烯均聚物。

级分 f_c：100℃下二甲苯不溶物，含量为 67.0%，主要为丙烯均聚物。

树脂和三个级分的组成及链序列分布见表 7-33。

表 7-33　用 NMR 表征树脂及其分级级分结果[98]　　%

试　样	P	E	PPP	PPE	EPE	EEE	EEP	PEP
HIPP	72.7	27.3	51.8	15.4	5.5	8.3	11.8	7.0
f_a	63.0	37.0	27.5	16.1	16.7	5.5	10.3	21.9
f_b	64.5	35.5	53.4	7.1	4.0	24.0	8.7	2.9
f_c	97.5	2.5	97.0	0.6	0.1	2.0	0.3	0.1

研究发现，不论粒料本身还是用溶液流延法制得的薄膜，HIPP 的分散相都为多层的芯壳结构。芯层主要为聚乙烯(包括长的嵌段物)，还有部分聚丙烯。中间层为乙烯-丙烯无规共聚物，外层为乙烯-丙烯多嵌段共聚物。作者认为正是这种多层芯壳结构使材料具有高的刚性和韧性。

冯嘉春等[99]用场发射透视电镜 FETEM 和选区电子衍射(SAED)得到 HIPP 试样清晰的相结构形态，认为粒子呈现多层次形态结构。其芯部为呈现正交晶型的均聚聚乙烯，外层系非晶相，是乙烯-丙烯无规共聚物，外层表面呈穗状边缘，为乙烯-丙烯嵌段共聚物，SAED 观察显示聚乙烯的特征六方晶型，它是嵌段共聚物中可结晶的短的聚乙烯链段所构成。和穗状边缘相连结的部分，也是乙烯-丙烯嵌段共聚物，只是其聚丙烯链段结晶而进入 PP 基体中，PE 链段形成一结晶相。由此可看见，乙烯-丙烯嵌段共聚物是富集于分散相的外层，其可结晶的 PP 链段插入 PP 结晶相中，而 PE 链段进入非晶相中。它起着连接结晶态基体和非基态分散相的桥梁作用。

浙江大学范志强等[100,101]曾对聚丙烯反应器共混合金的制备工艺和聚合物结构形态先后作过一系列研究工作，尤其是近年来他们在多段反应的顺序方面作了不少深入研究。前面已讨论过，目前许多 HIPP 的生产工艺都是采用两段或三段聚合，即先进行丙烯的均聚，再进行乙烯/丙烯共聚，也有在第三阶段再进行乙烯均聚的。范志强等认为用弹性体改性聚丙烯常导致刚性降低，因此尝试用聚乙烯来代替 EPR，他们采用高效球形 Z-N 催化剂，以二苯基二甲氧基硅烷作为外给电子体，先进行丙烯预聚(浆液)，再进行乙烯气相均聚，第三步是进行丙烯气相均聚，每一步最后都进行单体脱除后再进入下一步 。他们研究了两种不同乙烯含量的聚合物，一种为高乙烯含量(HEP)，一种为低乙烯含量(LEP)。其组成和力学性能见表7-34。

表7-34　两种不同乙烯含量HIPP的力学性能[100]

试　样	乙烯含量/%	悬臂梁缺口冲击强度/(kJ/m^2)	弯曲强度/MPa	弯曲模量/MPa
HEP	82.3	94	19.6	2007
LEP	43.4	90	25.7	2634

由表可见，即使在低乙烯含量下聚合物仍有很好的刚性-韧性平衡。分级和表征结果表明，此种反应器共混合金主要由聚乙烯、乙烯-丙烯嵌段共聚物(占合金总量的25%)和聚丙烯所组成，还含有少量的低结晶的乙烯-丙烯嵌段共聚物，乙烯-丙烯嵌段共聚物是PE和PP间良好的相容剂，这是此种材料具有最佳的刚韧平衡的主要原因。

2005年他们[102~105]又尝试采用四步聚合方法来制取PE/PP/EPR合金，催化剂仍采用前述的高效球形载体催化剂。四步反应的顺序是：①丙烯预聚；②乙烯均聚；③丙烯均聚；④乙烯-丙烯共聚。每一步最后都进行单体脱除后再进入下一步。所制取的聚合物组成和性能示例见表7-35。

表7-35　用四步聚合方法所制得的HIPP性能[102]①

共聚阶段乙烯进料量/%(摩尔)	催化剂活性/(kg聚合物/gTi)	乙烯含量/%	EPR含量/%	PE-b-PP共聚物含量/%	悬臂梁冲击强度/kJ/m^2	弯曲模量/MPa
20	124.8	47.8	4.4	51.5	80.4	2218.5
30	114.2	57.5	6.6	50.8	112.5	1519.2
40	117.9	50.0	6.7	49.5	—	—
50	148.5	57.6	7.0	47.7	不断	1113.9

① 第二段反应：乙烯压力=0.6MPa，温度=60℃，时间=60min。
第三段反应：丙烯压力=0.8 MPa，时间=120min。
第四段反应：乙烯/丙烯混合气体压力=0.7MPa，时间=60min。

和前面的PP/PE合金相比，由于含EPR，因此冲击强度明显得到提高，但刚性有所降低。增加最后乙烯/丙烯共聚阶段乙烯加入量，可以提高冲击强度。

Basell在上一世纪末，开发出了所谓多区域循环反应器(Multi-Zones Circulating Reactor，MZCR)，详情可参见第六章。为了模拟MZCR工艺，范志强等[104]设计了一种多级顺序气相反应工艺来制备HIPP。仍采用高效球形载体催化剂，其反应器顺序是：

丙烯预聚(达到30g/g催化剂)→丙烯均聚(60℃，1h)→[循环反应模式即，乙烯/丙烯共聚(60℃，一定时间)→丙烯均聚(60℃，一定时间)→再循环，总的循环时间为80min]。

试验编号表示如下，EP20P60表示乙烯/丙烯共聚阶段，反应时间为20min。丙烯均聚阶段反应为60min，循环只一次。EP10P30则表示乙烯/丙烯共聚为时10分钟，丙烯均聚为时30min，但循环2次。以此类推，则EP5P15中需循环4次，EP2.5P7.5中需循环8次。EP20是没有丙烯均聚。他们把试验所得产物进行表征和性能测试，结果示例于表7-36中。

表 7-36 模拟 MZCR 工艺所得到的树脂基本性能[104]

试样编号	循环次数	催化剂活性/(gPP/g 催化剂 · h)	正辛烷中可溶物/%	简支梁冲击强度/(kJ/m^2)	弯曲模量/MPa
EP20P60	1	899.6	15.8	3.9	770.68
EP10P30	2	1016.2	17.8	11.1	852.61
EP5P15	3	1026.3	15.3	11.6	856.38
EP2.5P7.5	4	1316.7	17.5	13.6	915.68

从聚合物力学性能来看，随着循环次数增加，韧性和刚性都有所提高。从冲击断面来看，也是随着循环次数增加，EP10P30 试样断面有许多不规则的球形凹坑，系弹性体颗粒被拉出后所遗留。EP2.5P7.5 断面上有条状突起(褶子)，而不是球形凹坑。此说明 PP 相和 EPR 相间有良好的相容性。

^{13}CNMR 和 TREF 研究聚合物链结构结果表明，聚合物中含丙烯均聚物量在 70%以上，乙烯-丙烯无规共聚物(弹性体)约为 20%，其余为乙烯-丙烯嵌段共聚物。循环次数增加，此组成变化不大。

7.3.9.4 弹性体的生成过程和 HIPP 颗粒不均匀性

EPR 的生成通常都是在丙烯均聚以后，后续的气相反应器中进行。由于共聚是强烈的放热反应，因此在气相聚合时常易产生结垢，粘壁，甚至发生熔化现象，特别当弹性体含量高的时候。因此弄清弹性体相在反应阶段是如何生成和如何分布是十分重要的。McKenna 等[105]曾用扫描电镜和原子力显微镜跟踪观察在反应过程中弹性体生成和其增长情况，认为弹性体先在颗粒中央生成，呈一定的球粒状，随着弹性体量的增加，逐渐向外延伸穿过整个聚丙烯基体，到达颗粒表面。如果采用毒杀剂则被毒杀颗粒的表面就不再能找到弹性体，此表明弹性体含量在 50%以下时，在颗粒内部不发生 EPR 相的整体移动，但文章认为催化剂特性的改变仍导致不同的结果，例如如果催化剂的孔隙度低，颗粒内部所产生的液压力会使弹性体外流。

在树脂颗粒生成的过程中，橡胶相是如何形成的？较早一些时候 Debling 等[106]曾经提出过一种机理，即在第一步均聚阶段，聚丙烯是由许多大小约为 1μm 的“中介粒子”(mesoparticle)所组成，每一中介粒子又是由若干含有催化剂晶粒的初级粒子(微粒)组成，在中介粒子间有许多空隙，在微粒间也存在一些微孔，而在第二阶段生成的弹性体 EPR 并不一直包埋在聚丙烯微粒内，而陆续胀大进入微孔中，再进入中介粒子间的空隙内。

Cecchin 等[107]认为在丙烯均聚阶段的末了，聚丙烯颗粒是由许多中介粒子所组成，由于均聚阶段中介粒子的分离，催化剂的残余碎片是位于这些中介粒子的表面上，所以第二阶段 EPR 是在这些中介粒子的表面上生成的，填充在它们的空隙中，形成连续的 EPR 网络。

McKenna 等[108]则认为 EPR 先是在 PP 均聚物层下面催化剂晶粒表面的活性中心上形成，这样就在具有黏弹性的 PP 均聚物中产生应力，形成裂纹，EPR 然后流过这些裂纹，流向微孔和空隙中。

稍后，Ausa 等[109]对第一阶段生成的均聚 PP 粒子和气相聚合后生成的 HIPP 粒子分别取样，用透视电镜、原子力显微镜、^{13}CNMR 以及测定空隙度等进行了详细研究，认为 PP 颗粒是由少量(大约100个)大小约为1/5颗粒的中介粒子所组成，每一中介粒子中有催化剂残余碎片(大体有10^7个，或每一碎片含约210个钛原子)均匀分散于PP基体中。对于单体的渗入，每一个中介粒子都是均等的。第二阶段EPR是围绕在催化剂碎片生成的，形成EPR均匀分散在聚丙烯中的一种复合结构。大部分的EPR是在这一复合结构中，而一部分(约28%)却弄破聚丙烯基体流到空隙中，使整个颗粒的空隙度降低，再有一些流到聚合物表面。在共聚阶段尽管在催化剂活性中心周围单体的浓度比$[C_3]/[C_2]=2.75$，但共聚物中总是乙烯含量多，这不是因为乙烯扩散得快，而是因为乙烯的竞聚率高($r_E=4.4$，$r_P=0.38$)。

Ausa等[110]还在取样观察中发现工业生产(Spheripol工艺)中，树脂颗粒是十分不均匀的，有些颗粒是透明的，有些颗粒是不透明的。表现为：①许多不透明颗粒只含少量的弹性体，尽管催化剂的活性和单体渗入能力并无明显不同。②颗粒小的，弹性体含量也低。③每一聚合物颗粒中的钛含量和每单位质量钛所能生成的聚合物量，随着颗粒增大而增加。研究认为，这种不均匀性主要是由于停留时间分布引起的。如以不同颗粒大小弹性体平均含量不同程度作为评价不均匀性的指标，如增加均聚阶段环形反应器数目，使均聚阶段聚丙烯的颗粒度分布窄，则产品均匀性要好些。而如增加流化床反应器数目，则不会对产品均匀性带来什么好处。但不管增加什么，发黏HIPP颗粒数都有所减少。

7.3.9.5　近期北京化工研究院在HIPP方面的研究成果

中国石化北京化工研究院与扬子石化分公司共同合作，采用具有自主知识产权的纳米化复合成核剂，在扬子石化分公司气相聚丙烯装置上利用国产催化剂直接生产出了汽车保险杠聚丙烯抗冲专用料K9015。该专用料已经通过了德国大众汽车公司的评测。K9015专用料完全可以满足高档车保险杠的需求。表7-37为K9015专用料的性能指标。

表7-37　K9015专用料的性能指标

项　目		测试标准	标　准	K9015
MFR/(g/10min)			15±1.5	13.3
屈服应力/MPa		ISO527	≥15	18.5
断裂伸长率/%		ISO527	≥20	426
弯曲强度/MPa	23 ℃	ISO178	≥15	15.9
	-40 ℃	ISO178	≥65	63.4
	80 ℃	ISO178	≥6	5.82
弹性模量/MPa	23 ℃	ISO178	≥650	732
	-40 ℃	ISO178	≥2200	2530
	80 ℃	ISO178	≥110	247
缺口冲击强度/(kJ/m²)		ISO179-1	不断或部分断裂	55.1部分折断/9.2
Izod缺口冲击强度/(J/m)		ASTM256		706.9
维卡软化点/℃		ISO306	≥115	133.4
热变形温度/℃		ASTM648		96.1

7.3.10 丙烯/1-丁烯共聚物[111]

近年来丙烯/1-丁烯共聚物已陆续在国外一些大型聚烯烃生产企业中推出，这种聚合物在性能上有其特点。我国1-丁烯的资源丰富，价格比较低廉，因此开发丙烯/1-丁烯共聚物并开拓其应用范围，获取市场一定份额，是有重要意义的。目前市售的丙烯/1-丁烯共聚物有两大类型，即丙烯和1-丁烯无规共聚物和丙烯/丁烯反应器共混抗冲击型聚丙烯合金。

7.3.10.1 丙烯/1-丁烯无规共聚物

其制备工艺和生产流程基本上与通常乙烯无规共聚所用者相同，气相法和液相本体法都可采用。催化剂也都用丙烯聚合时所用的齐格勒-纳塔催化剂。用茂金属催化剂制备者还未进入工业应用。Machado等[112]曾比较了液相本体法和气相法所制得的产品差别。他们研究认为两种方法都可使丁烯进入聚丙烯链段中，但产品在平均分子量、分子量分布和竞聚率上有些不同。在气相法中，竞聚率接近于1，几乎是一常数，而在液相本体法中则取决于丁烯浓度，在低浓度下，竞聚率只有0.5左右。气相法所制得者其分子量(M_w)低于液相本体法者，分布也较窄。丙烯/1-丁烯无规共聚物与同类型丙烯/乙烯共聚物相比，其突出特点是：

① 透明性好，雾度低；

② 刚性高，弯曲模量高；

③ 室温可溶物低，制品表面迁移出的低分子物少；

④ 对表面处理敏感性较低，因此更适合表面印刷、涂饰和镀金。

目前工业化产品以丙烯/乙烯/丁烯三元共聚物居多。由于其热封温度低，热封强度高，透明性好，多用作复合薄膜表层的热封层或镀金层。丙烯/1-丁烯二元无规共聚物用作注塑和薄膜制品，正在开发中。

众所周知，高聚物的力学性能(特别是冲击强度)与片晶厚度分布有一定的关系。Hosoda等[113]研究认为，在聚丙烯链段中引入丁烯单元后，其丁烯链段可包含在结晶相中，晶格从而胀大。其所包含的丁烯量和非晶相中之量几乎相同。而乙烯和其他高级α-烯烃在与丙烯共聚时，单元链段也可进入结晶中，但其包含程度大大低于丁烯。这是这种共聚物的一个特点。Rosa等[114]研究用茂金属催化剂所制得的丙烯/1-丁烯无规共聚物的结构和性能时认为：这类共聚物兼具高韧性和高刚性及强度，这是由于丁烯单元能被包含在iPP的α和γ结晶中，以致它对iPP的结晶干扰很少。当丁烯含量在10%~15%(摩尔)以下时，结晶度可保持在50%~60%。这是它刚性和强度高的原因。韧性是与α和γ结晶的存在和rr立构缺陷有关。他们进一步研究发现[115]，丁烯单元既可包含在α型结晶中，也可包含在γ型结晶中。在低丁烯含量时[约在10%(摩尔)以下]，丁烯插入使正常的等规聚丙烯链段序列变短的结果，导致形成γ型结晶。而当丁烯含量高于10%(摩尔)后，丁烯单元主要被包含在α型结晶中，从而使γ型结晶量降低。当丁烯含量高于30%(摩尔)后，完全形成α型结晶。Mileva和Androsch等[116]在研究丙烯/丁烯共聚物10μm厚薄膜的透光性能时认为：这种共聚物的透光性主要取决于球晶的存在与否，聚合物熔体快速冷却(淬火)所得到的无球晶薄膜，其透光率可高达90%，而对于缓慢冷却的试样，因为球晶的存在，其透光率降到50%~60%。改变结晶度，并不影响其透光率。所以在不同的结晶度条件下，都可制得透明性好的薄膜。

7.3.10.2 反应器共混抗冲击型聚丙烯合金

其生产工艺和乙烯共聚制备抗冲击型共聚物相同(见前述HIPP)，也是采用多反应器串联流程。只是在第二段共聚时，不用乙烯/丙烯，而用乙烯/丁烯进行共聚。其用途也以注塑制品为主。王笃金等[117]对 Basell 公司的两种反应器制备 PP 合金用 TREF、DSC、NMR、SEM 等进行了综合研究，其中一种是聚丙烯/(乙烯/丙烯)反应器共混物，另一种为聚丙烯/(乙烯/丁烯)反应器共混物。这两种树脂的基本性能见表 7-38。

表 7-38 两种树脂的基本性能[117]

试样	共聚单体种类	MFR/(g/10min)	密度/(kg/m³)	悬臂梁缺口冲击强度/(kJ/m²)		弯曲模量/MPa	断裂拉伸应变/%
				20℃	-40℃		
EP-P	丙烯	2.5	880	不断	不断	200	570
EB-P	丁烯	7.5	890	不断	10	470	大于 500

研究发现，试样 EB-P 是由均聚聚丙烯、均聚聚乙烯和不同乙烯序列长度的乙烯/丁烯共聚物所组成。而 EP-P 则是由均聚聚丙烯、乙烯/丙烯嵌段共聚物和乙烯/丙烯无规共聚物所组成。EB-P 的刚性和韧性都比较好是由于一种宏观均匀微观相分离的结构。带有不同乙烯序列长度的乙烯/丁烯共聚物存在于分散相和基体相的界面，起着增容剂的作用。EP-P的优良低温耐冲击性能是由于高的乙烯/丙烯无规共聚物含量和组分间的良好相容性。Graf 和王笃金等[118]用固态核磁共振技术对上述聚丙烯/(乙烯/丁烯)反应器共混合金进行了研究。认为此种合金含有三个相，即一个均聚聚乙烯基体相，一个均聚聚丙烯分散相，一个乙烯/丁烯共聚物的中间相。中间相的厚度在室温下约为 7.7nm，并随着温度升高而变厚，在 60℃时达 9.4nm。

(注：本章中有关中国石化北京化工研究院在聚丙烯牌号开发方面所取得的成果情况材料，系由于鲁强博士提供，特此致谢。)

参 考 文 献

[1] 吕立新．合成树脂及塑料，1999，(3)：9

[2] 王强，万涛．合成树脂及塑料，2000，(4)：4

[3] 洪定一．合成树脂及塑料，2000，(5)：1

[4] 王强，万涛．合成树脂及塑料，2000，(5)：5

[5] 洪定一主编．聚丙烯——原理、工艺与技术．北京：中国石化出版社，2002：452~486

[6] 皆川源信．プラスチック添加剤活用ノート．东京：日出岛株式会社，1996

[7] Blomenhofer M，Ganzleben S，Hanft D，Schnidt H W，at el. Macromolecules，2005，38：3688~3695

[8] 矢崎文彦．Plastics(日文)．2008，59：64~70

[9] 陈宇，王朝晖，郑德主编．实用塑料助助剂手册．北京：化学工业出版社，2007

[10] 张丽英，邹浩，张薇，张师军．石油化工，2008，37(增刊)，(2008 年石油化工学会年会学术报告论文集)，454~456

[11] 张薇，刘涛，张丽英，尹华等．石油化工，2008，37(增刊)，(2008 年石油化工学会年会学术报告论文集)，457~459

[12] 何阳，黄锐，郑德．高分子通报，2008，1：24~31

[13] 秦亚伟，冯嘉春，郭绍辉，郑德等．化工新型材料，2007，5(6)：56~59

[14] Feng J C，Chen M C. Polym. Int.，2003，52：42~45

[15] 徐东炘，桊峻峰，景振华．合成树脂及塑料，2004，21(5)：68~71

[16] 祖维，谷和平，黄培．塑料工业，2005，33(9)：56~58
[17] 古平．齐鲁石油化工，2007，35(2)：127~129
[18] 马良海．现代塑料加工应用，2007，19(4)：59~61
[19] Haylock J C, Phillips R A, Wolkowicz M D. Metallocene-based Polyolefins. Edited by J Scheirs & W, Kaminsky, John Wiley & Sons Ltd., 2000, Vol. Ⅱ 333~363
[20] Phillips R A, Wolkowicz M D. Polypropylene Handbook. Edited by Moore E P, Hanser, Munich, 1996: 113
[21] 张庆民，许普，张治，蹇锡高．石油化工高等学校学报，2006，19(1)：61~63
[22] 李刚，袁秀芳，袁春海，于建明．石油化工，2003，32(10)：905~909
[23] EP 1312623(Borealis)
[24] 郭梅芳，董宇平，黄红红，张京春，李前树．高分子学报，2006，1：177~179
[25] 丁健，丁雪佳，徐日炜，张玉明．合成树脂及塑料，2005，22(1)：1~4
[26] Litvinov V M, Soliman M. Polymer, 2005, 46: 3077~3089
[27] 于庆顺，杨伟，李忠明，冯建民，杨鸣波．工程塑料应用，2002，30(11)：25~27
[28] Asassant J F, Demay Y, Sollogoub C, Silagy D. Intern. Polymer Processing, 2005, 20(2): 136~148
[29] BourrigaudS, Marin G, Dabas V, Dupuy C, Silagy D. Polym. Eng. Sci., 2006, 46(3): 373~380
[30] Seay C W, Baird D G. Antec 2007, 2361~2365
[31] Kenneth K, Aniunoh Graham M, Harrisony. Journal of Plastic Film and Sheeting, 2006. 22, (3): 177~192
[32] Kenneth K. Aniunoh Graham M Harrisony. Antec 2007, 2679~2683
[33] Lee J S, Shin D M, Jung H W, Hyun J C. Korea-Australia Rheology Journal, 2007, 19(1): 27~33
[34] Lee J S, Jung H W, Hyun J C, Korea-Australia Rheology Journal, 2003, 15 (2): 91~96
[35] Chai C K, Antec, 2004, 225~229
[36] Aniunoh K, Harrison G. J. of plastic films and sheeting, 2006, 22(3): 177~192
[37] Bourrigaud S, Marin G, Dabas V, Dupuy C, Silagy D. Polym. Eng. Sci., 2006, 46(3): 373~380.
[38] ExxonMobil USP 6200821. 2001
[39] Fujiyama M, Kitajima Y, Inata H. J. Appl. Polym. Sci. 2002, 84: 2128~2141
[40] Fujiyama M, Inata H. J. Appl. Polym. Sci. 2002, 84: 2157~2170
[41] Toft N, Rigdahl M. Intern. Polymer Processing, 2002, 17: 244~253
[42] Yin B, Yang W, Yu Q S, Yang M B. Polym. Eng. Sci., 2004, 44(9): 1656~1661
[43] 尹燕平．双向拉伸塑料薄膜．北京：化学工业出版社，1999
[44] Rettenberger S, Capt L, Munstedt H, Stopperka K, Sanze J. Rheol. Acta., 2002, 41: 332~336
[45] Capt L, Rettenberger S, Munstedt H, Kamal M R. Intern. Poly. Processing, 2005, 20(1): 35~46
[46] Capt L Rettenberger S, Munstedt H, Kamal M R. Intern. Poly. Processing, 2005, 20(4): 369~378
[47] Capt L, Kamal M R, Rettenberger S, Munstedt H. Polym. Eng. Sci. 2003, 43: 1428~1436
[48] Virkkunen V, Laari P, Pitkanen P, Sundholm F. Polymer, 2004, 45: 3091~3098
[49] Lu H B, Qiao J L, Xu Y B, Yang Y L. J. Appl. Polym. Sci. 2002, 85: 333~341
[50] Wang S, Yang D C. Polymer, 2004, 45: 7711~7718
[51] Phillips R A, Nguyen T. J. Appl. Polym. Sci., 2001, 80: 2400~2415
[52] Chen J F, Yin L, Yang X N, Zhou E L. Polym. Eng. Sci., 2004, 44(9): 1749~1754
[53] Yonggang Liu, Shuqin Bo. Intern. J. Polym. Analysis and Characterization, 2003, 8(4): 225~243
[54] 中国石化北京化工研究院，CN 1810871，2005
[55] 中国石化北京化工研究院，CN 101058654，2007

[56] Kim S. J. Plast. Film Sheeting, 2005, 21: 99~114

[57] USP 2007/0167576. 2007(Sunoco)

[58] 王彦荣，于鲁强，谷汉进. 石油化工，2006，35(12)：1193~1196

[59] Gahleitner M, Bachner C, Ratajski E, Rohaczek G, Neisst W. J. Appl. Polym. Sci., 1999, 73(12): 2507~2515

[60] EP 1726502, 2006(Borealis)

[61] 李文东，杨桂生. 高分子材料科学与工程，1996，12(1)：41~46

[62] Lu H B, Qiao J L, Xu Y B, Yang Y L. J. Appl. Polym. Sci., 2002, 85: 333~341

[63] 雷华，徐涛，于杰. 高分子材料科学与工程，2004，20(5)：166~168

[64] 张广平，朱维平. 塑料工业，2004，32(8)：17~19

[65] EP 1731539. 2006(Dow)

[66] 王彦荣，于鲁强，谷汉进. 石油化工，2006，35(12)：1193~1196

[67] 王红英，胡徐腾，李振宇，义建军，董金勇. 化学进展，2007，19(6)：932~958

[68] 胡友良等主编. 聚烯烃功能化及改性——科学与技术. 北京：化学工业出版社，2006

[69] Rätzsch M, Arnold M, Borsig E, Bucka H, Reichelt N. Progress in Polymer Science, 2002, 27(7) 1195~1282

[70] Auhi D, Stange J, Munstedt H, Krause B, et al. Macromolecules, 2004, 37: 9465~9472

[71] Langston J A, Colby R H, Chung T C M, Shimizu F, Suzuki T, Aoki M. Macromolecules, 2007, 40: 2712~2720

[72] USP 2005159564 (Borealis)

[73] WO 2007100436 (Novolen)

[74] 北京化工研究院宋文波，郭梅芳等. CN100491458，2009

[75] Mei G, Herben P, Cagnani C, Mazzucco A. Macromol. Symp. 2006, 245: 677~680

[76] 于鲁强. 石油化工，2004，33(8)：777~780

[77] 吴长江，陈伟. 合成树脂及塑料，2006，23(3)：71~74

[78] 姜涛，陈伟，傅聪智等. 石油化工，2005，34(5)：482~485

[79] 胡徐腾，李振宇，牛慧，董金勇. 石油化工，2006，35(5)：405~410

[80] Caballero M J, Suarez I, Coto B, Grieken R V, Monrabal B. Macromol. Symp. 2007, 257: 122~130

[81] KoivumäkiJ, Seppälä J V. Polymer Bulletin, 1993, 31(4): 441~448

[82] 宋文波，马青山，于鲁强等. 石油化工，2003，32(10)：868~872

[83] 李三喜，庞德仁，黄葆同. 石油化工，2001，30：275~280

[84] Dong Q, Fan Z Q, Fu Z S, Xu J T. J Appl. Polym. Sci., 2008, 107: 1301~1309

[85] D'Orazio L, Mancarella C, Martuscelli E, Polato F. Polymer, 1991, 32(7): 1186~1194

[86] D'Orazio L, Mancarella C, Martuscelli E, Cecchin G, Corrieri R. Polymer, 1999, 40: 2745~2757

[87] 胡友良等主编. 聚烯烃功能化及改性——科学与技术. 北京：化学工业出版社，2006：188~199

[88] Grein C, Bernreitner K, Hauer A, Gahleitner M, Neissl W. J. Appl. Polym. Sci, 2003, 87: 1702~1712

[89] Doshev P, Lohse G, Henning S, Krumova M, Heuvelsland A, Michler G, Radusch H J. J. Appl. Polym. Sci, 2006, 101: 2825~2837

[90] 古平，盛京，李延亮等. 合成树脂及塑料，2007，24(1)：59~63

[91] 吕立新. 中国塑料，2010，24(8)：1~8

[92] Xu J T, Jin W, Fu Z S, Fan Z Q. J. Appl. Polym. Sci. 2005, 98: 243~246

[93] Shangguan Y G, Tao L Y, Zheng Q. J. Appl. Polym. Sci. 2007, 106: 448~454

[94] 谭洪生，谢侃，刘文华，侯斌，上官勇刚，郑强. 高分子学报，2006(9)：1106~1111

[95] 上官勇刚，谢严莉，郑强．高分子学报，2007(7)：665~671
[96] Zheng Q，Shangguan Y G，Yan S K，Song Y H，Peng M，Zhang Q B. Polymer，2005，46：3163~3174
[97] Tan H S，Li L，Chen Z N，Song Y H，Zheng Q. Polymer，2005，46：3522~3527
[98] Chen Y.，Chen Y，Chen W，Yang D C. J. Appl. Polym. Sci.，2008，108(4)：2379~2385
[99] Zhu H J，Monrabal B，Han C C，Wang D J. Macromolecules，2008，41：826~833
[100] Fu Z S，Zhang Y Z，Fan Z Q，Xu J T. J. Appl. Polym. Sci，2007，103：2075~2085
[101] Fu Z S，Fan Z Q，Zhang Y Z，Xu J T. Polymer Int. 2004，53：1169~1175
[102] Fu Z S，Wang X F，Li N，Fan Z Q. J. Polym. Mater. 2005，22：153~158
[103] Fu Z S，Xu J T，Fan Z Q. J. Polym. Mater. 2005，21：69~74
[104] Dong Q，Wang X F，Fu Z S，Xu J T，Fan Z Q. Polymer，2007，48：5905~5916
[105] Bouzid D，Gaboriaud F，McKenna T F L. Macromol. Symp.，2006，243：215~224
[106] Debling J A，Ray W H. J. Appl. Polym Sci. 2001，81：3085~3106
[107] Cechin G，Marchetti E，Baruzzi G. Macromol. Chem. Phys. 2001，202：1987~1994
[108] McKenna T，Biuzid D，Matsunami S，Sugano T. Polym. React. Eng.，2003，11：177~197
[109] Urdampilleta I，Gonzalez A，Iruin J J，de la Cal J，Ausa J M. Macromolecules，2005，38：2795~2801
[110] Urdampilleta I，Gonzalez A，Iruin J J，de la Cal J，Ausa J M. Ind. Eng. Chem. Res.，2006，45：4178~4187
[111] 孔德辉．当代石油石化，2010(8)：26~31
[112] Machado F，Lima E L，Pinto J C，McKenna T F. Eur. Polym. J.，2008，44：1102~1113
[113] Hosoda S，Hori H，Yada K，Nakahara S，Tsuji M. Polymer，2002，43：7451~7460
[114] Rosa C D，Auriemma F，Ballesteros R D，Resconi L，Camurati I. Chem. Mater. 2007，19：5122~5130
[115] Rosa C D，Auriemma F，Ballesteros R D，Resconi L，Camurati I. Macromolecules 2007，40：6600~6616
[116] Mileva D，Androsch R，Radusch H J. Polym. Bull.，2009，62：561~571
[117] Zhu H J，Monrabal B，Han C C，Wang D J. Macromolecules，2008 41：826~833
[118] Zhu H，Graf R，Hou G，Zhao Y，Wang D J，Speiss H W. Macromol. Chem. Phys.，2010，211：1157~1166

第八章 加工及应用

8.1 引言

聚丙烯(PP)是一种通用的热塑性塑料，从组成上可以分为均聚聚丙烯和共聚聚丙烯两大类；从结构上说可分为等规聚丙烯(iPP)、间规聚丙烯(sPP)及无规聚丙烯(aPP)三种。聚丙烯自1957年工业化以来发展极迅速，是一种应用很广泛的塑料。聚丙烯主要依靠Ziegler-Natta催化剂按配位聚合而得，产品为等规聚丙烯，密度小(0.89~0.91 g/cm^3)，是塑料中最轻的品种之一。聚丙烯的耐热性优于聚乙烯，其熔点达164℃，可在100~120℃下长期使用。聚丙烯具有优良的耐腐蚀性、电绝缘性，它的力学性能，包括拉伸强度、压缩强度、硬度等均比低压聚乙烯好，而且还有很突出的刚性和耐折叠性。聚丙烯加工成型容易，它大部分用于注射成型，除生活用品外还用来制造工业用制件，如土工制品、热水管、机械部件、电工零件等。也可用挤出和吹塑等成型法分别生产薄膜、板材、管材、单丝等。聚丙烯的其他用途为制取纤维、涂料等。

聚丙烯的缺点为：成型收缩率大，低温易脆裂，耐磨性不足，热变形温度不高，耐老化性差，不易染色等。通过共混改性后可获得显著成效，例如聚丙烯与乙-丙共聚物、聚异丁烯、聚丁二烯等共混均可改善其低温脆裂性，提高冲击强度；与尼龙共混不仅增加韧性而且使耐磨性、耐热性、染色性获得改善；与乙烯-乙酸乙烯共聚物共混在提高冲击强度的同时，改进了加工性、可印刷性、耐应力开裂性。用纤维增强可提高PP的强度、刚性、耐热性；加入无机填料，可以增加PP的尺寸稳定性并降低成本；加入EPDM、POE等可以制备PP-TPE；使PP支化可以制备高熔体强度的PP，用于发泡和热成型；在PP的分子链上引入极性基团可以增加PP的可涂饰性，制备PP与其他工程塑料的合金。

一般使用机械共混的工艺来制备PP专用料，专用料的生产设备主要有单螺杆挤出机、双螺杆挤出机、BUSS捏合机、双辊开炼机、密炼机等。目前生产PP专用料最有效的设备是双螺杆挤出机和BUSS捏合机。

8.2 聚丙烯的流变学

聚丙烯是一种通用的热塑性聚合物，它有几种不同的立构形态，最常见的是等规和无规立构聚丙烯。等规聚丙烯是半结晶型的高聚物，熔点164℃；而无规聚丙烯则是无定形结构，在玻璃化温度以上呈液态结构。流变学是研究材料的流动和形变的科学，它研究的是应力、应变和时间之间的种种关系。高分子材料是一种黏弹性材料，它受力作用后，既发生不可逆的黏性流动，又有可逆的弹性形变。而且在外力作用下形变的产生与外力除去后形变的恢复都和时间有关。因此研究高分子材料的流变学必须自材料这一特点出发。研究和测定高分子材料的流变性能对高分子材料的加工和应用具有指导意义。它一方面可以帮助工厂设计控制熔体的加工过程，另一方面又可以帮助人们了解材料结构方面的信息，包括立构形态，长短支链，以及分子量、分子量分布等。聚丙烯的加工成型大都是处于熔融状态进行，例如挤塑、注塑等。而在加工和应用过程中经常会遇到它所表现出的种种黏弹行为，例如蠕变和应力松弛等。因此本节先讨论聚丙烯熔体的流动特性，再讨论常见的一些聚丙烯黏弹行为。

8.2.1　聚丙烯的熔体流动特性[1]

8.2.1.1　熔体黏性流动

聚丙烯熔体流动为假塑性流动，属于结构破坏的剪切稀化型。它的流动曲线包括三个区域：以表观黏度和剪切速率作图，在低剪切速率区是斜率为 1 的直线，符合牛顿流体；在很高的剪切速率区是另一斜率为 1 的直线；在这两区域之间的过渡区是非牛顿流动区。如果在第二牛顿流动区后，继续加大剪切速率，就形成膨胀区和湍流区，即熔体破裂。

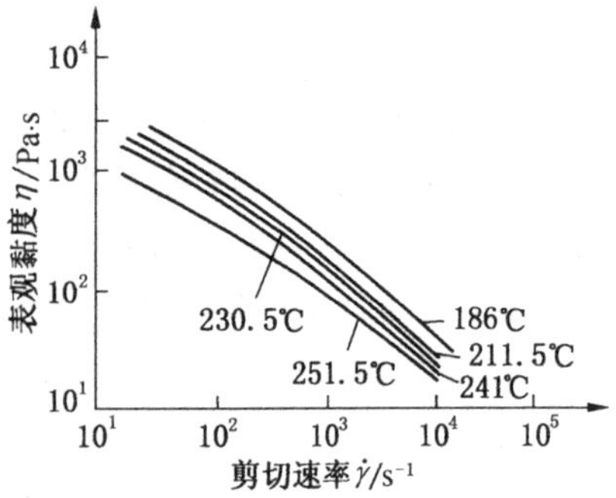

图 8-1　聚丙烯的表观黏度与剪切速率的关系（MFR = 1.08g/10min）

聚丙烯熔体的非牛顿性与 LDPE 接近，而与 HDPE 差异大，即熔体表观黏度随剪切速率的提高而降低幅度大，而随温度升高流动性增值却比聚乙烯小。所以一般加工时调节压力和螺杆转速来改变熔体的流动性比提高温度更加有效和安全。

下面分别讨论分子量、分子量分布以及温度对它的影响。

对于假塑性流体和膨胀型流体来说，其流变行为涉及剪切应力、剪切速率和表观黏度三者之间的关系。影响流体流变性的因素有内因和外因，内因为分子量及其分布、支化度、组成等，外因主要是温度和压力[2]。

对牛顿型流体而言

$$\tau = \mu\dot{\gamma} \tag{8-1}$$

式中，τ 为剪切应力；$\dot{\gamma}$ 为剪切速率；μ 为牛顿黏度，通常为一常数，例如水就为 1。

对非牛顿型流体（剪切变稀的假塑性流体和剪切增稠的膨胀性流体）则有：

$$\tau = K\dot{\gamma}^n \tag{8-2}$$

式中，τ 为剪切应力；$\dot{\gamma}$ 为剪切速率；n 为非牛顿指数；K 为流体稠度。K 值愈大，流体愈稠，n 值离 1 愈远，非牛顿性愈强。

将上两式合并，可得：

$$\tau = (K\dot{\gamma}^{n-1})\dot{\gamma}$$

令 $\eta_a = K\dot{\gamma}^{n-1}$，则可得到一与表达牛顿型流体相似的方程式：

$$\tau = \eta_a\dot{\gamma} \tag{8-3}$$

式中，η_a 定义为表观黏度，但它是剪切速率的函数。

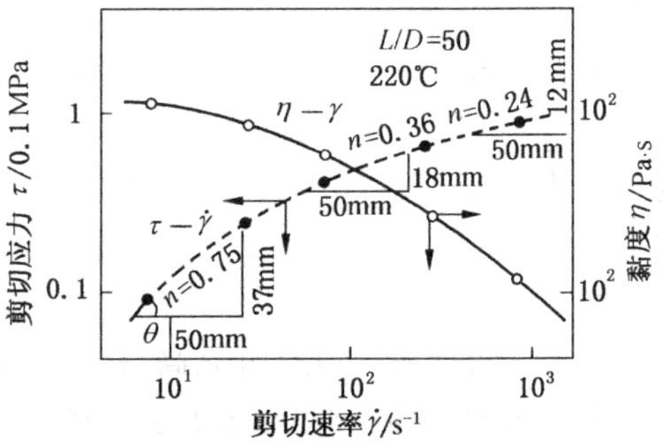

图 8-2　聚丙烯的流动特性曲线实测例（PP：FL1212）

图 8-2 是用 PP 测得的流变曲线实例。采用黏度测定装置（毛细管流变仪等），通过挤压使熔体流动，从毛细管流出，获得剪切应力-剪切速率和表观黏度-剪切速率关系曲线。由曲线的倾

向求得的 n 值随 $\dot{\gamma}$ 的增大而减小。通常 n 值用下式求得：

$$n = \lg\tau/\lg\dot{\gamma} = \tan\theta \qquad (8-4)$$

黏度对加工中熔体的流动、传热及混合等基本过程有重要影响，所以了解各种成型技术及涉及的温度和剪切速率范围内塑料的表观黏度就非常必要。流变曲线能比较充分地描述塑料熔体在不同温度和剪切速率下的流变特性。PP 分子链相对柔顺，其黏度随剪切速率的增大而下降，但斜度较小。

工程中常采用熔体流动速率评价热塑性塑料的流动性[3]。熔体流动速率 MFR(Melt Flow Rate)按 ASTMD1238 在标准熔体流动速率测定仪上测定。先将塑料全部熔融，而后在一定载荷下将其从定径定长的毛细管中挤出，把 10 min 内挤出塑料的质量克数规定为熔体流动速率。可知，熔体流动速率测定的实际上是给定条件下的流度(黏度的倒数)。在通常情况下仪器上的载荷为 2.16 kg，从毛细管的孔径可算出切应力为 2×10^4 Pa，剪切速率 $\dot{\gamma}$ 则在 10^{-2}～$10s^{-1}$ 的范围内。因而熔体流动速率所反映的是低 $\dot{\gamma}$ 的流度。在相同条件下，熔体流动速率大，说明其流动性好；熔体流动速率小，则流动性差。

各种加工方法对塑料熔体流动速率有不同的要求，一般而言，注射成型要求熔体流动速率较高；挤出成型要求熔体流动速率较低；吹塑(中空容器)成型介于两者之间，见表 8-1。

表 8-1　加工方法与熔体流动速率(MFR)①

成型方法	制　品	需要的 MFR 值/(g/10min)	成型方法	制　品	需要的 MFR 值/(g/10min)
挤出	管	<0.1	注射	一般制品	1～2
	片、瓶、薄壁管	0.1～0.5		薄壁制品	3～6
	电线电缆	0.1～1			
	薄板	0.5～1	真空成型	制品	0.2～0.5
	薄膜	4～15			

① 熔体流动速率 1.0g/10min 相当于熔体黏度为 1.5×10^4 Pa·s。

在较低剪切速率下塑料熔体的表观黏度约为 10^6～10^8 Pa·s，随着剪切速率的提高，黏度可下降 2～3 个数量级。

根据不同用途的需要及结构，可以生产制造出熔体流动速率从 0.1～100g/10min 以上的系列产品牌号的聚丙烯，且控制十分精确。

1. 熔体表观黏度与温度的关系[4]

热塑性熔体的黏度随着温度升高而呈指数函数方式，其温度的下限是熔点，上限为分解温度，故不可能有很宽的温度范围，因此黏度-温度依赖关系可用 Arrehenius 公式表示：

$$\lg\eta_a = \lg A + E_\eta/RT \qquad (8-5)$$

式中，A 相当于温度 $T\to\infty$ 时的黏度常数；R 为气体常数；T 为绝对温度；E_η 为聚合物的黏流活化能。

可见，熔体黏度与 E_η 和 T(或 $1/T$)有关。如以 $\lg\eta_a$ 对 $1/T$ 作用，可得一直线，曲线的斜率即为 E_η，其大小表征熔体黏度对温度的依赖性。E_η 愈大，其熔体黏度对温度愈敏感。

聚丙烯分子链较柔顺，流动活化能低，所以熔体黏度对温度变化的敏感性低，操作比较稳定。当温度由200℃上升至250℃时，黏度下降约2个数量级。聚丙烯的流动活化能为37.7~41.9kJ/g · mol。聚丙烯在不同剪切速率下的活化能见表8-2。

表8-2　聚丙烯在不同剪切速率下的活化能①

剪切速率/s^{-1}	3×10^{-3}	9×10^{-3}	2×10^{-2}	10	10^2	10^3
活化能/(kJ/g · mol)	34.8	34.8	34.8	22.6	16.7	12.6

① 温度180~220℃。

2. 熔体表观黏度与分子量及分子量分布的关系[5,6]

高聚物分子量的大小对黏性流动影响很大，一般来说，分子量增加熔体的黏度增加，熔体流动速率下降。市售等规PP的MFR为0.6~11.4g/10min。

随着分子量的增大，零剪切黏度[η_0]逐渐增加，但当分子量达到一定量时，黏度的变化出现一个明显的转折，称作临界分子量($\bar{M}_{cr}$)。这主要是由于分子链变长后缠结所致，分子链缠结后相互滑动比较困难，阻力增加，黏度随分子量的增加而提高，斜率增大。$\bar{M}_{cr}$约为5000左右，但这也不是一个固定数据，它与剪切速率有密切关系。随着剪切速率$\dot{\gamma}$的增加，黏度由大变小，$\bar{M}_{cr}$也由大变小。

熔体黏度与分子量分布情况相关，分子量分布增宽，熔体黏度将迅速下降，其流动行为的非牛顿性增强。这是因为在分子量分布宽的聚合物中有一些分子特别长，另一些则较短，当剪切速率增大时，由于长分子变形使得整体形变较大，所以黏度下降较快，而分子量分布较窄者，由于分子大小比较均匀，所以表现出来黏度下降较小。

3. 支化的影响

当分子量相同时，分子链是直链型的，对熔体黏度影响很大。一般说来短支链的存在使高分子链相互作用减小，因而其熔体黏度比直链的低。比较聚乙烯、聚丙烯、聚1-丁烯在相同特性黏数 $[\eta]^{145℃}_{四氢萘}=100mL/g$ 时的熔体流动速率，可知短支链越长，其熔体黏度越低(表8-3)。

表8-3　相同[η]下熔体流动速率的比较

项　　目	—CH_2—CH_2—	—CH(CH_3)—CH_2—	—CH(CH_2—CH_3)—CH_2—
$[\eta]^{145℃}_{四氢萘}=100$时的分子量	45000	89000	320000
聚　合　度	1600	2100	5700
熔体流动速率(190℃)/(g/10min)	1.0	1.6	4.1

由于短支链可以降低高聚物的熔体黏度，所以在塑料加工行业中，加工具有一定交联度或分子量过大不易加工的材料时，可以掺入支化短支链PP以增加熔体的流动性。但是长支链对高聚物熔体黏度也有显著的影响。由于支链本身很长，并可发生缠结，因而会使熔体黏度上升，降低熔体流动性。

4. 压力的影响[7]

迄今为止关于压力对聚合物熔体影响的定量数据很少。从定性上来讲，增加压力会导致聚合物黏度增大，这是由于黏度依赖于分子间的作用力，而作用力又与分子间的距离有关，增加压力意味着减少分子间的距离，因而流体黏度增大。聚丙烯熔体在压力 172.3 MPa 与 13.7 MPa 情况下相比，黏度增加了 7.3 倍。

聚合物的 p-V-T 关系也可以用理想气体物态方程式表示：

$$(p + \pi_1)(V - \omega) = RT \tag{8-6}$$

式中，p 为外压力，MPa；π_1 为内压力，MPa；V 为比容，cm^3/g；ω 为常数，cm^3/g；R 为气体常数，$kg \cdot cm^3/(cm^2 \cdot g \cdot K)$；$T$ 为温度，K。

对于聚丙烯：

$$R = 2.06\ kg \cdot cm^3/(cm^2 \cdot g \cdot K); \quad \omega = 0.620 cm^3/g; \quad \pi_1 = 161.8\ MPa$$

5. 添加材料的影响

填充高分子材料，是当前三大物理改性(共混、填充、增强)材料之一，填充聚丙烯尤以它的节约原料、增强性能而得到广泛地应用，但添加物会影响聚合物熔体的流动行为。添加材料有两种情况：①粉末或纤维状的固体材料，如玻璃纤维、碳纤维以及其他有机纤维、碳酸钙、滑石粉和其他无机矿物材料；② 能与聚合物相溶或混溶的液态物质[8]。

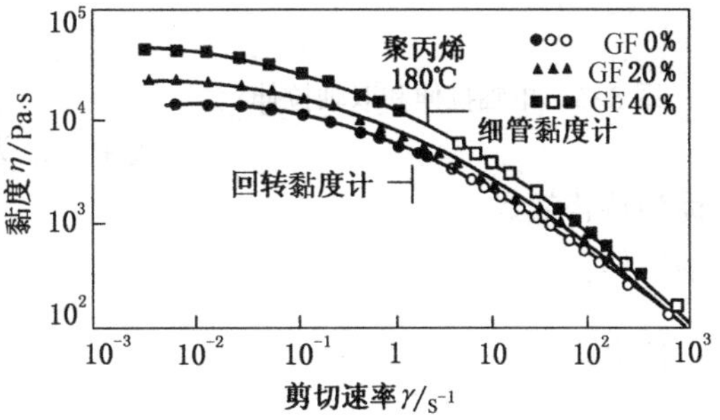

图 8-3　混入填充材料对黏度的影响

图 8-3 与图 8-4 显示出 PP 添加玻璃纤维(GF)的流动情况。图 8-3 表示出熔体黏度增大，流动性下降，下降程度因填料形状、尺寸、表面状态及加入量而异，为使填充材料移动，需要追加能量，故剪切应力会较大；在同一剪切速率下，含填充材料塑料熔体的剪应力增大，故黏度增大。

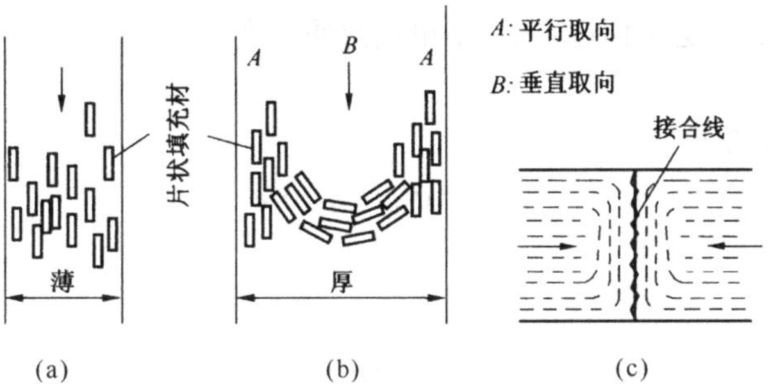

图 8-4　片状填充材料取向行说明

a —薄壁制品；b —厚壁制品；c —在接合线处

图 8-4 表示了填充材料取向性。(a)是流速在某种程度时，以流动方向取向。(b)是对于厚制品，流速慢时，靠近模壁的取向与料流方向平行，而中心部位的取向与流动方向垂直。(c)是接合部位取向沿接合线方向。

填料取向会造成尺寸精度及物性值具有方向性。所以在制备纤维增强聚丙烯材料时，横纵向的力学强度有很大区别。

在塑料熔体中加入有限的相容性液态物如增塑剂或润滑剂，能在一定程度上削弱聚合物之间的作用力，增大分子间距离，减少缠绕，故体系黏度会降低，而流动性增大。在加工聚丙烯专用料时，经常加入一定量的润滑剂，对平稳挤出造粒起到良好的作用。

8.2.1.2　熔体拉伸黏度[9,10]

聚丙烯的单轴拉伸与双轴拉伸在工业上是非常有实际意义的。在拉伸流动过程中也和剪切流动过程相似，有拉伸黏度。其定义也相似，只是速度在形变方向，拉伸应力 σ 与拉伸应变速率(伸长速率) $\dot{\varepsilon}$ 之间有类似牛顿黏性定律关系(见图 8-5)：

$$\sigma=\lambda\dot{\varepsilon},\quad \lambda=\frac{\sigma}{\dot{\varepsilon}} \tag{8-7}$$

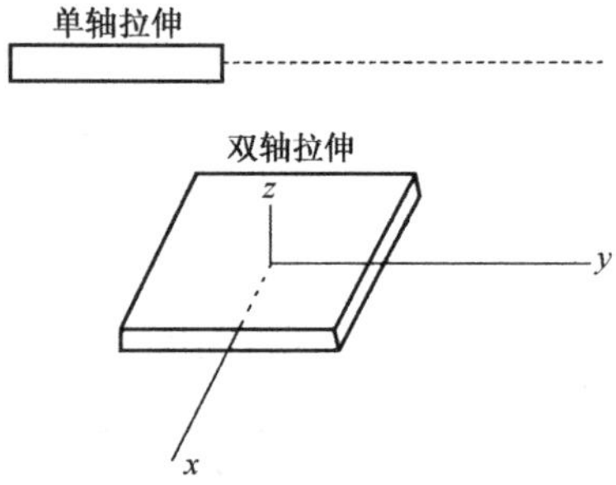

图 8-5　单轴拉伸和双轴拉伸

式中，λ 为拉伸黏度，即单轴拉伸黏度(有时记为 η)，常被称为特普顿黏度。

单轴拉伸：

拉力
$$f_x \propto \frac{\mathrm{d}v_x}{\mathrm{d}x} \tag{8-8}$$

拉伸应力
$$\sigma_{\text{拉}}=\bar{\eta}_{\text{拉}}\ \dot{\varepsilon} \tag{8-9}$$

拉伸应变

$$\varepsilon=\int_{l_0}^{l}\frac{\mathrm{d}l}{l}=\ln\frac{l}{l_0}=\ln\lambda \tag{8-10}$$

拉伸应变速率

$$\dot{\varepsilon}=\frac{1}{l}\cdot\frac{\mathrm{d}l}{\mathrm{d}t} \tag{8-11}$$

式中，l_0 是起始长度；λ 是拉伸比；$\bar{\eta}_{\text{拉}}$ 是单轴拉伸黏度。

双轴均匀拉伸时：

$\varepsilon_x=\varepsilon_y=\varepsilon$，$z$ 方向缩短(变薄)

$$\sigma_{xx}=\sigma_{yy}=\bar{\bar{\eta}}_{\text{拉}}\cdot\dot{\varepsilon} \tag{8-12}$$

式中，$\bar{\bar{\eta}}_{\text{拉}}$ 是双轴拉伸黏度。

对于小分子液体

$$\left.\begin{aligned}\bar{\eta}_{\text{拉}}&=3\eta_{\text{切}}\\ \bar{\bar{\eta}}_{\text{拉}}&=6\eta_{\text{切}}\end{aligned}\right\} \tag{8-13}$$

由于高聚物熔体的非牛顿行为，拉伸黏度除在 $\dot{\varepsilon}$ 很小时是常数外，也具有形变速率依赖性，因此按上述定义得到的只能称为表观拉伸黏度。高聚物熔体的拉伸黏度对拉伸应力或拉伸应变速率的依赖性关系并不相同。例如对拉伸应力，表现出三种情况：一种是与拉伸应力无关，一种是随拉伸应力的增加而减少，还有一种是随拉伸应力的增加而增加。聚丙烯属于第三种情况，其拉伸应力为 10^8 Pa 时的拉伸黏度只有应力为 10^5 Pa 时的 1/5。

拉伸黏度对拉伸速率也有很复杂的依赖关系，各种研究结果差别也很大，一种是随速率增大而增大，一种是随速率增大而减小，还有认为拉伸黏度与拉伸速率无关(图8-6)。

拉伸黏度(λ)与拉伸速率 $\dot{\varepsilon}$ 依赖关系十分复杂，目前的研究手段及流动机理的解释尚有许多不完善之处。

从高聚物熔体拉伸流动的分子机理来看，λ-$\dot{\varepsilon}$ 关系的复杂性和多样性，反映出聚合物流动中涉及的结构变化很多。在剪切流动中，剪切力引起链缠结密度下降(解缠结)，结构发生破坏，分子间力减弱，材料发生剪切稀化，黏度下降。在拉伸流动中同样会发生缠结的破坏，除此之外，在拉伸应力的作用下分子链会发生伸展并沿力的作用方向取向，分子间作用力增大，对流动的阻力增加，于是拉伸黏度增大。表观拉伸黏度的变化方向，视哪一种效应占优势而定。

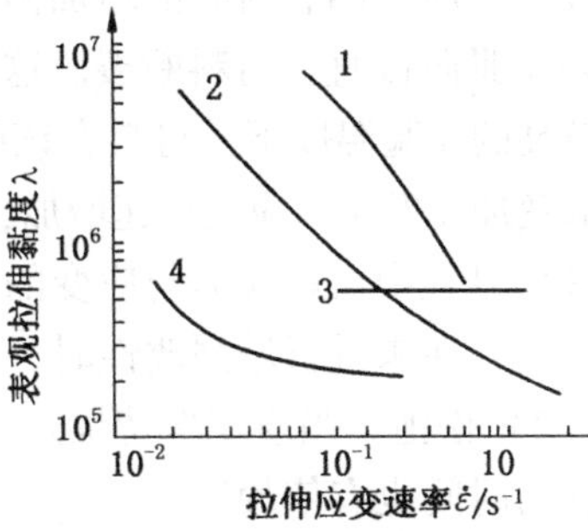

图 8-6　表观拉伸黏度与拉伸应变速率的关系

1—高密度聚乙烯，220℃；2—聚丙烯，180℃；3—低密度聚乙烯，200℃；4—聚苯乙烯，220℃

高聚物熔体在低拉伸应变下的拉伸黏度与低剪切速率下的剪切黏度之间维持特鲁顿关系，即 $\lambda = \bar{\lambda} = 3\eta_0$。在高剪切速率下剪切黏度下降幅度很大(两三个数量级以上)，而拉伸黏度随拉伸应变速率的变化并不很大，因此，很多高聚物熔体在高拉伸应变速率下的拉伸黏度不再等于相应的高剪切速率下的剪切黏度的三倍，前者可能较后者大一个甚至两个数量级。

高聚物熔体的拉伸黏度在成型加工过程中有一定的重要性。凡是有流线收敛的流动就与拉伸黏度有关，包括纤维纺丝、混炼、薄膜压延、注塑、瓶子和薄膜的吹塑等。双轴拉伸流动对于吹塑法薄膜的生产和薄膜力学性能的研究有重大意义。

8.2.2　聚丙烯的黏弹行为[11]

聚丙烯在流动过程中所发生的形变一部分是可逆的，因为它们的流动性不仅是简单分子链之间的滑移，还有各个链段的运动的总结果。在外力的作用下，高分子链不可避免地要顺外力的方向伸展，这就是说，在黏性流动的同时，必然会伴随一定量的弹性形变，这部分形变是可逆的，外力消失后，高分子链要卷曲起来，因而整个外形要回复一部分。

黏弹性流体在稳定流动时，服从牛顿黏性定律，因而在剪切应力 τ 的作用下，剪切速率为 τ/μ，其中 μ 为绝对黏度；假定剪切应力很快增加至 $\tau+\Delta\tau$，此时物体服从胡克定律，在 $\Delta\tau$ 的作用下，物体产生一应变为 $\Delta\tau/G$，其中 G 是剪切模量；于是产生一附加剪切速率，它与应力变化速率 $\dot{\tau}$ 成比例，等于 $\dot{\tau}/G$。因此，总的剪切速率 γ_T 为 τ/μ 与 $\dot{\tau}/G$ 之和，即式 8-14 所示。

$$\gamma_T = \frac{\tau}{\mu} + \frac{\dot{\tau}}{G},\ \tau + \frac{\mu}{G}\dot{\tau} = \gamma\dot{\tau}_T \qquad (8-14)$$

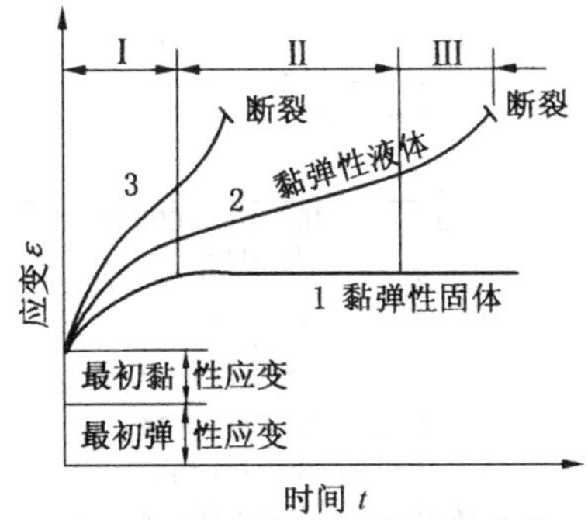

图 8-7　黏弹性流体的蠕变曲线

聚丙烯熔体属于这类流体。

1. 黏弹性物系的蠕变与松弛

(1) 蠕变　对于黏弹性物体，它的应变量随时间的变化介于弹性固体和牛顿流体之间。图 8-7 显示出三种常见的蠕变曲线。曲线 1 表示：在 I 阶段，随时间的增长，应变增加，但以后阶段，蠕变趋向稳定；应变再增加，类似于弹性固体，到达平衡状态。这种黏弹性物体又称为黏弹性固体。曲线 2 表示，经过Ⅰ阶段后，蠕变继续发生，到达Ⅱ阶段后，应变随着时间的增加而线性增加，这一阶段类似牛顿型流体；随着时间的增长，应变处于Ⅲ阶段直至材料断裂。这种黏弹性物体又称为黏弹性液体。通常在施加较高的应力或在较高的实验温度下，材料有该蠕变发生。曲线 3 表示：在更高的施加应力或更高的温度下，蠕变加速发生，应变加速增加，在进入Ⅱ阶段后即已断裂。

蠕变过程中材料应力与应变的比值称为蠕变模量，它是时间的函数。聚丙烯塑料蠕变现象较严重，在未进行增强改性时，不宜制造结构材料。

（2）松弛　当应变保持恒定时，物体上的应力随时间的增长而减少。这种现象称为松弛。它与时间也有依赖性。

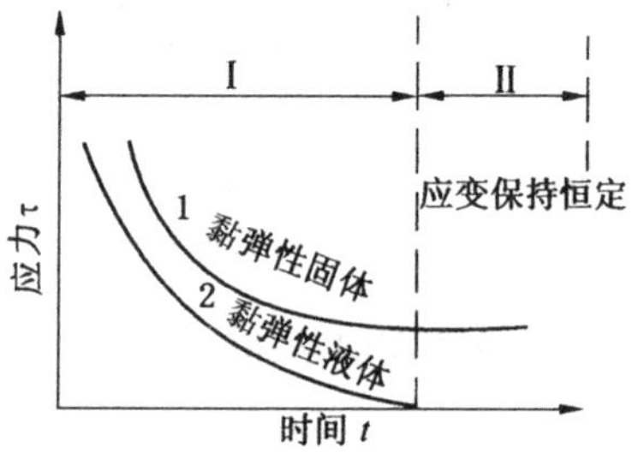

图 8-8　黏弹性流体的应力松弛曲线

对于黏弹性物体，应变恒定时，物体上应力随时间的增长而减少，见图 8-8。它显示出应力松弛曲线。曲线 1 是黏弹性固体的应力松弛曲线，在Ⅰ阶段随着时间的增长，应力随之下降，在进入Ⅱ阶段后，松弛趋向稳定，应力不再随时间的增长而下降；黏弹性液体(曲线 2)到达Ⅱ阶段时，应力趋于 0。应当指出的是，提高试验温度，松弛现象更为显著，即随时间的增长，应力的消退更快。

衡量高分子材料松弛过程的快慢通常用松弛时间来表示，它是指在保持恒定形变下，应力衰减至起始值的 $1/E$ 时所需的时间，E 为模量。不同材料的松弛时间变化很大，短的可以是几秒，长的可达几小时到几天甚至几年。在一定范围内，松弛时间呈一个连续分布，且分布很宽。常用一松弛时间谱来代表。

2. 黏弹行为的影响因素[12]

（1）时间因素　向物体施加应力，就会有瞬时弹性形变，继续施加应力，就会产生流动，其形变取决于应力作用时间的长短。作用力时间短，弹性形变起决定作用；对黏弹性塑料施加作用力时间长，则黏滞流动起决定作用，材料就像液体一样流动，完全失去了固体性能，这是破坏性流变行为。所以，采用黏弹性材料绝对不能用长时间有负荷的场合。

图 8-9 列出了几种塑料材料(包括聚丙烯)应力作用时间对应变的影响。

（2）温度的影响　在低温下，黏弹性材料黏度很高，材料的行为有如剪切模量为 G_1 的理想弹性固体。在低温下，如在低于弹性极限施以连续恒定应力，则发生“蠕变”；如果发生在室温，则称之为“冷流”。这是粘滞流引起的作用，并有时间依赖性，如果温度很高，则流体黏度很小，流动行为有如液体。所以较高温度会加大应变行为。

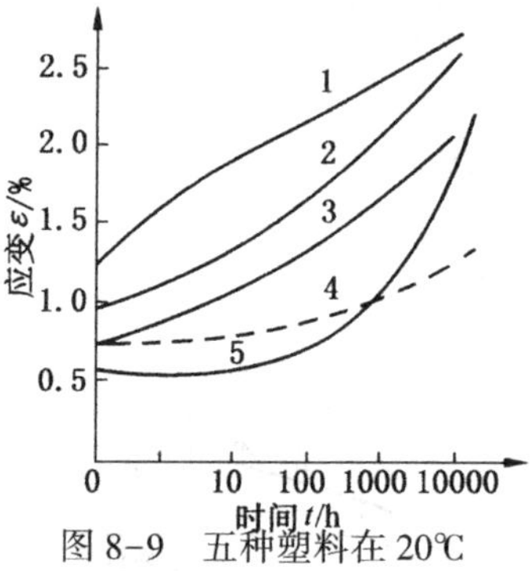

图 8-9　五种塑料在 20℃时的蠕变曲线

1—聚乙烯，相对密度 0.92，应力 21.6 MPa；2—聚甲醛(共聚)，应力 20.7 MPa；3—聚丙烯(均聚)，应力 6.86 MPa；4—聚氯乙烯(硬)，应力 20 MPa；5—尼龙 66，应力 17.2 MPa

3. 动态力学性能与动态黏度

在交变应力下，高聚物熔体的黏性和弹性反应不相同。弹性形变与应力同相位，不消耗能量，黏性形变的形变速率与应力同相位，消耗能量，以正弦震动为例：

形变 $r=\hat{r}\sin\omega t$，形变速率 $\dot{r}=\omega\hat{r}\cos\omega t$ 超前于应变 90°相角。

图 8-10 表现出了动态应力应变曲线。如图所示，在高频交变应力情况下，应变与应力同相位，在降低频率情况下，曲线产生了位移，交变频率越低，位移越严重[13]。

对于黏弹性材料，在交变应力作用下，应力和应变之间存在着相位差。模量为一复数，称为动态模量 E，它由实数部分 E'（储能模量）和虚数部分 E''（耗损模量）所组成。E''/E' 比值为应变落后于应力的相位角 δ 的正切值 $\tan\delta$。$\tan\delta$ 值愈大，表示经一个周期中损耗的能量愈多。这种动态力学试验常用来研究黏弹性材料的松弛行为。通常在某一频率下测定应力或应变随温度的变化，得到动态力学温度谱。如在某一温度下测定应力或应变随频率的变化，则可得到动态力学频率谱，常用于研究高分子材料分子运动和结构与性能的关系。以 $\tan\delta$ 对角频率作图，可得到动态力学损耗谱，常被用来研究高分子共混物的相容性。

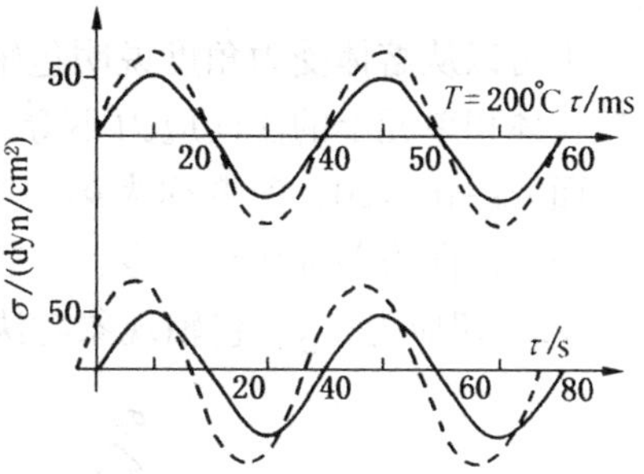

图 8-10　动态应力应变曲线

—— —应变；------—应力

如所加应力为交变剪切力，那么其复数剪切模量也可分解为储能剪切模量和耗损剪切模量两部分。相应的则有复数黏度 η^*，它也由两部分组成，其实数部分称为动态黏度 η'，反映了其黏性的贡献，其虚数部分 η''则反映弹性的贡献。复数黏度也是频率的函数。

$$\eta^*=\eta'-i\eta'' \tag{8-15}$$

复数黏度可用动态黏度仪来测定，例如美国 Rheometrics 公司所生产的Rheometrics Mechanical Spectrometer，它广泛用来研究高分子材料熔态的黏弹行为。

如将复数黏度对所加频率作图，可得到一反映熔体动态流变行为的曲线，此曲线可用各种数学模型来描述，此处举 Carreau-Yasuda 模型为例。

$$|\eta^*(\omega)| = \eta_0[1+(\tau_n\omega)^a]^{(n-1)/a} \tag{8-16}$$

式中，$|\eta^*(\omega)|$为复数黏度的标量；η_0 为零剪切黏度，它与重均分子量呈正比关系：$\eta_0\propto M_w^{3.4}$；ω 为角频率；τ_n 为特征黏性松弛时间；n 为一参数，与流体非牛顿性有关；对聚烯烃而言，n 可设定为 2。

这类流变数学模型常被用来研究聚烯烃结构与性能之间的关系。

4. 法向应力

当一根旋转轴在低分子液体中快速旋转时，靠近旋转的液体液面，随着轴的旋转而下降。在远离旋转轴的部位由于离心力的作用液面升高。若液体是高分子熔体或溶液，则情况刚好相反，液体是沿着旋转轴慢慢上爬的，旋转轴包上了一层熔体或溶液（图 8-11），这就是法向应力效应，

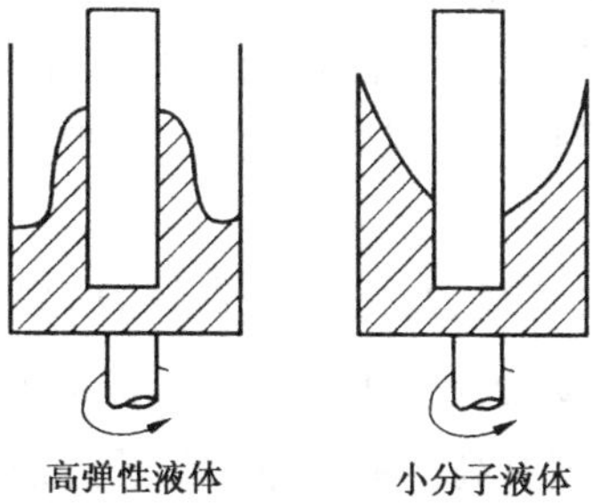

图 8-11　高聚物熔体或溶液流动时的包轴现象

又称包轴现象。

包轴现象的发生可作这样的解释：取向程度随着离开转轴的距离加大而减弱。拉伸取向后的分子链难以进一步变形，而是跟着转轴转动，已经取向的大分子又会黏附在邻近大分子上一起取向和旋转，这样越转越多，同时产生一种向心力，这就导致了包轴现象。

也可以从熔体受力角度说明包轴现象。高聚物熔体在流动时，由于伴有弹性形变，作用于任一体积单元上的法向应力不等(图 8-12)，其中 $\sigma_{11}-\sigma_{22}>0$，且随剪切速率的增大而增大，而 $\sigma_{22}-\sigma_{33}\leqslant 0$，前者称为第一方向应力差，后者称为第二方向应力差。在低剪切速率下，两种法向力差都接近于零，在较高的剪切速率下，两种方向应力差表现显著，甚至 $\sigma_{11}-\sigma_{22}$ 超过了切应力 σ_{12}。包轴现象与法向应力差的存在有关。

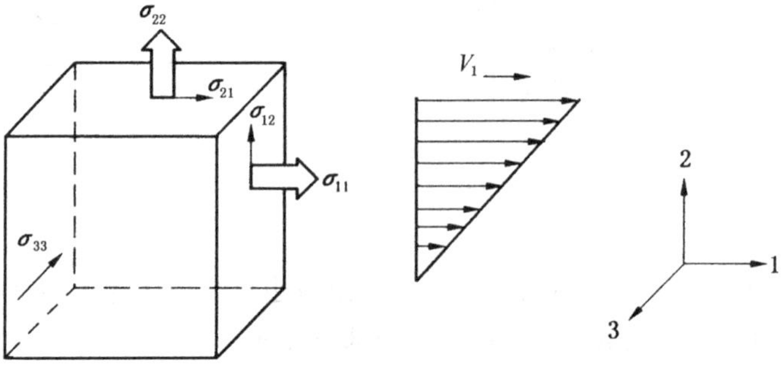

图 8-12　高聚物熔体体积元上的应力分布

5. 出口膨胀现象[14]

这是指高聚物熔体挤出模口后直径增大的现象，也称为巴拉斯效应。膨胀现象也是高聚物熔体的弹性表现，形象地说是高聚物熔体的弹性记忆效应，即熔体出模口后要回复到它进入模口前的形状(图 8-13)。

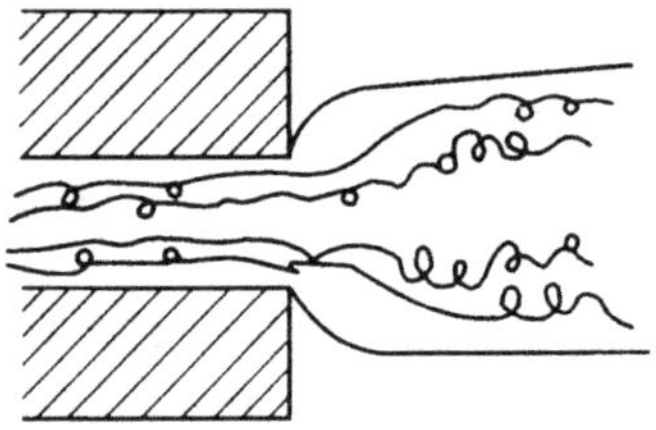

图 8-13　高聚物熔体膨胀示意图

产生膨胀现象可从两个角度说明。

(1) 高分子熔体进入模口后，分子链是比较卷曲的，但在外力作用下进入模口时，由于其中出现不同的速度层，分子链在不同速度层中逐步被拉开；在出口之后，外力对分子链的作用很快解除，高分子链重新收缩成卷曲的状态，从而使其在出口处发生膨胀。

(2) 在模口内流动时由于切应力、法向应力差所产生的弹性形变，在出模口后要回复。当模口长径比 L/D 小时，前一种原因是主要的，当 L/D 很大时，后一种原因是主要的。

高聚物熔体膨胀程度用 B 来表示，B 等于挤出成品的最大直径 D_{∞} 与模口直径 D 之比。对几种高聚物的研究表明，B 值受以下因素影响：①剪切速率 $\dot{\gamma}$ 增大，B 值增大，因为剪切速率增加时弹性形变会变大；②温度升高，B 值减小，因为温度升高，被拉伸的分子链松弛加快，故在 $\dot{\gamma}$ 不变的情况下，提高温度会降低挤出物的胀大程度；③当剪切速率不变时，B 值随 L/D 的增大而减小，并逐渐趋于恒值，因为模口的长度越长，为发生弹性形变的分子链提供了较长的松弛机会，挤出物离开模口后回缩的程度就小；④共聚物的分子量高，分布宽，长支化链程度高，都会使 B 值增大。分子量增大和长支链支化会引起熔体较大的弹性形变，因此 B 值较大，但分子量分布变宽的影响机理还不甚清楚。高聚物材料在加工中出现的膨胀现象，影响到成品的最后尺寸，因此，在设计模口时，必须考虑这一因素，一般说来模口的尺寸要小一些，才能达到预定的成品尺寸。

通过聚丙烯挤出胀大的研究表明：①B 值随剪切速率 $\dot{\gamma}$ 显著增大。显然，剪切速率增大，前述两个原因都引起更大的弹性能储存。图 8-14 是三种典型试样挤出胀大的剪切速率依赖性。②温度升高，高聚物熔体弹性减小使 B 值下降，见图 8-15。③从图 8-16 可见，

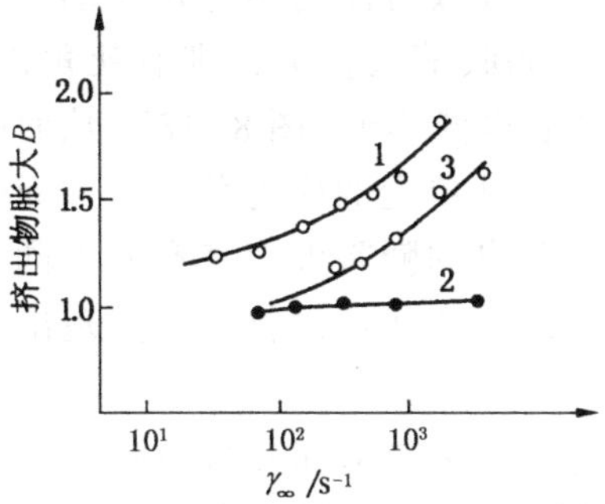

图 8-14　挤出物胀大与剪切速率的关系
(T=240℃，L/D=40/1)
1—聚丙烯，分子量 29.3 万；2—聚己内酰胺，相对黏度 2.38；3—聚丙烯，分子量 11.8 万

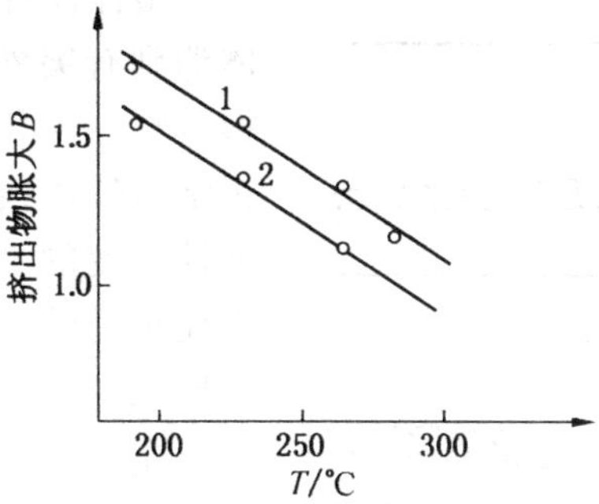

图 8-15　温度对聚丙烯挤出物胀大的影响
1—$\gamma_\infty=1\times10^2 s^{-1}$；2—$\gamma_\infty=3\times10 s^{-1}$

在同一剪切速率下，B 值随 L/D 的增大而减小，逐渐趋于恒值。④一般地说分子量变大、分布变宽都使 B 值增大，但主要是分子量分布变宽影响挤出物胀大。对于聚己内酰胺(图8-16 曲线 2)，在 L/D=40/1 时，B 值接近于 1，弹性很小，这也是因为分子量较小，松弛时间较短的结果。另外，支化严重影响挤出物挤出胀大，长支化链使 B 值大大的增加。

加入填料能减小高聚物的挤出胀大，刚性填料的效果最为显著。韧性填料如橡胶也能起到降低出口胀大的作用。

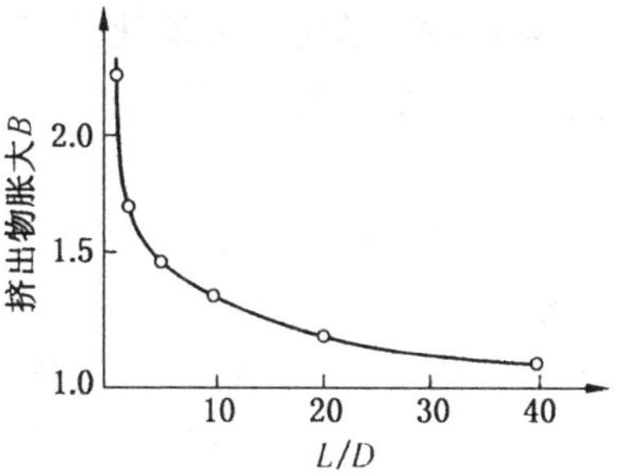

图 8-16　模口长径比对聚丙烯挤出物胀大的影响
(T=190℃，$\gamma_\infty=1\times10^2 s^{-1}$)

挤出物胀大的大小对纺丝显然有重要的实际意义，在控制挤出板的厚度、吹塑制瓶等其他加工工艺也很重要。挤出物表面的粗糙程度有时也与挤出物胀大有关。当挤出物胀大较小，而且剪切速率不足以产生熔体破裂时，挤出物表面一般比较光滑。模塑制品的各向异性和双折射往往也随挤出物胀大的减小而减小。

6. 不稳定流动[15,16]

高聚物的黏度随剪切黏度的增加而减小，提高 $\dot{\gamma}$ 虽然可以大大降低熔体的黏度，但是高聚物熔体的黏度总是包含高弹性形变部分，随着 $\dot{\gamma}$ 的增加，高弹形变部分越来越多，以至渐渐超过了黏流形变，结果使得从模口挤出的

制品表面破裂，这种现象称为不稳定流动或熔体破裂，也称高弹湍流。熔体不稳定流动，可能会出现 8-17 所示的几种形式。

螺旋波纹是一种具有规律性周期变化的现象，不但会使挤出制品表面起波纹，而且会引起厚度时厚时薄的周期变化。这种现象与模口长径比 L/D 有关，L/D 越大，变化周期越大，因此可能与熔体入口处流线断裂有关。竹节状现象与分子在模口内管壁处的滑动有关。从理论上讲，中心处流速最大，管壁处流速应该为零，实际上并不等于零而粘贴于管壁处的熔体会在切应力的作用下拉伸脱离管壁，因弹性回缩而产生周期性滑移，这种现象随分子量的增高而加剧。

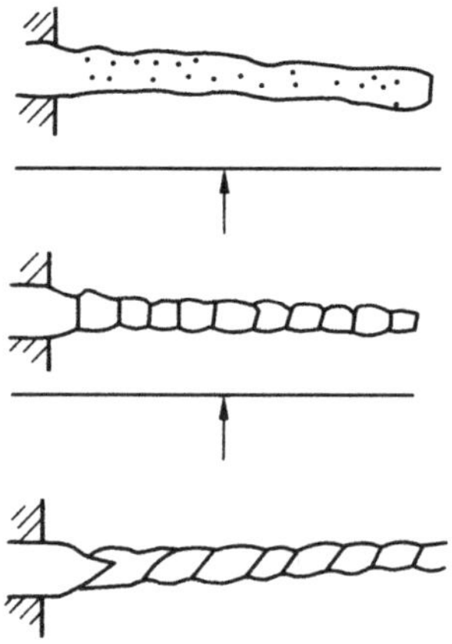

图 8-17 高聚物熔体的不稳定流动

熔体流经管道形状，也会导致熔体的不稳定流动。当熔体遇到有突然的直径变化，如收缩或扩大，则有死角出现，熔体将在死角处产生循环或者停滞不前(图 8-18)，从而改变正常熔体流线分布及各部分流动单元的应力分布，进而引起弹性形变的不同。出口时，各自的膨胀效应将有所不同。由于死角处的流线常为周期性的，致使挤出物表面呈现出规则的周期性变化。

允许的入口半角，或进入模头狭窄部分自由收敛的极大半角 α_0 与剪切和拉伸黏度的关系可近似地用下面的方程来表示：

$$\alpha_0 = \tan^{-1}\sqrt{2\eta/\lambda} \tag{8-17}$$

低应力时 $\lambda = 3\eta$，入口半角为 40°。只是在高应力时，入口角才依赖于流过模头材料的性质。相对来说，符合牛顿定律的材料如尼龙，和拉伸变稀且具有强烈假塑性的材料如聚丙烯，入口角较大。但拉伸变稠且具有强烈假塑性体的材料如低密度聚乙烯，入口角则小得多。

对鲨鱼皮斑的产生可以这样分析。在通过模头的流动过程中，邻近模头壁的材料几乎是静止的。但一旦离开模头，这些材料就必须迅速地被加速到与挤出物表面一样的速度。这个加速会产生很高的局部应力，如果这个应力太大，会引起挤出物表层材料的破裂而产生表面层的畸变，这就是鲨鱼皮斑。它的形貌多种多样，从表面缺乏光泽到垂直挤出方向上规则间隔的深纹。鲨鱼皮不同于非层状流动，基本上不受模头线度(如模头入口角度)的影响。它依赖于挤出的线速度，而不是延伸速率，且肉眼能见的缺陷是垂直于流动方向的，而不是螺旋式或不规则的。分子量低(即低黏度、应力积累缓慢)及分子量分布宽(即低的弹性模、应力松弛速度)的材料在高温和低挤出速率下挤出，很少能观察到鲨鱼皮斑。在模头端部加热能降低熔体表面的黏度，对减少鲨鱼皮斑很有效。

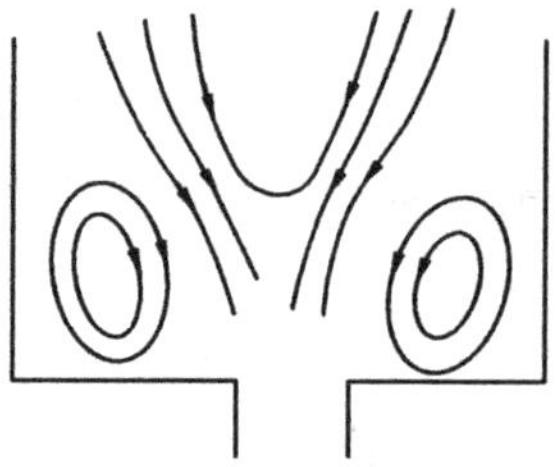

图 8-18 熔体破裂前在死角中的循环

8.2.3 一组聚丙烯熔体流变数据[18]

8.2.3.1 测试方法

(1) 试样处理：选用两种 PP 粒料，常压热风干燥，干燥温度 80℃，时间 8h。

（2）测试手段：塑料熔体毛细管流变仪；

加热温度：0～400℃，±1℃；

挤出温度：0.5～500 mm/min，可控；

剪切速率范围：10^1～$10^5 s^{-1}$；

剪切应力范围：10～10^3 kPa。

8.2.3.2 流动曲线[19]

聚丙烯熔体流动曲线见图 8-19，图 8-20，图 8-21，图 8-22。

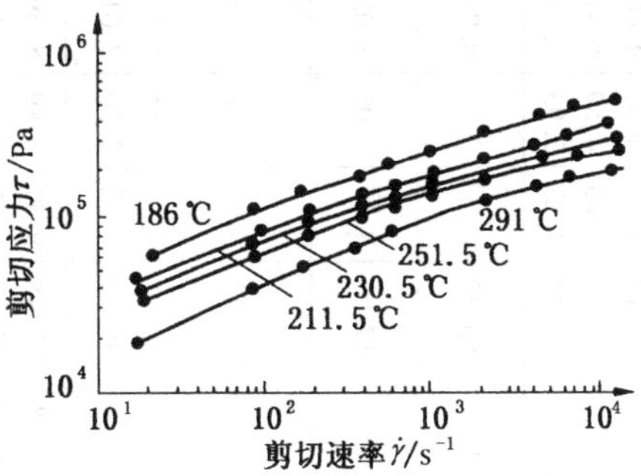

图 8-19　聚丙烯（通用 1330）流动曲线（MFR＝1.08g/10min；L/D＝40/1）

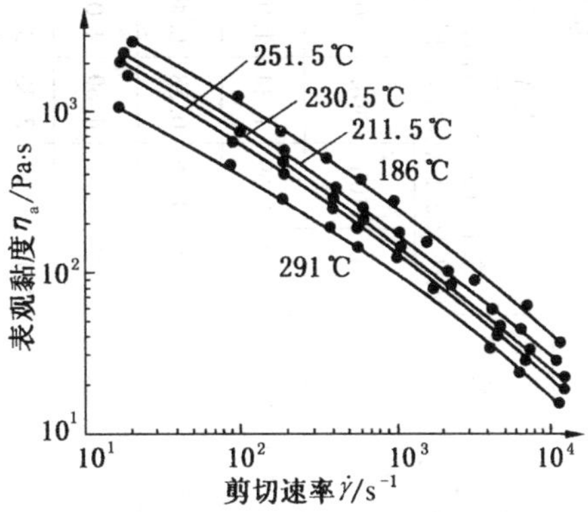

图 8-20　聚丙烯（通用 1330）表观黏度与剪切速率的依赖关系（MFR＝1.08g/10min；L/D＝40/1）

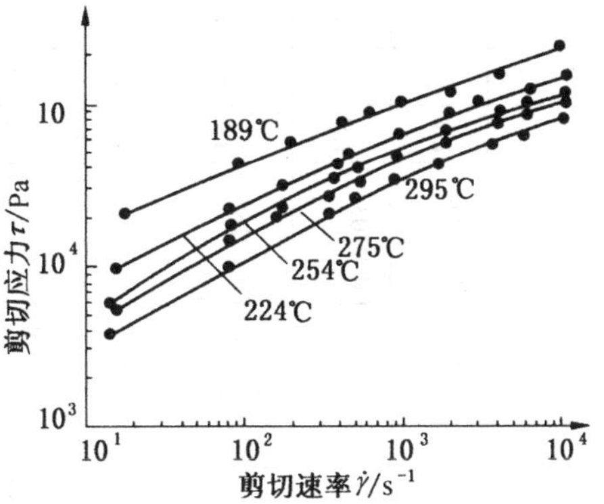

图 8-21　聚丙烯（管状薄膜 2600）流动曲线（MFR＝8.5g/10min；L/D＝40/1）

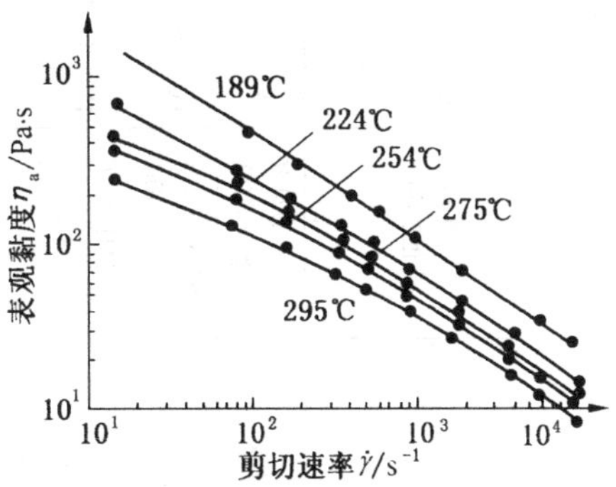

图 8-22　聚丙烯（管状薄膜 2600）表观黏度与剪切速率的依赖关系（MFR＝8.5g/10min；L/D＝40/1）

8.2.3.3 蠕变性能

部分聚丙烯蠕变性能数据见表 8-4。

表 8－4　一些厂家生产的不同牌号的 PP 的蠕变数据

塑料：生产厂家	塑料：商品名称与牌号	塑料：说明	塑料：ASTM 或其他标准	试样：模塑方法	试样：形状	试样：尺寸	蠕变试验条件：负荷类型	蠕变试验条件：应变测量	蠕变试验条件：试样特殊处理条件	蠕变试验条件：试验温度/℃	蠕变试验条件：初始施加应力/MPa	表观蠕变模量/GPa（在下列试验时间内，由总蠕变应变量（到达破坏及屈服点以前）计算而得）：1h	10h	30h	100h	300h	1000h	最终测试点	到最终测试点的时间/h
Amoco	Amoco－1016	注塑级	ASTM D2146 一类 49100	IM	T2	1	T	2		23.9	70.31	2.62	1.69	1.34	1.03	0.83			
	Amoco－6014	共聚，注塑	ASTM D2146 二类 46400	IM	T1	1	T	2		23.9	70.31	1.38	0.76	0.58	0.46	0.34			
	Amoco 2626	40% 滑石粉填充注塑级	ASTMD2146 4810	IM	T1	1	T	2		23.9	70.31	7.93	5.52	4.69	4.03	3.24			
Hercules	profax PC－072/20	改性 PP，20% 特殊玻璃纤维增强		DS	T1	1	T	1	退火 2h（135℃）	22.8 80.0	175.75 105.45 210.90	4.41 2.90 2.62	3.72 2.69 2.34	3.45 2.62 2.07	3.17 2.61 1.87	2.96 2.34 1.79	2.67 2.28 1.65	2.55	6300
	profax PC－072/40	改性 PP，40% 特殊玻璃纤维增强		DS	T1	1	T	1B		22.8 80.0	351.55 703.10 175.78 323.43	7.59 5.17 5.03 4.27	6.24 4.41 4.59 3.93	5.57 4.00 4.41 3.65	5.10 3.62 4.29 3.31	 3.24 4.00 2.83	4.34 3.65	3.59	8000
Am. Hoechest Leominster	Fostarene 817	高流动 PS	ASTM D703 三类	CM	T1	1	T	1		22.8	186.32	0.911	0.91	0.91					
	Fostarene 50	高耐热 PS	ASTM D703 五类	CM	T1	1	T	1		22.8	217.93	3.05	3.05	3.05					
	Fosta Tuf－Flex782	抗冲改性 PS1.15－1.5120d 模塑	ASTM D1892 三 6 类	IM	T1	1	T	1		22.8	140.62	3.10	1.38	1.38					
Monsanto	Lushex 3350	抗冲改性板材挤出		ES	T1	1	T	1		22.8	140.62	2.42	2.29	2.01	1.76	1.54	1.11		
Fiberfil	styrafil G35/35	35% 玻璃纤维增强 PS 注塑级	MILP 21347B	IM	RB	11	F2	3		22.8 60.0	562.48 562.48	9.31 5.85	8.89 3.34	8.69 3.10	8.62 2.96				

8.3 聚丙烯专用料的制备及应用

8.3.1 纤维增强聚丙烯

可用于PP增强的纤维品种很多，如玻璃纤维、碳纤维、尼龙纤维、硼纤维、芳纶纤维等[20]。从性能/价格上比较，目前国内外主要是使用玻璃纤维增强聚丙烯[21]。

由于聚丙烯的分子链上是非极性结构，玻璃纤维与PP树脂基体之间很难粘接，因此增强效果不是十分显著。探索寻找玻璃纤维与PP的合适的偶联剂，对于玻璃纤维增强聚丙烯来说是十分重要的。现在比较成功的方法可概述如下：

通过试验发现，一些能进行自由基反应的硅烷如A1100或174对聚烯烃树脂与玻璃纤维的粘接都能起到一定的作用。特别是当硅烷中加入了过氧化物(自由基引发剂)如异丙苯过氧化物时，偶联效果大大提高。

后来有人采用了过氧化物以外的自由基引发剂，对聚丙烯进行交联。结果发现，将有机硅烷与氯化有机交联剂配合使用，其效果胜过有机过氧化物。对增强聚丙烯强度有提高作用的氯化交联剂有：八氯环戊烯、氯化二甲苯等。

有人采用乙烯-丙烯酰胺盐与A1100配制成浸润剂处理玻璃纤维，结果也大大提高了增强聚丙烯的机械强度和耐热性。这是由于乙烯-丙烯酸共聚物中碳链较长，它对树脂基材提供了一个富有亲和力的表面，而共聚物中的丙烯酸部分则为偶联剂提供了反应位置，从而得到了理想的增强效果。

20世纪70年代后，又相继出现了一些新型有机硅烷偶联剂，大大提高了玻璃纤维与高分子树脂的偶联作用。主要有过氧化物硅烷、阳离子硅烷、磺酸叠氮硅烷等。

目前国内外通用的方法是采用对树脂基材的改性来达到提高聚烯烃的增强效果。它通过接枝改性，将活性基团引入到高分子链中去[22,23]。这样，在高聚物分子链中就有了可与偶联剂起反应的活性位置，从而能够在一定条件下通过偶联剂与玻璃纤维实现偶联。由于化学偶联的结果，玻璃纤维增强热塑性塑料性能获得了很大改善。国外许多公司生产的FR-PP大都属于化学偶联型，其性能如表8-5。

表8-5 增强聚丙烯性能

性　能	标准(ASTM)	GFRPP	GFRPP	GFRPP	GFRPP
玻璃纤维含量/%		10	20	30	40
密度/(g/cm^3)	D 792	0.96	1.03	1.22	1.23
吸水率23℃/%	D 570	0.02	0.02	0.02	0.02
吸水率(23℃平衡)/%	D 570	0.10	0.10	0.10	0.10
吸水率(100℃,24h)/%	D 570	0.14	0.16	0.20	0.22
拉伸强度/MPa	D 638	60	80	95	100
断裂伸长率/%	D 638	5	4	2	1.5
弯曲强度/MPa	D 790	80	105	125	135
弯曲模量/GPa	D 790	2.8	4.2	5.8	7.0
弯曲模量(100℃)/GPa	D 790	1.3	2.2	3.5	4.2
悬臂梁缺口冲击强度/(J/m)	D 256	55	65	70	80
简支梁缺口冲击强度/(kJ/m^2)	D 256	4.5	7.5	10	12

续表

性　　能	标准(ASTM)	GFRPP	GFRPP	GFRPP	GFRPP
维卡软化点/℃	D 1525	156	162	162	163
热变形温度(0.45MPa)/℃	D 648	155	160	163	164
热变形温度(1.82MPa)/℃	D 648	136	152	155	157
线膨胀系数/(1/℃×10^5)	D 695	6.5	4.8	3.7	3.0
成型收缩率/%	D 955	0.6	0.4	0.3	0.2
介电常数(1MHz)	D 150	2.2	2.2	2.2	2.2
介电损失正切角 1MHz	D 150	2×10^{-4}	2×10^{-4}	2×10^{-4}	2×10^{-4}
体积电阻/Ω·m	D 257	10^{14}	10^{14}	10^{14}	10^{14}
击穿电压/(kV/mm)	D 149	30	30	30	30

目前国内最通用的方法是在制造 FR-PP 过程中,在树脂中加入 0.5%~1%的双马来酰亚胺类物质[24,25,26],其结构通式为:

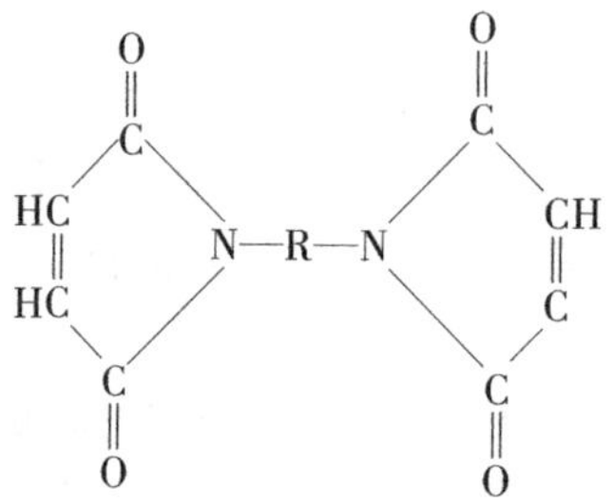

R 可为:乙烯基、烷基、芳基等。

化学偶联的增强聚丙烯塑料,不仅在短期的机械性能有一系列的重大改进,更为重要的是长期性质,如抗蠕变性也获得了显著改善。图 8-23 为结合型(化学偶联)与非结合型(非化学偶联)增强聚丙烯性能的比较。图 8-24 及图 8-25 为两者断裂截面的电子显微镜照片。图8-24 是化学偶联状态，玻璃纤维单丝表面覆盖有聚丙烯树脂，表明材料断裂不是发生在玻璃纤维与聚丙烯的界面上，而是由于增强材料本身断裂之故，所以性能大为提高。图 8-25 是非化学偶联状态，玻璃纤维单丝表面光滑，没有覆盖聚丙烯，纤维底部附近可以看到空洞。材料断裂是发生在玻璃纤维与聚丙烯的界面上，性能很差[27]。

最新发展趋势是在 PP 中加入化学接枝的极性 PP，如马来酸酐接枝的聚丙烯(PP-g-MAH)和甲基丙烯酸缩水甘油酯接枝的聚丙烯(PP-g-GMA),可以十分有效地改善 GFRPP 的机械性能和耐热性。

聚丙烯树脂经玻璃纤维增强后具有许多优良的性能，其中不少性能已达到或超过了未增强的工程塑料的水平，如强度、刚性及耐热性方面等超过聚甲醛、尼龙、聚碳酸酯等，可用于汽车、建筑、家用电器、化工等部门。

(1) 化工方面：用于耐酸碱、盐的各种洗涤、脱气、蒸馏塔的填料，代替不锈钢和其他填料；制造耐温、耐腐蚀设备及部件，如耐酸泵、阀门、管材、轻质防腐 PP 板、蓄电池外壳、泵外壳、容器、大型槽罐、螺旋桨叶轮、净化器、储存器等。

(2) 汽车零部件：汽车仪表盘骨架、内部装饰面板、电池箱、散热器叶片、风扇保护罩、灯罩、排障器热垫等。

(3) 家用电器：空调器外壳、线圈骨架、开关支架、洗衣机叶轮、喇叭外壳、电讯器材部件等。

(4) 医学上用做呼吸机盖、肾渗析联接件、洗车支架等。

(5) 用于机械、建工、农业、轻纺、煤炭方面，如各种拉手、支架、模板、壳体、农用设备的泵体、灌溉用喷头、纺织工业用纱管、拖拉机挡板等。

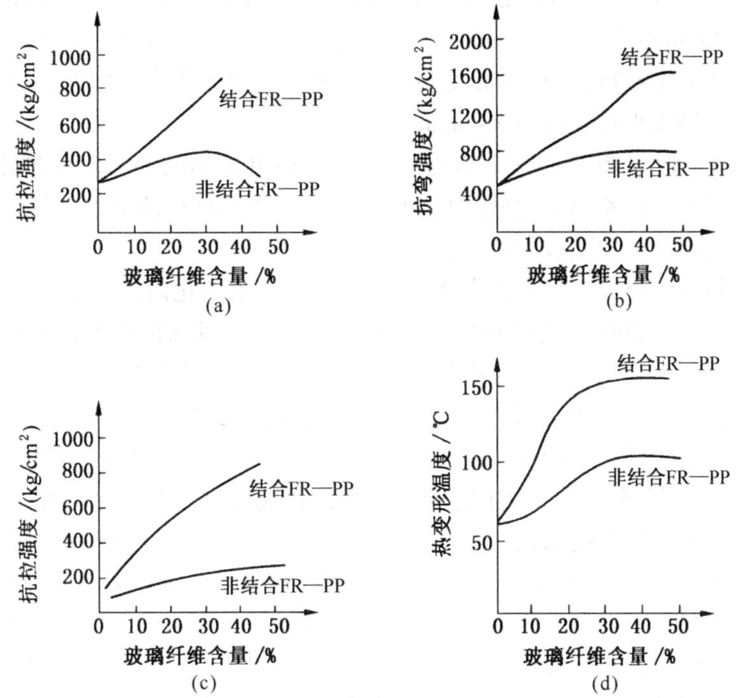

图 8-23　玻璃纤维含量对 FR-PP 性能的影响

a —抗拉强度；b —抗弯曲强度；c —抗弯曲强度(100℃)；d —热变形温度

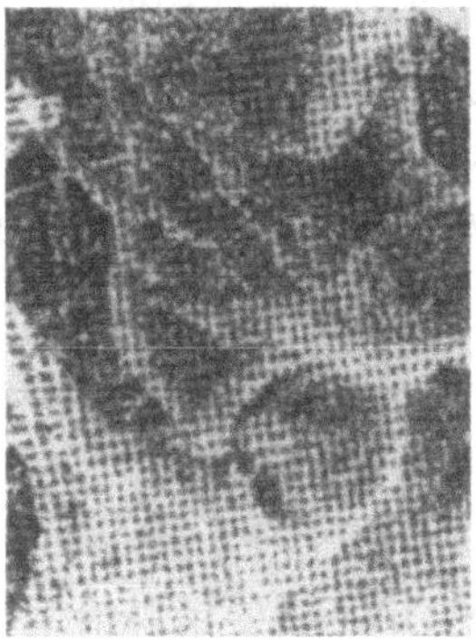

图 8-24　化学偶联型 FR-PP

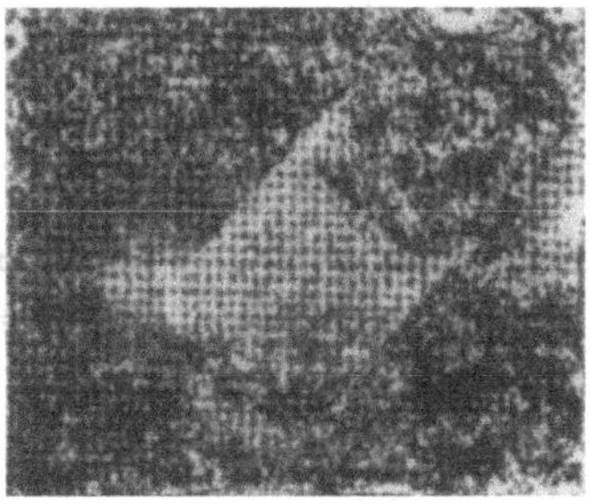

图 8-25　非化学偶联型 FR-PP

为了很好地发挥玻璃纤维在塑料中提高强度的作用，必须使玻璃纤维长度大于其临界长度 L_0。文献[27a]指出，纤维长度小于临界长度的增强塑料受到一定载荷时，纤维会被拔出，纤维的强度就不能得到充分发挥。L_0 与具体塑料品种有关，玻纤增强聚丙烯的 L_0 为

3.1mm，通过化学改性的一种 PP 的 L_0 可降到 0.9mm，普通短纤维增强塑料的 L_0 更小，一般只有 0.2~0.6mm，其破坏模式主要是纤维拔出。开发并应用长玻纤增强聚丙烯及其注射成型技术，就是要制备出玻纤长度在 10mm 左右的增强聚丙烯原料，并通过改进注射成型工艺，保证制品中的玻纤长度在 3~5mm 范围内。

目前，长纤维增强热塑性塑料(LFRT)已成为热塑性塑料市场增长最快的品种，因其质量轻、价廉、易于回收重复利用，已在汽车工业中获得较多应用。长纤维增强热塑性粒料的生产方式可采用 Vetrotex 公司的 Twintex 技术实现。该技术是将玻纤和 PP 掺合生成连续粗纱，然后在热和压力下拉挤，PP 熔融浸润玻纤，挤出的条料被切为 13mm 或 25mm 长的颗粒，而最终制品中纤维平均长度为 3~5mm。

长纤维增强热塑性塑料具有比一般纤维增强材料更优异的特性：①冲击强度高 4 倍；②比强度高达 17.2%，而铝材料比强度仅为 9.8%；③成型材料流动性能好，成型制品外观光亮、无塌坑等缺陷；④成型收缩率小，仅 0.2%。

纤维增强材料在注射成型时纤维切断的原因很多，预塑化时纤维长度减少 60%；螺杆止逆环处纤维长度减少 20%；喷嘴处纤维长度减少 5%；模具部位纤维长度减少 10%。所以长纤维增强材料在注射成型加工时，必须选用长纤维增强材料专用注射成型机，其特点是：①螺杆压缩比小，为 1.64，而一般注射成型螺杆压缩比为 2.72；②螺杆头止逆环间隙较大，为 5mm；③喷嘴直径较大，为 6mm；④模具流道尺寸较大，为 5mm 左右。Tochioka 等于 2002 年开发成功长玻纤增强聚丙烯注射成型技术，并成功用于马自达 6 型汽车前端模块和车门模块载体的生产，该项技术包括两个方面。一是对玻纤增强聚丙烯材料的改性，即采用一种超低熔融黏度(熔体流动速率为 300g/10min)的 PP 树脂，使包裹在其中的玻璃纤维在注射成型过程中受到较小的螺杆推进剪切力，以减少玻璃纤维的长度折损，同时添加一种高结晶结构的聚丙烯树脂保证注射成型件的强度。通过树脂共混改性，解决了材料流动性和制品强度的矛盾。据称经共混改性后的 LGFPP 的弯曲模量、弯曲强度和冲击强度已与玻璃纤维毡增强热塑性片材的性能相当，流动性比 GFPP 提高了 30%以上。Vetrotex 美国公司与 LNP 工程塑料公司联合将推出一种含量高达 75%长玻纤的 PP 粒料。该粒料价格比普通长玻纤 PP 低 20%~30%，甚至更低。该材料可注塑或挤压模塑大型的汽车结构件。

LFRT 应用最多的是汽车，2001 年全球 LFRT 市场约为 60kt，年增长率 30%。LFRT 用于汽车部件包括前端组件、车门组件、仪表盘等。欧洲 Smart 汽车公司的汽车车身底板采用 Ticona 公司 Cxanpel LFRT。除 Ticona、LNP 和 RTP 公司外，陈托菲纳、北欧化工和 StaMax 公司(DSM 和 Owens Coming 公司的合资企业)都是提供 LFRT 原料 PP 的生产商。GE 公司 2001 年底收购了世界上最大的工程热塑性塑料掺混物生产商——日本川崎制钢公司 LNP 工程塑料公司，同时与 PPG 工业公司和玻璃编织品生产商 Azdel 公司合作，开展 LFRT 业务。

最近，Tieona 公司又向北美推出了一种 Celstrall 长玻纤增强 PP 新品种，粒料长度为 25.4~50.8mm，有含 30%、40%、50%、60%玻纤的品种上市。主要销售给生产压塑的厂商和少量为轿车、仪器生产大型结构件的注塑厂商。在某些场合，它能用于替代玻纤毡片增强 PP 片材。在汽车上的应用包括仪表板、底椅底座、保险杠和前端系统。

Maria Ciliberti 等在开发该车门模块的过程中，对注射成型用 LGFPP 的性能(特别是抗蠕变性能)进行了深入研究，认为 LGFPP 即使经受 100℃高温也不会产生明显蠕变，且比短玻纤增强聚丙烯有更好的抗蠕变性能。

法国 Arkema 公司开发出长玻纤增强聚丙烯（PP）新系列配混料 Pryhex[27b]，是一种玻纤含量高的母料，长玻纤含量有 50%和 65%两种，是目前市场上长玻纤含量最高的工业化产品之一，用 PP 稀释 Pryhex 可得到不同玻纤含量的 PP，生产的最终制品玻纤含量可控制在 10%~40%，稀释法能降低原料成本，采用注塑和注射压塑成型稀释法只有两种原料，使用方便，设备投资少，原料成本低，产品质量稳定，比用长玻纤直接增强热塑性塑料工艺更经济。Pryhex 中玻纤有两种长度规格：12mm 和 25mm，颜色有本色、黑色和其他颜色等多种色彩。Pryhex 已实际用于汽车机罩下遮护板、内装饰件和结构部件、运动和休闲用品、手提电动设备。

Borealis（北欧化工）通过其在中东和亚太地区的独家聚烯烃分销商和经销商 Borouge（博禄），推出 Nepol GB600HP-9502，用于与特别开发的稀释物——PPBJ100HP 反应釜聚丙烯结合使用，可以在现有的配有计量和混合设施的标准设备上生产加工汽车部件，通过适当的聚合物计量，最终生产出的部件中玻璃纤维含量可达 20%~40%。

8.3.2　填充聚丙烯

为了改善 PP 的某些性能并降低成本，人们使用许多无机物或有机物填充在 PP 中，如木粉、碳酸钙、云母、滑石粉、煤粉、石棉等。为了防止填充 PP 的强度和韧性劣化，一般采用以下几种方法使树脂和填料之间产生亲和性，增加相界面间的相互作用力[28]。

（1）用有机和无机物质包覆填料微粒，改变填料表面的酸碱性，如用硅酸铝涂覆填料表面，形成与树脂有亲和性的酸性表面；用脂肪酸或其盐类涂覆碳酸钙使其表面活化，增加分散性[29]。

（2）用硅烷偶联剂处理，改变界面状态，以增加填料和 PP 树脂相界面之间的相互作用力。

（3）使用自由基引发剂，使无机或有机填料与 PP 树脂有化学键的结合，提高填充 PP 的性能[30,31]。

（4）用某些单体浸渍填料，与 PP 树脂产生化学结合。

制备填充 PP 的工艺有多种路线，但要制备高填充且性能较好的填充 PP 的设备一般采用带侧向加料器的双螺杆挤出机。PP 树脂与助剂及部分填料首先混合后从加料器加入，在双螺杆挤出机中熔融成熔体状态。部分填料通过侧向加料器加入聚合物熔体中进行充分混合，这样加入填料可以降低体系的熔体黏度，使之有较好的流动性，并且可降低双螺杆挤出机的扭矩负荷，提高生产能力。在相同的填料加入 PP 的状态下，分两部分加入填料制备的填充 PP 性能要比用一步法制备的填充 PP 的性能好。

一步法生产填充 PP 的工艺：

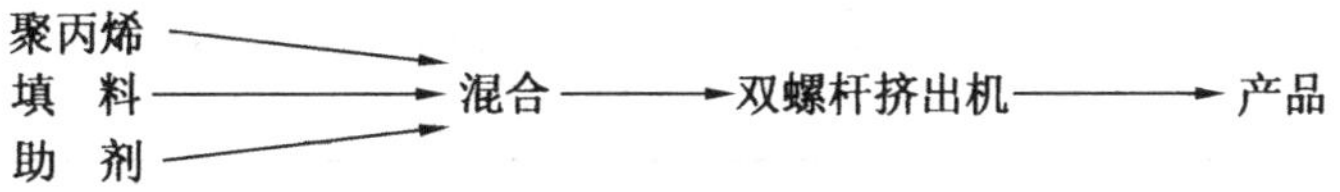

二步法生产填充 PP 的工艺：

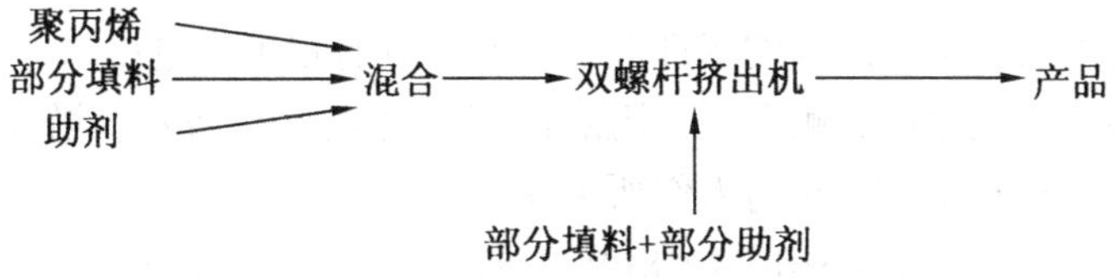

表 8-6 分别为一步法生产填充 PP 及两步法生产的填充 PP 得到产品的性能比较。从表 8-6 中可以看出，在相同的滑石粉含量(均为 40%)的情况下，两步法制备出的填充 PP 性能比一步法要好，特别是冲击强度比较明显。

表 8-6　两种混合方法得到的填充 PP 性能的比较[32]

性　能		标准(ASTM)	一步混合法	两步混合法
填充量/%			40	40
密度/(g/cm³)		D792	1.22	1.22
拉伸强度/MPa		D638	29	34
断裂伸长率/%		D638	2	4
弯曲强度/MPa		D790	45	52
弯曲模量/GPa		D790	3.8	4.3
悬臂梁缺口冲击强度/(J/m)		D256	15	22
洛氏硬度/R		D785	95	95
热变形温度/℃	0.46MPa	D648	138	139
	1.82MPa		91	92

目前最常见的无机填料为碳酸钙、滑石粉和云母，表 8-7 为这三种无机填料经处理后制得的填充 PP 基本性能比较。

表 8-7　无机物填充 PP 性能[33]

性　能	标准(ASTM)	碳酸钙	滑石粉	云　母
添加料/份		40	40	40
密度/(g/cm³)	D792	1.22~1.25	1.23~1.27	1.24~1.28
吸水率/%	D570	0.02~0.05	0.01~0.03	0.02~0.04
拉伸强度/MPa	D638	24~26	30~36	46~55
断裂伸长率/%	D638	30~60	3~6	1.5~2.5
弯曲强度/MPa	D790	40~46	60~66	75~85
弯曲模量/GPa	D790	2.6~3.3	3.3~4.6	7.4~7.8
悬臂梁缺口冲击强度/(J/m)	D256	30~50	20~30	18~23
热变形温度/℃				
0.46MPa	D648	99~121	130~143	160~161
1.82MPa	D648	65~74	82~132	134~135
线膨胀系数(-20~70℃)/(1/℃×10⁵)	D696	2.8~4.0	5.5~8.0	2.8~3.2
成型收缩率/%		0.7~1.4	0.5~1.5	0.5~0.8

国内填充 PP 一般大量使用的无机填料主要为碳酸钙和滑石粉，云母使用的较少，但云母填充 PP 有一系列的优点，可以在很广阔的工业领域加以应用。

云母是一种天然层状结晶结构的铝钾硅酸盐矿，具有耐击穿电压高、介电常数大、损耗因子小、耐电弧性优、硬度高、耐酸碱、阻隔性好等优点，是增容、增强、制造多功能 PP 填料，云母塑料复合材料正越来越为人们所关注[34]。

使用辽阳化纤公司生产的 4610、4018PP，新疆云母矿和四川雅安云母矿生产的 325 目细度的云母粉。四川雅安云母矿云母粉用1%的TSC钛酸酯偶联剂预处理，然后同PP混和挤出造粒得到云母改性PP粒料。随填充量的增加，云母PP复合物的邵氏硬度、拉伸模量、弯曲模量都有很大的提高，但是，拉伸强度、弯曲强度有下降趋势，在填充量20%以下时，强度还不下降，超过20%，冲击强度、断裂伸长率、弯曲强度均明显下降。随填充量的增加，加工成型收缩率下降，50%填充时，其性能指数仅为原PP的1/2，但制品不易变形和翘曲，尺寸稳定性好。云母填充PP的熔体黏度大，可以用加大剪切速率和提高加工温度来改善。云母还是PP的优良成核剂，可以加快PP结晶速率，使晶粒变小，分布变窄，改善PP力学性能。由于云母在塑料中的分散优良，可以用PP粉料同云母粉直接混合后，干粉供挤出机或注塑机挤出或注塑制品用，云母粉填充的热塑性塑料片材的热成型性能优良，云母表面涂覆0.25%的硅烷偶联剂或者氯化石蜡都可提高云母的填充效果。Hercules公司生产的叠氮化物型硅烷尤其是云母的良好表面处理剂。片状的云母粉还有降低液体、气体渗透性的作用，较高的弹性模量和低翘曲性是云母不同于其他增强材料的特点。

美国华盛顿佩恩塑料公司生产的云母填充量分别为40%、50%和60%的云母增强PP粒料供市售，商品名Micalite。PP粉末和云母粉混合后直接入注塑机可注塑风扇叶片和活动房的百叶窗。Bose公司采用云母增强PE结构泡沫塑料来代替木材生产家具、音箱。PP填充云母可挤吹或注吹各种食品包装容器和药瓶。云母还有良好的电绝缘性、尺寸稳定性。云母增强PP的配方见表8-8。

表8-8　云母增强PP的配方（均由日本Kuraray公司生产）①

	1#	2#	3#	4#
PP/份	100	100	100	100
云母/份	30	30	30	30
硅烷偶联剂/%	0	0.25	0.25	0.25
拉伸强度/MPa	31	40	44	50
弯曲强度/MPa	60	63	72	82
冲击强度/(kJ/m)	0.025	0.027	0.028	0.030
坠落冲击强度/N·cm	500	400	300	100
洛氏硬度/R	90	102	104	106
热变形温度/℃	80	89	110	128
产品翘曲性/%	3.7	3.5	2.5	1.2

① 使用加拿大Quebec省的Suzor矿开采的经Montreal厂研磨而成的商品名称为Suzorie云母，2#和3#配方中使用的是Suzorite 325S，而4#配方中使用Suzorite 150S，3#和4#配方中使用的PP为改性PP（乙丙共聚聚丙烯）。

使用原Hercules公司提供的Profax6523通用型聚丙烯树脂同日本Marieta国际公司生产的Suzorite云母，用Dow Corning公司生产的硅烷偶联剂Z-6032对云母进行表面处理，处理用量为云母的0.25%，当配比云母/PP=50/50时，注射成型的工艺条件如下：

料筒温度：226.5℃/237.5℃/249℃，注射压力96.53MPa，锁模力：4990 kg，注射时间5s，模具温度49℃，热流道温度271℃，塑化温度243.5℃，冷却时间12s，开模时间1.6s。

云母填充PP的拉伸强度在云母填充量40%~60%达到最高值，超过60%则下降，弯曲模量在云母填充量达到40%～50%达到最高值，超过50%急剧下降。无缺口冲击强度随云母填充量的增加而降低。

中国石化北京化工研究院开发了一种具有高碳无烟煤填充PP材料(见表8-9)[35]，已得到了中国发明专利授权。主要是在聚丙烯中加入40%～60%的煤粉(325～800目)，可得到性能优良的煤粉填充PP材料。此材料除一般填充PP的优点外，最大的优点为：一旦失去使用价值后，可以进入焚烧炉彻底烧净，不对环境构成污染。

表8-9　高碳煤粉填充PP性能

牌　　号	标准 DIN	BTX P130	BTX P330	BTX P350	BTX P530	BTX P720	BTX P730	BTX P760
煤粉含量/%		30	30	50	30	20	30	60
拉伸强度/MPa	53455	30	25	20	20	50	60	45
断裂伸长率/%	53455	6.0	3.0	2.0	20	2.0	4.0	2.0
弯曲强度/MPa	53452	35	30	35	30	60	70	50
弯曲模量/GPa	53452	2.0	1.8	2.0	1.2	3.5	4.0	3.0
Charpy 缺口冲击/(kJ/m^2)	53453	4.0	2.5	3.0	8.0	3.0	3.0	2.5
维卡软化点/℃	53460	130	135	140	125	150	150	145

硅灰石作为矿物，是一种晶体，有两种晶型，即α晶型和β晶型。α晶型的硅灰石粉通常为粒状和粉状，β晶型的则一般为针状和纤维状，长径比在15∶1左右。作为塑料填充改性剂，其具有如下特点：①晶体呈白色，不含结晶水，加热时无脱水问题；②无毒，可用于食品级塑料制品中；③膨胀系数小，耐热稳定性好，吸水吸油性低；④填充塑料的尺寸稳定性好，有耐摩擦性和平滑性，富于自然光泽；⑤化学性能稳定，耐腐蚀；⑥折射率为1.62，与聚氯乙烯混合料的折射率相近，因此是PVC透明或半透明制品的理想填料。它可以显著提高PP的强度、热稳定性、耐磨性、减小收缩变形性。在填充PP中可以起到异相成核作用，使PP在较高温度下成核，结晶速率加快，晶粒变小，分布变窄，结晶度增加。硅灰石填充PP大大提高了材料的模量和缺口冲击性，但强度有下降的趋势。

李珍等通过试验得到如下结果：用未改性的硅灰石作填料，材料的拉伸强度和冲击强度均有所下降；而用改性硅灰石粉填充PP，材料的拉伸强度和冲击强度均有明显提高。其中最好的性能值中，拉伸强度比纯PP的拉伸强度提高了3.1%，冲击强度提高了18.8%[35a]。

殷锦捷、屈晓莉等的研究指出，在聚丙烯体系中加入硅灰石填料，一方面会影响一些高分子单元的取向，另一方面极易发生界面脱黏，产生应力集中，所以复合材料在受到外力作用时，应力集中物周围一些区域产生大形变，从而使拉伸强度降低。此外，将硅灰石与氢氧化铝复配使用，填充到聚丙烯基体树脂中，这种复合填充材料属于粒状/针状填充材料的配合，这时复合材料的拉伸性能较单一硅灰石填充的要高[35b]。

刘枫阁等发现，在填充料用量不太大的范围内(20%～30%)，硅灰石/PP填充体系有利于熔体流动而使黏度下降，这归因于针状的硅灰石晶体容易沿PP的流动方向取向的缘故。因此，硅灰石/PP体系为温敏体系。

利用硅灰石填充IPP，可以发现，所研究的硅灰石填充复合物有β晶形成，且β晶的含量随着硅灰石含量的增加而增加。这一现象被归因于硅灰石较大的颗粒尺寸以及相对较小的表面积。硅灰石粒子的表面能诱导了 β 晶的形成。此外，他们的研究还表明，以硅灰石填后，PP 的缺口冲击强度和弯曲模量明显提高，这有利于克服 PP 缺口敏感的弱点，提高制品的刚性。用硅灰石对 PP 进行填充，发现 PP 的缺口冲击强度最高可以提高 1 倍左右，此时，超细硅灰石的用量为 40 份，而针状硅灰石用量仅为 8 份；拉伸强度均有不同程度的下降，但下降幅度不大。对针状硅灰石粉增韧 PP 的机理进行了初步探讨，认为硅灰石针状刚性本身及其通过偶联剂所形成的柔性界面层，在硅灰石对 PP 增韧中起了主要作用。李兰等研究了 PP/硅灰石/三元乙丙橡胶(EPDM)体系，发现选用适量的橡胶和硅灰石可以得到拉伸弹性模量和冲击韧性同时明显提高的复合材料。硅灰石的加入导致了橡胶相粒子细化，平均粒径变小，并形成了部分橡胶包覆硅灰石的包核结构。

填充 PP 适用于注射、挤出、压延、吹塑等加工方法。用 40%石棉填充的 PP 在 140℃仍具有较好的刚性和稳定性，在 120℃空气中耐老化为 9000h，主要用作汽车结构部件，洗衣机零件和引擎上的叶片。滑石粉填充 PP 可用于汽车零件、洗衣机壳体、电器零件等。碳酸钙填充 PP 可以用于汽车、电器设备零件、玩具及家庭用品。云母填充的 PP 主要用于汽车零件，如引擎室内部构件及百叶窗、空调器和风扇叶片等，煤粉填充 PP 用于家庭包装材料、建筑用模板、农用管材等。

8.3.3　阻燃聚丙烯

聚丙烯的氧指数为 18，是最易燃的一类聚合物树脂。由于它的易燃性，限制了它在许多领域的应用。为了扩大它的应用范围，通过几十年的努力，人们得到了许多性能优良的阻燃聚丙烯专用料。我国阻燃 PP 的开发始于 20 世纪 70 年代。1979 年北京化工研究院开始了研究，并于 1981 年试制出用于电视机工业的阻燃聚丙烯树脂。又经过了 20 年的开发研究，人们开发了一系列新型的阻燃体系如无卤阻燃体系、无烟阻燃体系等。近年来，可持续发展特别是环境保护问题日益得到世界各国政府的高度重视，无卤低烟阻燃材料逐步取代卤素阻燃材料，代表阻燃材料的发展方向。

主要的阻燃方法有如下几种：

(1) 聚丙烯中添加阻燃剂和阻燃助剂制备阻燃聚丙烯[36]。聚丙烯采用的主要阻燃剂和阻燃助剂见表 8-10。

表 8-10　PP 采用的主要阻燃剂和阻燃助剂

类　别	阻　燃　剂		阻燃助剂
	卤 化 物	有机酸和磷酸卤烃基酯	
化合物名称	氯化石蜡、六溴苯、全氯戊环癸烷、六溴环十二烷、八溴联苯、氯化联苯、亚乙基双[三(氯基乙基)]溴化磷、氯磺酸二甲酯	双(2,3-二溴丙基)反丁烯二酸酯、三氯乙基磷酸酯、磷酸三(2,3-二溴丙基)酯、磷酸三(2,3-二氯丙基)酯	三氯化二锑

脂肪族溴化物与三氯化二锑配合使用，有良好的阻燃效果。芳香族溴化物与过氧化二异丙苯配合使用，具有明显的协同效应。

(2) 磷系阻燃剂，主要包括红磷、磷酸酯、聚磷酸胺以及磷酸盐等。阻燃机理通常是在高温下生成磷酸，使材料表面脱水碳化，隔绝空气，从而达到阻燃的目的。

(3) 膨胀型阻燃剂是以磷、氮为主要成分的无卤阻燃剂。包括碳源(含碳丰富的多羟基化合物)、酸源(无机酸或受热可放出无机酸的盐)和发泡源(加热时可释放惰性气体的胺或酰胺)。含膨胀型阻燃剂的聚丙烯燃烧时酸源受热放出无机酸，使碳源含有的多元醇酯化，进而脱水炭化，粘稠的炭化产物在发泡源放出惰性气体，反应产生的水蒸气以及聚合物降解产生的小分子挥发物的作用下膨胀，形成微孔结构的炭层从而达到隔热、隔氧和抑烟的目的。

(4) 可膨胀石墨是另一类重要的膨胀型阻燃剂，它是以天然磷片石墨经无机酸处理而得到的一种石墨插层化合物，阻燃机理是物理机制，其作用在于致密的炭层形成物理隔离层，保护炭层下的聚合物基体，起隔离热量和质量传递的功用。

(5) 金属氢氧化物阻燃剂主要是指氢氧化铝和氢氧化镁[37]，向 PP 中添加氢氧化铝 [$Al(OH)_3$]之类含水无机物，可以产生阻燃、消烟的显著效果。但由于氢氧化铝分解温度在 PP 加工温度范围内，会使制品发泡并产生银纹等，为此可改用氢氧化镁。

(6) 含硅阻燃剂，添加少量的含硅化合物可以提高材料的阻燃性，其机理被认为是在固相中促进燃烧成炭，并且可在气相状态捕获活性自由基，含硅阻燃组分通常认为是环境友好型添加剂。含硅阻燃体系包括硅酸盐、聚合物纳米层状硅酸盐等无机硅和线型硅烷、硅氧烷等有机硅阻燃剂。

(7) 将含有氯、溴、磷、锑、氮(或氨)、硼(或硼酸盐)等阻燃元素并含有反应基团的化合物与聚丙烯共聚或与聚丙烯反应，赋予聚丙烯树脂以阻燃性[38,39]。

(8) 聚丙烯与阻燃性聚合物共混制取阻燃聚丙烯。如氯化聚乙烯与 PP 相容性好，共混后可制得阻燃聚丙烯。同时，采用过氧化物和硫磺促进剂进行交联，可提高阻燃聚丙烯的性能。

阻燃聚丙烯的性能与通用聚丙烯相比，其突出特点是具有良好的阻燃性，氧指数可达26~27，阻燃性可达到 UL94V-2~V-0 级的规定。在 PP 获得阻燃性同时，常会伴有机械性能下降，为此，应尽力采取补救措施。国产电视机专用阻燃聚丙烯，具有优良的阻燃性，而且耐热性、耐冲击性、电绝缘性、加工性及尺寸稳定性等均为优良。

阻燃聚丙烯的配方实例及其性能见表 8-11。

添加水合氧化镁制得的阻燃聚丙烯注射成型品的性能见表 8-12。

表 8-11　阻燃聚丙烯的配方实例及其性能[40]

配　方	拉伸强度/MPa	伸长率/%	冲击强度/(kJ/m^2)	弯曲强度/(MPa)	阻燃效果
聚丙烯	34.6	68.6	2.6	52.6	点燃后离火继续燃烧
加 5%双(2,3-二溴丙基)反丁烯二酸酯,3%三氧化二锑	36.3	63.2	4.3	50.9	离火 28s 自熄
加 5%双(2,3-二溴丙基)反丁烯二酸酯,5%三氧化二锑	35.4	86.4	3.2	53.3	离火 1.4s 自熄
加 7%双(2,3-二溴丙基)反丁烯二酸酯,7%三氧化二锑	33.9	79.8	4.1	47.2	离火自熄火不燃烧

表 8-12　添加水合氧化镁制得的阻燃聚丙烯注射成型品的性能[41]

项　目		小型注塑品	大型注塑品
性　能	聚丙烯/%	40	40
	$Mg(OH)_2$/%	60	60
燃烧性质	燃烧热/(kJ/kg)	18 418.4	18 418.4
	氧指数	26~27	26~27
	垂直燃烧法	离火 5s 自熄	离火 25s 自熄
	发烟性(透过光减少率/%)	0.2 以下	0.2 以下
熔体流动速率/(g/10min)		2.5	2.0
密度/(g/cm^3)		1.39	1.36
机械性质	拉伸强度/MPa	15	12.5
	弯曲弹性模量/MPa	2500	1900
	弯曲强度/MPa	25	20
	悬臂梁冲击强度/(J/m)	17	68
热性质	热变形温度(0.46MPa)/℃	115	105
	维卡软化点/℃	142	120
电性能	耐电弧性/s	195	195
	热线发火性/s	>60	>60
	高电流电弧发火性/s	>200	>200
	高压漏电性/(cm/min)	0	0
模收缩率/%		0.8~1.0	0.8~1.0

阻燃 PP 专用料可注射、挤出、压延、模压等，用于各种要求阻燃的场合如家用电器、汽车零部件、军用设施等。

8.3.4　聚丙烯合金

聚丙烯合金有许多良好的性能，通过与一些弹性体制备合金可增加 PP 的韧性，特别是低温韧性；弹性体包括：乙丙橡胶(EPDM)、POE、SBS、SIS、EVA、CPE、PB 等。

聚丙烯与一些工程塑料制备的合金可改善其力学强度。耐热性，同时可以降低工程塑料的成本，工程塑料包括尼龙(PA)、聚酯(PBT 和 PET)、聚碳酸酯(PC)、聚苯醚(PPO)等。

8.3.4.1　聚丙烯与弹性体的共混

为改善聚丙烯的冲击性能、低温脆性，可掺入一定量的乙-丙共聚物，即制取 PP/EPR 共混物。但此种共混物耐热性及耐老化性能有所下降。另一种常用作聚丙烯改性的乙-丙共聚物是含有二烯烃成分的乙-丙-二烯烃三元共聚物(EPDM)，PP/EPDM 的耐老化性能超过 PP/EPR 共混物。此外，还发展了一种多元共混体系——PP/PE/EPR。这种共混体系具有理想的综合性能，通常更受重视。

等规聚丙烯和 EPR 以及 EPDM 一般是不相容的，它们的共混物形态属于多相结构。在相同的共混工艺条件下，组成比及不同聚合物组分的熔融黏度差决定着此种共混物形态。当 PP 与 EPR 以及 EPDM 具有相近的熔融黏度时，所制成共混物的形态结构较均匀；当各组分熔融黏度不同，若 EPR 黏度低于 PP，则 EPR 可以被很好地分散，相反，若 EPR 黏度高于 PP，则 EPR 相畸粗大，且基本呈球形。在 PP/EPR 共混比例为 60/40~40/60 范围出现相转变，即在此范围内，两组分均为连续相。

PP/PE/EPR 由三种聚合物共混制得，其性能变动范围更加宽广，影响性能的因素也更复杂。表 8-13 分别指出了各聚合物用量比、EPR 的黏度以及 PP 的熔体流动速率与此种共混物性能的关系。

表 8-13　PP/PE/EPR 的性能与 PP 熔体流动速率的关系

PP 熔体流动速率/(g/10min)	性能				
	脆化温度/℃	缺口冲击强度/(kJ/m^2)	挠曲强度/MPa	透明度/%	软化点/℃
0.3	-10	49	460	42	140
0.5	-7	29	490	43	140
1.0	-3	15	510	45	140
2.0	5	10	539	55	140

PP/EPR 及 PP/PE/EPR 共混物一般均采用机械共混法制备。生产 PP/EPR 的一般工艺为 100 份 PP 掺入 EPR 30 份(质量比),首先将 EPR 在混炼机上于 140℃初炼软化，然后升温至 175℃加入 PP，继续混炼成均匀光滑薄片，最后拉片、冷却粉碎造粒。两聚合物混炼后经挤出造粒也可。要想获得性能理想的 PP/EPR 共混物，建议最好采用配备有静态混合器的挤出机，且该静态混合器应具有十个混炼元件才能满足要求。

为尽量提高此类共混物的冲击强度，应有效地降低共混物中聚丙烯的结晶度，因此在注射成型时需采用高温注射，快速冷却。

8.3.4.2　聚丙烯与聚酰胺的共混

聚酰胺大分子结构中含有大量酰胺基，大分子末端为氨基或羧基，所以是一种强极性聚合物。分子间能形成氢键且具有一定反应活性的结晶性聚合物，其性能特点为：优良的力学性能、耐磨性、自润滑性、耐腐蚀性和较好的成型加工性。然而正是因为其强极性特点使得它吸水率大，影响尺寸稳定性和电性能，此外它的耐热性和低温韧性也有待改善。聚丙烯有着许多众所周知的优点，它的主要缺点是在它的分子结构链中没有极性分子，与许多有极性的工程塑料极难制备聚合物合金，近来随着高分子材料科学的进步和加工技术的发展以及反应增容技术的研究成功，为聚酰胺合金和聚丙烯合金的迅速发展打下了良好的基础，如：PA/PE，PA/PPO，PP/PA，PA/PPS，PP/PPO，PP/PET，PP/PBT 等合金体系。

在 PP 的分子链上通过反应接枝引入极性分子是使 PP 变成具有一定极性的聚合物的重要手段[42,43]，过去一般是引入顺丁烯马来酸酐(MAH),这是一个十分有效而实用的方法，PP-g-MAH 可以作为一类重要的活性 PP 应用于许多聚合物合金中，但由于 MAH 有较强的腐蚀性和刺激性，使得它的应用受到一定的限制。在 PP 的分子链上引入甲基丙烯酸缩水甘油酯(GMA)是目前众多研究者注意的手段[44,45,46]，PP-g-GMA 可以作为 PP/PA 的反应增容剂，有效地改善 PP/PA 相容性和相界面的相互作用行为，从而提高 PP/PA 的一系列力学和热性能等，它的作用如下：

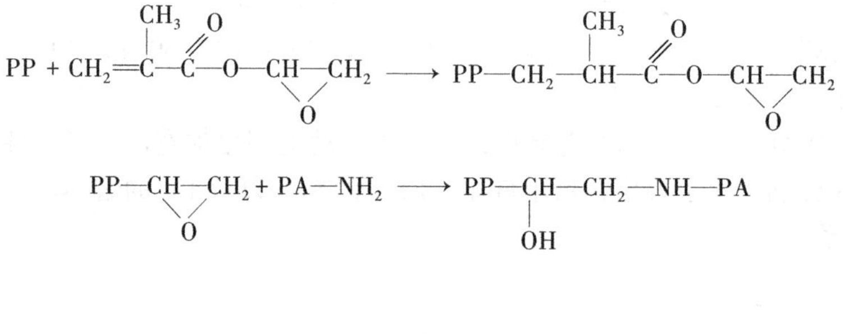

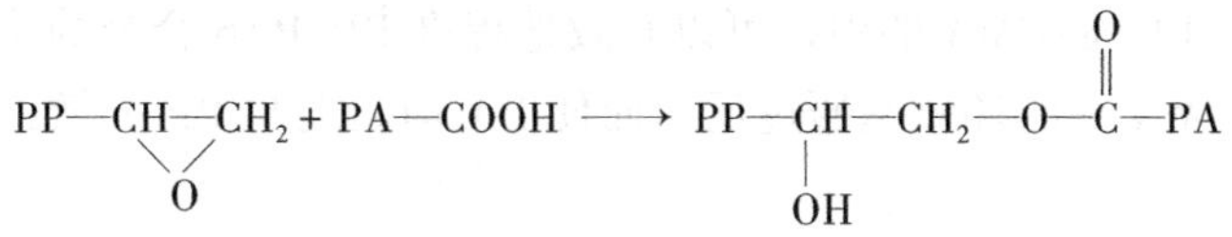

主要是依据以上两个反应式进行 PP 的接枝 GMA 的反应和利用 PP-g-GMA 来改进 PP/PA 的物理性能[47]。

由于 PA 与 PP 分子结构上的极大差异，而使得它们的相容性很差，无法制得有使用价值的聚合物合金，如果加入 PP-g-GMA 情况将发生显著的变化。PP-g-GMA 的反应性基团环氧基将与 PA 中的—NH_2 进行反应而强化了 PP/PA6 之间的界面层的相互作用，极大地增大了它们的相容性。

图 8-26 为 PP/PA 未加 PP-g-GMA 的 SEM 图，图 8-27 为加入 40%PP-g-GMA 的 SEM 图。显然，图 8-27 中 PP 在 PA 中得到充分的分散，而 8-26 中 PP 未得到充分的分散，各种性能较差，而加入 PP-g-GMA 后，其性能有明显的改善。

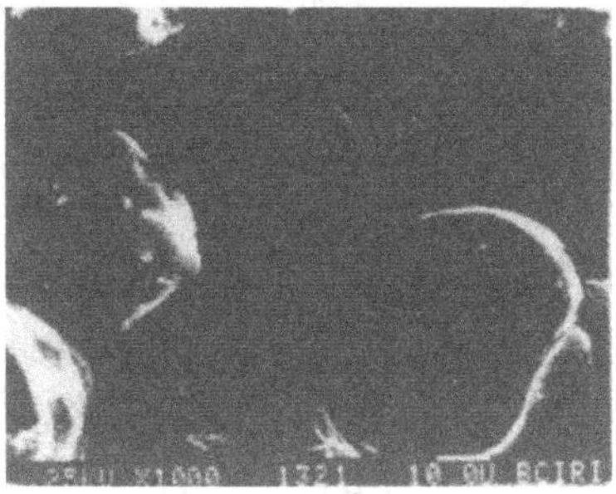

图 8-26　未加入 PP-g-GMA 的 SEM 照片

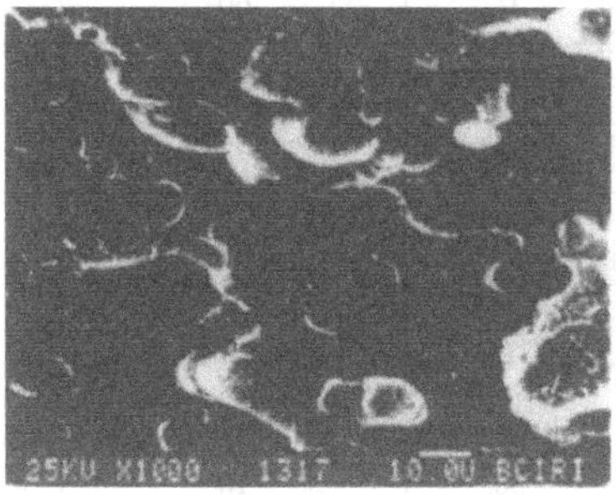

图 8-27　加入 40%PP-g-GMA 后 SEM 照片

1. PP-g-GMA 对 PP/PA6 的拉伸性能的影响

PA6 有较好的拉伸性能，在 PP 中加入 PA6 将有效地提高 PP 的拉伸性能，见表 8-14，在此采用的 PP-g-GMA 中的 GMA 含量为 4.8%。

表 8-14　配方对 PA6/PP/PP-g-GMA 拉伸性能的影响

PA6	PP	PP-g-GMA	拉伸强度/MPa	断裂伸长率/%
40	60	0	32	25
60	40	0	36	18
40	0	60	45.5	120
60	0	40	53.8	80
40	40	20	42.8	90
40	30	30	44.2	106
60	20	20	48.1	66
60	10	30	50.7	74
60	30	10	45.2	50

从表 8-14 可知 PP-g-GMA 的引入可以有效地提高 PP/PA6 合金的拉伸强度和断裂伸长率，这主要是因为 GMA 中的环氧基通过反应而使 PA 均匀地与 PP 分散，并有较大强度的相界面作用力。

2. PP-g-GMA 对 PP/PA6 的刚性和韧性的影响

刚性与韧性的平衡是研制聚合物合金时主要考虑的目标之一，利用 PA 较好的刚性和共聚 PP 较好的韧性配合 PP-g-GMA 的反应活性，通过反应共混的方法可以得到刚性和韧性均较好的 PA6/PP 合金，其性能见表 8-15。

表 8-15　PA6/PP 的刚性和韧性

PA6/%	PP/%	PP-g-GMA/%	弯曲强度/MPa	弯曲模量/GPa	Izod 缺口冲击强度/(J/m)
40	60	0	43.2	1.21	32.2
60	40	0	54.8	1.41	28.3
40	0	60	58.6	1.70	96.7
60	0	40	72.3	1.92	82.8
40	40	20	52.6	1.58	64.6
40	30	30	55.7	1.65	78.9
60	20	20	69.6	1.82	67.6
60	10	30	71.1	1.85	78.4
60	30	10	62.5	1.73	52.1

3. PP-g-GMA 对 PP/PA 耐热性和吸收性的影响

几乎可以肯定 PA6 是在常用的热塑性塑料中吸水率最大的塑料，可达 3.6%，由于较大的吸水性而使得尺寸稳定性和电性能劣化，引入 PP 将改善吸水性能，同时在 PP 中引入 PA6 将有效地提高 PP 的耐热性。

表 8-16　配方对 PP/PA6 合金吸收性能和耐热性的影响

PA6/%	PP/%	PP-g-GMA/%	热变形温度(1.82MPa)/℃	吸水率/%
40	60	0	65.3	1.3
60	40	0	72.8	1.6
40	0	60	68.2	0.9
60	0	40	73.5	1.4
40	40	20	66.4	1.0
40	30	30	67.3	1.0
60	20	20	72.1	1.3
60	10	30	72.5	1.2
60	30	10	70.9	1.2

通过在 PP/PA6 中引入 PP-g-GMA 可以有效地提高其相容性，明显地改善其各种物理性能使 PA 和 PP 取长补短，进一步地拓展了它们的应用范围，从它们的反应原理可知，即使

在 PP-g-GMA 中有一些游离的 GMA，当它作为 PP/PA 的反应型增容剂时，在体系中也会很快地与 PA6 中的—NH_2 或—COOH 基团反应，而不会以小分子的形式存在，保证了体系的力学性能，同时 PP-g-GMA 也可以作为 PP 与其他 PA 合金的反应增容剂，如：PA66/PP/PP-g-GMA，PA1010/PP/PP-g-GMA，PA610/PP/PP-g-GMA，PA11/PP/PP-g-GMA，PA12/PP/PP-g-GMA 等。

8.3.4.3　聚丙烯与聚酯(PET、PBT)的共混

PET、PBT 树脂具有优异的物理性能，良好的耐化学药品性，极好的电绝缘性，较高的耐热性，但 PET 在相当长的时期内，主要用于制造纤维和薄膜。限制 PET 成为工程塑料的主要原因是其结晶速度过慢，模塑加工性能差，冲击强度较低，制备 PP/PBT、PP/PET 合金可改善其 PET 不足之处。由于 PP 与 PET 的相容性较差，PP 需要与马来酸酐或其他极性基团接枝后才能制备出性能良好的 PP/PET、PP/PBT 合金专用料[48]。

表 8-17　PP/PET 合金专用料

指　　标	标准(ASTM)	1	2	3	4	5	6	7
PET/%		100	95	90	75	75	50	50
PP/%		0	0	0	0	25	0	25
PP-g-GMA/%		0	10	10	25	0	50	25
拉伸强度/MPa	D638	59.6	65.8	62.7	51.0	38.4	43.0	39.7
断裂伸长率/%	D638	6	10	12	8	4	10	6
弯曲强度/MPa	D790	76.8	84.5	82.1	69.2	52.9	61.0	55.3
弯曲模量/GPa	D790	2.26	2.51	2.49	2.14	1.90	2.12	2.03
悬臂梁冲击强度/(J/m)	D256	26.1	37.8	48.2	48.2	16.1	31.2	29.3

8.3.4.4　PP Hivalloy 合金[49]

原 Himont 公司新开发一种 PP 合金，以 Hivalloy 命名，其含义为 High Alloy——高价值合金。它是在 PP 骨架上接枝乙烯基单体，使 PP 同原来不相容的材料(如 PPE、PC)具有相容性，从而创造出新的高性能合金，Hivalloy 合金技术不仅限于 PP，它将扩展到非 PP 领域。既能生产特定聚合物合金，又能使原来没有相容性的各种掺混料(如回收的各种废塑料)具有相容性。

Hivalloy 合金技术包括两个步骤，第一步是用 Himont 公司催化剂和聚合技术先制备多孔球形 PP，然后接枝乙烯基单体如苯乙烯。孔隙度和 PP 球体表面积由提供的催化剂控制，所得的球状体可作为产品也可作为相容剂。第二步是将接枝的 PP 作为相容剂同其他树脂如 PPE、PC 树脂在第二阶段反应器中制系列合金。

Hivalloy 合金技术第一个产品是 PP/PPE 合金。其性能类似于 ABS 的刚性、硬度和热变形温度，且成本低于 ABS，热变形温度可达到 130℃(1.82 MPa 时)，悬臂梁缺口冲击强度可达 374J/m，弯曲模量可达 193 GPa，并且有出色的 ESCR 和加工稳定性，可与聚酰胺、聚甲醛、聚碳酸酯、PC/ABS、PBT 和 PPO 等竞争。可做汽车内部(如仪表板)、外部和机罩下部零部件。Hivalloy 合金性能见表 8-18。

表 8-18 Himont 公司的 Hivalloy PP/PPE 合金

项 目	典型 PP 共聚物	Hivalloy 合金①				典 型 ABS
		A	B	C^1	C^2	
悬臂梁缺口冲击强度/(J/m)	134	208	187~374	59	208	214~320
弯曲模量/GPa	1.24	1.65	179~193	217	241	234
拉伸强度/MPa	25.5	30.3	34.5~41.4	45.5	60.0	41.4
热变形温度/℃						
0.46MPa	85	87	—	—	—	88
1.82MPa	60	66	90~130	70	100	75
光泽度(60%)	75	92	—	—	—	95
收缩率	0.014	0.004	—	—	—	0.006
耐应力开裂性(丙酮)/h	670	极好	670	670	20	差

① 合金 A 是聚丙烯和苯乙烯的结合,具有典型的 PP 共聚物和通用的 ABS 之间的性能。
合金 B 是混合不同数量的 PPE 附着在合金 A 中的苯乙烯上,达到更高的热变形温度。
合金 C^1 和 C^2 是聚烯烃和不同数量的聚碳酸酯的结合。

原 Himont 公司在美国 Lake Chares, La. 处的 4500t/a 能力中试装置上进行批量生产和开发其他合金。

原 Himont 公司和日本三菱瓦斯化学公司组成的合资公司在东京生产以 Himont 接枝 PP 及三菱气体化学公司的 PPE(聚苯醚)为基础的合金，即将 PP 同 PPE 掺混不同类型的 Hivalloy 合金。

原 Himont 公司工业化 45 kt/a 的 Hivalloy 装置已经建成。

8.3.4.5 聚丙烯/苯乙烯合金

Montell 聚烯烃公司 1995 年商业化 Hivalloy G 系列反应器合成苯乙烯/烯烃合金，其冲击性能与刚性的平衡超过了传统的 PP，既具有烯烃的低价格、低密度、耐化学性，又具有苯乙烯单体的韧性和耐高温性。Montell 公司现计划再推出 T 系列和 W 系列半结晶态/无定型合金，它们分别是 PP/苯乙烯/马来酸酐三元共聚物(提高高温性能)和 PP 与丙烯酸类树脂的共聚物(提高耐候性)。Mentell 公司的这一合金技术是一种创新，将半晶态烯烃与无定型非烯烃单体混合于一个大规模反应器中，用 Z-N 催化剂催化反应。他们知道如何控制催化剂粒子的形状、尺寸和疏松度，生成一种多孔聚合物(PP)粒子，然后反应粒子(即 PP)允许各种不同的共聚单体在粒子内共聚合，这样便制得了亚微细粒型、均匀、高度控制的互穿网络共聚物。其性能接近热塑性工程塑料，应用于汽车、家用电器、电子仪器等。

8.3.5 聚丙烯热塑性弹性体

聚丙烯热塑性弹性体制备方法分为两大类：(1)直接聚合型(简称为 RTPO);(2)复合型(简称 CTPO),包括共连续相共混合物和动态硫化型。在共连续相共混合物中，弹性相和结晶聚丙烯都是连续的，长期性能主要取决于结晶聚丙烯。加工时，两相都流动。在动态硫化共混物中，弹性相是交联，不连续的。而半结晶的聚丙烯相则是连续的，并包围在交联的弹性相周围。其弹性是由于连续的半结晶相聚丙烯和化学交联的弹性体相共同作用的结果。半结晶相中的形变和恢复本质上是熔融过程。

8.3.5.1 聚合型聚丙烯热塑性弹性体(PTPO)[50]

原 Himont 公司在反应器中制造 PP 热塑性弹性体,开发了可涂饰产品,它是在反应器中将马来酸酐接枝在橡胶相,以提高表面的极性,该工艺综合了 Hivalloy 接枝工艺和 Catalloy 接枝工艺,得到的 PP 热塑性弹性体弯曲模量较高,达到 758 MPa,主要用于汽车工业。

Quantum 化学公司在反应器中制造 PP 热塑性弹性体是采用搅拌床气相工艺(BASF 公司工艺),可克服流化床橡胶相含量最高达 30%~35%的限制,使橡胶的含量提高到 50%,产品弯曲模量为 345 MPa,并且有较高的低温冲击强度。

德国 BASF 公司采用双釜串联气相聚合技术,生产两种高 EPDM 含量的聚丙烯热塑性弹性体,主要作保险杠,牌号性能见表 8-19。其中 Novolen 2800JX 或 2863JX 牌号特别适合作小汽车保险杠。

表 8-19　BASF 公司的两类典型的 PP/EPDM 型反应型共混料的性能

性能＼牌号		测试方法	Novolen 2500HX 或 2563HX	Novolen 2800JX 或 2863JX
橡胶相含量/%			20	35
MFR(230℃,2.16 kg)/(g/10min)		DIN 53735	2.1	2.5
屈服强度/MPa		DIN 53455	26	18
抗拉弹性模量/MPa		DIN 53457	1200	800
简支梁缺口冲击强度/(kJ/m)	23℃	DIN 53453	20	不断
	-20℃	DIN 53453	6	20
悬臂梁缺口冲击强度/(J/m)	23℃	ISO180	200	不断
	-20℃	ISO180	60	400
	-40℃	ISO180	49	66
热变形温度	方法 A/℃	DIN 53461	50	45
	方法 B/℃	DIN 53461	80	60

原奥地利 PCD Danuba Gmbh 公司采用反应器技术开发了一种弹性体改性的反应器掺混物 Daplen TC KSR 4S25，其低温耐冲击性优于 PP/EPDM，MFR 较高，刚性和韧性的综合性能较好，且耐紫外线。性能见表 8-20。主要用于汽车保险杠。

表 8-20　PCD 公司的 Daplen TCPP 性能

性　　能	牌号/KSR 4525	性　　能	牌号/KSR 4525
密度/(g/cm^3)	0.90	简支梁冲击强度/(kJ/m)	
挠曲强度/MPa	840	23℃	28
		-20℃	7
屈服强度/MPa	21	熔体流动速率(230℃,2.16 kg)/(g/10min)	7
屈服伸长率/%	7	热变形温度/℃	44

原 Himont 公司聚合法生产的弹性聚丙烯 Moplen 牌号、性能、用途见表 8-21。

D&S Plastics International 公司推出汽车用 TPO 树脂，性能可与某些工程塑料如 PC、PU、尼龙、聚酯等相比。Sequel 1440 作马自达(Mazda)牌汽车保险杠梁表层，厚度可减为 2.5mm(原来为 3.5mm),使保险杠最终质量减轻 3.1%(1.18 kg),成型周期也缩短 15s。Sequel 系列 TPO 比以前的 TPO 模量大一倍，拉伸强度高 60%，硬度高，MFR 范围为 15~259g/10min，低温冲击性能极佳，耐化学性和可涂饰性良好，综合性能明显优于以前的改性 PP；Sequel1700

表 8-21　Himont 公司 PP Moplen 牌号、性能及用途

物化性能材料分类		熔体流动速率(230℃，2.16 kg)/(g/10min)	密度(23℃)/(g/cm³)	弯曲弹性模量(23℃)/MPa	Izod 缺口冲击强度(23℃)/(J/m)	Izod 缺口冲击强度(-20℃)/(J/m)	HDT(455kPa)/℃	用　途
超高韧性 PP	SP 179	8	0.90	950	>500	120	75	保险杠、侧防护板
	SP 151	3.5	0.90	750	>500	350	64	
	SP 1114	4.5	0.92	1050	>500	350	80	
高抗冲填充 PP	SP 10	3	1.10	1750	>400	170	101	格栅、侧防护板、仪表板、立柱、行李箱板
	SP 98/P	9	1.12	2300	130	45	104	
高性能 PP	HP 60GF	4	1.11	6000	100	—	157	空滤壳、皮带罩盖
	HP 43GF	4	1.17	5300	65	—	157	
增韧填充 PP	EPKX 10	10	1.10	2700	75	35	120	格栅、仪表板、门内立柱、行李箱柱(条)
	EPKV 10	20	1.07	2800	55	32	124	
一般填充 PP	F30T4	11	1.24	4000	30	15	126	仪表板骨架、空滤器壳

弯曲模量为 552~2275 MPa，线膨胀系数仅为普通 TPO 的 50%，这对于制造尺寸较长的外装件很有利，可省去为防止弯曲而设计的支撑部分。另一用途是制作汽车内饰件，利用其优异的耐化学性，可免掉表面的喷涂。如 20%矿物增强品级 Sequel 1733，其性能与一种 PC/ABS 合金相同，而质量要轻 7%，可作轮罩，还可代替 PC 用于非喷涂仪表板。预计 TPO 适于作要求线膨胀系数低、刚性高、低温冲击强度好的车身材料。

8.3.5.2　共混型聚丙烯热塑性弹性体[51]

动态全硫化 EPDM/PP 热塑性弹性体(TPV)是橡塑并用技术的重大发展，这种动态硫化技术是橡胶和塑料在混炼机械中进行熔融混炼形成均匀的共混物，然后添加硫化剂和其他助剂。在混炼过程中，同时产生就地硫化作用而制造热塑性弹性体的方法。要通过共混手段从不具有热塑性弹性的聚合物来制备热塑性弹性体。关键就是控制共混物的形态，其措施包括：选择共混方法，共混品种和共混组分的流变性能，控制表面能(聚合物的选择和/或使用聚合物的增容剂)，以及在共混过程中进行化学反应。

弹性体和其他材料在机械性能上的主要差别在于：在应力-应变曲线上弹性体的模量低，伸长率高。AES 公司生产的几种典型 PP 热塑性弹性体性能见表 8-22。

表 8-22　PP 热塑性弹性体典型机械性能

指　标		标准 ASTM	性　能						
硬 度		D2240	55A	64A	73A	80A	87A	40D	50D
密度/(g/cm³)		D297	0.97	0.97	0.98	0.97	0.96	0.95	0.94
抗张强度/MPa		D412	6.4	6.9	8.3	11.0	15.9	19.0	17.6
断裂伸长率/%		D412	330	400	375	450	530	600	600
100%定伸模数/MPa		D412	2.1	2.3	3.2	4.8	6.9	6.6	10.0
撕裂强度/(kN/m)	横　向	D624	19	24.5	27.8	34.0	48.7	64.8	90.0
	纵　向	D624	7.3	10.2	13.3	18.1	28.3	35.5	63.7

续表

指　标		标准 ASTM	性　能						
永久变形/%		D412	6	10	14	20	33	48	61
压缩变形 (168h)/%	横　向	D395	23	23	24	29	29	32	41
	纵　向	D395	25	36	36	41	45	49	81
脆点/℃		D746	-60	-60	-63	-69	-61	-57	-34

高弹性、无定形 EPDM 与几种聚烯烃树脂之间的共混物未填充时的应力-应变性能如表 8-23 所示。从表中数据可以看出，当 EPDM 含量较高时，共混物是弹性的，断裂时的永久变形相当小(20%~30%)；相反，分子量较高的聚烯烃树脂在拉伸时，在低伸长率时屈服，然后是典型的拉伸机理，并且拉伸后回缩很小。当将高弹性、无定形 EPDM 用半结晶 EPDM 代替后，所得共混物的性能大大提高，尤其是扯断伸长率大幅度上升，具体结果如表 8-23 所示。上述结果表明，不仅在未拉伸状态时结晶度是很重要，而且在拉伸时结晶度的增加无疑也对共混物的应力-应变性能有很大的影响。

表 8-23　EFDM 与几种聚烯烃共混物的性能

混合物①组成/%							
EPDM②	80	70	60	80	60	80	60
聚丙烯③	20	30	40				
低密度聚乙烯④				20	40		
高密度聚乙烯⑤						20	40
性　能							
拉伸强度/MPa	8.3	10.5	13.9	5.8	8.0	8.5	10.2
断裂伸长率/%	220	150	80	290	190	210	130
断裂永久变形/%	28	30	30	35	30	25	33

① Banbury 密炼机中混炼 7 min，最高温度约 200℃。

② 无定形、高分子量乙烯-丙烯-二聚环戊二烯(约 5%，质量分数)三元共聚物。

③ 密度 = 0.903 g/cm^3，熔体流动速率为 4.0g/10min(230℃)。

④ 密度 = 0.919 g/cm^3，熔体流动速率为 2.0g/10min(190℃)。

⑤ 密度 = 0.9569/cm^3，熔体流动速率为 0.3g/10min(190℃)。

8.3.5.3　聚烯烃与其他聚合物组成的共混物[52]

全同立构聚丙烯与其他聚合物共混得到的热塑性弹性体已经进行了广泛研究，例如，全同立构聚丙烯与丙烯-1-己烯无规共聚物共混可以得到热塑性弹性体，该共混物有单一的玻璃化转变温度（tanδ 单峰）和单一的熔点。由于全同立构聚丙烯的熔点较高，因此该共混物在升温条件下的机械性能得到了明显改进。

全同立构聚丙烯还可以与无规立构嵌段聚丙烯共混，这两种聚合物可以共结晶，因此共混物表现出单一的熔点(DSC 法测定)。共混物的应力-应变性能与组成有关，当全同立构聚丙烯质量含量为 15%~25%时，共混物具有优良的弹性，但由于该共混物的玻璃化转变温度较高，无定形乙烯-丙烯共聚物与全同立构聚丙烯组成的共混物未填充时的应力-应变曲线温度为 0℃，因此低温性能较差。全同立构聚丙烯与 EVA 共混也可得到热塑性弹性体，这两种聚合物是不相容的，当 EVA 质量含量为 50%~70%时形成双相连续形态，未硫化共混物和动态硫化共混物的动态力学谱图均显示两个玻璃化转变温度，分别对应于 EVA 和全同立构聚丙烯。

8.3.5.4 聚丙烯热塑性弹性体的应用及主要供应商

全同立构聚丙烯与乙烯-丙烯共聚物组成的共混物用填料、增强剂、抗氧剂、颜料、增塑剂等助剂配合后，称作 TPO(热塑性聚烯烃,Thermoplastic Polyolefin),TPO 有三个主要应用领域：汽车、电线电缆、机械制品。

汽车部件是 TPO 最大的市场，优异的耐候性、低密度、加工灵活性和较低的成本使 TPO 成为制造汽车内外部件十分常用的原料，如空气阀、保险杠护套、挡泥板、网窗、胶条、导管、密封垫圈、汽车内部装饰件。

在电线电缆方面，TPO 已经在很多场合取代了 PVC 和硫化橡胶，如软线、升压电缆、仪表用线、低压护套，另外，还专门有低烟和阻燃级 TPO。在电线电缆方面，TPO 的主要优点是电性能、耐水性、抗臭氧性优异。

为了加工方便，市售的 TPO 为粒状产品，它可以采用大多数热塑性塑料的加工方法进行加工，例如注射成型、挤出成型、吹塑成型、真空成型、吹膜。具体加工条件可从供应商处得到。

目前，有若干开发商生产了乙烯-丙烯共聚物和 iPP 共混物型 TPO，表 8-24 列出了产品名称、供应商和产地。

表 8-24 TPO 的供应商和产品名称及产地

供应商	产品名	生产地区①	供应商	产品名	生产地区①
Advanced Elastomer Systems	Vistaflex	N,E,J	Teknor Apex	Telcar	N
Ferro Corp.	Ferroflex	N,E	DSM	Kellburou	N
Republic Plastics	ETA 和 RTA	N	British Via	Vitacom TPO	N
RPI/Dexter	Deflex	N	Chemische Werke Huls	Vestolen	N
A. Schulman	Polytrope	N			

① N 北美;E 欧洲;J 日本。

8.3.6 高熔体强度聚丙烯

聚丙烯是一种应用范围很广的通用塑料，它具备很多优良的特性，如在塑料中密度最小，机械性能优越，耐高温，耐腐蚀，耐食用油，无味无臭，具有优异的化学稳定性，可作为食品包装材料。但由于聚丙烯是一种部分结晶聚合物，其软化点与熔点很接近，超过熔点后熔体强度迅速下降，导致在热成型时容器壁厚不均匀、挤出涂布压延时出现边缘卷曲、收缩和挤出发泡时泡孔塌陷等问题。为了克服聚丙烯的上述不足，Shell 化学公司开发的固相压力成型法(Solid Phase Pressure Forming)可在聚丙烯熔点下进行加工，但此法需要较昂贵的设备，严格的过程控制，且在结尾部分会造成一定的取向应力，所以难以应用。因此，许多国家近年来在开发高熔体强度聚丙烯方面作了深入研究，取得了突破性进展，扩大了聚丙烯的应用领域[53]。由于高熔体强度聚丙烯技术应用面广，产品附加值高(例如可将 60 美分/kg 的普通聚丙烯加工为 21 美元/kg 的发泡聚丙烯)。

8.3.6.1 熔体强度和影响聚丙烯熔体强度的主要因素

熔体强度(或称熔融强度)表示熔体能支撑它本身重量的强度。目前用来表征和计算它的方法主要有：

（1）使用熔体强度测定仪，此为最直接和精确的方法。

（2）文献上[54]有用熔体流动速率测定仪和下式来计算熔体强度［单位以泊(P)表示］的：

$$MS=3.54\times10^5\Delta l^2\ r_0/MF_{230} \qquad (8-18)$$

式中，Δl 为挤出物直径减少 50%时的挤出物长度，in（1in=2.54cm）；r_0 为最初从口模露出的挤出物半径，in(分别测量挤出物长度为 1/16、1/4 和 1/2in 时挤出物半径后，由外推而得)；MF_{230}为由熔体流动速率测定仪测得的在 230℃、负荷 2160g 下的熔体流动速率 MFR，g/10min。

（3）定性分析熔体强度的方法。如根据 Yoshii F 和 Makuuch K 的专利，熔体强度随着熔体流动速率增大呈线性下降，所以可通过此线性关系估计聚丙烯改性前后熔体强度的变化，也可通过测量高聚物的熔垂的方法来反映熔体强度，即测定在相同时间内不同聚合物熔体下垂的长度来对比它们的熔体强度大小。

影响高聚物熔体强度的主要因素是它的分子结构。对于聚丙烯来说，主要由它的分子量、分子量分布以及分子链是否具有长支链结构来决定。

一种可在熔融态下加工的材料应具备基本的条件是在施加应力时保持流动，在无应力条件下保持静止。研究表明，当一种材料在较宽的温度范围内保持拉伸弹性模量达到 10^6 Pa，拉伸黏度为 10^7 Pa · s 时，此材料的热成型效果最好。这种材料应具备橡胶态高弹区，此特性为非结晶型聚合物所具有，而结晶聚合物如聚丙烯是没有的，在加热过程中，聚丙烯很快地通过了所希望的粘弹区，无法在较宽的温度范围内保持在这个区域，这便成为它在热成型加工时出现严重熔垂的主要原因。

高聚物的分子量和分子量分布对橡胶态高弹区的粘弹行为都有影响，其中分子量的影响较大。分子量的影响我们可以通过熔体流动速率对流变行为的影响来表示。通过对不同熔体流动速率的聚丙烯所作的熔垂实验表明，随着熔体流动速率减小(即分子量增大)，聚丙烯下垂到同一长度所需时间明显增长。随着分子量变小，其对熔垂的影响也明显变小(见图 8-28a)。同样通过对不同分子量分布(M_w/M_n)的聚丙烯所作的熔垂实验表明，随着分子量分布的增加，聚丙烯的拉伸黏度也在增加(见图 8-28b)。这说明通过提高多分散性，可增大聚丙烯的熔体强度[55]。

一般说来，熔体强度与分子量和分子量分布的关系是：分子量分布大致相同而分子量增加时，熔体强度增大；分子量基本接近时，熔体强度随分子量分布增宽而稍有增大的倾向。

聚丙烯熔体没有表现出应变硬化效应(Strain Hardening)，即当熔体被拉伸时其对伸长的抵抗力增加，导致了聚丙烯在熔融加工时的一些缺陷，包括在高速挤出涂布时的边缘卷曲，在热成型时出现的熔垂和局部变薄，在多层结构的共挤出时流体流动不稳定等。由于这些缺陷，严重限制了聚丙烯的广泛应用。

众所周知，由自由基聚合法制得的低密度聚乙烯(LDPE)具备较理想的熔体流变性能，这些性能对于要求较高的熔体强度和应变硬化效应的加工应用很重要。低密度聚乙烯的这些特性来源于它的非线型支链结构。与 LDPE 相反，聚丙烯的分子结构基本上是线型的，正是由于缺乏长支链结构，聚丙烯的熔体强度较低[56]。由此可见，聚合物的支化结构对其性质有较大影响。要提高聚丙烯的熔体强度，必须使其产生支链结构[57]。

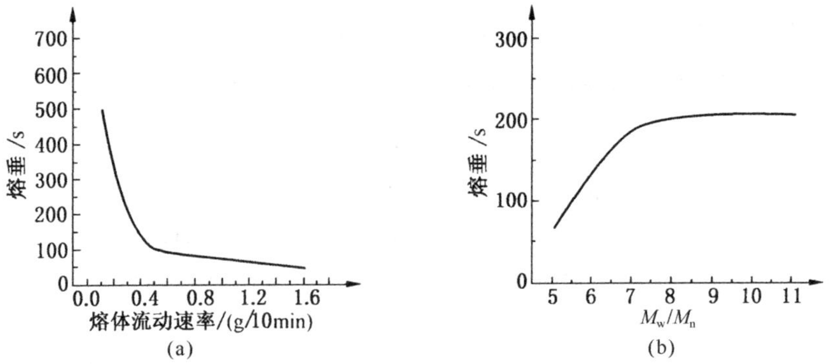

图 8-28　熔垂与熔体流动速率及 M_w/M_n 的关系

8.3.6.2　高熔体强度聚丙烯的技术进展

由于高熔体强度聚丙烯具有巨大的市场，所以近几年来对于它的研制和开发一直是各国聚合物研究工作的重点，美国和日本在这方面的研究工作处于领先地位。

在初期的研究工作中，人们曾将有机过氧化物、交联剂与聚丙烯通过挤出机混合来提高熔体强度，效果并不理想。之后又用电子射线辐照加有交联剂的聚丙烯得到了交联聚丙烯，但由于这样形成了一种紧密的三维网状结构，虽然提高了聚丙烯的熔体强度，但产生了大量凝胶，导致无法再加工[58]。也有人将聚丙烯与低密度聚乙烯(其拥有较好的熔体强度和应变硬化)共混，这种混合物可单独使用或与其他聚合物再混合，取得了明显效果，但仍无法满足对高熔体强度均聚聚丙烯的需求。另外，还有人提出通过辐照聚丙烯得到无凝胶的降解产物，虽然可在一定程度上提高聚丙烯的挤出性，但其熔体强度并未得到增强。

近年来，国内外成功地研制开发高熔体强度聚丙烯的方法主要有三种，一是通过高能射线辐照的方法使聚丙烯产生支化结构，二是将聚丙烯与其他材料共混，三是将聚丙烯接枝其他单体。

为了使线型聚丙烯产生长支链，得到支化结构，从而达到提高熔体强度的目的，美国的 Scheve 和日本的 Yoshii 等人均采取了辐射法[59~61]。两者相同之处是均可采用电子加速器产生的电子射线或^{60}Co 产生的 γ 射线。他们均要求在无氧环境中辐照，且在最后阶段均需对聚丙烯加热或加入某些助剂(如甲硫醇)使残留于聚丙烯中的未反应自由基失去活性。两者的不同之处是，前者直接对聚丙烯在高剂量率下辐照较小剂量，使直链聚丙烯发生链断裂，而不产生凝胶，最终使聚丙烯发生链转移并重新组合，形成支化结构。而后者则需在聚丙烯中加入多官能团单体后再进行辐照，多官能团单体受到激发后在大分子链间起到连结作用，使发生分子间接枝，形成支化结构。

另外，Hamilton 等将聚丙烯与丙烯-苯乙烯的嵌段共聚物进行共混，也提高了聚丙烯在热成型过程中抗熔垂的能力[62]。Chandrakant 等则在茂金属合成聚丙烯过程中，向反应区加入一定量的二烯烃(如 1,7-辛二烯、1,9-癸二烯等)，得到的改性聚丙烯也具有较高的熔体强度[63]。

有报道称 PP 与无机物共混后，其熔体强度也会得到提高。2004 年，K. Taki 等[62a]研究了间歇发泡过程中 PP/黏土纳米复合材料的气泡成核泡孔长大行为，认为 PP 的剪切硬化性能对发泡性能有很大影响。在 PP 中混入黏土可以提高模量，从而在单轴拉伸作用下获得较高的剪切硬化性能，增加了熔体的拉伸黏度，阻止了泡孔破裂及合并。此外，聚合物中的粘土不会影响 CO_2 在混合物中的溶解度，但会降低其扩散速率，从而降低初始阶段的气泡长大速率。而且粘土与有机物质亲和性好，在混合物中起到了异向成核的作用。随着黏土含量增加，泡孔尺寸减少，泡孔密度增加。

接枝聚合也是获得高熔体强度聚丙烯的较为经济、产品性能较稳定的一种方法[62b]。它采用化学自由基引发剂在丙烯聚合物骨架上自由基位置接上丙烯、乙烯、苯乙烯等第二单体，从而获得一定支化度的丙烯聚合物。在化学方法中，可以产生自由基的有机化合物包括过氧化物或偶氮化合物，它们在聚合物上形成活性接枝位置并引发单体在这些位置聚合。通过自由基产生的化学反应以制备聚烯烃接枝共聚物所采用的各种技术中，大多数的技术为将该聚合物颗粒直接与引发剂和单体接触。该技术实施简单，但同时也会造成聚合物的降解，造成熔体流动速率过高以及过度形成接枝单体的均聚物，它以牺牲聚烯烃接枝共聚物的形成为代价。

Himont 公司专利[62c]叙述了一种制造高熔体强度聚丙烯均聚物的方法。在去氧和合适的温度下，向聚丙烯粉末中添加过氧化二碳酸二仲丁酯等引发剂，然后通过加热或添加如甲硫醇来使自由基失活，获得最终产品。而反应条件如温度、停留时间等与所选择的过氧化物的分解温度和半衰期有关。采用低分解温度的过氧化物一般可以获得一定支化度和重均分子质量较原材料增大的丙烯聚合物，产物的特性黏数为 2~4dL/g。该方法不仅可以批量操作，而且可以连续操作，适合于连续化大生产。

荷兰阿克佐诺贝尔公司也公告了一种增强聚丙烯共聚合物的熔体强度的方法，它将聚丙烯共聚合物与引发剂的分散体系在极性介质中接触，然后加热该混合物，其中绝大部分的引发剂在聚合物融化之前分解及其所形成的基团与聚合物反应，以使改性聚合物的熔体强度显著提高。

通过反应挤出也可以生产出支化的高熔体强度聚丙烯。Wang 等在熔融和过氧化物存在的情况下，通过线型聚丙烯接枝多官能团单体三丙烯酸季戊四醇，获得了结晶温度较原料聚丙烯增加并具有较好应变硬化特性的高熔体强度聚丙烯。

Himont 公司另一项专利[62d]揭示了一种高熔体强度聚丙烯接枝共聚物的制造方法，不仅以高的聚合转化率，而且以高接枝效率得到丙烯接枝共聚物如 PP-g-PS，此外该聚丙烯骨架降解较小，从而防止接枝共聚物的熔融指数大于起始聚丙烯的熔融指数。该方法采用叔丁基过氧化-2-乙基己酸酯作引发剂，为了防止聚合物降解，在接枝共聚物暴露于空气前，须通过升温或加入自由基捕获剂(如甲硫醇)以使残留自由基减活。而聚合温度和停留时间的确定也需参照引发剂的分解温度及其半衰期。

8.3.6.3　高熔体强度聚丙烯产品及其应用前景

近年来，高熔体强度聚丙烯技术得到迅速发展的主要原因是其拥有很广阔的应用市场。高熔体强度聚丙烯可用于微波加热专用器皿，其较好的耐热性和合理的价格均比聚苯乙烯更有竞争力。另外，高熔体强度聚丙烯还可用作蒸馏容器。据估计，每年世界市场对可蒸馏容器专用树脂的需求超过 45 kt，这也极大地推动着高熔体强度聚丙烯的发展[64]。用这种聚丙烯热成型得到的器皿在低温下也有很高的耐冲击强度，可在深冷环境中使用，且还具有较舒适的手感和优良的环保价值。高熔体强度聚丙烯还可应用于汽车工业中，如地毯背衬材料、遮阳板、隔音板、门衬和货架等部件均可使用[65]。

正是因为高熔体强度聚丙烯广阔的市场前景，世界上许多公司都给予很大的投入进行研究，其中 Montell 公司在这方面处于国际领先地位。

原 Montell 公司生产的 Profax PF814 树脂是一种含有长支链的均聚聚丙烯，它的熔体强度是具有相似流动特性的传统均聚物的 9 倍。根据实际用途的不同，Profax PF814 可以单独使用，也可以与熔体强度较低的聚丙烯混合使用[64,66~67]。另外，Montell 的 Pro－fax PF613（MFR＝0. 3g/10min，均聚物）和 Pro－fax SD613（MFR＝0. 3g/10min，共聚物，抗冲击）也是两个高熔体强度聚丙烯牌号，它们与普通聚丙烯比较，在相同条件下熔垂达到同一高度时间多需要 20～30s，其熔体强度分别为 16. 7cN 和 15. 5cN，比具有相同 MFR（0. 3g/10min）的均聚聚丙烯的熔体强度（为 8. 3cN）大 102%和 95%[68,69]。我们可以从图 8－29 看到其抗熔垂的能力几乎是通用聚丙烯的两倍。用此种聚丙烯树脂，加入合适的烃类发泡剂，可以在传统的、用于生产聚苯乙烯泡沫的、串联式挤出设备上生产出低密度的聚丙烯泡沫。由于此聚丙烯的熔融态具备一定弹性，使泡沫既保证形成多孔，也避免出现空洞结构。用这种泡沫制得的产品具有密度小和容器壁厚均匀等特点[70,71]。

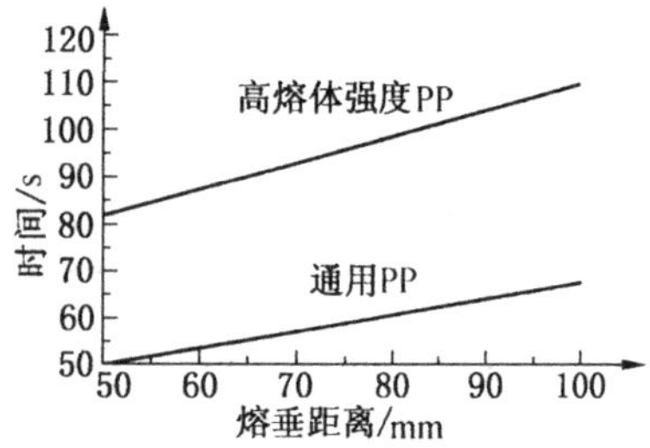

图 8－29　Montell 公司高熔体强度聚丙烯和通用聚丙烯的熔垂时间与距离关系的比较

日本的窒素公司和日本原子能研究院也开发了高熔体强度聚丙烯技术。他们的产品具有较高的刚性和良好的可塑性，可应用于吹塑、发泡等成型方法，制成诸如薄膜、片材、管材和纤维等产品。并且，对于已成型的产品，能够再次熔化循环使用。

除了这两家公司的产品外，Rexene 公司的 6310（均聚物）和 9403（共聚物）[72]，Exxon 公司的 PD 020 和 PD 040 及其他一些公司的产品都具有较高的熔体强度，可应用于不同的领域内。

高熔体强度聚丙烯可应用于多种成型方法，且由于聚丙烯具有良好的耐应力开裂性能（这一性能是油腻食品包装所必需的），从挤出到热成型聚丙烯总的加工成本低于聚苯乙烯，因此聚丙烯的发泡更备受人们的青睐。使用高熔体强度聚丙烯可得到密度低于 0. 15 g/cm^3 的发泡产品，所以许多公司在对发泡工艺的改进和发泡剂的选择上做了很多工作。美国的 Battenfeld Gloucester 公司使用了其制造的片材生产线生产发泡聚丙烯片材，该生产线采用的是平机头，生产的化学发泡片材厚度为 1mm。Sencorp 公司只对传统设备上的挤出机螺杆和模唇进行了较小改进，可直接注射 N_2 生产聚丙烯片材。德国的 Reifenhauser 公司的 REIcell 工艺是在环型机头上进行生产，以直接发泡为基础，采用物理发泡剂，如戊烷、丁烷等。另外，人们为了解决实芯聚丙烯成型较慢、牵引性较差的缺点，开发了 ABA 结构的聚丙烯板材，即芯层发泡、两表层为共挤的实芯表面，它的热成型速率要高于同样厚度的实芯聚苯乙烯片材。

HMS PP 可广泛应用于热成型、挤出涂布和物理发泡等领域。Dow 公司新开发的 PP 牌号的熔体强度比传统的 PP 高 20 倍。HMS PP 可纺性比传统的 PP 高 3 倍。此外还具有较好的低温冲击性能、较高的热变形温度。Inspire112 是 MF R 为 0. 4g/（10min）的吹塑膜 HMS PP 牌号。用该牌号 PP 生产的薄膜的落锤冲击强度为 150g，2%正割模量为 861. 2MPa。用于液体直立袋具有很好的透明度；用于重物袋具有良好的耐穿刺性，熔点在 160℃以上；用于耐高压加热袋具有高耐热性。InspireD114.01 是 MFR 为 0.5g/(10min)的用于吹膜和片材挤出的新型 HMS PP 牌号。与聚乙烯薄膜相比，该牌号 PP 具有好的刚性、耐热性、机械加工性、抗蠕变性、耐穿刺性和韧性；用其制得的厚度为2mm 的薄膜的落锤冲击强度为120g，拉伸模量为1267.8MPa。该 PP 符合 FDA 对蒸煮袋的卫生要求，在塑料盘熔融热成型中具有相当潜力，可减少流挂现象，并可缩短成型周期。Inspire D113.01 是 MFR 为 0.9g/(10min)的抗冲击共聚物牌号，该牌号 PP 具有优异的低温性能和对于异型压出(如光纤芯管)宽加工范围，弯曲模量为1019.7MPa，具有室温下不破碎的缺口冲击行为。北欧化工采用反应挤出法制备了 HMSPP，牌号为 DaployHMS，该 PP 具有长链支化结构，加工性能好，可用挤出发泡、热成型等方式生产制品[72a,72b]。Montell 公司推出了共聚型 PP Pro-fax SD613[MFR 为 0.3g/(10min)]、均聚型 PP Pro-fax SD613[MFR 为 0.3g/(10min)]和 PP Pro-fax PF813[MFR 为 3g/(10min)]等产品，均已成功用于生产发泡材料等。

可以预见，由于高熔体强度聚丙烯可广泛应用于热成型、挤出涂布和物理发泡等领域，且随着对其加工工艺的不断改进，它将具有更广阔的市场，所以对于它的进一步研究和开发将成为高性能聚丙烯新牌号开发的热点[73]。

8.3.7　反应型聚丙烯

烯烃聚合物构成了通用高分子材料的主体，在各种场合都有广泛应用。但是，尽管它们有许多优势，其本身的某些缺点限制了其更广泛的以及在新兴技术上的应用。例如，由于分子内缺少极性基团，限制了提高性能的手段，也阻碍了聚烯烃专用材料的开发，其湿润性、印刷性及染色性等都较弱。另外，它们在与无机填料如滑石粉、云母等构成的共混物中，分散性不好；它们在与极性聚合物如尼龙、聚酯、工程塑料等形成的合金中相容性不好。

对烯烃聚合物进行物理化学改性，开辟了发挥其潜在用途的方法，例如用不同聚合物与烯烃聚合物共混，通过适当手段可以开发一系列新材料。而提高烯烃聚合物与其他聚合物相容性的最有效的方法是对其进行化学改性。

烯烃聚合物化学改性的途径包括过氧化物交联、酸酐接枝以及与其他极性基团的反应。通过化学改性，不仅各聚合物间的相容性得到了提高，而且改性烯烃聚合物与各种添加剂和填料间的亲和力、相互作用也能得到改善，由此引起复合物机械性能的大幅度提高。

聚烯烃化学改性技术，为开发高性能聚烯烃树脂及新型材料开辟了新路。化学改性有两种途径，一种是在树脂熔融状态下进行，将聚合物与改性物等在一定条件下共挤出，得到产品，但是由于高温下过氧基团在高温下的作用，烯烃链段会发生降解或交联反应，破坏聚合物本身结构，且破坏程度往往随接枝率的提高而加重，甚至造成产物二次加工困难。另一种是在树脂处于非熔融状态下进行，已经开始有工业化应用。

8.3.7.1　聚丙烯的化学改性

1. 接枝马来酸酐[74,75]

聚丙烯由于拥有广泛的用途及低廉的价格，成为应用最多、发展最快速的材料之一。通过极性基团的引入，使之功能化，能增加其应用范围，提高聚丙烯与其他材料的亲和性，例如有人使聚丙烯接枝羧酸盐、羧酸，如羧酸酯或羧酰胺等。实验发现，在聚丙烯接枝反应中，有许多互相竞争的因素在起作用。

对于无规聚丙烯来说，在溶剂中进行反应，由于存在接枝活性基团与溶剂的反应，反应产率低于在熔融状态下的情况；而在熔融状态下，部分马来酸酐参与反应，部分马来酸酐作为溶剂，即所有马来酸酐都有接枝到聚合物上的倾向。对于等规聚丙烯，尽管接枝率与时间的关系同无规聚丙烯的完全一样，但是不管是熔融接枝还是溶剂中接枝，接枝率都低许多，反映了大分子立构规整性对反应基团的牵制。

在双螺杆挤出机内，用熔融接枝方法，将马来酸酐引入聚丙烯主体，得到的改性聚丙烯，可以作为界面相容剂，改善聚丙烯与滑石粉、聚丙烯与尼龙以及尼龙与聚苯乙烯混合物的相容性。并且对于与尼龙共混的体系来说，马来酸酐接枝量越高，共混物的机械性能越高。

2. 接枝甲基丙烯酸羟乙酯[76]

在聚丙烯大分子上，接枝甲基丙烯酸羟乙酯(HEMA)，产物的性质与过氧化物的用量有关。例如，使用的过氧化物为甲基丙烯酸羟乙酯量的0.5%时，体系熔体流动速率与纯聚丙烯相比增加一倍，而在过氧化物提高到甲基丙烯酸羟乙酯量的0.8%时，体系熔体流动速率与纯聚丙烯相比将增加7倍。这是因为在熔融接枝体系中，同时存在着聚丙烯接枝和降解这一对竞争反应，对于一定量的甲基丙烯酸羟乙酯，所需的过氧自由基是一定的。当过氧化物增加时，先期形成的聚丙烯大分子自由基的量大大增加，虽然可以使反应向接枝方向加速进行，但是也会引起很严重的链断裂，导致熔体流动速率上升，还会引起制品质量的下降。

3. 接枝甲基丙烯酸缩水甘油酯[77,78]

甲基丙烯酸缩水甘油酯(GMA)之中的环氧基团，具有较高的反应活性，用其接枝聚丙烯所得产物可以作为聚丙烯合金体系的优良相容剂。将聚丙烯、甲基丙烯酸缩水甘油酯(GMA)及过氧化二异丙苯(DCP)预先混合均匀，再经熔融挤出造粒接枝，可以得到由GMA功能化的聚丙烯树脂。但是产品的熔融接枝率并不随过氧化物量的增加而增加，相反，接枝量在达到最高值后，会随过氧化物的增加而下降。由此说明用熔融接枝的一个缺点是，基材经历了热熔过程，会发生一定程度的降解，从而导致力学性能下降。因为，在高过氧化物浓度下，聚丙烯的降解成为主要反应。如果在对应的接枝聚丙烯体系中添加苯乙烯单体，共同接枝，可以控制聚丙烯的降解，同时提高GMA等接枝聚丙烯的效果。一般来说，苯乙烯单体对聚丙烯大分子自由基的反应性要比GMA等接枝高。在双组分接枝体系中，苯乙烯优先接枝到聚丙烯上，形成更加稳定的苯乙烯基大分子自由基，之后，GMA再参与反应，GMA与苯乙烯基大分子自由基的反应速率远大于GMA与聚丙烯大分子自由基的反应速率，因此可以提高GMA的接枝率，由此接枝反应消耗了聚丙烯大分子自由基，抑制了整个反应体系的降解反应[79]。

在聚丙烯与丙烯腈-苯乙烯(AS)共聚物混合时，可以加入过氧化二异丙苯引发反应共混，而自由基引发的聚丙烯降解是一个严重的问题。如果在共混时，加入分子中含有少量未饱和双键的热塑性弹性体(SEBS)或分子内含有较多双键的亚油酸三甘酯，也能减少聚丙烯的降解。

发展具有功能基团的聚烯烃，不仅能开发新型材料，而且能为解决废塑料造成的污染以及废物利用创造条件。已经有人用功能化聚丙烯作为汽车保险杠材料的改性剂，配合三元乙丙胶、高密度聚乙烯及滑石粉等，提高产品的可漆性、流动性、冲击性等。还有人采用功能化聚烯烃作为相容剂，制造聚乙烯/改性聚酰胺/聚乙烯醇的复合物，制备的容器可以较好地阻隔甲醇混合燃料的渗漏。

8.3.7.2　非熔融法聚丙烯化学改性技术

1. 接枝马来酸酐

在反应釜中，维持氮气气氛，加入聚丙烯树脂(熔体流动速率为8g/10min)100份，氯化苯3500mL，搅拌中升温到130℃，在4h内，添加过氧化二叔丁基10份，氯化苯溶液140mL，顺丁烯二酸酐15份，丙酮80mL，滴加完毕，再在130℃继续搅拌3h，反应结束，冷却分离得到的浆状物，用大量丙酮清洗、过滤、干燥得到马来酸酐接枝聚丙烯，接枝率为11%。

对于等规聚丙烯，尽管接枝率与时间的关系同无规聚丙烯的完全一样，但是不管是熔融接枝还是溶剂接枝，接枝率都低很多，反映了大分子立构规整性对反应基团的牵制。不过，一旦马来酸酐接枝到等规聚丙烯分子上，则β型晶体的形成就受到阻碍，而形成单一的α晶型，产品的结晶度下降，脆性减少。除了用纯马来酸酐进行聚丙烯接枝反应外，还可以先用三亚乙基四胺等处理马来酸酐，得到改性马来酸酐络合物，再接枝聚丙烯。

尽管溶剂法成本较高，但是由于在溶剂中可以使聚丙烯与其他组分有很好的相互作用，因而还有许多工作是集中在溶液接枝工艺上的，利用超声波即是其中一种。

超声波已经被用来进行单体聚合、聚合物降解、分子量控制以及接枝与嵌段共聚物的合成。在聚丙烯接枝反应中使用超声波，是因为超声波能在室温下产生分子量均匀的巨型自由基。实验发现，使用过氧化苯甲酰，可以在较低的过氧化物浓度下(0.5%)及不高的超声波辐射强度下，得到较高的接枝率(5%)与转换率(93%)。另外，超声波对聚丙烯分子量及分子量分布都有影响，主要原因在于超声波引起的降解机理，包括用巨型自由基攻击主链。

Minoura等人对于马来酸酐与聚丙烯在溶液中的反应进行了详细研究。他们发现，反应初始速度正比于聚丙烯浓度、马来酸酐浓度以及引发剂浓度的二分之一次方。他们提出的反应机理为：引发剂首先攻击聚丙烯分子的叔氢原子，形成大分子自由基，大分子自由基与马来酸酐反应，生成接枝聚合物，接枝反应一直进行到自由基被饱和为止。

Park[80]等人用过氧化苯甲酰为引发剂，通过溶液法将马来酸酐接枝到聚丙烯分子上，然后对混合体系的流变性能和微观形态进行了研究，他们认为，混合系统相容性的大幅度提高应归因于时间相互作用的增强。

Lee等人使用界面剂和催化剂，由固相接枝共聚反应，将马来酸酐接枝到聚丙烯分子上。反应中使用了聚丙烯粉料，反应温度大大低于聚丙烯熔点，整个反应过程中，聚丙烯保持粉状。与传统工艺相比，新方法反应温度低，反应压力也低。

2. 接枝丙烯酸

Citovicky等人，通过用微氧化聚丙烯粉料与丙烯酸反应，制得了由聚丙烯酸接枝的聚丙烯树脂，反应是在乳化条件下，于30℃进行的。聚丙烯酸接枝物通过其自身的环氧基与环氧氯丙烷酯化，酯化反应在60～90℃、非均相条件下，不用催化剂即可完成。林志勇等人[81]研究了聚丙烯固相接枝甲基丙烯酸的技术，得到了非熔融法制备甲基丙烯酸接枝聚丙烯的工艺条件，溶剂采用甲苯，并且用傅立叶红外法证明了接枝的效果。他们发现，接枝率随反应温度的变化，是先升后降，在115℃时出现最大值；时间对于反应的影响，则为先上升后稳定，以3h为宜；过氧化物浓度对反应的影响也是先升后降，在1.5%左右时出现最大值；单体浓度对反应的影响同样显示出先升后降的特征，在单体与聚丙烯质量比为0.2/1时呈现极大值。在最佳条件下，接枝率可达12.5%。将得到的接枝聚丙烯用作聚丙烯-高岭土复合材料的增容剂时，有效地改善了复合材料的力学性能。袁晓燕等人用二甲苯为溶剂，同样得到了由甲基丙烯酸接枝的聚丙烯，在较佳的条件下，接枝率可达20%。

3. 与二氧化硫的反应

在过氧化氢异丙苯或叔丁基过氧化氢的环己烷溶液中，加入聚丙烯，通过溶剂蒸发法，对其进行活化，然后使其与一定量的二氧化硫接触，控制反应时间与温度，可以得到一系列的改性聚丙烯样品。通过二氧化硫与氧化聚丙烯或低分子量过氧化物的反应，可以将极性基团硫酸酯或磺酸酯引入无规聚丙烯与等规聚丙烯结构中。实验表明，无规聚丙烯的无定型态有利于二氧化硫分子的扩散，气体在聚丙烯分子中的扩散比较容易，聚合物与氧及二氧化硫的反应很均匀，随温度由30℃升至70℃，硫酸酯与磺酸酯的含量从0. 4 mmol/kg 升至2. 3 mmol/kg，分别为聚合物中过氧化氢的4倍和23倍。在这一系统中，有二氧化硫与过氧化氢的反应、溶剂与单体的反应、自由体中心上自由基向乙烯基单体的转移反应以及溶剂分子上氢原子的抽脱反应；对于等规聚丙烯，其与二氧化硫的反应行为与无规聚丙烯相同，只是其上的官能基团不易定量观测。这表明链自由基机理在氧化无规聚丙烯与二氧化硫的反应中起了作用。活化能数据也表明，硫酯极性基团与无规聚丙烯的加合反应(40 kg/ mol)比过氧化物键热断裂反应(125 kg/mol)容易进行，因为二氧化硫在与氢过氧化物反应时是作为氧化还原剂出现的，可以大幅度降低氧键断裂的活化能。由氧化反应直接在聚丙烯大分子上产生的氢过氧化物基团，与低分子氢过氧化物相比，使聚丙烯更适宜改性。增加反应程度的关键因素是反应温度，在较高温度下，由自由基中间产品取走的氢原子，能够活化聚丙烯大分子以结合更多的硫酯基团。改性效率的增加可以由聚丙烯表面湿润性与可染性的提高反应出来。在实际应用中，60℃下由二氧化硫反应半小时改性后的聚丙烯纤维，可以按正常工艺染色，并且不易被反复水洗退色。

4. 提高稳定性的研究

聚丙烯中所用的低分子量抗氧剂与稳定剂，会在高温熔混过程中挥发降解，也会在与某些油品的接触中，被萃取或迁移出来。Sharma 等人合成出了烯烃型紫外稳定剂，并将其加入在熔融状态下的聚烯烃中接枝在聚烯烃大分子上，加速老化实验法证明此种混合方法的效率高于物理混合法。唐薰等人将乙烯基吡咯烷酮和甲基丙烯酸二氨基乙酯分别引入聚丙烯大分子中，以期制得耐油抗氧聚丙烯树脂。反应在氮气氛下进行，以过氧化物为引发剂，反应温度约为125℃，反应时间约为1h。结果表明，经接枝后，聚合物的抗氧稳定性得以保持，并且增加了耐石油产品萃取的能力。

5. 辐射接枝

Naeem M. EI-Sawy 利用^{60}Co 辐射源，将丙烯腈接枝到聚丙烯薄膜上。实验中，首先将聚丙烯薄膜用丙酮清洗，然后放入单体-甲苯溶液中，加入三价铁氯化物以减少辐射时单体的均聚，用氮气对混合体系进行吹排后，由^{60}Co 引发反应。三氯化铁一方面有助于接枝聚合，一方面限制单体均聚，当其含量为0. 1%时，接枝率达到最佳值；单体浓度对接枝率影响更大，当单体浓度为60%时，接枝率达到最大值40%。接枝后的样品有很大的吸水性，相应地样品导电性得到提高。利用相近方法，埃及科学家 Eman M. El-Nesr 将甲基丙烯酸甲酯接枝到了聚丙烯薄膜上，所用溶剂为甲醇与己烷或庚烷的混合物，甲醇与烷烃的比值应为2比3，溶剂的使用目的是溶胀聚丙烯，使之有利于接枝反应，进而提高接枝率，阻聚剂三氯化铁应取适当值，以增加接枝率、降低均聚倾向，该实验中三氯化铁的最佳值为0.02%[82]。

反应型聚丙烯除保持通常PP所具有的优良性能外，还具有某些新的功能，其特征为：

(1) 具有与PP相当的优良的加工性能。

(2) 具有与PP相当的力学强度、耐热性、耐药品性、耐水性、电气绝缘性。

(3) 可以交联。

(4) 改善制品表面的印刷性和粘结性。

(5) 可以在侧链上引入各种极性基团。

反应型聚丙烯的主要用途：用于可涂饰性产品如保险杠、仪表盘、散热格栅等；用于可印刷的BOPP膜、CPP膜；用于制备与工程塑料的合金如PP/PA、PP/NBR、PP/PPO、PP/PET等，适用于交通、建筑、化工、军工、家电等工业。

8.4 聚丙烯薄膜

聚丙烯薄膜根据其生产方法的不同，主要有三大类型：双向拉伸聚丙烯薄膜(Biaxially Oriented Polypropylene Film,BOPP薄膜)、流延聚丙烯薄膜(Cast Polypropylene Film,CPP薄膜)、吹塑聚丙烯薄膜。以下分别介绍该三种薄膜的生产工艺及其特点。

8.4.1 双向拉伸聚丙烯薄膜(BOPP薄膜)

双向拉伸是聚丙烯薄膜的生产中应用最多、最广泛的工艺。在生产双向拉伸聚丙烯薄膜时，聚丙烯树脂在纵、横两个方向经历了一定的拉伸，改变了分子或链段的排列，薄膜的性能与非拉伸薄膜的性能相比有明显变化。主要体现在：薄膜的拉伸强度、弹性模量比非拉伸薄膜高3~8倍，薄膜的挺度好，冲击强度、耐寒性、耐热性以及对气体的阻隔性均得到大幅度提高，光泽度及透明度也明显好于非拉伸薄膜。正是由于这些特点及PP相对低廉的材料成本，BOPP薄膜有“包装皇后”之称[20,83]。

双向拉伸聚丙烯薄膜可以用两种方法生产：管膜拉伸法和平面双向拉伸法。以下分别介绍。

8.4.1.1 管膜拉伸法[84]

管膜法是在吹塑泡管的同时，将薄膜进行纵、横双向拉伸。薄膜厚度一般介于8~50μm，生产能力可达550 kg/h。管膜法生产工艺如图8-30所示。树脂从挤出机中通过环形口模1向下挤出，通过定径芯2之后形成厚管膜3，随后进入水槽，厚管膜大约0.3~1.5mm，约为最终产品的30到40倍。厚管膜在140~160℃预热区5中加热之后，被吹胀6~7倍形成大管膜7，同时，利用慢速辊6与快速辊9之间的速差，进行纵向拉伸。在拉伸的过程中，结晶度明显增加，产生拉伸-硬化现象，使薄膜的厚度非常均匀，同时，风环8也有助于厚度的均匀性和加工的稳定性。

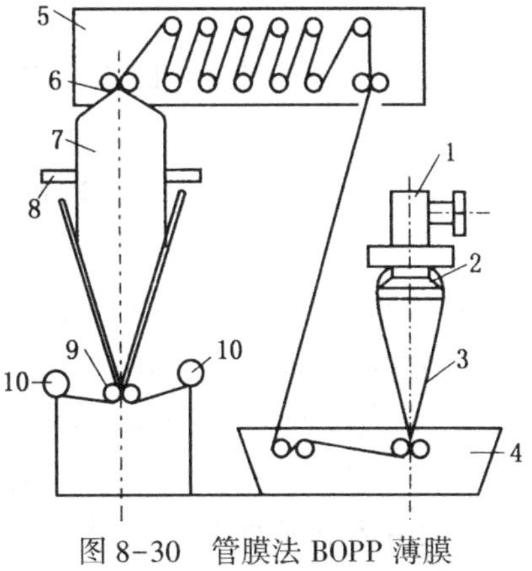

图8-30　管膜法BOPP薄膜生产流程示意图

1—环形模头；2—定径芯；3—未拉伸厚管膜；4—水槽；5—预热区；6—慢速辊；7—拉伸管膜；8—风环；9—快速辊；10—膜卷

尽管应用这种工艺可以获得厚度非常均匀的薄膜，但是，局部的微小差异还是不可避免的。在薄膜的收卷时，这种微小的差异经过多层叠加，会引起“暴筋”，甚至导致薄膜的永久变形或松弛，给应用过程中带来很多麻烦。为了解决这一问题，通常采取将模头、管膜慢速转动以及使收卷机轻微来回摆动的方法，以便这种厚度的微小差异在整个膜卷中均匀分布，而不在同一位置多层叠加。

双向拉伸聚丙烯薄膜容易发生链段的解取向，薄膜容易收缩，因此，在加工过程中，必须对薄膜进行热处理。另外，为了提高薄膜的印刷或复合性能，通常还需要对薄膜进行电晕处理。在电晕处理时，必须保证排除薄膜与背面压辊之间的空气，以免发生背面电晕的问题；对于热封层，因为电晕处理会降低薄膜的热封强度，因此，一般不对热封层进行电晕处理。表面处理还可以采取火焰处理的方式进行，但火焰处理比较危险而且难于控制，应用比较少。一般来说，电晕处理对薄膜的力学性能没有影响。

管膜法的生产设备还有另外一种安装形式：将挤出机位置提高，厚管膜经过水冷，再经过一个管式红外加热器之后，直接下行进入拉伸阶段。还有的生产线采用了管膜的内部加热，使薄膜受热更加均匀。

管膜法生产的双向拉伸聚丙烯薄膜纵/横向拉伸比比较接近，因此具有较为均衡的力学性能，但是生产速度较慢，而且需要较多的劳动力。因此，在数量上，管膜法生产线远远少于平膜法生产线，新增生产线已极少见该类工艺装置了，在此不再详述。

8.4.1.2　平面双向拉伸法

平面双向拉伸法简称平膜法。平膜法生产 BOPP 薄膜的工艺有以下特点：生产线组成部分多，体积庞大，但是薄膜的宽度大（目前最宽可达 10m 以上），线速度高（达到 400m/min 以上），产量高，因此，该工艺装置已成目前及未来发展的主流。其基本生产工艺如图 8-31 所示。

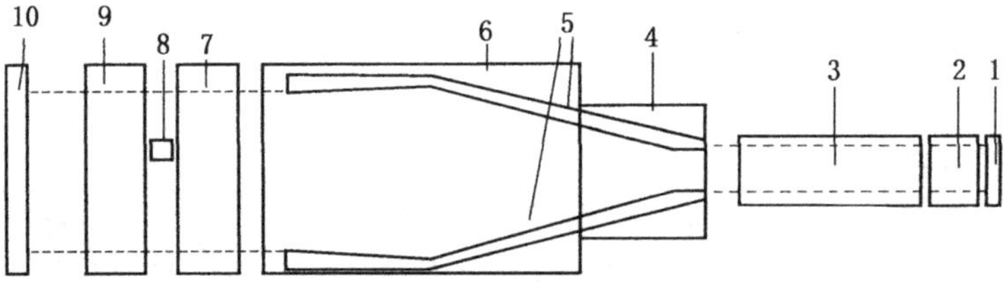

图 8-31　平膜法双向拉伸工艺示意图

1—T 形模头；2—铸片机；3—纵拉系统；4,6—横拉烘道；5—拉幅机；
7—定型区；8—测厚仪；9—电晕处理区；10—收卷

PP 树脂以及添加剂经过挤出机熔融塑化之后，经过狭长的模头 1 流出，熔体被铸片机表面光洁的激冷辊以及水浴冷却形成约 0.8～2mm 的厚片，冷却后的厚片随后进入纵向拉伸系统 3，首先被若干个加热辊加热到 120～150℃，然后利用两组或三组不同速比的拉伸辊拉伸 5～6 倍，被纵向拉伸后的厚片再进入横向拉伸系统。横向拉伸系统由烘道和拉幅机构成，烘道一般由热空气加热（一般将温度设置为 150～170℃），拉幅机是由许多个连续并闭合成链的夹子及其轨道构成。经纵向拉伸后的厚片两侧被拉幅机的夹子夹住进入烘道，薄膜沿着夹子轨道一面前进一面扩展，从而完成横向拉伸，其拉伸倍数是由夹子轨道后段与前段的宽度之比决定的，轨道可以在一定范围内进行调节，从而调节拉伸比（一般横向拉伸倍数为 8～10 倍）。为了防止薄膜在后续的应用过程中过分收缩变形，需要在定型区 7 对薄膜进行热定型处理，定型区温度一般比横拉温度略高。随后，薄膜经过冷却、边料切除、电晕处理之后收卷。

早期的BOPP薄膜都是单层结构，但随着BOPP薄膜的不断发展，目前绝大多数的BOPP薄膜产品是多层结构的。这是因为多层结构的薄膜具有较好的性能，而且通过对薄膜每一层进行合理的配方设计，不仅可以降低薄膜的成本，还可以赋予薄膜各种不同的功能。多层结构的薄膜需要有多台挤出机以及特殊的模头。

平膜法BOPP生产线流程长，各个部分的工艺对薄膜的质量及性能都有很大的影响，以下按照工艺流程对各个工序逐一介绍。

平膜法BOPP薄膜生产线的各工序的工艺控制及其对薄膜性能的影响[21,85,86]如下：

(1) 原料的选择、输送及计量。BOPP薄膜的原料包括PP树脂、各种添加剂母料、再生料以及经粉碎后被直接送往料罐的切边料等等。供料系统必须保证计量准确以及混合均匀，先进的生产线一般都采取失重计量的方式。主挤出机的料罐中通常含有大量的切边料，较为蓬松，不容易下料，通常在料罐中采用强制送料螺杆送料，以保证下料均匀。

BOPP薄膜采用的树脂有均聚PP和共聚PP两大类。均聚PP要求熔体流动速率在2~4g/10min范围内，等规度在95%左右。对现有最普遍采用的技术生产的PP树脂而言，等规度太高，不容易拉伸，生产过程中容易破膜；等规度太低，薄膜偏软，挺度不好，弹性模量偏低。针对于此，中国石化的新工艺技术生产出的BOPP专用树脂，似乎已初步在这些矛盾中找到了解决的途径。另外，BOPP薄膜还要求PP树脂的洁净程度高、流动性均匀等，以保持生产稳定。完全采用均聚PP生产的薄膜在加热到树脂熔点时，会释放取向应力，产生明显收缩，不能进行热封，因此，在需要热封的BOPP薄膜中往往在表层采用共聚PP。常见的BOPP薄膜专用共聚PP有二元及三元无规共聚聚丙烯，一般熔体流动速率在5~8g/10min左右，熔点比均聚PP熔点低(一般为115~145℃)，采用共聚PP做表层的BOPP薄膜被加热到共聚PP的熔点附近即可热封，因此，减小了薄膜因热封引起的变形。共聚单体含量及种类是决定共聚物的熔点的重要因素，并直接影响到薄膜的热封温度。例如乙烯含量越高，共聚物熔点越低，薄膜的热封温度也越低，但雾度会增大。BOPP薄膜专用的共聚PP价格昂贵，并且目前基本上都需要依赖进口。另外，BOPP树脂的选择还要考虑芯层树脂与表层树脂流动性的配合问题。

BOPP薄膜需要用到的添加剂品种较多，对薄膜性能的影响大，后面部分将做专门叙述。

(2) 挤出系统。BOPP生产线的挤出机一般都是单螺杆挤出机，但近些年来，也有许多生产线开始采用专用的双螺杆挤出机。如果所生产的薄膜为多层结构，一般相应要有多台挤出机，其中用于塑化芯层树脂的挤出机称为主挤出机，其余的称为辅挤出机。BOPP薄膜生产线对挤出机的要求是：挤出量高、挤出稳定、塑化效果好、挤出厚片中不能有气泡。高速生产线的主挤出机一般采用串联式挤出机，由两台挤出机组成。第一挤出机的螺杆直径及长径比较小，为屏障型螺杆，起送料、熔融塑化的作用；第二挤出机螺杆直径较大，转速较慢，为普通渐变型螺杆，起混炼以及计量的作用。两台挤出机之间用连接器连接，这样就可以将单螺杆挤出机的各项功能分配给两台挤出机承担，避免了由于挤出量大而致使螺杆转速过高的问题。

熔融料从挤出机塑化挤出后，通过联接器进入机头，进入机头之前一定要通过过滤装置，除去原料中的杂质，以免引起破膜以及影响薄膜外观。过滤器压力过高时，要更换滤网，否则部分杂质会穿过滤网，影响薄膜性能甚至导致生产不稳定。

挤出机、连接器等处的温度不能有大的波动，否则会影响树脂的流动形态，导致薄膜的厚度不均匀。挤出机的温度一般在 230~270℃之间，实际生产中应该根据原料特点、生产速度等具体情况设定。为了保证薄膜的质量，各挤出机螺杆的转速也必须保持相对稳定。

（3）铸片系统。铸片系统由模头、铸片辊、水浴以及风刀等组成。BOPP 薄膜的机头一般是衣架型递减支管机头，这种模头的支管扩张角大，模头内压力分布均匀，支管到模唇的距离从中间到两侧逐步减小，因此有利于熔体流动，克服熔体滞留现象。多层结构薄膜的生产线的模头是专用的共挤出模头，挤出的各种熔体分别进入模头内各自的流道，最后在接近模头出口处的汇合口汇合，并很快流出模头，这样可以保证各层的厚度比较均匀。聚合物熔体流出模头后，借助于附片装置的外力作用，迅速贴附在低温、高光洁度的激冷辊表面，然后随激冷辊转动，进入水浴冷却(有部分低速生产线没有水浴冷却,由于熔体冷却速度较慢，片材结晶度较大,不利于聚合物的拉伸取向,产品的光学性能会受影响)。激冷辊的内部有高速循环的低温水，可以保证及时将熔体的热量带走。铸片系统还有附片装置和除水气刀等重要部件，附片装置有多种形式，最多见的是气刀，其目的是使熔体紧贴在激冷辊上，得到质量好的片材；除水气刀的作用是在片材离开水浴时，除去其表面的水，以免其对下一步纵拉过程造成影响。

铸片系统的激冷辊温度以及水温不能有太大波动，温度太高，铸片容易出现部分结晶，影响薄膜的外观及成膜性；温度过低，熔体不容易贴附在激冷辊表面，铸片容易产生气泡、波纹、翘曲等缺陷。

气刀的角度、风量的大小以及均匀性等对铸片的质量也有很大影响，设置不好，铸片容易抖动，产生波纹等缺陷。另外，由于 PP 熔体在进入水浴以前，一面接触激冷辊，另一面接触空气，两面的冷却速度不同，厚片必然向暴露在空气中的那一面翘曲，为此，在气刀位置或略超前的位置上需要设置压边喷风嘴，将熔体的两边压向激冷辊。

BOPP 薄膜的厚度均匀性控制主要在机头处完成，机头的唇口处通常有一系列热膨胀调节螺栓，这种螺栓的温度可以在一定范围内调整。螺栓在温度升高时伸长，温度降低时缩短，从而可以通过温度设置调节机头唇口相应部位的开度大小，使各部位的熔体流量得到控制。因此，可以根据测厚仪反馈回来的信息，调整螺栓的温度，从而调节薄膜横向的厚度均匀性。通过调节螺栓温度的方法来调节薄膜的厚度只在一定范围内有效，超过了这个范围就需要人工手动调节螺栓。

电容器专用薄膜生产线的铸片系统比较特殊，由于电容器专用薄膜要求表面有一定的粗化度，铸片机一般不采用水浴形式，而且需要适当提高激冷辊的温度(90℃左右)，使厚片产生较大的 β 型晶粒，这种结晶度较高的厚片在双向拉伸的过程中，β 型晶粒转化为 α 型晶粒，由于这两种晶型的晶粒密度上有一定的差别，导致薄膜表面产生一些微小的凹点，使薄膜获得一定的粗化度。因此，对于电容器薄膜的生产，如何通过工艺条件的控制以及原料的选择来提高铸片中 β 型晶粒的含量是非常重要的。

Turner-Jones 等人曾经采用广角 X 光衍射深入研究了 BOPP 的原料、生产工艺等对铸片以及纵向拉伸后的厚片中 β 晶型晶粒含量(K 值)的影响。一般来说，铸片以及纵向拉伸后

的厚片的 K 值越高，BOPP 薄膜的粗化度越高。从广角 X 光衍射谱图中可以计算出 β 晶型晶粒的含量，计算方法见下式：

$$K = \frac{H_{\beta1}}{H_{\beta1} + H_{\alpha1} + H_{\alpha2} + H_{\alpha3}} \tag{8-19}$$

式中，$H_{\beta1}$ 为 β 晶型(300)面衍射强度；$H_{\alpha1}$、$H_{\alpha2}$、$H_{\alpha3}$ 分别为 α 晶型(110)、(040)和(130)面衍射强度。

图 8-32、图 8-33、图 8-34 分别表示了挤出机温度、激冷辊温度、纵向拉伸温度以及原料的熔体流动速率对铸片以及纵向拉伸后的厚片中 β 晶型晶粒含量的影响。

从图 8-32 中可以看出，K 值随着挤出机温度的提高而降低，激冷辊的温度对 K 值的大小也有一定的影响。从图 8-33 中可以看出，在 130℃下进行纵向拉伸以后，厚片中的 β 晶型晶粒含量比铸片中大幅度减少，说明厚片中的 β 晶型晶粒含量大幅度减少的主要原因是拉伸的机械作用使 β 晶型晶粒发生坍塌，而不是 β 晶型晶粒发生了熔融转变；随着拉伸温度进一步提高，厚片中的 β 晶型晶粒进一步减少，在 170℃下拉伸后，厚片中基本不存在 β 晶型晶粒了。原料的熔体流动速率对 K 值同样有较大影响，从图 8-34 可以看出，当 PP 树脂的熔体流动速率为 8g/10min 时，其铸片的 K 值达到最大值。尽管如此，在电容器薄膜的实际生产中，由于需要比较好的成膜性，通常还是采用熔体流动速率在 1~3g/10min 之间的树脂。

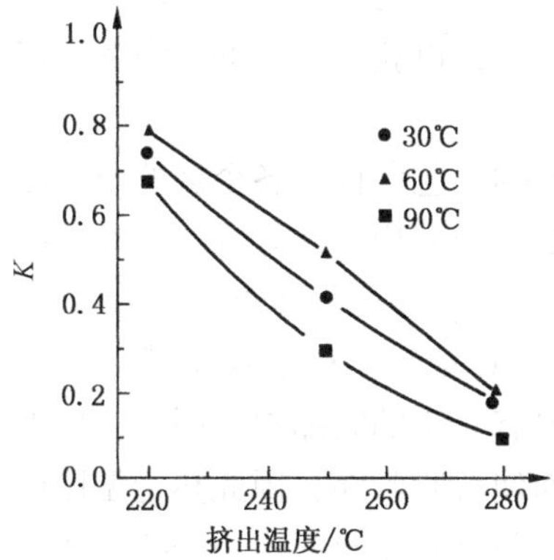

图 8-32　挤出温度对铸片 K 值的影响

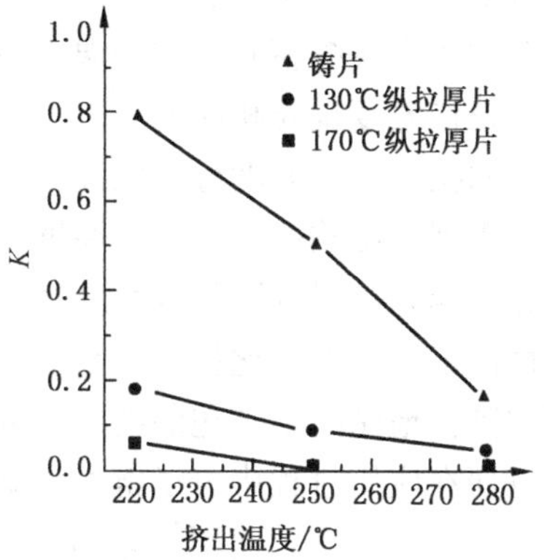

图 8-33　挤出温度、纵拉温度对铸片及厚片 K 值的影响

电容器薄膜的厚度一般为 4~15μm，而且由于其用途特殊，对原材料的熔体流动速率、分子量分布、等规度、洁净度等都有特殊要求，薄膜的表面性能以及电性能等对工艺参数也非常敏感，在此不多赘述。

（4）纵向拉伸系统。纵向拉伸系统主要由多个预热辊、一组或两组拉伸辊、定型辊和辅助辊等组成。这些辊筒一般采用热油加热，要求温度控制精确。预热辊的主要作用是将经过冷却的片材加热到拉伸温度。拉伸辊的作用是靠辊筒间速差将厚片纵向拉伸。拉伸辊的直径较小，并且拉伸间隙可以在一定范围调整，这样可以减少厚片的颈缩现象。拉伸比是一个非常重要的参数，拉伸比越大，薄膜的强度越高，但如果纵向拉伸太大，纵向的定向过分，容易导致横拉破膜。为了避免产品在储存期过分收缩，厚片纵向拉伸之后，要通过热定型辊进行定型处理。纵向拉伸系统由许多辊筒组成，手工穿膜很麻烦而且不安全，通常都配有穿

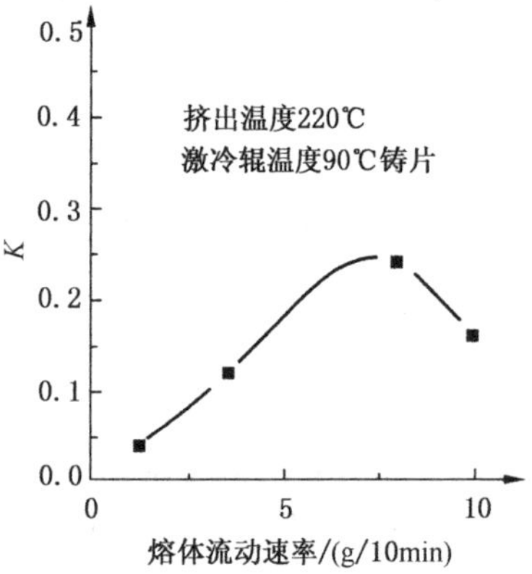

图 8-34　熔体流动速率对铸片 K 值的影响

片系统。

纵向拉伸系统各部分的温度要根据不同的原料、不同的产品要求设定。例如：收缩膜需要较低的拉伸温度和热定型温度，以保证产品在应用过程中能产生一定程度的收缩；对于表层采用共聚型 PP 的薄膜，因为共聚型 PP 熔点较低，因此纵向拉伸系统的温度不能太高，否则容易粘辊，给薄膜带来外观缺陷，甚至破膜。

总体上说，为了保证生产的稳定性以及薄膜的性能，纵向拉伸系统各部分的温度必须精确控制，该部分各条辊的转速也必须保持恒定。

(5) 横向拉伸系统。横向拉伸的工艺条件中，拉伸温度是影响薄膜性能最主要的因素，它直接影响薄膜的机械性能、外观、成膜性以及厚度的均匀性。由于厚片在横向拉伸之前已经进行了纵向拉伸，分子在纵向已经得到取向，因此，在横向拉伸时，其拉伸温度应该比纵向拉伸大约高 15~25℃。但拉伸温度过高，薄膜的厚度公差大，薄膜的外观变差，严重时会出现横拉破膜的现象；温度过低则拉伸困难，容易出现脱夹、破膜等情况，薄膜的后期收缩大。拉伸温度的高低还取决于原材料的特性、产品的品种、厚度以及生产速度等。例如生产收缩膜时，拉伸温度应适当降低，以获得一定的收缩率。产品越厚、生产速度越快，拉伸温度也要相应提高。

另外，横向拉伸区的温度分布状况也是很重要的工艺条件。各个区的温度在横向一定要均匀、稳定，否则会影响薄膜的横向厚度公差以及生产的稳定性等等。定型区的作用是加速 PP 树脂的二次结晶或结晶过程，消除薄膜的内应力，减小薄膜的收缩率。定型区的温度要视产品的品种而定，一般都比拉伸区温度高大约 10℃左右。对于收缩膜，为了在应用过程中使薄膜更加紧密地贴附于被包装物的表面，需要有一定的收缩率，因此需要保持一定的分子链取向，以便在应用过程中分子链发生解取向而使薄膜收缩，因此热定型区的温度应该低一些，或者不进行热定型。而用于印刷等方面的薄膜则希望收缩率小一些，所以需要较高的热定型温度。

BOPP 生产线通常可以通过调节夹子轨道来改变薄膜的横向拉伸比，提高横向拉伸比可以使薄膜的横向拉伸强度提高，使薄膜的横向热收缩率增大，而横向的厚度更趋均匀。但拉伸倍数过大，容易出现破膜，成膜率降低。通常薄膜的横向拉伸比是根据使用的材料和产品的用途来确定的。收缩膜的横向拉伸比比较大，印刷用的薄膜则不宜采用过大的拉伸比，以免收缩率过大而影响印刷精度。

(6) 电晕处理区。电晕处理是将高频发生器产生的能量，通过电极在电极和电晕处理辊之间形成高压电场，使逸出的电子加速，空气发生电离，产生臭氧和氧化氮等，高能的电子和离子轰击薄膜的表面，使其表面的聚合物发生断链，断链时产生的自由基与空气电晕产物发生氧化等反应，产生极性基团，同时薄膜表面也得到一定程度的粗化，表面张力提高，从而改善了薄膜的印刷性能和黏合能力。

电晕处理区主要由高压发生器、电极、电晕处理辊、压辊和耐臭氧的排气罩组成。电晕处理的强度与电极的电压高低以及电极-电晕处理辊之间的间隙有关，电极电压越高、电极-电晕处理辊之间的间隙越小，电晕处理值就越高。压辊的作用是使薄膜紧贴在电晕处理辊上，排除薄膜与处理辊之间的空气，避免薄膜发生背面电晕等问题。应该根据产品的使用要求控制电晕处理强度，电晕处理强度过高，有可能在薄膜的表面击出花纹，影响薄膜的外观。

（7）薄膜的收卷。薄膜的收卷也是一个非常重要的过程，收卷质量的好坏对产品的质量和收得率有直接的影响。收卷部分结构如图 8-35 所示。薄膜经过展平辊 1、压辊 2 之后，缠绕在收卷机的卷芯上。BOPP 的收卷机有两个卷芯，当膜卷达到预定的长度以后，自动转塔回转 180°，膜卷与空卷芯的位置互换，然后斩断薄膜，将薄膜贴在新的卷芯上，继续进行收卷。在换卷的过程中并不需要停机或降速。

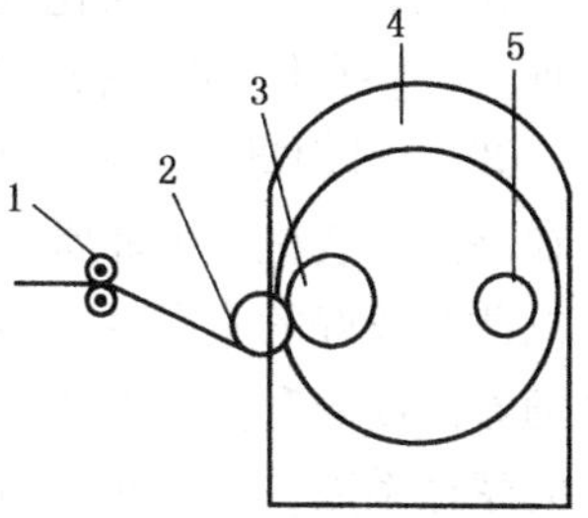

图 8-35　BOPP 收卷区示意图
1—展平辊；2—压辊；3—膜卷；4—收卷机机架；5—空卷芯

收卷过程中，收卷张力的大小直接影响薄膜的松紧度以及收卷质量。张力过大，膜卷过紧，容易产生纵向皱纹；张力过小，膜卷过松，膜卷中空气过多，薄膜容易产生轴向滑移、错位，影响下一步分切过程。另外，随着膜卷的直径不断增大，如果一直保持恒定的张力，外层薄膜容易将内层薄膜压皱，因此，收卷机应该根据薄膜的生产速度以及膜卷的厚度情况，按一定的规律将张力进行衰减。

压辊 2 的作用是将薄膜平整地压靠在卷芯上，同时排除膜层间的空气，防止膜卷产生皱纹。压辊 2 与膜卷之间的距离可以调节，可以相互接触，也可以保持一定的间隙。相应的收卷方式分别称为接触收卷和间隙收卷。一般生产较薄的产品时，采用接触收卷方式，生产较厚的产品时采用间隙收卷方式。

与管膜法一样，平膜法 BOPP 的收卷机也要具有轻微摆动功能的卷轴，以消除微小厚度偏差的重复叠加造成的膜卷外观缺陷以及永久变形。

薄膜收卷之后，需要经过时效处理，使其充分地自由收缩，释放内应力，在薄膜的尺寸稳定性提高之后才能进行分切，得到合乎客户规格要求的成品。分切部分的工艺不做详细介绍。

（8）添加剂母料[87]。根据 BOPP 薄膜的使用要求，不同用途的产品需要添加不同种类的添加剂，赋予薄膜不同的功能。BOPP 薄膜中应用的添加剂品种也是三大类聚丙烯薄膜中最多的，为了投料方便，一般采取母料的形式。常用的添加剂有以下一些品种：

① 抗静电剂母料。由于双向拉伸的作用使聚合物链段排列更为有序，BOPP 薄膜的电绝缘性得到提高，因此产品容易积累静电。而静电往往会在生产及应用过程中带来许多不便，例如：在包装商品时，薄膜容易粘附在包装设备上；包装后的商品在存放以及销售过程中会吸附很多灰尘；薄膜的印刷过程中，过大的静电放出的火花有可能引燃油墨中的溶剂等等。因此，需要加入抗静电剂以提高 BOPP 薄膜的静电消除能力。

BOPP 薄膜中一般采用的抗静电剂是某些双极性物质，这些物质能迁移到薄膜的表面，吸收空气中的水分，形成导电层，使薄膜能够较快释放静电。抗静电剂一般加在芯层，其迁移能力要受到环境温度以及存放时间的影响。抗静电剂的加入会给薄膜的性能带来一些负面影响，有可能使拉伸强度、光泽度、热封强度下降，雾度升高，甚至会影响薄膜的可印刷性，因此其品种的选择以及用量都要慎重。另外，用于食品包装的薄膜还要注意其对人体有无生理毒害性。

② 防粘连剂母料。BOPP 薄膜表面光滑，很容易发生粘连。BOPP 薄膜的防粘连剂一般是粒径在 2~4μm 的固体粉末，加在薄膜的表层，形成许多凸起，使薄膜层与层之间接触面积减小，达到防粘的效果。防粘连剂的种类、粒径、粒径分布、用量等对薄膜性能有很大影响，一般会导致薄膜的雾度上升，光泽度降低。防粘连剂的种类有无机粉末和有机粉末两种，无机的品种以二氧化硅为主，有机的品种是随着 BOPP 薄膜的发展而发展起来的较新的品种，某些有机的防粘连剂比二氧化硅更不容易使薄膜擦花，对薄膜的雾度影响非常小。

③ 爽滑剂母料。爽滑剂母料的作用是使薄膜的表面爽滑、具有较低的摩擦系数，这一点在高速包装机器上非常重要。爽滑剂一般有脂肪酸酰胺类和硅酮类两种。脂肪酸酰胺可以提供薄膜较好的爽滑性，但容易喷霜，长期存放后薄膜的雾度会上升，而且薄膜的摩擦系数会随着温度的升高而有所上升。硅酮类有很多优点，例如可以使薄膜在高温环境下仍然有较低的摩擦系数，不喷霜，对薄膜的雾度影响小等等；但其最大的缺点是导致薄膜表面印刷、复合性能变差。

④ 增挺剂。增挺剂一般采用的是某些具有刚性链段的低分子量聚合物，这种聚合物的加入可以提高薄膜的弹性模量，并且可以改善薄膜的光泽度和雾度，添加量一般在 10%~20%左右。但添加量过高，会导致薄膜变脆，生产和分切时薄膜容易断裂。

⑤ 珠光剂母料。珠光膜是一种比较特殊的 BOPP 薄膜，它具有珍珠般的光泽，一般用于冰激凌、饮料的包装等等。这种膜的生产需要在芯层加入珠光剂。珠光剂一般是微细的 $CaCO_3$粉末，在铸片中 $CaCO_3$ 粉末被树脂包覆，但由于 $CaCO_3$ 粉末与树脂之间相容性不好，在拉伸过程中，$CaCO_3$ 粉末容易引发银纹和空洞，使薄膜产生珠光效果。

除以上提到的品种以外，还有其他一些特殊功能的添加剂，这里不一一详述。

8.4.2　流延聚丙烯薄膜[1]

流延聚丙烯(CPP)薄膜具有透明度高、热封温度低、耐热、防潮、印刷和复合适应性强、表面光滑、耐蒸煮等特点。与双向拉伸流延聚丙烯薄膜相比，CPP 薄膜具有加工设备简单、成本低的优势，而其抗刮伤性和包装机械适应性又优于聚乙烯薄膜，因此在包装薄膜领域占有一定的地位，通常用来做服装、文具、日用品、食品等的包装材料以及复合薄膜基材，厚度一般在 20~120μm 之间。其加工过程示意图如图 8-36 所示。

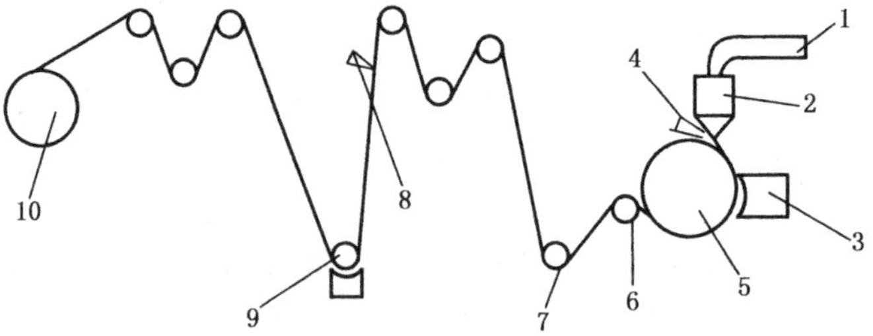

图 8-36　流延聚丙烯薄膜生产工艺流程图

1—连接器；2—模头；3—气室；4—真空箱；5—激冷辊；
6—压辊；7—冷却辊；8—边料切除；9—电晕处理辊；10—收卷机

流延聚丙烯薄膜可以是单层结构，也可以是多层结构。多层结构的薄膜生产线必须具备多台挤出机以及特制的模头。一般而言，芯层较厚，对应的挤出机螺杆直径也较大，一般为

90~150mm，而表层所对应的挤出机螺杆直径较小。流延聚丙烯薄膜的树脂加工温度一般在230~275℃之间。树脂在挤出机内塑化均匀后，在T型模头2内汇合，经过T型模头的模唇后，均匀地流延在激冷辊5上，激冷辊5的温度靠其内部的循环冷却水控制；熔体随着激冷辊转动，气室3中鼓出的冷空气将熔体吹附在激冷辊5上；另外，还可以通过真空箱4所产生的负压，将熔体吸附在激冷辊5上；然后，压辊6将流延出来的薄膜紧贴在激冷辊上，增加冷却长度，提高冷却效果。薄膜经过一系列的冷却辊充分冷却之后，将边料切除，再进行电晕处理后收卷，切除的边料可以在线搓粒后直接回收。收卷后的大膜经过一定时间的时效处理后即可按照预定的宽度进行分切，得到成品。

熔体离开模唇之后，容易发生颈缩，即接触激冷辊的熔体宽度小于模头处熔体的宽度，减小这种颈缩可以通过减小激冷辊到模唇之间的距离(气隙)来实现，另外，还有一些特殊的附片装置也可以克服该问题。

CPP薄膜的工艺对薄膜的性能有很大的影响。以下就每个部分做比较详细的叙述。

1. 原料的选择

CPP的原料一般选择熔体流动速率在6~12g/10min之间的均聚或无规共聚PP树脂。

均聚PP树脂的拉伸强度、弹性模量、熔点都比较高，薄膜的挺性好，但热封性能差，而且韧性尤其是低温环境下的韧性差，因此不适合用于需要冷冻储存食品的包装。

无规共聚PP的拉伸强度、弹性模量、熔点都比均聚PP低，单纯用共聚PP得到的CPP薄膜挺性不好，但可以在比较低的温度下热封，薄膜的韧性好，尤其适合于冷冻食品的包装。无规共聚PP的价格一般比均聚PP高，通常被用作CPP的热封材料。

CPP薄膜原料的选择视薄膜的用途而定，尤其是对于多层结构的CPP薄膜，用途不同，每一层的原料都可能有所不同。例如，高温蒸煮的食品包装用薄膜，其原料必须选择耐高温蒸煮的PP树脂等等。

镀铝用的薄膜对原材料的要求较高，主要是要考虑原料中的添加剂(如热稳定剂、爽滑剂等)对镀铝效果有无影响。另外，由普通的CPP薄膜转为镀铝膜的生产时一定要长时间清洗机器，以清理挤出机内部的低分子物质，否则会影响薄膜的镀铝效果。

原料的洁净程度对薄膜的质量也有非常大的影响，原料中的杂质有可能给薄膜带来晶点、鱼眼等外观缺陷。原料的流动性要均匀，不能时大时小，否则会给薄膜的制造过程带来很多麻烦。多层结构的薄膜对各层原料的选择还要考虑各种原料的流动性差异，差异太大，容易造成花纹，或者各层的厚度中间部位与两边不同，影响薄膜的结构均匀性。

CPP薄膜表面光滑，成品容易出现发粘现象，需要加入防粘剂(一般加在表层)。现代高速发展的包装机械对CPP薄膜的摩擦系数也有较高要求，往往需要加入一定量的爽滑剂，需要印刷的薄膜中爽滑剂的加入量不能太多，否则容易影响薄膜的印刷性能。

2. 加工条件的影响

CPP薄膜生产线的挤出机必须带过滤装置，以免原料中的杂质给薄膜的外观带来不利影响，当发现滤网处压力偏大时，应及时更换滤网。

在长时间停机或者设备长期运转后，挤出机以及模头内部易积聚焦化物，影响薄膜外观，因此，要注意定期清理模头。

加工温度不允许有大的波动，波动大，容易影响熔体在模头流道中的流动形态甚至影响挤出量，从而导致薄膜纵向厚度变化大。加工温度过低，树脂塑化不良，容易形成晶点等外观缺陷，而且流延出的熔体容易发生抖动；温度过高，激冷辊的冷却速度跟不上，容易造成粘辊，而且树脂因为过热而分解，也容易形成鱼眼等外观缺陷。同时，加工温度过高或过低，对薄膜的机械性能均有不利影响。

3. 气隙

气隙的大小对薄膜的性能同样有较大的影响，因为PP是结晶速度较快的树脂，气隙过大，熔体在接触激冷辊之前容易产生结晶，使薄膜的雾度增大光泽度降低，同时薄膜的机械性能也降低。另外，气隙过大也容易使熔体发生抖动，影响薄膜的厚度均匀性。气隙过小，熔体容易发生粘辊，严重时甚至可以导致薄膜穿孔。

4. 激冷辊

激冷辊表面的温度靠其内部的循环冷却水控制，冷却水的温度一般控制在15～22℃之间。水温的高低对薄膜的质量有非常大的影响，水温过高，薄膜冷却不充分，雾度增大，光泽度下降，力学性能降低；水温过低，激冷辊上容易产生冷凝水，污染薄膜。

5. 气室

气室的气流要保持稳定，同时气室两端气流要保持平衡，否则流延的熔体容易发生抖动，影响薄膜的厚度均匀性。另外，气流过大时，薄膜容易产生条纹。

6. 压辊

压辊6的压力要适当，压力过小时，薄膜冷却不充分，雾度增大；压力过大时，因为薄膜接触压辊时，并未完全冷却，容易将薄膜压花，尤其是生产多层结构的CPP薄膜时，如果其表层采用的是共聚型PP树脂，因为共聚型PP较软，而且结晶速度慢，更容易出现薄膜被压花的情况。

7. 电晕处理以及收卷部分

需要印刷或者镀铝的薄膜往往需要电晕处理，电晕处理以及薄膜的收卷参数对薄膜的质量也有很大影响，该两部分要注意的问题与BOPP基本相同，在此不多叙述。

8.4.3　吹塑聚丙烯薄膜[88,89]

吹塑聚丙烯薄膜主要有两种生产方式：水冷吹塑聚丙烯薄膜和风冷吹塑聚丙烯薄膜。这两种方式得到的产品具有不同的特点，以下分别介绍。

8.4.3.1　水冷吹塑聚丙烯薄膜

这种工艺较流延法更为简单，如图8-37所示，由于采用冷却水将吹胀的膜泡冷却，因此，得到的产品具有优良的透明性和光泽度。

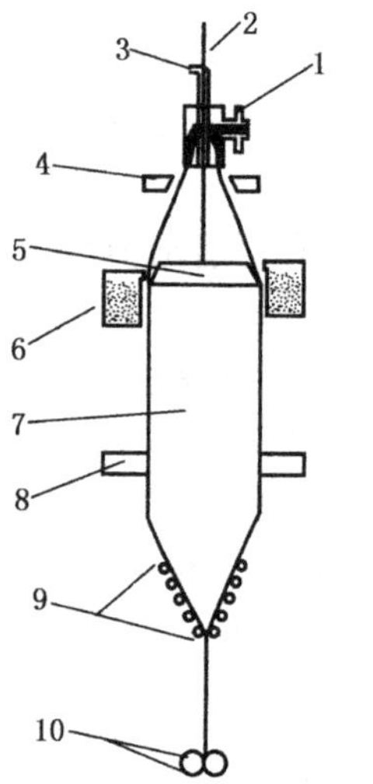

图8-37　水冷吹塑聚丙烯薄膜工艺流程示意图

1—环形机头；2—冷却头入水管；3—进气管；4—风冷环；5—冷却头；6—水冷环；7—泡管；8—水循环装置；9—人字夹板；10—夹辊

水冷法吹塑聚丙烯薄膜工艺的缺点是：冷却水的去除比较困难，薄膜的幅宽（折径）变化需要变更水冷环等硬件，薄膜的厚度控制没有流延法精确。因此，水冷吹塑聚丙烯薄膜不适合于做高速包装生产线的包装膜以及高品质印刷要求的基材，一般用来做服装等的包装，只需将收卷得到的管膜直接制袋即可。通常厚度为25～100μm。

其工艺流程为：挤出机被放置在较高位置，树脂通过挤出机塑化后，经过环形模头1向下挤出，经过风冷环时被冷却。风环的作用是帮助吹胀膜泡以及冷却熔体、稳定膜泡。膜泡被进气管3中通入的空气吹胀后，包覆在冷却头5上，冷却头用循环的冷水冷却，同时膜泡外面有水冷环6中不断流出的水冷却，水的温度可以控制，并且通过循环装置8实现循环。冷却后的膜泡被夹辊10牵引经过人字夹板之后，用气刀将表面剩余的水排除，此时，薄膜已经可以进入下一道工序了，管膜可以直接制袋或者被切成两边，分别收卷。同样，吹塑薄膜也可以进行电晕处理。吹塑聚丙烯薄膜的工艺相对比较简单，以下对各个部分要注意的问题详细介绍。

1. 原料

用于吹塑的聚丙烯树脂熔体流动速率一般在6~12g/min之间，要求洁净度好，否则会给薄膜的外观带来缺陷。

2. 挤出机系统

挤出机的温度不能有大的波动，否则会影响薄膜的纵向厚度，一般设置在220~240℃之间。温度太低，树脂流动性差，薄膜容易出现鱼眼以及熔接痕等外观缺陷；而温度太高，容易产生晶点以及波浪纹。

3. 机头

环形机头的间隙以及四周温度必须均匀，否则会使薄膜厚度不均匀，易产生皱折。温度一般设置在220~230℃左右，温度太低容易产生水纹；温度太高，膜泡不稳定。另外，机头处如果有异物会导致薄膜穿孔或者破裂，因此要注意清洁。机头出口处必须平整，否则薄膜容易产生条纹。

4. 冷环

风冷环的出风必须均匀，角度得当，否则泡管冷却不均匀，或者容易发生抖动，造成薄膜厚度不均匀。

5. 吹胀比

薄膜的吹胀比是一个非常重要的参数，吹胀比过大，泡管容易发生抖动，而且容易破裂。

6. 牵引辊、人字夹板

牵引辊的传动系统要保持稳定，否则薄膜的纵向厚度不均匀。牵引辊以及人字夹板的位置要得当，否则泡管容易歪斜，导致薄膜厚度不均匀或者发生皱折。

7. 冷却水

冷却水的温度对薄膜也有很大的影响。温度过低，虽然薄膜的透明性好，但容易发粘，开口性不好；温度过高，薄膜的透明性较差。同时，水的流量也要精确控制，给水不均匀也会对薄膜的外观带来严重影响。水流太小，薄膜冷却不够，透明性差；水流太大，容易冲击膜泡，产生水纹。

8. 收卷

收卷前必须将薄膜表面的水除净，否则会污染薄膜。收卷张力要适中，张力太小，薄膜收卷太松，容易跑边，导致薄膜端面不齐；张力太大，薄膜太紧，容易发生暴筋。

由于这种薄膜生产工艺采取水冷的方式，膜泡得到急剧冷却，所生产的薄膜表面光滑，因此容易发粘，需要加入一定量的防粘连剂和爽滑剂。

8.4.3.2　风冷吹塑聚丙烯薄膜

空气冷却法吹塑薄膜由于设备简单、占地面积小、容易控制等原因，在聚乙烯薄膜的制造中得到了广泛的应用，但是采用这种工艺制聚丙烯薄膜并不多见，这是因为聚丙烯脆性大、结晶度较高、薄膜的雾度大、透明性不好，而且熔体强度低，生产不容易控制。一直到高性能的共聚型 PP 开发出来之后，风冷吹塑聚丙烯薄膜才得到了一定的发展。

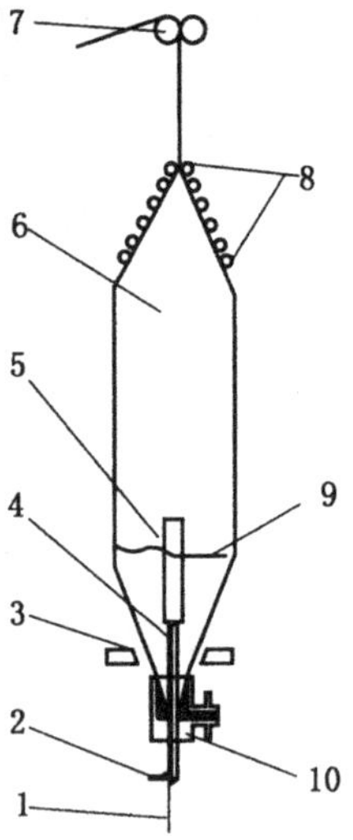

图 8-38　风冷吹塑聚丙烯薄膜工艺示意图

1—冷却头进水管；2—进气管；3—风冷环；4—内部冷却芯；5—冷却器；6—膜泡；7—夹辊；8—人字夹板；9—霜线；10—环形机头

PP 风冷吹塑的工艺如图 8-38 所示。挤出机置于下方，将 PP 树脂塑化后，通过环形模头向上挤出，泡管经过风环 4 冷却，同时泡管被进气管 2 中通入的空气吹胀，通常泡管内部还有用循环水冷却的冷却器进行冷却。随着泡管的上升及胀大，在霜线位置由透明变得模糊，雾度逐渐增大，透明度逐渐减小，这是因为 PP 树脂开始结晶。薄膜的厚度均匀性可以从霜线的平直与否看出，霜线越平，说明薄膜的厚度越均匀。泡管继续上升，冷却充分后，经过人字夹板以及夹辊就可以直接收卷了。与水冷法 PP 吹塑薄膜一样，可以双面一起收卷，并直接制袋，也可以切开之后将两边分别收卷。

为了提高收卷质量，人们在旋转模头、风冷环、人字夹板、夹辊等方面都采用了很多新的技术，避免了局部厚度偏差的多层叠加，从而也提高了薄膜的质量，有关技术这里不做详细介绍。

PP 薄膜的吹胀比(泡管与模头的直径比)因为受到 PP 树脂熔体强度的限制，不能太高，一般为 2 左右，否则泡管的稳定性不好，影响薄膜的质量。一些特殊的吹塑用 PP 树脂实际上是含有较多弹性体的共聚物合金，为了能较好地控制生产，应选择熔体流动速率在 0.8~4.0g/10min 范围内的树脂，加工温度一般在 230~270℃之间，另外根据实际需要，可以添加适量的爽滑剂以及防粘连剂。

风冷吹塑聚丙烯薄膜生产工艺对薄膜性能的影响与水冷法基本类似，在此不再讨论。

8.4.4　聚丙烯薄膜产品的应用

聚丙烯树脂的价格相对较低，而由其生产出的薄膜制品又具有良好的综合性能，因而大量的聚丙烯树脂被用于薄膜的生产制造。图 8-39 是 1997 年世界聚丙烯树脂按其用途进行统计的耗用比例。由该统计数据可以看到，用于制造薄膜产品的聚丙烯树脂占据了聚丙烯树脂总量的五分之一。由此可见，薄膜产品在聚丙烯制品当中占有极其重要的位置[90]。

聚丙烯薄膜根据其生产制造工艺的特点，可分为双向拉伸聚丙烯薄膜、流延法聚丙烯薄膜、吹膜法聚丙烯薄膜三大类。而根据这些产品性能方面的特点，又常将其分为双向拉伸聚丙烯薄膜与未取向聚丙烯薄膜。尽管双向拉伸聚丙烯薄膜亦可采用吹膜法生产，但产品数量只占取向薄膜中的一小部分。故双向拉伸聚丙烯薄膜多指流延法平膜拉伸，而未取向薄膜一般所指的是流延法聚丙烯薄膜和吹膜法聚丙烯薄膜。表 8-25 是聚丙烯薄膜与其他常见塑料薄膜的性能对比。

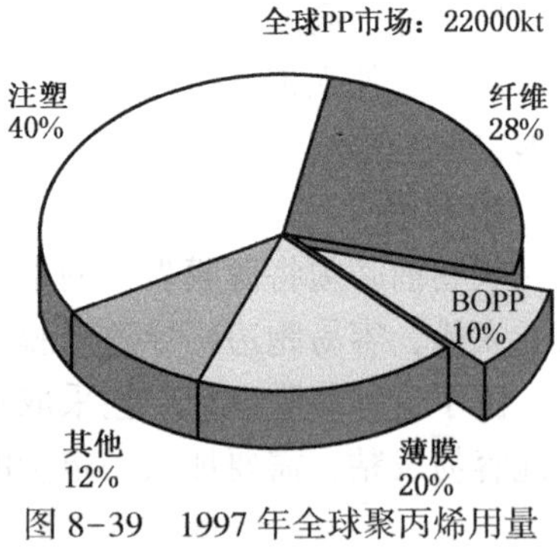

图 8-39　1997 年全球聚丙烯用量

表 8-25 塑料薄膜的性质

性 质	防潮的和可热封的再生纤维素薄膜	LDPE	HDPE	平挤 PP	OPP	PVC	聚酯	EVA	离子键树脂
面积系数(25μm 薄膜)/(m^2/kg)	27.4	42.6	41.2	44.0	44.0	28.4	28.4	41.9	42.0
拉伸强度/MPa	48~100	8.6~17	17~35	41.5	165~170	45~55	175	14	17~24
断裂伸长率/%	15~25	500	300	300	50~75	120	70~100	650~800	300~400
水蒸气透过率(25μm 薄膜,RH90%,38℃)/[g/(m^2·d)]	5~15	15~20	5	10~12	7	30~40	25~30	50~60	25~35
氧透过率(25μm 薄膜,RH 0%,23℃)/[cm^3/(m^2·d·kPa)]	6.6(干燥时)	64~84	15.8~19.7	36.6	19.7~24.7	1.5~3.5	0.4~0.5	109~138	59~69
耐油和油脂的性能	良 好	稍有溶胀	好	良 好	良 好	良 好	良 好	良 好	非常好

双向拉伸聚丙烯薄膜具有优异的透明度、光泽度、水蒸气阻隔性，较好的拉伸强度和挺度，以及相对低廉的价格，是当今所有双向拉伸薄膜产品当中用量最大的产品。它被广泛地用于工业生产及日常生产制品的各个领域，表 8-26 是常见的双向拉伸聚丙烯薄膜品种的基本物理性能[90,91,92]。

表 8-26 取向聚丙烯薄膜的性质 (膜厚 25.4μm)

典型的薄膜性质	ASTM 试验	吹膜 OPP 薄膜	拉幅法 OPP 薄膜	改进滑爽性的薄膜	丙烯酸类涂覆的薄膜	PVDC 涂覆的薄膜	共挤塑薄膜	白色不透明薄膜	蒸镀金属的薄膜
密度/(kg/m^3)	D1505	0.905	0.905	0.905					
面积系数/[m^2/(g·m)]		1714	1714	1714		1529	1714	2688	
雾度/%	D1003	3.0	3.0	3.0	3.0	3.0	3.0		
透光率/%								50~60	
拉伸强度/MPa	D882								
机器方向		207	124						
横向		207	234						
伸长率/%	D882								
机器方向		80	130						
横向		80	50						
拉伸模量(1%正割)/MPa									
机器方向		2414	2414						
横向		2414	4138						
抗撕裂强度(蔓延)/(N/mm)	D1922	1.5~2.3	1.5~2.3	1.5~2.3	1.5~2.3				
使用温度范围/℃					39	28	22~61		
热封温度范围/℃					110~149	121~149	88~149		
氧渗透性/[cm^3·μm/(m^2·d·kPa)]	D1434	622	622	622	583		622	622	
23℃,RH 0%						4~12			16~70
23℃,RH 5%						16~23			

续表

典型的薄膜性质	ASTM试验	吹膜OPP薄膜	拉幅法OPP薄膜	改进滑爽性的薄膜	丙烯酸类涂覆的薄膜	PVDC涂覆的薄膜	共挤塑薄膜	白色不透明薄膜	蒸镀金属的薄膜
水蒸气透过率(38℃,RH90%)/[g·μm/(m²·d)]		0.1	0.12	0.12	0.12	0.12	0.12	0.24	0.04~0.12
摩擦系数(试验条件:23℃,RH 50%)	D1894								
面对面				0.2~0.4	0.25	0.2~0.4	0.2~0.4		
背对背		0.4	0.4	0.2~0.4	0.25	0.2~0.4	0.2~0.4		

表 8-27 未取向聚丙烯薄膜的性质(膜厚25.4μm)

性质	ASTM试验	吹膜OPP薄膜	拉幅法OPP薄膜	性质	ASTM试验	吹膜OPP薄膜	拉幅法OPP薄膜
密度/(kg/m³)	D1505	0.905	0.905	抗撕裂强度/(N/mm)			
面积系数/[m²/(g·m)]		1746	1748	起始	D1004	9.7	9.7
雾度/%	D1003	3.5	2.0	蔓延	D1922	154	193
透光率/%		92	92	吸水性(24h)/%	D570	0.01	0.03
拉伸强度/MPa	D882			100℃保持30 min出现的线性尺寸变化	D1204	1.0	1.0
纵向		64.8	67.6				
横向		41.4	35.9	使用温度范围/℃		2~138	-1~110
伸长率/%	D882			热封温度范围/℃		166~188	143~166
纵向		650	550	氧透过率(23℃,RH 95%)/[cm³·μm/(m²·d·kPa)]	D1434	933	1010
横向		750	750				
拉伸模量(1%正割)/MPa				水蒸气透过率(38℃,RH90%)/[g·m/(m²·d)]		0.28	0.31
纵向		758.6	586.2	摩擦系数(背面对背面,试验条件:23℃,RH 50%)	D1894	0.2~0.4	0.10~0.30
横向		758.6	586.2				

由于双向拉伸聚丙烯薄膜及未拉伸聚丙烯薄膜均根据其具体使用条件和要求的不同，分出许多性能差异极大的品种，因而下面将按不同的应用领域来介绍聚丙烯薄膜产品的使用情况。

8.4.4.1 食品及其他包装

包装产业已经渗透到国民经济的各个领域，包装在绝大多数产品出厂前，已成为一个必不可少的工序。以美国国家资料的统计数据来看，2000年各种包装材料占国民生产总值的比重为4.1%，而塑料薄膜在各种包装材料中的消耗量仅次于纸箱、玻璃容器而排在第3位。

对包装在功能方面的要求尽管有许许多多，但主要的功能可归纳为以下几种：

(1) 提供对物品的外形、外表的物理保护；

(2) 对被包装物的质的保护；

(3) 标识等信息的提示功能；

(4) 可回收性或环保相应要求；

（5）有价值的产品外观；

（6）储存、运输功能；

（7）满足相关卫生、安全方面的规定要求。

聚丙烯薄膜在许多的功能要求方面，均有较好的表现，例如优异的水蒸气阻隔性，亮丽的外观效果和可印刷、复合、无毒等性能，表 8-28 是常见的聚丙烯薄膜在包装领域的应用例子。

表 8-28　聚丙烯薄膜在包装领域的应用

使用方式	用途	产品要求
BOPP/油墨/胶粘剂/CPP 或 PE	糖果、饼干、干货等食品外包装	BOPP 的透明度、光泽度、印刷及复合性，CPP 的热封性，透明性、挺度，BOPP 及 CPP 的水蒸气阻隔性、食品卫生性
油墨/珠光 BOPP/胶粘剂/PE	冰淇淋、雪糕	BOPP 珠光膜的亮丽外观，可印刷性
油墨/CPP	面包、卫生纸、纸巾	透明度、挺度、热封性
PVDC/BOPP/油墨/CPP 或 PE	饼干、花生、樟脑	PVDC 涂布 BOPP 薄膜的高阻隔性、CPP 热封性、透明度
PVDC/BOPP/PVDC	饼干内袋、香烟	阻隔性、可热封性
BOPP/油墨/胶粘剂/MM-CPP	饼干、巧克力、奶粉、油炸食品、膨化食品	高阻隔性、紫外光阻断
双面热封 BOPP	香烟、CD、磁盘、录像带	爽滑性、挺度、抗静电性、良好热封性

8.4.4.2　工业及日用黏胶带

黏胶带制品是 BOPP 薄膜的一大应用领域，通常工业封合用黏胶带所采用的 BOPP 基膜厚度多为 20μm 的透明薄膜，出于成本方面的因素，在制造黄色或褐色不透明黏胶带时，一般采用在胶浆中加入色料的方法，而较少使用有色 BOPP 薄膜。目前生产黏胶带大多数是涂布丙烯酸乳液黏合剂经烘干而制成，只有少量采用涂布热熔胶的方法。一般而言，生产黏胶带用的 BOPP 薄膜经电晕处理后的表面张力保持要比印刷用途要求高些（$\geqslant 38\times10^{-5}$N），并且其反面决不可有被处理的情况发生，否则涂胶收卷后将极易在放卷过程中出现剥胶或粘连撕裂薄膜的现象。

日用黏胶带主要属于文具用品，且对薄膜的强度要求不及工业用品的要求高，故所使用的 BOPP 厚度一般多采用 18～20μm，为了达到特殊的表面效果，还可使用 BOPP 消光膜或珠光膜生产出有纸质一样外观，或有珠光亮丽及荧光彩色效果外观的文具黏胶带。

8.4.4.3　电容器用绝缘材料

双向拉伸聚丙烯在固体有机介质电容器的生产中是一种重要的有机薄膜介质，尽管可用于电容器介质的有机薄膜有许多种类，但其中应用较多的是双向拉伸聚丙烯和双向拉伸聚酯薄膜。与无机介质电容器比较，有机介质较易老化，耐热性差，电容器的稳定性偏差，但由于介质薄膜的厚度可以做得很薄（最薄的甚至可达 3μm 以下），易于卷绕，因而可以制得体积小但电容量和工作电压范围很宽的电容器。表 8-29 是一些有机薄膜介质材料的介电性能比较。

BOPP 薄膜与 BOPET 薄膜相比，前者是一种非极性介质，除其具有优良的电性能之外，其介质损耗随温度和频率的变化很小，温度频率特性稳定，可被用于高频介质材料。

表 8-29　一些薄膜介质材料的电性能

品　种	介电常数	介质损耗角正切	最高使用温度
BOPP	2.2	3×10^{-4}	100℃
BOPET	2.96	2×10^{-3}	120~130℃
BOPE	2.3	$(2\sim3)\times10^{-4}$	70~90℃
BOPS	2.5~2.6	$(2\sim3)\times10^{-4}$	70~85℃
PTFE	2.0	$(1\sim2)\times10^{-4}$	200~250℃
PC	3	1×10^{-3}	120~130℃

用于电容器介质的 BOPP 薄膜，对其洁净度要求极高。首先要求所使用的 PP 树脂的杂质灰分含量小于 30×10^{-6}，尤其是树脂残留的氯应尽可能低，否则对材料热介电稳定性将有较大影响；其次要求薄膜具有极好的厚度均匀性和卷绕性等。用于电容器的 BOPP 薄膜还可分为金属化与粗化薄膜两种类型，前者首先要进行金属化(例如真空镀铝或真空镀锌-铝)，因此还要求有良好的金属附着性，而后者用于浸油式的介质电力电容器，薄膜表面的粗化是为了使其在浸油时能均匀浸润分布在薄膜表面。因此，要求其表面的粗化度要均匀一致，且形成粗化的表面凹凸之间应相互连贯。常用的金属化及粗化电容器用 BOPP 薄膜的厚度范围分别为 6~12μm、12~20μm。表 8-30 为 BOPP 电容器膜典型物性。

表 8-30　BOPP 电容器膜典型物性①

项　目	典　型　值	项　目	典　型　值
厚度/μm	8	表面张力(处理面)/(mN/m)	40
拉伸强度　MD/TD/MPa	150/310	介电常数	2.2
断裂伸长率　MD/TD/%	135/40	介电损耗角正切	2×10^{-5}
热收缩率　MD/TD/%	3.5/1.0	体积电阻率/Ω	10^{17}
密度/(g/cm^3)	0.91		

① 以上仅为产品物理性能的典型测试数据，不应理解为保证值。

8.4.4.4　真空镀铝及镭射防伪材料

真空镀铝工艺可以赋予所加工的产品金属镜面般的外观，而对于薄膜产品而言，它还可提高薄膜产品的阻隔性能。在对包装材料的保护作用要求越来越高的现在环境下，真空镀铝薄膜的用量日益增大，BOPP 及 CPP 镀铝已被广泛地用于各种食品的包装。目前国内 BOPP 镀铝薄膜尚处于发展初期，而在欧洲，热封型 BOPP 镀铝薄膜已成为包装薄膜中的一个重要品种，在 CPP 产品当中，国内约有三分之一的 CPP 薄膜用于镀铝加工。镭射压花工艺的出现，开拓了 BOPP 产品在防伪材料方面的应用。

聚丙烯薄膜为了适应真空镀铝加工工艺，在生产过程中，不得使用具有迁移性的低分子添加剂(如抗静电剂、酰胺类爽滑剂，以及树脂中的硬酯酸钙等)，否则将影响镀铝层的附着力。用于镭射防伪材料的 BOPP 薄膜一般采用于图 8-40 所示的两层结构，其中的共聚物表面是真空镀铝面，其较骨架层的均聚聚丙烯较低的软化点，以利于镭射印花加工。

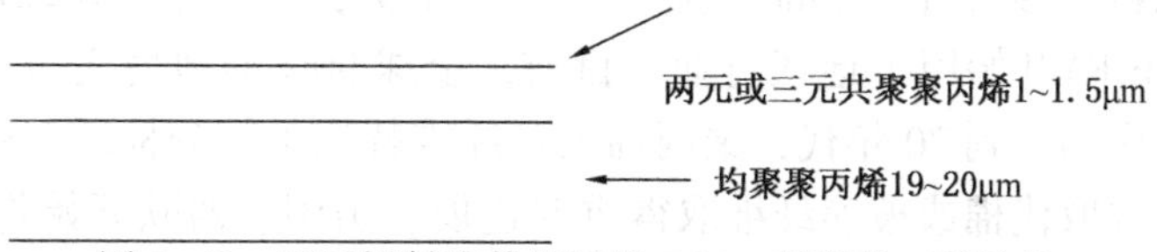

图 8-40 用于镭射防伪材料的 BOPP 薄膜的二层结构

8.4.4.5 装饰、装潢

普通 BOPP 薄膜具有极高的透明度和光泽度，因而常被用于与纸或纸板进行复合，这些纸或纸板表面复合上一层 BOPP 薄膜后，其整体强度、耐水性均有极大提高，同时 BOPP 薄膜还可以提供纸表面印刷油墨的保护及高光泽效果。而 BOPP 消光膜，由于它具有一种极特殊的表面消光效果，以及舒适的表面手感效果，目前亦被大量应用于与纸或纸板复合，该类纸塑印刷复合产品已常见于书籍封面、产品广告等，具有高档的装潢效果。

8.4.4.6 合成纸[92]

以聚丙烯树脂为载体，填充以大量的无机填料(例如碳酸钙、二氧化钛等),采用压延法或双向拉伸工艺生产合成纸已经有十几年的历史了，但由于成本方面原因以及某些技术方面的因素，该产品目前全世界的产量仍较低，但随着其生产工艺、技术的不断进步，该产品的应用亦有所增加，尤其是近几年，该类合成纸受关注的程度有上升趋势。

聚丙烯合成纸的生产工艺有许多种，但最有代表性的是压延法及双向拉伸法。与普通水浆纸相比，聚丙烯合成纸具有耐水性、防虫性、耐折叠性、高强度、耐撕裂等普通纸所不具备的优良特性。目前已多见于用于室外广告、招贴、地图、打印纸、名片、购物袋、纸巾等，但聚丙烯合成纸表面吸墨性较差，仍有待于技术上的进一步改进。

8.5 聚丙烯纤维的制备及应用

8.5.1 聚丙烯纤维的发展、应用及前景

8.5.1.1 聚丙烯纤维的发展历史[93]

自 19 世纪末黏胶纤维问世以来，人造化学纤维经历了 100 多年的发展历程。作为聚丙烯树脂的重要产品之一聚丙烯纤维(纺织行业称之为丙纶),近些年来，由于其来源广泛，价格低廉，并且具有优良的性能，使其在装饰、服用等领域存在着巨大的市场，也使聚丙烯纤维加工技术及其产量和产品的种类有着惊人的发展。

合成纤维的产业化开始起于 20 世纪 40~50 年代。1957 年，全世界的合成纤维总产量才达到 500 kt，仅为总纺织纤维产量的 2.8%，而 2007 年，世界化学纤维为 40700kt。丙纶是四大主要合成纤维品种中最年轻的一员，1957 年才实现工业化。由于其具有密度小、熔点低、强力高、耐酸碱等特点，而且与涤纶、腈纶相比，具有原料生产和纺丝过程简单、工艺路线短、原料和综合能耗低、成本低廉、无污染和应用广泛等优点，自工业化以来得到了较大的发展。特别是近几年来，丙纶异军突起，成为发展较快的合成纤维品种，年均增长率达 12%，远远超过其他合成纤维品种的增长速度。2005 年，世界聚烯烃纤维（95%以上为丙纶）的产量为 6463kt。其中丙纶长丝 5209kt，占 80.6%，长丝包括纺丝纤维 2909kt 和膜裂纤维 2300kt；丙纶短纤维 1254kt，占 19.40%。2007 年，全球 PP 纤维（包括带材）产量达 6600kt。

20 世纪 50 年代末 60 年代初聚丙烯纤维开始进入市场，PP 扁丝逐渐顶替了黄麻而成为

麻袋行业的基本原料。1962 年 Celanese 加拿大公司开发了聚丙烯短纤维短程纺丝工艺，同期膨体连续长丝(BCF)开始用于地毯行业。目前，全球 90%的地毯底布和 25%的地毯面纱是由聚丙烯纤维制作的。到 70 年代，聚丙烯细旦纤维替代了部分棉纤。80 年代中期，混凝土增强用聚丙烯纤维取代棉或玻璃纤维取得重要进展，美国、西欧开始将其用于建筑行业。同时，聚丙烯纤维的非织造产品被妇女卫生用品、一次性尿布大量使用，确立了在此领域的绝对市场份额。从市场分布来看，世界丙纶（不包括膜裂纤维）的应用分布比例基本上是：地毯约占 45%，工业和卫生领域约占 40%，装饰用量占 12%，服装用量占 3%。发达国家丙纶的主要应用领域是地毯和工业领域。随着新工艺、新技术的不断使用，新产品、新用途的不断开发，聚丙烯纤维快速进入了许多新产品市场并很好地巩固了其最终用途的市场。

聚丙烯纤维的消费趋势主要表现在：柔性的半成品散货集装袋(FIBC)、卫生保健用品、农用纺织品及汽车过滤材料需求量锐增；铺地材料、土工布和建筑用纺织品、服装、医用及绳索产品都有上升的趋势；特别是近几年细旦化和功能化纤维的开发，扩大了它在服用领域的应用；而袋子和捆扎带一类低档次产品则呈现下降趋势。在材料代用品和新应用方面，非织造布产品的快速发展保持空前状况，首先是卫生保健品的应用。随着用即弃产品需求的增加，聚丙烯纤维非织造产品（无纺布）的产量正连续增长。随着聚丙烯和制造聚丙烯纤维新技术的开发，聚丙烯纤维的产品品种变得越来越新，越来越多。如用茂金属催化剂合成的聚丙烯树脂，由于提高了其等规度，从而大大提高了聚丙烯纤维的内在质量；差别化纤维生产技术的普及和完善都扩大了聚丙烯纤维的应用领域，已陆续研发出仿天然纤维型、仿麂皮型纤维等。如高强耐温的高性能聚丙烯纤维和纱线、地毯纱，汽车上应用的共混聚合体的精纺织物，以及已开发和正在开发的用于高档服装领域用的细旦超细旦丙纶、抗菌纤维、保暖纤维、超吸湿纤维、可生物降解纤维、温敏性变色纤维、香味纤维、远红外细旦纤维、阻燃纤维、疏水性丙纶短纤维、细旦彩色丙纤纤维、高强度和高模量纤维以及高回弹立体卷曲短纤维等。

随着聚丙烯及其纤维制品新的开发成果的不断涌现和产业化，聚丙烯纤维的市场将越来越大。

8.5.1.2　聚丙烯纤维的品种和用途

聚丙烯纤维以纤维形态分类可分为扁丝、长丝、短纤维、双组分纤维等；按加工方法分可分为单丝、普通长丝、复合纤维膨体纱(BCF)、短纤维、无纺织物。

随着聚丙烯纤维生产技术的不断更新和用途上不断开发，功能性聚丙烯纤维和非织造纤维产品为代表的丙纶显现出越来越好的市场前景。聚丙烯纤维不仅能解决人类穿衣等基本需求，而且在化工、农业、交通、水利、建筑、航空航天、环保、能源、医疗卫生、体育、防护以及国防军工等领域都有重要的用途，已经成为我国经济建设中不可缺少的重要材料。

1. 包装材料[94,95]

聚丙烯纤维制成的编织袋广泛地替代了黄麻编织成的麻袋，成为粮食、工业原料、化肥、食品、矿砂、煤炭等最主要的基本包装材料，其形式也早已由传统枕型样式向着桶型、柱型等多元化发展，由于它密度低、重量轻、随形易储藏，甚至代替了部分小型集装箱。该类产品的需求量很大。

以非织造形式制造的聚丙烯无纺布，在包装领域的使用也很多，如熔喷法制造的丙纶无纺布用于茶叶袋、防虫剂袋及特殊场合的缓释包装。

2. 服装用料

细旦、超细旦聚丙烯纺丝技术的开发，克服了普通丙纶存在的粗糙、蜡感、吸湿性差等缺点。细旦丙纶具有柔软、强度高和独特的芯吸效应，穿着舒适、导湿效果好，贴身穿着可以保持皮肤干燥，夏季无湿闷感，冬季无湿冷感，是制作运动服、登山服、军用防寒服和内衣的上选材料。用细旦丙纶加工而成的纯丙纶织物、棉盖丙纶和丝盖丙纶织物已推向市场，著名的 Adidas 运动服便是超细旦丙纶与棉织造的双面织物制造的。美国以细旦丙纶长丝做原料，加工军用防寒起绒针织内衣，以及作为美军 Extended Cold Weather Clothing System 的极地使用服。被美国国防部选定为标准军需装备。

另外，像劳保服装、泳衣、医院的床垫及医生、病人的内衣、一次性口罩、帽子、手术服、被单枕套、垫褥材料等都有越来越大的市场。

3. 产业用料

聚丙烯纤维良好的耐酸碱、高强度、耐腐蚀、价格低等诸多优点，使它不断挤入涤纶、锦纶、腈纶等传统的纤维领域。近几年美国市场上，丙纶在地毯工业上的应用比例从过去的20%提高到现在的60%（其中车用丙纶地毯使用量较大），西欧地毯、工业和装饰用量占丙纶用量的95%。越是经济发达的国家和地区，在产业方面的聚丙烯纤维及其他人造纤维制品的消费量就越大。例如用于电线电缆、吸音隔热、节能等方面。

4. 过滤材料

随着化工、环保、新能源产业迅猛发展，作为过滤材料，聚丙烯纤维有着很好的使用前景，新技术使聚丙烯纤维具有过滤效率高，耐酸碱，强度好。因此在制药、化工、环保、电池等行业作为亲水隔膜、离子交换隔膜等功能性产品，有着良好的发展势头，是提升聚丙烯纤维附加值的新型高科技产品[96,97,98,99,100]。

5. 卫生材料

妇女用卫生巾、一次性婴儿、成人尿布目前已成为人们日常消费的普通产品。另外通过化学或物理改性后的聚丙烯纤维，可以具备交换、蓄热、导电、抗菌、消味、紫外线屏蔽、吸附、脱屑、隔离选择、凝集等多种功能，将成为人工肾脏、人工肺、人工血管、手术线、吸液纱布等多种医疗领域的重要材料[101]。

6. 烟用丝束[102]

聚丙烯纤维用于制造香烟的过滤材料，替代醋酸纤维是近年来发展的最新市场用途。目前香烟的中、低档品种所用的过滤嘴，有一半以上是用聚丙烯纤维制造的，如果能很好地降低聚丙烯烟用纤维的吸阻性，聚丙烯烟用丝束将有广阔的市场前景。

8.5.1.3 前景展望

聚丙烯纤维是涤纶、锦纶、腈纶、丙纶四大纤维品种中工业技术和产品品种发展最快、最有高成长性的合成纤维。近年来无论是在生产工艺的多样化，还是在产品品种的多元化方面，都有着巨大的进步。

1. 细旦、超细旦聚丙烯纤维[103]

合成纤维的细旦化是当前服装用材的重要发展之一。众所周知，细旦化的聚丙烯纤维，不仅能克服其手感和加工性能等方面的缺点，而且可以充分发挥细旦化后独特的“芯吸效应”，使织物能够导湿排汗、透气滑爽和不粘身，具有其他纤维织物没有的优良性能。应用细旦、超细旦聚丙烯纤维制成的面料有：纯丙纶织物如纯丙纶起绒布、纯丙纶毛圈布、纯丙纶网眼纬平布、纯丙纶无网眼纬平布以及棉盖丙纬平布、粘盖丙、真丝盖丙等织物。

超细旦纤维是日本首先研制成功的。日本的东丽公司、钟纺公司、帝人公司、尤民古可公司等采用复合纤维纺丝技术，制成单丝纤度在0.5dtex以下的超细旦纤维。意大利VALLESINA公司最早试制成功并投入工业化生产，随后Hoechst公司和ICI公司也投入工业化生产。近年来，意大利的Savio公司，德国的Barmag公司、Neumag公司，美国的杜邦公司也开发了超细旦纤维的生产工艺技术和设备制造技术。

聚丙烯纤维细旦化并结合可染色、远红外保健或抗菌抑菌等新技术新功能的开发应用是目前国际上聚丙烯纤维研制和开发的热点和最新进展。国外自1993年开始注重于功能性纤维的开发，开发的品种与日俱增，从轻量—保温、消臭—抗菌、吸湿—导湿—凉爽，到健康—卫生—医疗等，与健康和舒适有关的功能性纤维和织物的需求也逐渐增大。进一步扩展细旦超细旦聚丙烯纤维及制品的应用领域，开发细旦可染聚丙烯纤维、细旦远红外发射保健聚丙烯纤维、细旦抗菌聚丙烯纤维等，赋予聚丙烯纤维新的附加价值，是其进一步发展的方面。

新一代产品的综合性能如下：

可染色
细旦化+远红外发射保健———→各类细旦功能纤维
抗菌抑菌　　　　↓←—织物结构
生物相容　　　　多功能织物

采用共聚、共混等方法对聚丙烯树脂进行改性，或通过纺丝技术和纺丝工艺的调节控制，使其在能纺制细旦丝的前提下，通过改变纤维化学成分、聚集态结构等并赋予其变化多端的其他功能，如使纤维或具有保健功能，或具有抗菌抑菌功能，或可提高纤维的抗弯曲回复性，或提高可染性，且保持纤维的单丝纤度小于1.2dtex，从而制备出既可染又具特殊手感和穿着风格或具有保健功能的新型细旦聚丙烯纤维及其多功能织物(服装)。

2. 抗菌保健纤维

抗菌聚丙烯纤维用作卫生保健用品时，具有相当大的竞争优势。丙纶已在医用布中占有60%~70%的比例，在妇女卫生巾和包装材料等方面几乎占有100%的优势。在众多的卫生保健织物中，改性的聚丙烯纤维大都用于抗菌防臭方面的医护用布、内衣、袜子、手套，床上用品等具有永久抗微生物领域。

目前，国内外关于抗菌织物加工方法的报道很多，一般分为两种：①先制成抗菌纤维，然后把该纤维制成抗菌织物；②把织物用抗菌剂进行后处理以获得抗菌性能。当前市场上的各种抗菌织物中，以后处理加工居多，但根据发展趋势，必将向抗菌纤维方面发展。抗菌纤维的制备可以通过接枝法、离子交换法、湿法纺丝法、熔融共混纺丝法、复合纺丝法等。目前，聚丙烯的抗菌改性大多采用与抗菌剂共混纺丝的方法，而其关键是选择一种理想的抗菌剂，即要求选用能耐高温而且与聚丙烯有良好的相容性及分散性的抗菌剂，由于共混纺丝使抗菌纤维及其制品有优良的耐洗牢度，从而抗菌效果也将持久。

目前应用于共混纺丝法的无机类抗菌剂以泡沸石之类无机物质居多，国内已报道的无机类MRNM-350纳米级杀菌粉应用在纤维中可达到杀菌抗菌的目的。美国FFT公司的SALUS纤维使用了获美国EPA批准的安全性抗菌剂Microban，该试剂布满整个纤维的截面，可耐重复洗涤。也可借用陶瓷物质的抗菌功能开发含陶瓷的抗菌纤维，如在切片中共混加入有远红外辐射特征的陶瓷微粒制得远红外纤维。

共聚改性也是一个有效的方法，但工艺较为复杂，成本也高。据报道日本窒素公司采用复合纺织法制取乙丙皮芯结构的抗菌纤维及美国的抗菌缝合线都有较好的抗菌效果。

当前抗菌织物(纤维)主要应用于服装(内衣)和医疗卫生方面(垫套及医院的消毒服等)。但随着经济的发展和新产品的开发，必将在全新概念的抗菌汽车、抗菌织物制成的过滤介质等方面有很大的发展前途。

近年来，有许多公司研制了具有抗紫外线功能的细旦、超细旦聚丙烯纤维。德国 Bottrop 纤维公司生产的牌号为 Vegon 的聚丙烯纤维具有高耐紫外线稳定性、抗菌抗微生物性以及阻燃性。英国的 Boner Textiles 公司开发了具有抗紫外线的高强聚丙烯复丝纱。德国 BTF Textil werke 公司开发了具有抗紫外线和阻燃功能的聚丙烯复丝纱等。

3. 高强高模聚丙烯纤维[104~107]

通常对于不同分子量聚丙烯经熔融挤压纺丝，采用一步法或二步法工艺路线、调节不同的加工工艺可得到不同强度的聚丙烯纤维，使其适合不同的应用领域。有报道一些学者通过对聚丙烯纺丝和拉伸、热处理工艺过程的合理控制，进一步提高纤维强度和模量。从提高大分子链伸展程度和结晶度着手，已获得生产高强度聚丙烯纤维的合理途径，如用分子量大于40 万、等规度 99%以上的聚丙烯树脂，在 280℃下挤压纺丝，在低速卷绕下得到六方晶体，再进行较低温度下的一级拉伸之后在较高的温度下二级拉伸，得到高度取向单斜晶体纤维，从而制得 8.4 cN/dtex 高强纤维。也可通过不同工艺路线的组合制得模量较高的纤维，即先用纺拉一步法连续拉伸，再用不连续拉伸使纤维具有高结晶度，从而使纤维的动态模量达到 6.9 GPa。最新报道日本使用全同立构的聚丙烯纤维，通过在高结晶温度的加热条件下(145℃)，用大于 10 倍的拉伸比进行拉伸，开发出强度达 1.04 GPa、模量达 12.74 GPa、热收缩率为 4.5%的高强高模聚丙烯长丝。这种纤维的结晶度高达 75%，100%为 α 晶，不仅具有优良的力学性能，而且具有更强的耐化学药品性，对芳香有机溶剂苯类也有极强的耐久性。这一产品的开发成功，使聚丙烯纤维在工业应用领域中跨上了一个新台阶。也有报道奥地利 Asota 股份有限公司开发了高强聚丙烯短纤维，纤度 1~6dtex，强度 6cN/dtex，延伸度小于 30%，可用于室外纺织品、绝缘材料及土工纺织品上。

共混改性也是提高聚丙烯纤维力学性能的一种方法，添加剂与相容剂一起掺入聚丙烯中进行共混挤出，由于两相间应力传递的改善可提高聚丙烯的抗冲击强度，此类改性多用于聚丙烯增韧改性。据报道，通过在纤维级聚丙烯中加入 2%~8%的无规聚苯乙烯，经纺丝和拉伸试验，获得了可拉伸性改善的改性纤维。初生纤维中存在的近球晶形态的聚苯乙烯提高了初生丝的塑性形变性能。在拉伸丝中，聚苯乙烯分子所表现出的特性刚度使得纤维提高了刚度和抗蠕变性。由此看来，高强聚丙烯纤维和纱线的开发，拓展了聚丙烯的应用领域。

聚丙烯理论强度约为 4 GPa，相应的单丝强度为 43 cN/dtex，这说明用聚丙烯生产高强度纤维潜力还远未得到充分利用，进一步开发的方向为：聚合物优化，特别是针对分子量和分子量分布及加工工艺过程的设计。

4. 差别化纤维

对聚丙烯纤维而言，差别化纤维在我国主要包括着色纤维、超短(超粗)纤维、烟用丝束等少量几个品种。目前它还没有像腈纶、锦纶那样具有众多的差别化纤维品种。而随着纺织加工技术的发展，早期差别丝与常规纤维的差价越来越小，差别化纤维朝着化学改性、功能性、特殊性的方向发展，应用领域从服装行业大大扩展到建筑、医疗、航空航天、军事、交通等更广阔的领域。“差别化纤维”的称谓正逐渐转变为“合成纤维新品种”。

发达国家的合成纤维企业已基本完成了从批量大、品种少、以常规品种为主的劳动密集型生产向批量小、品种多、以差别化纤维生产为主的技术密集型生产的转化，并根据市场特点加大投入，扩大与下游行业的联系，对用户消费观念进行判断和引导，加快品种创新。日本、美国的大型合成纤维企业，每年都能够成功推出3个以上合成纤维及下游加工应用新品种，实现了稳步、高效发展。同时，也说明品种是今后发展差别化纤维的关键因素，差别化纤维的效益中心已由“量”转变为“品种”。

我国一直把提高差别化纤维产量作为重点，对品种的开发、创新顾及不够，多数合成纤维企业5年也难以推出一个成功品种，不能适应差别化纤维市场的特点。新世纪的纤维差别化将由单一的差别化性能向复合的差别化性能方向发展，即一种差别化纤维同时具有几个特殊的性能。

5. 聚丙烯功能化纤维

吸湿性低是聚丙烯纤维的特点之一，但它作为卫生用品、医用材料的无毒基材时，却又是个缺点。因普通聚丙烯纤维的吸附功仅为棉花的1/2左右，与水的接触角为86°，几乎没有吸水能力。由于吸湿能力低，也导致了静电现象严重，限制了它在被单、衣料、内衣裤、尿布、卫生巾、医用绷带等无纺布领域的应用。有许多工作者对改进聚丙烯纤维表面吸湿性进行了研究。近来利用反应性相容剂的连接作用，通过共价键将生物活性物质固着于基材表面，具有抗菌、吸水、粘着功能，这已成为生物高分子领域的研究热点。如以甲基丙烯酸十八醇酯与丙烯酰胺共聚物与聚丙烯共混可大幅度提高聚丙烯纤维亲水性、黏合强度，而在这个体系中的改性剂本身兼有相容剂的作用，使改性剂与聚丙烯纤维本体可紧密连接。此外也有采用化学接枝或辐射接枝的方法，通过有机类极性单体连接，完全改变聚丙烯纤维的疏水性，使其带上亲水性基团。或采用不同的油剂，来提高聚丙烯这方面的性能，制成聚丙烯亲水纤维。

另外，经化学改性的聚丙烯纤维也开始用于混凝土及砂浆材料中。

它是一种新型的混凝土增强纤维，被称为混凝土的“次要增强筋”。聚丙烯纤维混凝土是近年来迅速发展起来的一种优良且应用广泛的新型复合材料，广泛应用于水利、交通、城市建设等工程中。据悉，目前美国所用混凝土总量中，合成纤维混凝土约占7%，超过先期研究的钢纤维混凝土（占3%）。聚丙烯纤维作为一种次要的混凝土加强系统，比较成功地解决了由于普通混凝土的早期强度低而容易使混凝土产生非结构性裂缝的问题。通过大量材料性能和工程结构试验，聚丙烯纤维对增强混凝土早期抗拉强度，减少表面裂缝和开裂宽度，增强混凝土的防渗性能、抗磨损、抗冲击性能及增强结构整体性有显著作用。

其最主要的效应就是阻裂效应。由于聚丙烯纤维在混凝土里分布均匀，呈三维乱向，因此在混凝土内部结构里起到了一个较好的承托作用。能明显防止混凝土早期容易出现的离析沉降裂缝、塑性裂缝、干缩裂缝等问题。

聚丙烯纤维混凝土可广泛用于混凝土路面工程、水工建筑物（抗渗防水要求较高的工程）、工业与民用建筑、防水材料、保温材料等领域。聚丙烯纤维混凝土作为一种新型材料，在我国研究和应用时间并不很长，还需要我们通过大量的试验和工程实践去进一步认识它的性能，更好地在工程中推广应用。

总之，随着聚丙烯工业的发展及生产技术水平的不断提高，用于纤维方面的聚丙烯树脂份额将大大增加，聚丙烯纤维的开发应用正朝着高性能化、功能化等高附加值的方向发展。

可以预见，在21世纪，聚丙烯纤维的应用将会有广阔的前景。

8.5.2 聚丙烯长纤维的生产工艺[109~111]

聚丙烯纤维的制造方法按其使用原料的物理状态不同，可以分为切片纺丝(间接纺丝)和直接纺丝两类；按纺丝速度不同，可分为常规纺丝和高速纺丝；按纤维品种的不同，可分为长丝纺丝和短纤维纺丝。

概括地讲，聚丙烯纤维生产一般经历三个过程：纺丝液的制备—纺丝—后加工。

纺丝液的制备：将聚丙烯加热到熔点以上，使其熔融成较稳定的粘流体。纺丝：使熔融的聚丙烯粘流体从喷丝板的细孔中喷出，在周围的空气（或水中）冷却凝固成丝。后加工：为使纤维具有特定物理性能的拉伸、定型或原纤化等处理过程。

1. 聚丙烯切片纺丝和直接纺丝

切片纺丝也称间接纺丝，包括切片干燥、熔融、纺丝和后加工等过程。直接纺丝所使用的原料是聚丙烯熔体，所以不必进行干燥和熔融，而其纺丝和后加工过程与切片纺丝完全相同。

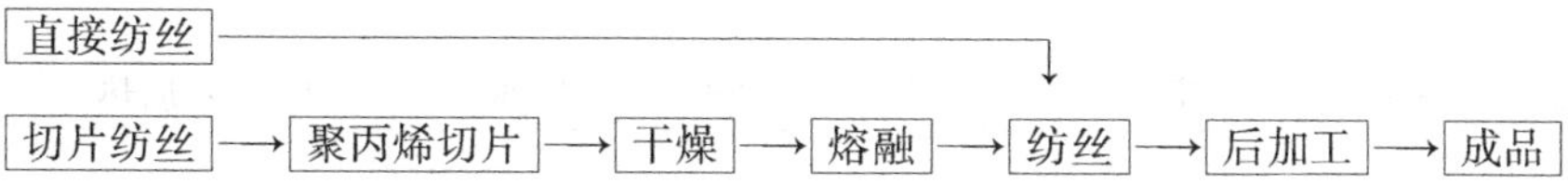

目前我国的聚丙烯纤维生产多为切片纺丝。

2. 聚丙烯常规纺丝和高速纺丝

根据纺丝速度不同，可将纺丝工艺分为常规纺丝和高速纺丝，见表8-31，纺丝速度的划分只是大致的范围，并无严格的界限。

表8-31　纺丝速度的划分和初生纤维的名称

纺丝工艺	纺丝速度/(m/min)	初生纤维	英文缩写
常规纺丝	≤1800	未拉伸丝(低取向丝)	UDY(LOY)
中速纺丝	1800~2800	中取向丝	MOY
高速纺丝	2800~4200	预取向丝	POY
超高速纺丝	>6000	全取向丝	FOY或FDY

3. 聚丙烯长丝和短纤维[112,113,114]

聚丙烯长丝的纺织过程与短纤维的纺织过程并无本质的区别，只是由于产品形式和生产规模的不同而有所差异(见表8-32)。

表8-32　长丝纺丝和短纤维纺丝的差别(切片纺丝)

主要差别	聚丙烯长丝	聚丙烯短纤维
螺杆挤出机	螺杆直径小	螺杆直径大
纺丝组件	1. 喷丝板直径小 2. 喷丝板孔较少 3. 组件小	1. 喷丝板直径大 2. 喷丝板孔较多 3. 组件大
计量泵	采用叠泵，泵的容积小	采用单泵，泵的容量大
冷却吹风装置	由于纺长丝时喷丝板孔较少，采用侧吹风足可以满足均匀冷却的需要	短纤维喷丝板孔数多，必须采用吹风装置进行冷却
卷绕装置	每束单丝单独地卷绕在一个筒管上，每台纺丝机都有几十个筒管	将一台纺丝机所有纺丝位的丝束集为一束装入盛丝桶内

8.5.2.1　聚丙烯长丝纤维

聚丙烯长丝纤维一般包括单丝、复丝和膨体纱等。

1. 聚丙烯单丝[114]

聚丙烯单丝是制造渔网、绳索等的重要原料，其加工方法介于塑料加工和合成纤维之间，以挤出及牵引定型为其工艺的核心内容。

（1）原料的选择。生产聚丙烯单丝要求聚丙烯树脂的分子量具有一定的范围。分子量过高，断头增多，无法拉伸；分子量偏低，流动性太大，操作困难。聚丙烯单丝料的熔体流动速率在2~8g/10min之间为宜。

（2）生产工艺。聚丙烯单丝料熔融后经螺杆纺丝机机头的喷丝板牵引出，再经两次或多次牵伸、定型，使聚丙烯大分子链由杂乱无章或卷曲状态排列成与单丝牵伸方向一致的有序结构，从而使分子取向而使产品获得很高的强度。

其工艺流程如下：

PP单丝 → 纺丝机 → 喷丝板 → 冷却 → 牵伸 → 加热 → 牵伸 → 加热 → 定型 → 导丝辊 → 收卷 → 成品

单丝生产的工艺参数控制和确定，直接影响单丝产品的质量。挤出温度等要随配方、纺丝机规格、螺杆转速的不同而异；随牵伸温度升高，牵伸倍率适当可以增大。表8-33为一般单丝生产工艺参数。

表8-33　一般单丝生产工艺参数

PP单丝品种	挤出温度/℃		冷却水温/℃	牵伸倍数	牵伸温度/℃
	机　身	喷丝板			
鱼网丝	150~280	280~300	20~40	8~10	120~150
绳索丝	150~280	280~300	20~40	6~7	95~100

（3）生产设备。聚丙烯单丝生产的设备由纺丝机头、喷丝板、冷却箱、牵引设备、热处理设备、卷取设备组成（见图8-41）。

机头：单丝机头结构如图8-42所示。机头内流道收缩角一般取30°左右。分流器扩张角取30°~80°，分流器截面积要大于喷丝孔截面积之和。喷丝板上在同一圆周上均匀分布许

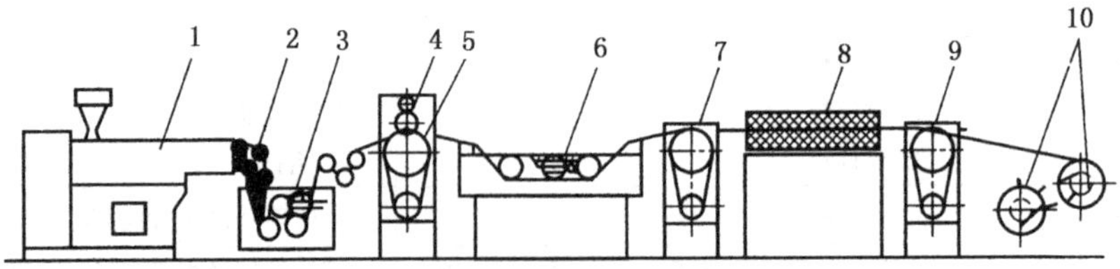

图8-41　聚丙烯单丝的生产工艺流程图

1—挤出机；2—机头；3—冷却水箱；4—橡胶压辊；5—第一牵引辊；6—热牵引辊；7—第二牵引辊；8—热处理烘箱；9—热处理导丝辊；10—卷曲滚筒

多喷丝孔，孔径大小主要根据成品直径和单丝所需要的牵伸比来决定。孔的长径比为4～10：1。

冷却水箱：冷却水面到喷丝板的距离为15～50mm。距离过大，单丝易发生氧化导致强度降低。冷却水温在20～40℃，水温过高会降低强度；水温过低，单丝内部因收缩易产生空洞而导致折丝。

牵引设备：通常采用2～3组牵引辊，配合热水箱使用。每组牵伸辊速度不同，存在一定速比。通过2～3次的牵伸，可以提高单丝强度。

卷取装置：一种是将单丝单股分开卷，另一种是将单丝合股卷，然后再用分丝机卷取。要求卷取速度恒定。

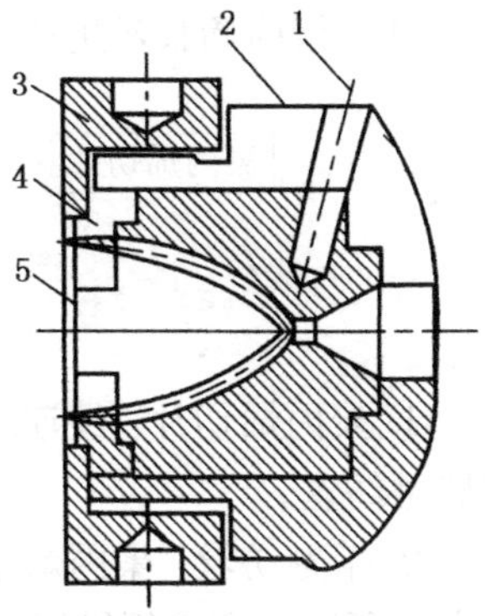

图8-42　单丝机头结构图
1—温度计插孔；2—模体；3—锁紧螺帽；4—喷丝板；5—分流器

（4）单丝生产中常见的问题及解决对策。

① 断头多：

a. 机头温度太低。应提高机头温度。

b. 牵伸倍数过大。适当降低牵伸倍数。

c. 原料中含有杂质。更换原料或过滤板。

d. 喷丝板孔设计不合理。应该修改或更换喷丝板。

e. 配方不合理。调整配方。

f. 热水槽温度偏低。提高热水槽温度。

g. 牵伸辊筒表面毛糙。应重新打光辊筒表面。

② 单丝强度差：

a. 原料选择不合适。应重新选择原料配方。

b. 机身温度、机头温度太高。应适当降低机身、机头温度。

c. 热水温度低。应提高热水温度。

d. 牵伸倍数低。适当提高牵伸倍数。

③ 单丝表面粗糙：

a. 挤出温度太低。适当提高机身、口模温度。

b. 喷丝板不洁净。拆机清理喷丝板孔。

c. 喷丝孔光洁度差。修整或更换喷丝板。

d. 冷却水槽的水温太高。应适当降低冷却水温。

④ 单丝粗细不均：

a. 喷丝孔径大小不一致或孔有堵塞。修整、清理或调换喷丝板。

b. 稳定剂及润滑剂等分散不均。应加强捏合操作。

c. 牵伸辊筒或传动皮带打滑。应检修设备。

⑤ 单丝表面有气泡：

a. 原料水分含量高。应进行预干燥处理。

b. 挤出温度太高产生了分解。适当降低温度。

2. 聚丙烯长丝生产

聚丙烯长丝主要用于针织物、地毯面纱、混纺织物、服装衣饰等。

(1) 聚丙烯长丝生产工艺流程如下。

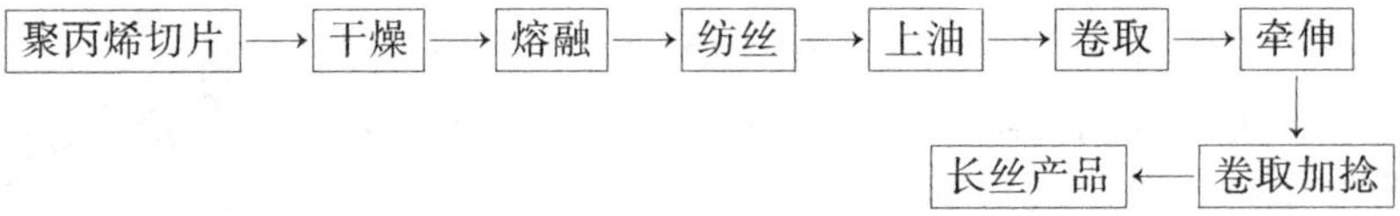

① 聚丙烯切片：经连续法生产的等规聚丙烯，配以稳定剂、着色剂等，制成粒子切片供熔融纺丝。

② 熔融纺丝：聚丙烯熔融纺丝原理与聚酰胺或聚酯大致相同。所不同的是 PP 熔融黏度很高，所以，要求纤维级聚丙烯有很高的熔体流动速率。混好的粒料经加热、加压均化计量进入纺丝泵。然后，熔体从纺丝泵进入过滤网、分配板组件到喷丝板。正常情况下，每个喷丝头通常有一个计量泵供料。

③ 喷丝头成型：为了防止熔体的裂痕(melt fracture)现象，即当高分子熔体挤过细管，超过临界的流动速度或应力时，流出的丝的表面或断面会出现不规则的形状，需要注意喷丝孔的设计，使喷丝头孔径 D 值尽量大，并适当选定喷丝孔的入口角度 θ 值，特别是要适应喷丝孔所规定的挤出量、纺丝温度等条件(如图 8-43 所示)。高分子熔体由喷丝孔挤出时，一般是挤出物直径大于喷丝孔直径，这是为了适应聚丙烯黏弹性融体的松弛。喷丝孔孔径 D 越大，或者喷丝孔长度 L 对孔径 D 的比值(L/D)越大，则上述现象越小。如果松弛效应大，就会使喷丝孔挤出物波动，造成纺丝困难，并且使产品不匀。纺聚丙烯丝时，L/D 一段值为 2~20。

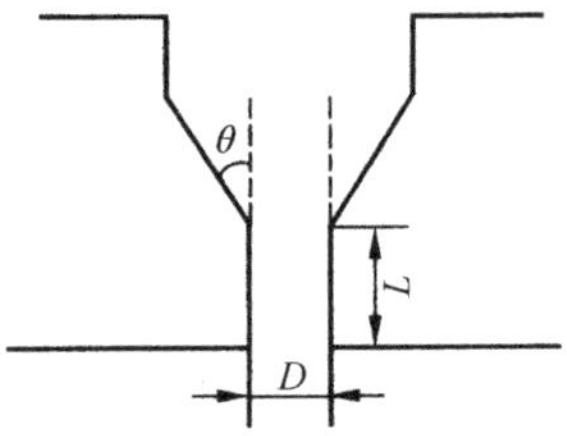

图 8-43　喷丝孔

喷丝孔的孔径一般为 0.5~1.3mm，因此要求牵伸倍数大，为了提高生产率，宁可增加喷丝头孔数，而不增加每孔的挤出量。这样还有利于保持牵伸的稳定性。

④ 冷却和凝固：熔体由喷丝头挤出后，经冷却通道，一般由冷风冷却，凝固成丝，由卷取机构进行卷取。由于聚丙烯的结晶速度很快，必须注意冷却条件。聚合物是在比其玻璃化温度高的温度下结晶的。据报道，聚丙烯在 110~120℃时结晶速度最快。因此在冷却、卷取过程中需要充分控制结晶的形成。如采用急冷法，聚丙烯的定向度就大，会降低纤维的拉伸性能，所以冷却程度必须兼顾结晶度和定向度。

总之，单纤维纤度小的要快速冷却；急冷同时导致结晶度低；出喷丝头急冷时定向度就大；提高牵伸倍数，定向度就大；在结晶温度范围内定向时容易结晶。因此，必须根据生产目的、要求以及纤度来选定喷丝头规格、挤出速度、纺丝温度、冷却条件等。而且为了防止纤度不匀和并丝，要求冷风控制均匀。

在原液着色时颜料会成为成核剂，加快结晶速度；而在纤维纤度较大时及冷却缓慢时，也会加快结晶。在这种情况下，可考虑使用聚合度较高的聚丙烯。

⑤ 上油：聚丙烯是一种强磨蚀材料，易产生静电。在纱制造和随后的卷曲、织造中，必须为挤压丝提供油剂。未牵伸丝由牵引辊从喷丝板牵引下时，通常在骤冷管道底部通过卷绕辊或上油辊得到油剂。油剂能赋予纤维抗静电性和抱合性，抱合性将有助于降低丝在骤冷管道的漂移，从而减小纤度变化。

⑥ 牵伸与后处理：

牵伸热处理的机理　要进行有效的牵伸，纤维必须处在适当的软化温度下，此时分子链段开始微观布朗运动。因此，对聚酰胺、聚酯等以二级转变点作为牵伸温度的基准。但是与此相反，聚丙烯的结晶速度快，未牵伸丝已有部分结晶，在牵伸过程中为了使结晶部分发生塑性形变，就不能以上述关于非结晶领域的二级转变点来作为牵伸温度的基准。因此聚丙烯的牵伸温度必须以结晶部分开始塑性变形的温度为中心，据报道以(110±10)℃为宜，这样可获得较高的定向度。牵伸后纤维内部一般存在应力，热稳定性不好，易收缩，所以必须进行热处理。据报道聚丙烯的热处理温度以 120℃时结晶度最高，超过 120℃，结晶度基本上是定值。热处理时间只要几秒钟，结晶度就可达到平衡。在张力下热处理，对定向度基本上没有影响；无张力处理，定向度略为降低。

牵伸热处理的方法　聚丙烯要求高温牵伸，工业上多采用热板接触式拉伸，或采用加热辊、加热板进行热处理(适用于长丝)。对于短纤维，热牵伸多采用水蒸气加热箱、热介质浴、加热辊等，有时也分两段牵伸。

影响最高牵伸倍数的因素很复杂。一般说来，未牵伸丝的定向度及结晶度越低，或牵伸温度越高，牵伸速度越小，最高牵伸倍数也就越大[115,101,116]。

(2) 聚丙烯长丝生产设备及工艺参数。聚丙烯熔融纺丝用的螺杆一般采用长径比较大的结构，紧接着用计量泵纺丝，这样可获得稳定的品质。聚丙烯的熔融温度要比其熔点(170℃)高 50～130℃，即为 220～300℃，要注意聚合度的降低及其有关的熔融温度、滞留时间、螺杆形状、聚丙烯聚合度、添加剂种类等各种复杂因素的影响。

实验用螺杆纺丝机如图 8-44 所示。

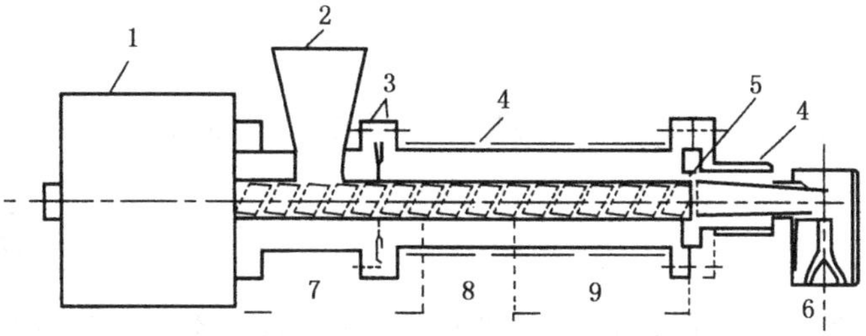

图 8-44　螺杆挤压纺丝机

1—驱动部分；2—加料斗；3—圆筒；4—加热部分；
5—滤网及垫层；6—喷丝头；7—进料部分；8—压缩部分；9—计量部分

螺杆挤出机的螺杆如图 8-45 所示。常用的挤出机，其尺寸、容量与功率消耗之间的关系为(1in=2.54cm，1lb=0.45kg)：

螺杆尺寸/in	2.5	3.5	4.5	6
输出/(lb/h)	200	250	500	625
功率/(kW)	40	50	100	125

制造聚丙烯纤维用的螺杆挤出机，一般按下列数据设计：

L/D 20～24，压缩比 3.5～4，进料区长度 9～11*D*，压缩区长度 4～5*D*，计量区长度7～8*D*。

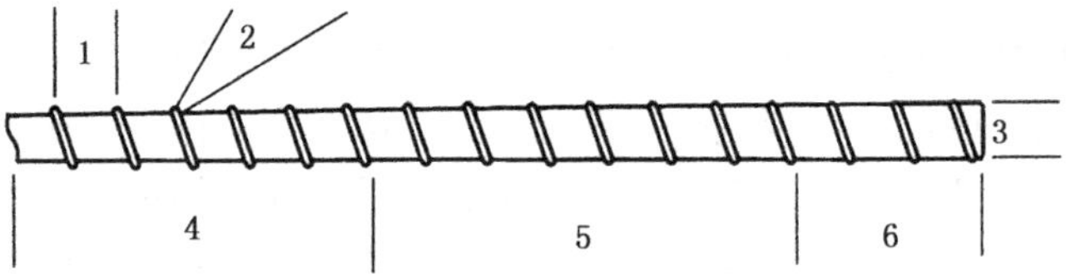

图 8-45　螺杆示意图

1—导程；2—螺纹深度；3—直径；4—进料区域；5—挤压区域；6—计量区域

直径为 6in 及 2. 5in 螺杆的螺纹深度为：

进料区：0. 612~0. 700in 和 0. 368~0. 420in

计量区：0. 175in 和 0. 105in

采用筛号 80~100 的过滤包，以保持熔体均匀和滤除凝胶颗粒。

聚丙烯自加料斗加入，经熔融、压缩、混炼、过滤、计量、送给喷丝头挤出到气体或液体凝固浴，然后进行卷取。正确控制挤压机到喷丝头的滞留时间和温度为一定值，以维持喷丝头出口的适当熔融黏度，使可纺性良好，并获得最终产品所要求的分子量和分子量分布，这一点非常重要。过滤是借助经过处理的砂，除去熔融物中的杂质和未熔融物，以防止堵塞喷丝孔，同时有助于熔融物的均匀混合并导热。

3. 聚丙烯膨体长丝的生产[117]

聚丙烯膨体长丝是生产地毯和壁毯的重要原料。随着膨体长丝生产技术的不断进步，异形丝、中空丝以及中空卷曲丝、PP/PA 纤维合股膨体长丝生产技术的出现，使膨体长丝不仅用于地毯行业，并且应用到其他织物产品上，如絮棉、过滤布、绒布等。

(1) 膨体长丝的工艺流程如下。

PP 切片 → 纺丝机 → 冷却 → 牵伸 → 卷曲 → 膨体长丝 → 合股加捻 → 络筒

卷曲以前的工艺与复丝基本相同。卷曲加工是通过高速牵伸卷曲加工机经高压热空气喷嘴将丝喷到带有金属针布的卷曲辊上，在滚筒转动的同时，PP 丝受到滚筒下部冷风管吹出的冷风，使膨体长丝卷曲冷却定型，最后卷曲到纸管上。

所用树脂一般采用熔体流动速率为 18~35g/10min 左右的 PP 切片。

(2) 膨体长丝的生产设备及工艺参数的控制。其熔融纺丝部分设备与长丝相同。高速牵伸卷曲加工机如图 8-46 所示。

纺丝过程主要工艺参数：

纺丝温度/℃	250~300
纺丝速度/(m/min)	300~500
牵伸温度/℃	100~150
牵伸倍数	3~4
牵伸速度/(m/min)	1000~1500

卷绕纱重/kg	6~15
纤度/dtex	770~3300

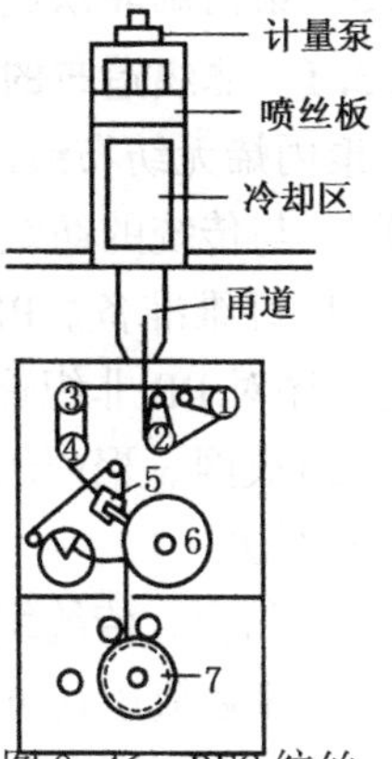

图 8-46　BFC 纺丝-牵伸-卷曲联合工艺加工工艺设备示意图

1~4—牵伸辊；5—热空气喷嘴；6—冷却针辊；7—卷绕装置

(3)中空纤维制造特点[118,119]。聚丙烯絮棉等产品的纤维属于中空纤维。中空纤维是采用中空喷丝板。用同一原料，同一螺杆使熔体通过不同直径的双管道，使熔体经历不同时间，产生不同分子量的两个组分同时进入喷丝孔，形成中空复合纤维达到在同根纤维内存在着不同的收缩性能的结构，形成卷曲的永久性的弹性纤维。

8.5.2.2　聚丙烯短纤维[120]

聚丙烯短纤维主要用于聚丙烯非织造布的生产。

事实上，生产聚丙烯短丝过程与长纤维并无本质区别，只是由于产品形式不同而略有差异。

随着聚丙烯树脂新品种的不断出现，聚丙烯纤维细旦丝、超细旦丝、双组分丝、复合化产品大量涌入市场，同时也促进了生产工艺和设备的改进和发展，可以预见，聚丙烯纤维有着光明的市场前景。

工艺流程：

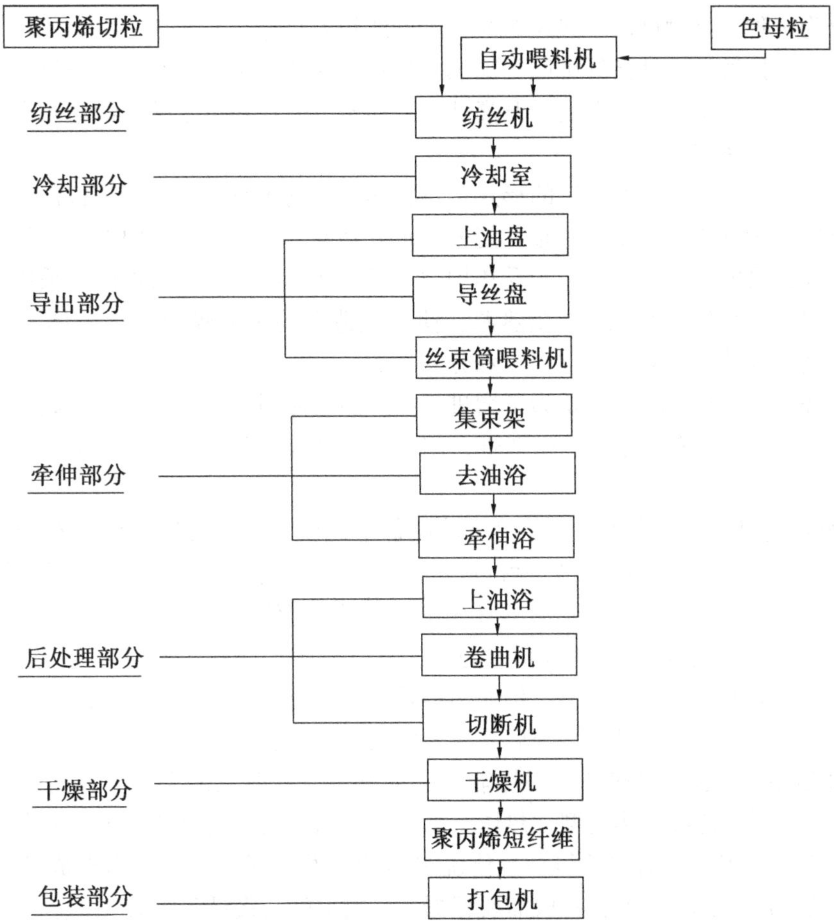

8.5.3 聚丙烯非织造布生产工艺

8.5.3.1 非织造布的基本制造工艺过程[101,121]

聚丙烯无纺布或丙纶无纺布是人们对聚丙烯纤维非织造布的俗称。非织造布在制造工艺原理上,与传统的纺织布有根本的不同,它的制造基本工艺过程如下。

(1)纤维准备。PP 纤维成网之前,要经过开松、混合、加油润滑和喷撒抗静电剂等工序,这些工序对 PP 非织造布的成网质量至关重要。

(2)成网。聚丙烯纤维非织造布的成网方法主要分成三类:干法成网、湿法成网和聚合物直接成网法。

(3)黏合。传统织物中的纤维是以加捻黏合交织包含在一起的,而非织造布既不加捻也不交织,却必须达到防止纤维相互移动的目的,就需要黏合。

① 机械黏合。成型的纤维网经过针刺、水冲(水刺)或纱线缝编,使纤维相互缠结,从而使纤维网获得强度。

② 化学黏合。这是非织造布中最早使纤维固定的方法,目前这种方法在水织造布中使用最为普遍。化学黏合原理简单,应用方便,但存在一定的污染。

③ 热熔黏合。纤维网经过热轧辊,使 PP 纤维充分熔结在一起,或使添加在其中的特殊熔点纤维或热熔性粉末黏合。

(4) 烘燥。此工序主要针对化学黏合、湿法成网以及水冲成网工序后的连接工序。烘燥方法可分为三种:接触烘燥、热风烘燥、红外线辐射烘燥。

接触烘燥:接触烘燥是指纤维网在加热的烘箱表面获得热量,纤维网与烘箱相接触的一面首先被加热,布内水分随着温度的升高从另一面蒸发,这样烘干的非织造布在比较硬和光滑的外表面,热效率较高。

热风干燥:热风干燥是用喷风的形式进行,热量借助于空气的流动进行传递,在干燥过程中,热空气把热量传递到非织造布,使表面水分蒸发,然后传递到内部。这是一个比较缓和的干燥过程,热风干燥使非织造布受热均匀。目前在非织造布此法被广泛采用。

红外线辐射:此方法通过红外线热源,使非织造布的水分吸收了辐射体发出的电磁波后,本身温度迅速升高,从而达到蒸发水分的目的。

(5) 后整理。后整理的目的是为了增进最终产品的使用性能与美观。例如,经过后整理后,非织造布产品可具有抗水性、抗皱性、阻燃性以及表面凹凸花纹等效果。非织造布的后整理,可分为以下三类。

① 机械后整理。机械后整理是应用机械设备与机械方法,改进非织造布的手感、悬垂性和外观等性能。例如,通过起绒,可以改进非织造布的表面柔软性和外观结构;通过压光,能使产品具有良好的外观与手感;通过起绉整理,能使产品具有良好的柔软性等性能。

② 化学后整理。这类后整理包括染色、防水、阻燃、防污、防静电等化学整理方法。近年来还出现了卫生产品整理方法,例如消毒处理。印花也属于化学后整理的一种方法,但非织造布的印花产品尚属少量,是今后需要开发的一个课题。

③ 高能后整理。这类整理是采用热能、超声波能与放射波来进行。其处理范围包括烧毛、热缩、热压凹凸花纹、热定型、热压、热缝合、超声波固化以及电子束消毒等。

(6) 成卷。非织造布的成卷与一般传统织物的成卷不同,非织造布在成卷的同时要切开,而且卷装幅度宽、容积大,一般需要根据实际情况配套设计和安装。

8.5.3.2　聚丙烯非织造布成型方法

1. 聚丙烯非织造布的干法成型[122]

干法成型是指聚丙烯纤维在干燥状态下经过梳理或气流形成二维或三维纤维网，然后经过化学黏合成热熔黏合等而制成非织造布。这种方法是非织造布中采用最多的方法。其工艺过程如下图所示：

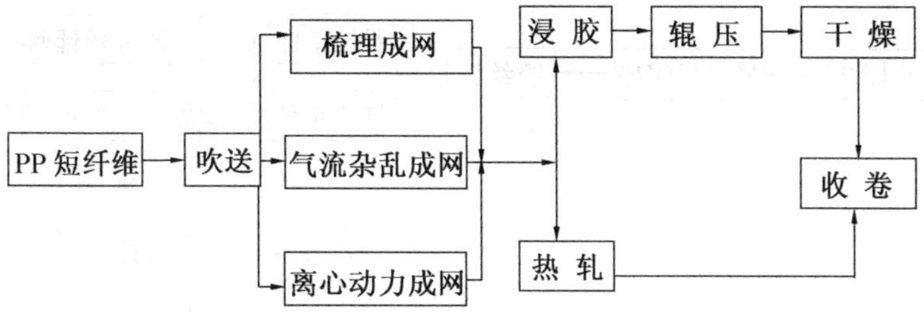

聚丙烯非织造布干法成型工艺流程为：

(1) 机械(梳理)成网。为了保证成网的均匀性，聚丙烯短纤维的丝束在这时被开松成单根纤维，然后通过气流成网机将单纤维依次排列成网。

此工艺的特点是产量大，出网速度快，机幅宽度大但设备投入和设备占地面积较大。

(2) 气流成网。气流杂乱成网，是指分散的单根纤维随气流通过文丘里管借助气流的变化，使原来按头尾顺序排列的纤维变成了无规律的杂乱运动，并被凝集网筒收集成网。其特点是设备相对简单，生产能力大，还适合生产双组分或多组分纤维非织造布(如 PE/PP,PP/PET等)。此工艺成网均匀性取决于纤维开松程度、作为原料的 PP 纤维的情况及薄厚型产品规格。

(3) 离心动力成网。此工艺过程是利用锡林的高速回转，将单根状态的聚丙烯纤维由旋转锡林高速机抛向道夫，在传输过程中造成纤维的杂乱排列，由凝集网筒收集成网，其特点是生产过程噪音小，产量高。

以上三种不同结构的成网机，在技术上各有优缺点，目前并存于聚丙烯纤维非织造布的生产中。

(4) 黏合。干法聚丙烯纤维非织造布应用的黏合方法，包括化学黏合法和热黏合法。前者可分为浸渍法、喷洒法、转移压印法和泡沫法；后者有热烘法、热轧法和超声波法。

2. 聚丙烯非织造法的湿法成型

湿法成型是指纤维在水溶液中成网的工艺，它是由造纸工艺衍化而来。湿法成型大多用于如维纶纤维等带有极性亲水基团的高分子聚合物纤维，对于丙纶纤维是很困难的。近些年来，日本、德国通过对聚丙烯纤维的亲水接枝改性，达到生产湿法聚丙烯非织造布的目的，但生产成本提高不少。

湿法成型工艺与造纸工艺有着很多的相似之处，其工艺流程如下：

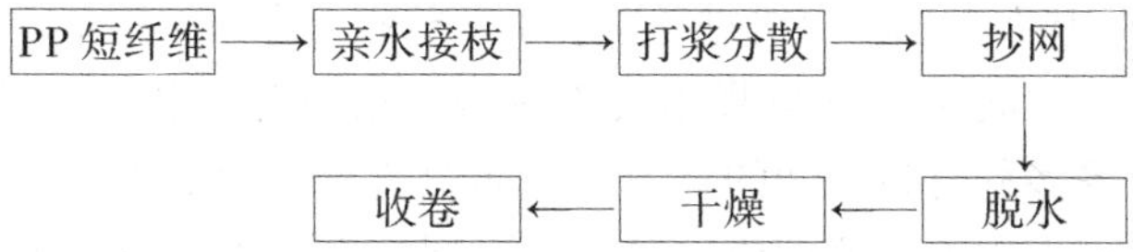

此工艺得到的丙纶非织造布厚薄均匀性好，且可与多种纤维(如 PE、PET、木纤维、纸纤

维、棉纤维）等复合抄造，制得具有特殊性能的聚丙烯非织造布。

3. 聚丙烯非织造布纺黏法成型[123]

纺黏法是指纺丝直接成布法，它采用把PP切片高温熔融，喷丝板喷出经罗拉牵伸或高速气流牵伸，并分丝铺网高速气流分丝成网或静电分组成网。

其工艺流程如下：

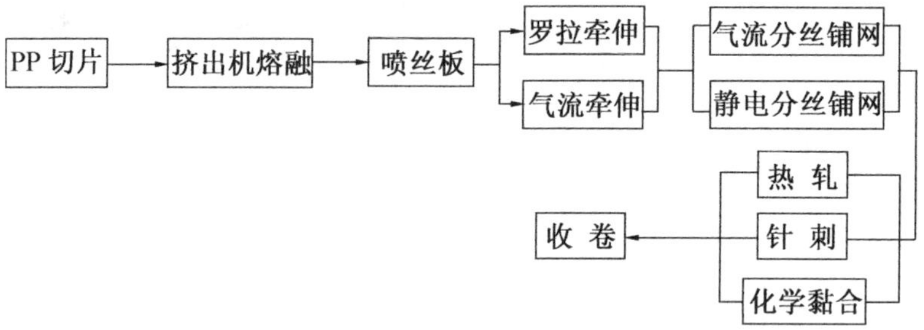

纺黏法制造的非织造布产品多，成网均匀，力学强度高，目前成为聚丙烯非织造布的主要生产工艺方法。

近年来纺黏法非织造布新技术向高速度、多喷丝孔、高生产率方向发展，产品可用于军用特种工业、医用救护服和特殊工作服、农业覆盖、汽车及飞机用过滤和内饰材料、电气绝缘材料等。

德国的莱芬豪舍（Reifenhauser）公司在2002年推出了Reicofit Ⅳ型设备，使纺PP的最高纺丝速度由原来的3500m/min提高至5000m/min，孔数由5000孔/m提高到7000孔/m。Nordson公司采用J&M Loboratories公司和日本NKK公司技术，牵伸方式采用狭缝式，研制了门幅3.6m的双模头Mircrofil纺黏设备，纺PP可达5000m/min。

4. 聚丙烯非织造布的熔喷法成型

熔喷法又称为超细纤维成网法，它是把PP切片高温熔融后通过高速气流丝板喷出很细的丝，直接被凝聚帘子或转筒接收成网，其工艺流程如下：

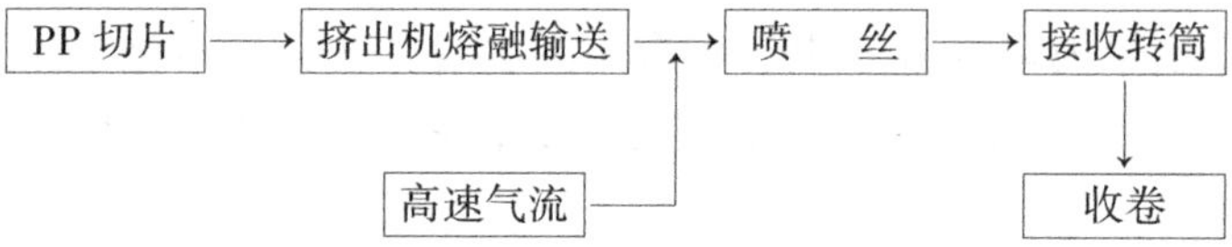

在输送喷丝过程中，熔体压力在3400 kPa左右，气流速度可达500 m/s，这种方法特别适合PP或耐热较好的聚合物。目前聚丙烯非织造布中相当一部分产品是由此方法生产得到，特别是在过滤材料、吸附材料和一次性用品方面。其特点是空隙率高、孔径小、手感好，生产设备紧凑但生产过程能量消耗较高。

熔喷法制造的聚丙烯非织造布，其用途十分广泛，并在不断发展。如蓄电池隔膜、过滤材料、医用口罩、一次性垫布，抽油烟机过滤罩、手术罩衣、围布、抹布以及海上吸油材料等。

目前，许多产品已倾向于纺黏与浆粕气流成网、熔喷与浆粕气流成网、梳理成网与纺黏、梳理成网与熔喷等多种材料之间的复合。在非织造布多种工艺组合上，各工艺之间也互相交叉，如水刺固结过去主要与梳理成网结合，而现在亦可用在纺丝成网、湿法成网等其他成网方法上。我国在这方面还刚刚起步，有相当大的发展空间。

8.5.3.3　聚丙烯扁丝的生产工艺[124~126]

聚丙烯扁丝主要用于生产包装用编织袋，是聚丙烯树脂的重要产品之一，在我国聚丙烯制品中占有相当大比重。

1. 聚丙烯编织袋的生产过程

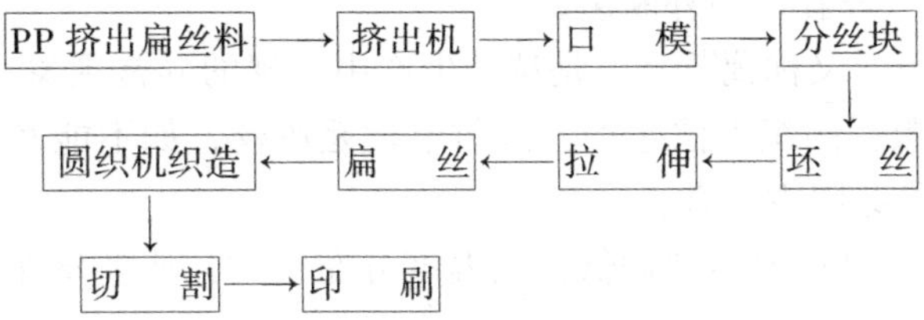

PP 挤出扁丝料经过挤出机挤出平膜，通过具有一定间隙的刀架(分丝块),切割成一定宽度的狭条(成为坯丝),再经单向拉伸得到的称为切割纤维或窄带，国内普遍称为扁丝。扁丝经圆织机织造后，切割成半成品。半成品经印刷缝纫等工序即制成成品的编织袋。

2. 坯丝宽度的控制

坯丝宽度与扁丝宽度的对应关系一般采用经验公式来近似表示，1982 年许健男提出了扁丝宽度与拉伸倍数关系的经验公式[127]：

$$\omega = (\omega_0 + 0.6)(0.535 - 0.022S_r) \tag{8-20}$$

式中，ω 为扁丝宽度，mm；ω_0 为坯丝宽度，mm；S_r 为拉伸倍数。

由于该式基本上与实际情况接近，因而至今仍被广泛使用，也可在实际生产中反复取样，实测出相应的值，对式中的常数作适当修正。这里需要注意的是坯丝宽度应为分丝块和刀片厚度之和。计算出了坯丝宽度就确定了分丝厚度，这样更换不同厚度的分丝块就可以生产市场所需的各种宽度的扁丝。

3. 扁丝生产过程中常见问题及解决对策

(1) 挤出量大幅度下降。挤出机挤出量决定着扁丝的产量，也同时决定着整条编织袋生产线的产量，故备受关注。经分析研究，其产生的原因主要有：

① 聚丙烯树脂牌号不对。不是拉丝级的聚丙烯树脂不能在拉丝机上进行扁丝生产。

② 填充母料质量太差。加入此类母料后，挤出量会突然锐减，甚至无法挤出物料，造成停机。

③ 螺杆转速太低。在正常范围内，挤出量与螺杆转速成正比，螺杆转速太低造成挤出量不足。

④ 机头、螺杆等部件中有异物或结碳。机头、螺杆等部件中的异物或结碳造成了流道堵塞。

⑤ 螺杆、机筒严重磨损。生产中填充母料等加入量过大，造成机筒螺杆严重磨损。

(2) 经常断头。经常断头是拉丝生产中易出现的问题，断头会产生大量废丝锭，使原料消耗大增，严重时可造成停机，经分析，其产生的原因主要有：

① 树脂的熔体流动速率太高。树脂的熔体流动速率太高表明树脂中低分子量级分太多，加工性能达不到拉丝工艺要求。

② 原料有杂质。膜片易在有杂质的地方出现破洞。

③ 拉伸倍率太高。超过了扁丝伸长极限。

④ 冷却水温太高。冷却水温使得坯丝中聚丙烯生成的球晶过大。

⑤ 膜片切边呈锯齿形。聚丙烯对缺口敏感，在拉伸过程中易形成应力集中而断裂。

⑥ 拉伸温度太高。丝在烘箱内断裂。

⑦ 拉伸温度太低。丝在烘箱外断裂。

(3) 竹节丝。竹节丝又称藕节丝，是拉丝生产中出现的异常现象。因其丝宽忽大忽小，不能穿过棕丝上的扣眼，圆织无法生产，故竹节丝是废丝，如不能及时消除，只能被迫停机。经分析，其产生的原因主要有：

① 拉伸温度偏低。烘箱内温度偏低，或温度分布不均，使扁丝在不适当的温度下被迫拉伸所致。

② 拉伸倍率偏低。拉伸倍率偏低，坯丝受拉伸程度不够。

③ 挤出温度偏低。挤出温度偏低，膜片塑化不均匀。

④ 冷却水温高。膜片中聚丙烯结晶度过大。

⑤ 机械传动不稳定。因机械传动有波动，引起丝宽相应波动。

8.5.4 聚丙烯注塑制品、模压制品及应用

8.5.4.1 聚丙烯的注射成型及制品应用

聚丙烯的注塑制品具有较高的表面硬度和光泽，耐应力开裂，高刚性和高温稳定性，高化学稳定性，耐80℃以下酸、碱、盐溶液及很多有机溶剂，在很多溶剂和去污剂、洗涤剂中不发生应力开裂，且无毒无臭。因此在汽车、家用电器、电子仪表、电器元件、化工、农业、医疗、环保、建筑、轻工、食品、包装等诸多领域有广泛的用途。

1. 聚丙烯注塑用原料的特点

近年来随聚丙烯树脂改性技术的发展，聚丙烯注塑制品的原料已从单一 PP 树脂向 PP 合金或 PP 专用料的方向发展。聚丙烯增强、增韧、阻燃、填充发泡、高光泽、导电、透明、屏蔽等多种专用料大大扩充了聚丙烯注塑制品的使用领域，也给聚丙烯注塑工艺和设备提出了新的不同的要求。不同的聚丙烯注塑级专用料，虽然熔体流动速率大都控制在 1~10g/min 范围内，但由于其组分是以聚丙烯为基体由无机或有机或金属等各类材料共同组成，造成材料的流动性、流变性、制品的收缩率、力学、电学性能等发生了很大的变化。因此注塑工艺参数、设备控制、模具设计、喷嘴结构都需要做相应的变化，这样才能保证注塑制品的质量。

2. 聚丙烯注塑成型工艺[128~131]

聚丙烯注塑成型工艺与其他热塑性塑料有很多相似之处，注塑过程因使用的注塑机不同而会略有差异，但基本程序相似。通常柱塞或螺杆式注塑机完成一次注塑模具过程所需时间为注塑成型周期，如图 8-47 所示。

(1) 闭模：在合模装置的作用下，模具低压快速闭合。当模具快要接触时，为保护模具，通过调速控制变为低压低速运动，经确认模具内无异物后，再以高压闭模锁紧。

(2) 注射及保压：当模具闭合到位后，注射座向定模板方向前移，使喷嘴与模具主流道接通，螺杆在油缸活塞压力的作用下以高速高压将机筒前端熔融塑化物料注入模腔。充模时间一般为 3~5s。在物料射入模腔以后，有时增加继续注射压力，是为防止材料冷却，在模型内收缩造成压力下降，造成制品产生气孔等疵病，称之为二次注射压力或保压压力。在

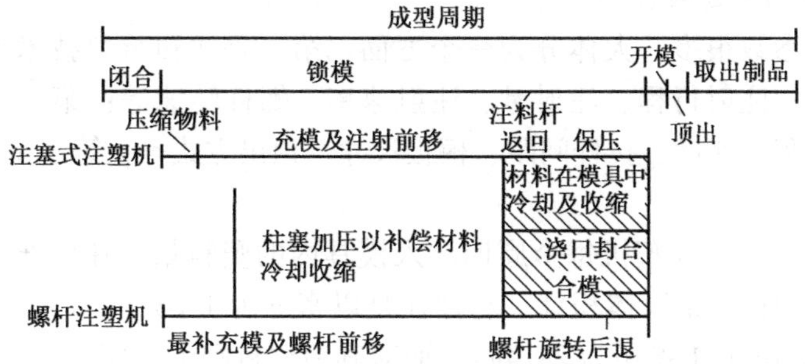

图 8-47　注射成型周期

注射加压时间内，保压所占比例很大。一般为 20~120s，特厚制件可达 5~10min。

(3) 制品冷却定型和预塑化：熔融物料充满模腔后开始冷却，当浇口封闭后保压即可停止。注射装置有时后移，制品继续冷却。与此同时，物料由加料口进入机筒，螺杆转动物料向前输送进行塑化，准备下一次注塑。制品的冷却与螺杆的塑化是同时进行的。冷却时间应保证制品脱模不易引起挠曲。

(4) 开模取出制品：制品完成冷却定型后开模，利用顶出装置把制品顶出模具。至此完成了整个注塑的成型过程。

作为常用注塑材料，聚丙烯主要成型条件如下：

设定温度	温度/℃
机筒后部	160~170
机筒中部	200~230
机筒前部	180~200
喷　　嘴	170~190
模　　具	40~80

聚丙烯的注射温度的确与 PE 相似，考虑到其为结晶聚合物，结晶晶核熔融需要吸收热量，因此注射温度应高于熔点(~170℃),但是聚丙烯长期受热易发生氧化反应，分解温度又较低(300℃),因此温度不应过高，通常选择 200~230℃。

模具温度也对 PP 结晶性能有较大的影响。模具温度高，结晶度高，刚性高，但收缩率大；反之模具温度低，制品结晶度低，韧性好，收缩率低。因此一般情况模具温度控制在 40~80℃并通水冷却。

此外，应注意 PP 制品存在着后收缩的可能，即制品脱模后仍会继续收缩，致使制品翘曲变形。在生产大面积薄制品中常有此现象出现，在工艺上控制的办法是脱模后在室温下固定一段时间，待其充分冷却定型稳定后，再取走固定件。如在生产周转箱时，工厂中经常采用此办法保证其尺寸稳定性，取得了良好的效果。

实际上由于现在的注塑制品越来越多的采用聚丙烯合金或聚丙烯专用料，不同的组分会使聚丙烯成型的工艺参数有所差异。具体工艺参数应以上述聚丙烯成型条件为参考对具体专用料特性而定。

3. 注射成型机的主要参数

评定注塑机的参数很多，大体分为三个方面：第一是注塑装置技术参数，如螺杆的长度、直径、长径比、注射行程、注射量、注射速率、螺杆转速等；第二是合模装置技术参数，如合模力、行程、速度、拉杆间距、模板尺寸、顶出方式等；第三是整机的参数，如尺寸、能耗、重量等。

（1）注射量：指一台注塑机每个周期注入模具内的塑料量。在柱塞式注塑机中以重量计，而在螺杆式注塑机中常以体积计。它往往是以密度为 1.05 g/cm^3 的通用聚苯乙烯量表示(英美国家常以盎司计,1 盎司为 28.4g)。而对其他材料则可以用二者密度的比率与 PS 注射量相乘表示。在选择注塑机时，应使其注射能力发挥在 20%~80%的范围内(最佳)。

（2）注射速率：指单位时间内最大注射量，它等于柱塞或螺杆的截面积与其前进最高速度的乘积，单位为 cm^3/s。在这种情况下，熔体的温度应当处于所希望的温度(147℃),同时温度均一性的范围应在 10℃以内。注射速率也为塑化速率。

（3）合模力：由于物料以熔融状态加工注射入型腔内，为保证制品全部充满无缺料，同时保证制品的密度从而达到良好的机械性能，注射后还应保压。通常以制品投影面积计算，应达到 4~10kN/cm^2。

4. 聚丙烯注塑成型设备组成

（1）注射成型设备[129,132,133,135]。聚丙烯注塑成型设备通常采用热塑性塑料注射成型机。它通常由 4 大部分组成，即合模装置、注射装置、电气、电子控制及液压驱动装置。

① 合模装置[136]。是保证模具完全闭合和模具按工艺要求顺利启闭的装置。完全闭合是指在注射状过程中，模具在合模装置作用下，在高压物料进入模腔的状态下仍保持闭合状态，而不会发生闭合不紧出现制品溢边疵病。合模装置通常由动模板、定模板、合模油缸及顶出机构等组成。由于生产控制的方式不同，制品复杂程度不同，对合模装置要求也不同。目前大体有三种类型的合模装置：机械合模、液压合模及液压机械合模装置。上述不同合模装置不仅完成启闭模的基本功能还可具有下述功能：为保护模具，在闭合前瞬间合模装置由高速变为低速低压合模；为保护制品，模具开启初期应低速打开；为缩短成型周期，模具应高速开启和闭合等，还需要具有将制品从模具中顶出的功能。注塑机中锁合模具、启闭模具及顶出制件的机构是彼此联系的，总称为合模装置。

A. 机械合模。也称肘杆合模装置，这是由于该装置以电机通过齿轮等减速传动曲臂或以杠杆微动曲轴的一套复合的肘杆连接系统而完成锁模及闭模动作。

此类装置价格较便宜，与其他两类装置比较，仅需要简单的液压和电路系统，因而常在小吨位的注塑机中使用。

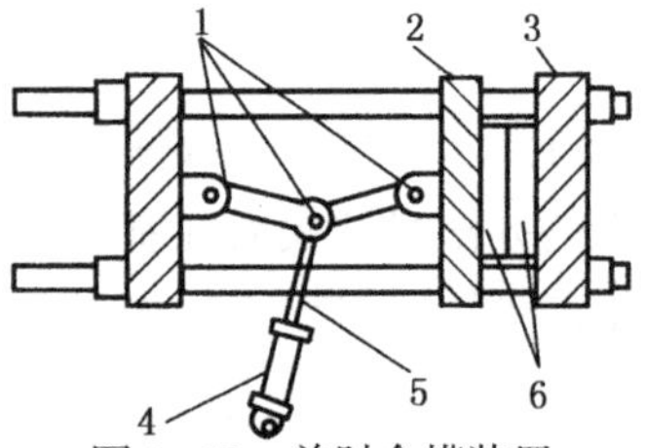

图 8-48　单肘合模装置
1—销轴；2—动模板；3—静模板；4—驱动油缸；5—驱动活塞杆；6—模具半模

a. 单肘杆合模装置。图 8-48 给出了结构示意图。驱动油缸 4 的作用是使活塞杆与牵引销轴 1 作用，从而拉动模板 2 运动。该装置的优点是结构简单。其缺点是驱动活塞杆运动到某一位置时，对动模板产生了侧向拉力。该力对于大吨位的注塑机来说会产生磨损。应经常注意并适时更换零件。因此在考虑该类注塑机的价格时，应适当考虑磨损造成的所需更换配件的费用。

b. 双肘杆合模装置(见图 8-49)。相对而言，该装置在肘杆合模系统中是比较复杂的。它的特点是锁模时具有良好的性能，开闭模过程平稳，并在沿着合模行程运动过程中，达到某确定位置可迅速返回。此外不存在侧向拉力所引起的拉杆或模板导套的磨损。在双肘杆装置中，驱动活塞杆1牵引十字头8向前运动，依次使肘杆机构及模板3向前运动。在闭模初期，肘杆机构提供较低的机械性能，但该机构能使模板在很小压力下变为快速位移，而理想的情况是伴随着合模过程有着低的合模力的状态。当动模板接近闭模的位置时，肘杆机构接近其最终固定位置，肘杆完成了平稳的变化过程：由低力值高速运动状态转变为高力值(吨级结构)与低合模速度相结合的状态从而避免过程冲撞的发生。在完全伸展时，肘杆几乎伸直，因此达到锁模位置，此时肘杆打开的可能性很小。设备所用的液压油量很小仅限于操作注塑机完成注射功能的用量。为了开模，则在合模油缸的另一侧提高油压，使得驱动活塞推动肘杆机构从而打开模具的半模以避免模具受损。当肘杆向前运动至折叠位置时动模板快速开启。

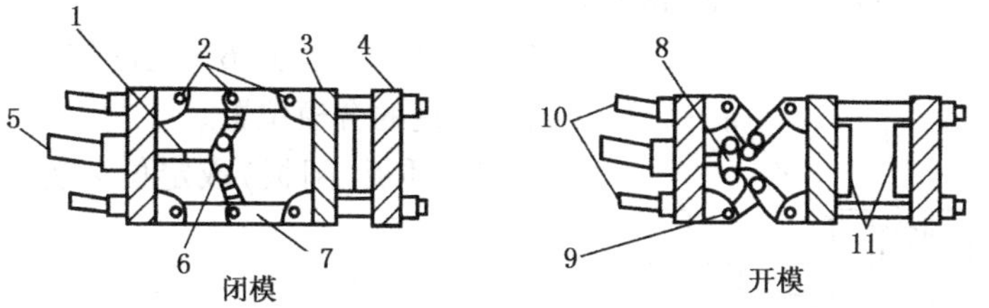

图 8-49　双肘杆合模装置

1—充液阀；2—液压油；3—油箱；4—拉杆；
5—动模板；6—模具半模；7—高速缸；8—合模油缸

肘杆机构用液压驱动，油缸很小，运动速度很快。其优点就是无论在闭模时的最后动作还是开模时的最初动作都可获得最佳效果。对于不同的模具高度，可以通过调整肘杆结构而得到较好的适应性，此外还可以通过调整动模板沿连杆运动方向的位置(因为对不同模具都是肘杆伸展最大时处于合模位置)来适应使用不同模具的情况。调整操作是通过转动后动模板连杆螺母而进行的。一般在小吨位注塑机中，肘杆合模的应用相当普遍。

B. 液压合模装置。采用油缸和柱塞并依靠液压力推动柱塞作往复运动来实现启闭和锁模，该类装置广泛用于中等型号注塑机(大体是150~1000t的规格)，而更多用于250~700t的注塑机。液压合模装置为设备的安装和操作提供了便利的条件。因合模力可在合模行程的任一点发生，因而模具的行程可通过在标尺上所希望的位置设定限位开关完成。合模平缓性、模具闭合性、缓慢开启及其后快速打开的功能均可调整。在复杂的注射过程中，如抽芯、非螺纹模具、多模板模具或精密制品模具需仔细处理的情况时，这种多功能性特别有用。

典型的液压合模装置见图8-50。快速合模通过安装在液压活塞中心的高速缸7而获得。作用在油缸小面积上的大量的油可导致迅速的合模。充液阀1使油箱3的液压油2借助重力流入主液压活塞后面的腔中。在模具将达到闭合位置时，仅仅

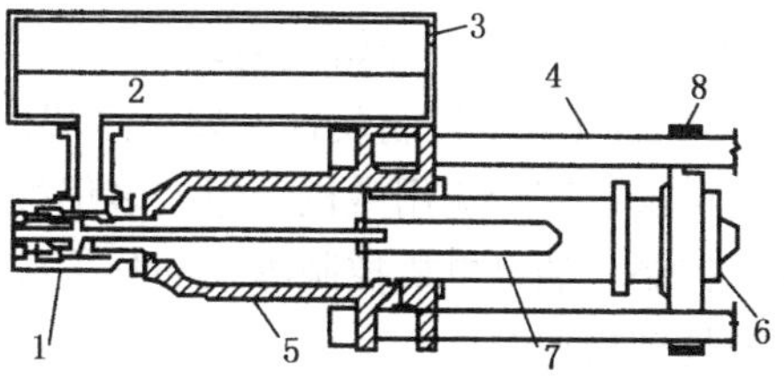

图 8-50　液压合模装置

1—充液阀；2—液压油；3—油箱；
4—拉杆；5—动模板；6—模具半模；
7—高速缸；8—合模油缸

通过小流量泵注油以低速、低压完成合模过程。低压合模可以保护模具不受损坏。预先设定的计时机构确保闭合的时间，如果在规定的时间内没有完全合模，则计时机构将给出信号，注塑机开启模具(此动作基于这样假定:某些环节已经阻止模具闭合)。此时的情况正像模具受到触动时一样，充液阀关闭油箱通道，高压泵施加力于合模活塞的端面上。

塑料注射后，新成型的制件冷却为固体，由小流量、高压力泵排出的油反向作用回程活塞，缓缓分开半模 6。充液阀正对着主油缸打开至油箱。

在很短距离内，另一个开关通过启动流量泵而打开快速合模。另外的传感器减慢了活塞速度，最后导致完全停止。最后机械或液压顶杆顶出制品，完成上述程序。

C. 机械-液压合模。该装置是通过机械和液压的联合作用，由液压操纵连杆或者曲肘撑杆机构而获得模运动和锁模力。机械-液压合模装置一般合模力范围在 1000~1500t 或略高。而对更高的合模力装置，设计时将涉及完全应用液压过程输送大量的油，具有相当的难度。该装置主要由下面三部分组成(见图8-51)。

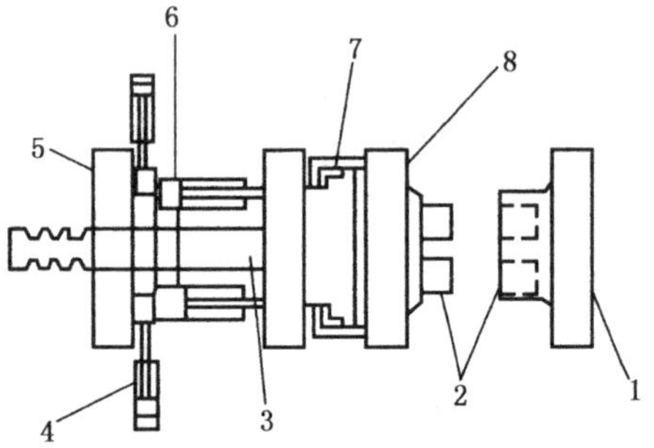

图 8-51 机械液压合模装置

1—前固定模板；2—半模；3—立柱；4—锁定缸；5—后固定板；6—移模缸；7—锁紧缸；8—动模板

a. 夜压移模缸 6，它的作用是使动模板 8 准确到达最近的合模位置。

b. 插板(闸板)或定位装置，以防止向后部的运动。

c. 锁紧缸连杆，使模具运动到最终完全闭模位置，并达到锁模力。

在注射结束，制品冷却后，阻止反向力的锁紧缸连杆动作开启模具，而后阻断装置解除作用，移模缸拉动连杆、动板，模具打开取出制品。

② 注射装置。注射装置是使物料加热熔融并计量后高速注入模腔的装置。为完成该功能，整个装置由加料、机筒、螺杆或柱塞、喷嘴等部分构成。物料经供料装置送入加料斗后，一般靠自重落入机筒，料斗落料应具有一定尺寸以防物料架桥，且附有冷却装置，防止物料过热后结块而堵塞料口。物料进入机筒后在机筒外电热器加热及螺杆转动中剪切力作用下加热熔融塑化并输送至螺杆前端，对螺杆注塑机而言，因流经喷嘴的熔体受到较大的阻力，当螺杆转动时会受到一压力，即背压，从而产生螺杆的后退。螺杆的后退形成了前端熔融物料的积累。当积存的熔融物料达到一次注射量时，螺杆停止转动，由行程开关或位移检测信号控制，开始注射动作，将计量后的树脂注入模腔。

③ 电气电子控制装置。如今注塑机是机械-电气-液压一体化的产品。目前国内使用的注塑机虽也部分应用微机，但大多仍处于继电控制系统，进行控制的系统由动作程序控制、温度控制、油泵电机控制等几部分构成。当然由于计算机的发展，将有越来越多的注塑机采用微处理机控制。

④ 液压驱动装置。它是整个注塑机各种动作的液压控制系统，直接影响到注塑机的可靠性、稳定性、灵敏性及经济性。特别是注塑机高效、节能、低噪声，除机械机模具外，重要的是液压系统的影响。因此它是注塑机的重要部分。

液压装置是通过各种液压元件——泵、油马达及阀件与附件组成严格的液控系统，完成注塑机的工作程序。

目前注塑机的机械结构并无重大变革，但在液压驱动及控制方面进行了大量的研究改进。从而取得了节能、控制二个方面的明显成就：

A. 通过设计节能液压回路并配以适当的执行机构，使注塑过程中的两大主要能耗——注射及塑化过程能耗能明显降低，可节能达到30%。

B. 液压与微机系统相结合的控制系统形成高水平的控制能力。特别是采用闭环控制后可同时准确设定多种速度、压力及时间，随时显示工作状况，并进行10余种故障的报警，大大提高了设备的精度，甚至在精密注塑时可指示螺杆及移动模板精度±1mm以内，注射行程精度可达0.55mm，足以说明其优点。

（2）注射机螺杆种类[137]：

往复式螺杆。这是聚丙烯注塑成型中使用最为普遍的。该螺杆转动时，熔体输送到螺杆前部，因物料聚集作用给予螺杆向后的返压，从而使螺杆前部保持一定量的熔融物料。注射时，给予螺杆向前运动的力将一定量的物料注入模腔。螺杆前方的换向阀或止逆环阻止了熔融物料的反向流动，确保定量的物料在压力下充满模腔。

混炼螺杆。该类型螺杆见图8-52，即在螺杆端部增加一端特殊设计的螺杆，其与机筒配合较好以阻止未熔融的物料通过此段，而熔融物料在推力下到达螺杆端部料室内。这样一些措施可改进熔体质量(降低熔体温度梯度)及不同色料的混合均一性。

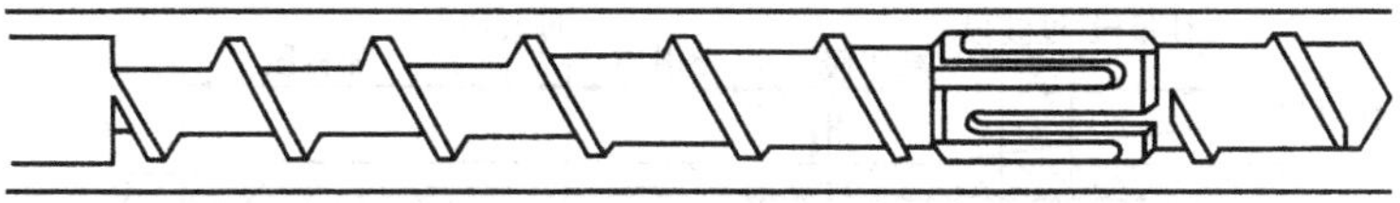

图8-52　混炼螺杆

预塑化注塑机用螺杆。预塑化注塑机功能包括两部分：预塑化部分和注射部分，见图8-53。预塑化部分是由塑化螺杆和机筒构成，加热机筒内螺杆的转动使物料塑化，后进入注射部分，注射作用是由在加料机筒内的柱塞完成的。这种类型的注塑机优点是在注射时易于控制，而缺点在于因上一次注射剩余物料的存在使柱塞腔内物料具有不同热历史而缺乏良好的均一性。该类螺杆专用于预塑化部分。

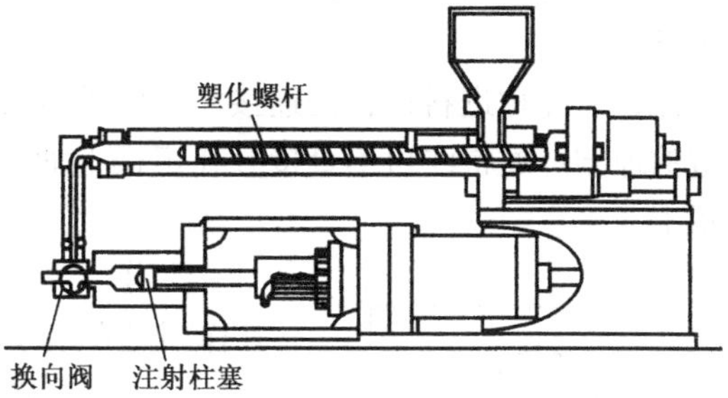

图8-53　预塑化螺杆注塑机

仿大理石制品生产用螺杆。该类型螺杆结构见图8-54所示。该螺杆长度较短，仅适用于某种特定基本材料。而另一种与此基本材料的颜色差别大且熔点较高的材料同时加入，由于其熔点高，即使输送达到螺杆顶部仍未熔融。在注射阶段，混合物料被强迫通过机筒前端处的鱼雷头分流芯，此时虽然混合的不甚良好，但是获得了较多的热量以使色料熔融。因此注塑制品可获得大理石条纹的外观。这种结构的螺杆还具有另外的优点，即与老式柱塞注塑机相比，既有较短的注塑周期又可获得更固定的熔融温度。

排气式注塑机螺杆。这是针对某些材料如聚碳酸酯、聚酰胺、纤维素或聚丙烯合金材料等而设计的注塑机螺杆及机筒(如图 8-55)。这些材料或是由于注塑过程中产生的气体需排出，或是由于其未充分干燥而在加工过程中产生水蒸气，这些都将导致制品表面出现色斑的疵病。为解决此类问题，出现了排气式机筒螺杆。首先这类螺杆的特点是具有较大的长径比一般大于 20；其次，在物料完全处于熔融态的位置，该处螺槽深度突然增加以使熔体减压，导致气体逸出并通过机筒壁上的排气口并与真空系统相连接(即图中第 1 及第 2 交界处)，而后熔体继续进行压缩通过第 2 段螺杆。

(3) 注射模具进料系统[138]：注射模具进料系统的作用，是使来自注射喷嘴的熔融物料迅速充满全部型腔，并在充模过程中将压力传递到型腔的各个部位以使制件均匀成型。

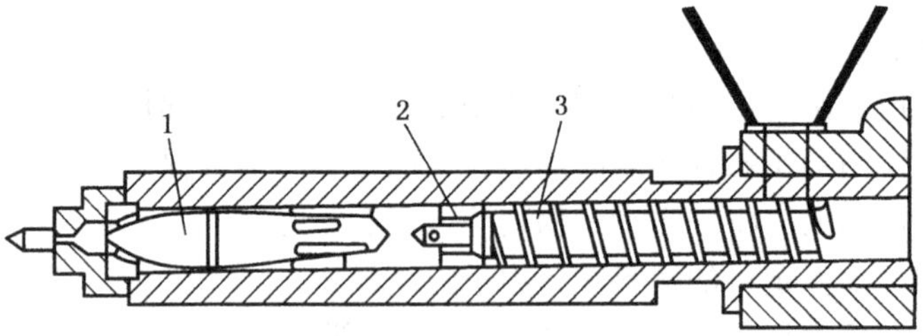

图 8-54　仿大理石制品生产用螺杆

1—分流芯；2—止逆阀；3—螺杆

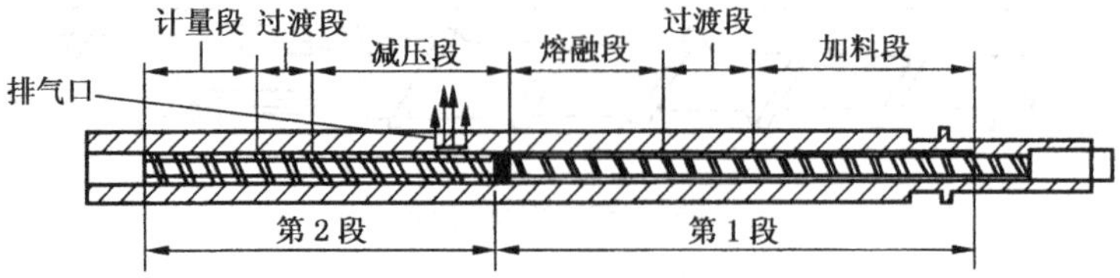

图 8-55　排气式机筒螺杆

注射模具进料系统通常有注口、注道(主流道和分流道)、浇口及冷料井四部分组成(见图 8-56)。

注口。亦称进料口，是连接注射机机筒喷嘴和注射模的桥梁，是熔融物料进入模腔最先经过的地方。通常注口不直接开在定模上而是制成单独的浇注套(亦称进料嘴)镶在定模固定板上。

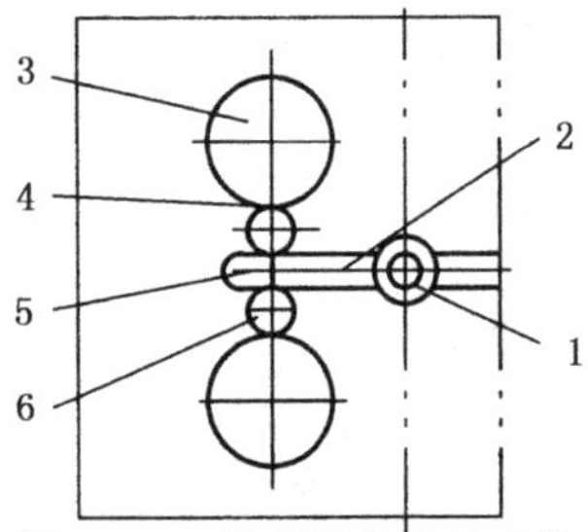

图 8-56　注射模的进料系统

1—注口；2—主流道；3—型腔；4—浇口；5—冷料井；6—分流道

流道。自注口向浇口处顺序延伸又称为主流道、分流道，其作用是在最小压力损失条件下，将熔融物料自注口输送至浇口，以便进入模腔。常用的流道断面形状有圆形、半圆形、矩形和梯形四种。一般说来断面为圆形时，因其表面积与体积之比最小，为最佳，但实际由于机加工原因多采用断面为半圆、梯形或矩形的流道。

浇口。是连接流道和型腔的部分。也是进料系统的最后部分，对它的要求是使流道来的熔融物料迅速通过浇口充满型腔，同时在型腔充满物料后浇口迅速冷却防止型腔内高压热料返回。浇口的类型很多，如宽浇口、窄浇口、扇形浇口、环形浇口、侧浇口、爪形浇口、点浇口、耳形浇口、潜伏式浇口、盘形浇口等。可以看出，虽然浇口部分很小但十分重要，设计时要充分考虑制品形状、尺寸、模具结构及工艺条件。否则将会导致缺陷的产生，如缺料、发脆、分解、翘曲等均与浇口设计直接相关。

冷料井。一般设置在分型面的尽端或在流道的尽端。其作用是集存冷料以防冷料堵塞流道或进入型腔造成制件上的冷疤或冷斑。冷料产生的原因是喷嘴最前端熔融料温度较低。

（4）注射模具的种类和模具选择原则[139]：根据注塑成型制品的要求，注射模具千差万别，大小悬殊，精密注射模具轻巧，而大型模具重达几十吨。然而就其结构来分主要可分为二板式注射模、三板式注射模、热流道模、无流道模具。

为适应制品千差万别的需要，注射模大小轻重及繁简程度差异很大，如大的模具可达几吨而小的模具仅几千克；复杂的模具由几十个零件组成，小的模具由几个零件构成。此外对于模具的不同位置，强度、耐热性及耐腐蚀性的要求不同，因此对模具材料的选择应予以充分的重视。

模具选择应考虑如下因素：

模具零件的大小，零件面积大小决定了承受各种强度及磨损的能力；

模具零件数量的多少；

模具的加工周期；

模具零件所接触的是何种塑料材料。

考虑上述因素后应选择那些加工性能好、热处理后变形小、耐磨性、耐腐蚀性及抛光性好的钢材。

一般来说，常用的钢材有碳素钢、碳素工具钢、合金工具钢和合金结构钢。模具的凸模凹模常用 12CrMo、38CrMoAl 等有较好耐腐蚀性的合金结构钢；对于复杂的镶嵌件、固定及侧滑成型芯、螺纹型芯等多用 5CrNiMo、5CrMnMo 合金工具钢加工，这类钢材热处理后变形小且耐磨和耐热性好。此外导柱、导套可用一般碳素钢或碳素工具钢经渗碳或淬火处理，以获得较高的机械强度和耐磨性。

8.5.4.2　聚丙烯中空制品成型及热成型

包装行业是聚丙烯树脂重要的应用领域。近年来，在塑料包装制品中，塑料箱类及容器类产量增长速度最快。在食品、饮料、化工、医疗、化妆品等行业所占的比例呈现直线上升趋势。随着高流动性、高熔体强度、高透明性、高光泽聚丙烯新品种的专用料的开发，聚丙烯热成型、吹塑成型包装类制品将迅速增长。

1. 聚丙烯热成型[140]

（1）工艺过程：

PP 片材 → 加　热 → 成　型 → 冷　却 → 起　模 → 成　品

聚丙烯热成型属于塑料二次加工的一种成型方法。以聚丙烯片材为原料，在加热条件下借气压之差与模具结合，片材冷却后成型。与注射相比，PP 热成型制品可以做得很薄，生产效率高、方法简单，设备投资少，可以制造大表面积制品。其主要市场是：熟食容器、牛奶杯、饮料杯、壳状产品。

（2）热成型设备：目前用于工业生产的热成型设备按供料方式的不同，可分为二次成型和挤出-热成型联合机组。

① 真空成型设备[141]。此类设备采用覆盖成型或称为包覆成型的原理，将加热后的PP片材，覆盖于模具上，四边密合以后，进行真空吸塑，片材贴附于阳模上成型，见图8-57。

② 预吹真空成型。此方法也称为气胀模塞助压真空成型，是将热的软片材向模具反方向进行吹胀，使片材经历一次拉伸，再采用真空吹塑，这样可保证制品的壁厚均匀。见图8-58。

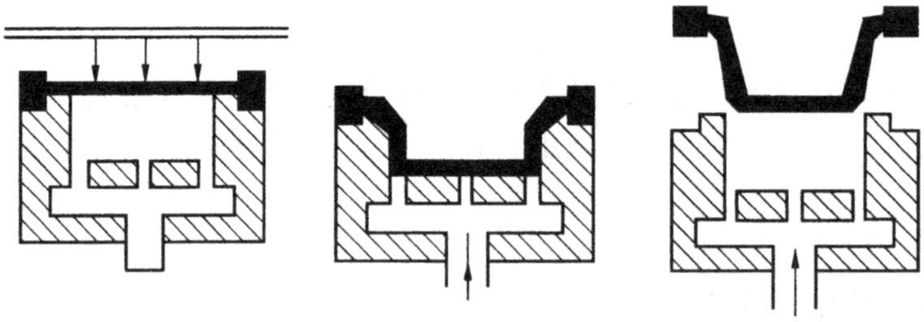

图 8-57 真空成型原理示意图

③ 挤出片材-热成型机组[142]。为了提高生产的自动化程度和产品的质量，降低成本，已经开发出挤出片材和热成型的联合机组。挤出的片材定型后直接送到成型机，利用了板材的余热，降低了能耗。同时热成型后碎片用空气直接送到原料漏斗。

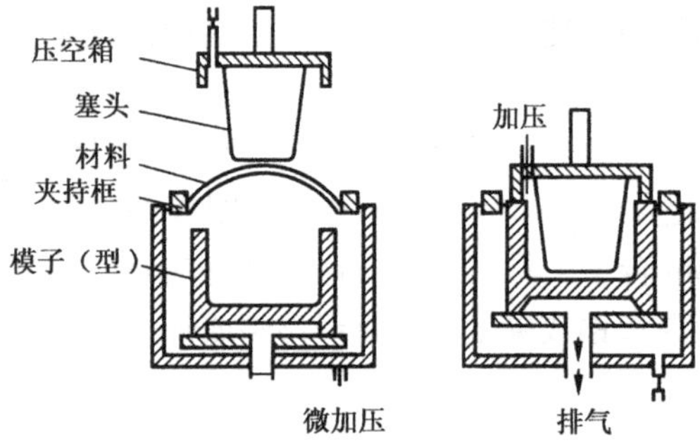

图 8-58 预吹空成型原理图

④ 工艺单元控制方式。

加热系统：热成型中加热片材的方式选择多种多样，如红外加热、微波加热、气体加热、液体加热、热板加热等。以红外加热方式使用最为普遍。

夹持系统：夹持框架由上下两个机架组成。为了保证被夹持片材的气密性，避免成型时发生漏气、片材错位和变形等现象，一般在框架上附加自动压力补偿装置。

真空系统：多采用叶轮式真空泵。要求在抽真空操作时，气压要保持平稳均衡。

压缩空气系统：用于制品脱模、冷却以及模具和框架的移动的操作。

模具：PP 热成型过程的压力不是很大，因而对模具材质的选择较为广泛，如钢、铝、塑料、石膏或木材。由于聚丙烯的非极性特性，它与模具表面之间的附和力很差，所以模具表面应进行适当糙化处理。为了避免制品成型时的应力集中，提高冲击强度，模具表面的棱角或隅角均采用圆弧过渡。

(3) 热成型加工工艺参数的控制：聚丙烯热成型推荐温度如下

成型温度：120~200℃

模具温度： 70~90℃

事实上与 PP 原料不同，由于产品的形状、尺寸关系，工艺参数的确定还需要视情况而定。

① 聚丙烯片材的预热时间视加热方式而定。片材预受热的均匀性是关键。同时要考虑预热过程不要太长，否则造成耗能多和材质劣化。

② 成型温度。在保证制品质量的前提下越低越好，以制品在最大牵伸处发白为好。形状复杂的制件其成型温度要稍提高。

③ 冷却脱模。强制冷却能使生产周期缩短。冷却过程要控制恰当。冷却不够制品脱模后易发生变形；冷却过分又会导致制品收缩过度而脱模困难。

2. 聚丙烯中空吹塑成型

中空吹塑制品具有整体性好、产品用途广等特点，是仅次于挤出和注塑的第三大塑料成型方法。

吹塑成型的方法可分为挤出吹塑成型法、注射吹塑法及近几年来出现的挤出拉伸吹塑法和注射拉伸吹塑法。

挤出吹塑法和注射吹塑法的成型过程为：塑料通过挤出机或注塑机熔融加工成型坯，向熔融的型坯中通压缩空气，横向拉伸吹胀，使型坯贴于模具型腔表面，经过冷却成型成中空制品。参见图 8-59 和图8-60。

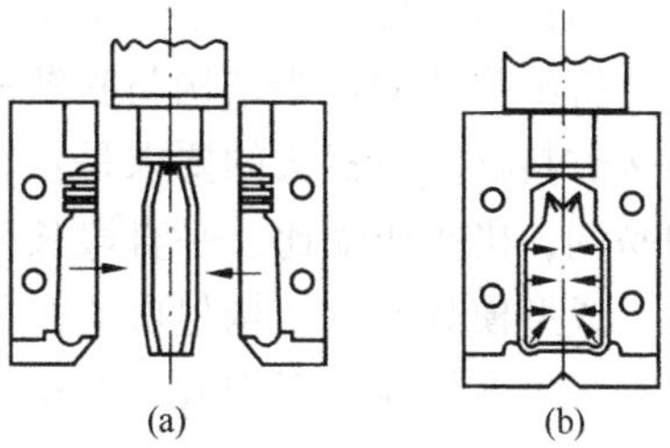

图 8-59　挤出吹塑过程

a—挤出型坯；b—吹胀成型

挤出拉伸吹塑法和注射拉伸吹塑法的成型过程是：将经挤出或注射加工成型的熔融型坯，处理至所需的拉伸温度，经内部（如用拉伸芯棒）或外部（如用拉伸夹具）的机械力作用而进行纵向拉伸，同时或稍后通压缩空气横向拉伸吹胀，使型坯贴于模具型腔表面，经过冷却成型成中空制品。参见图 8-61。

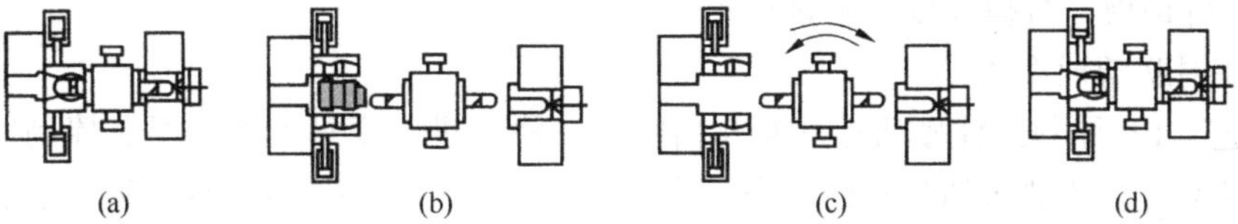

图 8-60　注射吹塑过程

a—闭模；b—开模；c—反转；d—闭模

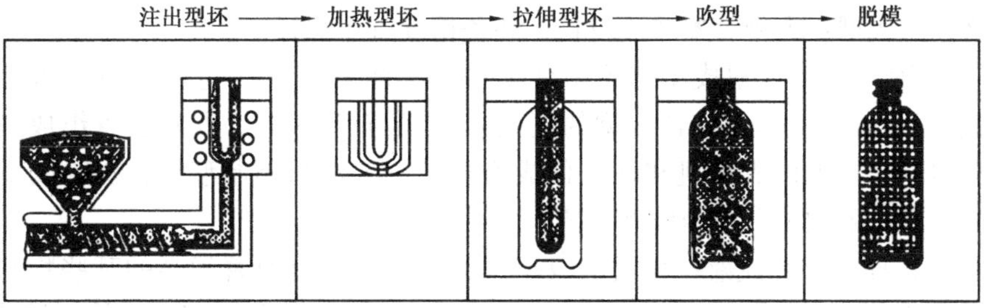

图 8-61　注射拉伸吹塑过程

（1）挤出吹塑成型[143]：

① 工艺特点。挤出吹塑成型的主要优点是：制品形状限制较小，可以吹制带把手的容器；模具费、设备费较低；成型容易，技术要求不高；可以吹塑较大的制件。缺点是：制品底部有合模线痕迹；螺纹等外形尺寸精度不能保证。

挤出吹塑成型技术近几年来在自动化、高速化、节能化、节省原材料及有效控制制品质量方面取得了一定的进步。如：提高挤出机的塑化能力；提高加热效率；改进贮料缸机头结构，减少换料时的树脂消耗量；采用液压操作改善劳动条件以及采用微信息处理器控制生产程序、温度、速度、压力等来提高产量、质量。

② 设备配置。挤出吹塑成型设备主要由挤出机、机头、模具、锁模装置及合模架等组成。常用的设备主要有两种：一种是双工位机，连续的型坯和锁模装置在模头和吹胀之间交替运动；另一种是高效率的单工位机，只有一个工作台，制品流水传送，带飞边休整装置。

挤出吹塑的机头结构与吹塑薄膜机头结构类似，吹制中、大型容器时，机头口模前还要连接贮料缸。对机头的要求是：料流道逐渐过渡，尽量避免型坯上留有合模线，型坯厚度均匀易调，机头压缩比、平直段长度及口模间隙要设计合理等等。

成型模具要求结构尽可能对称，棱角过渡半径不能太小，以免应力集中，熔接口处强度要牢，大容器应易于堆放、搬运等。模具的开闭方式的选择主要根据容器的形状决定。常用的有等距开闭模具、铰链型模具及三开式模具。另外，模具上要设排气口，以排除型坯与模具的空气，还要设置水冷或空冷通道以加快模具的冷却，提高生产效率。

锁模装置有机械式锁模、油压或气压式锁模。前者结构简单但锁模力较小，只适用中小型吹塑机。油压或气压式锁模又有直压式机构和肘节式机构。直压式机构模具在接近合模终点时，速度不会减慢，为避免模具碰伤，合模速度不能太高。肘节式机构可使锁模力系统产生预应力进行锁模，合模速度快且锁模力大。

（2）注射吹塑成型[144]：

① 工艺。PP 原料经注塑机熔融塑化由喷嘴、浇口进入模具型腔，至芯棒周围。注射模具打开，芯棒同型坯被送到吹塑模具中，吹塑模具闭合，待容器颈部成型完毕后，通压缩空气，将型坯吹胀贴于模具型腔并使之冷却下来，模具打开，芯棒连同容器成品被送到脱模工位，容器由脱模板脱出与芯棒分离而完成成型过程。

注射吹塑成型的主要优点是：因型坯是注射成型的，所以容器底部没有飞边，不需进行后修饰；容器的螺纹口在注射时已经模制在型坯上，所以尺寸精度较好；制品厚度可以通过预先调节型坯量和型坯均匀分布来达到预定的要求；容器规格均一。缺点是：注射吹塑系统的成本比挤出吹塑系统高；容器的形状和尺寸有一定的局限性。如容器上有吹胀型的把手等就不适用该方法成型；大型容器芯棒较长，装备精度难于保证。

② 设备配置。注射吹塑成型体系由注射机构、注射模具（包括型腔、芯棒及瓶颈镶件）、锁模装置、吹塑模具（容器成型的模腔）、工位转送装置、脱模装置组成。常用的设备有两种类型，即三工位成型机和四工位成型机。三工位指预制型坯、吹胀成型和脱模工位，四工位成型机附加了一个预成型装置。

（3）挤出拉伸吹塑和注射拉伸吹塑成型：拉伸的目的是改善塑料的某些物理性能，经过拉伸后材料冲击韧性、低温强度、透明度、表面光泽度、刚性、阻隔性等可得到明显的改善和提高。拉伸吹塑成型法有一步加工法和两步加工法。一步加工法指型坯加工、拉伸及吹塑成型这三道工序连续在一台机器上完成，即挤出或注射出的型坯趁热拉伸吹塑成型。两步法加工指挤出或注射出预制型坯成半成品状态，与拉伸吹塑工序分开，即预制型坯可以在其他设备上经再加热拉伸吹塑成型。

聚烯烃树脂一般采用两步挤出拉伸吹塑及一步或两步注射拉伸吹塑的成型方法。

① 挤出拉伸吹塑成型。用挤出拉伸吹塑方法制造聚丙烯中空容器一般采用二步方法。它是以挤出成型的管材为型坯，所以也有人称之为冷管拉伸吹塑。其生产工艺流程如下：

挤出 PP 管 → 截型坯 → 预热 → 压螺扣(封底) → 吹气拉伸 → 定型 → 冷却 → 脱模 → 成品

拉挤好的聚丙烯按一定长度的管坯夹持牢固，放在烘箱中进行加热，软化后转入成型工位，成型颈部的螺纹部分，同时封闭管坯端部，注入压缩空气吹胀管坯，冷却定型后开模取出制品，见图 8-62。

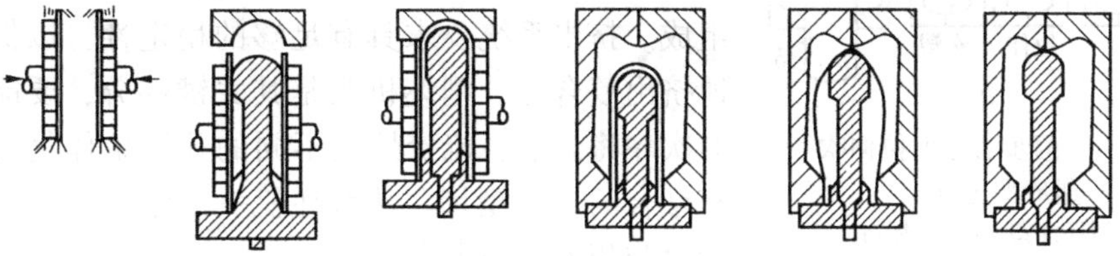

图 8-62 两步法挤出拉伸吹塑成型过程

a—加热管坯；b—成型颈部；c—封接底部；d—拉伸；e—吹塑；f—冷却

② 注射拉伸吹塑成型。

一步法 目前使用较为普遍，其生产工艺流程如下：

PP 树脂 → 注射 → 型坯 → 冷却 → 转入型腔 → 加热 → 吹胀 → 冷却定型 → 成品

将聚丙烯树脂经注塑机熔融注射成有底管坯，定型后移至型腔，加热软化后由压缩空气吹胀充满型腔，冷却定型后，开模取出制品(见图 8-63)。

两步法 两步法成型(见图 8-64)是先将注塑的型坯放于烘箱内，并在旋转的情况下均匀加热，待型坯达到取向温度后，送至拉伸/吹胀装置中进行吹胀。

这种方法每次成型的中空产品较多，大大提高了产量，但此法不适于型坯周向壁厚不均匀的产品，因为不能得到均匀的再加热，此外，再加热与拉伸吹塑时要再次夹持型坯的颈部螺纹部分，可能使其发生变形。

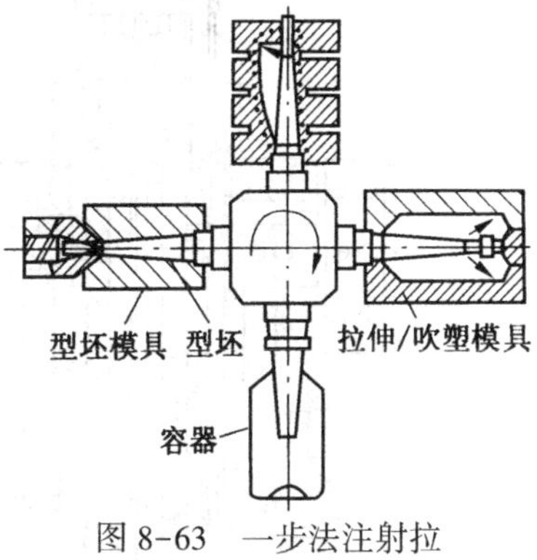

图 8-63 一步法注射拉伸吹塑成型过程

(4) 共挤出吹塑成型：共挤出吹塑是指将两种以上的聚合物如 PE/PP，PE/PA 等，共同挤出并吹塑成为多层(三层、五层、七层)中空制品。这种方法可以提高制品的阻渗性能，提高某些机械性能或降低成本[140~149]。

① 共挤出吹塑原理。共挤出吹塑用的聚合物，按其作用可分为三种。

基层聚合物：基层聚合物是主要部分，可以根据不同制品的不同要求进行选择，一般常用 PP 和 PE。

功能型聚合物：加入功能型聚合物的目的是为了赋予制品某种特定的功能，常用的有阻

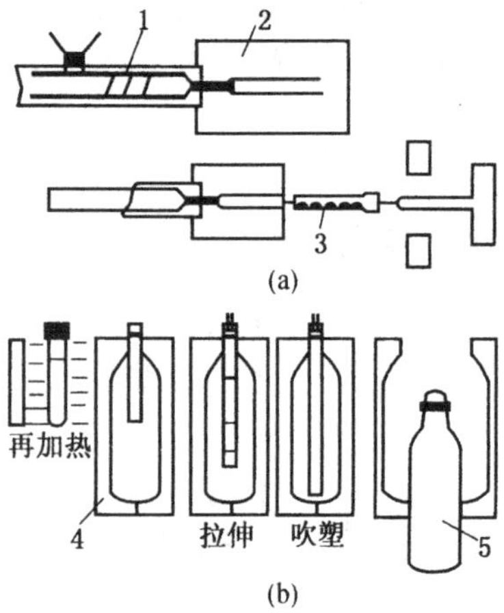

图 8-64　两步法注射拉伸吹塑成型过程

a—型坯注塑；b—型坯再加热与拉伸、吹塑

1—注塑机；2—型坯模具；3—型坯；4—拉伸、吹塑模具；5—容器

渗性聚合物如 PA、EVOH，耐热性聚合物如 PC、PA 等，外观性聚合物如 PA 等。

粘结层聚合物：当共挤吹塑的各层聚合物之间的粘结性较差时，就必须加入粘结层聚合物，以保证制品的性能。应用较多的为用马来酸酐、丙烯酸或丙烯酸酯进行接枝化学改性的聚烯烃(PE、PP)。

② 共挤出吹塑机械。共挤出吹塑机械多采用连续方式，以便较容易地控制各层之间的稳定性和均匀性。

共挤出吹塑机械由挤出系统、型坯机头、吹塑模具组成。挤出系统要求具有足够的稳定性，以保证能稳定地挤出复合层。型坯机头是其关键部分，要能按照所需的次序将温度、流变性能不同的几层熔体复合成各层紧密粘合的多层型坯。从型坯机头的结构上看，主要有套管式与积木式两大类。

套管式(如图 8-65)：这类机头的各个支管同心地套在一起，可把各支管看作并联布置的。其优点是结构紧凑、流道长度较小，熔体停留时间短。缺点是难以单独控制各流道内的熔体温度及流动。只能通过精心挑选各层聚合物才能使它们能良好地复合在一起。

积木式机头：积木式共挤出型坯机头的结构如图8-66所示。这类机头结构简单，易于调节各流道内熔体的温度及流动，可用于复合性能差别较大的熔体，其缺点是流道的长度较大。

③ 共挤吹塑加工常见问题及原因。在共挤吹塑时出现的反常现象及原因可按一般挤出吹塑的方法来解决，此外，它还易出现以下的反常现象，其原因如下：

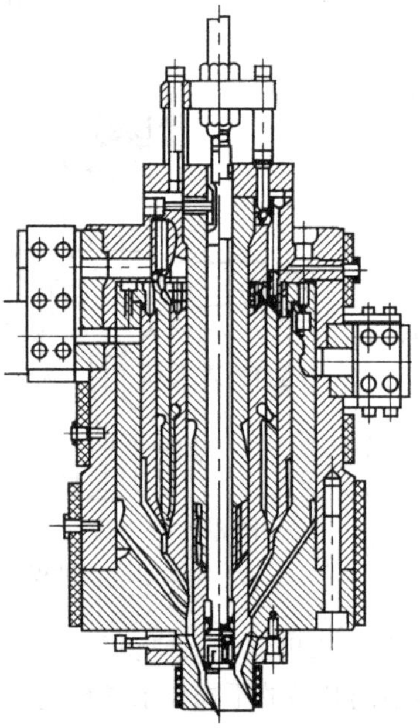

图 8-65　套管式(五层)型坯机头结构示意图

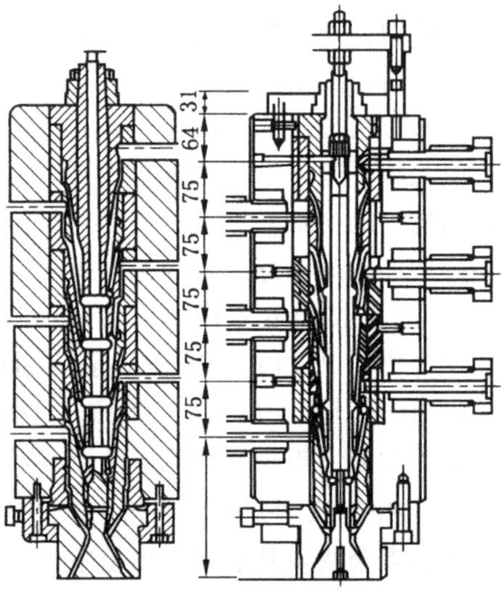

图 8-66　积木式型坯机头结构图

A. 共挤出吹塑的制品出现胀层现象：

a. 黏合层黏体温度过低而无法流动。

b. 黏合层黏体温度过高而附在相邻层上。

c. 吹塑模具温度过低，使制品壁内黏合层冷却太快而不能与相邻层黏结。

d. 原料中含有湿气。

B. 共挤出吹塑制品内缺少阻渗层：

a. 阻渗层熔体温度过高或过低。

b. 挤出机压力有波动。

c. 机头内有积料，出现降解现象。

8.5.4.3　聚丙烯的模压成型[150]

模压成型是热固性塑料最常用的加工方法，也是热塑性塑料常用的加工方法。典型的聚丙烯模压制品有板框压滤机用的板框、仿木托盘等。

1. 生产工艺流程

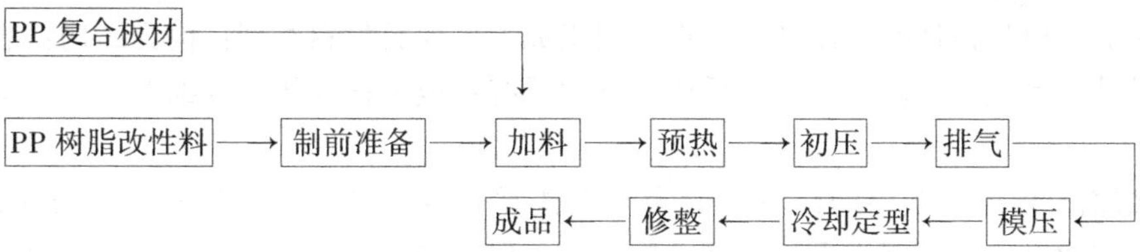

此方法工艺特点是制得的制品强度大、体积大，多数复合材料可以一次成型，可以制得填充量很大的改性制品，如运输用的仿木托盘或填充托盘，其中木粉或滑石粉等的添加量可以多达 50%或 70%，而采用注塑或其他塑料成型工艺是难以做到的。

模压成型的工艺参数包括预热温度、模板温度、模板闭合速度、成型压力、排气次数、保温时间等等。但要视所压制材料的特性以及制品形状、结构特点而定。

2. 生产设备

聚丙烯模压成型的设备主要是压机和模具。

（1）压机。压机的主要作用是施加成型的压力和开模脱出制品的脱模力。根据成型制品的组成与复杂程度，其成型压力范围一般为 25~100 MPa。压机要具有能控制压机台面牢固性和平行度的附加设备，保证成型过程中上、下半模的平行度，从而使制品的厚度均匀。

在压机吨位设计时，可以台面尺寸位基准施加单位压力 5.6 MPa 计算。目前 SMC 专用压机吨位范围为 63~2000 t，大型压机台面尺寸可达 1.25m×(1.0~3.2)m，上、下台面的距离可达 2.5m。大多为液压机，具有多种不同类型，最常用的是圆柱式压机和框式压机。圆柱式压机采用圆柱来支撑上、下台面，这些圆柱对活动台面起导向作用，但它只能承受有限的偏心载荷，平行度不好保证。而框式压机通常用于大面积制件的成型，并正在迅速取代圆柱式压机，它们常用于超过 250 t 的承载场合，具有良好的平行度，可承受相当大的偏心载荷。

对于模压成型用的压机的选择，要考虑如下参数：

台面尺寸：其机架间的面积按使用要求确定。

开挡：压机工作台和活动横梁之间的距离，可根据模具的闭合高度与预定模压的最深制品尺寸之和的两倍来确定。

行程：活动横梁的移动距离，可按规定模制的最深制品深度尺寸的 3 倍来确定。

闭合高度：当压机处于行程末端，工作台与活动横梁之间的距离，一般不应小于 300mm。

压力：总吨位按台面总面积采用 4.2～5.6 MPa 的单位压力计算，但全范围压力调节精度应在±5%范围内波动。

变形：压机台面底梁的弯曲形变，当 2/3 台面的面积受均匀载荷时，沿支架对角线变形不得超过 0.025 mm/m。

平行度：在无载荷情况下，上、下台面之间的平行度应在 0.012 mm/m 之内。

速度：

高速推进	25 m/min	回程力为额定压力的	20%～25%
中速推进	2～15 m/min	高速回程	20 m/min
最后加压	0～750 mm/min	压力增长	需 2 s(从零到最大吨位)

（2）模具。模具规定模压制品的外观尺寸与形状。模具结构的确定和安装与压机结构类型有直接关系。设计模具时，一定要同时考虑到与压机的技术规范和工作能力的匹配问题。进行模压成型模具设计时，需考虑的重要因素如下：模具材料类型；模具结构；表面光洁度；飞边设计；型腔拔模斜度；顶出系统；导向系统；成型杆与垫块等细部设计。下面分别简述之。

① 模具结构。模压成型用的模具一般为半溢式垂直分型结构和半溢式水平分型结构。总体来说，前者效果较好。因为垂直分型结构设计确保成型压力有效地施加于制品上，从而使制品获得良好表面，并又有足够间隙使空气逸出。溢料间隙的平行段长度均可变化，其尺寸取决于特定制品的大小与形状。小制品溢料间隙最好为 0.08mm，而大制品则溢料间隙应增大，最大约为 0.18mm。溢料间隙过小，空气逸出困难；过大则会助长在该方向的流动而导致纤维取向，产生波纹，削减制品强度。溢料区平行段的长短，根据模具内要求的不溢性程度而确定。一般来说，平行段越长，不溢性程度越高，有利于物料进入筋与槽等位置，制品表面质量好。但平行段过长、不溢性程度过高容易裹气，在形状复杂制品中造成表面气孔。

对于复杂制品的模具，采用垂直分型结构时制造较困难，且价格昂贵，而采用半溢性水平分型模具结构，则比较适合。模具的溢料间隙与垂直分型结构的间隙在同一范围之内。模槽壁斜度也相同，但某些场合下，为增加模具不溢性，斜度可适当减小。从制品边缘到模壁间的距离可以变化，但凸台区宽度必须保持在 2.0～5.0mm 范围内。由于凸台区承受了一定压力，因此降低了制品所承受的有效压力。一般设计凸台面之间间隙为 0.08～0.13mm，从凸台到溢料线部分应有 1.0～1.5mm 间隙，以避免在该点产生流动限制。

② 表面光洁度。为获得最佳的脱模效果和制品外观，延长模具寿命，模具表面常要镀铬或镀镍。

③ 飞边设计。模具间隙和长度的设计要根据材质不同的收缩率来具体确定。剪切边硬度一般为 RC50～55。模具平行度应为 0.127mm 范围内。

④ 拔模斜度。拔模斜度通常不超过 3°，准确的斜度一般由脱模深度来决定（见表 8-34），粒化或波纹表面常需更大的拔模斜度，通常用经验规则是：每 0.02mm 表面波纹深度需增加 1°拔模斜度。

⑤ 顶出系统。顶出系统用于压机开启后制件从阳（或阴）模上的分离，即制件脱模。它

通过装在模具中的顶出杆，在液压、气动阀或机械方法作用下的动作来实现。

⑥ 导向系统。模压成型模具的导向系统非常坚固，能够抑制由于阻碍料流而产生的任何方向的力。采用矩形柱导向比圆柱导向的定位更准确，剪切边磨损更小。导向柱最小长度应保证阳模进入阴模前已进入衬套相当于其一半的长度。导柱最小直径为模具长度加宽度的2%，衬套应有出气孔和润滑附件。导柱端应有一定锥度或圆弧过渡。

表 8-34　不同脱模深度的相应拔模斜度建议值

脱模深度/mm	最小拔模斜度
75 以下	0~1°
75~500	1°
500 以上	2°~3°

⑦ 其他细部设计。通常，成型杆的加入是为了除去凸起部多余的材料或模制供机械紧固用的孔洞。在制品中，成型杆位置应位于接近模制件的周边。为避免模具损伤，成型杆硬度值应规定得低一些，一般为 RC25~30。

垫块用于控制作用在弯曲制品上的侧压力，它常用螺栓连接在模具中，应保证在剪切边相互接触前上下模垫块间有 50mm 垂直滑动。一般要用耐磨材料。

模台是用于阻止在加料量不足以完全冲模而引起的模具完全合模。要求能承受很高压力。通常模台分散固定在上下模上。常采用淬火钢材料，硬度为 RC45~55。

8.5.4.4　聚丙烯的流体辅助成型

1. 气辅成型

20 世纪 80 年代，在结构发泡成型工艺基础上发展起来一种将气体作为工作介质应用到注射制品成型中来，这种技术称为气体辅助注射成型技术（GAM）。应用这种技术，可以减轻零件重量、加快循环速度、降低锁模力、改善表面质量、降低内应力和变形量等，所以其越来越受到人们的关注。气辅技术的应用领域随该工艺的发展不断拓宽，如电视机、电冰箱、空调、音响外壳、汽车塑料产品、手机、PDA 利手提电脑外壳、日常用品等。

（1）原理。塑料熔体部分或全部充满型腔后，再通过气孔、浇口、流道或直接注入压缩气体，气体在塑料熔体的包围下沿阻力最小的方向扩展前进，对塑料熔体进行穿透和排空，作为动力推动塑料熔体进一步充满模具型腔并对塑料熔体进行保压，待塑料熔体冷却凝固后开模顶出。

（2）生产工艺。

① 向模具中注入塑料熔体。注入量约为型腔的60%~95%，具体注射量因产品而异，可以经过 CAE 分析或试验确定。

② 气体穿透。把高压惰性气体（一般为氮气）注入熔体的芯部，熔体流动前沿在高压气体的推动下继续。

③ 气体保压。气体保持较高的压力水平，使制件在均匀的保压压力作用下逐渐冷却。在冷却阶段，气体由内向外施压，保证制品外表面紧贴模壁，开通过气体二次穿透从内部补充因熔体冷却凝固带来的体积收缩。

④ 排出气体和制件顶出。经过高低压冷却，制件具有了足够高的刚度和强度，此时排山气体，制件进一步冷却，随后顶出。

（3）气辅注塑成型关键技术。

影响气辅注射制品质量的因素很多，总体来说可以归纳为：产品设计、模具设计、成型工艺三方面。

① 产品设计。首先，壁厚设计是制品设计的主要方面，必须慎重考虑。建议平板状产品的壁厚不超过4~4.5mm。中空和实芯部分的壁厚比例必须足够大，以保证气体正确地流动于中空通道，而不会进入邻近的实芯区域。其次，制件设计时要避免尖锐的边利角以及锐角转弯。因为气体的流动会找寻阻力最小的路径，尖锐的边和角及激烈的壁厚改变会造成熔体的堆积，使得壁厚明显改变。锐角转弯也会造成内侧壁厚减少。再次，由于气体总是沿着阻力最小的方向及压力梯度最大的方向前进，容易在较厚的部位进行穿透，因此在制品设计时常把加强筋或肋板等较厚的部位作气道。

② 气辅模具设计。为适当选择浇口位置，应对塑料流入模具中的流动情况进行分析，一般使用一个浇口。该浇口的位置应该使“欠料注射”的塑料可以均匀地充模；模具应使熔体流动平衡以减小气体的不均匀穿透；采用多模腔（在气辅成型中一般不采用）时，模腔应该对称安排，无论何种情形，模腔充模过程必须平衡；模具设计应该充分考虑对工艺参数的影响，冈为气辅成型对工艺参数要比普通注射成型要敏感得多。

③ 气辅工艺。气辅注射成型技术尽管是在传统注射成型技术的基础之上发展起来的，但彼此之间又存在着很大的差别，其工艺参数成倍增加。气辅成型关键工艺参数主要包括：熔体最佳注射量、熔体温度、模具温度、锁模力、气体切换时间、气体压力控制曲线等。

对于棒类制品，类似把手之类大壁厚制件；板类制品，容易产生翘曲变形利局部熔体聚积的大平面制件；特殊制品，由传统注塑技术难以一次成型的特殊结构的制件，气辅技术比传统的注塑有无可比拟的优势。

2. 水辅成型

近年来，在气辅成型的基础上，又开发出了水辅成型技术。

（1）成型原理。与气辅注射成型相类似，水辅注射成型技术也是用于中空制件的注射成型。基本过程为：首先把聚合物熔体注入模具型腔，然后将流体（水）导入熔体中，流体（水）沿着阻力最小的方向流向制件的低压利高压区域。当流体在制件中流动时，它通过置换物料而掏空厚壁截面，形成中空制件，而被置换山来的物料填充制件的其余部分，当填充过程完成之后，由水继续提供保压压力，解决制件冷却过程中的体积收缩问题。

（2）成型特点。水辅成型主要有以下几个特点：

① 水是不可压缩的，而气体可以压缩。当水被注入熔体之后，在水的流动前沿形成一层均匀的高黏性隔膜，由于其具有高黏性和不可压缩性，使得这层高黏性隔膜就像活塞一样可以推动聚合物熔体向前流动。因此采用水辅注射成型技术能够生产厚的壁厚均匀的制件以及薄壁、带加强筋等类型的制品。

② 水很难渗入或溶解于聚合物熔体中而气体则容易渗入或溶解，因此，水辅成型制品的内表面比气辅成型制件的更为光滑平整。因此水辅成型更适宜生产大型中空制品。

③ 由于水的导热率约为氮气的40倍，热容量是氮气的4倍，除了普通模具冷却以外，注水会引起塑件的“内部冷却”。与气体相比，冷却时间缩短达70%，塑件达到所需脱模温度要快很多，因此人人缩短了成型周期，可以提高生产效率。同时，水也是一种不可压缩和价廉的介质。

其缺点主要表现在：不适宜多型腔注射成型，一般不应超过4~6个；不适宜于高温注射成型；模具的密封性要好；模具材料的耐腐蚀性要好。

(3) 最新进展。越来越多的模具制造商和制品生产商正在关注水辅注射成型技术。例如，Hoffnann 公司专为 Opel 牌轿午制造了用于加工车门拉手的水辅注射成型模具；奥地利模具制造商 Josef Haidlnair 公司已经制造了一套用来注射可折叠板条箱的模具，应用于 Schoeller Wavin 系统方面。法国 Smoby 公司利用水辅成型技术来制造玩具的零部件；注射制品加工厂 Poppemann 公司用水辅注射工艺为 Domar 公司加工了塑料手柄；德国 Gebruder Frei 公司应用水辅注射技术加工出了一种具有手柄装置的把手。

水辅注塑技术是对气辅注塑技术的理想补充，具有更多的优势利更好的经济效益，然而，对水辅技术的研究还有待更深入地进行下去，充分掌握加工影响闪素可以更好地发挥水辅成型的优势。

8.6 聚丙烯的挤出过程

8.6.1 热塑性塑料挤出的历史

虽然挤出机可认为是起源于 18 世纪末，但是直至 19 世纪才充分地认识到它的巨大潜力。在挤出作为一种制造方法的发展过程中，第一次有明确记载的时间是在 1845 年，当时 Brooman R 申请了用挤出方法生产和应用古塔波胶电线的专利。Bewlgy H 随后改进了上述挤出机，并于 1851 年用于包覆铺在 Dover 和 Calais 之间的第一根海底电缆上。

在以后 25 年内，挤出法日见重要，并且用机械操纵的挤出机迅速代替了以往的手动挤出机，生产了成千上万米的绝缘电线和电缆，从而牢固地确立了挤出法用于电缆生产的地位。

早期所用的挤出机均为注塞式，其缺点是操作不连续，并且为了重新装料或调换机筒，每隔一定时间需要停车。为了克服这些局限性，进行了大量工作，研制了螺杆式挤出机。用于挤出塑料的挤出机，通常装配了较长的螺杆，并且或用油作为传热介质进行加热。或是直接采用电阻加热器进行加热，至 1939 年德国 P. Troesfer 公司将塑料挤出机发展到了一个新阶段，它提供了一种直接电加热，空气冷却，采用单独控制柜的自动控温装置和正无级变速(PIV)传动装置，渗氮硬化的机筒内衬和螺杆长径比为 10 的挤出机，这可被认为是现代单螺杆挤出机的真正先驱。至 20 世纪 30 年代意大利的 Colombo R 和 Pasgaeffi C 开始采用双螺杆挤出机，并成为当今挤出工艺中的一个重要分支先行者。如今，挤出工艺已经成为塑料加工的一个重要工艺手段。

对于热塑性塑料挤出工艺大体上可分为两大类，即电缆制造类和专业化挤出类。随着挤出业的不断发展，出现了各种产品，如管材、异型材、片材、板材，它们都有自己的专用设备和专用生产线。聚丙烯挤出都采用螺杆式挤出机。

8.6.2 聚丙烯混料挤出生产线

8.6.2.1 混料生产线的目的

混料生产线的目的是为了特定的应用而将塑料原材料转变为可加工的混合物，它包括许多单元操作，整个过程在聚合物熔融状态，即高黏度状态下进行，达到以下效果：

——聚丙烯和各种助剂(稳定剂、润滑剂、颜料、阻燃剂、填料、发泡剂和其他助剂)的混合和这些组分的充分分散；

——用玻璃纤维、特种纤维或其他纤维来增强聚丙烯；

——掺混具有相似分子结构但分子量等同的各种聚合物；
——均化单一的聚合物熔体，或通过控制剪切条件来改进流动行为；
——脱去挥发物；
——过滤聚合物熔体以将指定杂质分离出去；
——造粒，使混合物形成或处于方便加工的形式。

8.6.2.2 聚丙烯混料生产线

用于塑料的混料生产线有基本的混料机和为特殊用途而适当配置的辅助设备所组成。主要的混料机通常是连续捏合机、螺杆挤出机等[151]，这些机器设备必须处理一系列单元操作，包括塑化、混合、均化、分散、挤出、脱去挥发物、过滤熔体及造粒。在某些场合，通常是在产量低于3t/h时，还希望能将熔体直接挤出最终形状。

1. 混炼系统

单螺杆和双螺杆挤出机是专为塑化和挤出设计的。为了改善塑化和分散的混合效果，这些螺杆挤出机专门配有混合与剪切元件。

挤出混合聚丙烯多采用螺杆挤出机。一般单螺杆挤出机共混装置的螺杆末端带有混炼装置，同时有侧加料器加入助剂。双螺杆挤出机则是选用啮合型同向旋转双螺杆挤出机。聚丙烯适用的挤出机见表8-35。

表8-35　适用于聚丙烯均化的挤出机情况[85]

挤出机型号	螺杆直径 D/mm	最大螺杆转速/(r/min)	最大转动功率/kW	产率/(t/h)
RE 单螺杆挤出机	300	150	1000	4~7
	400	113	1800	7~12
	500	93	3000	12~19
	600	80	4000	17~29
ZSK 啮合同向双螺杆挤出机	177	300	750	7
	250	250	1800	17
	320	220	3200	30
排气挤出机				
KE 单螺杆挤出机	300	150	800	7
	400	115	1500	12
	500	90	2300	19.5
	600	80	3300	29
ZSK 啮合同向双螺杆挤出机	177	300	600	5~6.5
	250	250	1300	14~17
	320	220	2700	25~30

采用双螺杆挤出机,在螺杆作用下,高黏度的熔体可以延展,可挥发的气体气泡破裂,挥发分逸出。聚丙烯粉料或粒料混料技术要求近来一直保持不变,这一领域涉及：
——聚丙烯粉料或颗粒料的塑化；
——助剂的分散和混合；
——除去挥发性物质；

——降低 PP 黏度；

——熔体过滤；

——造粒。

目前国际上 PP 装置单线产能已达 50t/h，因此要求混炼设备必须实现高产化。聚丙烯混配生产线已经投入使用，我国茂名石化所使用的聚丙烯混配生产线产量已经达到了 60t/h。

因此现在混料设备的挤出产量增长很快，10～35t/h 的产率已经常见，由于这里仅涉及高产量的混料单元，所以只有能安全、稳定如一地适应这一生产的机械才是有价值的。单螺杆挤出机实际的产率极限约为 5t/h，而双螺杆挤出机有着与螺杆有关的机械问题，它限制了螺杆最大直径为 170mm，因此无法达到所要求的产率[152]。开发特殊的聚丙烯材料（管、带等）时，提出了特殊的要求，即必须进一步细化挤出机中的各区段，以便熔体在不同区段中经受不同的剪切与温度，同时采用各种控制阀来控制塑化效果和能量输入。由于经济上的原因，需要相对较高的螺杆转速，同向旋转设备的螺杆圆周速度达到 3.5 m/s 是常见的，对于两步法混合中的非啮合异向旋转设备，螺杆圆周速度已经达到了 6～10 m/s。

最高螺杆的转速是由机械因素和制品的最高工作温度决定的，一般介于 230～320℃之间，为了达到高速度的旋转，必须注意以下几点：要有高效率的塑化元件；要有足够高的扭矩；高速率的能量增压段。

熔体挤出机的非啮合异向旋转双螺杆混合机通常设计的螺杆长度为螺杆直径的 5～9 倍，啮合型同向双螺杆长度为直径的 15～24 倍。

高效的塑化元件必须产生剪切及良好的分布混合，以达到对熔体和没有塑化的固体高强度混合。

带有挤出系统的后续装备（如造粒设备）上的压力在 15～30 MPa 之间，高压导致螺杆设备中较长的逆流长度，并带来附加的能耗，由于反过来在高速转动的螺杆中产生高温，非啮合型异向混合机有相当交叉的压力，典型的做法是使用齿轮泵。啮合型同向双螺杆可以在较短的螺距长度上建立压力，因此在大多数生产中，增加少量能耗可以接受，故采用一步法混料。

2. 齿轮泵换网器和造粒系统

在要求较低物料温度或高生产率时可以使用齿轮泵。近年来，在高黏度和背压达到 30 MPa时熔体产率达到 45 t/h 的大型齿轮泵已经实用化，由苏黎士的曼安格公司开发，W&P 公司亦参与设计，并被冠以 POLYREX 商标销售[153]。

对于高产量的聚丙烯混料过程，开发了换网器和造粒系统。为了尽可能在小的空间中容纳大的过滤表面，SWZ 换网器用筒形滤网取代平板式的过滤板，对于给定的熔融通道截面，这些圆柱形过滤器过程中不允许降解的物质进入熔料流，因为这些物质一旦进入熔体，就会成为等外品被去除。因此在大规模生产中，置换过滤网时，不允许降解的颗粒进入料流十分重要。换网板具有椭圆形截面，可以牢固地安装在换网器上，同时应注意尽量不要存在死点、角点及不能消除的区域。

聚丙烯造粒机可以冷切粒，也可以使用热切粒，即使用水环式造粒机，水下造粒。它由转换器/节流阀、齿轮泵、换网器、水下切粒机组成，阀的作用是避免开始时熔体在造粒口模板的孔中固化，在阀变换到工作位置之后，口模板的每个小孔可立即满负载工作，在时间上，随熔体到达模板孔的出口处，水被准确地控制引入，阀的动作和水进入水下切粒机动作通过一个开关就能实现。为了保证在更换滤网的过程中挤出量的稳定性，德国 Gneuss 公司开发了连续换滤网技术，英国的 Process Development 公司开发了滤带自动连续换滤网技术。

3. 辅助设备系统

一般来说，一套混料系统还需要一系列辅助设备：

——用于储存，处理原料和处理后的料仓；

——非连续或连续式预混机；

——进料装置：用于处理可以自由流动的物料、熔体和液体进料装置，包括进料螺杆、重力式加料器、失重加料器、齿轮泵、柱塞泵、进料阀等；

——防止外部杂质进入的单元，这些单元常根据机械电磁或电感原理工作；

——从熔体中过滤粒状杂质的滤网和换网装置；

——带有气力或水力粒料输送系统的造粒操作单元；

——粒料冷却器，粒料干燥器；

——打包单元；

——使用电、油、蒸汽加料，水冷却、压力水的混料设备的控温系统；

——用于从聚合物中脱去挥发成分的真空泵，尤其是水环泵、机械泵、带有分离器和冷凝器的喷射器；

——带有适当控制、显示、记录系统的控制柜和控制中心。

典型的聚丙烯混料系统装置图可见文献［154］。

8.6.3　聚丙烯挤出片、膜材料

在世界塑料的产量中，约有40%用来成型板材(厚度在1mm以上)、片材(0.25~1mm)、厚膜(软片)(0.25~5mm)和薄膜(0.25mm以上)。这些产品已被广泛地用来代替各种金属板材，制造各种大型化工容器、储存罐、汽车罩壳、飞机轮船上的结构制品，用来制造浴缸、冰箱、洗衣机等家用电器的内胆以及各种食品的包装制品等。

我国2005年加工1184kt聚丙烯薄膜，食品包装是聚丙烯薄膜最大的终端应用市场，约占42%。其中，包装袋、塑料编织袋和干货食品包装材料占食品包装的60%以上。非食品包装中，香烟包装、编织袋和防护膜是最大的细分市场，合计占55%。

可以根据所需制品的厚度和品种采用挤出、压延、层合、浇铸、流延等工艺方法，生产各种热塑性塑料和热固性塑料的板材及橡胶片等。对聚丙烯来说，其薄膜的生产方法为挤出法的管膜及平膜，其片材的生产方法为扁机头挤出法及模压法。

8.6.3.1　冷辊流延法挤出平膜

1. 流程

平膜挤出的基本原理是：在挤出机中塑化均匀塑料熔体，通过平缝型口模挤出，冷却并与冷却辊接触而固化，最后剪裁修边，卷取成卷，即为成品。

(1) 挤出。流延膜挤出一般采用单螺杆挤出机，挤出机的选择应满足材料的熔体均一性、温度均匀性和压力稳定性的要求。

挤出机的长径比通常在27~33之间，这样可以保证在高的塑化速率下提供稳定的挤出量。螺杆应设计成带有剪切元件和混合元件的组合螺杆，使塑料得到完全混合熔融[155]。

为了稳定生产工艺过程，得到优质产品，有必要对一些重要工艺参数进行精确的控制。这些工艺参数包括螺杆转数、口模背压、过滤网背压、机筒温度等。其控制的可变量为熔体温度、熔体压力、熔体黏度及产量。

（2）成型。在流延膜挤出中，挤出的熔体通过一个缝机头而成为扁的长方形，挤出成片。为了保证沿薄膜宽度方向的截面上薄膜厚度的精度，模具设计应有利于建立合适的熔体流动条件。如均衡的几何截面、温度分布，从口模入至出应有均匀的压力降，使熔体挤出量保持恒定。

（3）冷却。薄膜通过平缝口膜后形成的截面必须经过冷却使其固化。熔体离开机头后，经过一个短的间隙，在这里熔体沿挤出方向发生了一个非常大的温差，而使熔体被冷却至冻结温度以下。其主要的冷却过程发生在流延辊上，其他的在冷却辊上(图 8-67)。

冷却路径的总长度，如下式表示：

$$x_k = R_1\varphi_1 + R_2\varphi_2 \tag{8-21}$$

式中，R 为辊半径；φ 为包角。

膜和辊的热交换有下列几种情况：

——膜机冷却辊之间的热量传递；

——冷却辊表面和冷却辊夹层热量交换；

——冷却辊夹层和冷却介质的热量交换。

由于 PP 是典型的结晶型聚合物，它有自己的冷却曲线(图 8-68)[156]。

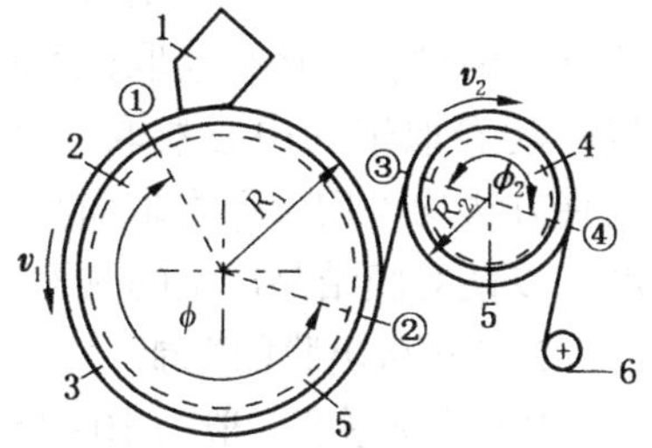

图 8-67 流延膜的冷却接触长度和辊的排列

1—狭缝口模；2—流延辊；3—流延辊夹套；4—冷却辊；5—冷却介质；6—膜

v—速度；R—辊半径；ϕ—包覆角

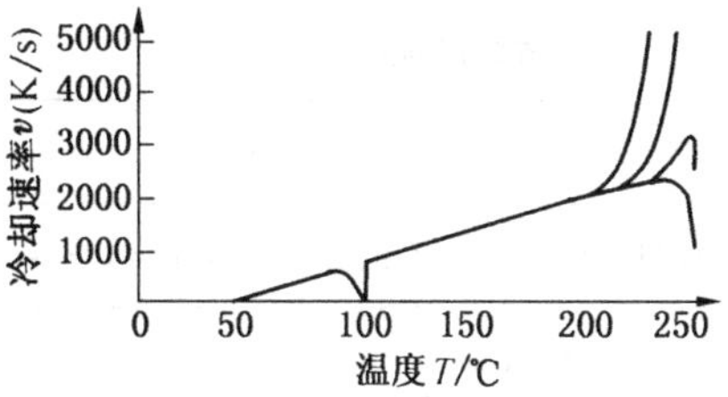

图 8-68 40μm 厚的 PP 薄膜的冷却速率(在一侧冷却)

[α_{cont} = 1000W/(m^2 · K)]

辊内壁与热传递介质的热交换式如下：

$$Q = \alpha_{TW} \cdot A(T_W - T_{TM}) \tag{8-22}$$

式中，α_{TM}为介质的导热系数；T_{TM}为介质温度；T_W 为辊温；A 为冷却面积。

而热交换介质的流动速率 m_{TM}与传热量 Q 关系见式（8-21）。

$$m_{TM} = \frac{Q}{C_{TM} \cdot \Delta T_{TM}} = \frac{m_K \cdot \Delta h}{C_{TM} \cdot \Delta T_{TM}} \tag{8-23}$$

式中，Q 为总热量；m_{TM}为介质流动速率；C_{TM}为介质比热容；ΔT_{TM}为介质温差；Δh 为焓。

注意介质进出口温差一般应<2K，在制作厚一点的膜基材或热成型用的片材时，制品要通过冷却辊和压光辊之间的狭缝，热量迅速地传递到冷却辊上，对于结晶性的 PP 必须注意与骤冷辊接触的时间能保证与空气接触一面能达到结晶温度的范围。图 8-69 表示出 PP 片

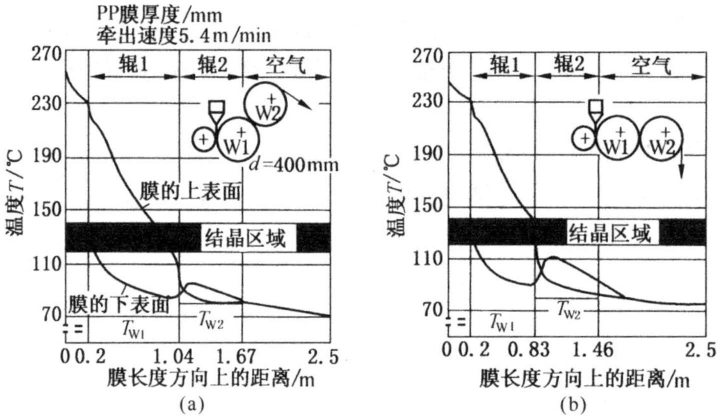

图 8-69　膜的冷却行为

a—快冷；b—慢冷

的两种不同冷却行为。而快冷和慢冷会显示不同的结晶行为和结晶度(表 8-36)[157]。

(4) 卷取。卷取的作用是使制品变得密实，卷取过程应不影响正常的生产并保证得到合格的制品，根据驱动的方法可将卷取方法分为两种：即接触卷取(表面卷取)和直接驱动卷取辊的中心卷取。对 PP 膜，这两种方法均可用，但卷取时要注意卷取速度，以便对膜结晶产生的收缩进行补偿。

表 8-36　快冷及慢冷对 PP 膜结晶情况的影响①

$T_{骤冷辊}=100℃$	$T_{骤冷辊}=40℃$
温度梯度 $dT/dt=1K/s$	温度梯度 $dT/dt=10K/s$
密度(20℃)=0.905 g/cm^3	密度(20℃)=0.891 g/cm^3
结晶度 $x=50\%$	结晶度 $x=37\%$

① 材料 P2500,片材厚度 1.5mm,$T_M=230℃$。

2. PP 挤出膜的性能

PP 平膜厚度一般为 10~150μm，特殊情况可能达到 400μm，可以用来制作普通平膜、热成型膜及双向拉伸膜，其密度为 0.896~0.907 g/cm^3，生产普通平膜 PP 的熔体流动速率为 5.0~12.0g/10min，生产热成型膜的 PP 熔体流动速率为 1.5~5.0g/10min (表 8-37 为 PP 挤出平膜的性能,表 8-38 为膜的应用和性能)。

3. 流延膜挤出的工艺特点和性能

(1) 挤出机螺杆的直径大小与生产线的规模有关，一般在 75~150mm 范围内，最常见的长径比为 30 或 33。表 8-39 列出直径与产率的关系[158]。

表 8-37　PP 挤出平膜的性能

性　能	标　准	指　标	性　能	标　准	指　标
厚度/μm		25	弹性模量/(N/mm^2)	DIN53457	500/900
拉伸强度/(N/mm^2)	MD DIN53455	40~50			
	TD DIN53455	30~40	光泽 45/%	ASTMD2457-6ST/L	80~90
断裂伸长率/%	MD DIN53455	450~600			
	TD DIN53455	350~550	透明度/%	ASTMD1746	65~75

表 8-38　膜的应用和性能

用　途	膜厚/μm	用　途	膜厚/μm
制袋膜	20~80	保护封皮	80~200
层压膜	15~150	分离膜	20~150
切毛坯	20~40	装饰膜	20~200
扭结膜	20~50	胶粘带	80~400
织物包装	20~80	压花膜	20~400
食品膜	20~80	盖	200~400
面包包装	25~50	容器	400~2500
冷却	20~30	大杯子	600~1000
办公文件夹	60~300	托盘	200~800
透明包装膜	60~150	泡罩包装	100~1500

表 8-39　用于 PP 流延膜和片的挤出机产率

螺杆直径 D/mm	螺杆长度	PP 产量/(kg/h)	
		膜厚 20~150μm	膜厚 0.15~2.5mm
75	30~36D	140~160	200~250
90	30~36D	220~240	350~600
105	30~36D	280~300	350~600
120	30~36D	350~400	700~750
150	30~36D	500~550	850~950

（2）骤冷辊法薄膜。为获得具有好的透明性、平整度和表面结构的高质量薄膜，对于 PP 材料，冷却过程决定了结晶结构，同样也就影响了制品的光学性能。随着冷却辊温的上升，制品的透明度会下降，但力学性能、尺寸稳定性、滑爽性和光泽度会上升，熔融的 PP 温度范围为 230~260℃，其辊温度范围，流延辊为 15~40℃，冷却辊为 15~60℃。

制品存储过程中的后收缩也与球晶结构的形成和冷却条件有关，如果膜的冷却速度很大，结晶行为会导致后收缩，这对 PP 薄膜十分明显。这时，薄膜必须小心地卷取以防止硬化，制品的状况可以用密度或比容(cm^3/g)表征。低于结晶温度时，冷却速度加快，则比容较大，这意味着材料还有很大的结晶潜力，因而制品的光学性能和尺寸稳定性会有变化，所以应注意控制辊温，同时注意辊表面，一般需镀铬硬化，抛光或消光处理。但如生产各种花纹 PP 流延膜，则可以直接在冷却辊表面压光，并用气刀将膜压在辊面上（图 8-70）。

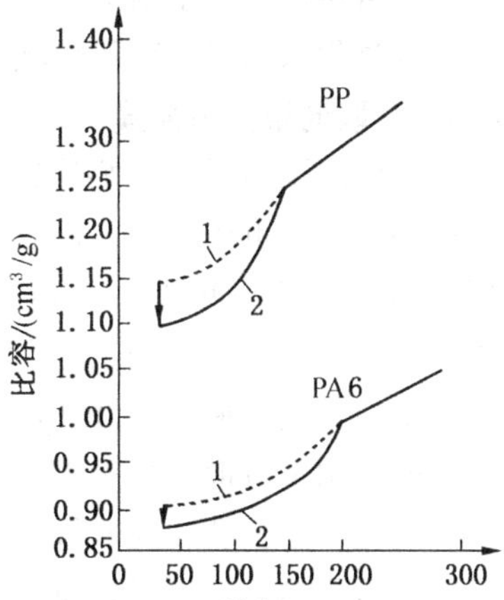

图 8-70　PP 和 PA6 的比容和温度的关系

1—快冷；2—慢冷

（3）热成型膜或片。热成型膜或片对熔体的均匀性有非常高的要求，如机械或加热不均匀可能会导致成型过程中拉撕现象。机筒必须设有排气装置，水分、低聚物和低熔点组分被抽出。对于排气螺杆，第二阶段决定了挤出机产量。并在螺杆上设置了更多的混合和剪切装置，使 PP 熔体均匀。在冷却时冷却温度要高于结晶温度(15~60℃)，这样膜才能上光，而得到理想的结晶表面。在成型时，要保证没有各向异性的收缩，才能保证制品的外观。

图 8-71 为流延膜生产线示意图。

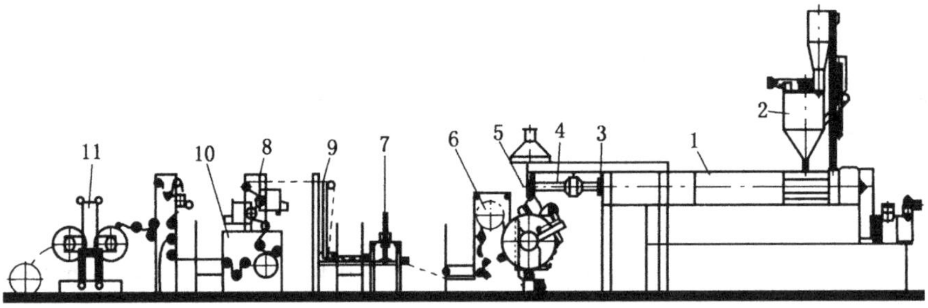

图 8-71 流延膜生产线示意图

1—挤出机；2—混合及计量加料装置；3—过滤网；4—机头连接器；5—狭缝口模；6—冷却辊牵引装置；7—厚度检测系统；8—表面处理系统；9—展平系统；10—中间牵引装置；11—收卷装置

8.6.3.2 挤出吹膜

挤出管膜然后进行吹塑是产生薄膜的主要方法，主要用于生产 LDPE 及 HDPE 薄膜，而不用于制造 PP 薄膜，因为 PP 的最主要特性是它的透明度，这只有通过挤出后急冷熔体而得到，这种过程为前面文中所述的平挤，该方法对 PP 薄膜来讲在产品质量和性能上明显优于管膜加工过程。

为解决吹膜的冷却问题，可以采用一系列特殊的水冷却装置：

——冷却水套(间接水冷)；

——通过在冷却水套和薄膜之间形成水膜对薄膜冷却(直接水冷)；

——直接挤出到水槽中。

这种过程只局限于特殊领域。

8.6.3.3 取向聚丙烯薄膜

因为取向聚丙烯薄膜尤其是双向拉伸聚丙烯薄膜（BOPP）的优良性能，使其具有广泛的应用和巨大的市场需求，自 2000 年以来，世界 BOPP 膜的需求平均以 8.7%的年增涨速度发展，2007 年的需求量达到 4950kt。根据专业咨询公司保守估计，世界 BOPP 膜需求将继续以年均 6.8%的速度增长，至 2012 年将会达到 7750kt。我国的 BOPP 膜产能已经超过欧盟，一举成为世界最大的 BOPP 生产国，而中国自己的需求为 1300kt。目前 BOPP 用在软包装方面的使用量占世界总需求量的 77%。BOPP 的主要用户有 5 个方面：高级风味的快餐、糖果、面包、干食品和胶带行业。

取向薄膜的生产用窄缝膜头或管型膜头进行平膜挤出，然后对该薄膜拉伸取向。PP 在拉伸过程中，大分子进行取向，这种取向很好地利用了次价力的作用，从而提高了强度和弹性模量，降低了断裂点的伸长率，同时也能改善烫印性。

聚丙烯为部分结晶的热塑性塑料，形态学基本单元是折叠片晶，在熔体冷却过程中，它自身排列形成超高分子结构的晶体(图 8-72)，当晶核形成以后，这种晶核是由个别分子链段自发折叠或在杂质粒子的表面或故意引入的成核剂上形成的。人们首先看到的是球晶结构，其中每一片晶都有同样的取向方向，当分子链轴垂直于球晶半径方向取向时就形成了球的生长前端，片晶结合在一起，链末端不能结晶。聚合物熔体固化也会阻止球晶生长和扩展。在有拉力的存在下，无定型部分先取向，然后自由排列的片晶取向，沿拉伸方向直线排列[155]。

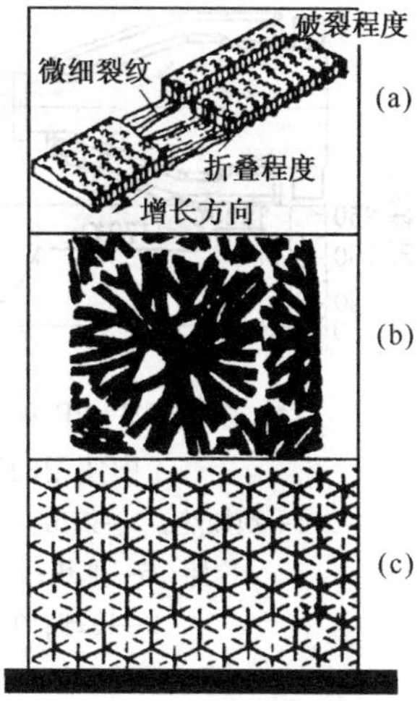

图 8-72　部分结晶 PP 微观结构

a—折叠晶片；b—折叠片晶成长为球晶；c—球晶在熔体中增长

在拉伸过程中发生能量转换，拉伸之后，直线结构会因熵的作用恢复到其原始结构，从而引起薄膜收缩。所以在拉伸时需将薄膜固定并且加热至接近熔融温度，此时片晶变大、完善，无定形区张力降低，成为理想构型，体系稳定，拉伸效果好。在 PP 拉伸时应注意增加无规物含量或添加一种不同类型的聚合物或共聚物来避免快速结晶。

1. 取向 PP 的特性与用途

PP 可以单轴拉伸、二阶双轴拉伸、同步轴向拉伸，但单轴拉伸间有性能差异，二阶双轴拉伸由于拉伸顺序产生的效果，两个方向会有不同的性能，同步轴向拉伸在两个方向上性能相同。

拉伸可以改善薄膜的性能，包括拉伸强度、断裂伸长、抗撕裂、抗穿刺性等。在同样拉伸的条件下，成核的 PP 强度增加较快。将 1%的成核剂加入 PP 熔体中进行电子辐射(辐射量 8×10^{-5} J/kg)，PP 强度可增加 20%～50%[159]。表 8-40 列出它们的性能和应用领域。

表 8-40　PP 薄膜应用领域厚度

拉伸过程	应用领域	膜厚/μm	取向重要性
双轴拉伸	包　装	8～20	透明、可焊、印刷、可机加工性
	电子绝缘膜	3～350	纯度、精密、均匀
	电容膜	3～350	纯度、精密、均匀
单轴(减少收缩)	胶粘带	50～200	拉伸强度、黏附性
单　轴	包装带	200～800	拉伸强度、成型稳定性
	包装绳	50～80	韧度
	劈裂纤维	25～35	劈裂趋势、伸长

2. 拉伸 PP 的生产过程

拉伸膜生产过程主要包括挤出和拉伸两大部分。烘干的料粒计量、混合，送到挤出机中，在其中被传递、熔融、压缩、均化，然后挤出。挤出的熔体过滤，滤去杂质，然后经膜机头挤出到定型辊上。当薄膜在与表面接触良好的骤冷辊中进行冷却时就产生固化，薄膜经过厚度测量然后被拉伸。首先是在两个膜卷之间进行纵向拉伸，然后在加热箱内进行横向拉伸，之后进一步测厚以及修边。修下的边缘料重新加入挤出机中，成品切割成卷。图 8-73 表示了它的使用温度。

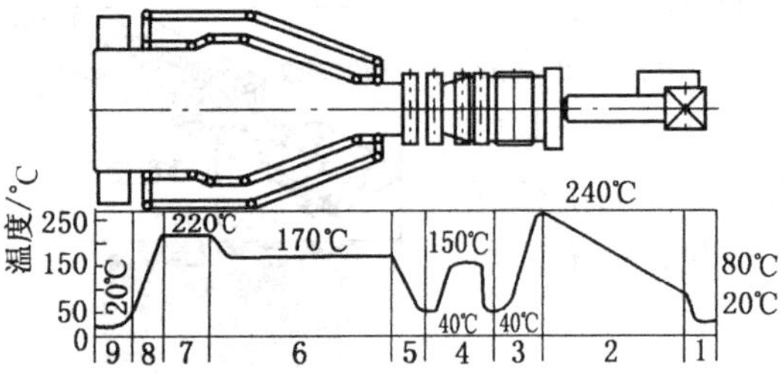

图 8-73 PP 双轴拉伸生产中使用的温度

1—预加热；2—挤出；3—冷却；4—纵向拉伸；5—加热；6—横向拉伸；8—冷却；9—收卷

挤出所采用的大多数为单螺杆挤出机，直径 60~350mm，长径比 27~33，产量可达 6000 kg/h。

挤出的平膜然后进行拉伸，或先纵后横，或双向同时拉伸，拉伸比可以达到 1/6×1/6=1/36 或 1/7×1/7.1=1/50[160]。

8.6.3.4 PP 片材的性能及应用[161,162]

PP 热成型片材大部分用于食品容器，最初用于包装饺子等速冻食品，因其耐油性而代替 HIPS 用于托盘。针对不同用途开发了下列几种 PP：

（1）高刚性化：由于 PP 是结晶性树脂，提高结晶性是高刚性化关键，改进聚合物技术和掺加成核剂都是解决的办法，其物性见表 8-41。此外，PP 的透明性改良技术也有所进步，由于 PP 的结晶区及非结晶区折射率的差异而仅仅得到半透明材料，透明性改良成核剂的进步使 PP 达到透明材料的水平。而 PP 片材成型时熔融挤出的树脂如何冷却是影响其透明度的关键，通过冷却系统技术提高，开发了带式片材成型机，使 PP 片材透明性有所提高。

表 8-41 高结晶聚丙烯片材的物性

项目		测定方法	一般 PP	高结晶 PP	掺合成核剂高结晶 PP
熔体流动速率/(g/10min)		K7210	1.4	2.5	2.5
密度/(g/cm^3)		K7112	0.95	0.908	0.911
厚度/mm		—	1.1	1.1	1.1
拉伸屈服点应力/MPa	MD	K7113	33	35	39
	TD		33	36	39
拉伸断裂点应力/MPa	MD	K7113	42	45	36
	TD		34	35	27
拉伸断裂点强度/MPa	MD	K7113	70	75	69
	TD		72	70	54
拉伸弹性模量/MPa	MD	ASTM	1220	1430	1760
	TD	D882	1240	1380	1650
三点弯曲弹性模量/MPa	MD	K7203	1430	2040	2380
	TD		1460	1950	2020
烟雾/%	全体	28741	78.5	76.3	36.9
	内部		76.8	71.6	33.5
光泽/%	表		76.3	68.8	89.1
	里		81.2	77.6	93.0

（2）添加填料的 PP 片材：近年来需求增加最大的当推添加填料的 PP 片材，这种 PP 片材因其燃烧热值低、燃烧对环境影响小而逐渐发展。电子微波炉用的容器，除了耐热性

外，还要求低臭性，一般PP片材因聚合时所用各种添加剂及加热挤出加工时的氧化老化物等产生气味，这需要选择适当的制造方法与添加剂来加以解决。滑石粉为天然物质，其中会有杂质与金属成分，添加滑石粉的PP片材也就因其氧化老化物气味成了问题。为了达到低臭化，除了要去杂质外，还须掩盖气味，以满足用作微波炉容器的要求[163]。添加滑石粉的PP片材用于食品容器，特别适用于微波炉的要求，由于PP不带极性基而对微波的适应性好，添加了滑石粉的PP片材更因其优良的耐热性而扩大了市场。

8.6.3.5　多层共挤PP膜片材料

自60年代以来，多层膜得到了较大的发展，多层PP膜可以减少膜、片的厚度，增加强度，改善焊接性、阻隔性，并具有良好的加工性。

1. 共挤膜、片的组成

共挤膜、片根据要求可以有双层、三层、五层、七层等不同的产品。根据作用不同可分为主体、黏合剂及其他材料。主体材料要有较好的力学性能、焊接性、透明性等。聚丙烯均能满足这些要求。黏合剂是粘接不同类型物料的，是一种可挤出的热塑性树脂，如改性的EVA、改性的PE、改性的PP等。根据使用，其剥离强度须达到500g/15mm带宽。其他材料包括阻透材料、改善加工性材料等。这些材料共挤得到的产品具有一系列的优点及用途。

2. 共挤出的优点及应用

共挤出得到广泛应用的三个原因：

——改善性能；

——降低成本；

——改善质量。

通常使用中，需要满足某一个或某几方面的要求：

(1) 改善焊接性。如果采用EVA或LLDPE为焊接层，那么制袋机的速度以及焊缝的质量就可以提高。在特殊情况下，例如用于包装多油脂的物品和接触油的密封处，有一个离子键聚合物内层是非常有用的。

(2) 改善加工性能。对于自动制袋机来说不仅要求薄膜有精确的宽度，而且有较好的平整性，采用中心对称的LLDPE/PP/LLDPE膜有很大的优点，可以避免卷曲和有较好的阻透性。

(3) 食品包装膜。在与食品接触上必须是中性的(PP),并有良好的隔氧层(PVC,EVOH等)和良好的热成型特性(PS)。在这种情况下，需用五台挤出机生产五层复合膜，每一层PP、PVC、PS用一台挤出机，不同材料膜之间的连接层用两台小的挤出机。

(4) 降低成本。共挤出加工是一种单一形式的生产过程，免掉了涂层和层压过程，并无需半成品储存和多级切边机。同时可以减少薄膜的厚度，使用价低而性能好的聚合物。

(5) 改善质量。共挤出的主要目的是在单层薄膜中增加所需要的性能来提高薄膜的质量，可供选择的性能有渗气及渗水性、强度、可焊性、透明性和耐温性。事实上，没有一种热塑性塑料具有全部所需的特性，选择哪种材料做共挤出薄膜，不仅取决于需要的性能，而且取决于价格因素。

对于一种最佳组合，必须考虑选择材料之间的相容性或是否必须带有粘接层。由于PP本身与LDPE、HDPE、EVA、离子键聚合物、LLDPE等都不相容，必须带有粘接层。共挤的PP膜片主要用于包装领域。

3. 共挤出生产线

全套生产线包括挤出机、过滤器、固定模头接套、旋转装置、吹膜机头、冷却、分切等，其中主要的是旋转装置及多层吹膜机头，见图 8-74。

图 8-74 多层吹膜机头结构方案

4. 微层共挤出技术[164a,165a,165b]

微层共挤技术采用层倍增装置进行共挤出，可以在薄膜或片材中形成高达数千层的层状结构，因而层厚可以从几百微米减小到几微米的尺度。层厚在微米或纳米尺度的微层共挤材料展现了显著的协同增效效应。

微层共挤出体系，主要由两台挤出机、连接器、分层单元、水冷却装置、牵引装置等部分组成。两种不同的高分子熔体分别从两台挤出机挤出，经过不同的流道在连接器出口处合并成一股两层的熔体，然后进入分层单元，分层单元可以成倍地增加熔体的层数，最后在牵引装置的作用下，多层复合材料经过冷却装置被牵引出分层单元。用此类共挤出体系可以很容易得到具有几十到几千层的薄膜利薄片，并且可以很容易通过控制分层模块数来控制层的数量和厚度（在保持总厚度不变的情况下，层数的增加将使层厚减少），控制喂料比来改变不同组分层的厚度比。

分层单元工作原理如图 8-75 所示，高分子流体进入分层单元时首先在垂直于流动方向上被分成两部分；然后一部分流体向上流动并向水平扩张（此时流体的厚度不断变小而宽度不断扩大），而另一部分流体向下流动并向水平扩张；最后两股流体在分层单元出口处重新合并。通过这个过程，在总厚度保持不变的情况下，层数得到了成倍的增加。由此 n 个分层单元可以得到 2^{n+1}层的多层复合材料。

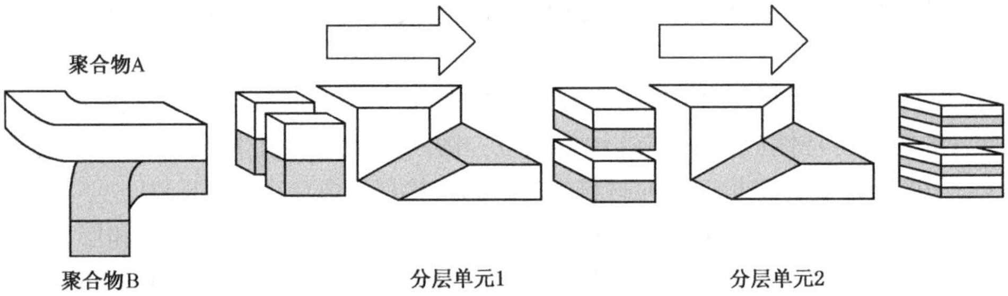

图 8-75 分层单元工作原理

8.6.4 聚丙烯板材

厚度 1mm 以上的称板材。PP 板材为硬质，品质有单层与多层，平面与波纹，发泡与不发泡，单一材料与异种材料复合之分。

8.6.4.1 板材挤出成型的生产设备及工艺[166,167]

板材挤出设备主要由挤出机、口模、冷却压光机、切边机、冷却输送辊、二辊牵引机、切割等装置组成。

1. 挤出机

用于挤板的挤出机螺杆直径一般为65~150mm，长径比$L/D>20$，在挤出机螺杆端头部位上加放过滤板和过滤网，过滤板的孔数与过滤网的目数及层数根据产品的厚度而定。

2. 连接器

在挤出机和口模之间用连接器连接，连接器外形一般为圆柱形，内部流道由圆柱形逐渐过渡为矩形，连接器的作用是将物料均匀地压缩输送到口模中。

3. 口模

生产板材的口模主要为扁平模，对生产PP板，采用莲花瓣流道口模，熔融物料从口模入口至出口，要经过很多像莲花瓣一样分叉式流道所形成的阻力体。这些分支流道阻力由中心向两侧逐渐减少，当熔融物料进入模唇时，压力已形成了均匀分布，因这种口模流道是很多分叉的莲花瓣组成，容易产生合流线、熔接缝。所以这种口模适用于流动性好、黏度较低的塑料，不适用于制造低发泡PP板材。

4. 三辊压光机

从口模挤出的板材，温度较高，由三辊压光机压光并逐渐冷却。冷却压光机还起一定牵引作用，调整板材各点速度一致，保持板平直。三辊压光机由直径200~400mm的上、中、下三辊组成，中间辊的轴线固定，上下两辊的轴线可以上下移动，以调整辊隙适应不同厚度的板片。三辊都是中空的，带有夹套，可以通入介质(蒸汽、油或水)进行温度控制。辊表面镀硬铬。压光辊的圆周速率一般应有较大的调节范围，各辊的圆周速率应保持同步。

5. 辅助装置

切边装置：挤出的板材由于颈缩作用，板两端较厚，因而需要将边切去，一般为10~20mm。

冷切输送辊：冷切输送辊设在三辊压光机与牵引机之间，由十几个直径为50mm的圆辊组成，整个输送冷切部分总长为4~8mm，这与板材的厚度与PP的比热容有直接关系。

牵引装置及切割：牵引装置是将板材引至切割处，它与压光机速度基本同步。切割可以锯切和剪切。聚丙烯板材一般硬板均采用锯切，采用熔体流动速率为0.5~1.5g/10min的原料挤出成型。但由于它是结晶型材料，为保证其内在物性，应严格控制冷却速度，其各段温度如下：

挤出机筒/℃	连接头/℃	口模/℃	三辊/℃
1. 180~190 2. 205~210 3. 205~215 4. 205~220 5. 210~220	215~225	1. 220~230 2. 215~225 3. 235~245	上：70~75 中：70~75 下：55~60

8.6.4.2 聚丙烯板材的二次加工及应用

聚丙烯板材广泛地代替各种金属板材，制造各种大型化工容器，如贮罐、浴缸、冰箱、洗衣机等家用电器内胆、外壳等以及各种食品的包装制品。这些板材大多采用二次成型技术，即以板为坯料加热至软化点温度，使PP材料处于粘弹性状态，再施以外力使坯料超过屈服点的应力变形而成型为容器制品。施以外力的方法可以采用柱塞、实心模具等机械方法，也可以采用真空产生压力差或用压缩空气做动力源产生外力的方法。由此可见，由板材进一步成型成产品的方法是一种固相成型的方法。

1. PP 板材二次加工过程

二次成型包括夹持、加热、成型、冷却和脱模过程。

夹持通常在由上下两个机架组成的框架上进行。上架受压缩空气操纵，均衡有力地将板材压在下架上，为了保证物件的均匀分布，必须保持均衡的夹持和可靠的气密性。当夹好板、片后，即可加热。加热必须均匀，否则制品会有内应力，PP 板材加热所需时间与它的厚度有直接的关系，塑料片材的厚度公差通常不应大于 4%~8%，否则就要延长加热时间，以便热量传至厚壁内部。由于塑料导热系数小，在加热原板材时，最好采用双面加热、预热等来缩短加热时间。成型温度的下限应以片材在牵伸最大区域内不发白或不出现明显的缺陷为度，上限则是不发生降解和不会在夹持架上过分下垂的最高温度。聚丙烯成型最佳温度为 149~202℃。板材成型时最容易产生的毛病是制品的厚度不均匀，其原因是各部分所受牵伸不同。一般地说，速度应尽量快，这对成型本身和缩短成型周期有利。牵伸速度还取决于板材的温度和厚度。在成型后，采用人工冷却，冷却分内冷和外冷两种。成型好的制品必须冷却到变形温度以下才能脱模，大约为 50~60℃。冷却不足，制品脱模后会变形。

成型热塑性 PP 塑料板材，最主要的是非结晶型聚合物高弹态范围和结晶型聚合物结晶破坏状态范围。因为就是在这个范围内结晶型聚合物才表现出高弹性性能，而且在这一段时间内具有很大的可逆变形。因而拉伸强度比固体状态小得多，拉伸变形值则大许多倍，这就保证用较小的成型压力成型最大拉伸深度的制品。

聚丙烯是结晶型塑料，热成型温度应基本上与结晶体熔融温度一致并尽可能精确地保持这一温度，在此温度下，PP 几乎是非结晶态，结晶程度愈高，加热至指定温度所需的热量就越多。因为热量消耗在结晶体的熔融上。加热型坯必须温度均匀，各点温度一致，否则将会产生内应力，制品上形成皱褶过热部分在使用中会断裂。除了板材需要加热外，成型模具温度对热成型质量有很大影响，对结晶型的 PP 来说，成型模具温度应低于结晶体开始熔融的温度，否则制品达不到足够的冷却温度，当成型压力释放后，制品就会失去成型的形状。因而在二次成型 PP 时，模具温度十分重要，温度低、冷却速度快，成型周期短，生产率高，但模具温度过低时，制品会出现冷却斑点和横向裂纹，产生隐蔽的缺陷，在使用中引起制品的弯曲变形。PP 模具成型温度以 50~90℃ 为宜。此外由于其过程为非结晶态再结晶过程，因此要注意控制冷却速度。

PP 板材亦可以冷却成型，主要指标是极限拉伸系数，即作用在板材上的应力不应超过材料的屈服应力。为确定型坯对深位成型的适应能力，可以用工艺实验模拟冷成型过程。在室温下，连续拉伸圆筒形样件，可以得到辅助性指标：最大拉伸力、压紧力、拉伸力的变化图等。图8-76为 $\delta=2$mm厚 PP 板材的极限拉伸系数 K 与成型温度关系曲线图[168]。在 37~117℃ 温度内最大拉伸系数值 $K=2$实际上是保持不变的。在室温下，不能得到大于 1.7 的拉伸系数值。在拉伸过程中，当温度超过 117℃时，试件侧壁呈现局部变薄，导致试件破裂。

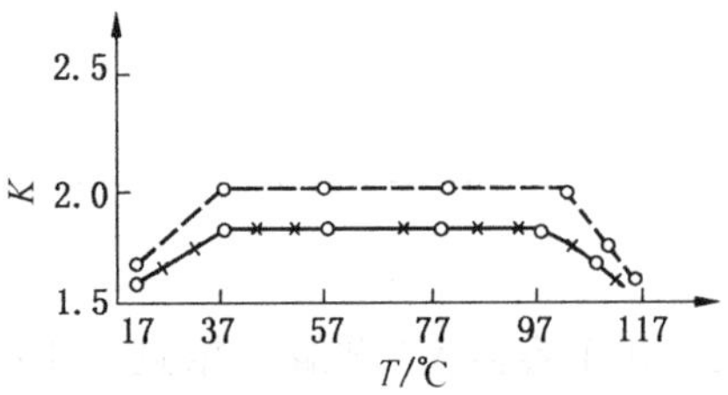

图 8-76　聚丙烯板材极限拉伸系数与成型温度 T 的关系曲线

-----未涂覆的；-××—涂覆的

冷成型过程中的能耗主要有三个方面：产生成型压力、产生型坯压紧压力和型坯加热。

在室温下，拉伸型坯似乎可以节省加热塑料能量，但经验证明，并不完全如此，因为型坯加热可以降低成型压力。提高型坯温度，使必须的压紧力也最大限度地减少，但不是所有的都如此，因为在其他相同条件下，拉伸力与压紧力成正比，而且在成型温度升高时能降低压紧力，从而进一步降低拉伸力。

冷拉伸的速度不宜太快，常用的塑料板材不预热拉伸时，脱模速度可达 15 mm/s。

由于冷拉伸是在型坯弹性状态中强制进行变形的，所以在型坯内积蓄很大一部分弹性形变能，故而产生制品材料回弹，对回弹影响最大的因素是板坯温度及阳、阴模之间的间隙。图 8-77 为拉伸系数 K=0.2，厚度为 2mm 聚丙烯材料侧壁变薄和不变薄的成型的回弹量与型坯预热温度的关系曲线[168]。

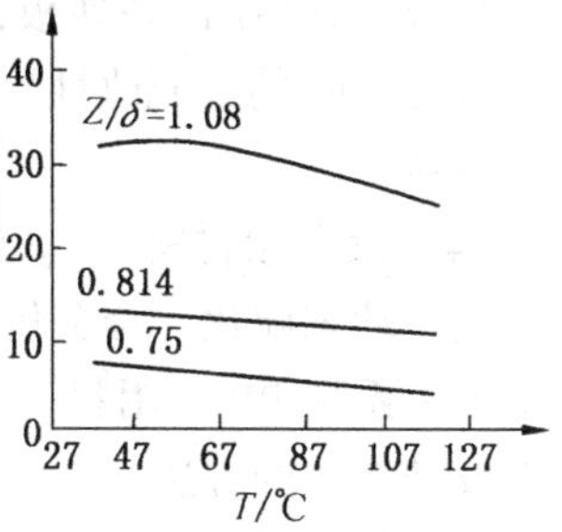

图 8-77　聚丙烯板材成型回弹量 Δ 与板坯加热温度 T 的关系曲线

2. 加工产品的应用

(1) 聚丙烯防腐衬里。聚丙烯在通用塑料中耐化学药品、耐热，最大的优点是工作温度可达 120℃，特别是通过接枝、共混、填充等手段改性后，力学性能、耐热性尺寸稳定性都得到较大的提高，在化工防腐中，常用来作衬里材料。

由于聚丙烯的化学惰性和非极性，其粘接性能不佳，故聚丙烯衬里常采用软套衬里、螺栓固定衬里两种方法，材料为聚丙烯或改性聚丙烯板。

聚丙烯衬里采用热成型加焊接工艺制作。由于聚丙烯是一种结晶型高聚物，熔点明显，热成型温度范围窄，结晶融化时，熔体黏度很小，冷却时，结晶收缩较大，容易产生内应力，导致热氧化老化，因此，热成型和焊接条件比较苛刻。

聚丙烯衬里焊接目前采用较多的是手工热风焊接。焊条应含有一定量的抗氧剂，焊缝在整个设备中，强度较低，是薄弱环节。为减少因聚丙烯高温氧化造成的焊缝强度降低，焊接时，载热气体最好采用氮气保护，另外，为增强焊缝，可在焊缝上焊接加强板。

在化工腐蚀中，聚丙烯衬里常用于塔器、沉淀池、贮槽、容器、滤水器、染色槽、漂白槽、酸洗槽、电镀槽、计量槽、反应釜等设备。随着化学工业的发展，聚丙烯衬里的应用会越来越广泛。

(2) 电镀槽、电解槽、酸洗槽。此类设备体积一般比贮槽小，使用温度稍高，大部分为长方体，其容积一般在 $10m^3$ 以下，介质基本上处于静止或低流速状态，使用温度通常在室温以上到 100℃之间，设备可以采用全塑料结构，并加以增强，可以用 PP 板材制造此类设备。

(3) 包装材料[169,170]。聚丙烯耐热性好，可以在 100℃下长期使用，并能经受 121℃的高温灭菌处理，这在塑料包装材料中是首屈一指的；此外，PP 综合物理性能优良，防湿防潮性能突出，卫生性能可靠，因此在食品包装方面的应用有扩大的趋势。

PP 包装用片、板(0.2~2mm)的主要缺点一是对氧的阻隔性较差，因此对需隔氧储存的物品保存性较差，限制了它在一些食品、药品包装中的应用；二是它们不能适用真空成型，只能气压成型，但是如果在 PP 中加入一定量的 PE，牺牲部分刚性，就能生产适应普遍的真空热成型性能要求的 PP 板材。中国国内市售的 PP 片、板包装材料均会有少量的 PE 成分，其拉伸强度比纯 PP 均聚物小 20%，具有良好的热成型性。在 PP 薄膜中，比较引人注目的新产品是高透明 PP 和微波炉容器用材料。

PP 板明显的缺陷是透明性较差。为了制取高透明板片，一般采用下面两种方法：其一是配入成核剂，使板材在成型中产生大量微小结晶，达到高透明化的目的；其二是快速冷却，降低 PP 的结晶率，获得高透明性。上述两种方法在工业上都有实现。

微波炉容器用 PP 薄板，采用高填充 PP 为原料，以大幅度提高耐热性。通常采用滑石粉含量为 30% 的填充改性聚丙烯，制得的容器可耐 140℃ 高温，是微波炉用的价廉物美的热成型容器。

(4) 汽车用材料[171]。汽车用 PP 材料较多，1998 年每部车用量达到 45 kg/辆以上。通过共混、动态硫化、合金化及复合化等技术解决了增韧、增强和控制熔体流变速率的方法研制出了一系列 PP 专用料。但大多数为注塑件，最近开发出 PP 薄板真空吸塑制造汽车的内饰件及外装件的方法。

内饰件包括顶棚，顶棚一般分为三大类：悬吊、整体成型及粘接三种。其中成型顶棚是复合板材的真空成型，复合板材的总层由 PP 蜂窝及泡沫材料，皮层为 0.29mm 的 PP 塑料板材组成。为了增加内饰的高级化和其他功能，如扩大驾驶室宽度，音响装在内部，使窗槽和车窗开关的附件、座席扶手等整体化，其芯材与车顶装饰一样，坐垫材一般用吸震的 PP、PE 泡沫体。为提高内装饰的协调感，其下部表面材料为地毯，中间为薄板，窗台部的材料与仪表板的面材相适应。采用真空成型材料，今后将会大量普及。

用 PP 材料做车身外装件初期只是各种装饰条及散热格栅，其后为保险杠、挡泥板，近期采用 PP 等板材制作了车身壁板。现在已知有个别车的上板件由改性的 PP 板材制成。由于这种方法加工成本低，成型加工周期短等，用 PP 板材制造前端、后侧板等代替 RIM 及 SMC 材料受到重视。

8.6.5 聚丙烯挤出管材

在热塑性塑料的挤出产品中，就生产数量来说，管排在膜后面占第二位，其原料有 PVC、PE 与 PP，其产品有以下几种：

——管道用管(PVC、PE)；

——电力管(PVC、PE)；

——电缆和电导线管(PVC、PE)；

——排水管(PVC、PE、PP)；

——家用上下水管(PP)；

——输气管道(PE)；

——饮用水管(PE、PP)；

——喷水管和灌溉管(PE、PP)；

——建筑用衬管(PE)。

此外还有工业及医疗上使用的管材，如汽车工业使用的聚酰胺管、医用的塑化 PVC 管等等。

与其他合成树脂相比，聚丙烯综合性能极好，主要表现在相对密度小、表面光泽好、有较好的耐热性、机械性能较优，尤其突出的是良好的耐应力开裂性及耐化学性能，故而在新兴建筑管材，特别是热水输送管方面，获得了极大的发展。在德国因为 PP 管的耐磨性和燃烧无害性，室内安装用的上下水管材 100%是 PP 管，PP 管亦可用做辐射采暖管。

8.6.5.1 聚丙烯管材用料分类

生产建筑用聚丙烯管材的关键技术之一是获得符合一定技术要求的聚丙烯原料，如缺口冲击强度和负荷下的热变形温度等。因为聚丙烯缺口冲击敏感性大，尤其是低温下的冲击性能差，工作温度和工作压力与其使用寿命直接相关。目前可用的聚丙烯原料有三种：均聚物(PPH)、嵌段共聚物(PPB)以及无规共聚物(PPR)，它们的主要技术指标见表 8-42[172]。

在 ISO/DIS 15874—1998 标准和 DIN8077 标准中对聚丙烯冷热水用管道进行了严格的分级、分类和命名，按最小静液压强度(MRS)进行分级，情况如表 8-43。

表 8-42 PPH、PPB、PPR 性能比较

项目	测试方法	PPH	PPB	PPR
熔体流动速率/(g/10min)	ASTM D1238	1~3	2~2.5	9.5~12.5
拉伸强度/MPa	ASTM D638	30~31	23~25	26~28
断裂伸长率/%	ASTM D638	500	200~400	500
挠曲模量/MPa	ASTM D790	1350~1400	850~1050	1200~1300
洛氏硬度/R	ASTM D785	90	60~70	80~85
悬臂梁冲击强度/(kJ/m^2)	ASTM D256	0.01~0.02	0.05~0.1	0.02~0.05
落锤冲击强度/(kJ/m^2)	MPC~305	0.05	1.4~1.6	0.1~0.15
热变形温度/℃	ASTM D648	105~110	90	105
脆化温度/℃	ASTM D746	-25	-25	10~15

表 8-43 聚丙烯管道材料的命名[173]

较低置信限(LCL)/MPa	MRS	材料分级数	材料命名
10~11.99	10.0	100	PP-100
8.00~9.99	8.0	80	PP-B80
8.00~9.99	8.0	80	PP-R80

事实上,多年来国内外专家对聚丙烯管材用料进行了大量研究开发工作。PPH 是采用均聚聚丙烯加入一定量的增韧剂共混造粒而成,PPB 是 PP 与 PE 嵌段共聚制得,PPR 是以无规共聚聚丙烯为基料,经改性处理后制成。无规共聚聚丙烯采用先进的气相共聚工艺,将 PE 在 PP 的分子链中随机,均匀地进行聚合,从而获得更加优良的性能,是目前最好的管材材料之一(见表 8-44,表 8-45)。

PPR 管材即无规共聚聚丙烯管材，是近年最新发展起来的新型材料，它的出现立即引起了广泛的重视和应用。

无规共聚聚丙烯，使乙烯和丙烯共聚合，得到主链中无规分布丙烯和乙烯链段的共聚物，韧性高，有良好的抗冲击强度，脆化温度低，比均聚 PP 显示出极为优秀的性能。

表 8-44　PPR 管材专用料性能指标

性　　能		指标	测试方法
密度/(g/cm³)		0.9	ISO 1183
熔体流动速率(230℃,2.16kg)/(g/10min)		0.3	ISO 1133
拉伸屈服强度/MPa		26	ISO 527-2
拉伸断裂强度/MPa		21	ISO 527-2
拉伸弹性模量/MPa		808	ISO 527-2
弯曲模量/MPa		874	ISO 178
弯曲强度/MPa		30.5	ISO 178
简支梁缺口冲击强度/(J/m)	23℃	22.9	ISO 179/1A
	0℃	4.53	ISO 179/1A
	-20℃	1.86	ISO 179/1A

性　　能		指标	测试方法
悬臂梁冲击强度/(kJ/m)	23℃	22.5	ISO 179/1A
	0℃	5.56	ISO 179/1A
	-20℃	3.4	ISO 179/1A
邵氏硬度		60	ISO 868
洛氏硬度		50	ISO 2039-2
维卡软化温度/℃		131.1	ISO 360
熔点/℃		131.3	ISO 3146-19
比热容(20℃)/[J/(g·K)]		2.0	DSC
热导率(10～60℃)/[W/(m·K)]		0.21	DIN 52612

表 8-45　PPR 管材物理力学性能

项　目	试验参数			指　标	试验方法
	试验温度/℃	试验时间/h	环应力/MPa		
纵向收缩率	135±2	壁厚≤8mm 时为 1 8mm≤壁厚≤16mm 时为 2 壁厚>16mm 时为 4	—	2%	GB 6672.3/B
摆锤冲击试验	0±2	破损率	10%	GB 1043	
液压试验	20	1	16.0	无渗漏 无破裂	GB 6111
	95	22	5.0		
	95	165	4.2		
	95	1000	3.5		

（1）PPR 管材的特点。PPR 管材是采用无规共聚聚丙烯专用料，用带有混炼段的 PPR 管专用螺杆和 PPR 管专用挤出模头的单螺杆挤出机，经挤出成型工艺生产的管材。PPR 管件是采用了与 PPR 管材相同牌号的专用料，经注射成型工艺生产，PPR 管除具有一般塑料管的重量轻、耐腐蚀、不结垢，使用寿命长等特点外，还有以下特点：

① 良好的卫生性能。PPR 管的原料属聚烯烃，其分子由碳氢元素组成，原辅料完全达到食品卫生标准要求，因此 PPR 管不仅可用于冷热水系统，而且可以用于纯净水、饮用水系统。

② 保温性能好，具有良好的耐热性。PPR 管导热系数为 0.21W/(m·K)，为钢管导热系数的 1/200，PPR 管维卡耐热温度为 130℃，最高使用温度可达 95℃，长期使用温度为 70℃，可满足建筑冷热水管道设计的要求。

③ 安装方便，连接牢固。由于管材、管件采用相同原料加工而成，并具有良好的热焊性能，所以管件、管材均可以采用热熔方法连接，强度不低于管本身的强度，安全可靠，杜绝了渗漏隐患。

④ 物料可回收利用。PPR 在生产、施工及使用过程中对环境无污染，废料可以回收利用，属绿色产品。

（2）PPR 管材的应用。根据全国化学协调组提出 2005 年塑料管道发展目标，全国新建住宅内 70%的排水管、80%的建筑电线穿线扩套管，50%雨水落水管，75%建筑给水热水供应和供暖管道采用塑料管，基本淘汰镀锌管，80%埋地排水管，20%埋地燃气管也将采用塑料管。

由于 PPR 管长期使用温度为 95℃，短期使用温度为 120℃，在温度 60℃及工作应力为 1.2 MPa 的长期连续使用状态下寿命可达 50 年以上，所以多用于冷却水管道，包括生活饮用水、热水地板取暖、太阳能热水器、仪器仪表管道、医院供氧通风管道、吸引管道、食品、饮料生产输送管道等，年需求量达到$(2\sim3)\times10^8$m。

8.6.5.2　聚丙烯管材生产工艺及生产线[174,175]

聚丙烯管材是将 PP 树脂、改性粒料与抗氧剂、屏蔽剂、填充剂弹性体混合造粒，经挤出、冷却、定径、牵引、切割制成管材。一般的挤管设备都可以生产聚丙烯管材，但要注意以下几点：

聚丙烯成型加工的特点是聚丙烯的流动性可通过提高温度和剪切速率来提高，但聚丙烯导热系数小，升温会带来冷却周期长的问题，所以一般采用提高剪切速率（增加压力）的办法来改善其流动性。

聚丙烯导热系数小，结晶度高，因此冷却结晶时要放出大量潜热，如果缓慢冷却球晶增大，冲击强度变差，因此采取快速冷却制备，使球晶减小，耐冲击性能适当改善。

由于聚丙烯熔点较高，导热系数小，为便于物料塑化，增加剪切效应和保证物料紧密需考虑较大的压缩比和螺杆长径比，同时注意进料段长度要占螺杆长度的 50%左右，这是因为 PP 本身熔融时需要热量较多，应有较长距离的缘故。

聚丙烯收缩率为 2.5%~3%，所以在成型冷却定径时要特别注意。下面将分别叙述聚丙烯生产线（见图 8-78）。

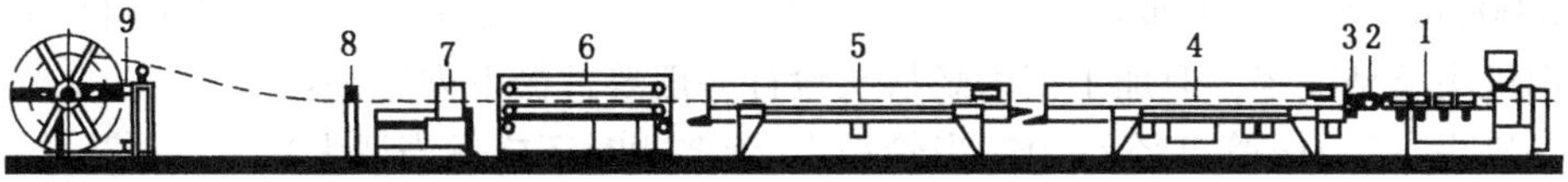

图 8-78　聚丙烯管材生产线的示意图

1—单螺杆挤出机；2—机头；3—定径套；4—真空定径系统；5—冷却系统；6—牵引机；7—切割系统；8—加压印台；9—管材卷绕机

1. 螺杆挤出机

（1）单螺杆挤出机。挤出机是管材生产线的核心部分，通过均匀塑化和稳定传输基本决定了最终制品的状况，聚丙烯管几乎全部由单螺杆挤出机制造。考虑尺寸和加工，应有下列准则：

——为保证高产量，应有高扭矩；

——避免熔体量波动，并达到高产；

——螺杆转速低情况下的高产率，即由交联和降解引起材料变小；

——最优熔体温度；

——有较大的加工范围，适应面宽；

——磨损最小。

总之要有高速率，并保证产品质量。

现在的管材生产多用单螺杆挤出机，螺杆直径为 90mm，$L/D=28\sim34$，并设有槽状喂料口，在熔融段设有 BM 结构与屏障式结构相结合的方式，同时增加混炼结构，必要时加入有定子和转子的高效动态混合器。

（2）双螺杆挤出机。在纯聚合物中加填料可以使生产的制品具有特殊的性能，采用同向旋转双螺杆挤出机可以用来生产填充聚烯烃管材。常用的填料有 $CaCO_3$、色母料、$BaSO_4$ 和木粉，增强管材采用玻璃纤维。在操作中一次或混合挤出，即直接挤出。这种挤出机可以：

——使流动性差的粉状原料、黏性原料和纤维材料添加剂容易输送；

——高产而无脉动；

——良好的分散和混合带来稳定和优良的产品质量；

——温度可以精确控制；

——一步或多步排气使易挥发成分顺利排气；

——可适合加工多种材料。

2. 管机头

为使管在模头中不产生流动取向效应，首先要降低模头的熔体压力，并尽量减少压缩比，生产 PPR 管材模头比一般 PP 管材要更长一些，以便在较低模头压力下获得较好制品外观。最初，由分流梭总轴保持架的传动机头加工聚烯烃，随着产量、管径和壁厚的增大，材料分布和熔体的不均匀性也增加了，导致管壁厚薄不均，强度减小及在升高温度下收缩。所以对于直径小于 400mm 的管材采用总轴保持架带有一个钻孔的环作为阻滞元件，使熔体流动均匀，减少熔体流过总轴保持架受到的干扰。对于更大直径的管材，又开发了带有螺旋总轴的管机头，这样的机头有利于更好的焊合熔体，螺旋机头有较大的使用范围，可以生产外径 10～1600mm 的管材，制成的管材有良好的壁厚分布和优良的内表面。机头口模的设计由各自所用机头类型决定，但加工聚丙烯机头设计一般要遵循下列原则：

——机头直径 D=管直径×1.05（当管径小，管壁薄时还应适当调大）；

——机头缝隙 S=名义壁厚×（1.0～1.05）；

——出口缝隙长度：8～15 倍机头缝隙。

尽管熔体离开机头时胀大，机头出口截面积比管子截面大，体积增大，被结晶时体积收缩所抵消。在机头和定径装置之间的熔体拉长引起张力，而且直到外层冷却，熔体在定径装置中的输送才能被稳定下来。

传统的管机头为直通式机头利直角式机头，为了降低机头压力，提高产品稳定性，开发了螺旋机头、篮式机头利过滤机头等改进的挤管机头。

还有一种气膜润滑机是将空气吹送到物料和口模壁之间，从而在物料和口模壁之间形成一层很薄的空气膜，该空气膜能使胶料的流动由剪切流动变为塞流。此时，物料如同一个圆柱形固体在很小甚至没有摩擦阻力的情况下沿口模流动。这种新型机头可以大大降低流动阻力，增加挤出产量。[175a]

近年来国内外山现了几种改进了的聚丙烯管材，如玻纤增强聚丙烯管，玻纤增强聚丙烯衬里的钢塑复合管、铝塑复合管等。这些管材的力学强度、耐热性和尺寸稳定性均得到改进。

为了生产这一类复合管，需要开发一些新的机头。比如长玻纤螺旋在线复配圆形塑料管材挤出机头[175b]，其特征是，将其安装在各种通用塑料挤出机上，可将玻璃粗纱连续裁切成一定长度的玻纤，并输入到机头内的熔体腔中，使玻纤与聚合物熔体相混合，然后使混合熔体绕管材芯棒轴线螺旋流动，结构简图见图 8-79。

3. 定径系统

热塑性塑料熔体管离开机头时必须被冷却定径。无论对管精确度还是管壁厚来说，定径都是极为重要的。对管材来讲大多采用真空定径，因为它比较容易和安全，甚至在管径高达 2000mm 时，仍能有效使用。柔软可变形的的管坯进入真空箱时，它们在数厘米的长度上表面受到微冷，这些管道随后进入定径管套，在那里它们被水集中冷却。对中速和低速牵引的聚烯烃时，使用固定预冷能力的装置，而对高速牵引的聚烯烃挤出时使用可调节的预冷能力的管套。

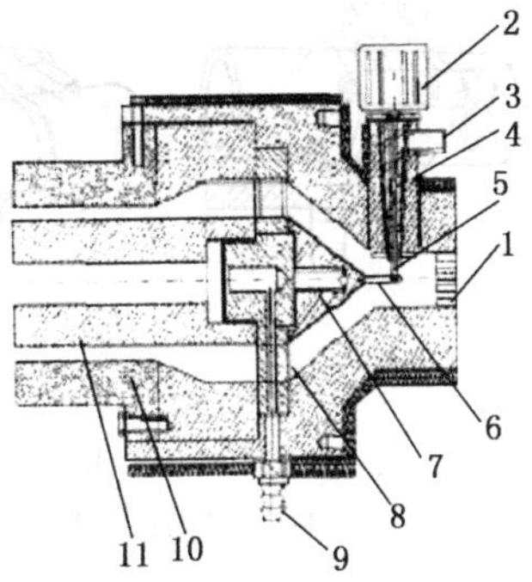

图 8-79　新型挤出机结构简图

1—熔体滤网；2—长玻纤复配电机与变速箱；3—连续的玻璃粗纱和偶联剂的输入口；4—玻璃粗纱输送螺杆、筒体和裁断刀片；5—驱动蜗杆；6—传动蜗杆；7—转动分流锥；8—内径支架；9—冷却气入口；10—口模；11—芯棒

管材变径技术是近年来兴起的一项新兴技术[175c]，在改进的定径系统中，导腔和真空定径套紧紧连接在模头上，熔体流过腔体形成管材的外径利壁厚，承接其后的定径套位于第一个真空箱内。在入口处有冷却水冷却管材表面，同时密封箱体。而由两个级别的圆周网格创造的机动性则使定径套在一定范围内调整成可能。分别起收缩和延展作用的带子可以调节定径套的长度利直径，从而改变挤出管材的直径。这种技术可以不停机改变挤出规格，从而降低生产成本。

4. 冷却水槽

管材应该在定径箱和冷却水槽中充分冷却以后以获得足够的稳定性来承受牵引、缠绕和切割装置的应力。

冷却可通过水浴冷却或喷淋冷却来实现。这两种方法传热值高，冷却均匀，冷却与导热系数(α)、冷却时间、管材壁厚有直接关系。对聚烯烃而言，其导热系数为：

水浴冷却：$\alpha = 300 \sim 600 W/m^2 \cdot K$

喷淋冷却：$\alpha = 700 \sim 1000 W/m^2 \cdot K$

冷却速度与管材的壁厚的平方成反比关系。

5. 牵引装置

管材牵引装置的作用是将管子从机头和缓地拉出，并将其以恒速传送过定径装置和冷却装置。

对压力敏感、薄壁及小规格系列管材采用带状牵引装置，除此之外，使用多带履带牵引机。带状牵引装置为平皮带或齿状皮带，皮带被接触面由高度耐磨橡胶或发泡材料制成。在生产中等直径和大直径的管材时采用带橡胶衬垫的履带，要注意调整衬垫与管材的最佳接触。为防止管材变形，接触压力尽量低。注意牵引传送能力与冷却部分一致，并一定保持管被轻柔、安全地传送，保证管表面不变形。

6. 切割装置

选择合适的切割装置要考虑以下几个条件：

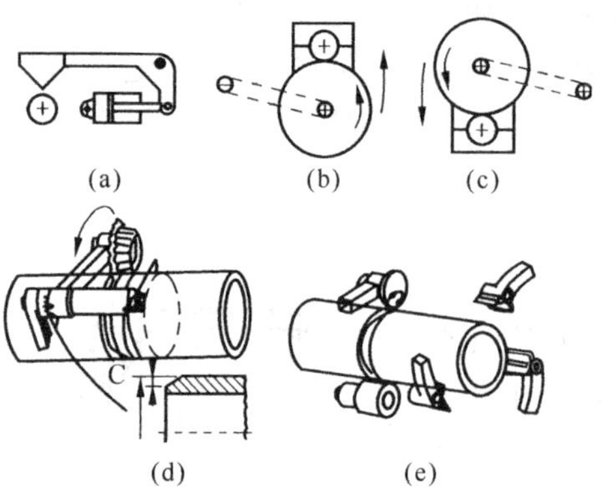

图 8-80　切割系统
a—分离自动装置；b、c—径向锯；d—行星锯；e—无切屑回收系统的切割装置

——切割形式和所要求的切割质量；
——管径和壁厚；
——原料类型；
——切屑的形式。

人们已经制造出考虑到这种因素的多种切割系统(图 8-80)。

旋转/行星锯用来切割较大直径的小直径和中等直径管，用分离自动装置和径向锯来更好地切割。

两种分割装置都是运动系统。切割过程中管材由夹紧锯夹住，并沿管材运动方向滑动，切割完成后由气体或电机带动复位。

对切割装置最重要的要求是：
——低噪音；
——切屑片安全地拉出(如果需要的话,无切割分离)；
——切割过程中屑片易从管上清理掉；
——当改变管尺寸时，切割装置应能被快速容易地重新设置。

7. 管材的在线控制技术

传统的管材生产中，加料量无法精确控制。如果在加料过程中树脂颗粒之间发生轻微的挤压和堆积都会影响下料速度，在螺杆转速和牵引速度恒定的情况下，都会造成管壁厚度的波动。智能重力计量传感器可以通过对加料量的在线测量，自动调节螺杆转速和牵引速度，精确控制管壁厚度。也可以通过超声波系统测量管壁，如果管壁厚度产生波动，螺杆转速和牵引速度自动调整。这些在线控制技术除了可以精确控制壁厚还可以提供生产数据信息，减少原料的使用，提高生产能力。

8.6.5.3　聚丙烯管件加工及管道连接[176]

聚丙烯管材质量轻，安装操作方便，并且具有可焊性。使用一个简单的焊接工具，可在几秒钟内很容易地将管子和管件焊接在一起，比传统连接方法可节省 40%~50%的时间。

聚丙烯树脂是一种高结晶度聚合物，加工温度范围很窄(160~170℃),成型温度控制比较严格。一般采用油浴的方法加热，温度易控制，制件外观质量好，材质下降强度小。现就管材的扩口、弯制介绍如下：

管材的扩口是把将要扩口的管端垂直放入 170℃的油浴中加热，置入深度应为翻边宽度，待管端发白、变软后取出，先置于木板上进行成型(喇叭口),再放入油浴中重新加热，取出后放在模具上成型，用冷水进行定型。

管材的翻边也有两种方法，一种是把管端放入最高温度 170℃的甘油浴中加热，置于深度应为翻边宽度，待管端发白，变软后取出，先置于木板上进行成型(喇叭口),再放入油浴中重新加热取出后放在模具上翻过，冷却后即成；另一种方法是用聚丙烯管压制而成，即将管子加工成所需求长度，放在电热压模上加热，待管端熔融后放入压力机加压，冷却定型后脱模。

管材的弯制除配以弯头管件外，另一加工方法是将 160~170℃的热砂灌入一端被塞紧的聚丙烯管内，敲实后用塞子塞紧灌入端，在热油浴中加热 3~5 min，待表面颜色发白，管子发软后立即取出，放在准备好的模具上弯至所需角度后用冷水快速冷却。对于直径 75mm 以上的管路则采用焊接的"虾米腰"方式。

聚丙烯管材的连接形式中可拆卸式与不可拆卸式连接均有应用。热风焊接是使用较为普遍的方法，优点是设备简单，加工灵活性大，焊接方法同硬质 PVC 加工，其焊接温度为 240~270℃，焊接速度 100~120 mm/min。

聚丙烯管材的可拆卸式连接有法兰连接法。聚丙烯管的法兰连接以钢活套法兰的连接效果最佳，并且有利于不同材质、不同规格的管或管件之间的连接。

热对齐焊接法加热时间短，产品质量有保证。焊接操作是将两段聚丙烯管的待焊接面紧贴电热板加热，待焊接面熔融翻浆后撤去电热板，再施加外力使焊接面紧贴在一起，冷却后即很坚固。焊电热板温度控制在 240~260℃，压力 0.3 MPa，加热时间 10~60 s，冷却时间在 3 min 以上。

聚丙烯输水管采用热熔承插连接方式，不允许在管材和管件上直接铰丝，管件和热熔施工机具由管材生产厂家配套，与金属管及用水器连接处采用带金属嵌件的塑料管件。熔接施工应严格按技术规程操作，手持式熔接工具适用于小口径管及管路系统最后连接。台车式熔接机适用于大口径管预装配连接。在加热和插接过程中不能转动管材和管件，应直线插入。正常熔接应当在结合面处形成一均匀牢固的熔接面。

8.6.5.4　聚丙烯异型管[177]

为了扩大塑料管的应用领域，开发了一些新品种，包括双壁管、波纹管、空腔管、蛋型管等等，但对于聚丙烯异型管尚处于研发阶段。

首先研制开发的是双重壁螺旋管，该管的内外螺旋结构，使管材具有强度高、刚性好、质轻、安装运输方便、耐高低温、耐腐蚀、使用寿命长、价格低、经济效益好等特点。

双重壁螺旋管是先经螺杆挤出管坯，然后经缠绕、焊接热加工成型而成。由于螺杆挤出机只挤出管坯，内外双重螺旋壁是在机外进行加工的，因此可以实现较大口径管材的成型。

其工艺流程如下：

原材料⟶混料⟶上料⟶挤出⟶一次冷却⟶牵引⟶二次冷却
↓
成品⟵切割⟵热熔焊接⟵压合⟵缠绕⟵管坯⟵牵引成型

双壁管分两层，一层是波纹状，另一层光滑，可用于电缆护套。与不带波纹的管相比，波纹管节约 25%~30%的原料。

8.6.6　聚丙烯挤出异型材

异型材是指通过模具挤出成型以后的各种特殊形状的材料的定型技术，包括：

（1）异型管材：有圆角或尖角的均匀壁厚管材。

（2）中空异型材：外壁包围成一空间体，壁厚可以不同，也可有支撑筋和尖角。

（3）室异型材：有封闭空间和开放空间的异型材。可以有中间筋，壁厚也可不均匀。

（4）完全异型材（开放式异型材）：没有中空室，可以有各种形状和横截面。

（5）复合异型材（多组分异型材）：包括上述所有形状，它可以组合相同材料不同颜色的各个部分，也可为相同材料不同硬度的各个部分组合。

(6) 核心异型材(复合镶嵌异型材):是由中空和有不同材料如钢或木头构成的实心异型材。

(7) 实芯异型材：即各种形状棒材。

各种连续挤出的异型材形式见图 8-81。

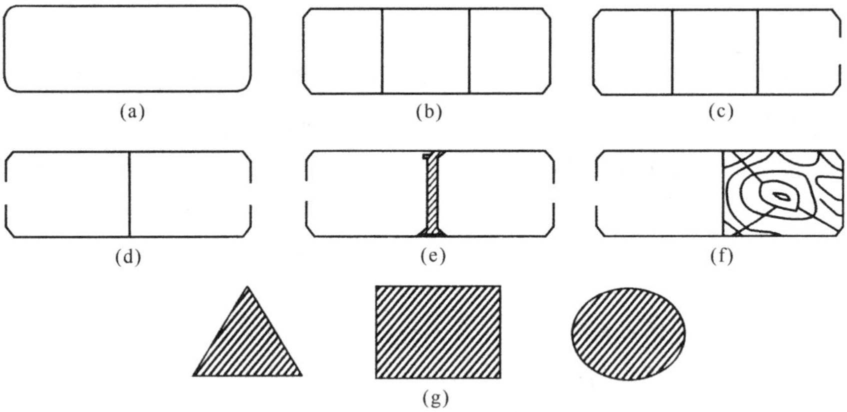

图 8-81　连续挤出的异型材形式

a—异型管材;b—中空异型管材;c—室型异型材;d—完全异型材;

e—复合异型材;f—核心异型材;g—实心异型材

8.6.6.1　异型材的挤出过程

异型材是通过挤出机机头、牵引、切割、卸货等装置，而得到最终产品的。异型材形状直接决定了使用的成型和定型机头的设计，树脂等级决定了使用挤出机头类型和流程的设计特点(图 8-82)。

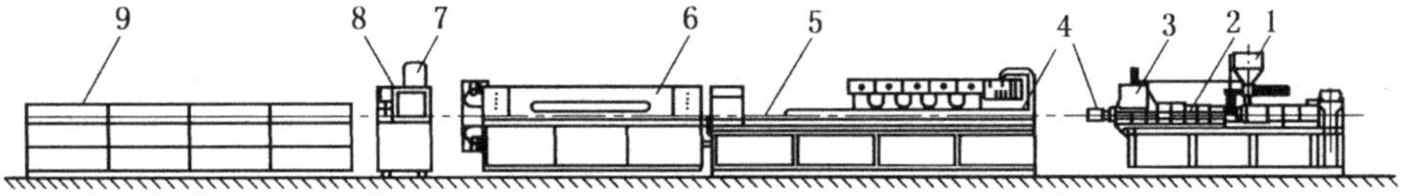

图 8-82　异型材挤出生产线

1—加料装置；2—双螺杆挤出机；3—控制柜；4—异型材机头(机头及定型)；

5—真空箱定型基座；6—牵引装置；7—切割装置；8—切屑排出装置；9—卸货装置

挤出机：挤出机应同生产能力和原材料相配套。对于 PP 异型材的挤出，由于它大都是以粒料形式供应，可以用单螺杆挤出机进行加工，因为单螺杆挤出机的优异价格性能比和其通用性，用于粒状形状热塑性塑料的输送、塑化和混合，十分方便。其长径比(L/D)约为 22~26，压缩比 3.5~4.5/1。也可以用双螺杆挤出机进行挤出，共混情况优于单螺杆挤出机。

异型材机头：成型机头和口模的作用是将熔体分布到整个异型材截面上并将其变成要求的异型材。流道应设计成使熔体在横截面各点的流速接近一致。熔体在机头中的停留时间应短，且对整个异型材来说变化要小。流体从机头辅助装置稳定流出前，应有充分平行流动，这有助于提高表面质量。定径系统负责稳定熔体的变形和最终形状，定径在真空和冷却的帮助下完成。

定径单元和冷却单元：定径单元和冷却单元需要固定基座。辅助系统真空泵、循环和冷却排风机均应无震动。基座在竖向和侧向可调，并沿轴向移动以适合各种加工异型材的轮廓。冷却流道配有喷冷和浴冷的真空箱。由于 PP 为结晶型聚合物，在冷却时需特别注意得到微小球晶粒子，所以冷却速度不宜太慢。

牵引装置：有多种牵引系统可以使用，具体选择那种牵引系统取决于需要生产的异型材形状、定径过程和表面属性。

——滚筒牵引系统：用于小异型材。

——皮带牵引系统：用于生产表面对压力和刮擦敏感的异型材，且压力不大于 5000N，可用于牵引薄壁异型材。

——履带式牵引系统：这种牵引和单位面积压力虽小，对制品接触面积大，所以能够进行柔软而无滑移的牵引。用于牵引易扭曲不稳定的异型材。

对于所有牵引系统来说，异型材必须在常压下以恒速均匀挤出，上部履带必须可调以补偿异型材质量。

切割装置：其运动必与挤出速度同步，可用金属刀或金刚石刀具。

卸货装置：根据制品长度、牵引能力和制品性质，人们使用有收集曲柄和滑台的用于制品的简单倾倒装置或使用有吸入机头和传送带的自动堆积装置。

8.6.6.2 聚丙烯异型材的兴起和发展[178]

采用塑料异型材制造塑料门窗近年来得到了极大的发展，据调查，德国年用窗 2400 万套，其中塑料门窗 48%，木窗 23%，铝窗 20%；法国的木窗占 37%，塑料窗用量也占有相当的比例。这主要是塑料窗导热系数小，节能降耗，同时生产 1t 塑料异型材的能耗为生产 1t 钢材的 1/4.5，铝材的 1/8。塑料窗从开始使用到现在已有几十年历史，但用于制造塑料异型材的塑料几乎全部是硬质聚氯乙烯，异型材的颜色几乎全部是白色的。随着窗异型材时尚的成熟，消费者已不再满足于简单的白色型材，特别是 PVC 本身耐温等级低，除加入钛白粉屏蔽大量紫外线的白色以外，其他任何颜色的异型材都容易发生褪色和变色现象，人们一直在进行新的塑料异型材的开发，虽然许多工程塑料都可以用来生产异型材，但价格上难以竞争。

传统的聚丙烯由于耐候性、挤出加工性能等原因不能用于窗异型材挤出，而通过改性，聚丙烯也能满足窗用塑料异型材的要求。用于异型材的聚丙烯原料是最新型的高刚性的嵌段共聚物，通常还配入了稳定剂、着色剂、增强剂等。它们不仅能满足使用性能的要求，也能进行异型材挤出加工。窗用异型材的基础树脂是最新一代聚丙烯产品，如高刚性、高熔体强度、乙烯嵌段共聚物，这些产品有很高的冲击强度、刚性和耐热性，通过使用一些添加剂进行改性后，能够使其具有更高的耐化学性和耐应力开裂性。此外还可以使热变形温度、撕裂强度、拉伸强度、尺寸稳定性、密度和黏度提高。这些聚丙烯新产品牌号目前只有 Montell、Targor 等少数公司生产，但从发展来看，将有许多原料生产商进入这一领域。聚丙烯窗用异型材的制造经实验证明技术可行性，但至今仍未大量应用。

从目前已得到的应用经验和聚丙烯树脂巨大创新潜力和优异的价格性能比看，在未来的窗异型材市场中，有希望成为一种主要的替代材料。

PP 异型材可以应用于太阳能收集装置，当有湿度问题时，可作为卡片纸板的替代品，也可作铝窗的隔热层和通风轴。

8.6.6.3 窗用异型材的性能

1. 材料性能

聚丙烯具有优良的力学性能，价格便宜，而且通过改性能适用于窗用异型材的需要。表8-46中列出了一种窗用异型材的性能，表8-47中可见PP异型材基本上能够达到现在塑料异型材的标准要求。

表8-46 窗用PP的性能指标

性能项目		数值	性能项目	数值
密度(23℃)/(g/cm^3)		1.02	维卡软化温度/℃	85
熔体流动速率(230℃/2.16 kg)/(g/10min)		0.50	热变形温度/℃	112
屈服应力/MPa		34	球压痕硬度/MPa	72
屈服应变/%		6.5	邵氏硬度/D	69
拉伸弹性模量/MPa		2400		
缺口冲击强度/(kJ/m^2)	23℃	34		
	-23℃	2.5		

表8-47 PP异型材的性能

性能项目	实验方法	实验值	PVC异型材的标准
外观	颜色均匀,无凹陷、裂纹、气泡和其他缺陷		颜色均匀,无凹陷、裂纹、气泡和其他缺陷
密度	DIN 53479	1.04g/cm^3	1.42 g/cm^3
维卡软化温度	DIN EN ISO 306	83℃	>75℃
受热后尺寸变化	DIN EN 479,100℃,1h	0.43%	≤0.2%
受热后外观	DIN EN 478,150℃,30min	无裂纹、气泡和褪色	无裂纹、气泡和褪色
缺口冲击强度	RAL GZ 716/1 双面V型缺口(r=0.1mm)	39.43kJ/m^2	平均值≥41kJ/m^2
			最小值≥20 kJ/m^2
焊接因子	RAL CZ 716/1	0.74	0.8
耐候性	DIN EN 513(8000MJ辐照量)	色差2.1(4000MJ辐照量)	按照ISO 105 A034级
拉伸弹性模量	DIN EN 527	2000MPa	>2000MPa

此外，用PP作为异型材的原料还具有以下一些优点：

(1) PP有很好的价格性能比，PP的高速增长可以进一步提高其市场竞争力；

(2) 由于PP是一种为大家所熟悉的材料，容易被市场接受；

(3) PP是一种无毒无害的塑料，而且易于回收利用，即使将来环保条例更加严格，也不会受到限制；

(4) PP的配方、储运、加工等都没有特别的困难；

(5) 耐热性好。

2. 加工性能

PP通常是以粒料的形式供应的，一般用单螺杆挤出机进行加工。由于PP是一种结晶性塑料，因此PP异型材的挤出加工与无定型塑料PVC在模具设计和工艺控制方面都有很多不同之处，但并不存在特别的困难，PP 的热稳定性好，加工性能优秀。

虽然 PP 的焊接因子较低，但仍可以接受。

3. PP 与 PVC 的综合比较

用作窗户的异型材必须满足很高的要求，最主要的指标包括刚性、韧性、耐热性、尺寸稳定性、耐候性以及可加工性。PVC 是一种经过了几十年考验的优秀材料，PP 材料性能达到和/或超过 PVC 的指标，就可以是一种理想的窗异型材料。表 8-48 对这两种材料进行了定性比较。就其成本来看，同样型材每米的相对价格 PP 约为 PVC 的 90%，PP 重量为 PVC 的 75%。

表 8-48　PVC 与 PP 的综合性能的比较①

项　目	PVC-U	PP	项　目	PVC-U	PP
密　度	—	+	深色型材耐候性	0	+
韧性刚性比	++	++	尺寸稳定性	++	++
耐刻划性	+	+	挤出加工性	+	++
耐热性	0	+	焊接性能	++	0
白色型材耐候性	++	+			

① ++很好，+好，0 可，—差。

8.6.7　聚丙烯反应挤出

近年来，反应挤出引起了世界的极度关注和广泛的商业兴趣。这是由于在挤出机有处理高黏度聚合物的功能，挤出机能熔化、挤出、混配聚合物及排气脱挥发物，这是化学反应所需要的。一般说来，聚合物的化学反应，为了避开高黏度，一直在稀释系统中进行，近年来，随着挤出机技术的不断进步，我们注意并认识到挤出机可以扩展应用到反应领域，这对节能和环保也有重要的意义[179,180]。

比较挤出机中的反应及在溶剂或稀释溶液中的反应，前者的优点如下：

——节省了回收稀释液所需的能量；

——没有溶剂或稀释液，则没有排出废液；

——节约了大部分工厂设备和占地空间。

挤出机同样是有技术上的优势，因为它可以作为柱塞流反应器或微背混式柱塞流反应器，其流动机理如下：

$$Q = \alpha N - \frac{\beta(\Delta p)}{\mu} \tag{8-24}$$

式中，Q 为挤出产量；α、β 为机械设计参数的综合影响参数；N 为螺杆转速；Δp 为所需要的压力降；μ 为介质黏度。

关于聚丙烯反应挤出，有几种技术已经开发并应用到工业生产当中，它们是[181]：

（1）控制流动学，控制聚丙烯自由基的降解以得到相当高的分子量分布。

（2）将马来酸酐、丙烯酸以及其他单体的自由基接枝到聚丙烯链上，从而改善它们的相容性以及其他化学性能。

（3）偶联交联反应。

（4）聚丙烯低温卤化。

所有这些工作都是在经过改进的挤出机中进行的，而且每一种都采用独特的反应器结构。事实上对反应挤出，研究开发每一种化学过程，都需要对螺杆本身进行适应，这一点与热拌釜式反应器有所不同。所以利用挤出机作为反应器有相对的优点和局限性。

优点：

——轴向方向几乎是一种注塞流反应器；

——有多阶能力；

——利用拖曳流输送，混合高黏度聚合物；

——压力和温度范围广。

局限性：

——黏度高的介质混合困难；

——系统向外传热性差。

8.6.7.1 反应挤出的工程原理

用螺杆挤出机可以实现黏度在 10~10000 Pa · s 范围的聚合物进行反应。下面就工艺条件及工作原理等逐一说明[182,183,184]。

1. 工艺条件

人们发现挤出机适合于反应加工是由于挤出机具有一些固有的特性：

(1) 熔体加料准备容易；

(2) 良好的分散性和分布混合性；

(3) 温度可控制；

(4) 停留时间分布可控制；

(5) 压力下的反应；

(6) 连续加工；

(7) 可分级；

(8) 未反应的单体和副产品可排除；

(9) 后反应调整；

(10) 黏性熔体的排料容易。

局限性则归为：

(1) 处理大量反应热方面的困难；

(2) 反应时间长造成成本高。

2. 工作原理

在确定采用反应挤出机后，应合理地选择加工设备及工艺要求。在挤出机是连续反应的聚合物加工中，可以按停留时间、能量及开始加料和最后产品性质分类。

(1) 停留时间要求。对于挤出机合适的反应时间是在几秒钟到 20 min 范围内，超出这个范围，从技术上讲，加工工艺可能是可行的，但从经济上讲，是不合适的。反应时间应在连续加工设备里证实，并且与一次性生产量的数据有相当大的区别。在间歇性反应器里，超过 1h 的聚合加工在连续挤出机里可能依然有吸引力的，因为在连续挤出机里可能得到更强烈的混合。举个例子，以前在间歇反应器里聚合反应需要超过 4h，而在双螺杆反应器里秩序停留大约 10 min，聚合反应便可以完成。

(2) 能量要求。螺杆挤出机的混合或接枝等加成反应都有可能释放出大量的反应热，以至于要从反应挤出机排除它。打断一个 $RHC=CH_2$ 双键成为一个—RCH—CH_2—键，释放大约66.9~83.6kJ/mol的热量，根据分子的质量，侧基R分子质量越小，则聚合反应的热量就越大，因此，聚苯乙烯聚合反应的热量大约为0.67kJ/g，聚丙烯腈聚合反应释放热量大约是1.5kJ/g，而丙烯聚合反应释放热量大约是2.01kJ/g。

用 2.51×10^{-3}kJ/g作为平均比热容 K，一个绝热聚合反应可能包含几百度的温升，除非温度能得到控制，否则就不能维持所期望的产品，因此，对于黏性非常大的原料来说，排除热量总是一个困难的工艺。所以在螺杆反应挤出时，这也是一个关键因素。最常见的反应挤出加工是沿挤出螺杆进行周期行进性的加工，于是，当与料筒里旋转的螺杆所需全部能量的重要性相比，反应热也许并不重要。

挤出机中功能耗 G 可以设想有许多因素产生，见式（8-25）：

$$G=D^2L\,N^2\eta \tag{8-25}$$

式中，D 为料筒直径；L 为充满物料的料筒长度；N 为螺杆速度；η 为熔体黏度。

许多反应挤出机加进的基本树脂可能是固体粒子或粉料，在它们完全熔融之前有可能存在小反应，但总的挤出机有效驱动能量包括熔融能量加上混合能量。

（3）开始加料和最后产品性质。用原生单体进行反应挤出加工可能性很小，因为，如上面所述那样存在热量的问题。然而，对反应挤出来说，通过连续反应或接枝反应改变基本聚合物链是一个理想的选择。假如这个反应阶段随已经熔融的聚合物发生，那么，除了由于要求达到所必需的密切接触混合作用而引起可能的热量外，还有令人担心的能量欠缺问题。基本聚合物的改性可能从固体粉状或粒状纯聚合物着手，然后，通过螺杆进行熔融，聚合物总平均比热容大约为 1.7×10^{-3}~3.3×10^{-3} kJ/(g·℃)，典型的反应温度可能在150~300℃，提供给聚合物反应温度所需要的特殊能量大约是0.1~0.2 kW·h/kg。

在这些加工温度条件下，可能需要有一个大的压力以便在料筒中间位置处引入反应物，尤其是反应物必须保持为溶液状态时更是这样，即使由于仅增加少量反应物，而局部平衡压力可能相对低。反应物的引入降低饱和蒸汽压，因此如把一个沸点为120℃的添加剂加进250℃的聚合物里，添加剂泵要产生 2×10^6 Pa的压力引进挤出机里。固体的添加剂可以预混加入，亦可以通过顶部和侧部入口加进挤出机。在产生的要求反应之后，副产品或未反应成分可以送入挥发作用区送出系统。利用反应动力学知识确定挥发区的长度是必需的，确定去挥发区的长度是反应工序的关键。

在反应完成后，最终排料一般需要形成压力，经过机头和造粒系统制备最终产品。

8.6.7.2　反应挤出设备

适用于连续反应挤出的设备，有单螺杆挤出机及双螺杆挤出机，由于与一般加工设备要求有所不同，设备上有一定的差别。

（1）单螺杆挤出机。单螺杆挤出机的特征已充分论证过，对于反应挤出，基本的加料可能是固体形状，聚合物在熔化之前不太可能发生反应，所以初期一部分只是固体输送和熔化，而熔化之后，聚合物熔体同反应物的接触可能发生在整个填满料的螺槽里和部分未填满的螺槽里。反应之后，脱去挥发成分，并为了挤出产品，需要一个产生压力的措施。在所有的挤出机里，熔体沿着料筒流动是被旋转的螺杆拖曳流和压力流作用的结果。为了获得更好的均匀性，使得反应良好，如图8-83所示，在单螺杆挤出机中增加各种元件[185]。

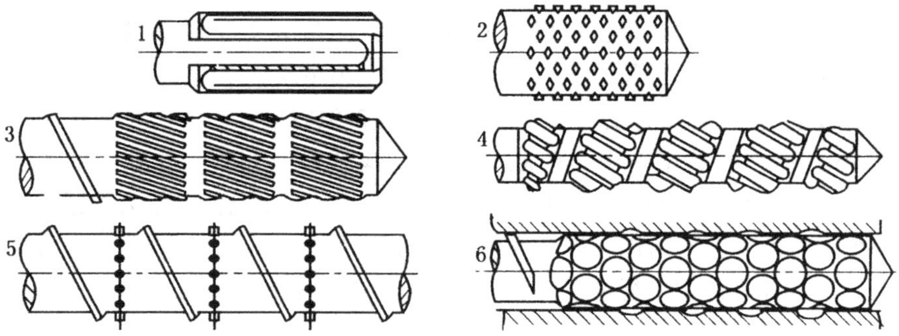

图 8-83　单螺杆挤出机混合增强元件

1—马多克(联合碳化公司)混炼元件；2—菠萝型混炼元件；3—杜尔麦基式混炼元件；4—沙顿型混炼元件；5—销钉型混炼元件；6—凹坑传递型混炼元件

（2）双螺杆挤出机。双螺杆挤出机有优越的混合性，可较好地控制停留时间分布，因而在反应挤出时更有价值。双螺杆挤出机可以混合加料，亦可以单独精确加料，它的两根螺杆可以用不同的螺块组合，从而提供大范围的混合作用。事实上全流程包括下列几个步骤：

① 喂料准备；

② 反应物混合(可能需要一级或多级混合)；

③ 反应；

④ 脱挥发物；

⑤ 形成压力。

总的来说，通过要完成的工作量来确定螺杆长度，反应区需要的长度可以由喂料速率和可能的反应时间来确定，单位长度的有效容积是料筒直径和螺槽深度的函数，本质上不取决于螺旋角。在挤出机中，实现一个期望的反应挤出加工所需要的加工容积 V 可简单地表达为：

$$V = \frac{W\theta}{ef} \tag{8-26}$$

式中，W 为质量流率；θ 为需要的反应时间；e 为熔体密度；f 为容积充满系数。

当然容积 V 还应考虑到进料、熔融、脱挥发物和出口及压力的需要。在一些情况下，在反应期间要去掉挥发的副产品，使 $f<1$。为了限制物料充满螺槽而输入较少的能量以及限制因绝热而引起的温升，维持 $f<1$ 有它的必要性。

采用双螺杆挤出机，最大的停留时间等于物料有效的滞留量除以体积流率。事实上，整个螺杆有效的横截面仅部分充满物料，但假如挤出机饥饿式运行，停留时间 θ 本质上独立于充满程度。

事实上这几个条件互相制约，转速越快停留时间越短，转速慢停留时间长。同一容积可以用小螺杆直径、长料筒、高螺杆转速实现，这视反应的要求而定。合理的反应区长度 L/D（10~30），螺杆直径尺寸范围 170~250mm(单螺杆挤出机直径 200~300mm)，维持 3 min 反应时间为准。对较大的直径，最大旋转体速度应当是 22 r/min，对较小的直径，旋转速度应为 67 r/min。利用啮合型同向旋转双螺杆，由于自洁性能好，更适合用于反应挤出[186]。

8.6.7.3　聚丙烯控制流度

在常规的反应器中生产的聚丙烯通常具有较高的分子量(MW)和较宽的分子量分布(MWD),造成聚丙烯弹性很大，而松弛速率(延迟弹性恢复)很低，所以在高速加工(如薄膜及纤维挤出)中使部分弹性变形冻结在制品里面，限制了加工效率，也影响了产品质量。在挤出机中无规则的链断裂反应使PP分子量降低，分子量分布变窄，从而降低了它的黏度和弹性，这就是聚丙烯的可控流度过程。

1. 反应特性

含有过氧化物ROOR的聚丙烯在熔融状态下，会通过一系列包括链引发、链断裂、链转移和链终止的自由基反应而发生降解。聚合物主链首先在过氧化物自由基的作用下，其叔碳原子的氢脱出，形成了聚合物的大分子自由基，这一大分子自由基又发生了链断裂(β断裂),从而降低了分子量，这一反应过程能通过大分子自由基的重组和歧化反应而影响聚合物的降解过程。以下是简化的反应图示。

控制流度采用的原材料及配比如下:

具有低熔体流动速率(在230℃/2.16 kg下,小于1g/10min)的聚丙烯均聚物通常以粉料或粒料的形式使用，有机过氧化物的用量在0.45~450g/h之间，可以液体、结晶固体和粉剂形式加入。表8-49中所示为广泛使用的过氧化物。

对于PP的可控降解，通常认为反应总速率受过氧化物的分解速率控制，因此，从一级分解动力学来看，为确保98%~99%的分解率，理想的加工时间应为过氧化物半衰期的6~7倍，一般采用DCP、BPO以及DDPH为好。

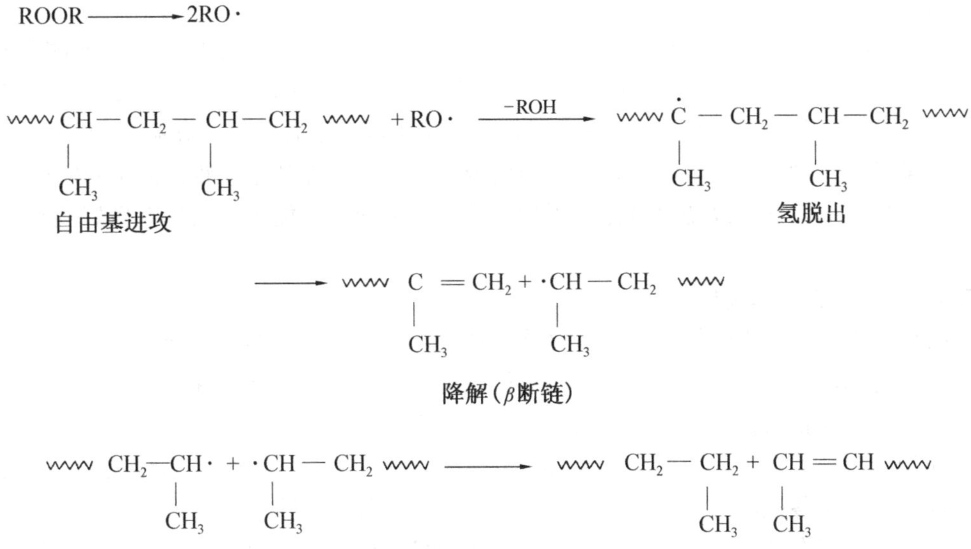

2. 反应挤出过程

下面将介绍一下过氧化物控制PP降解过程的工艺条件。

(1)高的转化率。高挤出速率已经通过使用其具有较大生产能力的设备来实现,如12in(30cm)的艾根端面切削(Ehan Face Cutting)的螺杆挤出机挤出速率可达到5t/h，不同规格的同向旋转双螺杆挤出机产量可达2~25t/h。挤出速率的提高可通过适当的螺杆设计而产生熔体增压作用，也可以附加齿轮泵增压，以及使用大容量切粒机来解决。

表 8-49　用于 PP 的可控降解二烷基过氧化物

过氧化物	半衰期为 1h 的分解温度/℃
双(过氧化叔丁基)二异丙苯	137.0
过氧化二异丙苯	137.0
2,5-二甲基-2,5-双(叔丁基过氧化己烷)	140.3
过氧化二叔丁基	149.1
2,5-二甲基-2,5-双(叔丁基过氧化)己炔-3	151.8

(2) 较短的反应时间。通过选择适当的过氧化物/温度组合和调整工艺条件，使停留时间少于 2 min。

(3) 准确的计量和过氧化物均匀混合。由于过氧化物添加量小，采用配制母料的方法，将 PP 粉末配制成过氧化物浓度达到 5%的母料，再将这一母料与 PP 粉末料按比例加入挤出机中，直接挤出成产品。也可以用烃类溶剂将过氧化物以 1∶25~1∶10 的比例稀释再与 PP 混合后加入，同样能改善过氧化物的分布和混合程度。

(4) 把氧和添加剂干扰降至最小。氧作为 PP 降解的引发剂，确实干扰了过氧化物的反应过程。抗氧剂、稳定剂和其他自由基清洗剂通常会降低过氧化物的总降解速率。因此，在双螺杆挤出过程中，在预混合计量期间，在进料口采用氮气保护，并在物料中预先混入对物料降解仅有轻微阻碍的长效稳定剂，如 Irganox1035，Irganox1010 等。

(5) 除去分解物。二烃基过氧化物的分解产物，如叔丁醇和丙酮可在具有特殊结构的螺杆段通过脱挥发分作用而被除去，残留量的多少取决于加工条件(速度、产量、温度)和过氧化物的初始浓度。

(6) 产品的特性控制。分子量和分子量分布是检验产品质量的两个基本的测定指标，前者会影响低剪切速率下的黏度和 HFR 值。此外，许多因素(挤出速率、转速、过氧化物用量)可以控制分子量分布宽度，由于分子量分布依赖于混合过程和过氧化物分解的相对特征时间，如果过氧化物在于聚合物均匀混合前就分解，就有可能产生比较差甚至双峰的分子量分布曲线。通过周期性的改变过氧化物添加到熔体中的速率，能生产出具有良好流动性的材料，可以用于纺丝。

8.6.7.4　聚丙烯自由基接枝

在挤出机反应中发生的接枝包括熔融聚合物与一种或多种能够在聚合物主链上生成接枝链的单体进行的反应，进行接枝反应的挤出机反应器，可能具有强力混合段，以及使聚合物基体以最大的表面积与接枝试剂接触而专门设计的螺杆元件。接枝单体在聚合物具有较高的接枝表面积的条件下被注入到聚合物基体的熔融物流中。引发剂(如过氧化物)可以在单体注入前或注入后从各机筒加入，或者以母料的形式预先与聚合物基体混合，未反应单体和其他的挥发性物质则在产物排出之前的脱挥发物区通过真空排气而除去。下面分别介绍接枝的实例。

1. 聚丙烯接枝马来酸酐

接枝反应得到的产物具有相对不变的力学性能，但化学性质却发生了显著的变化，聚丙烯接枝马来酸酐的功能化过程就是这样一个例子。PP-g-马来酸酐具有粘合特性，并通过在酸酐部位的反应，与其他含有亲核体的聚合物形成共聚物。

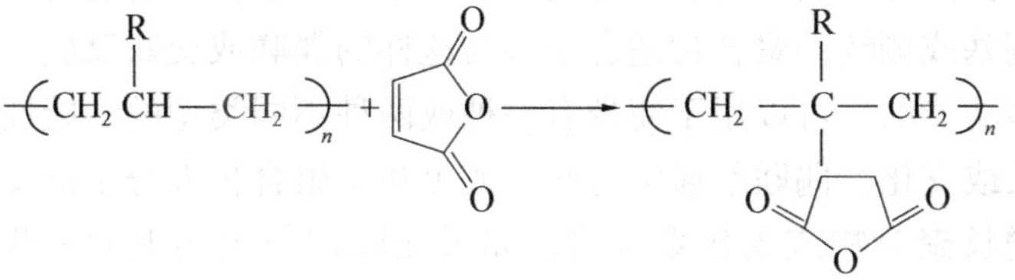

(1) 熔融共混工艺[187]。36 份 PP 在 60 r/min 运行的布拉本德混合机内于 180℃下熔融，然后，将含有 5.4 份 HA、0.53 份 DCP 和 0.32 份催化剂混合物 4 份，在 8 min 内加入，物料总停留时间为 10 min，分离出来的产物会有 2.28%接枝的 PP-g-MA。

(2) 双螺杆挤出工艺[188]。Φ53mm 的双螺杆挤出机内，其温度分布为：1 区 170℃、2 区 188℃、3 区 230℃、4 区 230℃、模头 230℃，将涂覆了 1.1%(质量分数)MA 的 PP 以 30 kg/h 速度加入，并将 1.4%(质量分数)的苯乙烯单体从 2 区注入，可以得到 0.8%(质量分数)的 PP-g-MA，其熔体流动速率为 17g/10 min。

2. 聚丙烯接枝聚丙酸、聚丙酸酯类[81]

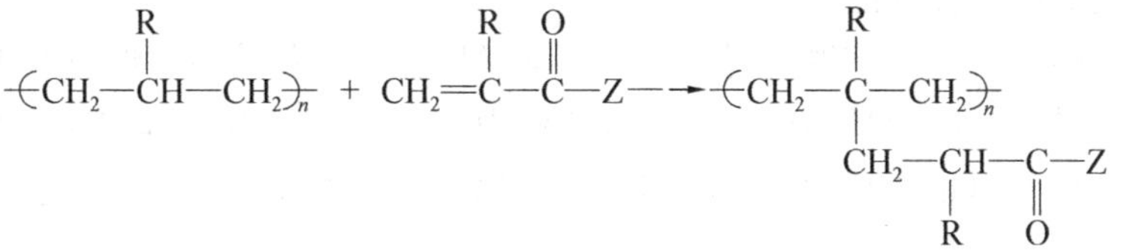

式中，Z 为 NR'_2，OR′，OH。

采用单螺杆挤出机，加料区 204~288℃，反应区 121~232℃，计量区 177~232℃。反应区中有三种不同的螺杆结构，以使熔融聚合物产生较高的比表面积，原料为 PP、AA 和过氧化物，每 100g AA 含有 15g DCP 的溶液以质量分数 9.92%比例注入反应区，得到产品接枝率为质量分数 8.6%。

3. 丙烯与 GMA 接枝

GMA 即甲基丙烯酸缩水甘油脂，与 PP 等聚烯烃接枝后产生的 PP-G-GMA 可以用来制造反应性的增容剂，常将它与苯乙烯共同引入可以大大提高接枝效率[189]。

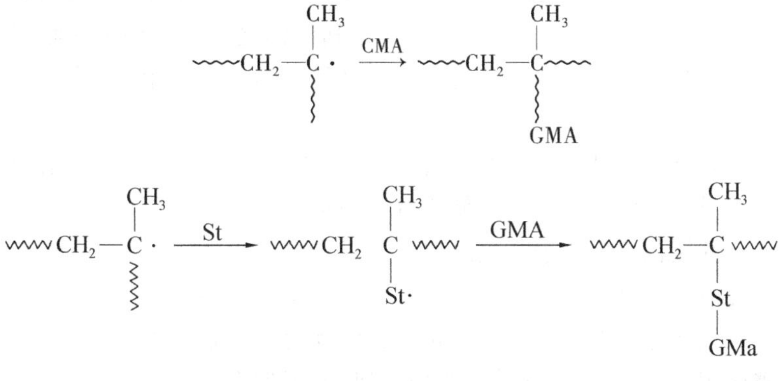

采用 Hake Rheocord 在 180~200℃下，PP 与 GMA 接枝，反应时间约 15 min。当 GMA6/PP100 份时，接枝率约 1.5%(质量分数)，当加入部分的苯乙烯后，接枝率增加 1 倍以上。

8.6.7.5 偶联/交联反应

偶联反应包括单个聚合物大分子与缩合剂、多功能团偶联剂或交联剂的反应，从而通过链的增长或支化来提高分子量，或者通过交联增加熔体黏度，具有能与缩合剂、偶联剂或交联剂发生反应的端基或侧链的聚合物适合于参与这样的偶联或交联反应。

偶联剂总是多功能的，可以用于使带有一种或两种不同类型的功能性末端基的聚合物产生大分子链的增长或支化，偶联剂通常与两个或更多个聚合物大分子链反应，通过偶联剂反应而最终获得链增长聚合物或支化聚合物。如果交联剂与主链上的一些功能团(不是末端基)发生反应，为链增长；当交联剂与两个或更多个大分子链通过共价链发生反应时，或者使一个大分子链活化，从而与另一个大分子链反应时，就形成了交联。

适用于偶联/交联反应的挤出机反应器通常都有若干个强力混合段，在某些情况下，随着低黏度聚合物发生偶联或交联反应而形成高黏度产物，在挤出机内形成黏度梯度。

在过氧化物存在的情况下，将可交联的烯烃共聚物和可分解的聚烯烃共挤，便可制备出热塑性弹性体。例如，55 份 EPDM(含 78%乙烯)、20 份乙烯/4-甲基-1-戊烯共聚物(含 96.5%乙烯)、25 份 PP 与由 0.2 份 L130 过氧化物和 0.3 份二乙烯基苯，溶解在 0.5 份矿物油中而得到混合溶液，用双螺杆挤出机将这一混合物在 230℃的温度和氮气保护下挤出，得到的材料具有良好的拉伸性能[190]。

在弹性体与热塑性树脂熔融共混中，发生交联反应，制备的热塑性弹性体，称为动态硫化。这种共混物具有交联的弹性体结构，该结构中具有橡胶分散相和热塑性树脂的连续相，它们形态稳定，从而阻止热塑性基体冷却至玻璃化之前，以及在后续加工过程中，产生重新聚合现象，因而工艺十分实用。

8.6.7.6　聚丙烯功能团化和功能团改性[191]

反应性挤出机用于各种各样的功能团引入聚合物大分子或使已有聚合物大分子的功能团发生改性。已经有的工作是将聚烯烃官能团化，在挤出机上将熔融聚合物与氮气充分混合，有效地除去氧化氢副产物，防止反应物或副产物的腐蚀作用以及阻止聚烯烃降解或脱卤化氢之类的副反应，Exxon 公司在这方面进行了较深入的研究。

8.6.7.7　超临界流体反应挤出[192]

超临界流体技术（supercritical fluid technology）是近 30 年来发展起来的一项化工新技术。对于某种特定的物质而言，总存在一个临界温度（T_c）利临界压力（P_c），在高于 T_c 利 P_c 的临界点以上的范围内，物质状态介于气体利液体之间，所谓的超临界流体就是指流体处于该临界状态。基于临界流体的独特状态，既具有与液体可相比拟的密度，又具有低黏度和高扩散速率的典型气体特征。

超临界 CO_2 可以溶胀聚丙烯，并能大幅度提高其他气体或小分子在增塑后的聚丙烯中的扩散速度和溶解吸附程度，从而可以使小分子添加剂进入聚丙烯骨架中。

聚丙烯的自由基接枝反应一般相当迅速，而且聚丙烯熔体中引发剂利单体的分布和混合对于该类反应来说极为关键。在反应中，引发剂的效果受到笼蔽效应的限制。自由基的扩散率在超临界中较之在熔体中要高出一个数量级，因此处于超临界条件下的自由基能够稳定地从溶液笼子中逃逸出来，从而提高引发效率。典型的装置如图 8-84 所示，预先制备好的 PP/MAH 混合物从双螺杆挤出机加料口中加入，超临界 CO_2 和过氧化物溶液从图示注射位置注入，最后从造粒机头挤出接枝产物并造粒。研究表明，超临界 CO_2 的引入可以提高接枝率，减少降解程度。

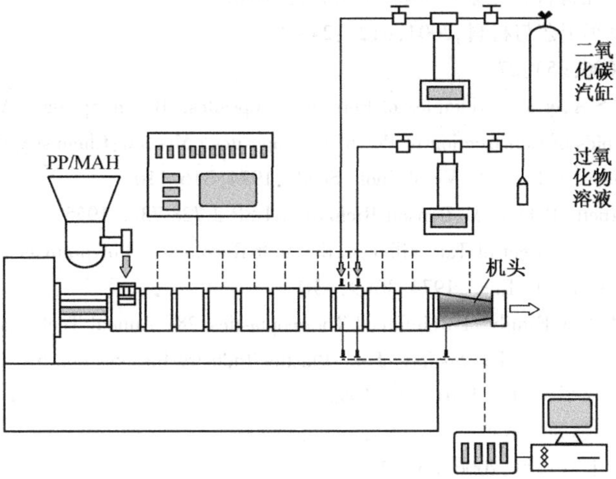

图 8-84　超临界 CO_2 反应挤出系统

参　考　文　献

[1] 洪定一．塑料工业手册 聚烯烃．北京:化学工业出版社,1999

[2] Mieras H J M,Van Riji. C. F. M. J. Appl. Poly. Sci. ,1969(13):309

[3] J R Van Wazer,et al. Viscosity and Flow Measurement. A Laboratory Handbook of Rheology. New York:Interscience Publishers,1963

[4] [美]哈罗德 贝罗夫斯基．塑料产品设计和加工过程．北京:化学工业出版社,2000

[5] Parrini P,Sebastisno F. Makromol. Chem. ,1960,38:27

[6] Dales Pearson,et al. Macromolec. ,1988,21:478~484

[7] Mitsuyoshi Fujiyama,Hiroshi Awgya. J. Appl. Poly. Sci. ,1971,16:275~299

[8] 王少会,刘佩珍,徐卫兵等．塑料工业,2008,36(1):53~57

[9] Wang Y,Jiang X,Xia Y. J. Am. Chem Soc,2003,125:16176

[10] Z. 塔德莫尔,C. G. 戈戈斯．聚合物加工原理．北京:化学工业出版社,1990

[11] Wang C M,Chen C H,et al. Polym. Engng Sci. ,1990,30(24):1574

[12] [德]C. 劳温代尔．塑料挤出．北京:中国轻工业出版社,2000

[13] Petraglia G,Coen A. Polym. Engng Sci. ,1970,79(2):34~37

[14] 唐志玉等．挤塑模设计．北京:化学工业出版社,1997

[15] 林师沛．塑料加工流变学．成都:成都科技大学出版社,1989

[16] 周彦豪．聚合物流变学基础．西安:西安交通大学出版社,1988

[17] 丁浩．塑料工业实用手册(上册)．北京:化学工业出版社,1995

[18] 李笑喃,刘鹏波．塑料工业,2007,35(3):45~53

[19] Ferry J D. Viscoelestic Properties of Polymer. 3rd ed. New York:Wiley,1980

[20] 朱　男．聚丙烯的应用及改性．北京:中国轻工业出版社,1982

[21] E P Moore Jr. Polypropylene Handbook. New York:Hanser Publishers,1996

[22] J. P. Presentatan. No. 49-19097. Sumitomo Chemical Co.

[23] Ford A,Goetler K. A. C. S. Polym. Preprints,1974,15:451

[24] Duvall J. J. Appl. Poly. Sci. ,1994,52:195

[25] Yoon L K. J. Appl. Poly. Sci. ,1995,56:239

[26] Balke S T. Polym. Engng Sci. ,1994,34:598

[27] 章学平．热塑性增强材料．北京:中国轻工出版社,1988
[27a] 张郧生,周崎．汽车工艺与材料,2004,(12):24~27
[27b] 新产品新材料,2006,(5):27
[28] Strlin A A,Volfson S A,et al. Principles of Polymer Composites. Berlin:Springer-Verlag,1986
[29] Oshmian V. Principles of Construction of Polymer Composites. Moscow:Chemistry Publ. ,1991
[30] Petrik V N,Kugnetsova L L,et al. Vysokomol. Soed. ,1974,B16:110
[31] Bechtold Max F,Arnett JR Lyda M,Benson Richard E. USP 2 728 732. 1955
[32] Chapman F M,Lee T S. Effect of Talc Filler on the Melt Rheology of Polypropylene. SPE,1970,(1):37
[33] Bragg T P,Held M D. Plast. Eng. ,1974,30(9):3D
[34] Maine F W,et al. A New Family of Reinforced Thermoplastics. 28th Annual Technical Conference, Reinforced Plastics/composites Institute, The Society of the Plastics Industry Inc. Section 5A,1973
[35] 林文新,翟仁立,张师军等．CN 1 103 413. 1995
[35a] 李珍,彭继荣,沈上越等．塑料工业,2003,(31):35~37
[35b] 殷锦捷,屈晓莉．上海塑料,2006,(6):20~23
[36] 王永忠等．阻燃材料手册(修订版)．北京:群众出版社,1997
[37] Liauw C M. Plastics Rubber and Composites Processing and Applications,1995,24(5):249~260
[38] 马态领,贺静．中国塑料,2008,22(6):67~70
[39] Zhang S,Horrocks A R,Hull R,et al.Poly.Degrad.&Stab.,2006,91:719~725
[40] Howarth J T,et al. Plastic Technol. ,1973,3:41
[41] Sobolev I,Woycheshin E A. J. Fire Flame/Fire Retardant Chem. ,1974,1:13
[42] Lin J S. J. A. P. S. ,1995,55(5):655
[43] Subramanian N J. Polym. Plast. Techn. Eng. ,1993,32(5):635
[44] Sco Y,Ninh T H,Hong S M.Langmuir,2006,22:3062~3067
[45] Tang T.Macromol.Chem.Phys.,1994,195:2931~2945
[46] Liu W B. Eur. Polym. J. ,1996,32:91
[47] 张师军．反应型聚合物及其在合金中的应用(博士论文)．北京:北京化工大学,1999
[48] Campbell J R,Khouri F F,et al. Polymer Preprints,1993,8:846
[49] 张玉清,范志强等．高分子材料科学与工程．1999,15(6):20~23
[50] G. 霍尔登,N. R. 莱格等．热塑性弹性体．北京:化学工业出版社,2000
[51] Zheng Q,Song Y H,Wu G,et al.Polym.Sci.Part B:Polym,Phys.,2003,41(9):983~992
[52] Thomas S,Georgc A. Eur. Polym. J. ,1992,28(11):1451
[53] 吴逢国,洪小秋等．中国塑料,2000,14(6):39
[54] Hylton D C,Cheng C Y. Plastics Engineering,1988,(4):55~57
[55] Denicola J R, Anthony J,Mayfield J W,Scheve B J. USP 5 731 362. 1998
[56] 龚克成．高分子材料科学结构与性能．长沙:湖南省塑料工业科技情报站,1982
[57] 王公善．高分子材料科学．上海:同济大学出版社,1995
[58] Kamiyama Masaki. JP 59093711. 1984
[59] Do-HungHan,Jae-Hyuk Jang,Hyu-Youngkim.Polymer Engineering and Science,2006,46:431~437
[60] Makuuchi Keizo C O Jap Atomic,Satto Jun,Kikukawa Shingo,et al. USP 5 560 886. 1995
[61] Yosbii F. J. Appl. Poly. Sci. ,1996,(60):617~623
[62] Hamilton R G,Mccarty M T. USP 5 397 842. 1995
[62a] Taki K,et al.Polymer Engineering and Science,2004,44(6):1004~1011
[62b] 李玉芳,李明．塑料包装,2008,18(1):6~10
[62c] 安东尼 J,丹尼科等．CN 1045107A. 1990
[62d] 安东尼 J,德尼古拉等．CN 1055372A. 1991

[63] Meka P, Imanishi Kunihiko, Licciardi G F, et al. USP5 670 595. 1997
[64] 郑裕东等. 塑料工业,1997,25(4):82
[65] Peter Mapleston. Modern Plastics,1997,(9):110~115
[66] Peel P R, J W, et al. Encylopedia of Polymer Science and Engineering. New York: John Wiley & Sons. Vol. 12,1988
[67] 徐僖,雷景新. 高分子材料与工程,1997,13(1):38~42
[68] Matthew M Naitove. Plastics Technology,1998(8):43~46
[69] Robert D Leaversueh. Modern Plastics,1990,(8):59
[70] 徐僖,雷景新. 高分子材料与工程,1996,12(4):78~81
[71] Michael C Gabricle. Plastics Technology,1990,(11):81
[72] Karew F Lindsay. Modern Plastics,1990,(11): 81
[72a] P T ed. Plastics Technology,2003,49(1):23
[72b] 赵丽梅. 塑料加工,2003,38(3):17~20
[73] Hashimoto Takashi, Sasaki Zenichi. EP190021. 1989
[74] Bettini S H P, Agnell; J A M. J. Appl. Polym. Sci.,2002,85:2706~2717
[75] Diagne M, Gueye M, Vidal L, Poly. Degrad. &Stab.,2005,89:418~426
[76] 杜慷慨,林志勇等. 塑料工业,1999,27(4):4
[77] Abe Katsuhiro, Yamauchi Shin-Ichi, Ohkubo Akira. USP4 460 743. 1984
[78] Vongpanish P. Plas. Rubb. Comp. Process App.,1994,21:109
[79] Chen L F. Polym Networks Blends,1994,4:197
[80] 郑学晶等. 塑料工业,1999,27(1):7
[81] 杨景兴. 塑料工业,1996,6:67
[82] 徐僖,雷景新. 高分子材料科学与工程,1997,13(6):104~107
[83] 尹燕平. 双向拉伸塑料薄膜. 北京:化学工业出版社,1999
[84] Hensen F Braums. Textil Industrial,1979:844~848
[85] [德]F. 汉森主编. 塑料挤出技术. 北京:中国轻工业出版社,2001
[86] 吴培熙,王祖玉主编. 塑料制品生产工艺手册. 北京:化学工业出版社,1988
[87] Vasile C, Seymour R B. Handbook of Polyolefines: Synthesis and Properties. New York: Marcel Dekker Inc.,1993
[88] 于丁. 塑料薄膜. 北京:轻工出版社,1987
[89] 邱明恒. 塑料成型工艺. 西安:西北工业大学出版社,1994
[90] 邓舜扬,王强,朱普伸. 新型塑料薄膜. 北京:中国轻工业出版社,1996
[91] Hensen F, Braum S. Manufacture of Film Tapes. Kunststoffe 68,1978,4:221~229
[92] 张运展. 加工纸与特种纸. 北京:中国轻工业出版社,2001
[93] [美]马克塔 阿迈德. 聚丙烯纤维的科学与工艺(下册). 北京:纺织工业出版社,1987
[94] 扈景胜. 化学工程师,2005,19(3):33~35
[95] 刘越,王安平,非织造布,2003,11(3):30~33
[96] Prentice James S, et al. USP 3 907 604. 1975
[97] D'Agostino, Vincent F, Joseph Y, et al. USP 4 414 090. 1983
[98] Ikoma, et al. USP 5 077 149. 1991
[99] 阿部光雄等主编,王方等编译. 当代离子交换技术. 北京:化学工业出版社,1993
[100] 刘茉娥等编著. 膜分离技术. 北京:化学工业出版社,2000
[101] 王晓婷,李亚滨. 非织造布,2009,17(3):20~23
[102] 中国化纤总公司. 化学纤维及原料使用手册. 北京:中国纺织出版社,1996
[103] 成晓旭,杨浩之. 合成纤维新品种何新用途. 北京:纺织工业出版社,1988

[104] Southern J H, Porter R S. J. Appl. Poly. Sci., 1970, 14:2305
[105] Capaceio G, Ward I M. Polym. Engng Sci., 1975, 15:219
[106] 张树钧等. 改性纤维与特种纤维. 北京:中国石化出版社,1995
[107] Kanda Takuma. JP 55-22052. 1980
[108] 谷章召,邓咏梅等. 建筑技术,2000,31(1):30
[109] Albot I E, White J G. Appl. Polym. Symp., 1973, 20:274
[110] Dees J R, et al. J. Appl. Polym. Sci., 1974, 18:1053
[111] White J L. J. Appl. Polym. Sci., 1974, 18:2593
[112] Galanti A V, et al. Polypropylene Fibers and Films. New York: Plenum Press, 1965
[113] [德]B. V. 法凯等. 合成纤维(上册). 北京:纺织工业出版社,1987
[114] Jakobi H R, Cegla J. Design of Extruder for Qusal-Neatoniam Plastic Melt. KunststoffeTeaquik, 1973, 12(8): 213~217
[115] Treloar L R. Polymer, 1960, 95:1; Frank F C. Proc. Roy. Soc., A, 1970, 319:127
[116] Peterlin A. Polym. Engng Sci., 1969, 9:172
[117] [日]安 胜三,奈良竞久. 合成纤维加工手册(上). 北京:纺织工业出版社,1981
[118] Bruck D E. Text. Inst. Ind., 1965, 3:118
[119] Blesser H, R Hesse. Chemicfasern, 1962, 17:262
[120] 朱中平. 化纤产品实用手册. 北京:中国物资出版社,1996
[121] 郭秉臣. 非织造布的性能与测试. 北京:中国纺织出版社,1998
[122] 沈志明等. 新型非织造布技术. 北京:中国纺织出版社,1998
[123] Buntin P R. Tappi, 1973, 56:74
[124] G Klust. Polypropylene Film-tap Twines Tetil-praxis, 1963, 6:361
[125] Moorwessel D. A New Polypropylene for the Coarce Fiber Industry. Kunststoff, 1969, 59:205 and 539
[126] L L Schreiner. Monofilament Extrusion Plastic Technology, 1977, 23(2):53~59
[127] Hensen F, Braun S. Manufacture of Film Tapes. Kunstetoffe 68, 1978, 4:221~229
[128] Bernharde E C. Processing of Thermoplastic Materials Reinhold. New York: Academic Press, 1959
[129] Mckelvey J M. Polymer Processing. New York: Wiley, 1962
[130] Rubin I. Injection Molting. New York: Wiley, 1973
[131] Donovan R C. Polym. Engng Sci., 1971, 11:353
[132] 北京化工学院,天津轻工学院. 塑料成型机械. 北京:中国轻工业出版社,1983
[133] 北京塑料工业公司. 塑料成型工艺. 北京:中国轻工业出版社,1987
[134] 王以华,李名尧等. 现代模塑成型手册. 上海:上海交通大学出版社,1993
[135] 钱汉英,王秀娴等. 塑料加工实用技术问答. 北京:机械工业出版社,1998
[136] 耿孝正. 塑料机械的使用与维护. 北京:中国轻工业出版社,1998
[137] Thayer G B, Mighton J W, et al. Injection Molding in Processing of Thermoplastic Materials. New York: Reinhold, 1959
[138] Rubin J. Injection Molding-Theory and Practice. New York: Wiley, 1972
[139] 钱知勉等. 塑料成型加工手册. 上海科学技术文献出版社,1995
[140] [美]J. 弗洛里安. 实用热成型原理及应用. 北京:中国石化出版社,1995
[141] Ogorkiewicz R M. Thermoplastics. Berlin Germany: Miffe Books Ltd., 1969
[142] Holmes-Walker W A. Polym. Conversion. London: Hainstfed Press, 1975
[143] 黄汉雄. 塑料吹塑技术. 北京:化学工业出版社,1996
[144] Chester Strohecher. Plast. Design Processing, 1980, 9:41~45; 1980, 10:41~52
[145] 李诚信. 塑料包装,2007,17(1):50~33
[146] Buck D M, et al. Plast. Eng., 1986, 42(4):33

[147] Fetell A I. Mod. Plast. ,1985,62(5):94
[148] 顾永安. 塑料工业,2006,34(6):64~66
[149] 平田贞夫. Plastics Age,1981,4:80~84
[150] 钱汉英等. 塑料加工实用技术问答. 北京:机械工业出版社,1998
[151] Herrmann H. Screw Machines in Procesing Technology Springer. New York:Berlin Heidelberg,1972
[152] Herrmann H,Burkhardt V. Kunstostoffe 68,1978:19~26; 753~758
[153] Mauch K. Compounding of Polyolefins on Co-rotating Double Screw Kneaders:Compounding of Polyolefins. Duseeldorf:VDI-Verlay,1978
[154] VDI-k(Ed). Compounding of Polyolefins. Duseeldorf:VDI-Verlay,1983
[155] Kranser A. Optimization of the Design of Single-Screw Extruders. Kunststoffe 68,1978:12~19
[156] Knappe W,et al. Use of a Temperature- invaviant Polt of Rheological Data in the Design of Dies. Kunststoffe 60,1970:657~665
[157] Knappew. The Thermol Properties of Plastics and Their Importance in Plastics Processing. Kunststoffe 66, 1976:297~304
[158] Wertberg J. The Calculability of the Extrusion and Thermoforming of Packaging Material in the Engineering Techno-logy Series. Dusseldorf:VDI-Verlay,1980
[159] Predobt W,et al. Extrusion of Flat Films, Thermofomable Films and Sheets. Kunststoffe 71,1981:659~665
[160] Keith H D,Paddon F J. J. Appl. Physics 3S,1964:1270
[161] Ward I M. Mechanical Properties of Solid Polymers. New York:Wiley Interscience,London,1971
[162] Hensen F,Gathmann E. Kunststoffe 64,1974:343~349
[163] 以聚丙烯为中心的聚烯烃系热成型材料的开发.プラスチクエーージ,1994,40(10):102~107
[164] 雷燕湘. 合成树脂及塑料,2000,17(2):45~47
[164a] Richard Y F L,Jin Y,Hiltner A,Baer,macromol. Rapid Commun,2003,(24):943
[165] Polyolefins: Surving of the Fittest Part 2Technical Review Chem System Annual US. Chemical Conference,1998
[165a] Jarus D,Hiltner A,Bear E.Polym.Eng Sci.,2001,(41):2162
[165b] Tangirah R,Bear E,Hiltner A. Adv.Funct.Mater.,2004,(14):595
[166] 龚浏澄,秦立浩等. 塑料成型加工实用手册. 北京科技出版社,1990
[167] 张承琦等. 塑料成型工艺学. 北京:轻工业出版社,1983
[168] M. A. 舍列瑟夫,王兴天. 塑料橡胶片材加工制品技术. 北京:化学工业出版社,1998
[169] [德国]苏珊 E M 塞克. 塑料包装技术. 北京:中国轻工业出版社,2000
[170] 王余良等. 包装材料及制品. 北京:中国轻工业出版社,1995
[171] Sapuan S M,Suddin N,Maleque M A.Int J of Polymer and Polymer Composites,2002,10(8):627~636
[172] 何顺伦. 塑料,2000,29(1):44
[173] 王伟明等. 塑料,2000,29(4):7
[174] Gebler H. Kunststoffe 70,1980:186~192;246~253;390~395
[175] 邱祥玉. 塑料加工, 2000,29(2):17~20
[175a] Ryzard,et al.Rubb.Chem.Technol.1987,60:945~956
[175b] 孙利民,申长雨,杨云珍. 工程塑料应用,2004,(16)
[175c] DE 202004020766U
[176] 魏若奇,潘颖,华晔. 化学建材,2001,2:12~13
[177] Ehnert M. Kunststoffe 73,1983,1:33~38
[178] 钟世云. 化学建材,2000,6:23~24
[179] Sclavonsm,Franquinet P.Polymer,2000,41(6):1980~1988
[180] 孙伟,宋国君,杨超等. 化工新型材料,2009,37(5):116~118

[181] [美]马里诺赞索斯. 反应挤出——原理与实践. 北京:中国轻工业出版社,1999
[182] GB 1 043 082. 1966
[183] Dijkstra A J,Goodman I,et al. USP3 533 157. 1971
[184] Xauthos M,Dagli S S. Polym. Engng Sci. ,1991,31(13):925~935
[185] 吴培熙,张留成. 聚合物共混改性. 北京:中国轻工业出版社,1996
[186] Sun Y J,Hu G H,Lambla M. J. Appl. Poly. Sci. ,1995,57:1043~1054
[187] Shyu W B,Woodhead D A. USP 4 753 997. 1998
[188] Wong C S. USP4 857 254. 1989
[189] 王丽姝,王盖龙,陈振宇. 现代塑料加工应用,2007,19(2):15~18
[190] Yonckura K,et al. USP4 785 045. 1988
[191] 国家自然科学基金委员会. 高分子材料科学. 北京:科学出版社,1994
[192] Dorscht B M,Tzoganakis C.J.Appl.Poly.Sci.,2003,(87):1116

第九章　前景和展望

过去20年聚丙烯优越的性能和较低的成本造就了其更快的增长速度，这种倾向今后几年仍将继续。催化剂和工艺开发的新进展，加之对结构和性能关系的深入理解使得聚合物设计不仅更接近现在用户的需求，而且也将满足未来和以前没有进入过的应用领域的需求。尽管齐格勒-纳塔(Z-N)聚丙烯催化剂已经成熟，但新的给电子体和催化剂制备技术也正在提供一系列发展机会。新的聚合装置的设计正在扩大产品范围，聚合装置规模正在加大。反应器后的改性对于定制满足专用市场要求的材料，重要性日益增加。许多抗冲共聚物已得益于对分子结构、形态和破裂机理的深入理解；对成核剂和结晶机理也有了更深入的认识；一些新的应用领域正在开发，充分展现了聚丙烯领域的创新力度。

9.1　工业现状和展望

9.1.1　在通用树脂中有更快的发展速度

聚丙烯树脂是世界上增速最快的通用树脂之一，增长速度只次于LLDPE。2009年全球聚丙烯产量增长到45310kt。2004~2009年聚丙烯产量的年均增长率为3.1%。预计2008~2013年全球产量增长率为4.9%，2014年产量预计达到57610kt。表9-1列出2009年世界聚丙烯树脂的供需状况[1]。

表9-1　2009年世界聚丙烯供需状况

地　　区	实际/kt		预测/kt		年均增长率/%		
	2004年	2009年	2014年	2019年	2004~2009年	2009~2014年	2014~2019年
非洲							
预期能力	762	1082	1572	1672	7.3	7.8	1.2
开工率/%	81	80	82	95			
总产量	620	870	1295	1585	7.0	8.3	4.1
亚洲							
预期能力	16363	23791	32642	35282	7.8	6.5	1.6
开工率	97	84	84	95			
总产量	15905	19883	27291	33529	4.6	6.5	4.2
中欧和东欧							
预期能力	1448	2189	3690	3690	8.6	11.0	0.0
开工率/%	78	83	76	91			
总产量	1123	1808	2810	3350	10.0	9.2	3.6
中东							
预期能力	1770	5652	9649	9964	26.1	11.3	0.6
开工率/%	87	79	75	92			
总产量	1535	4440	7230	9155	23.7	10.2	4.8

续表

地　区	实际/kt		预测/kt		年均增长率/%		
	2004 年	2009 年	2014 年	2019 年	2004～2009 年	2009～2014 年	2014～2019 年
北美							
预期能力	9169	8725	8202	9082	-1.0	-1.2	2.1
开工率/%	94	87	92	98			
总产量	8638	7551	7560	8930	-2.7	0.0	3.4
大洋洲							
预期能力	305	310	310	310	0.3	0.0	0.0
开工率/%	83	90	90	94			
总产量	253	280	280	290	2.0	0.0	0.7
南美和中美							
预期能力	2063	2960	4113	4310	7.5	6.8	0.9
开工率/%	91	74	71	95			
总产量	8965	8286	8210	9580	-1.6	-0.2	3.1
西欧							
预期能力	9855	9505	9490	9940	-0.7	-0.0	0.9
开工率/%	91	87	87	96			
总产量	8965	8286	8210	9580	-1.6	-0.2	3.1
世界							
预期能力	41761	54213	69667	74250	5.4	5.1	1.3
开工率/%	93	84	83	95			
总产量	38919	45313	57611	70529	3.1	4.9	4.1

材料间的替代和新应用的开发是聚丙烯需求快速增长的动力。聚丙烯的快速增长与其下述特点相关，这些特点是：

（1）高刚性、低密度（密度为 0.900～0.906g/cm^3）、高拉伸强度（尤其是在拉伸以后）、透明性、抗应力开裂性和耐化学品性好，并具有较高的热变形温度；

（2）填充和增强聚丙烯的机械强度在许多应用中足以与成本更高的工程塑料竞争；

（3）具有良好的注塑特点；

（4）能够牵伸和定向，这是生产聚丙烯纤维和薄膜的基础。

9.1.2　原料丙烯供应紧张

由于聚丙烯需求增长速度快，新建能力多，从而使原料丙烯的供应更加紧张。中东新建乙烯大多用乙烷等天然气液体作原料，联产丙烯很少。现在除来自蒸汽裂解、催化裂化的丙烯原料外，也建成或在建设丙烷脱氢制丙烯、甲醇制丙烯（MTO）、乙烯和丁烯转位反应制丙烯的装置。目的是多生产一些原料丙烯。

9.1.3　大型化趋势继续

技术进步和市场规模的增加支持了聚丙烯装置的大型化发展趋势。大部分技术供应商都可以提供 300kt/a 的单线设计，目前最大的单线生产能力大约是 500kt/a。2005 年 10 月在波兰投产的巴赛尔-Orlen 装置能力为 400kt/a，2007 年底投产的沙特国家石化公司的聚丙烯装置能力 400kt/a，计划在 2009～2010 年投产的沙特 Kayan 装置能力为 450kt/a，后修改计划至

2011 年投产；印度石油公司计划 2009 年投产一套 600kt/a 装置，2011 年投产一套 680kt/a 装置，这两套装置均为两条线。哈萨克斯坦的 KazMunaiGaz(KMG)正在计划建设一套 400kt/a 装置，可能 3~5 年后投产；Pequiven 和 Braskem 计划在委内瑞拉建设 450kt/a 装置，2009 年投产；卡塔尔石化和韩国正在计划建设一套 700kt/a 装置，可能于 2011 年投产。以上装置均采用 Basell 公司技术。日本三井化学，我国大庆石化、兰州石化都将采用 Basell 环管工艺建设年产 300kt 的聚丙烯装置。道化学公司最近准备转让的两套 Unipol 聚丙烯装置的生产能力分别为 400kt/a 和 500kt/a。伊诺公司气相法卧式反应器最大单线能力是 350kt/a，是 DSM 公司(现在是萨比克)建在荷兰的装置，2002 年已投产；我国独山子石化采用该工艺建设的装置能力为 550kt/a，两条线，于 2008~2009 年投产；俄罗斯 Tobolsk 聚合物公司计划也采用该工艺建设 2 条线，总能力为 500kt/a 的装置，预计 2012 年投产[2]。

单线生产能力太大，也必然带来一些问题，如牌号切换的灵活性受到限制，过渡料增多，需要更大的仓储设施，原料和产品的后勤也有更高要求，例如，如果产量下降或停产，生产原料的装置可能也要停产。此外，现在的技术限制主要是挤出和造粒，这些设备也需要相应扩大。选择装置规模需要认真地权衡上述利弊。

9.1.4　对环境友好，材料替代中占优势

聚丙烯虽不能逃脱要求废塑料来源减少和回收法的压力，但因其具有成本低、综合性能好、对环境友好的特点，近年来对其他塑料的替代发展很快。这些塑料包括：①在交通和家电等领域使用的 ABS；②在交通、地毯面纱和无纺布中使用的尼龙；③在家用品、消费品、硬包装、薄膜和电线电缆中使用的聚乙烯；④在硬包装和家用电器中使用的聚苯乙烯；⑤在薄膜、硬包装和地毯面纱中使用的 PET；⑥在薄膜和医疗用品中使用的 PVC。通用聚合物相互重叠的市场约占市场总份额的 10%~15%。

与环境相关的另一问题就是在汽车、家电等耐用消费品中尽可能多使用 PP，替代对环境友好程度不如 PP 的其他材料。产品循环性的设计概念(即在设计时，就要考虑产品的拆卸)得到 PP 树脂生产商的欢迎，因为这种概念促进在耐用商品中更多地使用 PP。例如 DSM 公司开发了一种全 PP 的汽车仪表板，由注塑件、弹性体和泡沫塑料组成。这种仪表板可以从废汽车中拆除、粉碎，不需要作进一步的材料分离，污染也很小。巴塞尔公司也开发了全 PP 保险杠、内装饰和门板。

Borealis 公司最新一款绿色汽车是燃料消费最低，而且很容易循环利用的汽车。聚丙烯配混物可以完成这款车型，特别是将聚丙烯用在结构货架(内装和外装)和美观的车体板。Borealis 近来的开发项目之一是全循环的热塑性聚烯烃弹性体(TPO)配混物 Daplen ED230HP。这种配混物可替代传统上用作车外板、后挡板和引擎罩的聚碳酸酯和聚对苯二甲酸丁二酯(PBT)的掺混物。

德国的汽车制造商 Smart 现在正在将这种 TPO 配混物用在其两座微型车上。Borealis 公司说，这是世界上第一辆车体板全部用聚丙烯制造的汽车。这条生产线正在由 Daimler 集团销售[3]。

随着要求减排法律的进一步严格，汽车制造商正在求助于塑料工业提供更轻、更省油的汽车。一般的概念是汽车自重每降低 6%~10%，燃料节约 5%~7%。现在平均规模家庭轿车的 15%是由塑料构成的，而 20 年以前，这个比例是 6%。最近 10 年增长已经加速。聚丙烯占今日用于轿车塑料总量的 60%~70%[38]。

家电制造商也在利用这种概念设计产品。汽车和家电这两个重要的终端应用要求继续改进 PP 树脂的物理性能和加工性能，如提高尺寸稳定性和加工的精度等。

9.1.5　中国聚丙烯产能增长快，国产化技术开发好

2009 年我国聚丙烯生产能力为 8800kt，产量为 8210kt，消费量为 11050kt。2009 年我国聚丙烯产量与聚乙烯产量(7500kt)比例为 1.09，高于世界这两种树脂的比例(45310kt/66450kt=0.68)，2003~2009 年我国聚丙烯产量、消费量年均增长率分别为 11.6%和 9.0%，消费量增长率高于聚乙炔烯（6.4%）[1]。

我国还正在建设很多大型聚丙烯装置。如果所宣布的项目都能按期完成，到 2011 年我国聚丙烯生产能力将达到 12200kt/a，到 2016 年达到 15500kt/a[39]。2009 年福建合资公司采用 Novolen 工艺的 470kt/a 装置投产；天津石化与萨比克公司 50-50 合资公司采用 Spherizone 技术的 450kt/a 装置也于 2009 年投产；此外台塑 2007 年已在宁波投产了一套采用 Novolen 技术的聚丙烯装置。即使增加这么多的生产能力，但因中国需求高，许多分析家认为，今后几年中国聚丙烯进口量不会明显下降，只不过以后进口增加的速度降低，或进口量不再增长，或少许下降，但仍会比现在的进口量高。

PP 约占世界合成树脂总产量的 18%，占世界聚烯烃总产量的 38%；约占我国合成树脂总产量的 30%，占我国聚烯烃的份额近 50%。与世界其他各国相比，PP 在我国合成树脂工业中具有更重要的地位。我国人均聚丙烯消费量虽然比不上发达国家，但还是明显高于世界平均水平(表 9-2)。聚丙烯树脂在我国合成树脂工业中作用突出，与我国乙烯原料较重，联产丙烯较多有关；也与我国有大量的催化裂化装置，副产大量的炼厂丙烯有关。我国 PP 国产化技术的开发也领先于其他树脂，不仅开发了 N 系列、DQ 系列、CS 系列等国产化催化剂，也开发了釜式本体法、环管本体法和气液环管法的国产化工艺。国产化工艺技术已应用于国内数十套工业化大装置上，用国产化技术建设的年产 300kt PP 成套技术已于 2006 年在中国石化茂名石化分公司建成投产。在材料的相互竞争和相互替代中，聚丙烯在我国具有更大的优势。开好 PP 装置，用好 PP 产品，对我国合成树脂工业的发展尤为重要。

表 9-2　PP 世界人均消费量[4]　　kg/人

国家和地区	2007	2012	国家和地区	2007	2012
西欧	23.5	27.8	中美和南美	4.9	6.4
日本	21.9	24.0	其他亚洲	3.3	4.2
北美	19.9	23.3	中欧和东欧	2.8	3.9
大洋洲	14.0	16.3	非洲	1.1	1.3
中东	9.3	11.2	世界	6.7	8.1
中国	7.0	9.7			

9.1.6　不同地区的应用布局不同

中国和美国是世界两个最大的聚丙烯消费国，2007 年分别占世界消费量的 22.1%和 15.3%(表 9-3)，是第三大和第四大消费国日本和德国消费量的 3 倍多。表 9-3 表明聚丙烯的应用分配，用量最大的是成型制品和纤维，分别占总用量的 31.2%和 31.5%，其次是薄膜和片材，占 18.3%。不同地区、不同国家聚丙烯的消费方式不同。日本，北美注塑应用分别占 56.6%和 20.7%，世界平均是 31.5%；2008 年 CEH 报告的统计已将中国注塑应用的份额从去年报告的 14.4%升至 62.9%(国内资料报道的是 25.8%)。纤维的情况恰好相反，

中国由上一年 CEH 报告占聚丙烯总用量的 62.8%降至 14.3%(国内资料报道纤维和编织制品总共占 43.4%)，而日本只占 5.8%，世界平均为 31.2%。注塑产品用量与国家和地区工业成熟程度相关，与消费量的增长呈逆相关。注塑品用量的增长与材料之间的相互替代相关。表 9-4 列出 2007 年底世界聚丙烯树脂的消费状况，图 9-1 表明国内资料报道的中国聚丙烯消费结构。

表 9-3 2007 年世界上最大的聚丙烯消费国和地区[4]

国家和地区	消 费 量		国家和地区	消 费 量	
	kt/a	%		kt/a	%
中国	9602	22.1	韩国	1450	3.3
美国	6648	15.3	比荷卢地区	1350	3.1
日本	2972	6.8	巴西	1124	2.6
德国	1898	4.4	法国	1115	2.6
意大利	1760	4.1	以上小计	29575	68
印度	1654	3.8	世界总消费量	43442	100%

表 9-4 2007 年世界聚丙烯树脂在各领域的应用[4]

	北美	西欧	日本	中欧和东欧	中东	中国	其他亚洲	其他地区	总量
总消费量/kt	7810	8984	2972	1348	2196	9602	7016	3514	43442
应用分配/%									
纤维和单丝	35.5	45.0	5.8	33.2	37.3	14.3	23.9	37.4	31.2
注塑	20.7	23.0	56.6	15.3	32.7	62.9	40.1	12.2	31.5
薄膜和片材	9.1	18.5	20.1	15.8	17.2	15.2	21.5	28.6	18.3
吹塑	1.4	2.1	0.9	0.3	1.1	5.7	5.6	1.8	3.5
其他	33.2	11.3	16.6	35.4	11.7	1.9	8.8	20.0	15.5
总量	100	100	100	100	100	100	100	100	100
年均增长率/%									
2007~2012 年	3.3	3.4	1.7	7.4	6.2	7.5	6.3	5.8	5.2

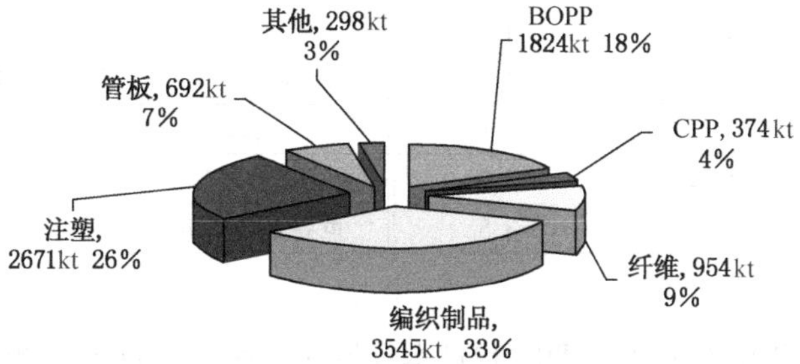

图 9-1 2007 年我国聚丙烯消费结构

交通运输是聚丙烯注塑制品的主要应用之一。聚丙烯密度低，机械性能好(特别是增强料和配混料)，有很好的注塑特点，因而很适宜用在对成本和重量敏感的汽车市场。聚丙烯注塑加工的其他产品包括杯、盖、家电器具部件、一次性注射器和许多家用品等。

聚丙烯纤维用于地毯背衬和面纱，也是无纺布市场的重要构成部分。无纺布在世界各地继续保持较快的增长速度。

聚丙烯薄膜有很好的光学透明性，水蒸气渗透性低，适用于快餐包装和压敏胶带背衬，也用于收缩膜、电容器、电工膜、图像用品和一次性尿布等。

聚丙烯原来用热成型和吹塑法加工比较困难，现在由于加工工艺和树脂改进，这些困难已被克服。今后几年包装、家电器具和汽车市场应用的增长仍将持续。

1998~1999年世界聚丙烯需求增长约10%，到2005年世界聚丙烯增长减慢到6.4%。随着世界经济增速减慢，汽车和建筑市场增速下降，2006聚丙烯需求增速下降到4.5%。2007~2012年年均增速为5.2%，到2012年聚丙烯需求量达到55900kt。需求增速最快的地区是中国和亚洲其他地区。发展中国家在从农业经济转向工业化的过程中，聚丙烯替代纸、金属、木材、玻璃和天然纤维的机会增多。中国和南亚聚丙烯用量的增长很大程度是因为包装纺织品等产品的薄膜和包装农产品的编织袋用量增长。韩国、中国和中国台湾消费聚丙烯的汽车制造业也正在发展。其他地区的消费增长主要靠中东拉动，2007~2012年预计中东年均增长6.2%。

其他通用塑料一般随经济减速而减速，但聚丙烯增速持续是GDP增速的1.3~1.7倍，即使是在北美、西欧和日本这样的发达地区。对其他塑料的替代一直是聚丙烯高速发展的动力，对工艺和催化剂技术的连续投资支持了它的发展。2007~2012年，北美和西欧消费量将年均增长3.3%~3.4%，中国消费量年均增长7.5%，日本为1.7%。

9.1.7 最大10家生产公司占世界总能力的44.7%，中国石化位居第二

在40个国家中，12家大公司能力均超过了1000kt/a。世界范围内共有聚丙烯生产公司123家。表9-5列出了世界最大的15家聚丙烯生产公司。

表9-5 2009年世界最大的15家聚丙烯生产公司[4]

	年生产能力①/kt	占世界生产能力的份额/%		年生产能力①/kt	占世界生产能力的份额/%
Basell	5228	9.6	Borealis	1678	3.1
中国石化	3653	6.7	Braskem	1090	2.0
中国石油	2741	5.1	日本住友化工	1048	1.9
Total	2698	5.0	SUNOCO	1010	1.9
印度诚信	2648	4.9	韩国湖南石化	930	1.7
SABIC	2235	4.1	陶氏化工	860	1.6
台湾塑料	2060	3.8	总量		58.5
Ineos	1972	3.6	所有其他	22475	41.5
ExxonMobil Corporation	1888	3.5	世界能力/(Mt/a)	54213	100.0

① 包括在子公司和合资公司中的股份。

虽然生产能力仍集中在北美、西欧和日本等发达地区，但近十年新的生产公司已在世界其他地区，特别是亚洲和中东崛起。萨比克通过收购DSM和亨茨曼的欧洲资产已成为跨地区的公司；道达尔收购了ATOFINA成为欧洲和北美的竞争力量；巴赛尔(现已并购入雷昂戴尔巴赛尔公司)是世界头号聚丙烯生产公司，占世界总生产能力的11.2%；中国石化居第二位，占世界总生产能力的7.2%。2007年最大10家公司占世界总生产能力的50.5%。

尽管聚丙烯的新应用持续开发，但它仍大体是一种通用产品，尤其是耐用商品的应用受经济波动的影响，生产公司需要应对行业的周期性，应对升高的成本。一些竞争对手已经并

购，形成合资公司和联盟，以期保证原料供应、拓宽势力范围、更新技术和减少盈利的波动。

大多数聚丙烯生产公司在内部不加工树脂，但也有少数例外。如英力士(INEOS)和埃克森美孚操作下游加工设备，或在加工公司中持有股份。例如，英力士是一个大型聚丙烯纤维生产商；埃克森美孚向在美国的薄膜加工厂供应树脂，也有生产热塑性聚烯烃弹性体(TPO)的合资公司。大部分聚丙烯生产公司和上游丙烯的生产实现一体化。聚丙烯生产公司的重组和并购仍在继续，公司数量有所减少，少数公司控制了更多的生产能力。并购不仅影响规模，也影响对技术的控制和准入。

9.2 技术发展趋势

9.2.1 催化剂引领聚丙烯技术进步

9.2.1.1 聚丙烯催化剂进展

需求的增长及新建装置对技术的需求均为聚丙烯研发工作提供了继续发展的空间。聚丙烯催化剂的研发对技术进步起了非常重要的作用，今后这种趋势仍将继续。尽管聚丙烯市场趋向成熟，但催化剂的开发一直活跃。催化剂对于聚丙烯树脂的微观和宏观结构有重要的影响，这些结构又决定了在目标应用中产品的性能。

2007 年世界聚乙烯和聚丙烯的产量为 1.12×10^9t，相应需要催化剂约 9000t。尽管催化剂活性提高，但每吨聚合物所需要的催化剂数量的减少却被聚烯烃产量年均 6%~7%的增长率所补偿。就数量而言，催化剂的需求量相对平稳。聚丙烯催化剂的需求高度依赖聚合物市场，聚丙烯催化剂正在以年均 5%~8%的增长率增长，增长最快的地区是中国和中东。一些催化剂公司正在对齐格勒-纳塔催化剂和茂金属催化剂作重头投资，

催化剂开发工作的两个主要目的一是适应客户的需求，提供性能更好的聚合物；另一目的是提高工艺的经济效益。催化剂只占制造成本很小的一部分，一般只占聚合物销售额的 1%~2%，但却对聚合物的市场价值有重大的影响。新一代催化剂可能更贵些，但却能通过使产品升级和扩大生产能力提高利润。

过去 30 年，齐格勒-纳塔催化剂是聚丙烯工业的主要催化剂，由于第 4 代和第 5 代齐格勒-纳塔产品的开发和工业化，今后这种催化剂仍将广泛应用。聚丙烯新型齐格勒-纳塔催化剂用苯甲酸乙酯、琥珀酸酯、乙基苯甲酸酯和 1,3-二醇酯类作给电子体，使齐格勒-纳塔技术与单中心催化剂相比，仍具有竞争力，在可预见的未来仍在聚烯烃市场占支配地位。

茂等单中心催化剂正在创造工业化的新产品。虽然茂金属催化剂工业化的速度不如预测快，但现在已有 400kt 左右茂-聚丙烯需求。茂金属催化剂和其他单中心催化剂的增长速度将继续超过平均增长速度。单中心催化剂的基本优势是多功能性和可控制性。这些催化剂在聚合过程中可实现高度定制，从而能高效地生产高性能聚合物。2009 年用单中心催化剂生产聚烯烃产品的需求预计是 2005 年的三倍，虽然在整个需求中仍占有较小的份额。

目前各公司之间的茂金属催化剂的专利侵权纠纷基本已获解决，公司之间签订了许许多多合作协议和交插许可协议，生产公司有了更宽的操作自由度，预计茂-聚烯烃产品的数量将会明显增加，消费者也将有更多的选择自由和由多方来源保证的供应可靠性。更多的技术平台将应用茂金属催化剂，而且装置的改造也相对容易。

表 9-6 所示的 PP 技术进展的历程紧紧地与催化剂的进步联系在一起。应用高效催化剂的现代 PP 工艺，聚合物的总的装置生产成本少于单体价格的 130%，而对于老的浆液法这个数值是 175%。自 1985 年以来几乎所有新建的装置都采用高效催化剂，应用先进的简化工艺。

表 9-6　PP 技术进步历程

年　代	催化剂	工　艺	说　　明
20 世纪 50 年代	发现了 Z-N 催化剂	得到最初的产品	一般指含有 1/3 三氯化铝的氯化钛的 AA 催化剂，70 年代初燕山向阳化工厂建成的第一套连续法 PP 装置就采用北京化工研究院研制的第一代催化剂
20 世纪 60 年代	第一代催化剂，1kg PP/g 催化剂	较广泛地实现工业化；浆液法	
20 世纪 70 年代	第二代催化剂，10kg PP/g 催化剂	引入本体和气相法工艺	一般指三氯化钛催化剂，用一氯二乙基铝(DEAC)作助催化剂。催化剂比表面由第一代催化剂的 30～40m^2/g 提高到 150m^2/g，活性增加了 5 倍，等规指数提高到约 95%。北京化工研究院 1974 年开始络合型催化剂的研究，开发的催化剂用于工业生产，至今仍在一部分小型 PP 装置中使用
20 世纪 80 年代	第三代催化剂，15kg PP/g 催化剂	引入本体和气相法工艺	一般指载体催化剂，是将氯化镁、四氯化钛及一种路易斯碱内给电子体共研磨制得。聚合时该催化剂和助催化剂三烷基铝和第二种给电子体(通常称为外给电子体)联合使用。由于第三代催化剂活性高，工艺省去了脱催化剂残渣工序，但还有 6%～10%的无规共聚物需要脱除
	开发了高乙烯含量的无规共聚物和嵌段共聚物，去除了无规副产物	大部分非浆液法工艺用串联的气相反应器生产嵌段共聚物，并出现了三元共聚物	
20 世纪 90 年代	第四代催化剂，60kg PP/g 催化剂，改进了流变学性质，在本体聚合工艺中用高温聚合方法生产了高结晶度 PP	简化了本体和气相法工艺，降低了投资和生产成本	主要得益于给电子体研究进展，用双酯(如邻苯二酸酯)作内给电子体，用烷氧基硅烷或硅烷作外给电子体。目前在大多数 PP 工业装置中使用。在第四代催化剂中包括 Himont 公司开发的球形载体催化剂。这类催化剂活性和立体定向能力与第四代催化剂基本相同，突出之处是直接在反应器中生成 1～5mm 的 PP 颗粒，为开发不需造粒的 PP 工艺创造了条件。北京化工研究院开发的 N 催化剂、H 催化剂、球形催化剂，中科院化学所开发的 CS-1、CS-Ⅱ催化剂和中山大学开发的 STP 催化剂均属于第四代催化剂。不少国产催化剂已经出口到国外
	引入了茂金属催化剂，生产等规和间规 PP	开发了橡胶含量高达 50%的超高抗冲共聚物	
		明显提高了单线能力，达 350kt/a	

续表

年　代	催化剂	工　艺	说　明
2000年后	第五代催化剂，开发了二醚类、琥珀酸酯类和乙基苯甲酸酯类等作给电子体	可根据需要，生产MWD窄或宽的树脂，改进了嵌段共聚物刚性和韧性的平衡，可生产高质量的吹塑、管材和注塑用牌号	二醚类催化剂活性可高到90kgPP/g催化剂，琥珀酸酯类催化剂可生产MWD宽的树脂
	继续开发茂金属催化剂	对本体和气相法工艺进行改造，以使用茂金属催化剂	
	开发了后茂单中心催化剂	先进控制、预测模型、装置集成均进入企业的信息技术系统	

PP催化剂的开发进一步扩大了产品的范围。应用后四代催化剂，表征产品流动性的熔体流动速率的范围由小于0.5达到2000g/10min以上；表征刚性的弯曲模量的范围由小于100MPa达到2300MPa以上，如图9-2a所示。

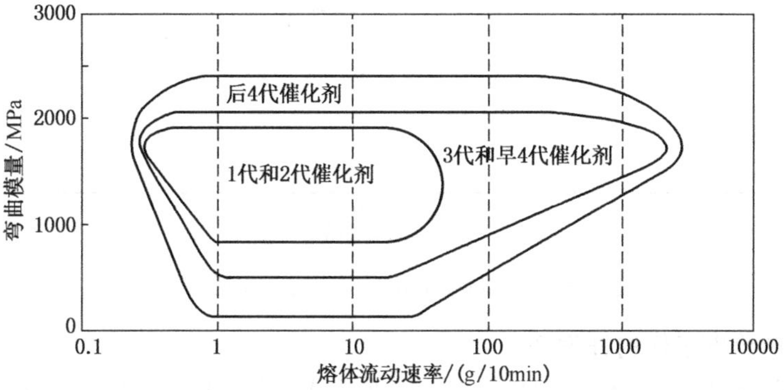

图9-2a　催化剂的开发扩大了PP的产品范围[5]

巴塞尔公司开发了新型Z-N丙烯聚合催化剂，采用了二醚类作给电子体，催化剂产率可达到90kg/g催化剂。在较高温度和较高压力下，用新催化剂能使PP嵌段共聚物中的PP段有较高的等规度，因而结晶度提高。即使熔体流动速率很高时，PP的刚性也很好，非常适合于生产作洗衣机内桶的专用牌号。

Basell公司开发的以琥珀酸酯作给电子体的新型丙烯聚合催化剂进一步扩大了树脂的性能范围。该催化剂在2002年首次宣布，与生产窄分子量分布的二醚类作给电子体的Z-N催化剂及茂金属催化剂不同，琥珀酸酯催化剂可生产分子量分布宽的牌号，可改善产品的加工性能，也可改善管材、薄膜和注塑制品的性能。当该催化剂用于生产嵌段共聚物时，制品的刚性和抗冲击性的平衡可改进20%~30%，即可以提高冲击强度，保持原有的弯曲模量或提高弯曲模量，保持原有的抗冲击强度，或者二者同时改进[6]。

道化学公司也开发了新一代的Z-N催化剂Shac330，进一步提高了对产品形态的控制能力，不需投资即可使装置产量提高15%~25%[7]。

美国化学市场资源公司（CMRI）用市场吸引力和机会指数［Market Attractiveness vs Opportunity Index（MAOI）］分析法，分析了各种聚烯烃及催化剂的市场和发展机会，并以泡沫图的形式表述，见图9-2b。图的右上角表示最具有催化剂开发机会的应用。催化剂提供的产品范围是生产者最关注的。开发工作应关注开发覆盖尽可能更多产品的催化剂牌号。泡沫的大小表示全球对这种应用的树脂相对需求。

图9-2b表明，最有吸引力的聚丙烯市场是汽车应用、BOPP、薄膜、消费者用产品、薄壁注塑制品和各种盖类等。

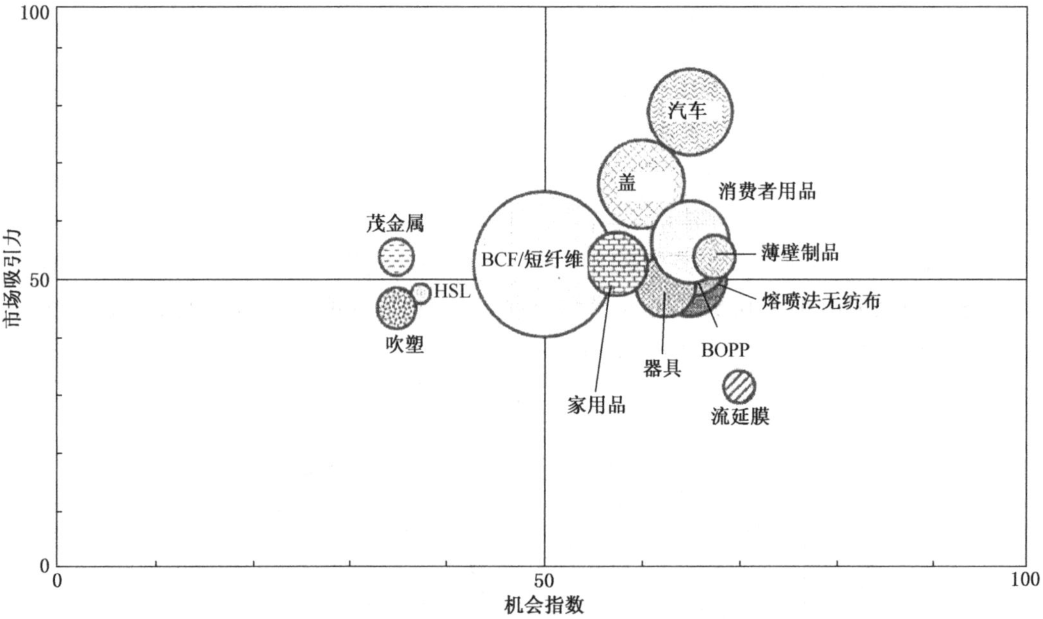

图9-2b 聚丙烯的市场吸引力和发展机会

9.2.1.2 催化剂给电子体的开发[8]

对于现代Z-N聚丙烯催化剂体系，可用通式$MgCl_2 \cdot ID \cdot TiCl_4/AlEt_3/ED$表示（ID和ED分别表示内给电子体和外给电子体）。从通式可看出，提高聚丙烯催化剂的性能主要有两个研究方向，即给电子体的开发和固体催化剂$MgCl_2 \cdot ID \cdot TiCI_4$的制备工艺的改进。

根据加入方式的不同，可分为内给电子体和外给电子体，内给电子体在固体催化剂制备过程中加入，外给电子体在烯烃聚合过程中加入。给电子体对催化剂的性能起着关键性的作用。只有改变催化剂中的给电子体，才有最大潜力改变催化剂活性中心的性质，从而最大程度地改变催化剂的性能。因此，新型给电子体的开发一直是Z-N聚丙烯催化剂研究的热点。

（1）内给电子体的开发　20世纪80年代初，开发了以邻苯二甲酸酯为内给电子体、有机硅氧烷为外给电子体的$MgCl_2$负载型催化剂，其催化活性和定向能力都有大幅提高，免除了脱灰和脱无规物工艺。已研究开发的内给电子体有1,3-二酮、异氰酸酯、1,3-二醚、烷氧基酮、烷氧基酯、丙二酸酯、琥珀酸酯、1,3-二醇酯、戊二酸酯、二胺类、1,4-二醇酯、1,5-二醇酯、羟基酸酯、邻苯二甲酸高级酯、卡宾类化合物、环烷二元酸酯和使用多种复合的给电子体等，各种内给电子体的性能差异很大。目前，以1,3-二醚、琥珀酸酯和1,3-

二醇酯为内给电子体的催化剂已处于工业化或正在推广应用之中。

20 世纪 90 年代，Himont 公司开发了以二醚类化合物为内给电子体的新一代负载型高效 Z-N 催化剂。与传统催化剂相比，1,3-二醚类催化剂具有高活性(是以邻苯二甲酸酯为内给电子体催化剂活性的 2~4 倍)、高氢调敏感性、分子量分布较窄等特点；另外，在聚合过程中不加入外给电子体时仍可得到高等规度(大于 97%)的聚丙烯。

21 世纪初，Basell 公司开发了以琥珀酸酯为内给电子体的 Z-N 催化剂。这种催化剂具有高立构选择性，最大的特点是制得的聚丙烯具有很宽的分子量分布，用单反应器操作即可生产出以前只能用多反应器工艺生产的产品，且产品为高刚性均聚物和多相共聚物，扩展了丙烯均聚物和共聚物的性能。

巴赛尔公司推出用于气相和液相丙烯聚合的新系列 Z-N 催化剂。该催化剂用苯甲酸乙酯作给电子体，可以生产较宽分子量分布的树脂，制得的树脂特别适用于薄膜。据说新催化剂也可以改进聚合物形态，提高堆积密度。

1,3-二醇酯类化合物是中国石化北京化工研究院开发的一类新型的内给电子体，以 1,3-二醇酯类化合物为内给电子体的 Z-N 催化剂的活性高，立构选择性能易调，不加入外给电子体时所得聚丙烯的等规度较高，分子量分布较宽、力学性能优良。另外，通过改变 1,3-二醇酯分子结构上的取代基，可较大幅度改变催化剂的氢调敏感性，从而优化工业生产，目前推出了不同氢调敏感性的催化剂系列。该类催化剂已在多种聚合工艺的工业装置上进行了应用试验，效果良好，目前正处在工业推广阶段。

(2) 外给电子体的开发 外给电子体对聚丙烯催化剂的活性、氢调敏感性及立构选择性能等也都有较大影响。一般来说，内、外给电子体必须要有一定的匹配性才能使催化剂具有高的活性和立构选择性能。现在工业上最常用邻苯二甲酸酯为内给电子体、有机硅氧烷为外给电子体的催化剂。自有机硅氧烷外给电子体开发以来，人们详细研究了其结构中各种烷基及烷氧基对催化剂性能的影响。

目前工业上最常用的外给电子体是甲基环己基二甲氧基硅烷(CHMDMS)、二异丁基二甲氧基硅烷(DIBDMS)、二环戊基二甲氧基硅烷(DCPDMS)和二异丙基二甲氧基硅烷(DIPDMS)。对催化剂立构选择性能大小的影响顺序为：DCPDMS>DIPDMS>CHMDMS>DIBDMS；对催化剂氢调敏感性高低的影响顺序为：DIBDMS>CHMDMS>DIPDMS>DCPDMS。到目前为止，DCPDMS 与聚丙烯催化剂配合后，催化体系的立构选择性能最高，但氢调敏感性最差。为利用多种外给电子体加宽聚丙烯的分子量分布，一种外给电子体一般都固定为 DCPDMS，另外再选一种氢调敏感性高、立构选择性能不太低的外给电子体。

近年来，人们也尝试开发新型结构的外给电子体，Kemp 等[40~45]开发了一类新型外给电子体——杯芳烃，它是苯酚和甲醛在碱作用下缩合形成的大环低聚物。这种化合物具有独特的结构，能与过渡金属进行配位，对烯烃聚合具有潜在的应用价值。

如果选择合适的取代基，通过与适当的内给电子体配合，就可获得既具有高活性，又具有高立构规整性，满足工业应用要求的催化剂。而且这类给电子体的合成方法并不复杂，成本不高，具有一定的工业应用前景。

此外，人们对一系列以氨基硅烷为外给电子体的催化体系制得的聚丙烯进行了研究。文献报道了二乙基氨基三乙氧基硅烷为外给电子体时，催化剂在保持高活性和高立构选择性能的同时具有非常好的氢调敏感性。

9.2.1.3　聚丙烯催化剂制备工艺的改进

催化剂制备工艺的改进主要包括使用不同的 $MgCl_2$ 载体、不同的制备方法和制备条件的优化。

聚丙烯催化剂的制备方法可简单分为两类：一类为先制备 $MgCl_2$ 载体，再与 $TiCl_4$ 和内给电子体反应得到固体催化剂(其典型例子为 Basell 公司的球形催化剂)；另一类则为先将镁化合物溶解，再在 TiC_4 作用下沉析出含钛的 $MgCl_2$，再经处理而得到固体催化剂(其典型例子为三井公司的 TK 催化剂)。近年来，也出现了一些新的催化剂制备方法。为得到高性能的催化剂，特别为提高催化剂的立构选择性能和制得高橡胶含量共聚物，近年来现有催化剂的制备工艺也在被进一步优化。

9.2.1.4　用于丙烯聚合的茂金属催化剂[2,4,9,10]

9.2.1.4.1　发展态势

由锆、铪和钛等的茂金属和铝氧烷组成茂金属催化剂是全新的一类立构选择性催化剂。利用茂金属催化剂可以更精确地控制聚合物的分子量、分子量分布、晶体结构和共聚单体的加入。

目前兴趣最大的开发活动是茂等单中心催化剂(SCC)聚丙烯的工业化，至少可以从研发的投入看，过去的 15 年内，世界范围内对所有聚合物的 SCC 研究和工业开发的投入估计总量达 30 亿~50 亿美元。用 SSC 生产的聚丙烯有更好的物理机械性能。

虽然 SCC 催化剂这个术语是泛指有各类单一反应点的催化剂，但茂金属催化剂是最重要的一类 SCC 催化剂。茂金属催化剂对聚丙烯产品的化学结构和形态都有直接的影响。SCC 催化剂与传统的烯烃聚合催化剂的不同之处在于，金属离子的几何形态通常受到限制，只允许单体分子有选择地接近催化剂活性中心。聚合物增长靠一种机理，而不是像传统催化剂那样依靠多种途径，结果形成的是更均匀、可复制的聚丙烯结构，有狭窄的相对分子质量分布、确定的结晶度、异构结构比率和共聚单体含量。通过固定链增长的途径和动力学原理，可以按照目标性能更精确地设计聚合物。这一点与工业上应用的 Z-N 催化剂成为对照。Z-N催化剂含有许多不同的活性中心，有不同的反应特点，一般得到的是分子量分布宽的聚合物，具有不同的终端应用性能。

茂金属催化剂的工业化产品是形态控制更好，异构物含量分布更窄，物理机械性能更好的树脂，但茂-聚丙烯现在仍主要用于一些专用市场，因为用先进的 Z-N 催化剂生产的树脂性能也在不断提高。

茂-聚丙烯包括超高刚性等规 PP、高透明的间规 PP、等规 PP 和间规 PP 的掺混物和超高性能的 PP 抗冲共聚物。然而，用茂金属催化剂制得的 PP 具有狭窄的分子量分布和较高的熔体强度。新的注塑应用开发将推动这种聚丙烯树脂用量的增加。

茂金属催化剂就其本性来说，是均相催化剂体系，最适用于溶液法工艺。悬浮法聚合工艺，特别是现代的流化床气相法工艺要使用负载型茂金属催化剂。这一直是将茂金属催化剂用于气相法工艺的主要挑战之一。在开发的早期阶段业界人士曾说，负载型茂金属催化剂与无载体系统相比，活性损失 30%~80%。现代 Z-N 催化剂用于 PP 生产中的成本大约是每公斤 PP 1.32 美分，茂金属催化剂现已进展到每公斤 PP 2.2 美分左右，具体成本与工艺和装备类型有关。

全世界大致有 8 家 SSC PP 的主要生产公司。这 8 家公司是道达尔石化、巴赛尔、北欧

Borealis、陶氏、埃克森美孚、日本出光、三井和窒素。销售量较多的是巴赛尔、埃克森美孚和道达尔石化。

道达尔石化从1993、1995和2000年在美国分别开始用茂金属催化剂生产间规PP、等规PP和无规PP。2001年开始用生产有专利权的茂-PP共聚物。

埃克森美孚在1995年首次用茂金属催化剂工业化生产茂-PP均聚物。使用茂金属催化剂改进了树脂的分子结构，树脂有更窄的分子量分布和较高的熔体强度。

埃克森美孚是用住友公司的搅拌床本体工艺生产茂-聚丙烯，而巴赛尔是在Novolen竖向搅拌床气相工艺中生产茂-PP。根据埃克森美孚和巴赛尔近期的茂金属催化剂研发协议，茂PP将很快可以在Spheripol环管工艺中生产。陶氏也是美国茂-PP的生产公司。

道达尔、巴赛尔和陶氏是欧洲茂-PP的主要生产公司。Borealis可能生产少量茂-PP，用于市场检验。巴赛尔在德国有一些生产茂-PP的能力；窒素和宏伟聚合物(Grand Polymer，以前的三井)在日本生产。大部分公司主要生产茂-等规PP，三井主要集中发展间规PP。

9.2.1.4.2 SSC PP的供应潜力

表9-7列出了北美和欧洲SSC PP的生产能力，这里所说的能力是指他们生产SSC PP的最大潜力。这些装置具有快速转向能力，可以生产最大数量的SSC PP，虽然他们现在并不生产SSC PP，或没有使用SSC。

表9-7 2007年北美和欧洲SSC PP生产能力 kt

	生产SSC PP的最大能力				生产SSC PP的最大能力		
	气相法	本体法	总量		气相法	本体法	总量
北美				欧洲			
Basell		220	220	Borealis	100		100
陶氏		136	136	Dow		105	105
ExxonMobil	300		300	Total PC		280	280
Total PC	275		275				
总量	575	356	931	总量	100	385	485

9.2.1.4.3 SSC PP的工业化

与茂-聚乙烯，特别是茂-LLDPE相比，茂-PP的工业化是落后的。茂-PP的推出是在1994~1995年，几年之后才为加工厂接受，之后，开发工作开始集中于专用的等规和间规产品的应用。近几年的特大型并购(如埃克森/美孚、陶氏/联碳、雪弗龙/菲利浦和巴斯夫/壳牌等的并购)集中了茂-PP的研发力量，解决了智力产权纷争，加速了工业化进程。

现在均聚物、无规共聚物和弹性共聚物三种级别的等规产品都能以工业化规模生产，但与Z-N产品相比，牌号范围有限。现在的应用集中在专用市场，如用于纺粘法无纺布、熔喷法纤维和用于注塑的均聚物、弹性体、间规PP和PP蜡等。表9-8列出了SSC PP的主要应用。

表9-8 SSC PP的主要应用

SSC-PP聚合物	应 用
等规PP：均聚、无规和抗冲共聚	注塑、薄膜、熔喷法纤维、纺粘法无纺纤维
PP蜡	抛光、油墨、润滑剂和分散剂
聚丙烯弹性体和塑性体	弹性体、薄膜、纤维和织物、柔软又不粘的薄膜和成型制品、热封层和改性剂

等规 SSC PP 的商业优势是有杰出的刚性，间规 PP 具有高透明性，而等规 PP 和间规 PP 的掺混物具有卓越的抗冲击强度。一些专用的 SSC PP 业已开发，包括用于食品包装的透明性和光泽好、外观好、防止气味和味道传导的材料，具有高刚性、韧性和拉伸性的材料，用于薄膜的热封性能更好的材料。SSC PP 改进的机械性能特别适合于纤维、专用注塑制品和拉伸吹塑制品。抗冲 SCC PP 目标应用可能是一些有弹性，触摸感觉软的制品，与 EPDM 竞争市场。从用户加工的观点看，茂 PP 提高了抗应力白化性、加工速度快，注塑过程中可减少形变。

虽然以前的 ATOFINA(现在的道达尔石化)欧洲公司一直从事广泛的催化剂研究，但估计该公司只生产少量的 SSC PP 。巴赛尔欧洲公司出售的 Avant M 催化剂可在本体和气相技术结合工艺中生产均聚、无规共聚和多相共聚物，但它转让的技术只限于均聚物。巴赛尔的茂-PP 商品名是 Metocene，是在欧洲生产的，牌号数量有限，MFR 从 15g/10min 到 60g/10min，用于纤维和注塑(均聚物)。此外，巴赛尔已宣布，它将在其得州贝塘的装置每年生产几十万吨茂-PP。除了已在欧洲生产的现有牌号外，它将首次生产用于熔喷法纺织品的 MFR 为 1200g/10min 的牌号。

北欧 Borealis 公司在其芬兰的催化剂和工艺创新中心开发了 SSC PP 牌号。虽然大部分工作是针对茂-LLDPE，但也有不少开发工作关注用于 LLDPE 和用于 PP 催化剂的协同效应。Borealis 可以在它位于奥地利 Schwechat 的新装置上，用 Borstar 技术生产茂-PP。

英力士公司因为现在尚未感到 SSC PP 经济上的吸引力，因而未生产任何 SSC PP，但扩大了在 Innovene 气相工艺中对茂-PE 的试验工作。

几年来，陶氏一直用其 Insite 技术生产 SSC PP，工作的焦点可能是用于弹性体和塑性体的共聚物。

2004 年 1 月埃克森美孚宣布开发了用于熔喷法无纺布的新型茂金属催化剂，产品具有更高的熔喷速率和更窄的分子量分布，这对于生产高质量的纤维很重要。

9.2.1.4.4　SSC PP 的产量

北美(美国和加拿大)2007 年 SSC PP 需求估计是 29.80kt(表 9-9)，50%用于纤维，其次(35%)用于注塑。虽然是从一个较小的基数开始，但预计今后 5 年可保持 8%~10%的年均高速增长。主要是被注塑、薄膜和纤维的增长推动，到 2012 年相当于美国 PP 总消费量的 8%~10%。

表 9-9　2007 年北美 SSC PP 的消费量

应　　用	用量/kt	份额/%	2007~2012 年增长速率/%
纤维	138	46.3	10
注塑	109	36.6	11
薄膜（主要是 BOPP）	39	13.1	12
吹塑和其他	12	4.0	7
总量	298	100	10.5

2007 年估计欧洲消费 SSC PP 大约 160kt，相当于北美消费量的 53.7%。估计现在世界范围内只用了一小部分(大约 20%左右)SSC PP 的生产能力。世界产量明显小于过去估计的数量，过去曾预测到 2007 年世界消费量为 1800~2000kt。

9.2.1.4.5　工程聚合物

用茂等单中心催化剂生产的聚丙烯性能将继续与高成本的工程塑料竞争。这些聚合物的范围包括超高等规度 PP 和间规 PP。新的 SSC 将开发功能性的 PP 共聚物和三元共聚物，从而生产更多高附加值产品，例如含有正 α-烯烃的抗冲牌号、弹性体和嵌段共聚物和功能聚丙烯等。

茂金属催化剂和 Z-N 催化剂各自具有不同的特点，因此自茂金属催化剂出现后，就有很多人员关注于如何将两种催化剂的特点结合起来。有些文献报道了一种用于烯烃聚合或共聚的复合催化剂，制备出了同时具有 Z-N 和茂金属两种催化特征的催化剂，并开发了新型聚合方法，即在第一步烯烃聚合中，通过在溶剂中添加苯乙烯类化合物，使茂金属催化剂处于休眠状态，只有非均相 Z-N 催化剂发挥作用；在第二步聚合中，通过改变反应单体和/或添加占催化剂总质量 1%以上的活化剂，使处于休眠状态的茂金属催化剂重新活化，也可进一步添加烷基铝氧烷作助催化剂，使非均相 Z-N 催化剂基本不发挥作用，而茂金属化合物发挥作用。这样可根据产品的性能需要进行分子设计，在第一步聚合反应中生成的聚丙烯粒子内部生成第二种或第三种烯烃均聚物或共聚物，从而有目的地调节聚丙烯合金的性能。

总体来说，现阶段对于茂金属催化剂，如何提高其性价比将是一个重要的研究方向。从目前的情况看，生产窄分子量分布的均聚物和无规共聚物是其最大的优点。

目前 PP 的生产仍以 Z-N 催化剂为主，SCC 用于丙烯聚合物的工业化速度较慢。现多种重要的技术开发活动同时出现在 PP 工业中。SSC 必须与这些新技术竞争才能赢得到工业界的注意。

9.2.1.5　非茂单活性中心催化剂

非茂单活性中心催化剂是指不含环戊二烯基，金属中心为过渡金属元素或部分主族金属元素的有机金属配合物。由于非茂单活性中心催化剂的研发晚于茂金属催化剂，因此又称为茂后烯烃聚合催化剂。这类催化剂具有与茂金属催化剂相似的特点，

从传统的观点来看，非茂后过渡金属催化剂由于易发生 β-H 消去反应，这种催化剂催化烯烃聚合时只能得到二聚体或低分子量的齐聚物。但 1995 年 Brookhart 等[116]研究发现含有大体积 α-二亚胺的镍和钯配合物对烯烃聚合具有良好的催化作用，由单一烯烃可获得高分子量、有各种支化度的聚丙烯，并能实现与极性单体的共聚，使非茂后过渡金属催化剂的研究得到重视。非茂单活性中心催化剂与茂金属催化剂有相似之处，可根据需要定制聚丙烯链，制备出具有特殊性质的均聚物和共聚物。

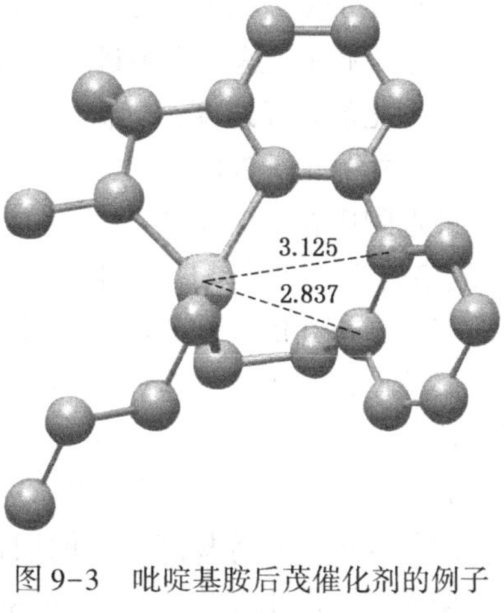

图 9-3　吡啶基胺后茂催化剂的例子

在来华交流报告中，陶氏强调了后茂催化剂的开发。陶氏提出，用于聚丙烯的茂金属催化剂在一些方面一直存在不足。这些不足是：配体太贵；产品的熔体流动能力受限；控制分子量分布（以多分散指数 PDI 代表）能力有限和产品熔点低。

多年来陶氏一直致力于开发后茂催化剂，这种催化剂不是茂金属，也不是单中心催化剂（见图 9-3）。最初的工作着力于鉴别能克服普通茂金属催化剂缺点的配体结构。陶氏现在

正研究支持一些这样的催化剂用于 UNIPOL 聚丙烯工艺。聚合物检验已表明，这些催化剂生产的产品具有一些独特的优势，包括：具有和茂不同的独特共聚单体插入特点，例如可生产熔点范围宽的产品，可以生产高透明性的薄膜；可以生产窄分子量分布产品（PDI 约为2.2~2.4）；可以生产宽分子量分布产品（PDI 可高至 6）；经济性有所改善；催化剂与现有的 UNIPOL PP 工艺相容；不需要花很多钱进行设备改造；新的和已有的技术购买者均可使用。

非茂催化剂还有使烯烃与极性单体共聚和用水作聚合介质的潜力[8]。利用非茂后过渡金属制备 α-烯烃与极性单体共聚物的研究成为聚烯烃材料领域的一个新热点。将极性单体的极性官能团通过共聚的方法引入聚烯烃链中，不但能保持聚烯烃原有的性能，而且能有效地改变聚烯烃的性质[如韧性，黏合性，表面性能(染色性和印刷性)，与溶剂和其他聚丙烯的相容性、交联性、反应性]，改善其与填料的亲和性及光降解性能等。

迄今，几乎所有的水溶液聚合都是自由基聚合；而过渡金属催化的配位聚合，则因为它们对水的敏感性而很少得到人们的关注。而非茂后过渡金属催化剂因其亲氧性弱，使得在极性介质（如水）中进行配位聚合成为可能，人们对配位聚合在水溶液中的应用研究越来越多。虽然烯烃在水介质中聚合所用的催化剂和聚合方法还处于初级研究阶段，但可想象该类催化剂将因不需载体化而大大简化了制备过程，同时对于生产高共聚单体含量的丙烯无规共聚物和高橡胶含量的丙烯抗冲共聚物将非常有利。

预计非茂催化剂在 21 世纪将成为烯烃聚合催化剂的又一发展热点，与传统 Z-N 催化剂和茂金属催化剂一起推动聚丙烯工业的发展。

9.2.1.6 高通量试验技术[11~16]

近来世界著名石化公司（如埃克森莫比尔、道化学、BP 和日本合成橡胶公司等）将 Symyx 公司开发的高通量试验方法应用于其聚烯烃催化剂的筛选、评价和改进工作中。这种高通量试验法将化工试验技术、信息技术、软件科学和知识管理科学集成一体，大大提高了催化剂试验的工作效率，缩短了研发时间，可将试验量增加 1000 倍。埃克森莫比尔和道化学分别和 Symyx 公司签订了斥资为 2 亿美元和 1.2 亿美元，利用其高通量技术开发催化剂的 5 年合同，无疑，这些措施进一步加快了这些本来就在世界处于领先地位的大型石化公司的聚烯烃催化剂开发速度，提高了研发工作的效率和质量，提高了其聚烯烃业务的竞争力。据 Symyx 公司称，到 2008 年底还有 13 个以上利用高通量研究方法的产品有可能实现工业化。

最近陶氏在交流报告中谈到他们用高通量技术开发聚丙烯催化剂。陶氏发展 UNIPOL PP 战略的第一项就是扩大用高通量方法筛选催化剂的能力。他们用自动微型反应器可将试验速度提高 100 倍。他们高通量筛选催化剂的流程是：

试验设计→PP 反应器（有 96 个平行的耐压反应器；用计算机控制温度、压力和冷却；用机器人将催化剂注入相应系统；实时监测温度、压力和取样）→机器人传送聚合物样品→数据分析（包括高温快速的 GPC 系列、SAMMS 快速差热，测熔点和玻璃化温度和快速 FT-IR，测共规单体和等规度）→快速优化（包括催化剂、助催化剂和工艺条件）→试验设计

据悉，陶氏正在快速开发 SHAC 催化剂 ADT 给电子体。该公司称，他们正在以创记录的速度开发现代技术：

从概念到连续工业化操作 14 个月；从发现到中试开发：4 个月；工业化试验（包括演示反应器操作性；实现可行的经济性；产品性能验证）：9 个月；实施连续工业化操作：1 个月（用 SHAC320 催化剂和 ADT 给电子体）。

9.2.1.7　我国聚丙烯催化剂进展[8,17,18]

2007年我国聚乙烯产量7214kt，聚丙烯产量6912kt，相应需要聚烯烃催化剂约1100t。北京奥达是我国聚烯烃催化剂最大的生产企业，其聚丙烯催化剂生产能力和产量居全国首位，上海立得公司是我国聚乙烯催化剂生产能力和产量最大的企业。

我国一直重视聚丙烯催化剂研发和国产化工作，取得了多项具有自主知识产权的国产化技术。中国石化北京化工研究院先后开发成功N(现发展为lynx系列)、DQ(球形高效)和ND(以二醇酯为新型内给电子体)的催化剂，广泛用于国内大型工业化生产装置上。此外，原燕化高新开发的YS-841、YS-842催化剂、中国石化石油科学研究院研制的HDC高效球形催化剂和中科院化学所和营口市向阳催化剂有限公司研制生产的CS系列催化剂也均在国内聚丙烯生产装置中推广应用。

我国催化剂研究跟踪国际先进水平的速度较快，体现在聚丙烯催化剂各种给电子体的开发中。聚丙烯催化剂已打入国际市场，也开始形成规模产业，特别是最近中国石化整合了各催化剂生产单位，成立了中国石化催化剂分公司，为我国聚烯烃催化剂走向国际先进水平从制度和管理机制上提供了促进和保证。这家公司将致力于向中国石化的子公司、国内竞争者及外国公司供应催化剂。中国石化的催化剂分公司已在很宽产品范围内探索和发展了从亚洲到欧洲和美国的国际市场，正在寻求在中国和海外建立长期的合作伙伴关系。

国外大公司很关注中国石油化工催化剂的发展。外刊报道，来自中国本地生产商的竞争在日益加剧，在鉴别技术要求和开发技术满足需要方面，中国具有非凡的能力，但是往往还不具有西方公司已经掌握的重要步骤，这就是新技术的放大和产业化，除非政府将这个部门界定为对经济发展的核心或关键部门，今后5~10年西方公司在中国仍存在发展机会。中国内部的需求很强，即使开足马力生产，也还是需要进口催化剂。

“十一五”期间我国将建设多套年产百万吨左右的大型乙烯装置，原有的乙烯装置通过扩能改造也将增加可观的生产能力。聚乙烯和聚丙烯仍是这些装置的主要下游产品，我国聚烯烃催化剂仍具有广阔的开发和应用前景。

尽管我国聚烯烃催化剂现有的生产能力已超过需求，但由于国内聚烯烃催化剂产品品种不能满足市场需求，每年需要进口一定数量的聚烯烃催化剂保证树脂生产。

9.2.1.8　聚丙烯催化剂小结

(1) 催化剂、反应器操作条件和树脂性能之间的联系早已被证实是不可分割的。催化剂进步可降低成本、改进操作性、生产更复杂、附加值更高的树脂。

(2) 现代聚丙烯催化剂的开发中有机合成的作用正在加大，如聚丙烯催化剂新型给电子体化合物的开发是Z-N催化剂研发的主要方向、配体的开发是SSC催化剂研发的主要方向。

(3) 聚丙烯催化剂中齐格勒纳塔催化剂仍将占优势，茂金属催化剂和非茂单活性中心催化剂将进一步扩展聚丙烯性能，拓宽应用领域。

(4) 在引进装置中使用和开发国产化催化剂，中国石化已具有很好的传统，这样做有利于消化吸收、改进和升级引进技术。国外公司也有在购买技术的装置中开发自主催化剂和工艺的先例。今后在国内众多的引进装置中大力推广和发展国产化催化剂仍是聚丙烯催化剂工作的重点之一。

(5) 要加快催化剂研发的步伐，提高催化剂筛选的效率和力度。一方面要对催化剂结构和催化反应机理有更深入的认识，另一方面也要提高研究和筛选工具的效率。国外大型石化公司采用高通量技术，在较短的时间内开发出新型催化剂和聚烯烃产品。国外的经验值得我们借鉴，应尽可能从设备和工具上保证我国科技人员和国外大公司在相差不太悬殊的条件下进行竞争。

（6）聚烯烃催化剂作为一个产业，产品不仅可用于国内，也要用于国外，要加大向国外推广国产化催化剂的力度，争取将国产化催化剂打入中东和亚洲新建的大装置中。

9.2.2　多区循环反应器(MZCR) 工艺开发进展很快[2,19~29]

近年来聚丙烯工艺技术的主要进展就是巴赛尔公司开发的 Spherizone 技术，这是一种非茂金属的气相法工艺，特点是有多区循环反应器(MZCR)。这种技术可以在一个反应器中生产双峰树脂。该技术使用了一个包含提升管、气固分离器和向下流的竖管的流化床环管反应器，设计概念与流化催化裂化相近。在提升管中，固体粒子通过气流以流化模式向上移动。这个反应区的特点是有高的氢分压。一种内部阻隔流体(barrier fluid)用于将粒子与传输气体分开，使其跨跃到向下流的反应区，在向下流的竖管中固体靠重力在填充床条件下，以密相柱塞流模式向下移动，这一反应区的特点是具有低的氢分压。通过阻隔流体的作用，两个反应区可以有不同的产品组成，生产不同的产品。粒子在两个反应区之间的循环次数连同其他因素决定了最终聚合物的均化程度。这些粒子一般通过两个反应区 40 次。由于生产的聚合物有更高的均匀性，因而与现有的树脂比较，这些聚合物具有更高的熔体强度、更高的抗冲击强度、改进的耐蠕变性和更好的加工性。在提升管和下流管的顶部之间有一个轴流旋风分离器用于气固分离。这种设计的重要之处在于在两个不同的反应区内可存在不同的气体组成，反应条件的差别是通过注入不同组成的单体达到的。巴赛尔公司提出未来可能会使用一种以上的阻隔流体层，以进一步改善工艺。许多齐格勒-纳塔催化剂都可以用于该工艺(图 9-4，图 9-5)。

用一个 MZCR 反应器就可以生产具有宽的双峰分子量分布或宽组成分布的树脂。对于普通的聚丙烯工艺，这一般需要两个串联的反应器才能做到。如果要生产抗冲共聚物，

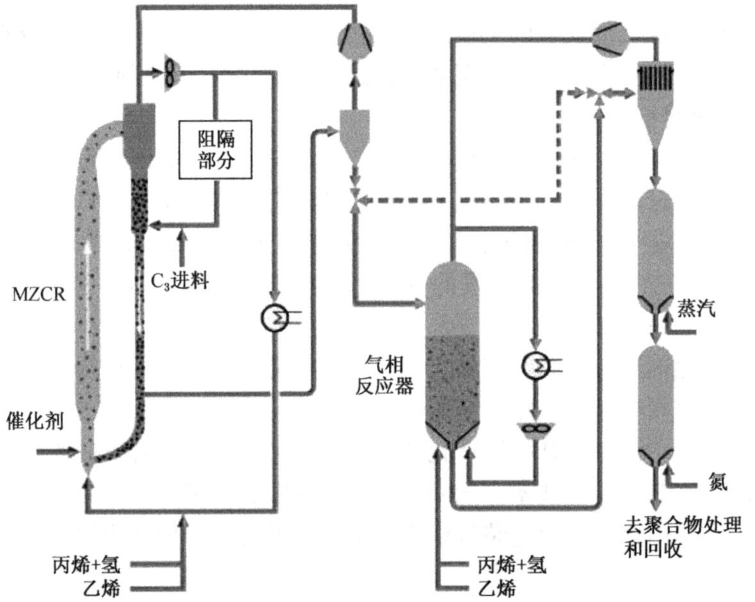

图 9-4　Spherizone 工艺流程示意图

MZCR 反应器后也可以串联一个气相流化床反应器。在该反应器内进入的乙烯可以在来自第一反应器的均聚物母体内聚合，形成乙丙橡胶弹性体。仔细控制的聚合物粒子内孔使形成的橡胶相不发粘，不会因结团而干扰操作。如果只需要生产均聚物和无规共聚物，串联的流化床反应器可以旁路。

MZCR 中流化是通过反应气体的适当循环实现的，反应热通过循环气体冷却器除去。这种类型的气相反应器保持了高度的湍流，促进单体扩散，加快反应速度，并提供了较高的传热效率。

产品从中间分离器或流化床反应器排料到接收器，回收未反应的单体，聚合物被送去除单体，并用蒸汽使残余的催化剂失活。分离的残余烃被回收，返回反应器，聚合物在一台小型的流化床干燥器中用闭环的氮气系统干燥。形成的无挥发物的聚合物用氮气风送到挤出系统，加入添加剂，并挤出造粒。

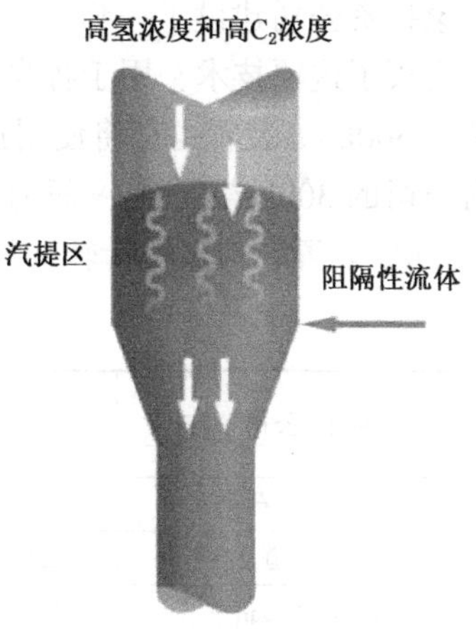

图 9-5 Spherizone 工艺反应区界面

因为 MZCR 是一种气相工艺，相对于巴赛尔的 Spheripol 液相本体-气相流化床组合工艺具有操作灵活性高、产品范围宽、便于氢调，便于生产共聚物等优点。由于不需要处理液体物料，反应器下游设施也可明显减少。由于聚合物粒子在两个反应区内连续循环，制得的树脂产品有更好的均匀性，MZCR 工艺既具有一般气相法的优点，投资和能耗又低于气相流化床工艺，产品性能明显优于普通聚丙烯树脂(图 9-6)。

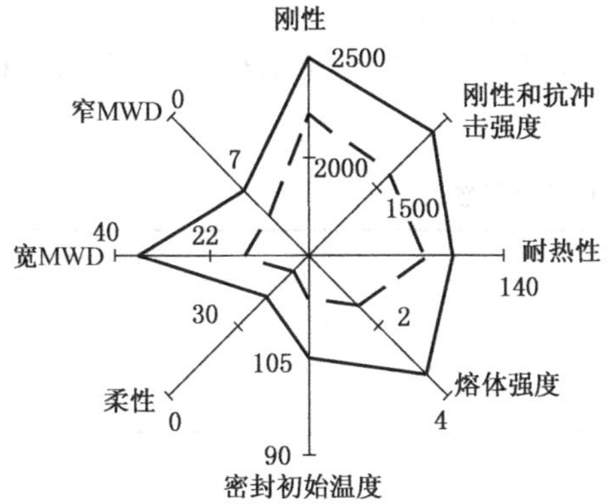

图 9-6 Spherizone 和普通 Spheripol 工艺产品性能的对比
——Spherizone；－ －Spheripol

与 Spheripol 工艺相比，Spherizone 工艺的主要特点总结如下：Spherizone 对操作温度和气体组成没有极限；丙烯在聚合部分的停留时间只相当于 Spheripol 工艺的 60%，从而可以降低牌号切换的成本；相对于应用两个或多个独立反应器的现有工艺，在一个循环体系中的两个反应区会产生成本优势。巴赛尔称，与现有工艺比较，能量消耗降低 40%。

Spherizone 工艺的工业化始于 2002 年。巴赛尔公司已用 3000 万美元改造了一套 1982 年建在意大利的聚丙烯装置中的原有液体环管反应器，装置的其他部分保持不变，该示范装置规模为年产 160kt，已于 2002 年投产。该装置已生产大部分现有的聚丙烯牌号，并正策划用该技术生产更多的新产品。美国“化学周刊”在线 2007-6-7 报道，巴赛尔公司计划通过脱瓶颈和改造提高它在意大利 Brindisi 的 Spherizone 聚丙烯装置生产能力，生产能力将增加 50kt/a，达到 235kt/a[20]。

2003 年 10 月巴赛尔公司开始转让 Spherizone 技术，首先转让给墨西哥的 Idelpro 公司 350kt/a 装置。巴赛尔和萨哈拉石化在沙特的一家投资公司 Al Waha 石化也将使用这项技术。

这家投资公司建设了一套年产450kt的Spherizone装置；三星道达尔和韩国的Lotte Daesan也都购买了这项技术，用于各自的250kt/a的装置中。我国天津石化的450kt/a装置和大庆炼化的300kt/a装置也都将使用这项技术，其他将使用这项技术的还有，泰国PTT/HMC聚合物公司的300kt/a装置；葡萄牙Repsol YPF300kt/a装置、俄罗斯CSJC Nizhnekamsk炼厂的200kt/a装置。初步统计转让技术的总能力为3250kt/a(见表9-10)。

表9-10　Spherizone聚丙烯装置

地址/公司	设计能力/(kt/a)	投产日期
中国 天津石化	450	2010年1月
韩国 三星道达尔	250	2007年
Lotte Daesan	250	2009年
泰国 PTT/HMC聚合物公司	300	2009年/2010年
俄罗斯 CSJCNizhnekamsk炼厂	200	预计2011年
沙特 Al Waha石化	450	2008年/2009年
墨西哥 Idelpro	350	2008年/2009年

地址/公司	设计能力/(kt/a)	投产日期
意大利 巴赛尔	200	2002
葡萄牙 Repsol YPF	300	预计2010年
未披露	200	2007年
中国石油大庆炼化	300	2010年
总计		

根据巴赛尔公司的报告，该工艺生产的树脂具有改进的加工性、更好的机械性能和其他更好的技术特点(如图9-6所示)。

Spherizone工艺均聚物和无规共聚物产品具有更好的刚性、流动性、耐热变形性、均匀性、加工性和可控结晶性；用双反应器生产的抗冲共聚物具有更好的均匀性、光学性能、抗冲性、低温韧性、流动性、耐热性和刚性/韧性的平衡。预计Spherizone工艺将会推动聚丙烯对其他产品的替代过程，进一步扩大聚丙烯市场，并扩大聚丙烯在一些专用市场的应用。

Spherizone工艺的投资和操作成本与Spheripol技术相当或更低，每1000kg聚丙烯消耗情况如表9-11所示。

表9-11　Spherizone工艺的消耗定额

	均聚物	抗冲共聚物
单体①/kg	1002	1002
催化剂/kg	0.025	0.025
电②/kW·h	300	320

	均聚物	抗冲共聚物
蒸汽③/kg	120	120
冷却水④/m^3	85	85

① 100%单体/共聚单体的净消费量。

② 包括挤出级，消耗量与产品MFR有关。

③ 不包括挤出机模头或料缸加热的蒸汽消费量。

④ 温差=10℃。

9.2.3　已工业化技术进一步完善[2]

聚丙烯生产工艺大致分为三种主要类型，即气相法、本体法和淤浆法。所有的现代化工艺都使用了气相或本体反应器生产均聚物或无规共聚物，并串联气相反应器生产抗冲共聚物。

聚丙烯技术市场是高度竞争的市场，有10多家公司可以转让技术。各种工艺技术已运行的能力如图9-7所示。生产能力最大的4种技术约占聚丙烯总生产能力的65%。一度曾占重要地位的淤浆法工艺只占总能力的7%，本体法工艺占总能力的58%，如图9-8所示。

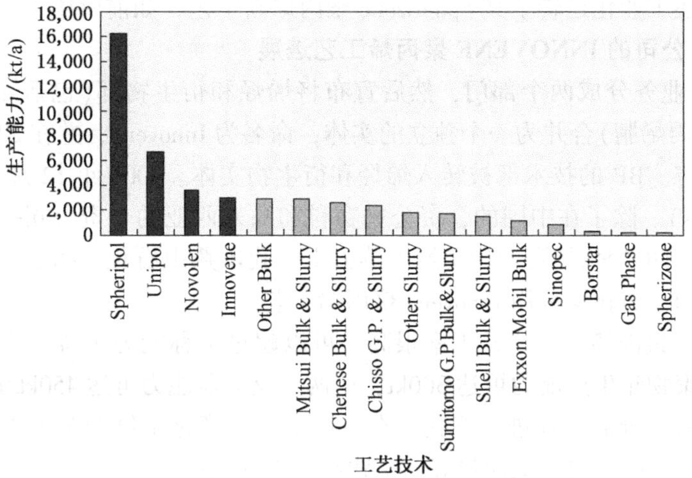

图 9-7　2006 年各种技术的聚丙烯生产能力

9.2.3.1　巴赛尔的 Spheripol 工艺进展

巴斯夫和壳牌 2005 年 5 月将巴赛尔出售给 Access 工业公司，现又与雷昂戴尔公司合并组建为雷昂戴尔巴赛尔公司。近年来巴赛尔 Spheripol 工艺的主要进展包括：

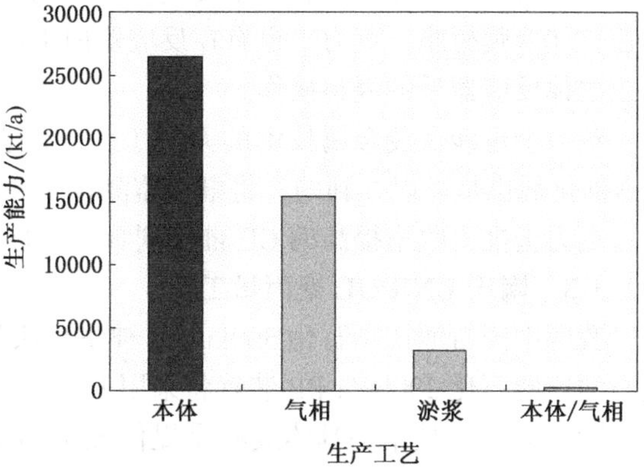

图 9-8　各种工艺的聚丙烯生产能力（2006）

淤浆环管在较高的压力下操作，可以提高环管的氢浓度和操作温度；通过使用新型Z-N催化剂提高单个环管生产能力，扩大产品范围；由于新型催化剂的工业化，去除了氢气提系统；设计了不需要搅拌器的新型气相反应器；新催化剂的使用改进了下线处理系统，给装置带来最大的利益。

巴赛尔公司从 2001 年起开发了 AVANT 催化剂系列，用于聚丙烯生产的包括：

AVANT ZN 催化剂，包括以邻苯二甲酸酯作给电子体的第 4 代催化剂和以二醚类作给电子体的的第 5 代催化剂，该催化剂有更高的收率，可生产窄分子量分布的树脂，产品适用于特种纤维和薄壁注塑制品。第 5 代催化剂还包括用琥珀酸酯作内给电子体的催化剂，该催化剂可生产宽分子量分布的树脂，具有良好的刚性和抗冲击性平衡，目的应用是管材、BOPP 薄膜和注塑制品。

AVANT M 催化剂，是锆基茂金属催化剂。正在开发可生产宽分子量分布、高等规度和能以“drop in”方式使用的负载型茂金属催化剂；巴赛尔和埃克森美孚签订了茂金属聚丙烯技术研发协议。根据这个协议，巴赛尔将负责向第三方转让技术，两家公司可分别生产和销售茂-PP 树脂。

产品开发包括高刚性的均聚物、高 MFR（MFR 为 50～100）的抗冲共聚物、用于熔喷纤维的超高 MFR（1200 以上）均聚物和 1-丁烯共聚的无规共聚物和多相三元共聚物，1-丁烯共聚物主要用于要求透明性的制品。

巴赛尔公司还工业化运转了其 Spherizone 聚丙烯新工艺，如前所述。

9.2.3.2 英力士公司的 INNOVENE 聚丙烯工艺进展

BP 将其石化业务分成两个部门，然后宣布将烯烃和衍生物部(包括烯烃、聚乙烯、聚丙烯、α-烯烃和丙烯腈)合并为一个独立的实体，命名为 Innovene，并在 2005 年下半年通过首次公开募股出售。BP 的技术部被转入烯烃和衍生物实体。2005 年 12 月份 BP 将 Innovene 卖给英力士(Ineos)。除了在中国的合资公司赛科和马来西亚的合资公司——马来西亚聚乙烯公司外，BP 所有的聚烯烃资产均卖给了英力士。我国燕山石化、扬子石化、赛科石化和正在建设中的独山子石化均采用 Innovene 聚丙烯工艺。

现代 Innovene 聚丙烯装置的开工率很高，可以超过标称能力 15%，用一个反应器生产均聚物和无规共聚物年生产能力可达 300kt，用两个反应器能力可达 450kt/a。

英力士继续通过价值工程进行优化。在 Innovene 的商标下结合英力士的聚丙烯和聚乙烯技术，通过在两种技术之间交流最好的实践经验得到利益。

英力士的产品开发继续是高 MFR 均聚物牌号，这些牌号扩大了挤出能力的极限。英力士开发了高速薄壁注塑树脂、不发生垂落的高速成型均聚物和共聚物、具有良好的均匀性的高速拉伸薄膜树脂。英力士也有在反应器内生产的热塑性聚烯烃弹性体(TPO)材料，可以减少或去掉反应器后的混料操作。

英力士也涉及茂金属技术的开发工作，但它相信高价值的聚丙烯树脂的开发用第 4 代 Z-N催化剂也是可以办到的，将继续监测技术和市场动向，并等需要时开发茂-PP。

英力士推出收率提高的 CD 催化剂牌号，称为 CDi 催化剂。

9.2.3.3 陶氏 UNIPOL 聚丙烯工艺

我国中国石油抚顺石化 300kt/a、神华包头煤化工公司 300kt/a、大唐电力 500kt/a、中国石油广西石化 200kt/a PP 装置将采用 Unipol 气相流化床法聚丙烯工艺。

陶氏 Unipol 技术的具体战略是提供经济的工艺和先进的催化剂，服务大宗市场，并生产一些重要应用的先进牌号。他们的基础是 Unipol 气相法工艺和 SHAC 催化剂体系。陶氏已装备了专有的 Symyx 技术公司的高通量催化剂筛选系统，明显加快了新的烯烃聚合催化剂的发现速度，这些催化剂包括 Z-N 催化剂、后茂催化剂和单中心催化剂。陶氏与 Symyx 公司签有排他性催化剂开发协议。

陶氏 Unipol 聚丙烯技术开发项目有三项突破，即开发了先进的抗冲共聚物技术；开发了新一代 Z-N 催化剂；将单中心催化剂技术应用于 Unipol 聚丙烯技术平台。

在 Z-N 催化剂领域，陶氏的目标是开发新一代催化剂，活性超过现有水平，同时不损失堆积密度。这种催化剂成本较低，动力学曲线适合于气相法工艺。

SHAC 300 系列催化剂使用专有的中间体原料，可以在世界级规模的装置生产，可以使聚合物粒子的形态改进。具体而言，催化剂可产生更多的球形粒子，具有更高的孔隙度和更均匀的尺寸。树脂的堆密度和流动性改进，可使处理量增加 30%。用这种催化剂可以生产高乙烯含量的共聚物，不会产生发粘的问题。

SHAC 330 催化剂是 SHAC 300 系列催化剂中最新的一种，工业化于 2002 年。与上一代 SHAC 320 催化剂相比，这种新型催化剂增强了装置操作，降低了成本。陶氏称，对于中等抗冲击强度抗冲共聚物的生产，SHAC 330 催化剂需要的外给电子体只有原来的 80%，催化剂效率增加了 25%，反应器的沉降密度增加了 15%，氢调响应性更好，可以生产更高熔体流动速率的树脂。

与 1996 年推出的 SHAC 320 相比，SHAC 330 有更高的性价比。此外，用该催化剂生产的产品有球型粒子形状、狭窄的粒径分布、很高的内孔，粘性从而可以减小。当使用新的选择性控制剂时，催化剂明显提高了注塑制品抗冲性和刚性平衡。两种催化剂都可用来生产高性能的抗冲牌号。一般而言，聚合物的性能是相同的，但 SHAC 330 成本较低。

陶氏开发了 SHAC 催化剂的先进的给电子体体系，将第 3 代催化剂的工艺操作性与第 4 代催化剂改进的产品性能结合，加宽了生产产品的范围，产品包括高结晶性 PP、高熔体强度抗冲共聚物、高熔体流动速率无规共聚物和二甲苯可溶物含量高的均聚物等。利用 SHAC 催化剂先进的给电子体，PP 树脂性能可以优化，这些性能包括熔体流动速率、齐聚物含量和分子量分布等。

9.2.3.4 ABB Novolen 技术公司的 Novolen 工艺

台湾塑料公司建在宁波的 450kt/a 装置、中国石油锦西石化 50kt/a 装置(2008 年中投产)、福建炼化 450kt/a 装置(2009 年上半年投产)、神华煤工业公司 500kt/a 装置(2009 年投产)均采用 Novolen 工艺。

以前的 Novolen 技术持股公司(NTH)现在是 ABB Novolen Technology GmbH(Novolen)，所有权 100%属 ABB Lummus，ABB Lummus 在 2007 年第 2 季度购买了 Equistar 20% 股份。Equistar 仍是研发的合作伙伴。此外，2007 年 8 月宣布，ABB 已协议出售 ABB Lummus Global(包括 Novolen)给芝加哥桥梁和钢铁(CB&I)公司，已提交管理部门和 CB&I 的股东批准，交易在 2007 年 4 季度可能已完成。

Novolen 重点转让 Novolen 气相法技术。除 Novolen 气相法技术外，Novolen 收购了与研发相关的资产和单中心催化剂领域的专利权。在一项联盟交易中，巴斯夫(以前的英格哈特)是 Novolen Z-N 催化剂的独一无二的生产商。巴斯夫已经购买了位于西班牙塔拉贡纳的 PTK4 催化剂装置，并将其升级也可以生产 LYNX 催化剂，并供应自己使用 Novolen 的装置和 Novolen 技术被转让方。

Novolen 利用其母公司 ABB Lummus 的工程技能，进一步完善其 Novolene 工艺，着眼扩大工艺能力和更新设计。主要的进展包扩：

从工艺中去除了溶剂。该工艺以前是用庚烷打浆催化剂，并作为助催化剂和等规指数改性剂的稀释剂，现在已从 Novolen 工艺中去除。改进设计的催化剂进料方法允许催化剂、助催化剂和等规指数改性剂连续进料。

改进了反应器冷却回路，可使细粉分离，返回反应器，减少了催化剂用量，降低了产品中催化剂残渣，从而使产品质量提高。

使用一种新型单速行星式齿轮布局，简化了反应器搅拌器的设计，投资成本和维修费用可明显降低。

实施价值工程培训，业已鉴别出投资成本可以减少的领域，例如可使用更轻的钢结构。

新的单体回收体系将树脂吹扫系统的单体损失降低到原料的 0.5%以下。这个系统运用了薄膜分离工艺来回收氮和单体。

Novolen 仍处于茂金属聚丙烯技术工业化的前沿，可以以“drop in”的方式提供茂金属催化剂，补充其常规的 Z-N 催化剂。茂-PP 应用的主要领域是纤维、注塑和薄膜。2004 年 12 月宣布正在工业化其先进的茂-PP 技术。与埃克森美孚和道达尔的协议已经实施，协议允许 Novolen 转让埃克森美孚和道达尔茂金属聚丙烯催化剂的部分专利产权。这些协议，加之以前对赫斯特、巴斯夫和塔格产权的收购和 Novolen 现在的专利权，使得 Novolen 对气相和本体所有的技术平台都有权转让茂-PP 技术。Novolen 和 Celanese 投资公司在 2002 年达成协议，合作开发新型和改进原有的茂金属、助催化剂和茂金属催化剂，以加宽茂-PP 应用领域，加速茂金属技术的工业化。

引入小型工艺控制系统，反应器操作更平稳，将生产效率的提高与产品质量的改进相结合。

Novolen 提供了普通的工艺训练模拟系统，在开车前和开车后培训操作人员。

Novolen 确保单线操作能力超过 400kt/a。最大操作装置的能力为 450kt/a，两条线，是沙特聚烯烃公司的装置，2004 年即已投产。这套装置可以生产均聚物和无规共聚物。这套两条线的装置正在扩能到 720kt/a。升级的装置在 2008 年投产，将来也可以生产抗冲共聚物。

9.2.3.5　Prime Polymer(以前的三井化工)公司聚丙烯工艺(HYPOL Ⅱ)

我国扬子石化 140kt/a 装置(现已扩能到 200kt/a)、辽阳石化 50kt/a 装置、广州石化 40kt/a 和 70kt/a 装置及盘锦石化 40kt/a 装置均采用三井 Hypol 技术。日本三井和出光兴产 2005 年 4 月合并了聚烯烃业务，组建了 Prime 聚合物合资公司，三井持有合资公司 65%股份，出光兴产持有 35%股份。最近泰国暹罗水泥和陶氏在泰国的合资公司将在其 400kt/a 的装置中使用 Hypol 技术，装置预订于 2010 年建成。

Hypol 聚丙烯工艺一直具有很高的灵活性，可以生产很宽范围的产品。三井过去的理念不太注意降低成本。然而，由于聚丙烯技术竞争加剧，三井的工程设计理念开始着力于简化工艺，提高效率。三井推出了 Hypol Ⅱ，总体投资减少了 15%，而且不损失灵活性和操作能力，相对于其他先进的本体工艺技术，很具有竞争力。成本降低的主要领域是：

使用高活性催化剂，加大处理量；

均聚采用环管反应器，提高效率；

采用改进的干燥装置，提高单体收率；

减少总安装成本，例如简化布局，提高效率，降低了钢材、城建和电力成本；

采用先进的连续控制系统，使操作能力和合格树脂的产量实现最大化。

Prime 聚合物公司也继续茂-间规 PP 和等规 PP 的研发工作，但茂-等规 PP 开发的工作量明显小于聚乙烯。

Prime 聚合物公司开发了两种类型的第 5 代催化剂，即用二醚类作给电子体的 RK 催化剂和 RH 催化剂。这些催化剂的活性比第 4 代催化剂高 2~3 倍。由于这些催化剂的氢调敏感性好，与第 4 代催化剂相比，它们生产的产品有更宽范围的 MFR。Prime 聚合物公司已开始将这些新型催化剂引入到购买它聚丙烯技术的装置。一些 RK 和 RH 催化剂也可以用于其他的本体、淤浆和气相法工艺。

在催化剂体系中加入专有的给电子体成分，可以生产韧性和刚性平衡好的高结晶度产品。

Prime 聚合物公司 300kt/a 的 Hypol Ⅱ装置已在 2004 年第 4 季度在日本投产。

9.2.3.6　北欧 Borealis 公司的 BORSTAR 超临界聚丙烯工艺

北欧 Borealis 公司在其成功的聚乙烯技术基础上开发了 Borstar 聚丙烯工艺。正如聚乙烯工艺一样，第一个环管反应器是在超临界模式下操作，也就是在液体丙烯的临界点之上。不同的是生产聚丙烯时，丙烯取代了聚乙烯生产时所用的丙烷稀释剂。Borstar 聚丙烯工艺使用双反应器体系，一个淤浆环管反应器后接一个气相反应器。这种双反应器形态用于均聚物的生产。再接另一个气相反应器，就可以生产抗冲共聚物。可以多用一个或两个串联的气相反应器，这取决于最终聚合物所要求的橡胶性能和含量。从 2006 年 11 月起由于公司股权的变化，Borealis 已不再向第三方转让技术。现采用或计划采用 Borstar 聚丙烯技术的装置有奥地利 Schwechat 200kt/a 装置(2000 年投产，2005 年已扩能到 300kt/a)、德国 Burghausen 330kt/a 装置(原订 2007 年底投产)和阿布扎比 Ruwais 的 Borouge 公司的 800kt/a 装置(两条线，预计 2010 年投产)。

2007 年报道，北欧 borealis 公司将投资 9000 万欧元(1.16 亿美元)扩大其聚丙烯生产能力，并使其升级。该公司将在芬兰的 Porvoo 投资 2500 万欧元增加聚丙烯生产能力 65kt，到 2008 年底该地能力达到 220kt/a。该公司将投资 3500 万欧元在位于奥地利 Schwechat 的 Borstar 聚丙烯工艺装置中增加第 4 套气相反应器，在 2009 年完成。这个项目将使 Schwechat 的装置可以生产满足汽车、管材和高级包装工业需要的高级材料。该公司还将投资 3000 万欧元在 Schwechat 建设一套有 4 个反应器的 Borstar 聚丙烯试验厂，也于 2009 年完成。Borealis 近来还宣布了扩大其在德国 Burghausen 的 Borstar 聚丙烯装置的计划。

BORSTAR 聚丙烯技术主要进展如下：

继续开发高端牌号，新装置已替代了同厂址的老装置；2002 年 Grace 催化剂公司已收购了 Borealis 公司的催化剂制造资产，Grace 可在全世界生产、销售 Borealis 公司一些专有的催化剂。Borealis 和 Grace 将继续合作开发 Borealis 的催化剂技术。Borealis 仍保持对专有催化剂技术的所有权，仍负责销售它的催化剂、技术服务和对其技术受让方的生产支持；

2002 年设计了年产 400kt 的大型装置，更大的能力也是有可能的；Borealis 开发了专有的先进工艺控制系统(BorAPC)，利用界面与普通的控制系统配合，利用非线性预测模型控制变量。好处包括，高产量、更稳定的操作、产品均匀性提高和更快的牌号切换速度。

Borealis 公司的聚丙烯产品应用范围很宽，包括普通应用和高端应用。可生产的牌号包括："超成型性" 树脂，在聚合物的级分间能够按要求定制立构规整度分布、分子量分布和共聚单体分布；Borstar 成核技术对于那些要求刚性和尺寸稳定性的树脂提供了优越的性能；牌号 Bormod PP 具有很好的抗冲击性和刚性的平衡，可以明显减少加工时间；Borstar 技术可生产许多管材级树脂。

Borstar 树脂的主要应用领域包括：薄壁注塑制品，由于树脂相对于普通牌号有更高的耐热性和刚性，从而制品重量可以减轻、堆垛性能提高，加工时间缩短；热成型制品，刚性、耐热性和透明性好；具有良好的机械性能和阻隔性的流延膜；具有独特的粘合性和韧性的纤维；用于注塑周转箱的共聚物牌号，具有良好的刚性和抗冲击强度；用于热水管的耐高温管材，可与 PVC 竞争的低压管等。

Borstar 技术未来开发的优先项包括：高熔体强度树脂、柔性聚丙烯牌号、适用于高刚性要求的牌号、三元共聚物和用于医疗的低抽取物、低催化剂残渣的牌号。

9.2.4 提高产品性能，开发更多新产品

聚丙烯产品可以分为四大类，即均聚物、无规共聚物、抗冲共聚物和反应器后的改性产品。产品的创新源于催化剂、工艺的技术进步，也源于独特的、创新的产品设计。

9.2.4.1　主要品种

PP 均聚物、无规共聚物和抗冲共聚物的组成和性能特点总结于表 9-12；各种应用中典型的 PP 类型总结于表 9-13。

PP 树脂的牌号很多，除均聚物、中抗冲无规共聚物和高抗冲嵌段共聚物的主要差别外，取决于应用，也有不同配方的牌号。填充滑石、玻璃纤维、云母或碳酸钙的树脂主要用于要求较高刚性，特别是高温下具有较高刚性的制品。实际上所有的牌号都含有抗氧剂，室外应用的牌号还含有抗紫外线稳定剂。一些牌号含有阻燃剂、抗静电剂、透明剂和成核剂(为加速结晶)；另一些牌号符合用于食品的标准，还有一些牌号用于医药和医疗。

表 9-12　PP 均聚物、无规共聚物和抗冲共聚物的组成和性能特点

品　　种	主　要　特　点
均聚物	不含共聚单体，较高的刚性、耐热性，但韧性较差
无规共聚物	乙烯分子无规地插入到聚合物链的丙烯分子之间，工业品含 2%～4%的乙烯(或乙烯+丁烯)，高乙烯含量的牌号可含 5%～8%的乙烯，用于热封薄膜。 柔性和抗冲击性高于均聚物，但抗冲击强度比同样乙烯含量的嵌段共聚物低50%～70%。与嵌段共聚物相比，无规共聚物有更低的熔点、更低的刚性和更高的透明性，一般用于更需要柔性和热封性的制品
抗冲共聚物(或称嵌段共聚物)	丙烯和乙丙橡胶的嵌段共聚物，一般通过第二个串联的气相反应器与乙烯共聚生产 抗冲击强度、刚性均高于无规共聚物，但刚性和耐热性通常低于均聚物。制备高韧性、高刚性的综合性能平衡好的抗冲共聚物是当前 PP 工业的开发方向

表 9-13　各种应用中的 PP 树脂

用　途	均　　聚	无规共聚	抗冲共聚	用　途	均　　聚	无规共聚	抗冲共聚
注塑				挤出			
交通	×		×	纤维和丝	×		
容器盖	×		×	薄膜	×	×	
容器	×	×	×	挤出片材	×	×	×
家用品	×	×	×	电线、电缆	×		×
家具	×		×	挤出涂层			×
医用品	×	×	×	吹塑			
家电、器具	×		×	容器	×	×	
				交通	×		×

PP 也可以和其他聚合物共混或形成合金。最常用的共混物是 PP 均聚物与二元或三元乙丙橡胶的共混物。含 20%～60%三元乙丙橡胶(EPDM)的共混物一般称为热塑性聚烯烃弹性体(TPO)；EPDM 含量小于 20%的共混物通常称之为抗冲 PP，而不叫 TPO，两类材料之间也有一个过渡区域。PP 也可以和聚乙烯及聚丁烯共混。

PP 还可以和工程塑料形成合金。尼龙与 PP 的合金有较低的吸湿性和较高的尺寸稳定性，用于对公差要求严格的部件。PP/尼龙合金用于制可涂、可印的注塑件和耐湿、抗冲、增强的汽车部件。

PP 专用料常常是以配混料的形式提供给汽车、家电、办公设备、电缆厂等终端用户。终端用户要求配混料生产能提供质量稳定的产品和必要的服务。配混料操作的基本原料是基础树脂及含阻燃剂、润滑剂和抗静电剂等的母料。配混料业务成功的关键是开发既能适应最终用户需要，加工厂又乐于接受的配方。汽车保险杠、车体、内装饰、仪表盘用 PP 都是配混料的业务范围。随 PP 市场竞争的加剧，世界一些大公司更加重视 PP 配混料业务，加大了投资力度，该行业全球化趋势也日益明显。

标准牌号的均聚物组成很简单，只有分子量(MFR)可以改变，等规度可有所不同，通过反应器后加入添加剂可以影响性质。所有的 PP 加工工艺都适合加工均聚物。

无规共聚物主要用于要求透明性和低熔点的部门。用于服装和食品包装的未拉伸薄膜、家用装食品或其他物品的透明容器。医用品和热封的拉伸薄膜是其主要应用。最近日本 Polychem 公司用茂金属催化剂工业化试生产的无规共聚 PP 熔点为 125℃，比普通 PP 低 10℃，使包装用户有更快的加工效率。这种新产品还有更高的强度和透明性。在要求有很好的能量吸收特点和重量轻的汽车保险杠中，有时用无规 PP 作成发泡珠粒。无规共聚物的熔点较低，可以在合理的条件下制成发泡珠粒。当共聚单体加入到原料丙烯中时，可以用均聚反应器生产无规共聚物，操作条件稍有变化。

在抗冲共聚物中，乙烯等共聚单体的含量可高到 20%，共聚单体是在后一聚合段加入的，形成了在均聚物母体中分散的乙丙橡胶相。树脂的级分、分子量和每一相的共聚单体含量都必须仔细选择和控制才能得到高质量的抗冲共聚物。分散相的大小是重要的控制指标，它主要取决于催化剂中活性中心的分布和共聚时活性中心的保留情况。重要的性能指标是在尽可能少地牺牲弯曲模量和熔体流动速率的条件下提高低温抗冲击强度。典型的抗冲共聚物装置包括一个或多个均聚反应器和一个或多个用于橡胶聚合的反应器，单体在每一段间循环。抗冲共聚物的典型应用包括汽车内装修的注塑件、行李箱、工具盒、载物箱、儿童车座椅、空调内衬、家电罩和内衬及小家电部件等。

一般而言，市场规模大的品牌附加值较小，技术难度较小；反之，市场规模小的品牌，附加值较高，技术难度较大。然而 BOPP 料、无纺布料和中抗冲共聚物既有较大的市场规模，也有较高的附加值，如图 9-9 所示。

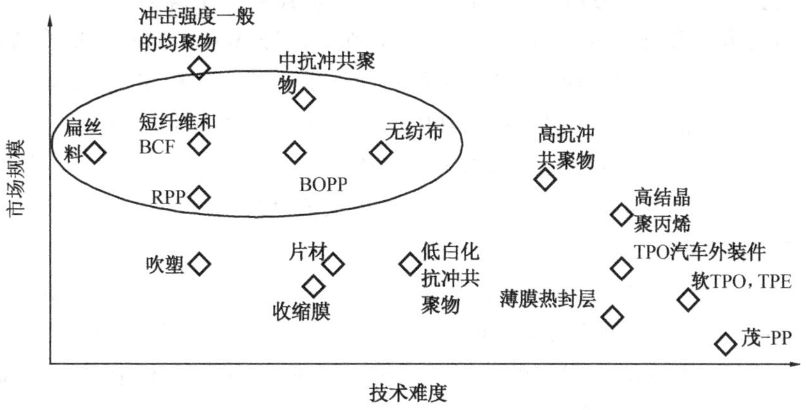

图 9-9 PP 品牌的相对技术度和市场规模

9.2.4.2 进展突出的重点品种

9.2.4.2.1 刚性/韧性/流动性平衡好的抗冲共聚物

聚丙烯抗冲共聚物开发工作的两个主要重点是提高流动性和提高韧性与刚性的平衡。树脂流动性提高可以提高加工速度，降低加工能耗，适合于加工流道长的复杂部件；在满足韧性要求的前提下提高刚性可以降低制品的厚度。由于随树脂流动性的增加，韧性会明显降低，因而对流动性、韧性、刚性的优化是研发的重点。

催化剂在改善嵌段共聚物的韧性和刚性的平衡中起关键作用。例如UCC(现为道化学)公司采用新型催化剂与用普通催化剂制得的嵌段共聚物相比，在表征刚性的弯曲模量均为1325MPa时，表征韧性的缺口抗冲击强度增加了47%，这主要是因为更有效地利用橡胶相，也因为均聚物连续相有更高的等规度和立构规整性的缘故。

近几年几乎世界所有的大型聚丙烯生产公司在反应器直接生产嵌段共聚物的技术都取得了明显进展。这些进展主要归功于，Z-N催化剂技术和橡胶分散技术的进步，提高了均聚物连续相的结晶度，提高了对橡胶分散相粒径、均匀性及分散状态的控制能力。一般情况下，一种性能的改进常常以其他性能的下降为代价，但使用新型催化剂，可以在流动性不变的前提下，使制品有更高的刚性和韧性，从而允许加工厂缩短加工时间、增加模腔和进一步薄壁化。Basell公司现在可在反应器中直接生产MFR为35g/10min、55g/10min和100g/10min的树脂，不需要再使用过氧化物裂解法使聚合物断链。不仅提高了树脂的加工性能(使加工周期减少20%)，而且与加工性较差的树脂相比，也有更好的低温韧性，使用该树脂的注塑制品可与低温应用的热成型聚丙烯及HIPS竞争。

Equistar在Novolen工艺中开发了新型抗冲共聚物配混物，可以2895m/min的速度挤出加工电信和数据通信电缆。利用新升级的工艺和催化剂，生产的PP产品具有更高的抗冲击强度、刚性、结晶度、透明性、光泽和阻隔性，这些新牌号正准备进入PP的非传统应用领域。

亨茨曼用三井的Hipol气相法工艺和新一代Z-N催化剂生产了一个新系列的超高流动性抗冲共聚物。据说，这些直接由反应器制得的材料具有高结晶度、极好的抗冲击性和刚性的平衡和更宽的加工窗口。最初的牌号包括MFR为100g/10min的中抗冲AP5995 HS(抗静电牌号是AP5995 HA)，用于薄壁奶制品和熟食容器的快速注塑。牌号的缺口Izod抗冲击强度为42.7J/m，挠曲模量为1586MPa，每4~5s可以注塑16~32个容器[30]。

BP现在也开发了用于薄壁食品容器快速成型的牌号Acctuf 3944，这个MFR为100g/10min的抗冲共聚物牌号具有很好的抗冲性和刚性平衡，其挠曲模量为1724MPa，制品Izod抗冲击强度为58.7J/m。BP还正在提供MFR为12g/10min的Acctuf 3432抗冲共聚物牌号，具有很好的流动性、刚性挠曲模量1448MPa、韧性Izod抗冲击强度133J/m)的平衡，目标应用是板条箱和货盘、办公家具的座位靠背和其他要求流动性好和低泛白的应用，例如家用器具、玩具和其他消费制品[30]。

最新一代抗冲共聚物的设计是改进了流动性和机械性能的平衡。例如亨茨曼开发了MFR为10g/10min，由反应器直接生产的抗冲共聚物牌号，可满足汽车能量管理系统(如前梁)的要求。新牌号AP7810有很宽的分子量分布，比现在应用的MFR为20~30g/10min的抗冲改性PP有更高的剪切敏感性[30]。

9.2.4.2.2　透明聚丙烯

透明性的改进也是PP新产品开发的重要进展之一。普通PP因其固有的半结晶性，制品的透明性明显不如聚苯乙烯、聚氯乙烯和PET聚酯，但现在开发的新型透明性添加剂(如一种以山梨糖醇为基础的透明性改进剂)可改变PP结构，使聚合物晶粒变得更小，更分散，从而降低了光散射，降低了雾度，提高了透明性。因为这种透明性改进剂也是一种成核剂，因而添加0.1%~0.4%透明性改进剂的PP不仅提高了透明性，也提高了刚性，加宽了熔融范围。在PP树脂的阻隔性获得改进后，高透明牌号有可能进入现在主要应用PET聚酯的注拉吹瓶市场。预计用茂金属催化剂生产的PP更容易用改进剂来提高其透明性，很有发展前景的市场是薄壁食品容器和饮料杯。

据悉，Sunoco化工公司开发的两种新的PP无规共聚物具有非凡的透明性。牌号的商品名为UltraClear，MFR分别为12g/10min和35g/10min，目标应用是食品和非食品注塑包装容器。UltraClear PP牌号的雾度比典型的透明树脂RCPs低50%，即普通透明树脂的雾度是10%，而UltraClear是5%[31]。

BP最近开发的用于拉伸吹塑小型食品和药品容器的牌号，MFR为20g/10min，透明性接近PET；Equistar公司开发的用于挤出或注塑果汁和饮料瓶的透明无规共聚物牌号，具有很好的透明性和机械性能的平衡，PP33HF04是一个MFR为2g/10min的牌号，雾度为3%~5%[30]。

9.2.4.2.3　填充增强聚丙烯和纳米复合材料

PP最常用的填料是碳酸钙、滑石和玻璃纤维。碳酸钙和滑石用量很大，有时高达40%，填充后的PP刚性、硬度、强度都有所提高，密度也会提高。玻纤增强PP要求玻纤和基础树脂之间有好的粘结性，为得到好的增强效果，玻纤的长度要有所保留。通过适当的加工处理，可以得到高强度、高刚性和高抗蠕变性的树脂，热变形温度接近PP的熔点，即理论上的极限值。有了第三代高流动性PP，再结合上述玻纤增强的优点，一些高应力的复杂的制件就能可靠地，比较容易地用玻纤增强PP加工制得。一些填充PP的性质列于表9-14 。这些材料通常用来制汽车和家电部件。

表9-14　填充PP的性能

性　质	ASTM试验	填充滑石				填充碳酸钙			
		均聚物		共聚物		均聚物		共聚物	
填料含量/%		20	40	20	40	20	40	20	40
MFR/（g/10min）	D1238L	4	4	4	4	4	4	4	4
密度/（g/m^3）	D792A-2	1.05	1.22	1.04	1.22	1.05	1.22	1.03	1.20
拉伸强度①/MPa	D368	34.5	32	27	25	32	25.5	25.5	21
挠曲模量（1%正切）/MPa	D790B	2550	3400	2100	2700	2300	2750	1800	2200
洛氏硬度/R	D785A	98	97	90	85	98	97	88	87
挠曲温度（在455MPa）/℃	D648	125	134	117	127	113	113	98	104
带缺口的艾佐得冲击强度（在23℃）/（J/m）	D256A	37	37	80	37	48	43	91	69

① 在屈服点。

在PP填充增强材料中一个值得注意的技术动向是开发了纳米PP复合材料。20世纪80年代后开发的纳米复合材料又为配混法生产新材料注入了新的生命力。纳米塑料领先的应用是包装、汽车、电子、电气和建筑。纳米复合物材料中加入的纳米粒子是有独特结构的黏土小微粒，作为填料，对聚合物起增强作用。这些小粒子有高表面积，但横截面很薄，只需添加很少的量(一般5%)，就可改进材料的结构性能。

纳米增强材料有潜力大幅提高聚丙烯的刚性、耐热性、改善外观、提高气体阻隔性和阻燃性，同时对聚丙烯的基本性质很少有负面影响。原位聚合和反应器后的掺混都可用于生产聚丙烯纳米复合材料。尽管原位聚合方法继续在开发，但商业上更多使用的是熔融掺混法。

巴赛尔/通用汽车/南方黏土公司推出的PP基TPO纳米复合材料使用了马来酸接枝的PP相容剂，使用一个包括双螺杆挤出机在内的改进熔融掺混工艺。用于汽车PP复合材料最经济的增强材料是滑石，滑石可用来提高PP的刚性、耐热性、耐蠕变性和耐收缩性。然而，使用滑石往往降低韧性、伸长率、焊缝强度、老化时间和抗紫外光性。纳米填料由于具有高长径比和很好的分散性，低负载量的纳米填料即可得到与高负载量滑石同样的增强效果。虽然掺混纳米黏土的成本比滑石高0.44美元/kg（约高出38%），但负载量减少70%，而且最终性能明显提高。考虑到纳米填充的PP材料相对于滑石填充材料有更低的密度，每份被加工材料经济上的劣势降低到10%~18%的范围[4]。

PP-纳米黏土复合材料的另一个优势是，与其他填充材料相比，它可赋予材料更好的光学性能和阻隔性，主要因为纳米黏土的粒子很小，加之黏土小片能够更均匀地排列。

9.2.4.2.4　高熔体强度PP和发泡PP

具有线型分子链的普通PP与具有支链的聚合物（如LDPE）相比，熔体垂伸性能较差。用辐射方法可以使PP分子中产生游离基，同时不使分子降解。这种方法可赋予PP较高的熔体强度。这一发现导致了一些工业用的高熔体强度（HMS）PP牌号的开发。

拉伸黏度测量表明，HMS PP在熔体拉伸时表现出应变硬化形为，而普通PP则表现出熔体薄化（melt-thinning）行为。因为在拉伸工艺中，当拉伸传导到较厚的部位时应力增长，因而这种应变硬化行为对一个稳定的拉伸工艺是很有用的，有利于形成一个稳定的拉伸产品。这个性质对于挤出涂层等高速、高拉伸操作十分重要。HMS PP的大部分性质与起始材料的性质相同，但由于成核剂（为增加熔体强度）的影响，HMS PP有较高的硬度。

HMS PP非常适合于比较苛刻的熔体相操作。其中最有吸引力的用处是挤出涂层，在这种操作中拉伸比很高。HMS PP可以在前所未有的高线速下提供非常均匀的涂层。热成型和吹塑加工时，制品的均匀性也可提高。过去由于PP的熔体强度低，发泡制品很难制得，发泡时泡沫壁易破裂。用HMS PP则可以制得高质量的发泡PP制品。除辐射法外，用加过氧化物法和共混法也可以得到高熔体强度PP。

日本窒素公司开发了由反应器直接生产的高熔体强度、高等规PP牌号；阿托菲纳（Ato-Fina）公司开发生产HMS PP的技术是在四乙烯基硅烷等接枝剂存在下，通过大剂量（10~25MeV）的辐射，使直链PP形成具有长支链的聚合物。制得的PP产品在250℃时熔体强度增加了6倍，熔体流动速率降低14%。

陶氏化工新开发的专用PP商品名为Inspire高性能聚合物，相对于普通PP，性能和加工性都有改进，熔体强度比普通PP高20倍。Inspire HMS树脂的拉伸性比普通PP树脂高3倍，而且有更好的低温抗冲性、更高的热变形温度和更高的刚性。第一个这种HMS树脂是Inspire 112，是MFR为0.4g/10min的吹塑薄膜牌号，可以加工成50.8μm的薄膜，落镖冲击强度为150g，2%的正割模量为857MPa。共挤出时可生产透明性好的液体立式袋和面包袋。它也具有良好的抗穿刺性，可用于重装袋；其熔点高于160℃，为蒸煮袋提供了高耐热性。

新的HMS树脂的开发进一步扩大了树脂的性能和应用范围。Inspire D 114.01是一个

MFR 为 0.5g/10min 的用于吹塑薄膜、片材，具有高质量可印性的牌号。据说，相对于竞争的聚乙烯薄膜，这种薄膜有更好的刚性、耐热性、机加工性、耐蠕变性、抗穿刺性和韧性。50.8μm 的薄膜落镖冲击强度为 120g，拉伸模量为 1262MPa。这个牌号符合于 FDA 用于蒸煮袋的要求，此外，它还有潜力进行熔融相热成型，加工成盘，成型时可以减少垂落，循环时间可以缩短。新的 Inspire D 113.01 牌号的 MFR 为 0.9g/10min，有很好的低温性能，在很宽的型材挤出加工范围内都有很好的稳定性，例如可加工成光纤内管。该牌号在缺口 Izod 抗冲检验时不断裂，挠曲模量为 1015MPa。

窒素美国公司也开发了一系列反应器生产的 HMS 树脂。Newfoamer 可发泡 PP 容易形成均匀的泡孔结构，可用于做保护性包装、食品盘和汽车软的内装件。它们也可用作均聚物和嵌段共聚物的添加剂，来提高加工性和物理机械性能[30]。

我国 HMS PP 的研究处于起步阶段，多用后加工过程中的交联和部分交联方法制备。中国石化北京化工研究院 2001 年底首次通过辐照方法研制了支化型高熔体强度聚丙烯，熔体强度提高 50%以上，其他性能也有所提高。用辐照交联方法，在较低的剂量下，该院还研制了高发泡倍率的辐照交联发泡聚丙烯，发泡倍率达 20 倍；近期北京燕山石化公司树脂应用研究所采用反应挤出方法，制备出具有长链支化结构的 HMSPP-1。这种改性产品熔体强度提高 300%，同时具有较高的常低温冲击强度。利用特殊挤出机，采用丁烷发泡剂，HMSPP-1 直接挤出发泡得到发泡 PP 样品，PP 泡沫密度 0.018g/cm^3，发泡倍率达到 50 倍。电镜观察脆断样品，发现 HMSPP-1 发泡后形成清晰网络形状，闭孔结构，孔壁完好。说明 HMSPP-1 在挤出发泡过程中可以有效地完成气体包裹，适用于高倍率挤出发泡过程。

HMS PP 生产技术和聚丙烯发泡技术由少数几个发达国家垄断，产品卖价很高，如北欧 Borealis 公司 HMS PP 牌号 WB130HMS 在中国市场价格约 25000 元/吨；JSP 公司的发泡聚丙烯珠粒更是达到 10 万元/吨。国内企业应加快 HMS PP 和发泡 PP 的研究，尽快打破进口料的垄断局面[32]。

9.2.4.2.5　高结晶度 PP

高结晶 PP 是结合利用催化剂技术、聚合技术和添加剂技术生产的一种高性能的聚丙烯产品。聚合采用先进的齐格勒-纳塔催化剂，产品具有高等规度(等规指数为 99%)，有较宽的分子量分布(多分散度为 8~11)，有较高的结晶度(约 70%)，有较高的结晶速率和较小的球晶直径，适用注塑、片材成型和混料等加工方式，产品有更高的刚性、耐热性和耐化学品性[37]

HCPP 可以是均聚物，也可以是嵌段共聚物。具有相同流动性的 HCPP 的耐热性、刚性、韧性和光泽均明显高于普通 PP。HCPP 可用于汽车保险杠、柱饰、仪表盘和灯具，也可用于家用电器中的空调、炊具、吸尘器等制品。今后汽车保险杠随标准提高，会越来越多地使用 HCPP。

AtoFina 正在利用新型的 Z-N 催化剂生产高结晶度吹塑薄膜均聚物树脂，具有更好的加工性、阻隔性和刚性。新树脂的挠曲模是 3861MPa，拉伸强度 228MPa，水蒸汽透过速率 MVTR 是 0.012g/（100mm^2·24h·mm）。

Sunoco 聚合物公司正在开发的系列新产品中包括三个高结晶度均聚物，其 MFR 范围为 35~100g/10min，主要用于注塑汽车和器具部件。这些树脂的刚性高，挠曲模量超过 2068MPa。

9.2.4.2.6　适宜薄膜高速加工的 PP

PP 薄膜可由均聚物、共聚物和三元共聚物生产。与均聚物薄膜比较，共聚物薄膜的脆性较低，热密封温度范围较宽，透明性较好。PP 薄膜的加工方法有流延法和吹塑法。薄膜有拉伸薄膜和非拉伸薄膜。拉伸薄膜有更高的强度，更高的阻隔性和更好的光学性质。双向拉伸薄膜又称 BOPP 薄膜。

市场上可以看到有涂覆的、不透明的及金属化的各种式样的 PP 薄膜，PP 薄膜也可以层压到其他的拉伸或不拉伸的 PP 薄膜上，层压到其他塑料薄膜、玻璃纸、纸、金属箔及其他基质材料上，目的或者是提高阻隔性，或者是降低成本，提高性能，或者是进一步提高包装物的适应性，扩大应用范围。包装占 PP 薄膜市场的 70%，双向拉伸 PP(BOPP)薄膜的用量有明显增长的趋势。BOPP 主要用于食品包装、标签、压敏胶带背衬和香烟包装，对纸、金属箔、聚酯和玻璃纸的替代有逐渐增长的趋势。还可用作硬包装的标签和缠绕物。许多多层食品包装层压薄膜外层是 BOPP，提供良好的表面光泽和抗印刷磨损性。一些特种牌号用于电容器膜。

非拉伸薄膜(国内称之为流延膜)的强度和阻隔性较差，但成本较低。40%~50%的流延膜用于非食品包装。利用其高光泽性，流延膜主要用于包装纺织品，如袜子、衬衫、被单、毯子等和一些展示的物品，这些商品的视觉效应极为重要。流延膜在医疗方面的应用有增长趋势，这些应用包括绷带的非胶粘面、缝合用品、覆盖物。其他应用包括压敏胶带的背层、卫生材料的覆层、一次性尿布中的垂片等。用在食品包装中的流延膜数量有限，主要因为在低温下太脆。

估计今后几年 PP 薄膜中金属化的 BOPP、不透明的 BOPP、标签用 BOPP，一次性尿布中使用的 CPP 会有更快的增长速度。

一般不到 10%的 PP 薄膜是由二元和三元共聚物制成。无规共聚物主要用于收缩薄膜和确实要求较低的热密封温度的产品包装。

影响 PP 薄膜行业发展的主要技术动向是：

(1) 随食品、饮料生产全球化的发展，PP 薄膜全球化发展趋势明显，对薄膜的质量标准的要求将更严格。

(2) 薄膜幅宽和生产线速进一步增加。20 世纪 90 年代年典型的拉伸膜幅宽为 6m，加工速度是 250m/min；现在一般的幅宽是 8m，加工速度是 300m/min，最新一代薄膜的加工速度可达 450m/min。与此同时薄膜生产厂继续降低薄膜的厚度，以降低成本和包装材料的用量。1989 年 BOPP 薄膜的平均厚度是 30μm，目前是 20μm。树脂生产厂将继续开发新的牌号，提高薄膜的强度和降低厚度的能力，以适应加工厂家的要求。

最近报道[33]，一种高度无定形的 PP 均聚物据说可用来生产具有极好拉伸性能的薄膜。FF025F 是 Sunoco 化工公司最新的专用薄膜牌号，可以为 BOPP 和流延膜提供多种熔体流动性。该公司说，这种二甲苯可溶物高的树脂是一种很好的适用于多种目标的牌号。

BOPP 是我国近几年发展较快的专用料。从近几年国内市场发展看，高速、宽幅、超薄多层共挤出 BOPP 薄膜生产线比例逐年增大，估计已达到 50%以上。这样对高线速的 BOPP 专用料的需求也会相应增大。

中国石化北京化工研究院通过研究树脂结构与性能的关系，与齐鲁石化、广州石化、上海石化、复旦大学、长春应化所等单位合作，通过调节共聚单体乙烯的加入方式等手段开发了适合于更高加工线速 BOPP 专用料。目前国内已可生产拉膜速率达 350～400m/min 的 BOPP 专用树脂。应用这项技术生产的高加工速度 BOPP 专用树脂产品供不应求，性能超过许多进口产品。此项研究成果属原创性知识和技术创新成果，达到了国际先进水平，引起了世界著名厂商的高度重视。在此基础上中国石化又组织北京化工研究院等研究单位，集中了材料表征、催化剂研发、工艺研究及产品加工研究等方面的优势力量，结合 PP 生产企业多年积累的生产和开发经验，又开发了许多高性能、高附加值的 PP 新产品。其中薄膜系列包括中国石化镇海炼油化工股份公司的均聚 BOPP 和中国石化茂名石化分公司的高速拉伸、高挺度 BOPP 等[17,18]。

9.2.4.2.7 双峰和其他双模式分布 PP

聚丙烯技术的发展新动向是生产双模式的产品，包括双峰分子量（MWD）分布、双模式立构规整度和双模式共聚单体分布。这也是 Z-N 催化剂生产聚丙烯的新动向。一些双峰 MWD 聚丙烯的刚性可达到 2500MPa。两段乙烯-丙烯无规共聚物和均聚/无规共聚物相对于传统树脂可有更多的性能优势。单模式的无规共聚物熔点与乙烯含量呈线性关系，而两段无规共聚物的熔点可根据产品的要求进行调整[34]。

双峰 MWD 聚丙烯（BMPP）产品的典型特征是，分子中的聚合链由低分子量和高分子量两种类型的链组成，每一种聚合链的分子量分布都比较窄，但总的聚合物的分子量分布呈现宽的双峰形态。这种分子量分布的均衡性使 BMPP 同时具备了熔体强度高、耐热性好、刚性好、抗蠕变好的机械性能和加工性能，某些产品性能甚至可以达到或超过工程塑料。正是由于 BMPP 的突出性能，使得产品可广泛应用于无纺布、柔性制品、包装、管材、汽车材料等多种领域，尤其是热成型和薄膜类产品。

国内外学者对聚丙烯双峰分子量分布的形成进行了深入研究。通过利用多反应器，并调整每个反应器聚合温度、链转移剂浓度、进料速度、操作时间等制得 BMPP。制得的产品熔体强度、热变形温度、拉伸强度和弯曲模量大多优于普通 PP。BMPP 和普通 PP 以及丙烯腈-丁二烯-苯乙烯三元共聚物（ABS）的性能比较见表 9-15[35]。一些大型聚丙烯生产公司，如北欧 Borealis、DSM、陶氏、埃克森美孚和 Fina 等申请了可制备双峰产品的茂金属催化剂专利。

表 9-15 BMPP、普通 PP 和 ABS 的性能比较

项　目	BMPP	普通 PP	ABS
洛氏硬度/R	112	90	107
热变形温度/℃	122	96	95
拉伸模量/MPa	2200	1400	2170
光泽度	89	54	84

9.2.4.2.8 高性能合金共聚物和 PP 与非聚烯烃的合金[4]

Montell（后为巴塞尔，现又与雷昂戴尔合并为雷昂戴尔巴赛尔）公司用第四代催化剂开发成功 PP 的 Catalloy 工艺，开发了一系列在共聚单体选择、聚合顺序、相分散、结晶度、分子量和共聚物含量等方面有高度灵活性的高性能合金共聚物。Montell 公司 1988 年开发了催化合金（Catalloy）工艺，1992 年开发了高性能合金（Hivalloy）工艺。这两个工艺都是 Montell 生产 PP 的 Spheripol 工艺的进一步扩展。

催化合金工艺是在反应器内生产聚合物合金的工艺，该工艺可生产二元共聚物和乙烯、丙烯和其他烯烃单体(如1-丁烯、1-己烯和1-辛烯)的三元共聚物。Montell公司在意大利的Ferrara、美国得州Bayport和荷兰的Moerdijk均有催化合金装置。这些工艺涉及新的催化剂、多反应器流程，可形成分子水平的分层，或在同种聚合物结构中形成不同聚合物和共聚物的合金结构，生产的材料具有优越的性能。这些材料主要用于高价值、高强度的结构材料或专用的薄膜和片材。催化合金牌号已应用于汽车、土工薄膜、工业用装货袋、医用管和袋、尿布背衬薄膜和橡胶改性剂等方面，也是汽车上电线电缆替代PVC的理想材料。

表9-16列出了三种典型类别的催化合金共聚物，即软共聚物、硬共聚物和低熔点共聚物。软共聚物的挠曲模量为90~550MPa，使用新的加工方法，开辟了新的应用领域。这些材料结晶速度慢，结晶度低，因而可在用空气冷却的薄膜生产线上加工或制成流延膜，同时保持韧性，而普通的PP只能生产结晶的脆薄膜。比较有吸引力的用处是工业用袋、尿布背衬和土工薄膜。因为材料的韧性较高，因而可用作PP共混物的抗冲改性剂。低熔点共聚物有较低的热封起始温度，与热塑性弹性体配合，可用于汽车保险杠和橡胶带等。硬共聚物的挠曲模量为2400MPa，用于制造要求高挠曲温度和高刚性的注塑制品。

9.2.2节叙述的MZCR技术比巴赛尔的多反应器的Catalloy工艺更前进了一步，可以用来生产双峰均聚物、无规和抗冲共聚物、三元共聚物和反应器后掺混物，这些产品有改进的刚性/抗冲性平衡、耐热性、熔体强度和密封起始温度。

“高性能合金”工艺与催化合金工艺相近，但形成的树脂是丙烯和非聚烯烃单体(如苯乙烯、丙烯腈和顺酐等)的二元或三元共聚物，其应用目标是和尼龙、聚碳酸酯共混物及ABS等工程塑料竞争。随多孔性PP的开发，现已能将非烯烃类单体加入到PP粒子中，并使其聚合形成与PP的合金。现已可以将各种高含量的工程塑料加入到PP中形成合金。巴赛尔在路易斯安那州的查里斯湖操作一套半工业化的Hivalloy装置。表9-17列出了几种Hivalloy聚合物的性质。

表9-16　Catalloy工艺产品的性能

类　型	牌　号	MFR (ASTM: D1238) / (g/10min)	挠曲模量 (ASTM: D790) / MPa	应　用
非常硬	Adstif7050XOP	20	2400	注塑，高耐热制品
热塑性弹性体类	KS-011	10	540	注塑
	KS-035	10	290	
	KS-059P	10	130	
软　类	KS-077P	0.8	550	工业袋
橡胶型	KS-021P	0.9	380	抗冲改性剂
非常软型	KS-068P	0.8	90	土工薄膜
	KS-031P	0.8	150	尿布背衬
低熔点型	KT-021P	4		密封温度105℃

雷昂戴尔巴赛尔公司最新生产的用于低光泽、软质汽车内装部件的热塑性聚烯烃弹性体(TPO)，即Softell TPO系列就是用Catalloy工艺生产的，由它制得的产品不需要第二个表面或皮，相对于SEBS，成本可节约40%[36]。

该公司已将其包括 Catalloy 和 Hivalloy 的先进聚烯烃(APO)业务全球总部移至香港，以更好地适应亚洲地区增长的需求[37]。

表 9-17　Hivalloy 聚合物的性质

类　型	拉伸强度（ASTM：D638）/MPa	挠曲模量（ASTM：D790）/MPa	艾佐德冲击强度（ASTM：D256）/(J/m)	热挠曲温度（ASTM：D648）/℃		硬度洛氏（ASTM：D785）/R
				440MPa	1820MPa	
通用型	35	1930	70	93	65	90
通用型	30	1585	220	88	58	66
通用型	28	1450	650	87	57	66
50%玻纤填充	115	12400	95		140	

9.2.4.2.9　用茂金属催化剂生产的 PP 和间规 PP

PP 催化剂体系虽因反应器类型而不同，但基本上是使用钛和镁的氯化物与烷基铝的络合物。以锆茂、钛茂、铪茂等为基础的全新类型用于等规 PP 的茂金属催化剂体系也已实现了工业化。

茂金属催化剂的工业化为生产物理机械性能明显改进的 PP 树脂创造了条件，如可生产超高刚性的等规 PP、高透明的间规 PP、等规 PP 和间规 PP 的共混物及超高性能的 PP 抗冲共聚物等。

茂等规聚丙烯应用现已超出无纺布纤维的范围，开始进入注塑、薄膜领域，很快也将进入拉伸吹塑和热成型应用。埃克森美孚公司近来生产的 Achieve mPP 均聚物注塑树脂获得 FDA 批准可与食品接触，有比普通均聚物更高的热变形温度和挠曲模量[30]。

埃克森美孚新开发的茂金属催化剂能够定制 mPP 的分子量分布，生产与用常规 Z-N 催化剂制作产品相似的 MFR 小于 1g/10min 的树脂。2007 年初提供的树脂包括透明、耐热、刚性高的用于薄膜和注塑的均聚物，以及在反应器中制造的用于热成型和拉吹成型的高熔体强度树脂。薄膜级树脂具有更好的透明性和刚性的平衡，可以与无规共聚物竞争。

巴赛尔公司在美国的 Metocene mPP 生产线生产 4 种有成核剂的牌号。三种是均聚物，极好地将刚性、高透明和低翘曲性结合。Metocene X50081、X50109 的 MFR 均为 60g/10min，X50182 的 MFR 为 18g/10min。这些树脂的挠曲模量为 1576~2275MPa，缺口 Izod 冲击强度为 27~37J/m，雾度为 8%。

这些材料具有改进的光学性能，加之高刚性、低翘曲性和增强的阻隔性，目标应用包括 DVD 和电脑驱动器箱、容器。正待出台的下一代 Metocene mPP 是在反应器直接生产的具有超高 MFR 的牌号。兼具 mPP 光学性质和在冰点以下具有良好抗冲击强度的注塑用抗冲共聚物也在开发之中。

间规 PP 可以用茂金属催化剂生产。与等规 PP 相比，间规 PP 有较低的熔点、较低的刚性、较慢的结晶速度、较高的透明性和相似的低温下抗冲击强度。Petrofina 公司试销的间规 PP 主要为替代医疗应用中的 PVC。

2007 年的塑展会上，AtoFina 石化展出其间规 PP 生产线，最初包括三个薄膜片材牌号和一个注塑牌号。Finaplas sPP 是结晶度比标准等规 PP 低的共聚物。其独特的分子结构产生了非常好的光泽、透明性和较低的熔点和低的可抽出物含量。这些聚合物有很好的室温抗冲击强度，比等规 PP 柔软。这种柔软性使其可以和其他一些低熔点材料，如软 PVC 竞争。Finaplas 1251（MFR 为 2g/10min）和 1471（MFR 为 4g/10min）是用于吹塑薄膜和挤出片材的高熔体强度牌号。其雾度分别为 6.9% 和 4.8%，黄色指数分别为 -3.7 和 -1.7。Finaplas 1571（MFR 为 10g/min）是用于流延膜和 BOPP 薄膜的牌号。

sPP 也有潜力作共挤出的粘合层，PP 或 PE 与 ABS、聚碳酸酯或热塑性聚氨酯共混物的相容剂。为实现这些应用，AtoFina 已开发了功能化的 sPP，如 SM7-001，这是一种用顺酐接枝的 sPP。

AtoFina 新近工业化生产的 Finaplas 间规 PP，据说比标准透明均聚物或无规共聚物有更好的透明性。

9.2.4.2.10 热塑性聚烯烃弹性体[4]

热塑性聚烯烃弹性体（TPO）一般是指橡胶改性的聚丙烯。新型热塑性聚烯烃弹性体已发展到竞争弹性体市场。由于共聚物技术的进步，通过在聚合反应器建立线型的嵌段聚合物链或通过与 EPDM 和其他弹性材料配混，已可以生产与弹性材料相似的聚丙烯。聚丙烯基弹性体已可以竞争要求抗形变的交通运输和其他工程应用。

随着新技术的开发，TPO 基本组成也发生了变化。突出的例子就是用茂基乙烯-辛烯和乙烯-丁烯特种弹性体，主要是陶氏的 Engage 和埃克森美孚的 Exact，替代了 TPO 中的 EPDM 橡胶。现在更新一代的特种烯烃弹性体，如陶氏用链穿梭剂生产的 Infuse OBC 和埃克森美孚的 Vistamaxx 正准备进一步变革汽车和其他市场的 TPO 和热塑性硫化胶（TPV）。

用陶氏 Infuse OBC 可生产具有更好的流动性、抗冲击性和压缩形变性的 TPO，可与传统的 TPV 和 SEBS 竞争。

用 OBC 技术产生的弹性体，为以前的性价比的间隙架起了桥，可以向顾客提供苯乙烯系热塑性弹性体（TPE）真正的替代品。OBC 配混物据说有很好的压缩形变性、耐热老化性、耐化学品性、加工性，相当或更好的撕裂强度、拉伸强度和更好的外观。这些配混物容易挤出加工成薄的片材和管材，它们的强度和弹性很好，可以拉伸成非常薄的薄膜，不会被撕裂。最初产品的硬度为 30~75 邵氏 A，以后将可以提供硬度范围更宽的产品，邵氏 A 可从 1 位数字到 90 以上[36]。

参 考 文 献

[1] SRI Consulting. polypropylene. World Petrochemicals. 2009

[2] Nexant ChemSystem. Polypropylene. PERP Report. 2007

[3] Joseph A, Grande, Matthew H. Naitove. ‘Green’ Is an Added Attraction In Bumper Crop of New Plastics. Plastics Technoloy, 2008-2

[4] Dr. Andrea Borruso. POLYPROPYLENE RESINS. CEH Marketing Research Report. 2009-8

[5] Nello Pasquini, ed. Polypropylene Handbook. 2nd Ed. Publisher: Hanser Gardner

[6] Basell announces worldwide availability of new succinate catalysts, Basell 公司网页

[7] Dow Chemical markets catalyst, ECN2002-4-1

[8] 高明智，李红明. 石油化工，2007，(6)：36

[9] Metallocene polyolefins: progress and prospects . Hydrocarbon Processing. 2004-4

[10] M Jensen, J Hain, A Hummel, Grace Davison, Columbia, Maryland. What is driving changes in polyolefin catalysts and catalyst technology. Hydrocarbon Processing, 2008 (4): 81~83

[11] Chemical Week Editorial Staff. Symyx Buys Swiss Firm. Chemical Week 2006-6-21
[12] Chemical Week Editorial Staff. JSR Launches Symyx Product. Chemical Week 2005-1-5
[13] Chemical Week Editorial Staff. Symyx, Univation Extend Alliance. Chemical Week 2005-1-19
[14] Andrew Wood. Symyx: Speeding Up Chemical R&D, Combining Software with High-Throughput Research. Chemical Week 2005-6-8
[15] Cath O'Driscoll. Outsource for R&D effect. European Chemical News, 2005-6-20
[16] Chemical Week Editorial Staff. Symyx Earnings Rise 60%. Chemical Week, 2005-10-26
[17] 洪定一. 合成树脂及塑料, 2003(4): 1
[18] 王玉庆, 黄帆. 合成树脂及塑料, 2007, 24(3): 1
[19] Basell. Spherizone Process and Services
[20] Chemical Week Editorial Staff. Basell to Boost Spherizone Capacity. Chemical Week, 2007-6-13。
[21] Basell to license new Spherizone technology for PP manufacturing. 2003-10-10. basell公司网页
[22] Chemical Week Editorial Staff. Samsung Total Selects Basell for PP Plant. Chemical Week, 2005-4-27
[23] Indelpro selects Spherizone process for new 350 KT polypropylene plant. 2004-6-18. basell公司网页
[24] IndianOil selects Basell's Spheripol technology for a new 600 KT PP plant. 2004-12-20. basell公司网页
[25] Chemical Week Editorial Staff. Russian Firm Picks Basell' s Spherizone PP Process. Chemical Week, 2006-8-16
[26] Chemical Week Editorial Staff. Sinopec Takes SpherizoneLicense for Tianjin Petrochemical. Chemical Week, 2006-8-9
[27] Chemical Week Editorial Staff. Basell Expands Spherizone PP Plant in Italy. Chemical Week, 2007-6-11
[28] Jan H. Schut. New Process Makes More Homogeneous PP Homopolymers & Copolymers. Plastics Technology 2001-3-2
[29] Gerald Ondrey. Gas-to-Polypropylene. Chemical Engineering, 2008-1-15
[30] Lilli Manolis Sherman. Materials: The New Polypropylenes. Plastics Technology, 2007-4-2
[31] Clarified PP Surpasses Standard. Plastics Technology, 2008-5
[32] 张邦英, 郭玉文. 当代石油石化, 2008, 16(4)
[33] Highly Amorphous PP Makes Stretchy Film. Plastics Technology, 2008-6
[34] New Trends in Polypropylene - Value Creation via Enhanced Properties. World Polymer conference - Macro 2004, Paris July 4-9,
[35] 张宇. 石化技术,2005, 12(2)
[36] Lilli Manolis Sherman. Clear Road Ahead for TPOs, TPVs, Plastics Technology 2008-6
[37] Chemical Week ONLINE, 2008-6-18
[38] Plastics use in cars rises as emissions laws get tough. ICIS ChemicalBusiness, 2008-9-8
[39] Natasha Alperowicz. Polypropylene: The Leader Board is Changing Excess Capacity Will Hurt Profitability. Chemical Week, 2008-9-15